양자 컴퓨팅 및 정보

스캐폴딩 접근 방식

Quantum computing & Information

Peter Lee , Huiwen Ji , Ran Cheng 저 · 최준곤 역

Human Science
휴먼싸이언스

양자컴퓨팅 및 정보 – 스캐폴딩 접근방식

초판 인쇄 : 2025년 8월 1일
초판 발행 : 2025년 8월 8일

저　자 : Peter Y. Lee · Huiwen Ji · Ran Cheng
역　자 : 최 준 곤
발행인 : 박 주 옥
발행처 : 휴먼싸이언스
주　소 : 서울시 도봉구 시루봉로 291 B1(도봉동 613-14 숙진빌딩)
전　화 : (02) 955-0244
팩　스 : (02) 955-0245
e-mail : humansci@naver.com
표지디자인 : 성지은

등록번호 : 제2008-20호
등록일 : 2008. 10. 13

ISBN : 979-11-89057-46-6 (93560)

정가 40,000원

이 책에 관하여

양자컴퓨팅이 계산과 양자역학의 교차점에 있는 세상에서 *Quantum Computing and Information: A Scaffolding Approach*는 이러한 탈바꿈시키는 기술을 완전히 익힐 수 있도록 세심하게 고안된 경로를 제공한다. 교육용 시리즈의 일부분으로 이 책은 시작하는 대학원생, 학부 4학년과 양자 계산의 양상을 이해하고 싶은 독자에게 종합적인 교재이다.

이 책은 Lev Vygotsky와 Jerome Bruner의 교육 이론에서 영감을 받은 "스캐폴딩 접근 방법"을 따르고, 이것은 독자가 복잡한 주제에 압도되지 않고 학습하게 안내하는 방법이다. 개념을 점진적으로 도입하고, 여러 번 반복하고, 실용적인 연습문제를 통하여 이 책은 깊은 학습을 할 수 있도록 한다. 풍부한 그림, 표와 강조와 주요 개념에 대한 특별한 상자를 이용하여 본문은 복잡함을 희석하지 않고 양자컴퓨팅에 접근가능하게 만든다.

네 개의 중요한 절이 전체적인 학습 여행에 나타난다. 양자계의 기초를 이해하고, 양자 게이트로 이 계를 조작하고, 얽힘이라는 매력적인 현상을 지나 최종적으로 중요한 양자 알고리즘, 오류수정 방법과 양자 정보이론으로 끝난다.

양자컴퓨팅에 초보자이든 이 분야에 경험이 있든 이 책은 풍부한 이해를 얻기 위한 구조적이고 전반적인 접근 방법을 제공한다. 양자컴퓨팅의 매혹적인 영역으로 일깨움을 주는 항해를 시작해 보자.

저자에 관하여

Dr. Peter Y. Lee: Princeton에서 양자 나노구조와 분수 양자 Hall 효과를 전공하여 전기공학 분야의 박사 학위를 받았다. Bell 연구소에 박사후 연구원이 되어 포토닉스에 기여하고 20+의 특허를 가지고 있다. 그는 광범위한 교육 경험이 있고 현재 Fei Tian College, New York의 교수이다.

Dr. Huiwen Ji: 양자 성질과 관련된 고체 화학을 중점적으로 연구하여 Princeton에서 화학 박사 학위를 받았다. 연구 분야는 양자물리학을 물질 화학으로 확장하는 것이다. University of California, Berkeley와 Lawrence Berkeley National Lab에서 한 역할로 NSA CAREER Award를 수상하였다. 현재 University of Utah의 교수이다.

Dr. Ran Chen: 응집물질 물리학, 특히 스핀트로닉스와 자기에 대한 전공을 하여 University of Texas at Austin에서 박사 학위를 받았다. Carnegie Mellon University에서 박사후 연구원을 한 후 University of California, Riverside에 교수가 되었고, 여기서 NSF CAREER award와 DoD MURI award를 수상하였다.

서 문

스캐폴딩 시리즈

이 책은 양자컴퓨팅을 가르치고 배우는 교육적으로 도움이 되는 체계적인 접근 방법을 제공하도록 설계하였다. 이 시리즈는 현재 다음의 책이 있다.

- Mathematical Foundations of Quantum Computing: A Scaffolding Approach
- Quantum Computing and Information: A Scaffolding Approach(이 책)
- Quantum Algorithms and Applications: A Scaffolding Approach

각 책은 각 주제에 대해 독립적인 안내를 하고, 전체적으로는 양자컴퓨터에 대한 포괄적인 이해를 할 수 있도록 한다.

이 책은 시작하는 대학원생과 학부 4학년생을 위해 썼지만 입문자와 더 고급 독자를 위해 도움이 된다.

책의 구성

이 책은 네 개의 주요 부분으로 구성되었다.

- I부는 광자와 같은 더 단순한 대상으로부터 시작하여 큐빗이나 큐딧과 같은 더 복잡한 문제로 이동하여 양자계에 대한 기초를 만든다.
- II부는 양자 게이트를 이용하여 조작하는 개별적인 양자계의 이해를 도와서 고급 양자 연산과 연결한다.
- III부는 기본적인 Bell 상태로 시작하여 더 광범위한 이론적 체계와 실용적 응용으로 확장하여 얽힘의 매혹적이고 기본적인 양자 현상을 탐구한다.
- IV부에서는 양자컴퓨팅과 양자정보의 주요 요소에 대해 고려한다. 여기서 여러 양자알고리즘을 도입하고, 양자오류수정의 기초를 다루고, 양자정보의 원리를 설명하여 양자계산과 정보이론의 전체적인 조망을 할 수 있도록 한다.

추가적으로 복소수, 삼각함수, 선형대수와 Pauli 행렬과 같은 수학적 필수 지식을 빨리 참조할 수 있는 자료를 부록에 추가하였다.

사용 추천

이 책은 텐서곱, 대각합 연산, 행렬 분해와 행렬 함수와 같은 고급 주제를 이용한다. 독자는 선형대수에 대한 강한 기초를 가진 것으로 예상한다. 복습이 필요한 독자에게는 이 시리즈의 첫 번째 책인 *Mathematical Foundations of Quantum Computing*을 추천한다. 미적분은 도움이 되지만 필수적인 것은 아니다.

1학년 혹은 AP 수준의 물리학에 대한 일반적인 배경지식을 가정하지만 양자역학을 미리 수강할 필요는 없다. 사실 이 교재에서 양자컴퓨팅에 특화된 양자역학을 도입하여 전통적인 양자론 교재보다 고급 개념에 더 접근가능하게 하였다.

내용을 완전히 이해하기 위해 학생들은 각 장의 연습문제와 문제를 풀어보기를 권한다. 이 내용의 대부분을 다루는 2학기 강의에서는 이 접근 방법이 이상적이다. 혹은 고급 선형대수, 양자물리학과 기본적인 양자컴퓨팅의 강한 배경지식을 갖고 있는 학생은 주로 III부와 IV부에 집중하여 한 학기에 내용을 공부할 수 있다.

스캐폴딩 접근 방법

양자컴퓨팅과 정보(Quantum Computing and Information: QCI)는 고급 수학, 양자역학과 복잡한 알고리즘을 포함하는 복잡한 과정이다. 이를 보기 위해 이 책에서는 스캐폴딩 접근 방법을 사용하여 기초에서 고급 개념까지 점차 이해하도록 구조적인 학습 경로를 제공한다.

Vygotsky의 Zone of Proximal Development와 같은 교육 이론에 자극을 받은 스캐폴딩 접근 방법은 단계적인 발전을 통해 학습자를 지원하도록 설계하여 각각의 새로운 주제에 확실하게 준비할 수 있도록 하였다. 이 책에서 사용하는 주요 방법은 다음과 같다.

- **점진적 학습**: 더 추상적인 개념으로 이동하기 전에 직관적인 예제로 시작하여 개념을 점진적으로 도입한다.
- **나선형 교육과정**: 핵심 개념은 책을 통해 다른 각도에서 다시 살펴보아 학습자가 한 번 볼 때마다 이해를 깊게 한다.
- **적극적 참여**: 연습문제와 문제를 각 장에 집어넣어 응용을 통한 학습을 강화한다.
- **인지 부하 관리**: 교재는 그림, 표와 분명한 설명을 만들어 인지 부하를 줄이는데 도움을 주고, 복잡한 주제를 더 접근가능하게 한다.

이 접근 방법을 따르면 독자는 지식을 얻을 뿐만 아니라 양자컴퓨팅과 정보의 상호 연관된 영역을 탐구하는 기술을 개발한다.

길찾기 보조 도구

독자가 책을 볼 때 도움을 주기 위해 다음의 특징을 만드는 레이아웃을 사용한다.

개념 상자

이 상자는 중요한 개념, 가설과 정리에 대해 사용한다.

강조 상자

이 상자는 따름 정리, 요약, 의미와 다른 중요한 요점을 강조한다.

연습문제 0.1

연습문제는 교재에 퍼져 있어서 기술을 연마하고 논의하는 자료에 대한 이해를 높인다.

각 장은 완전하게 숙달하기 위해 전체적인 문제로 끝맺는다. 이 문제는 일반적으로 교재 안에 있는 연습문제보다 더 어려워서 내용에 대해 더 깊게 생각할 수 있는 기회를 제공한다.

R 이 상자는 스캐폴딩 시리즈의 다른 책의 주제를 포함할 수 있는 현재 장이나 절에 대한 필수적인 것을 요약한다.

i 이 표시는 조언, 경고, 개념 사이의 관계와 충고를 나타낸다.

정보 상자

이 상자는 개념과 추가적인 정보와 관련된 보조자료를 제공한다.

수준 표시기

다른 학문적 배경을 갖는 학습자를 포함하기 위해 어떤 절은 수준 표시기로 표시하였다.

표시하지 않은 내용은 이 주제에 대한 기초가 되고, 양자컴퓨팅을 처음 접하는 독자를 포함한 모든 독자에게 적절하다.

✳로 표시한 항목은 일반 독자에게 적당한 입문용 개념적인 요약으로 시작하여 학부 4학년생이나 선형대수의 배경지식을 가진 초기 대학원 수준의 독자를 위해 제작된 수학을 많이 사용하는 내용이다. ✳의 내용은 표시하지 않은 기본적 내용에 친숙한 것을 전제로 한다.

✸로 표시한 항목은 심화 탐구를 목표로 하고, ✳ 수준에서 다룬 내용을 넘어서 확장된 주제를 고려한다.

2판

2판은 1판의 기초로 하여 전문인과 독자로부터 값진 피드백을 포함하였다. 이 판의 주된 초점은 분명함을 강조하여 독자가 내용을 더 쉽게 이해할 수 있게 하는 것이다. 이렇게 하기 위해 인지 부하를 줄이기 위해 더 자세한 설명을 추가하였고, 쉽게 둘러보기 위해 추가적인 교차 참고문헌을 제공하고 내용에 더 많은 그림, 표와 연습문제를 첨가하였다.

고급 주제를 다루는 IV부를 광범위하게 수정하여 독자가 더 유연한 학습 경험을 할 수 있도록 하였다. 또한 이 책 전체의 내용을 갱신하여 이 분야의 최신 발전을 반영하였다. 1판에서 알려진 실수와 오자는 수정되었다.

주목할 한 가지 변화는 주제 "혼합 상태와 밀도연산자"의 확장이다. 이전에는 양자오류 수정에 대한 장 내부의 한 절에서 다룬 이 주제는 이제 한 개의 장이 되어 더 심층적으로 다루었다.

감사의 글

이 책 표지를 도안할 때 놀라운 예술적 재능을 보여준 Liang Zhou 양과 Elsie He 양에게 깊은 감사를 보낸다. 시각적으로 매력적이고, 주제와 관련된 표지를 만들 때 사려 깊은 접근과 변함없는 헌신에 깊이 감사한다.

Nathalie Chiao 양과 Vivian Liu 양에게 마음 속으로부터 깊은 감사를 드린다. 편집 전문 기술로 인해 원고의 질이 매우 풍부하게 되었다. 자세한 내용에 대한 신중한 집중과 분명한 소통에 대한 헌신은 이 과정을 통해 매우 가치가 있었다.

또한 이 책에 있는 예제에 대한 Qiskit 시뮬레이션 코드에 기여한 (소프트웨어 개발 전문가이면서 수학과 물리에 관심이 있는) John Hurst에게 깊이 감사를 드린다.

우리의 소중한 동료와 학생인 James Yu 박사, Yiyong Huang 군, Jason Wang 박사와 Joseph Zhao에게 심심한 감사를 보낸다. 지적 호기심, 사려 깊은 지원과 통찰력 있는 질문은 우리 저자에게 동기부여를 주었고 이 작업의 방향을 정하게 하였다. 이들의 피드백은 책이 확실히 실제적인 이해와 분명한 교육적 발전을 하도록 할 때 중요했다.

최종적으로 검토해주신 분들에게 진정한 감사를 표하고 싶다. 전문적인 통찰력과 건설적인 제안을 통해 이 교재의 엄격함과 접근성을 증가시켜서 복잡한 개념을 더 이해할 수 있는 방법으로 나타낼 수 있었다.

- Dror Baron, Associate Professor of Electrical and Computer Engineering, North Carolina State Univeristy
- Robert J. Cava, Professor of Chemistry, Princeton Quantum Initiative, Princeton University

- Alain Chancé, Président Quantaliain SASU, MolKet SAS, Founder CEO Alainquant LLC
- Steven Frankel, Rosenblatt Professor, Faculty of Mechanical Engineering, Technion-Israel Institute of Technology
- Martin George, Adjunct Faculty of Mathematics, San Diego City College
- Tony Holdroyd, Retired Senior Lecturer in Computer Science and Mathematics
- Leonard M. Kahn, Professor and Chair, Physics Department, University of Rhode Island
- Andrew Kent, Professor of Physics, The Center for Quantum Phenomena, New York University
- Shuwang Li, Professor of Applied Mathematics, Illinois Institute of Technology
- Stephen A. Lyon, Professor of Electrical and Computer Engineering, Princeton Quantum Initiative, Princeton University
- Leonid Pryadko, Professor of Physics, University of California at Riverside

마지막으로 광범위한 양자컴퓨팅 공동체에 감사드린다. 우리의 목적은 지식을 집중하고 공유하여 학생들에게 접근가능하게 만들고, 이 매력적인 분야로 더 탐구하도록 영감을 주는 것이다.

헌정

이 책은 학습의 능력과 인류 지성의 끝없는 가능성을 믿는 호기심 많고 쉬지 않는 사람들에게 바친다.

선별적 리뷰

“ 양자컴퓨팅은 분명히 우리의 미래 생활에 영향을 줄 것이다. 이 책은 이론적 엄밀성과 접근성 사이에 균형을 맞추는 교육적 방법론에 충실하였다. 저자가 사용하는 스캐폴딩 접근 방법으로 독자는 배우는 여행을 통해 안내를 받는다. 이로 인해 이 책은 학문적으로 엄밀할뿐더러 가르치는 도구로 효율적이다.”

—Robert J. Cava, Professor of Chemistry
Princeton Quantum Initiative, Princeton University

“ 이 인상적인 책은 양자정보의 급성장하는 분야를 다루어 양자역학의 기초와 보안통신, 양자컴퓨팅의 현재와 미래 응용 사이를 연결한다. 저자의 접근 방법은 엄밀하여 모든 필요한 선형대수를 포함하는 반면 이 책은 잘 읽을 수 있고, 접근가능하다. 양자역학을 배우는 학부 학생으로부터 양자정보 프로토콜의 깊은 이해를 원하는 전문가까지 다양한 배경을 갖는 넓은 독자층이 혜택을 받을 것이다.”

—Andrew Kent, Professor of Physics
The Center for Quantum Phenomena, New York University

“ 이 교재는 우아하게 공들여 만들어서 양자컴퓨팅의 복잡한 주제를 이 분야의 초보자가 쉽게 이해할 수 있도록 하는 독특한 ‘스캐폴딩 접근 방법’을 이용하였다. 이 책은 양자컴퓨팅의 교육자와 학생 모두에게 매우 가치가 있다. ... 저자는 명쾌하고 매력적인 방법을 사용하여 복잡한 주제에 접근가능하도록 하였다. 교재를 보조하도록 조심스럽게 고안된 독창적인 그림과 표는 이해를 돕는다. 추가적으로 이 교재는 간결하고 자세한 예제를 제공하여 입문하는 학생이 기초적인 개념을 이해하는 것을 돕는다. (특정한 지식을 강화하기 위한) 구체적인 연습문제와 (광범위한 이해를 집약하는) 문제 사이에 균형을 심사숙고하여 유지하였다.”

—Shuwang Li, Professor of Applied Mathematics
Illinois Institute of Technology

“ 이 책은 신중한 형태로 양자컴퓨팅과 정보를 제시한다. 독자는 개념, 표기와 큐빗 크기의 계산에 노출되고 책의 뒷부분에서 더 자세하게 설명한다. 이러한 스캐폴딩 접근 방법에서 다른 주제로 넘어가기 전에 한 주제를 완전히 이해할 필요는 없다. 반복할 때마다 복습하고 이전의 내용을 추가한다. 이것을 교육적 관점에서 읽어 보면 양자정보 과학으로 경력을 바꾸고 싶은 중년 전문가를 위한 내 과목을 어떻게 개선할 수 있는지에 대한 통찰력을 얻었다. 또한 이 책은 도움이 되는 그림과 표와 함께 특정한 주제를 목표로 하는 유용하고 빠른 교육 참고자료가 되었다. 처음 양자를 배우는 학생을 가르치는 사람에게 이 책을 강력하게 추천한다.”

—Leonard M. Kahn, Professor and Chair
Physics Department, University of Rhode Island

“ 내용이 명료하고, 스타일도 분명하다. 이것이 이러한 새롭고, 곧 고전이 될 양자컴퓨팅 교재를 완벽하게 요약한다. 기초 가설에서 단일큐빗과 다중큐빗, 게이트, 회로와 기초적이고 현대적인 알고리즘까지 이 책에서 모든 양자에 관해 볼 수 있다. 집필 내용은 명료하고, 수학은 우아하며 표현은 아름답다. 읽어 보면 저자는 독자와 독자의 이해를 염두에 두고 있어서 양자컴퓨팅에 대한 지식을 쌓는 데 스캐폴드, 즉 도움을 주는 것이 분명하다. 강력히 추천한다!”

—Steven Frankel, Rosenblatt Professor
Faculty of Mechanical Engineering, Technion-Israel Institute of Technology

“ 양자컴퓨팅에 대한 많은 책이 있지만 Lee 등이 쓴 이 책은 신선한 관점을 제공한다. 대부분 다른 비슷한 책에서는 독자가 예를 들어 물리학과 대학원생 정도의 수학적 지식을 요구한다. 대조적으로 이 책은 쉽게 접근할 수 있도록 설계되었다. 저자가 이용하는 “스캐폴딩” 교육 이론으로 학생이 학습 과정의 중심에 있다. 자료의 각 층은 이전의 층에 숙련된 후에만 제시한다. 지식을 전달하기 위해 그 내용의 복잡한 부분을 선명하게 만드는 수많은 예제가 포함되어 있다.

이 책은 입문자만을 위한 것처럼 들리지만 후반부에 있는 양자오류수정과 양자정보는 인상적이었다. 이 부분은 약간 추상적인 개념에 의존하고 저자는 이것을 가볍게 건드리고 있다. 양자컴퓨팅과 정보는 고급 대학원 주제에서 학부 과정으로 전환하고 있으며 많은 학생들은 이 책을 소중한 자원으로 생각할 것이다.”

—Dror Baron, Associate Professor
Electrical and Computer Engineering Department, North Carolina State University

“ 이 책은 양자역학, 계산과 정보이론에 대해 구조적이고 직관적인 소개를 한다. 독특한 특징은 “스캐폴딩 접근 방법”이다. 이것은 독자가 기본 원리에서 고급 주제로 단계별로 안내하는 점진적인 경로를 취하는 것이다. 이 접근 방법에서는 복잡한 개념을 분해하여 학생, 독학하는 사람과 이 분야로 전환하는 전문가에게 접근가능하도록 하였다. 2판은 양자오류수정과 양자 이후 암호학과 최근 알고리즘의 발전으로 확장하였다. 또한 설명을 개선하고 새로운 연습문제를 도입하고, 최근 예제를 만들어 더 많은 정보를 주고 구조적이고 관심을 가지게 하였다.”

—Mario Motta
Senior Research Staff Member at IBM

“ 포괄적이고, 놀랍도록 읽기 쉽고, 적절한 시기에 나타나고 호화로운 그림이 있는 이 책은 양자컴퓨팅과 정보(QCI) 세계의 역작이다. 이 책은 광자를 이용한 양자컴퓨팅의 기초의 모든 것, 양자 게이트, 회로 중첩 얽힘과 그 사이의 모든 점을 포함하여 양자알고리즘과 오류수정의 모든 것에 대해 독자가 생생하게 접근할 수 있도록 한다. 새로운 개념을 다룰 때 독자의 경험에 직접적으로 말하는 책을 찾기는 어렵고, 이것이 이 책의 우수한 다른 면이다.”

—Tony Holdroyd
Retired Senior Lecturer in Computer Science and Mathematics

소개

Quantum Computing and Information(QCI)은 계산과학과 정보과학의 파라다임 이동의 선구자 역할을 하여 양자역학적 원리를 이용하여 암호학, 금융과 재료과학과 같은 다양한 분야의 복잡한 문제에 접근한다. QCI의 기초인 양자컴퓨팅은 양자역학을 계산에 이용하는 것을 주로 하여 알고리즘, 프로세서와 소프트웨어의 발전을 다룬다. 계산을 넘어 확장하여 양자정보를 정보의 처리, 저장과 전송에 적용하는 반면 양자센싱은 정확한 측정을 할 때 양자적 성질을 이용한다. QCI가 이론적인 탐구에서 실제적인 응용으로 전환하면서 산업과 학계에 혁명을 일으킬 잠재력이 점점 명백해진다.

잠재력과 도전

양자컴퓨팅에서는 어떤 형태의 문제에서 계산을 수행할 때 고전적인 계산 능력을 훨씬 넘어서는 전례가 없는 속력을 약속한다. Shor와 Grover와 같은 알고리즘이 정수 인수분해와 데이터베이스 탐색과 같은 작업에서 양자컴퓨팅의 우월성을 보여준다. 그러나 이 잠재력은 확장성, 양자 잡음과 작업 비용의 문제로 지장을 받는다. 100 큐빗 혹은 그 이상의 계를 탐구할 때 고전적인 컴퓨터가 양자계를 시뮬레이션하는 것은 부적절하다는 것이 명백해져서 양자 이점을 강조한다.

NISQ 시대와 그 이후

현재는 잡음 중간 규모 양자(Noisy Intermediate-Scale Quantum: NISQ) 시대이고, 이것은 고전적인 시뮬레이션을 넘어서는 계산의 성공 가능성은 있지만 아직 포괄적인 오류수정 능력은 모자란 양자 프로세서가 특징인 시대이다. 이 시대에서는 잡음과 제한된 큐빗 결맞음 사이에서 NISQ 장치의 계산 능력을 최적화하기 위한 하이브리드 양자-고전 알고리즘의 개발에 박차를 가하였다.

NISQ 시대에서 이동하여 양자 유용성의 출현을 목격하기 시작하고 있다. 이 새로운 단계는 단지 큐빗의 수로 정량화하는 것이 아니고, 실제 세계 문제를 다루는 믿을 만하고 중요한 계산 능력을 고려하여 학문적인 질문에서 산업적인 응용으로 이동하는 중요한 단계를 나타낸다. 양자 유용성은 기업 수준의 문제를 다루는 기술적인 발전으로 추진되는 양자컴퓨팅의 가시적인 이익이 시작된다는 것을 의미한다.

노동력과 교육

QCI에 대한 급증하는 관심으로 인해 양자 기술을 잘 알고 있는 전문가가 점점 더 필요하게 되었다. 이에 대응하여 교육기관은 양자컴퓨팅을 교육과정에 결합하여 양자 재능 탐구가 증가하는 것을 기대하고 있다. 접근가능한 소프트웨어 플랫폼은 오늘날 기계학습 플랫폼의 역할과 비슷하게 양자컴퓨팅 교육을 널리 퍼지게 하는 역할을 하게 될 것이다.

필요한 전문지식

QCI의 학제간 성질로 인해 무엇보다도 선형대수, 양자역학, 컴퓨터 과학과 전기공학적 측면에 대한 전문 지식이 필요하다. Qiskit, Cirq, Q# 혹은 Braket과 같은 양자 프로그램 언어와 플랫폼을 잘 아는 것이 점점 중요해진다. 분야가 발전할수록 필요한 기술도 발전한다.

학습 경로

이 분야를 처음 공부하는 사람에게는 구조적인 학습 접근 방법을 추천한다. 양자 알고리즘과 프로그램의 실제적 응용으로 가기 전에 선형대수와 양자역학과 같은 기초적인 개념에서 시작하면 탄탄한 기초를 이룰 것이다. 저널, 학회지와 강의 과목을 통해 최근 발전을 이룬 것은 빠르게 발전하는 분야에서 중요하다.

준비되었는가?

QCI는 기술적인 도약일뿐더러 계산과 정보처리의 기본적인 변화를 나타낸다. 이 중요한 순간에 계산의 미래는 변환되려고 하고, 도전이 많지만 기회도 많다. 초대는 분명하다. 이 최첨단 기술을 받아들이고 필요한 지식으로 무장하고 QCI의 거대한 잠재력으로 가득한 미래에 기여한다.

양자컴퓨팅의 선구적 견해

"자연은 고전적이 아니고, 자연의 시뮬레이션을 하려면 양자역학적으로 하는 것이 좋을 것이며 이것은 훌륭한 문제이다. 왜냐하면 그렇게 쉬운 문제가 아니기 때문이다."

— *Richard Feynman, 1981*

Physics of Computation 1차 학회
사진 허가: Smithonian Institution

역자서문

양자역학을 여러 해 동안 강의한 물리학자인 역자에게 양자컴퓨팅에 대한 교재를 번역해달라는 부탁을 받은 후 많은 고민에 빠졌다. 그러나 결국 이 작업을 시작하게 된 이유는 몇 가지가 있다. 첫째, 양자컴퓨팅이 양자역학을 기반으로 하지만 양자역학은 양자컴퓨팅을 포함한 많은 다른 영역을 포함하고 있다. 한편 양자역학을 잘 알고 있다고 하더라도 양자컴퓨팅에 대한 책을 번역하는 것은 다른 문제이다. 하지만 교재를 읽어보니 이 책은 양자역학에 기반을 둔 설명을 많이 하고 있기 때문에 번역이 어렵지 않을 것 같았다(물론 번역을 하면서 이것은 전혀 잘못된 생각이라는 것을 확인할 수 있었다). 그래서 이 책을 번역하는 과정에서 역자 자신이 이해의 영역을 넓히고, 이를 기반으로 새로운 연구 분야를 찾겠다고 결심하고 번역 작업을 수락하였다. 둘째, 2025년 현재 양자컴퓨팅에 대한 연구는 매우 활발하고, 쓸모 있는 계산을 수행할 수 있는가에 대한 치열한 학문적 논의가 진행되고 있고, 학계에서도 이에 대한 교육을 심각하게 고려하고 있다. 그러나 양자컴퓨팅에 대한 적절한 교재가 많지 않고, 또 양자역학에 대한 사전지식과 양자컴퓨팅의 진입 방법이 교재마다 다르기 때문에 학생들이 어떻게 시작할지 고민할 것이라는 사실이 역자에게도 가슴 깊이 다가왔다.

본 교재는 정통적인 방법으로 양자컴퓨팅에 접근하고 있다. 이것은 양자역학의 기본적인 개념, 즉 중첩과 얽힘에 대한 물리적 논의로 시작하여 선형대수에 입각한 수식화를 완성하며, 이를 통해 양자게이트 및 양자알고리즘과 같이 다양한 양자컴퓨팅의 주제를 취급한다는 것을 의미한다. 역자는 시작하는 대학원생이나 3, 4학년 학부생이 이 책에서 양자컴퓨팅의 정수를 얻기 바란다. 또한 이 책은 3권으로 이루어진 시리즈 중 한 책으로 양자컴퓨팅의 주된 부분이다. 다른 책은 양자컴퓨팅을 공부하기 위한 수학적인 기초를 다룬다. 이것은 마치 공대에서는 공업수학, 물리학과에서는 수리물리학에 비유할 수 있다. 세 번째 책은 양자컴퓨팅의 응용과 첨단 분야를 다룬 것이다. 따라서 이 책으로부터 시작하여 독자는 양자컴퓨팅을 즐기고, 이 기괴하고 흥미로운 분야에 푹 빠지기를 권한다.

2025년 7월

최 준곤

목 차

수준 지표

표시되지 않는 내용: 양자컴퓨팅의 초보자를 포함한 모든 독자에게 적절한 기초적인 내용.

✳ : 전형적으로 일반 독자에게 접근가능한 처음의 개념적 요약이고, 이후 학부 4학년생이나 선형대수 배경이 있는 초기 대학원 수준의 독자를 위한 많은 수학을 사용하는 부분이 따라온다. 표시되지 않는 내용에 친숙하다고 가정한다.

✷ : 수준의 주제를 넘어 확장한 고급 탐구.

I 큐빗과 큐딧: 기초

I

큐빗과 큐딧: 기초

CHAPTER

1

광자를 통한 양자역학

양자역학(quantum mechanics: QM)은 우주의 기본적인 성질을 이해하는 기본 요소이다. 이것은 미시적인 차원에서 물질과 에너지의 행동을 기술하는 이론적 체계이다. 그 원리는 양자 컴퓨팅, 양자통신, 양자정보와 같이 새롭게 나타나는 분야에서 심오한 의미를 준다. 그러나 QM의 추상적이고, 직관에 반하는 성질로 인해 전통적인 물리학과 수학에 익숙하지 않은 사람에게는 심각한 문제를 준다.

광자로 인해 접근가능하고, 여러 예를 보여주어 양자역학적 세계를 이해할 수 있다. QM의 핵심적인 원리를 구성하는 가장 단순한 계로서 광자는 이 분야와 관련된 수학적인 복잡함을 건너뛸 수 있는 기회를 제공한다. 광자 현상은 쉽게 시각화할 수 있어서 더 직관적인 이해를 할 수 있다. 더구나 광자는 양자컴퓨팅과 양자통신의 주요한 물리적인 수단으로 중요한 역할을 한다. 이로 인해 광자는 이론과 응용을 잇는 교육적일 뿐만 아니라 실용적인 도구가 된다.

이 장의 목적은 광자의 행동을 통해 양자역학의 첫 세 가지 원리를 소개하는 것이다. 그 목적은 물리학 배경이 없는 독자에게 쉬운 학습 경로를 제공하기 위해 양자컴퓨팅에 필수적인 기본 개념과 원리를 강조하는 것이다. 감지할 수 있는 광자 현상에 대한 논의를 기초로 하여 이 장에서 양자컴퓨팅, 통신, 정보의 상호 연결된 분야를 더 탐구하고 공부하기 위한 탄탄한 기초를 제공하여 양자역학을 분명히 설명하고자 한다.

1.1 양자역학 개요

1.1.1 간단한 역사

20세기 초에 고전물리학으로 Newton 역학, 전자기학, 열역학 등으로 많은 거시적인 현상을 설명할 수 있었다. 그러나 광전효과나 흑체복사 문제와 같은 물리적인 현상은 고전적 체계에서는 설명할 수 없었다.

이러한 불일치를 설명할 수 있는 혁명적인 이론으로 양자역학이 출현하였다. 이것은 원자와 아원자 크기에서 물질, 에너지와 운동을 설명하는 기본적인 이론이 되었다. 반도체 소자, 레이저와 핵에너지와 같은 기술과 양자컴퓨팅과 같이 새롭게 나타나는 분야는 양자역학에 뿌리를 두고 있다.

양자역학 발전에서 중요한 인물은 Planck, Einstein, Heisenberg, Bohr, Born, Schrödinger와 Dirac 등이 있다. 이 선구자의 이름을 붙인 이론과 표기 방법은 현재 연구와 응용에서 여전히 필수적이다.

양자물리학은 고전물리학을 대체하고, 고전물리학은 양자역학의 특별한 경우로 취급한다. 그러나 양자역학과 일반상대론 사이의 완전한 통합은 아직도 풀리지 않았으며 이 간격을 메꾸기 위해 시도하는 초끈이론과 같은 것이 있다.

1.1.2 양자역학의 원리

그림 1.1에 나타내었듯이 양자컴퓨팅과 정보의 핵심 요소는 특정한 양자역학적 현상에 근거를 두고 있다. 양자중첩, 얽힘, 간섭과 같은 현상은 기본적이지만 이러한 복잡한 행동 자체는 더 기본적인 양자역학 원리에서 유도된다.

가설 혹은 공리로 말하는 이 원리는 Newton의 법칙이 고전역학의 기초를 이루는 것과 같이 양자역학의 근간을 이룬다. 이제 양자컴퓨팅 영역 안에서 관련짓는 다섯 개의 원리를 간단히 소개하겠다.

1. **양자상태**: 양자상태는 양자계에 대한 모든 정보를 포함하는 복소수 벡터이다. 양자비트, 즉 큐빗은 0과 1인 상태의 중첩으로 기술한다. 이것은 큐빗은 두 상태를 동시에 표현할 수 있다는 것을 의미하고, 양자계의 독특한 특징이다. 이 원리로 인해 병렬계산을 할 수 있고 특정한 문제에 대한 계산 효율을 매우 증가시킬 수 있다.
2. **양자관측량**: 양자역학에서 관측량은 Hermitian 연산자로 나타내는 측정할 수 있는 물리량이다. 양자컴퓨팅에서 이 연산자는 측정하는 동안 계의 양자상태로부터 특정한 결과를 끄집어낸다.
3. **양자측정**: 양자측정은 상태를 가능한 결과 중 하나로 변화시켜 양자계로부터 정보를 끄집어내도록 한다. 이 원리는 측정으로 최종 결과를 얻는 양자알고리즘에 필수적이고, 양자오류수정에 핵심적이다.
4. **양자변화**: 양자변화는 Schrödinger 방정식에 의해 시간에 따른 양자상태의 변화를 기술한다. 양자컴퓨팅에서 양자게이트가 이 변화를 조절하고, 알고리즘은 이 게이트를 결합하여 만든다.
5. **양자결합**: 양자결합은 간단한 양자계로부터 복잡한 양자계를 만드는 것이다. 양자컴퓨팅에서 이 원리를 이용하여 기본적인 양자게이트로부터 복잡한 양자회로를 만들 수 있고, 복잡한 알고리즘을 설계할 수 있고, 양자계산 과정의 이해를 높일 수 있다.

이 원리는 양자알고리즘, 회로, 계를 설계하고, 작동시키고, 이해하도록 하는 양자컴퓨

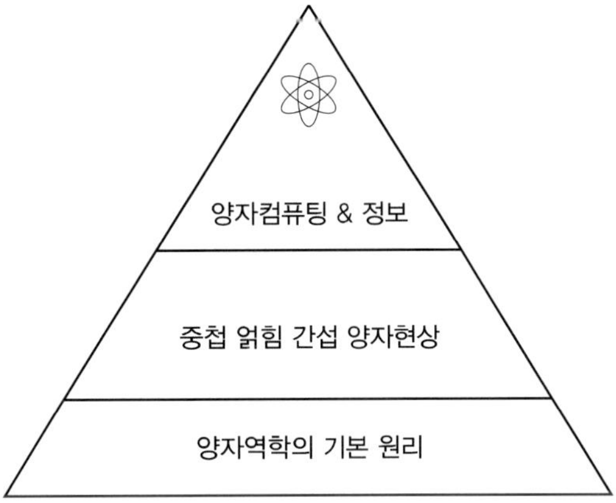

그림 1.1 양자컴퓨팅에서 양자역학의 역할

팅의 이론적 기초를 뒷받침한다. 양자컴퓨팅과 양자정보 분야 종사자는 이 원리를 이해해야 한다. 왜냐하면 이 원리는 계산과 알고리즘 설계의 실제적인 측면을 직접적으로 알려주기 때문이다.

이 장에서 첫 세 원리에 집중하고, 나머지 둘은 이후의 장에서 탐구할 것이다.

1.1.3 접근 방법

핵심 개념의 엄밀함을 희생하지 않고 양자컴퓨팅과 정보학(QCI)에 특별하게 맞추어 물리학 비전공자에게 양자역학을 이해할 수 있도록 노력하겠다. 이 발판을 만드는 접근을 통해 수많은 양자역학적 개념을 밝히겠지만 세 개의 장(1-3)에서는 체계적으로 광자, 1/2-스핀과 큐빗/큐딧을 다루겠다.

전형적인 양자역학 과목에서는 종종 여러 양자계에 적용할 수 있는 복잡한 미분방정식의 수학적 수식화로 시작한다. 이 접근 방법은 수학적으로 엄밀하지만 QCI를 이해하려고 하는 특정한 목적에는 적절하지 않다.

대조적으로 이 접근에서는 양자컴퓨팅에 필수적인 원리와 기술에 집중하여 선형대수를 이용하고 두 준위 양자계, 특히 큐빗을 강조하겠다. 광자와 전자 스핀을 포함하는 구체적인 예제를 이용하여 추상적인 개념을 더 쉽게 접근할 수 있도록 하였다. 이 방법에 의해 학문적 엄밀함과 타협하지 않고 주제를 직관적으로 이해하게 될 것이다.

더구나 QCI는 양자물리학, 컴퓨터 과학과 수학 영역을 연결하는 학제간 분야임을 강조한다. 이 다양한 학제간 내용 안에 주제를 선정하여 양자물리학의 전통적인 과목의 범위를 넘어서는 더 포괄적인 관점을 제공하고, 이로부터 독자가 QCI의 다채로운 내용을 대비하도록 하겠다.

1.2 광자의 이해

1.2.1 광자란 무엇인가?

광자는 빛 입자이다. 사실 광자는 라디오파, 마이크로파, 가시광선, X선, 감마선 등을 포함하는 모든 전자기파에 해당하는 입자이다. "라디오파가 광자라는 것은 전혀 들어본 적이 없는데 사실인가?"라고 궁금해할 수 있다. 답은 그렇다는 것이다. 라디오파의 경우 진동수가 작고, 파장은 밀리미터에서 킬로미터까지 길어서 광자의 양자 효과가 명백하지 않은 고전적인 영역에 있다.

그러나 고에너지 영역이나 강하게 속박된 계, (원자나 아원자, 즉 10^{-9}에서 10^{-12} 미터 정도의) 작은 길이의 상호작용인 경우와 같은 특정한 조건에서는 전자기파 복사의 행동에서 양자 효과는 중요하다. 이러한 상황에서 고전 전자기이론은 에너지 양자화와 파동-입자 이중성과 같은 현상을 설명할 수 없다. 양자컴퓨팅과 양자통신과 같은 분야에서 양자 효과는 명백할 뿐만 아니라 의도적으로 활용하고, 조종하여 빛도 양자역학적 취급을 해야 할 필요가 있다.

양자 영역에서 전자기파의 에너지는 양자화되어 있고, 각 덩어리 혹은 광자의 에너지는 전자기파 복사의 진동수($\nu = \frac{\omega}{2\pi}$)에 의존하지만 진폭에는 의존하지 않는다.

$$E = h\nu = \hbar\omega. \tag{1.1}$$

여기서 h는 Planck 상수이고, $\hbar = \frac{h}{2\pi}$는 환산 Planck 상수이다.

일상적인 고전 영역에서 전자기파는 광자의 흐름으로 볼 수 있다. 예를 들어 컴퓨터 스크린을 볼 때 초당 10^{14}에서 10^{16}개의 광자가 눈으로 들어온다. 그러나 양자컴퓨팅과 통신에서 한 번에 광자 한 개씩 보내고, 받고 측정할 수 있다.

1.2.2 광자의 편광

고전 전자기학에서 편광은 전자기파에서 전기장 벡터의 진동 방향을 말한다. 편광된 빛은 파동이 이동할 때 전기장과 자기장이 특정한 방향으로 진동한다. 전기장 벡터가 한 축을 따라 진동하는 선형 편광은 흔하지만 원형 편광과 타원 편광도 존재한다. 편광판과 같은 여러 광학적 장치를 이용하여 고전적인 빛 파동의 편광을 조정하고 분석할 수 있다.

양자 영역에서 편광 상태는 더 추상적인 표현이 필요하다. 광자의 편광은 각운동량과 관련된 고유한 성질에 대응한다. 광자는 양자 입자로 취급하고, 그 편광은 양자상태에 해당하는 이차원 복소수 벡터이다. 고전적으로 기술하는 전기장의 연속적인 진동과는 달리 양자역학적으로는 띄엄띄엄한 결과를 다룬다. 양자 편광은 여전히 선형, 원형, 타원 편광이고 양자암호학, 양자컴퓨팅과 같은 다양한 양자 기술에 필수적이다. 양자 편광 상태는 또한 중첩되고 얽혀서 고전적인 비교를 할 수 없는 독특한 양자적 행동을 한다.

그림 1.2에 빛의 편광을 고전적인 영역에서는 전기장이 진동하는 파동으로 양자 영역에서는 광자의 다발로 나타내었다. 고전적, 양자적인 편광 상태에 대한 설명 사이의 관계는 개념의 연결과 실험적 일관성에 있다. 고전적인 관점에서는 연속적인 파동 성질을 설명하고, 양자적 견해는 입자와 같은 성질을 다루지만 두 영역에서 편광을 측정하면 일치된 결과를 얻는다. 광자의 양자적 편광 상태는 이에 해당하는 고전적인 파동의 전기장 방향과 관련이 있다. 이 관계로부터 광자를 모델로 사용하여 양자역학의 기본적인 원리를 편리하게 도입할 수 있다.

표 1.1에 그림 1.2에 해당하는 이 장에서 조사하는 주요 편광 상태를 나열하였다. 추가적으로 타원 편광된 빛이 가장 일반적인 상태이고, 다양한 직교하는 편광의 선형결합으로 생각할 수 있다. 비편광된 빛은 이러한 직교상태의 균일한 통계적 결합이다.

1.2.3 신기한 빛의 편광 실험

그림 1.3에 빛의 편광에 대한 실험을 나타내었다. 배경에는 비편광된 광원이 있다. 두 개

의 편광판을 광원 앞에 한 개는(H) 수평으로, 다른 한 개(V)는 수직으로 놓았다. 이 편광 중 한 개만을 측정할 때 빛의 반 정도만 통과하는 것을 볼 수 있다. 그러나 두 편광판이 겹치는 지역에서 빛은 완전히 차단된다.

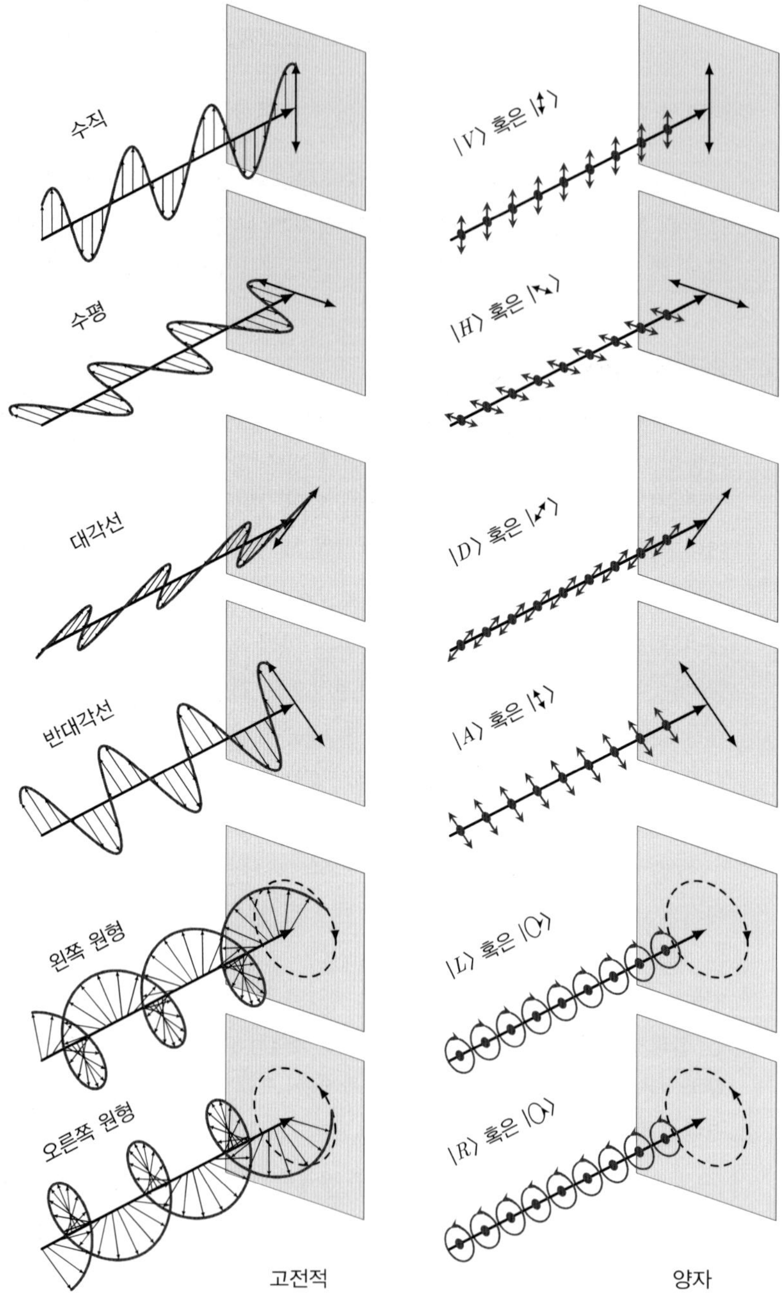

▌그림 1.2▐ 고전적 영역과 양자 영역에서 빛의 편광

참조: 원형 편광에서 R과 L은 진행 방향에서 보았을 때 전기장 벡터의 회전 방향을 나타낸다.

표 1.1 주요 광자 편광 상태

분류 기준	직교 상태	기호
직각	수직 수평	$\|V\rangle$ 혹은 $\|\updownarrow\rangle$ $\|H\rangle$ 혹은 $\|\leftrightarrow\rangle$
대각선	대각선(45°) 반대각선(135°)	$\|D\rangle$ 혹은 $\|\swarrow\!\!\nearrow\rangle$ $\|A\rangle$ 혹은 $\|\nwarrow\!\!\searrow\rangle$
원형	오른쪽(방향) 왼쪽(방향)	$\|R\rangle$ 혹은 $\|\circlearrowright\rangle$ $\|L\rangle$ 혹은 $\|\circlearrowleft\rangle$

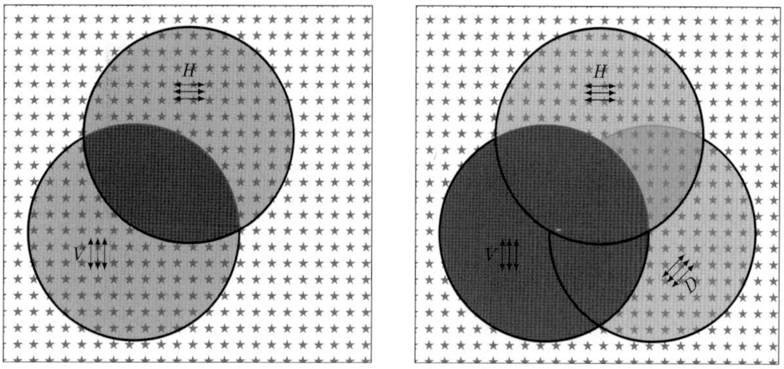

(a) (b)

그림 1.3 빛의 편광 실험

그리고 방향이 45°인 세 번째 편광판(D)을 편광판 H와 V 사이에 끼운다. 직관적으로는 세 번째 편광판은 더 많은 빛을 차단하고, 세 편광판이 겹치는 곳에서는 모든 빛이 완전히 차단될 것이라고 예상할 것이다. 이 직관은 H와 D, 혹은 V와 D가 겹치는 지역에서는 맞아서 통과된 빛은 약 25%이다. 그러나 놀랍게도 세 편광판이 모두 겹치는 지역에서는 대략 빛의 12.5%가 통과한다. 이 상황은 세 번째 편광판을 H와 V의 위나 아래에 놓거나, 방향이 수평이나 수직이 될 때는 일어나지 않는다.

이러한 놀라운 행동은 전통적인 전자기이론을 이용하여 고전 영역 안에서 이해할 수 있다. 사실 폴라로이드 필름을 편광판으로 이용하여 이 실험을 할 수 있다.

한 번에 광자 한 개로 실험할 수 있는 양자 영역에서 결과는 정확하게 같다. 이로부터 혼란스러운 질문이 생긴다. H와 V 편광판만으로 모든 광자를 차단할 수 있다면 그 사이에 다른 편광판을 집어넣은 후에는 어떤 광자가 지나가는 이유는 무엇인가?

양자역학에 의하면 정성적으로도 이 실험에 대해 완전히 설명할 수 있다. 이 실험을 양자역학을 이용해 설명하겠지만, 먼저 양자역학의 기본적인 원리를 도입할 필요가 있다.

1.3 양자상태 가설

1.3.1 양자벡터에 대한 고전적인 변수

양자역학의 기본적인 원리는 양자상태의 원리이다. 이것을 이해하기 위해 먼저 계의 상태를 인식할 수 있는 물리량으로 기술하는 고전물리와 비교해 보자.

공중에서 움직이는 공과 같은 고전역학계에서 상태는 위치, 속도, 가속도로 기술할 수 있다. 고전 전자기파의 경우 상태는 전기장과 자기장을 나타내는 $\boldsymbol{E}$와 $\boldsymbol{B}$ 벡터로 기술한다.

양자계는 고전계와 대응하는 부분과는 본질적으로 다르다. 위치나 속도와 같은 전통적인 양 대신 양자계의 상태는 상태벡터 혹은 파동함수로 알려진 특별한 벡터로 표현한다.

광자의 편광과 같은 2준위 양자계에서 상태벡터는 성분이 α와 β인 이차원 벡터이고, 일반적으로 이 값은 복소수이다. 성분이 실수인 고전적인 벡터와는 달리 α와 β의 크기 제곱은 특정한 측정에 대한 확률과 관계가 있다. 이러한 확률적 성질로부터 상태벡터는 규격화되어야 하고, 이것은 이 성분들의 제곱을 더하면 1이 된다는 것을 의미한다.

이 원리로 인해 양자역학이 고전역학과 구별되고, 이것은 양자상태의 고유한 확률적 성질을 강조하는 놀라운 결과이다. 이를 다음의 가설에 요약하였다.

가설 1: 양자상태

(단순화한 표현) 양자계의 상태는 규격화된 복소수 벡터로 완전하게 기술할 수 있다.

예를 들어 광자 편광과 같은 2준위계에서 양자상태는 이차원 벡터이고, 전형적으로

$$|\psi\rangle = \begin{bmatrix} \alpha \\ \beta \end{bmatrix} \tag{1.2}$$

로 나타낸다.

$|\psi\rangle$가 규격화되었다는 것은 다음을 의미한다.

$$\langle\psi|\psi\rangle = |\alpha|^2 + |\beta|^2 = 1. \tag{1.3}$$

여기서 $\langle\psi|\psi\rangle$는 벡터 $|\psi\rangle$를 자신과 내적을 한 것을 나타내고, 제곱한 크기와 같다.

광자의 편광은 이차원 상태벡터로 표현하지만 다른 양자계에서 상태벡터의 차원은 훨씬 클 수 있고, 심지어 무한대가 될 수 있다.

양자상태를 표현하는 벡터는 가끔 **상태벡터**, 혹은 단순히 **상태**라고 한다. 어떤 경우, 특히 무한차원의 공간에서는 또한 **파동함수**라고도 한다.

Dirac 표기법

이 책에서는 벡터와 연산자에 대해 Dirac 표기법(브라-켓 표기법)을 사용하고, 이것은 양자상태와 연산을 간단하고 강력하게 표현하는 방법이다. 이 표기법을 설명하면 다음과 같다.

- $|x\rangle$는 행벡터를 표현하고, 선형대수의 관점에서는 x로 표기한다.
- $\langle x|$는 $|x\rangle$의 수반(켤레전치), 즉 $\langle x| = |x\rangle^{\dagger}$이다.
- $\langle u|v\rangle$은 $|u\rangle$와 $|v\rangle$의 내적을 나타내고, 스칼라값이다.
- $|\alpha y + \beta z\rangle$는 α와 β가 스칼라일 때 $\alpha|y\rangle + \beta|z\rangle$의 선형결합을 나타낸다.
- $A|x\rangle$는 연산자 A를 $|x\rangle$에 작용하는 것을 나타내고, 행렬 A와 행벡터 $|x\rangle$의 행렬곱과 같다.

Dirac 표기법과 선형대수를 더 자세히 보려면 부록 C와 *Mathematical Foundations for Quantum Computing: A Scaffolding Approach*[1]를 참조하여라. 여기서는 "QC Math"로 나타내겠다. 특히 6.3절 *Complex Inner Product Spaces*를 참조하여라.

연습문제 1.1

이것은 Dirac 표기법을 이용하는 상태벡터에 대한 기본 문제이다.

$|a\rangle = \begin{bmatrix} \sqrt{2} + i\sqrt{3} \\ \sqrt{2} - i\sqrt{3} \end{bmatrix}$로 주어졌을 때

(a) $\langle a|$를 구하여라.
(b) $|a\rangle$를 규격화하고,
(c) $\langle a|b\rangle = 0$이 되는 규격화된 벡터 $|b\rangle$를 구하여라.

1.3.2 선형 편광상태

먼저 한 예제로 수직, 수평 선형편광을 이용하여 양자상태 가설을 설명해 보자. 수직편광을 기준상태로 선택하고, 이것을 가장 단순한 규격화된 이차원 벡터로 다음과 같이 써서 시작한다.

$$|V\rangle = \begin{bmatrix} 1 \\ 0 \end{bmatrix}. \tag{1.4}$$

$|\cdot\rangle$ 안의 내용은 단지 시표일뿐이나. 예를 들어 수직편광은 $|수직\rangle$, $|\updownarrow\rangle$ 혹은 $|V\rangle$와 같이 다양한 방법으로 표현할 수 있다.

$|H\rangle$로 표시한 수평편광에 대한 상태벡터는 무엇인가? 실험적 증거(§1.2.3 참조)에 의하면 수직 편광된 광자는 수평 편광판을 통과하지 못하므로 수직과 수평 편광은 서로 배타적이라는 것을 의미한다.

양자역학적 용어를 이용하면 서로 배타적인 상태는 서로 다른 측정 결과에 해당한다. 이와 같은 상태는 공존할 수 없다. 한 계가 이 상태 중 한 상태에 있으면 동시에 다른 상태에 있을 수 없다. 이러한 배타성으로 인해 상태의 직교성이 나오고, 이것은 내적이 0이라는 것을 의미한다. $\langle V|H\rangle = 0$.

의미 1.1 — 직교상태

서로 배타적인 양자상태는 직교한다. 즉 내적은 0이다. 이 상태는 모두 규격화되어 있고 직교하므로 **직교규격화**된 상태라고 한다.

이 직교성이 있을 때 $|H\rangle$를 표현하는 규격화되어 있고 $|V\rangle$와 직교하는 가장 단순한 벡터는 다음과 같다.

$$|H\rangle = \begin{bmatrix} 0 \\ 1 \end{bmatrix}. \tag{1.5}$$

1.3.3 기준상태

선형대수에서 직교규격화된 벡터의 완전집합은 기준으로 사용할 수 있다는 것을 알고 있다. 여기서는 벡터 $|V\rangle$와 $|H\rangle$는 직교규격화되어 있다. 추가적으로 이 벡터는 선형독립적이므로 이 두 벡터는 이차원 전체 공간을 형성하여 완전집합을 이룬다. 완전성으로 인해 이 공간에 있는 어떤 가능한 벡터도 이 벡터들의 선형결합으로 나타낼 수 있어서 기준상태로 작동할 수 있도록 한다. 이로 인해 임의의 편광 상태 $|P\rangle$를

$$|P\rangle = \alpha\,|V\rangle + \beta\,|H\rangle = \begin{bmatrix} \alpha \\ \beta \end{bmatrix} \tag{1.6}$$

으로 나타낼 수 있다. 여기서 α와 β는 $|\alpha|^2 + |\beta|^2 = 1$의 규격화조건을 만족하는 복소수이다.

의미 1.2 — 중첩된 상태

일반적인 양자상태는 기준상태의 선형중첩으로 존재한다.

나중에 대각 편광과 원형 편광의 예를 이용하여 이 개념을 더 자세히 설명하겠다. 그러나 자세하게 다루기 전에 선택한 기준상태의 성질을 더 논의하자.

집합 $\{|V\rangle, |H\rangle\}$를 계에 대한 표준기준으로 정했다. 양자컴퓨팅의 용어를 쓰면 이 표준기준은 또한 흔히 $\{|0\rangle, |1\rangle\}$로 표현하는 계산기준이라고도 부른다. 광자 편광계에 대해 이 두 집합이 같다는 것은 다음과 같이 표현한다.

$$|0\rangle \equiv |V\rangle, \quad |1\rangle \equiv |H\rangle. \tag{1.7}$$

그러므로 식 1.6은 계산기준을 이용하여

$$|\psi\rangle = \alpha\,|0\rangle + \beta\,|1\rangle \tag{1.8}$$

로 다시 쓸 수 있다.

ⓘ 식 1.6과 1.8은 쉽게 시각화하면 이차원 실수 벡터 $v = a\hat{x} + b\hat{y}$로 표현한 것과 비슷하다.

1.3.4 대각 편광상태

대각 편광을 살펴보자. 앞에서 광자 편광은 양자역학에서 쉽게 시각화할 수 있는 계라고 하였다. 사실 편광 상태를 표현하기 위해 왜 보통 벡터를 사용할 수 있는지 보이겠다. 그림 1.4에 나타낸 대로 수직편광 $|V\rangle$는 y축을 향하고, 수평편광 $|H\rangle$는 x 방향이다. 그리고 대각 편광 $|D\rangle$는 직선 $y=x$의 방향이다. 따라서 대각 편광상태는 $|D\rangle \sim (|V\rangle + |H\rangle)$로 나타내는 결합, 혹은 양자역학적 용어로 표현하면 수직 상태와 수평 상태의 중첩이다.

이미 수직과 수평편광에 벡터를 부여하였으므로 대각 편광은 $\begin{bmatrix}1\\1\end{bmatrix}$에 비례한다. 이제 한 문제만 남아 있다. 즉 이 벡터는 규격화되지 않았다. 이것은 이 벡터를 자신과 내적을 취했을 때 $1^2+1^2=2$가 되어 1이 아니다. 따라서 이 벡터를 규격화하려면 $\sqrt{2}$로 나누어야 한다. 이렇게 수정하면 대각 상태의 실제 표현

$$|D\rangle = \frac{1}{\sqrt{2}}\begin{bmatrix}1\\1\end{bmatrix}, \tag{1.9}$$

혹은 Dirac 표기법을 이용하면

$$|D\rangle = \frac{1}{\sqrt{2}}(|V\rangle + |H\rangle) \tag{1.10}$$

을 얻는다.

이제 반대각 편광 상태 $|A\rangle$를 살펴보자. 이것은 직선 $y=-x$을 따라 135°이다. 이 편광상태는 $|A\rangle \sim (|V\rangle - |H\rangle)$이어야 한다고 상상할 수 있고, 이것은 $\begin{bmatrix}1\\-1\end{bmatrix}$이다. 이 벡터도 규격화되어 있지 않다. 따라서 규격화하려면 $\sqrt{2}$로 나누어야 하므로

$$|A\rangle = \frac{1}{\sqrt{2}}(|V\rangle - |H\rangle) = \frac{1}{\sqrt{2}}\begin{bmatrix}1\\-1\end{bmatrix} \tag{1.11}$$

이 된다.

D와 A 편광은 또한 서로 배타적이고, 이는 $|D\rangle$와 $|A\rangle$가 직교한다는 것, 즉 $\langle D|A\rangle=0$에서 볼 수 있다.

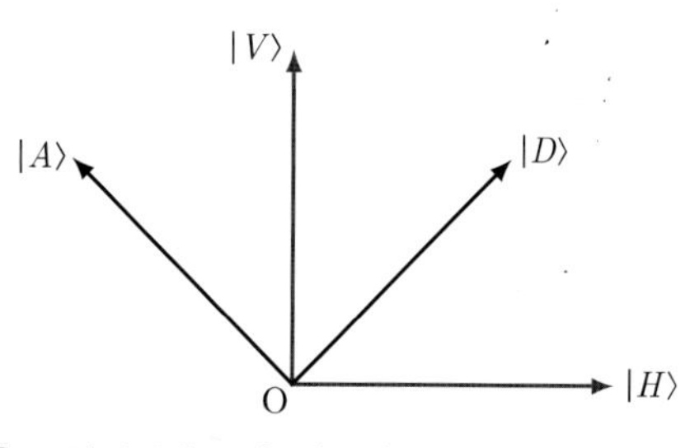

그림 1.4 H/V와 D/A 편광 사이의 관계

예제 1.1

$\langle D|A\rangle=0$을 확인해 보자. 행렬표현을 이용하면

$$\langle D|A\rangle = \frac{1}{\sqrt{2}}\begin{bmatrix}1 & 1\end{bmatrix}\frac{1}{\sqrt{2}}\begin{bmatrix}1\\-1\end{bmatrix} = \frac{1}{2}(1-1)=0$$

이다. Dirac 표기법으로는 다음과 같다.

$$\begin{aligned}\langle D|A\rangle &= \frac{1}{\sqrt{2}}(\langle V|+\langle H|)\frac{1}{\sqrt{2}}(|V\rangle-|H\rangle)\\ &=\frac{1}{2}(\langle V|V\rangle-\langle V|H\rangle+\langle H|V\rangle-\langle H|H\rangle)\\ &=\frac{1}{2}(1-0+0-1)=0.\end{aligned}$$

■

$|D\rangle$와 $|A\rangle$는 직교규격화되어 있으므로 이들도 광자 편광 상태의 기준을 이룬다. 일반적인 편광 상태는 이 기준에서

$$|P\rangle = \gamma|D\rangle+\delta|A\rangle \tag{1.12}$$

로 표현할 수 있고, γ와 δ는 $|\gamma|^2+|\delta|^2=1$을 만족하는 복소수이다.

특별히 다음과 같다.

$$|V\rangle = \frac{1}{\sqrt{2}}(|D\rangle+|A\rangle), \tag{1.13a}$$

$$|H\rangle = \frac{1}{\sqrt{2}}(|D\rangle-|A\rangle). \tag{1.13b}$$

양자컴퓨팅에서 $|D\rangle$와 $|A\rangle$는 $|+\rangle$와 $|-\rangle$ 상태에 대응하고, 이에 대해서는 나중에 공부하겠다.

연습문제 1.2

식 1.12와 식 1.6을 비교하고, 행렬표현과 Dirac 표기법을 이용하여 다음에 대한 공식을 유도하여라.

(a) γ와 δ를 α와 β로 표현하여라.
(b) α와 β를 γ와 δ로 표현하여라.

1.3.5 원형 편광 상태

지금까지 선형 편광만을 고려하였다. 선형 편광에서 편광 벡터는 광자가 이동할 때 고정되어 있다. 하지만 그림 1.2에서 나타내었듯이 원형 편광에서는 광자가 진행할 때 편광 벡터는 회전한다. 오른쪽 원형 편광 $|R\rangle$의 경우 진행 방향으로 보았을 때 편광 벡터는 오른쪽으로 회전한다. 광자가 한 파장 진행했을 때 편광 벡터는 시계 방향으로 360° 회전한다.

이 양자상태에 대한 상태벡터를 어떻게 만드는지 살펴보자. 광자의 편광에 대해 xy좌

표계를 사용하겠다. 선형 편광 $|D\rangle$와 원형 편광 $|R\rangle$ 사이의 차이는 $|D\rangle$의 경우에는 수평 벡터와 수직 벡터는 항상 위상이 같지만, $|R\rangle$의 경우에는 상태벡터는 먼저 y축을 지나고 x축으로 돌아간다. 즉 다르게 말하면 $x(|H\rangle)$ 성분은 $y(|V\rangle)$ 성분에 비해 90° 위상만큼 뒤처진다.

따라서 위상인자를 도입할 필요가 있다. 90° 뒤처지는 위상은 위상인자 $e^{-i\pi/2}=-i$에 해당한다. 그러므로 상태벡터 $|R\rangle$은

$$|R\rangle = \frac{1}{\sqrt{2}}(|V\rangle - i|H\rangle) = \frac{1}{\sqrt{2}}\begin{bmatrix} 1 \\ -i \end{bmatrix} \tag{1.14}$$

로 예상한다. 여기서도 규격화조건에 의해 $\sqrt{2}$ 인자를 붙였다.

물론 y성분이 x성분보다 90° 위상만큼 앞선다고 말할 수 있고, 따라서 $|R\rangle = \frac{1}{\sqrt{2}}(i|V\rangle + |H\rangle)$이다. 이 표현과 식 1.14는 물리적으로 같아야 한다. $i^2=-1$이므로 둘은 전체 위상인자 i만큼 다를 뿐이다.

$$(i|V\rangle + |H\rangle) = i(|V\rangle - i|H\rangle).$$

이로부터 다음과 같은 사실을 얻는다.

의미 1.3 — 전체 위상

양자 상태벡터의 전체 위상은 물리적 중요성이 없다. 즉 $e^{i\phi}|\psi\rangle$은 $|\psi\rangle$와 같은 양자상태를 나타낸다. 여기서 ϕ는 위상각도를 나타내는 실수이다.

왼쪽 원형 편광은 무엇인가? 이것은 오른쪽 편광과 반대여서 H 성분은 V 성분보다 90° 위상만큼 앞선다. 따라서 (전체 위상을 제외하고) 상태벡터는

$$|L\rangle = \frac{1}{\sqrt{2}}(|V\rangle + i|H\rangle) = \frac{1}{\sqrt{2}}\begin{bmatrix} 1 \\ i \end{bmatrix} \tag{1.15}$$

이다.

연습문제 1.3

행렬표현과 Dirac 표기법을 사용하여 $|L\rangle$과 $|R\rangle$은 규격화되어 있고, 서로 직교함을 확인하여라.

$|H\rangle$와 $|V\rangle$, 그리고 $|D\rangle$와 $|A\rangle$와 마찬가지로 $|L\rangle$과 $|R\rangle$은 직교하므로 광자 편광상태의 기준을 이룬다. 일반적인 편광 상태는 이 기준에서

$$|P\rangle = \mu|L\rangle + \nu|R\rangle \tag{1.16}$$

으로 표현할 수 있다.

연습문제 1.4

$|V\rangle$와 $|H\rangle$를 $|L\rangle$과 $|R\rangle$로 표현하여라.

1.3.6 일반적인 편광상태

$|P\rangle$로 표기하는 임의의 편광상태는 (식 1.6 참조)

$$|P\rangle = \alpha|V\rangle + \beta|H\rangle \tag{1.17}$$

로 표현할 수 있음을 보았다. 여기서 α와 β는 $|\alpha|^2+|\beta|^2=1$의 규격화조건을 만족하는 복소수이다. 이 계수는 두 개의 실수인 각도 θ와 ϕ로

$$\alpha = \cos\theta, \quad \beta = \sin\theta e^{i\phi} \tag{1.18}$$

의 형태로 쓸 수 있다.

$\cos^2\theta + \sin^2\theta = 1$, $|e^{i\phi}| = 1$이므로 규격화조건은 자연스럽게 만족되어 $|V\rangle$와 $|H\rangle$ 사이에 임의의 위상 $e^{i\phi}$를 허용한다. 따라서 $|P\rangle$는

$$|P\rangle = \cos\theta|V\rangle + \sin\theta e^{i\phi}|H\rangle \tag{1.19}$$

가 된다.

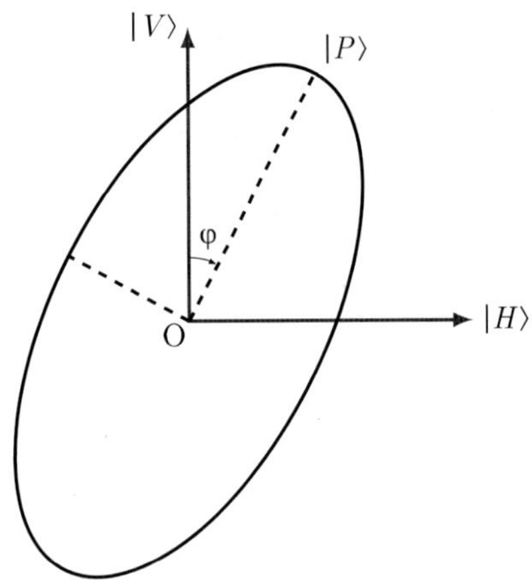

| 그림 1.5 | 타원 편광

이 일반적인 형태는 그림 1.5에 나타내었듯이 타원 편광을 나타낸다. 직각, 대각, 원형 편광은 아래 표에서 요약했듯이 특별한 경우에 해당한다.

편광상태	θ	ϕ
$\|V\rangle$	0	0
$\|H\rangle$	$\pi/2$	0
$\|D\rangle$	$\pi/4$	0
$\|A\rangle$	$-\pi/4$	0
$\|L\rangle$	$\pi/4$	$\pi/2$
$\|R\rangle$	$\pi/4$	$-\pi/2$

타원 편광

'타원 편광'이라는 용어는 주로 빛 파동에서 전기장 벡터의 경로를 설명하는 고전적인 개념이다. 양자물리학에서 각 광자의 편광상태는 지금까지 논의한 대로 양자 상태벡터와 중첩원리를 이용하여 기술한다.

타원 편광에 대해 자세히 설명하면, 식 1.19에 해당하는 전기장 성분은

$$E_x = E_0 \cos\theta \cos(\omega t),$$
$$E_y = E_0 \sin\theta \cos(\omega t + \phi)$$

으로 주어진다. 매개변수가 ωt인 이 한 쌍의 매개변수 방정식은 타원을 기술한다.

연습문제 1.5

식 1.19는 위에서 나열한 특별한 경우를 만든다는 것을 확인하여라.

연습문제 1.6

$\phi = 0$일 때 식 1.19는 선형 편광상태를 나타낸다는 것을 증명하여라. $|V\rangle$에 대한 각도는 얼마인가?

앞에서 $|P\rangle$는 다른 기준에서 표현할 수 있다는 것을 보았다(식 1.12와 1.16).

1.3.7 양자상태 가설

§1.3.1에서 복소수 벡터공간에서 양자상태 가설을 도입하였고, 이것은 대부분의 경우 양자 컴퓨팅에서 적절하다. 더 일반적으로 양자상태는 소위 Hilbert 공간이라는 곳에 있다.

가설 1: 양자상태

양자계의 상태는 Hilbert 공간에 있는 규격화된 복소수 벡터로 완전히 기술한다.

Hilbert 공간($\mathcal{H}$)은 완전성을 만족하는 내적이 정의되는 벡터공간이다. 이것은 의미하는 것은 이 공간은 무한히 중첩하여 만든 벡터를 포함한 모든 벡터를 포함한다는 것이다. n 큐빗이 있는 계에서 그 차원은 $N = 2^n$이고, 심지어 무한대일 수 있다. 그러나 양자컴퓨팅에서는 $\mathbb{C}^N$으로 표기하는 복소수 벡터공간으로 Hilbert 공간 $\mathcal{H}$를 고려하겠다.

2준위계에서 양자상태는

$$|\psi\rangle = \begin{bmatrix} \alpha \\ \beta \end{bmatrix} \tag{1.20}$$

으로 기술할 수 있다. 여기서 $\alpha, \beta \in \mathbb{C}$이고, $\langle\psi|\psi\rangle = \| \psi\rangle|^2 = 1$을 만족한다. 그리고 상태 공간은 $\mathbb{C}^2$이다.

1.4 양자 관측량 가설

양자역학의 미묘한 세계에 대해 공부할 때 상태 가설이 부드럽게 관측 가설로 바뀌는 중요한 단계에 접하게 된다. 이 세계를 살펴보는 중요한 양은 관측량으로 양자계 안에서 측정 가능한 성질을 이해하는 데 주요한 양이다. 양자 관측량 가설의 관점에서 보면 양자현상을 이용할 수 있는 막대한 가능성이 있을 때 측정은 큰 중요성을 갖는다. 측정은 양자계에서 정보를 끄집어내는 입구로 작용하고 양자컴퓨팅의 핵심을 이룬다.

관측량 가설로 시작하여 계속하여 관측 가설을 살펴볼 것이다. 각 단계에서 양자 영역의 독특한 면이 나타난다. 여러 부속 절을 통해 고전적인 거시적 양으로부터 수수께끼 같은 양자 관측량의 세계로 옮겨가는 단계를 밝힐 것이다. 이러한 과정에서 보기문제를 풀어보고, 수학적 표현의 미묘함을 밝히고, 관측량과 양자상태 사이의 심오한 상호작용을 보일 것이다. 이 절은 안내 역할을 하는 동시에 탐구 과정이고, 양자컴퓨팅의 무한한 가능성으로 깊이 들어가는 기초 작업이 될 것이다.

1.4.1 거시적인 양에서 양자 관측량으로

양자상태의 원리는 광자 편광을 포함하는 보기문제를 통해 도입하였다. 이 원리에 의하면 양자계의 상태는 규격화된 상태벡터로 완전히 기술한다. 지금까지 탐구하지 않은 '완전히'라는 용어를 주목해야 한다. 추가적으로 이 상태벡터 성분은 일반적으로 복소수라고 하였다.

빛의 세기, 에너지, 위치와 속도와 같은 물리적인 성질이 어떻게 이러한 틀에 들어맞는지 물어볼 수 있다. 이러한 속성은 양자 관측량(측정가능량이라고도 한다)으로 분류하고, 이것이 앞으로 탐구할 주제이다.

양자역학에서 관측량은 아래 논의에서 M이라는 기호로 쓰는 Hermitan 연산자로 표현한다. 이러한 관점에서 M은 위치나 빛의 세기와 같은 성질을 나타낸다. 이 연산자는 행렬의 형태를 갖고, 양자상태계로부터 얻을 수 있는 측정 가능한 결과 사이의 관계를 맺는 고유값과 고유벡터를 갖는다.

가설 1: 양자관측량

임의의 물리적으로 측정가능한 양은 Hermitian 연산자(행렬) M으로 표현한다.
$\{\lambda_i\}$로 표기하는 M의 고유값은 M을 측정했을 때 가능한 결과를 나타낸다.
각각의 고유값 λ_i에 대해 이에 해당하는 고유벡터 $|\lambda_i\rangle$는 이 특정한 결과를 확실하게 주는 상태이다.

Dirac 표기법에서 λ_i는 (실수 혹은 복소수인) 고유값을 나타내고, $|\lambda_i\rangle$는 이와 관련된 고유벡터를 나타낸다. 집합 $\{\lambda_i\}$는 연산자의 모든 고유값을 나타내고, $\{|\lambda_i\rangle\}$는 이에 해당하는 모든 고유벡터를 나타낸다.

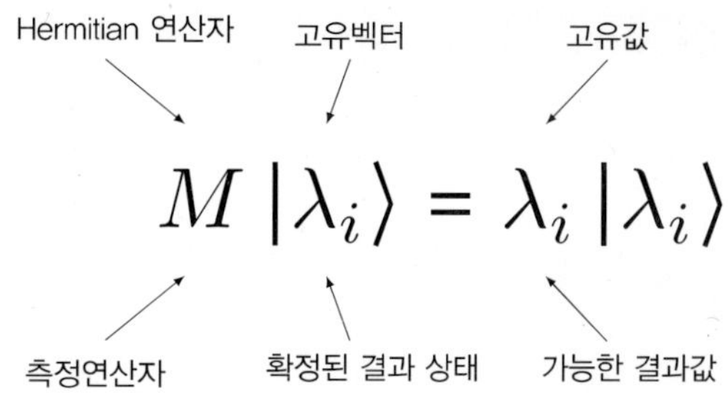

❙그림 1.6❙ 양자 관측 가설을 설명하는 그림

관측 가설을 그림 1.6에 나타내었다. 이 가설에 의하면 양자역학에서 어떤 물리적으로 측정 가능한 양도 관측량으로 알고 있는, 여기서는 M으로 쓰는 Hermitian 연산자와 연관시킬 수 있다. 이 연산자를 고유상태 $|\lambda_i\rangle$에 작용하면 그 결과는 상태 자체에 이에 해당하는 고유값 λ_i를 곱한 것이 된다. d-차원 계의 경우(즉, 연산자 M이 $d \times d$ 행렬인 경우) d개의 이와 같은 고유값과 고유벡터의 쌍이 있고, 지표 i는 계의 각 차원에 해당하여 1부터 d까지 가능하다. 고유값은 겹칠 수도 있다. 이것은 다른 고유벡터가 같은 고유값을 갖는 경우를 의미한다.

> **R** 양자 관측량의 관점에서 고유벡터와 고유값에 대해 더 자세히 보려면 부록 C와 참고서적 [1, 2]를 참조하여라.

개념은 매우 수학적으로 보이지만 다음에 살펴볼 예제를 보면 더 분명해질 것이다. 양자컴퓨팅에서 이 가설은 큐빗에서 어떻게 정보를 끄집어낼 수 있는지 알려준다. 눈금을 읽는 것은 기본적으로 측정이고, 따라서 가설에 의해 알고리즘을 물리적인 작용으로 해석할 때 어떻게 행동하는지 이해할 수 있다.

양자관측량은 Hermitian 연산자(행렬)이므로 먼저 이 가설을 이해하기 위해 이 성질을 살펴보자.

- Hermitian 연산자의 정의: $M^\dagger = M$.
- Hermitian 연산자이 고유값은 실수이다. 따라서 측정을 하면 결과는 실수이다.
- Hermitian 연산자의 고유값이 다른 고유상태는 반드시 직교한다(수학적 성가심: 고유값이 유일하더라도 이에 해당하는 고유벡터는 그렇지 않다. 특히 겹치지 않은 고유벡터는 전체 위상인자만큼 다를 수 있지만 이것은 물리적으로 다르게 관측되는 결과를 만들어내지 않는다).
- Hermitian 연산자는 고유상태의 완전집합을 갖고, 어떤 양자상태도 이 고유상태의 선형결합으로 전개할 수 있다.

연습문제 1.7

임의의 복소수 행렬 A에 대해 $AA^\dagger$는 Hermitian 행렬임을 증명하여라.

연습문제 1.8

다음 행렬에 대한 고유값과 고유벡터를 구하여라.

$$\begin{bmatrix} a-\alpha & b+i\beta \\ b-i\beta & a+\alpha \end{bmatrix}.$$

여기서 a, b, α, $\beta \in \mathbb{R}$이다.

1.4.2 직각 편광에 대한 관측량

선형 편광을 다시 조사해 보자. 관측 원리에 의하면 확실한 답(지나가거나 막히거나)을 갖는 이 상태를 측정할 수 있는 이유는 각 경우에 대한 관측량이 있다는 것이다. 그 관측량은 특정한 Hermitian 행렬이고, 이 행렬의 고유벡터는 이 확실한 상태에 해당하는 벡터이어야 한다. 이것이 어떻게 작동하는지 보이겠다.

수직 편광 $|V\rangle$에서 시작하여 이것을 특정하는 수직 관측량 M_V를 이용한다.

$$M_V = \begin{bmatrix} 1 & 0 \\ 0 & 0 \end{bmatrix}. \tag{1.21}$$

수직으로 편광이 되어 있는 광자를 측정하기 위해 수직 편광판을 이용할 때 확실하게 그렇다는 답을 얻는다는 것을 알고 있다. 측정 결과에 대해 그렇다(통과)에 값 1을, 아니다(막힘)에 0을 부여하면 $|V\rangle$는 고유값 1인 M_V의 고유벡터임을 예상할 수 있다.

$$M_V\,|V\rangle = 1\,|V\rangle = |V\rangle. \tag{1.22}$$

이것은 쉽게 확인할 수 있다. 마찬가지로 수평으로 편광이 되어 있는 광자를 수직 편광판을 이용하면 확실히 아니라는 답을 얻는다. 아마도라는 답은 없다. $|H\rangle$는 고유값이 0인 M_V의 고유벡터로 예상할 수 있다.

$$M_V\,|H\rangle = 0\,|H\rangle = 0. \tag{1.23}$$

이것이 양자 관측 원리로부터 유도된 중요한 개념을 나타낸다.

의미 2.1 — 측정 결과의 양자화

관측량이 연속된 값을 갖는 고전계와는 달리 양자 관측량은 종종 띄엄띄엄한 고유값을 갖는다.

연속적인 범위 내에서 어떤 값도 얻을 수 있는 고전적인 측정과는 대조적으로 양자측정의 결과는 종종 특정한 띄엄띄엄한 값으로 제한된다. 이 허용된 값은 측정과 관련된 관측 연산자의 고유값이다. 어떤 무한차원의 연산자만 연속적인 고유값을 갖는다. 이 측정의 양자화는 양자계의 기본적인 특성이다. 원자가 띄엄띄엄한 에너지 준위를 갖고, 큐빗이 2준위계로 존재하는 이유도 같은 개념으로 설명한다.

마찬가지로 수직과 수평편광을 측정하기 위해 수평 편광판을 이용하면 (M_V에 대해 보완적인) 관측량 M_H를 이용한다.

$$M_H = \begin{bmatrix} 0 & 0 \\ 0 & 1 \end{bmatrix}, \tag{1.24}$$

$$M_H |V\rangle = 0, \tag{1.25a}$$

$$M_H |H\rangle = |H\rangle. \tag{1.25b}$$

1.4.3 대각 편광에 대한 관측량

이제 대각 편광 $|D\rangle$와 $|A\rangle$를 살펴보자. 이들 또한 서로 배타적인 양자상태이고, 두 벡터는 직교규격화되어 있다. 관측연산자 M_D로 표현하는 대각 편광판을 이용하여 이들을 측정할 것이다. 이번에는 관측행렬을 확인하는 대신 이것을 유도하자. 이것은 양자컴퓨팅을 공부하는 사람에게 기본적인 방법을 보여줄 것이다.

$$M_D = \begin{bmatrix} a & b \\ c & d \end{bmatrix} \tag{1.26}$$

이라고 하고, 다음을 요구한다.

$$M_D |D\rangle = |D\rangle, \text{ 즉, } \begin{bmatrix} a & b \\ c & d \end{bmatrix} \frac{1}{\sqrt{2}} \begin{bmatrix} 1 \\ 1 \end{bmatrix} = \frac{1}{\sqrt{2}} \begin{bmatrix} 1 \\ 1 \end{bmatrix}, \tag{1.27a}$$

$$M_D |A\rangle = 0, \quad \text{ 즉, } \begin{bmatrix} a & b \\ c & d \end{bmatrix} \frac{1}{\sqrt{2}} \begin{bmatrix} 1 \\ -1 \end{bmatrix} = 0. \tag{1.27b}$$

연립방정식을 풀면 $a = b = c = d = \frac{1}{2}$를 얻고, 따라서 다음을 얻는다.

$$M_D = \frac{1}{2} \begin{bmatrix} 1 & 1 \\ 1 & 1 \end{bmatrix}. \tag{1.28}$$

앞에서 보인 M_V와 M_D를 보면 관측가설에 대한 다른 의미를 얻게 된다.

의미 2.2 — 측정기준

측정량을 선택하면 측정 결과를 표현하는 기준이 결정된다.

연습문제 1.9

$|D\rangle$를 0인 결과로, $|A\rangle$를 1인 결과로 측정하는 관측 연산자 M_A를 식 1.27에서 M_D를 유도한 방법과 비슷하게 유도하여라.

1.4.4 원형 편광에 대한 관측량

원평 편광 $|L\rangle$과 $|R\rangle$도 서로 배타적인 양자상태이다. $|L\rangle$이 고유값이 1인 고유벡터이고, $|R\rangle$은 고유값이 0인 고유벡터인 관측연산자 M_L이 있어야 한다. 또한 역으로 이에 보완적인 측정량 M_R이 있어야 한다.

이번에는 행렬 M_L과 M_R을 유도하는 더 일반적인 방법을 보이겠다. 스펙트럼 분해정리에 의하면 Hermitian 행렬은 고유값에 고유벡터의 외적으로 표현할 수 있다.

$$M = \sum_i \lambda_i |\lambda_i\rangle\langle\lambda_i|. \tag{1.29}$$

그러므로 식 1.14와 1.15에 있는 $|R\rangle$과 $|L\rangle$의 정의를 이용하면

$$\begin{aligned} M_L &= 1\,|L\rangle\langle L| + 0\,|R\rangle\langle R| \\ &= \frac{1}{\sqrt{2}}(|V\rangle + i\,|H\rangle)\frac{1}{\sqrt{2}}(\langle V| - i\,\langle H|) \\ &= \frac{1}{2}(|V\rangle\langle V| - i\,|V\rangle\langle H| + i\,|H\rangle\langle V| + |H\rangle\langle H|), \end{aligned} \tag{1.30}$$

즉, 행렬 형태로

$$M_L = \frac{1}{2} \begin{matrix} \\ |V\rangle \\ |H\rangle \end{matrix} \begin{matrix} \langle V| & \langle H| \\ \begin{bmatrix} 1 & -i \\ i & 1 \end{bmatrix} \end{matrix} \tag{1.31}$$

이 된다.

위의 M_L에 대한 유도는 양자컴퓨팅을 배우는 사람에게 주요 기술이다. M_L을 통해 관측연산자가 복소수를 포함하더라도 Hermitian 행렬의 성질에 의해 이와 관련된 고유값은 실수이다.

연습문제 1.10

행렬표현과 Dirac 표기법을 이용하여 다음을 확인하여라.

$$M_L|L\rangle = |L\rangle,$$
$$M_L|R\rangle = 0.$$

연습문제 1.11

$|L\rangle$을 측정하여 결과는 0, $|R\rangle$을 측정하여 결과가 1이 될 관측연산자 M_R을 식 1.30에서 M_L을 유도한 방법과 비슷하게 유도하여라.

1.4.5 기준 동등성과 Dirac 표기법

양자상태와 관측량은 특정한 기준에 얽매이지 않는다. 오히려 벡터와 행렬표현은 다른 기준에서 표현할 때 변한다. 관측 가설에 의하면 각 관측량의 고유벡터는 양자상태에 대한 기준으로 작용한다. Hermitian 연산자의 고유벡터로 만든 이 기준은 양자계를 기술할 때 수학적으로 서로 바꿀 수 있다.

Dirac의 브라-켓 표기법을 이용하면 이러한 양자량을 표현하는 일관성 있고, 기준과 상관없는 체계를 만들 수 있다. 선형대수 관점에서 Dirac 표기법에 대해 간단히 복습하려면 부록 C를 참조하여라.

Dirac 브라-켓 표기법의 기준 독립성

Dirac의 브라-켓 표기법은 내재한 기준 독립성을 강조하며 양자상태와 연산자를 추상적으로, 그리고 보편적으로 표현한다.

앞에서 광자 편광상태와 관련된 관측량을 조사하였다. 표 1.2에 벡터와 행렬표현을 직각 기준과 대각 기준에서 확장하였다.

▌표 1.2▐ 광자 편광상태와 관측량에 대한 요약

관계		
$\|D\rangle = \frac{1}{\sqrt{2}}(\|V\rangle + \|H\rangle)$		$\|A\rangle = \frac{1}{\sqrt{2}}(\|V\rangle - \|H\rangle)$
$\|L\rangle = \frac{1}{\sqrt{2}}(\|V\rangle + i\|H\rangle)$		$\|R\rangle = \frac{1}{\sqrt{2}}(\|V\rangle - i\|H\rangle)$
$M_V = \|V\rangle\langle V\|$	$M_D = \|D\rangle\langle D\|$	$M_L = \|L\rangle\langle L\|$

양	$\{\|V\rangle, \|H\rangle\}$ 기준	$\{\|D\rangle, \|A\rangle\}$ 기준
$\|V\rangle$	$\begin{bmatrix}1\\0\end{bmatrix}$	$\frac{1}{\sqrt{2}}\begin{bmatrix}1\\1\end{bmatrix}$
$\|H\rangle$	$\begin{bmatrix}0\\1\end{bmatrix}$	$\frac{1}{\sqrt{2}}\begin{bmatrix}1\\-1\end{bmatrix}$
$\|D\rangle$	$\frac{1}{\sqrt{2}}\begin{bmatrix}1\\1\end{bmatrix}$	$\begin{bmatrix}1\\0\end{bmatrix}$
$\|A\rangle$	$\frac{1}{\sqrt{2}}\begin{bmatrix}1\\-1\end{bmatrix}$	$\begin{bmatrix}0\\1\end{bmatrix}$
$\|L\rangle$	$\frac{1}{\sqrt{2}}\begin{bmatrix}1\\i\end{bmatrix}$	$\frac{1}{2}\begin{bmatrix}1+i\\1-i\end{bmatrix}$
$\|R\rangle$	$\frac{1}{\sqrt{2}}\begin{bmatrix}1\\i\end{bmatrix}$	$\frac{1}{2}\begin{bmatrix}1-i\\1+i\end{bmatrix}$
M_V	$\begin{bmatrix}1&0\\1&0\end{bmatrix}$	$\frac{1}{2}\begin{bmatrix}1&1\\1&1\end{bmatrix}$
M_D	$\frac{1}{2}\begin{bmatrix}1&1\\1&1\end{bmatrix}$	$\begin{bmatrix}1&0\\0&0\end{bmatrix}$
M_L	$\frac{1}{2}\begin{bmatrix}1&-i\\i&1\end{bmatrix}$	$\frac{1}{2}\begin{bmatrix}1&-i\\-i&1\end{bmatrix}$

Dirac 표기법의 강력함을 보이기 위해 M_L이 행렬을 $\{|D\rangle, |A\rangle\}$ 기준에서 유도해 보자. 표 1.2의 식을 기준에 독립인 관계로 취급하고 계산을 통해 M_L을 $|D\rangle$와 $|A\rangle$로 얻을 것이다.

$$
\begin{aligned}
M_L &= |L\rangle\langle L| \\
&= \frac{1}{\sqrt{2}}(|V\rangle + i\,|H\rangle)\,\frac{1}{\sqrt{2}}(\langle V| - i\,\langle H|) \\
&= \frac{1}{2}((|D\rangle + |A\rangle) + i(|D\rangle - |A\rangle))\,\frac{1}{2}((\langle D| + \langle A|) - i(\langle D| - \langle A|)) \\
&= \frac{1}{2}(|D\rangle\langle D| + i\,|D\rangle\langle A| - i\,|A\rangle\langle D| + |A\rangle\langle A|) \\
&= \frac{1}{2}\begin{bmatrix} 1 & i \\ -i & 1 \end{bmatrix}.
\end{aligned}
\tag{1.32}
$$

연습문제 1.12

표준적인 수식화에서 행렬 M_V M_D와 M_L은 첫 번째 고유벡터에 대해 고유값 1(통과)을 갖고, 두 번째에 대해서는 0(막힘)을 갖는다. 두 번째 고유벡터의 고유값을 0 대신 -1로 부여하는 것을 고려하자. 이 새로운 상황에서 행렬 M_V M_D와 M_L를 유도하고, 이들을 $|V\rangle$, $|H\rangle$ 기준에서 표현하여라. Pauli 행렬을 얻을 것이다.

ⓘ 양자컴퓨팅에서 흔히 특정한 관측량과 관계있는 직교규격화된 기준을 사용하지만 기준상태는 수학적으로 선형 독립이고, 완전하기만 하면 된다는 것은 주목할 만하다. 직교규격화는 반드시 필요한 것은 아니다.

1.5 양자 측정가설

관측가설과 측정가설은 양자역학의 중요한 요소이다. 이 가설은 양자계의 행동과 측정의 복잡한 과정을 기술한다. 특히 관측가설은 위치와 빛의 세기와 같은 모든 측정 가능한 양은 양자역학에서 Hermitian 연산자로 나타낼 수 있다고 규정한다. 한편 측정가설은 양자계 안에서 측정 가능한 양을 측정하는 방법론을 자세히 밝힌다.

아래 논의에서 측정가설을 두 개의 주요소인 측정확률과 상태붕괴로 나누어 측정가설의 복잡함을 고려하겠다. 이 원리는 양자역학의 기반을 이루고, 이로부터 측정, 상태와 확률 사이의 상호의존성에 대한 통찰력을 얻을 수 있다. 양자계 내에서 이 원리를 구현하는 것을 이해하기 위한 시각적 도구로 광자 편광을 이용하여 이 개념을 설명하겠다.

ⓘ 양자 측정은 양자컴퓨팅과 양자정보과학이 발전함에 따라 계속 진화하는 복잡한 주제이다. 이 절에서 제시한 표준적인 양자 관측은 기본 개념으로 생각할 수 있다. 이것은 §3.4에서 확장하여 양의 연산자값 측정(Positive Operator-Valued Measures: POVMs)과 같은 더 복잡한 방법을 포함하는 일반적인 측정에 대한 체계를 포함하여 유연성을 더 늘리고, 더 많은 응용을 할 수 있도록 하겠다.

1.5.1 측정 확률

관측가설에 의하면 양자상태가 관측량 M의 고유상태 $|\lambda_i\rangle$의 형태이면 측정 결과는 항상 λ_i가 된다. 기본적으로 관측량의 고유상태를 구별하는 것은 모호하지 않다.

그러나 식 1.17에 표현했듯이 중첩상태 $|\psi\rangle$와 같이 M의 고유상태가 아닌 일반적인 양자상태를 측정할 때 여러 결과가 나올 수 있고, 이것은 근본적으로 확률적 현상으로 양자측정을 특징짓는 것이다.

가설 3a: 측정 확률

양자상태 $|\psi\rangle$에 관측량 M을 측정한 결과는 고유값 중 하나에 해당한다. 각 고유값 λ_i와 관련된 확률은 $|\langle\lambda_i|\psi\rangle|^2$이다(Born 규칙).

이 가설에 의해 아래에서 자세히 볼 몇 개의 중요한 의미에 이르는 양자측정의 다양한 이해를 할 수 있다.

의미 3.1 — 비결정적 결과

양자측정은 내재적으로 확률적 결과를 수반한다. 이것은 초기조건과 운동방정식을 알면 측정은 결정적인 고전물리학과 매우 대조적이다.

의미 3.2 — 양자상태와 측정 확률

Born 규칙에 의하면 양자상태를 측정 결과의 확률과 연결시키는 수학적인 체계이다.

의미 3.3 — 전체 확률

양자상태 벡터는 모든 기준에 대해 규격화를 유지한다. 이것은 서로 배타적인 사건의 확률은 더하여 1이 된다는 기본적인 조건을 만족한다.

광자 편광 실험

그림 1.7에 나타낸 실험이 Born의 규칙의 전형적인 예이다. 광자는 수직 편광상태 $|\psi\rangle = |V\rangle$로 준비한다. (a)에서는 편광을 수직 편광판으로 측정한다. 통과 확률은 $|\langle V|\psi\rangle|^2 = |\langle V|V\rangle|^2 = 1$이므로 100%의 광자가 통과한다.

(b)에서는 광자를 수평 편광판으로 측정하고 통과 확률은 $|\langle H|\psi\rangle|^2 = |\langle H|V\rangle|^2 = 0$이어서 어떤 광자도 통과하지 않는다.

(c)에서 광자를 대각 편광판으로 측정할 때 통과 확률은 $|\langle D|\psi\rangle|^2 = |\langle D|V\rangle|^2 = 0.5$이다. 그 결과 광자 중 50%는 통과하고, 나머지는 막힌다. 이것은 그림에 광자 사이의 두 배가 된 간격으로 나타내었다.

연습문제 1.13

수직 편광된 광자 $|\psi\rangle = |V\rangle$는 왼쪽 원편광 M_L을 지나는 장치로 측정할 때 지나갈 확률은 얼마인가?

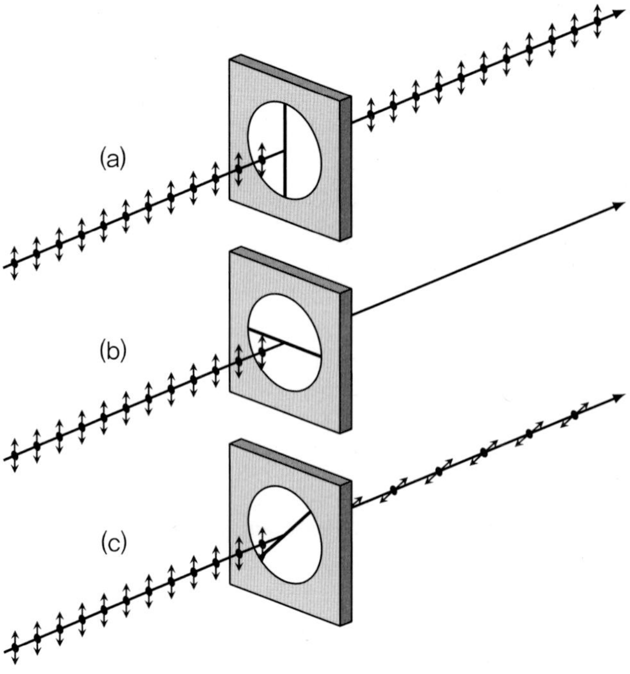

▌그림 1.7▐ 편광판을 지나는 광자의 측정

1.5.2 상태붕괴

고전물리학에서는 종종 계에 영향을 끼치지 않는 방법으로 측정을 할 수 있다. 고전물리학의 결정론적 체계에서 이러한 영향을 주지 않는 실험을 할 수 있다. 그러나 양자역학은 기본적으로 다르다. 각운동량이나 스핀과 같이 에너지와 다른 성질의 양자화와 Heisenberg의 불확정성 원리에 의해 어떤 양자계에 대한 측정은 불가피하게 이 계를 변화시킨다. 예를 들어 전자의 위치를 측정하면 반드시 운동량에 영향을 준다. 이렇게 고전적인 직관에서 벗어나는 것이 양자역학을 정의하는 특징 중의 하나이다.

고전적인 인식 체계와 양자적인 인식 체계가 벗어나므로 양자론의 근본적인 특징에 이르게 된다. 이것은 측정상태 붕괴에 대한 가설이다. 양자계에서 측정을 하면 계의 상태가 강제로 전이하게 된다. 특히 가설 3b에 의하면 관측량 M을 양자상태 $|\psi\rangle$에 대해 측정할 때 상태는 측정된 고유값 λ_i에 대응하는 고유상태 $|\lambda_i\rangle$로 붕괴한다. 이 상태붕괴는 순간적이고 비가역적이다.

> **가설 3b: 측정상태 붕괴**
>
> 측정한 후 양자상태는 측정한 고유값과 관련된 고유상태로 붕괴한다.

이 가설의 직접적인 의미는 양자역학에서 측정은 기본적으로 비가역적 과정이라는 것이다.

의미 3.4 — 비가역적 효과

측정을 하면 양자상태를 영원히 바꾸어 그 상태를 측정관측량의 고유상태 한 개로 변하게 된다. 이 비가역성은 비고전적이고 이후 계의 동역학에 영향을 준다.

다르게 표현하면 측정 과정은 양자상태를 돌이킬 수 없게 변화시킨다. 일단 계가 관측량 M의 고유상태에 있으면 같은 관측량을 이어서 측정하면 계속 같은 결과를 얻는다.

의미 3.5 — 이후의 측정

일단 측정을 하면 계의 상태는 명확한 고유상태로 붕괴한다. 그러므로 같은 관측량을 계속 측정하면 동일한 결과를 얻는다.

Copenhagen 해석과 von Neumann 체계

측정상태 붕괴 가설은 양자역학의 Copenhagen 가설과 잘 맞고 이 해석은 Niels Bohr와 Werner Heisenberg가 주로 기여한 것이다. John von Neumann은 나중에 비결정론적인 측정이 유도한 붕괴로부터 결정적 유니타리 변환을 설명하면서 이 견해에 대해 수학적으로 엄밀한 이론을 제공하였다. 양자역학에 대해 몇 개의 해석이 있지만 이 책에서는 von Neumann의 체계를 사용하겠다. 다양한 해석에 대한 추가적인 논의는 §9.2에서 볼 수 있다.

예제

광자 편광에 대한 반복 측정

그림 1.8에서 이 원리의 확실한 예를 보이겠다. 처음에 광자는 편광되어 있지 않아서 다른 편광 상태가 섞여 있다(이와 같은 혼합상태와 이를 밀도행렬로 표현하는 것은 이후의 절에서 논의할 것이다). 광자가 첫 번째 수직 편광판을 지날 때 이 상태는 수직 편광으로 붕괴된다. 수직 편광판으로 계속 측정하면 광자 상태를 막거나 변화시키지 않고 100% 통과 비율로 지나간다.

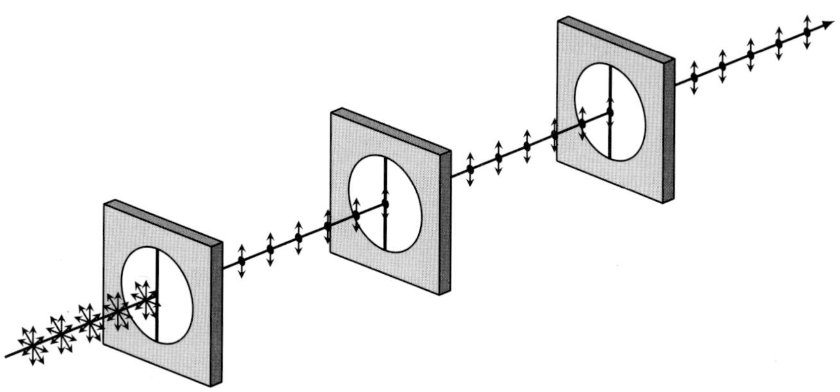

그림 1.8 반복하는 동일한 측정

교차편광 실험

측정가설을 이용하여 §1.2.3에서 논의한 혼동스러운 교차편광 실험을 설명할 수 있다. 그림 1.9에 빛을 광자의 흐름으로 취급하는 이 실험의 양자적 표현을 나타내었다.

(a)에서 비편광된 광자를 수직 편광판에 입사시킨다. 대략 광자의 50%는 통과하고, 이것은 비편광된 광자는 $|V\rangle$가 50%이고 $|H\rangle$가 50%라는 표현과 일치한다. 통과한 광자는 수직편광 상태 $|V\rangle$로 변한다. 수평 편광판을 이용하여 계속 측정하면 통과 확률은 0이다. $|\langle H|V\rangle|^2 = 0$. 이것은 실험 결과와 일치한다.

(b)에서 대각 편광판을 수직 편광판과 수평 편광판 사이에 넣었다. 상태 $|V\rangle$에 있는 광자가 이 대각 편광판을 통과할 확률은 $|\langle V|D\rangle|^2 = 50\%$이다. 이제 통과한 광자는 상태 $|D\rangle$에 있다. 이 광자를 수평 편광판으로 측정하면 통과확률은 50%이고, 전체 확률은 $50\% \times 50\% \times 50\% = 12.5\%$이고, 관측 결과와 같다.

이 실험의 요점은 대각 편광판을 지날 때 측정가설에 의해 $|D\rangle$로 상태붕괴되는 것에 있다. 이러한 양자역학적 특징이 없으면 특히 (a)에서 두 편광판만으로 완전히 막는다는 것을 고려하면 광자는 (b)에서 모든 세 개의 편광판을 지나지 않을 것이다.

1.5.3 *통계적 평균

양자역학에서 물리적 관측량은 Hermitian 연산자 M으로 표현한다. 거시적인 측정을 하면 앞에서 논의한 가설과 맞도록 계산한 이 관측량의 통계적 평균을 얻는다.

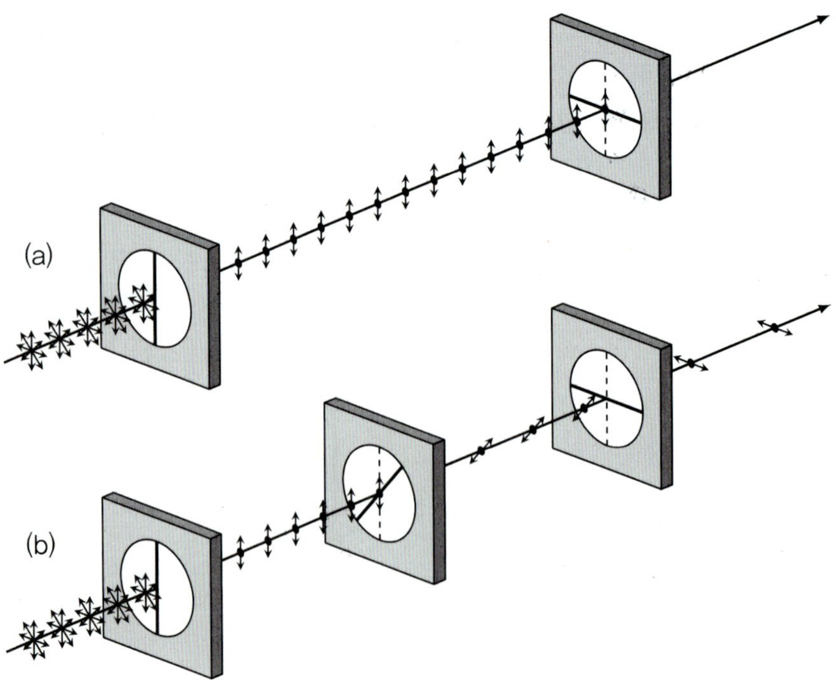

그림 1.9 교차 편광판을 지나는 광자의 측정

M의 고유벡터 $|\lambda_i\rangle$를 고려하자. 이들은 직교규격화된 기준을 이루어 일반적인 양자상태를

$$|\psi\rangle = \sum_i c_i |\lambda_i\rangle \tag{1.33}$$

으로 표현할 수 있다. 여기서 계수 c_i는 $\sum_i |c_i|^2 = 1$을 만족하는 복소수이다.

연산자 M을 이용한 중첩상태를 측정하면 그 결과는 확률적이다. 가능한 결과는 고유값 λ_i이고 확률 $P_i = |\langle\lambda_i|\psi\rangle|^2$로 일어난다. 이 결과의 통계적 평균은

$$\langle M\rangle = \sum_i P_i\lambda_i = \sum_i |\langle\lambda_i|\psi\rangle|^2\lambda_i \tag{1.34}$$

로 계산할 수 있다.

흥미롭게도 이것은 기준과 무관한 형태로 단순화시킬 수 있다.

의미 3.6 — 통계적 평균

양자상태 $|\psi\rangle$에 대해 관측량 M을 측정할 때 통계적 평균(기대값)은 다음과 같다.

$$\langle M\rangle = \langle\psi|M|\psi\rangle. \tag{1.35}$$

이 표현에 대한 직관을 얻기 위해 $|\lambda_0\rangle = |0\rangle$, $|\lambda_1\rangle = |1\rangle$이고, $|\psi\rangle = \alpha|0\rangle + \beta|1\rangle$인 경우를 고려하자.

$$\begin{aligned}\langle M\rangle &= |\alpha|^2\lambda_0 + |\beta|^2\lambda_1 \\ &= \langle\psi|0\rangle\langle 0|\psi\rangle\lambda_0 + \langle\psi|1\rangle\langle 1|\psi\rangle\lambda_1 \\ &= \langle\psi|(\lambda_0|0\rangle\langle 0| + \lambda_1|1\rangle\langle 1|)|\psi\rangle \\ &= \langle\psi|M|\psi\rangle\end{aligned}$$

이고, 여기서 Hermitian 행렬 M의 스펙트럼 분해 성질

$$M = \sum_i \lambda_i |\lambda_i\rangle\langle\lambda_i| \tag{1.36}$$

을 이용하였다.

일반적인 증명은 단순한 예제와 비슷하다.

증명

$$\begin{aligned}\langle M\rangle &= \sum_i |\langle\lambda_i|\psi\rangle|^2\lambda_i \\ &= \sum_i \langle\psi|\lambda_i\rangle\langle\lambda_i|\psi\rangle\lambda_i \\ &= \sum_i \langle\psi|(\lambda_i|\lambda_i\rangle\langle\lambda_i|)|\psi\rangle \\ &= \langle\psi|\left(\sum_i \lambda_i|\lambda_i\rangle\langle\lambda_i|\right)|\psi\rangle \\ &= \langle\psi|M|\psi\rangle.\end{aligned}$$

□

광자 편광을 이용한 예제: Malus의 법칙

식 1.35를 보이기 위해 그림 1.10에 기술한 대로 수직 편광된 광자를 각도 θ로 기울어진 편광판으로 측정하는 경우를 고려하자. 편광판을 지난 후 광자의 상태는

$$|\theta\rangle = \cos\theta\,|V\rangle + \sin\theta\,|H\rangle = \begin{bmatrix}\cos\theta \\ \sin\theta\end{bmatrix} \tag{1.37}$$

로 기술할 수 있다. 편광판과 관련된 관측 연산자는

$$M_\theta = |\theta\rangle\langle\theta| = \begin{bmatrix}\cos^2\theta & \cos\theta\sin\theta \\ \cos\theta\sin\theta & \sin^2\theta\end{bmatrix} \tag{1.38}$$

로 주어진다. M_θ의 통계적 평균을 구하기 위해 식 1.34를 적용한다.

$$\langle M_\theta\rangle = |\langle\theta|V\rangle|^2\cdot 1 = |\langle\cos\theta V|V\rangle + \langle\sin\theta H|V\rangle|^2 = \cos^2\theta. \tag{1.39}$$

다른 방법으로는 식 1.35를 이용하면 다음을 얻는다.

$$\langle M_\theta\rangle = \langle V|M_\theta|V\rangle = \langle V|\theta\rangle\langle\theta|V\rangle = |\langle\theta|V\rangle|^2 = \cos^2\theta. \tag{1.40}$$

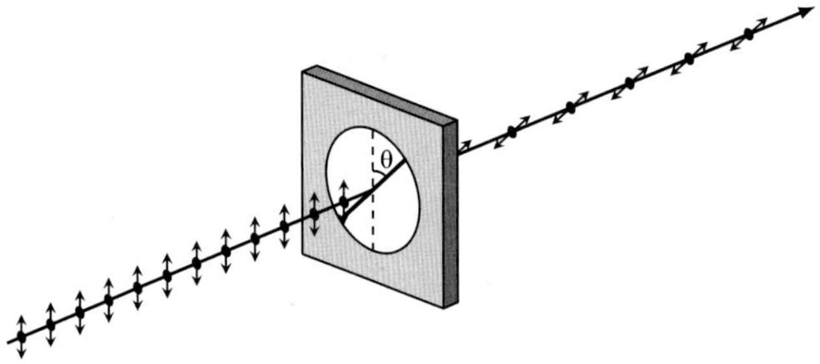

▌그림 1.10▐ 광자 측정: Malus의 법칙

연습문제 1.14

식 1.34와 11.35로부터 행렬곱을 이용하여 $\langle M_\theta\rangle = \cos^2\theta$임을 확인하여라.

두 방법 모두 통계적 평균으로 $\cos^2\theta$를 얻고, 이것이 Malus의 법칙이다. 출력-입력 세기 비율은 $\cos^2\theta$이다. 빛의 세기는 광자 다발에 비례하므로 이 결과는 Malus의 법칙에 대한 양자역학적 근거를 제시한다.

고전전자기론을 이용하여 설명할 수 있는데 굳이 양자역학을 이용하여 Malus의 법칙을 증명해야 하는지 그 이유를 물어볼 수도 있다. 여기에는 여러 설득력 있는 이유가 있다. 첫째 Malus의 법칙은 양자 영역에서도 계속 성립하고, 따라서 양자역학적 원리에 근거한 증명이 필요하다. 광자의 양자이론은 광자얽힘과 같은 고급 양자현상을 탐구할 때 필수적이다. 두 번째로 예제로 광자를 이용하면 양자역학을 기본적으로 이해하는 데 도움을 준다. 마지막으로 이 예제는 어떻게 고전물리학이 양자물리학의 통계적 극한으로 나타나는지 보여주게 된다.

연습문제 1.15

원형 편광된 광자 $|L\rangle$을 편광판 M_θ를 측정한다고 하자. 이 경우 통계적 평균을 계산하여라.

연습문제 1.16

편광판이 아닌 특별한 장치 D를 이용하여 $|V\rangle$인 광자를 측정한다고 하자. 이 장치는 각도 θ로 편광된 광자에 대해서는 $+1$ 값을 갖고, $\theta+\pi/2$에서 직교하는 편광에 대해서는 -1을 갖는다. $\langle D\rangle$를 계산하여라.

1.5.4 양자간섭

양자역학은 기본적으로 파동과 입자에 대한 고전적인 이해를 파동-입자 이중성을 이용하여 시험하게 한다. 이것은 간섭현상으로 아름답게 요약된다. 파동 진폭의 중첩을 이용하는 고전적인 간섭과는 달리 양자간섭은 광자와 같은 입자가 중첩된 상태로 존재하는 양자상태 가설과 이 중첩상태의 측정을 지배하는 관측량과 측정 가설을 포함한다.

양자간섭

양자간섭은 광자와 같은 입자가 중첩된 상태로 존재하고, 측정할 때 자신과 간섭하는 현상이다.

양자간섭이 가장 단순하게 나타나는 것은 2-경로 간섭이다. 이 현상은 광자나 전자와 같은 입자가 동시에 두 개 이상의 경로를 지나가고 서로 간섭할 가능성이 있을 때 일어난다. 이 구조는 양자간섭, 얽힘과 큐빗의 실현을 공부하는 초석이 된다.

1 Mach-Zehnder 간섭계

그림 1.11에 그려 놓은 Mach-Zehnder 간섭계는 광자의 2-경로 간섭을 측정하는 전형적인 실험장치이다. 광자가 간섭계에 들어오면 (BS1로 표시한) 빛가르개를 만나고, 이것은 기본적으로 반거울이다. 즉 50%는 통과하고, 50%는 반사한다. 이 장치는 실질적으로 광자를 두 개의 경로로 나눈다. 통과 경로 A와 반사 경로 B이다.

> 단일 광자는 동시에 두 경로로 이동할 수 있다는 것을 주목하는 것이 중요하다. 이것은 입자-파동 이중성과 관련된 현상이다. 이것은 어떤 광자는 경로 A를 지나고, 다른 광자는 경로 B를 이동하는 것은 아니다. 이것은 광자의 경로 정보를 조종하는 "양자지우개 실험"을 이용하여 광범위하게 확인되었다[13]. 경로에 대한 정보를 측정하면 광자는 특정한 경로를 지정하는 상태로 붕괴된다. 그러나 이 정보가 지워지면 광자는 단일 경로를 지난 것처럼 보일 때에도 광자의 파동 성질을 보여주는 간섭무늬가 다시 나타난다. 이 효과는 한 번에 광자 한 개가 간섭계에 있는 경우에도 나타난다.

갈라진 후 중첩된 상태는

$$|S\rangle = \frac{1}{\sqrt{2}}(|A\rangle + |B\rangle) \tag{1.41}$$

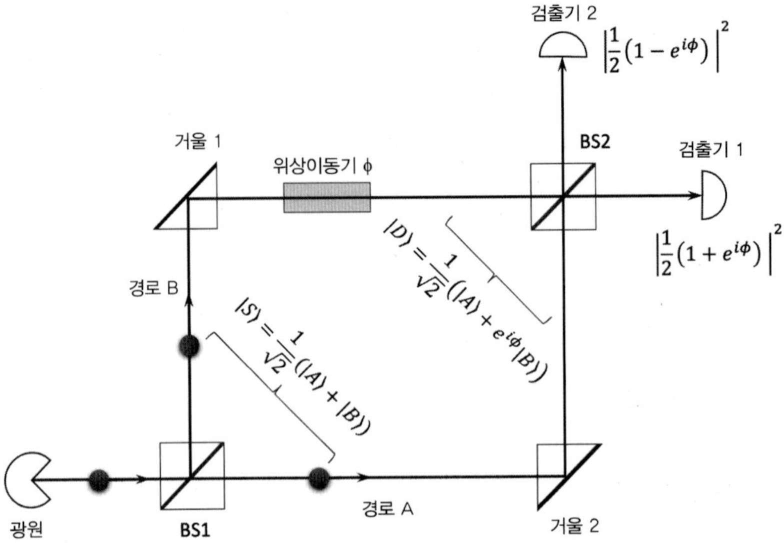

| 그림 1.11 | Mach–Zehnder 간섭계

로 주어진다. 여기서 $|A\rangle$와 $|B\rangle$는 각각 경로 A와 B를 지나는 상태이다.

첫 번째 빛가르개를 따라가면 광자는 중첩상태에 있고, 경로 A에 대해 경로 B를 따라 위상이동 ϕ가 축적된다. 이 위상이동은 상태를

$$|D\rangle = \frac{1}{\sqrt{2}}(|A\rangle + e^{i\phi}|B\rangle) \tag{1.42}$$

로 바꾼다.

경로 A와 B를 지난 후 광자는 두 번째 빛가르개(BS2)를 만난다. BS2는 경로 A와 B로부터 나온 광자 상태를 섞고 검출기 1과 검출기 2로 보낸다(빛가르개 자체는 기능적으로 Hadamard 게이트와 동등하다. 이 주제는 나중에 자세히 다룰 것이다). BS2와 결합된 광자검출기는 실질적으로 다음 기준에서 광자상태를 측정한다.

$$|+\rangle = \frac{1}{\sqrt{2}}(|A\rangle + |B\rangle), \tag{1.43a}$$

$$|-\rangle = \frac{1}{\sqrt{2}}(|A\rangle - |B\rangle). \tag{1.43b}$$

특별히 그림에서 검출기 1은 상태 $|+\rangle$에 있는 광자를 측정하는 것과 관련이 있고 측정확률은

$$P_1 = |\langle +|D\rangle|^2 = \left|\frac{1}{2}(1+e^{i\phi})\right|^2 = \left|e^{i\frac{\phi}{2}}\right|^2 \left|\frac{1}{2}(e^{-i\frac{\phi}{2}} + e^{i\frac{\phi}{2}})\right|^2 = \cos^2\frac{\phi}{2} \tag{1.44}$$

로 주어진다.

P_1은 ϕ에 사인함수 의존성을 가진다는 것을 주목하여라. $\phi = \pi$이면 관측확률은 0으로 떨어져 상쇄간섭 원리를 보여준다.

마찬가지로 검출기 2에서 광자를 측정할 확률은

$$P_2 = |\langle -|D\rangle|^2 = \left|\frac{1}{2}(1 - e^{i\phi})\right|^2 = \left|e^{i\frac{\phi}{2}}\right|^2 \left|\frac{1}{2}(e^{-i\frac{\phi}{2}} - e^{i\frac{\phi}{2}})\right|^2 = \sin^2\frac{\phi}{2} \tag{1.45}$$

이다. 예상한 대로 $P_1 + P_2 = 1$이다.

연습문제 1.17

2-경로 간섭에 대한 양자역학적 수식화를 이용하여 다음의 경우 Mach-Zehnder 간섭계에서 간섭 형태에 대해 계산하여라. (a) 첫 번째 빛가르개만 (b) 두 번째 빛가르개만 50-50이 아니고 40-60의 갈라지는 비율을 갖는다.

2 이중슬릿 실험

광자의 2-경로 간섭과 관련된 예는 그림 1.12에 나타낸 이중슬릿 실험이다. 이 실험에서 광자 한 개를 두 슬릿이 있는 장벽으로 쏜다. 단일 광자라고 하더라도 이 광자는 두 슬릿을 동시에 지나간 것처럼 행동하여 장벽 너머 있는 검출기 스크린 위에 간섭무늬를 만든다.

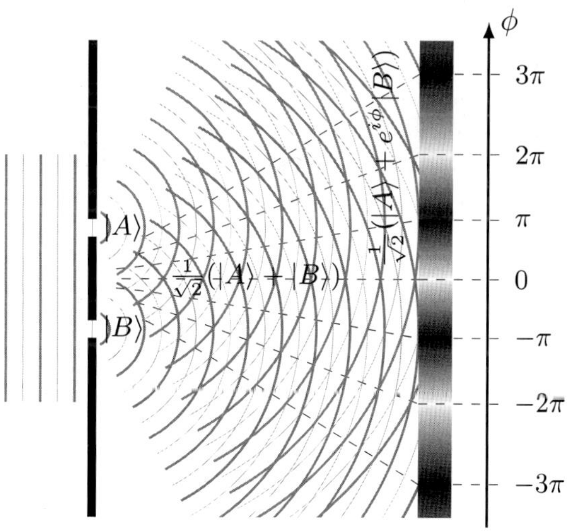

그림 1.12 이중슬릿 간섭 실험

연습문제 1.18*

지연선택 양자지우개 실험을 조사하여라. 이것은 이중슬릿 실험과 관계가 있지만 광자 간섭과 관련된 더 매혹적인 양자효과를 탐구하게 된다. 추천자료는 https://en.wikipedia.org/wiki/Quantum_eraser_experiment와 https://en.wikipedia.org/wiki/Delayed-choice_quantum_eraser이지만 이것에 국한되지는 않는다.

1.6 불확정성 원리

양자역학에서 측정가설은 여러 심오한 의미를 제공하며 그중 하나는 불확정성 원리이다. 역사적으로는 Heisenberg 불확정성 원리로 알려졌지만 이것은 측정가설의 직접적인 따름정리로 해석할 수 있다.

불확정성 원리는 두 가지 형태로 나타낸다. 첫 번째 형태는 호환되는 관측량과 비호환되는 관측량을 구별하는 것이다. 두 번째 형태는 이 원리를 수학적 부등식으로 나타내는 것이다. 여기서는 양자컴퓨팅과 관련성이 있는 첫 번째 형태에 집중하겠다.

1.6.1 호환, 비호환 관측량

양자측정을 할 때 측정값은 항상 관련된 관측 연산자의 고유값이다. 그후 양자상태는 이에 해당하는 고유상태로 붕괴한다. 연산자의 고유상태는 확률 1로 일어나는 확실한 측정결과를 얻는 상태를 나타낸다.

두 관측량은 호환될 수도, 호환되지 않을 수도 있어서, 이에 따라 두 양을 모두 100%의 정확도로 측정할 수 있는지 알게 된다. 비록 반드시 시간적으로 같은 순간에 측정할 필요는 없지만 이것은 종종 동시 측정이라고 한다. 관측량 사이의 비호환성이란 한 관측량을 측정하는 것이 다른 측정을 방해한다는 것을 의미한다. 불확정성 원리를 통해 이 조건을 다음과 같이 요약한다.

불확정성 원리

두 관측량을 표현하는 연산자 A와 B이 교환하지 않는다면, 즉 $[A, B] \equiv AB - BA \neq 0$이면 이 관측량은 완벽한 정확도로(즉 확률 0이나 1로) 동시에 측정할 수 없다. 다르게 말하면 이들은 비호환적이다.

증명 모순을 얻기 위해 A와 B는 완벽한 정확성으로 동시에 측정할 수 있다고 가정하자. 그러면

$$A|\phi_i\rangle = a_i|\phi_i\rangle, \quad B|\phi_i\rangle = b_i|\phi_i\rangle \tag{1.46}$$

을 만족하는 동시고유상태의 완전집합 $\{|\phi_i\rangle\}$이 존재해야 한다. 여기서 a_i와 b_i는 각각 A와 B의 고유값이다.

A와 B의 동시 고유상태 $|\phi_i\rangle$가 있으면

$$AB|\phi_i\rangle - BA|\phi_i\rangle = a_i b_i|\phi_i\rangle - b_i a_i|\phi_i\rangle = 0 \tag{1.47}$$

이 된다.

이것은 교환자 $[A, B] = AB - BA = 0$을 의미하므로, 처음 가정 $[A, B] \neq 0$인 가정과 모순된다. 그러므로 A와 B가 교환하지 않으면 동시 고유상태가 있을 수 없고, 따라서 완벽한 정확도로 동시에 측정할 수 없다. □

불확정성 원리의 의미

관측량 A와 B를 동시에 측정할 수 있으면

$\Leftrightarrow [A, B] = 0$

$\Leftrightarrow A$와 B는 고유벡터 $\{|\phi_i\rangle\}$를 공유한다.

$\Leftrightarrow A = \sum_i a_i |\phi_i\rangle\langle\phi_i|, \quad B = \sum_i b_i |\phi_i\rangle\langle\phi_i|.$

광자 편광을 이용한 예제

불확정성 원리가 작용하는 것을 더 잘 이해하기 위해 보기문제로 광자 편광을 고려하자.

수직과 수평 편광

수직 편광 $|V\rangle$와 수평 편광 $|H\rangle$를 측정하려 한다고 하자. 이 관측량은 교환하는가? 사실 그렇다.

$$A \equiv M_V = \begin{bmatrix} 1 & 0 \\ 0 & 0 \end{bmatrix},$$
$$B \equiv M_H = \begin{bmatrix} 0 & 0 \\ 0 & 1 \end{bmatrix},$$
$$[A, B] = AB - BA = 0.$$

이것은 $|V\rangle$와 $|H\rangle$를 100% 확실하게 특정할 수 있다는 것을 의미한다.

수직과 대각 편광

이제 수직 편광 $|V\rangle$와 대각 편광 $|D\rangle$를 측정하는 것을 고려하자.

$$A \equiv M_V = \begin{bmatrix} 1 & 0 \\ 0 & 0 \end{bmatrix},$$
$$B \equiv M_D = \frac{1}{2}\begin{bmatrix} 1 & 1 \\ 1 & 1 \end{bmatrix},$$
$$[A, B] = AB - BA \neq 0.$$

$[A, B] \neq 0$이므로 $|V\rangle$와 $|D\rangle$에 대한 관측량은 비호환적이다. 실제로 $|V\rangle$를 100% 확실히 측정한다면, 이후 $|D\rangle$를 측정할 때 50%의 확률로 통과하고, 막힌다.

양자통신의 응용: BB84 규약

BB84 양자 키분배(QKD) 규약에 의해 변하는 편광을 갖는 일련의 광자를 고려하자.

- 경우 1: 수직과 수평 편광 – {H,V,V,V,H,V,H,...}와 같은 순서는 수직, 혹은 수평 편광판으로 측정할 수 있고, 각 광자의 편광은 100% 확실하게 확인할 수 있다.
- 경우 2: 대각 편광 – {D,A,D,A,A,A,D,...}의 순서에 대해 45° 혹은 135° 방향의 대각 편광판으로 편광 상태를 측정할 수 있다. 왜냐하면 이 상태는 직교하기 때문이다.
- 경우 3: 혼합 – 순서가 수직, 수평과 대각 편광이 {H,V,D,V,H,A,D,H,...}와 같이 섞

여 있으면 완벽한 측정은 가능하지 않다. 이것은 위에서 보인 것과 같이 $|V\rangle$와 $|D\rangle$에 대한 관측연산자의 비호환성에서 나온 것이다.

연습문제 1.19

왼쪽 원형 편광 $|L\rangle$과 대각 편광 $|D\rangle$에 대한 측정은 비호환한다는 것을 관측연산자가 교환하지 않는다는 것을 보여 증명하여라. 상태 $|D\rangle$의 광자를 원형 편광과 대각 편광에 대해 측정했을 때 무엇이 일어나는지 설명하여라.

1.6.2 ∗불확정성 부등식

불확정성 원리는 수식적으로 연산자 A와 B의 측정에 대한 표준편차로 표현할 수 있다. 이 수식화는 특히 역사적인 것이어서 종종 위치와 운동량, 혹은 에너지와 시간을 이용하여 표시한다.

$$\Delta A \cdot \Delta B \geq \frac{1}{2}|\langle[A,B]\rangle|. \tag{1.48}$$

여기서 $\Delta A = \sqrt{\langle A^2\rangle - \langle A\rangle^2}$이고, ΔB도 마찬가지이다. 여기서 $[A,\ B] = AB - BA$는 A와 B의 교환자를 나타낸다.

이 불확정성 원리의 부등식 형태는 임의로 만든 것이 아니다. 이것은 Cauchy-Schwarz 부등식 $|\langle v|v\rangle|^2 \leq \langle u|u\rangle\langle v|v\rangle$를 이용한 수학적인 결과이다.

기초를 이루는 수학은 복잡하지만 이 책에서는 자세히 고려하지는 않겠다.

1.7 ∗양자역학에 대한 참고도서

양자역학을 더 깊게 이해하고 싶은 독자나 연구자를 위해 다음의 교재를 추천한다.

- Junichiro Kono. *Quantum Mechanics for Tomorrow's Engineers: New Edition*. 영어. 신판. Cambridge University Press, 2022년 9월 29일, 350페이지, ISBN:978- 1108842587
  이 책에서는 양자컴퓨팅과 공학 분야의 학생에 맞춘 선구적인 양자역학적 접근을 하였다. 이 포괄적인 학부용 교재는 추상적인 양자 원리와 양자컴퓨팅 분야의 구체적인 응용 사이의 간격을 메워준다.
  Kono의 책은 현재 기술, 분명한 역사적인 방법론에 집중하여 학생이 현대의 공학적 도전을 준비시킨다는 점에서 독특하다. 이 책은 양자정보의 기본을 탄탄하게 소개하고, 다양한 실세계 예제를 통해 실용성을 보여준다. 여기에는 양자우물 적외선 광측정기, 태양전지와 양자순간이동과 양자컴퓨팅과 띠간격 공학과 같은 최첨단 주제를 포함한다.
- Claude Cohen-Tannoudji, Bernard Diu, Franck Laloë. *Quantum Mechanics Vol 1:*

Basic Concepts, Tools, and Applications, Wiley, 2019. ISBN:978-3-527-34553-3.
노벨 수상자 Claude Cohen-Tannoudji와 그 동료가 쓴 세 권의 책은 양자역학 분야에 기념비적인 책이다. 이 광범위한 책은 기초를 제공할 뿐만 아니라 주제의 더 미묘한 양상에 대해 깊게 탐구한다.
1권은 특히 훌륭한 소개 내용으로 충분한 가치가 있다. 이 책에서 양자역학의 기본 가설에 대한 분명하고 자세한 설명을 한다. 이 교재는 단순한 정의를 넘어서서 복잡한 개념을 밝히는 풍부한 논의와 직관적인 설명을 한다. 이 책의 주목할 만한 면은 2-준위계에 초점을 맞추는 것이다. 이 계는 양자컴퓨팅과 양자정보과학에서 큐빗계의 초석이 되고, 이에 관한 절은 현재 연구와 이 분야의 기술적 발전과 직접 관련이 있는 가치 있는 통찰력을 제공한다.
이 책은 이어지는 책에서 심도 있는 지식을 제공한다. 2권은 "Angular Momentum, Spin, and Approximation Methods", 3권은 "Fermions, Bosons, Photons, Correlations, and Entanglement"라는 부제가 붙어 있고, 더 고급 주제로 논의를 확장한다. 이 책은 이러한 주제에 대한 포괄적인 이해를 돕기 때문에 양자역학을 깊이 탐구하려고 하는 누구에게도 필수적인 책이다.

- Richard P. Feynman, Robert B. Leighton, and Matthew Sands. *Quantum Mechanics (Feynman Lectures on Physics, Volume 3).* Basic Books,)ct. 4, 2011. ISBN: 978- 0465025015.
  유명한 "Feynman Lectures on Physics"의 일부분으로 양자역학에 대한 영감을 주는 책이다. 전설적인 물리학자 Richard P. Feynman이 저자인 이 책은 복잡한 개념을 접근 가능한 방법으로 전달하는 것으로 유명하다. Feynman의 독특한 강의 방법이 바탕을 이루는 양자 현상의 아름다움을 깊게 감상하는 엄밀한 과학적 이해와 결합되어 있다. 이 책은 매력적이고, 생각을 자극하는 방법으로 양자역학에 대한 더 심도 있는 개념의 이해를 원하는 사람에게 훌륭한 교재이다.
- J. J. Sakurai and Jim Napolitano. *Modern Quantum Mechanics.* Cambridge University Press, 2017. ISBN: 979-1-108-47322-4.
  이 책은 고급 양자역학에 대한 종합적이고 자세한 탐구를 하며 특히 양자시뮬레이션에 관련된 사람에게 특히 유용하다. 이 책은 양자역학의 대칭성, 충돌이론, 근사방법, 동일입자와 상대론적 양자역학을 포함하는 여러 고급 주제를 세련되게 다룬다. 분명하고, 구체적인 접근으로 인해 복잡한 개념을 이해할 수 있는 반면 현대 양자 연구와 기술에 이 원리가 어떻게 적용되는지에 관한 실용적인 직관을 얻을 수 있다.

1.8 주제 복습

이 장에서 광자를 도입하여 양자역학의 미묘한 측면을 살펴보았다. 여러 핵심적인 개념과 수학적인 수식화를 깊게 공부하여 양자영역에 대한 소개와 집중된 탐구를 할 수 있다. 이 풍부한 지식 구조를 이해하는 데 도움을 주기 위해 이 절에서 도입한 기본적인 개념과 식에 대해 간단히 복습하였다.

1.8.1 가설 1–3의 복습

- 가설 1: 양자상태
  - 양자계의 상태는 Hilbert 공간에서 규격화된 복소수 벡터로 기술한다.
- 가설 1의 의미
  - 직교상태는 서로 배타적이어서 직교규격화할 수 있다.
  - 일반적인 양자상태는 기준상태의 중첩으로 존재할 수 있다,
  - 상태벡터의 전체 위상은 물리적으로 전혀 중요하지 않다.
- 가설 2: 양자관측량
  - 물리적으로 측정 가능한 양은 Hermitian 연산자에 대응된다.
  - 측정 결과와 상태는 이 연산자의 고유값과 고유벡터로 정의한다.
- 가설 2의 의미
  - 양자관측량은 종종 띄엄띄엄한 고유값을 가져서 측정 결과가 양자화된다.
  - 관측량을 선택하면 측정을 표현하는 기준을 지정하게 된다.
  - Dirac의 브라-켓 표기는 기준에 독립적인 방법으로 양자상태와 연산자를 표현한다.
- 가설 3: 양자측정
  - 측정 결과와 확률은 Born 규칙으로 결정된다(그림 1.13 참조).
  - 측정을 하면 양자상태는 붕괴된다.
- 가설 3의 의미
  - 양자측정은 근본적으로 확률적이다.
  - 측정을 하면 상태는 비가역적으로 바뀐다.
  - 이후에 측정을 하면 동일한 결과를 얻는다.

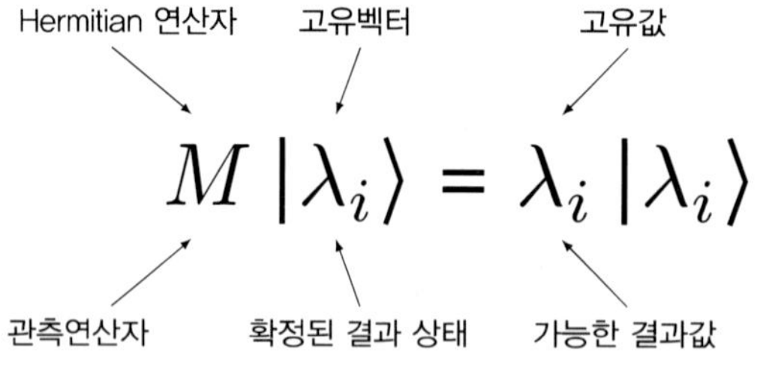

일반적인 중첩상태: $|\psi\rangle = \sum_i c_i\,|\lambda_i\rangle$ 여기서 $\langle\psi|\psi\rangle = \sum_i |c_i|^2 = 1.$

결과가 λ_i일 확률: $|\langle\lambda_i|\psi\rangle|^2 = |c_i|^2$. 확률 후 상태: $|\lambda_i\rangle$.

M의 기대값(통계적 평균): $\langle M\rangle = \sum_i |c_i|^2\lambda_i = \langle\psi|M|\psi\rangle.$

| 그림 1.13 | 관측량과 측정가설에 대한 요약

- 관측량 측정에 대한 통계적 평균을 계산할 수 있다.
- Born 규칙을 이용하여 양자상태와 측정확률 사이의 관계를 맺는다.
- 모든 가능한 결과에 대한 확률은 더하여 1이 되어야 한다.

- 교차가설의 의미
  - 양자간섭: 상태의 중첩과 그 이후 측정에 의해 일어나는 현상.
  - 불확정성 원리: 교환하지 않는 관측량을 동시에 측정할 때 존재하는 제한.

1.8.2 양자계인 광자에 대한 복습

- 양자계로서 광자
  - 광자는 기본입자이고 빛을 포함하는 전자기장의 양자이다.
  - 광자는 레이저, 양자암호학과 양자컴퓨팅과 같은 다양한 양자기술에 필수적이다.
  - 광자의 편광 상태는 Hilbert 공간에서 규격화된 복소수 벡터로 표현할 수 있다.
  - 직교하는 광자 편광상태에 대한 세 개의 기본적인 집합: 직각, 대각과 원편광.

- 광자의 특성
  - 직교하는 편광 상태는 서로 배타적이므로, 양자역학의 직교 성질과 잘 맞는다.
  - 광자의 편광은 기준 편광 상태의 중첩으로 존재할 수 있다.
  - 양자 편광 상태는 중첩되고, 얽힐 수 있어서 대응되는 고전적인 결과가 없는 양자적으로 독특한 행동을 한다.
  - 광자를 2-경로계를 통해 보낼 때 양자간섭이 관측되며 이것은 중첩원리의 결과이다.

- 광자 관측량
  - 광자의 편광은 양자관측량의 한 예가 된다.
  - 편광과 관련된 측정은 적절한 Hermitian 연산자를 통해 정의할 수 있다.

- 광자 측정
  - 광자의 편광을 측정하면 Born의 규칙과 일치한다.
  - 측정 후 광자상태는 측정된 편광각도에 대응되는 고유상태로 붕괴한다.

- 광자 측정의 특성
  - 다른 양자계와 비슷하게 광자 측정은 확률적이다.
  - 편광을 측정하는 행동은 광자상태를 붕괴시켜 비가역적으로 바꾼다.
  - 같은 광자를 반복해서 측정하면 측정 사이에 광자가 변하지 않았으면 같은 편광각도를 얻는다.

- 광자 편광 상태와 관측량: 표 1.2 참조.

1.9 요약 및 결론

기본 원리

이 장에서 양자컴퓨팅과 양자정보과학(QCI)을 기술하는 기초적인 원리를 탐구하였다. 논의할 때 이 원리를 이해하는 것을 강조하였는데 이것은 이론적인 분명함뿐만 아니라 실제적인 응용을 위한 것이다.

벡터공간에서 규격화된 복소수 벡터로 기술하는 양자상태를 조사하고 양자비트, 즉 큐빗을 도입하는 단계로 가는 것으로 시작하였다. 양자계에 유일한 병렬계산능력에 대한 중첩의 중요한 개념을 살펴 보았다.

그리고 Hermitian 연산자로 표현하는 양자 관측량에 대한 논의로 옮겨 갔다. 이 연산자는 물리적으로 측정가능한 양을 정의하고, 그 고유값과 고유벡터는 양자측정의 결과와 확률에 밀접하게 관련되어 있다.

다음으로 확률을 계산하는 Born 규칙과 측정 후 상태붕괴의 개념에 집중하여 양자측정을 기술하는 기본적인 규칙을 설명하였다. 내재하는 양자역학의 확률적 성질과 양자상태에 대한 측정의 비가역적 효과를 강조하였다.

그리고 양자간섭, 불확정성 원리와 양자상태의 전체 위상이 물리적 중요성이 없다는 것과 같은 부수적이지만 중요한 개념에 대해 논의하였다. 이 논의를 통해 양자역학과 양자컴퓨팅에 있는 미묘함과 복잡함에 대해 더 풍부하게 이해할 수 있다.

일반적인 체계

이 접근은 큐빗과 같은 2-준위 양자계를 이용한 반면 논의한 원리는 일반적이고, 더 차원이 큰 양자계에도 적용할 수 있다. 이 장을 통해 학문적 엄밀성을 해치지 않고 개념의 관련을 더 깊게 하는 예로 광자를 선택하였다.

이 체계를 통해 양자물리학, 컴퓨터과학과 수학으로부터 직관을 결합하여 학제간 연구가 되었다. 이 여러 학문 분야에 걸친 방법으로 더 종합적인 이해를 할 수 있고, 독자에게 양자컴퓨팅과 양자정보에 풍부하고 다양한 지평을 준비할 수 있도록 한다,

앞으로 다룰 주제

이후의 장에서 처음에 큐빗계의 다른 물리적 현실인 반정수 스핀에 집중할 것이다. 이로부터 큐빗에 대한 일반적인 이론적 체계를 도입한다. 그 이후 남아 있는 양자 시간변화 및 양자합성에 대한 원리를 탐구하여 양자컴퓨팅과 정보학의 이론과 실제에 대해 깊이 이해한다.

문제 1

1.1

$$|\psi\rangle = \begin{bmatrix} \cos\theta \\ e^{-i\phi}\sin\theta \end{bmatrix}, \quad |\psi'\rangle = \begin{bmatrix} e^{i\phi}\sin\theta \\ -\cos\theta \end{bmatrix}$$

이 주어졌을 때 다음을 계산하여라.

(a) $\langle\psi|\psi'\rangle$

(b) $|\psi\rangle\langle\psi'|$

(c) $|\psi\rangle\langle\psi|-|\psi'\rangle\langle\psi'|$

1.2 a, c, d에 대한 조건을 조절하여

$$\begin{bmatrix} a & \sin\theta e^{i\phi} + i\cos\theta e^{-i\phi} \\ c & d \end{bmatrix}$$

이 Hermitian 행렬이 되도록 하여라. 여기서 ϕ, $\theta\in\mathbb{R}$이고, a, c, $d\in\mathbb{C}$이다.

1.3 행렬 표현과 Dirac 표기 방법을 모두 이용하여 식 1.12와 1.16을 비교하고 다음에 대한 공식을 유도하여라.

(a) γ와 δ를 μ와 ν로 나타내기

(b) μ와 ν를 γ와 δ로 나타내기

1.4 $\phi=\frac{\pi}{2}$일 때 식 1.19는 장축이 $|V\rangle$나 $|H\rangle$방향인 타원 편광상태를 나타낸다는 것을 증명하여라.

1.5 $|V\rangle$에 대해 각도 θ를 이루는 일반적인 선편광 상태 $|\theta\rangle$와 그 직교상태 $|\theta_\perp\rangle$는

$$|\theta\rangle = \begin{bmatrix} \cos\theta \\ \sin\theta \end{bmatrix}, \quad |\theta_\perp\rangle = \begin{bmatrix} \sin\theta \\ -\cos\theta \end{bmatrix}$$

으로 주어진다.

(a) $\langle\theta|\theta_\perp\rangle=0$임을 보여라.

(b) 이에 해당하는 관측연산자 M_θ와 $M_{\theta_\perp}$를 유도하여라.

(c) $M_\theta M_{\theta_\perp}=0$임을 보여라.

1.6 식 1.19로 주어진 일반적인 (타원) 편광상태에 대한 관측연산자 M_P를 유도하여라.

1.7 ＊ $|V\rangle$에 대해 각도 α를 이루는 편광을 갖는 광자를 고려하고 각도 β로 향하는 편광판을 이용하여 이 광자를 측정한다. 측정의 통계적 평균은 $\cos^2(\alpha-\beta)$임을 보여라. 이 양은 상대각 $\alpha-\beta$에만 의존한다.

1.8 ＊ 일반적인 편광상태 $\alpha|V\rangle+\beta|H\rangle$ 대해 광자를 측정하는 것과 다른 편광상태 $\delta|V\rangle+\gamma|H\rangle$를 측정하는 것이 양립하는 α, β, γ와 δ에 대한 조건을 구하여라.

CHAPTER

2

스핀계의 기초

이 장에서는 스핀계에 속하는 양자역학의 기본원리를 탐구한다. 스핀의 미묘함에 대해 이해하는 것은 특히 양자컴퓨팅과 같이 양자역학에 많이 의존하는 분야에서 필수적이다. 여기서 두 필수적인 도구인 Pauli 행렬과 Bloch 구를 도입하겠다.

2.1 스핀, 각운동량과 자기모멘트

고전물리학에서 회전하는 테니스공과 같은 물체에는 각운동량이 있다. 이 각운동량은 회전축을 향하는 벡터량이고, 그 크기는 연속적인 값을 가질 수 있다. 그러나 전자, 양성자, 중성자, 또한 원자와 같은 합성 입자인 양자 입자에서 이 상황은 기본적으로 다르다. 이러한 입자의 각운동량은 양자화되어 있고 띄엄띄엄한 값만을 갖는다. 더구나 이 입자는 영원히 회전하는 것처럼 영구적으로 0이 아닌 각운동량을 가질 수 있다. 이 내재하는 각운동량을 스핀이라고 한다.

스핀은 전자현미경, 자기공명과 양자컴퓨팅을 포함하지만 이에 국한되지는 않는 많은 응용에서 나타나는 물리 현상이다.

2.1.1 페르미온, 보존과 애니온

입자는 스핀에 근거하여 페르미온과 보존인 두 개의 넓은 종류로 분류할 수 있다. 페르미온은 반정수 스핀($\frac{1}{2}$, $\frac{3}{2}$, $\cdots$)을 갖고, 보존은 정수 스핀(0, 1, 2,$\cdots$)을 갖는다. 기본적으로 전자, 양성자와 중성자를 포함하는 관측 가능한 우주에서 전형적인 물질 안에 있는 모든 입자는 페르미온이다. 빛의 입자인 광자는 정수 스핀 1을 가져서 보존으로 분류한다. 정수와 반정수 사이의 차이는 특수상대론에서 나오고, 이것이 입자의 파동함수가 Lorentz 군에 대해 어떻게 변환하는지 결정한다.

페르미온과 보존뿐만 아니라 애니온으로 알려진 다른 미묘한 유사입자 집단이 있다. 정수와 반정수값으로 엄격하게 제한을 받는 페르미온과 보존과는 달리 애니온은 이차원계에서 더 진기한 행동을 한다. 그 스핀은 정수와 반정수 사이의 값을 가질 수 있어서 전통적이지 않은 양자통계를 따른다. 특히 위상 양자컴퓨팅이라는 급성장하는 분야에서 현재 애니온에 대한 관심이 크고 애니온을 양자정보의 가능한 운반자로 여기고 있다.

2.1.2 1/2 스핀

전자와 일부 원자핵과 같은 스핀 $\frac{1}{2}$인 입자는 양자컴퓨팅에서 특별히 흥미롭다. 그림 2.1에 나타내었듯이 이 입자는 두 개의 다른 양자상태를 가지고, 흔히 위와 아래 상태로 이름붙인다. 이 상태는 수학적으로 $|\uparrow\rangle$와 $|\downarrow\rangle$로, 혹은 동등하게 $|0\rangle$과 $|1\rangle$로 표현한다. 이 상태에 해당하는 각운동량은 $S_u = \frac{\hbar}{2}$와 $S_d = -\frac{\hbar}{2}$이고, $\hbar$는 환산 Planck상수이다.

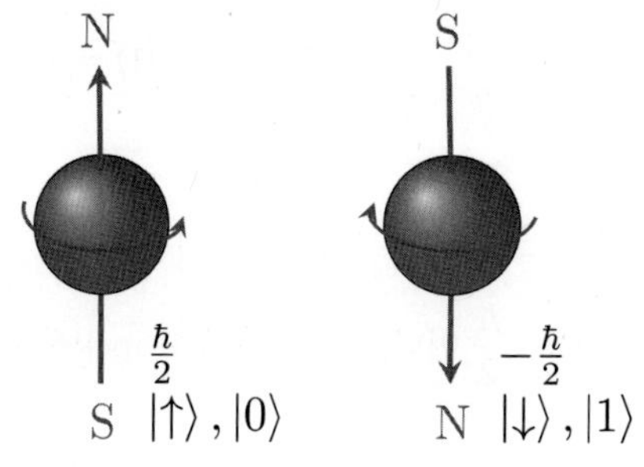

| 그림 2.1 | 1/2 스핀

큐빗으로 행동할 수 있는 2준위 양자계로 사용할뿐만 아니라 스핀-$\frac{1}{2}$계를 기술하는 수학적 구조는 쉽게 큐빗의 모형으로 일반화할 수 있어서 양자컴퓨팅 알고리즘의 초석이 된다.

스핀-$\frac{1}{2}$ 입자의 매력적인 측면은 회전에 대한 특이한 행동이다. 360° 회전한 후 원래 상태로 돌아오는 고전적인 물체와는 달리 스핀-$\frac{1}{2}$ 입자는 파동함수가 원래 상태로 돌아오려면 720° 회전해야 한다. 이 흥미로운 성질은 기본적으로 양자상태의 위상과 연결되어 있고 고전적인 예상과는 상당히 다르다.

양자컴퓨팅에서 중요성을 말했으니 이후의 논의는 주로 스핀-$\frac{1}{2}$계에 집중하겠다.

2.1.3 자기모멘트

전자와 양성자같은 대전된 양자 입자에서 고유한 스핀은 자기모멘트와 관련이 있다. 수학적으로 이 자기모멘트는 스핀에 비례하므로 $\vec{\mu} = \gamma\vec{S}$로 쓰고, γ는 자기 회전 비율이다(자세한 것은 §4.5.1.4에서 설명할 것이다). 이 관계는 자기공명영상(MRI), 양자컴퓨팅과 양자센싱과 같이 자기 상호작용을 탐구하는 기술에서는 기본적이다.

2.2 스핀-1/2 상태와 Pauli 행렬

2.2.1 스핀-1/2 상태와 관측량

고유한 각운동량의 형태로서 스핀은 삼차원 공간에서 벡터로 표현한다. 스핀-$\frac{1}{2}$인 입자에 대해 이 벡터는 임의의 선택한 방향에 대해 두 개의 양자화된 값 $\frac{\hbar}{2}$와 $-\frac{\hbar}{2}$를 갖고, $\hbar$는 환산 Planck상수이다. z 방향을 택하면 이 상태는 전형적으로 위와 아래로 부르고, $|0\rangle \equiv |\uparrow\rangle$와 $|1\rangle \equiv |\downarrow\rangle$로 표기하며 계산의 기준을 이룬다. 수학적으로 이 상태는

$$|0\rangle = \begin{bmatrix} 1 \\ 0 \end{bmatrix}, \quad |1\rangle = \begin{bmatrix} 0 \\ 1 \end{bmatrix} \tag{2.1}$$

로 정의한다.

z 방향의 스핀을 측정하는 것과 관련된 관측량 S_z는 이 상태가 고유상태이고, 해당하는 고유값은 $\frac{\hbar}{2}$와 $-\frac{\hbar}{2}$이다. $\hbar$는 환산 Planck상수이다. S_z는 스펙트럼 전개를 통해

$$S_z = \frac{\hbar}{2}|0\rangle\langle 0| - \frac{\hbar}{2}|1\rangle\langle 1| = \frac{\hbar}{2}Z \tag{2.2}$$

로 표현할 수 있다. 여기서 Z는 Pauli Z 행렬로

$$Z = \begin{bmatrix} 1 & 0 \\ 0 & -1 \end{bmatrix} \tag{2.3}$$

으로 정의한다.

양자컴퓨팅 관점에서 S_z 대신 Z를 직접 사용한다. 이 둘 사이에는 $\frac{\hbar}{2}$ 인자만 차이가 있다.

마찬가지로 x축에 대해서 상태벡터는

$$|+\rangle = \frac{1}{\sqrt{2}}(|0\rangle + |1\rangle) = \frac{1}{\sqrt{2}}\begin{bmatrix} 1 \\ 1 \end{bmatrix}, \tag{2.4a}$$

$$|-\rangle = \frac{1}{\sqrt{2}}(|0\rangle - |1\rangle) = \frac{1}{\sqrt{2}}\begin{bmatrix} 1 \\ -1 \end{bmatrix} \tag{2.4b}$$

로 표현한다. 관련된 관측량은 Paul X 행렬이다.

$$X = |+\rangle\langle +| - |-\rangle\langle -| = \begin{bmatrix} 0 & 1 \\ 1 & 0 \end{bmatrix}. \tag{2.5}$$

y축 방향으로 상태벡터는

$$|+_i\rangle = \frac{1}{\sqrt{2}}(|0\rangle + i\,|1\rangle) = \frac{1}{\sqrt{2}}\begin{bmatrix} 1 \\ i \end{bmatrix}, \tag{2.6a}$$

$$|-_i\rangle = \frac{1}{\sqrt{2}}(|0\rangle - i\,|1\rangle) = \frac{1}{\sqrt{2}}\begin{bmatrix} 1 \\ -i \end{bmatrix} \tag{2.6b}$$

이다.

$|+_i\rangle$와 $|-_i\rangle$는 종종 $|i_+\rangle$와 $|i_-\rangle$, 혹은 다른 책에서는 $|i\rangle$와 $|-i\rangle$로 쓴다. 관련된 관측량은 Pauli Y 행렬이다.

$$Y = |+_i\rangle\langle +_i| - |-_i\rangle\langle -_i| = \begin{bmatrix} 0 & -i \\ i & 0 \end{bmatrix}. \tag{2.7}$$

연습문제 2.1

브라-켓 표현에 기초하여 Pauli 행렬 X, Y와 Z를 행렬 형태로 유도하여라.

이 상태벡터의 특정한 형태는 임의로 정한 것이 아니고, 특히 Pauli가 주목한 물리학자의 통찰력이 기여한 결과이다. 이 형태는 일반적인 스핀 방향에 대한 이후의 논의에서 더 정당화될 것이다.

2.2.2 Pauli 행렬의 성질

Pauli 행렬은 스핀 관측량에 작용하는 것 이상의 기능을 한다. 이 행렬은 양자컴퓨팅과 양자물리의 다양한 영역에서 중요한 역할을 한다. 그래서 이 성질에 대한 완벽한 이해가 중요하다. 이 성질은 아래에서 강조하고 더 자세한 것은 부록 D에 있다(간단히 관계를 표현하기 위해 Pauli 행렬은 종종 $\sigma_1 \equiv X$, $\sigma_2 \equiv Y$, $\sigma_3 \equiv Z$로 표기한다. 아래에서 이 관계를 표현하기 위해 σ를 사용한다).

1. Hermitian 성질: $\sigma^\dagger = \sigma$.
2. 유니타리: $\sigma^\dagger \sigma = I$.
3. 대칭성: $\sigma^2 = I$.
4. 교환관계: $[\sigma_j, \sigma_k] = 2i\epsilon_{jkl}\sigma_l$. 여기서 ϵ_{jkl}은 Levi-Civita 기호이다.
5. 반교환관계: $\{\sigma_i,\ \sigma_j\} = 2\delta_{ijI}$. 여기서 δ_{ij}는 Kronecker 델타이다.
6. 대수적 완전성: (I와 함께) Pauli 행렬은 $\mathbb{C}^{2\times 2}$에서 일반적인 행렬에 대한 완전기준을 이룬다.
7. 스핀각운동량: Pauli 행렬은 올바른 회전 성질을 갖는 x, y와 z 방향으로 스핀각운동량 연산자를 나타낸다.

Kronecker 델타와 Levi-Civita 기호

이 두 양은 양자컴퓨팅에서 필수적인 도구이다.

Kronecker 델타 δ_{ij}는 다음과 같이 정의한다.

$$\delta_{ij} = \begin{cases} 1, & i = j \text{일 때}, \\ 0, & i \neq j \text{일 때}. \end{cases} \tag{2.8}$$

기호가 하나 있는 델타는 $\delta_i = \delta_{i0}$로 정의한다.

Levi-Civita 기호 ϵ_{ijk}는 다음과 같이 정의한다.

$$\epsilon_{ijk} = \begin{cases} +1, & (i, j, k)\text{가 } (1,2,3), (2,3,1) \text{ 또는 } (3,1,2)\text{일 때}, \\ -1, & (i, j, k)\text{가 } (3,2,1), (1,3,2) \text{ 또는 } (2,1,3)\text{일 때}, \\ 0, & \text{어떤 두 개 이상의 지표가 같을 때}. \end{cases} \tag{2.9}$$

왜 복소수가 필요한가?

Pauli 행렬 중 한 개는 i가 있다는 것에 의아할 것이다. 이것은 기본적으로 필요한가, 혹은 편의상 문제인가? Pauli 연산자에서 i는 다음의 이유로 반드시 있어야 하는 것으로 판명되었다.

1. 반교환관계를 만족해야 한다.

2. 스핀-$\frac{1}{2}$ 입자에 대한 올바른 각운동량의 회전에 대한 성질을 만들어야 한다.
3. 완전하고, 직교하는 2×2 Hermitian 행렬의 기준이 되어야 한다.

연습문제 2.2

Pauli 행렬 Z의 고유벡터 $|0\rangle$와 $|1\rangle$, X의 고유벡터 $|+\rangle$와 $|-\rangle$, 그리고 Y의 고유벡터 $|+_i\rangle$와 $|-_i\rangle$에 대해 다음을 증명하여라.

$$\begin{aligned}&\langle 0|Z|0\rangle = 1, &&\langle 1|Z|1\rangle = -1,\\ &\langle +|X|+\rangle = 1, &&\langle -|X|-\rangle = -1,\\ &\langle +_i|Y|+_i\rangle = 1, &&\langle -_i|Y|-_i\rangle = -1\end{aligned}$$

과

$$\begin{aligned}\langle 0|X|0\rangle &= \langle 1|X|1\rangle = \langle 0|Y|0\rangle = \langle 1|Y|1\rangle = 0,\\ \langle +|Y|+\rangle &= \langle -|Y|-\rangle = \langle +|Z|+\rangle = \langle -|Z|-\rangle = 0,\\ \langle +_i|Z|+_i\rangle &= \langle -_i|Z|-_i\rangle = \langle +_i|X|+_i\rangle = \langle -_i|X|-_i\rangle = 0.\end{aligned}$$

다양한 방향을 향하고 있는 스핀의 X, Y, Z 성분을 측정하는 것으로 이 결과에 대한 물리적 해석을 하여라.

2.3 일반적인 스핀 상태 표현

이 절에서 삼차원 공간에서 일반적인 방향을 향하는 스핀 상태와 관측량의 표현을 탐구하겠다. 이 방향은 $\hat{u}$로 지정하고, 이것은 직각 성분이 u_x, u_y와 u_z이고, $u_x^2+u_y^2+u_z^2=1$을 만족하는 실수 단위벡터이다. 구면좌표계에서(그림 2.2 참조) $\hat{u}$는 극각도 θ와 방위각 ϕ로 나타낸다.

$$\hat{u} = \begin{bmatrix} u_x \\ u_y \\ u_z \end{bmatrix} = \begin{bmatrix} \sin\theta\cos\phi \\ \sin\theta\sin\phi \\ \cos\theta \end{bmatrix}. \tag{2.10}$$

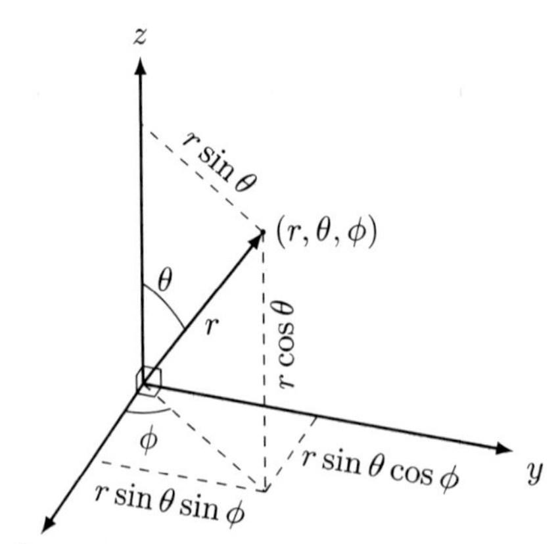

그림 2.2 구면좌표계

2.3.1 * 임의의 방향에 대한 스핀 관측량

Pauli 행렬 X, Y와 Z는 삼차원 벡터인 각운동량 관측량의 직각 성분을 표현한다. 결과적으로 $\hat{u}$ 방향을 향하는 스핀 관측량은

$$S = u_x X + u_y Y + u_z Z = \sin\theta\cos\phi X + \sin\theta\sin\phi Y + \cos\theta Z \tag{2.11}$$

로 표현할 수 있다.

X, Y와 Z를 각각의 행렬로 대입하면 Euler의 식에 의해

$$S \equiv \sigma_u = \begin{bmatrix} \cos\theta & e^{-i\phi}\sin\theta \\ e^{i\phi}\sin\theta & -\cos\theta \end{bmatrix} \tag{2.12}$$

를 얻는다.

식 2.11에서 S의 정의를 입증하려면 스핀 상태에 대한 기대값 $\langle S\rangle$는(§1.5.3 참조) $\hat{u}$의 직각좌표와 같은 방향을 향해야 한다.

$$\langle +|S|+\rangle = u_x = \sin\theta\cos\phi, \quad \langle -|S|-\rangle = -u_x, \tag{2.13a}$$
$$\langle +_i|S|+_i\rangle = u_y = \sin\theta\sin\phi, \quad \langle -_i|S|-_i\rangle = -u_y, \tag{2.13b}$$
$$\langle 0|S|0\rangle = u_z = \cos\theta, \quad \langle 1|S|1\rangle = -u_z. \tag{2.13c}$$

이 관계는 연습문제 2.2의 결과를 이용한 브라-켓 표기법을 이용하거나 이들을 직접 행렬 형태로 계산하여 확인할 수 있다.

연습문제 2.3

식 2.13을 확인하여라.

2.3.2 * 임의의 방향을 향하는 스핀 상태

식 2.12에 있는 S의 고유벡터는 $\hat{u}$와 $-\hat{u}$ 방향의 스핀 상태이다.

$$|+_u\rangle = \cos\frac{\theta}{2}|0\rangle + \sin\frac{\theta}{2}e^{i\phi}|1\rangle = \begin{bmatrix} \cos\frac{\theta}{2} \\ \sin\frac{\theta}{2}e^{i\phi} \end{bmatrix}, \tag{2.14a}$$

$$|-_u\rangle = -\sin\frac{\theta}{2}|0\rangle + \cos\frac{\theta}{2}e^{i\phi}|1\rangle = \begin{bmatrix} -\sin\frac{\theta}{2} \\ \cos\frac{\theta}{2}e^{i\phi} \end{bmatrix}. \tag{2.14b}$$

위 식에서 θ 대신 $\frac{\theta}{2}$가 나타난 것을 주목하여라. 이것은 물리적 현실과 맞도록 하기 위해 식 2.11의 스핀 관측량의 수식화에서 나온 것이다. 그러므로 인자 $\frac{1}{2}$은 스핀 상태를 정확히 표현하는 데 필수적이다.

연습문제 2.4

$S|+_u\rangle = |+_u\rangle$와 $S|-_u\rangle = -|-_u\rangle$임을 확인하여라.

연습문제 2.5

다른 책에서 $|+_u\rangle$와 $|-_u\rangle$를 다르게 표현한 것을 볼 것이다.

$$|+_u\rangle = \cos\frac{\theta}{2}e^{-i\frac{\phi}{2}}|0\rangle + \sin\frac{\theta}{2}e^{i\frac{\phi}{2}}|1\rangle \quad = \begin{bmatrix}\cos\frac{\theta}{2}e^{-i\frac{\phi}{2}} \\ \sin\frac{\theta}{2}e^{i\frac{\phi}{2}}\end{bmatrix}, \tag{2.15a}$$

$$|-_u\rangle = -\sin\frac{\theta}{2}e^{-i\frac{\phi}{2}}|0\rangle + \cos\frac{\theta}{2}e^{i\frac{\phi}{2}}|1\rangle = \begin{bmatrix}-\sin\frac{\theta}{2}e^{-i\frac{\phi}{2}} \\ \cos\frac{\theta}{2}e^{i\frac{\phi}{2}}\end{bmatrix}. \tag{2.15b}$$

이 $|+_u\rangle$와 $|-_u\rangle$의 정의는 식 2.14의 정의와 같다는 것을 설명하여라.

2.3.3 일반적인 스핀 상태

식 2.14의 상태 $|+_u\rangle$는 스핀 상태의 일반적인 표현으로 사용할 수 있다. 사실 $|-_u\rangle$를 포함한 $|0\rangle$과 $|+\rangle$와 같은 앞에서 논의한 모든 특별한 상태는 $|+_u\rangle$의 특별한 경우로 볼 수 있다. 이것을 표 2.1에 요약하였다.

▌표 2.1▌ 특별한 스핀 상태

스핀 상태	θ	ϕ
$\|0\rangle$	0	0
$\|1\rangle$	π	0
$\|+\rangle$	$\pi/2$	0
$\|-\rangle$	$-\pi/2$	0
$\|+_i\rangle$	$\pi/2$	$\pi/2$
$\|-_i\rangle$	$\pi/2$	$-\pi/2$
$\|-_u\rangle$	$\theta+\pi$	ϕ

연습문제 2.6

식 2.14의 $|+_u\rangle$에 대한 표현은 표 2.1에 나열한 특별한 경우를 만든다는 것을 확인하여라.

각각 x, y와 z 방향의 스핀 관측량을 표현하는 일반적인 스핀 상태 $|+_u\rangle$에 있는 Pauli 행렬 X, Y와 Z의 기대값은 다음과 같다.

$$\langle +_u|X|+_u\rangle = \sin\theta\cos\phi, \tag{2.16a}$$

$$\langle +_u|Y|+_u\rangle = \sin\theta\sin\phi, \tag{2.16b}$$

$$\langle +_u|Z|+_u\rangle = \cos\theta. \tag{2.16c}$$

이 식에서 스핀은 $\hat{u}$ 방향이고, 반면 평균은 x, y와 z 방향으로 측정한다. 비교하면 식 2.13에 대해 측정은 항상 $\hat{u}$ 방향이고, 스핀은 x, y와 z 방향이다. 두 경우 모두 평균

값의 세 성분은 u_x, u_y와 u_z에 비례하므로, σ_u와 $|+_u\rangle$의 올바른 표현과 일치한다.

연습문제 2.7*

기대값 $\langle -_u|X|-_u\rangle$, $\langle -_u|Y|-_u\rangle$와 $\langle -_u|Z|-_u\rangle$를 구하여라.

2.3.4 스핀 상태와 편광상태의 대응

스핀과 광자 편광은 두 개의 다른 물리 현상이지만 수학적으로는 많은 비슷한 점이 있다. 왜냐하면 모두 2준위 양자계를 기술하기 때문이다. 사실 다양한 스핀 상태는 표 2.2에 나열한 대로 광자 편광상태로 대응시킬 수 있다. 대응하는 관측량은 다른 행렬로 나타난다. 왜냐하면 양자 편광에 대해서는 1, 0을 부여하고, 스핀 상태에 대해서는 1, −1을 부여했기 때문이다.

표 2.2 스핀 상태와 편광상태의 대응

스핀 상태	스핀 관측량	편광상태	편광 관측량
$\|0\rangle$	Z	$\|V\rangle$	M_V
$\|1\rangle$	Z	$\|H\rangle$	M_H
$\|+\rangle$	X	$\|D\rangle$	M_D
$\|-\rangle$	X	$\|A\rangle$	M_A
$\|+_i\rangle$	Y	$\|L\rangle$	M_L
$\|-_i\rangle$	Y	$\|R\rangle$	M_R
$\|+_u\rangle$	S	$\|P\rangle$	M_P

(편광상태와 관측량에 대해서는 표 1.2를, $|P\rangle$에 대해서는 식 1.19를 참조하여라.)

이 절에서 스핀 상태와 스핀 관측량의 표현을 삼차원 공간의 임의의 방향으로 확장하였다. 이 일반적인 표현을 이해하는 것이 양자역학에서 더 고급 주제를 공부할 수 있는 기초가 된다.

2.4 Bloch 구

식 2.14로부터 임의의 스핀상태 $|+_u\rangle$에 대한 표현을 돌이켜보면 각 상태는 극각 θ와 방위각 ϕ로 지정한다는 것을 알 수 있다. 그러면 단위구의 표면 위에 있는 각 점을 이에 대응하는 스핀 상태 $|+_u\rangle$에 대응시키는 것이 자연스럽다. 역으로 가능한 각각의 상태는 또한 이 구 위의 한 점으로 표현할 수 있다. Bloch 구로 알려진 이 구는 그림 2.3에 나타낸 대로 임의의 큐빗상태 $|\psi\rangle$에 대한 기하학적 표현에 사용한다.

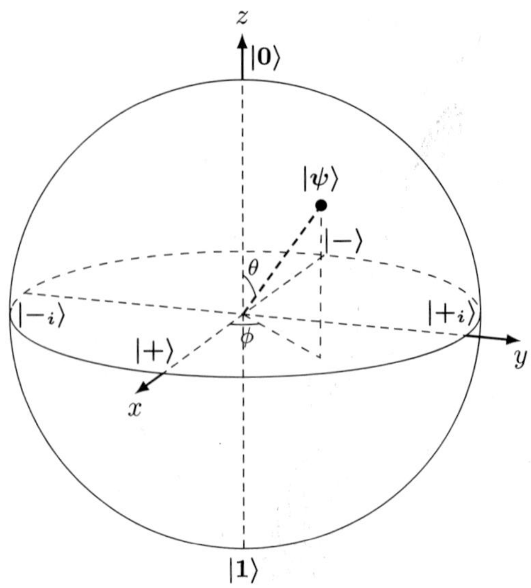

▌그림 2.3▐ Bloch 구에 대한 요점

> **Bloch 구**
>
> Bloch 구는 임의의 큐빗 상태 $|\psi\rangle$를 단위구 위의 한 점에 대응시키는 직관적인 기하학적 표현이다. 상태 $|\psi\rangle$는 극각 θ와 방위각 ϕ의 변수로 나타낸다.
>
> $$|\psi\rangle = \cos\frac{\theta}{2}|0\rangle + \sin\frac{\theta}{2}e^{i\phi}|1\rangle = \begin{bmatrix}\cos\frac{\theta}{2}\\ \sin\frac{\theta}{2}e^{i\phi}\end{bmatrix}. \tag{2.17}$$

식 2.17에서 $|\psi\rangle$에 대한 표현은 $|+_u\rangle$의 표현과 같지만, 임의의 큐빗 상태에 대해 광범위하게 적용한다.

상태 $(-\theta, \phi+\pi)$와 $(-\theta, \phi-\pi)$는 (θ, ϕ)와 같으므로 전형적으로 $\theta\in[0, \pi]$와 $\phi\in[0, 2\pi)$로 제한한다.

2.4.1 Bloch 구 위의 주요 상태

그림 2.3에 묘사했듯이 어떤 주요 상태는 Bloch 구 위의 특정한 점에 대응한다. 특히 z축 위의 북극과 남극은 각각 $|0\rangle$와 $|1\rangle$ 상태와 관련이 있다. Pauli X 연산자의 고유상태 $|+\rangle$와 $|-\rangle$는 x축 위의 점에 대응시키고, Pauli Y 연산자의 고유상태 $|+_i\rangle$와 $|-_i\rangle$는 y축 방향을 향한다.

직교상태는 구 위에서 (지름 반대쪽에 있는) 대척점에 있어서 직관적으로 예상한 90°가 아니라 각도 180° 떨어져 있다는 것을 주목할 필요가 있다. 예를 들어 (θ, ϕ)로 표현하는 상태 $|\psi\rangle$의 직교 보각 상태는 전체 위상 -1을 제외하고 $(\pi-\theta, \pi+\phi)$, 혹은 $(\theta+\pi, \phi)$에 있다. 이 배열은 완전한 회전은 고전적인 360°가 아니고, 720° 회전이 필요하다는 양자 스핀의 고유한 성질을 반영한다.

2.4.2 Bloch 구 위에서 Pauli X, Y와 Z의 표현

Pauli 연산자 X, Y와 Z는 Bloch 구에서 특정한 회전을 시킨다. 예를 들어 상태 $|\psi\rangle$에 X를 적용하여 $|\psi\rangle$를 $X|\psi\rangle$로 변환시키는 것은 x축에 대해 180° 회전한 것에 대응한다. 마찬가지로 Y와 Z를 적용하면 각각 y와 z축에 대한 180° 회전에 대응한다. 이 회전을 그림 2.4에 나타내었다.

참조: Bloch 구에서 180° 회전한 것은 Pauli 연산자 X, Y와 Z를 작용한 것과 관련이 있다. 기술적으로 이 회전은 전체 위상을 제외하고 Pauli 연산자를 적용하는 것과 같다. 그러나 이와 같은 전체 위상은 양자상태의 측정 성질을 바꾸지 않는다.

Bloch 구 위에서 이 회전의 효과는 어떤 기준상태 사이에서 뒤집히는 것으로 나타난다. 특히 X는 상태 $|0\rangle$과 $|1\rangle$을, $|+_i\rangle$와 $|-_i\rangle$를 바꾼다. Z는 $|+\rangle$와 $|-\rangle$, $|+_i\rangle$와 $|-_i\rangle$를 바꾸며, Y는 $|0\rangle$와 $|1\rangle$, $|+\rangle$와 $|-\rangle$를 바꾼다.

연습문제 2.8

브라-켓 계산을 이용하여 위의 변환을 확인하여라. 예를 들어 $X|+_i\rangle = |-_i\rangle$, $Y|+\rangle = |-\rangle$, $Z|-\rangle = |+\rangle$임을 확인하여라.

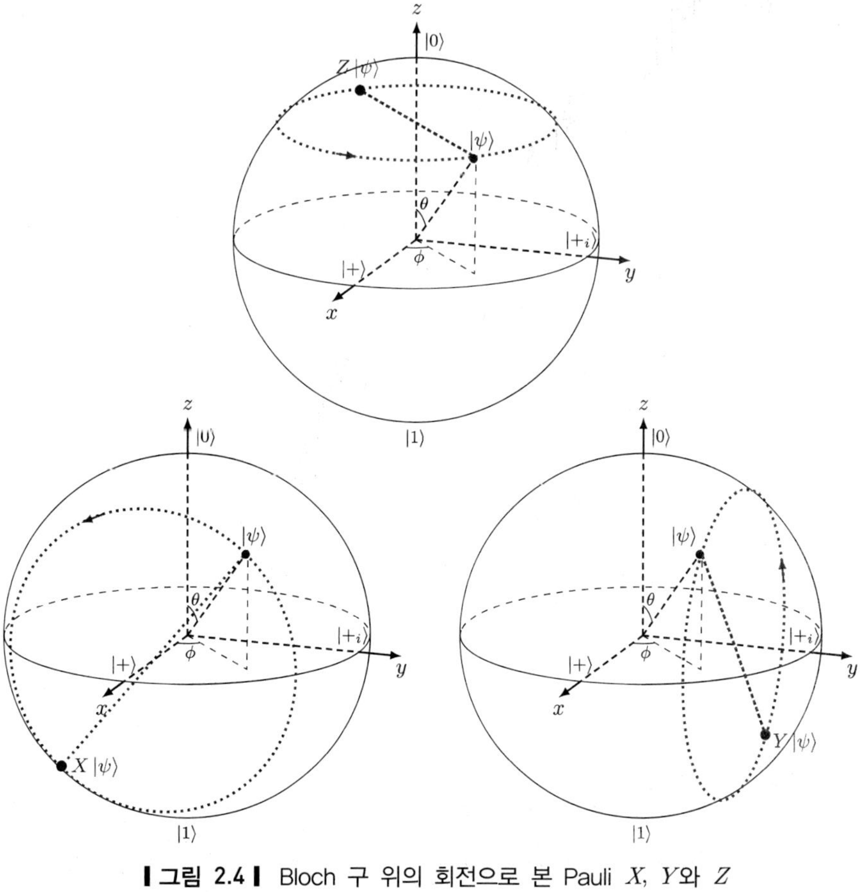

그림 2.4 Bloch 구 위의 회전으로 본 Pauli X, Y와 Z

2.5 스핀 측정

이 절에서는 스핀의 측정을 고려하자. 현대적인 방법은 다양한 양자컴퓨팅 플랫폼에 적당하도록 설계되었지만 Stern-Gerlach(SG) 실험이 스핀 측정을 이해하는 정통적인 접근 방법이다. 이 실험을 통해 각운동량 양자화에 대한 중요한 이해를 할 수 있고, 고급 측정기술에 대한 기초를 얻는다. SG 실험의 주요 측면을 먼저 조사해 보자.

2.5.1 Stern-Gerlach 실험

입자의 스핀에 대한 연구의 초석이 되는 Stern-Gerlach 실험에서는 전자나 원자와 같은 입자빔을 균일하지 않은 자기장 속을 지나게 한다(그림 2.5). 이 입자의 자기모멘트(§2.1.3)가 주어졌을 때 스핀 방향이 다르면 자기장의 기울기를 따라 휘어져 검출 스크린에 기록된다.

묘사한 대로 자기장의 기울기가 주로 z 방향을 향하므로 이 실험에서 주로 Z 관측량을 측정한다. 관측량 Z의 고유값은 두 개이고, 스핀 위와 스핀 아래 상태에 대응한다. 입자의 처음 스핀 상태는 임의의 방향이지만 측정을 하면 스핀 위나 스핀 아래로 붕괴된다. 그러므로 스크린에는 두 개의 다른 점이 나타나서 고전적인 각운동량에 대해 예상하는 연속적인 분포와는 심각한 대비를 나타낸다.

Otto Stern과 Walther Gerlach가 1922년에 은 원자를 이용하여 수행했던 원래 실험에서 확정적으로 두 개의 분리된 점이 나타나서 각운동량과 자기모멘트의 양자화에 대한 명백한 증거를 제시하였다. 이 획기적인 발견은 양자론 개발에 중요한 기초가 되었다.

> SG 실험에서 자기장의 기울기가 필요한 이유는 자기모멘트의 쌍극자 성질 때문이고, 이 자기모멘트는 스핀과 같은 방향을 향한다. 균일한 자기장 안에서 퍼텐셜에너지는 방향의 의존하지만 공간과는 무관하다. 따라서 자기장의 기울기가 있으면 관찰되는 휘어짐을 만드는 힘이 발생한다.

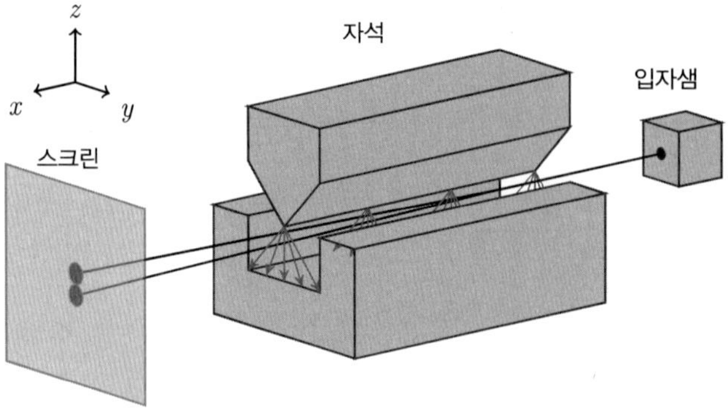

▌그림 2.5▐ Stern-Gerlach 실험

> **매력적인 이야기**
> Stern이 초기 일화를 설명하였다(출처: Physics Today).
>
> "진공을 없애려고 환기시킨 다음 Gerlach는 검출기 테두리를 제거하였다. 그러나 그는 은 원

자의 흔적을 볼 수 없었고 테두리를 나에게 건네주었다. 내가 판을 자세히 보고 있을 때 Gerlach가 어깨 너머로 보고 있었고 빔의 흔적이 서서히 나타나는 것을 보고 모두 놀랐다. ...결국 무엇이 [일어났는지] 알게 되었다. 그때 나는 조교수였다. 내 월급은 너무 적어서 좋은 시가를 살 수 없어서 품질이 좋지 않은 시가를 피웠다. 이 시가에는 황이 많아서 판에 닿은 내 숨으로 인해 은이 황화은이 되었고, 이것은 아주 검기 때문에 쉽게 볼 수 있었다. 이것은 마치 사진 필름을 현상하는 것 같았다."

이 일화는 과학 연구에서 중요한 점을 강조한다. 가끔 발견 경로는 직선적이지 않고, 결국 중요하게 되는 사소하거나 임의로 일어나는 사건으로 가득하다. 이것은 과학적 여정에서 종종 필요한 유연함과 독창성에 대한 증거이기도 하다. 위대한 과학을 만드는 것은 첨단기술의 장치와 복잡한 이론뿐만 아니라 열린 마음, 세부적인 것에 집중하는 것과 예상 밖의 상황에 적응하고, 배우는 능력도 있어야 한다. Stern의 설명이 익살맞게 보여주듯이 어떤 경우에 마주치는 제약과 제한은 우연히 의미 있는 직관을 얻게 되어 "필요는 발명의 어머니"라는 격언을 다시 확인하게 된다.

2.5.2 순차적인 Stern-Gerlach 실험

그림 2.5에 나타내었듯이 순차적인 Stern-Gerlach 실험을 이용하면 측정가설을 잘 보여줄 수 있다. 이 순차적인 구조는 개념적으로 §1.5.2에서 자세히 설명한 교차 편광 실험과 개념적으로 비슷하다.

(a)에서 무작위 방향의 스핀을 갖는 입자빔을 z축 방향을 향하는 Stern-Gerlach(SG) 장치를 지나도록 한다. 이 첫 번째 SG 장치는 Z 관측량에 대한 스핀을 측정하고, 빔을 두 개의 분리된 경로로 갈라지게 하여 각 빔이 Z의 고유상태 $|0\rangle$과 $|1\rangle$인 상태에 해당하며 50:50의 비율로 존재한다. 그리고 $|0\rangle$ 빔은 역시 z축을 향하는 두 번째 SG 장치로 간다. 이 단계에서 어떤 입자도 $|1\rangle$인 결과로 검출되지 않아서 첫 번째 측정은 스핀 상태를 $|0\rangle$으로 붕괴시켰고, 이것은 $|1\rangle$과 직교한다.

(b)는 두 번째 SG 장치가 x축을 향한다는 점에서 (a)와 다르다. 측정 결과는 X 관측

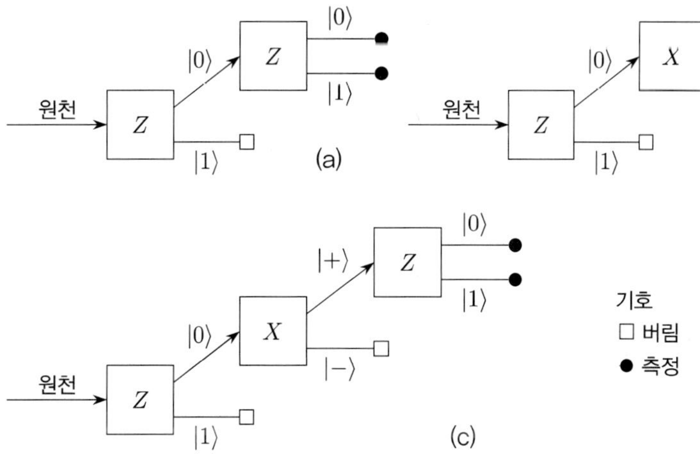

그림 2.6 순차적인 Stern-Gerlach 실험

량의 고유상태인 $|+\rangle$와 $|-\rangle$이다. $|\langle 0|+\rangle|^2 = |\langle 0|-\rangle|^2 = 0.5$이므로, 대략 입자의 25% (50%의 50%)가 $|+\rangle$ 상태에서 관측될 것이다.

(c)에서는 x축 방향을 향하는 추가적인 SG 장치를 두 개의 Z 방향의 SG 장치 사이에 집어넣었다. 이제 약 12.5%의 입자가 최종 SG 장치에서 $|1\rangle$인 결과를 관측한다. 이것은 중간에 있는 Z방향의 SG 장치가 스핀을 $|+\rangle$와 $|-\rangle$ 상태가 되게 하고 이것을 최종 Z 방향의 SG 장치로 들어오게 만들기 때문이다. 이 SG 장치는 계속하여 $|+\rangle$ 상태를 50:50의 비율로 $|0\rangle$과 $|1\rangle$의 상태로 갈라지게 한다. 입자가 상태 $|1\rangle$에 있을 알짜확률은 $0.5 \times 0.5 \times 0.5 = 0.125$, 즉 12.5%이어서 교차 편광실험에서 본 것과 같은 행동을 따라 한다.

2.5.3 ✷ 현대 스핀실험

양자역학에서 측정은 양자계에서 고전적인 정보를 끄집어내는 것을 의미한다. Stern-Gerlach 실험과 같은 초기 실험은 양자 스핀에 대한 직관을 처음으로 제공한 반면 현대 접근방법은 특히 양자컴퓨팅이 출현함에 따라 놀랍도록 진보하였다. 양자컴퓨터에서 큐빗을 만드는 주된 후보 중 하나는 스핀에 근거한 큐빗을 사용하는 것이고, 이것은 종종 정확한 스핀 조정과 측정에 대한 고급 기술에 의존한다[14].

스핀에 근거한 큐빗

스핀에 근거한 큐빗은 전형적으로 반도체 양자점이나 포획된 이온을 이용하여 만든다. 이러한 계를 이용할 때 장점은 더 높은 수준의 제어와 확장성을 제공한다는 데 있다. 이에 대한 도전은 큐빗에 저장된 양자정보를 파괴하는 원하지 않는 상호작용이 없이 스핀상태를 정확하게 조절하고 측정하는 것이다.

스핀 세차운동과 Rabi 진동

현대 스핀 실험에서 종종 사용하는 두 개의 기본적인 현상은 스핀 세차운동과 Rabi 진동이다. 스핀 세차운동은 자이로스코프가 한 축 주위로 세차운동을 하는 것과 같이 스핀 벡터가 외부 자기장 주위로 움직이는 것을 말한다. Rabi 진동은 흔히 마이크로파인 진동하는 외부장을 이용하여 다른 양자상태 사이의 전이를 일으키게 한다. 이 두 현상을 §§4.5.1과 4.5.2에서 공부할 것이다.

두 현상은 양자컴퓨팅에서 스핀 조작을 할 때 매우 가치가 있다. 스핀 세차운동으로 인해 외부 자기장을 변조하여 큐빗 상태를 정확하게 조절할 수 있다. 반면 Rabi 진동은 양자컴퓨팅 알고리즘의 기본 연산인 양자게이트를 만들 때 필수적이다.

측정 기술

전자와 같은 스핀-1/2인 입자를 특정한 축에 대해 측정할 때 그 축에 대한 스핀 방향이 측정 결과를 결정한다. 스핀 상태가 측정하는 축과 같은 방향일 때 그 결과는 (그 축에 대해 위 혹은 아래인) 확정적인 스핀값을 얻기 때문에 결정적이다. 많은 현대 스핀 실험에

이 원리가 작용하고 양자역학의 이론적 예측을 확인하는 데 필수적이다.

스핀공명과 양자비파괴와 같은 고급 측정 기술은 또한 현대 스핀 실험의 견고성에 필수적이다. 이 방법으로 인해 스핀 상태에 대한 고도로 민감한 검출을 할 수 있고, 한편 양자계에 교란을 최소화할 수 있다.

현대 스핀 실험은 초기의 대응하는 실험으로부터 매우 발전해서 스핀 조정과 측정에 대한 정교한 방법을 사용한다. 이 발전은 양자역학의 이해를 깊게 할 뿐만 아니라 양자컴퓨팅과 같은 실제적인 응용으로 이르는 길에 이르게 한다.

2.6 요약 및 결론

이 장에서 양자스핀, 그 상태와 관련된 관측량의 기본적 요소를 도입하여 기초를 마련하였다. 여기서 자연스럽게 Pauli 행렬을 탐구하게 되었고, 이것은 스핀-1/2 계에 대한 주요 관측량으로 사용된다. 이 주제의 중요성은 여러 면에서 중요하다. 스핀은 스핀에 기초를 둔 큐빗, 큐빗의 구현에 대한 기초를 이룰 뿐만 아니라 이에 대한 연구는 양자역학의 첫 세 개의 가설, 즉 상태가설, 관측량 가설과 측정가설에 대한 이해를 굳건하게 한다.

요점 요약

이 장은 고전적이고, 양자적인 특성 사이의 차이를 끌어내는 각운동량의 탐구에서 시작하였다. Pauli 행렬 X, Y와 Z에 대한 고유값 방정식을 풀어서 고유상태와 고유값을 구할 수 있었고, 이에 의해 스핀-1/2 계에 대한 강한 수학적 구조를 만들 수 있었다.

그리고 일반적인 공간 방향을 향할 수 있는 일반적인 스핀 상태와 관측량에 대한 완전한 논의를 하였다. 이 상태의 기하학적 표현으로 양자상태의 기하학적 측면을 이해할 때 중요한 산물인 Bloch 구를 통해 더 투명해진다. 이 장은 양자컴퓨팅 영역에서 중요한 역할을 강조하며 선구적인 Stern-Gerlach 실험에서 이를 변화시킨 현대의 실험까지 다양한 스핀 측정 기술을 조사하는 것으로 마쳤다.

의미와 응용

이 장의 직관은 순전히 학문적인 것은 아니다. 이것은 특별히 떠오르는 양자컴퓨팅 분야에서 넓은 범위의 실용적인 의미가 있다. Larmor 세차운동과 Rabi 진동과 같은 기술은 안정적이고 확장 가능한 양자회로의 기초가 된다. 더구나 여기서 설명한 원리는 양자암호학이나 양자통신과 같은 추가적인 영역으로 확장하는 응용성이 있다.

결론

스핀의 양자적 행동을 이해하면 미시현상을 설명하는 세련된 용어를 갖추게 된다. 이렇게 이해가 풍부해지면 전통적인 고전적 관점뿐만 아니라 양자기술이 빨리 발전하는 영역에서 중요하다. 다음 장에서 이 주제에 대해 더 깊이 조사하는 기초를 제공하는 큐빗의 설명과 동역학을 포함하는 더 일반적인 이론적 구조를 만들려고 할 것이다.

문제 2

2.1 식 2.12에서 정의한 스핀 관측량

$$\sigma_u = \begin{bmatrix} \cos\theta & \sin\theta e^{-i\phi} \\ \sin\theta e^{i\phi} & -\cos\theta \end{bmatrix}$$

이 주어졌을 때 다음의 기대값을 계산하여라.

(a) $\langle 0|\sigma_u|0\rangle$

(b) $|+\rangle = \frac{1}{\sqrt{2}}(|0\rangle + |1\rangle)$일 때 $\langle +|\sigma_u|+\rangle$

(c) $|+_i\rangle = \frac{1}{\sqrt{2}}(|0\rangle + i|1\rangle)$일 때 $\langle +_i|\sigma_u|+_i\rangle$

2.2 식 2.12에서 정의한 스핀 관측량 σ_u이 주어지고, $|+_u\rangle$, $|-_u\rangle$(식 2.14)가 그 고유벡터일 때 $|+_u\rangle$와 $|-_u\rangle$를 행벡터로 사용하여 다음 행렬을 만들 수 있다.

$$U = \begin{bmatrix} \cos\frac{\theta}{2} & -\sin\frac{\theta}{2} \\ \sin\frac{\theta}{2}e^{i\phi} & \cos\frac{\theta}{2}e^{i\phi} \end{bmatrix}.$$

(a) U는 유니타리임을 보여라. 즉 $U^\dagger U = UU^\dagger = I$.

(b) $U^\dagger \sigma_u U = Z \equiv \begin{bmatrix} 1 & 0 \\ 0 & -1 \end{bmatrix}$을 확인하여라.

이 연습문제에서 스핀(혹은 큐빗)을 (θ, ϕ) 방향에서 z 방향으로 회전하는 유니타리 변환 U를 만드는 방법을 설명한다.

2.3 임의의 2준위 양자상태는

$$|\psi\rangle = \alpha|0\rangle + \beta|1\rangle$$

으로 표현할 수 있다. 여기서 α와 β는 $|\alpha|^2 + |\beta|^2 = 1$을 만족하는 복소수이다. 위의 $|\psi\rangle$가 식 2.14에 있는 $|+_u\rangle$와 같게 되는 θ와 ϕ를 α와 β로 구하여라.

2.4 * (θ, ϕ) 방향으로 스핀 상태 $|+_u\rangle$에 대해(식 2.14 참조) 다음의 회전을 한 후 $|+_u\rangle$의 상태벡터를 구하여라.

(a) x축 주위로 각도 γ

(b) y축 주위로 각도 γ

(c) z축 주위로 각도 γ

(d) 극각도 α와 방위각 β로 지정한 축 주위로 π

(e) 극각도 α와 방위가 β로 지정한 축 주위로 γ

모든 회전은 반시계 방향이라고 가정한다. 시각화를 하기 위해 Bloch 구를 이용할 수 있다.

2.5 * 2×2 단위행렬 I의 제곱근에 대한 일반적인 공식을 구하여라.

힌트: $\frac{1}{2}$스핀을 표현하는 행렬은 자신의 역행렬이다.

CHAPTER

3

큐빗과 큐딧의 구조

이 장에서는 양자컴퓨팅과 양자정보계의 기초로 사용되는 큐빗의 포괄적인 구조를 설명하려고 한다. 이전 장에서는 광자와 전자 스핀과 같은 구체적인 예를 통해 주요 개념을 도입했지만 이 장에서는 이 개념을 일반화하여 큐빗의 모든 형태를 포함시킬 것이다. 또한 관련이 있을 때 일반적인 d-준위 양자계인 큐딧을 포함한 논의로 확장한다.

기준변환과 양자측정 이론의 두 주요 주제를 깊게 다루겠다. 이 원리를 보이기 위한 실세계 응용으로 양자상태 단층촬영을 강조하겠다.

이 구조는 기본적인 개념에서 양자 영역에서 더 발전된 주제로 부드럽게 넘어가게 도와주는 필수적인 연결고리이다.

3.1 물리 큐빗계

이전 장에서 광자편광과 $\frac{1}{2}$ 스핀을 2준위 양자계인 물리적 큐빗의 형태로 논의하였다. 그러나 양자컴퓨팅에서 큐빗 구현에 왕성하게 탐구하는 여러 다른 플랫폼이 있다. 이 중 어떤 것은 기본적으로 다준위계이지만 실질적으로 두 상태가 분리되어 이것을 큐빗으로 사용할 수 있다.

다음 표(표 3.1)에 정보를 표현하는 방법과 각 계에 관련된 기준상태와 더불어 큐빗 플랫폼의 대표적인 목록을 나타내었다. 이 표의 목적은 현재 조사하고 있는 큐빗 플랫폼의 범위에 대한 개요를 나타내어 큐빗계의 다양성과 응용성을 보여준다.

이 큐빗 구현은 현재 활발한 연구와 개발이 이루어지고 있는 주제이고, 각각 장점과 제한이 있다[15,6]. 잡음 비율, 조정가능성, 확장성, 비용과 같은 요소는 큐빗 플랫폼에 따라 매우 다르다. 어떤 것은 조정가능성이 우수하지만, 다른 것은 낮은 잡음 혹은 비용 효율성에서 더 우수하다. 양자컴퓨팅 분야가 성숙해짐에 따라 이중 어느 큐빗 구현이 대규모 양자정보 처리에 가장 실용적이고 널리 적용되는지는 아직 해결되지 않은 문제이다.

연습문제 3.1

다른 큐빗계 뿐만 아니라 표 3.1에 나열한 큐빗계를 조사하여라. 이 조사는 각 큐빗계에 대해 다음의 측면에 집중한다.

- 현재의 최첨단 개발
- 잡음비율, 조정가능성, 확정성과 비용을 포함한 장점과 단점
- 이 플랫폼에 적극적으로 작업하는 선도 회사와 연구 집단

이를 바탕으로 현재 양자컴퓨팅 분야의 전체적인 이해를 얻기 위해 각각의 큐빗계에 대한 간단한 요약을 하여라.

| 표 3.1 | 큐빗 구현의 예

큐빗계	정보인코딩	기준상태
광자편광	편광상태	수직/수평 편광, 혹은 왼쪽/오른쪽 원형편광
광자경로	듀얼레일 인코딩	경로 A와 경로 B
압축된 빛	직교상태	진폭압축과 위상압축 상태
초전도 전하 큐빗	전하	대전되지 않은 영역과 대전된 영역
초전도 다발 큐빗	전류	시계 방향과 반시계 방향의 전류
초전도 트란스몬 큐빗	큰 전기용량을 갖는 에너지 준위	바닥상태와 들뜬상태
초전초 플럭소늄 큐빗	큰 유도용량을 갖는 에너지 준위	바닥상태와 들뜬상태
포획 이온	전자 내부상태, 초미세준위	바닥상태와 들뜬상태
중성원자, Rydberg 원자	초미세준위, Rydberg 상태	바닥상태와 들뜬상태
분자 큐빗	분자상태	회전상태와 진동상태
양자점 스핀	전자스핀	위/아래 스핀상태
양자점 쌍	전자국소화	왼쪽 점과 오른쪽 점
질소 빈자리(NV) 중심	전자스핀	전자스핀 투영($m_s=0$ 혹은 -1)
고양이 큐빗	결맞은 상태의 중첩	결맞은 상태 중첩
위상계(애니온)	꼬인 들뜸	융합 기준상태

3.2 큐빗과 큐딧 상태

큐빗의 다양한 물리적 표현에도 불구하고 이들은 모두 양자역학에 기반을 둔 공통된 수학적 모형으로 특징지을 수 있다.

3.2.1 일반적인 큐빗상태

상태가설에 의하면 양자계의 상태는 Hilbert 공간 내에서 단위벡터로 기술한다. 큐빗의 경우 이 공간은 $\mathbb{C}^2$로 표기하는 이차원 복소수 벡터공간을 이룬다.

양자컴퓨팅 영역에서 각 큐빗에 대한 기준상태는 전형적으로 $|0\rangle$과 $|1\rangle$로 표현하여 고전적인 2진법에 의한 상태 0과 1을 기억나게 한다. 일반적인 큐빗상태는 이 기준상태의 선형결합으로 기술한다.

$$|\psi\rangle = \alpha|0\rangle + \beta|1\rangle. \tag{3.1}$$

이 표현에서 α와 β는 복소수 계수이다. 상태벡터가 규격화되려면 $|\alpha|^2+|\beta|^2=1$인

제한이 있다. 이로부터 큐빗이 각각 $|0\rangle$과 $|1\rangle$인 상태로 측정할 확률을 $|\alpha|^2$과 $|\beta|^2$으로 나타내고, 그 합은 1이 된다.

1 전체 위상과 상대 위상

$re^{i\phi}$로 표현한 복소수의 위상은 ϕ값으로 나타낸다. 양자상태에 대한 전체 위상을 도입하면 두 기준상태에 동일한 위상을 부여하여 각 상태의 측정 확률이 변하지 않도록 한다. 그러므로

$$|\psi'\rangle = \alpha e^{i\phi}|0\rangle + \beta e^{i\phi}|1\rangle$$

과 같은 상태는 $|\psi\rangle$와 동일하다. 왜냐하면 $|\alpha e^{i\phi}|^2$와 $|\beta e^{i\phi}|^2$은 위상이 없는 대응하는 양과 같기 때문이다. 결과적으로 전체 위상은 물리적 의미가 없다. 그러나 상대 위상은 변화한 기준에 대해 측정 결과에 영향을 줄 수 있으므로 중요하다.

2 큐빗 상태를 실수로 표현하기

전체 위상은 중요하지 않고 상태벡터가 규격화되어 있다는 것을 받아들이면 단지 두 개의 실수 변수를 이용하여 일반적인 큐빗 상태를 쓸 수 있다. $\alpha = \cos\frac{\theta}{2}$와 $\beta = \sin\frac{\theta}{2}e^{i\phi}$의 표기를 도입하면

$$|\psi\rangle = \cos\frac{\theta}{2}|0\rangle + \sin\frac{\theta}{2}e^{i\phi}|1\rangle \tag{3.2}$$

를 얻는다.

이렇게 표현하면 규격화조건과 상대 위상인자는 기본적으로 만족한다(§3.2.3에서 $\frac{\theta}{2}$에 있는 인자 $\frac{1}{2}$에 대해 설명할 것이다).

식 3.2는 식 2.14에 있는 $|+_u\rangle$를 쓴 것이며 $(\theta,\ \phi)$ 방향으로 향하는 $\frac{1}{2}$-스핀을 나타낸다. 이 유도는 큐빗의 고유한 성질에 어떤 의존성도 없이 이루어졌다.

연습문제 3.2＊

상태 $|\psi\rangle = \alpha|0\rangle + \beta|1\rangle$은 다음 방향으로 향하는 $\frac{1}{2}$-스핀을 나타낸다는 것을 보여라.

$$\hat{u} = (2\,\mathrm{Re}(\alpha\beta^*), 2\,\mathrm{Im}(\alpha\beta^*), |\alpha|^2 - |\beta|^2). \tag{3.3}$$

3.2.2 직교 동반자

$|\psi\rangle$에 직교하는 상태는

$$|\psi_\perp\rangle = \beta^*|0\rangle - \alpha^*|1\rangle \tag{3.4}$$

이고, $\langle\psi_\perp|\psi_\perp\rangle = 1$과 $\langle\psi|\psi_\perp\rangle = 0$임을 볼 수 있다. 여기서 β^*는 β의 복소수 켤레를 표기한다. 비슷한 상태 $e^{i\varphi}|\psi_\perp\rangle$, 특히 $-|\psi_\perp\rangle$ 또한 $|\psi\rangle$와 직교한다는 것을 주목할 만하다. (θ, ϕ) 표현에서

$$|\psi_\perp\rangle = -\sin\frac{\theta}{2}|0\rangle + \cos\frac{\theta}{2}e^{i\phi}|1\rangle \tag{3.5}$$

이고, 이것은 식 2.14에서 $|-_u\rangle$에 해당한다.

연습문제 3.3

상태

$$|\psi_1\rangle = |0\rangle,$$
$$|\psi_2\rangle = -\frac{1}{2}|0\rangle + \frac{\sqrt{3}}{2}|1\rangle,$$
$$|\psi_3\rangle = -\frac{1}{2}|0\rangle - \frac{\sqrt{3}}{2}|1\rangle$$

이 주어졌을 때 다음 관계를 증명하여라.

$$|\langle\psi_1|\psi_2\rangle|^2 = |\langle\psi_2|\psi_3\rangle|^2 = |\langle\psi_3|\psi_1\rangle|^2 = \frac{1}{4}.$$

3.2.3 Bloch 구 복습

§2.4에서 전자 스핀의 관점에서 Bloch 구를 도입하였다. 스핀을 넘어 Bloch 구는 일반적인 큐빗 상태를 다용도로 시각화할 수 있다. 이 구 위의 각 점은 $|\psi\rangle$로 표기하는 특정한 큐빗 상태를 표현한다. 원점에서 이 점까지 나오는 $\hat{u}$의 기호로 나타내는 벡터는 Bloch 벡터이다. 이 벡터는 극각도 θ와 방위각 ϕ인 두 각도로 정의한다. 마찬가지로 상태벡터 $|\psi\rangle$는 같은 각도를 이용하여 표시한다. 그림 3.1에 이 정의와 구 위의 중요한 점을 표시하였다.

§2.3.3의 관련된 주요 결과는 상태 $|\psi\rangle$에서 Pauli 연산자 X, Y와 Z의 기대값은

$$\langle\psi|X|\psi\rangle = \sin\theta\cos\phi, \tag{3.6a}$$
$$\langle\psi|Y|\psi\rangle = \sin\theta\sin\phi, \tag{3.6b}$$
$$\langle\psi|Z|\psi\rangle = \cos\theta \tag{3.6c}$$

이라는 것이다. 이것은 $\hat{u}$의 성분과 같아서 $|\psi\rangle$를 삼차원에서 스핀각운동량을 표현하는 것으로 해석할 수 있다.

연습문제 3.4

식 3.6에서 같은 기대값 $\langle X\rangle$, $\langle Y\rangle$와 $\langle Z\rangle$를 α와 β로 구하여라.

주목할 중요한 세부 사항은 $|\psi\rangle$를 식으로 쓸 때 $\frac{\theta}{2}$의 항이 있다는 것이다. $\frac{\theta}{2}$가 나타

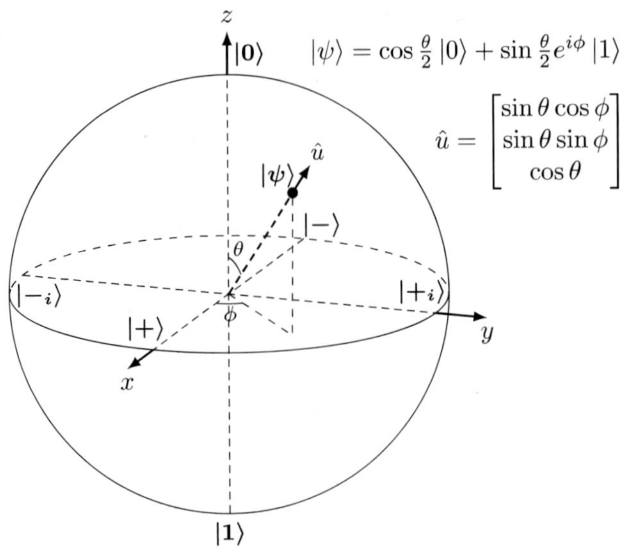

▍그림 3.1▍ Bloch 구 위에 있는 큐빗 상태의 시각화

나는 것은 식 3.2와 스핀 표현의 일관성으로부터 나온다(자세한 것은 §3.2.1을 참조하여라). 더구나 $|+\rangle$와 $|-\rangle$와 같은 직교하는 상태는 구에서 구의 대척점에 있다는 것은 매우 흥미롭다. 이것은 더 직관적으로 예상하는 90°로 떨어진 것과 대조적으로 각도 180° 만큼 떨어져 있다는 것을 의미한다. 이 특징은 각운동량을 표현하는 $\frac{1}{2}$-스핀의 개념과 관련이 있다.

3.2.4 큐딧상태

삼중큐빗과 큐딧은 2준위보다 많은 양자계를 표현한다. 큐빗은 양자컴퓨팅에서 흔하지만 삼중큐빗(3준위계)과 큐딧(일반적인 d준위계)은 더 복잡하고, 잠재적으로 다양한 양자상태이다. 초전도 큐빗, Rydberg 원자와 NV 중심을 포함하는 다양한 양자계는 두 개의 고유한 상태보다 더 많은 상태가 있다. 그러나 이러한 상태를 조정, 보정하고 결맞음을 유지하는 것은 훨씬 더 복잡하고, 힘들다.

이러한 도전에도 불구하고 큐딧은 고급 양자계산 기술에 대한 가능한 경로를 제시하므로 연구계에서 이에 대한 관심이 증가하고 있다. 연구가 진행되고 교육적인 논의가 도움이 됨에 따라 표준 큐빗 체계는 큐딧에 대한 논의를 포함하여 확장될 것이다.

추가적으로 n-큐빗계는 수학적으로 $d = 2^n$ 큐딧과 동등하다. 이 동등함으로부터 큐딧을 개발하는 수식화는 단일양자계로 결합하고, 취급하는 다중큐빗에도 적용할 수 있어서 큐딧에 기반을 둔 이론적 구조에 대한 응용과 관련성을 넓힐 수 있다.

큐딧의 일반적 상태는

$$|\psi\rangle = \sum_{j=0}^{d-1} c_j |j\rangle \tag{3.7}$$

로 표현할 수 있다. 여기서 $c_j \in \mathbb{C}$이다. 이 상태의 규격화조건은

$$\langle\psi|\psi\rangle = \sum_{j=0}^{d-1} |c_j|^2 = 1 \tag{3.8}$$

이다.

기준상태의 직교성으로 인해

$$\langle j|k\rangle = \delta_{j,k} \tag{3.9}$$

이고, $\delta_{j,k}$는 Kronecker 델타함수이다.

기준상태에 대한 완전성 조건은

$$\sum_{j=0}^{d-1} |j\rangle\langle j| = I \tag{3.10}$$

으로 표현한다.

3.3 기준변환

다른 기준에 대해 큐빗상태와 연산자를 이해하는 것은 양자컴퓨팅에서 기본적이다. 기준의 중요점은 다음의 두 가지 중요한 측면으로 나타낼 수 있다.

1. **양자상태에 대한 관점:** 다른 기준은 종종 새로운 관점을 보여주어 특정한 양자연산이나 알고리즘에 중요한 통찰력을 준다. 이 내용에서 근본적인 물리적 양자상태와 관측량은 일정한 반면 벡터 혹은 행렬표현은 변환하게 된다. 이 개념은 Newton 물리학의 좌표계에 대한 고전적인 개념과 비슷하다. 다양한 "관점"에서 양자상태를 조사하는 것은 상태벡터의 기준을 바꾸는 작용과 같다.
2. **기준변환으로 보는 양자상태의 변화:** 양자게이트 혹은 양자상태의 유니타리 변환 작용은 수학적으로 각 벡터공간에서 기준의 변환으로 해석할 수 있다. 양자컴퓨팅에서 종종 계산기준을 이용하지만 양자상태 사체는 임의의 직교규격화된 기준으로 표현하는 Hilbert 공간에서 존재한다. 앞의 방법과는 달리 여기서 물리적 양자상태는 정말로 변화한다.

기준변환의 기본은 광자를 예로 들어 §1.4.5에서 도입했다. 이 절에서는 이러한 기본적인 개념을 확장하여 기준변환에 대한 엄밀한 체계를 만들려고 한다. §4.1에서 기준변환으로 보는 유니타리 시간변화를 조사할 것이다.

3.3.1 $|0\rangle$과 $|1\rangle$ 기준에서 $|+\rangle$와 $|-\rangle$ 기준 사이의 변환

직관을 얻기 위해 단순한 방법을 조사하자.

1 두 기준에서 양자상태

한 큐빗의 양자상태는 2차원이어서 두 개의 직교하는 규격화된 상태의 기준이 필요하다. 표준적인 계산기준으로 상태 $|0\rangle$과 $|1\rangle$을 이용한다. 한편 $\{|+\rangle, |-\rangle\}$ 기준은 (Hadamard 기준이라고 부른다)

$$|+\rangle = \frac{1}{\sqrt{2}}(|0\rangle + |1\rangle), \quad |-\rangle = \frac{1}{\sqrt{2}}(|0\rangle - |1\rangle) \tag{3.11}$$

로 정의한다.

계산기준에서 일반적인 큐빗상태 $|\psi\rangle = \alpha|0\rangle + \beta|1\rangle$은 $\{|+\rangle, |-\rangle\}$ 기준에서

$$|\psi\rangle = \frac{\alpha+\beta}{\sqrt{2}}|+\rangle + \frac{\alpha-\beta}{\sqrt{2}}|-\rangle \tag{3.12}$$

로 표현할 수 있다. 이로부터 수정된 기준에서 상태에 대한 새로운 계수를 얻는다.

연습문제 3.5

식 3.2에 주어진 $|\psi\rangle$를 표현한 θ, ϕ를 $\{|+\rangle, |-\rangle\}$ 기준에서 표현하여라.

2 기준변환 연산자

양자역학에서 한 직교규격화 기준에서 다른 기준으로 변환하는 것은 유니타리 연산자에 해당한다. 왜냐하면 유니타리 변환은 내적을 보존하므로 기준의 직교규격화를 보존하기 때문이다(유니타리 연산자의 정의와 성질을 보려면 부록 C를 참조하여라). $\{|0\rangle, |1\rangle\}$에서 $\{|+\rangle, |-\rangle\}$로 변환하는 기준변환 연산자 U는 $|0\rangle$이 $|+\rangle$로 변환하고, $|1\rangle$이 $|-\rangle$로 변환하는 양자변화에 해당한다. 이 연산자는 상태 $|0\rangle$과 $|1\rangle$의 선형결합을 $|+\rangle$와 $|-\rangle$의 결합에 해당하는 상태로 변환시킨다. 따라서 다음과 같이 쓸 수 있다.

$$|+\rangle = U|0\rangle, \quad |-\rangle = U|1\rangle. \tag{3.13}$$

결과적으로 연산자 U는

$$U = |+\rangle\langle 0| + |-\rangle\langle 1| \tag{3.14}$$

이다.

증명 U의 정의로부터 다음을 얻는다.

$$|+\rangle = U|0\rangle \Rightarrow |+\rangle\langle 0| = U|0\rangle\langle 0|, \tag{3.15a}$$

$$|-\rangle = U|1\rangle \Rightarrow |-\rangle\langle 1| = U|1\rangle\langle 1|. \tag{3.15b}$$

두 식을 결합하면

$$|+\rangle\langle 0| + |-\rangle\langle 1| = U(|0\rangle\langle 0| + |1\rangle\langle 1|) \tag{3.16}$$

이 된다.

식 3.14를 전개하면 U를 행렬 형태로 직접 쓰는 다른 표현을 얻는다.

$$U = \frac{1}{\sqrt{2}}(|0\rangle\langle 0| + |0\rangle\langle 1| + |1\rangle\langle 0| - |1\rangle\langle 1|). \tag{3.17}$$

연습문제 3.6

$U = \frac{1}{\sqrt{2}}\begin{bmatrix} 1 & 1 \\ 1 & -1 \end{bmatrix}$이 식 3.13의 변환을 일으킨다는 것을 확인하여라.

3 역변환

U^{-1}을 $|+\rangle$, $|-\rangle$에 적용하면 다시 $|0\rangle$, $|1\rangle$이 된다. U가 유니타리이므로($U^{-1} = U^\dagger$ 임을 뜻한다)

$$|0\rangle = U^\dagger |+\rangle, \quad |1\rangle = U^\dagger |-\rangle \tag{3.18}$$

이다.

연습문제 3.7

식 3.14의 U는 브라-켓 표기를 이용하여 유니타리임을 확인하여라.
힌트: $U^\dagger = |0\rangle\langle +| + |1\rangle\langle -|$.

4 기준 회전

그림 3.2에 나타내었듯이 기준 변화는 Hilbert 공간의 좌표계에서 회전으로 시각화할 수 있다. 벡터 $|\psi\rangle$는 물리적으로 변하지 않지만 새로운 기준에 대한 그 성분은 변한다. 이 변화는 실질적으로 같은 양자상태를 나타내지만 수학적으로는 다른 형태이다.

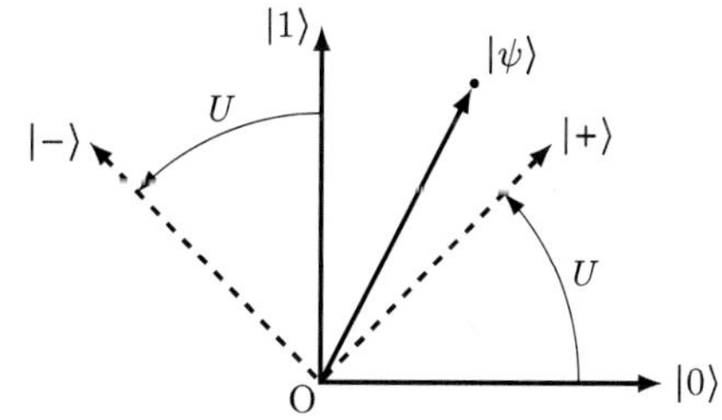

❙ 그림 3.2 ❙ 기준 회전 $\{|0\rangle, |1\rangle\} \rightarrow \{|+\rangle, |-\rangle\}$

기하학적 회전이 좌표계에서 벡터의 길이와 상태 각도를 보존하는 것과 비슷하게 유니타리 변환을 통한 기준변환은 내적을 변화시키지 않는다. 이 보존 성질이 기준변환을 종종 기준의 회전으로 개념화하는 이유이다.

5 벡터 성분의 변환

벡터 성분은 $U^\dagger$를 직접 이용하여 변환할 수 있다.

$$\begin{bmatrix} \frac{\alpha+\beta}{\sqrt{2}} \\ \frac{\alpha-\beta}{\sqrt{2}} \end{bmatrix} = U^\dagger \begin{bmatrix} \alpha \\ \beta \end{bmatrix}. \tag{3.19}$$

연습문제 3.8

주어진 양자상태 $|\psi\rangle = \frac{1}{2}|+\rangle + i\frac{\sqrt{3}}{2}|-\rangle$에 대해 $\{|0\rangle, |1\rangle\}$ 기준의 표현을 계산하여라.

6 투영을 통한 벡터 성분 계산

변환 연산자 U와 이를 상태벡터에 적용하는 것에 대한 행렬표현뿐만 아니라 특정한 기준에서 양자상태의 진폭을 계산하는 고유한 방법이 있다. 이 접근 방법은 상태 $|\psi\rangle$를 직교 규격화된 기준으로 분해(혹은 투영)하는 것이다. 표준 기준 $\{|0\rangle, |1\rangle\}$에 대해서 상태는

$$|\psi\rangle = \langle 0|\psi\rangle\, |0\rangle + \langle 1|\psi\rangle\, |1\rangle \tag{3.20}$$

으로 나타낼 수 있다. 여기서 $|\psi\rangle$의 성분은 투영 $\langle 0|\psi\rangle$와 $\langle 1|\psi\rangle$이다. $|\psi\rangle = \alpha|0\rangle + \beta|1\rangle$을 이용하면 예상한 대로 α와 β를 얻는다.

마찬가지로 기준 $\{|+\rangle, |-\rangle\}$에서 상태는 다음과 같이 표현할 수 있다.

$$|\psi\rangle = \langle +|\psi\rangle\, |+\rangle + \langle -|\psi\rangle\, |-\rangle, \tag{3.21}$$

$$\langle +|\psi\rangle = \frac{\alpha+\beta}{\sqrt{2}}, \quad \langle -|\psi\rangle = \frac{\alpha-\beta}{\sqrt{2}}. \tag{3.22}$$

3.3.2 ∗ 기준 변화: 큐딧

예제 $\{|0\rangle, |1\rangle\} \to \{|+\rangle, |-\rangle\}$를 이용하여 기준변환의 기본적인 원리와 작용을 알고 난 후 이제 이것을 지표(예를 들어 아래의 i 혹은 j)를 $\{0, 1, \cdots, d-1\}$로 확장하는 일반적인 큐딧계로 확장하겠다.

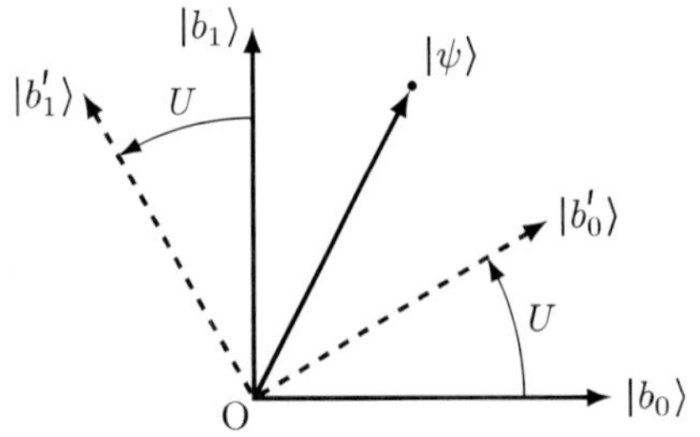

▌그림 3.3▐ 기준회전 $\{|b_i\rangle\} \to \{|b'_i\rangle\}$

1 정의와 연산자

두 개의 완전하고 직교하는 기준 $\{|b_i\rangle\}$와 $\{|b'_i\rangle\}$가 주어지면 직교성과 완전성 관계는 다음과 같다.

$$\langle b_i|b_j\rangle = \langle b'_i|b'_j\rangle = \delta_{ij}, \quad \sum_i |b_i\rangle\langle b_i| = \sum_i |b'_i\rangle\langle b'_i| = I. \tag{3.23}$$

기준 $\{|b_i\rangle\}$에서 $\{|b'_i\rangle\}$로 변화시키기 위해 유니타리 연산자 U는 $|b'_i\rangle = U|b_i\rangle$가 되도록 정의한다. 특히 U는

$$U = \sum_i |b'_i\rangle\langle b_i| = \sum_{i,j} \langle b_j|b'_i\rangle\, |b_j\rangle\langle b_i| \tag{3.24}$$

이다.

연습문제 3.9

식 3.24에 있는 U에 대한 식을 그 정의 $|b'_i\rangle = U|b_i\rangle$에서 유도하여라.
힌트: $\{|0\rangle, |1\rangle\} \to \{|+\rangle, |-\rangle\}$에 대한 증명을 참조하여라.

2 기준변환을 할 때 벡터와 행렬

양자상태와 관측량 같은 물리적인 성질은 다른 기준에 대해 변하지 않지만 벡터 혹은 행렬표현은 기준을 변환할 때 U에 의해 변환된다.

일반적인 큐딧상태 $|\psi\rangle$는 두 기준에서 표현할 수 있다.

$$|\psi\rangle = \sum_i c_i\, |b_i\rangle = \sum_i c'_i\, |b'_i\rangle. \tag{3.25}$$

$|\psi\rangle$의 계수, 즉 벡터 성분은

$$c_i = \langle b_i|\psi\rangle\,, \quad c'_i = \langle b'_i|\psi\rangle \tag{3.26}$$

으로 얻는다. $\{c_i\}$를 행벡터 $|c\rangle$로, $\{c'_i\}$는 행벡터 $|c'\rangle$로 생각하면

$$|c\rangle = U\,|c'\rangle\,, \quad |c'\rangle = U^\dagger\,|c\rangle \tag{3.27}$$

을 얻는다.

내적은 스칼라이고, 그러므로 기준이 달라도 일정하다. 식 3.27에 의해 $|u'\rangle = U^\dagger|u\rangle$와 $|v'\rangle = U^\dagger|v\rangle$라고 하면

$$\langle u'|v'\rangle = \langle u|v\rangle \tag{3.28}$$

이 된다.

연습문제 3.10

유니타리 변환에 대해 내적의 불변성을 증명하여라(식 3.28 참조).

관측량 A에 대해 $\langle u|A|u\rangle$는 상태 $|u\rangle$에 있을 때 A의 기대값(통계적 평균)을 나타낸다(§1.5.3 참조). 이것은 또한 스칼라이므로 기준이 달라도 상수로 남아야 한다. 이로부터 A의 행렬 형태는

$$A' = U^\dagger A U \tag{3.29}$$

로 변환해야 한다.

이 변환을 하면 $\langle u|A|u\rangle$는 정말로 유니타리 변환에 대해 불변이다.

$$\begin{aligned}\langle u'|A'|u'\rangle &= \langle U^\dagger u|U^\dagger AU|U^\dagger u\rangle \\ &= \langle u|UU^\dagger AUU^\dagger|u\rangle \\ &= \langle u|A|u\rangle\,.\end{aligned} \tag{3.30}$$

§3.4.4에서 예제를 통해 $\langle u|A|u\rangle$의 기준독립성을 보이겠다.

연습문제 3.11

원래 기준에서 두 관측량이 교환하면($[A, B]=0$), 변환된 기준에서도 교환함을 보여라.
($[UAU^\dagger,\ UBU^\dagger]=0$)

3.3.3 계산 기준에서 고유벡터 기준으로 변환

Hermitian 연산자의 고유벡터 기준으로 전환하는 것을 "연산자를 대각선화"한다고 한다. 이 용어는 고유벡터 기준(혹은 고유기준)에서 연산자는 고유값이 대각선에 있는 대각행렬로 표현된다는 사실에서 나온다. 이와 같은 변환은 양자컴퓨팅에서 중요한 응용에 나타난다. 이 중 중요한 것은 양자위상 추정과 해밀토니안 시뮬레이션 알고리즘이다. 더구나 §3.4.5에서 논의하겠지만 양자컴퓨팅에서 측정은 종종 이와 같은 기준변환을 이용한다.

H가 고유값 $\{\lambda_i\}$를 갖는 Hermitian 연산자이고, 규격화된 고유벡터는 $\{|\phi_i\rangle\}$일 때

$$H\,|\phi_i\rangle = \lambda_i\,|\phi_i\rangle \tag{3.31}$$

를 만족한다. 여기서 $\{|\phi_i\rangle\}$는 완전하고, 직교규격화된 기준을 이룬다.

한 상태를 계산기준 $\{|i\rangle\}$에서 H의 고유기준(즉 H의 고유벡터로 이루어진 기준) $\{|\phi_i\rangle\}$로 변환할 때

$$|\phi_i\rangle = U\,|i\rangle\,, \quad U = \sum_i |\phi_i\rangle\langle i| \tag{3.32}$$

로 정의하는 유니타리 연산자 U를 적용할 수 있다.

스펙트럼 분할 정리의 결과로 H의 행렬 형태는 $\{|\phi_i\rangle\}$ 기준에서 대각선화 되어 있다.

$$H = \sum_i \lambda_i\,|\phi_i\rangle\langle\phi_i|. \tag{3.33}$$

한편 $U^\dagger HU$의 행렬 형태는 계산기준에서 대각선화 되어 있다.

$$U^\dagger HU = \sum_i \lambda_i |i\rangle\langle i|. \tag{3.34}$$

연습문제 3.12

Hermitian 연산자

$$A = \begin{bmatrix} 1 & 1 \\ 1 & 0 \end{bmatrix}$$

이 주어져 있다.

(a) 고유값과 이에 해당하는 고유벡터를 구하여라.
(b) 계가 상태 $|\psi\rangle = |0\rangle$에 있을 때 이 상태를 A의 고유기준으로 나타내어라.
(c) A를 관측량으로 이용하는 측정과 같은 A의 고유기준에서 상태 $|\psi\rangle = |0\rangle$을 측정하는 것을 고려하자. 각 고유값과 관련된 확률은 얼마인가?

Pauli 연산자에 대한 고유기준

Pauli 연산자의 고유기준은 양자계산과 측정에서 중요한 역할을 한다.

Z 기준

Pauli Z의 고유기준은 그 자체로 고유벡터 $|0\rangle$과 $|1\rangle$로 구성된 계산기준이다.

X 기준

Pauli X의 고유기준은 상태 $|+\rangle$와 $|-\rangle$로 이루어져 있다. 이 기준은 또한 Hadamard 기준으로 알려져 있다.

이 기준을 계산기준과 관계를 맺는 유니타리 변환은

$$H = \frac{1}{\sqrt{2}}\begin{bmatrix} 1 & 1 \\ 1 & -1 \end{bmatrix} \tag{3.35}$$

로 정의한 Hadamard 연산자 H이다.

여기서 H는 식 3.32에서 U에 해당하고, X는 식 3.31에서 H에 해당한다는 것을 주목하여라. H는 다른 용도로 사용하였다. 왜냐하면 H는 Hadamard 연산자에 대한 관습적인 기호이기 때문이다.

연습문제 3.13

다음을 확인하여라.

(a) $|+\rangle = H|0\rangle$와 $|-\rangle = H|1\rangle$.
(b) 대각화 관계 $Z = HXH$.

Y 기준

Pauli Y 연산자의 고유벡터는 $|+_i\rangle$와 $|-_i\rangle$이다. 고유기준에서 편하게 계산하기 위해 종종 동등한 벡터 $|+_i\rangle$와 $i|-_i\rangle$를 이용한다. 이 고유기준에서 계산기준으로 변환하는 유

니타리 연산자는 $R_x\left(-\frac{\pi}{2}\right)$이고, 이것은 단순히 R_x로도 쓴다. 이 연산자는 (§5.2.5 참조)

$$R_x = \frac{1}{\sqrt{2}}\begin{bmatrix}1 & i\\ i & 1\end{bmatrix} \tag{3.36}$$

으로 정의한다.

연습문제 3.14

다음을 확인하여라.

(a) $|+_i\rangle = R_x|0\rangle$, $i|-_i\rangle = R_x|1\rangle$.

(b) 대각화 관계 $Z = R_x^\dagger YR_x$.

3.4 ∗양자측정의 일반적인 수식화

양자측정은 양자컴퓨팅에서 중요한 역할을 한다. 이것은 양자 영역에서 고전 영역으로 정보를 전달하는 가교이다. 더구나 양자측정은 디코히어런스(decoherence: 결깨짐)를 조사하는 필수적인 도구이고, 현재 양자컴퓨팅계의 오류에 대한 주요 근원이다. 복잡하지만 이 주제를 완전히 익히는 것이 양자계의 작용을 이해하는 데 중요하다. 이 절에서 1장과 2장에서 논의한 양자역학의 관측량과 측정에 대한 기본적인 원리에 기초한 일반적인 양자측정 체계를 수식화하겠다.

3.4.1 양자측정의 기본 원리에 대한 복습

관측가설과 측정가설은 양자계의 행동과 이 계를 측정하는 행동을 설명하는 양자역학의 두 기본적인 가설이다.

관측가설에 의하면 양자역학에서 모든 관측 가능한 양은 Hermitian 연산자로 표현한다. 관측량은 위치, 운동량, 에너지 혹은 스핀과 같이 측정할 수 있는 양자계의 물리적인 성질이다. 이 관측량과 관련된 Hermitian 연산자는 관측연산자라고 하고, 고유값은 그 관측량을 측정할 때 가능한 결과를 나타낸다.

한편 측정가설은 양자계의 관측량을 측정하는 과정을 설명한다. 구성가설에 의하면 양자계의 관측량을 측정하는 행동으로 인해 계는 그 관측량과 관련된 관측량 연산자의 고유상태 중 한 개로 붕괴하고, 측정결과는 해당하는 고유값이다. 이 붕괴는 또한 파동함수 붕괴라고도 알려져 있고, 이것은 양자역학의 기본적인 특징이다.

이 가설은 가장 단순한 형태로 양자측정을 이해하는 기반이 된다. 그러나 현대 양자컴퓨팅과 양자정보에서는 POVM(Positive Operator-Valued Measure: 양의 연산자 측정기준), 약한 측정과 비파괴 측정과 같은 더 고급의 측정 방법을 적용한다. 이와 같은 복잡한 방법을 포함하기 위해서는 이러한 표준적인 가설을 일반적인 양자측정 구조로 확장하는 것이 필요하다.

3.4.2 ∗일반적인 측정 구조

양자측정의 특징은 전형적으로 가능한 측정 결과를 표현하는 측정연산자 집합 $\{M_i\}$이 있다는 것이다.

1 측정 확률

상태 $|\psi\rangle$에 있는 양자계가 있을 때 측정시 결과 i를 얻을 확률은

$$P_i = \langle\psi|M_i^\dagger M_i|\psi\rangle \tag{3.37}$$

이다.

이 공식은 $\|M_i|\psi\rangle\|^2$로 표기하는 벡터 $M_i|\psi\rangle$의 크기 제곱과 같다.

곱 $M_i^\dagger M_i$는 음이 아니다. 즉 고유값이 음수가 아닌 Hermitian 행렬이어서 모든 확률은 $P_i \geq 0$이다.

연습문제 3.15

$M_i^\dagger M_i$로 정의한 행렬은 음이 아니라는 것을 보여라.

전체 확률을 더해 1이 되려면, 즉 $\sum P_i = 1$이면 연산자 $\{M_i\}$는 완전성 조건을 만족해야 한다.

$$\sum_i M_i^\dagger M_i = I. \tag{3.38}$$

연습문제 3.16

M_i가 식 3.38의 완전성 조건을 만족하면 합 $\sum P_i$가 1이 됨을 보여라.

ⓘ 이렇게 양자측정을 넓게 살펴볼 때 연산자 $\{M_i\}$는 직교할 필요는 없다.

2 측정 평균

숫자 λ_i가 각각의 M_i에 대응하면 λ의 기대값은

$$\langle\lambda\rangle = \sum_i P_i\lambda_i = \sum_i \langle\psi|M_i^\dagger M_i|\psi\rangle\,\lambda_i \tag{3.39}$$

이다.

3 측정 후 상태

양자측정의 핵심적인 특징은 측정을 했을 때 양자상태가 변한다는 것이다. 측정 후 계는

다음 상태로 전이한다.

$$|\psi_i\rangle = \frac{M_i |\psi\rangle}{\sqrt{P_i}}. \tag{3.40}$$

분모에 있는 양 $\sqrt{P_i}$ 는 $|\psi_i\rangle$의 규격화를 보장하여 이 상태가 정당한 양자상태로 남아 있게 한다.

4 상태겹침을 통한 측정 확률

특정한 측정 결과를 관측할 가능성은 측정 전화 후의 상태가 겹친 정도(내적)로부터 얻을 수 있다.

$$P_i = |\langle\psi_i|\psi\rangle|^2. \tag{3.41}$$

연습문제 3.17

식 3.40을 이용하여 $|\psi\rangle$를 측정하고, 그 후 $|\psi_i\rangle$를 얻을 확률은 식 3.41로 주어진다는 것을 확인하여라.

5 비유니타리 변환

중요한 점은 식 3.40이 일반적으로 유니타리 변환을 표현하지 않아서 양자측정의 독특한 성질을 분명히 보여준다는 것이다. (중간 상태의 변화가 없다는 것을 가정하고, 일반적인 POVM 측정을 제외하면) 동일한 M_i로 계속 측정 후 상태에 계속 측정하면 결과는 일관성이 있고, 상태는 방해를 받지 않고 그대로 있다.

6 POVM 측정

여기서 설명한 측정 체계는 양의 연산자 측정기준(POVM) 체계로 확장된다. POVM의 관점에서 중점적인 것은 측정을 한 후 계의 상태보다는 측정결과이다. 따라서 $\{M_i^\dagger M_i\}$는 POVM 연산자 $\{E_i\}$로 바뀌고, 각각은 $\sum_i E_i = I$인 가능한 측정결과에 대응하는 음이 아닌 Hermitian 연산자이다. 이 절 이전의 모든 식은 식 3.40을 제외하고 여전히 성립한다. §12.3.4에서 POVM을 더 탐구하겠다.

3.4.3 ∗관측량에 대한 투영 측정

일반적인 수식화의 관점에서 양자관측량에 관련된 측정은 투영 측정으로 알려진 특별한 경우로 나타난다.

Hermitian 연산자로 표현하는 관측량 H를 고려하자. 이 연산자의 고유값 집합 λ_i가 있고, 이에 대응하는 고유벡터 $|\phi_i\rangle$가 있다. 이 고유벡터로 완전한 직교규격화된 기준을 만든다. 따라서 측정연산자 M_i는 기준상태 $|\phi_i\rangle$와 관련된 투영연산자가 된다.

$$M_i = \Pi_i = |\phi_i\rangle\langle\phi_i|. \tag{3.42}$$

투영연산자이므로 집합 $\{M_i\}$는 식 3.38의 완전관계를 만족할 뿐만 아니라 직교와 멱등 성질이 있다(즉 M_i를 계속 작용하면 항상 같은 결과를 얻는다).

$$M_i M_j = \delta_{ij} M_i. \tag{3.43}$$

연습문제 3.18

식 3.43을 입증하여라.

연습문제 3.19

$\sum_i |\phi_i\rangle\langle\phi_i| = I$인 관계를 이용하여 식 3.38은 투영 측정에 대해 성립한다는 것을 확인하여라.

결과적으로 식 3.37에 있는 결과 λ_i를 얻을 확률은

$$P_i = \langle\psi|\Pi_i|\psi\rangle = |\langle\psi|\phi_i\rangle|^2 \tag{3.44}$$

의 형태로 쓸 수 있다.

마찬가지로 식 3.39에 있는 M의 기대값에 대한 공식은 스펙트럼 분할 성질 $H = \sum_i \lambda_i |\phi_i\rangle\langle\phi_i|$을 이용하면

$$\langle H\rangle = \sum_i P_i \lambda_i = \langle\psi|H|\psi\rangle \tag{3.45}$$

로 변환된다.

연습문제 3.20

식 3.39로 식 3.44와 3.45를 얻는다는 것을 확인하여라.

최종적으로 식 3.40으로부터 측정 후 상태는 $|\phi_i\rangle$로 단순하게 된다. 이러한 의미에서 투영연산자는 기본적으로 각각의 기순상태를 선덱힌디. 즉 원래 상태를 기준상태로 투영한다.

이 논의의 요점은 측정 연산자 $\{M_i\}$이 관측량의 고유상태와 연결된 투영연산자일 때 중요한 측정 체계는 자연스럽게 관측 중심의 측정과 일치한다.

3.4.4 * 기준에 의존하는 측정

기준 의존성은 양자측정의 중요한 면이다. 양자계를 다른 기준에서 측정할 때 그 결과는 선택한 기준에 근거하여 달라진다.

설명하자면 특정한 기준에서 측정한 양자상태는 기본적으로 그 기준의 상태에 대해 측

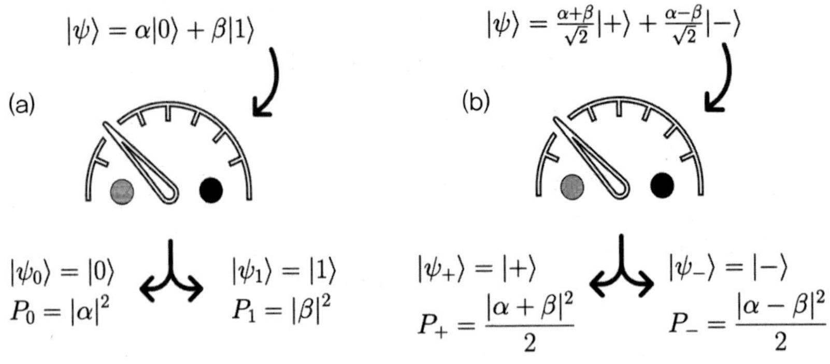

| 그림 3.4 | $\{|0\rangle, |1\rangle\}$과 $\{|+\rangle, |-\rangle\}$ 기준에서 하는 측정

정한다. 예를 들어 상태 $|\psi\rangle = \alpha|0\rangle + \beta|1\rangle$을 계산 기준에서 측정할 때 측정 후 상태 $|0\rangle$과 $|1\rangle$로 갈라지고, 관련된 확률은 $|\alpha|^2$과 $|\beta|^2$이다. 이 현상을 그림 3.4(a)에 나타내었다.

비슷하게 $|\psi\rangle$를 (b)에서 보였듯이 $\{|+\rangle, |-\rangle\}$ 기준에서 측정하면 측정후 상태는 $|+\rangle$와 $|-\rangle$가 되고, 확률은 $\frac{|\alpha+\beta|^2}{2}$와 $\frac{|\alpha-\beta|^2}{2}$이다.

전통적으로 다른 기준 측정은 다른 관측량에 대응한다. 양자컴퓨팅에서는 표준 측정값을 +1과 −1이라고 하자. 따라서 관련된 관측량은 다음과 같이 표현한다.

$$H_{0,1} = |0\rangle\langle 0| - |1\rangle\langle 1| = Z, \quad \{|0\rangle, |1\rangle\} \text{ 기준에 대응,} \tag{3.46a}$$

$$H_{+,-} = |+\rangle\langle +| - |-\rangle\langle -| = X, \quad \{|+\rangle, |-\rangle\} \text{ 기준과 관련.} \tag{3.46b}$$

이 관습이 주어졌을 때 주어진 예제의 측정은 또한 Z와 X 측정이라고 말한다.

관측량 H를 다른 기준에서 측정할 때 그 기대값 $\langle H\rangle$는 그대로 남아 있다(§3.3.2 참조). 위의 예에서 $\{|+\rangle, |-\rangle\}$의 기준에서 계산한 X의 기대값은 확률 논의를 통해

$$\langle X\rangle = (+1)P_+ + (-1)P_- = \frac{|\alpha+\beta|^2}{2} - \frac{|\alpha-\beta|^2}{2} = \alpha\beta^* + \alpha^*\beta \tag{3.47}$$

이다.

그러나 §1.5.3에서 보였듯이 $\langle\psi|X|\psi\rangle$로 주어지고, 이것은 측정기준과 무관하다. 사실 계산기준에서 직접 내적을 계산하여 $\langle\psi|X|\psi\rangle = \alpha\beta^* + \alpha^*\beta$임을 확인할 수 있다.

연습문제 3.21

확률 논의를 통해 계산한 Z의 기대값은

$$\langle Z\rangle = (+1)P_0 + (-1)P_1 = |\alpha|^2 - |\beta|^2 = 2|\alpha|^2 - 1 = 1 - 2|\beta|^2 \tag{3.48}$$

이다.

$\langle\psi|Z|\psi\rangle$는 계산 기준과 $\{|+\rangle, |-\rangle\}$ 기준에서 같은 값을 갖는다는 것을 확인하여라.

3.4.5 *다른 기준에서 측정하기

양자컴퓨팅에서 계산기준은 대부분 양자 하드웨어로부터 기본적으로 지원받기 때문에 사실상 측정의 표준이다. 그러나 어떤 경우에는 비계산기준에서 측정을 할 필요가 있다. 이 경우 유니타리 변환, 혹은 기준 회전을 이용하여 측정을 수행하기 전에 원하는 기준으로 변환한다.

직교규격화된 기준 $\{|\phi_i\rangle\}$ 내에서 $|\psi\rangle$로 표기하는 큐딧 상태를 측정하고 싶다고 하자. 처음 할 일은 전체 위상을 제외하고, 표적 측정기준 $\{|\phi_i\rangle\}$에서 계산기준 $\{|i\rangle\}$로 변환시키는 U로 표현하는 적절한 유니타리 변환을 찾는 것이다.

$$U = \sum_i |i\rangle\langle\phi_i|. \tag{3.49}$$

U를 만들었으므로 그 이후의 단계는 계산기준 내에서 상태 $U|\psi\rangle$를 측정하는 것이다. 흥미롭게도 이 과정에서 얻는 결과 확률은 $\{|\phi_i\rangle\}$ 기준에서 직접 $|\psi\rangle$를 측정하여 얻는 것과 같다. 결과가 같다는 것은 다음과 같이 확인할 수 있다.

$$\begin{aligned} P_i &= |\langle i|U|\psi\rangle|^2 \\ &= \left|\sum_j \langle i|j\rangle \langle\phi_j|\psi\rangle\right|^2 \\ &= |\langle\phi_i|\psi\rangle|^2 . \end{aligned} \tag{3.50}$$

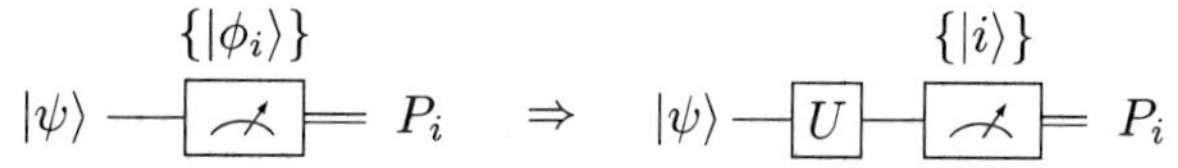

강조할 중요한 차이는 측정 후 계산기준 $|i\rangle$에서 얻은 상태는 선택한 측정기준 내에서 예상한 상태 $|\phi_i\rangle$와 일치하지 않는다는 것이다. 그럼에도 불구하고 양자컴퓨팅의 관점에서 이 불일치는 중요하지 않다. 왜냐하면 강조할 것은 측정 결과를 얻는 것이기 때문이다. 측정 후 상태가 필요한 경우에는 $U^\dagger$가 실질적으로 $|i\rangle$를 원하는 상태로 변환한다.

$$U^\dagger |i\rangle = \sum_j |\phi_j\rangle \langle j|i\rangle = |\phi_i\rangle. \tag{3.51}$$

비표준기준에서 측정을 하는 전략은 Bell 측정에서 응용되고, 이것은 §8.4에서 살펴볼 것이다.

3.4.6 *샘플링 오차

양자컴퓨팅에서 종종 양자회로를 반복적으로 이용하여 어떤 관측량의 실험적인 기대값을 얻는다(§1.5.3 참조). 회로를 유한하게 작동시키므로 실험적인 값은 이론적인 기대값에서 벗어날 수 있다. 이 편차를 샘플링 오차라고 한다.

이 절에서 Pauli 연산자 $(X,\ Y,\ Z)$를 이용하여 이 중요한 양자역학적 측면을 보일 것이다. Pauli 연산자는 유니타리이면서 Hermitian이라는 점에서 유일하고, 양자게이트와 관측량으로 사용할 수 있다.

1 Z 측정

계산기준에서 하는 측정은 Z 관측량을 측정하는 것과 같다. 이 방법에서 아래 그림에서 보여주듯이 결과에는 $|0\rangle$에 대해서는 +1, $|1\rangle$에 대해서는 −1의 값을 부여할 수 있다. 이렇게 얻은 결과를 모아서 실험적인 Z의 기대값과 분산을 계산할 수 있고, 다음으로 논의하겠지만 샘플링 오차를 추정할 수 있다.

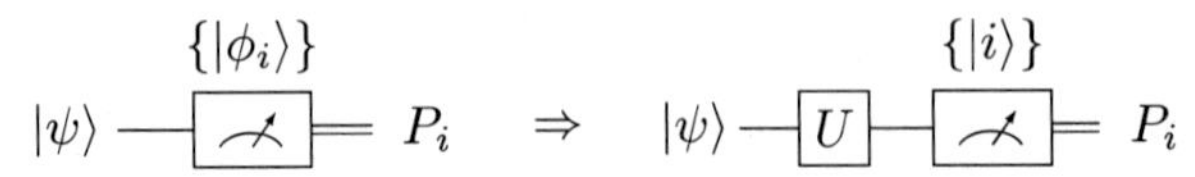

2 기대값

양자상태 $|\psi\rangle = \alpha|0\rangle + \beta|1\rangle$을 가정하자. Z 관측량에 대한 이론적인 기대값은

$$\langle Z\rangle \equiv \langle\psi|Z|\psi\rangle = |\alpha|^2 - |\beta|^2 = 2|\alpha|^2 - 1 \tag{3.52}$$

이다. 왜냐하면 $|\alpha|^2 + |\beta|^2 = 1$이기 때문이다.

이것을 실험적으로 계산하려면 회로를 각각의 측정 결과 $x_i \in \{\pm 1\}$를 N번 작동시킨다. 그러면 실험적인 기대값은 다음과 같다.

$$\langle \bar{Z}\rangle \approx \frac{1}{N}\sum_{i=1}^{N} z_i. \tag{3.53}$$

3 표준편차

샘플링 오차는 실험적인 $\langle \overline{Z}\rangle$가 이론적인 값 $\langle Z\rangle$에서 벗어난 정도이다.

상태 $|\psi\rangle$에서 관측량 Z의 이론적인 분산은

$$(\Delta Z)^2 = \langle Z^2\rangle - \langle Z\rangle^2 \tag{3.54}$$

로 주어진다.

$\langle Z^2\rangle = |\alpha|^2 + |\beta|^2 = 1$로 주어지면, 이 상태에서 관측량 Z에 대한 이론적인 분산은

$$(\Delta Z)^2 = 1 - \langle Z\rangle^2 = 1 - (|\alpha|^2 - |\beta|^2)^2 = 4|\alpha\beta|^2 \tag{3.55}$$

가 된다.

그리고 결과적으로 이론적인 표준편차는

$$\Delta Z = 2|\alpha\beta| = 2|\alpha|\sqrt{1 - |\alpha|^2} \tag{3.56}$$

이다.

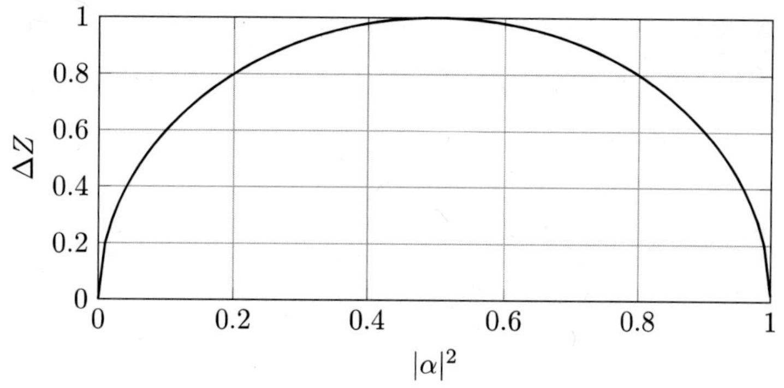

| 그림 3.5 | $|\alpha|^2$의 함수로 그림 ΔZ

ΔZ와 $|\alpha|^2$ 사이의 관계를 그림 3.5에 그려 놓았다. 이 곡선은 양자측정의 통계적인 성질을 보여준다. $|\alpha|^2=0.5$일 때 표준편차 ΔZ는 최대값 1이 되고, 평균값 $\langle Z\rangle$는 0이다. 추가적으로 $|\psi\rangle$가 기준상태일 때, 즉 $\alpha=0$이나 $\beta=0$인 경우 표준편차 ΔZ는 0이다. 이 행동은 기준상태는 불확정성 없이 측정할 수 있다는 기존의 원리와 일치한다.

4 평균의 샘플링 오차

기대값 $\langle Z\rangle$에 대한 샘플링 오차는 보통 평균값의 표준편차(standard error of the mean: SEM)로 정하고, 다음과 같이 표현한다.

$$\mathrm{SEM}_{\langle Z\rangle}=\frac{\Delta Z}{\sqrt{N}}. \tag{3.57}$$

여기서 ΔZ는 개별적인 측정의 표준편차이고, N은 전체 측성 회수이다. 따라서 다음을 얻는다.

$$\mathrm{SEM}_{\langle Z\rangle}=\frac{2|\alpha\beta|}{\sqrt{N}}. \tag{3.58}$$

측정 회수 N이 커지면 평균의 표준편차(SEM)는 0으로 접근한다. 이것은 실험적인 평균 $\langle Z\rangle$는 실제 기대값에 수렴한다는 것을 나타낸다.

SEM은 흔히 전형적인 샘플링 오차로 볼 수 있다. SEM을 원하는 오차범위(error margin: EM)와 같게 놓으면 특정한 정확도를 얻기 위해 필요한 측정의 최소 회수를 나타내는 N값을 계산할 수 있다. 통계학 용어를 사용하면 이 경우는 68% 신뢰수준에 해당한다. N을 네 배하면 95% 신뢰수준을 얻는다. 99.7% 신뢰수준을 얻으려면 N을 아홉 배 증가시켜야 한다.

연습문제 3.22

N개의 큐빗이 각각 $|\psi\rangle=\alpha|0\rangle+\beta|1\rangle$에 있는 경우를 고려하자. 기대값 $\langle Z\rangle$를 99% 정확도로 측정하려고 할 때 95% 신뢰수준으로 이 정확도를 얻기 위해 필요한 N의 최소값은 얼마인가?

5 X 측정

X 관측량을 측정하는 것은 $\{|+\rangle, |-\rangle\}$ 기준에서 측정을 하는 것에 해당한다. 양자상태를 $|\psi\rangle = a|+\rangle + b|-\rangle$로 표현하면 Z 측정에서 사용한 식을 계속 적용할 수 있다. 그러나 계수 a와 b는 α, β와 다음의 관계가 있다.

$$a = \frac{1}{\sqrt{2}}(\alpha + \beta), \quad b = \frac{1}{\sqrt{2}}(\alpha - \beta). \tag{3.59}$$

a, b와 α, β 사이의 관계로부터 $\{|+\rangle, |-\rangle\}$ 기준에서 계산한 기대값과 표준편차를 계산기준으로 바꾸거나, 그 반대로 구할 수 있다.

연습문제 3.23

X 관측량의 이론적인 표준편차(ΔX)를 α와 β로 표현하는 공식을 유도하여라.

§3.4.4에서 설명했듯이 $\{|+\rangle, |-\rangle\}$ 기준에서 측정하는 것은 계산기준에서 측정하기 전에 양자상태에 기준변환 유니타리 연산자(여기서는 Hadamard 연산자 H)로 변환하여 할 수 있다. 반복하여 결과를 얻으면 앞에서 한 Z에 대한 논의와 비슷하게 X의 실험적 기대값을 계산하고, 샘플링 오차를 추정할 수 있다.

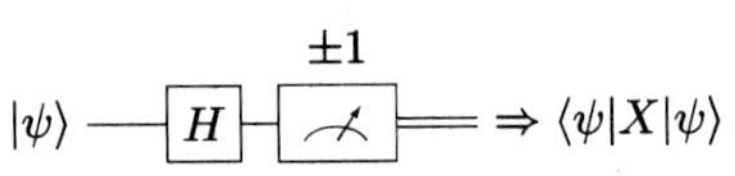

3.4.7 ✷양자측정의 고급 주제

앞에서 본 양자측정 체계는 POVM, 약한 측정, 비파괴 측정과 같은 더 복잡한 방법을 포함하는 것으로 확장하여 양자정보 과학에서 유연성과 적용성이 더 커질 수 있다.

POVM: 양자정보와 컴퓨팅에서 POVM을 잡음이 있거나 부분 측정을 포함하는 더 복잡한 측정 방법의 모형에 종종 이용할 수 있다. 이것은 특히 주위 환경과 상호작용하는 계에 대한 가능한 다양한 측정 결과를 기술하는 열린 양자계의 측면에서 특히 유용하다.

약한 측정: 전통적인 측정을 하면 상태 벡터는 관측량의 고유상태 중 한 개로 붕괴한다. 반면 약한 측정은 양자상태를 약간 흔들어 관측량에 대한 부분적인 정보만을 얻는다. 약한 측정은 일련의 덜 침습적인 측정의 통계적인 극한으로 이해할 수 있다.

비파괴 측정: 측정가설에 의하면 측정은 기본적으로 계의 상태를 바꾼다. 비파괴 측정은 양자상태를 심각하게 변화시키지 않고 정보를 얻어 이를 회피하려는 것이다. 이것은 특히 양자오류 정정과 양자컴퓨팅 규약에 유용하다.

이 주제에 관심이 있는 독자에게 다음의 교재를 추천한다.

- Kurt Jacobs, *Quantum Measurement Theory and its Applications. English.* 1st. Cambridge University Press, 2014, 554 페이지. ISBN: 978-1-107-02548-6.

• Mark M. Wilde, *Quantum Information Theory*. Cambridge University Press, 2017. ISBN: 978-1-107-17616-4.

3.5 ✷양자상태 단층 촬영술의 응용

이 절의 주제는 양자상태 단층 촬영술로 양자계의 상태를 재구성할 때 사용하는 강력한 기술이다. 이 장에서 전개한 양자상태, 기준변환과 양자측정을 이 과정에 적용하여 통합적인 사례 연구를 제공한다.

양자상태 단층 촬영술에서는 측정 결과에 근거하여 미지의 양자상태를 재구성한다. 이를 잘 보여주는 예제로 모두 동일하지만 미지의 상태 $|\psi\rangle$에 있는 $N=2000$ 큐빗을 고려하자. 이 큐빗을 Alice와 Bob에게 똑같이 나누어 각각 $N_a=1000$ 큐빗을 받는다. Alice는 자신의 큐빗을 계산기준 $\{|0\rangle, |1\rangle\}$에서 측정하고, $|0\rangle$ 상태에 $N_{a0}=241$ 큐빗이 있다는 것을 관측하였다. 한편 Bob은 $\{|+\rangle, |-\rangle\}$ 기준을 사용하고, $|+\rangle$ 상태에 $N_{b+}=852$ 큐빗을 검출하였다.

3.5.1 ✷Alice의 측정으로 변수 추출하기

§3.2로부터 $\{|0\rangle, |1\rangle\}$ 기준에서 표현한 일반적인 큐빗 상태는

$$|\psi\rangle = \cos\frac{\theta}{2}|0\rangle + \sin\frac{\theta}{2}e^{i\phi}|1\rangle \tag{3.60}$$

으로 표현할 수 있다는 것을 알고 있다.

이것이 주어지면 상태 $|0\rangle$과 $|1\rangle$을 측정할 확률은 각각 $P_0=\cos^2\frac{\theta}{2}$와 $P_1=\sin^2\frac{\theta}{2}$이다. 이 확률을 이용하면 차이 P_0-P_1으로부터 θ를 추론할 수 있다.

$$\cos\theta = P_0 - P_1. \tag{3.61}$$

Alice의 자료로부터 다음을 추론한다.

$$P_0 \approx \frac{241}{1000},\quad P_1 \approx \frac{1000-241}{1000}. \tag{3.62}$$

이로부터 근사값 $\theta\approx 2.12$ 라디안을 얻는다.

3.5.2 ✷Bob의 측정으로 변수 추출하기

$\{|+\rangle, |-\rangle\}$ 기준에서 상태가 주어지면 이 표현은

$$|\psi\rangle = \frac{\cos\frac{\theta}{2}+e^{i\phi}\sin\frac{\theta}{2}}{\sqrt{2}}|+\rangle + \frac{\cos\frac{\theta}{2}-e^{i\phi}\sin\frac{\theta}{2}}{\sqrt{2}}|-\rangle \tag{3.63}$$

이 된다.

이 표현으로부터 확률의 차 $P_+ - P_-$를 이용하면 $\cos\phi\sin\theta$를 유도할 수 있다.

$$\sin\theta\cos\phi = P_+ - P_-. \tag{3.64}$$

연습문제 3.24

식 3.63에서 시작하여 식 3.64를 유도하여라.

Bob의 관측으로부터 다음을 얻는다.

$$P_+ \approx \frac{852}{1000}, \quad P_- \approx \frac{1000-852}{1000}. \tag{3.65}$$

Alice의 측정에서 이전에 유도한 θ로 식 3.64를 이용하면 ϕ를 계산할 수 있고, $\phi \approx 0.604$를 얻는다.

3.5.3 ✷양자상태 재구성하기

추정한 θ와 ϕ의 값으로 원래 양자상태를 식 3.60을 이용하여 재구성할 수 있다.

$$|\psi\rangle \approx 0.491\,|0\rangle + 0.871e^{0.604i}\,|1\rangle. \tag{3.66}$$

연습문제 3.25✷

샘플링 오차(§3.46 참조)

양자측정은 본질적으로 추계적인 행동을 보여서 반복 측정을 통해 P_0, P_1, P_+와 P_-의 근사적인 값만을 얻는다. 이 현상을 샘플링 오차라고 한다. 이 값의 정확도는 표본의 크기 N, 즉 측정 회수와 관계가 있다. 이와 같은 샘플링의 복잡함은 양자컴퓨팅에 내재해 있다.

(a) P_0, P_1, P_+와 P_-에 대한 평균을 표준오차(SEM)를 N, N_a, N_B 등으로 유도하여라.

(b) θ와 ϕ의 SEM을 계산하여라.

(c) 이 절에서 보인 경우에 대해 θ와 ϕ의 오차가 0.1% 문턱 안에 95%의 신뢰도로 남아 있으려면 N은 얼마나 커야 하는가?

3.6 요약 및 결론

큐빗과 큐딧의 전체적인 구조

이 장에서 큐빗과 큐딧의 전체적인 구조를 만드는 과정을 시작하였다. 양자컴퓨팅과 양자정보계의 중추로 작용하는 큐빗과 이를 일반화한 큐딧은 양자현상을 이해하는 데 필수적이다. 이 장의 목표는 광자와 전자 스핀과 같은 특정한 예에 대한 한계를 넘어서고 큐빗 실현의 다양한 스펙트럼을 충족시키는 범용 모형을 제시하는 것이다.

기준변환과 양자측정 이론의 주제를 특히 강조하였다. 이것은 이론적으로 중요할뿐더러 양자컴퓨팅에서 실용적으로 응용할 수 있다. 이 장에서 양자상태를 조사하여 앞에서 언급한 원리의 실제적인 응용을 보여 실제 세계에서 나타나는 방법의 중요성을 강조하였다.

물리적 구현과 수학적 모형

현재 큐빗 구현에 대해 왕성하게 연구하고 있는 다양한 플랫폼은 양자계에 고유한 다양성과 적응성을 강조한다. 정보 인코딩과 이에 대한 특정한 기준에 대한 다른 방법에 관심을 끄는 이러한 플랫폼을 간단히 설명하였다.

이러한 다양한 물리적인 표현에도 불구하고 큐빗에 대한 통합적인 수학적 모형이 나타나서 양자역학의 원칙을 확고하게 만든다. 이 수학적 추상화로 인해 다른 큐빗계 사이의 관계를 볼 수 있어서 이들의 바탕에 있는 보편적인 원리를 강조하였다.

기준변환과 유니타라 변환

이 장의 많은 부분은 다양한 기준에서 양자상태와 연산자를 이해하는 데 할당하였다. 양자역학에서 기준의 중요성은 고전물리학에서 기준계와 비슷하여 독자에게 친숙한 기준을 제공하였다. 이 논의의 중심에 기준 변화는 유니타리 변환과 같다는 개념이 있다. 벡터의 변환, 연산자, 내적과 연산자의 평균을 심도 있게 탐구하였다.

이 자세한 기준변환에 대한 조사는 두 개의 주요 분야에서 매우 가치가 있는 것으로 판명되었다. 첫째, 다른 기준으로 종종 양자상태의 미묘한 통찰력을 얻을 수 있어서 양자연산이나 알고리즘을 이해할 때 필수적이었다. 둘째, 양자게이트나 다른 유니타리 변환에 의한 연산자는 연관된 벡터 공간 내의 기준변환으로 이해할 수 있다. 두 방법은 기준변환으로 연결되어 이를 구별하는 방법은 미묘하다.

양자 측정에 대한 일반적인 수식화

우리의 논의는 양자역학의 관측량과 측정가설에 기반을 둔 양자 측정의 일반적인 수식화로 옮겨 간다. 이 논의는 앞으로 탐구할 디코히어런스 뿐만 아니라 현대 양자컴퓨팅과 양자정보의 관점에서 널리 알려진 POVM과 약한 측정과 같은 고급 측정 방법을 준비하는 단계를 만들었다.

앞 장에서 자세히 논의한 관측에 근거를 둔 측정은 양자 측성의 체세 내에서 특정한 경우를 표현하는 투영특정에 대한 중요한 통찰력을 얻었다.

추가적으로 다양한 기준에서 측정에 대한 전체적인 조사를 시작하여 다양한 기준계를 통한 양자 관측 과정의 이해를 높였다.

앞으로 다룰 주제

큐빗과 큐딧, 이들의 특성을 기술하는 물리적 구현과 수학적 구조에 대한 탄탄한 기초를 만든 후 양자계의 동역학을 탐구할 준비가 되어 있다. 다음 장에서 양자상태의 시간 변화를 볼 것이다. 슈뢰딩거 방정식에 의해 큐빗계의 동역학은 특히 양자게이트와 회로를 통해 양자정보를 진행시키고, 조정하고, 관측하는 과정을 이해하는 핵심이다.

앞으로는 단일 큐빗의 동역학에 초점을 맞추겠다. 이로부터 여러 개의 큐빗계의 복잡성, 얽힘과 상호작용으로 옮겨가게 될 것이다. 이 기본적인 논의는 양자알고리즘, 양자오류수정과 다양한 양자계의 구조적 설계와 같은 고급 영역으로 옮겨가는 데 중요한 역할을 할 것이다.

문제 3

3.1 $U|\psi\rangle = e^{2\pi i\theta}|\psi\rangle$를 만족하는 고유벡터 $|\psi\rangle$에 대한 유니타리 연산자 U를 고려하자. 다른 값 $j=0, 1, 2, \cdots$에 대해 $|\psi\rangle$에 위상추정 연산자 U^{2^j}를 작용한다. 여기서 $U^{2^j}|\psi\rangle$를 계산하여라.

3.2 (계산기준에서 일반적인 기준으로 변환.) 기준변환 $\{|0\rangle, |1\rangle\} \to \{|\psi\rangle, |\psi_\perp\rangle\}$에 대한 행렬 U를 유도하여라. 여기서 $|\psi\rangle$는 식 3.2로 정의하고, $|\psi_\perp\rangle$은 식 3.5로 정의한다. 그리고 U와 내적에 대한 표현을 이용하여 새로운 기준에서 $|\phi\rangle = \alpha|0\rangle + \beta|1\rangle$에 대한 표현을 결정하여라.
힌트: $U = |\psi\rangle\langle 0| + |\psi_\perp\rangle\langle 1|$.

3.3 4준위 양자계($d=4$인 큐딧)를 고려하자. 다음의 직교규격화된 기준상태는 상태공간 $\mathbb{C}^4$를 이룬다.

$$|\phi_0\rangle = \frac{1}{\sqrt{2}}(|0\rangle + |3\rangle), \tag{3.67a}$$

$$|\phi_1\rangle = \frac{1}{\sqrt{2}}(|1\rangle + |2\rangle), \tag{3.67b}$$

$$|\phi_2\rangle = \frac{1}{\sqrt{2}}(|0\rangle - |3\rangle), \tag{3.67c}$$

$$|\phi_3\rangle = \frac{1}{\sqrt{2}}(|1\rangle - |2\rangle). \tag{3.67d}$$

(a) $\{|0\rangle, \ldots, |3\rangle\}$이 직교규격화되어 있다면 이 기준상태도 그렇다는 것을 확인하여라.
(b) 계산기준과 새로운 기준 사이의 변환 연산자를 브라-켓 표기법과 행렬 표기법에서 결정하여라.

3.4 계산기준에서 4차원 Hadamard 기준으로의 변환은

$$H_4 = \frac{1}{2}\begin{bmatrix} 1 & 1 & 1 & 1 \\ 1 & -1 & 1 & -1 \\ 1 & 1 & -1 & -1 \\ 1 & -1 & -1 & 1 \end{bmatrix} \tag{3.68}$$

로 주어진다.
(a) Hadamard 기준 $\{|h_i\rangle\}$의 기준상태를 구하여라.
(b) 계산기준에서 $|\psi\rangle = \sum_i a_i|i\rangle$의 표현을 계산하여라. 여기서 $a_i \in \mathbb{C}$이다.
(c) 계산기준에서 $|\psi\rangle = \sum_i b_i|h_i\rangle$의 표현을 계산하여라. 여기서 $b_i \in \mathbb{C}$이다.

3.5 §3.4.6.5에서 자세히 설명한 X 측정에 대한 방법과 비슷하게 Y 관측량을 측정하는 방법을 고안하여라.

힌트: Y의 고유상태를 계산기준으로 변환할 때 필요한 유니타리 변환을 고려하여라.

3.6 Pauli Y 관측량에 대해 이론적 기대값($\langle Y \rangle$)와 표준편차(ΔY)에 대한 공식을 큐빗 상태 $|\psi\rangle = \alpha|0\rangle + \beta|1\rangle$에 대한 α와 β로 유도하여라.

3.7 * 동일한 상태 $|\psi\rangle = \alpha|0\rangle + \beta|1\rangle$에 대한 독립적인 큐빗 모임을 고려하자.

(a) $|\alpha|^2 = 0.99$라고 하자. 10개의 큐빗을 측정하여 모든 것이 $|0\rangle$에 있을 확률은 얼마인가? 10 개의 큐빗을 측정하여 9개는 $|1\rangle$에 있고, 한 개는 $|1\rangle$에 있을 확률은 얼마인가?

(b) 10개의 큐빗을 측정하여 각각이 $|0\rangle$인 상태에 있다고 하자. $|\alpha|^2$가 균일하게 분포한다고 가정하여 $|\alpha|^2 > 0.99$일 확률을 추정하여라.

3.8 * $\{u_j\}$와 $\{v_j\}$로 표기하는 $\mathbb{C}^d$에 있는 두 개의 직규규격화된 기준은 각 기준에서 한 개씩 꺼내 만든 벡터쌍의 내적 크기가 $\frac{1}{\sqrt{d}}$일 때 이들은 서로 편향되지 않았다고 한다. 즉 $|\langle u_j|v_k\rangle| = \frac{1}{\sqrt{d}}$이다. $d=2$와 $d=4$인 경우 계산기준에 서로 편향되지 않은 기준을 결정하여라.

3.9 * d차원의 양자상태는 전체 위상인자와 규격화 조건에 의해 $2(d-1)$개의 실수 변수로 표현할 수 있다. 결과적으로 상태의 표현은 다음과 같다.

$$|\psi\rangle = \begin{bmatrix} \cos\theta_1 \\ \cos\theta_2 \sin\theta_1 e^{i\phi_1} \\ \cos\theta_3 \sin\theta_1 \sin\theta_2 e^{i\phi_2} \\ \vdots \\ \cos\theta_{d-1} \sin\theta_1 \cdots \sin\theta_{d-2} e^{i\phi_{d-2}} \\ \sin\theta_1 \cdots \sin\theta_{d-2} \sin\theta_{d-1} e^{i\phi_{d-1}} \end{bmatrix}. \tag{3.69}$$

식 3.69에 있는 상태 $|\psi\rangle$에 대해 이것에 수직인 $d-1$개의 벡터 중 적어도 한 개를 구하여라.

CHAPTER

4

양자계의 동역학

앞 장에서 큐빗 상태를 그 상태벡터로 어떻게 표현하는지 보았다. 논의를 확장하여 큐빗의 동역학을 포함할 때 큐빗 상태가 시간에 대해 어떻게 변하는가 하는 질문에 부딪힌다. 이와 같은 변화로 양자게이트나 양자어닐링 과정의 응용과 같은 다양한 상호작용을 일으킨다.

양자역학에서 동역학은 물리적 상호작용으로 인한 양자상태의 변화를 말한다. 양자역학의 방정식과 원리가 이 변화를 이해하는 체계가 된다. 이로부터 양자상태가 어떻게 시간에 대해 변화하고 상호작용하는지 예측하고 분석할 수 있으며, 이것은 양자물리학을 이론적으로 이해하고, 실용적인 응용을 할 때 기본이 된다.

양자계의 동역학은 원칙적으로 양자역학의 시간 변화 가설을 따른다. 이것은 양자상태가 시간에 따라 변하는 것을 결정하는 기본적인 정리이다. 큐빗계에 대해 이 시간 변화는 주로 슈뢰딩거 방정식에 의해 결정된다. 이 기본적인 방정식을 잘 다루는 것이 여러 양자계에서 양자정보가 일어나고, 조정하고, 관측하는 복잡한 과정을 이해하는 것이다.

이 장에서 단일 큐빗의 예를 이용하여 양자계의 동역학에 대한 일반적인 개념을 도입하겠다. 이후의 장에서는 이 탐구를 넓혀 다중 큐빗계를 다루어 강력한 계산 작업에 대해 그 동역학을 조종하고 탐구하는 상호작용, 얽힘과 그 방법에 대해 논의하겠다. 이 기본적인 큐빗의 동역학에 대한 이해는 양자알고리즘, 양자오류수정과 대규모 양자계의 구현과 같은 고급 주제로 연결된다.

4.1 양자역학의 시간 변화 가설

닫힌 양자계의 상태에 대한 시간변화 가설은 유니타리 변환으로 결정된다.

수학적으로 이 가설은

$$|\psi(t)\rangle = U(t)\,|\psi(0)\rangle \tag{4.1}$$

로 표현할 수 있다. 여기서 $|\psi(t)\rangle$는 시간 t에서 계의 양자상태이고, $U(t)$는 시간 $t=0$에서 상태가 어떻게 시간 t의 상태로 변하는지 기술하는 시간변화 연산자이고, $|\psi(0)\rangle$는 계의 처음 상태이다.

닫힌 양자계에서 시간변화 연산자가 유니타리 변환이어야 할 필요성은 전체 확률이 1로 보존되어야 한다는 사실에서 나온다. 기본적으로 양자상태 벡터는 항상 규격화되어 있어야 한다. 왜냐하면 그 성분은 확률진폭을 나타내고, 그 제곱의 합은 1이 되어야 하기 때문이다. 양자상태가 자연히 시간에 대해 변환하면서 이 규격화는 보존되어야 한다. 유니타리 변환은 내적을 유지하여 이 조건을 만족시키고, 따라서 계의 행동에 대한 일관성이 있다.

4.1.1 유니타리 변환의 성질

유니타리 변환은 닫힌 양자계 상태의 시간변화를 결정하므로 양자역학에서 기본적이다. 또한 이것은 양자상태 조작을 가능하게 하는 여러 주요 성질을 갖는다는 점에서 또한 근본적이다. 다음 논의에서 단순하게 쓰기 위해 $U(t)$를 U로 표기하겠다.

1. **내적의 보존**: 두 양자상태 $|\phi\rangle$와 $|\psi\rangle$의 겹친 정도는 같은 유니타리 변환에 대해 변하지 않는다. 명시적으로는

$$\langle U\phi|U\psi\rangle = \langle\phi|\, U^\dagger U\, |\psi\rangle = \langle\phi|\psi\rangle \tag{4.2}$$

이다. 이 성질의 한 결과는 직교규격화된 기준은 유니타리 변환에 대해 계속 직교규격화되어 있다는 것이다.

더구나 $|\langle\phi|\psi\rangle|^2$는 $|\psi\rangle$ 상태에서 $|\phi\rangle$ 상태를 측정하는 확률, 혹은 그 역을 나타내므로 이와 같은 확률은 유니타리 변환에 대해 변하지 않고, 양자역학의 확률적 해석을 유지한다.

2. **가역성**: 유니타리 변환은 가역적이고, 이것은 U^{-1}을 이용한 역변환을 적용하여 다시 돌아갈 수 있다.
3. **선형**: 유니타리 변화를 하는 동안 중첩원리는 성립한다. 중첩된 양자상태에 유니타리 변환을 적용하면 변환된 상태의 중첩을 얻는다.
4. **단위 고유값**: 유니타리 변환의 고유값은 절대값이 1인 복소수이다.
5. **직교규격화된 열벡터와 행벡터**: 유니타리 행렬의 행벡터는 직교규격화된 집합이 되고, 자리바꿈을 했을 때 열벡터에 대해서도 적용된다.

유니타리 변환은 Hilbert 공간에서 기준변환으로 해석할 수 있다. 따라서 실질적으로 공간의 구조를 유지하면 양자상태 벡터를 회전한다. 특히 양자게이트가 양자상태에 유니타리 변환을 시킨다. 계산은 흔히 계산기준에서 하지만 양자 상태는 임의의 직교규격화된 기준에서 표현할 수 있는 Hilbert 공간에서 존재한다. 기준변환 개념에 대한 깊은 논의는 §3.3.2를 참조하여라.

4.2 *슈뢰딩거 방정식

슈뢰딩거 방정식은 원자 안의 전자, 양자점과 초전도 큐빗과 같은 계의 양자상태에 대한 시간 변화를 결정하는 비상대론적 양자역학의 초석이다. 이 방정식은 양자상태의 시간에 의존하는 변화와 계의 해밀토니안 연산자를 연결한다. 해밀토니안 연산자는 종종 해밀토니안 H로 쓴다. 해밀토니안은 계의 전체 에너지 관측량을 나타내므로 추상적인 양자상태와 에너지 준위와 같은 측정가능량 사이의 중요한 관계로 작용한다.

슈뢰딩거 방정식은

$$i\hbar\frac{\partial}{\partial t}|\psi(t)\rangle = H(t)\,|\psi(t)\rangle \tag{4.3}$$

으로 쓸 수 있다. 여기서 $|\psi(t)\rangle$는 시간 t에서 양자상태 벡터이고, $\hbar$는 환산 Planck 상수이다.

슈뢰딩거 방정식은 시간에 대한 일차 미분이 있는 선형 편미분방정식이다. 방정식에

허수 단위 i가 포함되어 있다는 것을 주목하여라. 이것이 포함되는 것은 양자계의 복소수인 파동과 같은 성질을 표현하고, 유니타리 변환을 보장하며 양자역학의 체계 내에서 수학적인 일관성을 유지하는 데 필수적이다.

여기서 이 방정식을 풀려고 하지는 않겠지만 양자게이트, 양자 하드웨어를 이해하고, 더 많은 연구의 기본을 제공할 때 필수적인 주요 개념과 결과에 집중하겠다.

해밀토니안의 Hermitian 성질

슈뢰딩거 방정식의 해는 식 4.1의 유니타리 시간변화를 표현해야 한다는 결과로 해밀토니안 H는 Hermitian 연산자이어야 한다. 이 절의 끝 부분에서 이 성질에 대한 증명을 하겠다(§4.7 참조).

4.2.1 ∗ 시간에 무관한 슈뢰딩거 방정식

해밀토니안 H가 시간에 따라 변하지 않는 가장 단순한 경우 슈뢰딩거 방정식은

$$i\hbar\frac{\partial}{\partial t}|\psi(t)\rangle = H|\psi(t)\rangle \tag{4.4}$$

로 표현한다. 이 식의 일반적인 해의 형태는

$$|\psi(t)\rangle = e^{-\frac{i}{\hbar}Ht}|\psi(0)\rangle \tag{4.5}$$

이고, 이것은 양변을 t에 대해 미분하여 확인할 수 있다(§4.7 참조).

지수항

$$U(t) = e^{-\frac{i}{\hbar}Ht} \tag{4.6}$$

이 유니타리 시간변화 연산자이고, 이것이 처음 시간의 양자상태 $|\psi(0)\rangle$가 시간 t에서 상태 $|\psi(t)\rangle$로 어떻게 변하는지 결정한다.

여기서 연산자 A의 지수함수는

$$e^A \equiv \exp(A) \equiv \sum_{n=0}^{\infty}\frac{1}{n!}A^n \tag{4.7}$$

로 정의하고, A는 정규연산자로 $AA^\dagger = A^\dagger A$임을 의미한다. 정규연산자는 Hermitian 연산자와 유니타리 연산자를 포함한다.

지수연산자의 성질

지수연산자 e^A는 중요한 성질을 갖는다.

곱에 대한 성질

일반적으로 $e^{A+B} \neq e^A e^B$이다. 그러나 다음 관계가 성립한다.

$$e^{A+B} = e^A e^B, \quad [A,B]=0\text{인 경우}. \tag{4.8}$$

이 절의 끝 부분에서 이 성질에 대한 증명을 하겠다(§4.7 참조).

유니타리 성질

A가 Hermitian이면 e^{iA}는 유니타리 연산자이다. 이 증명은 아래에 있다.

$$\begin{aligned}\left(e^{iA}\right)\left(e^{iA}\right)^\dagger &= e^{iA}e^{-iA^\dagger} \\ &= e^{iA}e^{-iA} \\ &= e^{iA-iA} = e^0 = I.\end{aligned} \tag{4.9}$$

이 성질로부터 식 4.6의 $U(t)$가 유니타리인 것을 알 수 있고, 닫힌 양자계의 상태는 유니타리 변환으로 결정된다는 시간변화 가설과 일치한다.

일반화한 Euler 공식

$A^2=I$이고(즉 A가 멱등 연산자)이고, θ가 실수인 경우를 고려하자. 여기서 다음의 관계가 성립한다.

$$e^{i\theta A} = \cos\theta I + i\sin\theta A. \tag{4.10}$$

이 식은 Euler 공식 $e^{i\theta}=\cos\theta+i\sin\theta$와 비슷하다. 이 성질의 자세한 정리는 이 절의 끝부분에서 하겠다(§4.7 참조). 독자는 이 증명 뒤에 있는 수학을 공부하기를 권한다. 왜냐하면 이때 사용하는 기술과 개념은 양자컴퓨팅 분야에 매우 관련이 있기 때문이다.

연습문제 4.1

e^{iX}를 한 개의 2×2 행렬로 표현하여라. 여기서 X는 Pauli X 행렬이다.

연습문제 4.2*

$e^{i(I+Z)/2}$를 한 개의 2×2 행렬로 표현하여라. 여기서 Z는 Pauli Z 행렬이고, I는 단위행렬이다.

4.2.2 * 시간에 의존하는 슈뢰딩거 방정식

해밀토니안이 시간에 따라 변할 때 $H(t)$로 쓰고 시간변화 연산자의 수식화는 더 복잡하다. 관심이 있는 시간 영역 안에서 임의의 t_1과 t_2에 대해 $H(t_1)$이 $H(t_2)$와 교환하는 경우 시간에 의존하는 슈뢰딩거 방정식의 해는

$$U(t) = \exp\left(-\frac{i}{\hbar}\int_0^t H(t')dt'\right) \tag{4.11}$$

로 주어진다.

$H(t_1)$과 $H(t_2)$가 교환하지 않는 경우에 해는 Dyson 급수로 알려진 시간순서 지수를 이용하여 표현한다.

$$U(t)=\mathcal{T}\exp\left(-\frac{i}{\hbar}\int_0^t H(t')dt'\right). \tag{4.12}$$

여기서 $\mathcal{T}$는 시간순서 연산자를 나타내고, 이 연산자는 지수함수 안에 있는 항을 시간 변수에 의해 더 이른 시간과 관련된 인자의 왼쪽에 나중 시간에 해당하는 인자를 모은다.

시간변화 연산자 $U(t)$는 $H(t)$가 시간에 의존할 때에도 유니타리라는 것을 증명할 수 있다[5]. 왜냐하면 내적과 상태벡터의 크기가 보존되기 때문이다. 이로 인해 확률을 잘 정의할 수 있고 시간에 따라 변화하는 동안 확률은 보존된다.

Dyson 급수는 시간에 의존하는 양자역학을 완전하게 이해할 때 기본적인 반면 일반적인 양자컴퓨팅 독자에게 중요하지는 않다. 양자컴퓨팅과 시뮬레이션의 실제적인 응용에서 Trotterization 근사가 더 관련이 있다.

4.2.3 ∗ Trotterization

Trotterization은 Trotter-Suzuki 공식에 근거를 둔 교환하지 않는 연산자의 합에 대한 지수함수를 근사할 때 사용하는 방법이다. 이것은 해밀토니안에 있는 교환하지 않는 항을 이용하여 양자계의 시간 변화를 근사할 때 양자역학에서 사용한다. 이 기술은 양자컴퓨팅에서 특히 정확한 해가 계산적으로 거의 불가능한 양자복잡계를 시뮬레이션할 때 유용하다.

1 시간에 의존하는 해밀토니안

시간에 따라 변하는 해밀토니안 $H(t)$를 다룰 때 Trotterization 공식을 이용하여 시간변화 연산자 $U(t)$를 근사할 수 있다. 시간 변화하는 전체 시간 T를 N개의 작은 간격 $\Delta t = T/N$으로 나누는 것을 고려하자. 시간에 의존하는 해밀토니안에 대한 Trotterization 공식은 다음과 같다.

$$U(T)\approx\prod_{n=1}^{N}\exp\left(-\frac{i}{\hbar}H(t_n)\Delta t\right). \tag{4.13}$$

여기서 $t_n = n\Delta t$는 n번째 간격에 있는 시간을 나타낸다. 이 곱은 나중 시간의 인자가 이른 시간과 관련된 인자의 왼쪽에 있는 순서로 놓는다.

이 공식은 해밀토니안이 각 간격 Δt에 걸쳐 거의 상수로 남아 있다고 가정하여 시간순서 지수함수를 근사한다. 곱에 있는 각 항은 크기 Δt로 주어지고, 특정한 시간 t_n에서 구한 해밀토니안의 지수함수이다. 이 근사의 정확도는 $N\to\infty$ 일수록 증가한다(즉 $\Delta t\to 0$ 일 때).

2 교환하지 않는 항이 있는 해밀토니안

Trotterization은 실제 세계의 많은 양자계에 흔히 있는 교환하지 않는 항을 포함하는 해밀토니안에 대해서도 쓸모가 있다. 예를 들어 시간에 의존하지만 $H = H_1 + H_2$의 형태인 해밀토니안을 고려하자. 이와 같은 경우 슈뢰딩거 방정식의 정확한 해는 $e^{i(H_1+H_2)\Delta t} \neq e^{iH_1\Delta t}e^{iH_2\Delta t}$이므로 계산하기 힘들다.

$$U(T) \approx \left(\exp\left(-\frac{i}{\hbar}H_1\Delta t\right)\exp\left(-\frac{i}{\hbar}H_2\Delta t\right)\right)^N. \tag{4.14}$$

Trotteriztation의 유효성은 Δt의 크기와 해밀토니안의 성질에 의존한다. 매우 빨리 변하거나 교환하지 않는 많은 양이 있는 해밀토니안의 경우 고차 Suzuki-Trotter 전개와 같은 더 복잡한 방법이 필요하다.

연습문제 4.3

해밀토니안 $H=\alpha X+\beta Z$를 고려하자. 여기서 X와 Z는 Pauli 행렬이고, $\alpha, \beta \in \mathbb{R}$이다. Trotterization을 이용하여 슈뢰딩거 방정식의 근사해를 써라.

4.3 에너지 고유상태의 정상적 성질

시간에 무관한 슈뢰딩거 방정식의 결과로 에너지 고유상태는 아래에서 설명하겠지만 정상상태이다. 이 성질은 양자물리학과 양자컴퓨팅의 많은 분야에서 중요한 역할을 한다.

해밀토니안 연산자 H의 고유벡터를 $|E_k\rangle$라고 하자. 여기서 E_k는 해당하는 에너지 고유값이다. H는 Hermitian이므로 E_k 값은 실수이다. 이 고유값이 띄엄띄엄 떨어져 있으면, 이것을 흔히 계의 에너지 준위라고 한다.

4.3.1 에너지 고유상태 기준에서 시간변화 연산자

선형대수에서 스펙트럼 분해 정리에 의하면 H는 다음과 같이 표현할 수 있다.

$$H = \sum_k E_k |E_k\rangle\langle E_k|. \tag{4.15}$$

합에 있는 각 항은 상태벡터를 k번째 에너지 고유상태 $|E_k\rangle$로 투영한 것이고, 이에 해당하는 에너지 고유값 E_k를 곱하였다.

시간변화 연산자 $U(t)$는 다음과 같이 표현할 수 있다.

$$U(t) = e^{-\frac{iHt}{\hbar}} = \sum_k e^{-\frac{iE_kt}{\hbar}} |E_k\rangle\langle E_k|. \tag{4.16}$$

이 식은 시간변화 연산자 $U(t)$를 해당하는 에너지 고유값을 갖는 모든 에너지 고유상태에 대해 더한 것이다. 합에 있는 각 항은 k번째 에너지 고유상태에 위상인자 $e^{-\frac{iE_kt}{\hbar}}$를 곱한 것이다. 이 식은 에너지 고유상태 기분에서 시간에 무관한 슈뢰딩거 방정식의 해로 볼 수 있다.

4.3.2 정상 에너지 고유상태

식 4.16을 보면 계가 처음에 에너지 고유상태 $|\psi(0)\rangle = |E_k\rangle$에 있을 때 그 시간변화는 단순히 처음 상태에 위상인자를 곱하는 것이다.

$$|\psi(t)\rangle = U(t)\,|\psi(0)\rangle = e^{-\frac{iE_k t}{\hbar}}\,|E_k\rangle. \tag{4.17}$$

이것은 계를 한 에너지 고유상태로 준비하면 시간에 의존하는 위상인자가 있는 그 상태로 계속 남아 있다는 것을 의미한다. 이와 같은 상태를 정상상태라고 한다. 정상상태는 전체 위상인자를 제외하고, 시간에 의존하지 않는 양자상태이다.

처음에 계가 에너지 고유상태에 있지 않으면 그 시간 변화는 에너지 고유상태의 중첩을 포함하고, 이 에너지 고유상태의 진폭은 이에 해당하는 위상인자에 의해 시간에 따라 변한다. 예를 들어 계가 처음에 $|E_0\rangle$와 $|E_1\rangle$의 중첩 상태

$$|\psi(0)\rangle = \alpha\,|E_0\rangle + \beta\,|E_1\rangle \tag{4.18}$$

에 있다고 하자. 시간 t에서 계의 상태 $|\psi(t)\rangle$는

$$|\psi(t)\rangle = U(t)\,|\psi(0)\rangle = e^{-\frac{iE_0 t}{\hbar}}\alpha\,|E_0\rangle + e^{-\frac{iE_1 t}{\hbar}}\beta\,|E_1\rangle \tag{4.19}$$

로 주어진다.

한 에너지 상태에서 계를 발견할 확률은 $|e^{-\frac{iE_0 t}{\hbar}}\alpha|^2 = |\alpha|^2$, $|e^{-\frac{iE_1 t}{\hbar}}\beta|^2 = |\beta|^2$이므로 일정하게 남아 있다는 것은 분명하다.

위의 논의는 이상적인 양자계에서 에너지 고유상태의 정상적인 성질을 강조하며 계가 완전히 고립되어 있고, 어떤 외부힘이나 상호작용을 받지 않는다고 가정하면 이 상태의 확률분포는 시간에 대해 일정하다.

그러나 실제로 양자계는 완전히 닫혀 있거나 고립되어 있지 않다. 이 계는 항상 어느 정도 주위와 상호작용을 하여 이상적인 정상적인 행동에서 벗어나게 된다. 이 상호작용은 다른 에너지 상태 사이로 전이를 일으키고, 디코히어런스와 소산과 같은 현상이 일어나게 하여 계의 행동에 심각하게 영향을 준다.

연습문제 4.4

해밀토니안 H

$$H = X = \begin{bmatrix} 0 & 1 \\ 1 & 0 \end{bmatrix}$$

을 고려하자.

(a) 이 해밀토니안을 대각선화하여 그 고유값과 고유벡터를 구하여라.

(b) 시간변화 연산자 $U(t) = e^{-iHt}$가 주어졌을 때 H의 고유값 분할을 이용하여 시간 t에서 $U(t)$를 계산하여라.

(c) 상태 $|0\rangle$에서 시작하고, $U(t)$를 이용하여 변화시키면 그 상태는 $U(t)|0\rangle$이 될 것이다. 이 변화 후 $|0\rangle$과 $|1\rangle$을 측정할 확률을 계산하여라.

4.3.3 바닥상태와 들뜬 상태

바닥상태 $|E_0\rangle$는 계가 가질 수 있는 가장 낮은 에너지 상태를 나타낸다. 이상적이지 않은 실제 세계의 양자계에서 이 상태는 전형적으로 가장 안정된 배열이고, 외부 에너지가 들어오지 않으면 종종 계의 자연스러운 상태로 실현된다. 이것이 들뜬 상태로 알려진 계의 다른 가능한 상태에 대한 기본적인 기준점으로 작용한다. 바닥상태보다 더 큰 에너지 준위를 갖는 이러한 들뜬 상태는 주위의 상호작용 혹은 외부 자극에 의해 있을 수 있으며 실제 상황에서 양자계의 동역학적 성질을 강조한다.

예를 들어 들뜬 상태는 바닥상태보다 큰 에너지를 갖는 임의의 상태이다. 큐빗 혹은 입자는 바닥상태에서 이 덜 안정적인 상태로 "들뜨기" 위해서는 $E_1 - E_0$의 에너지를 흡수해야 한다. 외부 전기장이나 자기장을 가하거나 계를 (예컨대 마이크로파나 레이저 같은) 각진동수

$$\omega = \frac{E_1 - E_0}{\hbar} \tag{4.20}$$

인 전자기복사에 노출시키는 것과 같은 다양한 방법으로 이 에너지를 공급한다. 들뜸 에너지는 또한 보통 의도하지 않게 열에너지를 통해 공급되고, 이 때문에 양자 하드웨어를 낮은 온도에서 작동시킨다.

여러 가능한 상태가 결합한 중첩 상태는 에너지 입력과 계의 상호작용을 조심스럽게 조절하여 만들 수 있다.

들뜬 상태, 혹은 중첩 상태는 기본적으로 불안정하다. 왜냐하면 이것은 계의 높은 에너지 상태이기 때문이다. 계가 들뜬 상태에 있으면 과잉 에너지를 방출하고, 바닥상태로 돌아오는 여러 경로가 있다. 이 과정을 완화라고 한다. 완화 작용에는 광자나 포논의 방출, 다른 입자와 충돌, 혹은 계가 과잉 에너지 방출을 허용하는 다른 상호작용을 포함하여 다양한 방법이 있다. 바닥상태로 돌아가려는 경향은 또한 큐빗의 수명을 짧아지게 한다. 이것을 양자컴퓨팅에서 디코히어런스라고 한다.

이 개념은 다양한 양자적 행동을 이해하는 기본이 되고 양자컴퓨팅 하드웨어와 같은 분야에서 중요하다. 여기서 바닥상태와 들뜬 상태를 조절하여 계산 목적으로 큐빗을 조정할 수 있다.

4.3.4 2준위계로서 큐빗

큐빗은 2준위계이다. 이것은 두 에너지 고유상태인 바닥상태 $|E_0\rangle$와 첫 번째 들뜬 상태 $|E_1\rangle$만 있다는 것을 의미한다. 이 상태는 계산기준을 이룬다.

$$|0\rangle \equiv |E_0\rangle, \quad |1\rangle \equiv |E_1\rangle. \tag{4.21}$$

양자컴퓨팅에서 큐빗은 전형적으로 바닥상태 $|0\rangle$에서 시작한다. 양자게이트는 에너지 고유상태의 전이를 유도하거나 중첩을 만들어 큐빗을 조작하도록 고안하였다. 에너지 고

유상태의 정상적인 성질로 인해 이상적이고, 고립된 양자계에서 큐빗은 양자게이트나 외부힘에 작용할 때까지 처음 상태에 남아 있다.

초전도 큐빗과 같은 실제 양자계에서 에너지 준위는 종종 그림 4.1에 나타낸 것과 같이 단순한 2준위계보다 더 복잡하다. 그림에서 수평선은 에너지 준위 $|E_i\rangle$를 나타내고, 관련된 곡선은 계의 공간확률 분포를 나타내는 파동 모양의 '파동함수'이다. 에너지 준위는 예를 들어 $|E_0\rangle$, $|E_1\rangle$과 $|E_2\rangle$가 있지만 $|E_0\rangle$와 $|E_1\rangle$만 큐빗 작동에 필요하고, $|E_2\rangle$는 원하지 않는 상태이다.

잠재적인 문제를 줄이기 위해 계를 세심하게 만들어 에너지 준위 $|E_0\rangle$, $|E_1\rangle$과 $|E_2\rangle$가 다른 간격으로 분포하게 한다. 즉 $E_1 - E_0 \neq E_2 - E_1$이다. 이 조심스러운 설계로 인해 $|E_0\rangle$와 $|E_1\rangle$ 사이의 전이를 위한 에너지가 $|E_1\rangle$과 $|E_2\rangle$ 사이의 전이에 영향을 주지 않는다. 원하지 않는 준위 $|E_2\rangle$와 상호작용을 최소하하여 계는 더 안정적이고 조정 가능하게 되며, 이것은 양자컴퓨팅의 실질적인 기능에 중요한 요인이다.

연습문제 4.5

해밀토니안 $H = \hbar\omega\begin{bmatrix} -1 & 0 \\ 0 & 1 \end{bmatrix}$이 주어졌다. 여기서 $\omega \in \mathbb{R}$이다. 에너지 준위 E_0와 E_1과, 이에 해당하는 고유상태 $|E_0\rangle$와 $|E_1\rangle$을 구하여라.

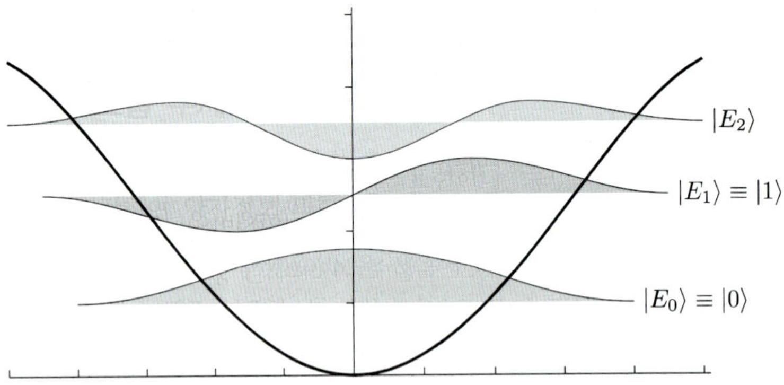

| 그림 4.1 | 실용적인 다준위계의 예

4.4 범용 양자컴퓨팅과 직접 시뮬레이션

빠르게 발전하는 양자컴퓨팅 분야에서 문제를 풀기 위해 양자역학을 이용하기 위한 다른 패러다임이 출현했다. 게이트에 근거를 둔 범용 양자컴퓨팅은 양자게이트의 정확한 순서를 통해 임의의 계산을 수행하는 것을 목표로 하는 반면, 직접 양자시뮬레이션은 다른 양자현상을 모방하여 양자계의 자연스러운 동역학을 탐구한다. 종종 단열 양자계산으로 분류되는 양자 어닐링은 직접 시뮬레이션의 주목할 만한 예이고, 특별히 양자 해밀토니안의 바닥상태에서 답을 처리하여 최적화 문제를 풀기 위해 설계하였다.

일반용인 범용 양자컴퓨팅과는 달리 직접 양자시뮬레이션은 기본적으로 고전적 계산이 어려운 양자계를 효율적으로 모형화하는 것에 초점을 맞춘다. 이 시뮬레이션은 초냉각 원자와 포획 이온과 같은 양자 하드웨어를 이용하여 게이트 수준의 디지털 분해가 필요 없이 양자 행동을 재생한다. 범용 계산과 직접 시뮬레이션과 같은 접근은 양자컴퓨팅의 보완적인 분야이며 각각은 다른 강점, 능력과 응용 영역이 있다.

4.4.1 게이트 기반의 범용 양자컴퓨팅

게이트 기반의 양자컴퓨터는 양자 게이트로 알려진 미리 설계된 일련의 유니타리 작용을 이용하여 큐빗 상태를 조절한다. 자료처리를 논리 게이트를 통해 수행하는 고전적인 디지털 컴퓨터와 비슷하게 게이트에 기반을 둔 양자컴퓨터는 처음 상태에 양자 게이트를 연속적으로 적용하여 반복적으로 변화시켜 계산 결과를 표현하는 최종 상태에 이르게 하여 정보를 처리한다.

양자 게이트는 슈뢰딩거 방정식의 연속적인 시간변화 연산자에 대응하는 띄엄띄엄한 부분으로 개념화할 수 있다. 양자 게이트를 구현하면 원하는 변화를 상태에 적용하도록 큐빗의 해밀토니안을 조심스럽게 변화시키도록 한다. 이 조절은 전자기파 복사(예컨대 마이크로파 펄스)를 이용하거나, 다른 계에 특정한 변수를 조절하는(예컨대 초전도 큐빗, 포획 이온, 혹은 양자점 등) 것을 포함한다.

게이트 기능에 대해 고안된 해밀토니안 H와 시간 간격 Δt가 주어지면 슈뢰딩거 방정시에 의한 유니타리 시간변화 연산자 $U(\Delta t)$는 다음과 같이 표현할 수 있다.

$$|\psi(\Delta t)\rangle = U(\Delta t)\,|\psi(0)\rangle. \tag{4.22}$$

게이트 해밀토니안 H가 Δt 동안 상수라고 가정하면 $U(\Delta t)$는

$$U(\Delta t) = e^{-\frac{iH\Delta t}{\hbar}} \tag{4.23}$$

으로 쓸 수 있다.

| 표 4.1 | 양자 게이트 구현에 대한 수요 개념

개념	설명	연관성
해밀토니안	H	계의 물리적인 상호작용과 에너지를 표현
슈뢰딩거 방정식	$i\hbar\frac{\partial}{\partial t}\lvert\psi(t)\rangle = H\lvert\psi(t)\rangle$	양자 상태의 시간 변화를 기술
양자 게이트	$U(\Delta t) = e^{-\frac{iH\Delta t}{\hbar}}$	시간변화 연산자에서 유도한 띄엄띄엄한 유니타리 연산
조절 변수	Δt, 상호작용 세기	양자 게이트의 적용을 조절하는 상호작용의 지속 시간과 상호작용의 세기

표 4.1에 양자 게이트가 물리적으로 실현되는 방법에 대한 기본적인 원리를 나타내었다. 예를 들어 해밀토니안 $H = cX$를 고려하자. 여기서 c는 상호작용의 세기를 나타내는 상수이다. 양자상태에 작용하는 Pauli X 연산자를 적용하는 Pauli X 게이트는 큐빗을 H에 의해 $\Delta t = \frac{\pi\hbar}{2c}$의 시간 동안 변화시켜 구현할 수 있다. 이것은 $X = ie^{-i\frac{\pi}{2}X}$이기 때문에 작동한다. 자세한 논의와 구체적인 예는 §4.5.2와 5장에서 보게 될 것이다.

연습문제 4.6

해밀토니안 $H = \frac{\hbar}{2}Z$로 정의하는 1-큐빗 양자 게이트를 고려하자. 간격 Δt에 걸친 유니타리 시간변화 연산자 $U(\Delta t)$를 유도하고, 이 게이트가 임의의 큐빗 상태에 주는 효과를 설명하여라.

4.4.2 단열 양자계산과 양자어닐링

단열 양자계산(Adiabatic Quantum Computation: AQC)은 양자역학의 단열정리에 근거를 둔 것이다. 이 정리는 양자계의 해밀토니안이 천천히 시간에 따라 변하면 계를 처음 상태에서 원하는 최종 상태로 옮겨가게 한다는 것이다.

1 단열 양자계산(AQC)

AQC는 시간에 의존하는 슈뢰딩거 방정식에 의한 양자상태의 기본적인 유니타리 시간변화를 이용한다. 단열 원리에 의하면 양자계가 처음에 해밀토니안의 (보통 바닥상태인) 고유상태에 있고, 해밀토니안이 충분히 천천히 변하고, 준위 교차가 일어나지 않으면 계는 대부분 변화하는 해밀토니안의 순간적인 고유상태에 남아 있어서 다른 에너지 상태로 전이가 일어나지 않는다. 계가 원하는 고유상태에서 벗어나 다른 상태에 있을 확률은 해밀토니안 변화의 느린 정도에 따라 지수함수적으로 감소한다.

이 접근 방법으로 양자계의 계산 문제를 처리할 수 있다. 여기서 이 계의 바닥상태는 문제의 답에 해당한다. 이 과정에서는 처음에 바닥상태를 쉽게 알 수 있는 단순한 해밀토니안 H_{initial}에서 시작하여 문제의 답을 줄 수 있는 최종 해밀토니안 H_{target}으로 천천히 (단열) 시간 변화를 시킨다.

해밀토니안의 변화는

$$H(t) = (1 - s(t))H_{\text{initial}} + s(t)H_{\text{target}} \tag{4.24}$$

로 기술하고, $s(t)$는 이 과정 동안 H_{initial}에서 H_{target}으로 부드럽게 옮겨가도록 0에서 1로 변하는 변수이다.

예를 들어 시간에 따라 변하는 자기장 안에 있는 스핀 큐빗을 고려하자. 처음 해밀토니안 $H_{\text{initial}} = Z$의 바닥 상태는 스핀이 z방향으로 자기장과 나란히 있는 상태이다. $H_{\text{target}} = X$로 표현되는 자기장이 천천히 x 방향으로 회전할 때 큐빗의 바닥상태는 단열 변화가 일어난다면 $|+\rangle$로 변화할 것이다. 상호작용하는 많은 큐빗이 있는 더 복잡한 계에서 최

종 해밀토니안 H_{target}은 단순하지 않고, 풀어야 할 복잡한 문제를 나타낸다.

연습문제 4.7✷

해밀토니안 $H=\frac{T-t}{T}Z+\frac{t}{T}X$를 고려하자. 여기서 X와 Z는 Pauli 행렬이고, T는 전체 변화 시간(즉 $t\in[0, T]$)이다. 연습문제 4.3의 결과를 참조하여 Trotterization을 이용해서 슈뢰딩거 방정식의 근사해를 써라.

2 양자어닐링: AQC의 구현

양자어닐링은 AQC 체계 안의 구현 방법이다. 양자 게이트에 의존하는 방법과는 달리, 계는 양자역학적 동역학에 의해 자연스럽게 시간에 따라 변화할 수 있게 한다. "어닐링"이라는 용어는 물질을 천천히 냉각시켜 안정된 상태로 가게 하는 야금술과 비슷하게 해밀토니안을 단열적으로 변화시키는 과정을 의미한다.

양자어닐링을 구현하려면 계의 해밀토니안의 특징인 물리적 변수를 정확하게 조절할 수 있어야 한다. 예를 들어 초전도 양자어닐링 계에서 해밀토니안은 자기장과 큐빗 사이의 결합을 조절하여 얻는다. 이 변수를 조심스럽게 조절하면 계는 원하는 해밀토니안 변화를 통해 이동할 수 있다.

양자어닐링 컴퓨터는 특히 Ising 모형을 따르는 문제에 효과적이고, 이 모형은 많은 최적화 문제를 표현할 수 있다. §6.5.3에서 Ising 모형을 더 깊게 살펴볼 것이고, 양자어닐링과 다른 양자알고리즘에 대한 응용은 §11.2에서 탐구할 것이다.

4.4.3 직접 양자 시뮬레이션

직접 양자 시뮬레이션은 게이트에 근거한 논리와 추상적인 알고리즘이 필요하지 않은 복잡한 양자계를 모방하기 위해 하드웨어의 양자적 성질을 조절한다. 계산을 띄엄띄엄한 게이트 순서로 부호화하는 범용 양자컴퓨팅과는 달리 직접 시뮬레이션은 목표 양자계를 직접 하드웨어의 물리적 행동으로 변환시킨다. 이 접근은 고전적인 아날로그 컴퓨터와 비슷하지만 양자 영역에서 작동한다.

직접 양자 시뮬레이션의 주요 플랫폼은 광학결정에 포획된 냉각된 원자, 전자기장 안에 포획된 이온과 아날로그 행동을 하도록 구성된 초전도 회로를 포함한다. 이 계는 다체 상호작용, 양자 상전이와 물질의 별난 상태와 같은 현상을 자연스럽게 시뮬레이션을 할 수 있다. 예를 들어 광학 결정 안에 있는 냉각된 원자를 Hubbard 계를 모형화하는 데 사용하여 연구자가 강상관관계에 있는 물질을 탐구하거나, 지수함수적으로 크기가 커지기 때문에 고전적인 시뮬레이션이 불가능한 방법으로 양자 자기장을 탐구할 수 있다.

직접 양자 시뮬레이션의 장점은 효율과 충실도이다. 게이트 합성과 디지털 오류수정에 대한 비용을 줄여 양자동역학을 실시간으로 탐구할 수 있다. 이것은 텐서 네트워크나 Monte Carlo 시뮬레이션이 복잡성 때문에 사용하기 힘든 응집물리, 고에너지 물리, 양자 화학에서 문제를 풀 때 특히 가치가 있다.

양자 하드웨어가 계속 진보함에 따라 직접 시뮬레이션 또한 고급 양자기술의 심판대가 되었다. 다체 양자계를 공부하여 얻은 통찰력으로 인해 오류수정 기술의 개발과 범용 양자 알고리즘을 고안하게 되었다. 더구나 직접 양자시뮬레이션을 사용하여 이론적 예측을 실험적으로 검증하는 능력으로 인해 기본적인 양자 연구와 실용적 적용 사이의 연결이 강화되었다.

직접 양자시뮬레이션을 통해 양자계의 고유한 동역학을 이용하는 작업에 탁월한 범용 양자컴퓨팅으로 가는 보완적인 경로를 얻는다. 고급 양자과학과 기술에서 성장하는 이 역할이 양자컴퓨팅 영역의 초석으로서 중요성을 강조한다.

4.5 *Larmor 세차운동과 Rabi 진동

이 절에서 외부 장의 영향을 받는 양자계의 행동을 보여주는 두 개의 기본적인 현상인 Larmor 세차운동과 Rabi 진동에 초점을 맞추겠다. 큐빗계의 동역학은 슈뢰딩거 방정식으로 기술하고, 이 식은 유니타리 시간 변화를 결정한다. Larmor 세차운동과 Rabi 진동은 이러한 변화를 더 잘 이해하는 전형적인 예이다. 이 현상을 탐구하여 슈뢰딩거 방정식을 푸는 실질적인 방법을 보이려고 한다. 그 중요성은 양자컴퓨팅의 관련성에서 특히 하드웨어 설계와 양자 게이트 구현과 같은 실용적인 면에서 더 강조된다.

4.5.1 *Larmor 세차운동

Larmor 세차운동, 혹은 스핀 세차운동은 고유각운동량인 스핀을 갖는 양자 입자가 외부 자기장 안에 있을 때 일어난다. 입자의 자기모멘트와 외부 자기장 사이의 상호작용으로 인해 입자의 스핀이 세차운동, 즉 자기장 방향 주위로 회전한다.

양자컴퓨팅의 관점에서 Larmor 세차운동은 종종 큐빗 상태를 조작하고, 조정하는 방법으로 사용한다. 주어진 시간 간격 동안 외부 자기장을 가하면 큐빗의 스핀은 정확하게 조정할 수 있어서 특정한 양자 게이트와 작용을 구현할 수 있다. Larmor 세차운동은 또한 인체 내부구조의 영상을 만드는 자기공명영상(MRI)과 분자와 물질의 성질을 분석하는 핵자기공명(NMR) 분광학에서도 사용한다.

1 슈뢰딩거 방정식의 해

z 방향의 외부 자기장 B 안에 있는 스핀의 상호작용 에너지를 나타내는 해밀토니안은

$$H = -\frac{\hbar\omega}{2}Z \tag{4.25}$$

이고, ω는 Larmor 진동수이다(이 부속절 끝에 자세히 설명한 것을 참조하여라).

계의 동역학은 식 4.6으로 주어진 시간 변화 연산자 $U(t)$의 형태로 해가 주어지는 슈

뢰딩거 방정식(식 4.4)으로 결정된다. Pauli 행렬 Z에 대한 성질 $Z^2 = I$로 인해 $U(t)$의 지수 행렬을 간단히 하여 정상적인 행렬로 쓸 수 있다(식 4.10 참조).

$$\begin{aligned} U(t) &= e^{-iHt/\hbar} = e^{i\omega tZ/2} \\ &= \cos\frac{\omega t}{2} I + i\sin\frac{\omega t}{2} Z \\ &= \begin{bmatrix} e^{\frac{i\omega t}{2}} & 0 \\ 0 & e^{-\frac{i\omega t}{2}} \end{bmatrix}. \end{aligned} \tag{4.26}$$

처음에 스핀이 (θ, ϕ)인 방향을 향하면 그 상태벡터는

$$|\psi(0)\rangle = \begin{bmatrix} \cos\frac{\theta}{2} \\ \sin\frac{\theta}{2} e^{i\phi} \end{bmatrix} \tag{4.27}$$

이다.

계의 시간 변화는 다음과 같다.

$$\begin{aligned} |\psi(t)\rangle &= U(t)\,|\psi(0)\rangle \\ &= \begin{bmatrix} e^{\frac{i\omega t}{2}} & 0 \\ 0 & e^{-\frac{i\omega t}{2}} \end{bmatrix} \begin{bmatrix} \cos\frac{\theta}{2} \\ \sin\frac{\theta}{2} e^{i\phi} \end{bmatrix} \\ &= e^{\frac{i\omega t}{2}} \begin{bmatrix} \cos\frac{\theta}{2} \\ \sin\frac{\theta}{2} e^{i(\phi-\omega t)} \end{bmatrix}. \end{aligned} \tag{4.28}$$

이것은 Larmor 세차운동에 대한 슈뢰딩거 방정식의 해석적인 답이다.

2 해석

식 4.28로부터 시간 t에서 스핀 방향의 방위각은

$$\phi(t) = \phi - \omega t \tag{4.29}$$

로 주어지고, 극각도 θ는 일정하게 남아 있다.

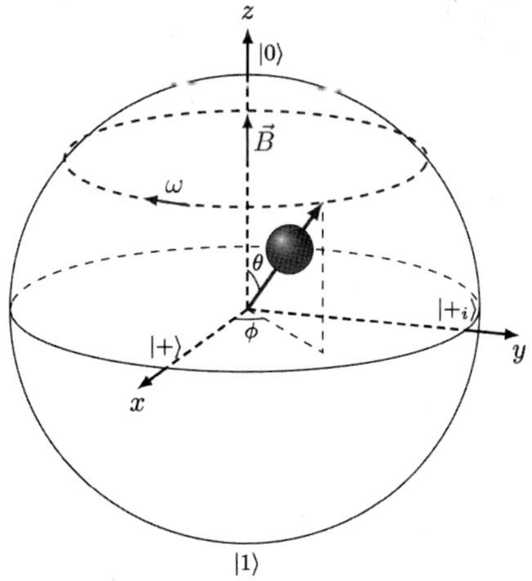

| 그림 4.2 | Bloch 구 위의 Larmor 세차운동

이것은 그림 4.2에 나타낸 대로 Bloch 구의 표면에 있는 원을 따라가는 z축(자기장의 방향) 주위로 회전하는 스핀의 상태벡터로 시각화할 수 있다. 회전 각진동수는 Larmor 진동수 ω이다. 이러한 운동 형태를 세차운동이라고 하므로 Larmor 세차운동이라고 이름 붙였다.

Larmor 세차운동은 회전하는 팽이의 운동과 비슷하다. 팽이가 완전히 똑바로 서있지 않을 때 중력의 영향으로 수직 방향에 대해 세차운동을 하는 것처럼 자기장 안에 있는 스핀은 자기장과 같은 방향이 아니면 자기장 주위로 세차운동을 한다. 이 세차운동은 팽이에 작용하는 중력에 의한 토크와 비슷하게 스핀의 자기모멘트와 자기장 사이의 상호작용에 의해 일어난다. 열린계의 경우 종종 원하지 않는 주위와 다양한 상호작용으로 인해 시간이 지나면 스핀은 자기장에 점점 더 가까운 방향으로 정렬하게 만들 수 있다.

3 $R_z(\gamma)$ 게이트의 구현

Larmor 세차운동을 이용하여 자기장을 스핀 방향에 대한 각도 θ로 나열하고, 시간 간격 Δt 동안 자기장을 켜서 스핀에 기반한 큐빗을 정확하게 조정할 수 있다. 스핀 방향은 각도 $\gamma = \omega \Delta t$만큼 세차운동을 할 것이다. 이것은 정확히 §5.2.5에서 논의할 Pauli-Z 회전 게이트 $R_z(\gamma)$이다.

연습문제 4.8

식 4.28의 $|\psi(t)\rangle$를 이용하여 기대값 $\langle\psi(t)|X|\psi(t)\rangle$, $\langle\psi(t)|Y|\psi(t)\rangle$, $\langle\psi(t)|Z|\psi(t)\rangle$를 계산하여라.

4 ✷ 해밀토니안

스핀이 외부 자기장 $\vec{B}$ 안에 있을 때 스핀 자기모멘트 $\vec{\mu}$와 자기장 사이의 상호작용 에너지인 해밀토니안은

$$H = -\vec{\mu} \cdot \vec{B} \tag{4.30}$$

이다.

스핀의 자기모멘트 $\vec{\mu}$는 스핀각운동량 $\vec{S}$에 비례한다.

$$\vec{\mu} = \gamma \vec{S}. \tag{4.31}$$

자기장이 z 방향을 향하는 경우 상호작용 에너지는

$$H = -\mu_z B = -\gamma B S_z \tag{4.32}$$

가 된다.

스핀각운동량의 z 성분 S_z는 Pauli 행렬 Z를 이용하면

$$S_z = \frac{\hbar}{2} Z \tag{4.33}$$

으로 표현할 수 있다.

이 관계를 결합하면

$$H = -\frac{\hbar\gamma B}{2}Z = -\frac{\hbar\omega}{2}Z \tag{4.34}$$

를 얻고, $\omega = \gamma B$를 Larmor 진동수라고 한다. 이것은 식 4.25와 같다.

✱ 해밀토니안의 부호에 대한 설명

지금까지 논의에서 스핀 입자가 양으로 대전되어 있다고 가정하고, z 방향을 향하는 자기장 안에 스핀이 있는 Larmor 세차운동에 대한 일반적인 탐구에 초점을 맞추었다. 전자의 경우 식 4.34의 해밀토니안은 부호가 반대이므로 $H = \frac{\hbar\omega}{2}Z$이다. 눈치 빠른 독자는 겉으로 보이는 모순을 감지하였을 것이다. 이 경우 전자의 바닥상태는 $|0\rangle$이 아니고, $|1\rangle$일 것이다. 어떤 혼동도 피하기 위해 여러 물리계를 구별하는 것과 더불어 전통적인 양자역학과 양자컴퓨팅의 다른 관습 차이를 살펴보겠다.

- 가장 에너지가 낮은 상태, 즉 바닥상태는 자기모멘트가 자기장과 정렬한 것에 해당한다. 음전하를 갖는 전자에 대해서 이 정렬은 스핀이 자기장과 평행한 것으로 해석하고, 전통적으로 양자역학에서 스핀-아래라고 한다. 역으로 양으로 대전된 양성자를 포함하는 핵에 대해 바닥상태는 자기장과 평행한 스핀 상태에 해당하며 전통적으로 스핀-위라고 한다.
- 양자컴퓨팅에서 상태 $|0\rangle$은 흔히 스핀-위 상태와 관련이 있으며 관습적으로 바닥상태로 정한다. 이 선택은 계산을 간편하게 하기 위한 것이지 반드시 모든 물리적인 큐빗계와 일치하는 것은 아니다.
- 더구나 Larmor 세차운동은 바닥상태를 정의하는 기본 해밀토니안에 대한 섭동으로 볼 수 있다. 이러한 관점은 Larmor 세차운동이 큐빗 상태를 조작하고 조정하는 모형으로 사용할 때 특히 중요하다. 자기장(혹은 다른 장)을 작용하면 이 섭동이 들어와서 스핀의 특징인 세차운동을 일으킨다.

4.5.2 ✱ Rabi 진동

Rabi 진동은 2-준위 양자계(예컨대, 큐빗 혹은 스핀-1/2 입자)가 진동하는 외부 장 안에 있을 때 일어나는 현상이다. 이 현상은 원자의 전이의 관점에서 이를 처음 관측한 물리학자 Isidor Isaac Rabi의 이름을 붙였다. 외부 구동힘의 진동수가 두 에너지 고유상태 사이의 에너지 차와 공명을 일으키면 이 진동이 일어난다. 이 경우 한 에너지 준위에서 전자를 발견할 확률은 시간에 따라 주기적으로 진동하며, 한 Rabi 순환 과정에서 한 진동을 마친다.

Rabi 진동은 원자물리, 양자 광학과 양자컴퓨팅과 같은 양자물리학의 많은 영역에서 중요한 역할을 한다. 양자컴퓨팅의 관점에서 조심스럽게 조정한 전자기 펄스를 작용하여 Rabi 진동을 만들 수 있고, 이로 인해 큐빗의 중첩상태를 정확하게 조정할 수 있다.

1 슈뢰딩거 방정식의 해

(회전 파동 근사를 이용한 아래 참조) 2-준위 양자계의 해밀토니안은

$$H = \frac{\hbar\Omega}{2}Y \tag{4.35}$$

로 주어지고, Y는 Pauli-Y 행렬이고, Ω는 계와 외부 장 사이의 결합 강도의 특징을 나타내는 Rabi 진동수라고 한다.

> Larmor 세차운동과 Rabi 진동은 물리적으로 다른 현상이지만, 특히 해밀토니안에 있는 한 개의 Pauli 연산자의 시간 변화를 보면 수학적인 유사성이 있다.
>
> 양자컴퓨팅에서 Larmor 세차운동은 종종 큐빗 상태의 z축 회전을 나타내고, 반면에 Rabi 진동은 전형적으로 x와 y축 회전과 관련이 있다. 주요 논의에서 해밀토니안에 있는 Y Pauli 연산자를 선택하여 $|+\rangle$ 중첩상태를 만드는 것을 보이겠다.
>
> CNOT과 ZZ 게이트와 같은 가장 기본적인 2-큐빗 게이트를 구현할 때 ZX와 ZZ 상호작용이 필요하다는 것을 주목할 만하다. 다중큐빗 계에서 이 상호작용과 그 역할은 6장과 7장에서 탐구할 것이다. 이 상호작용에 있는 물리적 원리는 여기서 논의하는 Larmor 세차운동과 Rabi 진동과 비슷하다.

계의 동역학은 슈뢰딩거 방정식(식 4.4)으로 결정되고, 그 해는 식 4.6에 있는 시간 변화 연산자 $U(t)$의 형태로 주어진다. Pauli 행렬 Y의 성질 $Y^2 = I$로 인해 $U(t)$의 지수 행렬을 정상 행렬로 단순하게 만들 수 있다.

$$\begin{aligned} U(t) &= e^{-iHt/\hbar} = e^{-i\Omega tY/2} \\ &= \cos\frac{\Omega t}{2}I - i\sin\frac{\Omega t}{2}Y \\ &= \begin{bmatrix} \cos\frac{\Omega t}{2} & -\sin\frac{\Omega t}{2} \\ \sin\frac{\Omega t}{2} & \cos\frac{\Omega t}{2} \end{bmatrix}. \end{aligned} \tag{4.36}$$

초기 상태가 $|\psi(0)\rangle = |0\rangle$인 경우 다음을 얻는다.

$$\begin{aligned} |\psi(t)\rangle &= U(t)\,|\psi(0)\rangle \\ &= \begin{bmatrix} \cos\frac{\Omega t}{2} & -\sin\frac{\Omega t}{2} \\ \sin\frac{\Omega t}{2} & \cos\frac{\Omega t}{2} \end{bmatrix} \begin{bmatrix} 1 \\ 0 \end{bmatrix} \\ &= \begin{bmatrix} \cos\frac{\Omega t}{2} \\ \sin\frac{\Omega t}{2} \end{bmatrix}. \end{aligned} \tag{4.37}$$

2 해석

식 4.37로부터 시간 t에서 계가 $|0\rangle$과 $|1\rangle$에 있을 확률은 다음과 같다.

$$P_0(t) = \cos^2\frac{\Omega t}{2}, \tag{4.38a}$$

$$P_1(t) = \sin^2\frac{\Omega t}{2}. \tag{4.38b}$$

그림 4.3에 나타내었듯이 계는 주기 $2\pi/\Omega$로 $|0\rangle$과 $|1\rangle$ 사이에서 진동한다. 중요한 전이는 다음과 같다.

- $t = 0$: 계는 $|0\rangle$에 있다.

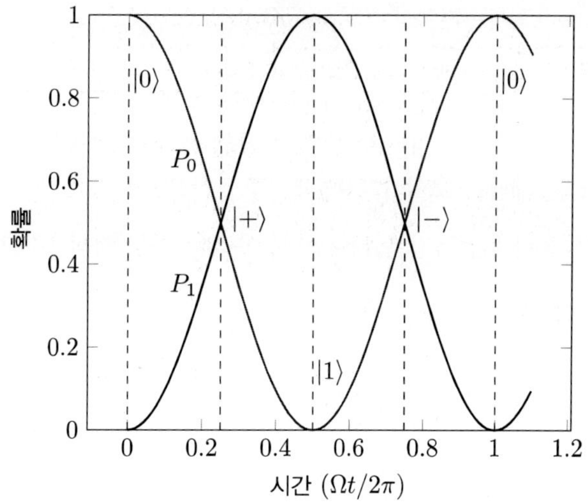

▌그림 4.3▐ 시간의 함수로 그린 확률 $P_0(t)$와 $P_1(t)$

- $t = 0.25 \cdot 2\pi/\Omega$: 계는 $|+\rangle \equiv \frac{1}{\sqrt{2}}(|0\rangle + |1\rangle)$에 있다.
- $t = 0.5 \cdot 2\pi/\Omega$: $|1\rangle$로 전이한다.
- $t = 0.75 \cdot 2\pi/\Omega$: 계는 $|-\rangle \equiv \frac{1}{\sqrt{2}}(|0\rangle - |1\rangle)$에 있다.
- $t = 1.0 \cdot 2\pi/\Omega$: 다시 $|0\rangle$으로 돌아온다.

3 회전게이트의 구현

양자상태 사이에 주기적인 밀도교환이 일어나는 Rabi 진동은 양자컴퓨팅에서 정확한 큐빗 조정의 초석이 된다. 이것은 다양한 양자게이트를 구현하고, 양자정보 과정에 필수적이다.

시간 간격 Δt 동안 외부 장을 적용하면 큐빗 상태는 y축에 대해 각도 $\gamma = \Omega \Delta t$만큼 회전하게 된다. 이 작용은 $R_y(\gamma)$ 게이트에 해당한다. 사실 식 4.36의 유니타리 연산자 $U(\Delta t)$는 정확하게 $R_y(\gamma)$의 행렬 표현과 일치한다(자세한 것은 §5.2.5를 참조).

X 연산자를 포함하는 해밀토니안에 의해 구동되는 Rabi 진동을 통해 R_x 게이트 또한 구현할 수 있다. X, Y, H, S와 T 같은 다른 기본적인 게이트도 R_x, R_y와 R_z 게이트를 결합하여 구현할 수 있고, 이것은 5장에서 논의할 주제이다.

직감적으로 Rabi 진동은 상태 $|0\rangle$에서 (X 게이트 작용과 비슷하게) $|1\rangle$로, (Hadamard 게이트 작용과 비슷하게) $|+\rangle$로 큐빗을 변환시킬 수 있다. 더구나 이 작용은 큐빗 사이에 결합된 상태로 확장할 수 있으므로 얽힘 작용이 가능하다.

4 해밀토니안

Rabi 진동에 대한 해밀토니안의 일반적인 형태는

$$H = \frac{\hbar\Omega}{2}(\cos\phi X + \sin\phi Y) \tag{4.39}$$

이고, ϕ는 해밀토니안에 있는 Pauli 행렬 X와 Y의 특정한 결합을 결정하는 위상인자이다. $\phi = 0$인 특별한 경우에 X 항이 있고, $\phi = \pi/2$이면 Y 항이 있다. 위의 논의에서 단순히 기본 개념을 보이기 위해 Y 항만 사용하였다.

실제 물리계의 특정한 해밀토니안은 외부 구동자의 방향과 진동 위상에 의존한다.

연습문제 4.9

해밀토니안 $H = \frac{\hbar\Omega}{2}X$일 때 초기조건이 $|\psi(0)\rangle = |1\rangle$인 슈뢰딩거 방정식의 해를 구하여라. 확률 $P_0(t) = |\langle 0|\psi(t)\rangle|^2$을 계산하여라.

5 ✷회전 파동 근사

높은 진동수로 진동하는 장 안에 있는 2-준위계의 에너지를 나타내는 Rabi 진동의 해밀토니안은 장이 시간에 따라 변하는 성질로 인해 매우 복잡하다. 회전 파동 근사(Rotating Wave Approximation: RWA)는 [5]에서 설명한 대로, 이 해밀토니안을 단순하게 만들기 위하여 양자역학에서 사용하는 방법이다. 이것은 양자계와 레이저나 마이크로파 복사와 같은 진동하는 외부 장 사이의 상호작용을 분석할 때 특히 유용하다. RWA는 외부 장의 진동수가 $\hbar\omega \approx E_1 - E_0$로 표기하는 계의 고유 전이진동수와 거의 같은 공명 근처에서 가장 잘 맞는다.

RWA에서 해밀토니안은 상호작용 표현으로 변환되어 계의 자유 시간 변화와 구동 장의 상호작용을 분리한다. RWA의 핵심 단계는 상호작용 해밀토니안에서 빨리 진동하는 항은 시간에 대해 실질적으로 평균을 취하면 0이 되어 무시하고, 구동 장과 계의 고유진동수 사이의 진동수 차로 진동하는 항에만 초점을 맞추는 것이다.

이렇게 단순화하면 식 4.39에서 예를 보였듯이 주로 공명 전이에 초점을 맞춘 실질적인 2-준위 해밀토니안을 얻는다. 이 구조 안에서 Rabi 진동에 대한 유효 해밀토니안은 양자계의 기본 해밀토니안에 대한 섭동으로 볼 수 있다. 이 근사를 이용하면 양자동역학과 현상에 대한 분석을 매우 쉽게 할 수 있어서 예제에서 보였듯이 수학적으로 더 쉽게 취급할 수 있다. 그러나 특히 공명에서 멀리 벗어났거나, 근사에서 생략한 항이 중요해질 때 RWA는 항상 적용할 수 없을 수 있다는 것을 주목하여라. 물리학에서 다른 근사와 마찬가지로 그 응용성은 특정한 물리적 관점 안에서 조심스럽게 평가해야 한다.

4.6 ✷추가적인 응용

이 주제는 특화된 양자 시뮬레이션을 제외하고 양자컴퓨팅의 관점에서 거의 다루지 않는다. 여기서는 배경 정보를 위해서만 포함하였다. 더 자세한 것을 보려면 흥미를 느끼는 독자는 참고서적 [5]를 참조하여라.

4.6.1 ✱상대론적인 계에 대한 시간 변화 방정식

양자역학이 슈뢰딩거 방정식과 비슷한 말이라고 하는 것은 흔한 오해이다. 그러나 이 식은 모든 양자계에 범용적으로 적용되지 않는다. 큰 에너지나 광속에 가까운 속력으로 움직이는 입자를 포함하는 상대론적인 영역에서는 다른 방정식이 시간 변화를 결정한다.

스핀이 반정수인 입자인 페르미온의 경우 시간 변화를 기술하기 위해 Dirac 방정식을 사용한다. Dirac 방정식은

$$i\hbar\frac{\partial}{\partial t}|\psi(t)\rangle = H_D\,|\psi(t)\rangle \tag{4.40}$$

으로 주어지고, H_D는

$$H_D = c\boldsymbol{\alpha}\cdot\boldsymbol{p} + \beta mc^2 \tag{4.41}$$

로 표현하는 Dirac 해밀토니안 연산자이다. 여기서 c는 광속, α와 β는 Dirac 행렬, $\boldsymbol{p}$는 운동량 연산자이고, m은 페르미온의 질량이다.

스핀이 정수인 입자인 보존의 경우 시간에 대한 변화를 기술하기 위해 Klein-Gordon 방정식을 사용한다. Klein-Gordon 방정식은

$$\Box\phi + \frac{m^2c^2}{\hbar^2}\phi = 0 \tag{4.42}$$

로 주어지고, $\Box = \dfrac{1}{c^2}\dfrac{\partial^2}{\partial t^2} - \nabla^2$는 시공간에서 이차 미분연산자인 d'Alembertian 연산자, m은 입자의 질량, c는 광속이고, $\hbar$는 환산 Planck 상수이다.

4.6.2 ✱열린 양자계

양자역학에서 시간 변화 가설과 슈뢰딩거 방정식은 전통적으로 외부 영향과 상호작용으로부터 고립된 닫힌 양자계의 동역학을 기술할 때 사용한다. 그러나 양자컴퓨팅 분야에서 큐빗은 종종 마이크로파, 레이저, 혹은 자기장과 같은 외부 장으로 제어되는 상호작용을 받는다. 이 상황은 닫힌계 체계와 충돌하는 것처럼 보이지만 섭동이론을 이용하여 해결할 수 있다.

이와 같은 경우 외부의 제어는 전형적으로 계의 해밀토니안에 대한 섭동으로 취급한다. 이 접근 방법으로 인해 외부 제어의 영향에서 계의 시간 변화를 분석할 수 있다. 사실 이 장에서 논의한 Larmor 세차운동과 Rabi 진동은 양자컴퓨팅에서 이와 같이 제어된 상호작용을 이용하는 방법에 대한 예이다. 이 상호작용을 섭동으로 모형을 만들면 양자역학의 기본적인 원리는 확장되어 큐빗과 외부 제어 작용 사이의 상호작용을 포함할 수 있다. 이러한 확장은 큐빗 상태의 정확한 제어와 조정에 중요하고, 양자 정보 처리의 초석이 된다. 이것은 닫힌계의 동역학에 대한 이론적 모형과 양자 계산에 중요한 상호작용 환경 사이의 간격을 메꾸는 슈뢰딩거 방정식과 섭동이론의 응용이다.

양자역학에서 주위 환경과 상호작용하는 열린 양자계는 비유니타리 시간 변화를 한다. 이와 같은 계는 시간에 의존하는 계-환경 상호작용을 설명하는 양자 마스터 방정식, 혹은 양자 궤적과 같은 구조로 기술한다. 비유니타리 시간 변화의 주목할 만한 예는 측정 과정이고, 상태벡터는 측정하는 관측량의 고유상태로 붕괴한다. 추가적으로 제어할 수 없는 환경의 영향과 잡음에 의해 큐빗 상태가 결맞음을 잃어버리는 현상인 디코히어런스는 다른 형태의 비유니타리 시간 변화의 형태를 나타낸다. 이러한 비유니타리 과정은 실질적으로 완전 양의(Completely Positive Trace-Preserving: CPTP) 변환을 이용하여 실질적으로 모형을 만들 수 있다. CPTP 변환과 양자 채널은 §12.4에서 고려할 것이다.

4.7 ∗미루었던 증명

1 해밀토니안의 Hermitian 성질

유니타리 시간변화 가설(식 4.1)의 결과로 슈뢰딩거 방정식(식 4.3)에 있는 해밀토니안 연산자 H는 Hermitian이어야 한다. 이것은 다음과 같이 볼 수 있다.

미소 시간간격 Δt를 고려하자. 식 4.1은

$$|\psi(\Delta t)\rangle - |\psi(0)\rangle = (U(\Delta t) - I)\,|\psi(0)\rangle \tag{4.43}$$

으로 쓸 수 있다. 동시에 슈뢰딩거 방정식 4.3에 의하면

$$|\psi(\Delta t)\rangle - |\psi(0)\rangle = -i\frac{\Delta t}{\hbar}H\,|\psi(0)\rangle \tag{4.44}$$

를 얻는다. 위의 두 식을 비교하면

$$U(\Delta t) = I - i\frac{\Delta t}{\hbar}H \tag{4.45}$$

를 얻는다. $U(\Delta t)$는 유니타리이므로

$$I = U(\Delta t)U(\Delta t)^\dagger = \left(I - i\frac{\Delta t}{\hbar}H\right)\left(I + i\frac{\Delta t}{\hbar}H^\dagger\right) = I - i\frac{\Delta t}{\hbar}H + i\frac{\Delta t}{\hbar}H^\dagger \tag{4.46}$$

이 성립한다. 여기서 Δt는 미소량이므로 $(\Delta t)^2$ 항은 무시하였다.

분명히 위의 식이 성립하려면 $H = H^\dagger$이어야 하고, 이것은 H가 Hermitian이라는 것을 뜻한다. 역으로 H가 Hermitian이면 슈뢰딩거 방정식의 해인 시간 변화 연산자 U가 유니타리라는 것을 증명할 수 있다.

2 슈뢰딩거 방정식(식 4.5)에 대한 일반적인 해에 대한 유도

식 4.7의 e^A에 대한 정의에 의해

$$\frac{\partial}{\partial t}e^{-\frac{i}{\hbar}Ht} = -\frac{i}{\hbar}He^{-\frac{i}{\hbar}Ht} \tag{4.47}$$

임을 보일 수 있다.

식 4.5를 t에 대해 미분하면 다음을 얻는다.

$$\begin{aligned}\frac{\partial}{\partial t}|\psi(t)\rangle &= \frac{\partial}{\partial t}\left(e^{-\frac{i}{\hbar}Ht}|\psi(0)\rangle\right) \\ &= -\frac{i}{\hbar}He^{-\frac{i}{\hbar}Ht}|\psi(0)\rangle \\ &= -\frac{i}{\hbar}H|\psi(t)\rangle. \end{aligned} \tag{4.48}$$

이것은 시간에 의존하는 슈뢰딩거 방정식 4.4와 같다.

3 지수함수 곱에 대한 공식(식 4.8)

이제

$$e^{A+B} = e^A e^B, \quad [A,B]=0\text{일 때} \tag{4.8}$$

을 증명하겠다.

A와 B가 교환한다는 (즉 $AB=BA$) 것을 의미하는 $[A, B]=0$이 성립하면 곱에서 A와 B의 순서는 중요하지 않다. 이로부터 A와 B를 보통의 대수적인 변수로 취급할 수 있다.

식 4.7에서 e^A의 정의가 주어지면, 먼저 e^{A+B}를 전개한다.

$$e^{A+B} = \sum_{n=0}^{\infty}\frac{1}{n!}(A+B)^n. \tag{4.49}$$

이항정리를 이용하면 $(A+B)^n$은

$$(A+B)^n = \sum_{k=0}^{n}\binom{n}{k}A^k B^{n-k} \tag{4.50}$$

으로 전개할 수 있다. 그러면 다음을 얻는다.

$$\begin{aligned}e^{A+B} &= \sum_{n=0}^{\infty}\frac{1}{n!}\sum_{k=0}^{n}\binom{n}{k}A^k B^{n-k} \\ &= \sum_{n=0}^{\infty}\sum_{k=0}^{n}\frac{1}{k!(n-k)!}A^k B^{n-k}. \end{aligned} \tag{4.51}$$

합을 다시 배열하면 다음을 얻는다.

$$\begin{aligned}e^{A+B} &= \sum_{k=0}^{\infty}\sum_{n=k}^{\infty}\frac{1}{k!(n-k)!}A^k B^{n-k} \\ &= \left(\sum_{k=0}^{\infty}\frac{1}{k!}A^k\right)\left(\sum_{l=0}^{\infty}\frac{1}{l!}B^l\right) \\ &= e^A e^B. \end{aligned} \tag{4.52}$$

따라서 A와 B가 교환할 때 $e^{A+B}=e^A e^B$임을 증명하였다.

4 식 4.10의 유도

$A^2 = I$이고, θ가 실수이면

$$e^{i\theta A} = \cos\theta I + i\sin\theta A \tag{4.10}$$

을 증명하려고 한다.

연산자의 지수함수에 대한 정의

$$e^{i\theta A} = \sum_{n=0}^{\infty} \frac{1}{n!}(i\theta A)^n \tag{4.53}$$

이 주어지면, 급수를 짝수항과 홀수항을 분리한다.

$$e^{i\theta A} = \sum_{n=0}^{\infty} \frac{1}{(2n)!}(i\theta A)^{2n} + \sum_{n=0}^{\infty} \frac{1}{(2n+1)!}(i\theta A)^{2n+1}. \tag{4.54}$$

$A^2 = I$이므로, 항을 간단히 할 수 있다.

짝수 차수에 대해 $(i\theta A)^{2n} = (i^2)^n \theta^{2n} A^{2n} = (-1)^n \theta^{2n} I$.

홀수 차수에 대해 $(i\theta A)^{2n+1} = (i\theta A)(-1)^n \theta^{2n} A^{2n} = i(-1)^n \theta^{2n+1} A$.

따라서 급수는 다음과 같이 쓸 수 있다.

$$\begin{aligned} e^{i\theta A} &= \sum_{n=0}^{\infty} \frac{(-1)^n \theta^{2n}}{(2n)!} I + \sum_{n=0}^{\infty} \frac{i(-1)^n \theta^{2n+1}}{(2n+1)!} A \\ &= \left(\sum_{n=0}^{\infty} \frac{(-1)^n \theta^{2n}}{(2n)!} \right) I + i \left(\sum_{n=0}^{\infty} \frac{(-1)^n \theta^{2n+1}}{(2n+1)!} \right) A \\ &= \cos\theta I + i\sin\theta A. \end{aligned} \tag{4.55}$$

마지막 단계에서 $\cos\theta$와 $\sin\theta$의 Taylor 급수의 결과를 이용하였다. 그러므로 $A^2 = I$일 때 $e^{i\theta A} = \cos\theta I + i\sin\theta A$임을 증명하였다.

4.8 요약 및 결론

양자상태의 시간 변화

이 장에서 다음의 주요 질문을 중심으로 양자계의 복잡한 동역학을 탐구하였다. 큐빗 상태는 시간에 대해 어떻게 변하는가? 양자 시간변화의 기본적인 원리는 양자 게이트의 작동과 양자 어닐링 과정 모두 결정한다. 이 원리를 더 설명하기 위해 단일 큐빗의 경우를 대표적인 예로 사용하였다.

양자역학의 핵심 원리

논의의 중심은 닫힌 양자계의 결정론적인 유니타리 시간 변화를 받아들이는 양자역학의 초석인 시간 변화 가설이다. 이것은 해밀토니안을 통해 양자상태의 시간 변화와 그 에너지를 연결하는 중요한 식인 슈뢰딩거 방정식을 도입하는 기틀을 제공하였다. 시간에 무관한 슈뢰딩거 방정식의 직접적인 결과인 에너지 고유상태의 정상적인 성질 또한 설명하여 바닥 상태와 들뜬 상태의 차이와 양자컴퓨팅에서 중요성을 기술하였다.

양자컴퓨팅 패러다임

양자컴퓨팅의 분야에서 두 개의 중요한 패러다임이 나타나는 것을 보았다. 이들은 게이트에 기반을 둔 범용 양자컴퓨팅과 양자어닐링을 포함한 단열 양자컴퓨팅이다. 그 차이와 기본적인 기초를 조사하였고, 양자상태의 유니타리 시간 변화의 원리에 모두 뿌리를 둔 유일한 방법론과 응용을 강조하였다.

양자계에 대한 통찰력

양자역학에서 매우 중요한 두 현상인 Larmor 세차운동과 Rabi 진동을 탐구하여 외부 장의 영향을 받는 양자계의 행동에 대한 통찰력을 얻으려고 하였다. 이들을 특별히 양자 하드웨어 영역과 관련이 있는 슈뢰딩거 방정식을 푸는 기본적인 기술을 보여주는 교육적인 도구로 사용하였다.

양자계에 대한 관점

이 장에서 양자컴퓨팅에 직접 응용되지는 않지만 전체적인 이해를 위해 중요한 주제에 대한 탐구를 하였다. 이것은 상대론적 시간 변화에 대한 식과 열린 양자계 영역을 포함한다.

앞으로 다룰 주제

다음 장에서 양자컴퓨팅에서 핵심적인 양자 게이트를 탐구할 것이다. 양자역학의 기본적인 이해를 바탕으로 다중 큐빗 게이트, 얽힘, 양자순간이동, E91 양자 키 분배 프로토콜과 같은 주제를 보기 전에 기본적인 단일 큐빗 게이트를 공부할 것이다. 이에 대한 논의는 양자역학에 대한 이론적인 이해와 실제적인 양자컴퓨팅 응용 사이의 관계를 맺을 것이다.

문제 4

4.1 해밀토니안 $H=\hbar\omega X$로 정의되는 단일 큐빗 양자게이트를 고려하자. 여기서 X는 Pauli-X 연산자이다. 시간 간격 Δt에 대한 유니타리 시간변화 연산자 $U(\Delta t)$를 유도하고, 이 게이트가 임의의 큐빗 상태에 주는 영향에 대해 설명하여라.

4.2 $U=u_xX+u_yY+u_zZ$를 고려하자. X, Y, Z는 Pauli 연산자이고, u_x, u_y, u_z는 $u_x^2+u_y^2+u_z^2=1$을 만족하는 실수이다. $e^{i\gamma U}$를 한 개의 2×2 행렬로 표현하여라. 여기서 γ는 실수이다.

힌트: 먼저 $U^2=I$임을 증명하여라.

4.3 e^X를 한 개의 2×2 행렬로 표현하여라. 여기서 X는 Pauli-X 연산자이다(이것은 e^{iX}와 다르다는 것을 주목하여라).

4.4 e^{-iH}가 Hadamard 행렬 $\frac{1}{\sqrt{2}}\begin{bmatrix}1 & 1\\ 1 & -1\end{bmatrix}$과 같게 되는 2×2 해밀토니안 H를 구하여라.

4.5 해밀토니안이 $H=\hbar\omega\begin{bmatrix}0 & \alpha\\ \alpha & 1\end{bmatrix}$이다. 여기서 $\alpha,\ \omega\in\mathbb{R}$일 때 에너지 준위 E_0와 E_1, 그리고 이에 해당하는 고유상태 $|E_0\rangle$와 $|E_1\rangle$을 구하여라.

4.6 해밀토니안이 $H=\begin{bmatrix}0 & -i\\ i & 0\end{bmatrix}$이다.

(a) 이 해밀토니안을 대각화하여 고유값과 고유벡터를 구하여라.

(b) 시간변화 연산자 $U(t)=e^{-iHt}$가 주어졌을 때 H의 고유상태 분리를 이용하여 시간 t에서 $U(t)$를 계산하여라.

(c) 상태 $|0\rangle$에서 시작하여 $U(t)$를 이용하여 변화시키면, 그 결과 얻는 상태는 $U(t)|0\rangle$일 것이다. 이 변화 후 $|0\rangle$과 $|1\rangle$을 측정할 확률을 계산하여라.

4.7 (일반적인 해밀토니안에 대한 Rabi 진동) 해밀토니안 $H=\frac{\hbar\Omega}{2}(\cos\phi X+\sin\phi Y)$이고, $\phi\in\mathbb{R}$이라고 하자.

(a) $U(t)=e^{-iHt/\hbar}$의 행렬 형태를 구하여라.

(b) 초기 조건이 $|\psi(0)\rangle=|0\rangle$일 때 확률 시간변화 $P_0(t)=|\langle 0|\psi(t)\rangle|^2$를 계산하여라.

4.8 ✱해밀토니안 $H=\alpha X+\beta Z$를 고려하자. 여기서 X와 Z는 Pauli 행렬이고, $\alpha,\ \beta\in\mathbb{R}$이다.

(a) H를 대각화하여라.

(b) H를 스펙트럼 분해로 나타내어라. $H=\sum_k E_k|E_k\rangle\langle E_k|$ (식 4.15).

(c) 시간변화 연산자 $U(t)=e^{-\frac{iHt}{\hbar}}$의(식 4.16) 정확한 해를 구하여라.

(d) 정확한 $U(t)$의 해와 Trotterization을(연습문제 4.3) 통해 얻은 근사해와 비교하여라.

4.9 ✱ $e^{i\alpha Z}Xe^{-i\alpha Z}=Y$가 되는 $\alpha\in\mathbb{R}$을 구하여라. 여기서 X, Y, Z는 Pauli 행렬이다. 이 관계의 의미를 큐빗 상태의 회전과 양자 게이트로 해석하여라.

II

양자게이트 & 기본 회로

CHAPTER

5

단일 큐빗 양자게이트

이 장에서 양자컴퓨팅 계의 중요한 구성 요소인 양자게이트의 세계에 대한 탐구를 시작하겠다.

양자컴퓨팅의 원리는 양자역학의 기본적인 요소와 깊이 연관되어 있다. 둘 사이의 관계는 Newton 역학이 인공위성 발사의 기본인 것과 비슷하다. 두 분야 모두 정확하게 실제 세계에 응용하려면 각각의 이론적인 원리와 세심한 취급에 대한 심도 있는 이해가 필요하다.

인공위성을 발사하려면 중력, 올바른 궤도로 움직이는 운동과 추진계와 같은 Newton의 원리를 이해해야 하는 것과 같이 양자게이트와 회로를 만들기 위해서는 중첩과 얽힘과 같은 양자역학의 주요한 원리를 이해해야 한다. 이 지식을 이용하여 큐빗을 제어하고, 복잡한 계산 문제를 풀기 위한 양자알고리즘을 만들 수 있다. 두 경우에서 실제적인 답을 얻기 위해 기본적인 물리 이론을 이용한다.

이전의 논의에서 양자상태, 측정과 유니타리 시간변화를 포함하는 양자역학의 기본 원리를 설명하였고 큐빗에 대한 견고한 이해를 하게 되었다. 이제 이를 확장하여 양자게이트의 매력적인 세계를 탐구하겠다.

먼저 단일 양자 큐빗과 그 다양한 응용에 대한 탐구를 시작하겠다. 이 기초 작업으로부터 다중 큐빗 게이트, 얽힘, 양자 전송과 E91 양자 키 분배 프로토콜을 포함하는 고급 주제로 진행할 수 있다.

5.1 양자와 고전 논리 게이트

고전 논리 게이트가 고전컴퓨팅에 기본적이듯이 양자게이트는 양자컴퓨팅의 기반이다. 게이트의 두 형태는 모두 각각의 계산 패러다임 내에서 표준화되고, 매우 최적화된 요소를 제공한다. 양자게이트는 특히 양자상태를 조작하도록 고안하였고, 따라서 양자알고리즘을 수행하기 쉽다. 이 게이트는 양자계산 작업을 위해 만든 슈뢰딩거 방정식의 특별한 답의 형태로 볼 수 있다. 비록 여러 큐빗 플랫폼에서 다르게 구현되었지만 양자게이트의 작용 기능성은 일관성이 있다. 이것은 진공관에서 트랜지스터와 다른 기술로 옮겨 가는 고전적인 게이트의 진화와 같아 보이지만 단순화된 상태 표현과 논리 연산의 핵심 원리는 변하지 않았다.

5.1.1 유니타리 연산자로서 양자게이트

양자게이트는 고전컴퓨팅에서 볼 수 없는 독특한 능력이 있다. 그 능력은 상태의 중첩에 작용하는 능력이다. 이 독특한 특징은 큐빗의 행동을 결정하는 양자역학 원리에서 나온다. 슈뢰딩거 방정식으로 기술하는 닫힌 양자계의 시간 변화는 유니타리 연산자로 나타낼 수 있다. 결과적으로 각각의 양자게이트는 양자상태의 중첩에 작용하고, 결과의 중첩을 만들 수 있는 유니타리 변환을 나타낸다.

§4.4.1에서 설명했듯이 양자게이트의 작용은 특정한 시간 간격 Δt 동안 특별히 설계

한 해밀토니안 H를 적용하는 것과 비슷하다. 따라서 양자게이트의 물리적 구현은 이 해밀토니안을 정확하게 만드는 것에 의존한다.

슈뢰딩거 방정식을 만족하는 양자계 상태의 시간 변화는 일반적으로

$$|\psi(\Delta t)\rangle = U(\Delta t)\,|\psi(0)\rangle \tag{5.1}$$

로 표현하고, $U(\Delta t)$는 게이트 작용을 기술하는 유니타리 연산자이다.

양자게이트와 회로에 대한 논의에서 Δt항은 흔히 무시한다. 따라서 식 5.1은 종종

$$|\psi_1\rangle = U\,|\psi_0\rangle \tag{5.2}$$

로 나타낸다. 여기서 $|\psi_0\rangle \equiv |\psi(0)\rangle$는 게이트 작용을 하기 전 계의 상태를 표기하고, $|\psi_1\rangle \equiv |\psi(\Delta t)\rangle$는 작용 후의 상태를 나타내며 $U \equiv U(\Delta t)$는 게이트 작용을 의미하는 연산자를 표시한다.

5.1.2 가역성 조건

유니타리 연산자의 성질에서 나오는 양자게이트의 주요 성질 중 하나는 가역성이다. 특히 유니타리 연산자는 주목할 만한 성질이 있다. 유니타리 연산자의 역은 $U^{-1} = U^{\dagger}$로 표기하는 복소 켤레 자리바꿈이다. 결과적으로 역시 유니타리인 역연산 U^{-1}을 적용하면 실질적으로 원래 양자 연산을 뒤집을 수 있다.

양자게이트의 이 특징은 고전적인 논리 게이트와 매우 대조적이다. 고전역학에서는 양자역학에 내재하는 가역성 조건을 따르지 않으므로 고전 게이트는 본질적으로 가역적이지 않다. 이 때문에 모든 고전 게이트가 양자게이트에 대응하지는 않는다.

단일 고전 게이트에서 네 개의 가능한 게이트를 정할 수 있다.

1. 항등(혹은 "아무 것도 하지 않음"): 0은 0으로, 1은 1에 대응시킨다.
2. NOT(혹은 비트-플립): 0은 1로, 1은 0으로 대응시킨다.
3. 상수-0: 0과 1을 0에 대응시킨다.
4. 상수-1: 0과 1을 1에 대응시킨다.

세 번째와 네 번째 게이트는 분명히 비가역적이다. 왜냐하면 이들은 모두 두 가지 가능한 입력을 한 개의 출력에 대응시키기 때문이다. 양자역학에서 이러한 게이트는 유니타리 원리를 위배한다.

추가적으로 어떤 잘 알려진 다중 비트 고전 게이트는 비가역적이므로 양자게이트로 직접 구현할 수 없다.

- **AND 게이트**: 이 게이트는 두 개의 입력 비트와 한 개의 출력 비트가 있다. 입력 00, 01, 혹은 10으로부터 출력은 0이 나온다. 입력 11만 유일하게 출력 1을 준다(그림 5.1 참조).
- **OR 게이트**: AND 게이트와 마찬가지로 OR 게이트는 입력 01, 10, 혹은 11이 출력

1을 만든다. 출력 0은 00일 때 유일하게 나온다.

- NAND, NOR, XOR과 같은 다른 게이트: 이 게이트 또한 어떤 출력에 대해 비가역성을 나타낸다.

이 고전게이트는 직접 양자게이트로 바꿀 수는 없지만 양자컴퓨팅에서 그 기능을 흉내 내는 다른 방법이 존재한다. 널리 퍼진 한 가지 방법은 (종종 보조 비트라고 부르는) 추가적인 출력 비트를 포함하여 모든 입력-비트 정보를 유지한다. 이 주제는 나중의 장에서 더 탐구할 것이다.

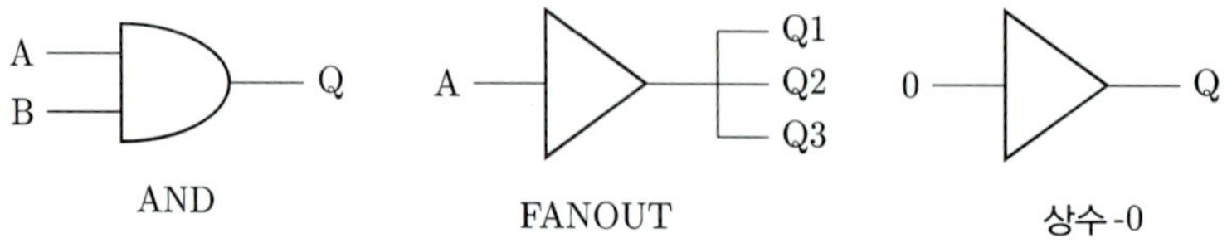

▌그림 5.1▐ 고전적인 비가역적 게이트의 예

5.1.3 복제 불가능 조건

양자 시간변화의 유니타리 성질로 인해 양자컴퓨팅과 양자정보에서 중요한 원리가 존재하고, 그것은 복제 불가능 정리이다.

> **복제 불가능 정리**
>
> 원래 상태를 유지하면서 어떤 물리적으로 실현 가능한 양자 연산만을 이용해서 임의의 알려지지 않은 양자상태를 정확히 복사하는 것은 불가능하다.

이 정리는 원래 상태를 변화시키지 않고 큐빗을 완벽하게 복사할 수 없다는 것을 의미한다. 결과적으로 고전 디지털 회로에서 많이 나타나는 FANOUT과 같은 연산은(그림 5.1 참조) 양자컴퓨팅에서 불가능하다. 긍정적인 측면을 보면 복제 불가능 원리는 BB84와 같은 프로토콜과 같이 양자암호학에서 강력한 보안이 가능하다.

이 정리의 증명은 이 장의 끝에 간단히 나타내겠다(§5.7).

5.1.4 선형성

복소수 유니타리 행렬로 표현하는 양자게이트는 양자상태에 선형적으로 작용한다. 양자역학에서 핵심적인 선형성으로 인해 상태의 어떤 선형결합(중첩)도 다시 양자상태가 된다. 이로 인해 양자게이트가 중첩에 작용하여 양자컴퓨팅의 주요 강점인 양자 병렬성과 얽힘을 일으킨다.

5.1.5 양자게이트에서 회로로

양자회로는 양자알고리즘을 구현하기 위해 일련의 양자게이트를 결합하여 만든다. 배타적으로 이루어진 양자게이트라면 회로의 고유한 성질은 유니타리 성질이다. 이 구성이 연산이 유니타리로 남도록 보장하며, 따라서 닫힌계 안에서 양자상태의 크기와 결맞음을 유지한다.

그러나 양자회로의 영역은 유니타리 게이트를 넘어 확장할 수 있다. 측정과 상태 초기화와 같은 비유니타리 연산이 양자컴퓨팅에서 중요한 역할을 한다. 유니타리 게이트는 닫힌 계 안에서 양자상태의 시간 변화를 기술하는 반면, 비유니타리 연산은 외부 환경과 상호작용을 가능하게 한다. 이로 인해 상태 붕괴나 디코히어런스와 같은 현상이 일어난다. 이와 같은 연산은 양자계에서 정보를 끄집어내는 데 필수적이고, 양자알고리즘의 어떤 단계에서도 필수적이므로 고전적 논리 게이트를 넘어서는 양자회로의 추가적인 복잡성과 능력을 도입하게 된다.

양자회로 내에서 유니타리와 비유니타리 연산의 시너지 효과는 양자컴퓨팅 능력의 전체 영역에서 나타난다. 이는 결맞은 중첩을 유지하는 것부터 고전적인 정보를 제공하는 측정을 수행하는 것에 이른다. 이 장과 다음 장에서 양자회로를 만드는 복잡한 과정을 고려하고, 이들이 어떻게 복잡한 양자알고리즘의 기초를 형성하는지 조사할 것이다.

5.2 보통의 단일-큐빗 게이트

이제 단일 큐빗을 포함하는 보통의 양자게이트를 고려하겠다. 표 5.1에 나타낸 대로 여기에는 Pauli-X, Y, Z 게이트, Hadamard(H) 게이트, 위상 게이트와 회전 게이트가 있다. 이 게이트를 다른 방법으로 결합하여 양자 회로는 복잡한 문제를 풀고, 큰 수를 인수분해하고, 양자계를 모사하는 것과 같이 고전 컴퓨터에서는 불가능한 임무를 수행할 수 있다.

5.2.1 분석 접근방법: X 게이트 예제

큐빗 게이트의 작용은 다른 응용에서 자주 사용하는 다양한 방법으로 표현하고 분석한다. 이 모든 것과 친숙해지는 것이 중요하다. 보기 예제로 X 게이트를 살펴보겠다.

Pauli-X 게이트로도 알려진 X 게이트는 고전적인 NOT 게이트의 양자 대응으로 작용하는 기본적인 양자게이트이다. 이것은 $|0\rangle$을 $|1\rangle$로, 그리고 그 역으로 바꾼다. 그러므로 이것은 비트 플립 게이트로도 알려져 있다.

1 행렬 표현

X 게이트는 Pauli-X 행렬로 표현한다.

$$X = \begin{bmatrix} 0 & 1 \\ 1 & 0 \end{bmatrix}. \tag{5.3}$$

행벡터

$$|0\rangle = \begin{bmatrix} 1 \\ 0 \end{bmatrix}, \quad |1\rangle = \begin{bmatrix} 0 \\ 1 \end{bmatrix} \tag{5.4}$$

가 주어지면 비트-플립 변환은 명백하다. $X|0\rangle = |1\rangle$이고, $X|1\rangle = |0\rangle$이다.

| 표 5.1 | 보통의 단일 큐빗 양자게이트

게이트	기호	연산자	설명
항등(I)	$-\boxed{I}-$	$\begin{bmatrix}1 & 0\\0 & 1\end{bmatrix}$	큐빗을 그대로 놓아둔다.
Pauli-X(X)	$-\boxed{X}-$	$\begin{bmatrix}0 & 1\\1 & 0\end{bmatrix}$	NOT 혹은 비트-플립 게이트는 $\|0\rangle$을 $\|1\rangle$로, $\|1\rangle$을 $\|0\rangle$으로 바꾼다.
Pauli-Z(Z)	$-\boxed{Z}-$	$\begin{bmatrix}1 & 0\\0 & -1\end{bmatrix}$	위상-플립 게이트는 $\|0\rangle$을 $\|0\rangle$으로, $\|1\rangle$은 $\|-1\rangle$로 바꾼다.
Pauli-Y(Y)	$-\boxed{Y}-$	$\begin{bmatrix}0 & -i\\i & 0\end{bmatrix}$	비트 플립과 위상 플립을 결합한 연산.
Hadamard(H)	$-\boxed{H}-$	$\frac{1}{\sqrt{2}}\begin{bmatrix}1 & 1\\1 & -1\end{bmatrix}$	중첩을 만든다. $\|0$을 $\|+\rangle$로, $\|1\rangle$을 $\|-\rangle$로 바꾼다.
$S(\sqrt{Z})$	$-\boxed{S}-$	$\begin{bmatrix}1 & 0\\0 & i\end{bmatrix}$	상태 $\|1\rangle$에 $\frac{\pi}{2}$의 위상이동을 시킨다.
$T(\sqrt[4]{Z})$	$-\boxed{T}-$	$\begin{bmatrix}1 & 0\\0 & e^{i\frac{\pi}{4}}\end{bmatrix}$	상태 $\|1\rangle$에 $\frac{\pi}{4}$의 위상이동을 시킨다.
위상 ($P(\theta)$)	$-\boxed{P(\theta)}-$	$\begin{bmatrix}1 & 0\\0 & e^{i\theta}\end{bmatrix}$	상태 $\|1\rangle$에 θ의 위상이동을 시킨다.
$R_x(\theta)$	$-\boxed{R_x(\theta)}-$	$\begin{bmatrix}\cos\frac{\theta}{2} & -i\sin\frac{\theta}{2}\\-i\sin\frac{\theta}{2} & \cos\frac{\theta}{2}\end{bmatrix}$	Bloch 구의 x축 주위로 큐빗을 θ만큼 회전시킨다.
$R_y(\theta)$	$-\boxed{R_y(\theta)}-$	$\begin{bmatrix}\cos\frac{\theta}{2} & -\sin\frac{\theta}{2}\\\sin\frac{\theta}{2} & \cos\frac{\theta}{2}\end{bmatrix}$	Bloch 구의 y축 주위로 큐빗을 θ만큼 회전시킨다.
$R_z(\theta)$	$-\boxed{R_z(\theta)}-$	$\begin{bmatrix}e^{-i\theta/2} & 0\\0 & e^{i\theta/2}\end{bmatrix}$	Bloch 구의 z축 주위로 큐빗을 θ만큼 회전시킨다.

연습문제 5.1

$S^2 = T^4 = Z$임을 보여라.

2 브라–켓 표현

행렬 U는 계산 기준 상태의 외적을 이용하여 전개할 수 있다.

$$U = \begin{bmatrix}u_{00} & u_{01}\\u_{10} & u_{11}\end{bmatrix} = u_{00}\,|0\rangle\langle 0| + u_{01}\,|0\rangle\langle 1| + u_{10}\,|1\rangle\langle 0| + u_{11}\,|1\rangle\langle 1|. \tag{5.5}$$

이 전개를 이용하면 X 게이트 행렬은 브라-켓 표기 방법으로

$$X = |0\rangle\langle 1| + |1\rangle\langle 0| \tag{5.6}$$

으로 표현할 수 있다.

연습문제 5.2

브라-켓 표기 방법을 이용하여 $X|0\rangle = |1\rangle$과 $X|1\rangle = |0\rangle$임을 확인하여라.

3 중첩 상태에 적용하기

선형 연산자인 양자게이트는 중첩 상태에 작용할 수 있다. X 게이트가

$$|\psi\rangle = \alpha\,|0\rangle + \beta\,|1\rangle = \begin{bmatrix} \alpha \\ \beta \end{bmatrix} \tag{5.7}$$

에 작용하면 이로 인한 상태는

$$X\,|\psi\rangle = \beta\,|0\rangle + \alpha\,|1\rangle = \begin{bmatrix} \beta \\ \alpha \end{bmatrix} \tag{5.8}$$

이 된다.

연습문제 5.3

X의 행렬 표현과 브라-켓 표현을 이용하여 식 5.8을 확인하여라.

4 $\{|+\rangle, |-\rangle\}$ 기준의 성질

Pauli 행렬은 유니타리이고 Hermitian이다. 따라서 X의 고유벡터는 $\{|+\rangle, |-\rangle\}$ 기준을 만든다(§3.3.3도 참조).

$$|+\rangle = \frac{1}{\sqrt{2}}(|0\rangle + |1\rangle), \tag{5.9a}$$

$$|-\rangle = \frac{1}{\sqrt{2}}(|0\rangle - |1\rangle). \tag{5.9b}$$

이 벡터에 X 게이트를 작용하면 다음을 얻는다.

$$X\,|+\rangle = |+\rangle\,, \quad X\,|-\rangle = -\,|-\rangle. \tag{5.10}$$

5 Bloch 구 위의 회전

Bloch 구 표현에서 X 게이트는 x축에 대한 180° 회전에 해당한다. 그림 2.4에 나타낸 대로 상태벡터 $|\psi\rangle$는 x축에 중심이 있는 점선 원을 따라 180° 만큼 이동한다.

6 Boolean 표현

행렬과 브라-켓 표현과 더불어 많은 양자게이트는 Boolean 표현을 이용해서 표현할 수도 있다. 이것은 §7.4에서 자세히 다루겠다.

| 표 5.2 | 보통의 단일 큐빗 양자게이트에 의한 변환

게이트	브라-켓 연산자	$\|0\rangle$, $\|1\rangle \rightarrow$	$\|+\rangle$, $\|-\rangle \rightarrow$	$\alpha\|0\rangle$, $\beta\|1\rangle \rightarrow$
I	$\|0\rangle\langle 0\|+\|1\rangle\langle 1\|$ $\|+\rangle\langle +\|+\|-\rangle\langle -\|$	$I\|0\rangle=\|0\rangle$ $I\|1\rangle=\|1\rangle$	$I\|+\rangle=\|+\rangle$ $I\|-\rangle=\|-\rangle$	$\alpha\|0\rangle+\beta\|1\rangle$
X	$\|1\rangle\langle 0\|+\|0\rangle\langle 1\|$ $\|+\rangle\langle +\|-\|-\rangle\langle -\|$	$X\|0\rangle=\|1\rangle$ $X\|1\rangle=\|0\rangle$	$X\|+\rangle=\|+\rangle$ $X\|-\rangle=-\|-\rangle$	$\alpha\|1\rangle+\beta\|0\rangle$
Z	$\|0\rangle\langle 0\|-\|1\rangle\langle 1\|$ $\|-\rangle\langle +\|+\|+\rangle\langle -\|$	$Z\|0\rangle=\|0\rangle$ $Z\|1\rangle=-\|1\rangle$	$Z\|+\rangle=\|-\rangle$ $Z\|-\rangle=\|+\rangle$	$\alpha\|0\rangle-\beta\|1\rangle$
Y	$i(\|1\rangle\langle 0\|-\|0\rangle\langle 1\|)$ $i(\|+\rangle\langle -\|-\|-\rangle\langle +\|)$	$Y\|0\rangle=i\|1\rangle$ $Y\|1\rangle=-i\|0\rangle$	$Y\|+\rangle=-i\|-\rangle$ $Y\|-\rangle=i\|+\rangle$	$i\alpha\|1\rangle-i\beta\|0\rangle$
H	$\|+\rangle\langle 0\|+\|-\rangle\langle 1\|$ $\|0\rangle\langle +\|+\|1\rangle\langle -\|$	$H\|0\rangle=\|+\rangle$ $H\|1\rangle=\|-\rangle$	$H\|+\rangle=\|0\rangle$ $H\|-\rangle=\|1\rangle$	$\alpha\|+\rangle+\beta\|-\rangle$
S	$\|0\rangle\langle 0\|+i\|1\rangle\langle 1\|$	$S\|0\rangle=\|0\rangle$ $S\|1\rangle=i\|1\rangle$	-	$\alpha\|0\rangle+i\beta\|1\rangle$
T	$\|0\rangle\langle 0\|+e^{i\frac{\pi}{4}}\|1\rangle\langle 1\|$	$T\|0\rangle=\|0\rangle$ $T\|1\rangle=e^{i\frac{\pi}{4}}\|1\rangle$	-	$\alpha\|0\rangle+e^{i\frac{\pi}{4}}\beta\|1\rangle$
P	$\|0\rangle\langle 0\|+e^{i\theta}\|1\rangle\langle 1\|$	$P(\theta)\|0\rangle=\|0\rangle$ $P(\theta)\|1\rangle=e^{i\theta}\|1\rangle$	-	$\alpha\|0\rangle+e^{i\theta}\beta\|1\rangle$

5.2.2 Pauli 게이트

여러 해석적인 도구를 도입하여 X 게이트를 자세히 살펴보았다. 이러한 도구는 X, Y와 Z 게이트, 그리고 I 게이트로 이루어진 Pauli 게이트의 전체 요소로 확장할 수 있다.

위상 플립 게이트로 알려진 Z 게이트는 상태 $|1\rangle$에 위상 $\pi(-1)$을 준다. 추가적으로 상태 $|+\rangle$와 $|-\rangle$에 대한 플립 게이트로 작용하여 $|+\rangle$를 $|-\rangle$로, 그리고 그 반대로 바꾼다.

Y 게이트는 비트 플립과 위상 플립을 결합한 것이다. 흥미롭게도 $ZX = iY$임을 증명할 수 있고 문제 5.2에서 이것을 유도할 수 있다.

I 게이트는 항등 행렬로 표현한 항등 게이트를 의미한다. 이것은 큐빗 상태에 어떤 변환도 일으키지 않고, 물리적 구현이 필요하지는 않지만 회로 분석에서 자주 사용하므로 이것을 포함한다.

모든 Pauli 게이트는 자기 반전적이다. 즉 Pauli 게이트를 두 번 작용하면 큐빗 상태를 원래의 형태로 돌아가게 한다. 예를 들어 $X^2 = I$이다.

간단히 참조하면 이 게이트와 앞으로 탐구할 다른 게이트와 관련된 중요한 공식은 표 5.1과 5.2에서 찾을 수 있다. 여기서 모든 공식을 고려하지는 않겠지만 독자는 아래의 연습문제를 풀어 보기 바란다.

연습문제 5.4

행렬 표현과 브라-켓 표현을 모두 이용하여 Z는 $|+\rangle$와 $|-\rangle$에 대해 플립 게이트로 작용한다는 것을 보여라. 즉 $Z|+\rangle=|-\rangle$, $Z|-\rangle=|+\rangle$임을 보여라.

연습문제 5.5

행렬 표현과 브라-켓 표현을 모두 이용하여 $Y(\alpha|0\rangle+\beta|1\rangle)=i(\alpha|1\rangle-\beta|0\rangle)$임을 보여라.

5.2.3 Hadamard H 게이트

Hadamard(H) 게이트는 양자컴퓨팅에서 기본적이다. 이것은 $|0\rangle$을 $|+\rangle$로, $|1\rangle$을 $|-\rangle$로 변환시키면서, 중첩 상태를 만들 때 흔히 사용한다.

$$H|0\rangle = |+\rangle = \frac{1}{\sqrt{2}}(|0\rangle + |1\rangle), \tag{5.11a}$$

$$H|1\rangle = |-\rangle = \frac{1}{\sqrt{2}}(|0\rangle - |1\rangle). \tag{5.11b}$$

이 이유로 $\{|+\rangle, |-\rangle\}$ 기준을 종종 Hadamard 기준이라고 한다.

자기 반전성이 있으므로 $H^2=I$이다. 이것은 H를 두 번 작용하면 큐빗 상태를 원래 형태로 복귀시킨다는 의미이다.

$$H|+\rangle = |0\rangle, \quad H|-\rangle = |1\rangle. \tag{5.12}$$

마지막으로

$$H(\alpha|0\rangle + \beta|1\rangle) = \alpha|+\rangle + \beta|-\rangle \tag{5.13}$$

이 성립한다.

연습문제 5.6

행렬 표현과 브라-켓 표현을 모두 이용하여 $H|+\rangle=|0\rangle$, $H|-\rangle=|1\rangle$임을 증명하여라.

5.2.4 위상 게이트

위상 게이트는 큐빗의 기준 상태 사이에 상대 위상을 도입할 때 중요하다. 이 게이트 중 가장 흔히 사용하는 것은 S, T와 P 게이트이다.

"위상 게이트"라고 종종 부르는 S 게이트는 상태 $|1\rangle$에 $\frac{\pi}{2}$의 위상(90°)을 더한다. 이것은 Z 게이트의 제곱근으로도 표현할 수 있다.

$$S|0\rangle = |0\rangle, \quad S|1\rangle = i|1\rangle, \quad S = \sqrt{Z}. \tag{5.14}$$

T 게이트는 더 미묘한 $\frac{\pi}{4}$의 위상(즉 45°)을 도입한다. 이것은 실질적으로 Z 게이트

의 1/4 제곱근이다.

$$T|0\rangle = |0\rangle, \quad T|1\rangle = e^{i\frac{\pi}{4}}|1\rangle, \quad T = \sqrt[4]{Z}. \tag{5.15}$$

일반적인 위상 게이트 $P(\theta)$는 상태 $|1\rangle$에 위상 θ를 더한다.

$$P(\theta)|0\rangle = |0\rangle, \quad P(\theta)|1\rangle = e^{i\theta}|1\rangle. \tag{5.16}$$

이 게이트는 위상 킥백와 양자 Fourier 변환과 같은 문제에 기본적이다. 상대 위상을 조절하면 추가적인 자유도를 제공하고 양자알고리즘을 제어할 수 있다.

연습문제 5.7

$S^2 = Z$와 $T^4 = Z$임을 증명하여라.

연습문제 5.8

브라-켓 표기 방법을 이용하여 S, T와 $P(\theta)$ 게이트가 일반적인 큐빗 상태 $\alpha|0\rangle + \beta|1\rangle$을 어떻게 변환하는지 보여라.

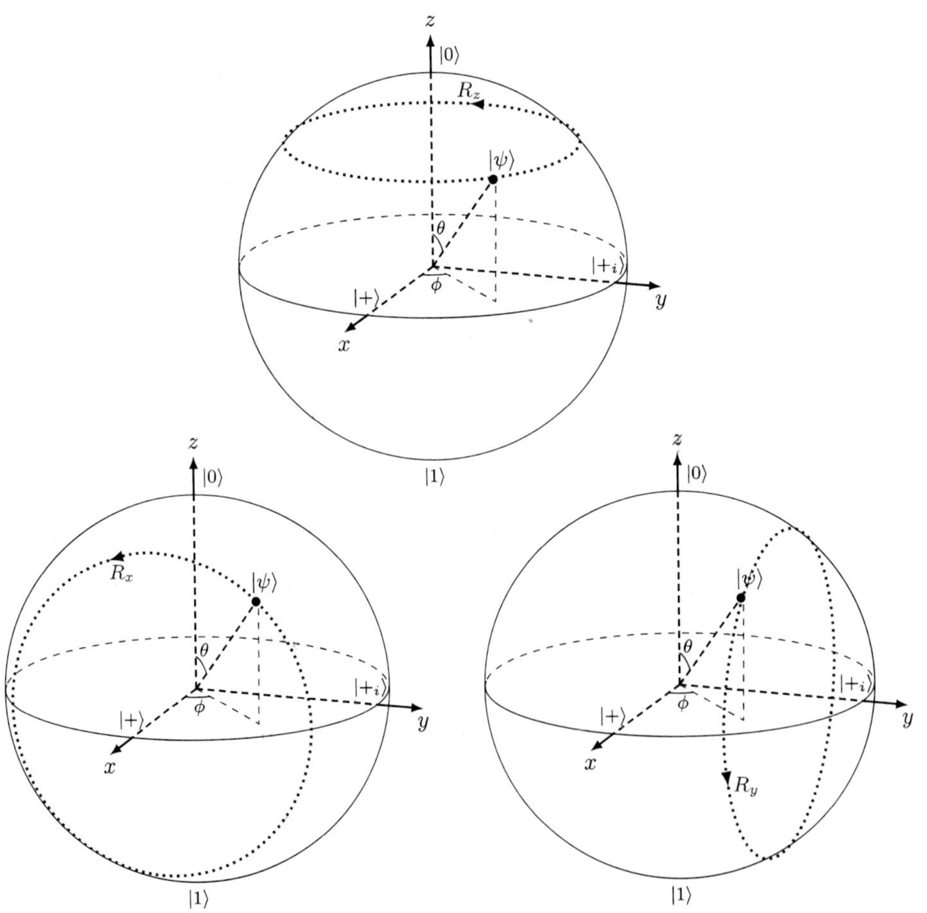

| 그림 5.2 | Bloch 구 위의 회전으로 본 R_x, R_y와 R_z 게이트

5.2.5 R_x, R_y와 R_z 회전 게이트

회전 게이트는 Block 구의 다양한 축 주위로 큐빗 상태를 회전할 수 있는 방법으로, 양자 컴퓨팅에서 중요한 역할을 한다(그림 5.2 참조). 세 가지 주된 회전 게이트는 각각 x, y와 z축에 대한 회전에 해당하는 R_x, R_y와 R_z이다.

1. $R_x(\theta)$ 게이트는 큐빗 상태를 x축 주위로 각도 θ만큼 회전시킨다.

$$R_x(\theta) = e^{-i\frac{\theta}{2}X} = \begin{bmatrix} \cos\frac{\theta}{2} & -i\sin\frac{\theta}{2} \\ -i\sin\frac{\theta}{2} & \cos\frac{\theta}{2} \end{bmatrix}. \tag{5.17}$$

연습문제 5.9

행렬 $R_x(\theta)$는 유니타리임을 보여라. 이것은 또한 Hermitian인가?

2. 마찬가지로 $R_y(\theta)$ 게이트는 큐빗 상태를 y축 주위로 회전시킨다.

$$R_y(\theta) = e^{-i\frac{\theta}{2}Y} = \begin{bmatrix} \cos\frac{\theta}{2} & -\sin\frac{\theta}{2} \\ \sin\frac{\theta}{2} & \cos\frac{\theta}{2} \end{bmatrix}. \tag{5.18}$$

3. $R_z(\theta)$ 게이트는 z축 주위로 회전시킨다.

$$R_z(\theta) = e^{-i\frac{\theta}{2}Z} = \begin{bmatrix} e^{-i\frac{\theta}{2}} & 0 \\ 0 & e^{i\frac{\theta}{2}} \end{bmatrix}. \tag{5.19}$$

이 회전연산자의 주요 성질은

$$R_i(\theta)^\alpha = R_i(\alpha\theta) \tag{5.20}$$

이다. 여기서 $\alpha \in \mathbb{R}$이고, $i \in \{x, y, z\}$이다.

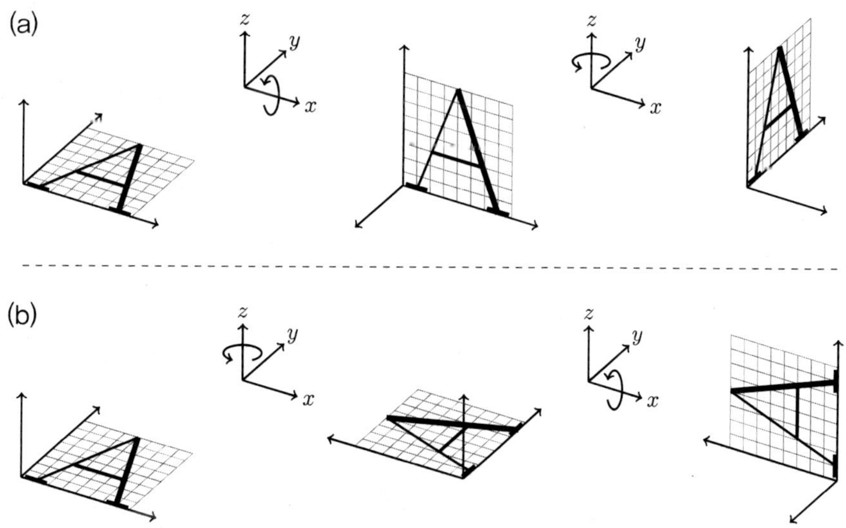

그림 5.3 3차원 회전의 비교환적 성질의 표현

3차원 공간에서 다른 순서로 작용한 회전은 비교환적이라는 것을 이해하는 것이 중요하다. 그림 5.3에 나타내었듯이 x축 주위로 90° 회전한 후 z축 주위로 90° 회전한 것은(a 부분) 회전 순서를 뒤집었을 때와(b 부분) 같은 방향을 가리키지 않는다. 이것은 수학적으로 $R_z R_x \neq R_x R_z$, 즉 $[R_z, R_x] \neq 0$으로 쓸 수 있다.

> R_x, R_y와 R_z에 대한 식은 스핀 세차운동의 해(식 4.26)와 Rabi 진동(식 4.36)과 매우 비슷하다. 따라서 두 현상은 이 게이트를 구현하는 실질적인 방법이 된다.

Pauli 게이트, Hadamard 게이트와 위상 게이트는 모두, 전체 위상차가 생길 수 있지만 회전 게이트의 특별한 경우로 표현할 수 있다. 이들 사이의 관계는 다음과 같다.

$$X = iR_x(\pi), \tag{5.21a}$$

$$Y = iR_y(\pi), \tag{5.21b}$$

$$Z = iR_z(\pi), \tag{5.21c}$$

$$S = e^{i\frac{\pi}{4}} R_z\left(\frac{\pi}{2}\right), \tag{5.21d}$$

$$T = e^{i\frac{\pi}{8}} R_z\left(\frac{\pi}{4}\right), \tag{5.21e}$$

$$H = iR_x(\pi)R_y\left(\frac{\pi}{2}\right) = iR_y\left(\frac{\pi}{2}\right)R_z(\pi). \tag{5.21f}$$

식 5.21에서 단일 큐빗 게이트를 Bloch 구 위에서 회전으로 직관적으로 이해할 수 있다. 예를 들어 Hadamard 게이트는 y축 주위로 90° 회전하고, 그다음 x축 주위로 180° 만큼 회전하는 것으로 해석할 수 있다. 그다음 표현에 의하면 이것은 또한 z축 주위로 180° 회전한 후, y축 주위로 90° 회전을 한 것으로 볼 수 있다.

연습문제 5.10

X 게이트에 대한 표현을 R_x 회전 게이트의 특별한 경우로 유도하여라.

연습문제 5.11

표 5.1에 나열한 게이트 중 어느 게이트가 Hermitian인지(즉, $U = U^\dagger$), 어느 것이 자기 반전성이 있는지(즉 $U^2 = I$), 어느 것이 두 조건을 모두 만족하는지 결정하여라.

5.2.6 *통합 회전 게이트

더구나 R_x, R_y와 R_z를 한 개의 회전연산자 R_u로 통합시킬 수 있다. 아래에 어떻게 정의하는지 나타내겠다(그림 5.4 참조).

$u_x^2 + u_y^2 + u_z^2 = 1$인 조건을 만족하는 $\hat{u} = (u_x, u_y, u_z)$로 표현하는 삼차원 공간에서 임의의 실수 단위벡터가 주어지면 유니타리 연산자

$$\sigma_u = u_x X + u_y Y + u_z Z \tag{5.22}$$

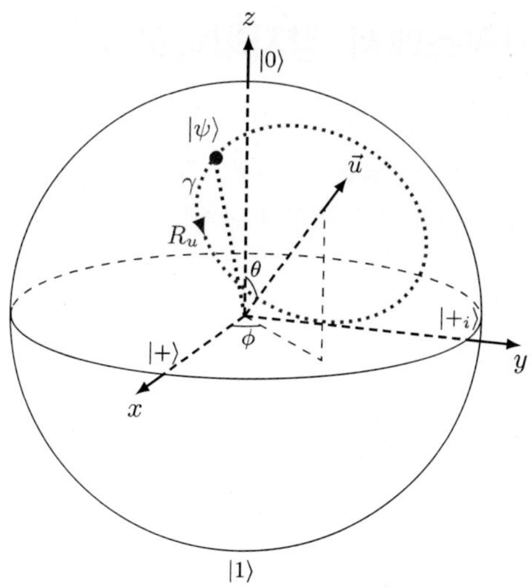

▌그림 5.4▐ Bloch 구 위의 통합 회전 게이트(R_u)

를 정의할 수 있다.

극각도 θ와 방위각 ϕ를 이용한 구면좌표계를 이용하면 이 성분은 다음과 같다.

$$u_x = \sin\theta\cos\phi, \quad u_y = \sin\theta\sin\phi, \quad u_z = \cos\theta. \tag{5.23}$$

u_x, u_y와 u_z, 그리고 Pauli 행렬 X, Y와 Z를 대입하고 간단히 하면 다음을 얻는다.

$$\begin{aligned}\sigma_u &= \sin\theta\cos\phi X + \sin\theta\sin\phi Y + \cos\theta Z \\ &= \begin{bmatrix}\cos\theta & \sin\theta e^{-i\phi} \\ \sin\theta e^{i\phi} & -\cos\theta\end{bmatrix}.\end{aligned} \tag{5.24}$$

> 여기서 γ를 회전 각도를 나타내고, θ는 극각을 표현할 때 사용하겠다.

축 $\hat{u}$에 대해 각도 γ만큼 회전하면 다음을 얻는다.

$$\begin{aligned}R_u(\gamma,\theta,\phi) &= e^{-i\frac{\gamma}{2}\sigma_u} \\ &= \cos\frac{\gamma}{2}I - i\sin\frac{\gamma}{2}\sigma_u \\ &= \begin{bmatrix}\cos\frac{\gamma}{2} - i\sin\frac{\gamma}{2}\cos\theta & -i\sin\frac{\gamma}{2}\sin\theta e^{-i\phi} \\ -i\sin\frac{\gamma}{2}\sin\theta e^{i\phi} & \cos\frac{\gamma}{2} + i\sin\frac{\gamma}{2}\cos\theta\end{bmatrix}.\end{aligned} \tag{5.25}$$

모든 단일 큐빗 게이트는 R_u의 특별한 경우로 표현할 수 있다는 것은 예리한 독자에게 명백할 것이다. 그렇다면 왜 R_u만 사용하고 다른 것을 없애지 않는가? 주된 이유는 R_u는 세 변수 (θ, ϕ와 γ)로 표현하고 물리적으로 구현하기 쉽지 않기 때문이다.

연습문제 5.12

R_x, R_y와 R_z를 $R_u(\gamma, \theta, \phi)$로 표현하고 행렬 표현은 같다는 것을 확인하여라.

5.3 게이트 시퀀스에서 양자회로로

양자회로에 기본이 되는 양자게이트는 큐빗에 양자 계산을 진행하도록 한다. 이 회로는 시각적으로 양자 알고리즘을 기술하여 그 설계와 시퀀스를 분명하게 이해할 수 있다. 단일 큐빗을 고려했듯이 다음 논리적 단계는 양자회로 내에서 이러한 기본적인 흐름을 탐구하는 것이다.

5.3.1 양자컴퓨팅의 회로 모형

양자컴퓨팅의 회로 모형은 양자 알고리즘과 연산을 이해하고 구현하는 가장 앞서는 구조이다. 일련의 논리 게이트를 이용하여 정보를 처리하는 고전 회로와 비교하면 양자 회로는 큐빗을 조작하기 위해 양자게이트를 이용한다. 이 양자 계산은 회로 그림을 통해 각 게이트와 그 시퀀스를 묘사하여 시각적으로 표현하고, 이를 통해 양자 알고리즘을 직관적으로 이해하고 설계할 수 있다.

이 모형은 범용 양자컴퓨팅에 맞추어 만들어져서 임의의 양자알고리즘을 이론적으로 수행할 수 있다. 그러나 회로 모형은 현존하는 유일한 양자 계산 모형이 아니라는 것을 알아야 한다. 양자 Turing 기계 모형은 다른 주요 모형이고 양자 계산에 대한 더 추상적인 관점을 제공한다. 이론적 통찰력은 풍부하지만 수준이 높으므로 회로 모형과 비교하면 실제 응용에는 덜 적합한 경향이 있다.

이 모형에서 파생된 것이 양자 어닐링 개념이다. D-Wave와 같은 계가 전형적인 예인 이 체계는 거대한 풀이 공간 내에서 최적화된 해를 빨리 찾고자 하는 분야에서 우수해서 어떤 최적화 문제에서는 특히 효과적이다. 그러나 양자 어닐링은 자체의 한계가 있고, 범용 양자 컴퓨터의 능력을 대신하지 않는다.

범용 양자 계산과 양자 어닐링과 같은 특화된 체계를 넘어 직접 양자 시뮬레이션은 양자 하드웨어를 이용하는 또 하나의 강력한 접근방법이다. 이 방법은 하드웨어 자체에 내재하는 양자적인 성질을 이용하여 양자 현상을 흉내내고 연구한다. 특히 광학적 격자에 포획된 냉각된 원자나 전자기 덫 안에 있는 이온과 같은 플랫폼에서 복잡한 양자계를 자연스럽게 모사한다. 대상 양자계의 동역학이 양자 하드웨어의 물리적 행동으로 직접 대응한다는 점에서 이 계는 고전적인 아날로그 컴퓨터와 비슷하게 작동한다. 게이트로 디지털 분해해야 할 필요를 건너뛰어서 직접 양자 시뮬레이션은 다체물리학, 양자 상전이와 물질의 별난 상태와 같은 문제를 공부하는 매우 효과적인 방법을 제공한다.

양자컴퓨팅에 대해 포괄적으로 공부하면 실용적인 관련성, 시각적 분명함과 넓은 응용성에 의한 범용컴퓨팅에 대한 회로 모형으로부터 자연히 시작하게 된다. 이러한 기본적인 이해를 통해 다른 양자계산 체계로 더 깊게 들어가고, 독특한 강점과 어려운 점을 인식하게 된다.

5.3.2 양자 회로그림

양자 회로는 회로그림을 통해 그림으로 묘사한다. 이를 보이기 위해 그림 5.5를 이용하여 양자 회로그림의 핵심적인 측면을 설명하겠다.

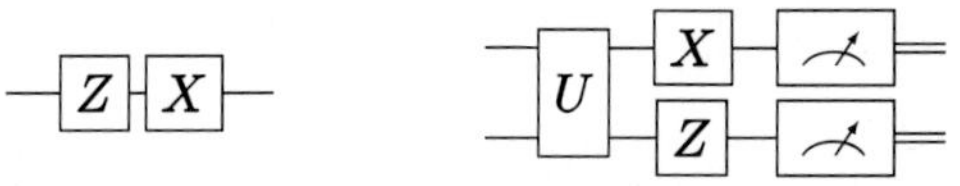

(a) 단일 큐빗 게이트의 시퀀스

(b) 측정을 하는 단순한 2–큐빗 회로

그림 5.5 양자 회로의 예

1 도선

종종 "도선"으로 부르는 수평선은 회로에 있는 각 큐빗의 시간 변화를 나타낸다. 각 도선은 단일 큐빗을 나타내고, 여러 게이트 연산을 통해 상태의 변화를 기록한다.

2 게이트

직사각형, 또는 정사각형 안에 넣은 기호는 게이트를 표현하고, 영향을 주는 큐빗의 도선 위에 놓는다. 이 기호는 큐빗 상태의 변화를 일으키는 양자 연산을 상징한다.

3 왼쪽에서 오른쪽으로 진행

게이트는 도선의 왼쪽에서 오른쪽으로 배열하여 연산의 시간적 순서를 요약한다. 왼쪽에서 오른쪽으로 진행하는 것은 시간 진행과 같은 방향을 나타내어 중요한 게이트의 시퀀스와 같다. 이로 인해 큐빗의 포괄적인 상태 변환을 만든다.

4 연산자곱의 순서

게이트 시퀀스의 순서는 관련된 게이트 행렬의 행렬곱으로 표현한다. 관습적인 수학적 표기법에 따라 이 행렬의 순서는 게이트의 순서에 대해 반대의 순서를 따른다. 예를 들어 그림 5.5(a)에서 Z 게이트에서 X 게이트로 진행하는 것은 행렬곱 XZ를 만든다.

5 입력과 출력

회로그림의 왼쪽에 놓은 (종종 $|0\rangle$으로 초기화한) 초기 상태는 회로의 한 입력 형태이다. 그러나 입력은 이와 같은 초기화로 국한되지 않는다. 이것은 또한 오라클 함수 호출과 (11장에서 논의할) 게이트 매개변수화같은 다른 요소도 포함한다. 반대로 회로그림의 오른쪽에 있는 최종 상태는 모든 양자게이트와 연산을 적용한 후 출력을 나타낸다. 전형적으로 미터기 표시로 둘러싼 직사각형으로 나타내는 측정은 큐빗의 양자상태로부터 이중 도선으로 표시한 고전적인 자료를 끄집어내는 이 단계에서 도입한다.

6 계산의 위치

양자회로는 인쇄된 회로판이나 집적회로와 같은 고전적인 회로와는 근본적으로 다르다.

양자 회로에서 게이트와 도선은 같은 방법으로 표현하는 가시적인 물리적 존재가 아니다. 그 대신 큐빗과 그 제어 방법만이 물리적으로 구현된다. 그림의 도선은 큐빗 상태의 시간적인 연속성을 표현하고, 양자게이트는 외부 제어에 의해 결정되는 이 상태의 특정한 변환을 나타낸다.

연습문제 5.13

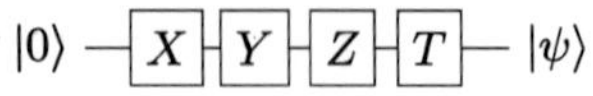

(a) 위에 나타낸 일련의 게이트를 처음 상태 $|0\rangle$에 적용한 후 출력상태 $|\psi\rangle$는 무엇인가?
(b) 유니타리 게이트를 포함하는 양자 회로는 가역적이다. 위의 배열에 대한 역회로를 그려라.
힌트: 역회로는 원래 게이트의 역게이트를 이용하여 순서를 뒤집은 것이다.

5.3.3 게이트 시퀀스

양자게이트를 알고 있으므로 게이트 시퀀스와 더 중요하게 그 동등함에 대해 고려할 수 있다. 미묘하게도 게이트 시퀀스는 종종 단일, 동등 게이트로 표현할 수 있다. 이러한 가능성은 양자회로를 최적화할 때, 특히 이 회로가 재료가 제한된 실제 양자 하드웨어에 작용해야 할 때 중요하다. 더구나 게이트 시퀀스의 동등성을 습득하는 것은 복잡한 양자회로를 분석하는 기초가 된다.

이후의 논의에서 단일 큐빗 게이트가 있는 중요한 동등성을 강조하겠다. 이 목록은 §7.4에서 다중 큐빗 게이트를 살펴볼 때 더 확장하겠다.

1 Pauli 게이트 관계

아래 그림은 Z 게이트에 X 게이트가 결합한 것은 전체 위상을 제외하고 Y 게이트와 동등하다는 것을 나타낸다. $ZX = iY$.

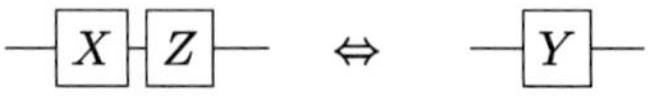

Pauli 게이트에 대한 다른 관계는 다음과 같다. $XZ = -iY$, $XY = iZ$, $YX = -iZ$, $YZ = iX$, $ZY = -iX$. 더 많은 관계는 부록 D에서 볼 수 있다.

2 자기반전 관계

아래 그림은 H 게이트를 두 번 적용하면 항등 연산(I)가 되어 큐빗 상태를 변화시키지 않는 것을 보여준다. 이것을 세 번 적용하면 Hadamard 게이트의 자기반전 성질 $H^2 = I$의 결과로 한 번만 적용한 것과 같다.

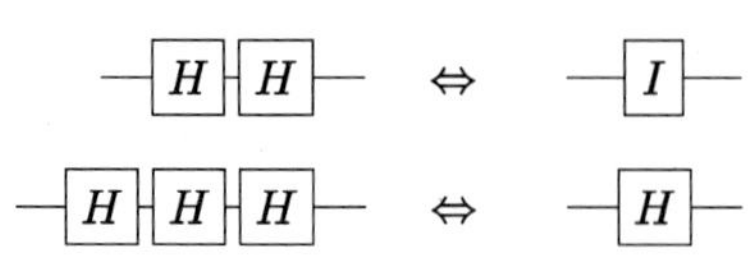

다른 게이트는 비슷한 자기반전 관계를 나타낸다. $X^2 = I$, $Y^2 = I$와 $Z^2 = I$.

3 Hadamard 게이트와 Pauli 게이트 사이의 관계

$HXH = Z$와 $HX = ZH$인 관계가 주어지면 다음의 게이트 시퀀스 동등성을 유도할 수 있다.

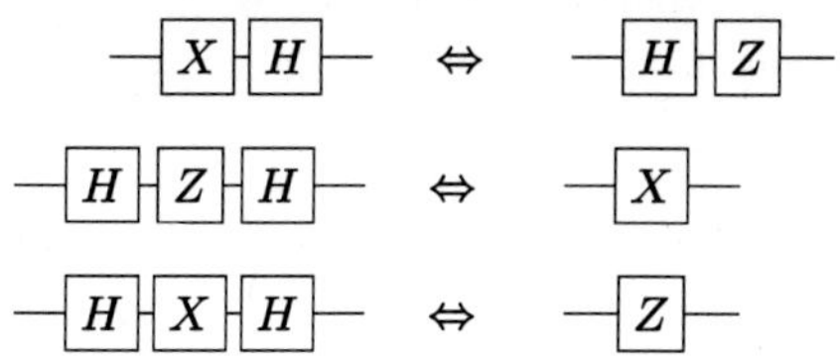

4 Hadamard 게이트 만들기

실제로 Hadamard 게이트는 종종 다른 기본적인 게이트로 만든다. 예를 들어 $H = iR_x(\pi) R_y\left(\frac{\pi}{2}\right) = iR_y\left(\frac{\pi}{2}\right)R_z(\pi)$이다. 이 실현 방법으로 Hadamard 게이트는 아래에 나타낸 방법으로 만들 수 있다.

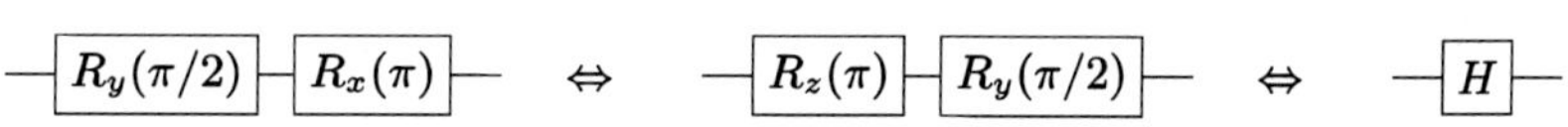

5 Y 게이트 만들기

실제로 Y 게이트는 종종 다른 기본적인 게이트로 만든다. 예를 들어 $Y = R_x\left(-\frac{\pi}{2}\right) ZR_x\left(\frac{\pi}{2}\right)$이다.

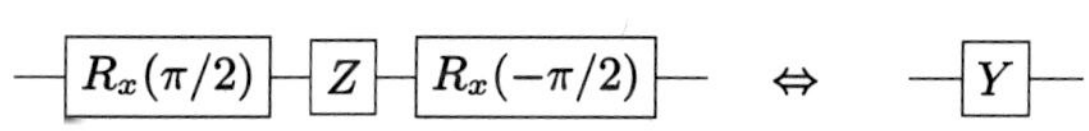

연습문제 5.14

게이트 관계 $HXH = Z$, $HYH = -Y$와 $HY = -YH$, $SXS^\dagger = Y$에 대응하는 회로그림을 그려라.

연습문제 5.15

위상 게이트 $P(\theta)$와 다른 기본 게이트를 이용하여

$$U(\alpha|+\rangle + \beta|-\rangle) = \alpha|+\rangle + e^{i\theta}\beta|-\rangle$$

을 만족하는 합성 게이트(즉, 게이트 시퀀스)를 만들어라.

5.4 양자 난수 생성기

단일 큐빗 게이트만을 이용하는 양자적 응용은 얽힘이나 다중 큐빗 사이의 복잡한 상호작용이 없으므로 상대적으로 단순하다. 그럼에도 불구하고 이것은 기본적인 양자 개념과 연산을 이해하는 데 도움이 된다. 다음으로 QRNG로 시작하는 몇 가지 예를 살펴보자.

양자 난수 생성기(Quantum Random Number Generator: QRNG)는 양자역학적 과정에 내재하는 무작위성과 비예측성을 이용하는 진정한 난수를 발생하는 장치이다. 결정론적인 알고리즘이나 엔트로피의 외부 요인에 의존하는 고전 난수 제작기와는 달리, QRNG는 임의의 기본 형태나 바이어스와 무관한 진정한 무작위성을 만드는 기본적인 양자역학적 성질을 이용한다.

광자를 이용한 QRNG

QRNG를 구현하는 흔한 방법은 그림 5.6(a)에 나타낸 단일 광자 광원과 빔가르개를 이용한다. 이 장치에서 각각의 광자가 방출되고, 이를 빔가르개로 보낸다. 빔가르개는 광자를 반사할 확률이 50%이고, 통과시킬 확률이 50%이다. 검출기를 반사 경로와 투과 경로 양쪽에 놓고 광자가 지나간 경로를 측정한다. 이 시점에서 고전적인 광학적 영역이 아니라 확고하게 양자 영역에 있도록 하여 각 광자를 측정한다. 빔가르개에서 광자의 행동은 양자역학에 의해 기본적으로 무작위적이고, 검출기 결과는 진정한 무작위 2진법 배열을 만들어낸다.

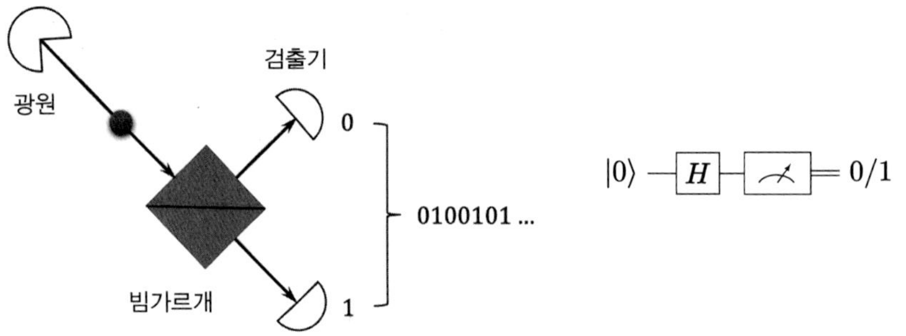

(a) 광자를 이용한 QRNG (b) 큐빗을 이용한 QRNG

| 그림 5.6 | 양자 난수 생성기(QRNG)

큐빗을 이용한 QRNG

QRNG에 대한 다른 접근방법은 양자 중첩과 측정 과정을 이용하는 것이다. 큐빗은 그림 5.6(b)에 나타낸 대로 전형적으로 처음 상태에 Hadamard 게이트를 적용하여 기준상태의 중첩 상태로 준비한다. 그리고 큐빗을 계산기준에서 측정하여 중첩 상태가 같은 확률로 0이나 1인 상태로 붕괴한다. 측정 결과는 무작위적인 비트를 만든다. 회로를 반복적으로 작용시켜 원하는 길이의 연속적인 무작위 비트를 만든다.

동등성

광자 접근에서 빔가르개의 역할과 중첩-측정 접근에서 Hadamard 게이트의 역할을 비교하면 두 방법의 동등함을 이해할 수 있다. 빔가르개는 입사 광자를 (반사 혹은 투과하는) 가능한 경로의 중첩으로 만들어 양자적인 불확실성을 도입한다. 마찬가지로 Hadamard 게이트는 큐빗을 기준 상태의 중첩으로 만든다. 광자나 큐빗을 관측하거나 측정하면 이 중첩은 결과의 비예측성으로 인한 내재적인 양자 무작위성을 만든다. 그러므로 두 과정은 무작위 비트를 만드는 양자 중첩을 조절한다.

연습문제 5.16✷

위에서 논의한 QRNG 장치는 균일한 분포를 갖는 난수에 해당하는 2진법 배열을 만든다. 이 균일하게 분포한 난수를 Gauss 분포나 Poisson 분포를 따르는 수로 어떻게 변환시키는지 논의하여라. 이 논의를 할 때 다음을 고려하여라.

(a) 균일한 분포에서 이러한 분포를 얻기 위해 사용할 알고리즘이나 수학적 변환을 설명하여라.
(b) 이러한 변화를 구현할 때 특히 양자 장치를 사용하는 관점에서 일어날 수 있는 실제적인 고려나 제한에 대해 논하여라.
(c) 양자 무작위성의 성질이 어떻게 고전적인 방법과 비교하여 발생한 숫자의 성질과 특성에 영향을 주는지 논의하여라.

5.5 BB84 양자키분포(QKD) 프로토콜

단일 큐빗 게이트를 주로 이용하는 다른 응용은 BB84 양자키분포(QKD) 프로토콜이다. 다음에 논의하겠지만, 이 프로토콜은 양자 측정과 양자게이트를 실제 세계에서 얼마나 아름답게 적용했는지 보여준다.

5.5.1 암호학의 기초

1 암호학

암호학은 적으로부터 통신과 자료를 보호하는 기술이다. 암호계는 두 개의 주요 영역으로 분류한다.

- 비밀(혹은 대칭적) 키 암호학으로 양방이 암호화와 해독에 대해 공유키를 이용한다.
- 공개(혹은 비대칭적) 키 암호학으로 공개 성분과 비밀 성분이 있는 이중 키 시스템을 이용한다. 공개키를 이용하여 암호화한 자료는 비밀키로만 해독할 수 있지만 추가 비용으로 인해 보통 비밀키를 교환하는 데 더 적당한 방법이다.

2 키 교환 프로토콜

키 교환 프로토콜은 비밀키를 서로 안전하게 공유하기 쉽게 하는 중재 역할을 한다. 고전

키 교환 프로토콜은 종종 비대칭적인 암호학 방법을 사용한다. 중요한 예는 다음과 같다.

- Diffie-Hellman 키 교환은 유한체에서 이산 로그 문제의 어려움에 기본을 두고 있다. 두 상대는 각각의 비밀, 공유 변수를 이용하여 동일한 공유 비밀을 만들고, 이것은 공유 공개 변수로부터 계산을 통해 유추하는 것은 불가능하다.
- RSA 키 교환은 비대칭적 암호기술인 RSA 알고리즘을 이용한다. 공개키는 공유한 비밀을 암호화하고, 개인키만 이것을 해독할 수 있다. RSA는 정수 인수분해의 계산적 어려움에 의존한다.
- 타원 곡선 Diffie-Hellman(Elliptic Curve Diffie-Hellman: ECDH) 키 교환은 원래 Diffie-Hellman과 비슷하게 작동하지만, 타원 곡선 암호학을 이용하여 더 짧은 키의 길이로 같은 보안을 제공하여, 계산적으로 더 효율적이다.
- 격자 기반 키 교환은 더 최근의 접근방법으로 양자컴퓨터 공격에 저항하는 것으로 알려져 있으므로 "양자 안전"이라고 말한다. 이것은 또한 비대칭적 암호학적 원리를 사용한다.

비대칭적 암호학 기술, 특히 RSA와 Diffie-Hellman과 같은 프로토콜을 종종 특정한 키 교환 과정에 사용한다는 것을 언급할 만하다. 일단 키가 보안을 지켜 교환되면 통신은 대칭적인 키 암호 방법으로 전환되어 일반적으로 더 많은 계산이 필요하지 않다.

3 양자컴퓨팅과 암호학

양자컴퓨팅의 출현은 전통적인 암호학 프로토콜에 심각한 위협을 준다. 예를 들어 Shor의 알고리즘은 큰 수를 효율적으로 인수분해 할 수 있고, 이산 로그를 계산할 수 있으므로, RSA와 Diffie-Hellman 프로토콜을 실질적으로 깰 수 있다. 이 취약성으로 인해 양자 공격에서 안전한 암호 프로토콜을 개발하려고 하는 양자 암호학 이후의 분야에 대해 계속 노력하고 있다. 떠오르는 몇 가지 방법은 격자 기반, 코드 기반, 그리고 다변수 다항식 암호학이다[16].

4 양자키분포(QKD)

QKD는 안전한 공개키 암호계에 양자역학을 이용한다. QKD 프로토콜은 잠재적인 도청자를 검출할 수 있다.

주목할 만한 QKD 프로토콜은 다음과 같다.

- Charles Bennett과 Gilles Brassard가 1984년에 제안한 BB84는 기초적인 QKD 프로토콜이다.
- E91은 안전한 통신 채널을 만들기 위해 얽힌 큐빗쌍에 의존한다.
- B92는 BB84보다 덜 복잡하고, 또한 덜 효율적인 변종이다.
- SARG04는 BB84에서 영감을 받은 오류에 강한 프로토콜이다.
- COW는 현존하는 통신회사 기반 시설과 호환된다.

5.5.2 BB84 QKD 프로토콜 소개

BB84 QKD 프로토콜은 QKD 프로토콜의 첫 번째 본질적인 QKD 프로토콜로 알려져 있다. 이것은 은밀한 공유키를 만들 때 Alice와 Bob을 이용하여 고전적인 암호화 방법을 통한 안전한 통신에 적합하다. 복제 불가능 정리를 포함하는 양자역학의 성질을 이용하여 BB84 프로토콜은 통신 보안을 강화하는 양자물리학의 잠재력을 강조한다.

이 프로토콜 안에서 Alice는 무작위로 결정한 기준과 상태를 갖는 (전형적으로 광자인) 일련의 큐빗을 만든다. 그녀는 이 큐빗을 양자 채널을 통해서 Bob에게 보내고, 그는 무작위로 선택한 기준을 이용하여 받은 큐빗을 측정한다. 결과적으로 이들은 고전적인 공개 채널을 이용하여 이 기준을 비교하고, 일치함을 유지하고, 불일치를 버린다. 이 측정의 공유 집합은 이들의 비밀키가 된다.

프로토콜의 보안은 Heisenberg 불확정성원리(HUP, §1.6 참조)와 복제 불가능 정리(§5.1 참조)에서 나온다. HUP에 의하면 도청자는 두 기준이 직교화되지 않은 성질이 주어지면 두 기준을 동시에 정확하게 측정할 수 없다. 복제 불가능 정리에 의하면 미지의 양자 상태를 완벽하게 복사할 수 없다는 사실을 확인하여 도청자가 큐빗을 가로채어 전달하는 시도를 방해한다. 결과적으로 어떤 도청자도 오류를 도입하고 오류 확인 단계 동안 검출할 수 있어서, Alice와 Bob이 전송을 다시 할 필요가 있다고 경고한다.

5.5.3 BB84 BKD 프로토콜 과정

전형적으로 광자 편광을 이용하여 BB84 프로토콜은 그림 5.7에 보인 다섯 개의 중요한 단계로 이루어져 있다.

1 광자 제조와 분포

Alice는 QRNG를 이용하여 무작위 비트 시퀀스를 만든다. 각 비트에 대해 그녀는 또한 직각(HV) 또는 대각(DA) 기준을 무작위로 선택한다. 그리고 그녀는 선택한 기준을 기초로 비트를 광자 편광으로 암호화한다.

- 직각 기준에서 비트 0에 대한 H 편광
- 직각 기준에서 비트 1에 대한 V 편광
- 대각 기준에서 비트 0에 대한 D 편광
- 대각 기준에서 비트 1에 대한 A 편광

> 계산기준과 같은 의미인 직각기준에서 H와 V 편광은 각각 $|0\rangle$와 $|1\rangle$ 상태로 조정한다. 대각 기준 $\{|+\rangle, |-\rangle\}$에서 D(45°) 편광을 $|+\rangle$로, A(135°) 편광을 $|-\rangle$로 조정한다.

이제 Alice는 진공 속의 광선이나 광학 섬유와 같은 양자 매질을 통해 Bob에게 보낸다.

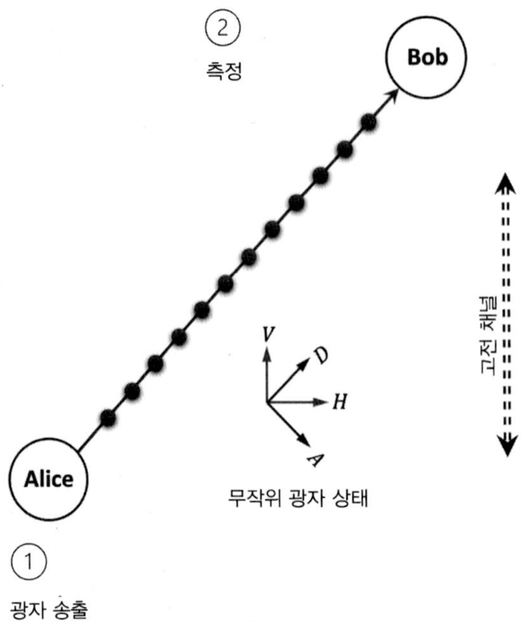

번호	Alice 기준	Bob 기준	기준 일치	Alice의 결과	Bob의 결과	도청 확인
1	*HV*	*DA*		1	0	
2	*DA*	*DA*	✓	1	1	✓
3	*HV*	*HV*	✓	1	0	✗
4	*HV*	*DA*		0	1	
5	*DA*	*HV*		1	1	
6	*HV*	*HV*	✓	0	0	✓
7	*DA*	*DA*	✓	0	1	✗
8	*HV*	*DA*		1	0	
9	*HV*	*HV*	✓	0	0	
10	*HV*	*HV*	✓	1	1	
11	*DA*	*DA*	✓	1	1	
12	*DA*	*HV*		1	0	
13	*HV*	*DA*		0	1	
14	*DA*	*HV*		1	0	
15	*DA*	*DA*	✓	0	0	

③ 기준 발표 ④ 키 조사 ⑤ 도청 확인

| 그림 5.7 | 기본적인 BB84 QKD 프로토콜

2 측정

각 광자를 받으면 Bob은 무작위로 선택한 기준(직각 혹은 대각인 기준)을 이용하여 각 광자의 편광을 측정한다. Bob의 기준이 Alice의 기준과 같으면 그는 의도한 비트를 구별할 수 있다. 그렇지 않으면 그의 측정은 벗어날 수 있다. 이 차이를 그림 5.7에 나타내었다.

3 기준 발표

고전적인 공개 채널을 통해 Bob은 결과를 공개하지 않고 측정기준을 Alice에게 알려준다.

4 키 조사

기준을 비교하여 Alice와 Bob은 일치하는 기준에 의한 결과를 유지하고 나머지는 없앤다. 그리고 그들은 나머지 조사한 비트를 도청 검출과 공유 비밀키를 만들기 위해 나눈다. 전형적으로 이 모임은 크기가 각각 128비트와 2048비트이다. 그러나 그림 5.7에서 각 모임에 대해 4비트만 나타내었다.

5 도청 확인

Alice와 Bob은 첫 번째 조사한 키 모임을 조사하여 그림 5.7의 "도청 확인"으로 표시한

줄에 나타내었듯이 가능한 도청을 확인한다. 어떤 검출된 침범도 키를 버리게 하여 새로운 BB84 QKD 과정을 시작한다.

5.5.4 도청 검출

도청은 양자 통신 과정 중 큐빗의 양자상태(전형적으로 광자)를 가로채거나 복사하는 행동을 말한다. 흔히 Eve라고 부르는 도청자는 이 큐빗을 측정하여 전송된 키에 대한 정보를 얻으려고 시도할 수 있다. 그러나 양자역학의 기본 원리는 검출하지 않고 이렇게 할 능력에 자연스럽게 제한을 가한다.

Heisenberg 불확정성 원리(HUP)에 의하면 동시에 임의의 정확도로 큐빗의 직각 편광과 대각 편광을 모두 측정할 수 없다. 이것은 두 기준에 내재하는 비직교성 때문이다. 결과적으로 Eve가 틀린 기준으로 큐빗을 측정하면 예외 없이 상태에 영향을 끼쳐 전송된 키에 잠재적인 오류를 도입한다.

더구나 복제 불가능 정리(§5.1.3 참조)에 의하면 미지의 양자상태를 동일하게 복사하는 것은 불가능하다. 이 정리는 통신하는 사람들을 경고하지 않고 양자상태를 가로채고 복제할 Eve의 기회를 매우 방해한다.

Eve가 도청을 시도할 수 있는 몇 가지 주목할 만한 방법이 있다.

1. Eve가 틀린 기준을 선택하여 변경된 큐빗을 얻는다.
   - Bob이 올바른 기준을 선택하면 Eve가 만든 오류는 검출할 수 있다. 이 상황을 그림 5.7의 열 3, 6과 7에 나티내었다. 그러나 열 7에서만 Bob의 측정이 Alice와 다르게 되어 공격을 검출할 수 있다.
   - 한편 Bob이 틀린 기준을 선택하면 결과는 고유하게 무작위적이므로 Eve가 숨을 수 있다. 이 상황을 열 5에 나타내었다.
2. Eve가 올바른 기준을 선택하여 큐빗에 영향을 주지 않는다.
   - Bob이 이후 올바른 기준을 선택하면 Eve는 감지되지 않고 키의 한 비트를 성공적으로 얻을 수 있다. 이 상황을 열 5에 나타내었다.
   - 반대로 Bob이 틀린 기준을 선택하면 결과는 예측할 수 없고, Eve의 존재는 숨어 있다. 이 경우를 열 1과 4에 나타내었다.

이제 Bob과 Alice가 도청 가능성을 검출하기 위해 n개의 선별된 키 비트를 이용한다. 각각의 비트에 대해 Eve는 틀린 기준을 고를 확률은 $\frac{1}{2}$이다. 이 방법에서 Alice와 Bob의 결과가 다를 확률은 $\frac{1}{2}$이 되어 도청을 검출할 수 있다. 그러므로 각각의 확인 비트에 대해 Eve는 검출될 확률이 $\frac{1}{4}$이고, 검출되지 않을 확률은 $\frac{3}{4}$이다. n번 확인 비트가 지난 후 Eve가 검출되지 않을 확률은 $\left(\frac{3}{4}\right)^n$이다. 따라서 Eve를 감지할 확률은 다음과 같다.

$$P(n\text{개의 확인 비트로 Eve를 검출할 확률}) = 1 - \left(\frac{3}{4}\right)^n. \tag{5.26}$$

99.9%의 보안 신뢰도를 보장하려면 Alice와 Bob은 도청 가능성을 구별하기 위해 선별된 키에서 30 비트의 부분 집합을 비교하여 오류 확인을 구현할 필요가 있다. 이론적으로 128 확인 비트를 이용하면 도청을 감지할 성공률은 $1-10^{-14}$이다.

연습문제 5.17

양자키분포에 대한 BB84 프로토콜을 설명하여라. 이때 다음이 포함되어야 한다.

(a) Alice와 Bob 사이의 키 생성과 분포 과정.
(b) 양자와 고전 채널의 역할.
(c) 제3자(Eve)의 도청을 감지할 때 사용하는 방법.
(d) 키 선별과 조화 과정.

5.5.5 큐빗을 이용한 BB84 QKD의 구현

광자 편광을 이용해 설명한 BB84 프로토콜은 원리적으로 임의의 큐빗계를 이용해서도 일반화할 수 있다.

1 주요 단계

일반적인 큐빗을 이용한 BB84 프로토콜의 주요 단계는 광자 구현의 같은 단계를 따라 다음과 같이 요약할 수 있다.

1. Alice가 네 상태($|0\rangle$, $|1\rangle$, $|+\rangle$, $|-\rangle$) 중 한 상태로 큐빗을 무작위로 준비하고, 이것을 Bob에게 보낸다. 키 정보는 두 기준에 암호화되어 있다.
   - 계산기준: $\{|0\rangle, |1\rangle\}$로 $|0\rangle$은 비트 0을 암호화하고, $|1\rangle$은 비트 1을 암호화한다.
   - Hadamard 기준: $\{|+\rangle, |-\rangle\}$로 $|+\rangle$는 비트 0을 암호화하고, $|-\rangle$는 비트 1을 암호화한다.
2. Bob은 무작위로 선택한 기준을 이용하여 받은 큐빗을 측정한다.
3. Alice와 Bob은 고전적인 통신 채널을 통해 큐빗을 준비하고, 측정할 때 사용한 기준을 밝힌다.
4. 이들은 Alice와 Bob이 같은 기준을 사용한 비트는 유지하고, 나머지는 버린다. 남은 비트가 공유 비밀키를 이룬다.
5. 도청 가능성을 밝히기 위해 선별된 키의 일부분을 조사한다.

2 양자게이트의 구현

그림 5.8에 나타낸 이러한 일반화된 구현에서 BB84 프로토콜은 $|0\rangle$, $|1\rangle$, $|+\rangle$와 $|-\rangle$인 네 상태의 큐빗을 이용한다. 관습적으로 단일 선은 큐빗(혹은 양자 채널)을 나타내고, 이중선은 고전적인 비트(혹은 고전적인 채널)를 표현한다. Alice는 자신의 큐빗 상태를 준비할 때 다음의 방법을 사용한다.

- $|0\rangle$: 큐빗은 항상 $|0\rangle$ 상태로 초기화한다.
- $|1\rangle$: 초기화 후 X 게이트를 작용한다.
- $|+\rangle$: 초기화 후 Hadamard(H) 게이트를 작용한다.
- $|-\rangle$: 초기화 후 X 게이트를 작용하고, H 게이트를 작용한다.

Alice의 X와 H 게이트는 두 개의 독립적인 양자 난수 발생기(QRND) 장치로 조절한다. 대응하는 QRND에서 나온 출력 비트가 1이면 게이트를 켠다. 그렇지 않으면 큐빗 상태를 변화시키지 않는다.

마찬가지로 Bob이 큐빗을 받을 때 QRND로 조절하는 H 게이트를 이용하여 무작위로 기준을 선택한다. 회로가 반복적으로 작동하여 원하는 길이의 무작위 이진 문자열을 만든다.

연습문제 5.18

Eve가 가로채기 및 재전송 공격을 수행하여 BB84 프로토콜을 사용하는 Alice와 Bob을 도청하려 한다고 가정한다.

(a) Eve의 전략과 이것이 어떻게 키 생성 과정에 영향을 끼치는지 설명하여라.
(b) Eve의 간섭이 Alice와 Bob에게 감지될 확률은 얼마인가?
(c) 양자 회로를 이용하여 도청 감지 과정을 나타내어라.

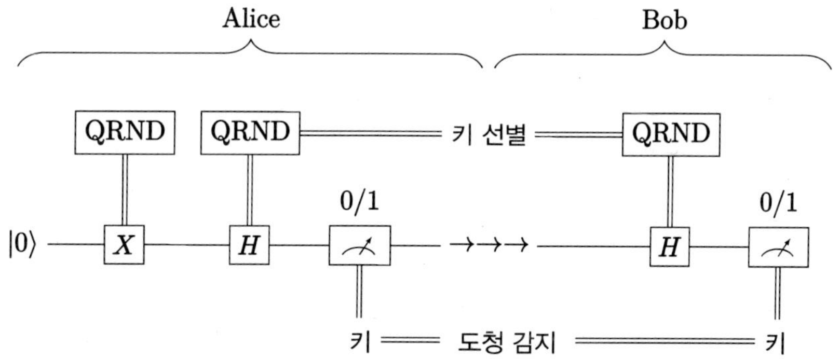

그림 5.8 큐빗을 이용한 BB84 QKD의 구현

5.5.6 ✷ 더 많은 탐구

BB84 QKD 프로토콜은 안전한 통신 채널을 만들기 위해 양자역학의 기본적인 성질을 이용한다. 고전적인 암호화 기술은 계산 능력의 발전(특히 양자 컴퓨터)으로 인해 쓸모가 없어지고, BB84 프로토콜의 보안은 양자역학의 변하지 않는 원리에 근거하여 미래에도 사용할 수 있는 보안 통신의 해법이 된다.

그러나 BB84을 실용적으로 구현하려면 광자 손실, 잡음과 장비 불완전과 같은 도전에 직면한다. 이러한 주제를 다루고 실제 세계에서 QKD를 성공적으로 설치하려면 계속 연구와 개발을 해야 한다. 이 주제를 더 탐구하는 데 관심이 있는 독자에게 다음을 추천한다.

1. 암호학과 키 분포 프로토콜 [9]: 이 교재는 키 분포 프로토콜을 포함한 현대 암호학의 자세한 소개를 한다.
2. BB84: Charles Bennet과 Gilles Brassard의 논문 [17]. 양자 키분포의 기초를 만든 BB84 프로토콜을 도입한 원래 논문.
3. B92: BB84보다 더 간단하지만, 덜 효과적인 변종 [18]: 이 논문은 단순화되었지만 덜 효과적인 BB84의 변종인 B92를 도입하였다.
4. SARG04: BB84를 응용한 오류 내성이 있는 양자 암호학 [19]: BB84를 응용한 오류 내성이 있는 양자 키분포 방법인 SARG04를 도입한 논문.
5. COW: 현존하는 통신 기반시설과 잘 맞고, BB84를 응용 [20]: 현존하는 통신 기반 시설과 호환되고, BB84에 의해 영향을 받는 COW 프로토콜의 자세한 탐구.
6. E91: 얽힌 큐빗쌍을 이용한 양자 암호학 [21]: 이 논문은 키 분포에서 얽힌 큐빗쌍을 이용한 E91을 설명한다. 또한 §10.6에서 E91 QKD 프로토콜을 설명할 것이다.
7. Quantum Key Distribution in Cryptography: A Survey [22]: 이 논평은 양자암호 기반 시설에서 양자키분포(QKD)의 통합을 탐구한다. 정보 이론적인 보안에 대한 QKD의 가능성을 주로 하여, 이 논평은 대칭적인 암호키를 새롭게 보고, 네트워크에서 보안키를 가능하게 하는 응용을 강조하고, 한편 고유한 도전과 연구 분야를 알려준다.
8. Post-Quantum Cryptography [16]: RSA나 Diffie-Hellman과 같은 전통적인 암호 프로토콜의 취약점으로 인해 양자암호학 이후의 분야에 대한 노력이 있다. 이 분야는 Shor의 알고리즘을 이용하는 공격에 대해 안전한 암호 프로토콜을 개발하려고 한다.

5.6 양자 동전 게임

다음의 흥미 있는 게임을 준비하자. 이것은 Alice와 Bob이 양자적으로 비틀은 공정한 동전 게임이다! 이것은 이 두 선수 사이의 게임만이 아니고 양자알고리즘 세계로 흥미롭게 들어가게 된다. 이 양자 도전의 놀라운 가능성을 밝힐 때 독자가 따라오기를 권한다.

5.6.1 게임의 법칙

이 게임의 양자화에서 공정함과 융통성을 확보하기 위해 게임의 "상자 안의 동전"을 이용하겠다. 게임의 규칙은 다음과 같다.

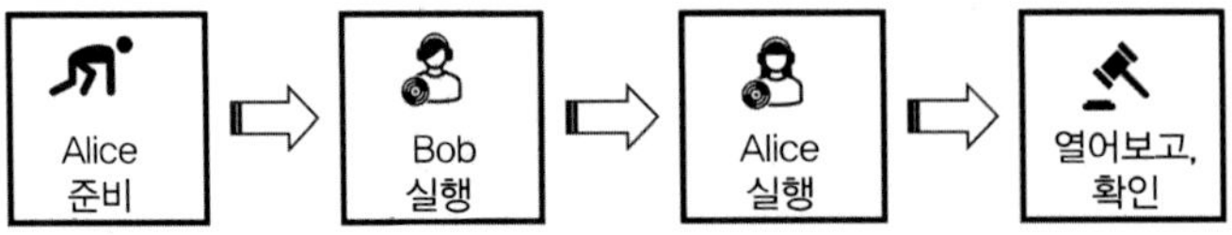

❙ 그림 5.9 ❙ 공정한 양자게이트 – 장치와 규칙

1. Alice 준비: Alice는 그녀가 (위에 앞이나 뒤가 있는) 선택한 상태에 있는 동전을 가

린 상자 안에 넣는다(이것은 특별한 동전임을 주목하여라. 동전을 건드리기만 해도 어느 면이 위에 있는지 결정할 수 없다).

2. Bob 실행: Bob이 상자 안에 들어가서 동전을 뒤집을지 않을지 선택할 수 있다.
3. Alice 실행: Alice는 상자 안에 들어가 그녀의 선택(뒤집거나, 뒤집지 않거나)을 실행할 수 있다.
4. 열어보고 확인: 동전을 보고 결과를 읽는다.
   - 앞면이면 Alice가 이긴다.
   - 뒷면이면 Bob이 이긴다.

이것은 공정한 게임인가? 고전적인 경우에는 그렇다. 왜냐하면 Alice가 처음 앞면이나 뒷면을 선택해도 동전의 최종 상태는 무작위적이기 때문이다.

이제 이 양자적인 게임을 고려하자.

▌그림 5.10▐ 양자 동전 게이트 – 장치와 규칙

규칙은 위에서 말한 고전적인 게임과 같다. 그러나 다음과 같이 변화시킨다.

1. 이제 동전은 큐빗으로 나타낸다. $|0\rangle$은 앞면을, $|1\rangle$은 뒷면을 나타낸다.
2. 뒤집는 작용은 상태 $|0\rangle$과 $|1\rangle$을 뒤집는 NOT 게이트를 작용한 것에 해당한다.
3. 뒤집지 않는 작용은 항등(I) 게이트를 작용한 것에 해당한다.
4. 뒤집기와 뒤집지 않는 작용과 더불어, Alice와 Bob은 작전을 세울 때 (그림 5.10에서 G_1, G_2와 G_3로 이름 붙인) 다른 단일 큐빗 게이트를 사용할 수 있다.
5. 준비 단계에서 큐빗은 처음에 상태 $|0\rangle$에 있다. 그러나 Alice는 이것을 다른 상태로 바꾸는 양자 게이트를 실행할 수 있다.
6. 최종적인 열어 보고 확인하는 단계는 양자 측정으로 바꾼다. 측정 결과가 $|0\rangle$이면 Alice가 이기고, $|1\rangle$이면 Bob이 이긴다.

이 양자 게임에서 선수는 양자역학의 원리를 이용하여 새로운 전략을 고안할 수 있고, 아마도 상대방에 대한 이점을 얻을 수 있도록 한다.

5.6.2 Alice가 항상 이긴다!

양자 게임의 경우 Alice는 Hadamard(H) 게이트를 사용할 때마다 이길 수 있다. 여기 그 전략이 있다.

1. Alice가 Hadamard 게이트를 작용하여 같은 중첩상태 $|+\rangle = \frac{1}{\sqrt{2}}(|0\rangle + |1\rangle)$을 만든다. 즉 $H|0\rangle = |+\rangle$를 만든다.

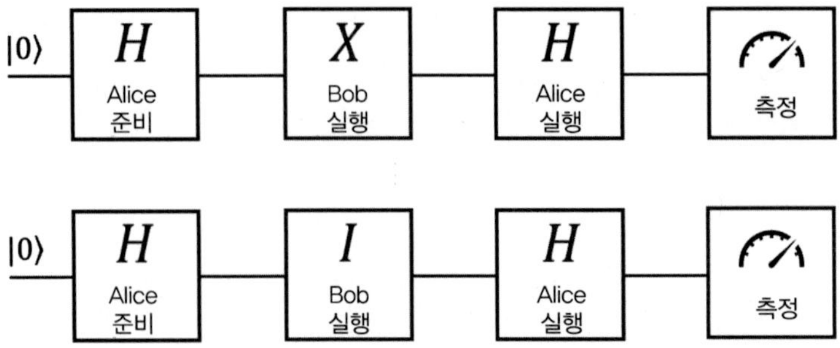

▌그림 5.11▐ Alice가 항상 이기는 전략

2. Bob이 I 게이트 혹은 X 게이트를 실행하는 것에 관계 없이 큐빗은 중첩상태로 남는다. 그러나 어떤 경우에도 큐빗 상태는 변하지 않는다. 왜냐하면 $I|+\rangle=|+\rangle$이고, $X|+\rangle=|+\rangle$이기 때문이다.
3. Alice는 다시 Hadamard 게이트를 실행하여 $H|+\rangle=|0\rangle$이므로 $|+\rangle$를 다시 $|0\rangle$으로 바꾼다.
4. 두 사람 모두 최종 상태를 측정한다. 그러나 최종 상태는 항상 $|0\rangle$이므로 언제나 Alice가 이긴다.

게임에 전략적으로 Hadamard 게이트를 도입하면 Alice는 큐빗의 최종 상태는 항상 앞면($|0\rangle$)임을 확실히 알고 있으므로 그녀는 항상 게임을 이길 수 있다!

5.6.3 Bob의 전략 변화

Alice기 Hadamard 게이트를 이용하는 현재 전략을 유지한다고 가정하면 Bob은 그가 이기도록 게임의 결과를 바꾸는 전략을 적용할 수 있다. 여기 Bob이 Alice를 이기기 위해 다른 게이트를 어떻게 사용하는지 보이겠다.

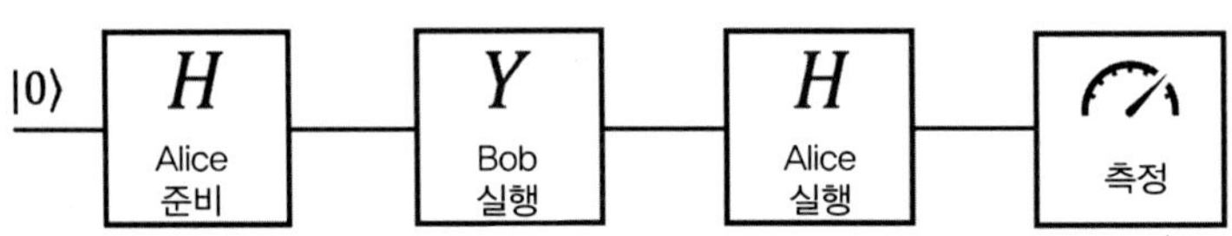

▌그림 5.12▐ 전략 변화: Bob이 Alice에게 이긴다

1. Alice는 Hadamard 게이트를 실행하여 큐빗을 같은 중첩 상태 $|+\rangle$를 만든다.
2. Bob은 X나 I 대신, 큐빗에 Pauli-Y 게이트를 실행한다. Y 게이트를 적용한 후 큐빗 상태는 $-i\frac{1}{\sqrt{2}}(|0\rangle-|1\rangle)$이 되고, 이것은 $|-\rangle$이다. 왜냐하면 전체 위상 $(-i)$는 무시할 수 있기 때문이다.
3. Alice가 다시 Hadamard 게이트를 실행한다. $H|-\rangle=|1\rangle$이므로, 이로 인한 큐빗 상태는 $|1\rangle$이다.
4. 최종 상태를 측정한다. 결과는 $|1\rangle$이므로 Bob이 이긴다.

전략적으로 Y 게이트를 이용하면 Bob은 게임의 결과를 바꾸어 Alice에게 이길 수 있다!

5.6.4 Alice가 Bob의 새로운 수를 극복하기

Bob이 Y 게이트를 이용한 새로운 전략을 계속 사용하면 Alice 또한 전략을 바꾸어 다시 Bob에게 이길 수 있다. 어떻게 할 수 있는가? 그녀는 게이트 배열을 이용한 새로운 게이트 G를 만들 수 있다.

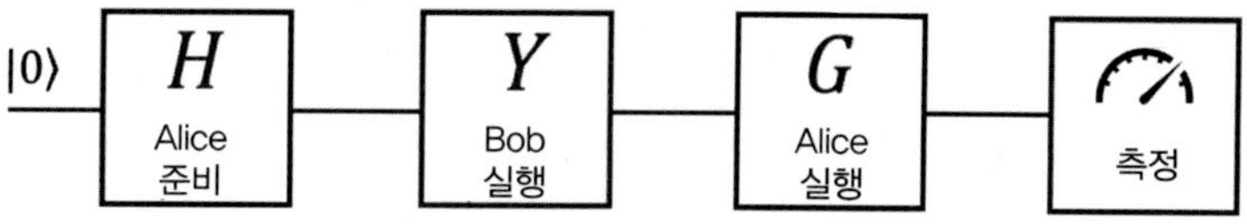

▍그림 5.13▍ 전략 수정: Alice가 다시 이긴다

> **연습문제 5.19**
>
> Bob이 Y 게이트를 사용한 새로운 전략을 계속 이용한다고 가정하면 Alice는 다시 Bob에게 이길 수 있도록 전략을 수정할 수 있다. 그렇게 하기 위해 그녀는 어떤 게이트를 사용해야 하는가? 힌트는 다음과 같다. $XHYH|0\rangle = i|0\rangle$.

이들은 양자게이트와 배열을 습득했으므로 Alice와 Bob은 그들의 전략을 연속적으로 수정하여 이후 행복하게 게임을 할 수 있다.

5.7 ✷복제 불가능 정리: 증명의 개요

§5.1.3에서 도입한 복제 불가능 정리는 어떤 물리적으로 실현 가능한 양자 작용을 이용해도 임의적인 미지의 양자상태를 정확하게 복사하는 것은 불가능하다는 것이다. 이 절에서 이 정리를 증명하겠다. 이 증명은 다중 큐빗 게이트 실행의 개념이 필요하므로 독자는 7장에서 이 개념에 친숙해진 후 이 절로 다시 돌아올 것을 권한다.

먼저 유니타리 연산자를 고려하자. 가상적인 양자 복제기계를 유니타리 연산자 U로 표현하자. 이 연산자는 복사하려고 하는 양자상태 $|\psi\rangle$와 복사 과정에 대해 준비하는 보조 상태 $|0\rangle$에 작용한다. U를 적용한 후 $|\psi\rangle$에 대한 두 개의 동일한 복제를 얻으려고 한다.

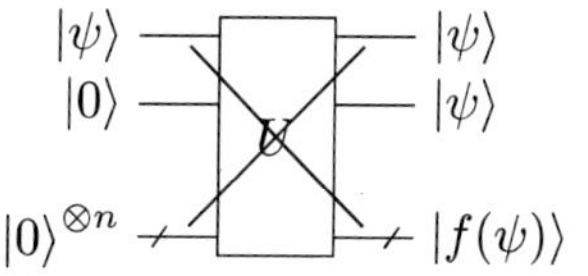

▍그림 5.14▍ 복제 불가능 정리의 표현

추가적으로 복사계는 추가적인 큐빗을 포함할 수 있다. 이 큐빗은 일반성을 잃지 않고 처음에 $|0\rangle$ 상태에 있다고 가정하면 복사 과정은

$$U(|\psi\rangle \otimes |0\rangle \otimes |0\rangle^{\otimes n}) = |\psi\rangle \otimes |\psi\rangle \otimes |f(\psi)\rangle \tag{5.27}$$

로 기술할 수 있다. 여기서 $|f(\psi)\rangle$는 복사 후 추가적인 큐빗의 상태를 나타낸다.

이와 같은 복사의 불가능성을 보이기 위해 모순을 보이겠다. 같은 연산자 U가 상태 $|0\rangle$, $|1\rangle$과 $|+\rangle = \frac{1}{\sqrt{2}}(|0\rangle + |1\rangle)$를 복사할 수 있다고 가정하자. 그러면 다음 식을 얻는다.

$$U(|0\rangle \otimes |0\rangle \otimes |0\rangle^{\otimes n}) = |0\rangle \otimes |0\rangle \otimes |f(0)\rangle, \tag{5.28a}$$

$$U(|1\rangle \otimes |0\rangle \otimes |0\rangle^{\otimes n}) = |1\rangle \otimes |1\rangle \otimes |f(1)\rangle, \tag{5.28b}$$

$$U(|+\rangle \otimes |0\rangle \otimes |0\rangle^{\otimes n}) = |+\rangle \otimes |+\rangle \otimes |f(+)\rangle. \tag{5.28c}$$

U는 선형이므로 첫 두 식을 더하고 $\frac{1}{2}$를 곱하면

$$U(|+\rangle \otimes |0\rangle \otimes |0\rangle^{\otimes n}) = \frac{1}{2}(|00\rangle \otimes |f(0)\rangle + |11\rangle \otimes |f(1)\rangle) \tag{5.29}$$

를 얻는다. 그러나 세 번째 식에 의하면

$$U(|+\rangle \otimes |0\rangle \otimes |0\rangle^{\otimes n}) = \frac{1}{2}(|00\rangle + |01\rangle + |10\rangle + |11\rangle) \otimes |f(+)\rangle \tag{5.30}$$

이 된다.

식 5.29와 5.30의 우변은 다른 양자상태를 나타낸다. 왜냐하면 앞 식에서 첫 두 큐빗을 측정하면 두 개의 가능한 결과($|00\rangle$과 $|11\rangle$)를 얻지만, 뒤 식에서는 네 가지 다른 결과를 얻는다. 이 모순으로 인해 유니타리 양자 연산만으로 임의적인 미지의 양자상태를 정확히 복사하는 것이 불가능하다는 것을 확인할 수 있다.

위의 유니타리 변환을 이용한 복제 불가능 정리의 증명은 측정과 다른 양자 연산을 포함하는 완전 양의 보존(CPTP) 변환을 포함하도록 확장할 수 있다. 이 확장은 §12.6.1에 요약하겠다. 따라서 복제 불가능 정리는 유니타리 연산자에만 국한되지 않는다. 이 정리는 어떤 물리적으로 실현가능한 양자 작용을 이용해도 임의의 미지 상태를 동일하게 복사하는 것이 불가능하다는 것을 보인다.

5.8 요약 및 결론

양자게이트 이해하기

이 장에서 양자컴퓨팅의 기초가 되는 양자게이트의 중요한 개념을 살펴보았다. Newton 역학이 인공위성 발사의 기초가 되듯이 핵심적인 양자역학의 원리가 양자게이트를 만들고 운영할 때 중요한 역할을 한다. 양자역학과 큐빗에 대한 지식을 확장하여 양자게이트 세계를 탐구하였다.

도입 부분은 단일큐빗 게이트에서 시작하여 다양한 응용에 대한 이해를 하였다. 이 기초적인 작업으로 인해 앞으로 논의할 다중큐빗 게이트, 얽힘, 양자 순간이동과 E91 양자키 분포에 대한 깊은 통찰력을 얻을 수 있다.

양자게이트와 고전게이트 구별하기

양자게이트와 이에 대응하는 고전게이트의 차이를 강조하였다. 고전게이트는 고전적인 비트를 수정하지만 양자게이트는 큐빗에 작용하여 양자정보를 처리하고 저장하기 적합한 양자회로를 만들 수 있다.

Pauli와 Hadamard게이트와 같은 단일 큐빗 게이트를 살펴보아 이 게이트를 짝지을 때 더 많은 가능성이 열린다는 것을 보였고, 이로 인해 양자 회로가 고전계에서는 감당하기 어려운 도전을 생각할 수 있다.

실제 세계의 양자 응용

양자 난수 생성기(QRNG)와 BB84 양자 키 분포(QKD) 프로토콜과 같은 응용을 살펴보았다. 이러한 응용은 양자게이트의 실제적인 중요성을 강조하여 양자 측정과 그 사용에 대한 이해를 높인다. 양자 동전 게임은 양자 알고리즘 내에서 이러한 가능성에 대한 실제적인 사례이다.

다음 단계: 다중 큐빗계

단일 큐빗 게이트의 원리와 응용에 대한 이해를 확고히 한 후 다중 큐빗계를 고려할 준비가 되었다. 앞으로의 탐구로 다중 큐빗 게이트의 기초와 양자얽힘의 수수께끼와 같은 개념을 확립할 것이다. 고전역학은 계를 설명할 때 단순히 더하지만 양자역학에서는 결합 양자계의 상태를 표현하기 위해 텐서곱을 어떻게 이용하는지 보고, 이로부터 더 복잡한 상호작용 체계를 살펴볼 것이다.

전망

다음 장에서는 다중 큐빗 게이트와 양자얽힘과 같은 고급 주제에 대한 기본적인 준비로 다중 큐빗계를 강조할 것이다. 여기서 집중할 것은 양자역학의 합성 원리이고, 이것이 양자계가 고전적인 합에 근거한 접근방법과 비교할 때 어떻게 다르게 표현되는지 분명하게 볼 것이다. 양자적인 입자의 상호작용과 시간 변화의 미묘함을 이해하여 이후 장에서 다중 큐빗 게이트에 대한 심층적인 공부에 대한 준비를 할 것이다.

문제 5

5.1 Pauli Y 연산자는 (큐빗의 물리적 상태에는 중요하지 않은) 전체 위상을 무시하면 상태 $|+\rangle$와 $|-\rangle$에 대해 플립 게이트로 작용한다는 것을 보여라. 특히 $Y|+\rangle=-i|-\rangle$와 $Y|-\rangle=i|+\rangle$임을 보여라. 그리고 Bloch 구에서 이 변환을 나타내어라.

5.2 행렬과 브라-켓 표현을 모두 이용하여 $ZX = iY$인 관계를 확인하여라.

5.3 다음 관계를 확인하여라. 여기서 $S = \begin{bmatrix} 1 & 0 \\ 0 & i \end{bmatrix}$이다.

$$\begin{array}{lll} XXX = X, & XYX = -Y, & XZX = -Z, \\ YXY = -X, & YYY = Y, & YZY = -Z, \\ ZXZ = -X, & ZYZ = -Y, & ZZZ = Z, \\ SXS^\dagger = Y, & SYS^\dagger = -X, & SZS^\dagger = Z. \end{array}$$

5.4 $H' = \frac{1}{\sqrt{2}} \begin{bmatrix} 1 & -1 \\ 1 & 1 \end{bmatrix}$을 고려하자.

(a) H가 Hadamard 연산자이고, $H' = UH$일 때 U를 구하여라.
(b) $H'|0\rangle$, $H'|1\rangle$, $H'|+\rangle$와 $H'|-\rangle$를 구하여라.

5.5 Hadamard 게이트 H가 어떻게 $iR_x(\pi)R_y\left(\frac{\pi}{2}\right)$와 $iR_y\left(\frac{\pi}{2}\right)R_z(\pi)$로 표현할 수 있는지 보여라.

5.6 전체 위상인자를 제외하고 $H = X\sqrt{Y}$와 $H = \sqrt{Y}Z$임을 보여라.

5.7 처음에 Bloch 구 위에서 극각 α와 방위각 β로 정의하여

$$|\psi\rangle = \cos\frac{\alpha}{2}|0\rangle + e^{i\beta}\sin\frac{\alpha}{2}|1\rangle$$

으로 표현된 상태를 고려하자. x축 주위로 각도 θ만큼 회전한 것은 (식 5.17에서 정의했듯이) 행렬 $R_x(\theta)$로 표현한다. 게이트 $R_x(\theta)$가 상태 $|\psi\rangle$에 작용한 후 상태 벡터 $|\psi'\rangle$을 유도하여라.

5.8 Hadamard 게이트는 $R_u\left(\pi, \frac{\pi}{4}, 0\right)$와 같음을 확인하여라. 여기서 R_u는 식 5.25에서 정의하였다. 그리고 Hadamard 게이트는 x와 z축 사이의 각도 이등분선인 $(x+z)$축 주위로 180° 회전한 것으로 시각화할 수 있다는 것을 보여라.

5.9 아래의 양자 회로를 분석하고 특정 확률 P를 ϕ의 함수로 유도하여라. 이 회로 함수가 어떻게 Mach-Zehnder 간섭계와 비슷하게 작동하는지 논의하여라(§1.5.4.1).

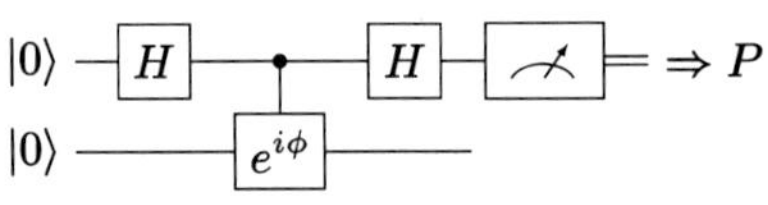

5.10 Alice와 Bob이 BB84 프로토콜을 구현하지만, 양자 채널은 잡음이 있어서 큐빗을 1%의 오류 비율로 전송하게 되는 경우를 조사하여라.

(a) 잡음은 키 발생과정에 어떻게 영향을 주는가?
(b) Alice와 Bob이 키 비트의 오류 비율을 추정할 때 사용하는 방법을 설명하여라.
(c) ✱ Alice와 Bob이 오류 수정과 개인정보 증폭 기법을 이용하여 여전히 비밀키를 만들 수 있는 방법을 설명하여라.

CHAPTER

6

다중큐빗계

이 장에서는 흥미진진하고 복잡한 다중큐빗계의 영역을 탐구한다. 이 중요한 이해는 다중큐빗 게이트와 양자얽힘과 같은 양자계산에 대한 고급 주제의 디딤돌이 된다. 이 복합 양자계를 지배하는 원리는 양자역학의 합성 원리이고, 이것은 양자 세계를 고전역학과 뚜렷이 구별하게 되는 개념이다.

고전 Newton 역학에서 개별적인 부속계와 그 상호작용은 단순히 더하여 설명한다. 예를 들어 계에 작용하는 개별적인 힘의 결합 효과는 이 힘을 단순히 더한 식 $\sum ma = \sum \boldsymbol{F}$로 설명한다.

한편 양자역학은 다른 방법으로 접근한다. 양자역학에서 부속계의 행동과 상호작용을 설명하기 위해 상태 벡터와 양자 연산자를 이용한다. 양자역학의 합성 원리에 의하면 다중 양자 부속계의 합성 상태는 개별적인 상태의 텐서곱으로 나타낸다. 이 중요한 차이로 양자역학이 고전계를 지배하는 덧셈 원리와 구별된다.

텐서곱 원리로 인해 양자 입자의 복잡한 운동과 그 시간 변화를 이해할 수 있다. 더구나 이것은 양자물리학의 가장 매력적이고 혼란스러운 현상 중의 하나인 얽힘을 설명하는 기본적인 도구이다.

이 장에서 다중큐빗의 미묘한 세상을 공부하는 것은 이후 장에서 다중큐빗 게이트를 더 깊게 조사하는 단계가 된다.

6.1 2 큐빗계

다중큐빗계를 살펴볼 때 먼저 2-큐빗계에 집중하겠다. 2-큐빗계에 대한 이해를 통해 직관을 얻고, 다중큐빗계의 더 복잡한 원리를 설명하고, 동시에 단일큐빗계와 밀접한 관계를 볼 수 있다.

6.1.1 단일큐빗 상태의 복습

단일큐빗 상태는 이차원 복소수 벡터로 표현할 수 있다.

$$|\psi\rangle = \alpha\,|0\rangle + \beta\,|1\rangle. \tag{6.1}$$

수학적으로 이것을 $|\psi\rangle \in \mathbb{C}^2$로 나타낼 수 있다. 여기서 $\mathbb{C}^2$은 이차원 복소수 Hilbert 공간을 기호로 표시한 것이다. 유한한 차원을 보고 있는 양자컴퓨팅의 관점에서 Hilbert 공간은 기본적으로 아래에서 $\langle i|j\rangle$로 표기하는 내적이 있는 벡터 공간이다.

상태 벡터 $|\psi\rangle$는 규격화되어 있고, 이것은 다음을 뜻한다.

$$\langle\psi|\psi\rangle = |\alpha|^2 + |\beta|^2 = \alpha\alpha^* + \beta\beta^* = 1. \tag{6.2}$$

큐빗을 $\{|0\rangle, |1\rangle\}$ 기준에서 측정할 때 $|0\rangle$은 확률 $|\alpha|^2$로, $|1\rangle$은 확률 $|\beta|^2$로 얻는다.

벡터 $|0\rangle$과 $|1\rangle$은 상태 공간 $\mathbb{C}^2$의 표준(혹은 계산) 기준을 이룬다. 이들은 직교규격화

되어 있다. 즉

$$\langle i|j\rangle = \delta_{ij} \tag{6.3}$$

을 의미한다. 여기서 i, $j \in \{0,\ 1\}$이고, δ_{ij}는 Kronecker 델타로 $i=j$이면 $\delta_{i,j}=1$, 이외의 경우 $\delta_{ij}=0$으로 정의한다. 따라서 $\langle 0|0\rangle = \langle 1|1\rangle = 1$이고, $\langle 0|1\rangle = \langle 1|0\rangle = 0$이다.

6.1.2 2-큐빗계: 직관 키우기

이제 두 개의 독립적인 큐빗 A와 B를 고려하자. 그 상태 벡터는

$$|\psi_A\rangle = \alpha\,|0_A\rangle + \beta\,|1_A\rangle\,,\ |\psi_B\rangle = \gamma\,|0_B\rangle + \delta\,|1_B\rangle \tag{6.4}$$

로 표현하고, α, β, γ, δ는 $|\alpha|^2+|\beta|^2=1$과 $|\gamma|^2+|\delta|^2=1$인 복소수 계수이다.

두 큐빗을 결합한 양자계로 볼 수 있고, 이것은 두 개의 분리된 계로 보는 것과 일치한다. 이것을 확인하자.

양자역학의 원리에 의하면 결합한 2-큐빗계의 상태 벡터는 두 큐빗이 독립적이면 각 상태의 텐서곱으로 표현한다.

$$|\psi_{AB}\rangle = |\psi_A\rangle \otimes |\psi_B\rangle = (\alpha\,|0_A\rangle + \beta\,|1_A\rangle) \otimes (\gamma\,|0_B\rangle + \delta\,|1_B\rangle). \tag{6.5}$$

이 식을 전개하면 다음을 얻는다.

$$|\psi_{AB}\rangle = \alpha\gamma\,|0_A\rangle \otimes |0_B\rangle + \alpha\delta\,|0_A\rangle \otimes |1_B\rangle + \beta\gamma\,|1_A\rangle \otimes |0_B\rangle + \beta\delta\,|1_A\rangle \otimes |1_B\rangle. \tag{6.6}$$

1 규격화 확인

양자상태 $|\psi_{AB}\rangle$를 인증하기 위해 이 상태가 규격화되었다는 것을 확인하자.

$$\begin{aligned}\langle\psi_{AB}|\psi_{AB}\rangle &= |\alpha\gamma|^2 + |\alpha\delta|^2 + |\beta\gamma|^2 + |\beta\delta|^2 \\ &= (|\alpha|^2+|\beta|^2)(|\gamma|^2+|\delta|^2) \\ &= 1.\end{aligned} \tag{6.7}$$

2 단일큐빗 측정 확인

큐빗 A를 측정하여 $|0_A\rangle$를 얻었다고 하자. 이 과정은 상태벡터에서 $|0_A\rangle$인 항, 즉 $\alpha\gamma|0_A\rangle \otimes |0_B\rangle + \alpha\delta|0_A\rangle \otimes |1_B\rangle$를 선택하는 것이다. 복소수 계수를 $|0_A\rangle \otimes |0_B\rangle$와 $|0_A\rangle \otimes |1_B\rangle$의 확률진폭으로 해석하면, 관련된 확률은 다음과 같다.

$$\begin{aligned}P_{|0_A\rangle} &= |\alpha\gamma|^2 + |\alpha\delta|^2 \\ &= |\alpha|^2(|\gamma|^2+|\delta|^2) \\ &= |\alpha|^2.\end{aligned} \tag{6.8}$$

이 결과는 큐빗 A가 독립적이라는 것을 고려할 때 예상과 맞는다. $|1_A\rangle$, $|0_B\rangle$와 $|1_B\rangle$를 측정할 때도 같은 방법을 적용할 수 있다. 확률 해석은 모든 경우에 잘 맞는다.

연습문제 6.1

식 6.8의 같은 방법을 이용하여 $|1_A\rangle$, $|0_B\rangle$와 $|1_B\rangle$를 얻을 확률을 계산하여라.

3 2-큐빗 측정 확인

큐빗 A를 측정하여 $|0_A\rangle$를 얻고, 동시에 큐빗 B를 측정하여 $|0_B\rangle$를 얻었다고 가정하자. 독립적인 계에서 두 측정결과의 결합 확률은 $|\alpha|^2|\gamma|^2$일 것이다. 결합한 양자계에서 이 측정은 상태 벡터에서 항 $\alpha\gamma|0_A\rangle\otimes|0_B\rangle$를 선택한다. 확률은 계수의 제곱으로 주어져서 $|\alpha\gamma|^2$이 되고, 따라서 일관된 표현을 얻는다.

4 직교규격화 기준 확인

상태 벡터를 확장하여 상호작용하는 큐빗을 포함하는 일반적인 2-큐빗 상태를 표현하려면 $|0_A\rangle\otimes|0_B\rangle$, $|0_A\rangle\otimes|1_B\rangle$ 등의 항이 직교규격화된 기준을 이루어야 한다.

이를 위해 기준 상태를 행렬 형태로 표현할 수 있다.

$$|0\rangle = \begin{bmatrix}1\\0\end{bmatrix}, \quad |1\rangle = \begin{bmatrix}0\\1\end{bmatrix}. \tag{6.9}$$

행렬에 대한 텐서곱 규칙을 적용하면 다음을 얻는다.

$$|0_A\rangle\otimes|0_B\rangle = \begin{bmatrix}1\\0\\0\\0\end{bmatrix}, \quad |0_A\rangle\otimes|1_B\rangle = \begin{bmatrix}0\\1\\0\\0\end{bmatrix},$$
$$|1_A\rangle\otimes|0_B\rangle = \begin{bmatrix}0\\0\\1\\0\end{bmatrix}, \quad |1_A\rangle\otimes|1_B\rangle = \begin{bmatrix}0\\0\\0\\1\end{bmatrix}. \tag{6.10}$$

이 식은 분명히 집합 $\{|i_A\rangle\otimes|j_B\rangle\}$ $(i,\ j\in\{0,\ 1\})$은 직교규격화되어 있다는 것을 나타내고, 이것은 각각의 벡터쌍은 직교하고 각 벡터는 단위길이를 갖는다는 것을 의미한다.

2-큐빗 상태 공간은 4차원이다. 위의 집합에는 네 개의 독립적인 요소가 있으므로 이것은 또한 전체 벡터공간을 이루고, 따라서 이 상태 공간에 대한 완전 직교규격화된 기준을 이룬다.

5 연산자의 텐서곱

지금까지의 논의에서 두 개의 독립적인 큐빗의 상태 벡터는 개별적인 상태 벡터의 텐서곱으로 표현할 수 있다는 것을 성공적으로 보였다. 그러나 이러한 수식화를 이 상태 벡터에 작용하는 연산자에 어떻게 확장할 수 있는가?

두 연산자를 고려하자. $|\psi_A\rangle$에 작용하는 U_A와 $|\psi_B\rangle$에 작용하는 U_B이다. 결합한 2-큐빗 상태에 대해 결합한 연산자는 텐서곱 $U_A \otimes U_B$으로 상태 $(U_A \otimes U_B)|\psi_{AB}\rangle$가 되는 것을 예상하는 것이 자연스럽다. 이 예상은 텐서곱의 성질

$$(U_A \otimes U_B)(|\psi_A\rangle \otimes |\psi_B\rangle) = (U_A\,|\psi_A\rangle) \otimes (U_B\,|\psi_B\rangle) \tag{6.11}$$

로 인해 그럴듯하다. 이 관계로 결합한 상태 벡터에 작용하는 연산자의 텐서곱에 대해 예상하는 행동을 확인할 수 있다.

6 약식 표기

간단하게 표현하기 위해 지금부터 $|0_A\rangle \otimes |0_B\rangle$ 대신 $|00\rangle$을 사용하겠다. 여기서 (왼쪽에 있는) 첫 위치는 큐빗 A를 나타내고, (오른쪽에 있는) 두 번째 위치는 큐빗 B를 나타낸다. 다른 결합도 이와 같은 관습을 따르겠다. 그러므로 식 6.6에 있는 이전의 상태 벡터는 간단히

$$|\psi_{AB}\rangle = \alpha\gamma\,|00\rangle + \alpha\delta\,|01\rangle + \beta\gamma\,|10\rangle + \beta\delta\,|11\rangle \tag{6.12}$$

로 쓴다.

이제 네 개의 기준 상태는 $|00\rangle$, $|01\rangle$, $|10\rangle$와 $|11\rangle$로 표현한다. 직교규격화 조건은 다음과 같이 표현할 수 있다.

$$\langle ij|kl\rangle = \delta_{ik}\delta_{jl}. \tag{6.13}$$

여기서 $i,\ j,\ k,\ l \in \{0,\ 1\}$이다. 따라서 $\langle 00|00\rangle = \langle 01|01\rangle = \langle 10|10\rangle = \langle 11|11\rangle = 1$이고, $\langle 00|01\rangle = \langle 00|10\rangle = \dots = \langle 10|11\rangle = 0$이다.

연습문제 6.2

다음의 상태

$$|\psi\rangle = \frac{1}{\sqrt{2}}(|0\rangle + |1\rangle) \otimes \frac{1}{\sqrt{5}}(|0\rangle - 2i\,|1\rangle)$$

을 고려하자.

(a) $|\psi\rangle$를 $|00\rangle$, $|01\rangle$, $|10\rangle$와 $|11\rangle$로 표현하여라.
(b) 첫 번째 큐빗이 상태 $|1\rangle$에 있을 확률을 계산하여라.
(c) 첫 번째 큐빗은 상태 $|0\rangle$에 있고, 두 번째 큐빗은 상태 $|1\rangle$에 있을 확률을 계산하여라.

6.1.3 일반적 상태와 직접곱 상태

1 일반적인 2-큐빗 상태

두 개의 큐빗이 있는 계에서 상태 공간은 기준상태가 $|00\rangle$, $|01\rangle$, $|10\rangle$와 $|11\rangle$인 4차원이다. 이로 인해 일반적인 2-큐빗 상태를 이 기준상태의 선형결합으로 만들 수 있다.

$$|\psi\rangle = \sum_{i,j\in\{0,1\}} c_{ij}\,|ij\rangle = c_{00}\,|00\rangle + c_{01}\,|01\rangle + c_{10}\,|10\rangle + c_{11}\,|11\rangle. \tag{6.14}$$

여기서 c_{ij}는 $\sum|c_{ij}|^2 = 1$인 복소수 계수이다. 그러므로 2-큐빗계의 일반적인 상태는 4차원 복소수 Hilbert 공간 $\mathbb{C}^4$이다.

2 직접곱 상태

식 6.12에서 언급한 상태 $|\psi_{AB}\rangle \equiv |\psi_A\rangle \otimes |\psi_B\rangle$는 직접곱 상태로 알려진 특별한 예이다.

직접곱 상태는 개별 큐빗의 상태 벡터를 텐서곱한 상태 벡터로 표현할 수 있는 상태로 정의한다. 이것은 독립적인 큐빗계를 나타낸다.

3 비직접곱 상태

직접곱 상태와는 별도로 개별적인 큐빗 상태의 텐서곱으로 표현할 수 없는 상태가 존재한다. 그와 같은 상태의 예는 Bell 상태로, EPR 쌍으로도 알려져 있다.

$$|\Phi^+\rangle = \frac{1}{\sqrt{2}}(|00\rangle + |11\rangle). \tag{6.15}$$

증명 $\frac{1}{\sqrt{2}}(|00\rangle + |11\rangle)$이 식 6.12로 표현할 수 있다고 가정하면 $\alpha\gamma = \beta\delta = \frac{1}{\sqrt{2}}$이고, $\alpha\delta = \beta\gamma = 0$이다. 그러나 이 두 조건을 동시에 만족하는 것은 불가능하다. □

이와 같이 비직접곱 상태는 얽힘, 즉 한 큐빗의 상태가 다른 상태와 관련되어 있는 유일한 양자역학적 현상이고, 이것은 나중에 자세히 공부하겠다.

연습문제 6.3

$|\Psi^-\rangle = \frac{1}{\sqrt{2}}(|01\rangle - |10\rangle)$는 비직접곱 상태임을 보여라.

연습문제 6.4

$|\psi\rangle = \frac{1}{2}(|00\rangle - |10\rangle - |01\rangle + |11\rangle)$은 직접곱 상태임을 증명하고 두 성분 상태를 찾아라.

6.2 ∗2-큐빗계의 측정

§3.4에서 양자측정에 대한 광범위한 체계를 도입하였다. 이 절에서는 이를 확장하여 합성 양자계, 특히 다중 큐빗을 포함하는 계의 측정을 더 깊게 고려하겠다.

분명한 관점을 제공하기 위해 두 부속계 A와 B로 이루어진 합성 양자계를 주로 생각하겠다. 그러나 논의하는 원리는 바로 다중 부속계로 구성된 더 복잡한 계로 확장할 수 있다는 것을 주목해야 한다. 이 부속계는 큐빗 혹은 다른 고급 양자 입자로 만들 수 있다. 이와 같은 합성계를 측정할 때 상태 공간의 텐서곱 구조와 더불어 부속계 사이의 잠재적인 상관관계가 중요해진다. 이후의 절에서 이 합성계에 적합한 양자 측정의 두 가지 주된 형태를 설명하겠다.

6.2.1 ∗부속계에 대한 국소적 측정

양자역학에서 국소적 측정이라는 것은 합성계의 한 부속계에서 측정을 하고, 다른 부속계는 물리적으로 방해받지 않도록 하는 것이다. 측정 작용은 관심있는 부속계에만 적용하고 결과는 이 부속계의 상태에만 국한된다.

부속계 A와 B로 구성된 합성계에 대해 부속계 A 혹은 B에 대한 국소적 측정 연산자는 $M_i \otimes I_B$와 $I_A \otimes M_i$로 각각 표현할 수 있다. 여기서 M_i는 관심 있는 부속계의 측정 연산자를 나타내고, I_A와 I_B는 부속계 A와 B에서 항등연산자이다.

각 측정은 각 부속계에 독립적으로 작용하므로 국소적인 측정 순서는 중요하지 않다. 수학적으로는 $M_i \otimes I_B$와 $I_A \otimes M_i$는 교환한다. 국소적 측정의 주된 목적은 개별 부속계의 성질을 보는 것이다.

1 얽힌 상태와 직접곱 상태

얽힌 상태

얽힌 상태에 대해 합성계 상태는 개별 부속계의 상태로 완전히 기술할 수 없다. 얽힌 쌍의 한 부속계를 측정할 때 전체 계의 설명, 따라서 다른 계의 설명도 정보가 갱신되어야 한다. 이것은 다른 부속계에 대한 이후 측정의 가능한 결과에 영향을 줄 수 있다.

예를 들어 Bell 상태 $|\Phi^+\rangle = \dfrac{1}{\sqrt{2}}(|00\rangle + |11\rangle)$과 같은 얽힌 2-큐빗 상태를 고려하자. 부속계 A를 측정하여 $|0\rangle$의 결과가 나오면 전체 계는 상태 $|11\rangle$로 붕괴하고, 이후에 B를 측정하면 $|1\rangle$을 얻을 것이다. 이것은 얽힌 상태의 특징인 깊은 상관관계를 반영하여 국소적 측정을 하는 동안 부속계 사이에 일어나는 직접적인 상호작용이 없음에도 불구하고 이 측정은 다른 부속계의 설명과 미래 측정 예측이 영향을 받는다는 것을 강조한다.

직접곱 상태

얽힌 상태와는 대조적으로 $|\psi_{AB}\rangle = |\psi_A\rangle \otimes |\psi_B\rangle$와 같은 직접곱 상태에 대해 계는 전적으로 개별적인 부속계의 상태로 기술할 수 있고, 한 부속계에 대한 측정 결과는 다른 부속계의 이해나 예측에 영향을 주지 않는다. 더구나 이 경우 측정 연산자를 직접 개별적인 부속계 상태에 적용할 수 있다. 예를 들어 $(M_i \otimes I_B)|\psi_{AB}\rangle$는 $(M_i|\psi_A\rangle) \otimes |\psi_B\rangle$로 간단하게 된다.

부속계 A에 대한 측정을 하여 어떤 상태 $|\psi_A\rangle$에 있다는 것을 발견해도 이것은 여전

히 원래 상태 $|\psi_B\rangle$로 남아 있는 부속계 B의 상태나 가능한 측정 결과에 영향을 주지 않는다. 결과적으로 직접곱 상태에서는 개별적인 부속계에 대한 측정은 정말 독립적이고, 각각의 부속계는 상관관계를 고려할 필요 없이 분리하여 분석할 수 있다. 이러한 부속계의 탈결합은 직접곱 상태의 특징이다. 우주가 많은 양자계로 이루어져 있어도 나머지로부터 고립되어 있다면 각각의 계를 독립적으로 취급할 수 있다는 것을 알려준다.

2 계산 기준에서 국소적 측정

합성 양자계의 측정에 대해 더 깊이 이해하고 능숙하게 다루기 위해서는 관련된 수학을 공부할 필요가 있다. 계산(혹은 표준) 기준에서 국소적 측정으로 시작하자.

계산 기준에서 측정했을 때 결과 $|0\rangle$과 $|1\rangle$에 대한 단일 큐빗 측정 연산자는

$$M_i = |i\rangle\langle i| \tag{6.16}$$

이고, $i \in \{0, 1\}$이다. 이것은 자기반전 성질 $M_i^2 = M_i$를 갖는 투영연산자라는 것을 주목하여라.

큐빗 A와 큐빗 B를 측정하는 2-큐빗 측정 연산자는

$$M_{iA} = |i\rangle\langle i| \otimes I, \quad M_{iB} = I \otimes |i\rangle\langle i| \tag{6.17}$$

이다.

일반적인 2-큐빗 상태

$$|\psi\rangle = \sum_{i,j\in\{0,1\}} c_{ij}\,|ij\rangle \tag{6.14}$$

에 대한 국소적 측정을 할 때, 먼저 $|\psi\rangle$에 작용하는 2-큐빗 측정 연산자를 적용한다.

$$M_{0A}\,|\psi\rangle = (|0\rangle\langle 0| \otimes I) \sum_{i,j\in\{0,1\}} c_{ij}\,|ij\rangle = c_{00}\,|00\rangle + c_{01}\,|01\rangle, \tag{6.18a}$$

$$M_{1A}\,|\psi\rangle = (|1\rangle\langle 1| \otimes I)... \qquad = c_{10}\,|10\rangle + c_{11}\,|11\rangle, \tag{6.18b}$$

$$M_{0B}\,|\psi\rangle = (I \otimes |0\rangle\langle 0|)... \qquad = c_{00}\,|00\rangle + c_{10}\,|10\rangle, \tag{6.18c}$$

$$M_{1B}\,|\psi\rangle = (I \otimes |1\rangle\langle 1|)... \qquad = c_{01}\,|01\rangle + c_{11}\,|11\rangle. \tag{6.18d}$$

그리고 식 3.37에 의해 관련된 확률을 계산할 수 있다.

$$P_{0A} = \|M_{0A}\,|\psi\rangle\|^2 = \|c_{00}\,|00\rangle + c_{01}\,|01\rangle\|^2 = |c_{00}|^2 + |c_{01}|^2, \tag{6.19a}$$

$$P_{1A} = ... \qquad = |c_{10}|^2 + |c_{11}|^2, \tag{6.19b}$$

$$P_{0B} = ... \qquad = |c_{00}|^2 + |c_{10}|^2, \tag{6.19c}$$

$$P_{1B} = ... \qquad = |c_{01}|^2 + |c_{11}|^2. \tag{6.19d}$$

다음으로 큐빗 A를 측정하여 $|0\rangle$을 얻는 것에 초점을 맞추겠다. 다른 경우도 비슷하다. 측정 후 상태는 식 3.40에 의해 계산한다.

$$|\psi_{0A}\rangle = \frac{M_{0A}|\psi\rangle}{\sqrt{P_{0A}}} = \frac{c_{00}|00\rangle + c_{01}|01\rangle}{\sqrt{|c_{00}|^2 + |c_{01}|^2}} = \frac{|0\rangle \otimes (c_{00}|0\rangle + c_{01}|1\rangle)}{\sqrt{|c_{00}|^2 + |c_{01}|^2}}. \tag{6.20}$$

이것은 분명히 계를 측정할 때 큐빗 A는 $|0\rangle$으로, 큐빗 B는 $|\psi_{B|0A}\rangle = \hat{N}(c_{00}|0\rangle + c_{01}|1\rangle)$인 직접곱 상태로 붕괴하는 것을 보여준다. 여기서 $\hat{N}$은 규격화를 나타내고, 이 경우는 $\sqrt{|c_{00}|^2 + |c_{01}|^2}$로 나눈 것이다.

큐빗 B 상태는 또한 부분곱을 통해 계산할 수 있다.

$$|\psi_{B|0A}\rangle = \hat{N}\langle 0_A|\psi\rangle. \tag{6.21}$$

여기서 $\langle 0_A|$의 지표 A는 이것은 내적을 통해 $|\psi\rangle$의 큐빗 A 상태만 상호작용을 하고, 큐빗 B의 상태는 변하지 않고 남아 있게 한다는 것을 나타낸다(행렬 연산에서 $\langle 0_A|\psi\rangle$는 $(\langle 0| \otimes I)|\psi\rangle$)와 동등하다).

여기서 큐빗 B를 측정하여 결과 $|1\rangle$을 얻으면 계는 $|01\rangle$로 붕괴한다. (A는 $|0\rangle$이고, B는 $|1\rangle$이 되는) 이 결과에 대한 확률은

$$P_{1B,0A} = P_{0A}\left|c_{01}/\sqrt{|c_{00}|^2 + |c_{01}|^2}\right|^2 = |c_{01}|^2 \tag{6.22}$$

이다.

여기서 보듯이 결과 $|01\rangle$에 대한 결합 확률은 예상한 대로 c_{01}에만 의존하고 큐빗 A와 B를 측정하는 순서에 의존하지 않는다.

지금까지 결과를 그림 6.1에 제시하였다.

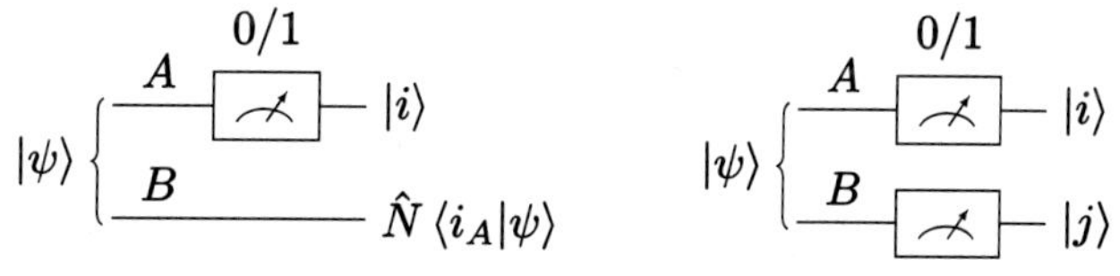

표기: $i, j \subset \{0, 1\}$이고, $\hat{N}$은 규격화 인자이다.

| 그림 6.1 | 국소적인 측정의 예

어떤 경우에는 고전적인 측정 결과만 관심이 있고 측정 후 양자상태는 버린다. 이와 같은 측정은 출력을 나타낸 이중 도선이 고전적 상태인 왼쪽의 기호로 표현한다. 그러나 측정 후 상태를 보존하고 재사용할 필요가 있을 때 양자상태를 나타내는 출력을 단일 도선으로 나타낸 오른쪽의 기호를 사용한다.

스핀을 측정하는 경우와 같이 $|0\rangle$에 값 $\lambda_0 = 1$, $|1\rangle$에 $\lambda_1 = -1$을 부여하면 식 3.39를 이용하여 λ의 기대값(통계적 평균)을 계산할 수 있다.

$$\langle\lambda_A\rangle = \sum_i P_{iA}\lambda_i = |c_{00}|^2 + |c_{01}|^2 - |c_{10}|^2 - |c_{11}|^2, \tag{6.23a}$$

$$\langle\lambda_B\rangle = \sum_i P_{iB}\lambda_i = |c_{00}|^2 + |c_{10}|^2 - |c_{01}|^2 - |c_{11}|^2. \tag{6.23b}$$

이 경우 측정은 Pauli Z 연산자 관측량에 해당하여 $\langle\lambda\rangle$를 다음과 같이 계산할 수 있다.

$$\langle\lambda_A\rangle = \langle\psi|Z \otimes I|\psi\rangle, \tag{6.24a}$$

$$\langle\lambda_B\rangle = \langle\psi|I \otimes Z|\psi\rangle. \tag{6.24b}$$

연습문제 6.5

상태

$$|\psi\rangle = c(|00\rangle - 2i\,|01\rangle + 2i\,|10\rangle + 4\,|11\rangle)$$

을 고려하자.

(a) 상태 $|\psi\rangle$를 규격화하는 계수 c를 결정하여라.
(b) 첫 번째 큐빗이 상태 $|1\rangle$에 있을 확률을 계산하여라.
(c) 관측량 $\frac{X+Z}{2}$에 대한 기대값을 계산하여라.

3 대체 기준에서 국소적 측정

계산 기준에서 측정의 작용이 친숙해졌으므로 다른 기준에서 국소적인 측정을 하는 논의로 확장하겠다. 가장 흔한 대체 기준에 집중하겠다. 이것은 기준상태가 $|+\rangle$와 $|-\rangle$인 Hadamard 기준으로 다음과 같이 정의한다.

$$|+\rangle = \frac{1}{\sqrt{2}}(|0\rangle + |1\rangle), \tag{6.25a}$$

$$|-\rangle = \frac{1}{\sqrt{2}}(|0\rangle - |1\rangle). \tag{6.25b}$$

다음의 관측량을 고려하자.

$$M = |+\rangle\langle+| - |-\rangle\langle-|. \tag{6.26}$$

M은 Hermitian 연산자임을 확인할 수 있고, 따라서 이것은 관측량이 된다. 큐빗을 측정하기 위해 M을 이용할 때 그 결과는 M의 고유상태인 $|+\rangle$이나 $|-\rangle$일 것이다. 이 관측량의 결과 $|+\rangle$는 고유값 +1, 결과 $|-\rangle$는 고유값 −1을 갖는다.

이제 얽힌 상태인 Bell 상태 중 하나를 측정하기 위해 M을 사용하자.

$$|\psi\rangle = \frac{1}{\sqrt{2}}(|00\rangle + |11\rangle). \tag{6.27}$$

이를 간편하게 만들기 위해 다음의 정리를 이용할 것이다.

$$\langle +|0\rangle = \langle +|1\rangle = \langle -|0\rangle = \frac{1}{\sqrt{2}}, \quad \langle -|1\rangle = -\frac{1}{\sqrt{2}}. \tag{6.28}$$

첫 번째 큐빗에 M을 적용한다. 이 과정에서 먼저 다음 중간 과정의 양(비규격화된 상태)을 유도한다.

$$\begin{aligned} |\psi_{+A}\rangle &\equiv (|+\rangle\langle +| \otimes I)\,|\psi\rangle \\ &= \frac{1}{\sqrt{2}}(|+\rangle\langle +|\,|0\rangle\, I\,|0\rangle + |+\rangle\langle +|\,|1\rangle\, I\,|1\rangle) \\ &= \frac{1}{2}\,|+\rangle \otimes (|0\rangle + |1\rangle) \\ &= \frac{1}{\sqrt{2}}\,|++\rangle\,. \end{aligned} \tag{6.29}$$

마찬가지로

$$|\psi_{-A}\rangle \equiv (|-\rangle\langle -| \otimes I)\,|\psi\rangle = \frac{1}{\sqrt{2}}\,|--\rangle \tag{6.30}$$

을 얻는다.

결과 $|+\rangle$을 얻을 확률은 $\|\psi_{+A}\|^2 = \frac{1}{2}$이다. 측정하여 결과 $|+\rangle$를 얻으면 첫 번째 큐빗 상태는 $|+\rangle$로 붕괴한다. 동시에 두 번째 큐빗 상태 또한 $|+\rangle$로 붕괴하여 2-큐빗계는 직접곱 상태 $|++\rangle$가 된다. 결과 $|-\rangle$에 대해서도 마찬가지이다.

첫 번째 큐빗을 측정했을 때 M의 기대값은 다음과 같다.

$$\langle\psi|M \otimes I|\psi\rangle = \langle\psi|(|\psi_{+A}\rangle - |\psi_{-A}\rangle)\rangle = 0. \tag{6.31}$$

연습문제 6.6

$M = a|+\rangle\langle +| + b|-\rangle\langle -|$와 $|\psi\rangle = \cos\alpha|00\rangle + \sin\alpha|11\rangle$을 고려하자. 여기서 $a,\ b,\ \alpha \in \mathbb{R}$이다.

(a) M은 관측량, 즉 M은 Hermitian이라는 것을 보여라.

(b) 첫 번째 큐빗을 M으로 측정했을 때 두 번째 큐빗의 측정 결과, 확률과 측정 후 상태를 설명하여라.

(c) M의 기대값 $\langle\psi|M|\psi\rangle$를 계산하여라.

양자컴퓨팅에서 양자 하드웨어를 본질적으로 지원하므로 측정은 전형적으로 계산기준에서 수행한다. $|+\rangle, |-\rangle$ 기준에서 $|\psi\rangle$를 측정하기 위해 먼저 이것을 계산기준으로 전환해야 한다. 이것은 Hadamard 게이트를 적용하여 얻을 수 있다.

$$H\,|+\rangle = |0\rangle\,, \quad H\,|-\rangle = |1\rangle, \tag{6.32a}$$

$$H\,|0\rangle = |+\rangle\,, \quad H\,|1\rangle = |-\rangle. \tag{6.32b}$$

이 변환을 한 후 두 큐빗에 대한 국소적인 측정을 한다. 예를 들어 측정 결과가 모두 0이면 $|+\rangle, |-\rangle$ 기준에서 원래 상태는 $|++\rangle$였다고 유추할 수 있다. 이 논리는 다른

결과에 대해서도 마찬가지로 적용할 수 있다. 이 과정을 그림 6.2에 나타내었다.

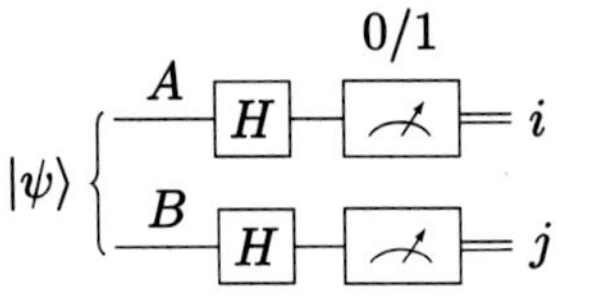

측정 결과 ij	결과
00	$\|++\rangle$
01	$\|+-\rangle$
10	$\|-+\rangle$
11	$\|--\rangle$

▌그림 6.2▐ $\{\|+\rangle, \|-\rangle\}$ 기준에서 하는 국소적 측정

4 ✷ 고급 예제

이 예제는 고급의 수학적 개념과 방법을 사용한다. 처음으로 공부하는 독자는 처음에 이것을 넘어가고 이후 절에서 논의하는 Bell 부등식에 대해 더 깊은 이해를 위해 이 내용을 다시 보는 것을 추천한다.

Bloch 구에서 극각 α와 방위각 0으로 정의된 방향을 향하는 큐빗 A를 측정한다. 실질적으로 이것은 기준 $\{|a\rangle, |a_\perp\rangle\}$을 이용하여 측정한다.

$$|a\rangle = \cos\frac{\alpha}{2}|0\rangle + \sin\frac{\alpha}{2}|1\rangle, \tag{6.33a}$$

$$|a_\perp\rangle = -\sin\frac{\alpha}{2}|0\rangle + \cos\frac{\alpha}{2}|1\rangle. \tag{6.33b}$$

관련된 관측량은 다음과 같다.

$$M_a = |a\rangle\langle a| - |a_\perp\rangle\langle a_\perp|. \tag{6.34}$$

마찬가지로 큐빗 B는 Bloch 구 위의 극각도 β로 정의한 다른 방향을 따라 측정한다. 측정기준 $\{|b\rangle, |b_\perp\rangle\}$은 다음과 같다.

$$|b\rangle = \cos\frac{\beta}{2}|0\rangle + \sin\frac{\beta}{2}|1\rangle, \tag{6.35a}$$

$$|b_\perp\rangle = -\sin\frac{\beta}{2}|0\rangle + \cos\frac{\beta}{2}|1\rangle. \tag{6.35b}$$

관련된 관측량은 다음과 같다.

$$M_b = |b\rangle\langle b| - |b_\perp\rangle\langle b_\perp|. \tag{6.36}$$

두 개의 국소적인 측정의 곱(혹은 상관관계)을 표현하는 결합된 관측량을 고려하자.

$$M_{ab} = M_a \otimes M_b. \tag{6.37}$$

상태 $|\psi\rangle = \frac{1}{\sqrt{2}}(|00\rangle + |11\rangle)$을 측정하기 위해 1-큐빗 기준상태에 대한 M_a의 기대값에서 시작한다.

$$\langle 0|\, M_a\, |0\rangle = \cos\alpha, \tag{6.38a}$$
$$\langle 1|\, M_a\, |1\rangle = -\cos\alpha, \tag{6.38b}$$
$$\langle 1|\, M_a\, |0\rangle = \sin\alpha, \tag{6.38c}$$
$$\langle 0|\, M_a\, |1\rangle = \sin\alpha. \tag{6.38d}$$

이제 2-큐빗 기준 상태에 대해 M_{ab}의 기대값을 계산한다.

$$\langle 11|\,(M_a\otimes M_b)\,|11\rangle = \langle 1|\, M_a\, |1\rangle\, \langle 1|\, M_b\, |1\rangle = \cos\alpha\cos\beta, \tag{6.39a}$$
$$\langle 00|\,(M_a\otimes M_b)\,|00\rangle = \langle 0|\, M_a\, |0\rangle\, \langle 0|\, M_b\, |0\rangle = \cos\alpha\cos\beta, \tag{6.39b}$$
$$\langle 11|\,(M_a\otimes M_b)\,|00\rangle = \langle 1|\, M_a\, |0\rangle\, \langle 1|\, M_b\, |0\rangle = \sin\alpha\sin\beta, \tag{6.39c}$$
$$\langle 00|\,(M_a\otimes M_b)\,|11\rangle = \langle 0|\, M_a\, |1\rangle\, \langle 0|\, M_b\, |1\rangle = \sin\alpha\sin\beta. \tag{6.39d}$$

최종적으로 다음을 얻는다.

$$\langle\psi|M_{ab}|\psi\rangle = \cos\alpha\cos\beta + \sin\alpha\sin\beta = \cos(\alpha-\beta). \tag{6.40}$$

6.2.2 ∗ 결합 측정

결합 측정에서 측정 연산자는 고려하는 모든 부속계에 동시에 작용한다. 예를 들어 2-큐빗계에서 두 큐빗과 관련된 성질을 측정할 수 있고 측정 연산자는 4×4 행렬이다. 확률과 측정 후 상태는 전체 합성계 상태에 결합 측정 연산자를 적용하여 계산할 수 있다.

1 반전성 측정

계의 두 큐빗을 고려하자. 이들은 상태 $|00\rangle$, $|01\rangle$, $|10\rangle$ 혹은 $|11\rangle$에 있을 수 있다. 계를 측정하고 $|00\rangle$과 $|11\rangle$을 한 집단으로, $|01\rangle$과 $|10\rangle$을 다른 집단으로 구별하고 계의 상태는 변하지 않게 하려고 한다.

이 목표는 $|1\rangle$ 상태의 전체 갯수가 짝수인지, 홀수인지 결정하는 반전성 측정을 이용하여 얻을 수 있다. 구체적으로 $|00\rangle$과 $|11\rangle$은 $|1\rangle$ 상태가 0 혹은 2개 있으므로 짝반전성이 있다. 반대로 $|01\rangle$과 $|10\rangle$은 $|1\rangle$ 상태가 한 개 있으므로 홀반전성이 있다.

두 큐빗이 결합된 상태에 반전성 측정 연산자를 적용하면 다음을 얻는다.

$$P_Z = Z\otimes Z = |00\rangle\langle 00| + |11\rangle\langle 11| - |01\rangle\langle 01| - |10\rangle\langle 10|. \tag{6.41}$$

상태 $|00\rangle$과 $|11\rangle$은 고유값이 1인 P_Z의 고유벡터이고, $|01\rangle$과 $|10\rangle$은 고유값이 -1인 고유벡터이다. 따라서 측정 결과가 1이면 짝반전성을 갖고, -1이면 홀반전성을 갖는다. 이 상태는 P_Z의 고유벡터이므로 측정을 해도 상태는 변하지 않는다.

이에 근거하여 이 방법은 중첩 상태로도 확장할 수 있다. 두 개의 중첩된 상태를 고려하자.

$$|\psi_{\text{even}}\rangle = \alpha\,|00\rangle + \beta\,|11\rangle, \tag{6.42a}$$
$$|\psi_{\text{odd}}\rangle = \gamma\,|01\rangle + \delta\,|10\rangle. \tag{6.42b}$$

이 상태 또한 P_Z의 고유상태이다.

$$P_Z\,|\psi_{\text{even}}\rangle = |\psi_{\text{even}}\rangle, \tag{6.43a}$$

$$P_Z\,|\psi_{\text{even}}\rangle = |\psi_{\text{even}}\rangle. \tag{6.43b}$$

$|\psi\rangle = \sum_{i,j\in\{0,1\}} c_{ij}|ij\rangle$의 형태를 갖는 일반적인 상태를 P_Z를 이용하여 측정할 때 상태는 그 측정 결과가 각각 1 혹은 −1인 $|\psi_{\text{even}}\rangle$ 혹은 $|\psi_{\text{odd}}\rangle$로 붕괴한다. 그러나 계가 이미 $|\psi_{\text{even}}\rangle$ 혹은 $|\psi_{\text{odd}}\rangle$에 있다면 P_Z를 측정해도 상태는 방해받지 않아서 반전성 측정의 본질을 강조한다.

반전성 측정은 큐빗 상태 집단을 구별할 수 있다. 왜냐하면 측정 연산자는 겹치는 고유값을 가지고 있어서 고유공간에서 이에 해당하는 부속공간으로 보내기 때문이다. 특별히 1과 −1의 겹친 고유값은 두 개의 다른 부속 공간에 해당한다. 하나는 짝반전성 상태 $|00\rangle$과 $|11\rangle$로, 그리고 다른 하나는 홀반전성 상태 $|01\rangle$과 $|10\rangle$으로 이루어져 있다. 이 부속공간은 상태를 변화시키지 않고 집단으로 큐빗을 분류할 때 사용한다.

P_Z와 비슷하게 위상-반전성 측정이 있고, 이것은 $\{|+\rangle, |-\rangle\}$ 기준에서 측정하고 $|+\rangle$ 상태의 수를 센다. 이 연산자는 다음과 같이 표현할 수 있다.

$$P_X = X \otimes X = |{+}{+}\rangle\langle{+}{+}| + |{-}{-}\rangle\langle{-}{-}| - |{+}{-}\rangle\langle{+}{-}| - |{-}{+}\rangle\langle{-}{+}|. \tag{6.44}$$

반전성 측정은 여러 양자 알고리즘과 프로토콜에서 중요하다. 예를 들어 비트와 위상 플립 오류를 검출하는 양자오류 수정의 기본이 된다. 추가적으로 이들은 양자 순간이동 프로토콜에서도 사용하는데, 여기서 두 큐빗의 반전성은 전송된 큐빗에 대해 필요한 수정 작용을 알려준다.

실제 양자장치에 반전성 측정을 수행하려면 일반적으로 큐빗 사이의 얽힘을 만들기 위해 (CNOT 게이트와 같은) 제어된 연산을 수행하는 능력이 필요하다. 이후 개별적인 큐빗을 측정하면 처음 상태의 반전성을 얻는다. 이것은 §13.3.4에서 오류수정의 관점에서 더 탐구할 것이다.

2 Bell 측정

Bell 상태 측정, 혹은 얽힘 측정으로도 알려진 Bell 측정은 양자 순간이동이나 초고밀도 코딩과 같은 양자정보 처리 과정에서 특히 중요한 양자 측정 형태이다. 기본적으로 Bell 측정은 Bell 상태라고 부르는 네 개의 서로 직교하는 얽힌 상태를 구별하는 2-큐빗계에 대한 결합 측정이다. 더 구체적으로 Bell 측정으로 인해 네 개의 가능한 결과 중 한 개를 얻고, 측정 결과에 해당하는 네 개의 Bell 상태로 두 큐빗 상태를 변환한다.

Bell 측정은 이론적으로 설명할 수 있지만 Bell 측정을 실제 양자컴퓨터에서 수행하는 것은 단순하지 않다. Bell 기준을 실질적으로 계산 기준으로 변환하는 일련의 양자 게이트가 필요하다. 이것은 전형적으로 CNOT 게이트가 포함되어 첫 번째 게이트로 제어하고, 두 번째를 타겟으로 한 후 첫 번째 큐빗에 Hadamard 게이트를 적용한다. 최종적으로 각 큐빗에 대해 개별적인 측정을 한다. 그리고 측정 결과로 인해 계가 네 개의 Bell 상태 중 어느 상태에 있는지 결정할 수 있다. 얽힘과 Bell 상태를 자세히 조사할 때 8장에서 더 탐구할 것이다.

연습문제 6.7

이것은 양자 측정에 대한 기본적인 이해를 시험하는 중요한 연습문제이다. 이것을 독립적으로 완성하여라.

세 개의 큐빗(A, B와 C)이 있는 계가 상태

$$|\psi\rangle = \sum_{i,j,k\in\{0,1\}} c_{ijk}\,|ijk\rangle \tag{6.45}$$

에 있는 것을 고려하자. 여기서 $|ijk\rangle$는 큐빗 A, B와 C의 결합 계산 기준 상태이고, c_{ijk}는 복소수 계수이다.

(a) 세 번째 큐빗(C)이 상태 $|0\rangle$에 있을 측정 확률을 계산하여라.

(b) 큐빗 C를 측정하여 $|0\rangle$으로 붕괴했을 때 이로 인한 큐빗 A와 B의 결합 상태를 결정하여라. 또한 3-큐빗계의 상태를 설명하여라.

(c) 큐빗 A와 B에 Bell 측정을 하여, 그 결과 $|\Phi^+\rangle = \frac{1}{\sqrt{2}}(|00\rangle + |11\rangle)$을 얻었다고 가정하여 이 결과의 확률을 구하고, 3-큐빗계를 측정한 후 상태를 설명하여라.

6.3 다중큐빗계 상태

2-큐빗 예제로 합성 양자계의 기본적인 개념을 도입했으므로, 이제 양자역학에서 다체계라고도 말하는 n-큐빗계를 포함하는 논의로 확장하겠다. 이와 같은 계에서 상태 공간의 차원은 $N=2^n$이고, 따라서 이 공간에서 연산자는 $N\times N$ 행렬이다. 이것은 양자컴퓨터의 잠재적인 지수함수적 계산 능력에 기여하는 중요한 요소이다.

실제 양자컴퓨팅에서 n과 N은 얼마나 클 수 있는가? $n=300$일 때 $N=2^{300}$이고, 이것은 대략 10^{90}이다. 이 숫자는 관측가능한 우주 안에 추정하는 원자수보다 크다. 2024년 현재 1000 큐빗보다 많은 양자컴퓨터는 이미 존재한다. 이론적으로 이 컴퓨터는 막대한 계산능력을 가지고 있다. 그러나 실제로는 큐빗 디코히어런스에 의한 오류와 불안정성 때문에 방해받는다. 오류 수정을 하려면 추가적인 큐빗이 필요하다. 1000개의 오류가 없는 논리 큐빗이 있는 양자컴퓨터를 만들려면, 대략 100만($n=10^6$)개의 물리적인 큐빗이 필요할 것으로 추정한다.

양자역학 기초에 기여한 유명한 물리학자 David Mermin이 한 말은 "Hilbert 공간은 거대하다"는 것이다. 큐빗 수에 대해 지수함수적으로 증가하는 이 공간의 거대함은 양자역학의 합성 가설에서 직접 나온다(§6.3.1). 합성 상태 공간 차원의 지수함수적 증가는 양자컴퓨터의 잠재적인 능력의 근거가 되는 중요 요소이다.

6.3.1 양자역학의 합성 가설

양자역학은 양자계의 행동과 상호작용을 설명하기 위해 상태 벡터와 양자 연산자를 이용한다. 양자역학의 합성 가설은 두 개 혹은 그 이상의 양자계에 대한 집단적인 상태는 개별적인 상태의 텐서곱으로 설명한다고 규정한다. 더 간결하게 말하면 둘 혹은 그 이상의 양자계에 대한 결합 상태 공간은 개별 상태 공간의 텐서곱이다.

> **가설 5: 합성계**
>
> 둘 혹은 그 이상의 양자계를 결합할 때, 그 결합 상태 공간은 구성하는 계에 대한 상태 공간의 텐서곱으로 설명한다.

텐서곱은 두 개의 Hilbert 공간 $\mathcal{H}_A$와 $\mathcal{H}_B$를 결합하여 $\mathcal{H}_{AB}$로 표기한 더 큰 Hilbert 공간으로 결합하는 방법이다. 합성 가설에 따라 결합된 계 AB의 결합 상태 공간은 개별적인 상태 공간의 텐서곱으로 설명한다.

$$\mathcal{H}_{AB} = \mathcal{H}_A \otimes \mathcal{H}_B. \tag{6.46}$$

이것은 $\mathcal{H}_{AB}$의 기준 상태는 개별 공간에서 기준 상태의 텐서곱에서 유도할 수 있다는 것을 뜻한다. 계 A에 대한 기준 상태를 $|a_i\rangle$, 계 B에 대해서는 $|b_j\rangle$라고 하자. 결과적으로 결합계 AB에 대한 기준 상태는 다음과 같다.

$$|a_i b_j\rangle = |a_i\rangle \otimes |b_j\rangle. \tag{6.47}$$

$\mathcal{H}_A$의 차원이 m, $\mathcal{H}_B$의 차원이 n이라면 이로 인한 $\mathcal{H}_{AB}$의 차원은 mn이다.

> ⓘ 합성 Hilbert 공간의 기준 상태는 개별적인 Hilbert 공간에서 기준 상태의 텐서곱으로 만들지만 합성 공간의 모든 상태가 텐서곱 상태는 아니라는 것을 주목해야 한다. 합성 공간에 개별적인 계에 대한 단순한 텐서곱으로 쓸 수 없는 합성 상태가 존재한다. 이러한 상태를 비직접곱 상태, 혹은 얽힌 상태라고 하고, 결합계의 성질은 부속계만의 성질로는 완전하게 기술할 수 없다.

6.3.2 기준 상태

n-큐빗계에 대해 상태 공간은 개별적인 큐빗 상태 공간의 텐서곱으로 기술한다. 단일 큐빗은 이차원 복소수 Hilbert 공간으로 기술한다. 그러므로 n-큐빗계는 N-차원 복소수 Hilbert 공간으로 기술하고, $N = 2^n$이다.

n-큐빗계의 기준은 합성 양자계의 Hilbert 공간을 이루는 직교규격화된 상태의 집합이다. n-큐빗계의 기준에 대한 표준적인 선택은 (표준기준이라고 알려진) 계산기준이다. 계산기준은 개별적인 큐빗 기준상태의 텐서곱을 취해 다음과 같이 얻는다.

단일 큐빗에 대해 기준상태는 $|0\rangle$과 $|1\rangle$이다. n-큐빗에 대해서는 N개의 직교규격화된 기준상태 집합을 만들기 위해 개별 큐빗 기준상태의 텐서곱을 취한다.

1 이진 표현

이진 표현에서 각 기준 상태는 길이 n인 이진 문자열에 해당하고, 각각의 숫자는 상태 $|0\rangle$이나 $|1\rangle$에 있는 큐빗에 대응한다. 예를 들어 2-큐빗계에서 기준상태는 $|00\rangle$, $|01\rangle$, $|10\rangle$과 $|11\rangle$이다. n-큐빗계의 계산기준상태는 다음과 같이 표현한다.

$$|0\cdots 00\rangle\,,\,|0\cdots 01\rangle\,,\,|0\cdots 10\rangle\,,\,\cdots\,,\,|1\cdots 11\rangle. \tag{6.48}$$

여기서 각각의 이진 문자열은 유일한 기준 상태에 해당한다.

이 이진 문자열은 기준 상태의 이름이나 표시로 생각할 수 있다. 각 기준 상태의 벡터는 차원 N인 행벡터이고, '1'은 해당하는 이진수로 표시한 위치에 있다. 예를 들면 다음과 같다.

$$|0\cdots 00\rangle = \begin{bmatrix}1 & 0 & \cdots & 0 & 0\end{bmatrix}^T$$
$$|1\cdots 11\rangle = \begin{bmatrix}0 & 0 & \cdots & 0 & 1\end{bmatrix}^T.$$

이 기준 상태는 직교규격화되어 있다. 왜냐하면 각 기준 상태는 그 안에 정확히 한 개의 '1'이 있고, 각각은 다른 위치에 있기 때문이다.

일반적인 n-큐빗 상태는

$$|\psi\rangle = \sum_{x_1, x_2, \cdots, x_n \in \{0,1\}} c_{x_1 x_2 \cdots x_n} |x_1 x_2 \cdots x_n\rangle \tag{6.49}$$

로 쓸 수 있고, 간결한 형태로는 다음과 같이 쓴다.

$$|\psi\rangle = \sum_{x \in \{0,1\}^n} c_x |x\rangle. \tag{6.50}$$

이러한 이진 표현은 n-큐빗 Hilbert 공간의 텐서곱 구조를 이용할 때 특별히 유용하다. 왜냐하면 각각의 이진 문자열은 (쉽게 확인할 수 있듯이) 개별적인 큐빗 상태의 텐서곱에 직접 대응하기 때문이다.

2 십진 표현

기준상태를 표시하기 위해 0부터 $N-1\,(N=2^n)$에 이르는 십진수를 이용하는 십진 표현도 있다.

$$|0\rangle\,,\,|1\rangle\,,\,|2\rangle\,,\cdots,\,|N-1\rangle. \tag{6.51}$$

그리고 일반적은 n-큐빗 상태는 다음과 같이 쓸 수 있다.

$$|\psi\rangle = \sum_{k=0}^{N-1} c_k |k\rangle. \tag{6.52}$$

이 표현에서 각각의 기준상태는 십진수로 표시하고, 이것은 이진 문자열 표현의 십진수에 대응한다. 기준상태의 전체 수는 여전히 N이다. 예를 들어 2-큐빗계에 대해 기준상

태는 $|0\rangle$, $|1\rangle$, $|2\rangle$와 $|3\rangle$이고, 이것은 각각 이진수 표기 $|00\rangle$, $|01\rangle$, $|10\rangle$과 $|11\rangle$에 해당한다.

이 내용을 처음 읽는 독자는 $|\cdot\rangle$ 안에 있는 내용은 단지 지표라는 것을 주목해야 한다. 계산 기준에서 각각의 기준상태는 길이 $N=2^n$인 벡터이므로, 그 안에 '1'은 한 개만 있고, 나머지는 0이다. 두 큐빗의 예제에 대해서는 식 6.10을 참조하여라.

6.3.3 곱 상태, 얽힌 상태와 상관 상태

곱 상태와 얽힌 상태의 개념은 이미 2-큐빗계의 관점에서 도입하였다. n-큐빗으로 구성된 합성 양자계의 경우 양자상태는 넓게 순수 상태와 혼합 상태로 분류할 수 있다. 순수 상태에는 곱 상태와 얽힌 상태가 포함되어 있다. 혼합 상태는 상관관계가 있을 수도, 없을 수도 있다.

1 곱 상태

n-큐빗 합성 양자계에 대한 곱 상태는 각 큐빗의 개별 상태에 대한 텐서곱으로 표현할 수 있는 상태이다. 수학적으로 n-큐빗 곱 상태는

$$|\psi_1\psi_2\cdots\psi_n\rangle = |\psi_1\rangle\otimes|\psi_2\rangle\otimes\cdots\otimes|\psi_n\rangle \tag{6.53}$$

으로 쓸 수 있고, $|\psi_i\rangle$는 i번째 큐빗 상태를 나타낸다. 이 방법에서 큐빗은 얽혀있지 않고, 이것은 그 상태를 서로 독립적으로 기술할 수 있다는 것을 의미한다. 곱 상태는 분리할 수 있고, 이것은 개별적인 큐빗 상태로 인수분해할 수 있다는 것을 의미한다.

$|\psi_1\rangle\otimes|\psi_2\cdots\psi_n\rangle$의 경우와 같이 일부 큐빗만 나머지와 독립적인 곱 상태도 있을 수 있다.

텐서곱의 성질 확인하기

곱 상태와 이들의 연산에 대한 수학적 일관성을 확인하기 위해 텐서곱의 다음과 같은 성질을 고려하자.

텐서곱의 다음 성질

$$(A_1\otimes A_2\cdots\otimes A_n)(B_1\otimes B_2\cdots\otimes B_n) = (A_1B_1)\otimes(A_2B_2)\cdots\otimes(A_nB_n) \tag{6.54}$$

로 인해 합성 상태가 규격화되어 있다면 합성 상태도 규격화되어 있다는 것을 알고 있다. 왜냐하면

$$\langle\psi_1\psi_2\cdots\psi_n|\psi_1\psi_2\cdots\psi_n\rangle = \langle\psi_1|\psi_1\rangle\otimes\langle\psi_2|\psi_2\rangle\cdots\otimes\langle\psi_n|\psi_n\rangle = 1 \tag{6.55}$$

이기 때문이다. 더구나 연산자는 텐서곱으로 '분포시킬' 수 있다.

$$\langle A_1\otimes A_2\cdots\otimes A_n|\psi_1\otimes\psi_2\cdots\otimes\psi_n\rangle = (A_1|\psi_1\rangle)\otimes(A_2|\psi_2\rangle)\cdots\otimes(A_n|\psi_n\rangle). \tag{6.56}$$

2 얽힌 상태

얽힌 상태의 특징은 한 큐빗의 양자상태를 계 안의 다른 큐빗과 독립적으로 기술할 수 없다는 것이다. 얽힌 상태는 고전적인 상관관계보다 더 센 상관관계를 나타내어 내재하는 양자역학적 성질을 반영한다. 이 상태는 개별적인 큐빗 상태의 곱으로 표현할 수 없고, 양자통신, 양자암호학과 양자컴퓨팅을 포함한 양자 정보처리에 기본적인 비국소적인 상관관계를 보인다.

얽힌 상태의 유명한 예는 GHZ 상태(Greenberger-Horne-Zellinger 상태)이다.

$$|\mathrm{GHZ}\rangle = \frac{1}{\sqrt{2}}(|00\cdots0\rangle + |11\cdots1\rangle). \tag{6.57}$$

이 상태는 개별 큐빗 상태의 곱으로 인수분해할 수 없고, 한 큐빗에 대한 측정 결과는 다른 큐빗에 대한 측정 결과와 비국소적인 상관관계를 나타낸다.

부가적으로 텐서곱과 관련된 흥미로운 표기 방법을 보이기 위해 GHZ 상태에 대한 다음의 "간결한" 표현을 사용하자.

$$\begin{aligned}|\mathrm{GHZ}\rangle &= \frac{1}{\sqrt{2}}\left(\bigotimes_{i=1}^{n}|0\rangle + \bigotimes_{i=1}^{n}|1\rangle\right)\\ &= \frac{1}{\sqrt{2}}\left(|0\rangle^{\otimes n} + |1\rangle^{\otimes n}\right).\end{aligned} \tag{6.58}$$

이 표현을 보면 텐서곱 기호 $\otimes$를 다중 큐빗으로 구성된 상태 공간의 관점에서 사용하였다. $\otimes^{n}{}_{i=1}$과 $\otimes^{n}$을 이용하여 각각의 큐빗이 상태 $|0\rangle$ 혹은 $|1\rangle$에 있는 n큐빗의 텐서곱을 실질적으로 나타내었다.

연습문제 6.8

$n > 2$인, 식 6.58로 주어진 n-큐빗 GHZ 상태를 고려하자. 다음 측정을 한 후 계의 나머지 상태를 결정하여라.

(a) 첫 번째 큐빗을 측정한 결과 $|0\rangle$을 얻는다.

(b) 첫 번째 큐빗을 측정한 결과 $|+\rangle$를 얻고, $|+\rangle = \frac{1}{\sqrt{2}}(|0\rangle + |1\rangle)$이다.

(c) 첫 두 큐빗을 측정하여 Bell 상태 $\frac{1}{\sqrt{2}}(|01\rangle + |10\rangle)$로 투영한 것에 해당하는 결과를 얻었다.

3 상관 상태

상관 상태는 합성계 상태를 기술하고, 그 안에 있는 한 큐빗의 성질은 계 안의 다른 큐빗의 성질과 통계적으로 연결되어 있다. 이러한 상관관계는 큐빗, 공유하는 환경, 혹은 준비 과정 사이의 상호작용에 의해 일어날 수 있다. 상관 상태는 얽혀 있거나 고전적인 상관관계가 있다.

얽혀 있지 않은 고전적인 상관 상태는 여전히 큐빗 사이의 상관관계를 나타낸다. 이러한 상관관계는 통계적인 계의 고전적인 상관관계와 비슷하고, 여기서 한 큐빗에 대한 정보를 알면 다른 큐빗에 대한 정보를 얻지만 각각의 큐빗은 여전히 개별적인 양자 상태로 기술할 수 있다.

고전적인 상관관계가 있는 n-큐빗 상태의 예는 (밀도연산자로 표현하면)

$$\rho = p_1 |00\cdots 0\rangle\langle 00\cdots 0| + p_2 |11\cdots 1\rangle\langle 11\cdots 1| \tag{6.59}$$

이고, p_1과 p_2는 $p_1 + p_2 = 1$을 만족하는 확률이다

상관 상태는 12장에서 탐구할 혼합 상태의 특별한 예이다.

4 양자컴퓨팅에서 얽힘의 역할

n-큐빗계에서 모든 큐빗이 독립적이라면 전체곱 상태는 다만 $2n$개의 복소수만 사용하여 기술할 수 있다. 그러나 큐빗이 얽혀 있으면 상태를 기술하기 위해 2^n 복소수까지 필요하다. 이 중요한 표현의 복잡함이 증가한 것이 고전적인 컴퓨터에 대해 잠재적으로 상당히 속도를 높일 수 있다. 따라서 얽힘은 단지 양자계의 특징일 뿐만 아니라 양자컴퓨팅의 향상된 계산능력을 얻기 위한 중요한 전제 조건이다.

6.3.4 ✷동일 입자

> 페르미온과 보존에 대한 논의는 일반적인 양자컴퓨팅에 널리 적용할 수는 없지만 양자 화학 시뮬레이션과 같은 특별한 경우에는 중요하다. 더구나 애니온은 양자역학에서 떠오르고 있는 플랫폼과 연결된다. 따라서 이 절에서는 양자계의 입자 통계의 내용과 개요를 살펴보려고 한다.

이전에 설명한 대로 양자역학에서 합성 가설은 구별할 수 있는 양자계에 적용한다. 큐빗과 같은 이러한 계에서 각각의 단위는 유일하게 확인할 수 있고, 결합 상태 공간은 개별적인 상태 공간의 텐서곱이다.

속박되지 않은, 구별할 수 없는 입자에 대해 합성 상태는 여전히 개별 상태 공간의 텐서곱으로 만든다. 그러나 결합된 계의 전체 상태(파동함수)는 입자가 페르미온, 보존의 여부에 의존하는 대칭 조건을 만족해야 한다.

페르미온과 보존은 고유한 성질로 인해 다른 통계적 행동을 따르는 기본 입자이다. 전자, 양성자, 중성자와 같은 반정수 스핀을 갖는 입자인 페르미온은 Fermi-Dirac 통계를 따른다. 광자와 어떤 원자핵과 같이 스핀이 정수인 보존은 Bose-Einstein 통계를 따른다.

큐빗은 이와 대조적으로 큐빗이 반정수 혹은 정수 스핀 입자에 근거하더라도 서로 구별할 수 있도록 공간에 국소화되어 있다. 따라서 결합한 양자상태는 구별할 수 없는 자유 입자에 적용되는 (보존에 대한) 대칭화, (페르미온에 대한) 반대칭화를 설명할 필요 없이 정상적인 결합 가설에 따라 만들어진다.

구별할 수 없는 양자계를 결합할 때 합성 가설은 다음과 같이 수정한다.

- **페르미온**: 페르미온은 두 개의 페르미온이 동시에 같은 양자상태에 있을 수 없다는 Pauli 배타원리를 따른다. 그러므로 여러 동일한 페르미온의 결합 상태는 임의의 페르미온 쌍을 교환할 때 반대칭적이어야 한다. 이것은 수학적으로 Slater 행렬식을 이용하거나 이차 양자화 방법을 이용하여 표현할 수 있고, 이로 인해 전체 파동함수는 임의의 두 페르미온을 교환할 때 부호가 바뀐다.
- **보존**: 페르미온과는 달리 보존은 동시에 같은 양자상태에 있을 수 있다. 여러 동일한 보존의 결합 상태는 임의의 보존 쌍을 교환하는 것에 대해 대칭적이어야 한다. 이 대칭성은 대칭화 연산자나 이차 양자화 방법을 이용하여 표현할 수 있고, 이로 인해 전체 파동함수는 임의의 두 보존을 교환할 때 변하지 않는다.
- **애니온**: 애니온은 엄밀하게 Fermi-Dirac이나 Bose-Einstein 통계를 따르지 않는 이차원 계의 준입자 종류이다. 그 대신 파동함수는 위치를 바꿀 때 복소수 위상을 얻어서 페르미온과 보존 통계 사이에 있는 유일한 행동을 한다. 이 성질로 인해 애니온은 특히 양자컴퓨팅에서 매우 흥미롭다. 어떤 양자 Hall 계에서 실현되는 애니온계는 위상 양자컴퓨팅의 플랫폼으로 왕성하게 연구되고 있다. 이 계산 파라다임에서 양자정보는 계의 위상적 특징에 저장되어 국소적 오류에 강하게 만든다. 애니온 주위로 서로 움직이게 하는 애니온을 꼬는 연산은 오류에 강한 양자 게이트로 작동하여 양자컴퓨터의 견고성과 확장성에 중요한 기여를 한다.

6.4 *다중큐빗계의 측정

2-큐빗계에서 개발한 원리는 §6.2에서 개요를 나타낸 다중큐빗계의 측정으로 자연스럽게 확장된다. 합성 가설이 계속 일관성이 있으려면 단일큐빗계에서 만는 측성 방식도 다중큐빗계로 매끄럽게 확장되어야 한다. 이 절에서 추가적인 통찰력과 일반화된 공식을 이용하여 더 풍부하게 이해하려고 할 것이다.

6.4.1 *단일 큐빗의 측정

일반적인 중첩 상대

$$|\psi\rangle = \sum_{x_1,x_2,\cdots,x_n\in\{0,1\}} c_{x_1x_2\cdots x_n}|x_1x_2\cdots x_n\rangle \qquad (6.49\ 복사)$$

에 있는 n-큐빗계가 있다고 가정하자.

계산기준에서 첫 번째 큐빗을 측정한다면 전체 계의 측정 후 상태는 측정 결과에 따라 첫 번째 큐빗이 상태 $|0\rangle$이나 상태 $|1\rangle$에 있는 상태의 중첩으로 존재할 것이다.

측정한 결과가 $|0\rangle$이라고 가정하면 관련된 확률은 다음과 같다.

$$P_0^{(1)} = \sum_{x_2,\cdots,x_n\in\{0,1\}} |c_{0x_2\cdots x_n}|^2. \qquad (6.60)$$

전체 계의 측정 후 상태는 첫 번째 큐빗이 상태 $|0\rangle$에 있고 $|0\rangle$을 얻을 확률이 규격화된 모든 상태의 중첩으로 이루어진다.

$$\begin{aligned}|\psi'\rangle &= \frac{1}{\sqrt{P_0^{(1)}}} \sum_{x_2,\cdots,x_n \in \{0,1\}} c_{0x_2\cdots x_n} |0x_2\cdots x_n\rangle \\ &= |0\rangle \otimes |\psi'_{n-1}\rangle.\end{aligned} \tag{6.61}$$

측정 후 첫 번째 큐빗은 계의 나머지 부분과 얽히지 않게 된다. 여기서 $|\psi'_{n-1}\rangle$은 나머지 $n-1$ 큐빗의 측정 후 상태를 나타낸다,

$$|\psi'_{n-1}\rangle = \frac{1}{\sqrt{P_0^{(1)}}} \sum_{x_2,\cdots,x_n \in \{0,1\}} c_{0x_2\cdots x_n} |x_2\cdots x_n\rangle. \tag{6.62}$$

부분곱 표기를 도입하자.

$$\langle y^{(j)}|x_1x_2\cdots x_j\cdots x_n\rangle \equiv \langle y|x_j\rangle\, |x_1x_2\cdots x_{j-1}x_{j+1}\cdots x_n\rangle. \tag{6.63}$$

이 표기법에서 브라 $\langle y^{(j)}|$는 켓 $|x_1x_2\cdots x_n\rangle$과 길이가 맞지 않는다. 그 대신 $\langle y^{(j)}|$의 지표 j는 이것이 내적을 통해 대응하는 $|x_j\rangle$와만 상호작용하고, 다른 모든 큐빗 상태는 변하지 않는다는 것을 나타낸다. 이 개념은 y가 여러 개 있는 상황으로 일반화할 수 있다.

그러면 첫 번째 큐빗을 측정한 결과가 $|0\rangle$일 확률은 다음의 간략한 형태로 표현할 수 있다.

$$P_0^{(1)} = \left\| \langle 0^{(1)}|\psi\rangle \right\|^2. \tag{6.64}$$

그리고 측정 후 상태 $|\psi'_{n-1}\rangle$은

$$|\psi'_{n-1}\rangle = \frac{1}{\sqrt{P_0^{(1)}}} \langle 0^{(1)}|\psi\rangle \tag{6.65}$$

로 주어진다.

측정 결과가 $|1\rangle$인 경우에 대해서도 마찬가지로 취급할 수 있지만 더 자세히 다루지 않겠다.

연습문제 6.9

첫 번째 큐빗을 측정하여 결과 $|0\rangle$을 얻는 경우 식 6.61에서 6.65까지 요약한 방법론을 고려하자.

해야 할 일은 이 분석을 다시 하는 것이지만, 여기서는 마지막 큐빗을 측정하여 측정 결과가 $|1\rangle$이라고 가정하여라.

6.4.2 *큐빗 집단에 대한 측정

첫 번째 큐빗만 측정한 이전의 논의를 확장하기 위해 계를 두 부분으로 나누고, 각각을

'레지스터'라고 부르겠다. 하나는 m 큐빗이 있고, 다른 부분에는 $k \equiv n-m$ 큐빗이 있다. m-큐빗 레지스터를 측정한다면 전체 계의 측정 후 상태는 측정 결과에 따라 적절하게 규격화되어 있는, 결과에 해당하는 상태의 중첩일 것이다. 이 과정은 종종 부분측정이라고 한다.

예를 들어 첫 번째 m 큐빗을 측정하여 어떤 결과 $|a_1 a_2 \cdots a_m\rangle$을 얻을 확률은 부분곱 표기 방법에서 다음과 같이 주어진다.

$$
\begin{aligned}
P_m &= \left\| \langle a_1^{(1)} a_2^{(2)} \cdots a_m^{(m)} | \psi \rangle \right\|^2 \\
&= \sum_{x_{m+1}, \cdots, x_n \in \{0,1\}} \left| c_{a_1 a_2 \cdots a_m x_{m+1} \cdots x_n} \right|^2.
\end{aligned}
\tag{6.66}
$$

그리고 나머지 $n-m$ 큐빗의 측정 후 상태는 다음과 같다.

$$
\begin{aligned}
|\psi'_{n-m}\rangle &= \frac{1}{\sqrt{P_m}} \langle a_1^{(1)} a_2^{(2)} \cdots a_m^{(m)} | \psi \rangle \\
&= \frac{1}{\sqrt{P_m}} \sum_{x_{m+1}, \cdots, x_n \in \{0,1\}} c_{a_1 a_2 \cdots a_m x_{m+1} \cdots x_n} |x_{m+1} \cdots x_n\rangle.
\end{aligned}
\tag{6.67}
$$

상태 $|\psi'_{n-m}\rangle$은 기준상태 $\{|x_{m+1} \cdots x_n\rangle\}$으로 이루어진 완전한 Hilbert 공간의 부속 공간 안에 있다. 전체 계의 상태는

$$
|\psi'\rangle = |a_1 a_2 \cdots a_m\rangle \otimes |\psi'_{n-m}\rangle \tag{6.68}
$$

로 주어진다.

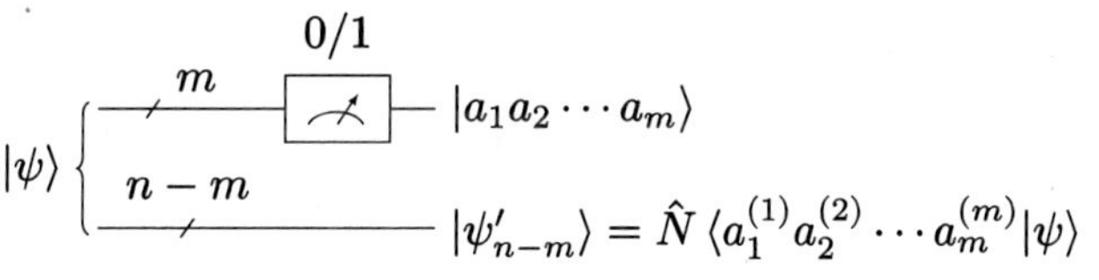

표기: $a_1 a_2 \cdots a_m \in \{0,\ 1\}$은 일련의 이진수의 값을 나타내고, $\hat{N}$은 규격화를 표기한다. $\langle a_1^{(1)} a_2^{(2)} \cdots a_m^{(m)} | \psi \rangle$는 식 6.63에서 정의한 부분곱 표기방법을 이용하였다.

▌그림 6.3▐ 큐빗 집단에 대한 측성

6.4.3 ∗양자알고리즘을 위한 부분측정 파라다임

위에서 논의한 부분측정 수식화에 대한 응용으로 양자알고리즘에서 자주 사용하는 기본적인 측정 모형을 조사하겠다. 이 파라다임은 양자 암호학뿐만 아니라 Shor나 Simon과 같은 알고리즘에서 중요한 역할을 한다.

1 함수의 구현

그림 6.4(a)에서 함수 $f(x)$를 어떻게 유니타리 변환 U_f로 구현하는지 나타낸다. $|x_1\rangle$,

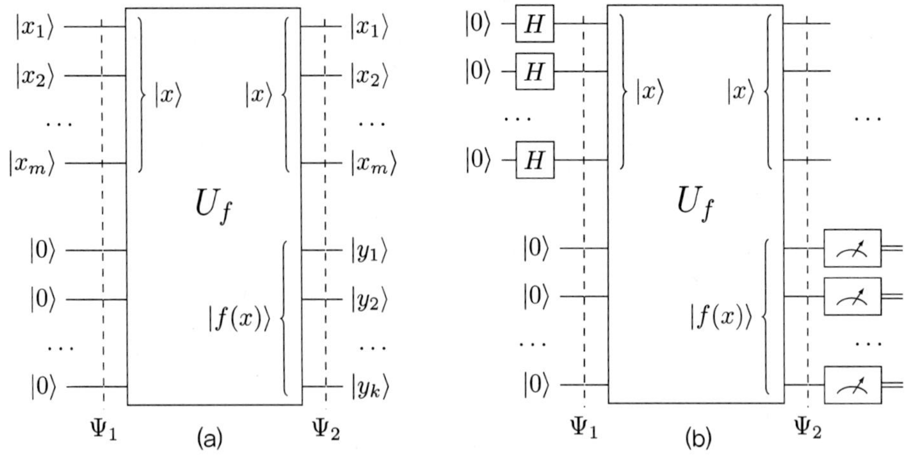

▌그림 6.4▐ 양자알고리즘에 대한 부분측정 파라다임

$|x_2\rangle$, ..., $|x_m\rangle$으로 이름 붙인 첫 m-큐빗 레지스터는 입력 x를 암호화한다. x를 m-비트 문자열이나 m개의 이진수로 표현한 숫자로 생각할 수 있다.

$|0\rangle$으로 초기화한 k 큐빗으로 구성된 두 번째 레지스터는 함수값을 위해 따로 둔다. 입력에서 계의 상태는

$$|\Psi_1\rangle = |x\rangle \otimes |0\rangle^{\otimes k} \tag{6.69}$$

로 주어진다.

함수의 출력은 $|y_1\rangle$, $|y_2\rangle$, ..., $|y_k\rangle$로 표시한 두 번째 레지스터에 인코딩된다. 이 상태는 $f(x)$의 수치 출력의 이진수를 표현한다. 함수는 또한 벡터 형태로 이해할 수 있다.

$$[y_1, y_2, \ldots, y_k]^T = f([x_1, x_2, \ldots, x_m]^T). \tag{6.70}$$

출력은 두 번째 레지스터에 있지만 입력은 첫 번째 레지스터에 유지되고 있는 것을 주목하여라. 이것이 양자역학에서 요구하는 변환 U_f의 역이 존재하는(그러므로 유니타리이다) 것을 보장한다.

출력에서 결합계의 상태는

$$|\Psi_2\rangle = |x\rangle \otimes |f(x)\rangle \tag{6.71}$$

로 주어진다.

$|\Psi_2\rangle$는 두 성분의 텐서곱처럼 보이지만 반드시 직접곱 상태일 필요는 없다는 것을 주목하여라. 이것은 두 번째 성분 $|f(x)\rangle$는 x를 통해 첫 번째 성분에 의존하기 때문이다. 이 의존성은 유니타리 변환 U_f에 의해 도입된 내재하는 얽힘을 반영한다.

함수 f는 일대일, 또는 다대일 함수이다. 아래 몇 가지 예가 있다.

1. IsPrime 함수: 출력은 한 개의 비트이다. x가 소수이면 $y=1$이고, 이외의 경우 $y=0$이다.
2. Mod-N 함수: 출력은 적어도 $\log_2 N$ 큐빗이 필요하여 $y=x \mod N$을 나타낸다. 여기서 N은 2^k보다 작은 정수이다.

2 균일한 중첩 입력

중첩 상태를 입력으로 이용하는 것은 그림 6.4(b)에서 보였듯이 양자계산의 강력한 도구이다. H로 표기한 Hadamard 게이트는 $|0\rangle$을 $|+\rangle=\frac{1}{\sqrt{2}}(|0\rangle+|1\rangle)$로 변환시킨다. 이 연산으로 입력 레지스터를 모든 m-큐빗 기준상태의 균일한 중첩으로 Ψ_1으로 만들고, 이것은 수학적으로 다음과 같이 수식화할 수 있다.

$$|\text{in}\rangle = |+\rangle^{\otimes m} = \sum_{x\in\{0,1\}^m} |x\rangle. \tag{6.72}$$

그러면 입력에서 결합된 계의 상태는

$$|\Psi_1\rangle = \left(\sum_{x\in\{0,1\}^m} |x\rangle\right) \otimes |0\rangle^{\otimes k} \tag{6.73}$$

으로 주어진다.

변환 U_f의 선형 성질로 인해 출력에서 결합된 계의 상태는

$$|\Psi_2\rangle = \sum_{x\in\{0,1\}^m} (|x\rangle \otimes |f(x)\rangle) \tag{6.74}$$

이다.

3 출력 측정

출력 레지스터를 측정할 때 $\tilde{y}$로 표기하는 $f(x)$의 가능한 값 중 하나를 얻는다. 식 6.67에 의하면 계는 두 번째 레지스터가 $|\tilde{y}\rangle$인 상태로 붕괴한다. 동시에 첫 번째 레지스터는 $f(x)=\tilde{y}$인 모든 상태 $|x\rangle$의 중첩으로 투영된다. 이 투영으로 인해 식 $f(x)=\tilde{y}$의 해를 만들고, 수학적으로는 다음과 같이 표기한다.

$$|\tilde{x}\rangle = \sum_{\substack{x\in\{0,1\}^m \\ f(x)=\tilde{y}}} |x\rangle\,. \tag{6.75}$$

아래에 몇 개의 예를 들어보겠다.

1. IsPrime: $f(x)$가 위에서 주어진 IsPrime 함수이고, 측정 결과가 1이라면 $|\tilde{x}\rangle$는 2^m보다 작은 모든 소수를 포함한다. 역으로 측정 결과가 0이면 $|\tilde{x}\rangle$는 2^m보다 작은 소수가 아닌 모든 수를 포함한다.

2. 모듈러 거듭제곱: N과 p가 $p < N$인 서로소인 정수일 때 $f(x) = p^x \bmod N$이다. 이 함수는 어떤 주기 r인 주기함수이어서 임의의 정수 n에 대해 $f(x) = f(x + nr)$이 성립한다.

   출력을 측정하고 값 $\tilde{y}$를 얻었을 때 어떤 x_0에 대해 $f(x_0) = \tilde{y}$라면 $|\tilde{x}\rangle$는 $f(x)$의 주기 성질로 인해 $|x_0\rangle + |x_0 + r\rangle + |x_0 + 2r\rangle + |x_0 + 3r\rangle + \cdots$ 형태의 중첩이다. $|\tilde{x}\rangle$에 양자 Fourier 변환을 적용하면 주기 r을 알 수 있다. 이 주기 r을 구하면 N을 인수분해하는 효율적인 방법을 얻고, 이것은 Shor 알고리즘의 기본 원리이다.

이 측정 파라다임은 공개 키 양자화폐 방법뿐만 아니라 Simon과 Shor의 방법을 포함하는 많은 양자알고리즘의 주요 요소이다(§11.3.2).

연습문제 6.10

$N = 5$, $m = 5$인 Mod-N 함수, 즉 $0 \leq x < 32$에 대해 $y = x \bmod 5$를 고려하자. 계를 이미 모든 가능한 x값에 대한 균일한 중첩 상태로 준비했다고 가정하고 §6.5.3에서 자세히 설명한 부분 측정 파라다임을 적용하여라.

(a) 가능한 측정 결과는 무엇인가?

(b) 측정 결과가 $\tilde{y} = 1$이면 $\tilde{x}$ 값의 집합은 무엇인가?

6.4.4 * 대체 기준에서의 측정

대부분의 양자컴퓨팅 장치는 본질적으로 계산기준에서 측정을 하지만 다른 기준에서 측정을 해야 하는 하는 경우가 있다. 이러한 경우 전형적으로 측정 직전에 기준 회전을 적용한다.

n-큐빗 상태 $|\psi\rangle$를 고려하자. 이것을 $\{|\phi_i\rangle\}$로 표기한 직교규격화 기준에서 측정하고 싶으면 필요한 유니타리 변환 U는

$$U = \sum_{i=0}^{2^n - 1} |i\rangle\langle\phi_i| \tag{6.76}$$

으로 만들 수 있다. 여기서 $|i\rangle$는 십진수 표기에서 n-큐빗 계산기준이다.

§3.4.5에서 보였듯이 계산 기준에서 $U|\psi\rangle$를 측정하는 것은 $\{|\phi_i\rangle\}$ 기준에서 $|\psi\rangle$를 측정하는 것과 동등하다. 이 개념을 그림 6.5에 보였다.

측정 확률은 가능한 결과에 대한 분포를 이루고, 이것은 상태 $|\psi\rangle$를 각각의 기준 상태 $\{|\phi_i\rangle\}$에 대한 투영 가능성을 나타낸다.

$$P_i = |\langle\phi_i|\psi\rangle|^2. \tag{6.77}$$

동등한 관점은 계산 기준에 대해 $U|\psi\rangle$와 관련된 확률을 고려하는 것이다.

$$P_i = |\langle i|U|\psi\rangle|^2. \tag{6.78}$$

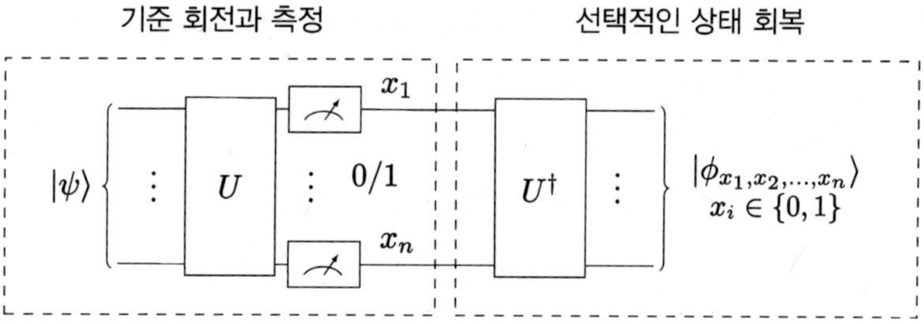

▌그림 6.5▐ 대체 기준에서 다중큐빗 측정

대부분의 경우 주요 관심사는 고전적인 측정 결과, 즉 값 x_1, x_2, $\cdots$, x_n이고, 반면 그 결과 양자상태는 전형적으로 무시한다. 그러나 양자회로에서 더 처리할 때 측정 후 상태 $|\phi_{x_1,\, x_2,\, \cdots,\, x_n}\rangle$이 필요한 상황이 있을 수 있다. 이러한 경우 그림 6.5에서 $U^\dagger$로 표시한 역기준회전을 적용하여 원래 양자상태를 다시 만들 필요가 있다.

연습문제 6.11

많은 양자 기계학습 알고리즘에서 특정한 회로 구조가 관측된다. 아래 설명이 이 전형적인 회로를 나타낸다. 측정은 $|00\ldots0\rangle$ 상태에 반하여 수행한다는 것을 주목하여라.

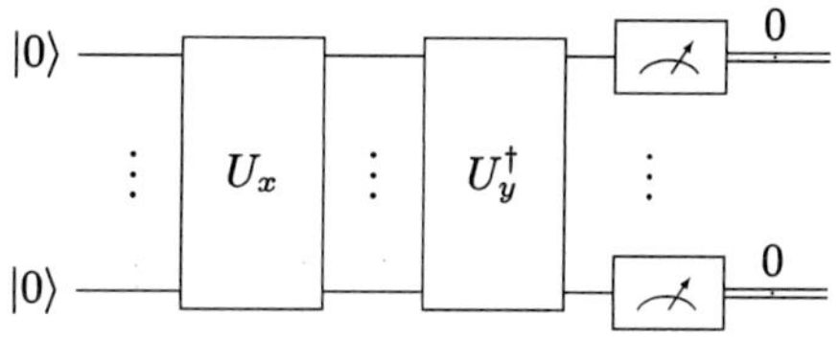

이 측정을 이 회로에서 반복적으로 수행하는 경우를 고려하자. 상당히 많은 반복을 한 후 출력의 통계적 평균을 유도할 수 있다.

이 내용이 주어졌을 때 임무는 다음과 같다.

(a) 내적을 이용하여 측정 결과에 대한 표현을 결정하여라.
(b) 유도한 측정 결과의 해석에 대해 논의하여라.

6.5 ∗다중 큐빗 상태의 시간 변화

슈뢰딩거 방정식을 이용하여 큐빗이나 원자와 같은 양자계 상태의 시간 변화를 결정한다고 배웠다. 다중 큐빗의 관점에서 슈뢰딩거 방정식은 식 6.49로 주어지는 계의 결합 상태 벡터의 시간 변화를 결정한다.

6.5.1 ∗2-큐빗계

두 큐빗 A와 B로 이루어진 계의 해밀토니안은 각 큐빗에 대한 개별적인 해밀토니안과 가능한 상호작용항으로 이루어져 있다.

$$H_{AB} = H_A \otimes I_B + I_A \otimes H_B + H_{\text{int}}. \tag{6.79}$$

여기서 H_A와 H_B는 큐빗 A와 B의 해밀토니안이고, I_A와 I_B는 각 Hilbert 공간에서 항등연산자이다. H_{int} 항은 두 큐빗의 상호작용을 나타내고 특정한 물리적인 큐빗의 구현과 이들 사이의 상호작용 형태에 의존한다.

2-큐빗계에 대한 슈뢰딩거 방정식은

$$i\hbar \frac{\partial}{\partial t} |\psi_{AB}(t)\rangle = H_{AB} |\psi_{AB}(t)\rangle \tag{6.80}$$

으로 주어진다. 이 식은 두 큐빗 사이에 상호작용이 있을 때 결합 상태벡터 $|\psi_{AB}(t)\rangle$의 시간 변화를 결정한다.

이 시간에 의존하는 슈뢰딩거 방정식의 해는 시간순서 지수함수로 수식적으로 표현할 수 있다.

$$|\psi_{AB}(t)\rangle = e^{-\frac{iH_{AB}t}{\hbar}} |\psi_{AB}(0)\rangle. \tag{6.81}$$

이것은 시간변화 연산자를 직접 적용한 것이다. 이 해는 해밀토니안이 시간에 명백히 의존하지 않는다는 가정에서 얻었다는 것을 주목하여라.

6.5.2 ∗다중 큐빗계

n-큐빗계에 대해 슈뢰딩거 방정식과 해밀토니안은 자연스럽게 일반화할 수 있다. n-큐빗계의 해밀토니안은 각 큐빗에 대한 개별적인 해밀토니안과 모든 가능한 상호작용항으로 이루어져 있다.

$$H = \sum_{i=1}^{n} H_i \otimes I_{\neg i} + \sum_{i<j} H_{ij} \otimes I_{\neg ij} + \dots. \tag{6.82}$$

여기서 H_i는 i번째 큐빗과 관련된 개별적인 해밀토니안이다. 이 해밀토니안은 각 큐빗의 국소적인 동역학을 결정하고, 이것은 외부 장이나 국소 퍼텐셜에 의한 것일 수 있다. $I_{\neg,i}$는 i번째 큐빗을 제외한 모든 다른 큐빗에 작용하는 항등연산자이다. 이 다른 큐빗에 대해 항등연산자를 사용하면 해밀토니안 H_i는 i번째 큐빗에만 작용하고, 다른 큐빗은 영향을 받지 않는다는 것을 확신할 수 있다.

H_{ij}는 i번째와 j번째 큐빗 사이의 상호작용 해밀토니안이다. 이것은 한 큐빗이 다른 큐빗에 끼치는 영향을 나타내며 스핀-스핀 상호작용이나 어떤 외부 장에 의한 결합과 같은 다양한 상호작용을 기술할 수 있다. 여기서도 $I_{\neg,ij}$는 i, j번째 큐빗을 제외한 모든 다른 큐빗에 대한 항등연산자여서 상호작용 해밀토니안 H_{ij}는 의도한 큐빗에만 영향을 준다.

이것은 다중큐빗 해밀토니안의 일반적인 형태이고, H_i와 H_{ij}의 정확한 형태는 기술하는 특정한 양자계에 의존한다는 것을 주목하여라. 예를 들어 아래에서 논의할 Ising 모형에서 H_{ij} 항은 $J_{ij}Z_iZ_j$로 주어진다.

식 마지막 부분의 점은 특정한 계에서 필요하다면 더 큰 집단 큐빗의 상호작용을 얻기 위해 이 구조가 확장될 수 있다는 것을 나타낸 것이다. 그러나 실제 많은 경우에서 종종 물리적 실현성과 계산 운영 가능성으로 인해 단일큐빗과 2-큐빗 상호작용으로 한정한다.

n큐빗계에 대한 슈뢰딩거 방정식은 다음과 같다.

$$i\hbar\frac{\partial}{\partial t}|\psi(t)\rangle = H|\psi(t)\rangle. \tag{6.83}$$

해밀토니안이 시간에 명시적으로 의존하지 않으면 위의 식의 해는

$$|\psi(t)\rangle = U(t)|\psi(0)\rangle \tag{6.84}$$

이고, $U(t)$는 시간변화 연산자이다.

$$U(t) = e^{-\frac{iHt}{\hbar}}. \tag{6.85}$$

6.5.3 ∗ 예제: Ising 모형

가로장 Ising 모형(Transverse Field Ising Model: TFIM), 간단히 말해 Ising 모형은 가로 자기장의 영향을 받는 스핀계를 기술하는 응집물리에서 잘 알려진 모형이다. 양자컴퓨팅의 관점에서 보면 양자컴퓨터에서 바닥상태를 효율적으로 준비할 수 있고, 그러므로 다양한 양자 최적화와 시뮬레이션 알고리즘에 사용할 수 있는 다중큐빗계의 전형적인 예이다.

TFIM의 해밀토니안은 다음과 같다.

$$H = \sum_{i<j} J_{ij}Z_iZ_j - \Gamma\sum_i X_i. \tag{6.86}$$

가로장 Ising 모형의 해밀토니안에는 두 개의 항이 있다.

(1) $\sum_{i<j} J_{ij}Z_iZ_j$: 이것은 Ising 상호작용항이다. 여기서 합은 격자 위의 이웃한 스핀 i와 j의 모든 쌍에 대해 더한다. 합에 $i<j$가 있어서 이 쌍을 두 번 세지 않는다. J_{ij}는 i번째와 j번째 스핀 사이 상호작용의 세기이고, Z_i와 Z_j는 각각 i번째와 j번째 위치에 있는 스핀에 작용하는 Pauli Z 연산자이다. 따라서 Z_iZ_j는 i번째와 j번째 위치에 있는 스핀에 수행하는 작용을 나타낸다. 즉 이것은 상태 $|i\rangle|j\rangle$에 작용한다. 그림 6.6을 참조하여라.

> 위의 표기에서 Z_iZ_j는 스핀 i와 j에 작용하는 $Z_i \otimes Z_j$를 간단히 쓴 것이다.
> 마찬가지로 X_i는 $X_i \otimes I_{-,i}$를 간단히 쓴 것이고, $I_{-,i}$는 i번째 큐빗을 제외한 모든 큐빗에 작용하는 항등연산자이다.

(2) $-\Gamma\sum_i X_i$: 이것은 가로장 항이고, 합은 격자 위의 모든 스핀 i에 대해 더한 것이다. 상수 Γ는 가로 자기장의 세기를 나타낸다. X_i로 표현한 Pauli X 연산자는 i번째 위치에 있는 스핀에 작용하여 이를 뒤집는다. 음의 부호는 가로장은 Ising 상

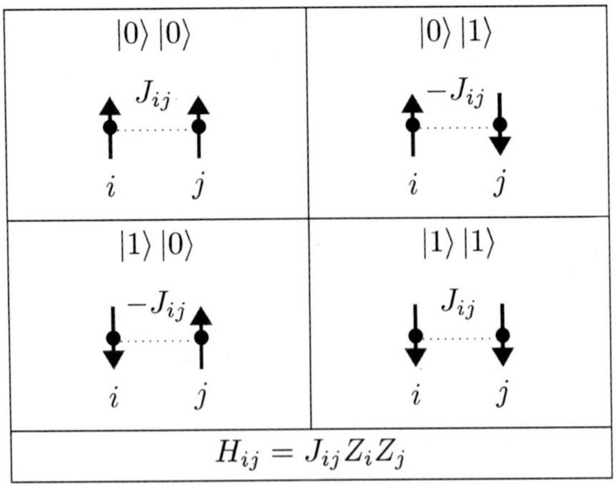

| 그림 6.6 | Ising 상호작용의 예시

호작용에 반대하여 스핀을 x축 방향으로 정렬시키려고 하는 것을 나타낸다.

두 항은 교환하지 않아서 이 계의 정확한 시간변화가 복잡해진다. 그러나 Trotter 분해와 같은 방법을 이용하여 양자컴퓨터에서 TFIM의 시간변화를 효율적으로 시뮬레이션할 수 있다.

Ising 모형은 물리계와 계산 문제 사이에 다리를 놓아 양자장치를 이용하여 실제 관심이 있는 문제를 풀 수 있도록 한다. §11.2에서 이에 대한 응용을 탐구하겠다.

6.5.4 ✷ 예제: CNOT 게이트 구현

CNOT 게이트는 2-큐빗 연산이다. 고급의 설명에서 이 연산의 복잡함은 유니타리 변환으로 기술하는 양자 게이트를 이용하여 단순화시킨다. 그러나 양자 하드웨어 구현에 관련된 전문가에게 슈뢰딩거 방정식이 결정하는 기본적인 개념을 이해하는 것은 중요하다.

CNOT 게이트의 수식적인 정의는 §7.1.1에 있다.

$$\begin{aligned}\text{CNOT} &= \begin{bmatrix} I & 0 \\ 0 & X \end{bmatrix} \\ &= \frac{I+Z}{2}\otimes I + \frac{I-Z}{2}\otimes X \\ &= \frac{1}{2}(I\otimes I + Z\otimes I + I\otimes X - Z\otimes X). \end{aligned} \tag{6.87}$$

해밀토니안 변화의 관점에서 CNOT 연산자의 주요 요소는 두 큐빗 사이의 상호작용을 기호로 나타낸 $\frac{1}{2}(Z\otimes X)$ 항이다.

CNOT 게이트를 실현할 때 중요한 전형적인 해밀토니안은 다음과 같이 표현한다.

$$H_{\text{CNOT}} = -\frac{\pi\hbar}{4\Delta t}(Z\otimes X). \tag{6.88}$$

이 해밀토니안을 이용하여 Δt 동안 시간변화를 할 때 단일 큐빗 회전과 결합하면 2-큐빗계는 CNOT 게이트를 구현하는 변환을 한다는 것을 보일 수 있다.

이것을 입증하기 위해 일반적인 행렬의 성질을 다시 살펴보자. $A^2 = I$를 만족하는 행렬 A에 대해 $e^{i\theta A} = \cos\theta I + i\sin\theta A$가 성립한다. 여기서는 $(Z\otimes X)^2 = I\otimes I$이고, $I\otimes I$는 4×4 단위행렬이다. 따라서 다음과 같이 구할 수 있다.

$$\begin{aligned} U(\Delta t) &= e^{-iH_{\text{CNOT}}\Delta t/\hbar} \\ &= e^{i\frac{\pi}{4}(Z\otimes X)} \\ &= \cos\frac{\pi}{4}(I\otimes I) + i\sin\frac{\pi}{4}(Z\otimes X) \\ &= \frac{1}{\sqrt{2}}\begin{bmatrix} 1 & i & 0 & 0 \\ i & 1 & 0 & 0 \\ 0 & 0 & 1 & -i \\ 0 & 0 & -i & 1 \end{bmatrix}. \end{aligned} \tag{6.89}$$

위의 행렬이 CNOT 연산자를 정확하게 재생한 것은 아니지만 첫 번째 큐빗에 대해서는 Z 회전을, 두 번째 큐빗에 대해서는 X 회전을 도입하면 CNOT 게이트로 만들 수 있다.

$$\text{CNOT} = e^{i\frac{\pi}{4}}U(\Delta t)\left(R_z(\frac{\pi}{2})\otimes R_x(\frac{\pi}{2})\right). \tag{6.90}$$

여기서 회전게이트 R_x와 R_y는 §5.2.5에서 자세히 다루었다.

연습문제 6.12

식 6.90을 확인하여라.

힌트: $U(\Delta t) = \begin{bmatrix} R_x(-\frac{\pi}{2}) & 0 \\ 0 & R_x(\frac{\pi}{2}) \end{bmatrix}, \quad \text{CNOT} = U(\Delta t)\begin{bmatrix} R_x(\frac{\pi}{2}) & 0 \\ 0 & iR_x(\frac{\pi}{2}) \end{bmatrix}.$

연습문제 6.13

H_{CNOT}을 직접 $\frac{\pi\hbar}{2\Delta t}$CNOT으로 표현하면 (이것은 종종 비실용적이다) 이로 인해 $U(\Delta t) = -i$ CNOT임을 보여라.

힌트: $\text{CNOT}^2 = I$.

6.6 요약 및 결론

개념적 발전

이 장의 다중큐빗계에 대한 탐구는 양자계산의 더 발전된 주제의 초석이 된다. 친숙한 고전적인 Newton 역학에서 덧셈 원리로 옮겨간 것과 같이 텐서곱 원리로 결정되는 양자 영역으로 뛰어들었다. 이 원리는 고전역학과 구분되는 양자역학적 측면을 정의하게 된다.

먼저 2-큐빗계에 대한 조사를 시작하여 점차 n 큐빗이 있는 계로 관점을 확장하였다. 이렇게 하여 상태 공간과 계산능력으로 표현할 때 지수함수적으로 복잡해지는 것을 강조하였다. 실제 큐빗의 디코히어런스와 같은 문제로 인해 실제 응용은 제한을 받지만 이론적인 기초에 의하면, 특히 미래에 오류 수정방법이 성숙해지면 막대한 잠재력이 있다.

다중큐빗계의 측정

이 장의 주요 부분은 다중큐빗계에서 측정에 대한 이해를 다루었다. 양자 측정 체계를 다시 보고 복합 양자계, 특히 다중큐빗이 있는 계의 응용으로 확장하였다. 부속계의 국소적 측정과 결합 측정에 상세하게 구분하였다. 상태 공간의 텐서곱 구조와 부속계 사이에 관련된 상관관계를 강조하였다.

시간 변화와 양자 상호작용

슈뢰딩거 방정식을 이용하여 다중큐빗계의 시간변화를 보았다. 2-큐빗과 n-큐빗계를 모두 탐구하여 그 시간변화의 미묘함을 이해하였다. Ising 모형과 CNOT 게이트 구현과 같은 실제적인 응용과 예제로 이 추상적인 원리를 더 보여주었다.

실제 의미와 도전

다중큐빗계의 이론적 의미는 깊지만 큐빗 디코히어런스와 같은 실제적인 문제가 큰 방해가 된다. 이론과 실제 사이의 상호작용은 오류 수정이 기본적인 연구 분야로 떠오르면서 양자컴퓨팅이 발전하면서 중요해질 것이다.

앞으로 다룰 주제

이후의 장을 공부할 때 다중큐빗 양자게이트로 관심을 이동하겠다. 양자컴퓨팅에 필수적인 이 게이트는 다중 큐빗에 동시에 작용하고, 단일큐빗 게이트와는 다른 성질을 부여한다. 흔히 사용하는 다중큐빗 게이트, 범용 게이트 집합, 게이트 시퀀스를 탐구하고, 양자 게이트와 회로의 Boole 표현과 같은 새로운 방법을 도입하겠다. 이를 통해 양자컴퓨팅과 정보처리에 대한 고급 주제의 탄탄한 기초를 제공할 것이다.

문제 6

6.1 $|\psi\rangle = \frac{1}{\sqrt{2}}(|00\rangle + |11\rangle)$, $|\alpha\rangle = \cos\alpha|0\rangle + \sin\alpha|1\rangle$과 $|\beta\rangle = \cos\beta|0\rangle + \sin\beta|1\rangle$을 고려하자. 여기서 $\alpha, \beta \in \mathbb{R}$이다.
확률 $P(\alpha, \beta) = |\langle\alpha|\langle\beta||\psi\rangle|^2$를 계산하여라.

6.2 상태 $c(|00\rangle - 2i|01\rangle + 2i|10\rangle + 4|11\rangle)$이 직접곱 상태인지 결정하여라. 그렇다면 두 성분 상태를 구하여라.

6.3 (a) $\Pi_a = \frac{1}{2}(I - X)$와 $\Pi_b = \frac{1}{2}(I - Z)$로 정의한다. Π_a와 Π_b는 투영연산자, 즉 $\Pi^2 = \Pi$ 임을 증명하여라. 여기서 X와 Z는 Pauli 연산자이다.

(b) $|\psi\rangle = \frac{1}{\sqrt{2}}(|01\rangle - |10\rangle)$가 주어졌을 때 $\langle\psi|\Pi_a \otimes \Pi_b|\psi\rangle$를 계산하여라.

6.4 e^{-iH}가 CNOT 행렬이 되는 4×4 해밀토니안 H를 구하여라.

6.5 식 6.49로 정의한 중첩 상태에 있는 일반적인 n-큐빗계를 고려하자. 첫 두 큐빗을 측정하고 한 개의 Bell 상태, 특히 $|\Psi^-\rangle = \frac{1}{\sqrt{2}}(|01\rangle - |10\rangle)$에 해당하는 결과를 얻었다.

이 측정 결과에 대한 확률과 계의 측정 후 상태를 결정하는 식을 만들어라. 식 6.67과 6.68에 요약한 과정을 따라야 한다.

6.6 다음의 양자회로를 N번 반복 수행한다. 한 번 수행할 때 각각의 n 큐빗은 계산기준에서 측정한다. k번째 수행하여 n개의 측정값 $z_1^{(k)}, z_2^{(k)}, \cdots, z_n^{(k)}$를 얻었다. 여기서 측정 결과가 $|0\rangle$일 때 $z_i^{(k)} = 1$이고, $|1\rangle$에 대해서는 $z_i^{(k)} = -1$이다. 기본적으로 Z 관측량으로 각 큐빗을 측정한다.

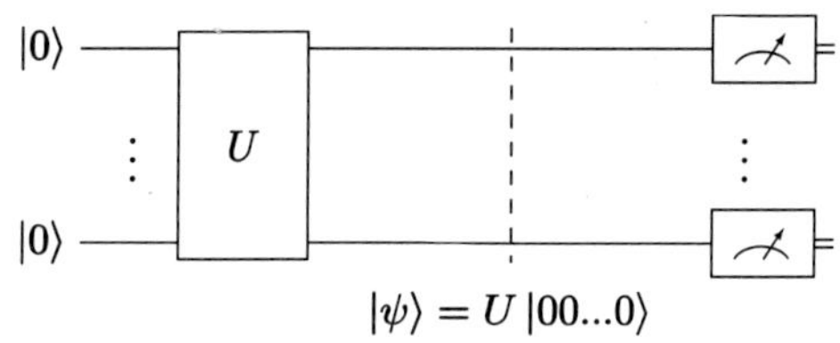

측정 결과로부터 다음을 구하여라.

(a) i번째 큐빗을 측정하여 $|0\rangle$을 얻을 경험적인 확률을 계산하여라. 샘플링 오차를 추정하여라.

(b) 모든 n 큐빗을 측정하여 $|00...0\rangle$을 얻을 경험적인 확률을 계산하여라. 샘플링 오차를 추정하여라.

(c) i번째 큐빗에 대한 경험적 기대값 $\langle Z_i\rangle$를 계산하여라. 샘플링 오차를 추정하여라.

(d) i번째와 j번째 큐빗에 대한 경험적 기대값 $\langle Z_i \otimes Z_j\rangle$를 계산하여라. 샘플링 오차를 추정하여라.

(e) $\langle X_i\rangle$와 $\langle Z_i \otimes X_j\rangle$에 대한 경험적 기대값을 얻을 수 있는가? 설명하여라. 그렇지 않다면 이 값을 얻기 위해 회로를 어떻게 바꾸어야 하는가?

6.7 단일큐빗 Hadamard 변환은 다음과 같이 정의한 유니타리 변환이다.

$$H|0\rangle = \frac{1}{\sqrt{2}}(|0\rangle + |1\rangle), \quad H|1\rangle = \frac{1}{\sqrt{2}}(|0\rangle - |1\rangle).$$

n-큐빗 Hadamard 변환은 n개의 단일큐빗 Hadamard 변환의 텐서곱으로 정의한다.

$$H_n = H^{\otimes n} = H \otimes H \otimes \cdots \otimes H \;\; (n\text{번}).$$

(a) H_3를 행렬 형태로 써라.

(b) H_n은 유니타리 변환이라는 것을 증명하여라.

(c) 상태벡터 $H_n|00\cdots 0\rangle$을 계산하여라.

(d) 상태벡터 $H_n|11\cdots 1\rangle$을 계산하여라.

(e) ∗ $H_n|x_1x_2\cdots x_n$에 대한 일반적인 공식을 유도하여라.

(f) ∗ $H_n \sum_{x_1, x_2, \cdots, x_n \in \{0, 1\}} c_{x1x_2\cdots x_n}|x_1x_2\cdots x_n\rangle$에 대한 일반적인 공식을 유도하여라.

6.8 n-큐빗 XOR 연산은 Simon의 알고리즘과 같은 양자 알고리즘에서 자주 사용하는 변환이다. 이진 문자열 $s = a_1a_2\cdots a_n$(예를 들어 0101⋯)이 주어졌을 때 XOR 변환은 다음과 같이 정의한다.

$$\mathbf{XOR}_n\,|x_1x_2\cdots x_n\rangle = |y_1y_2\cdots y_n\rangle.$$

여기서 1부터 n까지 모든 j에 대해 $y_j = x_j \oplus a_j$이다.

(a) XOR_n은 유니타리 변환임을 증명하여라.

(b) 상태벡터 $\mathrm{XOR}_n|00\cdots 0\rangle$을 계산하여라.

(c) 상태벡터 $\mathrm{XOR}_n|11\cdots 1\rangle$을 계산하여라.

(d) ∗ $\mathrm{XOR}_n|x_1x_2\cdots x_n\rangle$에 대한 일반적인 공식을 유도하여라.

(e) ∗ $\mathrm{XOR}_n \sum_{x_1, x_2, \cdots, x_n \in \{0, 1\}} c_{x1x_2\cdots x_n}|x_1x_2\cdots x_n$에 대한 일반적인 공식을 유도하여라.

(f) ✱ XOR_n을 행렬 형태로 써라.

6.9 ✱ N차원 양자 Fourier 변환(Quantum Fourier Transform: QFT)은 다음과 같이 주어진다.

$$\mathbf{QFT}\,|x\rangle = |\tilde{x}\rangle = \frac{1}{\sqrt{N}}\sum_{k=0}^{N-1}\omega_N^{kx}\,|k\rangle, \qquad x = 0, 1, 2, \ldots, N-1. \tag{6.91}$$

이것은 계산기준 $\{|x\rangle\}$에서 Fourier 기준 $\{|\tilde{x}\rangle\}$로 바꾸는 것으로 볼 수 있다. 여기서 $\omega_N = e^{\frac{2\pi i}{N}}$, $i = \sqrt{-1}$이고, $\{\omega_N^k\}$는 1의 N차 복소수 해이다.

(a) $N=4$에 대한 기준 변환행렬 QFT를 구하여라.

(b) 임의의 N에 대해 QFT와 $\mathrm{QFT}^\dagger$를 행렬 형태로 구하여라.

(c) Fourier 기준에서 $|\psi\rangle = \sum_k c_k|k\rangle$의 표현을 계산하여라.

(d) 계산기준과 Fourier 기준에서 $\langle A\rangle = \langle\psi|A|\psi\rangle$를 계산하고 $N=4$, $A = \sum_{k=0}^{3}(k-2)|k\rangle\langle k|$일 때 두 값은 같다는 것을 보여라.

6.10 ✱ 함수 $y = f(x)$를 고려하자. 여기서 쌍을 이루는 성질은 임의의 x에 대하여 $f(x) = f(x \oplus s)$이고, $\oplus$는 비트 단위의 XOR 연산을 나타낸다. x, y와 s는 모두 m-비트의 이진 문자열이다. 이 함수는 Simon 알고리즘의 구성 성분이다.

계를 이미 모든 가능한 x 값에 대해 균일하게 중첩된 상태로 준비하였다고 가정하고 §6.4.3에서 자세히 설명한 부분측정 파라다임을 적용하여라. 계를 측정했을 때 얻는 상태 $|\tilde{s}\rangle$에 대해 기술하여라(Simon의 알고리즘은 이후에 Hadamard 변환을 사용하여 $|\tilde{x}\rangle$로부터 s에 대한 얻는 정보에 의존한다).

CHAPTER

7

다중큐빗 양자게이트

다중큐빗 게이트는 주로 얽힌 상태를 만들고 조작하는 능력 때문에 양자컴퓨팅에서 중요한 기능을 한다. 범용 양자알고리즘을 수행할 때 필수적인 이러한 상태는 단일큐빗 게이트만을 이용해서는 만들 수 없다. 개별 큐빗에 유니타리 변환을 적용하는 단일큐빗 게이트와는 달리 다중큐빗 게이트는 다중 큐빗에 동시에 확장하여 작용한다. 이들은 n-큐빗 상태 공간에 작용하여 이에 대응하는 행렬 표현인 $2^n \times 2^n$ 행렬을 만든다. 여기서 n은 사용하는 큐빗 수를 나타낸다.

독특하고 중요한 역할에도 불구하고 다중큐빗 게이트는 유니타리 연산자라는 중요한 성질을 유지한다. 이들은 상태 벡터 사이의 내적을 유지하여 양자역학의 법칙, 특히 확률 보존은 이들을 작용한 후에도 깨지지 않게 한다. 이 유니타리 성질은 양자역학과 양자계산의 전체 구조가 일관성이 있게 만든다.

이 장에서는 먼저 양자컴퓨팅과 범용 게이트 집합에서 흔히 사용하는 다중큐빗 게이트를 조사하겠다. 이 기초적인 개념을 기반으로 큐빗에 동등한 변환을 만드는 엄밀한 시퀀스에 대한 탐구를 포함한 게이트 시퀀스에 대한 공부를 하겠다. 이를 돕기 위해 새로운 방법을 도입한다. 이것은 양자 게이트와 회로에 대한 Boole 표현이다. 이 주제는 양자컴퓨팅과 정보처리 분야에서 기본적이고 더 많은 탐구에 대한 기초를 이룬다.

7.1 많이 사용하는 다중큐빗 게이트

양자컴퓨팅에서 흔히 사용하는 다중큐빗 게이트에 대한 심층 탐구로 시작하겠다. 이후에는 병렬 양자게이트와 고전적으로 제어하는 게이트와 같은 관련된 주제를 살펴보겠다.

양자컴퓨팅에서 접한 다중큐빗 게이트는(표 7.1 참조) Controlled NOT(CNOT), Controlled Z(CZ), SWAP, (CCNOT로도 알려진) Toffoli, (CSWAP으로도 알려진) Fredkin 게이트, 일반적인 Controlled-U(CU) 게이트와 2-큐빗 회전 게이트를 포함한다. CU 게이트에서 U는 임의의 단일큐빗 유니타리 변환을 나타낸다. 이 게이트는 양자회로와 양자 알고리즘에서 중요한 역할을 하여 얽힌 상태를 만들고, 한 개 혹은 그 이상의 제어 큐빗 상태에 근거를 둔 조건부 연산의 수행이 가능하다.

표 7.1에 있는 게이트의 행렬 표현을 식 7.1에 나타내었다.

$$\text{CNOT} = \begin{bmatrix} 1 & 0 & 0 & 0 \\ 0 & 1 & 0 & 0 \\ 0 & 0 & 0 & 1 \\ 0 & 0 & 1 & 0 \end{bmatrix} = \begin{bmatrix} I & 0 \\ 0 & X \end{bmatrix}, \tag{7.1a}$$

$$\text{CZ} = \begin{bmatrix} 1 & 0 & 0 & 0 \\ 0 & 1 & 0 & 0 \\ 0 & 0 & 1 & 0 \\ 0 & 0 & 0 & -1 \end{bmatrix} = \begin{bmatrix} I & 0 \\ 0 & Z \end{bmatrix}, \tag{7.1b}$$

$$\text{CU} = \begin{bmatrix} 1 & 0 & 0 & 0 \\ 0 & 1 & 0 & 0 \\ 0 & 0 & u_{00} & u_{01} \\ 0 & 0 & u_{10} & u_{11} \end{bmatrix} = \begin{bmatrix} I & 0 \\ 0 & U \end{bmatrix}, \tag{7.1c}$$

$$\text{SWAP} = \begin{bmatrix} 1 & 0 & 0 & 0 \\ 0 & 0 & 1 & 0 \\ 0 & 1 & 0 & 0 \\ 0 & 0 & 0 & 1 \end{bmatrix} \quad = \frac{1}{2}\begin{bmatrix} I+Z & X-iY \\ X+iY & I-Z \end{bmatrix}, \tag{7.1d}$$

$$\text{CCNOT} = \begin{bmatrix} 8\times 8 \\ \text{행렬} \end{bmatrix} \quad = \begin{bmatrix} I_6 & 0 \\ 0 & X \end{bmatrix}, \tag{7.1e}$$

$$\text{CSWAP} = \begin{bmatrix} 8\times 8 \\ \text{행렬} \end{bmatrix} \quad = \begin{bmatrix} I_4 & 0 \\ 0 & \text{SWAP} \end{bmatrix}. \tag{7.1f}$$

| 표 7.1 | 많이 사용하는 다중큐빗 양자 게이트

게이트	기호	연산	설명
CNOT (CX)	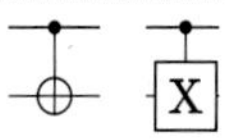	$\lvert 00\rangle\langle 00\rvert+\lvert 01\rangle\langle 01\rvert$ $+\underline{\lvert 10\rangle\langle 11\rvert}+\underline{\lvert 11\rangle\langle 10\rvert}$	제어 큐빗이 $\lvert 1\rangle$일 때 타겟 큐빗에 X를 작용.
CZ (ZZ)	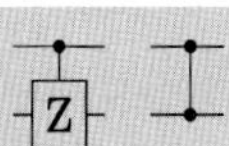	$\lvert 00\rangle\langle 00\rvert+\lvert 01\rangle\langle 01\rvert$ $+\lvert 10\rangle\langle 10\rvert\underline{-}\lvert 11\rangle\langle 11\rvert$	* 제어 큐빗이 $\lvert 1\rangle$일 때 타겟 큐빗에 Z를 작용.
SWAP	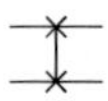	$\lvert 00\rangle\langle 00\rvert+\lvert 01\rangle\langle 10\rvert$ $+\underline{\lvert 10\rangle\langle 01\rvert}+\lvert 11\rangle\langle 11\rvert$	작용하는 두 큐빗 상태를 교환.
CCNOT (Toffoli)	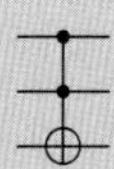	$\lvert 000\rangle\langle 000\rvert+\lvert 001\rangle\langle 001\rvert$ $+\lvert 010\rangle\langle 010\rvert+\lvert 011\rangle\langle 011\rvert$ $+\lvert 100\rangle\langle 100\rvert+\lvert 101\rangle\langle 101\rvert$ $+\underline{\lvert 110\rangle\langle 111\rvert}+\underline{\lvert 111\rangle\langle 110\rvert}$	두 개의 제어 큐빗이 모두 $\lvert 1\rangle$일 때 타겟 큐빗에 X를 작용.
CSWAP (Fredkin)	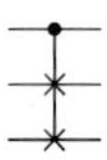	$\lvert 000\rangle\langle 000\rvert+\lvert 001\rangle\langle 001\rvert$ $+\lvert 010\rangle\langle 010\rvert+\lvert 011\rangle\langle 011\rvert$ $+\lvert 100\rangle\langle 100\rvert+\lvert 101\rangle\langle 101\rvert$ $+\underline{\lvert 110\rangle\langle 111\rvert}+\underline{\lvert 111\rangle\langle 111\rvert}$	제어 큐빗이 $\lvert 1\rangle$일 때 두 번째와 세 번째 큐빗 상태를 바꿈.
Ctrl-U (CU)	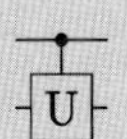	$\lvert 00\rangle\langle 00\rvert+\lvert 01\rangle\langle 01\rvert$ $+\underline{u_{00}\lvert 10\rangle\langle 10\rvert}+\underline{u_{01}\lvert 10\rangle\langle 11\rvert}$ $+\underline{u_{10}\lvert 11\rangle\langle 10\rvert}+\underline{u_{11}\lvert 11\rangle\langle 11\rvert}$	제어 큐빗이 $\lvert 1\rangle$일 때 타겟 큐빗에 U를 작용.
$R_{zz}(\theta)$	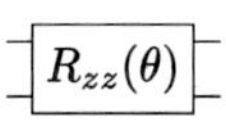		2-큐빗 회전 게이트. 또한 R_{zx}, R_{xy} 등이 있음.

연산자에서 밑줄 친 항은 게이트가 유도한 기준 변환의 변화를 나타낸다.

참조*: CZ 게이트는 유일한 성질을 나타낸다. 큐빗 1 혹은 2 중 어떤 것이 제어 큐빗이 되어도 상관없다(연습문제 7.4 참조). 이러한 행동의 대칭성으로 인해 다른 이름 ZZ 게이트라고도 부르며 오른쪽에 보인 기호로 표현한다.

연습문제 7.1

식 7.1에 있는 연산자 행렬은 유니타리임을 확인하여라.

연습문제 7.2

Controlled-H 게이트가 흔히 사용되지 않는 양자 게이트인 이유를 탐구하여라.

7.1.1 CNOT 게이트

가장 쓸모 있는 다중큐빗 게이트인 CNOT 게이트를 이용하여 그 연산자와 행렬이 어떻게 작동하는지 조사하자. 표 7.1에 나타낸 CNOT 게이트에 대해 큐빗 1은 제어 큐빗이고, 큐빗 2는 타겟 큐빗이다. 제어 큐빗이 $|1\rangle$일 때 X(즉 NOT) 게이트를 타겟 큐빗에 작용하여 0을 1로, 1을 0으로 바꾼다.

예를 들어 기준상태 $|10\rangle$는 $|11\rangle$로 변환된다. 이것은 CNOT의 연산자에서 $|11\rangle\langle 10|$ 항에 해당한다. CNOT 행렬에 대해(식 7.2 참조) 행을 $|00\rangle$, $|01\rangle$, $|10\rangle$와 $|11\rangle$로 이름 붙이고, 행은 $\langle 00|$, $\langle 01|$, $\langle 10|$과 $\langle 11|$로 이름 붙이자. 그러면 $|11\rangle\langle 10|$은 행 $|11\rangle$과 열 $\langle 10|$에서 1에 해당한다. 이것은 다음 표의 세 번째 행에 요약하였다.

기준 변환	투영연산자	행렬요소
$|00\rangle \mapsto |00\rangle$	$|00\rangle\langle 00|$	행 $|00\rangle$과 열 $\langle 00|$에서 1
$|01\rangle \mapsto |01\rangle$	$|01\rangle\langle 01|$	행 $|01\rangle$과 열 $\langle 01|$에서 1
$|10\rangle \mapsto |11\rangle$	$|11\rangle\langle 10|$	행 $|11\rangle$과 열 $\langle 10|$에서 1
$|11\rangle \mapsto |10\rangle$	$|10\rangle\langle 11|$	행 $|10\rangle$과 열 $\langle 11|$에서 1

$$\mathrm{CNOT} = \begin{array}{c} \\ |00\rangle \\ |01\rangle \\ |10\rangle \\ |11\rangle \end{array} \begin{array}{c} \begin{array}{cccc} \langle 00| & \langle 01| & \langle 10| & \langle 11| \end{array} \\ \begin{bmatrix} 1 & 0 & 0 & 0 \\ 0 & 1 & 0 & 0 \\ 0 & 0 & 0 & 1 \\ 0 & 0 & 1 & 0 \end{bmatrix} \end{array}. \tag{7.2}$$

CNOT 게이트는 멱등성이 있다. 즉 $\mathrm{CNOT}^2 = I_4$이고, $I_4 = I \otimes I$는 4×4 단위행렬이다. 이것은 CNOT 게이트를 연속하여 두 번 작용하면 계에 아무 변화가 없다는 것을 의미한다.

고전적인 논리게이트와 비교할 때 양자 게이트의 독특한 특징은 양자 게이트는 중첩 상태에 작용할 수 있다는 것이다. 일반적인 2-큐빗 상태

$$|\psi\rangle = \alpha\,|00\rangle + \beta\,|01\rangle + \gamma\,|10\rangle + \delta\,|11\rangle \tag{7.3}$$

을 조사하자.

CNOT 연산자에 있는 $|11\rangle\langle 10|$ 항은 $|\psi\rangle$에서 $\gamma|10\rangle$을 끄집어내어 $\gamma|11\rangle$로 변환시킨다. 마찬가지로 연산자의 다른 항도 생각할 수 있다. 따라서 다음을 얻는다.

$$\mathrm{CNOT}\,|\psi\rangle = \alpha\,|00\rangle + \beta\,|01\rangle + \gamma\,|11\rangle + \delta\,|10\rangle. \tag{7.4}$$

해당하는 행렬 연산은 다음과 같다.

$$\begin{bmatrix} 1 & 0 & 0 & 0 \\ 0 & 1 & 0 & 0 \\ 0 & 0 & 0 & 1 \\ 0 & 0 & 1 & 0 \end{bmatrix} \begin{bmatrix} \alpha \\ \beta \\ \gamma \\ \delta \end{bmatrix} = \begin{bmatrix} \alpha \\ \beta \\ \delta \\ \gamma \end{bmatrix}. \tag{7.5}$$

CNOT 게이트를 취급할 때 "제어 큐빗"이라는 용어는 제어 큐빗 상태는 그대로 남아 있다고 암시하는 것처럼 보일 수도 있다. 그러나 이것은 특히 제어 큐빗이 중첩 상태일 때 항상 성립하지는 않는다. $\{|+\rangle, |-\rangle\}$ 기준을 고려하자. 기준상태에 CNOT 게이트를 적용하면 다음을 얻는다.

$$\text{CNOT}\,|++\rangle = |++\rangle, \tag{7.6a}$$

$$\text{CNOT}\,|+-\rangle = |--\rangle, \tag{7.6b}$$

$$\text{CNOT}\,|-+\rangle = |-+\rangle, \tag{7.6c}$$

$$\text{CNOT}\,|--\rangle = |+-\rangle. \tag{7.6d}$$

이 결과로부터 $\{|+\rangle, |-\rangle\}$ 기준에서 "타켓 큐빗" 상태는 변하지 않지만 "제어 큐빗"은 연산에 따라 변할 수 있다.

따라서 다중큐빗 게이트는 개별 큐빗에 따로 작용하는 것이 아니라 큐빗 전체계에 작용하는 것으로 항상 이해해야 한다. 이것은 기억해야 할 중요한 점이다.

연습문제 7.3

식 7.6을 확인하여라.

7.1.2 뒤집힌 CNOT 게이트

큐빗 2가 제어 큐빗이고, 큐빗 1이 타겟 큐빗인 CNOT 게이트를 고려하자. 이것을 CNOT′, 혹은 CX′이라고 부르겠다. 이제 두 번째 큐빗이 $|1\rangle$일 때 X(즉 NOT) 게이트를 첫 번째 큐빗에 작용하여 1과 1을 뒤집는다.

기호, 연산자와 설명

게이트	기호	연산자	설명
CNOT′ (CX′)		$\|00\rangle\langle 00\| + \|11\rangle\langle 01\| + \|10\rangle\langle 10\| + \|01\rangle\langle 11\|$	두 번째 큐빗이 $\|1\rangle$이면 첫 번째 큐빗에 X를 작용

기준 변환

기준 변환	투영연산자	행렬요소
$\|00\rangle \mapsto \|00\rangle$	$\|00\rangle\langle 00\|$	행 $\|00\rangle$과 열 $\langle 00\|$에서 1
$\|01\rangle \mapsto \|11\rangle$	$\|11\rangle\langle 01\|$	행 $\|11\rangle$과 열 $\langle 01\|$에서 1
$\|10\rangle \mapsto \|10\rangle$	$\|10\rangle\langle 10\|$	행 $\|10\rangle$과 열 $\langle 10\|$에서 1
$\|11\rangle \mapsto \|01\rangle$	$\|01\rangle\langle 11\|$	행 $\|01\rangle$과 열 $\langle 11\|$에서 1

행렬:

$$\text{CNOT}' = \begin{array}{c} \\ |00\rangle \\ |01\rangle \\ |10\rangle \\ |11\rangle \end{array} \begin{array}{c} \begin{array}{cccc} \langle 00| & \langle 01| & \langle 10| & \langle 11| \end{array} \\ \begin{bmatrix} 1 & 0 & 0 & 0 \\ 0 & 0 & 0 & 1 \\ 0 & 0 & 1 & 0 \\ 0 & 1 & 0 & 0 \end{bmatrix} \end{array}. \tag{7.7}$$

CNOT′ 게이트는 다음과 같이 2×2 블록 형태로 쓸 수 있다.

$$\text{CNOT}' = \frac{1}{2}\begin{bmatrix} I+Z & I-Z \\ I-Z & I+Z \end{bmatrix}. \tag{7.8}$$

연습문제 7.4

CNOT은 CNOT′과 같지 않다는 사실과는 대조적으로 게이트 CZ은 CZ′과 같음을 보여라. 여기서 CZ′은 큐빗 2가 제어 큐빗으로 작용하고, 큐빗 1이 타겟 큐빗인 CZ 게이트를 나타낸다. 사실 이 성질 때문에 CZ 게이트는 ZZ 게이트라고도 부른다.

7.1.3 ∗ 일반적인 제어된 U 게이트

제어된 U(혹은 CU) 게이트는 제어 큐빗이 $|1\rangle$일 때 타겟 큐빗에 일반적인 유니타리 게이트 U를 작용한다. 표 7.1에 나열한 CNOT, CZ, CCNOT과 CSWAP 게이트는 제어된 U 게이트의 특별한 경우이다. 타겟과 제어는 또한 한 개 이상의 큐빗일 수 있다. 예를 들어 CCNOT 게이트는 제어에 두 개의 큐빗을 사용하고, CSWAP 게이트는 타겟으로 두 개의 큐빗을 사용한다.

1 수학적 표현

수학적으로 제어된 U 게이트는

$$\text{CU} = \begin{bmatrix} I & 0 \\ 0 & U \end{bmatrix} \tag{7.9}$$

로 표현할 수 있다. 여기서 U는 유니타리 행렬이고, I는 단위행렬이다.

아래에서 단순히 하기 위해 타겟과 제어가 단일 큐빗인 경우만을 고려하여 U와 I는 2×2 행렬이다.

CU에 대한 위의 행렬에 해당하는 연산자 형태는

$$\text{CU} = |0\rangle\langle 0| \otimes I + |1\rangle\langle 1| \otimes U \tag{7.10}$$

이다. 바로 확인할 수 있지만 이것은 전개하면 표 7.1의 연산자가 된다.

CU 게이트는 제어 큐빗이 $|1\rangle$일 때 타겟 큐빗에 U를 작용한다는 사실은 다음과 같이 표현할 수 있다.

$$\text{CU}\,|0\rangle\,|\psi\rangle = |0\rangle\,|\psi\rangle, \tag{7.11a}$$

$$\text{CU}\,|1\rangle\,|\psi\rangle = |1\rangle\,U\,|\psi\rangle. \tag{7.11b}$$

연습문제 7.5

CU 게이트의 표현인 식 7.9, 식 7.10, 식 7.11과 표 7.1의 연산자 형태는 모두 동등함을 보여라.

이 연습문제에서 사용하는 방법은 양자알고리즘에서 기본적인 기술이다. 이 연습문제를 독립적으로 풀어보아라.

2 성질

제어된 U 게이트는 여러 중요한 성질이 있다.

유니타리 성질

U가 유니타리이면 제어된 U 게이트는 유니타리이다.

Pauli 연산자는 유니타리이므로, CNOT와 CZ도 그렇다.

증명 CU의 행렬 표현은 식 7.9에 주어졌다. $\mathrm{CU}^\dagger$로 표기하는 CU의 Hermitian 켤레는

$$\mathrm{CU}^\dagger = \begin{bmatrix} I & 0 \\ 0 & U^\dagger \end{bmatrix} \tag{7.12}$$

이다.

U는 유니타리이므로 $UU^\dagger = I$이다. 그러므로 다음을 얻는다.

$$\mathrm{CU} \cdot \mathrm{CU}^\dagger = \begin{bmatrix} I & 0 \\ 0 & U \end{bmatrix} \begin{bmatrix} I & 0 \\ 0 & U^\dagger \end{bmatrix} = \begin{bmatrix} I & 0 \\ 0 & I \end{bmatrix} = I. \tag{7.13}$$

따라서 U가 유니타리이면 CU가 유니타리인 것을 증명하였다. □

병렬 게이트가 아니다

CU 게이트는 텐서곱 $W \otimes U$로 분해할 수 없다. 여기서 U와 W는 단위행렬이 아닌 유니타리 행렬이다.

이 성질은 제어된 U 게이트를 적용하는 것은 큐빗 사이의 상호작용이 포함된다는 것을 의미한다.

$W \otimes U$ 형태의 연산자를 이용하는 게이트는 병렬 게이트이고 §7.1.6에서 논의할 것이다.

증명 CU 게이트의 행렬 표현은 식 7.9에 있다. 이제 모순을 찾기 위해 CU를 직접곱 연산자 $W \otimes U$로 쓸 수 있다고 가정하자. 그러면 이것은 어떤 행렬 W에 대해

$$W \otimes U = \begin{bmatrix} w_{00}U & w_{01}U \\ w_{10}U & w_{11}U \end{bmatrix} \tag{7.14}$$

임을 의미한다. 이것을 $\mathrm{CU}= \begin{bmatrix} I & 0 \\ 0 & U \end{bmatrix}$와 비교하면 다음의 연립방정식을 얻는다.

$$w_{00}U = I, \tag{7.15a}$$

$$w_{01}U = 0, \tag{7.15b}$$

$$w_{10}U = 0, \tag{7.15c}$$

$$w_{11}U = U. \tag{7.15d}$$

$w_{01}U$가 0 행렬이려면 w_{01}이 0이어야 한다. 왜냐하면 U는 유니타리 행렬이기 때문이다. 마찬가지로 w_{10}도 0이어야 한다. 이로 인해

$$W \otimes U = \begin{bmatrix} w_{00}U & 0 \\ 0 & w_{11}U \end{bmatrix} \tag{7.16}$$

을 얻는다.

이것을 CU의 행렬과 비교하면 이 형태는 $w_{00} = 1$, $w_{11} = 1$, $U = I$일 때만 CU 게이트를 표현할 수 있다.

그러므로 CU 게이트는 $W \otimes U$와 같은 단순한 직접곱 연산자가 아니다. □

자신역행렬 성질

$U^2 = I$이면 $\text{CU}^2 = I_{2\times 2}$이다.

증명

$U^2 = I$이면 다음과 같이 쓸 수 있다.

$$\text{CU}^2 = \begin{bmatrix} I & 0 \\ 0 & U \end{bmatrix}\begin{bmatrix} I & 0 \\ 0 & U \end{bmatrix} = \begin{bmatrix} I^2 & 0 \\ 0 & U^2 \end{bmatrix} = \begin{bmatrix} I & 0 \\ 0 & I \end{bmatrix} = I_{2\times 2}. \tag{7.17}$$

□

3 위상이 있는 제어된 U

독립적인 U 게이트에 대해 전체 위상은 어떤 물리적 영향이 없다. 즉 U와 $e^{i\phi}U$는 같은 양자 게이트이다. 그러나 제어된 U 게이트에 대해서 U의 전체 위상은 중요하다. 왜냐하면

$$\begin{bmatrix} I & 0 \\ 0 & e^{i\phi}U \end{bmatrix} \neq e^{i\phi}\begin{bmatrix} I & 0 \\ 0 & U \end{bmatrix} \tag{7.18}$$

이기 때문이다.

특히 CNOT과 CZ는 "음"에 대응하는 부분이 있고 원래 형태와는 다르다.

$$\text{C}\overline{\text{NOT}} = \begin{bmatrix} I & 0 \\ 0 & -X \end{bmatrix}, \tag{7.19a}$$

$$\text{C}\overline{\text{Z}} = \begin{bmatrix} I & 0 \\ 0 & -Z \end{bmatrix}. \tag{7.19b}$$

연습문제 7.6

$\text{C}\overline{\text{NOT}}|{++}\rangle$, $\text{C}\overline{\text{NOT}}|{\pm}\rangle$, $\text{C}\overline{\text{NOT}}|{-+}\rangle$와 $\text{C}\overline{\text{NOT}}|{--}\rangle$를 구하여라.

7.1.4 고전적인 제어된 U 게이트

CNOT, CZ와 CU 같은 제어된 게이트는 제어 큐빗 상태에 근거를 두어 작용하는 제어된 양자 게이트이다. 그러나 고전적으로 제어된 게이트로 존재하고, 이것은 고전적 논리로 결정되는 작업을 수행한다. 이 게이트는 고전적인 제어 신호에 근거를 둔 양자컴퓨터에 대한 명령어 시퀀스에서 어떤 게이트를 포함하거나 제외한다.

고전적으로 제어된 게이트는 대응하는 제어된 양자 게이트와 비슷한 기능을 한다. 그러나 중요한 차이가 있다. 제어된 양자 게이트에서 제어 큐빗은 중첩 상태에 있을 수 있는 반면 고전적으로 제어된 게이트는 고전적인 비트(0 혹은 1)로 이루어지고, 이것은 종종 큐빗의 측정 결과에 의해 결정된다. 양자 제어된 U 게이트에 대한 연산자는 식 7.10에 있고, 한편 고전적인 제어된 U 게이트에 대해서는 다음과 같다.

$$\mathrm{cCU} = U^i = \begin{cases} I\,, & i = 0, \\ U, & i = 1. \end{cases} \tag{7.20}$$

여기서 i는 제어 비트이고, cC는 "고전 제어"를 나타낸다.

고전적인 제어된 게이트에 대한 기호는 그림 7.1에 나타낸 대로 제어 도선을 이중 선으로 나타낸다.

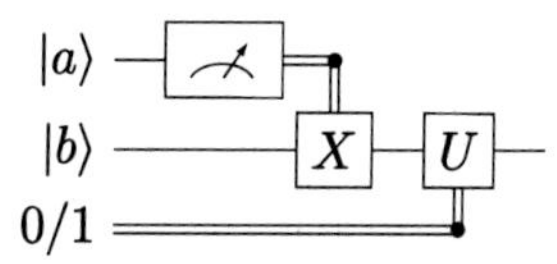

▌그림 7.1▐ 고전적인 제어된 게이트의 예

7.1.5 ∗2-큐빗 회전 게이트

2-큐빗 회전 게이트는 양자 알고리즘에서 중요한 성분으로 큐빗 사이의 복잡한 상호작용을 가능하게 한다. 이 게이트는 단일큐빗 회전 개념을 일반화하고 변분 양자 고유값 문제 풀기(Variational Quantum Eigensolver: VQE)와 양자 근사 최적화 알고리즘(Quantum Approximate Optimization Algorithm: QAOA)과 같은 양자 알고리즘에 적용할 수 있다. 이것은 §11.2에서 논의할 것이다. 이들은 다음과 같이 표현할 수 있다.

$$R_{pq}(\theta) = e^{-i\frac{\theta}{2}P\otimes Q}, \quad P, Q \in \{X, Y, Z\}. \tag{7.21}$$

$A^2 = I$인 임의의 행렬 A에 대해

$$e^{i\theta A} = \cos\theta I + i\sin\theta A \tag{7.22}$$

가 성립한다는 것을 기억하여라. 지금의 경우 $(P\otimes Q)^2 = I\otimes I = I$인 4×4 단위행렬이다. 따라서 다음을 얻는다.

$$R_{pq}(\theta) = \cos\frac{\theta}{2}(I\otimes I) - i\sin\frac{\theta}{2}(P\otimes Q). \tag{7.23}$$

예를 들어 흔히 매개변수화된 ZZ 게이트라고도 부르는 $R_{zz}(\theta)$ 게이트는 다음과 같이 정의한다.

$$
\begin{aligned}
R_{zz}(\theta) \equiv \mathrm{ZZ}(\theta) &= \cos\frac{\theta}{2}(I\otimes I) - i\sin\frac{\theta}{2}(Z\otimes Z) \\
&= \begin{bmatrix} R_z(\theta) & 0 \\ 0 & R_z(-\theta) \end{bmatrix} \\
&= \begin{bmatrix} e^{-i\frac{\theta}{2}} & 0 & 0 & 0 \\ 0 & e^{i\frac{\theta}{2}} & 0 & 0 \\ 0 & 0 & e^{i\frac{\theta}{2}} & 0 \\ 0 & 0 & 0 & e^{-i\frac{\theta}{2}} \end{bmatrix}.
\end{aligned} \tag{7.24}
$$

$$
\begin{aligned}
R_{zx}(\theta) &= \cos\frac{\theta}{2}(I\otimes I) - i\sin\frac{\theta}{2}(Z\otimes X) \\
&= \begin{bmatrix} \cos\frac{\theta}{2} & -i\sin\frac{\theta}{2} & 0 & 0 \\ -i\sin\frac{\theta}{2} & \cos\frac{\theta}{2} & 0 & 0 \\ 0 & 0 & \cos\frac{\theta}{2} & i\sin\frac{\theta}{2} \\ 0 & 0 & i\sin\frac{\theta}{2} & \cos\frac{\theta}{2} \end{bmatrix}.
\end{aligned} \tag{7.25}
$$

연습문제 7.7

$R_{zz}(\theta) \neq R_z(\theta)\otimes R_z(\theta)$인 이유를 설명하여라.

7.1.6 ∗병렬 게이트

$W\otimes U$ 형태의 연산자로 표현하는 게이트는 병렬 게이트라고 한다. 얽히지 않은 큐빗에 작용할 때 W와 U는 각각의 큐빗에 병렬로 작용하여 식 7.26과 그림 7.2에 나타낸 대로 두 개의 독립적인 게이트로 행동한다. 이 경우 W 혹은 U는 단위연산자 I와 같고 병렬 게이트는 단일큐빗 게이트가 된다.

$$
(W\otimes U)(|\psi\rangle \otimes |\phi\rangle) = (W|\psi\rangle)\otimes(U|\phi\rangle). \tag{7.26}
$$

이 식은 직접곱 상태에 적용할 수 있고 $|\psi\rangle$와 $|\phi\rangle$는 얽혀 있지 않다.

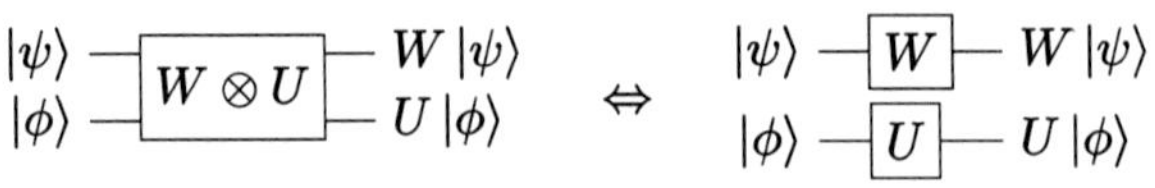

| 그림 7.2 | 얽히지 않은 상태에 작용하는 병렬 게이트

병렬 게이트는 "사소한" 다중큐빗 게이트로 여기므로, 이로 인해 §7.1에서 논의한 흔한 다중큐빗 게이트가 어디에도 포함되지 않았다. 그러나 병렬 게이트의 중요한 응용이 있다. 게이트를 얽힌 상태 $|\psi\rangle$의 일부분에 작용하고 싶을 때, 예를 들어 U를 Bell 상태의 두 번째 큐빗에 작용하고 싶을 때 그림 7.3에 나타낸 대로 단일 큐빗 게이트를 두 번째 큐빗에 적용하더라도 실질적으로 결합된 계에 병렬 게이트 $I\otimes U$를 적용한 것이다.

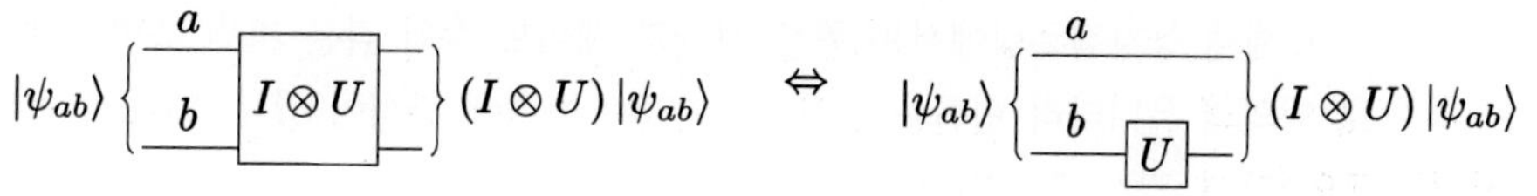

| 그림 7.3 | 얽힌 상태 일부에 작용하는 단일큐빗 게이트

종종 $(I\otimes U)|\psi_{ab}\rangle$로 간단하게 표기한다. U_b가 큐빗 b에 작용한 U를 나타낸다면 이것은 $U_b|\psi_{ab}\rangle$이다. 이 표기는 기준상태를 다룰 때 간편하다. 예를 들어 다음과 같이 쓸 수 있다.

$$\begin{aligned}(I\otimes X)\frac{1}{\sqrt{2}}(|00\rangle+|11\rangle) &\equiv X_b\frac{1}{\sqrt{2}}(|00\rangle+|11\rangle)\\ &=\frac{1}{\sqrt{2}}(|0\rangle\, X\,|0\rangle+|1\rangle\, X\,|1\rangle)\\ &=\frac{1}{\sqrt{2}}(|01\rangle+|10\rangle). \qquad (7.27)\end{aligned}$$

이 경우 $I\otimes X$는 Bell 상태 $\frac{1}{\sqrt{2}}(|00\rangle+|11\rangle)$을 다른 Bell 상태 $\frac{1}{\sqrt{2}}(|01\rangle+|10\rangle)$로 변환한다.

연습문제 7.8

$(I\otimes Z)\frac{1}{\sqrt{2}}(|01\rangle+|10\rangle)$를 조사하여라.

7.2 큐빗 게이트의 범용 집합

고전컴퓨팅에서 복잡한 연산은 더 단순한 연산자를 시퀀스로 구현한다. NAND 게이트와 FANOUT 회로요소를 결합하면 모든 계산 작업을 수행할 수 있는 디지털 회로를 만들 수 있으므로 이것은 고전컴퓨팅에 대한 범용 게이트 집합으로 알려져 있다. 그러나 NAND와 FANOUT은 가역적이 아니다. 가역적인 게이트로 제한하면 단일 비트와 2-비트 게이트만으로 범용성을 얻을 수 없다. 특히 3-비트 Toffoli 게이트로만 이루어진 집합은 고전적으로 가역적인 계산을 할 때 범용적인 게이트 집합으로 작용한다.

양자컴퓨팅에서 게이트는 유니타리 변환을 하며, 이로 인해 양자컴퓨터에 단일, 2-, 다중 큐빗 연산에 대한 무한한 수의 가능한 게이트를 얻는다. 이것은 고전컴퓨팅과 극적인 대조를 이루며, 예를 들어 고전컴퓨팅에서는 한 비트를 다른 비트로 변환하는 네 개의 함수만 있다. 이러한 겉으로 보기에 무한하더라도 임의의 양자계산을 구현할 수 있는 몇 개의 특정한 게이트 형태로 이루어진 양자 게이트의 범용성 집합이 존재한다. 그 결과 복잡한 양자계산을 수행하기 위해 이 범용 집합으로부터 제한된 수의 게이트만을 사용하여 복잡한 양자회로를 만들 수 있다. 이로부터 흔한 양자 게이트의 집합은 전형적으로 선택된 몇 개의 형태만 포함하는 이유를 설명할 수 있다.

실세계 양자컴퓨팅에서는 종종 시간과 게이트 수와 같은 자원 측면에서 가능한 방법으로 임의의 유니타리 변환을 근사할 수 있는 능력에 관심이 있다. 따라서 범용 게이트 집합을 다음과 같이 정의한다.

> 정의
> **범용 게이트 집합**은 어떤 개수의 큐빗에 대한 어떤 유니타리 변환도 원하는 정확도로 실질적으로 근사할 수 있는 양자 게이트의 집합이다.

범용 게이트 집합은 어떤 개수의 큐빗에 대한 어떤 유니타리 변환도 원하는 정확도로 실질적으로 근사할 수 있는 양자 게이트의 집합이다.

단순하게 말하면 범용 게이트 집합을 이용하면 미리 결정한 오류 범위 내에서 일련의 게이트에 대한 원하는 양자 연산을 근사할 수 있다.

범용성은 양자컴퓨팅에서 중요하다. 왜냐하면 고정된 고전적인 게이트의 집합을 이용하여 고전컴퓨팅의 어떤 문제도 풀 수 있는 것처럼 고정된 양자 게이트의 집합을 이용하여 어떤 계산 문제도 풀 수 있기 때문이다.

따라서 양자 게이트 범용 집합에 대한 필요조건은 무엇인가? 최소한으로 (복소수 진폭을 포함한) Bloch 구 위의 어느 점에도 도달할 수 있어야 하고, 중첩 상태와 얽힌 상태 모두 만들 수 있어야 한다.

많은 양자 게이트의 범용 집합이 가능하다는 것이 판명되었다. 아래에 몇 개의 범용 게이트 집합의 예를 들겠다. 게이트 집합의 선택은 양자컴퓨팅 설계, 물리적 구현과 계의 오류 비율과 같은 특정한 인자에 의존한다는 것이 중요하다. 범용 게이트 집합은 어떤 양자 계산도 근사할 수 있지만 언제나 어떤 임무에 대해 가장 효율적인 답을 제공하지는 않는다. 각 게이트 집합은 자체로 이점과 문제가 있다. 결과적으로 다양한 양자컴퓨팅 플랫폼과 응용에 대한 최적 게이트 집합을 구하는 연구가 계속되고 있다.

7.2.1 CNOT + 임의의 단일 큐빗 회전

CNOT 게이트와 단일 큐빗 유니타리 회전 게이트를 결합하면 범용 집합에 대한 조건을 만족한다. 이 게이트 집합이 범용성을 갖는 이유는 이것이 임의의 단일 큐빗 유니타리 변환을 만들 수 있고, 큐빗 사이에 얽힘을 만들 수 있기 때문이다(엄밀한 증명을 보려면 참고문헌 [10, 23]을 참조하여라).

단일 큐빗 유니타리 회전으로 Bloch 구 위의 어떤 점에도 도달할 수 있고, 이 점은 큐빗이 있을 수 있는 임의의 상태에 해당한다. 전형적으로 (Bloch 구의 다른 축에 대한 회전을 나타내는) 두 개의 교환하지 않는 회전 게이트는 임의의 회전을 만들기 충분하다. 흔한 선택으로는 §5.2.5에서 정의한 대로 각각 R_x와 R_z로 표기하는 x와 z축 주위의 회전 게이트를 포함한다.

CNOT 게이트에 추가적으로 이 범용 집합에 자주 사용하는 게이트는 X, Z와 H를 포함한다. 이들이 중요한 반면 다른 단일 큐빗 게이트 또한 특정한 응용이나 구현에 필요하다. 이 범용 집합의 다양성과 힘은 다양한 양자컴퓨팅 플랫폼에서 기본적인 양자연산과 더 복잡한 알고리즘을 수행할 수 있는 능력에 있다.

7.2.2 Clifford 군 + T

Clifford 군 + T 게이트 집합은 널리 이용하는 범용 게이트 집합이고, 특히 결함 허용 양자 컴퓨팅의 관점에서 중요하다. 결함 허용이란 계가 양자 계산을 하는 동안 일어나는 오류를 수정하는 능력을 말한다. 이 관점에서 Clifford 군에는 Pauli 게이트(X, Y, Z), Hadamard 게이트(H), 위상 게이트(S)와 CNOT 게이트가 있다. 이 게이트들은 종종 많은 양자 오류수정 코드에서 효율적이고 결함을 허용하도록 구현할 수 있다.

Bloch 구에서 z축 주위로 $\pi/4$ 회전시키는 것을 표현하는 T 게이트는 Clifford 군에 속하지 않는다. 이것을 특히 이 집합에 포함한 것은 모든 단일 큐빗 회전의 유효한 근사가 가능하게 하려고 한 것이고, 따라서 범용성을 보장한다. Clifford 게이트와 비교하면 T 게이트는 결함 허용을 구현하기 더 힘들어서 결함 허용이 가능한 양자 알고리즘의 계산 비용이 더 많이 든다.

Solovay-Kitaev 정리에 의하면 어떤 단일 큐빗 회전도 Clifford+ T 게이트로부터 일련의 게이트를 이용하여 효율적으로 근사할 수 있다. 이 근사는 시퀀스 길이가 증가할수록 지수함수적으로 더 정확해진다. 마찬가지로 2-큐빗 게이트는 단일 큐빗 게이트와 CNOT 게이트의 시퀀스로 분해할 수 있다. 결과적으로 Clifford+ T 집합을 이용하여 임의의 2-큐빗 회선을 실질적으로 만들 수 있다.

T 게이트의 높은 구현 비용은 큐빗 상태를 정확하게 제어할 필요 때문에 생기고, 이것은 양자 디코히어런스, 게이트 오류와 같은 이유에 의해 어려울 수 있다. 이 차이로 인해 T-카운트의 개념이 생겼고, 이것은 양자알고리즘에서 사용하는 T 게이트의 수를 측정하며 결함을 허용하는 양자컴퓨팅 파라다임에서 알고리즘의 계산적인 비용에 대한 주요 지표가 된다. 결함 허용 성질과 결합한 Clifford+ T 집합의 범용성은 널리 응용되고 있다.

7.2.3 Toffoli + H

(CCNOT 게이트로도 알려진) Toffoli 게이트와 Hadamard(H) 게이트로 이루어진 게이트 집합은 양자계산에서 범용 게이트 집합을 이룬다. Toffoli 게이트는 3-큐빗 게이트이고, 결정론적 범용 고전계산을 수행할 수 있는 가장 단순한 양자 게이트이다. 자세한 것은 §7.5.1을 참조하여라.

이 게이트 집합은 임의의 갯수의 큐빗에 임의의 유니타리 변환을 구현할 수 있어서 양자계산에 대해 범용적이 된다. 이것으로 인해 중첩, 얽힘과 양자 간섭과 같은 기본적인 양자역학적 성질을 실제로 이용할 수 있어서 양자컴퓨팅에서 구하는 계산의 이점이 있다.

Z 회전을 수행하기 위해 보조 큐빗과 타겟 큐빗으로 제어하는 일련의 Toffoli 게이트를

이용할 수 있다. 보조 큐빗 상태를 조정하면 임의의 Z 회전을 할 수 있다. 그리고 회전축을 바꾸기 위해 Hadamard 게이트를 이용하면 임의의 축에 대한 임의의 회전을 만들 수 있다.

추가적으로 Toffoli 게이트는 CNOT 게이트를 흉내낼 수 있다. 보조 큐빗과 Toffoli와 Hadamard 게이트를 결합한 것을 이용하여 제어된 임의의 단일 큐빗 회전을 만들 수 있다. 이 능력으로 인해 얽힘 연산과 임의의 2-큐빗 회전을 만들 수 있다.

이 게이트 집합과 관련된 주된 실제적 문제는 Toffoli 게이트의 구현에 있다. 3-큐빗 게이트로서 Toffoli 게이트는 종종 더 복잡한 양자 연산을 필요로 하고 단일, 그리고 2-큐빗 게이트와 비교할 때 더 많은 오류 비율을 나타낸다. 실제로 Toffoli 게이트를 구현하려면 더 단순한 게이트로 분해할 필요가 있으며 전체 게이트 수가 증가하여 오류에 대한 가능성이 더 커진다.

7.3 양자 게이트의 Boole 표현

이 절에서 양자 게이트와 회로를 분석하는 강력한 도구를 도입하겠다. 이것은 양자 게이트와 회로의 Boole 표현이다. 그 핵심을 보면 이 표현은 각각의 기준상태에 대한 양자회로를 따로 조사하는 효율적인 방법이다. 그리고 각 기준상태에 대한 결과를 결합하여 일반적인 양자상태에 대한 회로의 행동에 대한 완전한 묘사를 하고 양자 변환의 선형 성질을 이용한다. 이 접근 방법을 논리연산 접근 방법이라고 하겠다.

7.3.1 XOR 연산의 성질

x가 Boole 변수라고 하자. 여기서 $x \in \{0, 1\}$이고, $\overline{x} \equiv 1-x$라고 하자. $x=0$일 때 $|x\rangle$는 $|0\rangle$을 나타내고, $|\overline{x}\rangle$는 $|1\rangle$을 나타낸다. $x=1$일 때 $|x\rangle$는 $|1\rangle$을 나타내고, $|\overline{x}\rangle$는 $|0\rangle$을 나타낸다.

$\oplus$로 표기하는 XOR 연산자는 비트별로 나머지 2인 덧셈에 해당한다.

$$x \oplus y \equiv (x+y) \bmod 2. \tag{7.28}$$

$2x = 2y = 0 \mod 2$이므로 다음을 얻는다.

$$x \oplus y \quad = \quad (x-y) \bmod 2 \quad = \quad (y-x) \bmod 2. \tag{7.29}$$

XOR 연산에서 피연산함수에서 '1'의 개수가 홀수일 때 '1'이 된다. 이외의 경우 '0'이 된다(예를 들어 $1 \oplus 1 \oplus 0 \oplus 1 = 1$이고, $1 \oplus 1 \oplus 1 \oplus 1 = 0$이다).

다음에 XOR 게이트의 몇 가지 중요한 성질을 나열하였다.

$$x \oplus 0 = x, \tag{7.30a}$$

$$x \oplus 1 = \bar{x}, \tag{7.30b}$$

$$\bar{x} \oplus 1 = x, \tag{7.30c}$$

$$x \oplus x = 0, \tag{7.30d}$$

$$x \oplus \bar{x} = 1, \tag{7.30e}$$

$$\overline{x \oplus y} = \bar{x} \oplus y = x \oplus \bar{y} = 1 \oplus x \oplus y, \tag{7.30f}$$

$$(-1)^{x \oplus y} = (-1)^{\bar{x} \oplus \bar{y}} = (-1)^{x+y}, \tag{7.30g}$$

$$(-1)^{x \oplus \bar{y}} = (-1)^{\bar{x} \oplus y} = (-1)^{1+x+y}, \tag{7.30h}$$

$$x \oplus y = x + y - 2xy. \tag{7.30i}$$

연습문제 7.9

모든 $x=0,\ 1$과 $y=0,\ 1$의 결합에 대해 식 7.30의 마지막 세 관계를 확인하여라.

연습문제 7.10

$\overline{x \oplus \bar{y} \oplus 1}$을 간단히 하여라.

연습문제 7.11

$(-1)^{\overline{1 \oplus x \oplus \bar{y}}}$를 간단히 하여라.

7.3.2 흔한 양자 게이트의 Boole 표현

양자 게이트의 Boole 표현은 게이트가 모든 가능한 기준상태에 작용하는 변환을 간결하게 특징을 짓는 공식으로 생각할 수 있다. 이것은 고전 계산에서 Boole 대수와 진리표를 이용하는 것과 비슷하다. 그 중요한 차이는 §7.3.3에서 설명할 것이다.

몇 개의 흔한 양자 게이트의 Boole 표현을 표 7.2에 나타내었다.

> 표 7.2의 표기에 대해 설명하면 다음과 같다. CNOT 게이트의 경우 $|x(x\oplus y)\rangle$의 표현은 $|x\rangle \otimes |(x\oplus y)\rangle$로 해석해야 한다. 이것은 텐서곱 연산자를 간단히 생략했기 때문에 이상하게 보일지도 모른다. 켓 표기 내부에서 x와 $(x\oplus y)$를 나란히 놓는다고 곱셈을 의미하는 것은 아니다. 이 관점에서 $|x(x\oplus y)\rangle$는 $|00\rangle$, $|11\rangle$ 등과 같이 첫 번째와 두 번째 큐빗 값이 각각 x와 $x\oplus y$인 상태를 나타낸다.
>
> Toffoli 게이트 표현에서 $|xyz\rangle \to |xy(xy\oplus z)\rangle$에서 세 번째 큐빗의 출력은 $|xy\oplus z\rangle$이다. 여기서 "( )" 내부의 연산 xy는 표준 곱셈을 표기한 것이지 텐서곱은 아니다. 이 경우 $|xy\oplus z\rangle$는 단일 큐빗 상태를 나타내기 때문이다.

한 예로 Z 게이트를 고려하자. 이에 대한 Boole 표현은 $|x\rangle \to (-1)^x|x\rangle$이다. 이 공식은 $x=0$에 대해 $|0\rangle \to |0\rangle$이고, $x=1$에 대해 $|1\rangle \to -|1\rangle$임을 의미한다. 중첩 상태 $\alpha|0\rangle + \beta|1\rangle$이 주어지면 양자 변환의 선형성을 이용하여 Z 게이트를 적용하여 각 항을 별도로 취급할 수 있다. 그러므로 $\alpha|0\rangle + \beta|1\rangle \to \alpha|0\rangle - \beta|1\rangle$을 얻고 Z 게이트의 변환함수를 정확히 반영한다.

❚ 표 7.2 ❚ 흔한 큐빗 게이트의 Boole 표현

게이트	기호	Boole 표현
X(NOT)	$\lvert x\rangle -\boxed{X}- \lvert\bar{x}\rangle$	$\lvert x\rangle \mapsto \lvert\bar{x}\rangle$
CNOT	$\lvert x\rangle \to \lvert x\rangle$ (제어) $\lvert y\rangle \to \lvert x\oplus y\rangle$	$\lvert xy\rangle \mapsto \lvert x(x\oplus y)\rangle$
Z	$\lvert x\rangle -\boxed{Z}- (-1)^x\lvert x\rangle$	$\lvert x\rangle \mapsto (-1)^x\lvert x\rangle$
CZ	$\lvert x\rangle \to \lvert x\rangle$ $\lvert y\rangle -\boxed{Z}- (-1)^{xy}\lvert y\rangle$	$\lvert xy\rangle \mapsto (-1)^{xy}\lvert xy\rangle$
H	$\lvert x\rangle -\boxed{H}- \frac{1}{\sqrt{2}}(\lvert 0\rangle + (-1)^x\lvert 1\rangle)$	$\lvert x\rangle \mapsto \frac{1}{\sqrt{2}}(\lvert 0\rangle + (-1)^x\lvert 1\rangle)$
Y	$\lvert x\rangle -\boxed{Y}- i(-1)^x\lvert\bar{x}\rangle$	$\lvert x\rangle \mapsto i(-1)^x\lvert\bar{x}\rangle$
$P(\phi)$	$\lvert x\rangle -\boxed{e^{i\phi}}- e^{ix\phi}\lvert x\rangle$	$\lvert x\rangle \mapsto e^{ix\phi}\lvert x\rangle$
U	$\lvert x\rangle -\boxed{U}- u_{xx}\lvert x\rangle + u_{\bar{x}x}\lvert\bar{x}\rangle$	$\lvert x\rangle \mapsto u_{xx}\lvert x\rangle + u_{\bar{x}x}\lvert\bar{x}\rangle$
CU	$\lvert x\rangle \to \lvert x\rangle$ $\lvert y\rangle -\boxed{U}- U^x\lvert y\rangle$, or $u^x_{yy}\lvert y\rangle + xu_{\bar{y}y}\lvert\bar{y}\rangle$	$\lvert xy\rangle \mapsto \lvert x\rangle U^x\lvert y\rangle$ $\lvert xy\rangle \mapsto u^x_{yy}\lvert xy\rangle + xu_{\bar{y}y}\lvert x\bar{y}\rangle$
Toffoli (CCNOT)	$\lvert x\rangle \to \lvert x\rangle$ $\lvert y\rangle \to \lvert y\rangle$ $\lvert z\rangle \to \lvert xy\oplus z\rangle$	$\lvert xyz\rangle \mapsto \lvert xy(xy\oplus z)\rangle$
SWAP	$\lvert x\rangle \to \lvert y\rangle$ $\lvert y\rangle \to \lvert x\rangle$	$\lvert xy\rangle \mapsto \lvert yx\rangle$
Fredkin (CSWAP)	$\lvert x\rangle \to \lvert x\rangle$ $\lvert y\rangle \to \lvert\bar{x}y\oplus xz\rangle$ $\lvert z\rangle \to \lvert xy\oplus\bar{x}z\rangle$	$\lvert xyz\rangle \mapsto \lvert x(\bar{x}y\oplus xz)(xy\oplus\bar{x}z)\rangle$

연습문제 7.12

게이트 CZ의 Boole 표현은 CZ′의 표현과 같음을 보여라. 여기서 CZ′은 큐빗 2가 제어 큐빗으로 작용하는 CZ 게이트를 표현한다.

연습문제 7.13

병렬 게이트 $I\otimes X$의 Boole 표현을 수식화하고 CZ 게이트와 비교하여라.

연습문제 7.14

병렬 게이트 $I\otimes Z$의 Boole 표현을 수식화하고 CZ 게이트와 비교하여라.

7.3.3 Boole 표현 이해하기

Boole 표현은 양자회로를 분석하는 강력한 방법이지만 해석하는 동안 가끔 혼동을 일으킬 수 있다. 주요 측면을 설명하고 잠재적인 위험을 피하기 위해 다음으로 특정한 예제를 조사하겠다.

1 중첩 만들기

Boole 표현으로 양자 게이트나 회로에 의한 각 기준상태의 변환을 알 수 있다. 각 기준상태에 대한 결과를 결합하여 일반적인 양자상태에 대한 회로의 행동에 대한 완전한 구조를 얻는다. 여러 큐빗이 포함되어 있으면 기준상태는 텐서곱 상태임을 주목하여라.

예제 7.1

CNOT을 예로 들어 위의 과정이 어떻게 작동하는지 보도록 하자. 표 7.2의 CNOT에 대한 기호와 공식은 다음과 같이 기준상태의 모든 결합에 대한 CNOT 변환을 표현한다.

$$|00\rangle \mapsto |00\rangle \qquad |01\rangle \mapsto |01\rangle \qquad |10\rangle \mapsto |11\rangle \qquad |11\rangle \mapsto |10\rangle$$

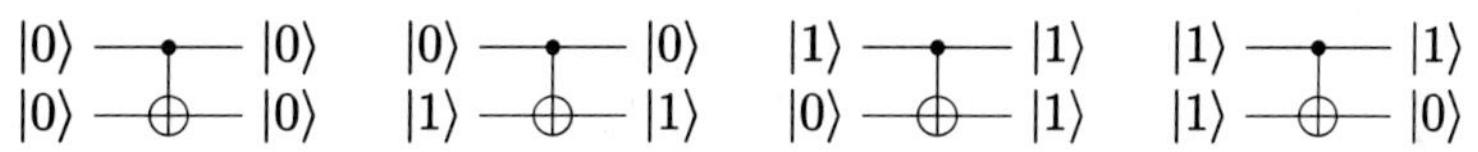

그림 7.4 CNOT의 Boole 표현에 대한 전개

이 경우를 중첩으로 결합하면 CNOT 게이트의 일반적인 변환을 얻는다.

$$\alpha|00\rangle + \beta|01\rangle + \gamma|10\rangle + \delta|11\rangle \mapsto \alpha|00\rangle + \beta|01\rangle + \gamma|11\rangle + \delta|10\rangle.$$

■

2 $|x\rangle$ 와 $|\psi\rangle$

큐빗의 출력을 $|x\rangle$라고 하면 $|x\rangle$는 이 큐빗이 계의 나머지 부분에서 얽힘이 풀렸을 때 일반적인 양자상태 $|\psi\rangle$로 취급할 수 있다.

다중 큐빗계를 다룰 때 소심해야 한다. $|x\rangle$가 다른 큐빗과 얽혀 있다면 $|x\rangle$를 직접 일반적인 상태 $|\psi\rangle$로 바꿀 수 없다. 왜냐하면 $|x\rangle$는 다중큐빗 기준상태의 일부로 취급해야 하기 때문이다. 이 경고를 다음의 예제에서 살펴보자.

예제 7.2

CNOT 게이트의 Boole 표현에 대한 흔한 질문은 다음과 같다. $|x\rangle \equiv |\psi\rangle$이면 다음 그림은 임의의 상태 $|\psi\rangle$를 복제할 수 있다는 것을 암시하여 복제 불가능 정리를 위배하지 않는가?

답은 아니다. 여기서 두 큐빗은 얽혀 있으므로, $|x\rangle$를 $|\psi\rangle$로 바꾸는 것은 성립하지 않

는다. 따라서 그림의 왼쪽 부분을 두 번 다시 설명해야 하는데 한 번은 $x = 0$일 때이고, 다시 $x = 1$일 때 반복하고 선형결합을 수행한다. 그러므로 그림은 다음과 같이 수정해야 한다.

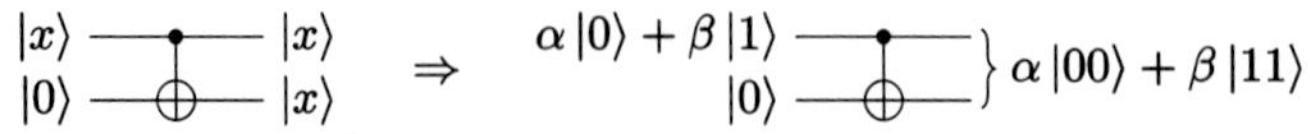

■

3 ∗ 직접곱 상태 구하기

큐빗을 $|x\rangle$, $|y\rangle$ 등으로 표기하는 Boole 표현의 관점에서 직접곱 상태를 구별할 때 조심할 필요가 있다. 양자상태는 직접곱 상태로 주어진 것처럼 보여도 아래 예제에서 나타낸 대로 진정한 직접곱 상태가 아닐 수도 있다. 핵심은 양자상태가 일관성 있게 모든 x와 y 값의 결합에 대해 부호를 포함하여 직접곱 상태 형태를 유지할 때만 진정한 직접곱 상태로 취급할 수 있다는 것을 이해하는 것이다. 이러한 모든 기준상태에 걸쳐 균일함이 없으면 겉으로 보이는 직접곱 상태는 진정한 직접곱 상태가 아니다.

예제 7.3

이 예제는 §10.3.3의 양자순간이동에 대한 논의에서 나온다. 이 과정의 어떤 단계에서 3-큐빗계는 다음의 상태에 있다.

$$|\Psi_1\rangle = \frac{1}{\sqrt{2}}(|xx0\rangle + |x\bar{x}1\rangle). \tag{7.31}$$

언뜻 보면 첫 번째 큐빗은 계로부터 분리된 것처럼 보인다. 왜냐하면 $|\Psi_1\rangle$은 직접곱 상태 $|x\rangle \otimes \frac{1}{\sqrt{2}}(|xx0\rangle + |x\bar{x}1\rangle)$으로 쓸 수 있는 것처럼 보이기 때문이다.

그러나 이 결론은 틀렸다. $\bar{x}$가 존재하므로 겉으로 보이는 직접곱 상태는 $x = 0$과 1에 대해 같은 형태를 유지하지 않는다.

식 7.31을 올바르게 해석하기 위해 이것을 두 번 반복해야 하는데 한 번은 $|x\rangle = |0\rangle$, 그리고 다른 한 번은 $|x\rangle = |1\rangle$일 때 하여 얻은 두 개의 식을 α와 β로 가중치를 두어 선형결합을 한다. 따라서 식 7.31은

$$|\Psi_1\rangle = \frac{1}{\sqrt{2}}(\alpha(|000\rangle + |011\rangle) + \beta(|110\rangle + |101\rangle)) \tag{7.32}$$

를 나타내고, 이것은 다른 상태와 $\alpha|0\rangle + \beta|1\rangle$의 텐서곱으로 분해할 수 없다. ■

연습문제 7.15

입력 상태가 $|x\rangle = \alpha|0\rangle + \beta|1\rangle$과 $|y\rangle = \gamma|0\rangle + \delta|1\rangle$일 때 다음 회로의 출력 상태는 무엇인가?

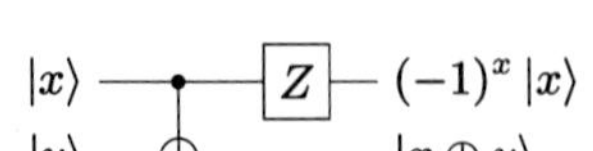

4 ∗ 계수 작업

다음의 예제에서 Boole 표현에서 계수(예컨대 $|x\bar{y}\rangle$ 앞의 $xu_{\bar{y}y}$)를 어떻게 구하는지 보이겠다.

예제 7.4

표 7.2의 마지막 열에 있는 CU 게이트를 조사하자.

$$
\begin{aligned}
|xy\rangle \mapsto u_{yy}^{x}\,|xy\rangle + xu_{\bar{y}y}\,|x\bar{y}\rangle \\
= \begin{cases} |0y\rangle, & x=0 \\ u_{yy}\,|1y\rangle + u_{\bar{y}y}\,|1\bar{y}\rangle, & x=1 \end{cases} \\
= \begin{cases} |00\rangle, & x=0,\ y=0 \\ |01\rangle, & x=0,\ y=1 \\ u_{00}\,|10\rangle + u_{10}\,|11\rangle, & x=1,\ y=0 \\ u_{11}\,|11\rangle + u_{01}\,|10\rangle, & x=1,\ y=1. \end{cases}
\end{aligned}
$$

■

연습문제 7.16

CU에 대해서 했듯이 표 7.2에 있는 다른 게이트의 Boole 표현을 확인하여라.

7.4 동등한 게이트 시퀀스

이 절에서는 양자회로의 기본적인 측면인 게이트 시퀀스와 더 중요하게 그 동등성을 탐구하겠다. 구조물의 기본 구성요소와 매우 비슷하게 게이트의 시퀀스는 양자회로의 가장 단순한 구성요소이다. 이 시퀀스의 매력적인 특징은 동등한 단일 게이트로 결합하는 능력이고 이로 인해 양자 회로가 단순화되고, 최적화된다. 이것은 자원이 제한되어 최적화가 중요한 실제 양자 하드웨어에서 회로를 수행할 필요가 있는 실용적인 경우에 중요하다. 더구나 동등한 게이트 시퀀스의 이해는 예를 들어 양자 게이트 전송과 같은 더 복잡한 양자 회로의 분석에 대한 기초를 이룬다. 이 시퀀스를 분해하고 해석할 때 필요한 방법과 기술을 습득하는 것은 양자컴퓨팅을 탐구하는 중요한 부분이다. 앞으로 이러한 시퀀스와 고유한 성질과 그 미묘한 차이를 이해할 때 필요한 도구에 대해 더 배울 것이다.

7.4.1 분리된 큐빗 연산에서 순서 독립성

아래 그림에 증명 없이 시퀀스를 나타내었다. 각각 두 큐빗 a와 b에 속하는 두 개의 선형 연산 W와 V는 순서에 독립적이다. 여기서 W와 V는 양자 게이트 혹은 측정을 나타낸다.

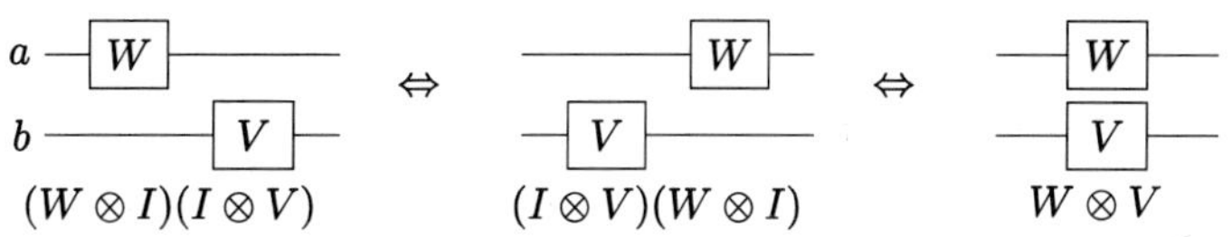

수학적으로는 큐빗 b에 영향을 주지 않고 큐빗 a에 W를 작용하는 것은 두 큐빗의 결합 상태에 $W \otimes I$를 작용하는 것과 동등하다. 마찬가지로 V를 큐빗 b에만 작용하는 것은 $I \otimes V$와 동등하다. 이 경우 W와 V는 개별적인 계 내부의 교환 성질과 상관없이 교환된다. 이것은 연산이 다른 Hilbert 공간에 작용하고 서로 간섭하지 않기 때문이다. 다르게 말하면 다음과 같다.

$$(W \otimes I)(I \otimes V) = (I \otimes V)(W \otimes I), \quad \text{즉} \quad [W \otimes I, I \otimes V] = 0. \tag{7.33}$$

이 성질 때문에 전체 연산을 $W \otimes V$ 혹은 $W_a V_b$로 표현한다.

증명 다음 관계

$$(W \otimes I)(I \otimes V) = WI \otimes IV = W \otimes V, \tag{7.34a}$$
$$(I \otimes V)(W \otimes I) = IW \otimes VI = W \otimes V \tag{7.34b}$$

가 성립하므로 다음을 얻는다.

$$\begin{aligned}[W \otimes I, I \otimes V] &= (W \otimes I)(I \otimes V) - (I \otimes V)(W \otimes I) \\ &= W \otimes V - W \otimes V \\ &= 0.\end{aligned} \tag{7.35}$$

□

7.4.2 게이트 시퀀스: 첫 번째 예제

게이트 동등성은 세 가지 접근 방법을 이용하여 분석할 수 있다. 이것은 행렬곱, 연산자곱과 논리연산이다. 이 접근 방법을 습득하면 양자 회로와 알고리즘을 최적화하는 데 큰 도움이 된다. 더 직관적이든 실질적이든 접근 방법의 선택은 게이트 시퀀스의 성질에 의존한다.

아래 그림에 설명하듯이 이러한 접근 방법을 게이트 동등성에 대한 유명한 예제를 통해 보이겠다. 순차적으로 적용할 때 (가운데 것은 뒤집은) 세 개의 CNOT 게이트는 실질적으로 두 큐빗 상태를 바꾸는 SWAP 게이트 작용을 흉내 낸다.

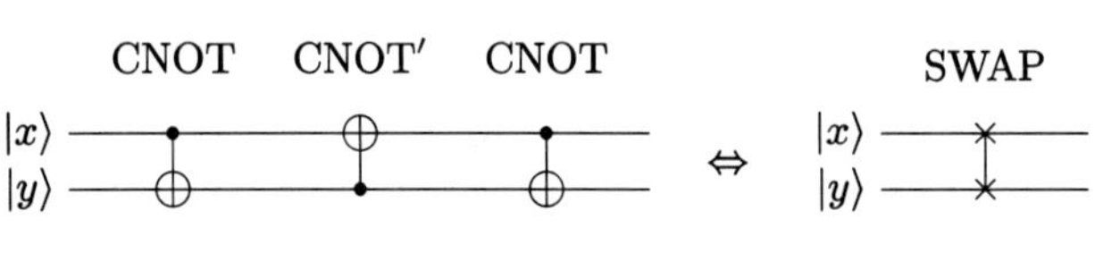

1 행렬곱 접근

게이트 시퀀스를 나타내는 행렬곱은 다음과 같다.

$$\begin{aligned}&\text{CNOT} \cdot \text{CNOT}' \cdot \text{CNOT} \\ &= \begin{bmatrix} 1 & 0 & 0 & 0 \\ 0 & 1 & 0 & 0 \\ 0 & 0 & 0 & 1 \\ 0 & 0 & 1 & 0 \end{bmatrix} \begin{bmatrix} 1 & 0 & 0 & 0 \\ 0 & 0 & 0 & 1 \\ 0 & 0 & 1 & 0 \\ 0 & 1 & 0 & 0 \end{bmatrix} \begin{bmatrix} 1 & 0 & 0 & 0 \\ 0 & 1 & 0 & 0 \\ 0 & 0 & 0 & 1 \\ 0 & 0 & 1 & 0 \end{bmatrix}\end{aligned}$$

$$= \begin{bmatrix} 1 & 0 & 0 & 0 \\ 0 & 0 & 1 & 0 \\ 0 & 1 & 0 & 0 \\ 0 & 0 & 0 & 1 \end{bmatrix}. \tag{7.36}$$

최종곱 행렬은 SWAP 게이트에 해당한다는 것을 볼 수 있다.

2 연산자곱 접근

§§7.1.1과 7.1.2에 다음의 관계가 있다.

$$\mathrm{CNOT} = |00\rangle\langle 00| + |01\rangle\langle 01| + |11\rangle\langle 10| + |10\rangle\langle 11|, \tag{7.37a}$$

$$\mathrm{CNOT}' = |00\rangle\langle 00| + |11\rangle\langle 01| + |10\rangle\langle 10| + |01\rangle\langle 11|. \tag{7.37b}$$

게이트 시퀀스를 나타내는 연산자곱은 다음과 같다.

$$\begin{aligned} &\mathrm{CNOT} \cdot \mathrm{CNOT}' \cdot \mathrm{CNOT} \\ &= (|00\rangle\langle 00| + |01\rangle\langle 01| + |11\rangle\langle 10| + |10\rangle\langle 11|) \\ &\quad (|00\rangle\langle 00| + |11\rangle\langle 01| + |10\rangle\langle 10| + |01\rangle\langle 11|) \\ &\quad (|00\rangle\langle 00| + |01\rangle\langle 01| + |11\rangle\langle 10| + |10\rangle\langle 11|) \\ &= (|00\rangle\langle 00| + |01\rangle\langle 01| + |11\rangle\langle 10| + |10\rangle\langle 11|) \\ &\quad (|00\rangle\langle 00| + |11\rangle\langle 01| + |10\rangle\langle 11| + |01\rangle\langle 10|) \\ &= |00\rangle\langle 00| + |01\rangle\langle 10| + |10\rangle\langle 01| + |11\rangle\langle 11| \\ &= \mathrm{SWAP}. \end{aligned} \tag{7.38}$$

3 논리연산 접근

§7.3에서 개발한 Boole 표현 도구를 이용하면 같은 동등성을 다음과 같이 유도할 수 있다.

§7.3에 다음의 관계가 있다.

$$\mathrm{CNOT}: \ |x, y\rangle \mapsto |x, x \oplus y\rangle, \tag{7.39a}$$

$$\mathrm{CNOT}': \ |x, y\rangle \mapsto |x \oplus y, y\rangle. \tag{7.39b}$$

여기서 $x, \ y \in \{0, \ 1\}$이다.

이제 세 양자 게이트를 다음 순서로 수행한다.

$$\begin{aligned} |x, y\rangle &\xrightarrow{\text{첫 번째 CNOT}} |x, x \oplus y\rangle \\ &\xrightarrow{\text{중간의 CNOT'}} |x \oplus (x \oplus y), x \oplus y\rangle = |y, x \oplus y\rangle \\ &\xrightarrow{\text{두 번째 CNOT}} |y, (x \oplus y) \oplus y\rangle = |y, x\rangle. \end{aligned} \tag{7.40}$$

$|x, \ y\rangle$는 $|y, \ x\rangle$가 되고, 이것은 SWAP 연산을 나타낸다.

연습문제 7.17

위의 분석에서 CNOT을 CZ로 바꾸고 다음의 게이트 시퀀스의 동등성을 조사하여라. 이 시퀀스는 이전의 시퀀스가 SWAP 연산을 수행한 방법과 비슷하게 어떤 잘 알려진 게이트 연산을 수행하는지 밝혀라.

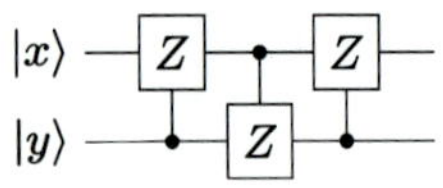

7.4.3 X, Z와 CNOT을 포함한 시퀀스

이 부속절에서 X, Z와 CNOT을 순서 게이트 시퀀스는 §10.5.2에서 논의할 CNOT 게이트 전송을 이해할 때 중요하다.

❙ 표 7.3 ❙ X, Z와 CNOT을 포함한 게이트 시퀀스의 동등성

시퀀스	게이트 시퀀스	동등한 시퀀스	증명
1	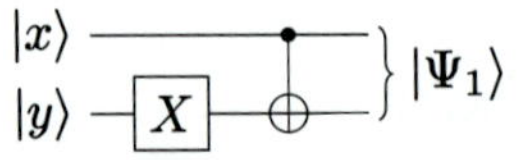	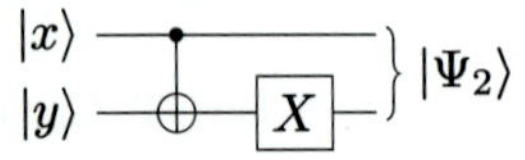	식 7.41
2	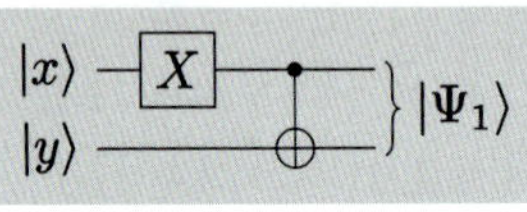	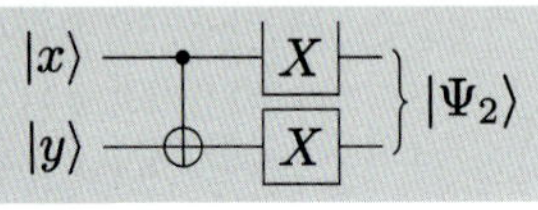	식 7.42
3	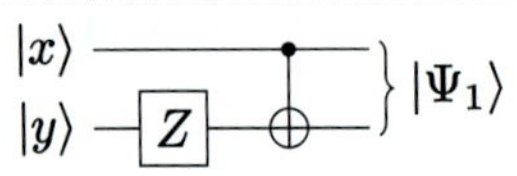	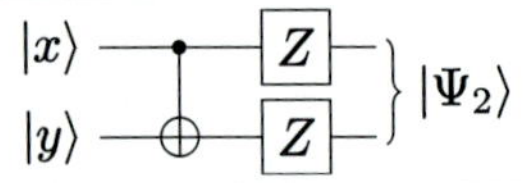	식 7.43
4	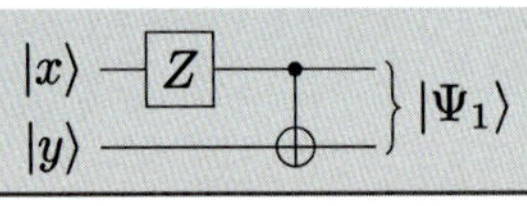	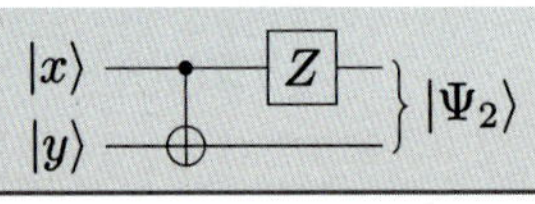	식 7.44

다음 식은 표 7.3에 나열한 게이트 시퀀스 동등성에 대한 증명이다. 여기서 C는 CNOT 게이트 연산을 표기한다. 이 증명에 대해서는 논리 연산 접근 방법을 사용하였다. 물론 행렬곱을 이용하여 이 동등성을 증명할 수도 있다. XOR($\oplus$) 연산과 양자 게이트의 Boole 표현에 대한 성질은 §7.3을 참조하여라.

게이트 시퀀스 1

$$|\Psi_1\rangle = CX_2\,|x\rangle\,|y\rangle = C\,|x\rangle\,|\bar{y}\rangle = |x\rangle\,|x\oplus\bar{y}\rangle, \tag{7.41a}$$

$$|\Psi_2\rangle = X_2C\,|x\rangle\,|y\rangle = X_2\,|x\rangle\,|x\oplus y\rangle = |x\rangle\,|\overline{x\oplus y}\rangle. \tag{7.41b}$$

$\overline{x\oplus y} = x\oplus\bar{y} = \bar{x}\oplus y = 1\oplus x\oplus y$이므로 $|\Psi_1\rangle$과 $|\Psi_2\rangle$는 모두 $|x\rangle|\bar{x}\oplus y\rangle$와 같다. 따라서 이 두 게이트 시퀀스는 동등하다. 이 동등성은 행렬곱을 통해서도 유도할 수 있다.

이 두 게이트 시퀀스는 또한 뒤집힌 CNOT인 $\overline{\text{C}}$NOT와 동등하다. 여기서 제어 큐빗이 $|1\rangle$이 아니라 $|0\rangle$일 때 NOT 게이트가 작동한다. 문제 7.1도 참조하여라.

게이트 시퀀스 2

$$|\Psi_1\rangle = CX_1\,|x\rangle\,|y\rangle = C\,|\bar{x}\rangle\,|y\rangle = |\bar{x}\rangle\,|\bar{x}\oplus y\rangle, \tag{7.42a}$$

$$|\Psi_2\rangle = X_2X_1C\,|x\rangle\,|y\rangle = X_2X_1\,|x\rangle\,|x\oplus y\rangle = |\bar{x}\rangle\,|\overline{x\oplus y}\rangle. \tag{7.42b}$$

$\overline{x \oplus y} = \bar{x} \oplus y = 1 \oplus x \oplus y$이므로 $|\Psi_1\rangle = |\Psi_2\rangle$임을 바로 볼 수 있다.

게이트 시퀀스 3

$$|\Psi_1\rangle = CZ_2 |x\rangle |y\rangle = (-1)^y C |x\rangle |y\rangle = (-1)^y |x\rangle |x \oplus y\rangle, \tag{7.43a}$$

$$|\Psi_2\rangle = Z_2 Z_1 C |x\rangle |y\rangle = Z_2 Z_1 |x\rangle |x \oplus y\rangle = (-1)^{x+x\oplus y} |x\rangle |x \oplus y\rangle. \tag{7.43b}$$

$(-1)^{x+x\oplus y} = (-1)^{2x+y} = (-1)^y$이므로 $|\Psi_1\rangle = |\Psi_2\rangle$를 얻는다.

게이트 시퀀스 4

$$|\Psi_1\rangle = CZ_1 |x\rangle |y\rangle = (-1)^x C |x\rangle |y\rangle = (-1)^x |x\rangle |x \oplus y\rangle, \tag{7.44a}$$

$$|\Psi_2\rangle = Z_1 C |x\rangle |y\rangle = Z_1 |x\rangle |x \oplus y\rangle = (-1)^x |x\rangle |x \oplus y\rangle. \tag{7.44b}$$

연습문제 7.18＊

아래 그림은 CNOT을 $\overline{\text{C}}$NOT으로 바꾼 것만을 제외하면 표 7.3의 시퀀스 1과 비슷한 게이트 시퀀스를 나타낸다. 이것은 제어 큐빗(여기서 $|x\rangle$)이 $|1\rangle$ 대신 상태 $|0\rangle$에 있을 때 타겟 큐빗에 작용한다. 표 7.3에 있는 것과 비슷하게 이 시퀀스와 동등한 시퀀스를 구하여라.

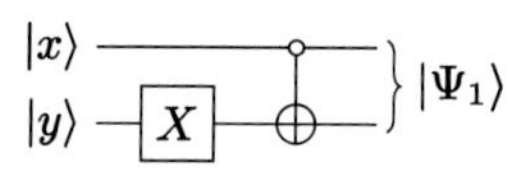

7.4.4 H를 포함한 시퀀스

표 7.4에서 자세히 나타낸 게이트 시퀀스는 Hadamard 게이트 H를 포함한다. 이 시퀀스에서는 행렬곱에 의한 분석이 가장 직접적인 방법이다.

이후의 식은 표 7.4에서 인용한 게이트 시퀀스 동등성에 대한 증명이다. 각각의 경우 게이트 시퀀스를 표현하는 유니타리 행렬을 U로 표기하였다.

▌표 7.4▌ H를 포함하는 게이트 시퀀스의 동등성

시퀀스	게이트 시퀀스	동등한 시퀀스	증명
5	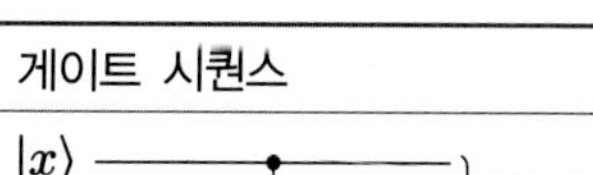	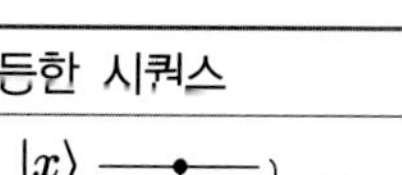	식 7.45
6	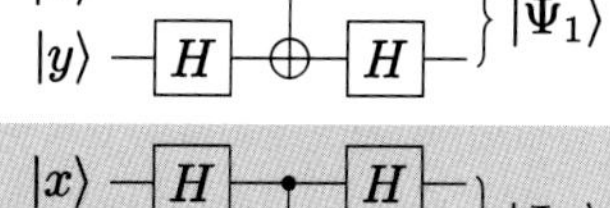	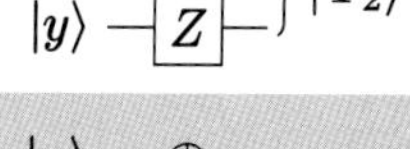	식 7.46
7	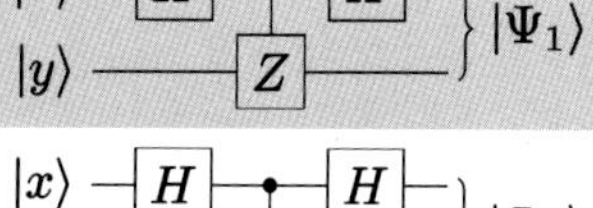	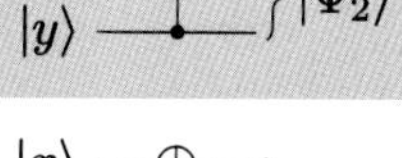	식 7.47
8	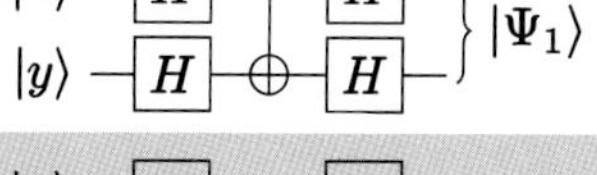	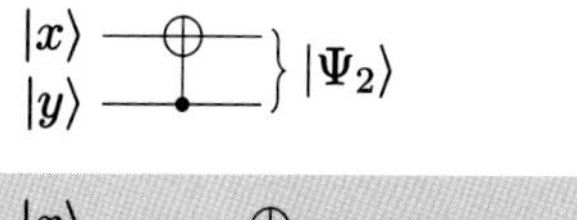	식 7.48

게이트 시퀀스 5

$$\begin{aligned} U &= (I \otimes H)\,\text{CNOT}(I \otimes H) \\ &= \begin{bmatrix} H & 0 \\ 0 & H \end{bmatrix} \begin{bmatrix} I & 0 \\ 0 & X \end{bmatrix} \begin{bmatrix} H & 0 \\ 0 & H \end{bmatrix} \\ &= \begin{bmatrix} H^2 & 0 \\ 0 & HXH \end{bmatrix} \\ &= \begin{bmatrix} I & 0 \\ 0 & Z \end{bmatrix} \\ &= \text{CZ}\,. \end{aligned} \tag{7.45}$$

여기서 $H^2 = I$와 $HXH = Z$를 이용하였다.

게이트 시퀀스 6

$$\begin{aligned} U &= (H \otimes I)\,\text{CZ}(H \otimes I) \\ &= \frac{1}{\sqrt{2}} \begin{bmatrix} I & I \\ I & -I \end{bmatrix} \begin{bmatrix} I & 0 \\ 0 & Z \end{bmatrix} \frac{1}{\sqrt{2}} \begin{bmatrix} I & I \\ I & -I \end{bmatrix} \\ &= \frac{1}{2} \begin{bmatrix} I & I \\ I & -I \end{bmatrix} \begin{bmatrix} I & I \\ Z & -Z \end{bmatrix} \\ &= \frac{1}{2} \begin{bmatrix} I+Z & I-Z \\ I-Z & I+Z \end{bmatrix} \\ &= \text{CNOT}'\,. \end{aligned} \tag{7.46}$$

여기서 CNOT′에 대한 행렬로 식 7.8을 이용하였다.

게이트 시퀀스 7

$$\begin{aligned} U &= (H \otimes H)\,\text{CNOT}(H \otimes H) \\ &= \frac{1}{\sqrt{2}} \begin{bmatrix} H & H \\ H & -H \end{bmatrix} \begin{bmatrix} I & 0 \\ 0 & X \end{bmatrix} \frac{1}{\sqrt{2}} \begin{bmatrix} H & H \\ H & -H \end{bmatrix} \\ &= \frac{1}{2} \begin{bmatrix} H & H \\ H & -H \end{bmatrix} \begin{bmatrix} H & H \\ XH & -XH \end{bmatrix} \\ &= \frac{1}{2} \begin{bmatrix} I+Z & I-Z \\ I-Z & I+Z \end{bmatrix} \\ &= \text{CNOT}'\,. \end{aligned} \tag{7.47}$$

여기서 $H^2 = I$, $HXH = Z$와 CNOT′에 대한 행렬로 식 7.8을 이용하였다.

게이트 시퀀스 6과 7은 모두 CNOT′에 대응하여 동등하다는 것을 관찰했을 것이다. 흥미롭게도 시퀀스 7을 유도하는 다른 방법은 시퀀스 5와 6을 결합하고 관계식 $H^2 = I$를 이용하는 것이다. 이 유도는 독자에게 맡기겠다.

게이트 시퀀스 8

보면 알겠지만 시퀀스 6과 매우 비슷하게 나타나도 게이트 시퀀스 8은 현재 목록 안에 있는 한 개의 동등한 게이트에 대응하지 않는다. 표 7.4에 나타낸 그 동등한 형태는 시퀀스 7에서 유도할 수 있다. 그 연산자는 다음과 같다.

$$\begin{aligned} U &= (H \otimes I)\,\mathrm{CNOT}(H \otimes I) \\ &= \frac{1}{\sqrt{2}}\begin{bmatrix} I & I \\ I & -I \end{bmatrix}\begin{bmatrix} I & 0 \\ 0 & X \end{bmatrix}\frac{1}{\sqrt{2}}\begin{bmatrix} I & I \\ I & -I \end{bmatrix} \\ &= \frac{1}{2}\begin{bmatrix} I+X & I-X \\ I-X & I+X \end{bmatrix}. \end{aligned} \tag{7.48}$$

연습문제 7.19

다음 회로에서 CNOT 게이트를 CZ 게이트로 바꾸어라. 하지만 회로의 역할은 그대로 둔다. H 게이트를 더하거나 제거할 수 있다.

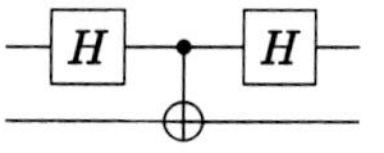

연습문제 7.20

표 7.4의 시퀀스 7과 비슷하지만 CNOT 게이트를 CZ 게이트로 바꾼 다음의 게이트 시퀀스가 주어졌다.

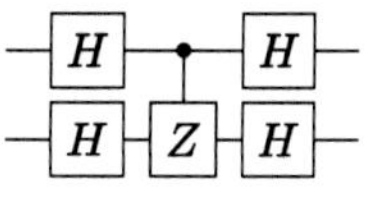

해야 할 일은 두 가지다.

(a) 표 7.4에 있는 이미 있는 동등한 시퀀스를 이용하여 이 시퀀스를 단순화하여라.
(b) 행렬곱을 수행하여 이 단순화를 확인하여라.

7.4.5 ∗측정 연기 원리

이 절에서는 측정과 관련된 게이트 시퀀스 동등성의 형태를 탐구하겠다. 이것은 양자 계산에서 일찍 제이 큐빗을 측정할 수 있는 측정 연기 원리에 대한 것이다. 그 결과 양자 제어 게이트는 종종 고전적으로 제어하는 아날로그로 바꿀 수 있다. 그림 7.5에 이 원리를 이용하는 동등한 회로의 예를 나타내었다. 여기서 이중 도선은 고전적인 제어를 표현한다.

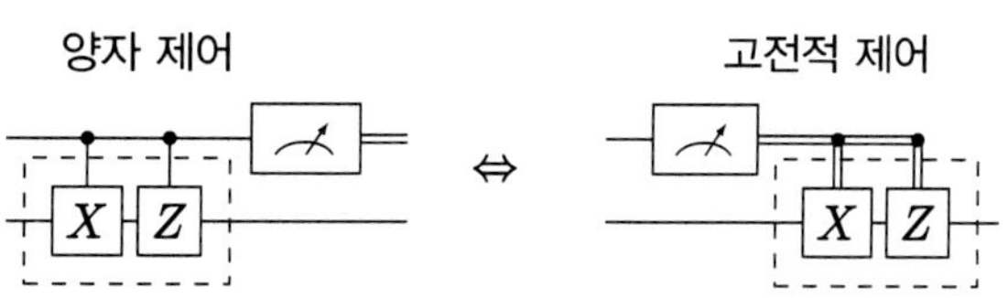

| 그림 7.5 | 측정 연기의 예

측정 연기 원리

측정은 양자회로의 중간 단계에서 마지막으로 이동할 수 있다. 이 측정의 결과를 회로의 어떤 점에서 이용한다면 고전적으로 제어하는 연산은 양자 제어 연산으로 바꿀 수 있다.

수학적으로 측정 연기 원리는 그림 7.6에 있는 두 회로가 동등하다는 것을 의미하고, (양자제어 U 게이트에 대한) 큐빗 a에 대한 제어와 (그 결과를 이후의 고전적으로 제어하는 U 게이트에서 사용할) 측정은 교환한다는 것을 나타낸다.

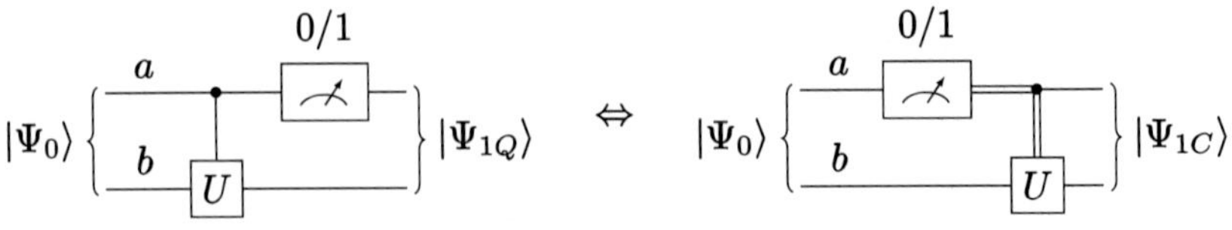

| 그림 7.6 | 측정 연기 원리

증명 ＊그림 7.6에 있는 두 회로의 동등성을 증명하려면 출력 상태, 즉 $|\Psi_{1C}\rangle$와 $|\Psi_{1Q}\rangle$가 같다는 것을 증명할 필요가 있다.

두 회로에 대한 측정 연산자는

$$M_i = |i\rangle\langle i| \otimes I \tag{7.49}$$

이고, i는 측정 결과인 0 또는 1이다.

양자제어 U 게이트 CU에 대한 연산자는 식 7.10에 있다. 그리고 고전적으로 제어하는 U 게이트에 대한 cCU는 식 7.20에 있다.

양자제어 U 게이트가 있는 왼쪽 회로에 대해서 다음을 얻는다.

$$\begin{aligned}
|\Psi_{1Q}\rangle &= \mathrm{CU}\, M_i\, |\Psi_0\rangle \\
&= (|0\rangle\langle 0| \otimes I + |1\rangle\langle 1| \otimes U)(|i\rangle\langle i| \otimes I)\,|\Psi_0\rangle \\
&= (|0\rangle\langle 0|\,|i\rangle\langle i|) \otimes (II)\,|\Psi_0\rangle + (|1\rangle\langle 1|\,|i\rangle\langle i|) \otimes (UI)\,|\Psi_0\rangle \\
&= \begin{cases} (|0\rangle\langle 0| \otimes I)\,|\Psi_0\rangle\ , & i=0, \\ (|1\rangle\langle 1| \otimes U)\,|\Psi_0\rangle, & i=1. \end{cases}
\end{aligned} \tag{7.50}$$

고전적 제어 U 게이트가 있는 오른쪽 회로에 대해서는 다음을 얻는다.

$$\begin{aligned}
|\Psi_{1C}\rangle &= M_i\, \mathrm{cCU}\, |\Psi_0\rangle \\
&= (|i\rangle\langle i| \otimes I)(I \otimes U^i)\,|\Psi_0\rangle \\
&= (|i\rangle\langle i|\, I) \otimes (IU^i)\,|\Psi_0\rangle \\
&= (|i\rangle\langle i| \otimes U^i)\,|\Psi_0\rangle \\
&= \begin{cases} (|0\rangle\langle 0| \otimes I)\,|\Psi_0\rangle\ , & i=0, \\ (|1\rangle\langle 1| \otimes U)\,|\Psi_0\rangle, & i=1. \end{cases}
\end{aligned} \tag{7.51}$$

그러므로 $|\Psi_{1C}\rangle = |\Psi_{1Q}\rangle$라고 결론내릴 수 있다. □

연습문제 7.21✻

다음 회로는 오류수정 코드의 기본적인 요소이다.

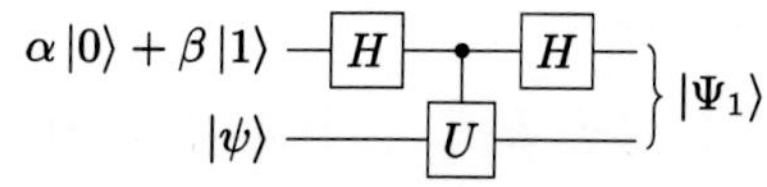

(a) 출력 상태는 다음과 같이 쓸 수 있음을 보여라.

$$|\Psi_1\rangle = \frac{\alpha+\beta}{\sqrt{2}}(|0\rangle|\psi\rangle + |1\rangle|\psi\rangle) + \frac{\alpha-\beta}{\sqrt{2}}(|0\rangle U|\psi\rangle - |1\rangle U|\psi\rangle).$$

(b) 첫 번째 큐빗을 측정하여 결과가 $|0\rangle$(또는 $|1\rangle$)이라면 측정했을 때 두 번째 큐빗 상태는 무엇인가?

7.4.6 ✻연산자 합관계

양자회로에서 게이트는 순차적으로 작용하여 덧셈이 아니라 각 행렬의 곱셈에 해당한다. 이 차이는 게이트 사이의 어떤 동등성을 의미하고 수학적으로 정확하지만 동등한 양자 게이트 시퀀스로 해석할 수 없다.

이에 대해 주목할 만한 예제는 어떤 양자게이트는 Pauli 연산자로 표현할 수 있다.

$$H = \frac{1}{\sqrt{2}}(X+Z), \tag{7.52a}$$

$$\text{CNOT} = \frac{1}{2}(I\otimes I + I\otimes X + Z\otimes I - Z\otimes X), \tag{7.52b}$$

$$\text{CZ} = \frac{1}{2}(I\otimes I + I\otimes Z + Z\otimes I - Z\otimes Z), \tag{7.52c}$$

$$\text{SWAP} = \frac{1}{2}(I\otimes I + X\otimes X + Y\otimes Y + Z\otimes Z). \tag{7.52d}$$

이 관계는 연산자의 결합이 아닌 합이므로 직접 양자 회로로 해석하지 못한다. 그러나 이로부터 여전히 게이트의 기본적인 연산에 대해 유용한 통찰력을 얻을 수 있다. 그 예로 다음 게이트 시퀀스의 동등성을 증명해 보자.

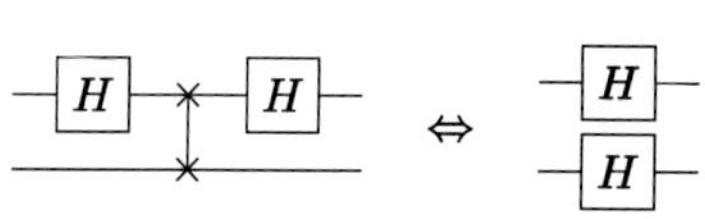

$$\begin{aligned}
&(H\otimes I)\cdot \text{SWAP}\cdot(H\otimes I)\\
&= (H\otimes I)\frac{1}{2}(I\otimes I + X\otimes X + Y\otimes Y + Z\otimes Z)(H\otimes I)\\
&= \frac{1}{2}(HIH\otimes I + HXH\otimes X + HYH\otimes Y + HZH\otimes Z)\\
&= \frac{1}{2}(I\otimes I + Z\otimes X - Y\otimes Y + X\otimes Z)\\
&= \frac{1}{2}\begin{bmatrix} I+X & Z+iY \\ Z-iY & I-X \end{bmatrix}
\end{aligned}$$

$$= \frac{1}{2}\begin{bmatrix}1 & 1 & 1 & 1\\ 1 & 1 & -1 & -1\\ 1 & -1 & 1 & -1\\ 1 & -1 & -1 & 1\end{bmatrix}. \tag{7.53}$$

따라서 이 행렬은 종종 H_4로 표기하는 2-큐빗 Hadamard 변환 $H\otimes H$이다. 여기서 다음의 등식을 이용하였다.

$$H^2 = I, \tag{7.54a}$$

$$HXH = Z, \tag{7.54b}$$

$$HZH = X, \tag{7.54c}$$

$$HYH = -Y \tag{7.54d}$$

와

$$(A\otimes B)(C\otimes D) = AC\otimes BD. \tag{7.55}$$

7.5 ✷탐구 주제

이 절은 양자컴퓨팅을 처음 접한 독자에게 필수적이지는 않지만 고급 독자에게 통찰력과 깊이를 추가적으로 제공한다.

7.5.1 ✷흔한 게이트를 Toffoli 게이트로 표현하기

이 부속절에서 표 7.2에 나타낸 대로 Toffoli(CCNOT) 게이트의 성질에 대해 조사한다. Toffoli 게이트의 Boole 표현은

$$\text{Toffoli: } |xyz\rangle \mapsto |xy(xy\oplus z)\rangle \tag{7.56}$$

으로 주어진다.

NOT, AND와 FANOUT과 같은 고전적인 논리함수는 표 7.5에 보인 대로 Toffoli 게이트로만 표현할 수 있다. OR 게이트는 OR(x, y)=NOT(AND(NOT(x), NOT(y)))인 관계를 따르는 여러 단계의 Toffoli 게이트를 이용하여 표현할 수 있다. 이것은 기본적인 고전 논리함수의 양자적 동등성을 보여준다. Toffoli 게이트에서 도입한 추가적인 보조 큐빗을 통해 이 해석이 가능하다.

고전 논리게이트의 범용 집합 NOT, AND와 FANOUT의 관계를 만들어 Toffoli 게이트만을 이용하여 임의의 고전적인 논리 회로를 양자회로로 해석할 수 있다. 이것은 양자컴퓨터는 사용할 수 있는 하드웨어가 있으면 최소한 고전적인 컴퓨터 수행을 흉내낼 수 있다는 것을 암시한다.

그러나 양자컴퓨팅의 완전한 잠재력을 이용하려면 중첩과 얽힘을 이용하는 게이트가 필요하다. Toffoli 게이트는 얽힘 연산에 적절하게 만들면 CNOT 게이트로 행동할 수 있다. 중첩을 허용하는 Hadamard(H) 게이트와 결합하면 양자 게이트의 범용 집합을 얻는

다. §7.2.3에서 논의한 이러한 강력한 결합은 Toffoli 게이트와 Hadamard 게이트를 결합하면 임의의 양자 계산에 이용할 수 있다는 것을 의미한다.

▌표 7.5▐ Toffoli 게이트를 이용하여 흔한 게이트 표현하기

게이트	기호	Boole 표현
NOT (X)	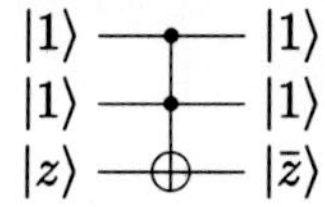	$\|z\rangle \mapsto \|\bar{z}\rangle$
AND	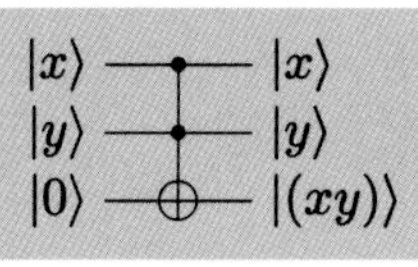	$\|xy\rangle \mapsto z = \|(xy)\rangle$
FANOUT	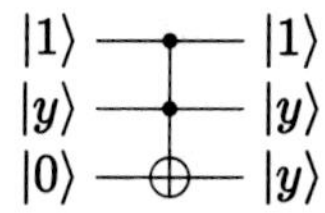	기준상태로 표현한 고전적인 비트에 대해서만 성립. 중첩 상태는 아님.
CNOT	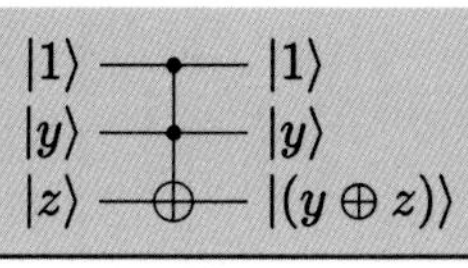	$\|yz\rangle \mapsto \|y(y \oplus z)\rangle$

연습문제 7.22

Toffoli 게이트와 비슷한 Fredkin(CSWAP) 게이트만을 이용하여 NOT, AND와 고전적인 FANOUT을 표현하여라. Fredkin 게이트만으로 CNOT이나 H 게이트를 만들 수 있는지 알아보아라.

7.5.2 ✶고급 양자 게이트 예제

양자 게이트가 다음의 기능을 수행할 필요가 있다고 하자.

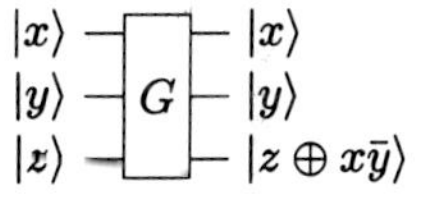

이 게이트는 양자 게이트로 실현할 수 있는가? 이것을 조사하기 위해 기준상태의 변환을 완성하자.

$$
\begin{aligned}
&|000\rangle \mapsto |000\rangle, \quad |001\rangle \mapsto |001\rangle, \quad |010\rangle \mapsto |010\rangle, \quad |011\rangle \mapsto |011\rangle, \\
&|100\rangle \mapsto |101\rangle, \quad |101\rangle \mapsto |100\rangle, \quad |110\rangle \mapsto |110\rangle, \quad |111\rangle \mapsto |111\rangle.
\end{aligned}
$$

기준 상태 $|100\rangle$과 $|101\rangle$이 바뀌었지만 다른 것은 변하지 않았다는 것을 주목하여라. 이 변환은 게이트에 대한 다음 행렬에 대응한다.

$$
G = \begin{bmatrix} I_4 & 0 & 0 \\ 0 & U & 0 \\ 0 & 0 & I_2 \end{bmatrix}.
$$

여기서 I_4는 4×4 단위행렬이고, I_2는 2×2 단위행렬이며 U는 다음과 같이 정의한 2×2 행렬이다. $U = X$임을 볼 수 있다. 분명히 G는 유니타리 행렬이다. 따라서 양자 게이트로 실현할 수 있다.

G는 어떤 종류의 게이트인가? 변화한 기준상태 $|100\rangle \rightarrow |101\rangle$과 $|101\rangle \rightarrow |100\rangle$은 첫 번째 큐빗이 $x=1$이고, 두 번째 큐빗이 $y=1$일 때만 세 번째 큐빗 z가 바뀐다는 것을 의미한다. 이로부터 G는 $\mathrm{C\overline{C}NOT}$ 게이트로 이름 지을 수 있고 다음의 기호를 사용한다.

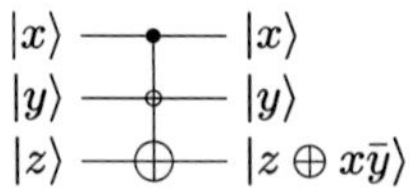

이 게이트는 표 7.2의 원래 CCNOT(Toffoli) 게이트의 변종으로 볼 수 있다.

연습문제 7.23

게이트의 행렬 표현

$$U = \begin{bmatrix} 0 & 1 & 0 & 0 \\ 0 & 0 & 0 & 1 \\ 0 & 0 & 1 & 0 \\ 1 & 0 & 0 & 0 \end{bmatrix}$$

이 주어졌다. 이에 해당하는 Boole 표현을 구하여라.

7.6 요약 및 결론

다중 큐빗 연산

이 장의 핵심은 복잡한 양자회로를 만드는 연산 기본인 다중 큐빗 게이트이다. 관련된 큐빗의 텐서곱 상태 공간에 작용하는 이 게이트는 이에 대응하는 단일 큐빗과 다르다. 한 두드러진 특징은 얽힌 상태를 만들고 조작하는 능력이다. 이 게이트는 큐빗을 복잡하게 얽히게 만드는 능력이 있지만 단일큐빗 게이트와 같이 여전히 유니타리 변화를 나타내어 연산 후 전체 확률이 보존된다.

구체적으로는 CNOT, CZ, CU와 같은 친숙한 다중큐빗 게이트를 광범위하게 공부하여 양자 회로 설계와 알고리즘의 중요한 역할을 강조하였다. 이 게이트의 구조와 응용을 강조하여 복잡한 양자계산에 대한 기초를 갖추었다.

범용 양자컴퓨팅 체계

더 단순한 연산으로부터 복잡한 연산으로 진화하는 고전컴퓨팅과 마찬가지로 이 장에서 큐빗 게이트의 범용 집합으로 전환하였다. 양자컴퓨팅에서 범용성에 대한 개념은 제한된 게이트 집합을 이용하여 임의의 양자 연산을 근사할 필요가 있기 때문에 나타난다. 독자에게 다양한 범용 게이트 집합을 소개하고 그 전제 조건에 대해 자세히 설명하여 이 장에서는 특히 단순하지 않은 양자 계산에 대한 제한된 게이트 형태를 제어할 때 양자 영역에서 적응성의 중요함을 강조하였다.

해석적 도구와 방법

이 장의 중요한 요소는 양자 게이트와 회로에 대한 Boole 표현을 도입한 것이다. 각 기준 상태를 독립적으로 생각하고 전체적인 이해를 위해 이들을 결합할 때 이 방법론으로 인해 양자 회로를 효율적으로 분석할 수 있고 따라서 양자 변환의 선형성을 관리할 수 있다. 이 방법은 개념적으로 분명하게 하고 또한 복잡한 양자 회로를 분해할 때 중요한 것으로 판명되었다.

게이트 시퀀스를 공부할 때 게이트 시퀀스의 동등성에 대한 개념을 강조하였다. 시퀀스를 결합하여 동등한 단일 게이트로 만드는 것을 인식하는 것은 복잡한 양자 회로를 이해할 때 필수적일 뿐더러 특히 실제 세계의 양자 하드웨어 제한을 생각할 때 최적화에 중요하다.

고급 탐구

이 장에서 양자 게이트와 그 미묘함에 대한 더 깊은 이해를 할 수 있는 탐구 주제를 소개하였다. 이 논의는 고급이지만 양자역학 주제를 더 탐구하는 것에 흥미를 느끼는 독자에게 기본적인 이해를 할 수 있도록 한 것이다.

다룰 주제

다음 장에서 Bell 상태에 대해 공부할 것이다. 미묘한 EPR 모순과 Bell의 정리를 다룰 때 정의하는 이러한 상태는 양자역학의 복잡함을 설명하는 지침이다. 양자얽힘의 중요한 예로서 Bell 상태는 양자 중첩과 비국소적 상관관계를 강조하면서 또한 수많은 양자정보 처리 과정의 근간을 이룬다. 이것은 EPR 모순에 대한 풍부한 논의와 양자얽힘의 많은 응용에 대한 시작 단계이다.

문제 7

7.1 $\overline{\text{C}}$NOT 게이트로 표기하는 CNOT 게이트의 변종에 대한 연산자와 행렬을 구하여라. 이 게이트에서 큐빗 1은 제어 큐빗으로 작용하고, 큐빗 2는 타겟 큐빗으로 작용한다. 그러나 정상적인 CNOT 게이트와 대조적으로 X(즉 NOT) 게이트를 타겟 큐빗에 작용하여 제어 큐빗이 상태 $|1\rangle$이 아니라 $|0\rangle$일 때 상태 0과 1을 뒤집는다.

7.2 직관적으로 볼 때 문제 7.1의 $\overline{\text{C}}$NOT 게이트의 기능은 $|0\rangle$과 $|1\rangle$을 뒤집기 위해 정상적인 CNOT의 제어 큐빗에 X 게이트를 더하여 수행할 수 있어야 한다.

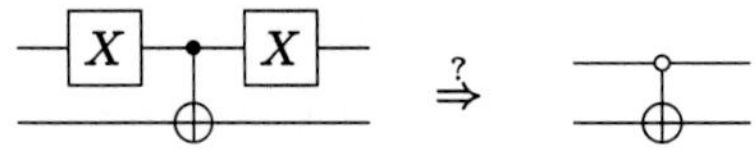

연산자로 표현하면 다음을 의미한다.

$$\overline{\mathrm{C}}\mathrm{NOT} = (X \otimes I) \cdot \mathrm{CNOT} \cdot (X \otimes I).$$

$\overline{\mathrm{C}}$NOT 연산자 그리고/혹은 문제 7.1에서 얻은 행렬을 이용하여 위의 식을 증명하거나 틀리다는 것을 증명하여라.

7.3 CU 게이트는 제어큐빗이 $|1\rangle$일 때 어떤 유니타리 게이트 U를 타겟큐빗에 작용한다. $\overline{\mathrm{C}}$U 큐빗은 제어큐빗이 $|0\rangle$일 때 타겟큐빗에 U를 작용한다. $\overline{\mathrm{C}}$U에 대한 연산자와 행렬을 구하여라.

7.4 다음 블록 행렬으로 정의하는 양자게이트에 해당하는 연산자를 유도하여라. 여기서 U는 2×2 유니타리 행렬이고, I는 2×2 단위행렬이다. 각 게이트에 대해 §7.1.3에서 CU에 대해 사용한 접근 방법과 비슷하게 그 성질에 대해 논의하여라. 각 연산자 안의 형태를 분석하고, CU의 형태와 비슷한 설명을 수식화하고, 이에 해당하는 회로 그림을 고안하여라.

$$\mathrm{G}_1 = \begin{bmatrix} 0 & U \\ I & 0 \end{bmatrix}, \quad \mathrm{G}_2 = \begin{bmatrix} 0 & I \\ U & 0 \end{bmatrix}.$$

7.5 식 7.25와 비슷한 $R_{xy}(\theta)$의 행렬을 유도하여라.

7.6 ∗ **(CNOT 거울)** 아래 나타낸 회로 동등성은 세 큐빗에 작용하는 한 쌍의 CNOT 게이트는 재배열할 수 있다는 것을 나타낸다. 여기서 첫 번째 CNOT의 타겟 큐빗은 두 번째 CNOT의 제어 큐빗이다. 이 두 CNOT 게이트의 순서를 뒤집고, 처음에 CNOT 게이트를 더하면 전체 작용은 변하지 않는다. 이 동등성을 증명하여라.

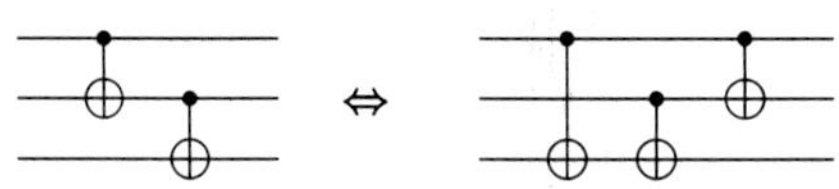

7.7 ∗ **(분산 CNOT)** 분산 CNOT 프로토콜에서 아래 동등한 회로에서 보인 대로 CNOT 연산은 중간 큐빗과 네 개의 CNOT 게이트를 이용하여 직접 상호작용하지 않고 두 큐빗 사이에서 수행한다. 이 동등성을 증명하여라.

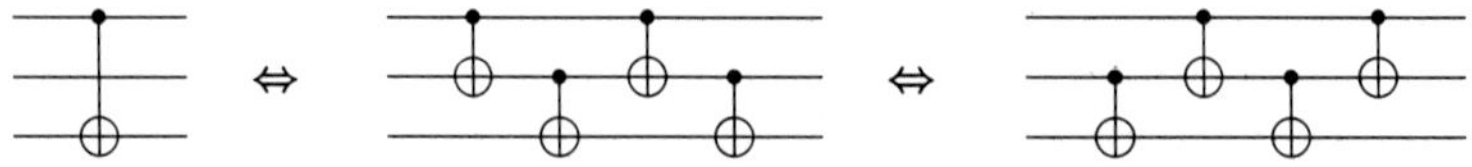

7.8 ∗ **(3-큐빗 Shor 코드)** 위상반전 오류를 수정하기 위해 고안한 에러 수정 코드에서 기본적인 인코더를 표현하는 다음의 회로를 조사하여라.

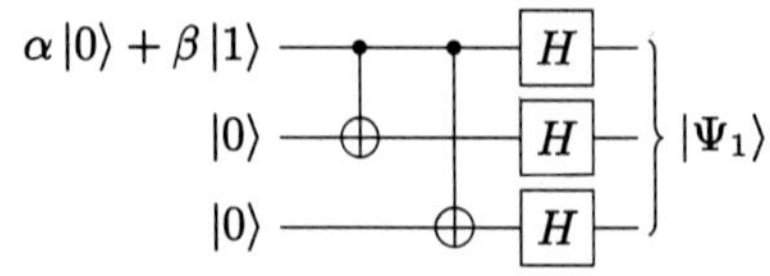

출력상태는 다음과 같음을 보여라.

$$|\Psi_1\rangle = \alpha\,|{+}{+}{+}\rangle + \beta\,|{-}{-}{-}\rangle.$$

7.9 ∗ **(3-큐빗, 2-큐빗 게이트 분해)** 다음 게이트 시퀀스는 종종 3-큐빗 게이트를 2-큐빗 게이트로 분해할 때 사용한다. 그 동등성을 증명하여라.

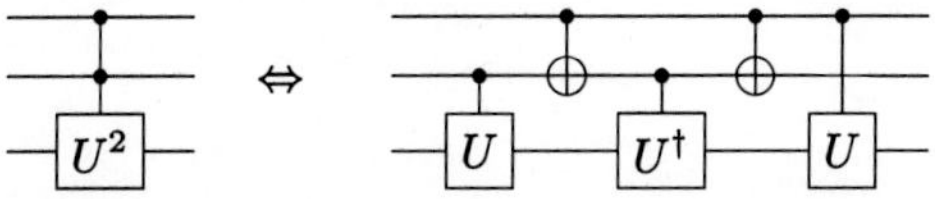

7.10 ∗ **(마술 T 게이트)** 다음 회로는 CNOT 게이트, 측정과 고전적으로 제어하는 S 게이트를 이용한 T 게이트를 구현한 것이다.

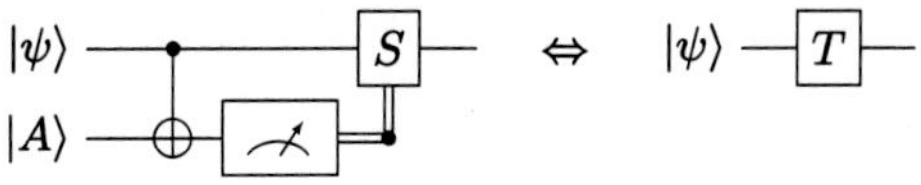

여기서

$$|A\rangle = \frac{1}{\sqrt{2}}(|0\rangle + e^{i\frac{\pi}{4}}|1\rangle),$$

$$S = \sqrt{Z} = \begin{bmatrix} 1 & 0 \\ 0 & i \end{bmatrix}, \qquad T = \sqrt{S} = \begin{bmatrix} 1 & 0 \\ 0 & e^{i\frac{\pi}{4}} \end{bmatrix}$$

이다. 이것을 '마술'이라고 부르는 이유는 (S 게이트와 같은) Clifford 연산, 측정과 미리 준비한 마술 상태 $|A\rangle$만을 이용한 비Clifford T 게이트를 구현할 수 있기 때문이다. Clifford 연산은 내결함성이 있도록 더 쉽게 구현할 수 있어서 이 방법은 실제적인 양자컴퓨팅에서 중요하다.

이 '마술'게이트의 작용을 증명하여라.

III

양자 얽힘

CHAPTER

8

Bell 상태

Bell 상태는 양자역학이 불완전하다고 주장하는 1935년 Einstein, Podolsky와 Rosen이 고안한 사고 실험인 유명한 "EPR 모순"에서 처음 정의하였다. 1964년이 되어서야 John Bell은 Bell의 정리로 알려진 정리를 수식화하였고, 이것은 EPR에서 제안한 어떤 종류의 "숨은 변수"도 양자역학 예측을 설명할 수 없다는 것을 증명하였다. 그러므로 양자역학은 확률적인 체계 내에서 물리적 현실을 완전히 설명하기 위해 어떤 숨은 변수도 필요하지 않다는 의미에서 완전한 이론으로 여겨지고 있다.

Bell 상태는 실험적으로 Bell의 정리를 시험할 때 사용하였고 이 시험의 결과는 압도적으로 양자역학을 지지하였다. 이 시험과 이 시험이 의존하는 Bell 상태는 오늘날 물리학자들이 양자역학이 미시세계에 대한 올바르고 완전한 설명이라고 받아들이는 주요 이유이다.

Bell 상태는 두 큐빗의 서로 다른 네 개의 얽힌 양자상태의 집합이다. 이들은 양자얽힘에 대한 가장 단순하고 가장 널리 알려진 예이다. 양자얽힘은 공간 분리와 상관 없이 한 큐빗의 성질이 다른 큐빗의 성질과 밀접하게 연관되어 있는 놀라운 양자 현상이다.

최대로 얽힌 Bell 상태는 양자중첩과 비국소적 상관관계와 같은 양자역학의 기본적인 측면을 설명할 때 사용한다. 더구나 Bell 상태는 양자순간이동, 양자암호학과 양자오류수정을 포함하는 여러 양자컴퓨팅과 양자 정보처리 응용에서 필수적인 역할을 한다.

이 장에서 Bell 상태를 자세히 탐구하여 이후의 장에서 EPR 모순에 대한 논의와 양자얽힘의 응용을 볼 것이다. 이것으로 인해 양자게이트에 대해 지금까지 공부한 개념과 방법을 실제로 사용할 수 있다.

8.1 최대 얽힘 상태

8.1.1 정의

네 개의 Bell 상태는 다음과 같다.

$$|\Phi^+\rangle \equiv |\beta_{00}\rangle = \frac{1}{\sqrt{2}}(|00\rangle + |11\rangle), \tag{8.1a}$$

$$|\Psi^+\rangle \equiv |\beta_{01}\rangle = \frac{1}{\sqrt{2}}(|01\rangle + |10\rangle), \tag{8.1b}$$

$$|\Phi^-\rangle \equiv |\beta_{10}\rangle = \frac{1}{\sqrt{2}}(|00\rangle - |11\rangle), \tag{8.1c}$$

$$|\Psi^-\rangle \equiv |\beta_{11}\rangle = \frac{1}{\sqrt{2}}(|01\rangle - |10\rangle). \tag{8.1d}$$

이 상태는 모두 직접곱 상태가 아니고, 큐빗 사이에서 다른 형태의 상관관계를 나타낸다.

양자물리학의 관점에서 $|\Psi^-\rangle$ 상태는 종종 "스핀 단일항"이라고 부르고, 다른 세 개의 Bell 상태는 "스핀 삼중항"이라고 부른다. 이 용어를 사용하는 이유는 큐빗을 (전자나 중성자와 같은, §2.1.1 참조) 스핀-1/2 입자로 해석할 때 $|\Psi^-\rangle$ 상태는 전체 결합 스핀이 0인 입자쌍에 해당하기 때문이다. 대조적으로 다른 세 개의 Bell 상태는 전체 스핀이 1인 입자쌍에 해당한다.

스핀 단일항 상태는 Bell 상태에서 0과 1을 교환하는 것에 해당하는 입자교환에 대해 반대칭적이다. 대조적으로 스핀 삼중항 Bell 상태는 입자교환에 대해 대칭적이다. 즉 큐빗을 바꾸어도 상태는 변하지 않는다.

연습문제 8.1

$\frac{1}{2}(|00\rangle+|01\rangle+|10\rangle+|11\rangle)$은 직접곱 상태임을 보여라.

연습문제 8.2

$|\Phi^+\rangle=\frac{1}{\sqrt{2}}(|00\rangle+|11\rangle)$은 직접곱 상태가 아니라는 것을 보여라.

8.1.2 최대 얽힘

Bell 상태는 두 큐빗이 최대로 얽힌 상태이다. 결과적으로 Bell 상태에 있는 국소적인 측정을 수행할 때 측정 결과는 얽힘으로 인해 완전한 상관관계(혹은 반상관관계)가 있다.

표준기준에서 첫 번째 큐빗에 작용하는 측정연산자는 다음과 같다.

$$M_0 = |0\rangle\langle 0|\otimes I,\ \text{측정결과 } |0\rangle\text{인 경우}, \tag{8.2a}$$

$$M_1 = |1\rangle\langle 1|\otimes I,\ \text{측정결과 } |1\rangle\text{인 경우}. \tag{8.2b}$$

$|\Phi^+\rangle$ 상태를 예로 들어보자. 첫 번째 큐빗을 측정하고 상태 $|0\rangle$에 있다는 것을 발견하면 실질적으로 M_0 측정연산자를 작용한 것이다(§6.2 참조).

$$\begin{aligned} M_0\,|\Phi^+\rangle &= (|0\rangle\langle 0|\otimes I)\ \frac{1}{\sqrt{2}}(|00\rangle+|11\rangle) \\ &= \frac{1}{\sqrt{2}}(|0\rangle\langle 0|\,|0\rangle\otimes I\,|0\rangle+|0\rangle\langle 0|\,|1\rangle\otimes I\,|1\rangle) \\ &= \frac{1}{\sqrt{2}}\,|0\rangle\otimes|0\rangle=\frac{1}{\sqrt{2}}\,|00\rangle. \end{aligned} \tag{8.3}$$

이로 인해 (재규격화를 한) 측정 후 상태 $|00\rangle$을 만든다.

$$\frac{1}{\sqrt{2}}(|00\rangle+|11\rangle)\xrightarrow{\text{첫 번째 큐빗을 측정하여 } |0\rangle\text{을 얻음}}|00\rangle. \tag{8.4}$$

그 결과 두 번째 큐빗 또한 상태 $|0\rangle$에 있다는 것을 확신할 수 있다.

마찬가지로 첫 번째 큐빗을 측정하여 상태 $|1\rangle$에 있다는 것을 발견하면 실질적으로 M_1 측정연산자를 작용한 것이고, 두 번째 큐빗 또한 상태 $|1\rangle$에 있을 것이다. 왜냐하면

$$\frac{1}{\sqrt{2}}(|00\rangle + |11\rangle) \xrightarrow{\text{첫 번째 큐빗을 측정하여 } |1\rangle\text{을 얻음}} |11\rangle \tag{8.5}$$

이기 때문이다.

이것은 상태 $|\Phi^+\rangle$에 있는 개별적인 큐빗을 z 방향에 대해 측정하면 측정 결과 사이에 완벽한 상관관계가 있음을 보여준다. 마찬가지로 $|\Phi^-\rangle$ 또한 완벽한 상관관계를 나타내고, 반면 $|\Psi^+\rangle$와 $|\Psi^-\rangle$는 완벽한 반상관관계를 나타낸다. 나중에(§9.8에서) 다른 방향으로도 이러한 강한 상관관계가 존재한다는 것을 보게 될 것이다.

8.2 ∗Bell 기준

이 절에서 특별히 직교규격화와 완전성을 조사하여 Bell 상태의 수학적인 성질을 자세히 살펴보겠다. Bell 상태의 직교규격화는 다른 Bell 상태의 내적은 0이고, 한편 Bell 상태를 자신과 내적을 취하면 1이라는 사실에서 얻는다. 한편 완전성으로 인해 임의의 2-큐빗 상태는 Bell 상태의 선형결합으로 표현할 수 있다. 그 자체로 Bell 상태의 집합은 2-큐빗 Hilbert 공간에 대한 직교규격화 기준을 이루고, 이것은 양자정보이론과 양자컴퓨팅에서 기본적인 개념이다. 이후의 부속절에서 이 성질과 그 의미를 더 자세하게 탐구하겠다.

8.2.1 ∗직교규격화와 완전성

네 개의 Bell 상태는 이들의 내적이 (상태가 다를 때) 0이고, (상태가 같을 때) 1이기 때문에 직교규격화되어 있다. 이것은 §8.6에서 증명하겠다. $|\beta_{ij}\rangle$ 표기방법을 이용하면 이것은

$$\langle \beta_{ij}|\beta_{kl}\rangle = \delta_{ik}\delta_{jl} \tag{8.6}$$

으로 표현할 수 있고, 여기서 δ_{ik}와 δ_{jl}은 Kronecker 델타이며 $i, j, k, l \in \{0, 1\}$이다.

더구나 $\{|\beta_{ij}\rangle\}$는 완전한 기준집합이고, 이것은 다음과 같이 표현한다.

$$\sum_{i,j\in\{0,1\}} |\beta_{ij}\rangle\langle\beta_{ij}| = I. \tag{8.7}$$

여기서 I는 4×4 단위행렬이다. 이것은 Bell 상태가 전체 2-큐빗 Hilbert 공간을 이룬다는 것을 의미한다. 따라서 Bell 상태는 2-큐빗 Hilbert 공간에 대한 직교규격화 기준을 이룬다.

> *i* 집합 $|+\rangle$, $|-\rangle$가 단일큐빗 상태에 대한 직교규격화 기준을 이루는 것과 같이 Bell 상태의 집합은 2-큐빗 상태에 대한 직교규격화 기준으로 작용한다.

8.2.2 ∗Bell 기준에서 2-큐빗 상태

임의의 2-큐빗 양자상태는 다음과 같이 표현할 수 있다.

$$|\psi\rangle = \alpha|00\rangle + \beta|01\rangle + \gamma|10\rangle + \delta|11\rangle. \tag{8.8}$$

Bell 상태가 2-큐빗 상태에 대한 완전기준을 이루므로 $|\psi\rangle$ 또한 이 상태의 선형결합으로 표현할 수 있다.

$$|\psi\rangle = \sum_{i,j\in\{0,1\}} c_{ij}\,|\beta_{ij}\rangle. \tag{8.9}$$

여기서 c_{ij}는 복소수 계수이다. 이 계수는 규격화조건

$$\sum_{i,j\in\{0,1\}} |c_{ij}|^2 = 1 \tag{8.10}$$

을 만족해야 한다.

Bell 상태와 $|\psi\rangle$ 사이의 내적을 이용하여 계수 c_{ij}를 계산할 수 있다.

$$c_{ij} = \langle\beta_{ij}|\psi\rangle. \tag{8.11}$$

투영연산자 $|\beta_{ij}\rangle\langle\beta_{ij}|$를 이용하고 식 8.9와 8.11을 결합하여 한 개의 식으로 만들 수 있다.

$$|\psi\rangle = \sum_{i,j}\langle\beta_{ij}|\psi\rangle\,|\beta_{ij}\rangle = \sum_{i,j}|\beta_{ij}\rangle\,\langle\beta_{ij}|\psi\rangle = \sum_{i,j}|\beta_{ij}\rangle\langle\beta_{ij}|\,|\psi\rangle. \tag{8.12}$$

계수 α, β, γ와 δ를 이용하면 계수 c_{ij}는 다음과 같다.

$$c_{00} = \frac{1}{\sqrt{2}}(\alpha+\delta), \tag{8.13a}$$

$$c_{01} = \frac{1}{\sqrt{2}}(\beta+\gamma), \tag{8.13b}$$

$$c_{10} = \frac{1}{\sqrt{2}}(\beta-\gamma), \tag{8.13c}$$

$$c_{11} = \frac{1}{\sqrt{2}}(\alpha-\delta). \tag{8.13d}$$

이것은 “Bell 행렬”을 이용한 기준회전과 동등하다.

$$\begin{bmatrix} c_{00} \\ c_{00} \\ c_{10} \\ c_{11} \end{bmatrix} = \frac{1}{\sqrt{2}}\begin{bmatrix} 1 & 0 & 0 & 1 \\ 0 & 1 & 1 & 0 \\ 0 & 1 & -1 & 0 \\ 1 & 0 & 0 & -1 \end{bmatrix}\begin{bmatrix} \alpha \\ \beta \\ \gamma \\ \delta \end{bmatrix}. \tag{8.14}$$

> 이후 절에서 논의할 Bell 상태 생성기는 계산기준을 Bell 기준으로 변환하는 회로로 이해할 수 있다. 역으로 Bell 상태 분석기는 Bell 기준에서 다시 계산기준으로 돌아가게 하는 역변환을 수행하는 것으로 볼 수 있다.

연습문제 8.3

계수 α, β, γ와 δ를 진폭 c_{ij}로 나타내는 식을 유도하여라. 이것이 식 8.13의 역관계이다.

8.3 Bell 상태 생성

이 절에서는 양자컴퓨팅과 양자정보이론에서 기본적인 작용인 Bell 상태를 실제로 만드는 것에 집중하겠다. 이상적인 양자컴퓨터에서 Bell 상태는 Hadamard(H) 게이트와 제어 NOT(CNOT) 게이트와 같은 범용 양자게이트를 이용하여 쉽게 만들 수 있다. 먼저 이 양자게이트를 이용하여 Bell 상태를 만드는 기본적인 방법을 조사하겠다. 그러나 실제로 특히 광자계를 사용할 때 종종 자발적 매개변수 하향 변환(Spontaneous Parametric Down-Conversion: SPDC)과 같은 물리 현상을 이용하여 얽힌 입자쌍을 만들고, 이것이 Bell 상태를 이룬다. 이 절을 통해 이 방법과 그 안에 물리학을 탐구하여 이론적, 실험적 방법에서 Bell 상태 생성에 대한 광범위한 이해를 하려고 한다.

8.3.1 기본적인 Bell 상태 생성기

Bell 상태는 큐빗 게이트를 이용하여 만들 수 있다. 예를 들어 Hadamard 게이트와 CNOT 게이트를 함께 사용하여 처음 상태 $|00\rangle$로부터 Bell 상태 Φ^+를 다음과 같이 만들 수 있다.

첫 번째 큐빗에 Hadamard 게이트(H)를 작용한다. 그러면 중첩상태를 만든다.

$$(H \otimes I)\,|00\rangle = \frac{1}{\sqrt{2}}(|00\rangle + |10\rangle). \tag{8.15}$$

첫 번째 큐빗을 제어 큐빗, 두 번째 큐빗을 타겟 큐빗으로 하는 2-큐빗 상태에 CNOT 게이트를 작용한다. 이로 인해 큐빗은 얽히고 Bell 상태를 만든다.

$$\text{CNOT}\,\frac{1}{\sqrt{2}}(|00\rangle + |10\rangle) = \frac{1}{\sqrt{2}}(|00\rangle + |11\rangle). \tag{8.16}$$

모든 네 개의 Bell 상태는 그림 8.1과 같이 큐빗게이트를 이용하여 만들 수 있다.

입력	출력
$\|00\rangle$	$\|\beta_{00}\rangle \equiv \|\Phi^+\rangle = \frac{1}{\sqrt{2}}(\|00\rangle + \|11\rangle)$
$\|01\rangle$	$\|\beta_{01}\rangle \equiv \|\Psi^+\rangle = \frac{1}{\sqrt{2}}(\|01\rangle + \|10\rangle)$
$\|10\rangle$	$\|\beta_{10}\rangle \equiv \|\Phi^-\rangle = \frac{1}{\sqrt{2}}(\|00\rangle - \|11\rangle)$
$\|11\rangle$	$\|\beta_{11}\rangle \equiv \|\Psi^-\rangle = \frac{1}{\sqrt{2}}(\|01\rangle - \|10\rangle)$

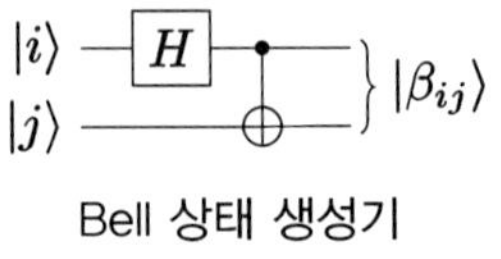

그림 8.1 H와 CNOT 게이트를 이용한 Bell 상태 생성

양자회로와 수학 공식 분명히 보기

양자회로 그림에서 시간은 일반적으로 왼쪽에서 오른쪽으로 흐르고 연산(게이트)은 이 방향을 따라 움직이면서 큐빗에 작용한다. 그러나 연산을 수학적으로 행렬로 표현할 때 일련의 연산은 행렬곱의 관습인 오른쪽에서 왼쪽 방향을 따른다.

예를 들어 그림 8.1에서 H 게이트는 CNOT 게이트의 왼쪽에 있다. 그러나 이에 해당하는 수학적인 표현은 다음과 같다.

$$|\beta_{ij}\rangle = \text{CNOT}(H \otimes I)\,|ij\rangle. \tag{8.17}$$

이 차이는 가끔 양자컴퓨팅을 처음 공부하는 독자에게는 혼동을 줄 수 있다. 그러나 양자회로와 이에 해당하는 수학적 표현에 대한 정확한 해석을 이해하는 것은 중요하다.

연습문제 8.4

그림 8.1에서 $|\Psi^+\rangle$, $|\Phi^-\rangle$와 $|\Psi^-\rangle$의 생성을 확인하여라.

8.3.2 |00⟩으로부터 모든 Bell 상태 만들기

입력 상태를 준비할 때 X 게이트를 더하면 그림 8.2에 나타낸 대로 $|00\rangle$으로부터 직접 모든 네 개의 Bell 상태를 만들 수 있다.

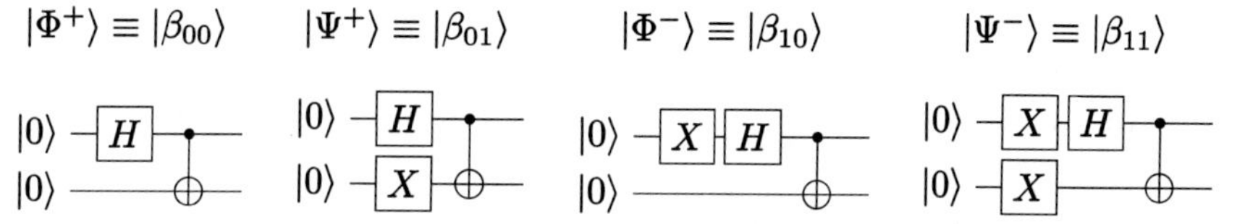

▌그림 8.2▐ 처음 상태 |00⟩로부터 Bell 상태 만들기

연습문제 8.5

연산자 계산을 이용하여 그림 8.2에서 $|\Phi^-\rangle$와 $|\Psi^-\rangle$의 생성을 확인하여라.

다른 방법으로는 그림 8.3에 나타낸 대로 Z 게이트를 이용하여 출력에 π 위상이동(즉 음의 부호)을 만들 수 있다. Z 게이트를 큐빗에 작용하면 $|1\rangle$을 $-|1\rangle$로 바꾼다는 것을 기억하여라(첫 번째나 두 번째 큐빗에 Z 게이트를 작용하면 같은 Bell 상태를 만든다. 왜냐하면 그 차이는 양자계에서 측정할 수 없는 전체 위상이기 때문이다).

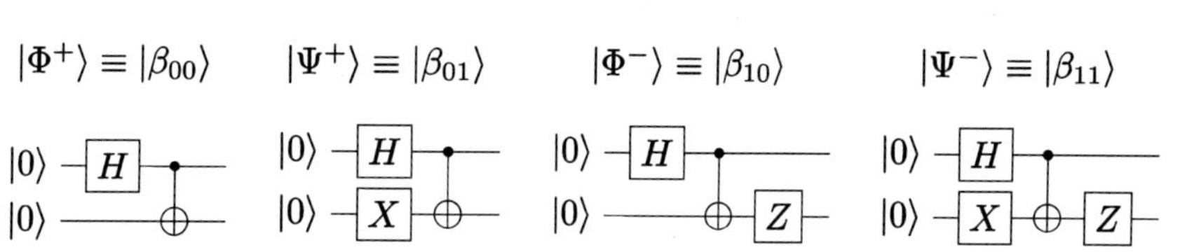

▌그림 8.3▐ 출력 위상이동을 이용한 Bell 상태 생성

연습문제 8.6

연산자 계산을 이용하여 그림 8.3에서 $|\Phi^-\rangle$와 $|\Psi^-\rangle$의 생성을 확인하여라.

8.3.3 SPDC를 이용한 광자쌍 생성

Hadamard와 CNOT 게이트를 광자에 직접 작용하는 것은 쉽게 할 수 없다. 그 대신 얽힌 광자는 자발적 매개변수 하향 변환(SPDC)이나 다른 비선형 광학 과정을 통해 만든다. SPDC는 다양한 양자통신과 계산 실험에서 얽힌 광자쌍을 만들 때 널리 사용하는 방법이다.

그림 8.4에 보였듯이 SPDC에서 한 개의 고에너지 광자가 비선형 결정을 지나면 가끔 얽힌 두 개의 낮은 에너지 광자로 갈라진다. 얽힌 광자는 실험 장치와 비선형 결정의 성질에 의존하는 다양한 Bell 상태에서 만들 수 있다.

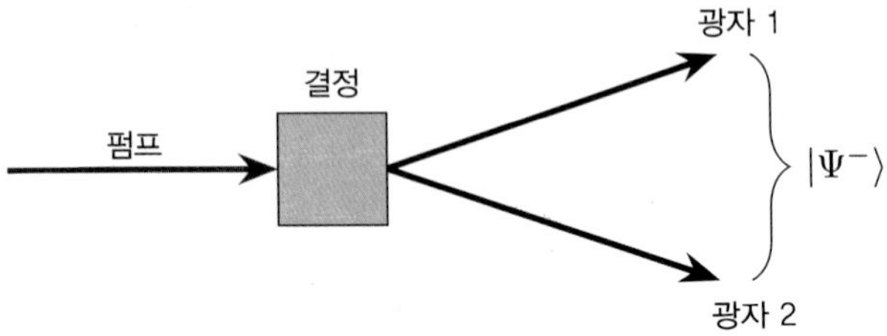

그림 8.4 SPDC를 이용한 광자쌍 생성

SPDC로 만든 편광된 얽힌 광자쌍에 대해 Bell 상태는

$$|\Psi^-\rangle = \frac{1}{\sqrt{2}}\left(|\leftrightarrow\rangle_1 \otimes |\updownarrow\rangle_2 - |\updownarrow\rangle_1 \otimes |\leftrightarrow\rangle_2\right) \tag{8.18}$$

이고, 여기서 $|\leftrightarrow\rangle_1$, $|\updownarrow\rangle_1$, $|\leftrightarrow\rangle_2$와 $|\updownarrow\rangle_2$는 광자쌍의 두 광자에 대한 수평과 수직 편광을 나타낸다.

$|\leftrightarrow\rangle$을 $|0\rangle$으로 $|\updownarrow\rangle$을 $|1\rangle$로 해석하면 식 8.18은 식 8.1에서 제시한 표준 표기법에서 같은 $|\Psi^-\rangle$를 얻는다. 즉 $|\Psi^-\rangle = \frac{1}{\sqrt{2}}(|01\rangle - |10\rangle)$이다.

8.3.4 *Boole 표현

§7.3에서 도입한 Boole 표현을 이용하면 네 개의 Bell 상태는 간단히 한 식으로 표현할 수 있다.

$$|\beta_{xy}\rangle = \frac{1}{\sqrt{2}}\left(|0\rangle\,|y\rangle + (-1)^x\,|1\rangle\,|\bar{y}\rangle\right). \tag{8.19}$$

Bell 상태 생성회로를 그림 8.5와 같이 나타낼 수 있다.

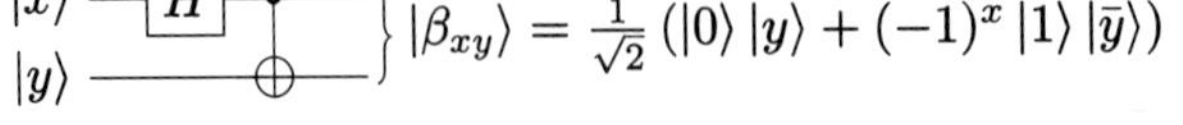

그림 8.5 Bell 상태의 Boole 표현

8.4 Bell 측정

이 절에서는 다른 Bell 상태를 구별할 수 있는 능력으로 인해 양자정보 처리에서 중요한 위치를 차지하고 있는 Bell 측정에 대해 고려하겠다. 이 측정은 2-큐빗 상태를 Bell 기준으로 투영하여 실질적으로 네 Bell 상태 중 한 개로 만드는 작용이다. 이와 같은 과정은 양자순간이동, 초고밀도 코딩과 양자키분포와 같은 수많은 양자 프로토콜의 핵심을 이룬다. 더구나 "Bell 분석기"로 알려진 양자회로를 이용하여 Bell 측정이 실제로 어떻게 구현되는지 보겠다.

양자측정 체계에 대해 다시 보고 싶으면 §3.4와 §6.2.2를 참조하여라.

8.4.1 결합 측정

(§8.2에서 논의한) Bell 상태의 직교규격성으로 인해 측정을 통해 다른 Bell 상태를 구별할 수 있다. 양자상태를 Bell 상태 중 한 개로 준비하면 Bell 측정 혹은 Bell 상태 분석으로 알려진 두 큐빗에 대한 결합 측정을 통해 명확하게 결정할 수 있다.

Bell 측정은 2-큐빗계에 수행하는 결합 양자 측정 형태(§6.2.2 참조)라는 점에서 §8.1.2에서 논의한 국소적인 측정과는 다르다. 이것은 같은 장소에서 두 큐빗이 있어야 하거나 두 큐빗 사이에 어떤 형태의 양자 교신이 있어야 한다는 것을 암시하고, 이것이 Bell 측정에서 비국소성의 특징이다.

일반적인 2-큐빗 상태 $|\psi\rangle$가

$$
\begin{aligned}
|\psi\rangle &= \alpha\,|00\rangle + \beta\,|01\rangle + \gamma\,|10\rangle + \delta\,|11\rangle \\
&= \sum_{i,j\in\{0,1\}} c_{ij}\,|\beta_{ij}\rangle
\end{aligned}
\tag{8.20}
$$

으로 주어졌을 때 이 상태에 Bell 측정을 하면 Bell 상태 $|\beta_{ij}\rangle$는 확률 $|c_{ij}|^2$로 얻고, 여기서 $i,\ j\in\{0,\ 1\}$이다. 그러면 양자상태는 Bell 상태로 붕괴한다. 계수 c_{ij}는 $\alpha,\ \beta,\ \gamma$와 δ로 표현한 식 8.13으로 주어진다.

실질적으로 Bell 측정은 2-큐빗 상태 $|\psi\rangle$를 네 개의 Bell 상태 중 하나로 투영시키고 Bell 기준에서 측정을 하는 것으로 생각할 수 있다. 결과 $|\beta_{ij}\rangle$에 대한 측정연산자는 투영연산자이다.

$$
M_{ij} = |\beta_{ij}\rangle\langle\beta_{ij}|. \tag{8.21}
$$

모든 측정 연산자의 집합 $\{M_{ij}|i,\ j\in\{0,\ 1\}\}$은 완전한 측정집합을 이룬다. 즉 모든 측정연산자의 합은 2-큐빗 Hilbert 공간에서 단위연산자이다. 즉 식 8.7이 성립한다.

$$
\sum_{i,j\in\{0,1\}} |\beta_{ij}\rangle\langle\beta_{ij}| = I\,.
$$

이 결합측정 연산자를 §8.1.2에서 사용한 단일큐빗 국소연산자(예컨대 $|0\rangle\langle 0|\otimes I$)와

비교하여라.

Bell 측정 후, 바뀌지 않은 계에 대한 이후의 모든 측정은 같은 결과를 나타낸다. 상태는 이에 해당하는 Bell 상태로 붕괴했기 때문이다.

예제

$|\psi\rangle = |00\rangle = \frac{1}{\sqrt{2}}(|\beta_{00}\rangle + |\beta_{10}\rangle)$를 고려하자. Bell 기준에서 $|\psi\rangle$를 측정했을 때 이 상태는 각각 50%의 확률로 $|\beta_{00}\rangle$이나 $|\beta_{10}\rangle$로 붕괴한다.

측정 결과가 $|\beta_{10}\rangle$라고 하자. 계가 주위의 요동에서 고립되었다고 가정하면 Bell 기준에서 이후에 측정하면 항상 $|\beta_{10}\rangle$을 얻을 것이다. ■

8.4.2 기본적인 구현: Bell 분석기

Bell 측정은 그림 8.6에 있는 회로로 구현할 수 있다. Bell 측정회로(혹은 Bell 분석기)는 그림 8.1에 나타낸 Bell 상태 생성 회로의 역회로이다. CNOT과 Hadamard 게이트 이후 계산기준에서 두 큐빗을 측정한다. 첫 번째 큐빗은 i이고, 두 번째 큐빗은 j값을 갖는다. 함께 측정 결과 $|\beta_{ij}\rangle$를 나타내는 네 개의 지표 00, 01, 10, 혹은 11 중 하나를 얻는다.

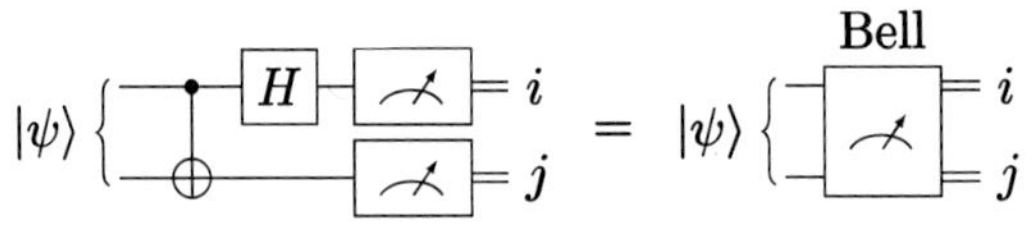

❙ 그림 8.6 ❙ Bell 측정

Bell 분석기는 단지 Bell 상태뿐만 아니라 임의의 2-큐빗 상태에 대해 사용할 수 있다는 점에서 주목할 만하다. 임의의 2-큐빗 상태의 경우 측정 결과는 i와 j에 대한 임의의 결합이 될 수 있고 각각의 결과는 $|c_{ij}|^2$의 확률로 일어난다. 여기서 i와 j는 계가 붕괴하는 Bell 상태의 지수에 해당한다.

8.4.3 측정 후 상태

그림 8.6에서 주된 관심은 고전적인 측정 결과이고, 즉 2비트 결과 00, 01, 10, 혹은 11이고 측정 후 상태는 무시한다고 가정한다. 그럼에도 불구하고 양자 회로에서 그 이후의 부분에서 측정 후 계가 붕괴한 Bell 상태 $|\beta_{ij}\rangle$를 사용하고 싶은 경우가 있다. 이와 같은 경우 그림 8.7에 나타낸 것과 같이 상태를 재생해야 할 필요가 있다.

이 완전한 구현으로 Bell 측정은 계의 상태에 대한 통찰력을 줄뿐더러 상태 변화를 만든다는 것을 주목하여라. 처음에 큐빗이 얽혀 있지 않다면 측정 과정으로 인해 얽힘이 생길 것이다. 이 효과는 이전의 예제에서 나타내었다.

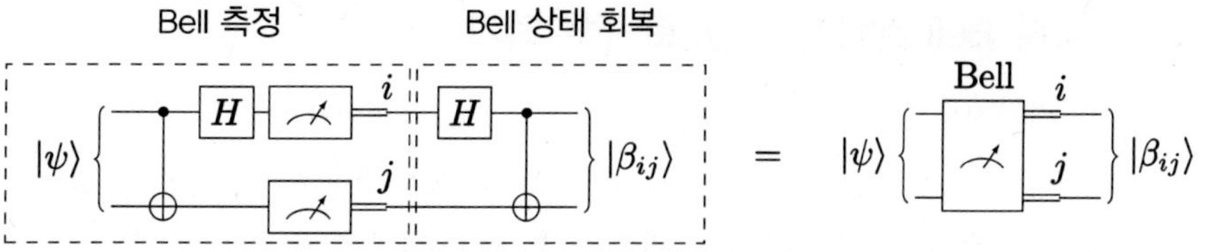

| 그림 8.7 | 측정 후 상태를 회복시킨 Bell 측정

8.5 Bell 상태 전환

Bell 상태는 Pauli 게이트를 이용하여 한 상태에서 다른 상태로 전환할 수 있다. 사실 이 전환은 큐빗 중 한 개에 국소적으로 Pauli 게이트를 작용하여 얻을 수 있다. Bell 상태 사이의 전환 능력은 양자정보 처리의 중요한 측면이고 이 분야에서 일하고자 하는 사람에게 기본적인 방법이다. 이 절에서 이와 같은 전환을 볼 것이다. 자세히는 $|\beta_{00}\rangle$을 다른 Bell 상태로, 혹은 그 반대 전환을 살펴보겠다.

8.5.1 $|\beta_{00}\rangle$을 다른 Bell 상태로 전환하기

$|\beta_{00}\rangle \equiv |\Phi^+\rangle$를 기준상태로 취하자. 그림 8.8에 $|\beta_{00}\rangle$을 다른 Bell 상태로 전환하는 여러 가지 방법을 나타내었다.

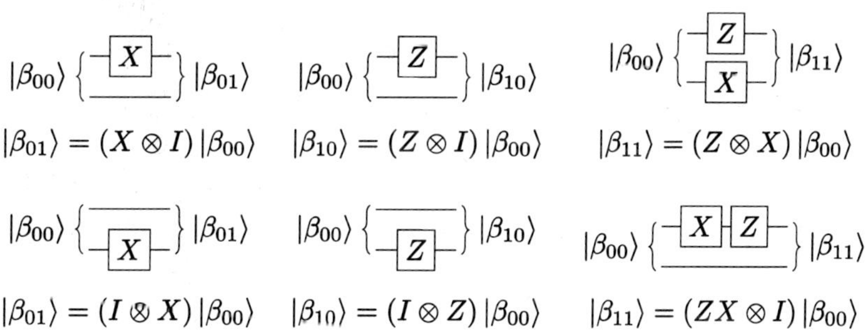

| 그림 8.8 | $|\beta_{00}\rangle = (ZX \otimes I)|\beta_{00}\rangle$를 다른 Bell 상태로 전환하기

> $|\beta_{11}\rangle = (Z \otimes X)|\beta_{00}\rangle$은 가끔 단순한 형태로 $|\beta_{11}\rangle = Z_1X_2|\beta_{00}\rangle$로 쓰고, Z_1은 첫 번째 큐빗에 작용하는 Z, X_2는 두 번째 큐빗에 작용하는 X를 의미한다. 이 관습은 비슷한 다른 표현에서도 적용된다.

연습문제 8.7

그림 8.8의 마지막 전환회로는 $|\beta_{11}\rangle = (ZX \otimes I)|\beta_{00}\rangle$임을 보여라.

8.5.2 다른 Bell 상태를 $|\beta_{00}\rangle$로 전환하기

마찬가지로 그림 8.9에 다른 Bell 상태를 $|\beta_{00}\rangle$로 전환하는 여러 방법을 나타내었다. 이것은 그림 8.8에 있는 변환의 역변환이다. 첫 다섯 경우에서 순방향의 전환과 역방향의 전환은 같다는 것을 주목하여라. 이것은 $X^2 = I$이고, $Z^2 = I$이기 때문이다. 마지막 경우에는 $XZZX = I$이므로 X와 Z의 순서는 순방향과 역방향에서 다르다.

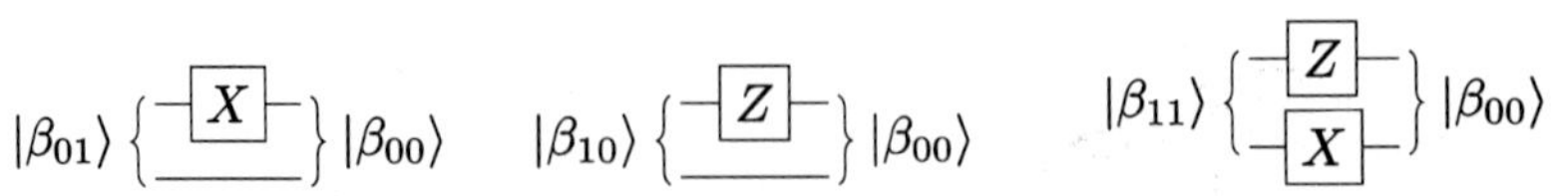

$$|\beta_{00}\rangle = (X \otimes I)\,|\beta_{01}\rangle \qquad |\beta_{00}\rangle = (Z \otimes I)\,|\beta_{10}\rangle \qquad |\beta_{00}\rangle = (Z \otimes X)\,|\beta_{11}\rangle$$

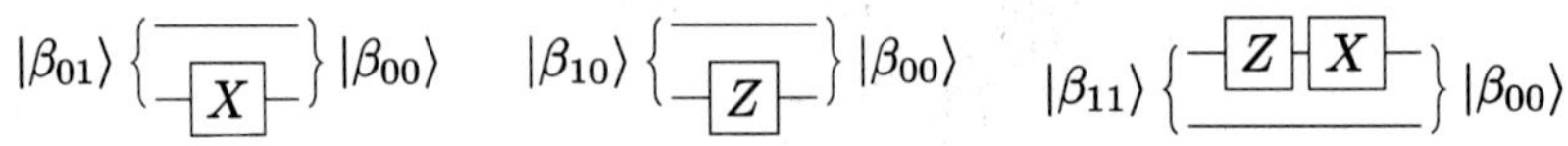

$$|\beta_{00}\rangle = (I \otimes X)\,|\beta_{01}\rangle \qquad |\beta_{00}\rangle = (I \otimes Z)\,|\beta_{10}\rangle \qquad |\beta_{00}\rangle = (XZ \otimes I)\,|\beta_{11}\rangle$$

그림 8.9 다른 Bell 상태를 $|\beta_{00}\rangle \equiv |\Phi^+\rangle$로 전환하기

연습문제 8.8

그림 8.8과 8.9에서 양자컴퓨팅의 관습에 따라 표준 Bell 상태를 $|\beta_{00}\rangle \equiv |\Phi^+\rangle$로 정했다. 그러나 양자통신에서 자발적 매개변수 하향 변환(SPDC)으로 만든 광자쌍은 종종 상태 $|\beta_{11}\rangle \equiv |\Psi^-\rangle$가 된다. $|\Psi^-\rangle$를 기준상태로 이용하여 해당하는 그림을 다시 만들어라.

8.5.3 $|\beta_{11}\rangle$과 관련된 추가적인 전환

날카로운 독자는 $|\beta_{11}\rangle$에 대한 어떤 결합은 그림 8.8과 8.9에서 빠져있다는 것을 발견했을 것이다. 사실 어떤 결합은 전체 위상을 도입하고 실제적인 의미로는 문제가 되지 않는다. 이것을 그림 8.10에 나타내었다.

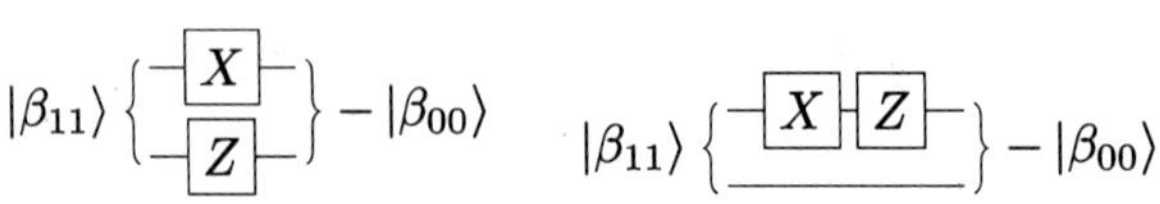

$$|\beta_{00}\rangle = -(X \otimes Z)\,|\beta_{11}\rangle \qquad |\beta_{00}\rangle = -(ZX \otimes I)\,|\beta_{11}\rangle$$

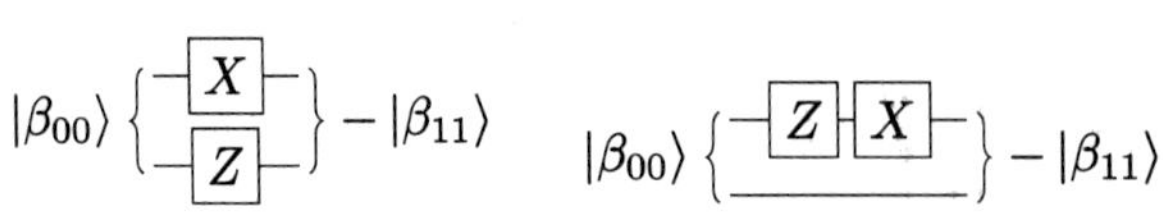

$$|\beta_{11}\rangle = -(X \otimes Z)\,|\beta_{00}\rangle \qquad |\beta_{11}\rangle = -(XZ \otimes I)\,|\beta_{00}\rangle$$

그림 8.10 $|\beta_{11}\rangle \equiv |\Psi^-\rangle$와 관련된 추가적인 전환

8.6 *미뤄두었던 증명

식 8.11은 다음과 같이 증명할 수 있다.

$$\langle\beta_{ij}|\psi\rangle = \langle\beta_{ij}|\sum_{k,l\in\{0,1\}} c_{kl}|\beta_{kl}\rangle\rangle \tag{8.22a}$$

$$= \sum_{k,l\in\{0,1\}} c_{kl}\langle\beta_{ij}|\beta_{kl}\rangle \tag{8.22b}$$

$$= \sum_{k,l\in\{0,1\}} c_{kl}\delta_{ik}\delta_{jl} \tag{8.22c}$$

$$= c_{ij}. \tag{8.22d}$$

이제 식 8.6에서 서술한 Bell 상태의 직교규격성을 증명하자. 간단하게 계산기준을 Bell 기준으로 바꾸는 변환과 그 역변환인 Bell 행렬(식 8.14)은 유니타리이다. 결과적으로 이것은 기준상태의 직교규격성을 보존한다. 그럼에도 불구하고 보이기 위해서 직접 Bell 상태의 직교규격성도 증명하겠다.

먼저 각 Bell 상태를 자신과의 내적을 계산하여 규격화를 확인하자.

$$\langle\beta_{00}|\beta_{00}\rangle = \frac{1}{2}(\langle 00|00\rangle + \langle 00|11\rangle + \langle 11|00\rangle + \langle 11|11\rangle) = \frac{1}{2}(1+0+0+1) = 1,$$
$$\langle\beta_{01}|\beta_{01}\rangle = \frac{1}{2}(\langle 00|00\rangle - \langle 00|11\rangle - \langle 11|00\rangle + \langle 11|11\rangle) = \frac{1}{2}(1-0-0+1) = 1,$$
$$\langle\beta_{10}|\beta_{10}\rangle = \frac{1}{2}(\langle 01|01\rangle + \langle 01|10\rangle + \langle 10|01\rangle + \langle 10|10\rangle) = \frac{1}{2}(1+0+0+1) = 1,$$
$$\langle\beta_{11}|\beta_{11}\rangle = \frac{1}{2}(\langle 01|01\rangle - \langle 01|10\rangle - \langle 10|01\rangle + \langle 10|10\rangle) = \frac{1}{2}(1-0-0+1) = 1.$$

직교성을 보기 위해 다른 Bell 상태의 내적을 계산하자.

$$\langle\beta_{01}|\beta_{00}\rangle = \frac{1}{2}(\langle 01|00\rangle + \langle 01|11\rangle + \langle 10|00\rangle + \langle 10|11\rangle) = \frac{1}{2}(0+0+0+0) = 0,$$
$$\langle\beta_{01}|\beta_{10}\rangle = \frac{1}{2}(\langle 01|00\rangle - \langle 01|11\rangle + \langle 10|00\rangle - \langle 10|11\rangle) = \frac{1}{2}(0-0+0-0) = 0,$$
$$\langle\beta_{01}|\beta_{11}\rangle = \frac{1}{2}(\langle 01|01\rangle - \langle 01|10\rangle + \langle 10|01\rangle - \langle 10|10\rangle) = \frac{1}{2}(1-0+0-1) = 0,$$
$$\langle\beta_{10}|\beta_{00}\rangle = \frac{1}{2}(\langle 00|00\rangle + \langle 00|11\rangle - \langle 11|00\rangle - \langle 11|11\rangle) = \frac{1}{2}(1+0-0-1) = 0,$$
$$\langle\beta_{10}|\beta_{11}\rangle = \frac{1}{2}(\langle 00|01\rangle - \langle 00|10\rangle + \langle 11|01\rangle - \langle 11|10\rangle) = \frac{1}{2}(0-0+0-0) = 0,$$
$$\langle\beta_{00}|\beta_{11}\rangle = \frac{1}{2}(\langle 00|01\rangle - \langle 00|10\rangle + \langle 11|01\rangle - \langle 11|10\rangle) = \frac{1}{2}(0-0+0-0) = 0.$$

모든 다른 Bell 상태의 내적은 0이고, 이로부터 Bell 상태는 서로 직교함을 알 수 있다.

연습문제 8.9

Bell 기준의 완전성, 즉 식 8.7을 증명하여라.

8.7 * 일반화: GHZ 상태

Bell 상태, 혹은 EPR 쌍에는 두 개의 얽힌 큐빗이 있다. 두 개의 큐빗보다 많은 Bell 상태로 일반화하면 더 복잡한 형태의 얽힘 형태를 얻을 수 있다. 두 큐빗보다 많은 큐빗을 얽히게 하는 수많은 방법이 있고, 이로부터 다중큐빗 얽힌 상태의 다른 종류를 얻는다.

GHZ(Greenberger-Horne-Zeilinger) 상태는 두 개의 큐빗에서 볼 수 있는 것보다 더 강력한 형태의 양자얽힘을 보여주는 다중큐빗 상태의 한 종류이다. 가장 단순한 GHZ 상태에는 세 개의 큐빗이 있고 중첩 $\frac{1}{\sqrt{2}}(|000\rangle+|111\rangle)$로 주어지며 중첩의 각 항은 같은 상태에 있는 모든 큐빗을 포함한다.

큐빗의 수를 증가시키면 W 상태, 예컨대 $\frac{1}{\sqrt{3}}(|001\rangle+|010\rangle+|100\rangle)$과 같은 여러 부분으로 나뉜 얽힘 상태의 더 많은 형태를 보게 된다. 이러한 얽힌 상태의 다른 종류는 서로 전환할 때 항상 약간의 실패 확률이 있으며 이것은 이들이 기본적으로 다른 형태의 양자 상관관계라는 것을 보여준다.

* 심층 탐구

GHZ 상태의 양자정보이론과 양자계산에 대한 응용뿐만 아니라 GHZ 상태의 개념은 이 교재에서 주어진 기본적인 설명 범위를 넘어선다. 이에 대한 이해를 깊게 하려면 심층 탐구를 위해 제안하는 다음 주제를 추천한다.

1. Going Beyond Bell's Theorem [24]: 이 중요한 논문에서 Greenberger, Horne과 Zeilinger는 GHZ 상태의 개념을 도입하였고, 이것은 Bell 상태보다 더 심오한 형태의 예이다.
2. Quantum Computation and Quantum Information [10]: Nielsen과 Chuang에 의한 이 종합적인 교재는 GHZ와 W 상태와 같은 다중큐빗 얽힌 상태에 대한 자세한 이론을 포함한 양자정보 전 분야를 다룬다.
3. Observation of Three-Photon Greenberger-Horne-Zeilinger Entanglement [25]: 이 실험 논문에서 Bouwmeester 등의 저자는 3-큐빗 GHZ 상태를 만드는 것을 보여 이론적인 예측을 실현하였다.

8.8 요약 및 결론

Bell 상태와 양자얽힘

이 장을 통해 Bell 상태의 영역과 그 심오한 의미를 살펴보았다. Bell 상태를 공부하여 양자얽힘과 같은 복잡한 양자 현상에 대한 신비함을 벗길 수 있었고 정확한 수학적 체계 안에서 이를 이해할 수 있었다. 여기서 양자계산과 정보처리 영역에서 Bell 상태의 필수적인 성질을 강조하였다.

이론적 기초와 실제 구현

그 다음 Bell 상태의 성질을 분석하여 2-큐빗 얽힘의 중요한 표현으로 그 역할을 수립하였다. Bell 상태의 직교규격성과 완전성에 대한 개념을 조심스럽게 탐구하여 양자컴퓨팅과 정보 분야의 중요성을 강조하였다.

Bell 상태를 실제로 만드는 것을 탐구하여 양자게이트를 이용한 이론적 구성과 자발적 매개 변수 하향 전환(SPDC)과 같은 물리 현상을 이용한 실제 경우를 살펴보았다.

측정과 전환

이 장에서는 많은 양자 프로토콜에서 중요한 Bell 측정의 미묘함을 펼쳐 놓았다. 다른 Bell 상태를 구별하는 능력과 Bell 기준으로 투영하는 방법에 대해 자세히 살펴보았다. 그리고 Bell 상태 전환의 개념을 도입하여 양자연산에서 이러한 얽힌 상태의 유연성과 적응성을 보였다.

일반화와 미래 방향

이 장을 닫으면서 독자에게 GHZ 상태와 같은 더 일반적인 얽힌 상태를 소개하였다. 이 상태는 Bell 상태를 자연스럽게 확장한 것이고 두 큐빗보다 많은 큐빗을 포함한다. 이와 같은 일반화로 인해 다중큐빗 얽힘에 대한 이해가 풍부해지고 더 많은 연구와 응용에 대한 문을 열게 된다.

이후 주제

이후의 장에서 특히 Bell 부등식에 집중하여 양자얽힘의 수수께끼 같은 영역을 더 깊게 살펴볼 것이다. 이 부등식은 양자역학과 국소 현실주의 원리 사이의 차이를 탐구하는 도구가 될 것이다. 양자얽힘을 확인하고, 국소 숨은 변수를 부정하는 실험적 시험을 고려하여 양자영역의 신비를 더 풀어볼 것이다. 추가적으로 양자얽힘의 실용적인 응용, 특히 보안 통신과 암호 프로토콜 영역을 탐구할 것이다.

문제 8

8.1 2-큐빗 Bell 상태의 일반적 형태는

$$|\Phi\rangle = \frac{1}{\sqrt{2}}(|ab\rangle + |cd\rangle)$$

이고 $\langle a|c\rangle = \langle b|d\rangle = 0$이다.

(a) $|\Phi\rangle$는 직접곱 상태가 아님을 증명하여라.

(b) 이 일반적인 형태는 식 8.1의 정의를 포함한다는 것을 확인하여라.

8.2 (a) 문제 8.1에 있는 Bell 상태의 일반적 형태를 이용하여 $|\Psi\rangle$와 $|\Phi\rangle$가 Alice와 Bob이 공유한 두 개의 Bell 상태라면 $|\Psi\rangle$를 $|\Phi\rangle$로 만드는 Alice에게 국소적인 유니타리 연산자

(즉 $U \otimes I$의 형태)가 있다는 것을 증명하여라.

$$(U \otimes I)\,|\Psi\rangle = |\Phi\rangle.$$

비슷하게 Bob에게 국소적인 이와 같은 유니타리 연산자가 있다. 따라서 이러한 의미에서 모든 Bell 상태는 동등하다.

(b) §8.5의 특정한 전환에 대한 U를 구하여라.

8.3 계산기준에서 Bell 기준으로 기준변환을 하는 유니타리 행렬 U_β를 유도하여라. 이 변환은 Bell 상태의 정보를 암호화하고 해독할 때 양자컴퓨팅에서 중요하다. 특별히

$$[|\beta_{00}\rangle\,, |\beta_{01}\rangle\,, |\beta_{10}\rangle\,, |\beta_{11}\rangle] = U_\beta[|00\rangle\,, |01\rangle\,, |10\rangle\,, |11\rangle]$$

을 만족하는 U_β를 구하여라. 여기서 각각의 켓($|\ldots\rangle$)은 행벡터를 나타낸다.

U_β와 §8.3에 있는 특정한 경우와 관계를 밝혀라.

8.4 어떤 큐빗 플랫폼에서 Bell 상태

$$|\Phi_i^+\rangle = \frac{1}{\sqrt{2}}(|00\rangle + i\,|11\rangle)$$

을 표준적인 Bell 상태 $|\Phi^+\rangle = \frac{1}{\sqrt{2}}(|00\rangle + |11\rangle)$보다 구현하는 것이 더 자연스럽다. $|\Phi_i^+\rangle$와 더불어 완전한 직교규격화된 네 개의 상태를 만드는 다른 세 개의 Bell 상태 ($|\Phi_i^-\rangle$, $|\Psi_i^+\rangle$, $|\Psi_i^-\rangle$)를 구하여라.

8.5 다음으로 주어진 3-큐빗 상태를 고려하자.

$$|\Psi_0\rangle = \frac{1}{\sqrt{2}}(\alpha\,|0\rangle + \beta\,|1\rangle) \otimes (|00\rangle + |11\rangle).$$

Bell 기준 $|\beta_{ij}\rangle$에서 ($i,\ j \in \{0, 1\}$) 첫 두 큐빗을 측정한다고 가정한다.

(a) 각각의 Bell 상태 $|\beta_{ij}\rangle$에 대한 확률은 얼마인가?

(b) 측정을 해서 $|\beta_{ij}\rangle$를 얻었다면, 측정 후 마지막 두 큐빗의 상태는 무엇인가?

8.6 다음으로 주어진 4-큐빗 상태

$$|\Psi_0\rangle = \frac{1}{2}(|0000\rangle + |0101\rangle + |1010\rangle + |1111\rangle)$$

을 고려하자. Bell 상태 $|\beta_{ij}\rangle$의 첫 두 큐빗을 측정한다고 가정한다(여기서 $i, j \in \{0, 1\}$이다).

(a) 각각의 Bell 상태 $|\beta_{ij}\rangle$가 일어날 확률은 얼마인가?

(b) 측정을 하여 $|\beta_{ij}\rangle$를 얻었다면, 측정 후 마지막 두 큐빗의 상태는 무엇인가?

8.7 ∗ 다음의 Bell 상태를 고려하자.

$$|\Psi^-\rangle = \frac{1}{\sqrt{2}}(|01\rangle - |10\rangle).$$

n과 m을 $\mathbb{R}^3$의 단위벡터라고 하자. 다음의 기대값

$$E(\boldsymbol{n}, \boldsymbol{m}) = \langle\Psi^-|\,(\boldsymbol{n}\cdot\boldsymbol{\sigma}) \otimes (\boldsymbol{m}\cdot\boldsymbol{\sigma})\,|\Psi^-\rangle$$

을 계산하여라. 여기서 σ는 Pauli 행렬 벡터를 나타낸다. 다음을 증명하여라.

$$E(\boldsymbol{n},\boldsymbol{m}) = -n_1m_1 - n_2m_2 - n_3m_3 = -\boldsymbol{n}\cdot\boldsymbol{m} = -\cos\theta_{\boldsymbol{n},\boldsymbol{m}}.$$

8.8 ✻ 서로 나뉜 Bell 상태

Bell 상태의 개념을 네 큐빗이 있는 계로 확장하자. 즉 동등하게 $d=4$인 큐딧 쌍을 고려하자. 이와 같은 계에 대해 균일한 Bell 상태는 다음과 같이 정의한다.

$$|\beta_{0000}\rangle = \frac{1}{2}\sum_{i,j\in\{0,1\}}|ij\rangle\otimes|ij\rangle = \frac{1}{2}(|0000\rangle + |0101\rangle + |1010\rangle + |1111\rangle).$$

이 상태는 또한 십진수 표기로 다음과 같이 표현할 수 있다.

$$|\beta_0\rangle = \frac{1}{2}\sum_{i=0}^{3}|i\rangle\otimes|i\rangle = \frac{1}{2}(|0\rangle + |5\rangle + |10\rangle + |15\rangle).$$

여기서 $|i\rangle$는 집합 $\{0, 1, 2, 3\}$의 범위에 있고, 이진수 상태에 대한 동등한 십진수 상태에 대응한다.

다른 Bell 상태는 다음 변환을 이용하여 만들 수 있다.

$$|\beta_{ijkl}\rangle = U_{ijkl}\,|\beta_{0000}\rangle \quad (i,j,k,l\in\{0,1\}).$$

여기서 U_{ijkl}은 특정한 Pauli와 단위 연산자를 기준 Bell 상태에 적용한 것으로 정의한다. 연산자는 다음과 같다.

$$\begin{array}{llll}
U_{0000} = II\,II & U_{0001} = IX\,II & U_{0010} = IZ\,II & U_{0011} = IY\,II \\
U_{0100} = XI\,II & U_{0001} = XX\,II & U_{0010} = XZ\,II & U_{0011} = XY\,II \\
U_{0100} = ZI\,II & U_{0101} = ZX\,II & U_{0110} = ZZ\,II & U_{0111} = ZY\,II \\
U_{1100} = YI\,II & U_{1101} = YX\,II & U_{1110} = YZ\,II & U_{1111} = YY\,II.
\end{array}$$

해야 할 일은 다음과 같다.

(a) 이 Bell 상태는 직교규격화되어 있음을 증명하여라. 즉 다음이 성립하는 것을 증명하여라.

$$\langle\beta_{ijkl}|\beta_{i'j'k'l'}\rangle = \delta_{ii'}\delta_{jj'}\delta_{kk'}\delta_{ll'}.$$

(b) 이 Bell 상태는 네 개의 큐빗 공간에 대한 완전기준을 이룬다는 것을 보여라. 즉 다음을 보여라.

$$\sum_{i,j,k,l\in\{0,1\}}|\beta_{ijkl}\rangle\langle\beta_{ijkl}| = I.$$

(c) 이 방법을 확장하여 $2n$개의 큐빗으로 이루어진 계에 대한 Bell 상태를 기술하여라(위의 예는 $n=2$인 경우이다).

CHAPTER

9 얽힘과 Bell 부등식

이 장에서 양자얽힘과 Bell 부등식의 매혹적인 세계를 탐구하겠다. 양자얽힘은 우리의 상식에 도전하는 현상이고, 특히 물리계는 미리 결정된 성질을 가지고 있고 빛보다 빨리 상호작용할 수 없다는 가설을 세우는 국소 사실주의 개념에 대한 의문을 갖게 한다.

양자얽힘의 혼동스러운 성질을 강조하는 가장 유명한 예 중의 하나는 한 세기가 지난 Einstein-Podolsky-Rosen(EPR) 모순이다. 이 사고실험은 양자역학이 얼마나 완전하고 정확한가 하는 질문을 하게 되고 과학자 사이에서 많은 논의를 촉발하였다.

최근 과학자는 Bell 부등식을 이용하여 양자얽힘을 시험하였다. 이 부등식은 양자역학에 의한 예측과 국소 사실주의의 원리를 구별할 때 사용하는 도구이다. 양자얽힘을 확인하는 실험은 양자 세계에 대한 지식을 매우 확장하였다.

단순한 지적 문제를 넘어서서 양자얽힘은 실제로 응용할 수 있어서 떠오르는 중요한 기술이 되고 있다. 예를 들어 E91 프로토콜은 암호키를 통해 보안 통신에서 얽힘을 조절하고 도청을 감지하기 위해 Bell 부등식을 이용한다.

이 장은 양자얽힘과 Bell 부등식의 역사적인 배경, 이론과 실험적인 업적을 완전하게 조사할 것이다. 다음 장에서 실제 응용에 대해 공부할 것이다.

9.1 고전적인 상관관계와 양자얽힘

양자얽힘은 두 입자가 먼 거리에 떨어져 있을 때도 한 입자의 상태를 다른 입자의 상태와 독립적으로 기술할 수 없는 방법으로 상관관계가 있는 양자역학의 기본적인 현상이다. 양자얽힘에 담겨 있는 물리학은 고전적인 상관관계와 다르다.

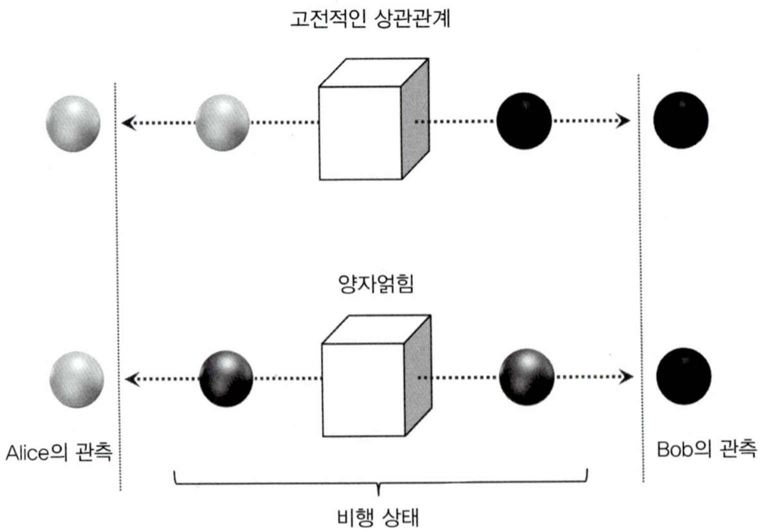

| 그림 9.1 | 고전적인 상관관계와 양자얽힘

이 차이를 보이기 위해 그림 9.1에 묘사한 대로 반대 방향으로 한 쌍의 공을 방출하는 기계를 고려하자. 두 사람 Alice와 Bob이 각각 이 공 중 한 개를 잡는다고 하자. Bob이 검은 공을 잡을 때 그는 Alice는 흰 공을 잡았다는 것을 확실하게 알고, 그 역도 성립하도록 공을 준비하였다. 이 상관관계는 고전 영역과 양자 영역에서 모두 나타나지만 그 이유는 다르다.

9.1.1 고전적인 상관관계

고전적인 영역에서 상관관계는 다양한 방법으로 일어날 수 있다.

- **다른 색깔의 공**: 기계는 미리 결정한 색깔이 다른 한 쌍의 공을 준비한다. 이 경우 Alice와 Bob은 항상 다른 색깔의 공을 잡는다. 왜냐하면 이미 이런 방법으로 공을 준비했기 때문이다. 이것은 미리 결정되어 있는 동전쌍의 경우와 비슷하다. 한 쌍의 동전을 하나가 앞면이 나올 때 다른 동전은 반드시 뒷면이 나온다.
- **잉크를 공유하는 회색공**: 처음에 공은 검은색과 흰색의 물감이 같은 양만큼 섞여 있어서 회색으로 보인다. 측정할 때 물감은 분리되어 공의 한쪽으로 흐르고, 흐르는 방향은 무작위 방향이다. 그 결과로 한 공은 무작위적으로 검게 되고, 다른 공은 하얗게 된다. 이 경우 색깔은 미리 결정되지 않았고 각각의 색깔을 정하려면 공 사이의 물감이 공 사이에서 옮겨가야 한다.
- **교신하는 지적인 공**: 두 공이 무선으로 주위를 감지하고 교신할 수 있다고 하자. 이 공은 주위 환경에 따라(예컨대 누가 잡는가와 어떻게 잡는가에 따라) 다른 색깔을 보이게 할 수 있다.

> 위에 예제는 반상관관계를 나타낸다. 상관관계는 직접적일 수도 있다. 예를 들어 공정한 코인 던지기에서 Alice의 동전이 앞면을 나타내면 Bob의 것도 앞면을 보이고, 뒷면에 대해서도 마찬가지로 적용된다.

9.1.2 양자얽힘

양자 영역으로 옮겨 가서 입자 혹은 큐빗이 두 공이라고 생각하자. 그림 9.1의 경우는 큐빗이 $|\Psi^-\rangle = \frac{1}{\sqrt{2}}(|01\rangle - |10\rangle)$으로 표현하는 Bell 상태에 있을 때 일어날 수 있다. 여기서 흰색은 상태 $|0\rangle$으로, 검은색은 상태 $|1\rangle$에 연관시킬 수 있다.

Alice가 자신의 큐빗을 측정했을 때 그녀는 투영연산자

$$M_{0a} = |0\rangle\langle 0| \otimes I \tag{9.1}$$

을 사용하고, 이것은 Bell 상태를 $M_{0a}|\Psi^-\rangle = |01\rangle$로 붕괴시킨다(규격화상수는 여기서 중요하지 않으므로 생략하겠다). 결과적으로 Bob의 큐빗은 상태 $|1\rangle$에 있다.

마찬가지로 Bob이 그의 큐빗을 먼저 측정하여 $|0\rangle$을 관측하였다면 그는 투영연산자

$$M_{0b} = I \otimes |0\rangle\langle 0| \tag{9.2}$$

를 사용하였고, 이로부터 Bell 상태는 $M_{0b}|\Psi^-\rangle = |01\rangle$로 붕괴하였다. 이때 ALice의 큐빗은 상태 $|1\rangle$에 있다.

이것은 Alice와 Bob의 측정 결과가 반상관관계에 있다는 것을 보여준다. 그러나 고전적인 상관관계와 비교할 때 중요한 차이는 양자측정 원리이다. 얽힌 쌍에서 개별적인 큐빗 상태는 측정해야만 정의된다. 이것을 그림 9.1에 나타내었고, 여기서 공은 잡기 전에 회색으로 나타내어 정의되지 않은 상태를 나타내었다. Alice가 자신의 큐빗을 측정했을 때 그녀는 같은 확률로 $|0\rangle$이나 $|1\rangle$을 측정하지만 어떤 것을 그녀가 측정하든 Bob은 항상 그 반대를 측정한다. 이것은 "잉크를 공유하는 회색 공"의 고전적인 경우와 비슷하지만 큐빗 사이에 어떤 교신과 물질의 이동도 필요하지 않다는 것이 다른 점이다.

비슷한 논리를 다른 Bell 상태에도 적용할 수 있다. $|\Phi^+\rangle$와 $|\Phi^-\rangle$에 대해 측정 결과는 상관관계가 있다. $|\Psi^+\rangle$와 $|\Psi^-\rangle$에 대해서는 반상관관계가 있다.

얽힘에 대한 위의 논의는 매우 추상적이다. 이러한 "회색 공"이 물리 세계에서는 어떻게 만드는지 의아해할 것이다. 양자컴퓨팅에서 큐빗 사이의 얽힘은 다양하게 물리적으로 구현되고, 각각은 앞에서 설명한 행동을 한다. 다음 예제를 보면 더 구체적인 이해를 하는 데 도움이 될 것이다.

- **SPDC로 만든 광자쌍**: 자발적 매개변수 하향 전환(SPDC, §8.3.3 참조)은 한 개의 광자가 에너지가 작은 두 개의 얽힌 광자로 붕괴하는 과정이다. 이 얽힌 광자쌍은 양자 상관관계를 보이고, 먼 위치로 보낼 수 있다.
- **얽힌 원자 상태**: 양자얽힘은 또한 원자와 같은 다른 입자를 포함할 수 있다. 얽힌 원자 상태는 Rydberg 원자 사이의 강한 van der Waals 상호작용을 이용하여 만들 수 있다.
- **초전도 큐빗**: 양자컴퓨팅에서 초전도 큐빗은 마이크로파 공명기 혹은 다른 결합 방법으로 조절하는 상호작용을 통해 얽힘을 만들 수 있다. 이로 인해 양자 논리게이트와 알고리즘을 만들 수 있다.
- **포획 이온**: 포획 이온계는 전자기 덫 안에 있는 이온의 운동과 내부 에너지 준위를 조절하여 얽힌 상태를 만들 수 있다. 이러한 계는 양자컴퓨팅과 시뮬레이션에서 사용한다.
- **NV 중심**: 다이아몬드의 질소 빈자리(Nitrogen-Vacancy: NV) 중심은 긴 시간 동안 전자 스핀을 고정할 수 있는 결함 구조이다. 이 스핀은 공명 마이크로파 구동과 광학적 제어와 같은 방법을 이용하여 얽히게 할 수 있다.
- **양자점**: 양자점은 개별적인 전자나 엑시톤을 고정시켜 제어할 수 있는 작은 반도체 구조이다. 양자점에서 얽힌 상태는 매개변수 형광이나 전자 스핀 상호작용과 같은 방법을 통해 만들 수 있다.

9.2 EPR 모순

"나는 양자이론을 심각하게 믿을 수 없다. 왜냐하면 이 이론은 물리학에서는 **기괴한 원격 작용**(spooky actions at a distance)이 없는 시공간의 실재를 표현해야 한다는 생각과 양립할 수 없기 때문이다.

아무도 보지 않을 때 달이 그곳에 없다고 정말 믿는가?

양자역학은 관심을 쏟을 큰 가치가 있다. 하지만 내면의 목소리는 이것은 아직 제대로 된 방향에 있지 않다고 말한다. 이 이론에서 많은 것을 얻었지만 오래된 이론의 비밀에 더 가까이 가지는 못했다. 어쨌든 나는 **신은 주사위를 던지지 않는다**고 확신한다."

Albert Einstein
제공: 국회 도서관

양자역학은 입자가 어떤 상태에 있다고 미리 결정되지 않고 측정될 때까지 여러 상태의 중첩 상태에 있다고 주장한다. 예를 들어 앞에서 주어진 예제의 관점에서 관측 전에 각 입자는 (회색과 비슷한) 동시에 검고, 희다고 생각할 수 있다. 관측되는 순간 무작위적으로 이 상태 중 한 개로 붕괴하며 다른 입자가 아무리 멀리 떨어져 있더라도 순간적으로 다른 입자의 상태를 결정한다.

이것은 인과관계와 실제 세계의 성질에 대한 고전적인 직관에 위배되는 것처럼 보인다. 어떤 신호도 전달되지 않고 멀리 있는 다른 입자를 측정한 것이 어떻게 이 입자에 영향을 끼치는가? 상대성 이론에 의하면 신호는 빛보다 빨리 전달될 수 없지만 양자역학에서는 이러한 얽힌 행동에 대한 신호가 필요하지 않은 것처럼 보인다. 더구나 관측 결과가 어떻게 무작위적이고 확률적일 수 있는가?

Albert Einstein은 동료 Boris Podolsky, Nathan Rosen과 함께 이것은 직관에 반한다는 것을 발견하였다. 1935년에 그들은 양자역학은 현실 세계를 안전히 기술하지 못한다고 주장하였다. 이 논의는 세 과학자 이름의 첫 자를 따서 EPR 모순으로 알려지게 되었다.

양자역학의 해석과 철학적 의미

양자역학은 실험적으로 확인되었고, 수학적으로 엄밀한 이론이지만 철학적인 토론의 장은 이제 시작되었다. 양자역학은 현실 세계의 이해, 관측자의 역할과 결정주의와 인과관계 같은 개념에 의문을 제기한다. Niels Bohr와 Richard Feynman과 같은 저명한 물리학자는 이 이론을 완전히 이해할 때 내재하는 문제가 있다는 것을 주목하였다. 현재 다른 철학적인 의미를 갖는 양자역학에 대한 여러 해석이 있다.

코펜하겐 해석: 지금까지 은연중 따라온 코펜하겐 해석에서는 양자 측정 후 상태 벡터는 측정한 고유상태로 붕괴한다는 가설을 세운다. 이 관점에서 볼 때 양자역학은 기본적으로 확률진폭에 대

한 이론이고, 중첩과 얽힘과 같은 현상을 허용한다.

실재론적 해석: 대조적으로 실재론적인 해석에서는 양자역학은 결정론적이고, 어떤 불확실성도 숨은 변수로 인해 일어난다고 제안한다. Albert Einstein은 이 관점을 강하게 옹호하였고 "신은 주사위를 던지지 않는다"는 말에 요약되어 있다. 그러나 2022년 노벨상에서 인정한 실험을 포함한 현대 실험에서 이 해석은 거의 제외되었다.

다중우주 해석: 다중우주 해석에서는 양자 측정의 모든 가능한 결과는 실제로 일어나지만 분리된 서로 교신하지 않는 갈라진 우주에서 일어난다고 가정한다. 이 관점에 의하면 양자 상태는 결코 붕괴하지 않는다. 그 대신 이 상태는 연속적으로 변화하여 각각의 가능한 결과가 실현되는 다중 실세계로 우주가 연속적으로 갈라진다.

다른 해석: 정보에 기반한 해석과 디코히어런스에 기반을 둔 견해를 포함한 다양한 다른 해석이 존재한다. 각각은 양자역학의 기본적인 원리에 대한 독특한 견해를 제시한다.

9.2.1 숨은 변수 이론, 실재론과 국소성

EPR은 숨은 변수를 이용하는 표준적인 양자역학의 대안을 제안하였다. 여기서 입자는 항상 상태에 대한 숨어있을 수 있는 정보를 포함하고, 이 정보는 심지어 관측하기 전에도 이 상태를 결정한다고 가정한다. 기본적으로 이 정보는 입자 사이의 상관관계를 일으킨다.

이러한 관점에서 "숨은 변수"는 양자계의 결정론적인 행동을 설명하기 위해 존재한다고 가정하는 관측할 수 없는 인자를 말한다. 숨은 변수의 개념은 국소적인 실재론과 관련이 있고, 이는 두 철학적 개념인 실재론과 국소성을 포함한다.

실재론: 이것은 관측하거나 측정하지 않을 때에도 물체는 명확한 성질과 값을 갖는다는 믿음이다. 숨은 변수의 관점에서 실재론은 (위치, 스핀 혹은 편광과 같은) 양자계의 성질은 측정하지 않을 때에도 항상 잘 정의된 값을 갖는다는 것을 의미한다. 이 값은 숨은 변수에 의해 결정되었다고 생각한다.

국소성: 이것은 한 위치에서 일어난 물리적인 과정은 공간적으로 분리된(즉 광속에 그 사이에 정보가 전달될 때 걸리는 시간을 곱한 것보다 큰 거리만큼 떨어져 있을 때) 다른 위치에 있는 물체의 성질에 의존하지 않는다는 견해이다. 숨은 변수의 관점에서 국소성은 공간적으로 분리된 입자에 대한 측정 결과는 서로 독립적이고, 각 입자와 관련된 국소적인 숨은 변수에 의해서만 결정된다는 것을 의미한다.

> §9.1.1에서 다른 색깔의 공과 미리 결정된 동전 쌍에 대한 두 예제는 국소적인 실재론 원리에 충실한 것이다. 그러나 공유하는 잉크를 갖는 회색 공과 교신하는 지적인 공에 대한 다른 두 예제는 이 원리를 위배한다.

그러나 국소적인 숨은 변수의 인식은 Bell의 부등식으로 도전을 받았다. 1964년에 물리학자 John Bell이 제안한 Bell의 부등식은 실험 자료에 의해 위배되면 그 이론은 국소적인 숨은 변수로 설명할 수 없다는 것을 지적하는 수학적인 부등식의 집합이다. 실험 자료가 Bell 부등식을 위배하면 얽힌 양자계는 고전물리학으로 설명할 수 없는 상관관계를 나타낸다는 것을 암시한다.

이후의 실험은 일관성 있게 Bell의 부등식이 위배된다는 것을 보여 얽힌 입자의 행동은 국소적인 숨은 변수의 개념과 양립하지 않는다는 것을 제시하였다. 이것은 또 양자역학의 예측을 강력하게 지지하고, 실제 세계의 기본적인 성질에 대한 이해에 심오한 의미를 제공하였다.

주요 핵심 요약

고전적인 상관관계와 양자얽힘 모두 분리된 계 사이의 연결을 포함하지만 이 연결의 성질은 기본적으로 다르다. 국소적 실재론에 대한 가정하에 고전적인 상관관계는 미리 결정된 상태에 의해 설명할 수 있는 반면 양자얽힘은 사전의 조건이나 교신이 없이도 존재하는 내재적이고, 비고전적인 상관관계를 포함한다.

다음 절에서 Bell의 부등식을 통해 양자역학과 그 복잡한 성질을 현대적으로 어떻게 이해하게 되었는지 더 자세히 탐구하겠다.

9.3 Bell 부등식

Bell 부등식을 이용하면 국소적인 숨은 변수 이론의 예측과 EPR 모순의 관점에 의한 예측을 구별하는 실험을 가능하게 하는 수학적인 체계를 얻는다. 여러 형태의 Bell 부등식이 있고, 각각은 다양한 경우와 관측량의 형태에 적용할 수 있다. 원래 Bell 부등식은 이분법적인 관측량(즉 두 개의 가능한 결과를 나타내는 관측량)에 대해 정의하였다. Bell-CHSH 부등식은 1969년에 John Clauser, Michael Horne, Abner Shimony와 Richard Holt에 의해 유도된 특정한 경우이며, 이것은 원래 Bell 부등식을 확장한 것이고 두 개의 얽힌 입자와 이분법적인 관측량에 대한 경우를 위해 고안하였다.

이 책에서 Bell-CHSH 부등식은 가장 널리 연구하고 실험적으로 시험한 Bell 부등식의 형태이므로 이에 대해 집중하겠다. 이것은 고전적, 양자 상관관계 사이의 기본적인 차이를 이해하는 시금식이 되고, 양자얽힘의 비국소적이고 직관에 반하는 성질을 분명히 보여준다.

9.3.1 Bell-CHSH 부등식

처음 읽는 독자는 식 9.7에 이르는 다음의 유도를 넘어가도 좋다.

1 단순한 형태

Bell-CHSH 부등식은 고전적인 확률론을 이용하여 국소적인 실재론에 대한 가정에 기반하여 유도하였다. 유도는 한 쌍의 물체(숨은 변수 이론에서 색깔을 칠한 공, 혹은 입자)에 대한 측정 과정을 정의하는 것으로 시작한다. A는 Alice에게 보내고, B는 Bob에게 보낸다.

각 물체는 편광 방향과 같은 두 개의 다른 측정 방법이나 기준에 의해 측정할 수 있고 Alice에 대해서는 a와 a'으로 표현하고, Bob에 대해서는 b와 b'으로 나타낸다. 각 쌍의 물체를 측정하기 위해 Alice는 a와 a'을 무작위적으로 선택하고, Bob은 b와 b'을 무작위적으로 선택한다고 가정한다.

John Bell
제공: CERN Science Photo

$A(a)$와 $B(b)$를 각각 a와 b로 지정한 장치에 대해 Alice와 Bob이 측정한 결과로 정의하자. 마찬가지로 a'과 b'에 대해서는 $A(a')$과 $B(b')$으로 정의한다.

이 측정 결과는 +1이나 −1이라고 가정한다. 즉 다음과 같다.

$$A(a), A(a'), B(b), B(b') \in \{-1, 1\}. \tag{9.3}$$

이제 다음의 양을 고려하자.

$$A(a)\left[B(b) - B(b')\right],$$
$$A(a')\left[B(b) + B(b')\right].$$

측정 결과는 +1이나 −1이므로, $B(b)$와 $B(b')$이 같은 부호를 갖는지 반대 부호를 갖는지에 따라 위의 양 중 하나는 0이고, 다른 하나는 [−2, 2] 사이에 있다.

따라서 위의 양에 대한 합 또한 [−2, 2] 사이에 있다.

$$-2 \le A(a)\left[B(b) - B(b')\right] + A(a')\left[B(b) + B(b')\right] \le 2. \tag{9.4}$$

2 통계적으로 확인 가능한 방법

그러나 부등식 9.4는 직접 확인할 수 없다. 왜냐하면 물체의 각 쌍에 대해 Alice는 측정하기 위해 무작위적으로 a와 a' 사이에서 선택하고, Bob은 b와 b' 사이에서 선택하기 때문이다. 여기에는 네 가지 결합이 있고, 부등식을 완전히 시험하려면 적어도 네 쌍을 측정할 필요가 있다. 이것을 다루기 위해 다음과 같이 통계적으로 확인 가능한 방법을 유도할 수 있다.

물체의 상태와 성질을 결정하는 초기 조건과 환경의 영향과 같은 모든 요인을 포함하는 "숨은 변수" λ를 도입하자. 이 요인은 내재적으로 무작위적이다. 고전적인 확률이론에서 이것은 확률분포함수 $P(\lambda)$로 표현한다. (Alice에 대한 a 혹은 a'과 같은) 측정 장치의 선택은 숨은 변수에 무관하고, 측정할 물체의 성질에 영향을 주지 않는다고 가정하면 한 개의 $P(\lambda)$ 함수가 있다.

이제 $A(a)$, $A(a')$, $B(b)$와 $B(b')$은 모두 λ에 의존하고, 이것을 $A(a,\lambda)$, $A(a',\lambda)$, $B(b,\lambda)$와 $B(b',\lambda)$로 표기한다.

두 장치에서 측정의 상관관계를 기술하는 두 측정 결과의 곱에 대한 기대값은 다음과 같다.

$$E(a,b) = \sum_{\lambda} P(\lambda)A(a,\lambda)B(b,\lambda). \tag{9.5}$$

이 기대값은 동일하게 준비한 많은 입자쌍에 대해 측정을 반복하고 결과의 평균을 취하여 얻을 수 있다.

이제 부등식 (9.4)를 확률분포 $P(\lambda)$를 이용하여 숨은 변수 λ에 대해 더할 수 있다.

$$-2 \leq \sum_{\lambda} P(\lambda)\left[A(a,\lambda)\left[B(b,\lambda) - B(b',\lambda)\right] + A(a',\lambda)\left[B(b,\lambda) + B(b',\lambda)\right]\right] \leq 2. \tag{9.6}$$

기대값의 정의를 이용하면 부등식을 다음과 같이 쓸 수 있다.

$$-2 \leq S \leq 2, \text{ 즉 } |S| \leq 2. \tag{9.7}$$

이것이 Bell-CHSH 부등식이고, 여기서

$$S = E(a,b) - E(a,b') + E(a',b) + E(a',b') \tag{9.8}$$

은 Bell-CHSH 양이라고 한다.

주목할 점

Bell-CHSH 부등식을 유도할 때 양자역학을 이용하지 않았다. 이것은 순수하게 고전적인 확률론과 숨은 변수(즉 국소적 실재론)에 대한 가정만을 이용하였다. 그 자체로 부등식은 임의의 국소적인 숨은 변수 이론의 경우 두 입자의 측정 사이에 있는 상관관계에 대한 제한을 준다. 부등식을 위배하면 문제의 계는 국소적인 실재론을 만족하지 않고, 대신 양자얽힘의 특징인 비국소적 상관관계를 나타낸다.

9.4 고전적인 상관관계가 있는 Bell-CHSH 부등식

9.4.1 다른 색깔의 공

직관을 얻기 위해 "다른 색깔의 공"을 이용한 고전적 비유로부터 시작하자. 각각의 공이 검거나 흰 공의 쌍을 고려하겠다. 흰 공은 +1로, 검은 공은 −1로 정의하겠다.

Alice와 Bob이 각각 한 쌍으로부터 공 한 개씩 받고, 공의 색깔을 측정하거나 분석 가능한 방법이 있다고 상상하자. Alice의 측정 장치를 a와 a'으로, Bog의 측정 장치를 b와 b'으로 나타낸다.

Alice와 Bob은 각 쌍의 공을 측정하기 위해 각각의 장치 사이에서 무작위적으로 선택한다고 가정한다.

여기서 숨은 변수 λ는 색을 결정하는 공의 내재적 성질의 집합을 나타낸다. 예를 들어 Alice와 Bob이 공을 받기 전에 정해 놓은 어떤 내부의 매개변수일 수 있다.

완벽한 반상관관계를 가정한다. 이것은 한 쌍의 공 중 한 개가 흰 공이면 다른 공은 반드시 검다. 수학적으로는 다음과 같다.

$$P(\lambda) = \begin{cases} 1, & \lambda \Rightarrow \text{한 공은 희고, 다른 공은 검은 경우} \\ 0, & \text{이외의 경우} \end{cases} \tag{9.9}$$

Bell-CHSH 양에서 상관관계 함수는 모두 −1로 같다. 왜냐하면 $AB = -1$을 포함하는 항만이 다음 계산에서 0이 아니기 때문이다.

$$E(a,b) = \sum_{\lambda} P(\lambda)A(a,\lambda)B(b,\lambda) = -1, \tag{9.10a}$$

$$E(a',b') = \sum_{\lambda} P(\lambda)A(a',\lambda)B(b',\lambda) = -1, \tag{9.10b}$$

$$E(a,b') = \sum_{\lambda} P(\lambda)A(a,\lambda)B(b',\lambda) = -1, \tag{9.10c}$$

$$E(a',b) = \sum_{\lambda} P(\lambda)A(a',\lambda)B(b,\lambda) = -1. \tag{9.10d}$$

Bell-CHSH 양은 다음과 같다.

$$S = -1 + 1 - 1 - 1 = -2. \tag{9.11}$$

이 $|S|$의 값은 Bell-CHSH 부등식 $|S| \le 2$를 만족한다.

이 고전적인 예제에서 결과는 색깔의 상관관계가 어떤 숨은 변수(λ)에 의해 미리 결정된 국소적 실재론을 이용하여 설명할 수 있다는 것을 주목하여라. 이것은 양자적인 경우와 대조를 이룬다. 이것은 다음에 논의할 것으로 Bell-CHSH 부등식은 위배될 수 있고 비국소적인 상관관계 혹은 얽힘이 있다는 것을 나타낸다.

연습문제 9.1

같은 쌍에 대해 Bob의 공의 색은 항상 Alice 공의 색깔과 같은 완벽하게 상관관계가 있는 고전적인 경우에 대해 S를 유도하여라.

9.4.2 잉크를 공유하는 회색 공

공의 색깔이 측정 장치와 무관하기만 하면 Bell-CHSH 부등식을 위배하지 않는다. 그러나 동시에 측정하는 것을 고려할 때 이 경우는 문제가 있다. Alice와 Bob이 어떤 거리만큼 떨어져 있고 정확히 같은 시간에 측정하면 물감은 색깔을 결정하기 위해 공 사이에 전달될 충분한 시간이 없을 것이다. 이것은 결과는 측정 순간에 얻을 수 없어서 이 경우는 Bell-CHSH 부등식을 시험할 때 적절하지 않다는 것을 의미한다. 얽힌 양자계에서 측정하는 이러한 형태의 상관관계는 설명하지 못한다. 왜냐하면 이것은 어떤 거리를 순간적으로 물감을 물리적으로 옮길 수 없다는 사실에 의존하기 때문이다.

9.4.3 적응할 수 있는 지적인 공

공이 로봇과 같은 특징을 가져서 주위 환경을 감지하고 관측 장치에 기반을 두어 나타내는 색을 독립적으로 선택할 수 있는 경우를 고려하자.

측정값 $(a,\ a',\ b,\ b')$은 여전히 Alice와 Bob이 공의 색깔을 보거나 분석하기 위해(예컨대 그물, 우산, 장갑이나 맨손을 이용하는) 결정하는 다른 방법이다. 그러나 이 경우 Alice와 Bob은 공을 나누어 가진 후 측정을 하기 직전까지 측정 장치의 선택을 미룰 수 있다.

공이 지적이고 독립적으로 적응할 수 있으므로 이 공들은 Alice와 Bob이 어떻게 측정할 준비를 하는지 관측하고, 개별적으로 다음의 결과를 만들기 위해 색깔을 정한다.

- $E(a,\ b)=1$ (Alice: 맨손; Bob: 그물 ⇒ 공: 모두 흰색.)
- $E(a,\ b')=-1$ (Alice: 맨손; Bob: 우산 ⇒ 공: 검은색과 흰색.)
- $E(a',\ b)=1$ (Alice: 장갑; Bob: 그물 ⇒ 공: 모두 흰색.)
- $E(a',\ b')=1$ (Alice: 장갑; Bob: 우산 ⇒ 공: 모두 검은색.)

이제 Bell-CHSH 양은 다음과 같다.

$$|S| = |1-(-1)+1+1| = 4. \tag{9.12}$$

이 예제에서 볼 수 있듯이 $|S|$의 값은 4이고, 이것은 Bell-CHSH 부등식($|S| \le 2$)을 위배한다. 이 위배가 일어나는 이유는 지적인 공은 실재론의 원리를 따르지 않기 때문이다. 색깔은 미리 결정되지 않고 측정 시간에 측정 장치에 따라 변한다. 더구나 공은 동일한 색깔, 혹은 반대 색깔을 나타낼지 결정하기 위해 교신을 할 필요가 있고, 이것은 국소성 가정을 위배하여 한 쌍의 공을 동시에 시험하는 것은 불가능하다.

이 비유를 통해 입자가 비슷한 방법으로 국소적인 내재론을 위배하는 것 같은 양자얽힘의 혼동스러운 성질을 이해할 수 있다. 그러나 이후의 절에서 보겠지만 양자적인 경우에서 Bell 부등식은 입자가 먼 거리만큼 떨어져 있을 때에도 동시에 측정을 할 때 위배된다. 이 위배는 양자얽힘의 비고전적 성질의 증거로 여겨지고 이것은 국소적 숨은 변수에 근거한 어떤 고전적인 이론으로도 설명할 수 없다.

이후의 실험적 확인에 대한 논의에서 '실패할 수 없는' Bell 시험 실험을 탐구하고, 특히 적응하는 지적인 공과 비슷한 가능성을 제거하도록 설계하겠다.

9.5 양자얽힘이 있는 Bell-CHSH 부등식

9.5.1 Bell-CHSH 부등식의 위배: 특별한 경우

이 절에서 얽힌 큐빗을 이용하여 Alice와 Bob의 측정 장치에 대한 특별한 배열에서 어떻게 Bell CHSH 부등식을 위배할 수 있는지 보이겠다. Bell 상태에 대한 Bell-CHSH 부등식의 완전한 수학적 취급은 그 다음 절에서 하겠다.

양자역학을 고전적인 확률이론과 분리하는 주요 특징 중 하나는 측정 기대값이 양자역학에서 결정되는 방법이다. 이것은 측정 관측량의 내적으로 결정된다.

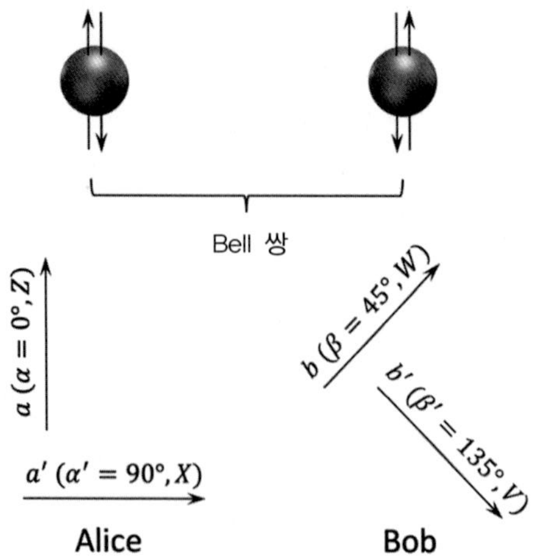

▌그림 9.2▐ Bell-CHSH 부등식을 위배하는 장치

Bell 상태 $|\Psi^-\rangle = \frac{1}{\sqrt{2}}(|01\rangle - |10\rangle)$에서 두 개의 얽힌 큐빗 A와 B를 고려하자. 이 상태는 종종 광자로 Bell 부등식을 시험할 때 사용한다. Alice는 M_a를 이용하여 큐빗을 측정하고, Bob은 M_b를 이용한다면 결합 측정의 기대값은 식 9.5의 고전적인 대응 부분과 비슷하게 다음과 같이 주어진다.

$$E(a,b) = \langle\Psi^-|(M_a \otimes M_b)|\Psi^-\rangle. \tag{9.13}$$

이제 Alice와 Bob에 대한 다음의 측정 관측량을 고려하자.

$$M_a = Z, \tag{9.14a}$$
$$M_{a'} = X, \tag{9.14b}$$
$$M_b = W \equiv \frac{1}{\sqrt{2}}(X+Z), \tag{9.14c}$$
$$M_{b'} = V \equiv \frac{1}{\sqrt{2}}(X-Z). \tag{9.14d}$$

이 측정 관측량은 그림 9.2에 나타내었듯이 Bloch 구의 측정 각도 $\alpha = 0$, $\alpha' = \frac{\pi}{2}$, $\beta = \frac{\pi}{4}$와 $\beta' = \frac{3\pi}{4}$와 관련이 있다.

다음을 주목하여라.

$$\langle 0|Z|0\rangle = 1,\quad \langle 1|Z|1\rangle = -1,\quad \langle 0|Z|1\rangle = 0,\quad \langle 1|Z|0\rangle = 0, \tag{9.15a}$$
$$\langle 0|X|0\rangle = 0,\quad \langle 1|X|1\rangle = 0,\quad \langle 0|X|1\rangle = 1,\quad \langle 1|X|0\rangle = 1. \tag{9.15b}$$

그러면 다음을 계산할 수 있다.

$$\begin{aligned}E(a,b) &= \frac{1}{\sqrt{2}}(\langle 01| - \langle 10|)Z \otimes \frac{1}{\sqrt{2}}(X+Z)\frac{1}{\sqrt{2}}(|01\rangle - |10\rangle) \\ &= \frac{1}{2\sqrt{2}}\left(\langle 0| Z |0\rangle\langle 1| Z |1\rangle + \langle 1| Z |1\rangle\langle 0| Z |0\rangle\right) \\ &= -\frac{1}{\sqrt{2}},\end{aligned} \tag{9.16}$$

$$\begin{aligned}E(a,b') &= \frac{1}{\sqrt{2}}(\langle 01| - \langle 10|)Z \otimes \frac{1}{\sqrt{2}}(X-Z)\frac{1}{\sqrt{2}}(|01\rangle - |10\rangle) \\ &= \frac{1}{2\sqrt{2}}\left(\langle 0| Z |0\rangle\langle 1| (-Z) |1\rangle + \langle 1| Z |1\rangle\langle 0| (-Z) |0\rangle\right) \\ &= \frac{1}{\sqrt{2}},\end{aligned} \tag{9.17}$$

$$\begin{aligned}E(a',b) &= \frac{1}{\sqrt{2}}(\langle 01| - \langle 10|)X \otimes \frac{1}{\sqrt{2}}(X+Z)\frac{1}{\sqrt{2}}(|01\rangle - |10\rangle) \\ &= \frac{1}{2\sqrt{2}}\left(-\langle 0| X |1\rangle\langle 1| X |0\rangle - \langle 1| X |0\rangle\langle 0| X |1\rangle\right) \\ &= -\frac{1}{\sqrt{2}},\end{aligned} \tag{9.18}$$

$$\begin{aligned}E(a',b') &= \frac{1}{\sqrt{2}}(\langle 01| - \langle 10|)X \otimes \frac{1}{\sqrt{2}}(X-Z)\frac{1}{\sqrt{2}}(|01\rangle - |10\rangle) \\ &= \frac{1}{2\sqrt{2}}\left(-\langle 0| X |1\rangle\langle 1| X |0\rangle - \langle 1| X |0\rangle\langle 0| X |1\rangle\right) \\ &= -\frac{1}{\sqrt{2}}.\end{aligned} \tag{9.19}$$

따라서 Bell-CHSH 양은

$$\begin{aligned}S &= E(a,b) - E(a,b') + E(a',b) + E(a',b') \\ &= -\frac{1}{\sqrt{2}} - \frac{1}{\sqrt{2}} - \frac{1}{\sqrt{2}} - \frac{1}{\sqrt{2}} \\ &= -2\sqrt{2}\end{aligned} \tag{9.20}$$

이다. 그리고

$$|S| > 2 \tag{9.21}$$

이므로 Bell-CHSH 부등식이 위배됨을 볼 수 있다. 이 위배는 양자얽힘의 특징이고 국소적인 숨은 변수 이론은 양자계에서 측정한 상관관계를 설명하기에는 불충분하다는 것을 보여준다.

Bell 부등식 위배에 대한 비유

변의 길이가 a, b와 c인 삼각형을 고려하자. 자연히 임의의 두 변의 합, 예컨대 $a+b$는 세 번째 변 c보다 크다. 그러나 $a^2+b^2>c^2$의 관계는 항상 맞지 않는다.

고전적인 영역에서 확률을 길이 a, b와 c와 관련시키면 부등식 $a+b>c$는 Bell 부등식이 맞는다는 것을 나타낸다.

대조적으로 양자역학에서 선형으로 더할 수 있는 양은 확률이 아니라 확률진폭이다. 따라서 확률이 a^2, b^2와 c^2에 관련이 있을 때 부등식 $a^2+b^2 \gtreqless c^2$는 Bell 부등식이 위배될 수 있다는 것을 보여준다.

연습문제 9.2

이 부속절에서 정한 측정 장치로 상태 $|01\rangle$에 대한 Bell-CHSH 양을 유도하여라. 이 상태는 계산 기준에서 측정했을 때 완전한 반상관관계가 있다는 것을 주목하여라. Bell-CHSH 부등식이 위배되었는지 확인하여라.

9.5.2 Bell-CHSH 부등식의 위배: 일반적인 경우

수학적으로 복잡하므로 Bell-CHSH 부등식과 Bell 상태에서 위배되는 것에 대한 더 일반적인 측면을 §9.8로 미루겠다.

핵심 요약

양자역학을 해석하는 주요 논의는 얽힌 입자가 (다른 입자는 순간적으로 결과를 "알고") 측정하는 점에서 그 값을 결정하는가에 대한 여부와 (우리가 알지 못하는 어떤 숨은 변수에 의해 결정되는) 값을 계속 가질까 하는 것에 대한 논쟁이다.

Bell 부등식은 국소적인 숨은 변수 이론과 얽힘에 대한 양자이론의 두 경우를 구별하는 실험을 가능하게 하는 수학적 체계를 제공한다. 이 부등식은 얽힌 입자가 국소적인 숨은 변수 이론을 따르는 경우 측정할 수 있는 상관관계에 대한 제한을 준다.

Bell 부등식을 시험하는 실험은 일관적으로 양자역학의 예측이 맞고, 얽힌 입자 사이의 상관관계는 국소적인 숨은 변수 이론보다는 양자얽힘의 비국소적이고 순간적인 성질로 더 잘 설명할 수 있다는 것을 보여주었다.

9.6 실험적 확인

Bell 시험으로도 알려진 Bell 부등식의 실험적 확인은 얽힌 입자를 이용한 양자역학의 예측에 반하는 국소적 실재론에 대한 시험을 말한다. 이러한 실험은 Bell-CHSH 부등식과 같은 Bell 부등식이 정한 제한 조건을 만족하는지 확인하기 위해 공간적으로 분리된 입자의 결과 사이의 상관관계를 측정하도록 고안하였다. 부등식을 위배하면 국소적 실재론은 관측된 행동과 양립하지 않고, 입자는 양자얽힘의 특징인 비국소적 상관관계를 나타낸다.

9.6.1 ✱ 기본적인 실험 장치

EPR 모순을 시험하기 위한 기본적인 실험 장치를 그림 9.3에 나타내었다. 얽힌 광자쌍은 자발적 매개변수 하향 전환(SPDC)을 통해 만들고, 이것은 다양한 양자통신과 계산 실험을 위한 얽힌 광자쌍을 만드는 널리 사용하는 방법이다. SPDC에서 (펌프 레이저로 표시한)

한 개의 고에너지 광자는 비선형적 BBO 결정을 통과하고 가끔 두 개의 얽힌 저에너지 광자로 갈라진다. 얽힌 광자는 실험 장치와 비선형 결정의 성질에 따라 다양한 Bell 상태로 만들 수 있다. 상태는 흔히 $\Psi^- = \frac{1}{\sqrt{2}}(|01\rangle - |10\rangle)$이고, 이것은 광자 편광으로 표현하면 다음과 같다.

$$\Psi^- = \frac{1}{\sqrt{2}}\left(|\leftrightarrow\rangle_1 \otimes |\updownarrow\rangle_2 - |\updownarrow\rangle_1 \otimes |\leftrightarrow\rangle_2\right). \tag{9.22}$$

여기서 $|\leftrightarrow\rangle_1$, $|\updownarrow\rangle_1$, $|\leftrightarrow\rangle_2$와 $|\updownarrow\rangle_2$는 이 쌍의 두 광자에 대한 수평과 수직 편광을 나타낸다.

각 쌍의 두 광자를 각각 공간적으로 분리된 위치에 있는 Alice와 Bob에게 보낸다. 매질은 자유공간이거나 광섬유로 수백 킬로미터의 거리를 지날 수 있다.

Alice와 Bob은 모두 각각의 광자를 기본적으로 반거울인 (그림 9.3에서 BS로 표시한) 빔가르개로 통과시킨다. 빔가르개는 광자를 두 개의 다른 경로로 보내는데 이것은 무작위적으로 Alice에 대해서는 측정기준 a와 a'에, Bob에 대해서는 b와 b'에 대응된다. 가르개는 또한 측정기준을 선택하기 위해 Alice나 Bob이 조절할 수 있는 광학적 스위치로 바꿀 수도 있다.

측정기준의 각도(Alice에 대해서는 α, α', Bob에 대해서는 β, β')는 반파장판(HWP)를 이용하여 조절한다. 그러면 광자는 편광 빔가르개(PBS)에 도달한다. PBS는 광자를 편광에 따라 다른 검출기로 보낸다. 측정결과(항상 +1 혹은 −1)는 컴퓨터로 보내 상관관계를 분석하고, Bell-CHSH 양을 계산한다.

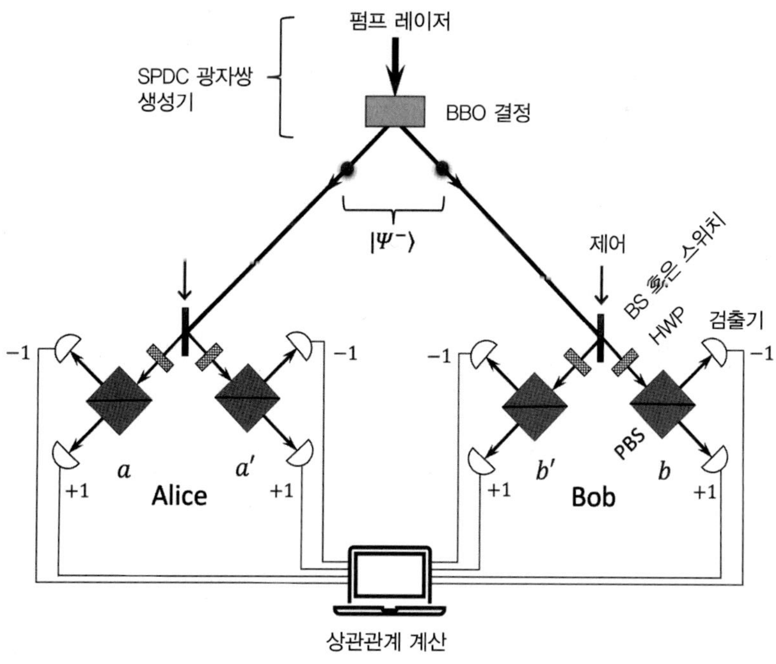

┃그림 9.3┃ Bell 시험을 위한 기본적인 실험 장치

위에서 설명한 실험 장치에서 얽힌 광자쌍의 편광 상태 사이의 상관관계를 측정하여 Bell-CHSH 부등식을 시험할 수 있다. 측정기준을 변화시키면 Bell-CHSH 양 S의 다른 값을 얻어서 Bell-CHSH 부등식의 위배를 확인할 수 있다.

9.6.2 초기 실험

초기 실험은 양자얽힘의 실험적 기준을 만들 때 중요한 역할을 하는 Bell 부등식을 확인하는 것을 목표로 하였다. 그중 주목할 것은 다음과 같다.

Aspect 실험(1981-1972) [26], [27]: Alain Aspect와 그 연구진은 Bell-CHSH 부등식을 시험하기 위해 얽힌 광자를 이용한 일련의 획기적인 실험을 수행하였다. 그들은 시간 일치 측정 기술을 이용하였다. 이것은 검출 신호가 같은 사건에서 나온 쌍일 때만 측정하여 Bell-CHSH 부등식을 위배하는 광자의 편광 상태 사이의 강한 상관관계를 측정한다. 이 결과로부터 국소적인 숨은 변수 이론보다는 양자역학을 선호하는 강한 증거를 얻었다.

Weihs 등 (1998) [28]: 이 실험에서 Gregor Weihs와 그 연구진은 약 400미터 거리에 걸쳐 얽힌 광자쌍으로 Bell-CHSH 부등식을 시험하였다. 이들은 얽힌 광자쌍의 고효율 샘과 빠르게 변하는 편광분석기를 이용하였다. 그 결과는 Bell-CHSH 부등식이 상당히 위배되었음을 보였고 먼 거리로 분리된 입자에 대해서도 국소적인 숨은 변수 이론은 제외되었다.

9.6.3 실패할 수 없는 측정

초기 Bell 시험 실험에서 알려진 여러 결점, 즉 측정 결함이 있다.

관측(혹은 공정한 샘플링) 결함: 이 결함은 실험에서 사용한 검출기의 효율이 낮거나 검출 과정에 편견이 있을 때 일어난다. 이것은 관측된 상관관계는 진정한 양자얽힘이라기보다는 선택적인 샘플링의 결과일 수 있다는 것을 암시한다.

교신(혹은 국소성) 결함: 이 결함은 측정 사건 사이에서 공간이나 시간 간격이 불충분할 때 일어나서 실험하는 동안 검출기 혹은 입자 사이의 고전적인 교신의 가능성을 허용한다.

자유 선택 결함: 이 결함은 측정 장치의 선택이 완전히 무작위적이 아니거나 측정 장치가 입자와 상관관계가 있는 미지의 변수에 영향을 받을 수 있는 가능성이 있을 때 일어난다.

"실패할 수 없는" Bell 시험 실험은 어떤 알려진 결함에 영향을 받지 않고, 국소적인 숨은 변수 이론에 반하는 양자역학의 예측을 시험하기 위해 고안되었다.

Hensen 등 (2015) [29]: "실패할 수 없는 Bell 시험"으로도 알려진 이 실험은 검출기 결함이나 국소성 결함과 같은 이전의 실험에서 가능한 결함을 확인한다. 얽힌 광자를 사용한 이전의 실험과는 달리 Hensen과 그 연구진은 1.3킬로미터 떨어진 다이아몬드 질소 빈자리 중심에 있는 얽힌 전자 스핀을 이용하였고, 이것은 다른 실험적인 장점이 있다. 그들은 Bell-CHSH 부등식에 대한 통계적으로 중요한 위배를 관측하여 국소적 실재론의 반대하는 강한 증거를 제공하였다.

Giustina 등 (2015) [30]과 Shalm 등 (2015) [31]: 다른 연구 집단이 독립적으로 수행한 이 두 실험은 검출 결함과 국소성 결함을 동시에 살펴보았다. 두 실험 모두 얽힌 광자와 고효율 검출기를 이용하여 관측된 상관관계는 국소적 숨은 변수 이론으로 설명할 수 없다는 것을 확인하였다.

얽힌 입자를 상당한 거리만큼 떨어뜨려 놓고 측정 장치의 스위치를 빨리 작동시켜 이 실험은 상관관계가 있는 결과가 영향을 줄 수 있는 입자 사이의 어떤 국소적 상호작용이나 교신의 가능성을 제거하고자 하였다. 이것은 국소성 결함을 살피는 것이고, 이 국소성 결함이란 얽힌 입자는 정보를 교환하거나 국소적 환경에서 공통의 원인에 영향을 받아서 관측된 상관관계를 설명하는 것이다.

9.6.4 주요 실험적 발견과 의미

실패할 수 없는 실험으로부터 양자 현상을 이해하는 기본적인 측면인 양자얽힘의 비국소적 측정에 대한 강한 증거를 얻는다. Bell 부등식의 일관적인 실험적 확인은 양자역학의 발전에 중요한 초석이 되었다.

이 실험은 우주의 기본적인 성질에 대한 심오한 의미를 부여한다. 이 실험은 물리적 성질은 국소적인 환경에 의해 미리 결정되고 측정에 영향을 받지 않으며 어떤 물리적인 영향도 빛보다 빨리 이동할 수 없다고 주장하는 국소적 실재론의 전제에 도전한다. 대조적으로 실험 결과는 비국소적인 상관관계와 고유한 무작위성을 예측하는 양자역학과 맞는다.

국소적 실재론을 거부하면 두 가지 가능성이 생긴다. 하나는 공상과학 소설에서 상상하지만 과학적 근거가 없는 주제인 빛보다 빠른 통신의 개념을 받아들이거나, 혹은 양자얽힘은 내재적으로 비국소적이라는 개념을 주장하는 것이다. 후자가 과학계에서 널리 받아들여져서 양자적 상호작용과 현실의 성질에 대한 의미를 이해하는 데 파라다임의 변화를 강조한다.

더구나 Born의 규칙(§1.5.1)에서 정량화되었듯이 양자 측정에서 관측되는 내재적인 무작위성은 고전적인 결정론과 결별하게 된다. 양자 측정 결과에 확률을 부여하는 Born의 규칙은 계의 상태에 대한 무시함을 반영하는 것이 아니라 양자역학의 기본적인 측면이다. 이 확률적인 성질은 불확정성은 종종 불완전한 지식에서 나오는 고전적인 계와는 달리 양자적 무작위성이 우주의 고유한 특징이라는 것을 알려준다.

9.6.5 2022 노벨 물리학상

얽힌 광자를 이용한 실험으로 Bell 부등식의 위배를 보이고, 양자 정보과학을 선도한 업적으로 Alain Aspect, John Clauser와 Anton Zeilinger가 2022년 노벨 물리학상을 수상하였다.

1980년대에 수행한 Aspect의 획기적인 실험은 국소적인 숨은 변수 이론에 반하여 양자역학을 선호하는 강한 증거를 제시하였다.

Clauser는 Stuart Freedman과 함께 1970년대 초기에 Bell의 부등식을 처음으로 실험적으로 시험하였고 양자역학의 예측과 일치하는 결과를 보였다.

Zeilinger는 양자정보 분야의 선구자이고 얽힘에 대한 수많은 실험을 수행하여 양자역학의 이해에 대한 영역을 넓혔다.

이 물리학자들의 획기적인 업적은 양자얽힘의 비국소적인 성질과 우주의 기본적인 성질에 대한 이해를 위해 중요하다.

2022년 노벨상에서 강조했듯이 Bell 부등식의 실험적 확인은 양자이론의 발전과 확인에 중요한 역할을 하였다. 또한 고전적인 직관에 의문을 제기하고 물리적 세상의 기본적인 측면을 이해하는 새로운 길을 열었다.

이해와 기술적 능력이 변화하면서 미래의 실험은 양자얽힘의 성질과 물리적 세계의 이해에 대한 의미에 새로운 통찰력을 줄 수 있다. 추가적으로 양자컴퓨팅, 양자통신과 양자암호학 분야에서 얽힘의 실용적인 응용으로 인해 이 연구 분야는 기본적으로 흥미로울 뿐만 아니라 다가올 기술에 매우 중요할 것이다.

9.7 비통신 정리

양자얽힘과 Bell 부등식의 위배는 광속보다 빠르게 정보를 전달할 가능성에 대한 의문을 제기한다. 이 개념은 "초광속 통신"이라고 종종 말한다. 얽힌 입자는 비국소적 상관관계를 보이는 반면, 이 상관관계는 먼 관측자 사이에서 순간적인 정보 전달을 허용하지 않는다는 것을 아는 것이 중요하다. 국소적인 상관관계는 초광속 통신에 이용할 수 없고 정보가 빛보다 빨리 이동할 수 없다는 기본적인 원리를 유지하고, 따라서 특수상대론과 인과성의 핵심 요소를 유지한다. 이것은 양자 정보이론의 주요 결과인 비통신 정리로 공식적으로 표현한다.

비통신 정리

얽힌 양자상태를 측정하는 동안 측정 행동을 통해서만 한 관측자가 다른 관측자와 정보를 교환하는 것은 기본적으로 불가능하다.

두 관측자 Alice와 Bob이 2-큐빗 얽힌 상태에 있는 큐빗을 각각 한 개씩 가지고 있는 경우를 고려하자. Alice가 자신의 큐빗을 측정하면 그 큐빗 상태는 특정한 값으로 붕괴한다. 그러나 이것은 Bob이 측정할 수 있는 어떤 방법으로도 Bob의 큐빗 상태를 직접 변화시키지 않는다.

양자역학의 비국소성에도 불구하고 비통신 정리는 성립한다. 이것은 주로 양자역학에서 측정 결과는 기본적으로 무작위적이기 때문이다. Alice가 측정하여 그녀의 관점에서 본 전체 상태는 붕괴한 반면 추가적인 정보가 없는 Bob은 그가 자신의 큐빗을 측정할 때 무작위적인 결과를 볼 수 있을 뿐이다. 그는 무작위성이 양자 불확정성에 의한 것인지 Alice가 이전에 측정했기 때문인지 구별할 수 없다.

이것을 더 보이기 위해 Ekert 91(E91) 양자 키분포(QKD) 프로토콜을 고려하자(자세한 것은 §10.6을 참조하여라). 이 프로토콜에서 Alice와 Bob은 공유 비밀키를 만들기 위해 얽힌 큐빗쌍을 이용한다. 언뜻 보면 이들이 이전에 일련의 측정 기준에 동의한 경우 Alice는 Bob에게 순간적으로 비밀키 비트를 보낼 수 있는 것처럼 보인다. 그러나 이들이 만드는 키는 무작위적인 비트의 문자열이고, 이것은 Alice의 상태에 대한 어떤 정보도 전달하지 않는다. (광속을 넘을 수 없는) 고전적인 경로를 통해 Alice가 Bob과 통신을 한 후에만 키가 유용한 측정 결과에 대한 논의할 수 있다.

비통신 정리에 대한 증명은 §12.6.2에서 보이겠다.

9.7.1 근거 없는 믿음과 오해

양자얽힘은 양자역학 영역 내에서 잘 정의된 개념이고, 이것은 관계없는 현상과 결합하지 말아야 한다는 것을 주목해야 한다. 양자얽힘에 대한 여러 근거 없는 믿음과 오해가 있어서 종종 양자역학의 기본적인 원리를 오해하거나 일상생활에 양자 현상을 잘못 적용하게 된다. 여기 몇 개의 예가 있다.

- **얽힘을 통한 순간적인 통신**: 얽힘은 이들 사이의 거리와 상관없이 입자 사이에 강한 상관관계를 만들 수 있더라도 정보를 순간적으로 전달할 때 사용할 수 없다. 왜냐하면 이것은 인과론과 특수상대론에서 주어진 광속의 한계를 위반하기 때문이다. 측정 과정과 얽힌 상태의 붕괴는 여전히 상대론적인 인과론의 제한을 따른다.
- **거시적인 물체는 쉽게 얽히게 할 수 있다**: 얽힘은 전형적으로 아원자 입자 수준에서 관측되고, 계의 크기가 커지면 얽힘을 유지하고 관측하는 것은 점점 어려워진다. 더 큰 계에서 얽힘을 보여주는 어떤 실험이 있지만 일상생활 속의 물건이나 생물체와 같은 거시적인 물체를 얽히게 하는 것은 디코히어런스와 환경적 요인으로 인해 극히 어렵다.
- **초자연적인 현상의 근원으로서 얽힘**: 어떤 사람들은 양자얽힘은 텔레파시나 심령술과 같은 다양한 초자연적 현상과 관련이 있다고 주장할 수 있다. 또한 사람과 정신 사이에 꿈과 현실 사이 등에서 양자얽힘이 있다고도 주장한다. 그러나 이러한 주장은 얽힘의 개념과 맞지 않는다. 양자역학에서 얽힘은 엄밀하게 시험하고 잘 이해된 현상이지만 얽힘과 초자연적 현상 사이의 어떤 관계도 지지하는 어떤 과학적 기초나 믿을만한 증거는 없다.

9.8 *Bell 상태에 대한 Bell-CHSH 양의 유도

이 절에서 Bell CHSH 부등식의 분석을 더 일반적으로 한 단계씩 제시하겠다. 이러기 위해 Bell 상태 $|\Psi^-\rangle$를 이용하고 다른 Bell 상태도 비슷하게 다룰 수 있다.

9.8.1 ∗측정기준을 통한 유도

1 측정기준과 관측량

큐빗을 Bloch 구 위에서 극각 α와 방위각 0으로 정의한 방향으로 측정한다고 하자. 실질적으로 이것은 기준 $\{|a\rangle,\ |a_\perp\rangle\}$을 이용하여 측정한다.

$$|a\rangle = \cos\frac{\alpha}{2}|0\rangle + \sin\frac{\alpha}{2}|1\rangle, \tag{9.23a}$$

$$|a_\perp\rangle = -\sin\frac{\alpha}{2}|0\rangle + \cos\frac{\alpha}{2}|1\rangle. \tag{9.23b}$$

관련된 측정 관측량은 다음과 같이 표현할 수 있다.

$$M_a = |a\rangle\langle a| - |a_\perp\rangle\langle a_\perp|. \tag{9.24}$$

Bell-CHSH 부등식에서 위와 비슷하게 네 개의 기준과 네 개의 측정량이 포함되어 있다. 각 큐빗 쌍에 대해 Alice는 두 기준 $\{|a\rangle,\ |a_\perp\rangle\}$이나 $\{|a'\rangle,\ |a'_\perp\rangle\}$ 중 한 개를 선택하여 큐빗 A를 측정한다.

$$|a\rangle = \cos\frac{\alpha}{2}|0\rangle + \sin\frac{\alpha}{2}|1\rangle, \qquad |a_\perp\rangle = -\sin\frac{\alpha}{2}|0\rangle + \cos\frac{\alpha}{2}|1\rangle, \tag{9.25a}$$

$$|a'\rangle = \cos\frac{\alpha'}{2}|0\rangle + \sin\frac{\alpha'}{2}|1\rangle, \qquad |a'_\perp\rangle = -\sin\frac{\alpha'}{2}|0\rangle + \cos\frac{\alpha'}{2}|1\rangle. \tag{9.25b}$$

마찬가지로 Bob은 $\{|b\rangle,\ |b_\perp\rangle\}$과 $\{|b'\rangle,\ |b'_\perp\rangle\}$에서 선택하여 큐빗 B를 측정한다.

$$|b\rangle = \cos\frac{\beta}{2}|0\rangle + \sin\frac{\beta}{2}|1\rangle, \qquad |b_\perp\rangle = -\sin\frac{\beta}{2}|0\rangle + \cos\frac{\beta}{2}|1\rangle, \tag{9.26a}$$

$$|b'\rangle = \cos\frac{\beta'}{2}|0\rangle + \sin\frac{\beta'}{2}|1\rangle, \qquad |b'_\perp\rangle = -\sin\frac{\beta'}{2}|0\rangle + \cos\frac{\beta'}{2}|1\rangle. \tag{9.26b}$$

이 네 개의 측정 기준은 Bloch 구에서 각도 α, α', β와 β'에 대응한다.

이에 대응하는 측정 관측량은 다음과 같다.

$$M_a = |a\rangle\langle a| - |a_\perp\rangle\langle a_\perp|, \tag{9.27a}$$

$$M_{a'} = |a'\rangle\langle a'| - |a'_\perp\rangle\langle a'_\perp|, \tag{9.27b}$$

$$M_b = |b\rangle\langle b| - |b_\perp\rangle\langle b_\perp|, \tag{9.27c}$$

$$M_{b'} = |b'\rangle\langle b'| - |b'_\perp\rangle\langle b'_\perp|. \tag{9.27d}$$

Alice가 큐빗 A를 측정하고, Bob이 큐빗 B를 측정할 때 이들은 다음과 같은 결합 측정 관측량을 이용한다.

$$M_{ab} = M_a \otimes M_b. \tag{9.28}$$

2 측정 기대값

Bell-CHSH 부등식을 확인하기 위해 결과 곱의 기대값, 즉 상관관계 함수 $E(a,\ b)$, $E(a,\ b')$, $E(a',\ b)$와 $E(a',\ b')$을 계산하겠다. 양자역학에서 기대값은 고전역학과는 기본적으로 다른 내적을 이용하여 계산한다.

$$E(a,b) = \langle\Psi^-|(M_a \otimes M_b)|\Psi^-\rangle, \tag{9.29a}$$

$$E(a,b') = \langle\Psi^-|(M_a \otimes M_{b'})|\Psi^-\rangle, \tag{9.29b}$$

$$E(a',b) = \langle\Psi^-|(M_{a'} \otimes M_b)|\Psi^-\rangle, \tag{9.29c}$$

$$E(a',b') = \langle\Psi^-|(M_{a'} \otimes M_{b'})|\Psi^-\rangle. \tag{9.29d}$$

약간 계산을 하면(§9.8.1.5 참조) 다음을 얻는다.

$$E(a,b) = -\cos(\alpha-\beta), \tag{9.30a}$$

$$E(a,b') = -\cos(\alpha-\beta'), \tag{9.30b}$$

$$E(a',b) = -\cos(\alpha'-\beta), \tag{9.30c}$$

$$E(a',b') = -\cos(\alpha'-\beta'). \tag{9.30d}$$

> 식 9.30의 결과는 그 자체로 주목할 만하다. 이것은 측정 상관관계는 개별적인 값보다는 측정 각도 사이의 차이에만 의존한다는 것을 의미한다. 예를 들어 $\alpha=\beta$이면 $E(a,\ b)=-1$이 되어 상태 $|\Psi^-\rangle$는 등방적인 반상관관계를 나타낸다. 이것은 다음 식에 의해 볼 수 있다.
>
> $$\begin{aligned}|\Psi^-\rangle &= \frac{1}{\sqrt{2}}(|01\rangle - |10\rangle)\\ &= \frac{1}{\sqrt{2}}(|aa_\perp\rangle - |a_\perp a\rangle).\end{aligned} \tag{9.31}$$
>
> 이것은 상관관계가 있는 고전적인 스핀과 매우 다르다. 사실 이것이 Bell 부등식의 위배에 대한 기본적인 이유이다.

3 Bell-CHSH 양

식 9.30의 표현을 식 9.8에 있는 Bell-CHSH 양에 대입하면 다음을 얻는다.

$$\begin{aligned}S &= E(a,b) - E(a,b') + E(a',b) + E(a',b')\\ &= -\cos(\alpha-\beta) + \cos(\alpha-\beta') - \cos(\alpha'-\beta) - \cos(\alpha'-\beta').\end{aligned} \tag{9.32}$$

> **연습문제 9.3**
>
> 다른 세 개의 Bell 상태에 대해 (식 9.32와 비슷한) Bell-CHSH 양 S에 대한 표현을 구하여라.

4 Bell-CHSH 부등식의 위배

식 9.32를 조사하면 $|S|$가 2를 초과하도록 각도 α, α', β와 β'을 선택하는 것이 가능하므로 Bell-CHSH 부등식을 위배하는 것이 가능하다. 특히 (그림 9.2에서 묘사한 것과 같이) $\alpha=0$, $\beta=\frac{\pi}{4}$, $\alpha'=\frac{\pi}{2}$와 $\beta'=\frac{3\pi}{4}$로 놓으면 다음을 얻는다.

$$|S| = \frac{1}{2}\left|\sqrt{2}-(-\sqrt{2})+\sqrt{2}+\sqrt{2}\right| = 2\sqrt{2} > 2. \tag{9.33}$$

이 결과로 Bell-CHSH 부등식은 양자 상태인 얽힌 큐빗에 의해 위배될 수 있다는 것을 볼 수 있고, 이로부터 국소적 숨은 변수 이론은 양자계의 상관관계를 완전히 설명하기에는 불충분하다는 것을 의미한다.

> 측정 관측량 M_a, M'_a, M_b와 M'_b는 Pauli 연산자의 선형결합으로 나타낼 수 있다. 위에서 지정한 각도에 대해 이들은 Pauli 연산자 혹은 식 9.14로 주어진 단순한 선형결합에 해당한다.

연습문제 9.4

다음의 직접곱 상태를 고려하자.

$$|{++}\rangle \equiv |+\rangle \otimes |+\rangle = \frac{1}{2}(|00\rangle + |11\rangle + |01\rangle + |10\rangle).$$

이 상태에 대해 α와 β의 함수로 S를 유도하여라. 이 상태가 Bell-CHSH 부등식을 위배하는지 조사하여라.

5 식 9.30의 유도

단일 큐빗 기준 상태에 대해 M_a의 기대값으로 시작하자.

$$\langle 0|\, M_a\, |0\rangle = \cos\alpha, \tag{9.34a}$$
$$\langle 1|\, M_a\, |1\rangle = -\cos\alpha, \tag{9.34b}$$
$$\langle 1|\, M_a\, |0\rangle = \sin\alpha, \tag{9.34c}$$
$$\langle 0|\, M_a\, |1\rangle = \sin\alpha. \tag{9.34d}$$

이제 2-큐빗 기준 상태에 대해 $M_a \otimes M_b$의 기대값을 계산한다.

$$\langle 11|\,(M_a \otimes M_b)\,|11\rangle = \langle 1|\, M_a\, |1\rangle\, \langle 1|\, M_b\, |1\rangle = \cos\alpha\cos\beta, \tag{9.35a}$$
$$\langle 00|\,(M_a \otimes M_b)\,|00\rangle = \langle 0|\, M_a\, |0\rangle\, \langle 0|\, M_b\, |0\rangle = \cos\alpha\cos\beta, \tag{9.35b}$$
$$\langle 11|\,(M_a \otimes M_b)\,|00\rangle = \langle 1|\, M_a\, |0\rangle\, \langle 1|\, M_b\, |0\rangle = \sin\alpha\sin\beta, \tag{9.35c}$$
$$\langle 00|\,(M_a \otimes M_b)\,|11\rangle = \langle 0|\, M_a\, |1\rangle\, \langle 0|\, M_b\, |1\rangle = \sin\alpha\sin\beta, \tag{9.35d}$$
$$\langle 01|\,(M_a \otimes M_b)\,|01\rangle = \langle 0|\, M_a\, |0\rangle\, \langle 1|\, M_b\, |1\rangle = -\cos\alpha\cos\beta, \tag{9.35e}$$
$$\langle 10|\,(M_a \otimes M_b)\,|10\rangle = \langle 1|\, M_a\, |1\rangle\, \langle 0|\, M_b\, |0\rangle = -\cos\alpha\cos\beta, \tag{9.35f}$$
$$\langle 01|\,(M_a \otimes M_b)\,|10\rangle = \langle 0|\, M_a\, |1\rangle\, \langle 1|\, M_b\, |0\rangle = \sin\alpha\sin\beta, \tag{9.35g}$$
$$\langle 10|\,(M_a \otimes M_b)\,|01\rangle = \langle 1|\, M_a\, |0\rangle\, \langle 0|\, M_b\, |1\rangle = \sin\alpha\sin\beta. \tag{9.35h}$$

최종적으로 Bell 상태에 대해 $M_a \otimes M_b$의 기대값을 계산한다.

$$\langle \Phi^+|\,(M_a \otimes M_b)\,|\Phi^+\rangle = \cos\alpha\cos\beta + \sin\alpha\sin\beta = \cos(\alpha - \beta), \tag{9.36a}$$
$$\langle \Phi^-|\,(M_a \otimes M_b)\,|\Phi^-\rangle = \cos\alpha\cos\beta - \sin\alpha\sin\beta = \cos(\alpha + \beta), \tag{9.36b}$$
$$\langle \Psi^+|\,(M_a \otimes M_b)\,|\Psi^+\rangle = -\cos\alpha\cos\beta + \sin\alpha\sin\beta = -\cos(\alpha + \beta), \tag{9.36c}$$
$$\langle \Psi^-|\,(M_a \otimes M_b)\,|\Psi^-\rangle = -\cos\alpha\cos\beta - \sin\alpha\sin\beta = -\cos(\alpha - \beta). \tag{9.36d}$$

9.8.2 ∗Pauli 연산자를 이용한 유도

이 부속절에서 Pauli 행렬(X, Y, Z)를 이용하여 Bell-CHSH 부등식에 대한 일반적인 유도에 대해 설명하겠다. 이 접근 방법은 측정 연산자를 Pauli 행렬의 선형결합으로 표현하는 것에 근거를 두고 있다. 더 추상적이지만 이 접근 방법은 Bell 부등식을 넘어서는 더 일반적인 경우를 분석할 때 사용할 수 있는 강력한 방법이다.

1 유도의 개요

3차원 단위벡터 $\boldsymbol{a}=(a_1, a_2, a_3)$로 지정한 방향의 측정 연산자는

$$\begin{aligned} M_{\boldsymbol{a}} &= \boldsymbol{a}\cdot\boldsymbol{\sigma} \\ &\equiv a_1\sigma_1 + a_2\sigma_2 + a_3\sigma_3 \end{aligned} \tag{9.37}$$

로 주어지고, $\sigma_1 \equiv X$, $\sigma_2 \equiv Y$, 그리고 $\sigma_3 \equiv Z$는 Pauli 연산자이다.

Alice는 자신의 큐빗을 $\boldsymbol{a}$와 $\boldsymbol{a}'$의 방향에 대해 측정하고, Bob은 $\boldsymbol{b}$와 $\boldsymbol{b}'$ 방향에 대해 측정한다고 하자. 그러면 측정 상관관계 함수는 다음과 같이 주어진다.

$$E(\boldsymbol{a},\boldsymbol{b}) = \langle\Psi^-|(M_{\boldsymbol{a}}\otimes M_{\boldsymbol{b}})|\Psi^-\rangle, \tag{9.38a}$$

$$E(\boldsymbol{a},\boldsymbol{b}') = \langle\Psi^-|(M_{\boldsymbol{a}}\otimes M_{\boldsymbol{b}'})|\Psi^-\rangle, \tag{9.38b}$$

$$E(\boldsymbol{a}',\boldsymbol{b}) = \langle\Psi^-|(M_{\boldsymbol{a}'}\otimes M_{\boldsymbol{b}})|\Psi^-\rangle, \tag{9.38c}$$

$$E(\boldsymbol{a}',\boldsymbol{b}') = \langle\Psi^-|(M_{\boldsymbol{a}'}\otimes M_{\boldsymbol{b}'})|\Psi^-\rangle. \tag{9.38d}$$

복잡한 계산을 통해(아래 부속절 참조) 다음을 보일 수 있다.

$$\begin{aligned} E(\boldsymbol{a},\boldsymbol{b}) &= -\boldsymbol{a}\cdot\boldsymbol{b} \\ &= -(a_1b_1 + a_2b_2 + a_3b_3) \\ &= -\cos\phi_{\boldsymbol{ab}}. \end{aligned} \tag{9.39}$$

여기서 ϕ_{ab}는 $\boldsymbol{a}$와 $\boldsymbol{b}$ 사이의 각도를 나타낸다.

그리고 다른 상관관계 함수에 대해서도 마찬가지로 구할 수 있다. 이 결과는 식 9.30과 같다.

Bell-CHSH 양은

$$\begin{aligned} S &= E(\boldsymbol{a},\boldsymbol{b}) - E(\boldsymbol{a},\boldsymbol{b}') + E(\boldsymbol{a}',\boldsymbol{b}) + E(\boldsymbol{a}',\boldsymbol{b}') \\ &= -\cos\phi_{\boldsymbol{ab}} + \cos\phi_{\boldsymbol{ab}'} - \cos\phi_{\boldsymbol{a}'\boldsymbol{b}} - \cos\phi_{\boldsymbol{a}'\boldsymbol{b}'} \end{aligned} \tag{9.40}$$

이다.

이제 Bell-CHSH 부등식이 위배된다는 것을 보이기 위해 같은 평면에 있지 않은 측정 방향을 선택한다. 특별한 선택은 다음과 같다.

$$\boldsymbol{a} = (1,0,0), \tag{9.41a}$$

$$\boldsymbol{a}' = (0,1,0), \tag{9.41b}$$

$$b = \left(\frac{1}{\sqrt{3}}, \frac{1}{\sqrt{3}}, \frac{1}{\sqrt{3}}\right), \tag{9.41c}$$

$$b' = \left(-\frac{1}{\sqrt{3}}, \frac{1}{\sqrt{3}}, \frac{1}{\sqrt{3}}\right). \tag{9.41d}$$

이로부터 $S = \frac{4}{\sqrt{3}}$를 얻고, 이것은 $2\sqrt{2}$보다 작지만 여전히 2보다 크다.

2 식 9.39의 유도

상관관계 함수 $E(a, b)$를 고려하자.

$$\begin{aligned} E(\boldsymbol{a},\boldsymbol{b}) &= \langle\Psi^-|(M_a \otimes M_b)|\Psi^-\rangle \\ &= \langle\Psi^-|((a_1\sigma_1 + a_2\sigma_2 + a_3\sigma_3) \otimes (b_1\sigma_1 + b_2\sigma_2 + b_3\sigma_3))|\Psi^-\rangle \\ &= \sum_{i=1}^{3}\sum_{j=1}^{3} a_i b_j \langle\Psi^-|(\sigma_i \otimes \sigma_j)|\Psi^-\rangle. \end{aligned} \tag{9.42}$$

이제 다음을 증명할 수 있다.

$$\langle\Psi^-|(\sigma_i \otimes \sigma_j)|\Psi^-\rangle = -\delta_{ij}. \tag{9.43}$$

여기서 이 식을 증명할 때 필요한 계산을 하지는 않겠지만 주목해야 할 다음의 통찰력은 중요하다. 이 식은 Alice와 Bob이 같은 방향을 따라 그들의 큐빗을 측정할 때 Bell 상태 $|\Psi^-\rangle$에는 완벽한 반상관관계가 있다는 것을 뜻하고, 이들은 항상 반대 결과를 얻는다는 것을 의미한다. 그러나 측정 방향이 수직이면 상관관계 함수는 0이다.

이 결과를 다시 식 9.42에 대입하면

$$\begin{aligned} E(\boldsymbol{a},\boldsymbol{b}) &= \sum_{i=1}^{3} a_i b_i \langle\Psi^-|(\sigma_i \otimes \sigma_i)|\Psi^-\rangle \\ &= -a_1b_1 - a_2b_2 - a_3b_3 \end{aligned} \tag{9.44}$$

를 얻고, 이것은 식 9.39와 같다.

다른 Bell 상태에 대해서도 비슷하게 유도할 수 있다. 요약하면 다음과 같다.

$$\langle\Phi^+|(M_a \otimes M_b)|\Phi^+\rangle = a_1b_1 - a_2b_2 + a_3b_3, \tag{9.45a}$$

$$\langle\Psi^+|(M_a \otimes M_b)|\Psi^+\rangle = a_1b_1 + a_2b_2 - a_3b_3, \tag{9.45b}$$

$$\langle\Phi^-|(M_a \otimes M_b)|\Phi^-\rangle = -a_1b_1 + a_2b_2 + a_3b_3 \tag{9.45c}$$

$$\langle\Psi^-|(M_a \otimes M_b)|\Psi^-\rangle = -a_1b_1 - a_2b_2 - a_3b_3. \tag{9.45d}$$

9.9 ✴심층 탐구

얽힘과 Bell 부등식을 깊게 이해하고 싶은 독자에게 다음의 연구논문과 책을 추천한다.

1. Can Quantum-Mechanical Description of Physical Reality Be Considered Complete? [32]: 이 유명한 논문에서 Einstein, Podolsky와 Rosen은 양자역학의 완전성에 의문을 품고 "현실 요소"라는 개념을 도입하였다.

2. On the Einstein Podolsky Rosen Paradox [33]: 이것은 John Bell의 중대한 논문으로, Bell의 부등식을 도입하고 양자역학에 반하는 국소적인 숨은 변수 이론의 타당성을 시험하는 방법을 제시하였다.

3. All the Bell Inequalities [34]: Asher Peres가 쓴 이 책의 한 장에서 다양한 증명과 실험적인 고려를 포함한 심층적인 양자 얽힘과 Bell 부등식을 다루었다.

4. Foundations and Applications of Quantum Entanglement [35]: Horodecki 등이 쓴 이 논평은 양자얽힘의 이론적인 기초와 다양한 응용에 대해 종합적으로 살펴본다. 저자는 얽힘 정도, 얽힘 변환과 양자 정보처리에서 얽힘을 이용하는 것을 다루었다.

5. Experimental Realization of Einstein-Podolsky-Rosen-Bohm Gedangkenexperiment [36]: Alain Aspect와 동료가 쓴 역사적인 이 논문은 Einstein-Podolsky-Rosen-Bohm Gedangkenexperiment의 구현과 높은 통계적 중요도로 Bell 부등식에 대한 관측을 보고하였다.

6. Loopholes in Bell Inequality Tests of Local Realism [37]: Larsson이 쓴 이 논평은 Bell 부등식을 실험적으로 시험할 때 일어날 수 있는 다양한 결점과 이들을 어떻게 나타낼 수 있는지 논의한다. 이 글은 실패할 수 없는 Bell 시험을 수행할 때 나타나는 도전에 대한 직관을 준다.

7. Challenging Local Realism with Human Choices [38]: 이 논문에서 Handsteiner 등은 인간의 선택을 이용하여 Bell 시험에서 측정을 결정하는 실험을 제시하였다. 이 실험은 자유선택 결점에 대해 지적하여, 국소적 실재론에 대한 가장 엄격한 시험 중의 하나가 되었다.

8. Wormholes and Entanglement: The ER=EPR Hypothesis [39]: 이 기본적인 논문에서 Juan Maldacena와 Leonard Susskind는 ER=EPR 가설을 제안하여 양자얽힘과 Einstein-Rosen 연결(웜홀) 사이의 깊은 연관성을 제시하였다. 이 가설은 일반상대론과 양자역학의 조화를 이루는 가능한 체계를 제공하여 양자중력과 시공간 구조에 대한 중요한 암시를 하였다.

   ER=EPR 가설은 계속 새로운 연구를 촉발하여, 양자컴퓨터와 양자정보이론의 발전을 이용한 얽힘의 기하학적 측면을 실험적으로 탐구한다[40, 41].

9. A Thoughtful Local Friendliness No-Go Theorem [42]: 이 논문에서 Howard Wiseman, Eric Cavalcanti와 Eleanor Rieffel은 Wigner 친구 모순에 대한 현대적인 의미를 탐구하여 양자 측정에서 관측자 독립성과 국소적 실재론을 밝히는 새로운 금지 정리를 제안하였다.

   최근 연구자들은 Wigner의 친구 문제를 큰 거리에서 탐구하기 위해 인간 수준의 인

공지능(HLAI)을 가동시킨 양자컴퓨터를 이용하는 야심찬 실험을 제안하였다. 이러한 발전은 최첨단의 AI와 양자컴퓨팅 기술을 결합하여 새로운 복잡한 수준에서 국소적 친근함과 관측자 효과를 시험하였고, 이를 통해 원래 모순의 경계를 확장하려고 하였다[42, 43].

9.10 요약 및 결론

양자얽힘의 수수께끼

이 장은 양자계와 이에 대응하는 고전적인 계를 구별하게 만드는 내재적인 양자 현상인 양자얽힘의 영역에 대한 깊은 탐구를 하였다. 얽힌 입자가 보이는 분리할 수 없는 상관관계는 고전적인 개념, 특히 국소적 실재론에 대해 이의를 제기하여 양자역학의 이론적, 실험적 영역에서 모두 막대한 영향을 주는 의미를 제시한다. Einstein-Podolsky-Rosen(EPR) 모순을 조사하여 이 장은 양자역학과 고전적으로 직관적인 현실에 대한 관점 사이의 대립을 강조하였다.

Bell 부등식: 이론과 실험의 연결

양자얽힘에 대한 논의의 핵심은 Bell 부등식이고, 이것은 고전적인 상관관계와 양자 상관관계를 구분하는 중요한 수학적 도구이다. 특히 Bell 부등식의 특별한 형태인 Bell-CHSH 부등식은 이 논의에서 중요한 요점으로 나타났다. 이 부등식을 시험하는 실험은 일관성 있게 얽힌 입자 사이의 비국소적 상관관계를 부각하여 이 상관관계는 내재적으로 양자 효과이고, 국소적 숨은 변수 이론으로 설명할 수 없다는 것을 강조하였다. 실패할 수 없는 측정에 의한 양자얽힘의 비국소적 성질을 다시 확인하여 양자역학은 고전적인 직관이 제시하는 것보다 현실을 더 정확하게 기술한다는 이해를 굳건히 하였다.

비통신 정리

양자얽힘은 비국소적 특성이 주어져 초광속 통신에 대한 통로로 보일지 모르지만 비통신 정리에 의하면 그렇지 않다. 이 정리는 실질적으로 양자역학은 상대론과 양립하여 양자 측정을 통해 정보가 순간적으로 전달되는 것을 막는다.

Bell-CHSH 부등식에 대한 방법론적 탐구

학문적인 관심이 있는 독자에게 Bell 상태를 이용한 Bell-CHSH 부등식의 수학적인 복잡함을 깊이 탐구하여 이 주제에 대한 개념적인 풍부함과 엄밀성을 보였다.

이후의 주제

다음 장으로 들어가면 양자얽힘의 이론적인 기초로부터 다양한 응용으로 초점을 바꾸겠다. 초고밀도 코딩과 양자순간이동과 같은 주요 개념을 살펴보아 어떻게 양자얽힘이 양자

통신과 계산에서 획기적인 발전을 이룩하게 되었는지 밝힐 것이다. 특히 양자 기술 영역에서 기본적인 중요성을 말할 때 양자순간이동에서 필수적인 역할이 강조될 것이다.

얽힘의 기본적인 이해에서 다음 장의 실용적인 응용으로 옮겨 가면 전체적인 관점을 제공하여 추상적인 양자 원리와 그 실생활에서 의미 사이의 간격을 좁힐 것이다.

문제 9

9.1 다음 질문을 조사하고, 심사숙고하여 답을 써라.

(a) 멀리 떨어진 거리에 있는 얽힌 입자는 순간적으로 서로 영향을 끼치는가?
(b) "숨은 변수"는 Bell 부등식과 어떤 관계가 있는가?
(c) "실패할 수 없는" Bell 시험의 중요성은 무엇인가?
(d) Bell 시험에 대한 실험에서 발견한 사실은 초광속 통신할 수 없다는 제한과 어떤 관계가 있는가?
(e) 광자가 아닌 큐빗을 이용하여 Bell 부등식의 위배를 확인한 실험이 있었는가?
(f) Bell 부등식 위배에 대한 실용적인 응용이 있는가, 혹은 단지 이론적 관심이 있는 현상일뿐인가?
(g) Bell 부등식을 위배한다는 것은 양자 영역에서 실재론이나 국소성을 적용할 수 없다는 것을 암시한다. 어느 것인가, 혹은 두 개념 모두 도전을 받는가?
(h) Bell 부등식을 위배하는 것과 실재론의 형태가 모두 양립하는 양자역학의 해석이 있는가?
(i) 정확하게 양자역학을 기술하는 국소적이지만, 비실재론적인 이론이 가능한가?
(j) Born의 규칙대로 측정 결과에 확률을 부여하는 것은 계에 대한 정보가 부족하다는 것을 의미하는가, 혹은 양자 측정은 본질적으로 무작위적인가?
(k) Bob이 Bell 쌍의 한 큐빗을 가지고, Alice는 다른 것을 가지고 있으며 이들 사이의 거리는 예컨대 화성과 목성 정도로 매우 먼 거리이면 Bob이 자신의 큐빗을 측정했을 때 Alice는 이것을 검출할 수 있는가?
(l) 양자얽힘은 양자컴퓨팅과 통신에 어떻게 기여하는가?

9.2 직접곱 상태

$$|{++}\rangle = |+\rangle \otimes |+\rangle = \frac{1}{2}(|00\rangle + |11\rangle + |01\rangle + |10\rangle)$$

을 고려하자. 여기서 $|+\rangle = \frac{1}{\sqrt{2}}(|0\rangle + |1\rangle)$이다. 식 9.14에서 지정한 측정 장치를 이용하여 이 상태에 대한 Bell-CHSH 양 S(식 9.8)를 유도하여라. Bell CHSH 부등식을 위배하는지 확인하여라.

9.3 ✱ Bell 상태 $|\Phi^-\rangle$에 대해 $|S|$의 최대값은 $2\sqrt{2}$임을 보여라. $|S| = 2\sqrt{2}$가 되는 모든 α, α', β와 β'의 결합을 구하여라.

9.4 ∗ CHSH 게임은 매우 먼 거리에 떨어져 있고 서로 교신할 수 없는 두 선수 Alice와 Bob을 포함한 사고실험이다. 이 게임의 심판은 입력을 제공하고, 결과를 결정한다.

게임의 규칙:

- 입력: 심판은 무작위적으로 Alice와 Bob에게 입력으로 각각 단일 비트(0 혹은 1)를 준다.
- 출력: Alice와 Bob은 각각 다른 선수의 입력을 알지 못한 채 출력으로 단일 비트(0 혹은 1)를 준다.
- 이길 조건: Alice와 Bob은 출력의 XOR이 입력의 AND와 같다는 규칙을 만족하면 이긴다. 다르게 말하면 모두 입력으로 1을 받았을 때만 출력이 달라야 한다(01 혹은 10).

전략과 이길 확률:

- 고전적인 전략(국소적인 숨은 변수): 고전적인 세계에서 Alice와 Bob은 전략에 대해 미리 동의하거나 답을 조율하기 위해 어떤 국소적으로 공유한 정보("숨은 변수")를 가질 수 있다.
- 양자 전략(얽힘): Alice와 Bob은 얽힌 큐빗쌍을 공유하고 입력에 따른 특정한 측정을 수행한다.

보여야 할 것은 다음과 같다.

(a) 최선의 고전적인 전략을 사용하면 최대 이길 확률은 75%이다.
(b) 양자 전략을 이용하면 약 85%의 이길 확률을 얻을 수 있다!

9.5 **✷ 3-큐빗 Bell 부등식.** Charlie는 많은 동전 쌍을 준비하여 각 쌍으로부터 한 동전은 Alice에게, 다른 동전은 Bob에게 보낸다. 동전은 무작위적으로 앞면(H) 혹은 뒷면(T)이 나오지만 각 쌍은 항상 완벽한 상관관계를 유지한다. 즉 두 동전 모두 HH나 TT를 나타낸다.

Alice와 Bob은 각각 Alice에 대해서는 A_1, A_2, A_3로, Bob에 대해서는 B_1, B_2, B_3로 표시한 세 개의 동전을 던지는 판을 가지고 있다. 동전 쌍은 회전되는 순서 A_1-B_1, A_2-B_2, A_3-B_3, A_1-B_1, ... 으로 이 판에 떨어진다.

동전 쌍의 상관관계를 결정하기 위해 Alice와 Bob은 많은 관측에 근거를 둔 다음의 양을 계산한다.

$$C = P(A_1 = B_2) + P(A_2 = B_3) + P(A_3 = B_1).$$

여기서 $P(A_i = B_j)$는 판 A_i에 있는 Alice의 동전과 판 B_j에 있는 Bob의 동전이 같은 면(즉 모두 H, 혹은 모두 T)이 나타날 확률이다.

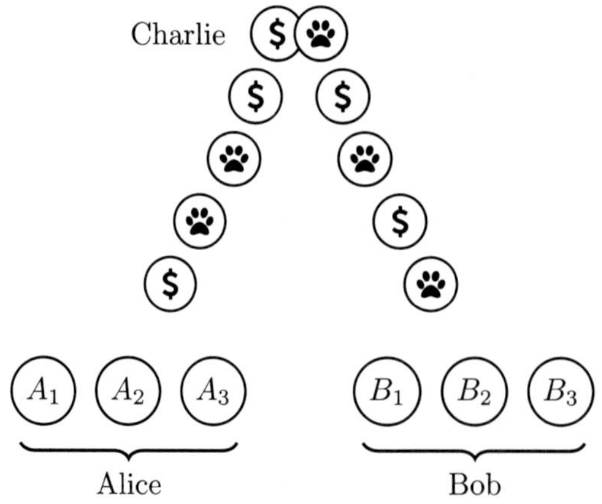

| 그림 9.4 | 문제 9.6에 대한 그림

고전적인 경우: 다음을 증명하여라.

(a) 모든 동전 쌍이 완벽하게 상관관계를 가질 경우(예컨대 HH, HH, HH, …)에는 $C=3$이다.

(b) 동전 쌍이 HH와 TT 사이에서 완벽하게 교대로 나타나면 $C=1$이다.

(c) 일반적인 경우 C는 $C \geq 1$을 만족한다.

범위 $C \geq 1$은 사람당 세 측정을 하는 경우 Bell의 부등식 형태이다. 이것은 미리 정의한 국소적 확률이 각 쌍의 측정 결과를 결정하는 고전계의 제한조건을 반영한다.

양자적인 경우: 다음을 증명하여라.

(d) Alice와 Bob이 고전적인 동전 대신 Bell 상태 $|\Phi^+\rangle = \frac{1}{\sqrt{2}}(|00\rangle + |11\rangle)$로 표현한 얽힌 큐빗쌍을 이용하면 고전적인 한계를 위배할 수 있다. 특히 다음의 경우이다.

- Alice의 측정장치는 (A_1, A_2, A_3와 관련되어) 각도 $0°$, $120°$, $-120°$에 해당한다.
- Bob의 측정장치는 (B_1, B_2, B_3와 관련된) 각도 $180°$, $-60°$, $60°$에 해당한다.

그러면 고전적인 극한 $C \geq 1$을 위배하는 $C=0.75$를 얻을 수 있다.

CHAPTER

10

얽힘의 주요 응용

양자역학의 초석인 양자얽힘은 양자컴퓨팅과 양자통신에서 수많은 혁신적인 응용의 기초가 된다. 6장에서 탐구하였듯이 얽힘은 양자컴퓨터의 거대한 계산적 가능성을 여는 열쇠이다. 얽히지 않은 n개의 큐빗계는 단지 $2n$개의 복소수로 기술하지만 얽힌 n-큐빗계는 상태를 완전히 기술하기 위해서는 2^n개의 복소수가 필요하다. 이러한 복잡함에 대한 지수적인 증가로 인해 얽힌 양자계로 고전적인 계가 취급할 수 있는 것보다 훨씬 많은 정보를 암호화하고, 처리할 수 있다.

더구나 7장에서 양자컴퓨팅에서 다중큐빗 게이트의 필요성에 대해 논의하였다. 이 게이트는 얽힘을 만들고 조작하는 데 중요하고, 이로 인해 양자연산의 범용적 집합을 만드는 데 필수적이다. 큐빗을 얽히게 할 수 없으면 양자계산의 능력은 심각하게 제한된다. 왜냐하면 얽힘은 이에 대응하는 고전적인 부분보다 더 나은 결과를 내는 양자 알고리즘을 가능하게 하기 때문이다.

❙ 표 10.1 ❙ 양자얽힘의 주요 응용에 대한 요약

응용	목적	실제적 사용
초고밀도 코딩	한 개의 얽힌 양자 비트를 이용한 두 개의 고전적인 비트의 송신.	효율적인 양자통신.
양자 순간이동	두 개의 고전적인 비트와 얽힘의 도움을 받아 한 위치에서 다른 위치로 양자 정보를 전송.	양자통신. 다른 얽힘에 기반을 둔 응용에 대한 기초.
얽힘 교환	전혀 상호작용하지 않은 계 사이의 얽힘을 가능하게 함.	양자 네트워크와 장거리 양자통신 만들기.
양자 게이트 순간이동	상태보다는 양자 게이트 혹은 연산을 이동시키는 것을 쉽게 함.	양자연산의 영역 확장. 결함 허용 계산에서 응용.
E91 QKD	보안통신을 보장하기 위해 양자얽힘을 이용하는 양자 키분포 프로토콜.	양자 네트워크에서 암호학적 보안 통신.

이 장에서 표 10.1에 나열한 양자얽힘의 기초적인 수많은 응용에 대해 탐구하겠다. 이 중에는 양자 순간이동, 초고밀도 코딩이 있고, 이것은 양자통신에서 혁명적인 기술이다. 양자 순간이동으로 인해 물리적인 입자 자체는 이동시키지 않고 먼 거리에 걸쳐 양자 상태를 이동시킬 수 있는 반면, 초고밀도 코딩을 이용하면 한 개의 얽힌 큐빗쌍만을 이용하여 고전적인 정보 두 개의 비트를 전송할 수 있다.

또한 전혀 상호작용하지 않은 두 입자를 이미 얽힌 입자쌍과 얽히게 하여 얽힘을 확장하는 과정인 얽힘 교환을 살펴볼 것이다. 이것은 양자통신 네트워크의 영역을 확장하는 중요한 기술이다. 추가적으로 원격 양자 게이트를 구현할 때 얽힘을 이용하는 방법인 양자 게이트 순간이동을 공부할 것이다. 이로 인해 고충실도로 다른 위치에 대해 양자연산을 수행할 수 있다. 다른 주요 주제는 통신 보안을 보장하기 위해 얽힘을 사용하는 양자키 분포 프로토콜인 E91 프로토콜이다. 이것은 현대 양자암호학에 대한 기초를 이룬다.

나중 장(13장)에서 결함 허용 양자컴퓨터를 만들 때 중요한 분야인 양자 오류수정에서 얽힘의 역할에 대해 조사할 것이다. 양자 오류수정 코드는 양자 계산을 하는 동안 일어나는 오류를 감지하고 수정하기 위해 얽힘을 사용하고, 이를 통해 오랜 시간 동안 양자 정보의 온전함을 보장한다.

양자 정보과학 분야가 발전함에 따라 얽힘에 대한 응용은 현재 생각하는 것을 넘어서 확장될 것으로 예상한다. 보안 양자통신 네트워크에서 더 발전된 양자 알고리즘에 이르기까지 얽힘에 대한 심오한 영향은 기술과 계산의 경계를 넓히는 혁신을 일으킬 것이다.

이 장에서 이러한 주요 응용을 살펴보아 얽힘이 점점 더 중심 역할을 하는 양자통신, 계산과 오류 수정에 대한 심화 학습의 기초를 제공하겠다.

10.1 사전 검토

이 절에서 양자얽힘에 기반을 둔 응용을 탐구할 때 필요한 사전 검토를 하겠다.

10.1.1 Bell 상태 생성과 측정

Bell 상태는 2-큐빗계가 최대로 얽힌 상태를 나타내고, 2-큐빗 상태 공간에 대한 완전직교 기준을 제공한다. Bell 상태에 대한 자세한 논의를 보려면 8장을 참조하여라.

임의의 $i,\ j \in \{0,\ 1\}$ 에 대해 이 상태는 다음과 같이 정의한다.

$$|\beta_{00}\rangle \equiv |\Phi^+\rangle = \frac{1}{\sqrt{2}}(|00\rangle + |11\rangle), \tag{10.1a}$$

$$|\beta_{01}\rangle \equiv |\Psi^+\rangle = \frac{1}{\sqrt{2}}(|01\rangle + |10\rangle), \tag{10.1b}$$

$$|\beta_{10}\rangle \equiv |\Phi^-\rangle = \frac{1}{\sqrt{2}}(|00\rangle - |11\rangle), \tag{10.1c}$$

$$|\beta_{11}\rangle \equiv |\Psi^-\rangle = \frac{1}{\sqrt{2}}(|01\rangle - |10\rangle). \tag{10.1d}$$

Bell 상태의 생성과 분석은 많은 양자 알고리즘과 프로토콜에 대한 기준이 된다. 다른 그림은 각각 Bell 상태 생성기와 Bell 상태 분석기에(Bell 측정이라고도 한다) 대한 양자회로를 나타낸다.

(a) Bell 상태 생성기 (b) Bell 상태 분석기

| 그림 10.1 | Bell 상태 생성기와 분석기

10.1.2 단일 큐빗 상태의 전환

표 10.2에서 "수정 게이트"가 어떻게 큐빗 상태 $|\psi_{ij}\rangle$를 상태 $|\psi\rangle = \alpha|0\rangle + \beta|1\rangle$로 전환하는지 나타내었다. 이 전환은 같은 게이트로 뒤집을 수 있어서 전체 위상인자를 무시하면 상태를 교환할 수 있다.

❙ 표 10.2 ❙ 일반적인 큐빗 상태에 대한 수정 게이트

지표 ij	큐빗 상태 $\|\psi_{ij}\rangle$	수정 게이트
00	$\|\psi_{00}\rangle = \alpha\|0\rangle + \beta\|1\rangle$	I(단위, 혹은 아무 것도 없음)
01	$\|\psi_{01}\rangle = \alpha\|1\rangle + \beta\|0\rangle$	X(비트 플립)
10	$\|\psi_{10}\rangle = \alpha\|0\rangle - \beta\|1\rangle$	Z(위상 플립)
11	$\|\psi_{11}\rangle = \alpha\|1\rangle - \beta\|0\rangle$	X & Z or iY(비트와 위상 플립)

이 관계는 다음의 식으로 표현할 수 있다.

$$|\psi_{01}\rangle = X\,|\psi\rangle, \quad |\psi\rangle = X\,|\psi_{01}\rangle, \tag{10.2a}$$

$$|\psi_{10}\rangle = Z\,|\psi\rangle, \quad |\psi\rangle = Z\,|\psi_{10}\rangle, \tag{10.2b}$$

$$|\psi_{11}\rangle = XZ\,|\psi\rangle, \quad |\psi\rangle = ZX\,|\psi_{11}\rangle. \tag{10.2c}$$

이것은 동등하게

$$|\psi_{ij}\rangle = X^j Z^i\,|\psi\rangle, \quad |\psi\rangle = Z^i X^j\,|\psi_{ij}\rangle \tag{10.3}$$

으로 표현할 수 있고, 여기서 $i, j \in \{0, 1\}$이고, X^0와 Z^0는 I로 해석한다.

10.1.3 Bell 상태의 전환

비슷하게 Bell 쌍에 있는 큐빗 중 한 개에 작용한 Pauli 게이트는 전체 위상을 제외하고 상태 $|\beta_{ij}\rangle$를 $|\beta_{00}\rangle$로, 혹은 그 역으로 변환시킬 수 있다. 변환은 표 10.3에 요약했듯이 지표 ij에 의존한다. 이 주제를 완전히 취급한 것을 보려면 §8.5를 참조하여라.

❙ 표 10.3 ❙ Bell 상태에 대한 수정 게이트

지표 ij	Bell 상태	전환 게이트
00	$\|\beta_{00}\rangle \equiv \|\Phi^+\rangle = \frac{1}{\sqrt{2}}(\|00\rangle + \|11\rangle)$	I(단위, 혹은 아무 것도 없음)
01	$\|\beta_{01}\rangle \equiv \|\Psi^+\rangle = \frac{1}{\sqrt{2}}(\|01\rangle + \|10\rangle)$	X(비트 플립)
10	$\|\beta_{10}\rangle \equiv \|\Phi^-\rangle = \frac{1}{\sqrt{2}}(\|00\rangle - \|11\rangle)$	Z(위상 플립)
11	$\|\beta_{11}\rangle \equiv \|\Psi^-\rangle = \frac{1}{\sqrt{2}}(\|01\rangle - \|10\rangle)$	X & Z or iY(비트와 위상 플립)

이 관계는 다음의 식으로 표현할 수 있다.

$$|\beta_{01}\rangle = (I \otimes X)\,|\beta_{00}\rangle, \qquad |\beta_{00}\rangle = (I \otimes X)\,|\beta_{01}\rangle, \tag{10.4a}$$

$$|\beta_{01}\rangle = (X \otimes I)\,|\beta_{00}\rangle, \qquad |\beta_{00}\rangle = (X \otimes I)\,|\beta_{01}\rangle, \tag{10.4b}$$

$$|\beta_{10}\rangle = (I \otimes Z)\,|\beta_{00}\rangle, \qquad |\beta_{00}\rangle = (I \otimes Z)\,|\beta_{10}\rangle, \tag{10.4c}$$

$$|\beta_{10}\rangle = (Z \otimes I)\,|\beta_{00}\rangle, \qquad |\beta_{00}\rangle = (Z \otimes I)\,|\beta_{10}\rangle, \tag{10.4d}$$

$$|\beta_{11}\rangle = (I \otimes XZ)\,|\beta_{00}\rangle, \qquad |\beta_{00}\rangle = (I \otimes ZX)\,|\beta_{11}\rangle, \tag{10.4e}$$

$$|\beta_{11}\rangle = (ZX \otimes I)\,|\beta_{00}\rangle, \qquad |\beta_{00}\rangle = (XZ \otimes I)\,|\beta_{11}\rangle. \tag{10.4f}$$

혹은 결합된 형태로 다음과 같이 쓸 수 있다.

$$|\beta_{ij}\rangle = (I \otimes X^j Z^i)\,|\beta_{00}\rangle = (Z^i X^j \otimes I)\,|\beta_{00}\rangle, \tag{10.5a}$$

$$|\beta_{00}\rangle = (I \otimes Z^i X^j)\,|\beta_{ij}\rangle = (X^j Z^i \otimes I)\,|\beta_{ij}\rangle. \tag{10.5b}$$

여기서 $i, j \in \{0,\ 1\}$이고, X^0와 Z^0는 I로 해석한다.

10.2 초고밀도 코딩

10.2.1 소개

기본적인 고전 정보이론에 의하면 n 비트의 정보를 보내면 n 비트보다 많은 정보를 교신할 수 없다. 그러나 초고밀도 코딩은 단지 한 개의 큐빗을 이용하여 두 개의 고전적인 정보 비트를 전송하여 이 한계를 극복할 수 있는 양자통신 프로토콜이다.

이 놀라운 업적은 양자얽힘, 국소적 연산과 고전적인 통신 채널을 이용하여 가능하다. 이전의 얽힘이 없으면 송신자는 Helevo의 정리(§14.3.2)에서 요약한 기본적인 제한인 큐빗당 한 개의 비트보다 많은 양을 보내지 못한다. 초고밀도 코딩은 통신 효율, 보안 자료 전송과 분산 양자컴퓨팅에서 가능한 발전에 대한 문을 열게 되었다.

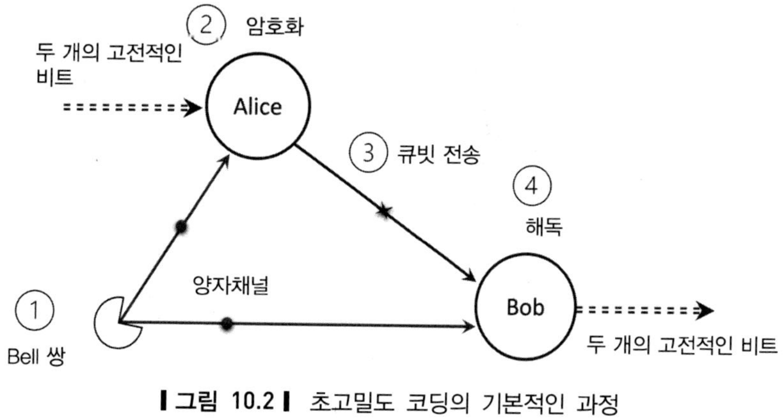

| 그림 10.2 | 초고밀도 코딩의 기본적인 과정

10.2.2 단계적인 분석

1 Bell 상태 준비

초고밀도 코딩 과정에는 그림 10.2에서 보인 것과 같이 네 개의 주요 단계가 있다. 이에 해당하는 양자회로를 그림 10.3에 나타내었다. Alice와 Bob은 Alice, Bob 혹은 제삼자가 미리 만든 얽힌 큐빗쌍을 공유한다. 이 계의 처음 상태벡터는 Bell 상태이다.

$$|\Phi^+\rangle \equiv |\beta_{00}\rangle = \frac{1}{\sqrt{2}}(|00\rangle + |11\rangle). \tag{10.6}$$

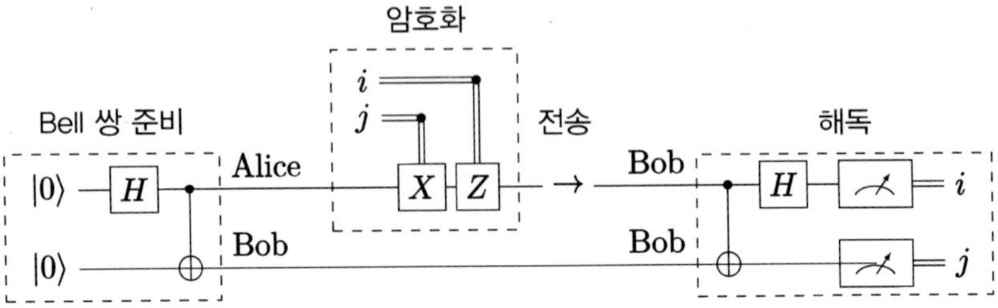

| 그림 10.3 | 초고밀도 코딩에 대한 기본적인 양자회로.

2 인코딩

Alice는 두 개의 고전적인 정보 비트 ij를 Bob에게 보내려고 한다. 전송하고 싶은 두 개의 비트에 따라 표 10.3에 의해 그녀의 큐빗에 Pauli 게이트를 적용한다. '00'인 경우 어떤 게이트도 적용하지 않는다. '01'에 대해서는 X 게이트를 적용한다. '10'에 대해서는 Z 게이트를 적용한다. '11'에 대해서는 X와 Z 게이트 모두 적용한다. 이 게이트는 원래 Bell 상태 $|\Phi^+\rangle \equiv |\beta_{00}\rangle$을 암호화 후 계인 다른 Bell 상태로 변환한다.

비트(ij)	Bell 쌍 준비와 암호화	암호화된 Bell 상태
00	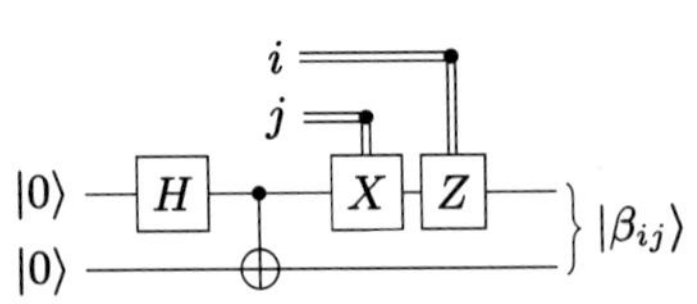	$\lvert\beta_{00}\rangle = \frac{1}{\sqrt{2}}(\lvert 00\rangle + \lvert 11\rangle)$
01		$\lvert\beta_{01}\rangle = \frac{1}{\sqrt{2}}(\lvert 10\rangle + \lvert 01\rangle)$
10		$\lvert\beta_{10}\rangle = \frac{1}{\sqrt{2}}(\lvert 00\rangle - \lvert 11\rangle)$
11		$\lvert\beta_{11}\rangle = \frac{1}{\sqrt{2}}(\lvert 01\rangle - \lvert 10\rangle)$

3 디코딩

Alice가 자신의 큐빗을 Bob에게 보낸다. Bob은 이제 두 개의 큐빗을 가지고 있다. 그는 받은 큐빗을 제어 큐빗으로 자신의 큐빗은 타겟으로 하여 CNOT 게이트를 적용하고, 제어 큐빗에 Hadamard 큐빗을 적용한다. 그리고 Bob은 계산 기준에서 두 큐빗을 측정한다. 따라서 Bob은 실질적으로 Bell 측정을 수행하였고 Alice가 보내고자 했던 두 개의 고전적인 비트를 회복하였다.

인코딩된 Bell 상태	디코더(Bell 분석기)	비트(ij)
$\|\beta_{00}\rangle = \frac{1}{\sqrt{2}}(\|00\rangle + \|11\rangle)$		00
$\|\beta_{01}\rangle = \frac{1}{\sqrt{2}}(\|10\rangle + \|01\rangle)$	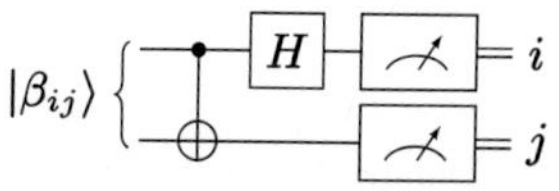	01
$\|\beta_{10}\rangle = \frac{1}{\sqrt{2}}(\|00\rangle - \|11\rangle)$		10
$\|\beta_{11}\rangle = \frac{1}{\sqrt{2}}(\|01\rangle - \|10\rangle)$		11

연습문제 10.1

Alice와 Bob이 시작할 때 다른 Bell 상태(예컨대 $|\Phi^-\rangle$, $|\Psi^+\rangle$ 혹은 $|\Psi^-\rangle$)를 공유했을 때 초고밀도 코딩을 어떻게 수행하는지 설명하여라. Alice는 자신의 2비트의 정보를 암호화하기 위해 어떤 연산을 해야 하는가?

10.2.3 통신 효율

두 개의 큐빗이 포함된 초고밀도 코딩은 두 개의 고전적인 비트를 포함하는 고전적인 송신보다 잠재적으로 더 효율적인 이유는 무엇인가? 초고밀도 코딩에서 큐빗 중 한 개는 메시지를 결정하기 전에 수신자와 미리 공유할 수 있다. 따라서 메시지를 교신할 때가 되었을 때 한 개의 큐빗만 송신하면 된다. 이 접근방법은 실질적으로 지연시간이 긴 대역폭에서 지연시간이 짧은 대역폭으로 전환한다. 수신자는 두 개의 큐빗을 측정하더라도 첫 번째 큐빗은 메시지가 확정되기 훨씬 전에 받았을 수 있다. 미리 공유한 얽힘을 이용하면 이 기술은 실질적으로 통신 속도를 두 배로 만들 수 있으며, 이것이 "초고밀도" 코딩이라는 용어가 나온 근거이다.

초고밀도 코딩: 핵심 원리

초고밀도 코딩은 다음의 원리를 이용한다.

1. $|\beta_{ij}\rangle = (Z^i X^j \otimes I)|\beta_{00}\rangle$(식 10.5)로 기술하는 큐빗 중 한 개에 국소적으로 Pauli 게이트를 작용하여 Bell 쌍을 다른 쌍으로 변환시키는 능력. 이로 인해 두 개의 고전적인 비트를 한 개의 Bell 상태로 암호화할 수 있다.
2. 측정을 통해 완벽하게 구별할 수 있게 하는 Bell 상태의 직교규격화: $\langle\beta_{ij}|\beta_{kl}\rangle = \delta_{ik}\delta_{jl}$ (식 8.6).

10.2.4 ✻ 심층 탐구

초고밀도 코딩의 개념에 대해 변형할 수도, 확장할 수도 있다. 이러한 변형은 사용하는 양자 상태의 형태와 차원, 참여자의 수와 상태에 적용하는 연산을 포함한다. 관심 있는 학생은 넓게 이해하기 위해 다음 주제를 참조하기 바란다.

1. Higher-dimensional Systems and Quantum Networks [44]: 초고밀도 코딩의 프로토

콜은 단순한 큐빗을 넘어 확장되었다. 이산적이고, 연속적인 변수로부터 양자 네트워크까지의 변화를 논의하였다. 이 발전 보고서는 양자 고밀도 코딩 뒤에 있는 기초적인 이론적 원리를 설명하고, 양자 보안통신의 응용에 대한 프로토콜의 변형도 포함한다.

2. Probabilistic Superdense Coding [45]: 이 연구에서 최대로 얽히지 않은 상태를 이용하여 초고밀도 코딩을 수행할 가능성을 조사하였다. 저자는 큐빗 한 개만을 보내 두 개의 고전적인 비트를 확률적으로 보낼 수 있다는 것을 강조한다.
3. Distributed Quantum Dense Coding [46]: 이 논문에서 분산 양자 고밀도 코딩이라는 개념을 도입하였다. 이것은 한 송신자와 수신자보다 많은 사람을 포함하는 양자 고밀도 코딩을 일반화한 것이다. 이 연구에서 고밀도 코딩의 효용에 근거를 둔 양자 상태의 분류 방법을 제안한다. 이 연구는 특히 양자의 경우 속박된 얽힘은 이러한 노력에 좋지 않다는 것을 강조하였다.

10.3 양자 순간이동

양자 순간이동을 이용하면 양자정보(큐빗의 상태)를 물리적으로 큐빗 자체를 전송하지 않고 한 점에서 다른 점으로 전달할 수 있다. 이 놀라운 업적은 얽힘, 고전적인 통신 경로와 국소적 연산을 통해 실현된다. 양자 순간이동은 보안통신과 분산 양자컴퓨팅에 잠재적인 응용 가능성이 있다.

양자 순간이동은 자료 손실이 없이 계 사이에 양자 정보를 전달할 수 있는 유일한 방법으로 알려져 있다. 양자 중첩에 의해 다른 곳에서 다시 만들기 위한 양자계의 모든 성질을 측정하고 재생하는 것은 불가능하다. 양자역학에서 계는 여러 잠재적인 상태의 결합으로 존재한다. 측정을 하면 계는 한 상태로 붕괴하여 다른 가능성에 대한 정보를 지운다. 그러나 양자 순간이동은 다른 큐빗에 중첩을 포함하여 큐빗 상태를 재생할 수 있다. 이 과정으로 인해 소스 큐빗의 원래 상태는 파괴되므로 복제 불가능 정리를 따른다.

양자 순간이동은 양자컴퓨팅의 주요한 기초를 이룰 뿐 아니라 다른 분석 방법을 비교하고 이해하는 좋은 예로 작용한다. 양자컴퓨팅 분야를 탐구하고자 하거나 양자 순간이동과 비슷한 혁신적인 알고리즘을 생각한다면 이 다양한 방법에 대한 포괄적인 이해를 하는 것이 중요하다. 이 탐구를 통해 이 영역의 심도 있는 탐구와 발전에 필요한 분석적인 도구를 제공하는 것이 여기서 목적이다.

10.3.1 개요

양자 순간이동은 물리적으로 양자계 자체를 이동하지 않고 한 점에서 다른 점으로 양자정보를 전송할 수 있는 복잡한 과정이다. 그 핵심을 보면 이 과정은 그림 10.4에 나타낸 대로 네 가지 주요 단계를 포함한다.

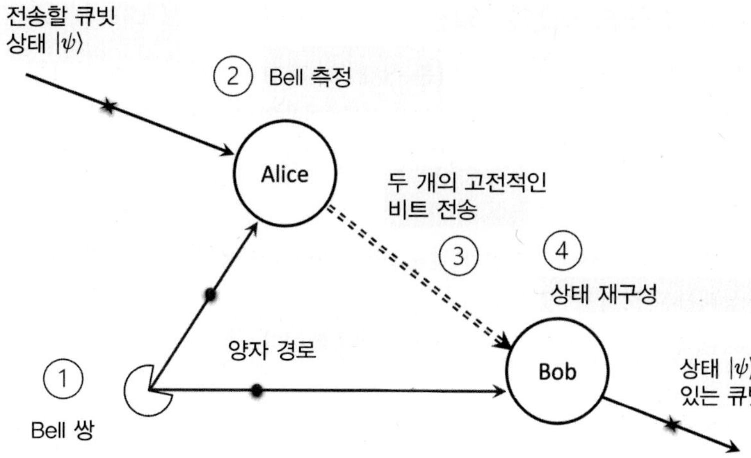

▎그림 10.4 ▎ 양자 순간이동의 기본 과정

1. **얽힘 만들기**: 송신자(Alice)와 수신자(Bob)는 전형적으로 Bell 상태의 큐빗쌍인 얽힌 양자상태를 공유한다.
2. **Bell 측정**: Alice는 얽힌 쌍 중 그녀의 부분과 전송하고자 하는 큐빗에 대해 Bell 측정을 수행하여 이 큐빗들을 네 개의 Bell 상태 중 한 개로 붕괴시킨다. 이 작용은 또한 Alice가 전송하고자 하는 원래 큐빗 상태를 소멸시킨다.
3. **고전적인 통시**: Alice는 고전적인 통신 경로를 통해 측정 결과를 Bob에게 전달한다.
4. **상태 재구성**: 이 정보를 받자마자 Bob은 Alice의 측정 결과 여부에 따라 얽힌 쌍 중 그의 부분에 특정한 양자 게이트를 적용한다. 아 단계로 Alice가 Bob의 큐빗에 전송하고자 했던 원래 큐빗의 양자 상태를 재구성한다.

양자 순간이동의 기본적인 과정은 그림 10.5에 나타낸 양자회로에 의해 일어나고, 이것을 앞으로 논의에서 분석하겠다.

양자 순간이동을 분석하고 이해하기 위한 몇 가지 방법이 존재하고, 여기서 목적은 세 가지로 분리되었지만 서로 연관이 있는 접근방법을 탐구하는 것이다. 이들은 기준 상태 접근방법, 논리 연산 접근방법과 Bell 측정 접근방법이다. 각각의 방법에는 필수적인 도구가 있고, 이 기초적인 개념에 대한 유일한 통찰력을 주어 더 발선된 양자 알고리즘의 분석에 소중한 것으로 판명될 것이다.

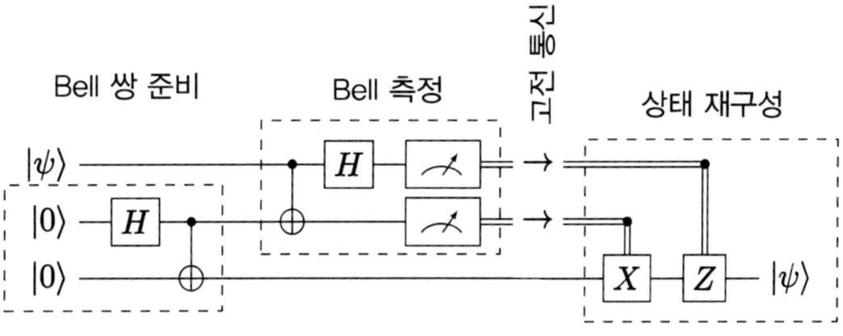

▎그림 10.5 ▎ 순간이동에 대한 기본적인 양자 회로

10.3.2 기준 상태를 이용한 확인

이 접근방법에서는 각각의 기준 상태 $|0\rangle$과 $|1\rangle$에 대해 각각 순간이동 회로를 조사한다. 양자 변환에 내재하는 선형성 원리를 이용하면 이 개별적인 분석을 차례로 결합하여 Alice가 전송하고자 하는 일반적인 양자 상태 $|\psi\rangle = \alpha|0\rangle + \beta|1\rangle$의 순간이동을 이해할 수 있다.

이 방법으로 Bell 측정과 같은 고급 개념을 사용하지 않고 각 단계에서 모든 세 큐빗의 상태를 유도할 수 있다. 그러나 이 접근방법의 단점은 복잡한 대수적인 계산을 하다 보면 기본적인 물리 원리가 불분명해진다는 것이다.

1 지연 측정 원리

분석을 단순화하기 위해 (§7.4.5에서 도입한) 지연 측정 원리를 사용하겠다. 이 원리에 의하면 측정은 양자 회로의 중간 단계에서 마지막으로 이동할 수 있다. 더구나 측정 결과를 회로에 있는 임의의 점에서 사용하면 고전적으로 제어된 연산은 양자적으로 제어된 연산으로 바꿀 수 있다.

이 원리를 이용하면 그림 10.6에 나타낸 대로 고전적 제어 X와 Z 게이트는 양자 CX (즉 CNOT)과 CZ 게이트로 바꿀 수 있다. 이 이후의 분석은 양자 순간이동 회로의 이러한 형태를 이용한다.

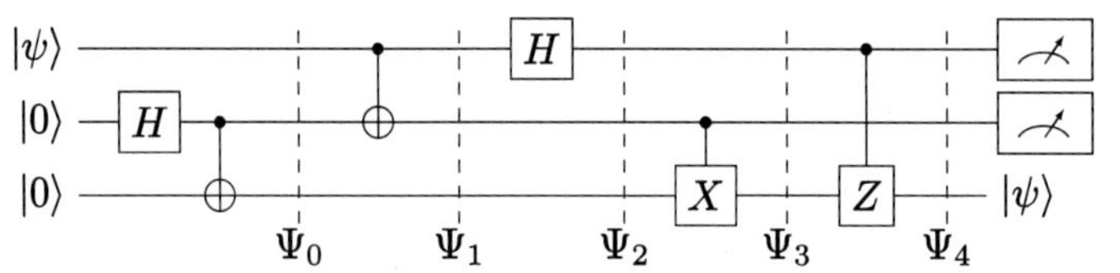

그림 10.6 지연 측정을 이용한 순간이동에 대한 양자 회로

그림 10.5와 직접 비교하기 위해 그림 10.6에서 CX와 CZ 게이트를 이용하였다. CX는 CNOT과 동등하고 CZ는 ZZ와 동등함을 주목하고, 그 기호는 아래에 나타내었다. 자세한 것은 §7.1을 참조하여라.

2 얽힘 만들기

Bell 상태 준비 후 계의 처음 상태벡터는 다음과 같다.

$$|\Psi_0\rangle = \begin{cases} \frac{1}{\sqrt{2}}(|000\rangle + |011\rangle), & \text{기준상태 } |0\rangle\text{에 대해,} \\ \frac{1}{\sqrt{2}}(|100\rangle + |111\rangle), & \text{기준상태 } |1\rangle\text{에 대해.} \end{cases} \tag{10.7}$$

3 Alice가 적용하는 CNOT 게이트

이제 Alice는 자신의 큐빗(첫 번째 큐빗)을 제어 큐빗으로 얽힌 큐빗(두 번째 큐빗)을 타겟으로 한 CNOT 게이트를 적용한다.

$$|\Psi_1\rangle = \begin{cases} \frac{1}{\sqrt{2}}(|000\rangle + |011\rangle), & \text{기준상태 } |0\rangle\text{에 대해,} \\ \frac{1}{\sqrt{2}}(|110\rangle + |101\rangle), & \text{기준상태 } |1\rangle\text{에 대해.} \end{cases} \tag{10.8}$$

4 Alice가 적용하는 H 게이트

그리고 Alice는 자신의 큐빗에 Hadamard 게이트를 적용한다.

$$|\Psi_2\rangle = \begin{cases} \frac{1}{2}(|000\rangle + |011\rangle + |100\rangle + |111\rangle), & \text{기준상태 } |0\rangle\text{에 대해,} \\ \frac{1}{2}(|010\rangle + |001\rangle - |110\rangle - |101\rangle), & \text{기준상태 } |1\rangle\text{에 대해.} \end{cases} \tag{10.9}$$

5 Bob이 적용하는 CX 게이트

그리고 Alice는 두 번째 큐빗을 측정하고 Bob은 측정 결과가 1인 경우 세 번째 큐빗에 X 게이트를 적용한다. 이것은 (CNOT과 같은) 제어 X 게이트를 적용하는 것과 동등하고, 이로 인해 두 번째 큐빗이 1인 경우 세 번째 큐빗을 뒤집는다.

$$|\Psi_3\rangle = \begin{cases} \frac{1}{2}(|000\rangle + |010\rangle + |100\rangle + |110\rangle), & \text{기준상태 } |0\rangle\text{에 대해,} \\ \frac{1}{2}(|011\rangle + |001\rangle - |111\rangle - |101\rangle), & \text{기준상태 } |1\rangle\text{에 대해.} \end{cases} \tag{10.10}$$

6 Bob이 적용한 CZ 게이트

최종적으로 Alice는 첫 번째 큐빗을 측정하고 측정 결과가 1일 경우 Bob은 세 번째 큐빗에 Z 게이트를 적용한다. 이것은 제어 Z 게이트를 적용하는 것과 동등하고, 이로 인해 두 번째와 세 번째 큐빗이 모두 1인 경우 상태 벡터의 부호를 바꾼다.

$$|\Psi_4\rangle = \begin{cases} \frac{1}{2}(|000\rangle + |010\rangle + |100\rangle + |110\rangle), & \text{기준상태 } |0\rangle\text{에 대해,} \\ \frac{1}{2}(|011\rangle + |001\rangle + |111\rangle + |101\rangle), & \text{기준상태 } |1\rangle\text{에 대해.} \end{cases} \tag{10.11}$$

$$= \begin{cases} \frac{1}{2}(|0\rangle + |1\rangle) \otimes (|0\rangle + |1\rangle) \otimes |0\rangle, & \text{기준상태 } |0\rangle\text{에 대해,} \\ \frac{1}{2}(|0\rangle + |1\rangle) \otimes (|0\rangle + |1\rangle) \otimes |1\rangle, & \text{기준상태 } |1\rangle\text{에 대해.} \end{cases} \tag{10.12}$$

기준 상태를 표현하기 위해 $|x\rangle$를 사용하면 $x \in \{0,\ 1\}$ 위의 식을 다음과 같이 결합할 수 있다.

$$|\Psi_4\rangle = \frac{1}{2}(|0\rangle + |1\rangle) \otimes (|0\rangle + |1\rangle) \otimes |x\rangle. \tag{10.13}$$

이 단계에서 세 번째 큐빗이 첫 두 번째 큐빗과 얽힘이 깨졌다는 것이 명백하다. 왜냐하면 그 상태는 이제 직접곱 상태의 성분이기 때문이다. 특히 상태 $|x\rangle$에 있다. $|x\rangle$는 임의의 기준 상태를 표현할 수 있고 양자 변환은 기본적으로 선형이므로 $|x\rangle$를 일반적인 큐빗 상태 $|\psi\rangle$로 바꾸어도 식 10.13은 여전히 성립할 것이다. 사실 $|\Psi_4\rangle = |+\rangle|+\rangle|\psi\rangle$

이다. 이것은 Alice가 자신의 큐빗 상태 $|\psi\rangle$를 Bob에게 성공적으로 전송했다는 것을 나타낸다.

10.3.3 ∗논리 연산을 이용한 확인

이 방법은 기준 상태 접근방법을 이용하여 만들지만 개별 기준 상태를 고려하는 대신 결합된 상태 $|x\rangle$에 대한 식을 직접 유도한다는 점에서 다르다. 이것은 고전적인 논리 게이트에서 사용하는 Boole 대수와 비슷하게 Boole 표현 방법을 이용하는 수학적 연산을 이용하여 얻는다.

양자 게이트와 회로의 Boole 표현은 §7.3에서 자세히 다루었다. 아래에 이를 간단히 요약하였다.

$|x\rangle$와 $|y\rangle$가 $|0\rangle$과 $|1\rangle$를 나타낸다고 하면, 즉 $x, y \in \{0, 1\}$이고 $\overline{x} \equiv 1-x$, $\overline{y} \equiv 1-y$라고 할 때 인기 있는 몇 개의 게이트에 대한 Boole 표현을 표 10.4에 요약하였다.

표 10.4 선택한 큐빗 게이트에 대한 Boole 표현

게이트	Boole 표현
X 혹은 NOT	$\|x\rangle \to \|\overline{x}\rangle$
CNOT 혹은 CX	$\|x, y\rangle \to \|x, x\oplus y\rangle$
Z	$\|x\rangle \to (-1)^x \|x\rangle$
CZ	$\|x, y\rangle \to (-1)^{x\cdot y} \|x, y\rangle$
H	$\|x\rangle \to \frac{1}{\sqrt{2}}(\|0\rangle + (-1)^x \|1\rangle)$
Y	$\|x\rangle \to i(-1)^x \|\overline{x}\rangle$

여기서 $\oplus$는 배타적인 OR(즉 XOR) Boole 연산자를 표기하고, 이것은 비트 단위로 나머지 2인 덧셈에 해당한다.

$$x \oplus y = x + y \mod 2, \tag{10.14a}$$

$$x \oplus 0 = 0 \oplus x = x, \tag{10.14b}$$

$$x \oplus 1 = 1 \oplus x = \bar{x}, \tag{10.14c}$$

$$\bar{x} \oplus 1 = 1 \oplus \bar{x} = x, \tag{10.14d}$$

$$x \oplus x = 0, \tag{10.14e}$$

$$x \oplus \bar{x} = \bar{x} \oplus x = 1, \tag{10.14f}$$

$$\overline{x \oplus y} = \bar{x} \oplus y = x \oplus \bar{y} = 1 \oplus x \oplus y, \tag{10.14g}$$

$$(-1)^{x\oplus y} = (-1)^{\bar{x}\oplus\bar{y}} = (-1)^{x+y}, \tag{10.14h}$$

$$(-1)^{x\oplus\bar{y}} = (-1)^{\bar{x}\oplus y} = (-1)^{1+x+y}. \tag{10.14i}$$

위의 수학적 도구를 이용해서 그림 10.6을 참조하여 기준 상태 접근방법에서 했던 단계를 다시 돌아가 보자.

1 얽힘 만들기

계의 처음 상태벡터는 다음과 같다.

$$|\Psi_0\rangle = \frac{1}{\sqrt{2}}(|x00\rangle + |x11\rangle). \tag{10.15}$$

2 Alice가 적용한 CNOT 게이트

이제 Alice는 자신의 큐빗(첫 번째 큐빗)을 제어 큐빗으로 얽힌 큐빗(두 번째 큐빗)을 타겟으로 한 CNOT 게이트를 적용한다.

$$\begin{aligned}|\Psi_1\rangle &= \frac{1}{\sqrt{2}}(|x(0\oplus x)0\rangle + |x(1\oplus x)1\rangle)\\ &= \frac{1}{\sqrt{2}}(|xx0\rangle + |x\bar{x}1\rangle).\end{aligned} \tag{10.16}$$

CNOT 연산은 첫 번째와 두 번째 큐빗을 얽히게 했는가? 그렇다. $|\Psi_1\rangle = |x\rangle \otimes \frac{1}{\sqrt{2}}(|x0\rangle + |\bar{x}1\rangle)$이 직접곱 상태로 보이지만 그렇지 않다. 이것은 $\frac{1}{\sqrt{2}}(\alpha|0\rangle(|00\rangle + |11\rangle) + \beta|1\rangle(|10\rangle + |01\rangle))$을 표현하고, 이것은 $\alpha|0\rangle + \beta|1\rangle$을 다른 상태와 텐서곱한 것으로 분해할 수 없다.

3 Alice가 적용한 H 게이트

이제 Alice는 자신의 큐빗(첫 번째 큐빗)에 Hadamard 게이트를 적용한다. 이 식을 짧게 만들기 위해 $|\Psi_1\rangle$을 다음과 같이 다시 쓰자.

$$|\Psi_1\rangle = |x\rangle \otimes \frac{1}{\sqrt{2}}(|x0\rangle + |\bar{x}1\rangle). \tag{10.17}$$

H 게이트를 적용한 후 다음을 얻는다.

$$|\Psi_2\rangle = \frac{1}{\sqrt{2}}(|0\rangle + (-1)^x|1\rangle) \otimes \frac{1}{\sqrt{2}}(|x0\rangle + |\bar{x}1\rangle) \tag{10.18a}$$

$$= \frac{1}{2}(|0x0\rangle + |0\bar{x}1\rangle + (-1)^x|1x0\rangle + (-1)^x|1\bar{x}1\rangle). \tag{10.18b}$$

지금 몇 개의 큐빗이 얽혀 있는가? 세 개이다. 비록 식 10.18a가 직접곱 상태를 표현하는 것처럼 보이더라도 $(-1)^x$ 인자가 포함되어 진정한 직접곱 상태가 되지 않도록 만든다.

4 Bob이 적용한 CX 게이트

그리고 Alice는 두 번째 큐빗을 측정하고 측정 결과가 1이면 Bob은 세 번째 큐빗에 X 게이트를 적용한다. 지연 측정 정리에 의하면 이것은 CX(즉 CNOT) 게이트를 적용하는 것과 동등하다.

$$\begin{aligned}|\Psi_3\rangle &= \frac{1}{2}(|0x(x\oplus 0)\rangle + |0\bar{x}(\bar{x}\oplus 1\rangle \\ &\quad + (-1)^x |1x(x\oplus 0)\rangle + (-1)^x |1\bar{x}(\bar{x}\oplus 1)\rangle) \\ &= \frac{1}{2}(|0xx\rangle + |0\bar{x}x\rangle + (-1)^x |1xx\rangle + (-1)^x |1\bar{x}x\rangle).\end{aligned} \tag{10.19}$$

5 Bob이 적용한 CZ 게이트

최종적으로 Alice는 첫 번째 큐빗을 측정하고, 측정 결과가 1일 경우 Bob은 세 번째 큐빗에 Z 게이트를 적용한다.

$$\begin{aligned}|\Psi_4\rangle &= \frac{1}{2}(|0xx\rangle + |0\bar{x}x\rangle + (-1)^x(-1)^x |1xx\rangle \\ &\quad + (-1)^x(-1)^x |1\bar{x}x\rangle) \\ &= \frac{1}{2}(|0xx\rangle + |0\bar{x}x\rangle + |1xx\rangle + |1\bar{x}x\rangle) \\ &= \frac{1}{2}(|0\rangle + |1\rangle) \otimes (|x\rangle + |\bar{x}\rangle) \otimes |x\rangle \\ &= \frac{1}{2}(|0\rangle + |1\rangle) \otimes (|0\rangle + |1\rangle) \otimes |x\rangle.\end{aligned} \tag{10.20}$$

이 단계에서 세 큐빗은 얽히지 않았다는 것이 명백해지고 세 번째 큐빗은 $|x\rangle$이다. Alice는 자신의 큐빗 상태 $|\psi\rangle$를 성공적으로 Bob에게 전송하였다.

연습문제 10.2

위의 분석 단계를 다시 만들어보자. 그러나 이번에는 Alice와 Bob이 처음부터 다른 Bell 상태 $|\Psi^-\rangle$를 공유했다고 가정한다.

10.3.4 ∗ Bell 측정 접근방법

이제 분석 도구로 §8.4에서 논의한 Bell 측정을 이용하여 양자 순간이동 과정을 조사하겠다. Bell 측정에 대한 고급 개념을 사용함에도 불구하고 이 접근방법에서는 그림 10.5에 있는 순간이동 회로를 만들 때 그 물리적 직관은 분명하다.

1 얽힘 만들기

Alice는 양자상태 $|\psi\rangle = \alpha|0\rangle + \beta|1\rangle$을 Bob에게 보내고 싶다. 이들은 Bell 상태 $|\Phi^+\rangle = \frac{1}{\sqrt{2}}(|00\rangle + |11\rangle)$에 있는 얽힌 큐빗쌍을 공유한다. 계의 처음 상태벡터는 다음과 같이 쓸 수 있다.

$$\begin{aligned}|\Psi_0\rangle &= \frac{1}{\sqrt{2}}(\alpha|0\rangle + \beta|1\rangle) \otimes (|00\rangle + |11\rangle) \\ &= \frac{1}{\sqrt{2}}(\alpha|000\rangle + \alpha|011\rangle + \beta|100\rangle + \beta|111\rangle) \\ &= \frac{1}{\sqrt{2}}(\alpha|00\rangle + \beta|10\rangle)|0\rangle + \frac{1}{\sqrt{2}}(\alpha|01\rangle + \beta|11\rangle)|1\rangle. \end{aligned} \tag{10.21}$$

마지막 단계에서 세 번째 큐빗을 분리하였다. 왜냐하면 다음 단계에서 첫 번째와 두 번째 큐빗을 측정하려고 하기 때문이다.

2 Bell 측정

Alice는 자신의 큐빗을 제어 큐빗으로, 얽힌 큐빗을 타겟으로 하여 CNOT 게이트를 적용한다. 그리고 자신의 큐빗에 Hadamard 게이트를 적용한다. 최종적으로 그녀는 두 큐빗을 측정하고, 이것은 실질적으로 Bell 측정을 수행한 것이다.

네 개의 Bell 상태는 2-큐빗 상태에 대한 직교규격화된 기준을 이룬다. Bell 측정을 수행하여 Alice는 2-큐빗 상태를 Bell 상태로 투영시킨다. 세 큐빗 전체 계에 대한 투영 측정 연산자는

$$M_{ij} = |\beta_{ij}\rangle\langle\beta_{ij}| \otimes I \tag{10.22}$$

로 주어지고, 여기서 $i,\ j \in \{0,\ 1\}$이고, β_{ij}는 식 10.1에서 주어진 Bell 상태이다.

측정을 하면, 결과 $(i,\ j)$에 따라 계는 (규격화상수를 제외하고) 다음의 상태로 붕괴한다.

$$|\Psi_{ij}\rangle = M_{ij}|\Psi_0\rangle. \tag{10.23}$$

(인자 $\frac{1}{\sqrt{2}}$를 무시한) 다음의 내적에 대한 관계를 이용하면

	$\|00\rangle$	$\|01\rangle$	$\|10\rangle$	$\|11\rangle$
$\langle\beta_{00}\|$	1	0	0	1
$\langle\beta_{01}\|$	0	1	1	0
$\langle\beta_{10}\|$	1	0	0	−1
$\langle\beta_{11}\|$	0	1	−1	0

다음을 확인할 수 있다.

$$|\Psi_{ij}\rangle = |\beta_{ij}\rangle \otimes |\psi_{ij}\rangle. \tag{10.24}$$

여기서 $|\psi_{ij}\rangle$는 표 10.2에 정의하였고 편의상 아래 다시 썼다.

$$|\psi_{00}\rangle = \alpha|0\rangle + \beta|1\rangle, \tag{10.25a}$$

$$|\psi_{01}\rangle = \alpha|1\rangle + \beta|0\rangle, \tag{10.25b}$$

$$|\psi_{10}\rangle = \alpha\,|0\rangle - \beta\,|1\rangle, \tag{10.25c}$$

$$|\psi_{11}\rangle = \alpha\,|1\rangle - \beta\,|0\rangle. \tag{10.25d}$$

따라서 Alice가 Bell 기준 $\{\beta_{ij}\}$에서 첫 두 큐빗을 측정할 때 Bell 상태 중 한 개가 나타난다. 그녀가 $|\beta_{ij}\rangle$(여기서 $i,\ j \in \{0,\ 1\}$를 얻으면 계의 상태는 $|\beta_{ij}\rangle \otimes |\psi_{ij}\rangle$로 붕괴하고 세 번째 큐빗은 $|\psi_{ij}\rangle$에 있다.

3 고전적인 통신

Alice는 측정 결과($i.\ j$는 2 비트의 정보를 표현한다)를 고전적인 통신 경로를 통해 Bob에게 전송한다. 원래 큐빗 상태는 단지 2 비트보다 많은 정보를 포함한다는 것을 주목하는 것이 중요하다. 여기에는 두 개의 복소수 α와 β가 있다. 더구나 정확한 값은 한 번 측정해서 구할 수 없다. 왜냐하면 측정을 수행하면 반드시 원래 양자 상태를 변화시키기 때문이다.

4 상태 재구성

Alice의 측정으로부터 얻은 두 개의 비트 $(i,\ j)$에 근거를 두어 Bob은 자신의 큐빗에 필요한 수정 게이트를 적용한다. $i=1$이면 Z 게이트를 적용하고, $j=1$이면 X 게이트를 적용한다.

결과 ij	중간 상태	수정 게이트	최종 상태
00	$\alpha\|0\rangle+\beta\|1\rangle$	I(아무 것도 없음)	
01	$\alpha\|1\rangle+\beta\|0\rangle$	X	$\|\psi\rangle=\alpha\|0\rangle+\beta\|1\rangle$
10	$\alpha\|0\rangle-\beta\|1\rangle$	Z	
11	$\alpha\|1\rangle-\beta\|0\rangle$	X & Z or iY	

Bob 큐빗의 최종 상태벡터는 $|\psi\rangle=\alpha|0\rangle+\beta|1\rangle$이 된다. 이제 Bob의 큐빗은 Alice의 처음 큐빗과 같은 상태가 되어 양자 순간이동 과정을 완성하였다.

> 측정 결과 '11'에 대해서는 X와 Z 게이트 모두 적용한다. 이 경우 그 순서는 중요하지 않다. 왜냐하면 순서를 바꾸는 것은 전체 위상이동만 일어나기 때문이고($XZ=-ZX$), 이것은 양자역학에서 관측할 수 없다. 그러나 이후의 단계에서 다른 큐빗과 간섭이 일어난다면 상대 위상에 대한 잠재적 영향으로 인해 순서가 중요해질 수 있다. 이와 같은 경우 올바른 순서는 Z 이전에 X를 적용하는 것이다. 즉 연산자 형태로는 ZX이다.

연습문제 10.3

위의 분석 단계를 다시 해보아라. 그러나 이번에는 Alice와 Bob은 처음부터 다른 Bell 상태, 특히 $|\Psi^-\rangle$를 공유한다고 가정한다. 처음 경우에 비해 측정의 차이는 무엇인가?

양자 순간이동: 핵심 원리

이 분석은 양자 순간이동의 본질을 포함한다. 처음 상태벡터는 다음과 같이 직교규격화된 Bell 기준으로 분해할 수 있다.

$$|\Psi_0\rangle = \frac{1}{\sqrt{2}}(\alpha|0\rangle + \beta|1\rangle) \otimes (|00\rangle + |11\rangle)$$
$$= \frac{1}{2}\sum_{i,j\in\{0,1\}} |\beta_{ij}\rangle \otimes |\psi_{ij}\rangle. \tag{10.26}$$

여기서 $|\beta_{ij}\rangle$는 식 10.1에서 정의한 Bell 상태이고, $|\psi_{ij}\rangle$는 표 10.2와 식 10.25에서 정의하였다.

Alice가 Bell 기준 $\{\beta_{ij}\}$에서 첫 두 큐빗을 측정했을 때 각각의 Bell 상태는 같은 확률로 일어난다. 그녀가 $|\beta_{ij}\rangle$를 얻으면(여기서 $i,\ j\in\{0,\ 1\}$) 계의 상태는 $|\beta_{ij}\rangle\otimes|\psi_{ij}\rangle$로 붕괴하고, 세 번째 큐빗의 상태는 $|\psi_{ij}\rangle$이다.

그리고 세 번째 큐빗은 Alice의 측정 결과에 근거하여 Bob이 조절하여 원래 상태 $|\psi\rangle=\alpha|0\rangle+\beta|1\rangle$로 재구성할 수 있다.

10.3.5 개념적인 이해와 상세한 설명

양자 순간이동은 추가적인 상세한 설명이 필요한 복잡한 현상이다.

1 상태 전송으로서 양자 순간이동

양자 순간이동은 (큐빗, 광자, 전자 혹은 원자와 같은) 양자계의 상태를 물리적으로 계 자체를 이동하지 않고 양자계의 상태를 한 위치에서 다른 위치로 전송하는 과정이다. 주요 개념은 양자계에 대한 정보가 전송되지 계를 이루는 물질이나 에너지가 전송되지는 않는다는 것이다.

두 개의 얽힌 입자 A와 B가 있다고 상상해 보자. 여기서 A는 Alice가 B는 멀리 떨어진 Bob이 가지고 있다. Alice가 세 번째 입자 C의 상태를 Bob에게 보내려고 할 때 양자 순간이동을 이용할 수 있다. 그녀의 입자 A와 C에 특정한 연산을 수행하여 이를 얽히게 하고 그 결과를 측정한다. 입자 C가 물리적으로 Bob에게 절대 이동하지 않아도 이 행동으로 인해 순간적으로 입자 C가 가졌던 상태를 반영한 Bob의 입자 B를 변화시킨다. 기본적으로 C의 상태는 Bob의 위치로 "전송"되었다.

원격 3D 프린팅과 양자 순간이동을 비교할 수도 있다. 전국에 있는 기관에 특정한 물체를 보내고 싶다고 하자. 물리적으로 물체를 배송하는 대신 이것을 스캔하여 디지털 사진을 3D 프린터로 보낸다. 이것을 목적에 맞게 정확한 물체를 재창조할 수 있다. 그러나 이 비유에는 한계가 있다. 왜냐하면 양자 순간이동에서 전송되는 양자 상태를 완벽하게 알지 못하고, 전혀 알 수도 없기 때문이다.

2 양자 순간이동과 고전적 순간이동

공상과학 소설에서 종종 나타나는 전체 물체나 사람을 한 장소에서 다른 곳으로 이동하는 고전적인 순간이동과는 달리 양자 순간이동은 정보를 이동시키는 것이다. Alice의 위치에 있는 원래 양자 상태는 순간이동하는 동안 파괴되고, 상태의 완벽한 복사본이 Bob의 위치에서 만들어진다. 중요한 것은 이 과정은 어떤 물리법칙도 위반하지 않는다는 것이다. 왜냐하면 어떤 실제 입자도 이동하지 않고 단지 상태의 정보만 이동하기 때문이다.

3 고전적 통신의 역할

3양자 상태 자체는 "전송"되지만 여전히 고전적인 통신이 필요하다. Alice가 측정을 수행한 후 그 결과를 고전적인 경로(예컨대 전화를 걸거나 이메일로)로 Bob에게 그 결과를 보내야 한다. 그러면 Bob은 이 정보를 이용하여 순간이동을 끝낸다. 이 단계는 양자 순간이동은 초광속 통신에 사용할 수 없다는 것을 보장하고, 따라서 인과론을 보장한다.

4 복제 불가능 원리

양자 순간이동은 양자 상태를 복사하지 않고 전송하는 방법이다. 양자역학에서 복제 불가능 정리에 의하면 미지의 양자 상태에 대한 동일한 복사본을 만드는 것은 불가능하다. 순간이동하는 동안 Alice 쪽의 원래 상태는 파괴되어 과정이 끝난 후 Bob 쪽에 단지 한 개의 상태 복사본만 있다는 것을 보장한다.

10.3.6 ✷심층 탐구

양자 순간이동의 개념은 이 책에서 논의한 기본적인 프로토콜을 넘어 확장된다. 많은 변종과 개선 방법은 사용한 양자 상태의 성질과 차원, 포함된 입자수와 상태에 작용하는 연산 형태와 관련이 있다. 이에 대한 더 깊은 이해를 하고 싶은 독자를 위해 다음 주제를 심층 탐구를 위해 제안한다.

1. Quantum Teleportation of Composite Systems and Entanglement [10]: 이 주제는 여러 개의 얽힌 큐빗을 포함하는 복합계의 순간이동을 취급한다. 이 개념은 고급의 복잡한 양자정보 처리 프로토콜을 이해하는 데 기본적이다.

2. Superdense Teleportation [47]: 이 변종은 양자 순간이동과 초고밀도 코딩의 원리를 결합하여 분리된 프로토콜보다 정보를 더 많이 전송할 수 있다. 이것은 두 개의 고전적인 비트와 공유된 한 쌍의 큐빗을 이용한 2-큐빗 상태의 순간이동을 다룬다.

3. Higher-dimensional Quantum Teleportation [48]: 기본적인 양자 순간이동 프로토콜에서는 큐빗이 사용되지만 연구자는 이 체계를 넓혀 큐딧으로 확장하였다. 더 높은 차원의 양자계는 잠재적으로 더 풍부한 양자 정보와 더 탄력적인 얽힘을 제공할 수 있다.

4. Multiparty Quantum Teleportation [49]: 전통적인 양자간 구도를 넘어 양자 순간이동은 여러 사람이 포함되는 경우로 확장할 수 있다. 이 발전된 형태에서는 많은 참

가자들이 각각 공유된 다중 얽힘 상태를 통해 정보를 전송할 수 있다.

5. Teleportation of an Arbitrary Two-Qubit State [50]: 이 분야는 양자 순간이동의 범위를 2-큐빗 상태로 확장하여, 이것을 다중 얽힘과 연결한다. 이로 얻는 통찰력으로 인해 복잡한 양자정보 전달과 순간이동 프로토콜의 잠재적인 개선을 얻을 수 있다.
6. Continuous-Variable Quantum Teleportation [51]: 이 변종은 입자의 위치나 운동량과 같은 연속적인 변수를 갖는 계를 이용한다. 이 계는 어떤 범위 내의 어떤 값도 가질 수 있으므로 이 접근방법은 종종 빛의 양자 상태를 포함하고, 순간이동에서 잠재적으로 높은 충실도를 얻을 수 있다.

10.4 얽힘 교환

양자 중계로도 알려진 얽힘 교환은 직접 상호작용하지 않고, 순수하게 얽힘과 국소적 연산을 통해서만 두 개의 양자계가 얽힐 수 있도록 하는 양자정보과학에서 기본적인 과정이다. 이것은 양자 반복기와 양자 네트워크에서 중요한 역할을 하여 장거리 보안통신을 개선하고 양자 장치 구조를 만들 수 있다.

얽힘 교환은 멀리 떨어진 입자 사이의 직접적인 얽힘을 만들 때 내재하는 물리적 한계를 극복하는 강력한 기술이다. 얽힘은 전형적으로 두 양자계가 직접 상호작용하게 하여 얻는다. 그러나 두 계 사이의 거리가 멀어질수록 이러한 상호작용의 가능성은 환경의 간섭으로 인해 급격하게 줄어든다. 얽힘 교환은 거리의 장벽을 깨서 양자계가 직접 상호작용할 필요 없이 얽힐 수 있게 한다.

얽힘 교환을 이해하는 것은 양자 네트워킹과 양자 암호학 분야로 진입하려는 사람에게 중요하다. 양자 순간이동과 같은 다른 양자 프로토콜과 결합한 이 개념으로 안전하고 효율적인 양자 통신계를 만들 수 있다. 이 절에서 얽힘 교환의 복잡함과 양자 정보과학에서 이에 대한 중요한 역할에 대해 밝히고자 한다.

10.4.1 개요

얽힘 교환으로 인해 이전에 전혀 상호작용하지 않은 두 개의 양자계가 얽히게 된다. 그림 10.7에 요약한 대로 일련의 단계를 거쳐 이루어진다.

1. **초기 얽힘**: 두 개의 다른 얽힌 양자상태 쌍을 만든다. 이것은 전형적으로 Bell 상태에 있는 큐빗이다. 첫 번째 쌍은 Alice와 중재자(Charlie) 사이에서 공유하고 두 번째 쌍은 Charlie와 Bob이 공유한다.
2. **Bell 측정**: Charlie는 얽힌 쌍에 있는 두 큐빗에 대해 Bell 측정을 하여 이 큐빗을 네 개의 Bell 상태 중 한 개로 붕괴시킨다.
3. **고전적인 통신**: Charlie는 자신의 측정 결과를 고전적인 통신 경로를 통해 Bob에게 보낸다.

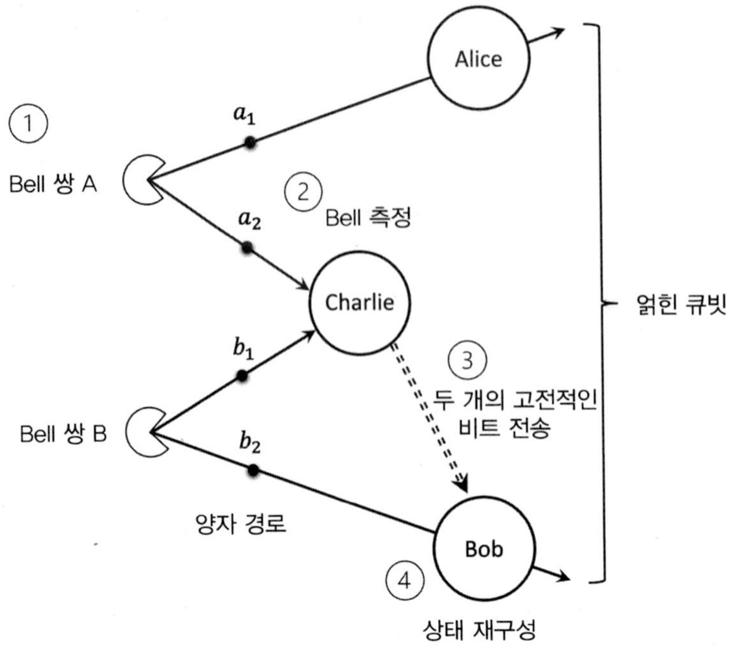

❙그림 10.7❙ 얽힘 교환에 대한 기본적인 과정

4. **상태 재구성:** Charlie의 측정 결과를 받고 Bob의 결과에 따라 자신의 큐빗에 어떤 양자 연산을 수행한다. 이 단계로 인해 Alice와 Bob의 큐빗은 얽히게 되고, 따라서 얽힘 교환 과정을 완성하였다.

> ⓘ 이 예제에서 상태 재구성은 Bob의 큐빗에서 이루어졌다. 양자 연산이나 통신에 대한 특정 요구 조건에 따라 상태 재구성은 Alice, Bob의 큐빗 혹은 모두의 큐빗에서 수행할 수 있다. 어디서 상태 재구성을 수행하는 가에 대한 선택은 이러한 양자 프로토콜의 효율, 보안과 다른 특징에 대해 영향을 준다.

얽힘 교환에 대한 기본적인 과정은 그림 10.8에 나타낸 양자 회로로 표현할 수 있고, 이것을 다음 논의에서 더 자세히 조사하겠다.

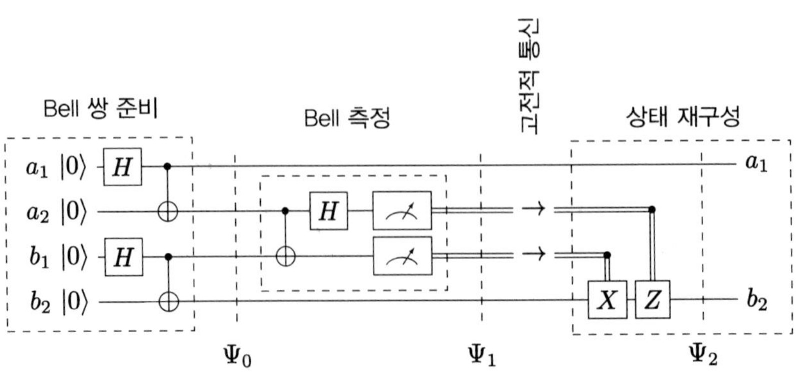

❙그림 10.8❙ 얽힘 교환에 대한 기본적인 양자 회로

10.4.2 *단계적 분석

각 단계를 거쳐 얽힘 교환 프로토콜에 대해 고려하자. 이 과정은 직접 상호작용하지 않은 두 큐빗 사이의 얽힘을 만드는 것을 포함한다.

1 초기 얽힘

큐빗 a_1과 a_2로 구성된 Alice의 쌍 A와 큐빗 b_1과 b_2로 구성된 Bob의 쌍 B인 두 개의 얽힌 큐빗쌍을 고려하자. 이 쌍은 임의의 얽힌 상태에 있을 수 있지만 간단히 하기 위해 이 쌍은 Bell 상태 $|\Phi^+\rangle = \frac{1}{\sqrt{2}}(|00\rangle + |11\rangle)$에 있는 경우를 고려하겠다.

계의 초기 상태벡터는 다음과 같이 쓸 수 있다.

$$\begin{aligned} |\Psi_0\rangle_{a_1a_2b_1b_2} &= |\Phi^+\rangle_{a_1a_2} \otimes |\Phi^+\rangle_{b_1b_2} \\ &= \frac{1}{\sqrt{2}}(|00\rangle + |11\rangle) \otimes \frac{1}{\sqrt{2}}(|00\rangle + |11\rangle) \\ &= \frac{1}{2}(|0000\rangle + |0011\rangle + |1100\rangle + |1111\rangle). \end{aligned} \tag{10.27}$$

얽힘 교환 프로토콜을 보기 위해 a_2와 b_1을 한 모임으로, 그리고 a_1과 b_2를 다른 모임으로 취급하겠다. 이렇게 모으는 것은 프로토콜의 단계와 일치한다. 여기서 a_2와 b_1은 Bell 측정을 위해 Charlie에게 보내고 a_1과 b_2는 최종 얽힌 쌍이 된다. 이것을 표기 방법에 반영하기 위해 상태벡터 표현에서 큐빗의 순서를 재배열하겠다. 이것은 단지 수학적으로 조절한 것이지 큐빗에 어떤 물리적인 변화도 주지 않는다는 것을 주목하여라. 새로운 표현에서 상태벡터는 다음과 같다.

$$|\Psi_0\rangle_{a_2b_1a_1b_2} = \frac{1}{2}(|0000\rangle + |0101\rangle + |1010\rangle + |1111\rangle). \tag{10.28}$$

2 Bell 측정

Alice와 Bob은 각각 한 큐빗씩 a_2와 b_1을 Charlie에게 보낸다. 큐빗 a_2와 b_1을 받아서 Charlie는 Bell 측정을 한다. 이 측정 과정은 먼저 a_2를 제어 큐빗으로, b_1을 타겟으로 한 CNOT 게이트를 적용하고 이후 a_2에 Hadamard 게이트를 작용하는 것이다. 이로 인해 2-큐빗 상태가 Bell 상태의 중첩으로 변환된다. 그 결과 Charlie는 계산 기준에서 두 큐빗 모두 측정한다. 이 분석을 간단히 하기 위해 Charlie의 CNOT 게이트, Hadamard 게이트와 측정 장치를 한 개의 단위로 취급하고, 이것을 Bell 측정 단위로 부르겠다.

Bell 측정을 하면 2-큐빗 상태를 Bell 상태 중 한 개인 $|\beta_{ij}\rangle$로 투영된다. 측정연산자는 다음과 같다.

$$M_{ij} = |\beta_{ij}\rangle\langle\beta_{ij}|_{a_2b_1} \otimes I_{a_1b_2}. \tag{10.29}$$

측정 후 결과에 따라 계는 다음 상태 중 한 개에 있다.

$$|\Psi_1\rangle_{ij} = M_{ij}\,|\Psi_0\rangle_{a_2b_1a_1b_2}. \tag{10.30}$$

이 식의 결과는 다음의 형태를 갖는다.

$$|\Psi_1\rangle_{ij} = |\beta_{ij}\rangle_{a_2b_1} \otimes |\psi\rangle_{a_1b_2}. \tag{10.31}$$

약간 계산을 하면 $|\psi\rangle_{a_1b_1}$은 다음 표의 결과로 얻는다.

결과 ij	a_2와 b_1의 상태($\|\beta_{ij}\rangle_{a_2b_1}$)	a_1과 b_2의 상태($\|\psi\rangle_{a_1b_2}$)
00	$\|\beta_{00}\rangle = \frac{1}{\sqrt{2}}(\|00\rangle + \|11\rangle)$	$\frac{1}{\sqrt{2}}(\|00\rangle + \|11\rangle)$
01	$\|\beta_{01}\rangle = \frac{1}{\sqrt{2}}(\|01\rangle + \|10\rangle)$	$\frac{1}{\sqrt{2}}(\|01\rangle + \|10\rangle)$
10	$\|\beta_{10}\rangle = \frac{1}{\sqrt{2}}(\|00\rangle - \|11\rangle)$	$\frac{1}{\sqrt{2}}(\|00\rangle - \|11\rangle)$
11	$\|\beta_{11}\rangle = \frac{1}{\sqrt{2}}(\|01\rangle - \|10\rangle)$	$\frac{1}{\sqrt{2}}(\|01\rangle - \|10\rangle)$

위의 표를 조사하면 결과가 ij인 측정 후 큐빗 a_1과 b_2는 또한 Bell 상태 $|\beta_{ij}\rangle$에도 있다! 얽힘 교환의 핵심인 이 관계는 다음 식에 포함되어 있다.

$$|\Psi_1\rangle_{ij} = |\beta_{ij}\rangle_{a_2b_1} \otimes |\beta_{ij}\rangle_{a_1b_2}. \tag{10.32}$$

3 고전적인 통신

큐빗 a_1과 b_2가 Bell 상태 $|\beta_{ij}\rangle$에 있어도 측정 결과 ij는 무작위적으로 나타나 얽힘의 유용함이 제한된다. 다음으로 Charlie는 측정 결과 ij를 Bob에게 고전적인 통신 경로를 이용해서 전달하여 Bell 상태를 수정하도록 한다.

4 상태 재구성

큐빗 a_1과 b_2의 상태를 $|\beta_{ij}\rangle$에서 $|\Psi_2\rangle = |\beta_{00}\rangle$로 변환하기 위해 Bob은 Charlie의 측정으로부터 얻는 두 개의 비트 ij에 의해 자신의 큐빗 b_2에 필요한 수정 게이트를 적용한다. 즉 $i=1$일 때 Z 게이트를 작용하고, $j=1$일 때는 X 게이트를 적용한다.

결과 ij	a_2와 b_1의 상태	수정 게이트	최종 상태 $\|\Psi_2\rangle$
00	$\|\beta_{00}\rangle = \frac{1}{\sqrt{2}}(\|00\rangle + \|11\rangle)$	I(아무 것도 작용하지 않음)	$\|\beta_{00}\rangle$
01	$\|\beta_{01}\rangle = \frac{1}{\sqrt{2}}(\|01\rangle + \|10\rangle)$	X	$\|\beta_{00}\rangle$
10	$\|\beta_{10}\rangle = \frac{1}{\sqrt{2}}(\|00\rangle - \|11\rangle)$	Z	$\|\beta_{00}\rangle$
11	$\|\beta_{11}\rangle = \frac{1}{\sqrt{2}}(\|01\rangle - \|10\rangle)$	X & Z	$\|\beta_{00}\rangle$

얽힘 교환: 핵심 원리

재결합한 최초 상태는 다음과 같이 직교규격화된 Bell 기준으로 분해할 수 있다.

$$\begin{aligned} |\Psi_0\rangle_{a_2b_1a_1b_2} &= \frac{1}{2}(|0000\rangle + |0101\rangle + |1010\rangle + |1111\rangle) \\ &= \frac{1}{2}\sum_{i,j\in\{0,1\}} |\beta_{ij}\rangle_{a_2b_1} \otimes |\beta_{ij}\rangle_{a_1b_2}. \end{aligned} \tag{10.33}$$

Charlie가 Bell 기준 $\{|\beta_{ij}\rangle\}$에서 큐빗 a_2와 b_1을 측정했을 때 각각의 Bell 상태는 같은 확률로 일어난다. 만일 $|\beta_{ij}\rangle$를 얻었다면(여기서 $i,\ j \in \{0,\ 1\}$) 계의 상태는 $|\beta_{ij}\rangle \otimes |\beta_{ij}\rangle$로 붕괴하고 큐빗 a_1과 b_2 또한 상태 $|\beta_{ij}\rangle$가 된다. 그리고 이들은 측정 결과 $(i,\ j)$에 근거해서 조절하여 원래의 얽힌 상태 $|\beta_{00}\rangle$을 재구성한다.

10.4.3 ✱심층 탐구

양자 순간이동과 비슷하게 얽힘 교환의 개념은 이 책에서 개요를 설명한 기본적인 프로토콜을 넘어 확장할 수 있다. 수많은 변종과 보강은 사용한 양자 상태의 성질과 차원, 참여자의 수와 상태에 작용하는 연산의 형태에 초점을 맞춘다. 더 이해하고 싶은 독자에게 심층 탐구를 위해 다음의 주제를 추천한다.

1. Quantum Repeaters with Entanglement Swapping [52]: 양자통신 기반 시설에 얽힘 교환을 이용하는 것에 대해 탐구한다. 양자 반복기는 멀리 떨어진 교신자 사이에 얽힘을 만들기 위해 얽힘 교환을 이용하여 양자 통신에서 거리의 제한을 극복한다.

2. Multi-party Entanglement Swapping [53]: 두 교신자보다 많은 경우 다수의 중제자가 Bell 측정과 고전적인 통신을 수행한다. 이로 인해 잠재적으로 분산 얽힘을 이용한 대규모의 양자 네트워크가 가능하다.

3. Higher-dimensional Entanglement Swapping [54]: 얽힘 교환을 큐빗에서 큐딧, 즉 더 차원이 큰 양자계로 확장한다. 이 확장으로 인해 양자정보 능력과 얽힘의 강력함을 향상시킨다.

4. Entanglement Swapping with Mixed States [55]: 대부분의 얽힘 교환 방법은 순수한 얽힌 상태를 이용하는 반면 혼합 상태를 만드는 변종이 존재한다. 더 복잡하지만 이 프로토콜은 더 실용적일 수 있다. 왜냐하면 혼합 상태는 흔히 디코히어런스와 잡음에 의해 실제 양자계에 나타나기 때문이다.

5. Entanglement Sqapping in Various Systems [56]: 이 연구는 순수한 계와 잡음이 있는 계에서 얽힘 교환을 탐구하여 동시성과 음수성과 같은 척도를 이용하여 최초 상태와 최종 상태 사이의 관계를 분석한다. 연구에 의하면 최초 상태의 얽힘은 최종 상태의 평균 얽힘에 영향을 줄 수 있고, 측정기준과 얽힘의 세기가 중요한 역할을 한다.

10.5 양자 게이트 순간이동

양자 게이트 순간이동은 국소적으로 접근가능하지 않은 한 개 혹은 그 이상의 큐빗에 양자 연산(양자 게이트)을 수행하는 과정을 말하고 얽힘과 양자 순간이동의 성질을 이용한다.

양자 게이트 순간이동은 표준적인 양자 순간이동에서 구한 얽힘의 도움을 받는 통신의 개념과는 대조적으로 얽힘의 도움을 받는 계산으로 볼 수 있다. 순간이동 과정 자체에서 계산을 하는 연산을 수행하는 것이 주목적이다.

양자 게이트 전송은 큐빗을 직접 조작하면 디코히어런스가 일어나거나 큐빗이 공간적으로 분리된 경우에 특히 도움이 된다. 또한 이것을 이용하여 다른 양자 컴퓨터에 있는 큐빗에 대해 양자 게이트가 수행되는 곳에서 분산 양자컴퓨팅의 구현할 수 있어서 더 광범위하고 강력한 양자 네트워크가 가능하게 된다.

10.5.1 ＊단일큐빗 게이트 순간이동

먼저 단일큐빗 게이트 순간이동을 고려하자. 여기서 목적은 순간이동하는 동안 양자 상태 $|\psi\rangle$에 단일큐빗 유니타리 연산 U를 작용하는 것이다.

단일큐빗 게이트 순간이동은 표준적인 양자 순간이동과 비슷한 과정을 따라서 그림 10.9에 나타낸 주된 단계가 있다. 표준적인 Bell 상태 $|\Phi^+\rangle$를 사용하는 대신 Alice와 Bob은 공유 상태 $(I \otimes U)|\Phi^+\rangle$로 시작하고, 유니타리 연산 U를 얽힌 쌍 중 Bob이 가지고 있는 부분에 적용한다. Alice가 자신의 측정 결과를 보낸 후 Bob은 비록 보정된 수정 게이트를 이용하지만 표준적인 순간이동과 매우 비슷하게 수정 연산을 수행한다. 그가 얻은 최종 상태는 단순히 $|\psi\rangle$ 대신 $U|\psi\rangle$이다. 이 수정으로 인해 순간이동 과정은 상태 $|\psi\rangle$를 전달할뿐더러 실질적으로 $|\psi\rangle$에 연산 U를 적용하여 Bob쪽에서 최종 상태가 $U|\psi\rangle$가 된다.

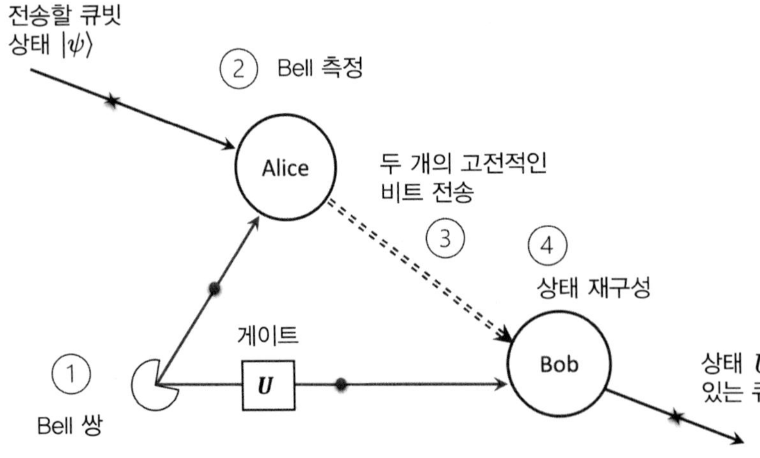

그림 10.9 양자 게이트 순간이동의 기본 과정

그림 10.10에 이 과정을 나타내는 단일큐빗 게이트 순간이동에 대한 양자 회로를 보였다. 곧 이 회로를 자세히 분석하겠다.

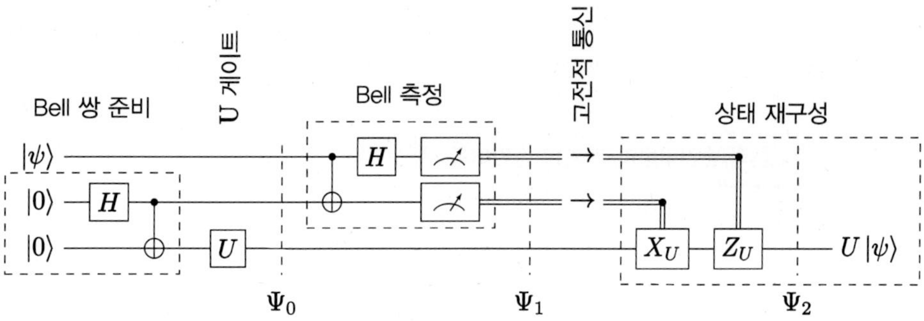

$(X_U \equiv UXU^\dagger$와 $Z_U \equiv UZU^\dagger)$

| 그림 10.10 | 단일큐빗 게이트 순간이동에 대한 양자 회로

1 표준적인 순간이동에서 게이트 순간이동으로 전환

이제 단일큐빗 게이트 순간이동과 표준적인 양자 순간이동 사이의 직관적인 관련을 탐구해 보자. 이 탐구를 하면 게이트 순간이동과 같은 프로토콜의 발견 과정에 대한 통찰력을 얻을 것이다. 또한 이것은 나중에 논의할 CNOT 게이트 순간이동과 같은 더 복잡한 프로토콜을 이해하는 기초가 된다.

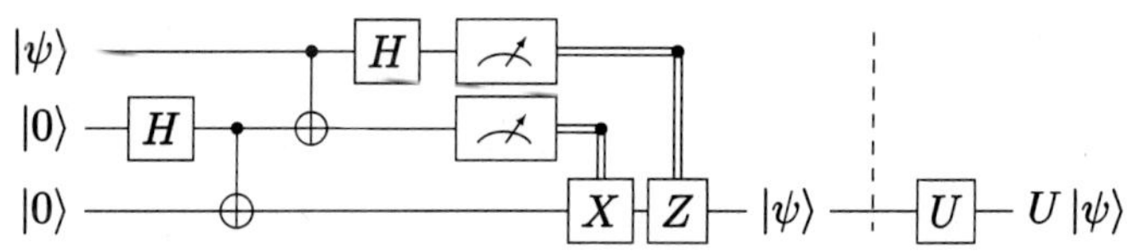

| 그림 10.11 | 순간이동 후 적용한 게이트 U

그림 10.11을 참조하여라. 점선으로 분리한 이전 부분은 그림 10.5에 있는 표준적인 순간이동 회로이다. 이 회로의 출력에서 세 번째(아래) 큐빗은 상태 $|\psi\rangle$에 있다. 유니타리 게이트 U를 적용하면 큐빗 상태는 $U|\psi\rangle$가 된다. 이 최종 상태는 단일큐빗 게이트 순간이동의 상태와 같고, 게이트 U는 (그림 10.10에서 묘사한 대로) 순간이동된 $|\psi\rangle$에 적용한다.

그림 10.11에 있는 회로를 그림 10.10에 나타낸 게이트 순간이동 회로로 변환하려면 게이트 U를 제어된 Z와 제어된 X 게이트의 왼쪽으로 옮길 필요가 있다. 이 변환은 다음 표에 제시한 게이트 시퀀스 동등성의 개념을 사용하면 쉽게 얻을 수 있다.

게이트 시퀀스	동등한 시퀀스	연산자 동등성
—[X]—[U]—	—[U]—[X_U]—	$UX = UX(U^\dagger U) = (UXU^\dagger)U = X_U U$
—[Z]—[U]—	—[U]—[Z_U]—	$UZ = UZ(U^\dagger U) = (UZU^\dagger)U = Z_U U$

이 게이트 시퀀스 동등성 개념으로 인해 그림 10.10에서 X와 Z로부터 각각 $X_U \equiv UXU^\dagger$와 $Z_U \equiv UZU^\dagger$로 변환하는 것을 분명히 알 수 있다.

> ⓘ 양자 회로 그림은 왼쪽에서 오른쪽으로 적용되지만 해당하는 연산자(행렬)곱은 반대 순서인 오른쪽에서 왼쪽으로 작용한다.

표준적 순간이동과 게이트 순간이동: 핵심 원리

양자 순간이동에서 Alice와 Bob은 얽힘 Bell 상태 $|\Phi^+\rangle$를 공유하여 Alice는 미지의 상태 $|\psi\rangle$를 Bob에게 순간이동할 수 있도록 한다. 이것은 Alice가 Bell 기준에서 자신의 큐빗을 측정하여 네 개의 가능한 결과 중 한 개를 만들고, Bob 쪽에서는 상태 $|\psi\rangle$, $X|\psi\rangle$, $Z|\psi\rangle$, 혹은 $ZX|\psi\rangle$로 나타난다. Bob은 Alice의 고전적인 측정에 대한 정보를 받아 해당하는 Pauli 연산자 I, X, Z, 혹은 XZ를 적용하여 자신의 상태를 $|\psi\rangle$로 수정한다.

양자 게이트 순간이동은 이 개념을 단일큐빗 게이트 U의 순간이동으로 확장한다. 여기서 Alice와 Bob은 그 대신 $(I \otimes U)|\Phi^+\rangle$를 공유한다. 순간이동 과정으로 인해 Bob에게 네 상태 $U|\psi\rangle$, $UX|\psi\rangle$, $UZ|\psi\rangle$ 혹은 $UZX|\psi\rangle$중 한 상태가 남는다. 그리고 Bob은 Alice의 고전적인 측정에 따라 해당하는 연산자 I, $UXU^\dagger$, $UZU^\dagger$ 혹은 $UXZU^\dagger$를 적용하여 그의 상태로 $U|\psi\rangle$로 수정한다.

양자 순간이동은 $U=I$인 양자 게이트 순간이동과 같다.

2 ＊단계적 분석

표준적인 순간이동 회로를 수정하여 성공적으로 게이트 순간이동 회로를 유도했지만 게이트 순간이동 과정을 자세하고 단계적으로 조사할 만한 가치가 있다. 이로 인해 더 이해가 깊어질 것이다. 단일큐빗 게이트 순간이동을 §10.3.4에서 논의한 양자 순간이동에 대한 Bell 측정 접근방법의 확장으로 생각하여라. 다음에 나올 식은 앞에서 언급한 절에 있는 식과 같다.

1. 초기 상태

Alice는 양자 상태 $|\psi\rangle = \alpha|0\rangle + \beta|1\rangle$을 Bob에게 보내고, 이 과정 동안 상태를 게이트 U를 이용해 변환한다.

Alice와 Bob은 상태 $(I\otimes U)|\Phi^+\rangle$를 공유하고, 여기서 U는 얽힌 쌍 중 Bob의 부분에 적용한다. 계의 처음 상태벡터는 다음과 같이 쓸 수 있다.

$$
\begin{aligned}
|\Psi_0\rangle &= \frac{1}{\sqrt{2}}(\alpha|0\rangle + \beta|1\rangle) \otimes (I \otimes U)(|00\rangle + |11\rangle) \\
&= \frac{1}{\sqrt{2}}(\alpha|0\rangle + \beta|1\rangle) \otimes (|0\rangle U|0\rangle + |1\rangle U|1\rangle) \\
&= \frac{1}{\sqrt{2}}(\alpha|00\rangle + \beta|10\rangle)U|0\rangle + \frac{1}{\sqrt{2}}(\alpha|01\rangle + \beta|11\rangle)U|1\rangle . \qquad (10.34)
\end{aligned}
$$

다음 단계에서 첫 두 큐빗을 측정할 것이므로 마지막 단계에서 세 번째 큐빗을 끄집어 내었다.

2. Bell 측정

Alice는 자신의 큐빗을 제어 큐빗, 얽힌 큐빗을 타겟으로 하여 CNOT 게이트를 적용한다. 그리고 자신의 큐빗에 Hadamard 게이트를 적용한다. 최종적으로 두 큐빗을 측정하여 실질적으로 이 큐빗에 Bell 측정을 수행하였다.

네 개의 Bell 상태는 2-큐빗 상태에 대한 직교규격화 기준을 이룬다. Bell 측정을 수행하여 Alice는 2-큐빗 상태를 Bell 상태로 투영한다.

세 큐빗 전체 계에 대한 측정연산자는 다음과 같다.

$$M_{ij} = |\beta_{ij}\rangle\langle\beta_{ij}| \otimes I. \tag{10.35}$$

여기서 $i, j \in \{0, 1\}$이고, β_{ij}는 Bell 상태이다.

측정 후 측정 결과에 따라 계는 다음 상태 중 한 개에 있다.

$$\begin{aligned}
|\Psi_1\rangle &= M_{ij}|\Psi_0\rangle \\
&= \frac{1}{\sqrt{2}}(|\beta_{ij}\rangle\langle\beta_{ij}| \otimes I)\big((\alpha|00\rangle + \beta|10\rangle)U|0\rangle + (\alpha|01\rangle + \beta|11\rangle)U|1\rangle\big) \\
&= \frac{1}{\sqrt{2}}|\beta_{ij}\rangle\langle\beta_{ij}|(\alpha|00\rangle + \beta|10\rangle)U|0\rangle \\
&\quad + \frac{1}{\sqrt{2}}|\beta_{ij}\rangle\langle\beta_{ij}|(\alpha|01\rangle + \beta|11\rangle)U|1\rangle \\
&= |\beta_{ij}\rangle \otimes \begin{cases} \alpha U|0\rangle + \beta U|1\rangle, & i,j = 0,0 \\ \alpha U|1\rangle + \beta U|0\rangle, & i,j = 0,1 \\ \alpha U|0\rangle - \beta U|1\rangle, & i,j = 1,0 \\ \alpha U|1\rangle - \beta U|0\rangle, & i,j = 1,1 \end{cases} \\
&= |\beta_{ij}\rangle \otimes \begin{cases} U|\psi\rangle, & i,j = 0,0 \\ UX|\psi\rangle, & i,j = 0,1 \\ UZ|\psi\rangle, & i,j = 1,0 \\ UZX|\psi\rangle, & i,j = 1,1. \end{cases}
\end{aligned} \tag{10.36}$$

3. 고전적 통신

Alice는 정보 2비트를 표현하는 측정 결과 ij를 Bob에게 고전적인 통신 경로를 통해 보낸다.

4. 상태 재구성

Alice의 측정으로부터 얻은 2비트 ij에 근거하여 Bob은 다음 표에 나타낸 대로 그의 큐빗에 필요한 수정 게이트를 적용한다.

ij	큐빗 상태	수정 게이트
00	$U\|\psi\rangle$	I 즉 아무 것도 안함
01	$UX\|\psi\rangle$	$UXU^\dagger$
10	$UZ\|\psi\rangle$	$UZU^\dagger$
11	$UZX\|\psi\rangle$	$UXZU^\dagger$

$ij = 01$인 경우를 고려하자. Bob의 최초 상태는 $UX|\psi\rangle$이고, 이것이 수정 후 $U|\psi\rangle$가 되게 하려고 한다. 이것은 $UXU^\dagger$를 적용하여 얻을 수 있다. 왜냐하면 $UXU^\dagger UX|\psi\rangle = UXX|\psi\rangle = U|\psi\rangle$이기 때문이다. 여기서 $X^2 = I$이고, $U^\dagger U = I$이다.

수정한 후 Bob의 큐빗은 상태 $U|\psi\rangle$ 안에 있다. 이것이 게이트 순간이동을 보여준다. 여기서 게이트 U의 효과는 $|\psi\rangle$에 직접 적용하지 않고 Bob의 큐빗에 전달하였다.

연습문제 10.4

양자 게이트 순간이동에서 U 게이트는 전형적으로 Bell 측정 단계 이전에 적용한다. 그러나 U 게이트는 Bell 측정에 관련된 다른 큐빗에 적용하므로 그 적용은 측정 이후로 미룰 수 있다. 이 수정된 연산 과정을 그림 10.12에 나타내었다. 이 수정이 성립한다는 것을 확인하기 위해 정상적인 연산 순서에 대해 위에서 한 분석을 반복하여라.

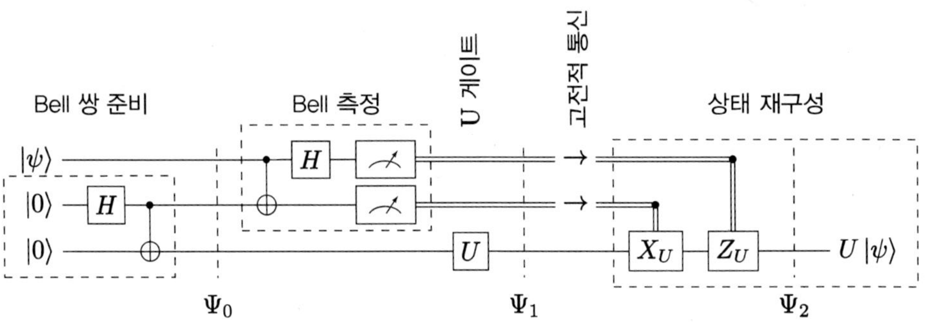

| 그림 10.12 | 지연된 U 게이트를 이용한 단일큐빗 게이트 순간이동

양자 게이트 순간이동: 핵심 원리

처음 상태벡터는 직교규격화된 Bell 기준으로 다음과 같이 분해할 수 있다.

$$|\Psi_0\rangle = \frac{1}{\sqrt{2}}(\alpha|0\rangle + \beta|1\rangle) \otimes (I \otimes U)(|00\rangle + |11\rangle)$$
$$= \frac{1}{2}\sum_{i,j\in\{0,1\}} |\beta_{ij}\rangle \otimes U|\psi_{ij}\rangle. \quad (10.37)$$

여기서 $|\beta_{ij}\rangle$는 Bell 상태이고, $|\psi_{ij}\rangle$는 표 10.2와 식 10.25에서 정의하였다.

Alice가 Bell 기준 $\{\beta_{ij}\}$에 있는 첫 두 큐빗을 측정할 때 각각의 Bell 상태는 같은 확률로 일어난다. 그녀가 $|\beta_{ij}\rangle$를 얻으면(여기서 $i, j \in \{0, 1\}$) 계의 상태는 $|\beta_{ij}\rangle \otimes U|\psi_{ij}\rangle$로 붕괴하고, 세 번째 큐빗은 상태 $U|\psi_{ij}$가 된다. 이것을 Alice의 측정 결과 (i, j)에 따라 조정하여 상태 $U(\alpha|0\rangle + \beta|1\rangle)$을 재구성할 수 있다.

3 * Clifford 군에서 단일큐빗 게이트의 순간이동

수정 게이트 $UXU^\dagger$와 $UZU^\dagger$ 또한 U를 포함하고 있다면 왜 게이트 U를 순간이동하는

지 의아할 것이다. $|\psi\rangle$를 순간이동하고, 직접 U를 적용하는 것이 더 단순해 보인다. 그러나 이 과정은 U가 Clifford 군에 속할 때 단순해진다.

정의에 의해 단일큐빗 Clifford 게이트는 임의의 Pauli 연산자를 (위상을 제외하고) 다른 Pauli 연산자의 복소켤레로 변환시킨다. 이것은 U가 Clifford 군에 속하면 $UPU^\dagger$는 임의의 Pauli 연산자 P에 대해 Pauli 연산자가 된다.

24개의 단일큐빗 Clifford 게이트가 있고, 여기에는 I, X, Y, Z, H, HX, HY, HZ, S, SX, SY, SZ 등이 포함된다. 복소 켤레에 대한 성질 때문에 Clifford 군 게이트는 양자 게이트 순간이동 과정을 단순화시킨다.

이것을 넘어 Clifford 군은 또한 양자컴퓨팅에서 오류수정에 중요한 역할을 한다. 아래의 예제에서 순간이동할 게이트가 Clifford 군에 속할 때 순간이동이 어떻게 진행되는지 보이겠다.

X 게이트 순간이동

순간이동 게이트로 $U = X$를 선택하면 X 게이트의 성질로 인해 수정 게이트를 기본적인 Pauli 행렬로 단순화할 수 있다. 이것은 X 게이트의 변환 성질 $UXU^\dagger = XXX^\dagger = X$와 $UZU^\dagger = XZX^\dagger = -Z$이기 때문이다. 기본적으로 이 수정 게이트는 추가적인 전체 위상 인자가 있지만 §10.3.4.4에서 자세히 설명했듯이 표준적인 순간이동에서 사용한 것과 같다.

ij	큐빗 상태	수정 게이트
00	$X\|\psi\rangle$	I 즉 아무 것도 안함
01	$XX\|\psi\rangle$	X
10	$XZ\|\psi\rangle$	$-Z$
11	$XZX\|\psi\rangle$	$-XZ$

H 게이트 순간이동

Hadamard 게이트(H)는 단일큐빗 Clifford 게이트 중 하나이다. $U = H$일 때 $UXU^\dagger - HXH^\dagger = Z$와 $UZU^\dagger = HZH^\dagger = X$이다. 그러므로 수정 게이트는 다음 표와 같이 간단한 Pauli 행렬이 된다.

ij	큐빗 상태	수정 게이트
00	$H\|\psi\rangle$	아무 것도 안함
01	$HX\|\psi\rangle$	Z
10	$HZ\|\psi\rangle$	X
11	$HZX\|\psi\rangle$	ZX

S 게이트 순간이동

위상 게이트라고도 하는 S 게이트는 Clifford 군 중 하나이다. $U=S$일 때 $UXU^\dagger = SXS^\dagger = Y$이고, $UZU^\dagger = SZS^\dagger = Z$이다. 그러므로 다음 표와 같이 수정 게이트는 단순한 Pauli 행렬이 된다.

ij	큐빗 상태	수정 게이트
00	$S\vert\psi\rangle$	아무 것도 안함
01	$SX\vert\psi\rangle$	Y
10	$SZ\vert\psi\rangle$	Z
11	$SZX\vert\psi\rangle$	YZ

T 게이트 순간이동

$\pi/8$ 게이트라고도 부르는 T 게이트는 $T=\sqrt{S}$로 주어지고 Clifford 게이트가 아니다. 이것은 Pauli 행렬을 복소켤레를 통해 다른 Pauli 행렬로 변환되지 않는다. 그러므로 $U=T$인 경우 수정 게이트는 한 개의 Pauli 게이트로 단순화되지 않는다. 그 대신 모든 형태 $TXT^\dagger$, $TZT^\dagger$와 $TXZT^\dagger$를 이용할 필요가 있다. 그러나 이러한 보정은 T 게이트 자체보다 더 단순히 구현할 수 있다. 이 성질이 오류 허용 T 게이트를 만드는 근거가 된다.

연습문제 10.5

Pauli Y 게이트와 Z 게이트의 순간이동에 대한 수정 게이트를 구하여라.

10.5.2 ✱ 2-큐빗 게이트의 순간이동

게이트 순간이동 과정은 CNOT 게이트나 Bell 상태 생성기와 같은 단일큐빗 게이트와 2-큐빗 게이트를 결합한 2-큐빗 유니타리 게이트를 포함하는 것으로 확장할 수 있다. 이 절에서 2-큐빗 순간이동 방법의 두 가지 변종에 대해 탐구하겠다. 이것은 2-1로 부르는 한 개의 2-큐빗 게이트와 한 개의 큐빗의 순간이동과 2-2라고 부르는 한 개의 2-큐빗 게이트와 두 개의 큐빗을 순간이동하는 것이다.

1 2-1 게이트 순간이동

2-1 게이트 순간이동 과정은 그림 10.13에 나타낸 그림과 그림 10.14의 양자 회로에 나타내었다.

이 경우 Alice는 Bob에게 순간이동하고 싶은 큐빗 $|\psi\rangle$를 가지고 있다. Charlie는 2-큐빗 게이트 U와 다른 큐빗 $|\phi\rangle$를 가지고 있다. Bob 쪽에서 그가 직접 $|\psi\rangle$나 U를 이용하지 않고 $U(|\psi\rangle\otimes|\phi\rangle)$를 갖게 하려고 한다.

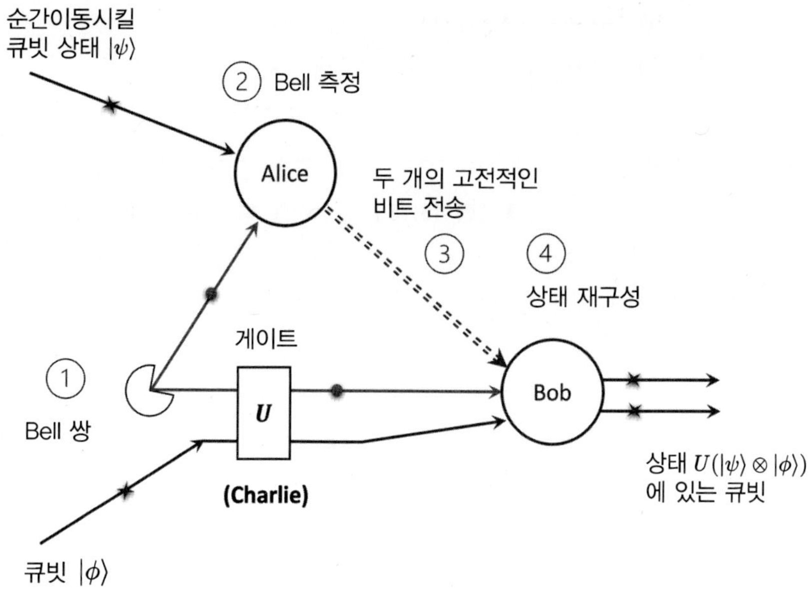

▌그림 10.13▐ 2-1 게이트 순간이동의 기본 과정

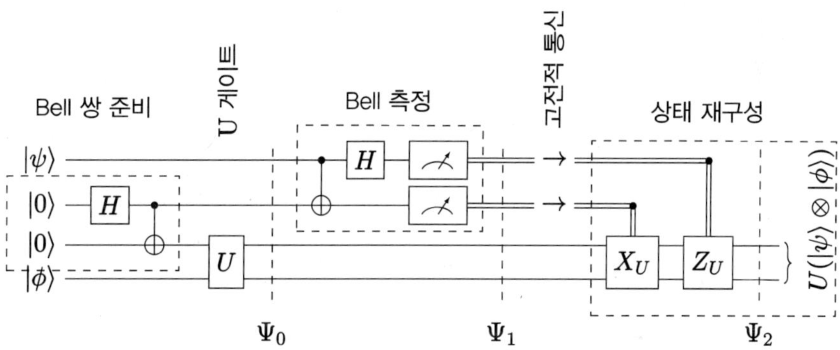

$X_U \equiv U(X \otimes I)U^\dagger$ 와 $Z_U \equiv U(Z \otimes I)U^\dagger$

▌그림 10.14▐ 2-1 게이트 순간이동에 대한 양자 회로

이를 이루기 위해 Charlie는 큐빗 A와 B로 Bell 쌍을 준비한다. 그는 큐빗 A를 Alice에게 보낸다. Alice는 $|\psi\rangle$와 큐빗 A에 Bell 측정을 하고, 측정 결과(두 개의 고전적인 비트)를 고전적인 통신 경로를 통해 Bob에게 보낸다. Charlie 또한 큐빗 B와 $|\phi\rangle$에 U를 적용하고 두 개를 모두 Bob에게 보낸다. 측정 결과를 받으면 Bob은 Charlie에게 받은 큐빗에 적절한 수정 게이트를 적용하고 성공적으로 $U(|\psi\rangle \otimes |\phi\rangle)$를 회복한다.

1. 표준적인 순간이동에서 게이트 순간이동으로 전환

이제 그림 10.15에 나타낸 2-1 게이트 순간이동과 표준적인 양자 순간이동 사이의 직관적인 관계를 탐구하자.

점선으로 분리한 앞쪽 부분은 그림 10.5에 있는 표준적인 순간이동 회로이다. 이 회로의 출력 부분에서 세 번째 큐빗은 상태 $|\psi\rangle$에 있다. 유니타리 게이트 U를 $|\psi\rangle$와 $|\phi\rangle$에

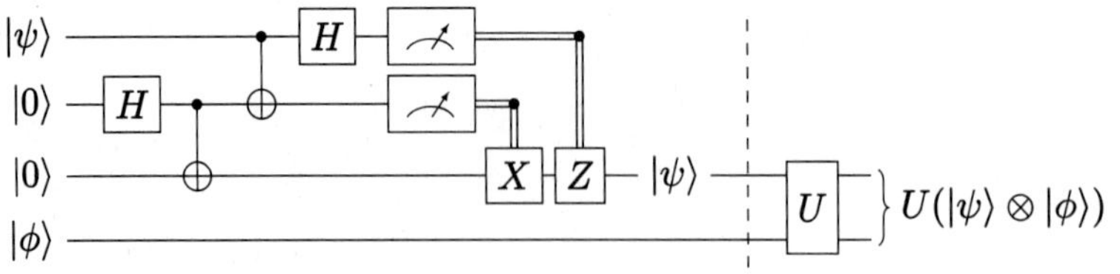

▌그림 10.15▐ 순간이동 후 적용한 게이트 U

모두 적용하면 최종 상태는 $U(|\psi\rangle \otimes |\phi\rangle)$가 된다. 이 최종 상태는 그림 10.14의 2-1 게이트 순간이동과 같다.

그림 10.15의 회로를 그림 10.15에 나타낸 대로 게이트 순간이동 회로로 변환시키려면 게이트 U를 제어 Z와 제어 X 게이트의 왼쪽으로 이동할 필요가 있다. 이 변화는 단일 큐빗 게이트 순간이동의 경우와 비슷하게 다음의 게이트 시퀀스 동등성으로 쉽게 구할 수 있다.

$$U(X \otimes I) = U(X \otimes I)(U^\dagger U) = (U(X \otimes I)U^\dagger)U = X_U U, \tag{10.38a}$$

$$U(Z \otimes I) = U(Z \otimes I)(U^\dagger U) = (U(Z \otimes I)U^\dagger)U = Z_U U. \tag{10.38b}$$

여기서 $X_U \equiv U(X \otimes I)U^\dagger$이고 $Z_U \equiv U(Z \otimes I)U^\dagger$이다. 이것을 이용하여 그림 10.14에서 수정 게이트 X_U와 Z_U를 설명한다.

> ⓘ 양자 회로 그림에서 게이트는 왼쪽에서 오른쪽으로 적용하지만 이에 해당하는 연산자 곱은 반대 순서인 오른쪽에서 왼쪽으로 적용한다.

2-1 게이트 순간이동: 핵심 원리

처음 상태벡터는 다음과 같이 직교규격화된 Bell 기준으로 분해할 수 있다.

$$\begin{aligned} |\Psi_0\rangle &= \frac{1}{\sqrt{2}} |\psi\rangle \otimes (I \otimes U)((|00\rangle + |11\rangle) \otimes |\phi\rangle) \\ &= \frac{1}{\sqrt{2}} (\alpha|0\rangle + \beta|1\rangle) \otimes (I \otimes U)((|00\rangle + |11\rangle) \otimes |\phi\rangle) \\ &= \frac{1}{2} \sum_{i,j \in \{0,1\}} |\beta_{ij}\rangle \otimes U(|\psi_{ij}\rangle \otimes |\phi\rangle). \end{aligned} \tag{10.39}$$

여기서 $|\beta_{ij}\rangle$는 Bell 상태를 나타내고, $|\psi_{ij}\rangle$는 표 10.2와 식 10.25에 정의하였다.

Alice가 Bell 기준 $\{\beta_{ij}\}$에 있는 첫 번째 두 큐빗을 측정하면 각각의 Bell 상태는 같은 확률로 나타난다. 그녀가 $|\beta_{ij}\rangle$를 얻었다면(여기서 $i, j \in \{0, 1\}$) 계의 상태는 $|\beta_{ij}\rangle \otimes U(|\psi_{ij}\rangle \otimes |\phi\rangle)$로 붕괴하고, 세 번째와 네 번째 큐빗은 상태 $U(|\psi_{ij}\rangle \otimes |\phi\rangle)$가 된다. 그리고 Alice의 측정 결과 (i, j)에 근거하여 상태 $U(|\psi\rangle \otimes |\phi\rangle)$를 재구성하기 위해 이 상태를 조절한다.

2. CNOT 게이트 순간이동

수정 게이트에는 $U(X \otimes I)U^\dagger$와 같이 이미 U가 포함되어 있는데 게이트 U를 순간이동

할 필요에 대해 의문을 가질 수 있다. $|\psi\rangle$를 먼저 순간이동하고, 그리고 U를 직접 적용하는 것이 더 논리적인 것처럼 보인다. 그러나 이 과정은 U가 특정한 2-큐빗 게이트일 때 단순하게 만들 수 있다. 이 절에서는 CNOT 게이트를 U로 고려하겠다.

U=CNOT에 대해 행렬곱을 통해(또는 논리 연산 분석-다음 절 참조) 다음과 같이 보일 수 있다.

$$X_U \equiv U(X \otimes I)U^\dagger = X \otimes X, \tag{10.40a}$$

$$Z_U \equiv U(Z \otimes I)U^\dagger = Z \otimes I. \tag{10.40b}$$

그러므로 U=CNOT에 대해 그림 10.14는 그림 10.16으로 간단히 할 수 있고, 여기서 수정 게이트에는 CNOT이 없고 진정한 순간이동을 이루었다.

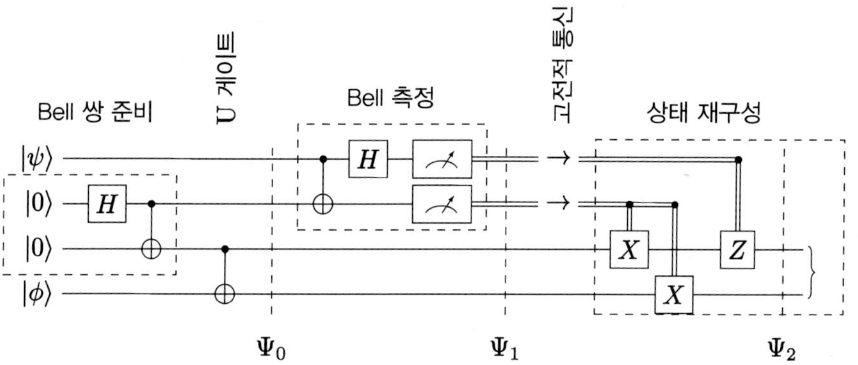

| 그림 10.16 | 2-1 CNOT 순간이동에 대한 양자 회로

연습문제 10.6

U=CNOT에 대해 CNOT, X와 Z의 행렬곱을 통해 식 10.40을 확인하여라.

연습문제 10.7

그림 10.16의 CNOT 순간이동 회로의 유도 과정을 따라 마지막 큐빗 (즉 $|\phi\rangle$)를 제어 큐빗으로 하는 CNOT의 순간이동에 대한 실용적인 회로를 설계하여라.

2 2-2 게이트 순간이동

이제 2-큐빗 게이트 U를 이용하여 두 큐빗 $|\psi\rangle$와 $|\phi\rangle$를 순간이동하는 것을 고려하자. 이 연산을 그림 10.17에 나타낸 그림에서, 그리고 그림 10.18에 양자 회로를 설명하였다. 이 경우 Daniel은 두 개의 Bell 쌍을 준비한다. 쌍 A는 큐빗 a_1과 a_2, 쌍 B는 b_1과 b_2로 이루어져 있다. 그는 쌍 A로부터 a_1을 Alice에게, 쌍 B로부터 b_2를 Bob에게 보낸다. 그리고 a_2와 b_1에 2-큐빗 게이트 U를 적용하고, 이들을 Charlie에게 보낸다.

Alice와 Bob은 각각 추가적인 큐빗 c_1과 c_2를 가지고 있고, 각각은 상태 $|\psi\rangle$와 $|\phi\rangle$에

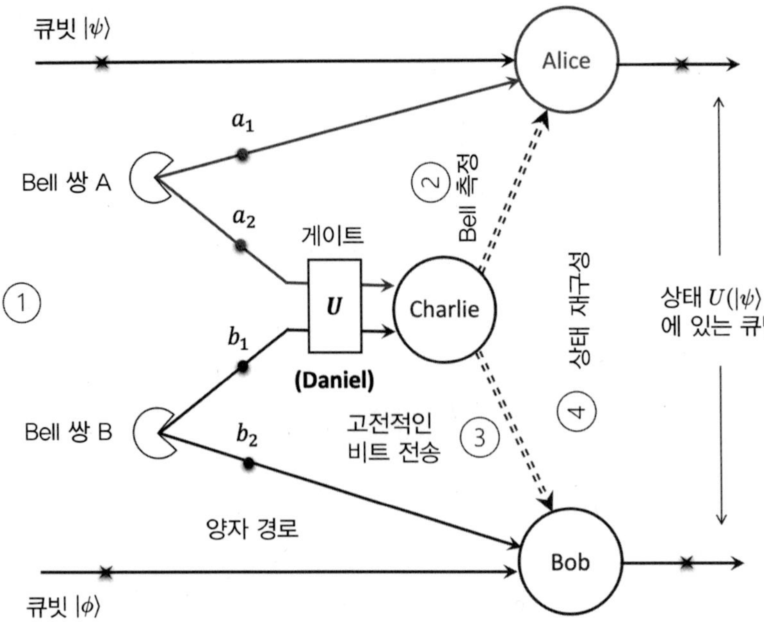

▌그림 10.17▐ 2-2 게이트 순간이동의 기본 과정

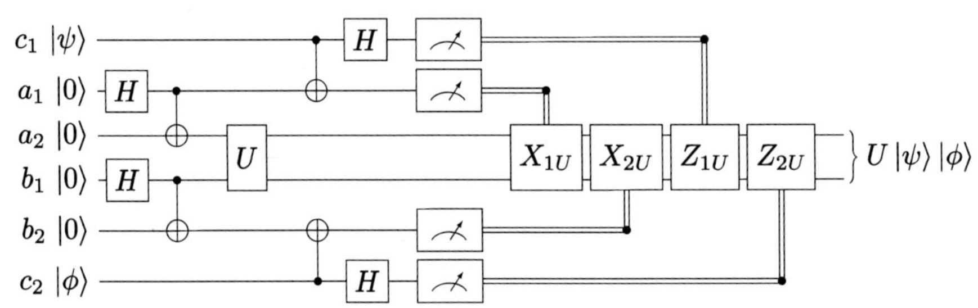

▌그림 10.18▐ 2-2 게이트 순간이동에 대한 양자 회로

있다. 목표는 이 큐빗에 U 게이트를 적용하는 동안 이 큐빗을 순간이동하는 것이다.

이를 이루기 위해 Alice는 큐빗 c_1과 a_1에 Bell 측정을 수행하고, 한편 Bob은 c_2와 b_2에 같은 측정을 한다. 이들은 각각의 측정 결과를 고전적인 통신 경로를 통해 Charlie에게 보낸다.

측정 결과를 받아 Charlie는 큐빗 a_2와 b_1에 적절한 게이트를 적용한다.

이 과정 마지막 부분에서 Chalie는 상태 $U|\psi\rangle|\phi\rangle$에 있는 큐빗 a_2와 b_1을 갖는다. 이것은 상태 $|\psi\rangle$와 $|\phi\rangle$는 이들에 적용한 U 게이트와 함께 순간이동이 된 것을 나타낸다. 일련의 연산으로 인해 실질적으로 다른 위치에서 나온 두 큐빗 사이에 U 게이트를 적용한 것을 순간이동하였다.

1. 표준적인 순간이동으로부터 게이트 순간이동으로 전환

§10.5.1.1에서 표준적인 순간이동으로부터 단일 큐빗 게이트 순간이동으로 전환한 것을 보인 것처럼 2-큐빗 게이트 순간이동에 대해서도 같은 방법을 이용하자.

그림 10.19에서 점선으로 분리된 부분 앞에 있는 부분은 그림 10.5에 있는 두 개의 표준 순간이동 회로를 병렬로 연결한 것이다. 출력에서 큐빗 a_2와 b_1은 각각 상태 $|\psi\rangle$와 $|\phi\rangle$에 있다. U 게이트를 적용하면 큐빗 상태는 $U|\psi\rangle|\phi\rangle$가 된다. 이 최종 상태는 의도한 게이트 순간이동과 같고, 그 안에서 U 게이트는 (그림 10.19에서 보인 대로) 순간이동한 $|\psi\rangle$와 $|\phi\rangle$에 적용하였다.

그림 10.19의 회로를 그림 10.18에 나타낸 게이트 순간이동 회로로 변환하려면 게이트 U를 제어된 Z와 제어된 X 게이트의 왼쪽으로 이동할 필요가 있다. 이 변환은 게이트 시퀀스 동등성 개념을 이용하여 할 수 있고, 이것은 다음의 표에 나타내었다.

여기서 $X_1 \equiv X \otimes I$, $Z_1 \equiv Z \otimes I$, $X_2 \equiv I \otimes X$와 $Z_2 \equiv I \otimes Z$이다(예를 들어 X_2는 두 번째 큐빗에 작용하는 X 게이트의 연산자를 표현한다). 이러한 게이트 시퀀스 동등성의 개념을 이용하여 수정 게이트의 정의를 그림 10.18에서 $X_{1U} \equiv UX_1U^\dagger$, $Z_{1U} \equiv UZ_1U^\dagger$, $X_{2U} \equiv UX_2U^\dagger$와 $Z_{2U} \equiv UZ_2U^\dagger$로 할 수 있다.

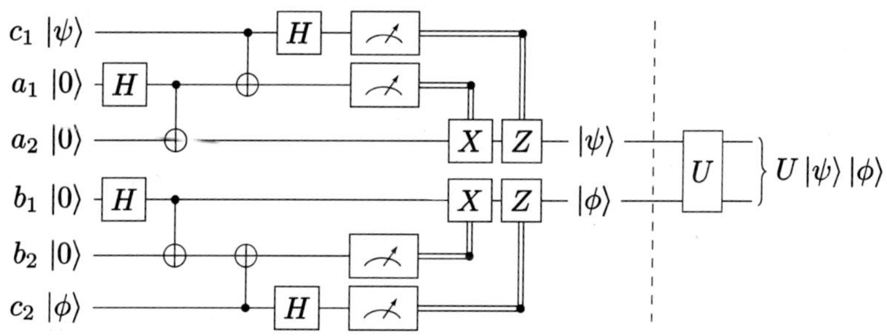

그림 10.19 순간이동 후 적용한 2-큐빗 U 게이트

표 10.5 2-큐빗 게이트 순간이동에 대한 게이트 시퀀스 동등성

게이트 시퀀스	동등한 시퀀스	연산자 동등성
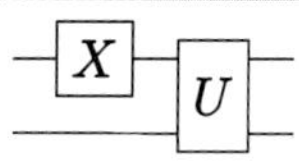	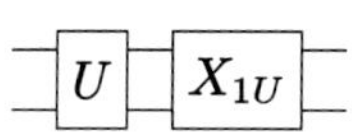	$UX_1 = UX_1(U^\dagger U) = (UX_1U^\dagger)U = X_{1U}U$
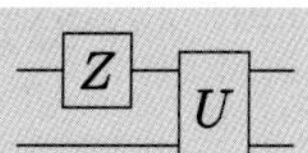	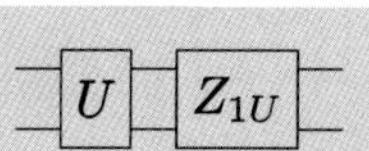	$UZ_1 = UZ_1(U^\dagger U) = (UZ_1U^\dagger)U = Z_{1U}U$
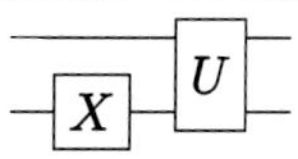	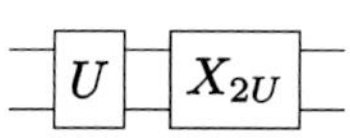	$UX_2 = UX_2(U^\dagger U) = (UX_2U^\dagger)U = X_{2U}U$
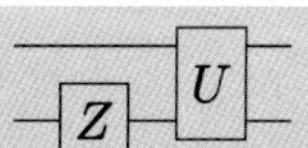	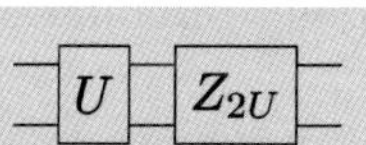	$UZ_2 = UZ_2(U^\dagger U) = (UZ_2U^\dagger)U = Z_{2U}U$

2. CNOT 게이트 순간이동

CNOT 게이트에 대해서는 수정 게이트를 단순하게 만들 수 있다. 표 10.6에 나타낸 게이트 시퀀스 동등성을 이용할 수 있다. 이 시퀀스에 대한 자세한 논의를 보려면 §7.4.3을 참조하여라. 이 경우 알 수 있는 것은 U 수정 게이트는 원래 네 개를 넘어 추가적인 X 게이트와 Z 게이트로 단순화된다.

표 10.6에 있는 동등한 게이트 시퀀스를 이용하면 최종적으로 그림 10.20에 있는 CNOT 게이트 순간이동에 대한 양자 회로를 얻는다. 게이트 시퀀스 동등성 2와 3에 의한 두 개의 추가적인 게이트는 그림자로 강조하였다. 이것은 직접 U를 더 이상 포함하지 않는 수정 게이트로서 매우 실용적인 회로이다.

연습문제 10.8

그림 10.20의 CNOT 순간이동 회로의 유도 과정을 따라 CZ 게이트의 순간이동에 대한 실용적인 회로를 고안하여라.

표 10.6 CNOT 순간이동에 대한 게이트 시퀀스 동등성

지표	게이트 시퀀스	동등한 시퀀스
1	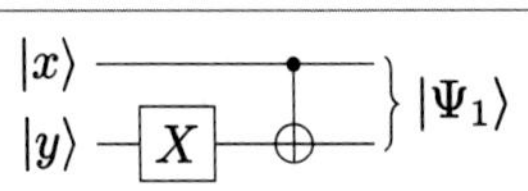	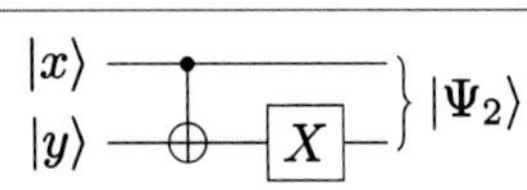
2	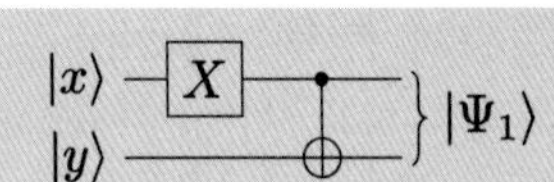	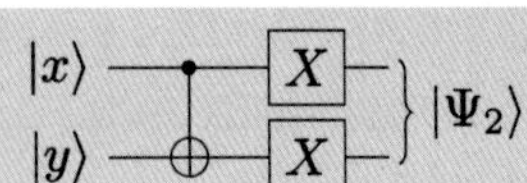
3	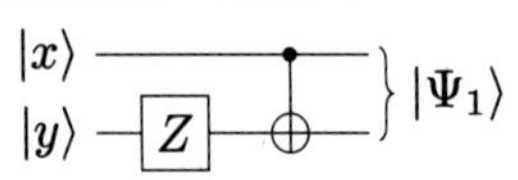	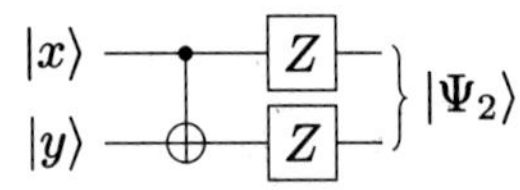
4	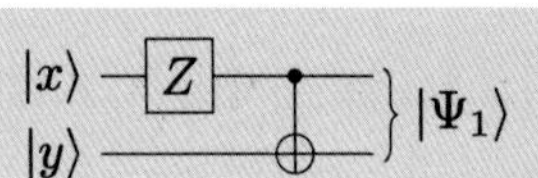	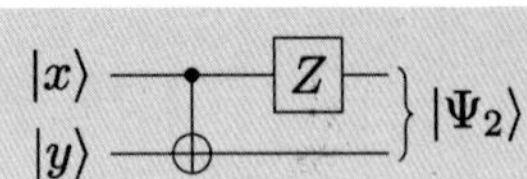

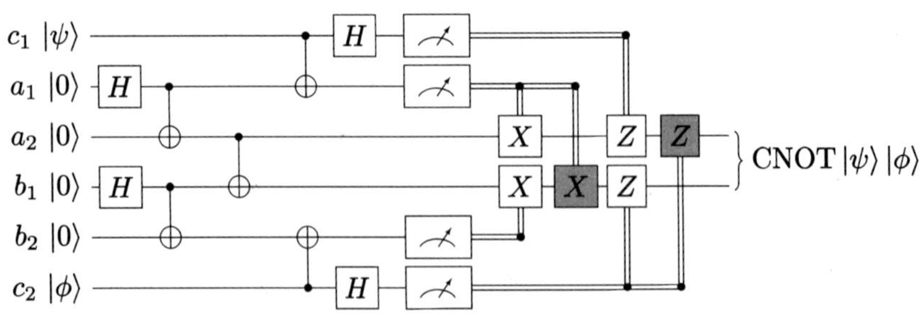

그림 10.20 CNOT 게이트 순간이동에 대한 양자 회로

10.5.3 ✱심층 탐구

양자 게이트 순간이동의 개념은 이 책에서 논의한 기본적인 프로토콜을 넘어 확장된다. 더 깊은 이해를 하고 싶은 독자에게 심층 탐구를 위해 다음 주제를 추천한다.

1. Generalized Quantum Gate Teleportation [57]: 여기서는 특정한 얽힌 상태를 통해 큐빗을 순간이동하는 다양한 양자 게이트를 만드는 방법을 도입하였다. 이론적인 체계를 깊게 고찰하였고, 특히 단일큐빗 연산, Bell 측정과 GHZ 상태를 이용한 양자 컴퓨터 모형을 강조한 잠재적인 응용에 대해 요약하였다.

2. Experimental Teleportation of a Quantum Controlled-NOT Gate [58]: 이 논문에서는 CNOT 게이트가 순간이동하는 경우에 대한 실험적 연구를 하였다. 실험적인 접근 방법과 이로 인한 관측은 게이트 순간이동에 대한 실용적인 의미와 도전에 대한 값진 통찰력을 제공한다.

3. Optimal Scheme for Teleportation of an n-qubit Quantum State [59]: 이 연구는 n-큐빗 양자 상태를 순간이동하도록 만든 양자 회로를 도입한다. 이 방법에서 양자 자원 이용을 통한 최적화가 주목할 만하다.

4. Teleportation of a Quantum Gate Between Two Logical Qubits [60]: 두 개의 논리 큐빗 사이에서 CNOT 게이트를 순간이동하는 것을 실험적으로 보인 이 매우 중요한 논문이다. 이 연구에서 실시간 적응 제어를 이용하여 순간이동을 결정론적으로 만들었다. 추가적으로 높은 과정 충실도를 유지하기 위한 오류수정 암호화의 중요성을 강조하였다.

5. Fault-Tolerant Universal Quantum Gate Operations [61]: 이 논문은 포획 이온 양자 컴퓨터 안에서 논리 큐빗에 작용하는 내결함성 범용 게이트 연산에 대해 자세한 설명을 한다. 이 연구에서 "플래그 결함 허용" 파라다임을 보이고, 내결함성이 있는 논리 T 게이트를 보임으로써 마친다. 이 발견은 오류 수정 범용 양자계산의 더 큰 발전을 위한 길을 열었다.

6. Enhanced Quantum Teleportation with Logical States [62]: 이 최근의 논문에서는 양자 순간이동에 대한 새로운 접근 방법을 제시하여 다중큐빗 물리 상태를 오류수정이 가능한 다중 큐빗 논리 상태로 전송하는 것에 초점을 맞추었다. 이 논문은 효율적인 양자 오류수정 방법도 언급하여 미래의 내결함성이 있는 양자 기술에 대한 잠재력을 강조하였다.

10.6 E91 양자 키 분포 프로토콜

암호학에서 암호화에는 정보(단순한 문자)를 공유 보안키를 통해 의도한 받는 사람에게만 접근가능한 형식으로 변환하는 것을 포함한다. 보안은 이 키의 안전한 분포에 의존한다. 관습적으로 고전적인 경로를 통해 전달된 메시지는 검출되지 않은 도청에 취약하다. 양자역학은 그 대체 방법을 제공하여 어떤 도청도 감지하면서 메시지를 전송할 수 있는 능력을 제공한다.

1984년 Charles H. Bennett과 Gilles Brassard는 두 기준에 걸쳐 네 양자 상태를 이용하는 BB84 프로토콜을 도입하였다. 여기서 Alice는 네 개의 상태 중 한 개에 있는 입자를 보내고, Bob은 무작위적으로 기준을 선택하여 이를 측정한다(BB84 프로토콜은 §5.5에서 자세히 설명하였다).

BB84를 근거로 Artur Ekert는 1991년에 E91 양자 키 분포(Quantum Key Distribution: QKD)를 제안하였다. 이 프로토콜에서는 양자얽힘, 국소적 연산과 고전적인 통신 경로를 이용하여 암호키를 안전하게 교환하여 보안 통신과 양자 보안 네트워크에 응용할 수 있다. E91 QKD 프로토콜의 독특한 특징은 그 고유한 보안성에 있어서 얽힌 광자를 가로채려는 어떤 시도도 그 양자 상태를 변화시켜 공유키에서 감지할 수 있는 이상한 점을 발생한다. 결과적으로 Alice와 Bob은 도청을 통해 노출된 키를 찾아내어 버릴 수 있다.

10.6.1 E91 QKD 프로토콜 과정

E91 QKD 프로토콜에는 그림 10.21에서 보인 대로 다섯 개의 주요 단계로 이루어져 있다. 이 단계를 자세히 설명하겠다.

1 Bell 쌍 생성과 분포

Bell 쌍 생성기는 전형적으로 Bell 상태 $|\Psi^-\rangle$에 있는 얽힌 큐빗쌍을 만든다. 각 쌍에서 한 큐빗은 Alice에게, 다른 큐빗은 Bob에게 보낸다.

Alice가 Bob에게 큐빗을 보내는 BB84와는 달리 E91 프로토콜에서 중심 원천에서 얽힌 큐빗을 만들고 분포한다. 이 배열은 특히 인공위성과 같은 중심 원천이 긴 거리에 있는 여러 수신자에게 얽힌 큐빗을 분포하는 실제 세계 구현에 대해 더 실용적으로 여기고 있다.

2 측정

큐빗을 받고 나서 Alice와 Bob은 각각의 큐빗을 측정하기 위해 미리 결정한 세 개의 측정 기준 중 한 개를 독립적, 무작위적으로 선택한다.

Alice에 대한 세 개의 기준은 다음과 같다.

- a_1은 Z 기준에서 측정한 것에 해당한다(Bloch 구에서 0°).
- a_2는 Bloch 구에서 Z 기준으로부터 45° 회전한 기준에서 측정한 것에 대응하고, 종종 $W=\frac{1}{\sqrt{2}}(Z+X)$로 표기한다.
- a_3는 X 기준에서 측정한 것에 해당한다(Bloch 구에서 90°).

Bob에 대해서는 다음과 같다.

- b_1은 W 기준에서 측정한 것에 해당한다(Bloch 구에서 45°).
- b_2는 X 기준에서 측정한 것에 해당한다(Bloch 구에서 90°).
- b_3는 Bloch 구에서 Z 기준으로부터 135° 회전한 기준에서 측정한 것에 해당하고, 종종 $V = \frac{1}{\sqrt{2}}(Z - X)$로 표기한다.

BB84 프로토콜은 네 개의 측정 장치를 이용하는데 각 참가자에게 두 개가 있다. 한편 E91 프로코콜에서는 여섯 개를 사용하고 각 참가자에게 세 개씩 사용한다. E91의 추가적인 장치를 사용하여 Bell 부등식 시험을 통해 도청자 감지를 쉽게 하여 이 과정 동안 키의 정보를 공개할 필요를 최소화한다. 이것은 이후 단계를 조사한 후 분명해질 것이다.

> 스핀-1/2계에서 Bloch 구 위의 각도는 Stern-Gerlach 장치의 물리적 방향에 대한 각도와 같다. 그러나 광자 편광에 대해서는 편광판의 물리적인 각도는 Bloch 구 위 각도의 반이다. 즉 Alice에게 a_1은 0°에 해당하고, a_2는 22.5°, a_3는 45°에 해당한다. 그리고 Bob에게 b_1은 22.5°, b_2는 45°, b_3는 67.5°이다.

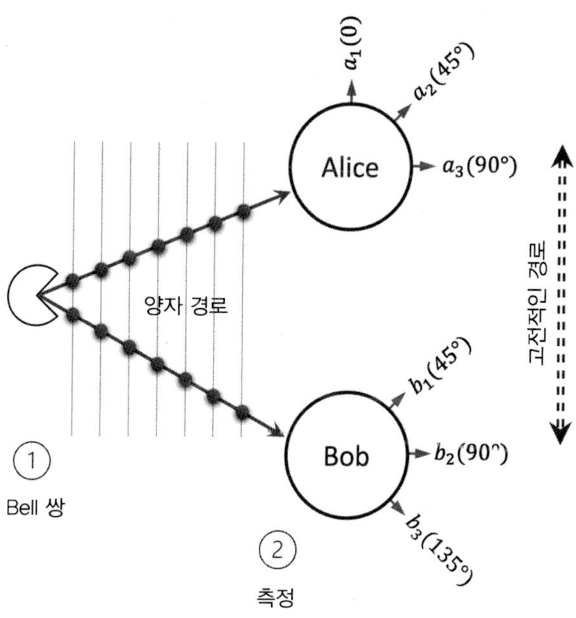

번호	Alice 기준	Bob 기준	키 사용	측정 결과	확인 사용
1	a_1	b_3		0	✓
2	a_3	b_2	✓	**1**	✗
3	a_1	b_1		0	✓
4	a_3	b_3		1	✓
5	a_2	b_2		1	✗
6	a_3	b_1		0	✓
7	a_2	b_1	✓	**1**	✗
8	a_1	b_2		0	✗
9	a_3	b_2	✓	**0**	✗
10	a_1	b_1		1	✓
11	a_2	b_3		1	✗
12	a_2	b_2		0	✗
13	a_1	b_3		1	✓
14	a_3	b_1		0	✓
15	a_2	b_1	✓	**0**	✗

③ 기준 발표 ④ 키 선별 ⑤ 도청 확인

| 그림 10.21 | 기본적인 E91 QKD 프로토콜

3 기준 발표

측정 후 Alice와 Bob은 공개적인 고전 경로를 통해 각 측정에서 사용한 기준을 발표한다. 이 단계에서는 측정 결과를 공개하지 않는다.

4 키 선별

발표한 기준을 이용하여 Alice와 Bob은 독립적으로 자료를 조사하여 양립하는 기준 쌍(a_2, b_1과 a_3, b_2)에서 수행한 측정 결과만 유지한다. 이 쌍에 대해 Alice와 Bob의 측정 결과는 얽힌 상태를 측정할 때 즉 Alice가 1의 결과, Bob은 0의 결과, 혹은 그 반대로 측정할 때 반상관관계가 있다(이 중 한 개는 그 측정 결과를 뒤집어야 한다).

이들은 양립하는 기준으로 측정한 결과를 선별키로 유지한다. 이것은 그림 10.21의 표에 있는 "키 사용" 행에 나타내었다.

5 도청 확인

Alice와 Bob은 잠재적인 도청을 검출하기 위해 고안한 Bell의 부등식 시험을 수행하기 위해 측정 결과의 부분집합을 이용한다.

부분집합에는 기준 a_1, a_3, b_1과 b_3로부터 결과를 포함한다. 즉 a_2와 b_2로부터의 결과를 제외한다. 이것은 그림 10.21의 표에서 "확인 사용" 행에 나타내었다.

기준 a_1, a_3, b_1과 b_3에 대한 각도의 특정한 선택은 최대로 얽힌 상태에 대해 $|S| = 2\sqrt{2}$가 되는 Bell-CHSH 양의 값을 최대화하기 위해 고안되었다. 도청이 없으면 보통 측정된 광자는 Bell 상태에 있고 $|S| = 2\sqrt{2}$이다. 그러나 도청자가 큐빗에 손대면 $|S| < 2\sqrt{2}$이다.

(고전적인 경로로 발표한) 측정 결과의 일부분을 비교하여 Alice와 Bob은 Bell의 부등식을 위배한 것을 확인할 수 있다. 위배한 양이 양자적 극한을 넘어서면 도청이 일어났다고 결론을 내리고 생성키는 안전하지 않다.

6 키 생성

도청 확인에 의해 경로가 안전하다고 확인했으면 Alice와 Bob은 보안 통신에 대한 양립하는 기준으로부터 남아 있는 선별키 자료를 이용한다. 또한 이 키의 보안을 높이기 위해 오류수정과 비밀성 증폭 기술도 적용할 수 있다.

10.6.2 BB84 프로토콜과의 비교

E91과 BB84 프로토콜은 모두 전형적으로 Alice와 Bob으로 표시하는 두 사람 사이에서 보안키를 만들 목적으로 사용하는 양자 키 분포(QKD) 프로토콜이다. 공유하는 목표에도 불구하고 두 프로토콜은 그 작용과 실용적인 의미에서 매우 다르다(§5.5에서 BB84 프로토

콜을 탐구하였다).

1 보안 기준

- E91 프로토콜은 양자얽힘과 Bell의 부등식에 근거하고 있다. Alice와 Bob은 각각 얽힌 큐빗쌍 중 한 개를 받는다. 이 얽힌 쌍에 대한 측정 사이의 양자 상관관계를 이용하여 도청자의 존재를 검출한다.
- BB84 프로토콜은 Heisenberg의 불확정성 원리에 근거하고 있다. 도청자(Eve)는 변형을 일으키지 않고 Alice가 보낸 양자 상태를 측정할 수 없다. 이 변형은 오류수정 단계에서 Alice와 Bob이 검출할 수 있다.

2 도청의 검출

- E91에서 도청은 Alice와 Bob의 측정 결과 사이의 상관관계가 감소하여 Bell의 부등식을 위배하는 것을 검출한다. 이것은 측정 결과를 공유하는 것을 넘어 Alice와 Bob 사이에 더 통신을 하지 않고 관측할 수 있다.
- BB84에서 Alice와 Bob은 그들의 키 비트의 부분집합을 비교하여 도청을 검출한다. Eve가 큐빗을 측정하려고 하면 불확정성 원리 때문에 오류를 만들고, 이것은 Alice와 Bob이 검출할 수 있다.

3 사용한 기준 개수

- E91 프로토콜에서 암호화하고 큐빗을 측정하기 위해 세 개의 기준을 이용한다. Alice와 Bob은 한 번 수행할 때마다 큐빗을 측정하기 위해 세 기준 중 한 개를 무작위적으로 선택한다.
- BB84 프로토콜은 암호화하고 큐빗을 측정하기 위해 두 개의 교환하지 않는 기준을 이용한다. Alice는 키의 각 비트를 암호화하기 위해 이 기준 중 하나를 무작위적으로 선택하고, Bob은 각 비트를 측정하기 위해 기준 중 한 개를 무작위적으로 선택한다.

4 실제 세계 응용에 대한 실용성

- 얽힘 큐빗쌍에 의존하는 E91 프로토콜은 구현하는 것이 기술적으로 어렵다. 특히 먼 거리에 걸쳐 얽힌 큐빗을 만들고, 유지하고 전송하는 것이 어렵다. 추가적으로 세 개의 다른 기준에서 측정해야 하므로 더 복잡해진다. 그러나 신뢰할 수 있는 곳에서 인공위성에 근거를 둔 양자통신과 같은 얽힌 광자를 배급할 수 있는 경우 E91은 원거리 양자 키 분포에 대한 보안과 효율 면에서 장점이 있을 수 있다.
- BB84 프로토콜은 종종 단거리 실제 세계 응용에서 더 실용적으로 여기고 있다. 왜냐하면 단일 큐빗만 준비하여 전송하고 두 기준에서 측정할 수 있는 능력만 있으면 되기 때문이다. 이러한 임무는 현재 기술로 상대적으로 더 쉽게 수행할 수 있어서 BB84가 더 구현하기 쉽다. 그러나 이 프로토콜에서는 도청을 감지하기 위해 Alice

와 Bob 사이에 더 상호작용이 필요한 통신이 필요하고, 이것이 어떤 경우 제한이 된다.

10.6.3 ✱심층 탐구

E91 양자 키 분포 프로토콜의 개념은 얽힘의 기초로, 그리고 양자암호학의 더 광범위한 관점과 더불어 이 책에서 논의한 기본적인 프로토콜을 넘어 확장된다. E91 프로토콜의 개념과 그 기초, 그리고 다른 양자 암호학적 방법과 비교하여 깊은 이해를 원하는 독자에게 심층 탐구를 위해 다음을 추천한다.

1. Quantum Cryptography Based on Bell's Theorem [21]: 이것은 Artur Ekert가 E91 프로토콜을 도입한 원래 논문이다. 여기서 얽힘과 Bell의 부등식에 근거한 양자 키 분포에 대한 기초를 만들었다.
2. Quantum Key Distribution Network for Multiple Applications [63]: 이 논문은 E91을 포함한 다른 프로토콜을 다양한 응용에서 사용하는 양자 키 분포 네트워크의 구현에 대해 논의한다. 네트워크에서 E91 프로토콜의 유연성과 실제 세계의 효용을 보였다.
3. Experimental Demonstration of a Measurement-Device-Independent Quantum Key Distribution [64]: 이 논문에서는 측정 장치를 신뢰할 필요를 제거하여 E91 프로토콜을 넘어선 발전으로 볼 수 있는 측정 장치에 무관한 양자 키 분포의 실험적 구현을 도입하고 보였다.
4. Quantum Cryptography: Public Key Distribution and Coin Tossing [17]: BB84 프로토콜의 도입에 대해 주로 초점을 두었지만 Charles H. Bennett과 Gilles Brassard의 이 중요한 논문은 또한 E91 프로토콜의 개발에 대한 관점을 이해하는 기초를 보였다.
5. Quantum Key Distribution in Cryptography: A Survey [22]: 이 논평은 암호학적 기반 시설에 양자 키 분포(QKD)를 결합하는 것을 탐구한다. 정보이론적 보안에 대한 QKD의 전망을 주목하여, 이 논문은 대칭적인 암호키를 갱신하고 네트워크에서 보안키 수립을 가능하게 하는 응용을 강조하는 한편 고유한 어려움과 연구 방향을 논의하였다.

10.7 요약 및 결론

얽힘의 응용

이 장에서 양자컴퓨팅과 양자통신의 여러 응용에 대해 포괄적으로 탐구하였다. 이 영역에서 얽힘이 기여하는 기본적 역할을 살펴보는 것으로 시작하여 얽힘의 능력을 조절하는 키 프로토콜의 체계적인 분석을 시도하였다.

양자통신의 효력을 보여준 우아한 방법인 초고밀도 코딩을 설명하는 것으로 시작하였다. 통신에서 계산으로 전환하면서 양자 순간이동의 개념은 실제로 큐빗을 물리적으로 이동하지 않고 양자 상태를 전송하는 유일한 능력을 보였고, 고전적인 파라다임과 양자 파라다임 사이의 차이를 강조하였다.

미묘한 차이가 있지만 기본적인 과정인 얽힘 교환은 원거리에서 양자 연결을 만들 때 얽힘의 다양성을 강조하였다. 이와 같은 기술은 양자 네트워크를 만들 때 중요하고, 이것은 양자 시대에서 세계적인 통신에 혁명을 일으킬 수 있는 잠재력이 있다.

양자 게이트 순간이동에 대한 논의를 이용하여 계산에 대해 더 깊게 고려하였다. 이 접근 방법으로 인해 분배 양자컴퓨팅의 분야를 열어서 양자 게이트는 공간적으로 퍼진 양자계에서 작용할 수 있다는 파라다임을 제공하였다.

최종적으로 E91 양자 키 분포(QKD) 프로토콜을 이용한 양자통신 영역으로 주제를 바꾸었다. 얽힘과 양자역학 원리에 근거한 이 프로토콜은 도청의 위협에 직면해도 개선된 보안 양자계를 강조하여 양자 암호학적 기술을 이에 대응하는 고전적인 기술과 구별하였다.

이론과 실제 연결하기

이 장을 통해 접근 방법은 두 가지이다. 양자역학의 이론적 근거에 대한 논의에 기초를 두고, 한편 계속 실제 세계의 의미를 언급하였다. 이렇게 하여 양자 현상의 추상적인 아름다움과 차세대 기술의 실제적인 응용을 모두 감상하고자 하였다.

중요한 양자 자원으로서 얽힘은 많은 양자적 응용을 융합한다. 논의한 다양한 기술과 프로토콜을 통해 양자 정보과학의 잠재력과 나아갈 길에 대한 미묘한 점을 이해시키려고 하였다.

이후의 주제

이후의 장에서 독자들이 양자알고리즘의 복잡한 세계로 빠져 들어갈 것을 약속한다. 양자 알고리즘을 그 고전적인 상태와 나란히 놓아 이들이 제시하는 유일한 이점과 어려운 점을 살펴보겠다. 교육적인 Deutch Jozsa 알고리즘으로부터 시작하여 실제 세계에서 바로 응용되는 QUBO, QAOA와 VQE와 같은 알고리즘을 통한 최적화의 영역으로 전환하겠다. 이 장에서 양자컴퓨팅에서 측정의 중심 역할을 강조하는 알고리즘인 양자 측정 폭탄으로 뛰어드는 것으로 결론을 내리겠다. 이 주제를 탐구하면서 이전 장에서 공부한 기초적인 원리를 연속적으로 쌓아 올려서 양자컴퓨팅의 지식을 강화하고 확장하겠다.

문제 10

10.1 **초고밀도 코딩**에 관련된 다음의 질문을 조사하고, 신중하게 답하여라.

(a) 초고밀도 코딩이 고전적인 전송에 비해 비록 두 방법에 두 개의 비트를 포함하더라도 더 효율적인 이유는 무엇인가?

(b) 초고밀도 코딩은 통신 보안을 개선하는가?
(c) 초고밀도 코딩은 양자 순간이동과 어떤 관계가 있는가?
(d) 한 개의 EPR 쌍은 고전적인 2비트의 정보보다 많은 정보를 전송할 수 있는가?

10.2 **양자 순간이동**과 관련된 다음의 질문을 조사하고, 신중하게 답하여라.

(a) 양자 순간이동은 물질을 순간이동시키는가? 즉 입자를 한 곳에서 다른 곳으로 이동시킬 수 있는가?
(b) 양자 순간이동은 빛보다 빨리 일어나는가?
(c) 양사 순간이동을 이용하여 양자 상태를 복사할 수 있는가?
(d) Alice가 두 개의 큐빗을 측정한 후 원래 큐빗쌍은 여전히 얽혀 있는가?
(e) 얽힌 쌍은 양자 순간이동에서 두 번 사용할 수 있는가?
(f) 양자 순간이동과 복제 불가능 정리 사이의 관계는 무엇인가?
(g) 양자 순간이동에서 고전적인 통신의 역할은 무엇인가?

10.3 **얽힘 교환**과 관련된 다음 질문을 조사하고, 신중하게 답하여라.

(a) 얽힘 교환은 양자 순간이동과 어떤 관계가 있는가?
(b) 얽힘 교환은 순간적으로 일어나는가?
(c) 얽힘을 한 번보다 많이 교환할 수 있는가?
(d) 얽힘 교환을 고전적인 정보를 전송할 때 사용할 수 있는가?
(e) 얽힘 교환은 양자 네트워크에서 어떻게 사용하는가? ("양자 중계기"를 찾아보아라.)
(f) 교환 과정 동안 얽힘을 잃을 위험이 있는가?
(g) 얽힘 교환에서 중개자가 필요한 이유는 무엇인가?
(h) 중개자의 측정 결과는 어떻게 다른 두 큐빗의 최종 상태에 영향을 주는가?
(i) 중개자는 남아 있는 두 개의 큐빗 사이에 만들어지는 얽힘의 형태를 제어할 수 있는가?

10.4 **양자 게이트 순간이동**에 관한 다음의 질문을 조사하고, 신중히 답하여라.

(a) 양자 게이트 순간이동은 정상적인 양자 순간이동과 어떤 관계가 있는가?
(b) 상태 $|\psi\rangle$와 $|\phi\rangle$가 이들에 작용한 U 게이트와 함께 순간이동했다고 말하는 것의 의미는 무엇인가?
(c) 양자 게이트 순간이동은 어떻게 실용적으로 사용하는가?
(d) 양자 게이트 순간이동은 양자컴퓨팅에 어떤 영향을 주는가?
(e) 양자 게이트 순간이동은 양자암호학에 어떻게 기여하는가?
(f) 양자 게이트 순간이동에 어떤 제한이 있는가?
(g) 양자 게이트 순간이동은 고전적인 통신 없이 가능한가?
(h) 성공적인 양자 게이트 순간이동을 위해서 두 큐빗은 얼마나 떨어져 있을 수 있는가?

10.5 **E91 QKD 프로토콜**에 대한 다음 질문을 조사하고, 신중하게 답하여라.

(a) E91에서 얽힘을 사용하는 것은 BB84에 대해 어떤 장점이 있는가?
(b) E91 프로토콜에서 키 분포를 넘어서는 통신에 사용할 수 있는가?
(c) E91 프로토콜은 어떻게 키가 손상되지 않았다는 것을 보장하는가?
(d) 실제 세계에서 E91 프로토콜을 구현할 때 어려운 점은 무엇인가?
(e) E91 프로토콜을 실제 세계에 구현할 때 어려운 점은 무엇인가?
(f) E91 프로토콜은 다른 형태의 입자에도 작동할 수 있는가, 아니면 광자에만 한정되는가?

(g) 선별 키로 사용할 수 있는 측정 비트의 비율은 얼마인가?
(h) E91 프로토콜은 두 사람보다 많은 네트워크에서 사용할 수 있는가?
(i) E91 프로토콜은 상업용 양자통신계에서 널리 적용되는가?

10.6 돌이켜보면 양자 순간이동의 최종 결과는 기본적으로 첫 번째와 세 번째의 큐빗을 교환하는 것이다. 사실 (최종 측정을 제외하고) 그림 10.6은 다음에 나타낸 교환 회로와 동등하다. 이 동등성을 §§7.4와 8.5에서 구한 게이트 시퀀스 동등성을 이용하여 보여라.

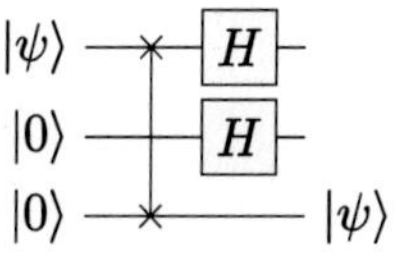

동등한 교환 회로

10.7 Alice와 Bob은 $|\Phi^+\rangle$와는 달리 (얽힌 광자쌍과 흔히 관련된) Bell 상태 $|\Psi^-\rangle$를 공유하는 양자 순간이동을 고려하자. 목표는 이 조건이 주어진 양자 순간이동 프로토콜을 만드는 것이다. 특히 공유한 $|\Psi^-\rangle$ 상태를 전제했을 때 양자 순간이동의 원리를 간결하게 요약한 식 10.26과 비슷한 식을 유도하여라.

10.8 Alice는 2-큐빗 상태 $\alpha|00\rangle+\beta|11\rangle$를 가지고 있다. Alice가 Bob에게 이 상태를 보낼 수 있는 양자 순간이동 과정을 보여라. 특히 2개의 고전적인 통신 비트와 한 개의 공유된 EPR 쌍만을 이용하여 상태를 순간이동하는 단계를 자세히 밝혀라. EPR 쌍은 상태 $\frac{1}{\sqrt{2}}(|00\rangle+|11\rangle)$에 있고, 양자 순간이동을 시작하기 전에 Alice(첫 번째 큐빗)와 Bob(두 번째 큐빗) 사이에 분배한다고 가정한다. 측정 결과가 어떻게 프로토콜에 영향을 주고, Bob은 어떻게 원래 상태를 재구성하는지 설명하여라.

10.9 EPR 쌍이 얽힌 광자쌍에서 종종 보는 상태인 Bell 상태 $|\Psi^-\rangle$에 있다고 가정하여 얽힘 교환 프로토콜에 대해 탐구하여라. 특히 얽힌 쌍의 처음 상태가 $|\Psi^-\rangle$일 때 얽힘 교환 과정을 정확하게 설명하는 식 10.33과 비슷한 공식을 유도하여라.

10.10 게이트 순간이동은 양자 게이트를 순간이동 과정에 포함하여 양자 순간이동의 개념을 확장한 복잡한 프로토콜이다. 이로 인해 상태 자체와 직접 상호작용하지 않고 양자 상태에 양자 게이트를 원격 수행할 수 있다. 이 연습문제에서 교신자(Alice와 Bob) 사이에 공유한 얽힌 근원이 Bell 상태 $|\Psi^-\rangle$인 경우를 고려하자. 목표는 이 특정한 처음 얽힌 상태가 주어졌을 때 게이트 순간이동 프로토콜을 완성하는 것이다. $|\Psi^-\rangle$ 상태를 이용하여 게이트 순간이동 과정을 간단히 표현한 식 10.37과 동등한 수식화를 유도하여라.

10.11 ∗ 그림 10.16의 2-1 CNOT 순간이동 회로를 유도한 과정을 따라 Bell 상태 생성기의 순간이동에 대한 실용적인 회로, 즉 Hadamard 게이트 다음으로 제어 큐빗에 작용하는 CNOT 게이트를 고안하여라.

10.12 ∗ 그림 10.20의 2-2 CNOT 순간이동 회로의 유도 과정을 따라 Bell 분석기의 순간이동에 대한 실용적인 회로, 즉 CNOT 다음 제어 큐빗에 작용하는 Hadamard 게이트를 고안하여라.

10.13 ✱ 문제 8.8에서 정의한 네 큐빗의 나누어진 Bell 상태를 고려하자. 이 확장된 Bell 상태는 2-큐빗 얽힘을 넘어선 고급 양자통신 프로토콜에 대한 풍부한 구조를 제공한다. 여기서 할 일은 이 상태를 이용한 다음의 핵심적인 양자통신 프로토콜을 조사하고 확장하는 것이다.

(a) 초고밀도 코딩의 효율을 높이기 위해 나누어진 Bell 상태를 어떻게 사용할 수 있는지 탐구하여라. 전통적인 2-큐빗 Bell 상태보다 더 많은 정보를 암호화하고 전송할 때 4-큐빗 상태를 이용하는 의미를 고려하여라.
(b) 4-큐빗 Bell 상태를 포함하기 위해 양자 순간이동의 개념을 확장하여라.
(c) 4-큐빗 Bell 상태를 포함하기 위해 얽힘 교환의 개념을 확장하여라.
(d) $2n$ 큐빗의 확장된 Bell 상태를 이용하여 초고밀도 코딩, 양자 순간이동과 얽힘 교환을 일반화하는 것을 조사하여라.

각각의 경우 가능한 경우 수학적인 수식화를 할 수 있는 이러한 확장에 대한 이론적 기초를 제공하여라.

IV

양자계산과 정보

CHAPTER

11

양자알고리즘: 샘플 모음

일반적으로 알고리즘은 특정한 문제를 풀기 위해 컴퓨터가 따르는 지시 또는 과정을 정의한 집합을 말한다. 이 알고리즘을 양자컴퓨터에 대해 설계할 때 이것을 양자알고리즘이라고 한다. 양자알고리즘의 목표는 종종 고전적인 컴퓨터보다 더 효율적으로 계산을 수행하거나 내재하는 물리적 제한(예컨대 수행 시간이나 메모리 용량)에 의해 고전적인 컴퓨터는 실제로 불가능한 계산을 하려고 하는 것에 중점을 두고 있다. 이러한 관점에서 양자알고리즘을 세 개의 주요 영역으로 분류한다. 이들은 기초 양자 알고리즘, NISQ 하이브리드 알고리즘과 혁신적인 양자알고리즘 개념이다.

양자 실용화 시대

약 2024년까지 양자컴퓨팅은 주로 잡음이 존재하는 중간 규모 양자컴퓨터(Noisy Intermediate-Scale Quantum: NISQ) 장치를 이용하여 연산하는 것이다. 이 장치는 크기가 제한되고, 양자 잡음에 영향을 받지만 중요한 전환기를 나타낸다. 이들은 고전 컴퓨터 시뮬레이션으로 얻을 수 있는 것을 넘어서기 시작하는 계산 능력을 가지고 있다.

이 발전하는 환경에서 양자 실용화 시대에 접어들고 있고, 이것은 양자컴퓨팅이 특정한 업무에서 상당한 계산의 이점을 만들기 시작하는 단계이다. 여기서부터 양자컴퓨팅의 실용적인 영향이 시작되고, 양자 잡음과 장치의 한계에도 불구하고 실제 세계의 문제에 대한 구체적인 해를 제공하기 시작한다.

하이브리드 알고리즘의 진화

양자컴퓨팅이 NISQ 시대에서 떠오르는 양자 실용화 시대로 전환함에 따라 양자-고전 하이브리드 알고리즘은 양자 계산과 고전 계산의 파라다임의 강도를 조절하기 위해 변화하고 있다. 이 알고리즘은 제한된 큐빗과 오류에 대한 민감성이 있는 NISQ 장치와 실용적 크기를 갖는 고급의 양자계에 대해서 모두 그 수행을 최적화할 때 중요하다. 양자 계산을 고전적인 과정과 전략적으로 결합하여 이 하이브리드 알고리즘은 계산 신뢰도와 효율을 증대시키는 것을 목적으로 하여 양자 하드웨어의 변화하는 능력에 적응하려고 한다.

기초 양자알고리즘

역사적으로 Shor나 Grover의 알고리즘과 같이 고전적인 계산에 대해 양자 계산의 기본적인 장점을 보여주는 양자알고리즘은 적용할 때 대규모, 내오류성에 대한 가정을 하고 개발하였다. 큐빗의 중첩과 얽힘 성질을 이용하는 이와 같은 알고리즘은 기초 양자알고리즘이라고 한다. 이 알고리즘은 중요한 교육적인 도구이고 양자계산의 심오한 가능성을 전형적으로 보여준다.

혁신적인 양자알고리즘의 개념

확립된 NISQ와 기초 알고리즘의 파라다임을 넘어 혁신적인 양자알고리즘 개념 영역이 있다. 이것은 양자컴퓨팅의 초기 단계에서 생겼거나 이 분야에 새로운 방법으로 접근하는 알고리즘과 생각을 포함한다. 또한 양자계산 연구의 경계를 확장하여 새로운 방법론을 탐구하고 기존의 가정에 도전한다. 이 중에 양자 폭탄 시험 알고리즘과 양자 화폐가 있고, 이들은 양자 측정, 확률적 알고리즘과 양자 암호학에 대한 통찰력을 제공한다.

전략

이 장에서 앞에서 언급한 각각의 범주에 있는 대표적인 양자알고리즘을 탐구하겠다.

Deutsch Jozsa 알고리즘: 기초 양자알고리즘으로 양자계산의 잠재적인 장점을 보여준다. 눈에 보이는 실제 세계 응용은 찾기 어려운 반면 직관, 작용하는 원리와 이 기초적인 알고리즘의 일반화를 조사하겠다.

NISQ 시대의 양자알고리즘: 잡음이 존재하는 중간 규모 양자(NISQ) 시대의 대표적인 특징으로 이차 무제한 이진 최적화(Quadratic Unconstrained Binary Optimization: QUBO), 양자 근사 최적화 알고리즘(Quantum Approximate Optimization Algorithm: QAOA), 변분 양자 고유값 계산기(Variational Quantum Eigensolver: VQE)와 단열 양자컴퓨팅(Adiabatic Quantum Computing: AQC)은 여러 최적화와 양자 시뮬레이션 문제를 잘 푸는 것으로 판명되었다. 주목할 것은 이것은 양자 어닐링 장치에 의해 풀 수 있는 문제를 포함한다. 중점적으로 최대 컷 문제를 고려하겠다.

양자 측정 폭탄 알고리즘과 양자 화폐: 혁신적인 양자알고리즘 개념을 나타내는 이 예에서 양자 측정, 확률적 알고리즘과 양자 암호학과 같은 다양한 다른 양상을 볼 수 있다.

이러한 알고리즘의 탐구를 통해 독자가 과거의 업적, 현재의 능력, 미래 가능성을 따라가 보아 발전하는 양자컴퓨팅의 전망을 포괄적으로 이해하는 것을 목표로 한다.

11.1 Deutsch–Jozsa 알고리즘

Deutsch-Jozsa(DJ) 알고리즘은 최초의 양자알고리즘이고 가장 기본적인 예 중의 하나이다. 이것은 직접적인 실용적 응용은 부족하지만 특정한 과제에서 고전적 컴퓨팅보다 양자컴퓨팅이 잠재적으로 너 징검이 있다는 예를 보여준다.

11.1.1 문제

이진 함수 $f:\{0,1\}^n \rightarrow \{0,1\}$을 고려하자. 이 함수는 n 비트의 문자열을 취해 출력으로 한 개의 비트를 돌려준다. 이 함수는 반드시 다음의 두 가지 중 한 행동을 한다.

1. **상수**: $f(x)$는 모든 입력에 대해 같다. 즉 모든 x에 대해 $f(x)=0$이거나 $f(x)=1$이다.
2. **균형**: (반드시 연이어서 일어날 필요는 없지만) 가능한 입력 중 정확히 절반에 대해 함수의 출력은 0이고, 다른 절반에 대해서는 1이다.

예제 11.1

$n=1$인 경우 네 개의 가능한 이진 함수가 있다.

$$\begin{aligned} f_{c0} &: 0 \to 0,\ 1 \to 0, && (\text{상수}) \\ f_{c1} &: 0 \to 1,\ 1 \to 1, && (\text{상수}) \\ f_{b0} &: 0 \to 0,\ 1 \to 1, && (\text{균형}) \\ f_{b1} &: 0 \to 1,\ 1 \to 0. && (\text{균형}) \end{aligned}$$

$n=2$인 경우 16개의 가능한 이진 함수가 있다. 몇 개의 예를 들면 다음과 같다.

$$\begin{aligned} f_{c0} &: 00 \to 0,\ 01 \to 0,\ 10 \to 0,\ 11 \to 0, && (\text{상수}) \\ f_{c1} &: 00 \to 1,\ 01 \to 1,\ 10 \to 1,\ 11 \to 1, && (\text{상수}) \\ f_{b0} &: 00 \to 0,\ 01 \to 0,\ 10 \to 1,\ 11 \to 1, && (\text{균형}) \\ f_{b1} &: 00 \to 0,\ 01 \to 1,\ 10 \to 0,\ 11 \to 1, && (\text{균형}) \\ &\cdots \\ f_{x0} &: 00 \to 1,\ 01 \to 1,\ 10 \to 1,\ 11 \to 0, \\ &\cdots . \end{aligned}$$

이 경우 f_{c0}와 f_{c1}은 상수 함수이며 f_{b0}과 f_{b1}은 균형 함수이고, 한편 f_{x0}는 상수 함수도, 균형 함수도 아니다. ■

연습문제 11.1

$n=2$와 $n=3$인 경우 각각 균형 함수는 몇 개인가?

알고리즘은 함수를 표현하는 블랙박스 기능인 **오라클**을 이용한다. 함수의 입력-출력 관계를 이해하기 위해 오라클에 질문을 할 수 있지만 내부 구조는 감추어져 있다. 알고리즘의 목적은 함수가 입력에 대해 상수인지 균형 함수인지 확실하게 결정하는 것이다.

> *i* 이론적인 관점에서 오라클은 계산에 대한 블랙박스 함수 입력으로 개념화할 수 있다. 알고리즘은 단순히 내부 구조에 대한 관심을 갖지 않고 그 존재를 가정한다. 그러나 교육적으로 완전하게 하기 위해 §11.1.5에서 이 오라클의 가능한 구현을 제공하고, 이로부터 독자는 알고리즘 연산에 대해 더 깊게 이해할 수 있을 것이다.

11.1.2 고전적 접근과 양자적 접근

고전적인 접근 방법에서 함수 $f(x)$가 상수인지 균형인지 구별하려고 하는 임무에는 최소한 $2^{n-1}+1$개의 오라클 쿼리가 필요한 최악의 경우가 생긴다. 그 이유는 $f(x)$는 같은 값을 주지만, 여전히 함수가 상수인지, 균형인지 확신하지 못하게 남겨두는 2^{n-1}개까지의 입력을 받을 수 있기 때문이다. $f(x)$가 균형인지 확실히 결정하려면 2^{n-1} 넘어 한 개의 추가적인 쿼리가 필요하다.

대조적으로 DJ 알고리즘은 한 개의 오라클 쿼리만으로 이 구별을 할 수 있는 양자컴퓨팅의 능력으로 나타내고, 이를 통해 고전적으로 대응하는 부분과 비교할 때 지수함수적으로 속도를 높인다. 이 수행의 차이는 양자 병렬성이 도입한 커다란 장점을 부각한다.

11.1.3 Deutsch-Jozsa 알고리즘 과정

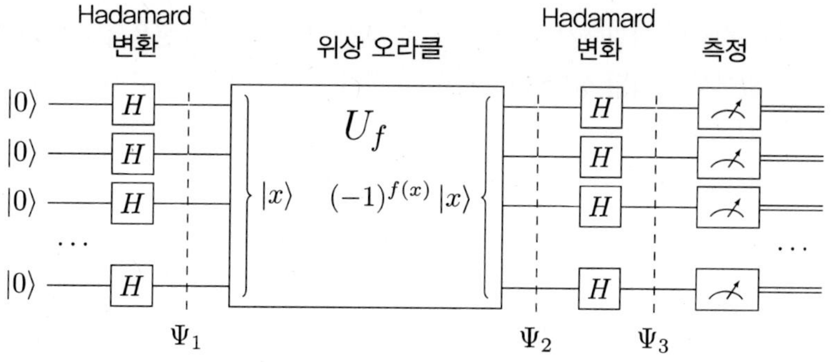

| 그림 11.1 | Deutsch-Jozsa 알고리즘에 대한 양자 회로

그림 11.1에 나타낸 대로 DJ 알고리즘에는 다음 과정이 있다.

1. 모든 큐빗을 $|0\rangle$으로 초기화한다.
2. 모든 가능한 입력 상태의 중첩을 만들기 위해 Hadamard 변환을 적용한다.
3. 위상 오라클에 대한 쿼리를 하여 중첩된 각 상태에 위상 $(-1)^{f(x)}$를 도입한다.
4. 두 번째 Hadamard 변환을 수행한다.
5. 큐빗을 측정한다. 상수 함수는 항상 상태 $|000...0\rangle$을 만드는 반면 균형 함수는 $|000...0\rangle$을 제외한 어떤 상태도 나온다.

다음으로 DJ 알고리즘 과정을 자세히 살펴보겠다. DJ 알고리즘은 직접적인 실용적 응용은 없지만, 여기서 설명하는 전략과 원리는 더 복잡한 양자알고리즘, 특히 Simon, Shor와 Grover 알고리즘을 이해하는 기초가 된다.

1 균일한 중첩

$|0\rangle$으로 초기화한 각각의 큐빗에 Hadamard 게이트를 적용하면 다음을 얻는다.

$$|\Psi_1\rangle = \bigotimes^n H|0\rangle = \bigotimes^n \frac{1}{\sqrt{2}}(|0\rangle + |1\rangle). \tag{11.1}$$

텐서곱을 전개하면

$$|\Psi_1\rangle \equiv |\Psi_u\rangle = \frac{1}{\sqrt{2^n}} \sum_{x\in\{0,1\}^n} |x\rangle \tag{11.2}$$

를 얻는다. 여기서 $|\Psi_u\rangle$는 $|000...0\rangle$에서 $|111...1\rangle$까지 2^n개 기준 상태의 균일한 중첩이다.

연습문제 11.2

$\otimes^n H|1\rangle$을 계산하여라. 이것 또한 계산 기준의 균일한 중첩인가?

2 위상 오라클

양자 회로의 관점에서 함수 $f(x)$에 대한 쿼리는 그 표현을 유니타리 표현으로 만들 필요가 있어서 중첩된 상태를 취급할 수 있어야 한다. 이 유니타리 표현의 혁신적인 실현 방법을 U_f로 표기한 "위상 오라클"이라고 한다(오라클의 구현에 대한 자세한 설명은 §11.1.5에서 하겠다).

함수 $f(x)$에 대한 각각의 가능한 입력 문자열은 n-큐빗계 내에서 다른 기준 상태 $|x\rangle$에 대응시킨다. 위상 오라클의 주된 역할은 해당하는 함수가 $f(x)=1$이면 주어진 $|x\rangle$에 대해 위상이동 π를 주는 것이다.

$$U_f\,|x\rangle = (-1)^{f(x)}\,|x\rangle\,, \quad x \in \{0,1\}^n. \tag{11.3}$$

오라클을 적용한 후 상태는 다음과 같게 된다.

$$|\Psi_2\rangle = \frac{1}{\sqrt{2^n}} \sum_{x\in\{0,1\}^n} (-1)^{f(x)}\,|x\rangle. \tag{11.4}$$

연습문제 11.3

$f(x)=\text{parity}(x)$이고(즉 이진 문자열 x에 1이 짝수 개 있으면 $f(x)=0$이고, 그 이외의 경우는 $f(x)=1$) 오라클의 입력 상태는 $\frac{1}{\sqrt{2}}(|00...0\rangle + i|11...1\rangle)$이라고 가정한다. 출력 상태를 계산하여라.

3 Hadamard 변환과 측정

전형적인 경우에서 상태 $|\Psi_3\rangle$는 $|\Psi_2\rangle$에 두 번째 Hadamard 변환을 적용한 결과로 표현한다. 그러나 DJ 알고리즘에서 이것을 명백하게 표현하는 것은 필요하지 않다. 주된 초점은 상태 $|\Psi_3\rangle$에서 $|000...0\rangle$의 측정 결과와 관련된 확률을 구별하는 데 있다.

$|\Psi_3\rangle$에서 $|000...0\rangle$의 성분은 식 11.2에서 $|\Psi_u\rangle$로 표기한 $|\Psi_2\rangle$의 모든 기준의 균일한 중첩에서 나온다. 그러므로 결과 $|000...0\rangle$을 얻을 확률은 상태 $|\Psi_u\rangle$와 $|\Psi_2\rangle$ 사이의 겹친 정도에 의존한다.

$$P_0 = |\langle\Psi_u|\Psi_2\rangle|^2. \tag{11.5}$$

조사해 보면 $f(x)$가 상수 함수이면 상태 $|\Psi_2\rangle$는 균일한 중첩을 유지하여 $P_0=1$이 된다. 역으로 균형 함수 $f(x)$에 대해서는 $|\Psi_2\rangle$에 있는 항 중 반은 음의 부호를 갖는다. 이로 인해 완전 상쇄간섭이 일어나서 결과적으로 $P_0=0$이 된다. 이 차이가 DJ 알고리즘

뒤에 있는 주된 통찰력으로 작용한다.

11.1.4 ∗ 일반화된 Deutsch–Josza 알고리즘

전통적인 Deutsch-Josza(DJ) 알고리즘에서는 함수가 상수인지 균형인지 분류하기 위해 $|000...0\rangle$ 기준 상태에 대해 측정을 수행한다. 그러나 이 측정을 확장하여 모든 계산기준 상태를 포함하면 함수의 주기성에 대한 깊은 통찰력을 얻는다. 이 일반화는 수학적으로 Bernstein-Vazirani 알고리즘의 원리와 일치하는 반면, 이것은 또한 DJ 알고리즘이 Fourier 변환에 더 넓은 개념과 어떻게 연결되는가에 대한 이해를 높인다. 이 확장은 풀 수 있는 문제의 영역을 넓힐 뿐만 아니라 양자컴퓨팅 알고리즘과 Fourier 분석 사이의 기본적인 관계를 강조한다.

1 기초적 직관

각각의 계산기준 상태는 유일한 주기함수와 관련지을 수 있다. 이를 분명하게 보기 위해 표 11.1에 나타낸 Hadamard 변환 H_4를 고려하자. 여기서 기준 상태 $|0001\rangle$은 주기 2인 함수와 결합한다. 역으로 상태 $|0010\rangle$과 $|0011\rangle$은 주기 4인 함수를 나타내며 $|0011\rangle$에는 $|0010\rangle$의 정사각형 파동과는 다른 위상이동을 도입한다. 마찬가지로 $|0100\rangle$부터 $|0111\rangle$까지 상태는 주기 8인 함수를 나타낸다. 더구나 이 함수는 서로 직교한다. 사실 Fourier 변환에서 순수한 조화함수와 비슷하게 이들은 Hadamard 변환의 기준함수로 작용한다.

┃표 11.1┃ Hadamard 변환 H_4와 주기함수

열	기준	주기	행렬요소															
0	0000	1	1	1	1	1	1	1	1	1	1	1	1	1	1	1	1	1
1	0001	2	1	-1	1	-1	1	-1	1	-1	1	-1	1	-1	1	-1	1	-1
2	0010	4	1	1	-1	-1	1	1	-1	-1	1	1	-1	-1	1	1	-1	-1
3	0011	4	1	-1	-1	1	1	-1	-1	1	1	-1	-1	1	1	-1	-1	1
4	0100	8	1	1	1	1	-1	-1	-1	-1	1	1	1	1	-1	-1	-1	-1
5	0101	8	1	-1	1	-1	-1	1	-1	1	1	-1	1	-1	-1	1	-1	1
6	0110	8	1	1	-1	-1	-1	-1	1	1	1	1	-1	-1	-1	-1	1	1
7	0111	8	1	-1	-1	1	-1	1	1	-1	1	-1	-1	1	-1	1	1	-1
8	1000	16	1	1	1	1	1	1	1	1	-1	-1	-1	-1	-1	-1	-1	-1
9	1001	16	1	-1	1	-1	1	-1	1	-1	-1	1	-1	1	-1	1	-1	1
10	1010	16	1	1	-1	-1	1	1	-1	-1	-1	-1	1	1	1	1	1	1
11	1011	16	1	-1	-1	1	1	-1	-1	1	-1	1	1	-1	1	-1	-1	1
12	1100	16	1	1	1	1	-1	-1	-1	-1	-1	-1	-1	-1	1	1	1	1
13	1101	16	1	-1	1	-1	-1	1	-1	1	-1	1	-1	1	1	-1	1	-1
14	1110	16	1	1	-1	-1	-1	-1	1	1	-1	-1	1	1	1	1	-1	-1
15	1111	16	1	-1	-1	1	-1	1	1	-1	-1	1	1	-1	1	-1	-1	1

연습문제 11.4

H_6에 대해 기준 상태 $|001100\rangle$에 해당하는 $f(x)$의 주기를 결정하여라. 2^6개의 가능한 x 값에 대해 $f(x)$는 얼마나 많은 주기를 나타내는가?

2 문제와 풀이

양자역학에서 직교하는 상태는 측정을 통해 구별할 수 있다. 이 관측을 이용하여 더 포괄적인 DJ 알고리즘을 제안한다.

2^n차원 Hadamard 변환 $f: \{0, 1\}^n \to \{0, 1\}$의 기준함수 집합에 있는 함수가 주어지면 n 비트 문자열을 1 비트 결과에 대응시키면 f는 반드시 (상수 함수에 대해서는) 1부터 2, 4, ..., 2^i, ..., 2^n까지 이르는 주기를 갖는 순환적인 주기성을 나타낸다. 주된 목표는 이 주기성을 결정하는 것이다.

고전적인 방법에서는 적어도 n 함수 쿼리(아래에 있는 $\tilde{y}$의 각 비트에 대한 한 번씩)가 필요한 반면 양자컴퓨팅은 일반화된 DJ 알고리즘을 이용하여 이것을 단지 한 번의 쿼리로 수행한다.

양자적 방법론은 여전히 그림 11.1에 나타낸 원래 DJ 회로에 의존한다. $|\tilde{y}\rangle$의 측정 결과가 주어지면 주기는 2^{n-k}이고, 여기서 k는 $\tilde{y}$의 이진법 표현에서 처음 0의 수를 나타낸다.

3 증명

Hadamard 변환은 계산기준 상태 $|x\rangle$를 $|y\rangle$의 중첩 상태에 대응시킨다.

$$|x\rangle \xrightarrow{H^{\otimes n}} \frac{1}{\sqrt{2^n}} \sum_{y\in\{0,1\}^n} (-1)^{x\cdot y} |y\rangle. \tag{11.6}$$

여기서 $x \cdot y$는 x와 y의 이진법 스칼라곱, 즉 $x \cdot y = \oplus_{i=1}^{n} x_i y_i$를 나타내고, x_i, $y_i \in \{0, 1\}$이다.

그림 11.1에 나타낸 DJ 회로의 다른 연결점에 걸친 다중큐빗 상태는 다음과 같이 변화한다.

$$\begin{aligned}
|0\rangle^n \xrightarrow{H^{\otimes n}} |\Psi_1\rangle \equiv |\Psi_u\rangle &= \frac{1}{\sqrt{2^n}} \sum_{x\in\{0,1\}^n} |x\rangle \\
\xrightarrow{U_f} |\Psi_2\rangle &= \frac{1}{\sqrt{2^n}} \sum_{x\in\{0,1\}^n} (-1)^{f(x)} |x\rangle \\
\xrightarrow{H^{\otimes n}} |\Psi_3\rangle &= \frac{1}{2^n} \sum_{x,y\in\{0,1\}^n} (-1)^{f(x)\oplus(x\cdot y)} |y\rangle.
\end{aligned} \tag{11.7}$$

연습문제 11.5

식 11.7의 마지막 변환에서 이용했듯이 $(-1)^{f(x)+x \cdot y} = (-1)^{f(x) \oplus (x \cdot y)}$가 되는 이유를 설명하여라. 힌트: 식 10.14와 11.6을 참조하여라.

확장된 DJ 알고리즘에서 이해할 요점은 $f(x)$가 특정한 $\tilde{y} \in \{0, 1\}^n$에 대해

$$f(x) = x \cdot \tilde{y} \tag{11.8}$$

이라면 $f(x) \oplus (x \cdot \tilde{y}) = 0$이다. 이로부터 $|\Psi_3\rangle$에서 해당하는 $|\tilde{y}\rangle$ 성분이 전체 진폭 1이 되도록 한다.

$$\frac{1}{2^n} \sum_{x \in \{0,1\}^n} (-1)^{f(x) \oplus x \cdot \tilde{y}} |\tilde{y}\rangle = \frac{1}{2^n} \sum_{x \in \{0,1\}^n} |\tilde{y}\rangle = |\tilde{y}\rangle. \tag{11.9}$$

따라서 $|\Psi_3\rangle$는 $|\tilde{y}\rangle$만 포함한다. 모든 다른 성분은 규격화 조건에 의해 0이 된다. 그러므로 $|\Psi_3\rangle$를 측정하면 반드시 $|\tilde{y}\rangle$를 얻는다.

$f(x) = x \cdot \tilde{y}$가 순환적인 주기함수를 기호화한 이유를 이해하기 위해 k개의 처음 값이 0인 $|\tilde{y}\rangle = |00...01...\rangle$을 고려하자. $|\tilde{y}\rangle$의 처음 0에 해당하는 $|x\rangle$의 처음 숫자는 $x \cdot \tilde{y}$에 영향을 주지 않아서 $f(x)$의 주기를 2^{n-k}가 되도록 한다.

4 대체 기준에서의 측정

측정은 계산기준 상태에만 한정되지 않는다. 임의의 2^n개의 직교규격화 기준상태의 집합은 일반화된 DJ 알고리즘 대신 사용할 수 있다. 그러나 대체 기준으로 바꾸면 명백한 주기성과 같은 간단한 성질이 보이지 않는 함수를 얻을 수 있다. 더구나 대체 기준으로 전환하면 측정하기 전에 추가적인 유니타리 변환이 필요하다.

이를 보이기 위해 2^n 기준 상태를 반드시 연속적일 필요는 없는 2^{n-1}개의 다른 쌍으로 모으는 것을 고려하자. 예컨대 $|i\rangle$와 $|j\rangle$의 한 쌍이 주어지면 두 개의 직교하는 상태 $\frac{1}{\sqrt{2}}(|i\rangle + |j\rangle)$와 $\frac{1}{\sqrt{2}}(|i\rangle - |j\rangle)$를 유도할 수 있다. 이 상태는 새로운 직교 기준을 만든다. $\frac{1}{\sqrt{2}}(|i\rangle + |j\rangle)$에 대해 측정하면 함수 $f(x) = x \cdot (i \oplus j)$를 분명히 구한다.

5 DJ 회로를 이용한 스펙트럼 측정

DJ 알고리즘을 더 일반화하려면 함수 $f(x)$의 성질에 제한을 두지 않는다. 그림 11.1에 나타낸 대로 DJ 회로에 측정을 반복하면 계속 반복적으로 자료를 모을 수 있다. 이 과정으로 인해 2^n개의 가능한 각각의 결과에 대한 실험적인 확률분포를 유도하고 함수 $f(x)$의 스펙트럼 분포를 표현하는 길이 2^n인 벡터를 만들 수 있다.

더구나 DJ 알고리즘은 전통적으로 정사각형 파동과 관련된 스펙트럼 분포의 측정을 쉽게 하기 위해 Hadamard 변환을 이용하는 반면 고급 접근 방법에서는 두 번째 Hadamard

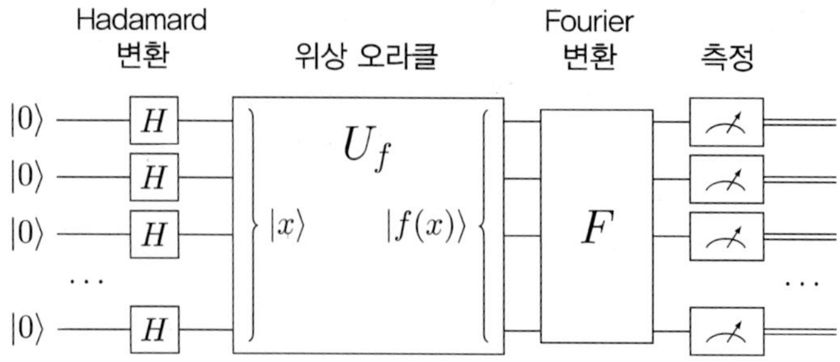

▌그림 11.2▐ 스펙트럼 측정에 대한 양자회로

변환을 F로 표기하는 Fourier 변환으로 바꾼다. 이 치환으로 인해 그림 11.2에서 시각적으로 표현했듯이 $f(x)$의 스펙트럼 밀도의 더 정확한 표현을 얻을 수 있다. 그리고 $f(x)$를 $\{0, 1\}$의 이진 표현을 넘어서서 더 넓은 영역의 출력으로 표시하는 함수로 치환하면 수치 영역을 확장할 수 있다.

$f(x)$의 스펙트럼 밀도를 표현하는 이론적 확률분포는 다음과 같다.

$$P_x(U_f) = |\langle x|FU_f|\Psi_u\rangle|^2. \tag{11.10}$$

여기서 $|\Psi_u\rangle$는 식 11.2에서 정의한 균일한 중첩이고 $x \in \{0, 1\}^n$, 혹은 동등하게 십진법에서 $x \in [0, 2^n - 1]$이다.

다시 살펴보는 DJ 알고리즘

이제 F가 Hadamard 변환 H_n인 DJ의 관점에서 식 11.10이 어떻게 작용하는지 분석해 보자.

- 상수 함수
  식 11.3에 의하면 상수-0인 함수에 대해서 임의의 $|x\rangle$에 대해서 $U_f|x\rangle = |x\rangle$이므로 $U_f|\Psi_u\rangle = |\Psi_u\rangle$가 된다. 마찬가지로 상수-1인 함수에 대해서는 $U_f|\Psi_u\rangle = -|\Psi_u\rangle$를 얻는다. 그러므로 상수 함수에 대해서는 $U_f|\Psi_u\rangle = \pm|\Psi_u\rangle$이다. $H_n|\Psi_u\rangle = |0\rangle$이므로 이 식은 다음과 같이 단순하게 된다.

$$P_x(U_{\text{constant}}) = |\pm\langle x|H_n|\Psi_u\rangle|^2 = |\pm\langle x|0\rangle|^2 = \begin{cases} 1, & x = 0, \\ 0, & x \neq 0. \end{cases} \tag{11.11}$$

- 균형 함수
  균형 함수에 대해서는 x값의 절반에 대해서는 $U_f|x\rangle = |x\rangle$이고, 다른 절반에 대해서는 $U_f|x\rangle = -|x\rangle$이다. 결과적으로 $U_f|\Psi_u\rangle$는 성분의 반은 $\frac{1}{\sqrt{2^n}}$이고, 다른 반은 $-\frac{1}{\sqrt{2^n}}$인 벡터가 된다. 이 상태를 $|\Psi_b\rangle$로 표기한다.

  $|\Psi_b\rangle$는 모든 성분이 $\frac{1}{\sqrt{2^n}}$인 $|\Psi_u\rangle$와 겹치지 않는다는 것을 주목할 만하다. 더구나

$H_n|0\rangle = |\Psi_u\rangle$이므로 다음을 얻는다.

$$P_x(U_{\text{balanced}}) = \begin{cases} |\langle 0|H_n|\Psi_b\rangle|^2 = |\langle \Psi_u|\Psi_b\rangle|^2 = 0, & x = 0, \\ |\langle x|H_n|\Psi_b\rangle|^2 & , \quad x \neq 0. \end{cases} \tag{11.12}$$

- 일반화된 DJ
  $f(x) = x \cdot y$(식 11.8)이고, $U_f|\Psi_u\rangle$는 (식 11.7에서 정의한 대로) $|\Psi_3\rangle$로 표현하는 일반화된 DJ에서 식 11.10은 다음과 같이 다시 쓸 수 있다.

$$\begin{aligned} P_x(U_{\text{gen}}) &= \left| \langle x| \frac{1}{2^n} \sum_{z,y\in\{0,1\}^n} (-1)^{(z\cdot\tilde{y})\oplus(z\cdot y)} |y\rangle \right|^2 \\ &= \left| \frac{1}{2^n} \sum_{z\in\{0,1\}^n} (-1)^{(z\cdot\tilde{y})\oplus(z\cdot x)} \right|^2 \quad (\because \langle x|y\rangle = 0 \quad y = x \text{가 아닌 한}) \\ &= \begin{cases} 1, & x = \tilde{y}, \quad (\because (z\cdot x)\oplus(z\cdot x) = 0) \\ 0, & x \neq \tilde{y}. \end{cases} \end{aligned} \tag{11.13}$$

11.1.5 ∗ 위상 오라클

이제 이진 함수 $f(x)$의 측정한 예에 대한 양자 유니타리 구현인 위상 오라클에 대해 고려하겠다. 위상 오라클의 개념은 DJ뿐만 아니라 여러 양자알고리즘으로 확장된다. 두 개의 중요한 부분은 설명이 필요하다. $f(x)$의 양자 구현과 위상 킥백 메커니즘이다.

1 함수의 유니타리 표현

양자 유사성을 조절하는 것은 오라클을 유니타리 변환으로 만들어 중첩 상태를 다룰 수 있어야 한다. 다음 연습문제에서 특정한 예를 들어 이것을 살펴보겠다.

연습문제 11.6

반전성 함수 $f(x) = \text{XOR}(x) = x_1 \oplus x_2 \oplus \cdots \oplus x_n$은 균형 함수라는 것을 알고 있다(문제 11.2 참조).

이제 위의 함수에 임의의 개수의 입력 비트를 뒤집으면 다른 균형 함수, 예를 들어 $f(x) = \overline{x_1} \oplus x_2 \oplus \cdots \oplus x_n$이 된다는 것을 보여라.

그림 11.3에 다섯 개의 큐빗에 대해 함수 $f(x) = \overline{x_1} \oplus x_2 \oplus x_3 \oplus \overline{x_4}$를 구현하는 회로를 나타내었다. 다섯 번째 큐빗에 결과 $|f(x)\rangle$를 전달한다. 연산 $\oplus$는 CNOT 게이트를 통해 실현되는 반면 X 게이트는 뒤집는 작용을 한다.

연습문제 11.7

그림 11.3에 나타낸 회로는 보조 큐빗에 결과 $|f(x)\rangle$를 놓는다는 것을 확인하여라. 여기서 $f(x) = \overline{x_1} \oplus x_2 \oplus x_3 \oplus \overline{x_4}$이다.

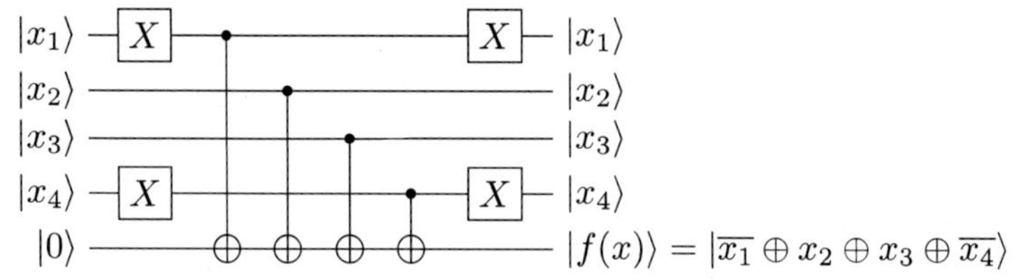

▌그림 11.3▐ 균형 함수에 대한 오라클

2 위상 킥백

그림 11.3에 있는 오라클의 제한은 함수 결과를 전달할 때 보조 큐빗에 의존한다는 것이다. DJ 알고리즘에서 함수 결과는 원래 큐빗의 변화로 반영되어야 한다. 이것은 보조 큐빗을 $|-\rangle$로 초기화하여 얻을 수 있고, 그림 11.4에 나타낸 대로 전형적으로 X 게이트를 작용한 후 H 게이트를 작용하여 얻는다.

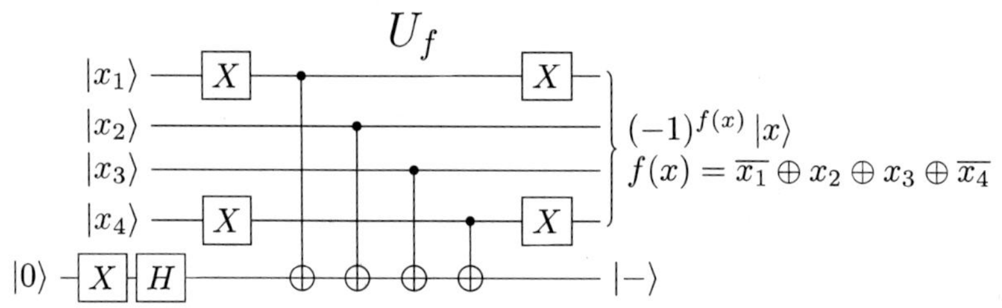

▌그림 11.4▐ 균형 함수에 대한 위상 오라클

이렇게 조절하면 보조 큐빗은 $|-\rangle$로 남아 있지만 $f(x) = 1$이면 원래 큐빗에 위상 -1이 들어오고, 이 현상을 위상 킥백이라고 한다. 이 행동의 기본 원인은 CNOT 게이트의 성질에서 나온다(§7.1.1 참조).

$$\text{CNOT}\,|0\rangle\,|-\rangle = |0\rangle\,|-\rangle, \tag{11.14a}$$

$$\text{CNOT}\,|1\rangle\,|-\rangle = -\,|1\rangle\,|-\rangle. \tag{11.14b}$$

결과적으로 임의의 입력 상태 $|x_i\rangle$는 $(-1)^{x_i}|x_i\rangle$로 전환된다.

모든 CNOT 연산을 따라가면, 전체 계는 다음 상태에 도달한다.

$$(-1)^{\overline{x_1}}\,|\overline{x_1}\rangle\,(-1)^{x_2}\,|x_2\rangle\,(-1)^{x_3}\,|x_3\rangle\,(-1)^{\overline{x_4}}\,|\overline{x_4}\rangle\,|-\rangle.$$

이후 X 게이트는 $\overline{x_1}$과 $\overline{x_4}$의 반전 효과를 무력화시킨다. 이로부터 다음을 얻는다.

$$(-1)^{f(x)}\,|x\rangle\,|-\rangle.$$

이제 위상 킥백이 완성되었다.

위상 $(-1)^{f(x)}$는 $|x\rangle$나 $|-\rangle$와 같은 것처럼 보이게 하지만 x에 의존하기 때문에 중첩 상태에 대해서는 전자에 같아지도록 제한을 받는다. 예를 들어 다음과 같다.

$$U_f \frac{1}{\sqrt{2}}(|0000\rangle + |1000\rangle)\,|-\rangle = \frac{1}{\sqrt{2}}(|0000\rangle - |1000\rangle)\,|-\rangle.$$

오라클 내에서 제한된 효용성이 주어졌을 때 흔히 임시 보조 큐빗이라고 하는 보조 큐빗은 오라클 밖에서 무시할 수 있다.

위상 오라클은 그림 11.5에서 보였듯이 CNOT 대신 CZ 게이트로 구현할 수도 있다.

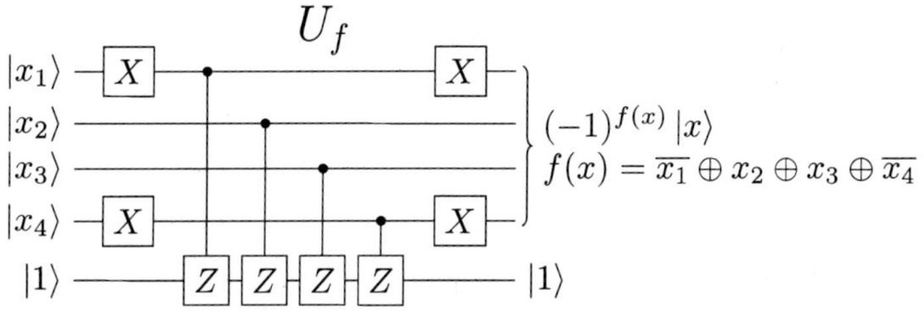

| 그림 11.5 | CZ 게이트를 이용한 위상 오라클

11.2 QUBO, VQE, QAOA와 AQC

계산에 대한 수요가 연속적으로 증가하고, 고전적인 계산 파라다임에 제한이 있는 시대에서 새로운 계산 방법의 탐구가 긴요하게 되었다. 잡음이 많은 중간 규모의 (NISQ) 양자 장치에서 떠오르는 양자 효용성 시대로 바뀌면서 이러한 양자계는 촉망받는 분야로 등장하였다. 그 제한에도 불구하고, NISQ와 떠오르는 효용성 시대의 양자컴퓨터는 최적화, 양자 시뮬레이션과 기계학습과 같은 분야에서 고전적인 대응 부분을 능가할 수 있는 잠재력을 나타낸다[65].

NISQ와 효용성 시대에서 양자컴퓨팅 응용

NISQ와 떠오르는 양자 효용성 시대에서 특히 하이브리드 양자-고전 알고리즘을 통한 양자컴퓨팅은 여러 주요 영역에서 실제 세계 응용에 도움을 준다.

- **최적화**: 금융, 물류 등에서 복잡한 문제 풀이에 필수적이다.
- **양자 시뮬레이션**: 재료과학, 신약 발견과 전지 효율에서 유용하다.
- **기계학습**: 자료 처리, 패턴 인식과 예측 분석을 향상한다.

이 책의 제한된 범위로 인해 여기서는 최적화에 집중하겠다. 양자 시뮬레이션은 양자역학에 대한 고급 이해가 필요하고, 양자 기계학습에서는 고전적인 기계학습의 포괄적인 이해가 필요하다.

이렇게 추구할 때 중요한 것은 이차 비제약 이진 최적화(Quadratic Unconstrained Binary Optimization: QUBO)이다. 조화 최적화 방법으로서 QUBO는 금융과 경제학에서 고급 기계학습에 대한 노력까지 넓은 스펙트럼을 포함하는 응용에 이용할 수 있다. NP-하드 성질로 인해 최대-컷, 그래프 색칠과 분할 문제와 같은 이론 컴퓨터 과학의 여러 고전적인 도전문제는 QUBO 체계로 이동하였다. 더구나 이러한 대응은 서포트 벡터 머신, 군집화 알고리즘과 확률적 그래픽 모델과 같은 복잡한 기계학습 모델로 확장된다.

> **NP-하드 문제**
>
> 대략 말하면 NP-하드라는 용어는 고전적으로 다항 시간에 풀기에는 특히 어려운 문제의 종류이다. 이것은 문제 크기가 증가함에 따라 정확한 해를 구할 때 필요한 시간은 문제 크기의 다항식 함수보다 훨씬 빨리 증가한다는 것을 의미한다. 이러한 형태의 문제는 물류와 암호학과 같은 다양한 실세계 응용에서 종종 일어나고, 여기서 최적화된 해를 구하는 것은 중요하지만 계산하기는 힘들다.

QUBO를 풀려고 할 때 두 개의 유명한 양자-고전 하이브리드 알고리즘이 나타난다. 이들은 양자 근사 최적화 알고리즘(Quantum Approximate Optimization Algorithm: QAOA)과 변분 양자 고유값 해법(Variational Quantum Eigensolver: VQE)이다. QAOA는 양자역학을 이용하여 유니타리 변환을 교대로 하여 조합 문제의 근사해를 만든다. 한편 VQE는 매개변수화된 양자 회로를 이용하고, 매개변수를 반복적으로 개선하여 주어진 해밀토니안의 바닥상태 에너지를 구하는 것이 목표이다.

더구나 (§11.2.2에서 논의할) Ising 모형과 QUBO의 고유한 관계가 주어지면 단열 양자 계산(Adiabatic Quantum Computation: AQC)의 주요 문제 종류로 분류한다.

이 알고리즘과 계산 방법의 핵심 원리와 미묘함을 설명하기 위해 예제로 최대-컷(max-cut) 문제를 고려하자.

> **VQE와 QAOA로 양자 우위 얻기**
>
> VQE(Variational Quantum Eigensolver)와 QAOA(Quantum Approximate Optimization Algorithm)은 특히 단기적이고, 잡음이 많은 중간 규모(NISQ)의 장치에 대해 양자 우위를 실현하기에 적합하게 만드는 세 가지 특징이 있는데 복합적 성질, 효율과 적응성이다.
>
> VQE와 QAOA의 복합 구조로 인해 고전적, 양자적 자원을 효율적으로 이용할 수 있고, 이로 인해 NISQ 장치에 적합하게 된다. 이 알고리즘은 고전 최적화기와 양자 처리장치 사이의 계산 작업량을 분할한다. 이 분할로 인해 오류 완화를 위한 고전적인 방법과 현재 양자 하드웨어로는 아직 효율적으로 운영할 수 없는 임무에 대한 대비책을 마련할 수 있다. 이와 같은 분할 방법은 전환 상태에 특히 유용하고, 완전히 오류에 강한 양자컴퓨팅에 이를 수 있다.
>
> VQE와 QAOA의 효율성은 양자 자원을 현명하게 사용하고 제한된 큐빗과 작은 회로를 이용하여 좋은 근사를 얻는 능력을 통해 나타난다. 두 알고리즘 모두 현존하는 NISQ계의 일관성 시간 내에 있는 매개변수화된 양자회로를 이용한다. 이렇게 하면 더 긴 계산과 관련된 오류 확률을 최소화하고, 단기적인 응용에 대한 중요한 특징인 현재 양자 하드웨어의 계산 능력을 최대화한다.

이 알고리즘의 융통성은 반복 작용과 매개변수를 미세 조율하는 능력에서 나온다. 이것은 양자 오류에 대한 강인함을 주면서 또한 넓은 영역의 최적화와 고유값 문제를 풀 때 유연성을 갖는다. VQE와 QAOA 모두 특정한 문제의 특징에 적응시킬 수 있어서 특별한 교수법이나 대체할 수 있는 비용 함수를 포함시킬 수 있다. 이 적응 수준은 다양한 영역의 응용성을 높이고 단기간의 양자컴퓨팅의 관점에 대한 중요성을 강조한다.

다양한 개념과 머리글자로 만든 용어를 이 절에서 소개하겠다. 표 11.2에서 쉽게 참조할 수 있다.

11.2.1 최대-컷 문제

그래프 이론에서 시작된 최대-컷 문제는 전형적인 QUBO 문제이다. 꼭지점과 변의 집합으로 주어진 무방향 그래프가 주어지면 목표는 꼭지점을 두 개의 분리된 집합으로 분할하여(혹은 동등하게 꼭지점을 두 개의 다른 색으로 칠하여) 이 집합을 연결하는 (즉 다르게 칠한 끝점을 갖는) 변의 수를 최대화하도록 하는 것이다.

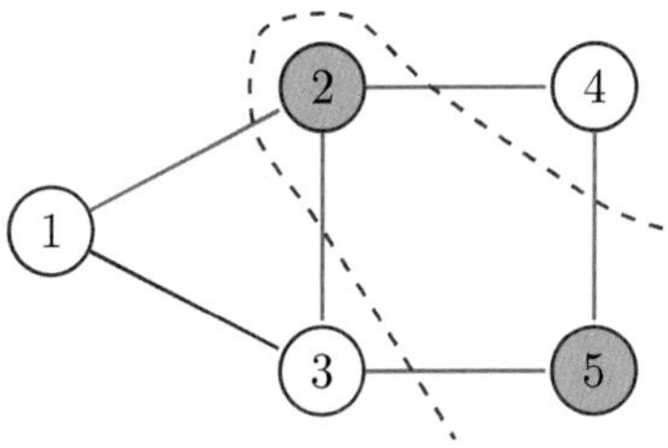

| 그림 11.6 | 최대-컷 문제 예제

유용한 비유는 각 꼭지점을 도시로 생각하고 각 변은 두 도시를 연결하는 도로로 생각하는 것이다. 최대-컷 문제는 이 두 도시를 연결하는 도로 수가 최대가 되는 두 영역으로 최적화하여 분리하는 것으로 이해할 수 있다.

다른 비슷한 표현은 사회 연결망에서 영향력을 최대화하는 문제이다. 계를 서로 영향을 주는 서로 연결된 사람으로 이루어진 계로 보자. 각 개인은 꼭지점에 해당하고, 변의 가중치로 나타낸 개인 사이에 영향의 강도는 구매 결정에 영향을 준다. 개인을 선택하기 위한 무료 상품을 제공하는 판매 전략에서 주된 목표는 이익을 최적화하기 위해 이러한 사람들의 이상적인 부분집합을 결정하는 것이다.

NP-하드 문제이므로 최대-컷 문제는 그래프의 크기가 커질수록 정확한 해를 결정하는 계산 시간은 지수함수적으로 증가할 수 있고, 상당히 큰 그래프에서는 고전적인 방법은 실용적이지 않게 된다. 그럼에도 불구하고 수많은 최적화에 대한 대표적인 문제의 중요성 때문에 이 문제는 놀라울 정도로 단순해도 최적화 해를 구할 때 내재하는 계산의 복잡성을 나타내어 QAOA와 양자 어닐링과 같은 양자 계산 기술에 대한 주된 후보가 된다.

1 문제 수식화

가중치를 둔 최대-컷 문제는 수식적으로 다음과 같이 정의할 수 있다.

n개의 노드로 만든 무방향 그래프 $G=(V, E)$가 있다. 여기서 V는 꼭지점 집합, E는 변 집합을 나타내고, 변의 가중치는 $(i, j) \in E$에 대해 w_{ij}로 주어진다. 컷은 꼭지점 집합 V를 각각 0과 1로 표시한 두 개의 부분집합으로 나눈다. 목표는 컷을 지나는 전체 변의 가중치, 즉 다른 부분집합에 있는 노드를 연결하는 변을 최대로 만드는 것이다. 각 노드 i에 $x_i = 0$이나 $x_i = 1$을 부여하여 전체 이익함수

$$\tilde{C}(x) = \sum_{(i,j) \in E} w_{ij}(x_i \oplus x_j) \tag{11.15}$$

❙ 표 11.2 ❙ 양자 최적화와 관련된 용어 사이의 관계

용어	설명	관계
QUBO	이차 비제약 이진 최적화(Quadratic Unconstrained Binary Optimization). 이진 변수의 이차항으로 이루어진 목표 함수를 최소화 혹은 최대화하려는 문제.	Ising 모형으로 표현할 수 있다. 예는 최대-컷과 TSP이다.
최대-컷	그래프 이론에서 최적화 문제.	QUBO나 Ising 모형으로 수식화할 수 있다.
TSP	외판원 문제(Travelling Salesman Problem)	QUBO나 Ising 모형으로 수식화할 수 있다.
VQA	변분 양자 알고리즘(Variational Quantum ALgorithms). 추정과 결합한 변분원리를 이용한 알고리즘의 종류.	예는 VQE와 QAOA이다.
VQE	변분 양자 고유값 계산기법(Variational Quantum Eigensolver). 해밀토니안의 바닥상태를 구하는 알고리즘.	VQA의 특별한 경우.
QAOA	양자 근사 최적화 알고리즘(Quantum Approximate Optimization Algorithm). 점진적으로 일어나는 양자 변화를 이용했다.	VQA의 특별한 경우.
추정	양자회로로 구현한 매개변수화된 시행 상태 벡터.	VQE와 QAOA의 구성 요소.
Ising 모형	자기장 내에서 스핀-$\frac{1}{2}$ 입자의 상호작용을 설명하는 모형.	최대-컷과 TSP을 포함하는 QUBO 문제를 표현할 수 있다.
AQC	단열 양자계산(Adaibatic Quantum Computing). 단순한 해밀토니안의 바닥상태에 있는 계로 초기화하고, 해밀토니안을 문제를 표현하는 것으로 천천히 변화시키는 계산 모형.	양자 어닐링 포함. QAOA의 기초.
양자 어닐링	전용 하드웨어(양자 어닐러)에 구현한, 국소 최소값을 벗어나는 양자 요동을 이용한 AQC 알고리즘.	AQC의 부분집합.

를 최대로 만들려고 한다. 여기서 $\oplus$는 XOR 함수를 나타낸다. 특히 $x_i \neq x_j$이면, 즉 노드 i와 j가 다른 부분집합에 속할 때 $x_i \oplus x_j = 1$이고, 그 이외의 경우 값은 0이다.

단순화한 판매 원형에서 w_{ij}는 i가 상품을 무료 견본으로 받았을 때 사람 j가 상품을 구매할 가능성을 나타낸다. 주목할 것은 w_{ij}는 1을 넘을 수도 있고, 심지어 음수일 수도 있다. 1보다 큰 값은 사람 j가 여러 상품을 구매할 충동을 느끼는 경우를 반영하고, 음의 값은 단념하는 것을 나타낸다.

이 문제의 목적은 수익 최적화와 같은 누적 구매 확률을 최대화하는 것이다. 매출에서 예상하는 이익이 초기 견본비용을 넘어서면 전략은 수익이 생긴 것으로 생각한다. 원래 최대-컷 문제에서 이것은 컷의 수를 최대화하는 것에 해당한다.

확장된 모형에서 노드 자체는 w_i로 표기한 가중치를 가지고 있고, 이것은 무료 견본을 받은 사람이 상품을 다시 구매할 확률을 나타낸다. 이러한 양상을 포함하면 목적 함수는

$$\tilde{C}(x) = \sum_{(i,j)\in E} w_{ij}(x_i \oplus x_j) + \sum_{i\in V} w_i x_i \tag{11.16}$$

으로 변화한다.

> **최대-컷과 QUBO: 핵심 개념**
>
> 식 11.16에 주어진 확장된 최대-컷 문제에 대한 목적 함수 $\widetilde{C}(x)$는 이차 비제약 이진 최적화(QUBO) 문제의 목적함수와 수학적으로 동등하다.
>
> 최대-컷 문제를 푸는 것은 $\widetilde{C}(x)$를 최대화하는 것을 포함하고, 이것은 비용 함수 $-\widetilde{C}(x)$를 최소화하는 것과 동등하다.

> **연습문제 11.8**
>
> 그림 11.6에 있는 최대-컷 문제에서 $w_{ij} = 1$과 $w_i = 0$을 가정하고 수익함수 $\widetilde{C}(x)$를 수식화하여라.

11.2.2 ∗Ising 모형으로 변환하기

§6.5.3에서 도입한 Ising 모형은 가로 자기장 안에서 스핀계를 기술한다. 이것은 물리계와 계산 문제 사이를 연결하여 양자장치를 이용하여 실용적 관심이 있는 문제를 풀 수 있도록 한다.

양자컴퓨터를 통해 가중 최대 컷에 대한 풀이를 유도하려면 처음 단계는 이 문제를 Ising 해밀토니안으로 변환시키는 것이다. 식 11.16에 있는 이진 변수 $x_i, x_j \in \{0, 1\}$을 $z_i, z_j \in \{-1, 1\}$로 변환시킨다(왜냐하면 Pauli 연산자의 고유값은 $\{-1, 1\}$이기 때문이다).

$$x_i \to \frac{1}{2}(1 - z_i), \quad x_i \oplus x_j \to \frac{1}{2}(1 - z_i z_j). \tag{11.17}$$

이 표현을 식 11.16에 대입하면 다음을 얻는다.

$$\begin{aligned}\tilde{C}(z) &= \sum_{(i,j)\in E} \frac{w_{ij}}{2}(1 - z_i z_j) + \sum_{i\in V} \frac{w_i}{2}(1 - z_i) \\ &= -\frac{1}{2}\sum_{(i,j)\in E} w_{ij} z_i z_j - \frac{1}{2}\sum_{i\in V} w_i z_i + c.\end{aligned} \tag{11.18}$$

여기서 c는 z에 무관한 항이고 지금부터 무시하겠다.

이 표현에서 +1과 −1은 꼭지점으로 분할되는 두 개의 분리된 집합을 나타내기 위해 사용한다. 곱 $z_i z_j$가 −1일 때 이것은 꼭지점 i와 j가 다른 집합에 있고, 이에 해당하는 변은 **절단변**이다. 역으로 $z_i z_j$가 +1이면, 꼭지점 i와 j는 같은 집합에 속하고, 변은 **비절단변**이다.

Ising 스핀 모형과 같은 양자계에서는 바닥상태에 대해 풀고, 이것은 $\tilde{C}(z)$를 최대화하는 대신 $-\tilde{C}(z)$를 최소화하는 것에 해당한다.

z_i와 z_j를 $-\tilde{C}(z)$에서 해당하는 Pauli 연산자 Z_i와 Z_j로 바꾸면, Ising 해밀토니안을 얻는다.

$$H = \frac{1}{2}\sum_{(i,j)\in E} w_{ij} Z_i Z_j + \frac{1}{2}\sum_{i\in V} w_i Z_i. \tag{11.19}$$

따라서 가중 최대-컷 문제는 Ising 해밀토니안을 최소화하는 것과 같고, 이것은 Ising 모형으로 기술하는 스핀계의 바닥상태를 구하는 것에 해당한다.

> 위의 표기법에서 $Z_i Z_j$는 큐빗 i와 j에 작용하는 $Z_i \otimes Z_j$를 간단히 쓴 것이다. 더구나 H는 행렬인 반면, 이에 해당하는 고전적 부분인 $-\tilde{C}(z)$는 스칼라이다.

$-\tilde{C}(z)$에서 H로 변환하는 것이 작동하는 이유를 보기 위해 계산기준 $|\psi\rangle = |x_1 x_2 \cdots x_i \cdots x_j \cdots\rangle$(예컨대 $|0010110...\rangle$)에서 표현한 H의 바닥상태 벡터를 고려하자. 이렇게 할 수 있는 이유는 H가 계산기준에서 대각선화 되어 있기 때문이고, 결과적으로 그 고유상태 또한 계산기준 상태가 될 것이다. $Z|0\rangle = |0\rangle$이고, $Z|1\rangle = -|1\rangle$이므로 다음을 얻는다.

$$Z_i |x_1 x_2 \ldots x_i \ldots x_j \ldots\rangle = z_i |x_1 x_2 \ldots x_i \ldots x_j \ldots\rangle, \tag{11.20a}$$

$$Z_i Z_j |x_1 x_2 \ldots x_i \ldots x_j \ldots\rangle = z_i z_j |x_1 x_2 \ldots x_i \ldots x_j \ldots\rangle. \tag{11.20b}$$

그러므로

$$H|\psi\rangle = -\tilde{C}(z)|\psi\rangle \tag{11.21}$$

이 된다.

바닥상태는 계의 최소 에너지에 해당하므로 $-\widetilde{C}(z)$ 또한 최소값에 도달한다. 따라서 바닥상태 $|\psi\rangle$에 있는 이진 문자열 $x_1 x_2 \cdots x_i \cdots x_j \cdots$는 원래 QUBO 문제의 해를 암호화한다!

연습문제 11.9

모든 변에 대해 $w_{ij}=1$, 모든 노드에 대해 $w_i=1$을 가정하고 삼각형 위에 세 개의 노드가 있는 계에 대해 식 11.19를 구체적으로 8×8 행렬로 표현하여라.

연습문제 11.10

$w_{ij}=1$과 $w_i=0$을 가정하고 그림 11.6에 있는 최대-컷 문제에 대한 해밀토니안 H를 구하여라.

Ising 모형은 나중에 양자 근사 최적화 알고리즘(QAOA)과 변분 양자 고유값 계산기법(VQE)을 포함하거나 D-파동 계와 같은 양자 어닐링 장치를 통한 다양한 양자알고리즘을 이용하여 풀어볼 수 있다.

Ising 모형의 응용

Ising 모형은 광범위하게 응용되어 최대-컷보다 많이 사용된다.

- **조합 최적화 문제**: 여기서 탐구한 최대-컷 문제를 넘어 외판원 문제와 다른 NP-하드 문제와 같은 문제는 Ising 체계로 옮길 수 있다.
- **기계학습**: Ising 모형의 영역은 양자 기계학습으로 확장되고, 특히 확률적 순환 신경망으로 알려진 Boltzmann 기계에 대한 모형을 만들 때 사용한다. 여기서 Ising 모형의 매개변수는 Boltzmann 기계의 가중치와 편향을 포함하고, 모형의 평형상태로부터 자료의 확률적 표현을 얻는다.
- **양자 오류 수정**: Ising 모형에 근거하여 위상 양자 오류 수정 코드는 믿을만한 양자 계산에 대한 촉망받는 후보로 등장한다. 추가적인 제한이 있는 이차원 Ising의 변종인 토러스 코드는 양자 오류 수정의 이해와 실현을 가능하게 만든다.
- **응집물질 물리**: Ising 모형의 양자적 표현은 응집물질 물리학의 영역에서 중대 관심사인 주제인 양자 상전이의 시뮬레이션에서 중요한 역할을 한다. 더 구체적으로는 Ising 모형은 양자 섭동에 의해 유도된 물질의 다른 상태 사이의 전이 위상에 대한 통찰력을 갖게 한다. 이것은 강자성, 반강자성과 다른 독특한 물질 상태의 탐구를 포함한다.

11.2.3 ∗변분 양자 고유값 계산기법(VQE)

변분 양자 고유값 계산기법(VQE)은 양자컴퓨터의 능력을 활용하기 위해 고안된 복합 양자-고전 알고리즘이다. 처음 개발할 때는 종종 노이즈 중간 규모 양자(NISQ) 컴퓨터의 가장 실용적인 사용으로 여기고 있는 양자 화학 응용을 목표로 했지만 알고리즘의 영역은 이것을 넘어서서 최적화 문제를 푸는 데 적당하게 만들 수 있다.

VQE의 핵심은 문제를 해밀토니안으로 변환시키는 것이다. 이 해밀토니안의 바닥상태로 풀이를 얻는다. 변분원리로부터 임의의 선택한 시행함수 $\psi(\theta)$에 대해 그 에너지 기대값은 항상 바닥상태 에너지 E_0보다 크거나 같아야 한다. 따라서 시행 함수의 매개변수를 반복적으로 최적화하여 VQE는 바닥상태 에너지와 관련된 양자 상태를 근사한다.

1 변분원리

변분원리는 양자역학에서 기본적인 개념이고 수식적으로는 다음과 같이 쓴다.

$$\langle\psi(\theta)|H|\psi(\theta)\rangle \geq E_0. \tag{11.22}$$

여기서 E_0는 바닥상태 에너지이다.

이 원리가 VQE에 대한 기초를 제공한다. 많은 큐빗이 있는 양자계에서 에너지를 최소화하는 모든 방법을 사용하기에는 상태 공간은 너무 크다. 그러나 양자컴퓨터는 시행함수를 효율적으로 준비하고, 이에 해당하는 에너지 기대값을 계산할 수 있다. 이러한 양자계산을 따르면 고전적인 최적화 기기는 에너지를 최소화하기 위해 매개변수 θ를 조절하고, 따라서 계의 바닥상태를 근사한다.

> 목표가 수익함수를 최대화하는 것일 경우 이 함수의 음수를 최소화하는 것과 동등하다.

2 추정

VQE에서 추정이란 일련의 매개변수 θ로 매개변수화한 시행 양자상태 $\psi(\theta)$를 말한다. 이것은 이미 받은 교육이나 통찰력에 근거하여 해를 현명하게 짐작하는 것이다. 매개변수화된 양자회로로 구현할 때 추정의 질이 VQE의 정확도에 중요하다. 선택한 추정이 문제의 바닥상태를 충분히 근사하도록 표현하지 않으면 최적화는 정확한 결과를 내지 않을 것이다.

3 측정

추정을 m번 계속 반복한다. 한 번 수행할 때마다 n 큐빗을 계산기준에서 측정한다. k번째 n개의 측정값 $z_1^{(k)}$, $z_2^{(k)}$, ⋯, $z_n^{(k)}$를 얻고 측정 결과가 $|0\rangle$일 때 $z_i^{(k)}=1$이고, $|1\rangle$인 경우 -1이다. 기본적으로 각 큐빗을 Z 관측량으로 측정한다.

그리고 해밀토니안의 기대값을 식 11.19에 의해 계산한다.

$$\langle\psi|H|\psi\rangle = \frac{1}{2m}\sum_{k=1}^{m}\sum_{i\in V} w_i z_i^{(k)} + \frac{1}{2m}\sum_{k=1}^{m}\sum_{(i,j)\in E} w_{ij} z_i^{(k)} z_j^{(k)}. \tag{11.23}$$

위의 계산은 해밀토니안은 Z만 포함하고, 따라서 계산기준에서 대각화된 Ising 모형에서만 위의 계산이 성립한다는 것을 주목하여라. 일반적인 경우는 더 복잡하고 이 부속절 끝에서 논의하겠다.

4 반복 과정

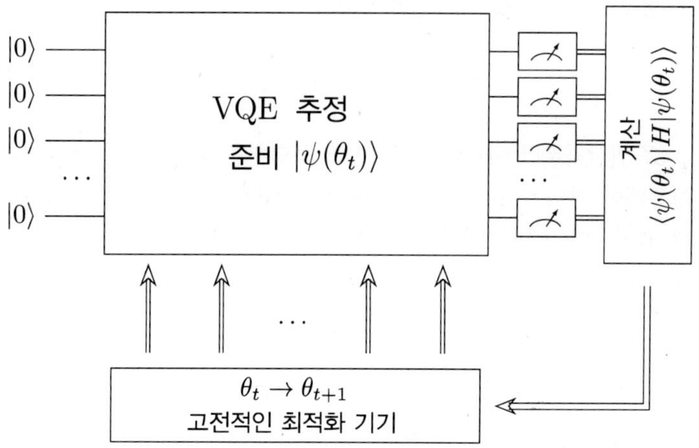

▌그림 11.7▐ VQE 추정과 반복 과정

VQE는 다음과 같은 반복 과정(그림 11.7)을 따른다.

1. 추정 $|\psi(\theta)\rangle$로 이용하는 매개변수화된 양자 회로를 만든다.
2. 양자컴퓨터에서 추정 큐빗을 측정하고 결과를 고전적으로 처리하여 기대값 $\langle\psi(\theta)|H|\psi(\theta)\rangle$를 구한다.
3. 고전적인 최적화 기기를 이용하여 추정의 매개변수를 조절한다.

빈복은 수렴할 때까지, 즉 기대값의 변화가 미리 정의한 문턱 아래에 이를 때까지 계속한다.

> 가중치 w_{ij}는 변분 매개변수 θ에 직접 포함되지 않는다. 대신 θ를 이용하여 양자 회로 체계 안에서 시행 바닥상태 벡터를 만든다. 가중치 w_{ij}는 고전적인 컴퓨터에서 해밀토니안의 기대값을 계산할 때 사용한다. 고전적인 컴퓨터에서 수행하는 최적화 방법에서 이 계산된 기대값을 이용하여 반복적으로 θ를 조정한다. 이 과정에서 해밀토니안의 기대값을 최소화하려고 하며, 이로 인해 최적화된 θ로 바닥상태에 대한 정확한 근사를 얻는다.

5 ✷ 일반적인 경우

화학 시뮬레이션에서 VQE를 사용할 때처럼 일반적인 경우에 기대값 $\langle\psi(\theta)|H|\psi(\theta)\rangle$을 계산하는 것은 쉽지 않다. 해밀토니안은 먼저 Pauli 연산자 P_i로 분해한다.

$$H = \sum_i c_i P_i, \quad P_i \in \{I, X, Y, Z\}^{\otimes n}. \tag{11.24}$$

Pauli 기준은 직교하고 크기가 2이므로, 계수 c_i는

$$c_i = \frac{1}{2^n} \operatorname{tr}(HP_i) \tag{11.25}$$

로 표현할 수 있다.

결과적으로 H의 기대값은 다음과 같다.

$$\langle\psi|H|\psi\rangle = \sum_i c_i \langle\psi|P_i|\psi\rangle. \tag{11.26}$$

Z 연산자뿐만 아니라 X와 Y도 포함하는 해밀토니안 H를 다룰 때 다른 측정 전략을 사용해야 한다. $\langle\psi|Z|\psi\rangle$를 구하려면 계산 기준에서 직접 측정하는 것만으로 충분하다. 그러나 X와 Y의 기대값을 구하기 위해서는 측정하기 전에 §3.4.5에서 설명한 것과 같이 X에 대해서는 Hadamard 게이트를, Y에 대해서는 $R_x\left(-\frac{\pi}{2}\right)$를 이용하여 기준을 회전시켜야 한다.

더구나 최대-컷 문제에서 해밀토니안은 계산 기준에서 대각선화되어 있으므로 고유상태 또한 계산기준 상태일 것이다. 따라서 비용함수를 최소화하는 바닥상태는 계산기준에 해당할 것이다. 일반적인 경우 이것은 더이상 맞지 않다. 바닥상태는 계산기준에서 중첩 상태일 수 있다.

11.2.4 ∗ 양자 근사 최적화 알고리즘(QAOA)

양자 근사 최적화 알고리즘(QAOA)은 양자 변분 알고리즘(VQA) 방법에 근거를 두고 있다. 이것은 특히 최대-컷을 포함하는 조합 최적화 문제를 풀 때 적절하다. 주된 목표는 풀어야 할 문제의 비용 함수를 포함하는 해밀토니안의 기대값을 최소화하는 양자 상태를 구하는 것이다.

QAOA는 변분 양자 고유값 해법(VQE)의 반복적인 성질을 공유하는 한편 그림 11.8에 나타낸 특별한 추정을 이용한다.

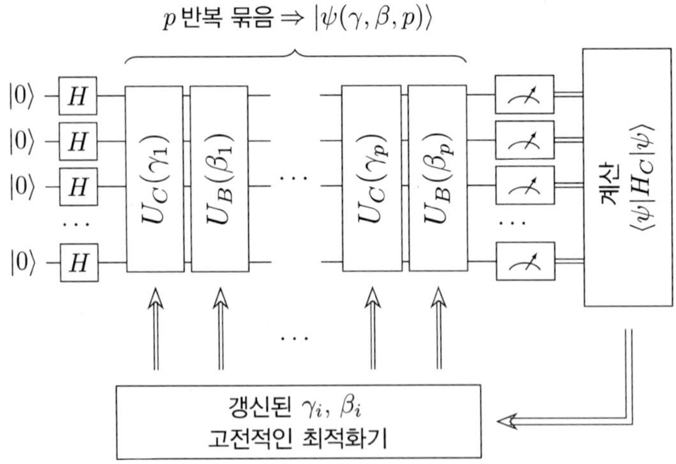

| 그림 11.8 | QAOA 추정과 반복 과정

1 QAOA 추정의 구조

QAOA 추정에서 두 개의 해밀토니안으로부터 유도하는 교대로 작용하는 유니타리 변환을 이용한다. 두 해밀토니안은 비용 해밀토니안 H_C와 혼합 해밀토니안 H_B이다. 특히 추정은

$$U_B(\beta) = e^{-i\beta H_B}, \quad U_C(\gamma) = e^{-i\gamma H_C} \tag{11.27}$$

로 표현한 두 형태의 유니타리 변환 $U_C(\gamma)$와 $U_B(\beta)$의 반복되는 묶음으로 이루어져 있다. 여기서 β와 γ는 고전적인 방법을 통해 최적화된 변분 매개변수이다.

2 비용 해밀토니안

비용 해밀토니안 H_C는 최적화 문제의 목적함수를 표현한다. 이것은 계의 특정한 배열에 대해 "에너지" 혹은 "비용"을 부여한다. 조합 최적화 문제의 목표는 에너지를 최소화하는 배열을 구하는 것이다. 최대-컷의 관점에서 H_C의 전형적인 경우는 다음과 같다.

$$H = \frac{1}{2}\sum_{(i,j)\in E} w_{ij} Z_i Z_j + \frac{1}{2}\sum_{i\in V} w_i Z_i. \tag{11.19 복사}$$

여기서 V와 E는 그래프 $G=(V, E)$에서 꼭지점과 변의 집합이다. w_{ij}와 w_i는 변과 꼭지점에 대한 가중치이고, Z_i는 i번째 큐빗에 작용하는 Pauli Z 연산자이다.

3 혼합 해밀토니안

비용 해밀토니안 H_C는 양자계가 처음 상태 근처에 있는 잠재적인 최적화된 해를 향하도록 인도하지만, 또한 국소적인 최소값에 갇히게 할 수도 있다. 이를 완화시키기 위해 혼합 해밀토니안 H_B가 이 계를 이 국소적인 최소값을 벗어날 수 있게 하고 더 넓은 풀이 공간을 탐구하게 할 때 중요한 역할을 한다. 이것은 실질적으로 다른 컷 배열 사이의 전이를 쉽게 하여 계가 더 많은 잠재적인 해를 탐구하도록 도와준다. H_B에 대한 흔한 선택은

$$H_B = \frac{1}{2}\sum_i X_i \tag{11.28}$$

이고, 여기서 X_i는 i번째 큐빗에 작용하는 Pauli X 연산자를 나타낸나.

연산자 $U_B(\beta) = e^{-i\beta H_B}$를 임의의 양자상태에 적용하면 모든 가능한 상태의 복잡한 중첩을 만든다. 매개변수 β를 변화시키면 이 연산자는 동역학적으로 전체 Hilbert 공간에 대해 양자 상태를 조작하여 효과적으로 탐구하고 최적화하는 알고리즘의 능력을 증대시킨다.

4 상호작용과 반복

H_C와 H_B 사이의 상호작용은 QAOA의 기능성에 대한 핵심이다. H_C는 문제에 특정한 불이익과 보상을 표현하고 H_B는 여러 배열에 대해 중첩된 양자 상태를 유지한다. 이 해밀

토니안을 반복적으로 적용하고 변분 매개변수를 미세조정하여 QAOA는 양자계를 H_C의 바닥상태로 향하게 하려고 한다. 최적화된 깊이 p는 일반적으로 실험적인 연구를 통해 결정되어 계산 자원과 알고리즘의 수행에 대한 필요에 균형을 맞춘다. 이 바닥상태는 문제의 최적화된, 혹은 거의 최적화된 해에 해당한다.

5 최대-컷에 대한 적용의 예

그림 11.6에 기술한 단순한 최대-컷 문제를 고려하자. 그래프는 꼭지점 $V=\{1,2,3,4,5\}$와 변 $E=\{(1,2),\ (1,3),\ (2,3),\ (2,4),\ (3,5),\ (4,5)\}$가 있고 모든 변의 가중치는 1이고 노드의 가중치는 0이다.

이 해는 분명히 점선으로 나타낸 절단선이다. 이것은 절단되지 않은 한 개의 변 (1, 3)만 있고 노드는 $\{1,\ 3,\ 4\}$와 $\{2,\ 5\}$로 분할되었다. 그러나 개념과 과정을 보이기 위해 QAOA 과정을 따라가 보겠다.

비용 해밀토니안은 Ising 모형을 이용하여 다음과 같이 쓸 수 있다.

$$H_C = \frac{1}{2}\sum_{(i,j)\in E} Z_i Z_j. \tag{11.29}$$

Z_iZ_j의 곱이 −1일 때 이것은 꼭지점 i와 j는 다른 집합(절단된 변)에 있어서 전체 에너지에 음수로 기여한다. 그러므로 $\langle H_C\rangle$를 최소화하는 것은 절단선의 수를 최대화하는 것에 대응하고, 이것이 최대-컷 문제의 목표이다.

유니타리 부분 $U_C(\gamma)$는

$$U_C(\gamma) = e^{-i\gamma H_C} = \prod_{(i,j)\in E} e^{-i\frac{\gamma}{2}Z_iZ_j} = \prod_{(i,j)\in E} \mathrm{ZZ}_{ij}(\gamma) \tag{11.30}$$

으로 주어지고, $ZZ_{ij}(\gamma)$는 큐빗 i와 j에 작용하는 ZZ 회전 게이트(§7.1.5)이다.

유니타리 부분 $U_B(\beta)$는

$$U_B(\beta) = e^{-i\beta H_B} = \prod_{i\in V} e^{-i\frac{\beta}{2}X_i} = \prod_{i\in V} R_{x_i}(\beta) \tag{11.31}$$

로 주어지고, $R_{x_i}(\beta)$는 큐빗 i에 작용하는 X 회전 게이트(§5.2.5 참조)이다.

$U_C(\gamma)$와 $U_B(\beta)$를 구성하는 QAOA 추정에 대한 구성 요소를 그림 11.9에 나타내었다.

충분히 반복한 후 알고리즘은 예상한 값 $\langle H_C\rangle = -2$인 바닥상태에 도달한다. 이로 인한 바닥상태는 $|01001\rangle$(혹은 동등하게 $|10110\rangle$)이고, 예상한 대로 $\{1,\ 3,\ 4\}$와 $\{2.\ 5\}$로 분할된다.

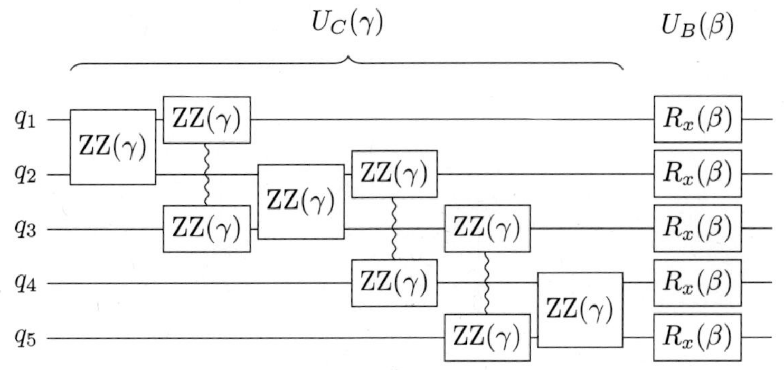

▌그림 11.9▐ QAOA 추정의 구성 요소에 대한 예

연습문제 11.11

아래 그린에 나타낸 6-노드 최대-컷 문제에 대한 비용함수와 Ising 해밀토니안을 수식화하여라. 모든 변의 가중치는 2라고 가정한다. 노드 가중치는 짝수 노드에 대해 1이고, 홀수 노드에 대해서는 −1이다. 이 문제를 풀어 Qiskit, Cirq 혹은 비슷한 플랫폼에 구현된 QAOA를 이용한 최적화된 절단선을 구하여라. 최종(즉 가장 큰 확률을 갖는) 상태 벡터와 절단선의 질에 대한 척도를 구하여라.

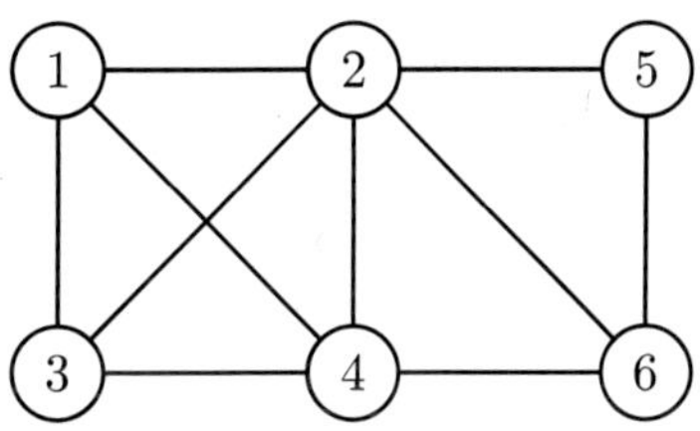

11.2.5 ✷ 외판원 문제

외판원 문제(Traveling Salesman Problems: TSP)는 QUBO 분야에서 유명한 문제이다. 이것은 시작한 도시로 돌아오기 전에 각 도시를 정확히 한 번만 돌아오도록 하여 여러 도시를 지나는 최단 경로를 구하는 문제이다. 이것은 그림 11.10에 나타낸 대로 도시가 꼭지점이고, 도시 사이의 거리를 가중치가 있는 변으로 작용하는 가중치가 있는 그래프로 표현할 수 있다. 최대-컷 문제와 비슷하게 TSP는 NP-하드 문제이고, 이것은 도시 수가 증가하면 계산 시간은 매우 증가한다는 것을 의미한다.

물류나 수송과 같은 분야에서 다양하게 응용이 되므로 TSP는 고전적, 양자 최적화 분야에서 관심을 끌었다. 겉으로 보기에는 단순해 보여도 이 문제는 복잡한 문제를 푸는 양자적 접근의 가치를 강조하는 조합 최적화에 깊게 뿌리박고 있다.

1 문제의 수식화

TSP는 수학적으로 다음과 같이 기술한다. 그래프 $G=(V, E)$의 여행 거리를 최소화하려

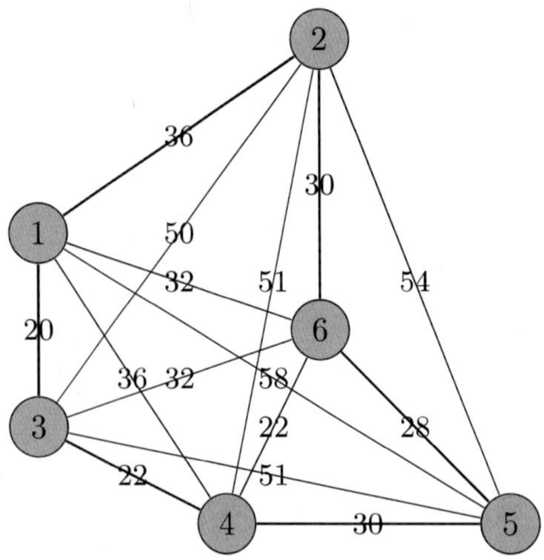

▌그림 11.10▐ 외판원 문제의 예

고 한다. 여기서 n 노드는 도시를 표현하고, d_{ij}는 노드 i와 j 사이의 거리이다. 한 바퀴 도는 여행 거리는 다음과 같이 정의한다.

$$\tilde{L}(x) = \sum_{i=1}^{n} \sum_{j=1, j\neq i}^{n} d_{ij} x_{ij}. \tag{11.32}$$

여기서 $x_{ij} \in \{0, 1\}$은 여행이 노드 i에서 j로 이루어지면 $x_{ij} = 1$이 된다.

2 제한

각 도시를 정확히 한 번만 방문하는 것을 보장하기 위해 다음의 제한 조건을 부여한다.

$$S_j \equiv \sum_{i=1, i\neq j}^{n} x_{ij} = 1, \quad j = 1, 2, ..., n, \tag{11.33a}$$

$$S_i \equiv \sum_{j=1, j\neq i}^{n} x_{ij} = 1, \quad i = 1, 2, ..., n. \tag{11.33b}$$

첫 번째 식은 각 도시 j에 대해 $x_{ij} = 1$인 도시 i는 정확하게 한 개만 있어야 한다는 것을 말한다. 이로부터 각 도시를 정확히 한 번 들어가는 경로를 보장한다.

두 번째 식은 각 도시 i에 대해 $x_{ij} = 1$인 도시 j는 정확히 한 개만 있어야 한다는 것을 말한다.

3 목적 함수

QUBO는 정의에 의해 제한이 없으므로 식 11.33으로 주어진 TSP 제한 조건은 QUBO 안에서 직접 다룰 수 없다. 그러나 이 제한 조건은 불이익 항으로 비용함수에 들어갈 수 있다. 특히 불이익은 각각 $A(1-S_j)^2$와 $A(1-S_i)^2$를 도입하여 조건 $S_j = 1$과 $S_i = 1$인 조건을 만족하도록 보장한다. $A(1-S_j)^2$을 최소화하면 $S_j=1$이고, $S_i=1$인 경우도 마찬가지다. 여기서 제한 조건을 강하게 시행하도록 하기 위해 A는 임의의 두 도시 사이의 최대 거리 $\max(d_{ij})$보다 크게 선택한 양의 상수이다.

여행 거리와 제한 조건을 모두 포함하는 포괄적인 목적함수는 다음과 같다.

$$\begin{aligned}\tilde{C}(x) &= \tilde{L}(x) + A\sum_{j=1}^{n}(1-S_j)^2 + A\sum_{i=1}^{n}(1-S_i)^2 \\ &= \sum_{i=1}^{n}\sum_{j=1,j\neq i}^{n} d_{ij}x_{ij} \\ &\quad + A\sum_{j=1}^{n}\left(1-\sum_{i=1,i\neq j}^{n}x_{ij}\right)^2 + A\sum_{i=1}^{n}\left(1-\sum_{j=1,j\neq i}^{n}x_{ij}\right)^2.\end{aligned} \tag{11.34}$$

이 공식은 x_{ij}의 이차 의존성이 있어서 QUBO 모형의 요구 조건을 만족한다.

$$\tilde{C}(x) = \sum_{i,j,k,l} w_{ijkl}\, x_{ij}\, x_{kl} + \sum_{i,j} w_{ij}\, x_{ij}. \tag{11.35}$$

여기서 w_{ijkl}와 w_{ij}는 TSP 배열 d_{ij}와 불이익 인자 A에 의존하는 계수이다.

4 양자–고전 혼합해

양자계 내에서 TSP를 풀기 위해 먼저 결합한 비용 함수(식 11.35)를 Ising 해밀토니안으로 변환시킨다. 이 변환은 최대-컷 문제에서 사용한 것과 비슷하고(식 11.19 참조) 변화

$$x_{ij} \to \frac{1}{2}(1-Z_{ij}) \tag{11.36}$$

으로 얻는다. 여기서 Z_{ij}는 변 $(i,\ j)$에 대응하는 큐빗에 작용하는 Pauli Z 연산자를 나타낸다.

> TSP에서 각 이진 변수 x_{ij}와 대응하는 Pauli 연산자 Z_{ij}는 그래프의 변과 관련이 있다. 이것은 각 변수와 이에 해당하는 Pauli 연산자가 꼭지점에 대응하는 최대-컷 문제와 다르다.

이로 인한 Ising 해밀토니안은 VQE나 QAOA와 같이 최대-컷 문제에서 사용한 접근 방법과 비슷하게 혼합 양자-고전 알고리즘을 이용하여 최적화할 수 있다. 그러나 TSP에서 그래프의 각 변은 별개의 큐빗이 필요하여 최대-컷에서 전형적으로 필요한 n 큐빗과 비교할 때 문제를 완전히 표현하기 위해서는 약 n^2 큐빗이 필요하게 된다.

현재 양자컴퓨팅 플랫폼은 종종 이와 같은 양자알고리즘의 수식화와 수행을 하는 라이브러리와 도구를 포함하여 TSP와 같은 실용적인 문제에 대해 복잡한 양자-고전 혼합 해의 적용을 할 수 있다.

더 깊은 이해를 하고 싶은 독자에게 다음의 참고문헌을 추천한다.

- Efficient traveling salesman problem solvers using the Ising model with simulated bifurcation [66].
- Clustering approach for solving traveling salesman problems via Ising model-based solver [67].

연습문제 11.12

그림 11.10에 나타낸 6-노드 TSP 예제를 풀어라. 비용 함수와 Ising 해밀토니안을 수식화하고, 이 문제를 QAOA를 이용하여 풀어라. 구현하기 위해 Qiskit, Cirq나 비슷한 플랫폼을 이용하여라. 최종(즉 가장 확률이 큰) 상태 벡터와 최단 여행 거리를 구하여라(사용하는 플랫폼이 여섯 노드가 있는 TSP를 시뮬레이션할 능력이 없으면 그 수를 5나 4로 줄여라).

11.2.6 단열 양자계산(Adiabatic Quantum Computation: AQC)

단열 양자계산(AQC)은 §4.4에서 도입한 넓은 영역에서 응용하는 다른 중요한 양자알고리즘이다. AQC에서는 문제를 바닥상태가 해를 나타내는 양자계로 대응시키는 것이다. 초기에 쉽게 구현할 수 있는 해밀토니안에서 시작하여 계는 서서히 문제의 해가 되는 최종 해밀토니안으로 변한다.

1 AQC로 최대-컷 풀기

AQC에서 바닥상태에 있는 양자계로부터 시작하고, 이것은 초기 해밀토니안 H_{initial}의 최저 에너지 고유상태에 해당한다. 그리고 해밀토니안은 표적 해밀토니안 H_{target}을 향해 변화하고, 이것으로 최적화 문제를 푼다. 변화하는 해밀토니안 $H(t)$는

$$H(t) = (1 - s(t))H_{\text{initial}} + s(t)H_{\text{target}} \tag{11.37}$$

이고, 여기서 $s(t)$는 이렇게 변화하는 동안 0에서 1로 변한다.

최대-컷 문제에 대한 표적 해밀토니안 H_{target}은 (식 11.19 참조)

$$H_{\text{target}} = \frac{1}{2}\sum_{(i,j)\in E} w_{ij} Z_i Z_j + \frac{1}{2}\sum_{i\in V} w_i Z_i \tag{11.38}$$

로 주어진다. $Z_i Z_j$는 $Z_i \otimes Z_j$를 나타내고, Pauli Z 연산자는 큐빗 i와 j에 작용한다.

흔히 사용하는 H_{initial}은

$$H_{\text{initial}} = \frac{1}{2}\sum_{i=1}^{n} X_i \tag{11.39}$$

이고 X_i는 i번째 큐빗에 작용하는 Pauli X 연산자이다.

이 H_{initial}의 장점은 그 바닥상태는 만들기 쉽다는 것이다. 왜냐하면 이것은 모든 계산 기준 상태의 균일한 중첩으로 다음과 같이 표현하기 때문이다.

$$|\psi_{\text{initial}}\rangle = \bigotimes_{i=1}^{n} |+\rangle = \frac{1}{\sqrt{2^n}} \sum_{i=0}^{2^n-1} |i\rangle. \tag{11.40}$$

일단 이 해밀토니안을 정의하고 H_{initial}의 초기 바닥상태를 준비하면 AQC는 계를 천천히(즉 단열적으로) H_{initial}에서 H_{target}으로 변화한다. 느린 변화로 인해 계는 이 과정 동안 바닥상태 근처에 남아 있을 수 있고, 이것은 단열정리(§4.4.2 참조)가 보장한다.

단열변화가 끝났을 때 계의 양자상태는 H_{target}의 바닥상태로 근사시킨다. 그리고 이 상태를 측정하면 암호화된 최적화 문제에 대한 거의 최적화된 해를 나타내는 고전적인 비트 문자열을 만들어 낸다.

수학적으로 단열변화는 처음 바닥상태 $|\psi_{\text{initial}}\rangle$에서 시작하여 해밀토니안 $H(t)$에 의한 시간에 의존하는 슈뢰딩거 방정식(§4.2.2 참조)에 의한 계의 변화이다. 슈뢰딩거 방정식을 직접 푸는 것은 종종 실용적이지 않으므로 전형적으로 Trotterization 근사(§4.2.3 참조)와 같은 방법을 이용한다.

2 AQC에서 QAOA로

양자 근사 최적화 알고리즘(§11.2.4에서 도입한 QAOA)은 AQC의 띄엄띄엄한 디지털 표현으로 볼 수 있어서 QAOA 추정에 대한 이론적인 근거를 제공한다.

Trotterization 공식을 이용하여 시간에 따라 변하는 해밀토니안 $H(t)$에 대한 시간 변화 연산자 $U(t)$를 근사할 수 있다. 이것은 전체 변화 시간 T를 p개의 작은 간격으로 나누고, $\Delta t = T/p$, 해밀토니안은 각 간격에 걸쳐 근사적으로 상수라고 가정한다. 따라서 $U(t)$는 다음과 같이 근사할 수 있다.

$$U(T) \approx \prod_{n=1}^{p} e^{-\frac{i}{\hbar}H(t_n)\Delta t}. \tag{11.41}$$

여기서 $t_n = n\Delta t$는 n번째 간격에 있는 시간을 나타낸다.

AQC에서 해밀토니안의 형태는 $H = H_1 + H_2$이고 $H_1 = (1 - s(t))H_{\text{initial}}$, $H_2 = s(t)H_{\text{target}}$이다. H_1과 H_2가 교환하지 않더라도 작은 간격 Δ에 대해서는 여전히

$$e^{-\frac{i}{\hbar}(H_1+H_2)\Delta t} \approx e^{-\frac{i}{\hbar}H_1\Delta t} e^{-\frac{i}{\hbar}H_2\Delta t} \tag{11.42}$$

로 근사할 수 있다. 그러므로 다음을 얻는다.

$$\begin{aligned} U(T) &\approx \prod_{n=1}^{p} e^{-\frac{i}{\hbar}H_1\Delta t} e^{-\frac{i}{\hbar}H_2\Delta t} \\ &= \prod_{n=1}^{p} \exp\left(-\frac{i}{\hbar}(1-s(t))H_{\text{initial}}\Delta t\right) \exp\left(-\frac{i}{\hbar}s(t)H_{\text{target}}\Delta t\right) \\ &= \prod_{n=1}^{p} e^{-i\beta H_B} e^{-i\gamma H_C}. \end{aligned} \tag{11.43}$$

마지막 식은 분명히 $H_B = H_{\text{initial}}$, $H_C = H_{\text{target}}$으로 둔 QAOA의 추정(식 11.27)과 비슷하다. 그러나 QAOA에서는 β와 γ는 지정한 변화 방법으로 유도하는 대신 변분추정 매개변수로 다루어 $\beta = (1 - s(t))\Delta t/\hbar$이고, $\gamma = s(t)\Delta t/\hbar$이다.

11.2.7 양자 어닐링

양자 어닐링은 단열 양자계산(AQC)을 하기 위한 특별한 접근 방법이다. 양자 게이트와 회로를 이용하여 시간변화 연산자 $U(t)$를 계산하는 대신, 여기서는 하드웨어에서 직접 AQC의 시간 변화를 구현한다.

1 범용 양자컴퓨팅에서 양자 어닐링으로

게이트에 기반을 둔 범용 양자컴퓨팅과 양자 어닐링은 양자컴퓨팅에서 두 개의 주요 파라다임을 이룬다. 앞의 것은 큐빗을 제어하기 위해 일련의 양자 게이트를 이용한다. 이 모형의 범용성으로 인해 정수 인수분해로부터 양자계 시뮬레이션에 이르기까지 다양한 계산 문제에 잘 맞는다. Shor와 Grover의 알고리즘과 더불어 Deutsch-Jozsa, VQE, QAOA와 같은 알고리즘이 이 파라다임에 속한다. 이 책의 범위를 넘어서는 알고리즘은 여기서 논의하지 않겠다.

한편 양자 어닐링은 정확한 양자 게이트 시퀀스의 필요성을 피하여 계가 양자역학에 의해 자연스럽게 변화하도록 한다. 이 자연스러운 변화로 인해 양자 어닐링은 기계학습, 금융, 물류와 같은 다양한 영역의 최적화 문제에 특히 유용하다. 정확한 게이트 시퀀스가 필요하지 않으므로 어떤 문제는 이 접근 방법이 적당하지 않더라도 더 큰 양자계를 쉽게 만들 수 있다.

특히 $(1 - s(t))H_{\text{initial}} = -\Gamma \sum_{i=1}^{n} X_i$는 가로장 Ising 해밀토니안으로 구현할 수 있다. 여기서 Γ는 가로 자기장의 세기로 제어한다.

일단 H_{initial}과 H_{target}을 정의하면 양자 어닐링 기계가 계산을 한다. 어닐링 과정은 양자계를 H_{initial}의 바닥상태로 준비하여 시작한다. 그리고 계는 시간에 의존하는 해밀토니안 $H(t)$의 영향으로 변화하고, 이 해밀토니안은 매개변수 $s(t)$로 조절하는 최초와 표적 해밀토니안의 혼합이다.

종종 미리 정의하는 어닐링 과정은 $s(t)$가 0에서 1로 변하는 것을 제어한다. 계가 변화함에 따라 어닐링 과정은 양자 요동을 따라가면서 자연스럽게 에너지 영역을 탐구한다. 느린 변화로 인해 계는 단열정리에 의해 전 과정을 통해 바닥상태 근처에 남아 있게 된다.

어닐링 과정이 끝나면 계의 양자 상태는 근사적으로 H_{target}의 바닥상태이다. 이 상태를 측정하면 최적화 문제에 대한 거의 최적화된 해를 표현하는 고전적인 비트 문자열을 만든다. 이 과정을 반복하면 통계적 평균을 통해 해의 질을 개선할 수 있다.

언급할 사실은 어닐링 과정은 기본적으로 체험적이지만 다양한 최적화 문제에서 희망적인 결과를 얻어서 게이트에 근거한 양자컴퓨팅에 대한 상보적인 접근 방법이 된다는 것이다.

연습문제 11.13✷

D-Wave NetworkX와 같은 양자 어닐링 플랫폼을 이용하여 아래 그림에 나타낸 최대-컷 문제를 풀어라. 모든 변의 가중치는 2라고 가정한다. 노드의 가중치는 짝수 노드에 대해서는 1이고, 홀수 노드에 대해서는 −1이다. 최종 상태 벡터를 구하고, 질의 척도로 절단선의 값을 계산하여라. 이 답을 QAOA에서 얻은 답과 비교하여라.

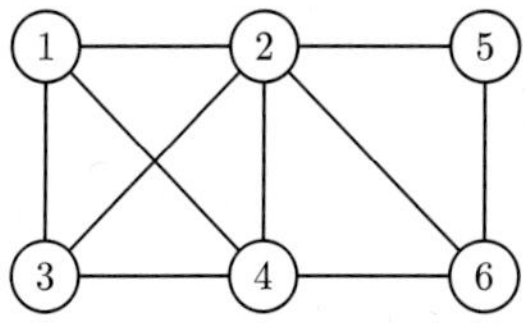

연습문제 11.14✷

그림 11.10에 나타낸 외판원 문제를 D-Wave NetworkX와 같은 양자 어닐링 플랫폼을 이용하여 풀어라. 최종 상태 벡터와 최단 여행 거리를 구하여라. 이 해를 QAOA에서 구한 답과 비교하여라(사용한 플랫폼이 6개의 노드가 있는 TSP를 시뮬레이션할 능력이 없다면 그 수를 5나 4로 줄여라).

2 양자 속도향상의 조건과 제한

단열 양자 계산(AQC)과 더 구체적으로 양자 어닐링에서 H_{initial}이 H_{target}으로 변화할 때(식 11.37 참조) 양자계의 바닥상태와 첫 번째 들뜬 상태 사이의 에너지 간격은 시간에 따라 변한다. 이 간격은 매우 작을 수 있어서 잠재적으로는 0으로도 접근할 수 있고, 이 위치는 준위 교차로 알려진 점이다. 알고리즘의 효율은 G로 표기하는 최소 에너지 간격의 행동과 깊은 연관이 있다.

필요한 어닐링 시간 T는 G의 제곱에 반비례하여 $T \propto 1/G^2$로 표현한다. G가 문제의 크기나 큐빗의 수 n에 지수함수적으로 감소하여 어떤 양의 상수 α에 대해 $G \propto e^{-\alpha n}$의 형태가 되면 T는 지수함수적으로 증가할 것이다. 이러한 시간에 대한 지수함수적인 증가는 어떤 잠재적인 양자 속도향상을 불가능하게 만든다. 왜냐하면 이때 계가 변화하려면 비실용적인 긴 시간이 필요하기 때문이다.

양자 어닐링이 효율적이고, 잠재적인 양자 속도향상을 얻으려면 에너지 간격 G는 문제 크기 n에 다항 함수적으로 감소해야 한다. G가 어떤 상수 k에 대해 $G \propto 1/n^k$로 변하면 어닐링 시간 T는 단지 다항식으로만 증가하여 운용할 수 있고, 고전적인 알고리즘과 비교할 때 상당한 양자 속도향상을 얻을 수 있다.

에너지 간격 G의 행동은 양자계의 해밀토니안 내부에서 특정한 문제와 표현에 의존하면서 심각하게 변할 수 있다는 것을 인식하여야 한다. 어떤 문제는 자연적으로 다항식처럼 감소하는 간격을 나타내지만, 다른 것은 지수함수적으로 줄어드는 간격이 생겨서 효율적인 양자 어닐링에는 부적합하게 된다. 특히 잘 알려진 NP-하드 문제인 3SAT는 지수함수적으로 감소하는 에너지 간격을 가지는 것을 보일 수 있어서 양자 어닐링에서는 별로 좋은 문제가 아닌 것으로 분류되어 있다. 더구나 많은 실용적인 문제에서 최소 에너지 간격의 행동은 미리 알지 못해서 어닐링 과정을 효과적으로 만들고 결과를 확인할 수 있는 것은 어려운 문제가 된다.

2024년 현재 D-Wave가 제작한 계와 같은 양자 어닐링 하드웨어는 비부호 문제 없는 해밀토니안에 전형적으로 작동한다. 비부호 문제가 없는 해밀토니안은 표준적인 계산 기준에서 모든 비대각선 요소가 실수이고, 양수가 아니어서 계산적으로 단순하게 만드는 해밀토니안을 말한다. 이 제한으로 인해 양자 어닐링이 효과적으로 풀 수 있는 문제 형태가 제약을 받는다.

11.3 양자 폭탄과 양자 화폐

이 절에서는 두 개의 독특한 예제인 양자 폭탄 탐지 알고리즘과 양자 화폐를 공부하여 양자알고리즘의 다양성을 탐구한다. DJ(Deutsch-Jozsa)와 BV(Bernstein-Vazirani), Simon 혹은 Shor보다는 덜 인용되는 이 알고리즘은 양자컴퓨팅의 넓은 폭과 다양함을 보여준다. 여기서는 양자 측정, 확률적인 계산 방법과 양자 이후 암호학 기술을 포함하는 여러 복잡한 측면을 설명한다.

11.3.1 양자 폭탄 탐지 알고리즘

양자 폭탄 탐지 알고리즘은 1993년 A. Elitzur와 L. Vaidman이 한 사고 실험에서 처음 개념화되었다 [68]. 이것은 양자 측정의 독특한 원리를 강력하게 보여주어 고전적인 측정과 심각한 차이를 강조한다. 이 알고리즘은 또한 양자역학에서 상호작용이 없는 측정에 대한 연구의 초석으로 작용한다.

1 계획

구별할 수 없는 상자의 모임이 있는 상황을 고려하자. 이중 어떤 상자에는 양자 폭탄이 들어 있고, 다른 상자는 비어 있는 '빈 통'이다. 양자 폭탄은 ($|1\rangle$에 해당하는) 수평으로 편광된 광자를 만나면 폭발하지만 수직으로 편광된 광자(즉 $|0\rangle$)를 만났을 때 그대로 있고, 한편 빈 통은 전혀 폭발하지 않는다. 문제는 폭발시키지 않고 주어진 상자가 폭탄을 포함하는지 결정하는 것이다.

고전물리학에서 상자의 내용을 탐지하려면 딜레마에 빠지게 된다. 상자가 폭발하지 않으면 이 상자가 폭탄을 포함하는지 확실하게 결정할 수 없다. 상자가 폭발한다면 그 상자에는 폭탄이 있다고 분명히 알 수 있지만 상자는 파괴되었다. 고전적인 영역에서는 기본적으로 불가능한 임무이다.

2 계산기준에서 측정하기

양자이론을 사용하여 이 문제에 접근하기 위해 그림 11.11에서 보였듯이 빈 통은 항등 게이트 I로 표현한다. 입력 상태 $|0\rangle$은 출력 상태 $|0\rangle$을 만들고 측정 결과 0을 만든다. 그리고 입력 상태 $|1\rangle$은 출력 상태 $|1\rangle$을 만들고 해당하는 측정 결과 1을 얻는다.

그러나 폭탄은 입력 상태 $|1\rangle$을 만나면 작동되는 측정 장치로 작용한다(하지만 입력 상태 $|0\rangle$인 경우에는 아니다). 이것은 유니타리 변환은 아니지만 이와 같은 장치는 실제 폭탄을 포함하지 않고 물리적으로 구현할 수 있다. 예를 들어 광기술에서 편광 가르개는 이러한 조건부 행동을 수행할 수 있다.

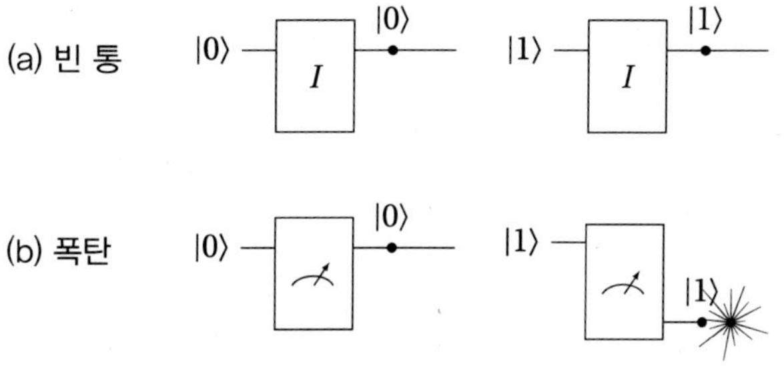

그림 11.11 양자 폭탄 탐지기 – 계산기준에서 측정하기

3 $\{|+\rangle, |-\rangle\}$ 기준에서 측정하기

양자적 성질을 고려할 때 상황은 극적으로 변한다. 폭탄을 중첩 상태로 도입하고, 이것을 다른 기준에서 측정하면 새로운 가능성이 나타난다.

특히 회로를 $|0\rangle$으로 초기화하고 그림 11.12에 나타낸 대로 빈 통이나 폭탄 사이에 두 개의 Hadamard 게이트를 끼워 넣는다. 이후의 Hadamard 게이트는 측정 기준을 $\{|+\rangle, |-\rangle\}$로 바꾼다.

이 경우 빈 통에 대해서는 출력 상태는 입력 상태와 같은 상태로 남아 언제나 100%의 확률로 측정 결과는 0이 된다.

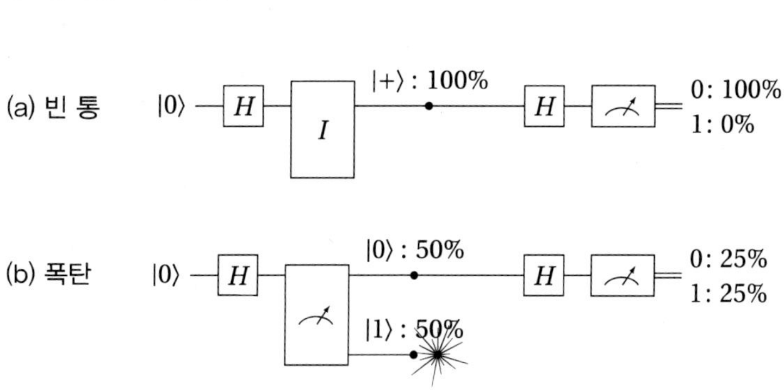

그림 11.12 양자 폭탄 탐지기 – $\{|+\rangle, |-\rangle\}$ 기준에서 측정하기

그러나 폭탄에 대해서는 폭발할 확률이 50%이고, 그대로 남아 있을 확률이 50%이다. 폭발하지 않으면 이후의 측정을 하면 50%의 확률로 0이나 1을 얻는다. 따라서 폭탄과 빈 통을 구분하는 측정 결과가 1이면 폭발시키지 않고 폭탄을 구별하는 25%의 확률(즉 50% · 50%)이 된다. 완전하지는 않지만 이 방법으로 인해 고전적인 방법보다 상당한 개선 된다!

4 양자 폭탄 탐지 알고리즘

이제 임의의 낮은 폭발 확률로 양자 폭탄의 존재를 감지하도록 고안된 알고리즘을 정교하게 만들어 보자. 이 알고리즘은 그림 11.13에 나타낸 양자 회로로 나타내었다.

요점은 빈 통과 폭탄에 회전 게이트 $R(\epsilon)$을 먼저 작용하고, N번의 시험을 반복한다. 여기서 N은 큰 수이고, $\epsilon = \dfrac{\pi}{N}$은 작은 각도를 표현한다. 빈 통과 폭탄에 대한 최초 입력은 $|0\rangle$이다.

(§5.2.5에서 논의한 $R_y(\epsilon)$과 동등한) $R(\epsilon)$ 게이트의 행렬은 다음과 같다.

$$R(\varepsilon) = \begin{bmatrix} \cos\frac{\varepsilon}{2} & -\sin\frac{\varepsilon}{2} \\ \sin\frac{\varepsilon}{2} & \cos\frac{\varepsilon}{2} \end{bmatrix}. \tag{11.44}$$

빈 통의 경우 N번 회전한 후 측정 직전 큐빗은

$$R(\varepsilon)^N |0\rangle = \cos\frac{N\varepsilon}{2}|0\rangle + \sin\frac{N\varepsilon}{2}|1\rangle = |1\rangle \tag{11.45}$$

로 변한다. 왜냐하면 $\dfrac{N\epsilon}{2} = \dfrac{\pi}{2}$이기 때문이다. 따라서 이후에 측정하면 100%의 확률로 1을 얻는다.

폭탄의 경우 $R(\epsilon)$만큼 회전한 후 상태는

$$|\varepsilon\rangle = \cos\frac{\varepsilon}{2}|0\rangle + \sin\frac{\varepsilon}{2}|1\rangle \tag{11.46}$$

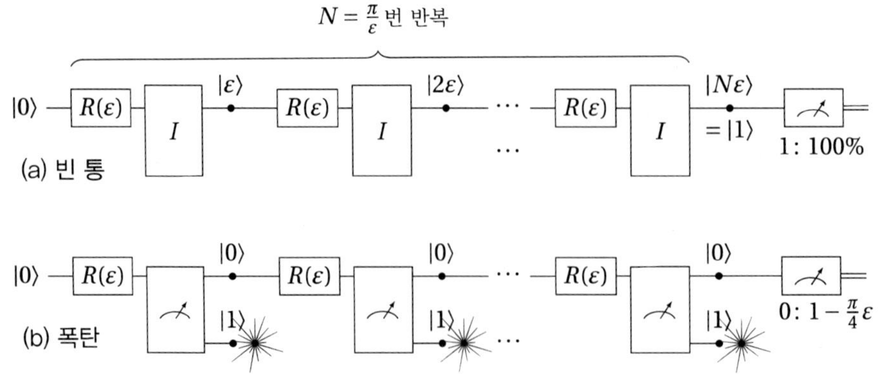

그림 11.13 양자 폭탄 탐지 알고리즘

이 된다. 이후의 측정에서 $|1\rangle$을 받고, 따라서 폭탄을 터질 확률은 작은 각도 근사에 의하면 $\sin^2\frac{\epsilon}{2} \approx \frac{\epsilon^2}{4}$이다. 이것이 일어나지 않으면 큐빗은 $|0\rangle$으로 다시 만들고(즉 붕괴하고) 회로는 고안한 대로 반복할 것이다.

N번 반복한 후 그 시점에서 폭탄이 폭발할 확률은 근사적으로 $\frac{\epsilon^2}{4}N = \frac{\pi}{4}\epsilon$이고, 이것은 N이 충분히 크면 임의로 작게 만들 수 있다. 역으로 폭탄이 터지지 않을 가능성은 $\cos^{2N}\frac{\epsilon}{2}$이고, 근사적으로 $1 - \frac{\pi}{4}\epsilon$, 즉 $1 - \frac{\pi^2}{4N}$이 되고 임의로 1에 가깝게 만들 수 있다.

중요한 것은 측정 결과는 폭탄에 대해 1이고, 빈 통에 대해서는 1이다. 따라서 폭탄을 터뜨리지 않고 폭탄을 찾을 확률 또한 100%에 임의로 가깝게 만들 수 있다!

핵심 요약

양자 폭탄 탐지 알고리즘은 여러 주요 개념을 자세히 설명한다.

1. 상호작용이 없는 양자 측정으로 인해 직접 상호작용하지 않고 물체의 존재를 감지하거나 유추할 수 있다. 이 측정은 임의의 정확도로 수행할 수 있어서 고전적 영역에서 직접 비유할 수 없는 양자역학의 독특한 측면을 보여준다.
2. 양자알고리즘은 전형적으로 일련의 유니타리 게이트를 거쳐 측정을 하는 것으로 개념화한다. 이것은 유니타리 계산 모형이라고 부른다. 이것은 중간 비유니타리 연산 혹은 상태 재조절 장치에서 도움을 받을 수 있다. 사실 중간 회로 측정과 피드 포워드 연산을 포함하는 동적 양자 회로는 활발하게 연구하는 다른 모형을 나타낸다.
3. 어떤 고전적인 확률적 알고리즘과 비슷하게 양자알고리즘은 임의의 정확도로 특정한 임무를 수행하도록 고안할 수 있어서 절대적으로 확신할 수는 없지만 자원 사용과 운영 시간 사이의 균형을 이루게 한다.

5 추가 정보

이 주제의 추가적인 발달과 심층적인 분석을 보려면 Lugilde Fernandez 등[69]에 의한 양자 측정 감지 알고리즘에 대한 연구를 참고하기 바란다.

11.3.2 *양자 화폐 $|\$\rangle$

양자 화폐는 위조에 대해 내재적으로 안전한 코인(혹은 지폐)을 만들기 위해 양자역학적 원리를 이용한다. 이 생각은 1983년 Wiesner가 개척하였고, 그 이후 여러 연구자가 확장하고, 변화시켰다.

계산적으로 어려운 문제로부터 보안을 얻는 전통적인 디지털 화폐와는 달리 양자 화폐는 양자역학의 독특한 특징을 이용한다. 특히 복제 불가능 정리에 의하면 임의의 미지의 양자상태는 완전하게 복사할 수 없다. 이 양자적 특징으로 인해 고전적인 접근에서 실현 가능한 것을 넘어서는 보안 파라다임을 얻는다. 그럼에도 불구하고 공개적으로 확인할 수 있는 양자 화폐의 개발은 교묘하고 열린 문제로 남아 있다.

양자 화폐의 두 가지 주요 형태인 개인키와 공개키가 존재한다. 각각은 자체의 장점, 단점과 적절하게 사용하는 경우가 있고, 두 형태는 개선된 보안을 위해 양자역학을 이용한다.

> Bitcoin과 같은 디지털 화폐는 금융가에서 확실히 자리를 잡은 반면 양자 화폐는 현재 활발한 연구 분야이고, 양자 암호학 분야에서 특히 중요해서 보안 거래의 최전선을 탐구한다.

1 주요 개념

화폐 상태

$|\$\rangle$로 표기하는 화폐 상태는 양자 코인을 구성하는 다중 큐빗 상태이다. 이것은 복제 불가능 정리를 이용하여 복사하기 어렵도록 고안하였다. 이것은 양자 화폐의 가치를 인증하고 확인할 때 중요한 양자 정보를 이용한다.

$s = \ldots\ldots$

$$|\$_s\rangle = \bigotimes_{i=1}^{n} |\psi_i\rangle$$

양자 코인
$(s, |\$\rangle)$

n으로 표기하는 $|\$\rangle$에서 큐빗의 수는 보안과 효율성 사이의 균형, 예컨대 256으로 선택한다.

일련번호

s로 표현하는 일련번호는 각 화폐 상태와 유일하게 관련된 고전적인 식별자이다. 일련번호는 공개적으로 읽을 수 있지만, 이에 대응하는 화폐를 구성하는 양자 상태는 보통 비밀이고 복사하기 어렵다. 다양한 양자 화폐 프로토콜에서 일련번호를 이용하여 화폐 상태에 대한 정보를 문의하는 데 사용하고 확인과 인증 과정에서 직접 사용하지는 않는다.

개인키

개인키는 발행 은행(혹은 조폐창)이 소유하는 비밀 정보이고 양자 화폐 상태를 인증하거나 확인할 때 필수적이다. 개인키 방법에서 개인키로 인해 일련번호와 상관관계가 있을 때 화폐 상태의 진본의 유효성을 허용한다. 공개키 방법에서 개인키는 일련번호와 화폐 상태를 만드는 데 사용한다. 모든 방법에서 은행은 엄격하게 개인키를 보호하여 승인되지 않은 접근과 잠재적인 위조를 못하도록 한다.

공개키

공개키는 공개적으로 유포하여 모든 사람이 양자 화폐 상태의 진품 여부를 확인할 수 있도록 한다. 공개키 방법으로 각 거래마다 은행이 개입할 필요 없이 분산된 확인이 가능하다. 공개적인 접근성에도 불구하고 공개키는 화폐 상태를 위조할 만큼 충분한 정보를 공개하지 않도록 고안하였다.

2 개인키 양자 화폐

개인키 양자 화폐 방법에서는 발행 은행이 진본임을 확인하는 것이 필요하게 하여 중앙화된 제어가 보장되도록 한다. 여기서 복제 불가능 정리에 의해 양자 화폐 상태의 진실성과 유일함을 보장한다. 기본적인 프로토콜을 아래에 요약하였다.

1. **화폐 상태 생성**: 은행은 일련번호 s를 만들고, 이에 해당하는 비밀로 남아 있는 개인키 K_s를 만든다. 개인키에 근거하여 은행은 양자 화폐 상태 $|\$_s\rangle$를 준비한다.
2. **고객에게 발행**: 은행은 $|\$_s\rangle$와 일련번호 s를 고객에게 전달한다.
3. **중앙화된 검증**: 은행만이 개인키 K_s를 이용하여 양자 화폐를 검증할 수 있고, 여기서 측정을 위해 필요한 측정 각도를 포함한다.
4. **거래 확인**: 성공적으로 검증한 후 거래를 승인한다.

개인키 양자 화폐는 더 직접적으로 구현하지만 확정성 문제가 나타난다. 왜냐하면 은행은 신용카드 지급과 비슷하게 모든 거래에 참여해야 하기 때문이다. 이 방법은 또한 양자 기억과 오류 수정에 대한 필요와 같은 공개키 계에 공통적인 문제를 공유한다.

3 Wiesner 양자 화폐

1983년에 도입된 [70] Wiesner 양자 화폐 방법은 보안 양자 화폐에 대한 단순하지만 효율적인 접근 방법을 이용한 개인키 방법이다. 이 방법에서 $(s, |\$_s\rangle)$로 나타낸 각각의 양자 코인은 이에 해당하는 개인키와 관련이 있다.

$$(s, |\$_s\rangle) \iff K_s \in \{0, 1, +, -\}^n. \tag{11.47}$$

여기서 부분집합 $\{0, 1\}$은 계산기준 상태 $\{|0\rangle, |1\rangle\}$에 해당하고, $\{+, -\}$는 기준 상태 $\{|+\rangle, |-\rangle\}$에 해당한다. 예를 들면 $K_s = (0, +, 1, 0, -, +, \ldots)$는 $|\$_s\rangle = |0+10-+\ldots\rangle$에 대응한다.

코인을 검증하기 위해 은행은 K_s를 이용한 적절한 기준에서 $|\$_s\rangle$의 각 큐빗을 측정하여 올바른 결과를 확인한다. 이 과정으로 진정한 코인 상태 $|\$_s\rangle$의 무결함성을 보장한다. 역으로 위조 코인에 틀린 K_s에 대한 측정은 상태 붕괴로 인해 $|\$_s\rangle$가 변하여 K_s 없이 복사와 검증이 불가능하게 만든다.

원래 방법에서 발행 은행은 모든 (s, K_s) 쌍의 데이터베이스를 보관한다. 현대적인 적용 방법에서는 은행이 가지고 있는 보안키(혹은 솔트)와 결합한 보안 해시 함수를 이용하여 s로부터 K_s를 유도하여 이와 같은 데이터베이스의 필요를 없앤다. 그러나 이 접근 방법에서는 고전적인 해시 함수와 관련된 잠재적인 보안에 대한 문제가 나타난다. 왜냐하면 이것은 무조건 안전하지 않기 때문이다.

Wiesner 방법은 §5.5에서 논의한 BB84 QKD 프로토콜과 비슷하다. 사실 이 방법이 1984년에 BB84의 개발을 촉진하였다.

양자 화폐를 위조할 수 있는(이것을 공격이라고 부른다) 방법과 가능한 대책을 조사하는 것은 매우 흥미롭다. 이들을 조사하여 양자 보안의 문제와 프로토콜에 대한 중요한 통찰력을 얻을 수 있다.

측정 및 복제 공격

위조화폐 제조자가 계산기준에서 양자 코인의 각 큐빗을 측정한다고 하자. 화폐 상태는 $\{|0\rangle, |1\rangle\}$ 기준에 있을 확률은 50%이고, $\{|+\rangle, |-\rangle\}$ 기준에 있을 확률이 50%이므로 결과는 큐빗의 반에 대해 맞다.

그리고 위조자는 원하는 대로 많은 코인을 복제할 수 있다. 그러나 위조 코인이 은행의 진정성 검사를 통과할 확률은 얼마인가? 각 큐빗에 대해 올바른 기준이 $\{|0\rangle, |1\rangle\}$ 이라면 맞는 결과를 얻을 확률은 50%이다. 올바른 기준이 $\{\{|+\rangle, |-\rangle\}$ 이라면 Hadamard 기준에서 계산기준을 측정하면 올바른 결과를 얻을 확률은 1/2이다. 따라서 각 큐빗에 대해 전체 통과 확률은 $\frac{1}{2}+\frac{1}{2}\cdot\frac{1}{2}=\frac{3}{4}$이다. $n=256$ 큐빗에 대해 전체 통과 확률은 $\left(\frac{3}{4}\right)^n \sim 10^{-32}$이다. 그러므로 위조하는 이 단순한 공격에서 수익을 얻으려면 약 10^{32}개의 코인이 필요하고, 이것은 실용적이 아니다.

은행의 잠재적 대책은 일련번호당 진실성 검사 시도 비율을 예컨대 초당 1개로 제한하는 것이다. 은행은 진실성 검사가 실패한 후 일련번호를 단순히 블랙리스트에 넣지 않는다. 왜냐하면 이로 인해 사악한 사람이 다른 사람의 양자 화폐를 무효화하기 때문이다.

큐빗 단위의 학습 공격

은행이 진실성 검사가 실패해도 고객에게 양자 코인을 돌려준다고 하자. 이 방법에서 위조자는 큐빗을 한 개씩 알아내는 공격을 고안할 수 있다. 공격자는 합법적인 코인에서 (i번째) 한 개의 큐빗 상태를 예컨대 $|0\rangle$으로 수정하고, 이 오염된 코인을 진실성 검사를 위해 은행으로 보낸다. $|0\rangle$이 우연히 올바른 상태이면 이것은 거절되지 않을 것이다.

$|0\rangle$이 틀렸고, 이 큐빗에 대한 맞는 상태가 ($\frac{1}{3}$의 확률로) $|1\rangle$이면 코인은 100%의 확률로 거절될 것이다. 올바른 상태가 $|+\rangle$이나 $|-\rangle$이라면 거절 확률은 $\frac{1}{2}$이다. 그러므로 틀린 큐빗 상태에 있는 코인이 거절될 확률은 $\frac{1}{3}+\frac{2}{3}\cdot\frac{1}{2}=\frac{2}{3}$이고, 거절되지 않을 확률은 $\frac{1}{3}$이다.

진실성 검사 과정은 측정기준의 고유상태에 있는 다른 큐빗을 변화시키지 않으므로 위조자는 이 과정을 반복할 수 있다. m번 시도한 후 틀린 상태의 큐빗을 은행이 거절할 확률은 적어도 $1-\left(\frac{1}{3}\right)^m$이 된다. 예를 들어 $m=10$번 시도하면 공격자는 높은 확률로 (99.998%) 코인의 새로운 상태가 틀렸는지 결정할 수 있다.

네 상태 $|0\rangle$, $|1\rangle$, $|+\rangle$와 $|-\rangle$를 체계적으로 시험하여 공격자는 i번째 큐빗의 상태를

확인할 수 있다. 이 과정은 모든 큐빗 상태를 알기 위해 반복할 수 있고, 이를 위해서는 전체 $4mn$ 번의 시도가 필요하다. 시도 회수가 n에 선형이므로 이 전략은 매우 실용적인 공격 방법이다.

이 분석으로부터 이와 같은 공격을 막으려면 은행은 진실성 검사에 실패한 코인은 고객에게 돌려주지 말아야 한다.

적응형 공격

은행은 진실성 검사가 실패하면 코인을 파괴하지만(혹은 일련번호를 블랙리스트에 올리지만) 인증을 통과하면 코인을 고객에게 보낸다고 하자. 이 상황을 이용한 현명한 공격을 양자 폭탄 검증 알고리즘으로부터 유도할 수 있다[72].

여기서 (코인을 파괴하게 되는) 인증의 실패는 양자 폭탄 검증에서 폭탄과 비슷하다. 코인은 각 시험에서 N번 측정하지만 인증 실패가 일어나고, 코인을 파괴하는 전체 확률은 최대 $\dfrac{\pi^2}{4N}$이고(§11.3.1 참조) 이것은 충분히 큰 N에 대해 임의로 작게 만들 수 있다.

그림 11.14에 나타낸 공격 방법에서는 공격자가 화폐 상태 $|\$\rangle$에 보조 큐빗 a를 붙이고, 이것과 $|\$\rangle$ 안에 있는 임의의 큐빗 $|\psi_i\rangle$ 사이에 양자게이트(예컨대 CNOT)를 적용할 수 있다고 가정한다. 각각의 인증 전에 보조 큐빗을 작은 각도 $\epsilon = \dfrac{\pi}{N}$만큼 회전하고 $|\psi_i\rangle$에 CNOT을 적용한다. 첫 번째 CNOT 게이트 직전에 보조 큐빗 상태는

$$|\varepsilon_1\rangle = \cos\frac{\varepsilon}{2}|0\rangle + \sin\frac{\varepsilon}{2}|1\rangle \tag{11.48}$$

이다. CNOT 게이트 후 보조 큐빗과 i번째 화폐 큐빗의 결합 상태는 다음과 같다.

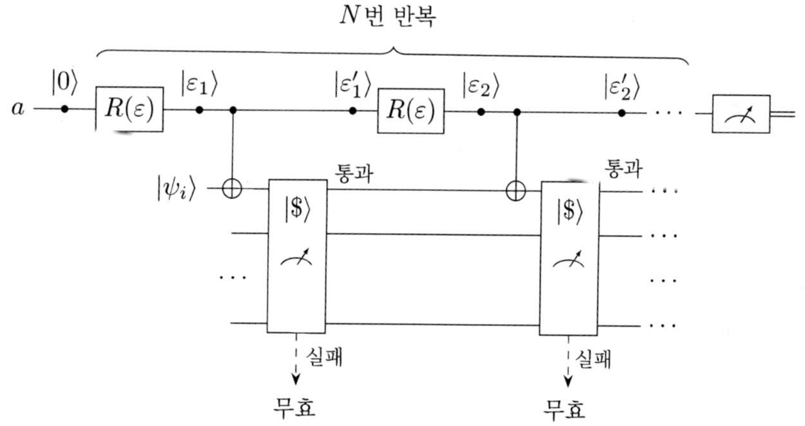

| 그림 11.14 | Wiesner 양자 화폐에 대한 적응형 공격

$$|\Psi_1\rangle = \mathrm{CNOT}(|\varepsilon_1\rangle \otimes |\psi_i\rangle)$$
$$= \begin{cases} \cos\frac{\varepsilon}{2}|00\rangle + \sin\frac{\varepsilon}{2}|11\rangle, & |\psi_i\rangle = |0\rangle\,, \\ \cos\frac{\varepsilon}{2}|01\rangle + \sin\frac{\varepsilon}{2}|10\rangle, & |\psi_i\rangle = |1\rangle\,, \\ (\cos\frac{\varepsilon}{2}|0\rangle + \sin\frac{\varepsilon}{2}|1\rangle)\otimes|+\rangle, & |\psi_i\rangle = |+\rangle\,, \\ (\cos\frac{\varepsilon}{2}|0\rangle - \sin\frac{\varepsilon}{2}|1\rangle)\otimes|-\rangle, & |\psi_i\rangle = |-\rangle\,. \end{cases} \tag{11.49}$$

연습문제 11.15

식 11.49를 확인하여라.

이후 은행의 인증 측정이 실패할 확률은 다음과 같다.

$$p_{\text{failure}} = 1 - \langle\Psi_1|\, I\otimes|\psi_i\rangle\langle\psi_i|\,|\Psi_1\rangle$$
$$= \begin{cases} \sin^2\frac{\varepsilon}{2} \approx \left(\frac{\pi}{2N}\right)^2, & |\psi_i\rangle = |0\rangle\,, \\ \sin^2\frac{\varepsilon}{2} \approx \left(\frac{\pi}{2N}\right)^2, & |\psi_i\rangle = |1\rangle\,, \\ 0\,, & |\psi_i\rangle = |+\rangle\,, \\ 0\,, & |\psi_i\rangle = |-\rangle\,. \end{cases} \tag{11.50}$$

큰 확률로 인증에 성공하면 화폐 상태는 $|\psi_i\rangle$로 되돌아간다. $|\psi_i\rangle = |0\rangle$이나 $|1\rangle$이면 보조 큐빗과 코인 큐빗이 얽혀서 보조 큐빗이 다시 $|0\rangle$으로 붕괴한다. $|\psi_i\rangle = |+\rangle$인 경우 보조 큐빗은 변하지 않고, $|\psi_i\rangle = |-\rangle$일 경우에는 $\cos\frac{\epsilon}{2}|0\rangle - \sin\frac{\epsilon}{2}|1\rangle$로 변한다. 따라서 첫 번째 인증 측정 후 다음을 얻는다.

$$|\varepsilon_1'\rangle = \begin{cases} |0\rangle, & |\psi_i\rangle = |0\rangle \text{ 혹은 } |\psi_i\rangle = |1\rangle\,, \\ \cos\frac{\varepsilon}{2}|0\rangle + \sin\frac{\varepsilon}{2}|1\rangle\,, & |\psi_i\rangle = |+\rangle\,, \\ \cos\frac{\varepsilon}{2}|0\rangle - \sin\frac{\varepsilon}{2}|1\rangle\,, & |\psi_i\rangle = |-\rangle\,. \end{cases} \tag{11.51}$$

$$|\varepsilon_m'\rangle = \begin{cases} |0\rangle\,, & |\psi_i\rangle = |0\rangle \text{ 혹은 } |\psi_i\rangle = |1\rangle\,, \\ \cos\frac{m\varepsilon}{2}|0\rangle + \sin\frac{m\varepsilon}{2}|1\rangle, & |\psi_i\rangle = |+\rangle\,, \\ \cos\frac{\varepsilon}{2}|0\rangle - \sin\frac{\varepsilon}{2}|1\rangle\,, & |\psi_i\rangle = |-\rangle \text{ 이고, } m\text{은 홀수}, \\ |0\rangle\,, & |\psi_i\rangle = |-\rangle \text{ 이고, } m\text{은 짝수}. \end{cases} \tag{11.52}$$

연습문제 11.16

m번 측정하고 $R(\epsilon)$ 게이트 이후이지만 다음 CNOT 게이트 전의 $|\epsilon_{m+1}\rangle$로 표기한 보조 큐빗 상태를 구하여라.

N을 짝수라고 가정하고 N번 측정한 후 $\frac{N\epsilon}{2} = \frac{\pi}{2}$이므로 보조 큐빗은 다음과 같이 분해된다.

$$|\varepsilon_N'\rangle = \begin{cases} |0\rangle, & |\psi_i\rangle = |0\rangle\,, |1\rangle\,, \text{ 혹은 } |-\rangle\,, \\ |1\rangle, & |\psi_i\rangle = |+\rangle\,. \end{cases} \tag{11.53}$$

여기서 공격자는 보조 큐빗을 측정한다. 결과가 $|1\rangle$이면, 이것은 i번째 화폐 큐빗은 확실히 $|+\rangle$이다. 그러나 공격자는 올바른 기준이 $\{|0\rangle, |1\rangle\}$인지 혹은 $\{|+\rangle, |-\rangle\}$인지 구별할 수 없다. 이것을 결정하기 위해 공격자는 CNOT 게이트를 부호 반전 제어 NOT 게이

트($\overline{\mathrm{CNOT}}$, §7.1.3.3 참조)로 바꾸어 추가적인 N번의 검증으로 큐빗이 $|-\rangle$ 상태에 있는지 밝힌다.

연습문제 11.17

$\overline{\mathrm{CNOT}}$ 게이트를 사용하지 않고 단순히 음의 ϵ을 이용하여 공격자는 $|-\rangle$ 상태라고 알 수 있는가? 왜 그런지, 혹은 왜 그렇지 않은지 설명하여라.

따라서 전체 $2nN$번 시도하면 공격자는 근사적으로 $1-2n\dfrac{\pi^2}{4N}$인 높은 확률로 탐지되지 않고 올바른 측정기준을 알게 된다. 이 전력으로 인해 올바른 기준에서 각 큐빗을 측정하여 전체 화폐 상태를 유추할 수 있다.

이 공격은 Wiesner의 화폐는 인증을 통과하든 실패하든 상관없이 은행이 검증된 코인을 교체할 때만 안전할 수 있다.

연습문제 11.18

제어 Z 게이트와 제어 부호 반전 Z 게이트($\mathrm{C}\overline{\mathrm{Z}}$, §7.1.3.3 참조)를 이용하여 Wiesner의 코인에 적응형 공격에 대한 공격 과정을 완성하여라.

ⓘ 공격자가 높은 확률로 양자 코인을 복사할 수 있다면, 이것은 복제 불가능 정리를 위배하는가? 아니다. 왜냐하면 이 정리는 임의의 양자 상태를 결정론적으로 복사하는 것에 속하기 때문이다.

4 질의응답 방식 인증

현대 신용카드 체계와 비슷한 개인키 양자 화폐 프로토콜에서는 중앙화된 인증이 필요하여 양자 네트워킹과 통신 기반 시설에 대한 수요가 발생한다. 이 문제를 완화하기 위해 질의응답 방식과 공개키 체계를 포함하는 여러 다른 프로토콜이 제안되었다.

질의응답 방식 인증 과정을 보이기 위해 Wiesner의 양자 화폐를 고려하자. 여기서 코인 소유자가 일련번호 s를 고전적이고, 잠재적으로 안전하지 않은 경로로 은행에 보내는 것으로 시작한다. 그러면 은행은 무작위적인 질의 문자열 $C_s \in \{0, 1, +, -\}^n$을 만든다. 개인키 K_s와 같은 형식을 갖는 이 문자열은 개인키와 50% 겹친다. 소유자는 화폐 상태 $|\$\rangle$를 C_s에 대해 측정하고 그 결과를 다시 은행에 전달한다. 은행은 두 측정 결과를 기록된 겹치는 큐빗의 상태와 비교하여 인증한다.

$s = \ldots\ldots$

$$|\$_{s,1}\rangle = \bigotimes_{i=1}^{n} |\psi_i\rangle\,|1\rangle$$

$$|\$_{s,2}\rangle = \bigotimes_{i=1}^{n} |\psi_i\rangle\,|2\rangle$$

$$\cdots$$

$$|\$_{s,m}\rangle = \bigotimes_{i=1}^{n} |\psi_i\rangle\,|m\rangle$$

여러 $|\$\rangle$를 갖는 양자 코인

이 접근 방법을 보면 BB84 양자 키 분포(QKD) 방법에서 키 선별 프로토콜을 기억나게 한다(§5.5 참조). 그러나 이 접근 방법을 이용한 양자 화폐의 중요한 한계는 인증 시도를 할 때마다 큐빗이 손상된다는 것이다. 특히 코인에 있는 큐빗의 반은 이 과정 동안 손상된다. 이에 맞서기 위해 양자 코인을 한 개의 일련번호로 여러 동일한 화폐 상태와 관련되도록 고안하고, 은행은 무효화된 상태의 기록을 유지한다.

정보 보안과 계산 보안

이 질의응답 인증 프로토콜은 BB84와 E91 QKD 프로토콜과 더불어 정보 측면에서는 안전하다.

정보 면에서 안전한 체계는 정보이론의 원리에 근거한 보안이 보장되어 암호 체계는 적이 구할 수 있는 계산 능력에 상관없이 확실히 안전하게 남도록 할 수 있다. 이것은 무제한적인 계산 자원이 있어도 공격자는 어떤 유용한 정보도 얻을 수 없다는 것을 의미한다. 일회용 패드는 정보 면에서 안전한 체계의 고전적인 예이다.

이와는 대조적으로 계산 면에서 안전한 체계는 제한된 계산 자원의 가정에 의존한다. 보안은 큰 수의 인수분해와 같은 실제로 주어진 시간과 자원을 이용하여 어떤 수학적 문제를 풀 때 생기는 어려움에 근거를 두고 있다. RSA와 ECC와 같은 대부분의 현대 암호체계는 계산 면에서 안전하다. 미래에 계산 능력이 개선되면 이 보안은 잠재적으로 손상될 수 있다.

5 공개키 양자 화폐

기본 프로토콜

공개키 양자 화폐의 본질은 효율적으로 은행(조폐청)이 만들고, 상인이 확인할 수 있는 화폐 상태를 만들지만 양자와 고전적 계산 보안 체계에서 복사할 수 없어야 하는 것이다.

이 체계는 양자컴퓨팅을 고전 암호학과 결합하여 안전하고 비중앙화된 프로토콜을 만들 수 있다. 기본적인 단계는 다음과 같다.

1. **화폐 상태 생성**: 은행은 다른 일련번호 s, 양자 화폐 상태 $|\$_s\rangle$와 이해 해당하는 확인 프로토콜 P_s와 함께 양자 코인(지폐)을 만든다. 이 성분은 다음을 만족해야 한다.
   (a) 양자 상태 $|\$_s\rangle$는 항상 P_s로 정의한 확인 시험을 통과한다.
   (b) 확인 프로토콜 P_s는 비파괴적이어서 확인 후에 상태 $|\$_s\rangle$를 보존한다.
   (c) 이것은 잠재적인 위조자가 $|\$_s\rangle$와 P_s를 얻더라도 원본과 복제본이 P_s를 통과하는 양자 상태를 복제하는 것은 계산적으로 불가능하다.
   은행은 유효한 일련번호 $\{s\}$를 관련된 검증 프로토콜 $\{P_s\}$와 함께 등록한다.
2. **고객에게 발행**: 은행은 일련번호 s와 함께 양자 코인 $|\$_s\rangle$를 고객에게 발행한다.
3. **공개 검증**: $|\$_s\rangle$의 진위는 두 기준을 통해 누구나 검증할 수 있다. (1) 일련번호 s는 공개적으로 기록되어 있다는 것을 확인한다. (2) $|\$_s\rangle$는 공개적으로 접근가능한 프로토콜 P_s를 만족한다는 것을 검증한다.
4. **거래 확인**: 수령자가 양자 화폐를 접수하고 두 기준을 성공적으로 만족하면 거래는 완성된다.

개념적으로는 매력적이지만 공개키 양자 화폐의 실용적인 구현에는 지속적인 양자 메모리와 효율적이고, 오류 내성을 갖는 양자 연산에 대한 필요가 있어서 거대한 장벽이 있다. 더구나 심지어 계산 보안이 있을 때 모든 기술한 요구 조건을 만족하는 모임$(s, |\$_s\rangle, P_s)$을 실용적으로 실현하는 것을 개발하는 것은 여전히 어려운 문제로 남아 있다.

기초적인 구현 방법

공개키 양자 화폐를 시행하는 것은 양자컴퓨팅, 고급 수학과 암호학을 포함하는 복잡한 일이다. 주요 개념과 문제를 강조하기 위해 단순화된 추상적인 프로토콜을 제시하겠다. 여기서 각 단계는 단순하지 않다.

1. **분할 정하기**: 먼저

$$B = \{|i\rangle\}, \quad i = 0, 1, \ldots, 2^n - 1, \quad \text{여기서 } n = 1024 \tag{11.54}$$

와 같은 커다란 양자 상태의 집합에서 시작한다. B의 크기는 $|B|$로 표기하고, 이 경우 2^n이다. B의 크지만 B보다는 현저하게 작은 부분집합 T를 선택한다. 예를 들면 다음과 같다.

$$T \subset B, \quad |T| = 2^{\frac{n}{2}}. \tag{11.55}$$

다대일 함수 f를 정의한다.

$$f : B \mapsto T. \tag{11.56}$$

여기서 $f^{-1}(t)$는 임의의 $t \in T$에 대해 상당히 많은 수의 역상이 있다. 이 경우 다음과 같다.

$$N \equiv \frac{|B|}{|T|} = 2^{\frac{n}{2}}. \tag{11.57}$$

2. **양자 해시 함수**: 양자 해시 함수라고 하는 $f(b)$를 확실히 계산하는 것은 다항 시간에 실행가능한 반면, $f^{-1}(t)$를 구하는 것은 큰 n에 대한 양자 자원이 있더라도 실행 불가능하다. 함수는 비밀로 유지하지 않는다. 왜냐하면 화폐 상태를 공개 검증할 때도 필요하기 때문이다. 이것은 고전적인 해시 함수와 비슷하지만 양자 회로에 구현하여 양자 계산 체계에서 보안을 보장한다.

3. **화폐 생성**: 이미 언급한 조건에서 은행은 다음과 같이 화폐 상태와 일련번호를 생성한다(그림 11.15 참조).

   a. B에서 모든 상태의 균일한 중첩을 만든다.

$$|\Psi_0\rangle = \frac{1}{\sqrt{|B|}} \sum_{b \in B} |b\rangle\,|0\rangle. \tag{11.58}$$

   여기서 $|0\rangle$은 0으로 초기화한 $\dfrac{n}{2}$-큐빗 레지스터이다.

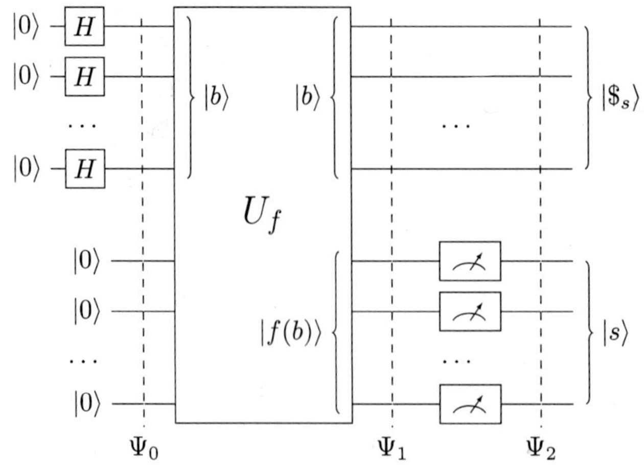

| 그림 11.15 | 공개키 양자 화폐에 대한 측정 구조

b. f를 두 번째 레지스터에 계산한다.

$$|\Psi_1\rangle = \frac{1}{\sqrt{|B|}} \sum_{b \in B} |b\rangle |f(b)\rangle. \tag{11.59}$$

그림 11.15에서 이것을 유니타리 상자로 나타내었다.

c. 값 s를 얻기 위해 두 번째 레지스터를 측정하여 상태는

$$|\Psi_2\rangle = \frac{1}{\sqrt{N}} \sum_{\substack{b \in B \\ f(b)=s}} |b\rangle |s\rangle \tag{11.60}$$

으로 붕괴한다. 여기서 s는 무작위 측정 결과이고, 이것은 $f(b)$의 가능한 값 중 하나이다.

첫 번째 레지스터는 $f(b)=s$의 역상으로 붕괴한다(자세한 설명을 보려면 §6.4.3을 참조하여라). s를 일련번호로 사용하고 $|\Psi_2\rangle$의 첫 번째 레지스터를 화폐 상태로 사용한다.

$$|\$_s\rangle = \frac{1}{\sqrt{N}} \sum_{\substack{b \in B \\ f(b)=s}} |b\rangle . \tag{11.61}$$

무작위 모임 $(s, |\$_s\rangle)$는 위에서 설명한 대로 생성된다고 해도 $|\$_s\rangle$는 특정한 s가 주어졌을 때 계산할 수 없다는 것을 주목하여라. 왜냐하면 $f^{-1}(t)$는 고의로 계산하기 어렵게 만들었기 때문이다.

4. **공개 검증**: 진본 $|\$_s\rangle$는 $f(b)=s$인 모든 $|b\rangle$의 균일한 중첩이다. 검증은 다음 두 개의 주요 요인을 포함한다.

a. 일련번호와 일치: 화폐 상태 $|\$_s\rangle$는 f를 중첩 상태에 있는 각각의 $|b\rangle$에 적용

했을 때 출력은 일관적으로 s와 같아야 한다. 예를 들어 이것은 고유값 관계 $\hat{f}(|\$_s\rangle) = s|\$_s\rangle$로 구현할 수 있고, $\hat{f}$는 f를 유니타리 게이트로 양자 구현한 것이다.

b. 중첩의 충실도: 여기서 제시한 방법에서 $|\$_s\rangle$는 $f(b) = s$인 모든 $|b\rangle$의 모든 균일한 중첩이어야지 단지 한 개의 상태나 다른 중첩이 되지 않아야 한다. 이로 인해 화폐 위조를 훨씬 더 어렵게 만든다.

은행은 이 검증 방법을 검증 연산자 P_s로 통합하고 일련번호 s와 함께 그 공식을 공개한다. 여기서 요점은 검증 프로토콜은 s와 P_s에 모두 접근할 수 있어도 양자 상태 $|\$_s\rangle$를 복제하는 것이 계산으로 불가능하도록 구현해야 한다는 것이다.

이 공개키 체계의 주요 예제는 **매듭 불변성**에 근거한 양자 화폐이다. 이것은 함수 f에 대해 Alexander 다항식을 이용하고, 모든 가능한 매듭 불변성을 유지하는 기본적인 변화인 Reidemeister 움직임의 중첩을 사용하여 $|\$_s\rangle$가 완전하고, 균일한 중첩임을 보장한다. 관심 있는 독자는 참고문헌 [73]을 참조하여라.

6 ✷ 현재 개발 상황

양자 화폐 프로토콜

다양한 양자 화폐 프로토콜이 제안되었고 이후 암호학적으로 깨지는 많은 일이 일어났다. 이 분야의 주요 기여는 다음과 같다.

- Fahri, Gosset, Hassidim, Lutomirski, Shor, 2009: 매듭 불변량에 근거를 둠 [73].
- Aaronson and Christiano, 2014: 부속 공간에 근거를 둠 [74] (깨진 것으로 판명됨).
- Mark Zhandry, 2017: 복잡계 이론 기초에 근거를 둠 [75] (깨진 것으로 판명됨).
- Kane, Sharif, Silverberg, 2018, 2021: 사원수 대수를 이용 [76].
- Shor, Khesin, Lu, 2021, 2022: 격자 암호학에 기초를 둠 [77] (깨진 것으로 판명됨).

더 포괄적인 이해를 위해서는 다음을 참조하여라.

- Another round of breaking and making quantum money [78].
- Cryptanalysis of three quantum money schemes [79].

양자 번개

양자 번개[75]는 양자 화폐와 관련된 개념으로 이보다 더 강한 방법이다. 양자 화폐 방법에서 은행(혹은 조폐창)은 양자 성질로 인해 위조하기 어려운 양자 지폐를 발행한다. 조폐창은 이 유효한 지폐를 만들 수 있는 유일한 존재이고 누구도 그 진위를 검증할 수 있다.

대조적으로 양자 번개는 이 개념을 더 확장하여 일단 지폐를 발행하면 조폐창도 복제할 수 없도록 보장하는 것이다. 양자 번개 방법에서 각각의 양자 지폐는 유일하고 심지어 발행자도 재발행할 수 없다. 이 특징으로 인해 보안 수준이 더 높아지고, 각각의 지폐가 유일하게 된다.

양자 번개는 아직 이론적 개념이고 양자 암호학에서 계속 연구되는 부분이다. 이것은 실용적 구현과 보안 증명 측면에서 중요한 문제가 있다.

양자 이후 암호학

암호체계는 수학적으로 어려운 문제에 의존한다. 이와 같은 문제는 매우 다양하고, 다양한 암호체계의 집합을 이룬다. 그중 RSA, 이산 로그, 격자, 다변수 방정식, 배낭 문제, 해독 문제 등이 있다.

대부분의 이러한 방법의 특징은 긴 공개키이지만 RSA와 이산 로그에 근거한 계는 주로 더 짧은 키의 길이 때문에 인기를 얻었다. 이 장점은 종종 이 방법이 근거를 두는 구조적인 수학에 기인한다. 역설적으로 바로 이 구조로 인해 특히 Shor의 알고리즘의 적용을 통해 양자 공격에 취약하다.

이러한 관점에서 격자에 근거를 둔 암호학이 양자 이후 암호학 연구의 선도자로 출현하였다. 이것은 보안, 효율성과 속력의 균형을 이루는 결합을 제공한다.

이 주제에 대한 추가적인 문헌을 보려면 다음을 참조하여라.

- Post-quantum cryptosystems for Internet-of-Things: A survey on lattice-based algorithms [16].
- The science and information organization [80].
- Evaluation and comparison of lattice-based cryptosystems for a secure quantum computing era [81].

이 분야의 중요성

양자컴퓨팅의 출현은 암호학 분야에 양면성이 있는 그림자를 드리웠다. 한편으로 Shor의 알고리즘은 효율적인 정수 인수분해를 통해 고전적인 암호화 방법의 완벽함을 위협하여 심각한 문제를 제기하였다. 다른 한편으로 양자컴퓨팅은 암호화와 보안 프로토콜을 강화하는 새로운 여러 방법을 제공한다. 이로 인해 양자컴퓨팅은 파괴적인 힘이면서 활성화하는 기술을 제공한다. 이와 같은 혁신의 주요 예제는 양자 화폐이다.

양자 화폐는 특이한 암호학적 산물의 역할을 넘어서고 다양한 복제 불가능한 암호학적 구조를 위한 기본적인 기초로 이용된다. 이것은 양자 복제 방지와 비연쇄형 블록체인 계와 같은 더 정교한 프로토콜을 뒷받침한다. 결과적으로 양자 화폐의 미묘한 점을 잘 알게 되면 양자 암호학의 포괄적인 이해를 위한 놀라운 도구로 작용할 것이다.

양자 화폐의 연구는 관습적인 암호화와 보안의 한계를 훨씬 넘어서므로 중요하다. 이것은 광범위한 디지털 자산을 보호하는 다용도 도구로 작용하여 사실상 복제가 불가능하게 만든다. 이로 인해 양자 화폐는 양자컴퓨팅, 암호학과 정보이론을 융합시키고, 양자 시대에서 안전하고 효율적이며 검증 가능한 거래를 가능하게 만든다.

이와 같은 다면적인 연관성으로 인해 양자 화폐라는 주제는 이론적인 관심을 미래에 보안 거래와 정보 교환에 대한 지평을 다시 만드는 잠재력이 있는 중요한 연구 영역으로 상승시켰다.

11.4 요약 및 결론

기조 알고리즘

이 장의 중심 관심사는 다양한 양자 알고리즘을 보이는 것이다. Deutsch-Jozsa 알고리즘으로 예를 들어 기초적인 양자 알고리즘을 고려하였다. 실용적인 응용은 제한적이라도 이 알고리즘은 중요한 시금석으로 작용하여 고전적인 계에 대해 양자계의 잠재적인 계산의 장점을 설명하였다. 기본 원리를 검토하고 알고리즘의 일반화된 형태를 제안하였다.

NISQ/효용 하이브리드 알고리즘

기조 알고리즘에서 이동하여 2024년 초기 NISQ 장치로부터 양자 효용의 초기에 이르는 양자컴퓨팅 상황을 조사하였다. 양자-고전 하이브리드 알고리즘에 집중하여 NISSQ 기술과 떠오른 효용 시대 체계의 제한을 살펴볼 때 그 역할을 강조하였다.

NISQ/효용 시대의 최적화

그리고 이 장에서 NISQ 시대와 특히 관련된 알고리즘을 탐구하여 이차 비제약 이진 최적화(QUBO) 문제를 푸는 것에 집중하였다. 변분 양자 고유값 추정기(VQE)와 양자 근사 최적화 알고리즘(QAOA)을 도입하였고 모두 현재 양자 장치의 제한 안에서 작용하도록 제작되었다. 이 알고리즘을 이용하여 최대-컷 문제와 같은 실용적으로 중요한 문제를 풀려고 했으며 따라서 실제 세계의 응용에서 그 효용을 보였다.

혁신적인 양자 알고리즘 개념

이 장에서 양자 폭탄 측정과 양자 화폐와 같은 혁신적인 양자 알고리즘으로 결론을 맺었다. 이 알고리즘은 계산의 경계를 확장하고, 복잡한 양자 측정과 양자 후 암호학 기술과 같은 새로운 측면을 도입하였다.

교육적 목표

이 장을 통해 양자 알고리즘 전반에 대해 완벽하지는 않지만 포괄적으로 보이려고 하였다. 다른 영역에서 대표적인 알고리즘을 선택하여 양자컴퓨팅 영역에서 과거의 획기적인 연구, 현재의 문제와 미래의 가능성을 보이려고 하였다.

심층 탐구

양자 알고리즘은 암호학, 최적화, 기계학습과 화학과 같은 다양한 분야에서 적용된다. 양자컴퓨터 규모가 커지면서 양자 알고리즘은 특정한 임무에 대해 지수함수적으로 가속될 것으로 예상한다.

심층 연구를 위한 최근 리뷰 논문은 다음과 같다.

- Quantum Algorithms: A Survey of Applications and End-to-End Complexities, 2023 [82]

- A Review on Quantum Approximate Optimization Algorithm and Its Variants, 2024 [83]
- Challenges and opportunities in quantum optimization, 2024 [84]
- Quantum Many-Body Simulations on Digital Quantum Computers: State-of-the-Art and Future Challenges, 2024 [85]
- A Comprehensive Review of Quantum Machine Learning: From NISQ to Fault Tolerance, 2024 [86]

이후의 주제

다음 장에서 오류 수정과 양자 정보에 대해 더 깊이 고찰할 것이다. 그러나 이 영역을 효과적으로 탐구하려면 먼저 중요한 도구를 도입하는 것이 필수적이다. 이것은 밀도연산자와 양자 채널이다. 이 개념은 잡음, 디코히어런스와 얽힘을 포함하는 다양한 양자 연산의 모델을 만드는 데 필요한 수학적인 기초이다. 다음 장에서 이 주제에 초점을 맞추어 양자 정보 이론의 복잡함을 풀어가는 데 필요한 이해를 할 수 있도록 한다.

문제 11

11.1 주어진 n에 대해 §11.1에서 자세히 설명한 DJ 알고리즘을 참고하여 이진 함수의 전체 수, 상수 함수의 수와 균형함수의 수를 결정하여라.

11.2 $f(x) = \text{parity}(x)$로, 즉 $f(x) = \text{XOR}(x)$라고 가정하자. $f(x)$는 균형함수임을 증명하여라.

11.3 그림 11.5의 회로는 정확하게 $f(x) = \overline{x_1} \oplus x_2 \oplus x_3 \oplus \overline{x_4}$에 대한 위상 오라클을 표현한다는 것을 검증하여라.

11.4 식 11.7에서 자세히 나타낸 변환은 DJ 알고리즘의 기초적 기능을 설명한다. 이 기능은 또한 Simon과 Shor 알고리즘을 포함한 다른 양자알고리즘을 뒷받침한다.

식 11.7에서 자세히 본 각각의 변환 단계에 담긴 이유를 조사하고 분명히 밝혀라. 목표는 각 단계의 유도를 만족스럽게 유추하고, 표현하여 기조적인 참조용으로 그림 11.1에 나타낸 회로 표현을 이용하는 것이다.

11.5 아래의 변환은 Deutsch-Jozsa(DJ)와 Bernstein-Vazirani(BV) 알고리즘에서 사용하는 양자 연산이다. 그 정의는 다음과 같다.

$$U_s \left|x\right\rangle \left|y\right\rangle = \left|x\right\rangle \left|y \oplus f(x)\right\rangle.$$

여기서 $f(x) = x \cdot s$는 x와 비밀 문자열 s와 비트끼리 곱한 것이고, $\oplus$는 비트마다 XOR (즉 나머지 2인 덧셈)을 표기한다.

x에 대해 n 큐빗, y에 대한 추가적인 큐빗이 있는 계를 고려하자. 전체 계의 크기는 $n+1$ 큐빗이다.

(a) 4-큐빗계($n=3$)에 대한 U_s의 행렬 형태를 써라.

(b) U_s는 임의의 n에 대한 유니타리 변환이라는 것을 확인하여라.

(c) 주어진 문자열 s에 대해 상태 $U_s|0^{\otimes n}\rangle|0\rangle$을 계산하여라.

(d) 주어진 문자열 s에 대해 상태 $U_s|0^{\otimes n}\rangle|1\rangle$을 계산하여라.

(e) 주어진 문자열 s에 대해 상태 $U_s|1^{\otimes n}\rangle|0\rangle$을 계산하여라.

(f) $x_i, y\in\{0,1\}$일 경우 $U_s|x_1x_2\cdots x_n\rangle|y\rangle$에 대한 일반적인 공식을 구하여라.

11.6 **숫자 분할 문제**(Number Partitioning Problem: NPP)는 다음의 문제를 제기한다. N개의 양수 집합 $S=\{n_1, \cdots, n_N\}$이 주어지면, 이 집합은 두 개의 서로소 부분집합으로 분할하여 각 부분집합 안에 있는 수의 합이 같을 수 있는가? 예를 들어 두 사람 사이에 가치가 $n_1, \cdots, n_N$인 자산의 모임을 똑같이 나눌 수 있는가?

이 문제는

$$H=\left(\sum_{i=1}^{N} n_i Z_i\right)^2$$

으로 표현한 Ising 해밀토니안을 이용하여 모형을 만들 수 있다. 여기서 Z_i는 i번째 수와 관련된 스핀 변수를 나타내고, +1이나 −1의 값을 갖는다.

NPP의 해는 $H=0$인 Ising 모형의 배열에 해당한다. 이와 같은 배열은 +1 스핀에 해당하는 수 n_i의 합이 −1 스핀을 갖는 스핀의 합과 같다는 조건을 만족해야 한다. 결과적으로 계의 바닥상태 에너지는 $H=0$이고 집합 S는 문제에서 설명한 대로 분할할 수 있다.

여기서 할 일은 N개의 무작위 수의 배열을 만들고 공정한 분할이 가능한지 결정하는 것이다. Qiskit 혹은 Cirq와 같은 플랫폼이나 양자 어닐러를 통해 구현한 QAOA나 VQE를 이용하여 해를 구해야 한다. 독자에게 가능한 양자컴퓨팅 자원에서 실용적인 N 값을 선택하여라. 단 문제가 의미 있으려면 $N>10$이어야 한다.

11.7 **그래프 색칠 문제**(Graph Coloring Problem: GCP)는 컴퓨터 과학과 이산 수학에서 모두 잘 알려진 문제이다. 이것은 이웃한 꼭지점은 같은 색으로 칠하지 않고 사용한 색깔의 전체 수를 최소화하려는 목적으로 그래프의 꼭지점에 색을 부여하는 문제이다. 이 문제는 일정 관리, 자원 분배, 이동 네트워크에서 주파수 부여, 컴파일러 디자인에서 레지스터 분배를 포함힌 다양한 분야에서 실용적으로 응용된다.

QUBO 문제로 수식화하기

GCP는 실질적으로 제약 충족 문제(Constraint Satisfaction Problem: CSP)를 이용하고, 이것을 §11.2에서 자세히 본 조합 비제약 이진 최적화(QUBO) 문제로 변환할 수 있다. 이러한 전환은 다음의 단계를 포함한다.

(a) 이진 변수를 정의한다: V개의 꼭지점으로 이루어진 그래프를 K개의 색을 이용하려고 하는 경우 이진 변수 $x_{i,k}$를 꼭지점 i와 색 k인 각각의 결합에 대해 정의한다. 여기서 $x_{i,k}=1$은 꼭지점 i를 색 k에 부여하는 것이고, 이외의 경우에는 $x_{i,k}=0$이다.

(b) 목적함수: GCP에 대한 QUBO 수식화는 이진 변수에 대한 직접적인 제한이 없을 때 최적화를 우선적으로 처리한다. 여기서 주된 목적은 특별한 메트릭을 최소화하는 것, 즉 이 변수 안에 암묵적으로 표현된 어떤 조건을 만족하도록 하는 것이다. GCP의 경

우 어떤 이웃한 두 개의 꼭지점도 같은 색을 공유하지 않도록 하는 제한을 표현하는 것이 중요하다.

(c) 제한 조건 만들기: 제한 조건은 불이익의 형태로 목적함수로 통합시킨다. 주된 제한 조건은 다음과 같다.

- 각각의 꼭지점에는 한 색깔만 부여한다. 모든 i에 대해 $\sum_{k=1}^{K} x_{i,k} = 1$이다.
- 이웃한 꼭지점이 같은 색깔을 공유하지 못하도록 한다. 모든 색깔 k에 대해 적용할 수 있는 그래프의 모든 변 (i, j)에 대해 $x_{i,k} + x_{j,k} \leq 1$이다.

이 제한 조건을 위반할 때 불이익 항을 도입하면 GCP는 QUBO 문제로 모형을 만들 수 있고, 적절한 색칠하는 방법을 찾았을 때 이상적으로 0의 값을 얻기 위해 전체 불이익을 최소화하는 것을 목적으로 한다. 이 전략은 §11.2.5에서 설명한 외판원 문제를 풀 때 사용했던 접근 방법과 비슷하다.

Ising 모형으로 전환하기

§11.2.2에도 도입한 Ising 모형은 수학적인 체계를 통해 강자성을 설명하지만 그 효용은 양자컴퓨팅으로 확장된다. 이것은 띄엄띄엄한 스핀 변수를 이용하여 특징을 짓고 스핀 변수는 +1이나 −1의 상태를 가정하고, 계의 에너지는 이 스핀 쌍 사이의 상호작용과 임의의 외부 자기장의 상호작용으로 정의한다.

GCP의 QUBO 수식화를 Ising 모형으로 전환하는 것은 다음 과정을 따른다.

(a) 변수 변환: 이진 변수 $x_{i,k}$를 $x_{i,k} = (Z_{i,i} + 1)/2$의 관계에 의해 스핀 변수 $Z_{i,k}$로 변환한다. 이 단계에서 이진 {0, 1} 표현을 스핀 상태 {−1, +1}로 전환한다.

(b) 에너지 함수: QUBO 모형으로부터 제한 조건과 목적함수는 Ising 모형의 에너지 함수로 해석한다. 결과적으로 이진 변수에 의존하는 QUBO 목적의 각 성분은 스핀 변수에 의존하는 Ising 에너지 함수에서 해당하는 항으로 변환된다. 제한 조건을 위배할 때 불이익항은 스핀 사이의 상호작용 항으로 나타난다.

(c) 목적의 최소화: 궁극적인 목표는 최적화와 상관관계가 있는, 즉 원래 GCP에 대한 가능한 해와 상관관계가 있는 에너지 함수를 최소화하는 스핀 배열(Ising 모형의 해)를 구하는 것이다.

§§11.2.4와 11.2.6에서 논의한 QAOA, VQE와 AQC 같은 양자 알고리즘은 GCP와 같은 조합 최적화 문제를 표현하는 Ising 모형을 최소화할 때 효율적이다. 위에서 설명한 원-핫 부호화 방식을 이용하면 각 꼭지점에 대한 각각의 가능한 색을 표현하는 유일한 큐빗의 집합을 배정하여 양자컴퓨팅 플랫폼이 GCP를 풀 수 있도록 한다. 이 접근 방법에서 n 꼭지점이 있는 그래프에 대해 k개의 다른 색으로 칠하기 위해서는 전체 kn 개의 큐빗이 필요하다. 이와 같이 색칠하기 위한 이진 부호화를 위한 더 효율적인 방법이 존재한다.

해야 할 일

할 일은 n 꼭지점이 있는 그래프를 무작위로 만들고 3개의 다른 색으로 칠할 수 있는 가능성을 탐구하는 것이다. 이 문제를 제공한 지침에 의해 수식화하고 Qiskit이나 Cirq와 같은 플랫폼이나 양자 어닐러를 이용한 QAOA나 VQE를 적용하여 해를 구해야 한다. 사용하는 자원의 주어진 제한에 대해 가능한 n을 선택하지만 이 연습문제가 의미가 있으려면 $n > 6$이어야 한다.

11.8 Eliztur-Vaidman 폭탄 검증 알고리즘

다음 주제는 (§11.3.1과 §11.2.3에서 자세히 살펴본) Elitzur-Vaidman 폭탄 검증기의 핵심 개념의 근거한 것이다. 즉 직접 상호작용하지 않고 정보를 모으는 것으로 양자역학 내에서 가능한 경계를 확장하려고 하는 것이다. 연구자들은 이론적으로, 또한 실험적으로 이 개념을 계속 탐구하고, 이것은 양자 정보과학에서 새로운 기술과 프로토콜을 얻을 수 있다.

다음 주제 중 두 가지를 조사하고 개념, 원리, 응용과 현재 상태에 대한 발표를 준비하여라.

(a) 양자 제논 효과: 양자 제논 효과는 빈번한 측정이 양자 상태의 변화를 방해하는 경우로 확장하는 것으로 볼 수 있다. 빈번하게 폭탄(계의 상태)의 존재를 확인하면 실질적으로 변화를 고정하여 상호작용이 없는 측정의 형태를 만든다.

(b) 반사실적 양자 계산: 이를 적용하면 전통적인 의미로 컴퓨터를 작동시키지 않고 일어나는 계산이 가능하다. 이것은 실제로 모든 단계를 물리적으로 수행하지 않고 계산 결과를 유추하는 양자 중첩과 간섭의 원리를 이용한다.

(c) 반사실적 양자통신: 입자가 송신자와 수신자 사이에서 이동하지 않고 정보를 전달하는 이 방법은 실질적으로 "상호작용이 없는" 통신을 하기 위해 얽힘과 Elitzur-Vaidman 폭탄 검증기 뒤에 있는 원리를 이용한다.

(d) 연쇄 양자 제논 효과: 일련의 상호작용이 없는 측정을 함께 연결하여 원래 경우보다 더 상호작용의 가능성이 작은 영상화나 통신과 같은 업무를 수행할 수 있는 더 복잡한 계를 만들 수 있다.

(e) 반사실적인 암호학: 폭탄 검증기로 자극을 받아 이 확장 형태는 송신자가 직접 수신자로 정보를 전달하는 어떤 큐빗도 없이 도청자의 존재를 검출할 수 있는 보안 통신을 포함한다.

CHAPTER

12

밀도연산자와 양자 채널

양자컴퓨팅과 양자정보 이론에서 잡음, 디코히어런스와 외부 환경과 상호작용뿐만 아니라 순수 상태와 혼합 상태를 포함하는 다양한 양자 연산의 모형을 만드는 것이 중요하다. 이를 수행하기 위해 상태 벡터나 유니타리 변환으로만 얻는 것보다 더 포괄적인 체계가 필요하다. 밀도행렬로도 알려진 밀도연산자는 이러한 기본적인 수학적 도구가 되어 실제 세계 양자계의 복잡함을 포함하는 일반화된 표현을 얻는다. 이 체계는 양자 정보와 통신에 대한 연구와 응용에 기초를 이룬다.

이 장에서 밀도연산자의 개념을 도입하고 다양한 연산에 의해 양자 상태의 변화와 변환을 설명하는 양자 채널에 대한 논의를 확장하겠다. 양자 채널은 잡음과 같은 환경적 요인에 의해 어떻게 양자 정보가 진행되고, 전달되고, 영향을 받는지 이해하는 수학적 형태이다.

이 내용의 수학적 성질을 본 후 그 개념을 단계적으로 나타내어 자세한 설명을 하고 이해를 돕기 위해 많은 예제를 들겠다. 수학적 내용이 어렵다고 생각하는 독자에게 처음에는 별이 없는 (즉, ✳ 나 ✸ 로 표시하지 않은) 절만 처음 보고 그 이후에 필요할 때 더 고급의 주제를 다시 보는 것을 추천한다.

R 이 장은 행렬 대각합 연산과 행렬 함수를 이용한다. 이 주제에 대한 확고한 기초를 얻으려면 QC Math[1], 7장: *Fundamentals of Matrix Algebra*와 11장: *Functions of Vectors and Matrices*를 참조하여라.

12.1 혼합 상태와 밀도연산자

12.1.1 정의

1 순수 양자 상태에 대한 밀도연산자

지금까지 $|\psi\rangle$로 표기한 상태 벡터를 이용하여 양자계를 기술하였다. 그러나 이 계는 밀도연산자 ρ를 이용하여 표현할 수도 있다. 주위 환경과 고립되어 있고 순수한 상태에 있는 양자계에 대해 밀도연산자는 단순히 상태 벡터를 자신과 외적을 취한 것이다. 이 정의에 숨어 있는 논리는 혼합 상태와 그 성질을 탐구하면 더 분명해질 것이다. 공식적으로 이것은

$$\rho = |\psi\rangle\langle\psi| \tag{12.1}$$

로 정의한다.

예제 12.1

$|\psi\rangle = \alpha|0\rangle + \beta|1\rangle$에 대해 밀도연산자는 다음과 같다.

$$
\begin{aligned}
\rho &= |\psi\rangle\langle\psi| \\
&= (\alpha\,|0\rangle + \beta\,|1\rangle)(\alpha^*\,\langle 0| + \beta^*\,\langle 1|) \\
&= \alpha\alpha^*\,|0\rangle\langle 0| + \alpha\beta^*\,|0\rangle\langle 1| + \beta\alpha^*\,|1\rangle\langle 0| + \beta\beta^*\,|1\rangle\langle 1| \\
&= \begin{bmatrix} |\alpha|^2 & \alpha\beta^* \\ \beta\alpha^* & |\beta|^2 \end{bmatrix}.
\end{aligned} \tag{12.2}
$$

■

연습문제 12.1

$|+\rangle = \frac{1}{\sqrt{2}}(|0\rangle + |1\rangle)$의 밀도연산자는 다음과 같음을 보여라.

$$\rho = |+\rangle\langle +| = \frac{1}{2}\begin{bmatrix} 1 & 1 \\ 1 & 1 \end{bmatrix}. \tag{12.3}$$

상태 벡터 $|\psi\rangle$와 ϕ가 실수일 때 상태 $e^{i\phi}|\psi\rangle$는 같은 밀도연산자를 얻으므로 양자 상태 벡터의 전체 위상이 물리적으로 관계없다는 것이 밀도연산자에는 내재되어 있다는 것을 보여준다.

연습문제 12.2

순수 상태에 대해 $\rho^2 = \rho$임을 보여라. 즉 ρ는 랭크 1의 투영연산자이다.

연습문제 12.3

Bell 상태 $|\Phi^+\rangle - \frac{1}{\sqrt{2}}(|00\rangle + |11\rangle)$에 대한 밀도연산자를 유도하여라.

2 혼합 양자 상태에 대한 밀도연산자

양자계의 정확한 상태를 확실히 확인할 수 없는 경우가 있다. 이와 같은 계는 n개의 순수 양자 상태 $|\psi_i\rangle$에 있고, 각각은 고전적인 확률 p_i로 존재한다. 이 경우 밀도연산자를 이용하면 편리하게 표현할 수 있다.

$$\rho = \sum_i p_i\,|\psi_i\rangle\langle\psi_i|. \tag{12.4}$$

여기서 혼합 양자 상태에 대한 밀도연산자는 구성하고 있는 순수상태의 밀도연산자에 대한 가중평균으로 작용한다.

ⓘ 양자 정보이론의 표준적인 관습에 따라 확률은 대문자 P 대신 소문자 p로 표기하겠다.

ⓘ 상태 벡터로 표현하는 순수 상태와는 달리 혼합 상태는 밀도연산자(행렬)로 기술한다. 혼합 상태는 벡터 표현이 없다.

예제 12.2

실험실에서 양자 상태의 앙상블을 준비하려고 한다. $|0\rangle$은 확률 $\frac{3}{7}$, $|1\rangle$은 확률 $\frac{4}{7}$으로 존재한다. 이것은 다음과 같이 표현하는 혼합 상태를 정의한다.

$$\rho = \frac{3}{7}|0\rangle\langle 0| + \frac{4}{7}|1\rangle\langle 1|. \tag{12.5}$$

이것은 (규격화되지 않은) 순수 상태 $\frac{3}{7}|0\rangle + \frac{4}{7}|1\rangle$나 (규격화된) $\frac{3}{5}|0\rangle + \frac{4}{5}|1\rangle$과는 완전히 다르다.

다음 연습문제에서 보이겠지만 n은 $|\psi_i\rangle$의 Hilbert 공간의 차원인 d와 다를 수 있다. 그러나 ρ는 항상 $d\times d$ 행렬이다.

연습문제 12.4

기계가 25%의 시간 동안 상태 $|0\rangle$을 만들고 25%의 시간 동안 상태 $|1\rangle$을, 그리고 50%의 시간 동안 상태 $|+\rangle$를 만든다. 이 큐빗의 밀도연산자를 구하여라.

예제 12.3

균일한 혼합 상태

$|0\rangle$과 $|1\rangle$에 있을 확률이 같은(50%) 혼합 상태에 대한 밀도연산자는

$$\rho = \frac{1}{2}|0\rangle\langle 0| + \frac{1}{2}|1\rangle\langle 1| = \frac{1}{2}\begin{bmatrix} 1 & 0 \\ 0 & 1 \end{bmatrix} \tag{12.6}$$

으로 주어진다.

d차원 큐딧의 경우 균일한 혼합 상태에 대한 밀도연산자는

$$\rho = \frac{1}{d} I_{d\times d} \tag{12.7}$$

이다.

놀랍게도 $|+\rangle$에 50%의 확률로, $|-\rangle$에 50%의 확률로 있는 혼합 상태의 밀도연산자는 같은 행렬을 만든다. 임의의 상태 $|\psi\rangle$에 50%의 확률로 이제 직교하는 상태 $|\psi_\perp\rangle$에 50%의 확률로 존재하는 혼합 상태에서도 이것이 성립한다.

따라서 균일한 혼합 상태에 대한 밀도연산자는 기준에 대해 불변이다. 이 특징은 연습문제 12.1에서 논의했듯이 기준에 불변이지 않은 $|+\rangle$에 대한 밀도연산자와 대비된다. ■

연습문제 12.5

임의의 상태 $|\psi\rangle$에 50%의 확률로, 이에 직교하는 상태 $|\psi_\perp\rangle$에 50%의 확률로 존재하는 혼합 상태의 밀도연산자는 $\rho = \frac{1}{2}I$, 즉 다음과 같음을 보여라.

$$\rho = \frac{1}{2}|\psi\rangle\langle\psi| + \frac{1}{2}|\psi_\perp\rangle\langle\psi_\perp| = \frac{1}{2}\begin{bmatrix}1 & 0\\ 0 & 1\end{bmatrix}. \tag{12.8}$$

3 밀도연산자의 볼록 조합

밀도연산자는 또한 다른 밀도연산자의 볼록 결합으로 정의할 수 있다. 예를 들어 두 개의 밀도연산자 ρ_1과 ρ_2를 고려하고 이들 자체도 혼합 상태를 표현한다고 하자. 새로운 밀도연산자는 다음과 같이 만들 수 있다.

$$\rho' = q_1\rho_1 + q_2\rho_2. \tag{12.9}$$

여기서 $q_1 + q_2 = 1$이고, q_1, $q_2 \geq 0$이다. 이 특정한 선형 결합의 형태를 볼록 결합이라고 하고, 여기서 계수 q_1과 q_2는 음수가 아니고, 더해서 1이 된다. 각각의 밀도연산자 ρ_1과 ρ_2는 자체가 밀도연산자의 볼록 조합일 수 있다. 궁극적으로 ρ'은 순수 상태를 표현하는 밀도연산자의 볼록 조합이다. 이것은 §12.1.3.2에서 탐구하겠지만 밀도연산자를 대각화된 형태로 조사하면 분명해진다.

> 물리적인 관점에서 밀도연산자를 정의한 반면 수학적으로도 Hermitian이고 대각합이 1, 양의 준정부호를 갖는 연산자로 정의할 수 있다. §12.1.3.1을 참조하여라.

12.1.2 측정 확률과 기대값

밀도연산자를 이용하면 혼합 양자 상태를 완전하게 기술할 수 있어서 임의의 계를 측정할 때 결과에 대한 확률을 결정할 수 있다. 관측량 연산자를 이용하면 이 상태로부터 측정할 수 있는 성질을 끄집어낼 수 있게 하고, 물리량은 전형적으로 이 관측량의 통계적 평균, 즉 기대값으로 표현된다.

1 측정확률

밀도연산자 ρ로 기술하는 계가 어떤 순수 상태 $|\psi\rangle$에서 발견할 확률은 다음과 같이 주어진다.

$$p = \langle\psi|\rho|\psi\rangle. \tag{12.10}$$

증명 먼저 ρ가 순수 상태를 나타내는 경우 $\rho = |\phi\rangle\langle\phi|$를 고려하자. 그러면 다음을 얻는다.

$$p = \langle\psi|\rho|\psi\rangle = \langle\psi|\phi\rangle\,\langle\phi|\psi\rangle = |\,\langle\psi|\phi\rangle\,|^2.$$

이것은 Born의 규칙으로 주어진 상태 $|\psi\rangle$를 측정했을 때 계를 상태 $|\phi\rangle$에서 발견할 확률이다.

이제 ρ가 혼합 상태를 표현하는 경우를 고려하자. 여기서 밀도연산자는 순수 상태의 볼록 조합으로 주어진다.

$$\rho = \sum_i p_i |\phi_i\rangle\langle\phi_i|.$$

여기서 $\{p_i\}$는 $\sum_i p_i = 1$을 만족하는 확률이고, $|\phi_i\rangle$는 혼합 상태에 있는 순수 상태이다. 이 경우 식 12.10은 다음이 된다.

$$p = \langle\psi|\rho|\psi\rangle = \langle\psi| \left(\sum_i p_i |\phi_i\rangle\langle\phi_i| \right) |\psi\rangle.$$

내적의 선형성을 이용하면 다음과 같이 간단히 쓸 수 있다.

$$p = \sum_i p_i \langle\psi|\phi_i\rangle \langle\phi_i|\psi\rangle = \sum_i p_i |\langle\psi|\phi_i\rangle|^2.$$

이것은 p는 계가 상태 $|\psi\rangle$에 있을 확률의 가중치를 둔 합이고, 이것은 혼합 상태에 있는 각각의 순수 상태 $|\phi_i\rangle$가 가중치 p_i를 가진 것에 해당한다. 따라서 p는 전체로 보는 혼합 상태에서 계를 발견하는 통계적인 예상을 표현한다. □

연습문제 12.6

$|\psi\rangle = \alpha|0\rangle + \beta|1\rangle$에 대한 밀도연산자를 이용하고(예제 12.1 참조) 식 12.1을 이용하여 상태 $|+\rangle$에서 계를 측정할 확률을 계산하여라.

2 관측량의 기대값

$|\psi\rangle$로 표현한 순수 양자 상태에 대해 관측량 A의 기대값은 다음과 같이 계산한다.

$$\langle A\rangle = \langle\psi| A |\psi\rangle. \tag{12.11}$$

혼합 상태의 경우 계는 고전적인 확률 p_n을 갖는 여러 상태 $|\psi_n\rangle$로 존재할 수 있으므로 상황은 더 복잡해진다. 혼합 상태에 대한 기대값은 기본적으로 구성하는 순수 상태에 대한 기대값의 가중평균이다.

$$\langle A\rangle = \sum_n p_n \langle\psi_n| A |\psi_n\rangle. \tag{12.12}$$

혼합 상태에서 관측량의 기대값은 밀도연산자 ρ에 대각합 연산을 이용하여 간결하게 표현할 수 있다는 것은 주목할 만하다.

$$\langle A\rangle = \mathrm{tr}(A\rho). \tag{12.13}$$

증명 다음 단계에 의해 $\mathrm{tr}(A\rho) = \langle A \rangle$임을 증명한다.

$$\begin{aligned}\mathrm{tr}(A\rho) &= \mathrm{tr}\left(A\sum_n p_n |\psi_n\rangle\langle\psi_n|\right) \\ &= \sum_n p_n\,\mathrm{tr}\left(A|\psi_n\rangle\langle\psi_n|\right) \\ &= \sum_n p_n \langle\psi_n|A|\psi_n\rangle \\ &= \langle A\rangle .\end{aligned} \tag{12.14}$$

여기서 두 번째 줄에서는 대각화 연산의 선형성을 이용하였고, 세 번째 줄에서는 대각합의 순환 성질을 이용하였다. □

연습문제 12.7

$|0\rangle$과 $|1\rangle$에 같은 확률(50%)로 있는 혼합 상태에 대해 Pauli 관측량의 기대값 $\langle X\rangle$, $\langle Y\rangle$와 $\langle Z\rangle$를 계산하여라. 이들을 순수 상태 $|+\rangle$에 대한 $\langle X\rangle$, $\langle Y\rangle$, $\langle Z\rangle$와 비교하여라.

12.1.3 주요 성질

양자계를 기술하는 기초적인 밀도연산자는 물리적인 타당성과 양자역학의 일관성을 보장하는 몇 개의 주요 성질을 갖는다. 이 절에서 이 성질을 요약하고 그 의미를 탐구하겠다.

1 기본 성질

밀도연산자는 물리적 해석에 적절함을 확인하는 여러 주요 특징을 나타낸다.

1. **Hermitian 성질**: $\rho = \rho^\dagger$. 이 성질로 고유기준에서 확률을 나타내는 ρ의 고유값은 실수이다.
2. **단위 대각합**: $\mathrm{tr}(\rho) = 1$. 이것은 ρ의 대각합은 측정의 모든 가능한 결과를 얻을 확률을 더한 것이므로 1이 되어야 한다는 전체 확률 공리를 반영한다.
3. **양의 준정부호성**: Hilbert 공간에 있는 임의의 벡터 $|\phi\rangle$에 대해 $\langle\phi|\rho|\phi\rangle \geq 0$이다. 이것은 ρ의 모든 고유값이 음수가 아닌 것을 보장하여 ρ로부터 유도한 확률은 항상 음이 아니라는 것을 입증한다.

이 성질은 기초적이어서 밀도연산자는 양자 상태에 대해 일관성이 있고, 물리적으로 타당한 체계를 제공하여 양자역학의 가설과 일치하도록 보장한다. 더구나 역도 성립한다. 이 성질을 만족하는 임의의 연산자(혹은 행렬)는 순수하든 혼합이든 양자 상태를 표현할 수 있다.

연습문제 12.8

Hermitian 성질을 증명하여라.

증명 **단위 대각합 성질**

$$\begin{aligned}\operatorname{tr}\rho &= \operatorname{tr}\left(\sum_i p_i |\psi_i\rangle\langle\psi_i|\right) \\ &= \sum_i p_i \operatorname{tr}(|\psi_i\rangle\langle\psi_i|) \\ &= \sum_i p_i = 1.\end{aligned} \tag{12.15}$$

□

증명 **양의 준정부호 성질**

ρ의 성질을 이용하면 다음을 얻는다.

$$\begin{aligned}\langle\phi|\rho|\phi\rangle &= \langle\phi|\left(\sum_i p_i |\psi_i\rangle\langle\psi_i|\right)|\phi\rangle \\ &= \sum_i p_i \langle\phi|\psi_i\rangle\langle\psi_i|\phi\rangle \\ &= \sum_i p_i |\langle\phi|\psi_i\rangle|^2 \\ &\geq 0.\end{aligned} \tag{12.16}$$

왜냐하면 각 항 $p_i|\langle\phi|\psi_i\rangle|^2$는 음수가 아니기 때문이다. □

2 대각화 형태

고유기준에서 밀도연산자 ρ는 대각화되어 있고, 고유값은 계가 각 고유상태에 있을 확률을 나타낸다.

$$\rho = \sum_i \lambda_i |\phi_i\rangle\langle\phi_i|. \tag{12.17}$$

ρ의 각 고유상태는 순수 상태 $|\phi_i\rangle\langle\phi_i|$이다. ρ의 대각화된 형태는 이 고유상태에 대한 계의 상태의 확률분포를 나타낸다. 따라서 임의의 양자 상태는 순수 상태의 볼록 결합으로 표현할 수 있다.

이 대각화된 형태는 계의 확률적 성질을 강조한다.

- 순수 상태에서 ρ는 1인 정확히 한 개의 대각 요소가 있어서 계의 양자 상태에 대한 절대적 확실성을 반영한다.
- 혼합 상태에 대해서는 ρ는 0이 아닌 여러 대각 요소가 있고 각각은 계를 그 특정한 고유상태에서 발견할 확률을 나타낸다.

예제 12.4

상태 $|+\rangle$에 50%, 균일한 혼합 상태 $\frac{1}{2}I$에 50%로 있는 양자계를 고려하자.

이 계에 대한 밀도연산자는 다음과 같다.

$$\begin{aligned}\rho &= 0.5 \cdot |+\rangle\langle+| + 0.5 \cdot \frac{1}{2}I \\ &= \frac{1}{4}\begin{bmatrix}1 & 1\\1 & 1\end{bmatrix} + \frac{1}{4}\begin{bmatrix}1 & 0\\0 & 1\end{bmatrix} \\ &= \frac{1}{4}\begin{bmatrix}2 & 1\\1 & 2\end{bmatrix}.\end{aligned} \tag{12.18}$$

ρ의 고유값과 고유벡터는 다음과 같다.

$$\lambda_1 = \frac{3}{4} \quad |\phi_1\rangle = \frac{1}{\sqrt{2}}\begin{bmatrix}1\\1\end{bmatrix} = |+\rangle, \tag{12.19a}$$

$$\lambda_2 = \frac{1}{4} \quad |\phi_2\rangle = \frac{1}{\sqrt{2}}\begin{bmatrix}1\\-1\end{bmatrix} = |-\rangle. \tag{12.19b}$$

그러므로 ρ는 대각화(즉 스펙트럼) 형태로 쓸 수 있다.

$$\rho = \sum_{i=1}^{2} \lambda_i |\phi_i\rangle\langle\phi_i| = \frac{3}{4}|+\rangle\langle+| + \frac{1}{4}|-\rangle\langle-|. \tag{12.20}$$

따라서 원래 양자계는 75%는 순수 상태 $|+\rangle$에, 25%는 순수 상태 $|-\rangle$에 있는 것으로 볼 수 있다. ■

3 대각선 요소와 비대각선 요소

밀도연산자의 대각선 요소는 측정 후 각 기준 상태에서 계가 측정될 확률을 나타낸다. 특히 요소 $\rho_{ii} = \langle i|\rho|i\rangle$는 계를 상태 $|i\rangle$에서 검출할 확률이다.

$i \neq j$인 비대각선 요소 ρ_{ij}는 상태 $|i\rangle$와 $|j\rangle$ 사이의 결맞음을 요약하여 계의 양자 중첩의 특징을 나타낸다. 이 요소는 복소수일 수 있고, 크기와 위상 모두 중요하여 중첩 상태의 결맞음에 대한 정보를 가지고 있다.

이 성질은 순수 상태 $|\psi\rangle = \alpha|0\rangle + \beta|1\rangle$에 대한 밀도연산자에서 볼 수 있다(예제 12.1 참조).

$$\rho = \begin{bmatrix}|\alpha|^2 & \alpha\beta^*\\ \beta\alpha^* & |\beta|^2\end{bmatrix}.$$

이 특징은 혼합 상태에도 적용된다. 왜냐하면 혼합 상태의 밀도연산자는 이를 구성하는 순수 상태의 밀도연산자에 대한 선형 결합이어서 대각선 요소와 비대각선 요소를 모두 보존하기 때문이다.

4 합성 성질

ρ_A와 ρ_B로 표현한 두 개의 독립적인 계를 고려하자. 합성계의 밀도연산자는 개별적인 밀

도연산자의 텐서곱 $\rho_{AB}=\rho_A \otimes \rho_B$로 표현할 수 있다. 이 증명을 아래에 요약하였다.

$$\begin{aligned}\rho_A \otimes \rho_B &= \sum_n \sum_{n'} p_n^A p_{n'}^B \left(|\psi_n^A\rangle\langle\psi_n^A|\right) \otimes \left(|\psi_{n'}^B\rangle\langle\psi_{n'}^B|\right) \\ &= \sum_n \sum_{n'} p_n^A p_{n'}^B \left(|\psi_n^A\rangle \otimes |\psi_{n'}^B\rangle\right)\left(\langle\psi_n^A| \otimes \langle\psi_{n'}^B|\right) \\ &= \rho_{AB}.\end{aligned} \tag{12.21}$$

이 합성 성질은 독립적인 계에 대해서만 성립한다는 것을 주목하여라. 얽힌 계와 같이 독립적이 아닌 경우 일반적으로 양분된 합성계의 합성 밀도연산자는 두 개의 개별적인 밀도연산자의 텐서곱으로 표현할 수 없을 수도 있다.

5 순도 매개변수 $\mathrm{tr}(\rho^2)$

예제 12.3은 중요한 점을 강조한다. 비록 $|+\rangle$와 균일한 혼합 상태 모두 계산 기준에서 측정할 때 50%의 확률을 얻더라도, 이들은 다른 기준에서 구별할 수 있다. 예를 들어 $|+\rangle$는 $\{|+\rangle, |-\rangle\}$ 기준에서 확실하게 구분할 수 있는 반면, 균일한 혼합 상태는 그럴 수 없다. 일반적으로 순수 상태와 혼합 상태는 이러한 방법으로 구별할 수 있다.

순수 상태와 혼합 상태를 구별하는 다른 기준은 순수 매개변수 γ의 값에 근거하고 있다.

$$0 < \gamma \equiv \mathrm{tr}(\rho^2) \le 1. \tag{12.22}$$

순수 상태에서는 $\rho^2=\rho$이므로 $\gamma=1$이다. 한편 혼합 상태에서는 $\gamma<1$이다. d차원의 균일한 혼합 상태에 대해 γ는 $\frac{1}{d}$에서 최소값을 얻는다.

증명 ✷ γ의 최소값

d차원의 균일한 혼합 상태에 대해 밀도연산자는 $\rho=\frac{1}{d}I$이고, I는 단위행렬이다. 이 ρ에 대해 $\gamma=\frac{1}{d}$임을 증명하는 것은 쉽다.

임의의 밀도연산자 ρ에 대해 다음을 얻는다.

$$\mathrm{tr}(\rho^2) = \sum_i \lambda_i^2.$$

여기서 λ_i는 ρ의 고유값이다. ρ는 $\mathrm{tr}(\rho)=1$인 양의 준정연산자이므로 고유값 λ_i는 음수가 아니고, 더해서 1이 된다.

Cauchy-Schwarz 부등식에 의하면 $\gamma=\mathrm{tr}(\rho^2)$는 고유값 λ_i가 되도록 균일하게 분포할 때 최소가 된다. 이것은 모든 λ_i가 같을 때, 즉 모든 i에 대해 $\lambda_i=\frac{1}{d}$일 때이다. 이 γ의 최소값은 균일한 혼합 상태에 해당한다.

6 ✷혼합 상태 사이의 유사성

일반적으로 다른 혼합 상태 안에 있는 한 개의 혼합 상태에 대한 직접적인 측정 척도는 없다. 그러나 혼합 상태 사이에 유사성과 구별성에 대한 척도가 있다.

충실도

두 밀도행렬 ρ와 ρ' 사이의 충실도는 유사성의 흔한 척도이다. 이것은 다음과 같이 정의한다.

$$F(\rho, \rho') = \left(\mathrm{tr}\sqrt{\sqrt{\rho}\rho'\sqrt{\rho}}\right)^2. \tag{12.23}$$

충실도는 $\rho = \rho'$인 경우에만 1이고 상태가 점점 구별 가능할수록 감소한다.

트레이스 거리

다른 척도는 트레이스 거리로 두 양자 상태의 구별성을 정량화한 것이다. 이것은 다음과 같다.

$$D(\rho, \rho') = \frac{1}{2}\mathrm{tr}|\rho - \rho'|. \tag{12.24}$$

여기서 $|A| = \sqrt{A^\dagger A}$ 이다. 트레이스 거리는 0과 1 사이의 값이고 0은 상태가 동일한 것을 의미하고, 1은 완전히 구별할 수 있다는 것을 의미한다.

12.2 Bloch 구에서 일반적인 단일 큐빗 상태

순수하든 혼합이든 일반적인 큐빗 상태는 Pauli 행렬 기준을 이용하여 표현할 수 있고, Bloch 구 위나 내부에 있는 점으로 시각화할 수 있다. 이 표현은 큐빗 상태의 분명한 기하학적 해석을 할 수 있는 강력한 도구이고 그 성질과 행동에 대한 이해를 높인다.

12.2.1 일반적인 단일 큐빗 상태

Pauli 행렬 $\{I, X, Y, Z\}$는 $\mathbb{C}^{2\times 2}$에서 완전직교기준을 이루므로 임의의 단일 큐빗 밀도연산자는 다음과 같이 분해할 수 있다.

$$\rho = \frac{1}{2}(aI + xX + yY + zZ). \tag{12.25}$$

여기서 계수는 ($A \cdot B \equiv \mathrm{tr}(A^\dagger B)$로 정의하는) $\{I, X, Y, Z\}$와 ρ의 내적이다.

$$a = \mathrm{tr}(\rho I),\ x = \mathrm{tr}(\rho X),\ y = \mathrm{tr}(\rho Y),\ z = \mathrm{tr}(\rho Z). \tag{12.26}$$

식 12.13에 의하면 $\mathrm{tr}(\rho A)$는 A의 기대값과 같다. 그러므로 다음을 얻는다.

$$a = \langle I \rangle = 1,\ x = \langle X \rangle,\ y = \langle Y \rangle,\ z = \langle Z \rangle. \tag{12.27}$$

따라서 단일 큐빗 상태에 대한 중요한 등식을 얻는다.

$$\rho = \frac{1}{2}(I + \langle X \rangle X + \langle Y \rangle Y + \langle Z \rangle Z). \tag{12.28}$$

연습문제 12.9

양자계의 상태는 50%는 $|+\rangle$ 상태에 있고, 50%는 상태 $|0\rangle$에 있다. 이 양자 상태의 Pauli 표현을 결정하여라.

12.2.2 Bloch 구에서 표현하기

그림 12.1에 나타내었듯이, 순수 상태는 Bloch 구 위의 한 점에 대응하는 반면(§2.4 참조) 혼합 상태는 Bloch 구(이 경우에는 Bloch 공) 내부에 있는 점으로 표현할 수 있다. 이것이 어떻게 성립하는지 살펴보자.

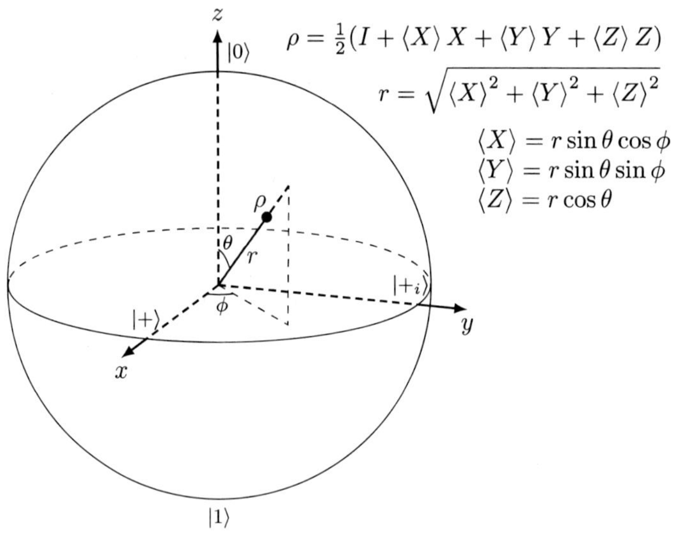

| 그림 12.1 | Bloch 구 내부의 혼합 상태

1 순수 상태

식 12.25에 의하면 순수하든 혼합이든 단일 큐빗 상태는 큐빗의 편광벡터로 알려진 벡터 $r = (x,\ y,\ z)$로 유일하게 지정한다. 여기서 $r^2 = x^2 + y^2 + z^2 \leq 1$이다.

구면좌표 각도 $(\theta,\ \phi)$로 지정한 방향을 향하는 스핀을 표현하는 순수 상태 $|\psi\rangle$에 대해 기대값 $\langle X \rangle$, $\langle Y \rangle$와 $\langle Z \rangle$는 다음과 같다(§3.2.3 참조).

$$x = \sin\theta \cos\phi,\ y = \sin\theta \sin\phi,\ z = \cos\theta. \tag{12.29}$$

그리고 이 경우 $r^2 \equiv x^2 + y^2 + z^2 = 1$이다. 이것은 Bloch 구 위의 점에 해당하고, 밀도연산자는 다음과 같다.

$$\rho_{\text{pure}} = \frac{1}{2}(I + \sin\theta\cos\phi\, X + \sin\theta\sin\phi\, Y + \cos\theta\, Z). \tag{12.30}$$

2 혼합 상태

순수 상태 $|\psi\rangle$에 있을 확률이 r, 최대로 혼합된 상태 $\frac{1}{2}I$에 있을 확률이 $1-r$인 혼합 상태는 다음으로 주어진다.

$$\begin{aligned}\rho &= r\rho_{\text{pure}} + (1-r)\frac{I}{2} \\ &= \frac{1}{2}(I + r\sin\theta\cos\phi\, X + r\sin\theta\sin\phi\, Y + r\cos\theta\, Z).\end{aligned} \tag{12.31}$$

이 상태에 대한 $\langle X\rangle$, $\langle Y\rangle$와 $\langle Z\rangle$의 기대값은

$$x = r\sin\theta\cos\phi,\ y = r\sin\theta\sin\phi,\ z = r\cos\theta \tag{12.32}$$

이다. 왜냐하면 I는 이 기대값에 기여하지 않기 때문이다. 이 혼합 상태는 Bloch 구 내부에 있는 점을 표현하는 r을 곱한 $|\psi\rangle$의 Bloch 벡터에 대응하는 벡터 $\boldsymbol{r}$과 관계가 있다.

$$\boldsymbol{r} = (r\sin\theta\cos\phi,\ r\sin\theta\sin\phi,\ r\cos\theta). \tag{12.33}$$

직관적으로 r은 상태의 "순수성"에 대한 척도를 제공하고, 그 값은 0에서 1 사이에 있다. $r=1$인 길이는 순수 상태에 해당하는 반면, $r<1$은 혼합 상태에 해당한다. r이 0에 가까울수록 상태는 더 혼합 상태가 된다. Bloch 구의 표면은 모든 순수 상태를 나타내고 원점은 최대 혼합 상태에 대응한다.

§12.1.3.5에서 도입한 단일 큐빗 상태에 대한 순도 매개변수 $\gamma = \mathrm{tr}(\rho^2)$는 r과 다음의 관계가 있다.

$$\mathrm{tr}(\rho^2) = \frac{1}{2}(1+r^2). \tag{12.34}$$

이 관계에 대한 증명은 독자를 위해 연습문제로 남겨 놓겠다(문제 12.7 참조).

3 두 상태의 볼록 결합

밀도행렬 ρ_1과 ρ_2로 표현한 순수 상태이거나 혼합 상태일 수 있는 두 양자 상태가 주어지면 확률 p와 $1-p$인 볼록 결합은 다른 유효한 양자 상태이다.

$$\rho = p\rho_1 + (1-p)\rho_2. \tag{12.35}$$

Bloch 구 표현에서 이 상태는 ρ_1과 ρ_2를 표현하는 점을 연결하는 직선 위에 있고, 직선 방향으로 거리 비율은 $\frac{1-p}{p}$이다. ρ_1과 ρ_2가 순수 상태를 나타내면 이들은 Bloch 구의 표면 위의 점에 해당하고 볼록 결합 ρ는 구 내부에 있을 것이다.

이 개념을 확장하면 다중 상태의 볼록 결합은 Bloch 구 내부에서 이 상태의 가중 중심(무게중심)에 해당한다.

연습문제 12.10

혼합 상태 ρ를 표현하는 Bloch 구 내부의 임의의 점에 대해 이를 지나는 무한히 많은 직선이 있다. 각 직선은 두 점에서 구의 표면을 지나가고 이 두 점은 두 순수 상태에 대응한다. 따라서 혼합 상태 ρ는 이 두 순수 상태의 볼록 결합이다. 이 묘사 방법에서 ρ의 고유값 분해를 설명하고, Bloch 벡터와 고유값이 어떻게 볼록 결합과 관련이 있는지 해석하여라.

12.2.3 ∗간결한 표기 방법

임의의 큐빗 상태에 대한 밀도연산자인 식 12.28은 간결하게

$$\rho = \frac{1}{2}(I + \boldsymbol{r} \cdot \boldsymbol{\sigma}) \tag{12.36}$$

으로 표현할 수 있고, 이 상태에서 σ의 기대값인 식 12.27은

$$\langle \boldsymbol{\sigma} \rangle = \boldsymbol{r} \tag{12.37}$$

로 표현할 수 있다. 여기서

$$\boldsymbol{\sigma} = (\sigma_1 \equiv X, \sigma_2 \equiv Y, \sigma_3 \equiv Z) \tag{12.38}$$

이다.

연습문제 12.11

식 12.25와 12.36에 인자 $\frac{1}{2}$이 있는 이유를 설명하여라.

12.3 밀도연산자에 의한 측정

켓 표현에서 밀도연산자로 전환하면 양자 상태를 더 풍부하게 기술할 수 있다. 이 절에서 양자 측정이론(§3.4)이 어떻게 밀도연산자 체계와 맞도록 적용되는지 탐구하겠다. 측정 후 상태, 측정에 의한 혼합 상태의 출현, 직교규격화 기준에서 측정하기와 양의 연산자 값 척도(Positive Operator-Valued Measure: POVM)의 특징을 논의하겠다.

12.3.1 ∗측정 후 상태

양자계에 측정을 하는 작용은 연산자를 통해 이해할 수 있다(§3.4.2 참조). 순수 상태 $|\psi\rangle$와 측정 연산자 M_j에 대해 측정 후 상태는 다음과 같다.

$$|\psi\rangle \rightarrow \frac{M_j |\psi\rangle}{\| M_j |\psi\rangle \|}. \tag{12.39}$$

밀도연산자 ρ로 표현하는 혼합 상태에 대해 변환은 다음과 같다.

$$\rho \rightarrow \rho' = \frac{\sum_n p_n M_j |\psi_n\rangle\langle\psi_n| M_j^\dagger}{\mathrm{tr}\left[\sum_n p_n M_j |\psi_n\rangle\langle\psi_n| M_j^\dagger\right]}. \tag{12.40}$$

밀도연산자의 규격화는 대각선합이 1이 되도록 정한다는 것을 주목하여라. 이로 인해 측정의 모든 가능한 결과의 확률을 더하면 1이 된다. 식 12.14를 증명하는 과정을 이용하여 간단하게 만들면 다음을 얻는다.

$$\rho \to \rho' = \frac{M_j \rho M_j^\dagger}{p_j}. \tag{12.41}$$

여기서 p_j는 규격화 상수, 즉 M_j를 측정할 확률이다.

$$p_j = \mathrm{tr}(M_j \rho M_j^\dagger). \tag{12.42}$$

연습문제 12.12

처음에 상태 $|+\rangle$에 50%, 상태 $|-\rangle$에 50%로 있는 계의 상태를 $\{|0\rangle, |1\rangle\}$ 기준에서 측정하고 결과 $|0\rangle$을 얻었다. 계의 새로운 밀도연산자는 무엇인가?

12.3.2 측정 결과의 앙상블

한 개의 측정 연산자 M_j를 고려하는 대신 이제 완전 조건

$$\sum_j M_j^\dagger M_j = I \tag{12.43}$$

을 만족하는 이와 같은 연산자의 완전 집합 $\{M_j\}$에 대해 고려하자(§3.4.2 참조).

이로 인한 측정 결과의 앙상블은 다음과 같은 밀도연산자로 표현하는 혼합 상태이다.

$$\rho_M = \sum_j p_j \frac{M_j \rho M_j^\dagger}{p_j}. \tag{12.44}$$

여기서 p_j는 식 12.42로 주어지는 M_j를 측정할 확률이다. 분명히 p_j는 상쇄되어 다음의 중요한 관계를 얻는다.

$$\rho_M = \sum_j M_j \rho M_j^\dagger. \tag{12.45}$$

측정 결과의 앙상블은 양자 측정의 확률적 성질을 요약한다. 밀도연산자 ρ_M은 양자계가 측정을 한 후 있을 수 있는 모든 가능한 상태의 통계적 혼합을 표현한다. 이것은 양자역학의 측정과 중첩 원리를 통계적으로 표현하는 방법을 제공하여 측정 후 계의 가능한 상태에 대한 완전한 묘사가 가능하다.

측정 결과의 앙상블에 대한 개념은 측정으로 유도된 디코히어런스 현상과 같은 관계가 있다. 처음에 양자계는 직교 기준 상태의 중첩으로 존재한다. 측정을 했을 때 이 중첩은 측정 결과에 해당하는 특정한 상태로 붕괴하는 것처럼 보인다. 불완전하게 고립된 계에서 주위 환경은 계를 계속 측정하는 것으로 볼 수 있다. 시간이 지나면 계는 모든 가능한 측정 결과를 나타내는 혼합 상태가 되어 디코히어런스가 일어난다.

연습문제 12.13

처음에 $|+\rangle$ 인 계의 상태를 $\{|0\rangle, |1\rangle\}$ 기준에서 측정하였다. 측정 후 앙상블의 밀도연산자는 무엇인가?

12.3.3 * 직교규격화된 기준에서 측정

이제 $\{M_j\}$가 직교규격화 기준 $\{|\phi_j\rangle\}$에 대응하는 투영연산자의 집합인 특별한 경우를 고려하자.

$$M_j = |\phi_j\rangle\langle\phi_j|. \tag{12.46}$$

이 투영연산자에 대해 식 12.45의 관계를 적용하면 측정 후 혼합 상태를 다음과 같이 얻는다.

$$\begin{aligned}\rho_M &= \sum_j |\phi_j\rangle\langle\phi_j|\,\rho\,|\phi_j\rangle\langle\phi_j| \\ &= \sum_j \langle\phi_j|\,\rho\,|\phi_j\rangle\,|\phi_j\rangle\langle\phi_j| \\ &= \sum_j p_j\,|\phi_j\rangle\langle\phi_j|.\end{aligned} \tag{12.47}$$

여기서

$$p_j = \langle\phi_j|\,\rho\,|\phi_j\rangle \tag{12.48}$$

은 $|\phi_j\rangle$에 해당하는 결과를 얻을 확률이다.

상태 붕괴

행렬 ρ_M은 $\{|\phi_j\rangle\}$ 기준에서 대각화되어 있고 확률 p_j가 대각 요소이고, 모든 비대각 요소는 0이다. 만일 처음에 ρ가 이 기준에서 대각화되어 있지 않다면 ρ_M은 ρ와 다를 것이다. 이 차이는 측정 과정의 결과이다. 투영 측정은 계를 각각의 확률 p_j로 가중치를 둔 상태 $|\phi_j\rangle$의 통계적 혼합으로 붕괴하도록 하여 실질적으로 ρ에 존재하는 다른 기준 상태 사이에 있던 처음의 어떤 결맞음도 파괴한다.

따라서 측정 후에 계의 상태는 측정 기준 상태의 대각화된 혼합이다. 계의 최종 상태가 원래 ρ와 일치할 필요충분조건은 ρ가 선택한 측정 기준에서 이미 대각화되었을 때이다.

예제 12.5

순수 상태 $|\psi\rangle = \cos\theta|0\rangle + \sin\theta|1\rangle$을 고려하자. 여기서 θ는 실수 각도이다. 밀도연산자는 다음과 같다.

$$\rho = \begin{bmatrix} \cos^2\theta & \sin\theta\cos\theta \\ \sin\theta\cos\theta & \sin^2\theta \end{bmatrix}.$$

$|\psi\rangle$를 계산 기준에서 측정할 때 가능한 측정 결과는 확률 $\cos^2\theta$로 $|0\rangle$, 확률 $\sin^2\theta$로 $|1\rangle$이다. 그러므로 측정 결과 앙상블의 혼합 상태는 다음과 같다.

$$\rho_M = \begin{bmatrix} \cos^2\theta & 0 \\ 0 & \sin^2\theta \end{bmatrix}.$$

ρ에서 ρ_M으로 변환한 것으로부터 측정이 유도한 상태 붕괴 과정, 즉 디코히어런스를 볼 수 있다. ■

12.3.4 ∗POVM 측정

양자역학에서 측정은 양의 연산자값 척도(POVM)을 이용하면 더 일반적으로 설명할 수 있다. POVM 연산자의 집합 $\{E_j\}$는 측정 결과의 확률을 결정하고 두 가지 주요 조건인 음이 아닌 성질과 완전성을 만족해야 한다.

1 결과에 대한 확률

정의에 의해 각각의 E_j는 다른 측정 결과에 해당하고 결과 j를 관측할 확률 p_j는 다음과 같다.

$$p_j = \mathrm{tr}(\rho E_j). \tag{12.49}$$

여기서 ρ는 양자 상태의 밀도연산자이다. 이 확률은 또한 밀도연산자 ρ와 POVM 요소 E_j 사이의 내적 $\langle \rho, E_j\rangle$로 해석할 수도 있다.

2 음수가 아닌 성질

각각의 E_j는 0 이상의 고유값을 갖는 Hermitian 연산자이다.

$$E_j \geq 0. \tag{12.50}$$

이 조건으로 인해 유도된 확률 $p_j = \mathrm{tr}(\rho E_j)$는 확실하게 0 이상이 된다. 이것은 다음과 같이 증명할 수 있다(처음 읽는 독자는 이 증명을 넘어가도 좋다).

증명 밀도연산자 ρ는 고유값 분해를 이용하여

$$\rho = \sum_i \lambda_i |\psi_i\rangle\langle\psi_i|$$

으로 쓸 수 있다. 여기서 $\lambda_i \geq 0$은 고유값이고, $|\psi_i\rangle$는 이에 해당하는 고유상태이다.

이것을 p_j에 대한 표현에 대입하면 다음을 얻는다.

$$\begin{aligned}
p_j &= \mathrm{tr}(\rho E_j) \\
&= \mathrm{tr}\left(\sum_i \lambda_i |\psi_i\rangle \langle\psi_i| E_j\right) \\
&= \sum_i \lambda_i \,\mathrm{tr}(|\psi_i\rangle \langle\psi_i| E_j) \\
&= \sum_i \lambda_i \,\mathrm{tr}(\langle\psi|E_j|\psi\rangle) \quad (\because\ \mathrm{tr}(AB) = \mathrm{tr}(BA)) \\
&= \sum_i \lambda_i \langle\psi|E_j|\psi\rangle \quad (\because\ \mathrm{tr}(\text{스칼라}) = \text{스칼라}).
\end{aligned}$$

E_j는 0 이상이므로 임의의 상태 $|\psi_i\rangle$에 대해

$$\langle\psi_i|E_j|\psi_i\rangle \geq 0$$

임을 알고 있다. ρ는 고유값이 0 이상인 연산자이므로 모든 고유값 λ_i는 음수가 아니다. 그러므로 다음을 얻는다.

$$p_j = \sum_i \lambda_i \langle\psi_i|E_j|\psi_i\rangle \geq 0.$$

□

3 완전성

모든 POVM 요소의 합은 항등연산자가 된다.

$$\sum_j E_j = I. \tag{12.51}$$

이 조건은 계산한 확률을 더하면 1이 된다는 것을 보장하고 다음과 같이 증명할 수 있다(처음 읽는 독자는 이 증명을 넘어가도 좋다).

증명

$$\begin{aligned}
\sum_j p_j &= \sum_j \mathrm{tr}(\rho E_j) \\
&= \mathrm{tr}\left(\rho \sum_j E_j\right) \quad (\because\ \text{대각합의 선형성}) \\
&= \mathrm{tr}\,(\rho I) \quad (\because\ \sum_j E_j = I) \\
&= \mathrm{tr}\,\rho \\
&= 1.
\end{aligned}$$

□

4 전통적인 측정 연산자와의 관계

양자 측정의 전통적인 수식화에서는 측정 연산자 M_j의 집합을 이용하고 각각의 POVM 요소 E_j는 $E_j = M_j^\dagger M_j$로 정의한다. 음이 아닌 성질과 완전성과 같은 POVM 요소의 성질은 이에 해당하는 측정 연산자 M_j의 성질로부터 유도할 수 있다(§3.4.2 참조). 추가적

으로 M_j가 투영연산자라면 $M_j^\dagger M_j = M_j$이므로 $E_j = M_j$이다.

주어진 POVM 요소 E_j를 $E_j = M_j^\dagger M_j$로 분해하는 방법은 일반적으로 유일하지 않다는 것을 주목하여라. 이것은 측정 연산자 M_j의 많은 다른 집합이 같은 POVM 요소 E_j에 대응할 수도 있다는 것을 의미한다.

POVM 측정은 전통적인 양자 측정체계를 일반화하여 표현한 것이다. POVM 연산자 E_j의 집합은 양자 상태 ρ의 차원과 다른 차원을 가질 수 있고, POVM 요소는 직교하도록 요구하지 않는다. 더구나 POVM 체계는 명백히 측정 후 상태를 지정하지 않고, 그 대신 측정 결과의 확률에 초점을 맞춘다. 이러한 더 광범위한 접근 방법은 양자정보 이론의 원리와 더 근접하여 양자 측정을 기술할 때 더 많은 유연성을 갖는다.

예제 12.6

큐빗계를 고려하자. 120도 간격을 이루는 세 개의 POVM은 세 개의 측정 연산자로 구성되어 있다.

$$E_1 = \frac{2}{3}|0\rangle\langle 0|,$$
$$E_2 = \frac{2}{3}|+\rangle\langle +|,$$
$$E_3 = \frac{2}{3}|-\rangle\langle -|.$$

각 연산자 E_i는 0 이상의 값을 갖는다. 이것은 상태벡터를 자신과 외적을 취해 양의 상수를 곱했으므로 당연하다.

이들은 완전성을 만족한다. 왜냐하면 모든 연산자의 합은 단위행렬이기 때문이다.

$$E_1 + E_2 + E_3 = \frac{2}{3}\begin{bmatrix}1 & 0\\ 0 & 0\end{bmatrix} + \frac{1}{3}\begin{bmatrix}1 & 1\\ 1 & 1\end{bmatrix} + \frac{1}{3}\begin{bmatrix}1 & -1\\ -1 & 1\end{bmatrix} = \begin{bmatrix}1 & 0\\ 0 & 1\end{bmatrix}.$$

이 POVM은 세 상태 $|0\rangle$, $|+\rangle$와 $|-\rangle$를 구별하기 위한 측정을 표현한다. 계가 이 상태 중 한 상태에 있으면 대응하는 측정 연산자는 이 결과에 대해 더 큰 확률을 줄 것이다. 그러나 이 상태는 직교하지 않으므로, 다른 결과도 얻을 유한한 확률이 있다. ■

5 POVM을 통한 양자 상태 판별

앞의 예제를 기초로 하여 양자 상태 판별을 하기 위해 POVM을 어떻게 사용할 수 있는지 보자. 이것은 양자컴퓨팅과 정보에서 중요한 주제이다.

양자 상태 판별에 숨어 있는 중요한 개념은 계가 있는 양자 상태의 주어진 집합이 무엇인지 결정하는 것이다. POVM은 이때 중요하고, 특히 상태가 완전히 구별할 수 없을 때 (즉 직교하지 않을 때) 유용하다.

직교 투영연산자로 표현하는 투영 측정은 판별할 상태가 직교할 때 적절하다. 그러나 많은 실용적인 경우 상태는 직교하지 않는다. POVM은 이와 같은 경우를 다루는 더 일반적인 체계를 제공한다.

상태 판별의 목표는 상태를 올바르게 구분할 확률을 최대화하는 것이다. 상태의 집합과 미리 확률이 주어졌을 때 최대 성공 확률을 얻는 최적의 POVM이 존재한다.

다음의 두 개의 직교하지 않는 큐빗 상태를 고려하자.

$$\begin{aligned}|\psi_0\rangle &= |0\rangle\,,\\ |\psi_1\rangle &= \cos\theta\,|0\rangle + \sin\theta\,|1\rangle\,.\end{aligned}$$

여기서 $0 < \theta < \pi/2$이다.

이 상태를 판별하기 위한 최적의 POVM은 다음으로 주어진다.

$$\begin{aligned}E_0 &= \frac{1}{2}(I - |\psi_1^{\perp}\rangle\langle\psi_1^{\perp}|),\\ E_1 &= \frac{1}{2}(I - |\psi_0^{\perp}\rangle\langle\psi_0^{\perp}|),\\ E_2 &= I - E_0 - E_1.\end{aligned}$$

여기서 $|\psi_0^{\perp}\rangle = |1\rangle$은 $|\psi_0\rangle$와 직교하는 상태이고, $|\psi_1^{\perp}\rangle$은 $|\psi_1\rangle$에 직교한다. 즉 $|\psi_1^{\perp}\rangle = -\sin\theta|0\rangle + \cos\theta|1\rangle$이다. 이 연산자는 POVM 조건을 만족하는 것을 확인할 수 있다.

이 경우 E_0는 상태가 $|\psi_0\rangle$일 때 "딸깍"거리게 (양의 결과를 주도록) 고안하였고, 마찬가지로 E_1도 그렇다. 이 POVM의 성공 확률은 (아래에서 유도하겠지만) 다음과 같다.

$$p_{\text{success}} = \frac{1}{2}(1 + \sin\theta).$$

이것은 상태 사이의 각도 θ가 증가함에 따라(즉 점점 더 상태를 구별하게 될수록) 성공 확률 또한 증가한다는 것을 보여준다.

이 예제에서 상태들이 직교하지 않을 때도 POVM으로 인해 어떻게 판별하고자 하는 특정한 상태의 집합에 맞는 측정을 수행할 수 있게 하는지 보았다. 이 유연성으로 인해 여러 양자 정보 처리 과정에서 매우 가치가 있다.

p_{success}의 유도

상태 $|\psi_0\rangle$가 주어졌을 때 결과 E_0를 얻을 확률은 다음과 같다.

$$\begin{aligned}p(0|\psi_0) &= \langle\psi_0|\,E_0\,|\psi_0\rangle\\ &= \langle 0|\,\frac{1}{2}(I - |\psi_1^{\perp}\rangle\langle\psi_1^{\perp}|)\,|0\rangle\\ &= \frac{1}{2}(\langle 0|\,I\,|0\rangle - \langle 0|\,|\psi_1^{\perp}\rangle\langle\psi_1^{\perp}|\,|0\rangle)\\ &= \frac{1}{2}(1 - |\,\langle 0|\psi_1^{\perp}\rangle\,|^2)\\ &= \frac{1}{2}(1 - \sin^2\theta) = \frac{1}{2}\cos^2\theta.\end{aligned}$$

마찬가지로 상태 $|\psi_1\rangle$이 주어졌을 때 결과 E_1을 얻을 확률은

$$p(1|\psi_1) = \frac{1}{2}\cos^2\theta$$

이다.

두 상태에 대한 같은 확률을 가정하면 전체 성공 확률은 두 확률의 평균값이다.

$$p_{\text{success}} = \frac{1}{2}p(0|\psi_0) + \frac{1}{2}p(1|\psi_1) = \cos^2\theta = \frac{1}{2}(1+\sin\theta).$$

12.4 양자 채널과 CPTP 변환

잡음 채널로도 알려진 양자 채널은 특히 소음이나 주위 환경과 상호작용이 있을 때 양자 상태가 변화하는 물리적인 과정을 기술한다. 수학적으로 이 과정은 완전 양의 트레이스 보존(Completely Positive and Trace-Preserving: CPTP) 변환으로 표현하고, 이것은 유니타리 변환의 개념을 확장하여 더 일반적이고, 비유니타리인 경우도 포함한다.

이 절에서는 밀도연산자의 유니타리 변화에 대한 관계로 시작하여 CPTP 변환 뒤에 숨어 있는 기초적인 개념을 탐구하겠다. 그리고 CPTP 변환의 정의를 하고, 양자 채널을 통한 다양한 양자 과정에 대한 모형을 만드는 응용에 대해 논의하고, 특히 Krauss 분해에 초점을 맞추겠다. 최종적으로 Stinespiring 확장 정리를 도입한다. 이것은 임의의 CPTP 변환이 확장된 Hilbert 공간에서 어떻게 유니타리 연산으로 표현할 수 있는지 보이는 강력한 결과이다.

12.4.1 밀도연산자의 유니타리 변환

1 혼합 상태의 시간 변화

(4장에서) 해밀토니안 H로 결정되는 닫힌 양자계에서 순수 양자상태 $|\psi\rangle$는 식

$$|\psi\rangle \to U|\psi\rangle \tag{12.52}$$

에 의해 변회하고, 여기서 유니타리 연산자 U는

$$U = e^{-iHt/\hbar} \tag{12.53}$$

으로 정의한다.

결과적으로 혼합 상태에 대한 밀도연산자 ρ는 다음과 같이 변환한다.

$$\rho \to \rho' = \sum_n p_n U|\psi_n\rangle\langle\psi_n|U^\dagger. \tag{12.54}$$

이것은

$$\rho \to \rho' = U\rho U^\dagger \tag{12.55}$$

로 단순하게 쓸 수 있다.

연습문제 12.14

양자계의 상태가 50%는 상태 $|+\rangle$에 있고, 50%는 상태 $|0\rangle$에 있다. X 게이트를 계에 적용하였다. 위의 변환을 이용하여 계에 대한 새로운 밀도연산자를 구하여라.

2 Pauli 게이트로 유도된 변환

Pauli 분해 표현에서 일반적인 양자 상태에 X 게이트를 적용한 것을 고려하자.

$$\rho = \frac{1}{2}(I + xX + yY + zZ).$$

x, y, z는 기대값 $\langle X\rangle$, $\langle Y\rangle$, $\langle Z\rangle$와 같다는 것을 기억하여라(식 12.28 참조).

x축 주위로 π만큼 회전을 표현하는 Pauli X 게이트는 $\langle X\rangle$는 변하지 않게 하지만 $\langle Y\rangle$와 $\langle Z\rangle$의 부호를 바꾼다. 그러므로 X는 $(x,\ y,\ z)$를 $(x,\ -y,\ -z)$로 변환한다. 즉 다음과 같다.

$$\begin{aligned}\rho' &= X\rho X^{\dagger}\\ &= X\ \frac{1}{2}(I + xX + yY + zZ)\ X\\ &= \frac{1}{2}(I + xX - yY - zZ).\end{aligned} \tag{12.56}$$

이것을 x축에 대한 일반적인 회전으로 확장하면 $R_x(\theta)$는 상태 (x, y, z)를 $(x, y\cos\theta, z\cos\theta)$로 변환한다.

연습문제 12.15

Pauli 연산자 Y와 Z, 그리고 결합된 연산자 ZX는 각각 Bloch 벡터 $r = (x,\ y,\ z)$로 표현한 양자 상태를 어떻게 변환하는가?

3 ✱ Von Neumann 방정식

양자계에서 밀도연산자의 시간 변화는 von Neumann 방정식에 의해 결정되고, 이 식은 혼합 상태에 대한 슈뢰딩거 방정식을 일반화한 것이다. 순수 상태 $|\psi(t)\rangle$는 슈뢰딩거 방정식

$$i\hbar\frac{\partial}{\partial t}|\psi(t)\rangle = H|\psi(t)\rangle \tag{12.57}$$

로 결정되고, 이에 대응하는 밀도연산자 ρ에 대한 von Neumann 방정식은

$$i\hbar\frac{\partial\rho}{\partial t} = [H, \rho] \tag{12.58}$$

이다. 이것은 다음과 같이 유도할 수 있다.

$$\begin{aligned}\frac{\partial \rho}{\partial t} &= \frac{\partial}{\partial t}(|\psi\rangle\langle\psi|) \\ &= \left(\frac{\partial}{\partial t}|\psi\rangle\right)\langle\psi| + |\psi\rangle\left(\frac{\partial}{\partial t}\langle\psi|\right) \\ &= -\frac{i}{\hbar}H|\psi\rangle\langle\psi| + \frac{i}{\hbar}|\psi\rangle\langle\psi|H \\ &= -\frac{i}{\hbar}[H,\rho].\end{aligned} \tag{12.59}$$

양자역학과 밀도연산자의 선형성이 주어지면 이 유도는 자연스럽게 순수 상태의 통계적 앙상블인 혼합 상태로 확장되어 혼합 상태에 대해서도 von Neumann 방정식이 성립한다.

해밀토니안이 시간에 무관하다면 von Neumann 방정식의 해는

$$\rho(t) = e^{-\frac{iHt}{\hbar}}\rho(0)e^{\frac{iHt}{\hbar}} \tag{12.60}$$

이고, 이것은 밀도연산자의 유니타리 변환과 같다(식 12.55).

단일 큐빗에 대해 해밀토니안은 식 12.36과 비슷하게 Pauli 기준에서 분해할 수 있다.

$$H = \frac{1}{2}(H_0 I + \boldsymbol{H}\cdot\boldsymbol{\sigma}). \tag{12.61}$$

여기서 σ는 식 12.38에서 볼 수 있다.

그러면 von Neumann 방정식은

$$\frac{\partial\langle\sigma_n\rangle}{\partial t} = \mathrm{tr}\left(\sigma_n\frac{\partial\rho}{\partial t}\right) = -i\,\mathrm{tr}(\sigma_n[H,\rho]) = \sum_{jk}\varepsilon_{njk}H_j\langle\sigma_k\rangle \tag{12.62}$$

이 되고, 여기서 $n, j, k \in \{1, 2, 3\}$이다. 즉 다음과 같다.

$$\frac{\partial\langle\boldsymbol{\sigma}\rangle}{\partial t} = \boldsymbol{H}\times\langle\boldsymbol{\sigma}\rangle. \tag{12.63}$$

12.4.2 완전 양의 트레이스 보존(CPTP) 변환

식 12.55로 주어진 유니타리 변화와 식 12.45로 기술한 양자 측정 과정 모두 양자 상태의 밀도연산자를 변환한다. 밀도연산자는 대각합(트레이스)이 1을 유지하고, 음수가 아니므로, 이와 같은 변환을 완전 양의 트레이스 보존(Completely Positive and Trace-Preserving: CPTP) 변환이라고 한다. 일반적으로 CPTP 변환은 밀도연산자를 차원이 다를 수도 있는 다른 밀도연산자로 변환한다.

1 정의

CPTP 변환 $\mathcal{E}$는 다음의 성질을 만족하는 변환이다.

선형성

선형성이란 임의의 밀도연산자 ρ, σ와 실수 스칼라 a, b에 대해

$$\mathcal{E}(a\rho + b\sigma) = a\mathcal{E}(\rho) + b\mathcal{E}(\sigma) \tag{12.64}$$

가 성립한다는 것을 의미한다.

양자역학에서 상태의 통계적 혼합은 밀도 행렬의 볼록 결합으로 기술한다. 이 선형성으로 인해 CPTP 변환은 이와 같은 상태의 혼합 구조를 보존한다. 이것은 이 변환을 적용했을 때 양자 상태의 확률적 해석은 유지된다는 것을 의미한다. 수학적으로는 다음과 같다.

$$\mathcal{E}\left(\sum_i p_i\rho_i\right) = \sum_i p_i\mathcal{E}(\rho_i), \qquad \sum_i p_i = 1. \tag{12.65}$$

대각합 보존

임의의 밀도연산자 ρ에 대해 $\mathrm{tr}(\mathcal{E}(\rho)) = \mathrm{tr}\rho$를 만족한다. 이 성질로 인해 전체 확률(모든 결과에 대한 확률의 합)은 변환해도 보존된다.

완전 양수

변환 $\mathcal{E}$는 임의의 밀도연산자 ρ에 대해 변환 $\mathcal{E}(\rho)$가 ρ의 음수가 아닌 성질을 유지하여 변환된 상태의 물리적 유효성을 보장하면 양의 변환이라고 한다.

변환 $\mathcal{E}$는 원래 계를 부속계로 포함하는 더 큰 계로 확장할 때 이 더 큰 계에서 모든 상태의 음수가 아닌 성질이 보존될 경우 완전 양의 성질을 갖는다고 정의한다.

양의 변환을 부속계에 적용하면 항상 그 부속계의 유효한 상태를 만드는 반면 계의 다른 부분과 얽힘이 존재하면 양의 변환을 부속계에만 적용했을 때 이로 인한 전체 계의 상태는 물리적인 타당성을 잃을 수 있다. 완전 양의 변환에 의하면 이것은 일어나지 않는다. 이것은 얽힘이 존재하더라도 전체 상태의 음수가 아닌 성질은 보장된다는 것을 의미한다.

공식적으로 (원래 계 더하기 보조계로 이루어진) 결합된 계의 어떤 밀도연산자 ρ에 대해서도 확장 변환 $(\mathcal{E} \otimes I)(\rho)$가 양이면 변환 $\mathcal{E}$는 완전한 양의 변환이다. 여기서 I는 보조계에서 항등 변환이다.

2 ∗ 예제: CPTP 변환으로 본 측정

비선택적 측정과 선택적 측정

양자 측정은 두 가지 방법으로 이해할 수 있다. 이들은 모든 결과를 설명하는 비선택적 측정과 특정한 결과에 해당하는 상태로 계가 붕괴하는 선택적 측정이다. 비선택적인 경우 이 과정은 완전 양의 트레이스 보존(CPTP) 변환으로 기술하여 모든 확률을 더하면 1이 되고, 밀도 행렬의 양의 성질을 보존한다.

역으로 선택적 측정(상태 붕괴)은 트레이스(대각합)가 보존되지 않는다. 왜냐하면 이것은 특정한 결과를 선택하는 것을 포함하지만 완전히 양으로 남기 때문이다. 붕괴 후 상태는 관측 결과를 설명하기 위해 다시 규격화되어 이것을 앙상블 기술과 구별한다.

비선택적 측정 과정은 밀도연산자 ρ를 측정 결과 앙상블 ρ_M으로 변환한다(즉 아래에 참고용으로 다시 쓴 식 12.45).

$$\mathcal{E}(\rho) = \rho_M = \sum_j M_j \rho M_j^\dagger. \tag{12.66}$$

세 가지 주요 성질인 선형성, 대각합 보존과 완전 양의 조건이 성립하는 것을 보여 $\mathcal{E}$가 CPTP 변환이라는 것을 보이겠다.

선형성

식 12.66은 임의의 밀도연산자 ρ, σ와 실수 스칼라 a와 b에 대해 $\mathcal{E}(a\rho + b\sigma) = a\,\mathcal{E}(\rho) + b\,\mathcal{E}(\sigma)$인 선형 변환을 표현한다는 것은 쉽게 보일 수 있다.

대각합 보존

양자 연산(혹은 변환)은 출력 밀도연산자 ρ_M의 대각합이 입력 밀도연산자 ρ의 대각합과 같으면 대각합이 보존된다고 한다. 밀도연산자에 대해 $\mathrm{tr}\ \rho = 1$이고, $\mathrm{tr}\ \rho_M = 1$이라는 것도 확인할 필요가 있다.

변환식 12.66이 주어지면 양변의 대각합을 취한다.

$$\mathbf{tr}\,\rho_M = \mathbf{tr}\left(\sum_j M_j \rho M_j^\dagger\right). \tag{12.67}$$

대각합의 선형성을 이용하면 다음을 얻는다.

$$\mathbf{tr}\,\rho_M = \sum_j \mathbf{tr}\left(M_j \rho M_j^\dagger\right). \tag{12.68}$$

대각합은 순환순열에 대해 불변이므로 대각합 안의 항을 재배열할 수 있다.

$$\mathbf{tr}\,\rho_M = \sum_j \mathbf{tr}\left(\rho M_j^\dagger M_j\right). \tag{12.69}$$

이제 측정 연산자의 완전성 조건

$$\sum_j M_j^\dagger M_j = I \tag{12.70}$$

을 이용하여 이것을 대각합 표현에 대입한다.

$$\mathbf{tr}\,\rho_M = \mathbf{tr}\left(\rho \sum_j M_j^\dagger M_j\right) = \mathbf{tr}(\rho I) = \mathbf{tr}\,\rho = 1. \tag{12.71}$$

이로부터 변환은 대각합 보존임을 확인할 수 있다.

완전한 양의 성질

양자 연산이 어떤 양의 정부호 연산자를 다른 양의 정부호 연산자로 변환할 때 더 큰 계로 확장되더라도 그 양자 연산은 완전한 양의 성질을 갖는다. 변환 $\mathcal{E}(\rho)=\sum_j M_j\rho M_j^\dagger$이 완전한 양의 성질을 갖는다는 것을 증명하려면 변환 $(\mathcal{E}\otimes I)$에서 또한 임의의 입력 상태 ρ에 대한 양의 정부호 밀도연산자를 얻는다는 것을 보여야 한다(여기서 I는 보조계에 작용하는 항등 변환이다).

결합계 AB에 대해 ρ_{AB}의 형태를 갖는 결합 상태를 고려하자. 여기서 ρ_{AB}는 양의 정부호 연산자이다. 변환 $(\mathcal{E}\otimes I)$를 적용한다.

$$(\mathcal{E}\otimes\mathcal{I})(\rho_{AB})=\sum_j(M_j\otimes I)\rho_{AB}(M_j^\dagger\otimes I). \tag{12.72}$$

양의 성질을 확인하기 위하여 결합계 AB의 Hilbert 공간에 있는 임의의 벡터 $|\Psi\rangle$를 고려하자.

$$\langle\Psi|(\mathcal{E}\otimes\mathcal{I})(\rho_{AB})|\Psi\rangle=\sum_j\langle\Psi|(M_j\otimes I)\rho_{AB}(M_j^\dagger\otimes I)|\Psi\rangle. \tag{12.73}$$

이것은 다음과 같이 다시 쓸 수 있다.

$$\sum_j\left((M_j^\dagger\otimes I)|\Psi\rangle\right)^\dagger\rho_{AB}\left((M_j^\dagger\otimes I)|\Psi\rangle\right). \tag{12.74}$$

ρ_{AB}는 임의의 벡터 $|\Phi_j\rangle=(M_j^\dagger\otimes I)|\Psi\rangle$에 대해 양의 정부호 연산자이므로

$$\sum_j\langle\Phi_j|\rho_{AB}|\Phi_j\rangle\geq 0 \tag{12.75}$$

를 얻는다.

이것으로 연산자 $(\mathcal{E}\otimes I)$ (ρ_{AB})는 임의의 입력 상태 ρ_{AB}에 대해 양의 정부호 성질을 갖는다는 것이 확인되고, 변환 $\mathcal{E}$는 완전히 양의 부호를 갖는다.

3 응용

CPTP는 양자 상태의 동역학을 기술하는 포괄적인 체계를 제공하고 양자계산과 정보이론의 기본적인 도구이다. 여기에는 다양한 범위의 물리적 과정을 포함한다.

- **유니타리 변화**: 양자 게이트와 같은 유니타리 연산은 가역적이고 CPTP 변환의 특별한 경우이다.
- **양자 측정**: 이 변환은 식 12.45와 같이 디코히어런스 효과를 포함한 양자 측정 과정에 대한 모형을 세운다.
- **열린계의 시뮬레이션**: CPTP 변환은 외부 환경과 상호작용하는 것이 중요한 열린 양자계에 대한 모형을 세울 수 있다. 이들은 분석할 때 보조계를 포함할 수 있게 되어 주위의 효과를 표현하게 된다. 이 관점에서 보조적인 양자계로써 보조계 함수는 주

위와 계의 동역학이 결합된 효과를 모사하는 주된 계와 관련되어 고려한다.

- **부분 대각합을 통한 계의 축소**: CPTP 변환은 양자계의 부분의 대각합을 구하는 과정을 표현할 수 있고 실질적으로 이 계를 부속계로 축소시킨다. 부분 대각합 연산으로 축소된 상태는 유효한 밀도연산자로 남아 있다는 것을 보장한다.
- **다른 양자 연산**: 이러한 변환은 주위 환경과 상호작용하는 것을 포함하는 것과 같은 광범위한 종류의 양자 연산을 포함한다. 이 연산을 통해 양자 잡음, 분산과 순수한 유니타리 변환이다. 단순한 측정을 넘어서는 더 일반적인 양자 동역학과 같은 다양한 효과를 얻을 수 있다.

12.4.3 ∗Kraus 분해

1 예제로 본 측정

밀도연산자 ρ를 측정 결과의 앙상블 ρ_M으로 변환하는 측정과정은 (식 12.45에서) 측정 연산자 $\{M_j\}$로 표현할 수 있다는 것을 보았다.

$$\rho_M = \sum_j M_j \rho M_j^\dagger, \quad \text{여기서} \quad \sum_j M_j^\dagger M_j = I. \tag{12.76}$$

또한 이 표현은 CPTP 변환이라는 것을 보였다(§12.4.2.2 참조). 사실 이것은 CPTP 변환의 Kraus 분해의 특별한 경우이고, 이것은 양자 채널의 수학적 표현이다.

2 Kraus 분해 정리

Kraus 분해 정리에 의하면 CPTP 변환 $\mathcal{E}$를 할 때 양자 상태 ρ의 변화를 기술하는 유한한 차원의 양자 채널은 다음과 같이 표현할 수 있다.

$$\mathcal{E}(\rho) = \sum_j K_j \rho K_j^\dagger. \tag{12.77}$$

여기서 K_j는 Kraus 연산자라고 한다. 이 연산자는 정사각형 행렬일 필요는 없지만, 완전성 관계를 만족해야 하므로 $\mathcal{E}$는 대각합을 보존한다.

$$\sum_j K_j^\dagger K_j = I. \tag{12.78}$$

Kraus 분해, 혹은 연산자 합 표현은 CTPT 변환을 양자 상태에 대한 일련의 연산으로 잘라서 표현하는 직관적이고 계산적으로 편리한 방법을 제공한다. 그러나 이 분해는 유일하지 않고, 이것은 같은 양자 채널을 기술하는 다른 Kraus 연산자 집합이 있을 수 있다는 것을 의미한다.

3 대안 형태

양자컴퓨팅에서 잡음의 관점에서 종종 사용하는 대안적인 표현으로 확률 s_j는 Kraus 연산자로 인수분해 할 수 있어서 다음과 같이 쓸 수 있다.

$$\mathcal{E}(\rho) = \sum_j s_j K'_j \rho K'^{\dagger}_j. \tag{12.79}$$

여기서 s_j는 K_j'으로 표현하는 변환이 일어날 확률이고

$$K'_j = \frac{K_j}{\sqrt{s_j}} \tag{12.80}$$

이다. 완전성 관계는 다음과 같다.

$$\sum_j s_j K'^{\dagger}_j K'_j = I. \tag{12.81}$$

4 예제

아래에 양자채널과 이에 관련된 Kraus 표현에 대한 예를 들겠다.

예제 12.7

비트-플립 잡음 채널

비트-플립 오류는 큐빗 상태를 $|0\rangle$에서 $|1\rangle$로, 혹은 그 반대로 특정한 확률 s로 뒤집는다. 이것은 아래 나타낸 것과 같이 확률 s로 X 게이트를 무작위적으로 적용하는 것으로 모형을 만들 수 있다.

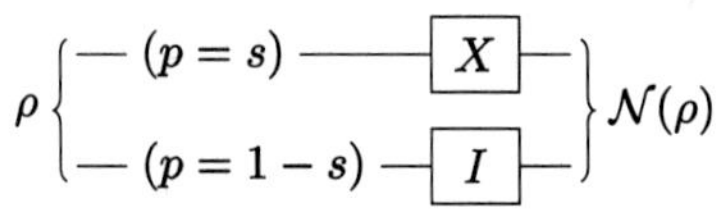

관련된 잡음 채널에 대한 Kraus 표현은 다음과 같다.

$$\mathcal{N}(\rho) = (1-s)I\rho I + sX\rho X = (1-s)\rho + sX\rho X. \tag{12.82}$$

양자 채널의 Kraus 표현은 유일하지 않을 수 있다는 것을 주목하여라. 예를 들어 $s = \frac{1}{2}$인 경우, 위 식으로부터 유도된 Kraus 연산자는

$$K_0 = \frac{1}{\sqrt{2}}I, \quad K_1 = \frac{1}{\sqrt{2}}X \tag{12.83}$$

이다. 그러나 똑같이 동등한 Kraus 표현은 다음의 연산자일 수 있다.

$$K_0 = \frac{1}{\sqrt{2}}(I+X), \quad K_1 = \frac{1}{\sqrt{2}}(I-X). \tag{12.84}$$

■

예제 12.8

완전 위상 소실을 일으키는 잡음 채널

일반적인 큐빗 $|\psi\rangle = \alpha|0\rangle + \beta|1\rangle$과 밀도연산자

$$\rho = |\psi\rangle\langle\psi| = \begin{bmatrix} |\alpha|^2 & \alpha\beta^* \\ \alpha^*\beta & |\beta|^2 \end{bmatrix} \tag{12.85}$$

를 고려하자.

표준 기준에서 이 상태를 측정하고 가능한 측정 결과를 얻는 혼합 상태를 고려하면 나타나는 상태는 확률 $|\alpha|^2$로 $|0\rangle$, 확률 $|\beta^2|$로 $|1\rangle$에 있을 것이다. 따라서 출력은 다음과 같다(예제 12.5 참조).

$$\mathcal{N}(\rho) = \begin{bmatrix} |\alpha|^2 & 0 \\ 0 & |\beta|^2 \end{bmatrix}. \tag{12.86}$$

그 효과는 ρ의 모든 비대각선 항을 0으로 만들어서 모든 결맞음을 파괴하는 것이다. 이 과정은 종종 완전 위상 소실이라고 한다.

이 잡음 채널은 Kraus 형태로

$$\mathcal{N}(\rho) = \sum_{j=0}^{1} K_j \rho K_j^\dagger \tag{12.87}$$

로 표현할 수 있다. 여기서 Kraus 연산자는

$$K_0 = |0\rangle\langle 0|, \quad K_1 = |1\rangle\langle 1| \tag{12.88}$$

이고 계산기준에서 측정연산자와 같다.

$\mathcal{N}(\rho)$는 또한 diag (ρ)로 표현할 수 있다는 것을 주목하여라. 여기서 diag는 행렬 ρ의 대각선 요소만을 유지하는 연산을 표기한다. 이것은 흥미로운 경우이다. 왜냐하면 diag는 CPTP 변환인 반면, 이것은 한 개의 행렬로 표현할 수 없기 때문이다. 그 대신 이것은 여러 Kraus 연산자를 포함하는 Kraus 분해를 이용하여 표현한다.

13장에서 이와 같은 무작위 잡음 채널을 고려하겠다. ■

연습문제 12.16

처음 상태 $|\psi\rangle = \alpha|0\rangle + \beta|1$을 고려하자. 비트-플립 오류가 무작위적 확률 s로 일어날 때 이 잡음 채널이 상태에 작용한 후 이로 인한 밀도연산자를 결정하여라.

5 증명

식 12.77의 Kraus 분해가 CPTP 변환을 정의한다는 것을 증명하기 위해 측정 과정은 CPTP 변환이라는 것을 보인 §12.4.2.2의 논리를 따라갈 수 있다.

역에 대한 정리, 즉 Kraus 정리는 다음에 도입할 Stinespring 확장과 밀접한 관계가 있다. 그러나 이 정리에 대한 자세한 증명은 이 책의 영역을 넘어선다.

12.4.4 * Stinespring 확장: CPTP 변환의 유니타리 삽입

Stinespring 확정은 일반적인 양자 연산, 특히 변환계와 보조적인 주위 환경을 모두 포함하는 확장된 Hilbert 공간에서 유니타리 변환인 완전 양의 트레이스 보존(CPTP)을 시각화하고 이해하는 강력한 틀을 제공한다. 이 방법에 의하면 디코히어런스나 측정과 같은 비유니타리적으로 보이는 연산도 보조계 혹은 외부 환경과 상호작용을 고려한 양자역학의 유니타리 수식화 내에서 모형을 세울 수 있다.

이 개념을 그림 12.2에 나타내었고 여기서 집단 A에 있는 큐빗은 계의 입력 큐빗을 표현하는 반면, 집단 E에 있는 큐빗은 주위 환경을 시뮬레이션 하는 보조 큐빗으로 작용한다. 결합된 계 $A+E$는 유니타리 변환 U를 거친다. 이 변환 후 E에 있는 큐빗은 (전형적으로 계산기준에서) 측정하고 버린다(즉 대각합을 제거하는데 이것은 §12.5에서 자세히 설명할 것이다). 집단 A에 있는 큐빗은 CPTP 변환의 출력을 나타낸다.

이 과정은 Stinespring 확장 정리로 정당화되고, 이 정리는 어떤 유한 차원의 CPTP 변환도 보조계를 포함하는 확장된 Hilbert 공간에서 유니타리 연산을 하고 일부분의 자유도, 특히 환경과 관련된 자유도에 대한 대각합 제거를 하는 것으로 실현될 수 있다고 주장한다.

공식적으로 Stinespring 확장 정리에 의하면 계 A의 상태 ρ에 작용하는 CPTP 변환 $\mathcal{E}$가 주어졌을 때 보조계 E, 결합된 계 $A+E$에 작용하는 유니타리 연산 U와 보조계의 순수 상태 $|\psi\rangle$가 존재하여

$$\mathcal{E}(\rho) = \mathrm{tr}_E \left(U(\rho \otimes |\psi\rangle\langle\psi|)U^\dagger \right) \tag{12.89}$$

를 만족한다. 여기서 tr_E는 보조계 E에 대한 부분 대각합을 나타내며 실질적으로 상태 ρ에 CPTP 변환을 작용하는 것을 기술한다(이 정리의 증명은 이 책의 수준을 넘어선다).

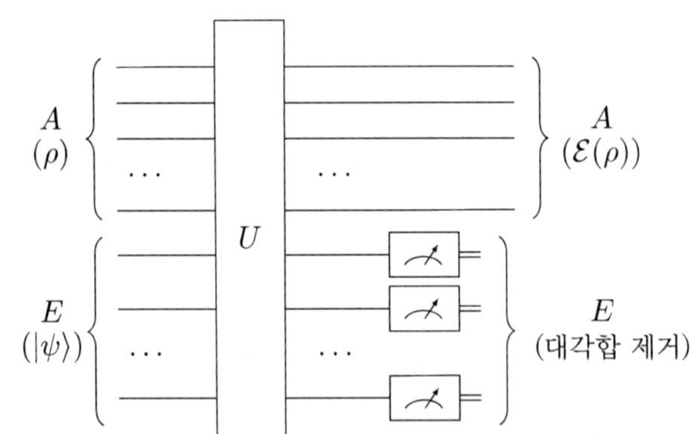

| 그림 12.2 | Stinespring 확장: CPTP 변환의 유니타리 삽입

예제 12.9

완전 탈편광 잡음 채널

단일 큐빗에 대해 완전 탈편광 채널은 임의의 양자 상태 ρ를 최대로 혼합된 상태 $\frac{I}{2}$로 변환시킨다.

$$\rho \mapsto \mathcal{D}(\rho) = \frac{I}{2}. \tag{12.90}$$

이 채널의 Kraus 분해는

$$\mathcal{D}(\rho) = \frac{1}{4}(I\rho I + X\rho X + Y\rho Y + Z\rho Z) \tag{12.91}$$

로 쓸 수 있다. 여기서 X, Y와 Z는 Pauli 행렬이다. §12.4.1.2의 결과를 이용하여 이 식은 사실 $\frac{I}{2}$가 된다는 것을 확인할 수 있다.

이 채널의 Stinespring 확장에 대해 이 경우 보조 큐빗으로 모형을 세운 환경(E)을 도입한다. 이제 전체 Hilbert 공간은 4차원이고, 계 ρ와 처음 상태 $|0\rangle\langle 0|$의 보조 큐빗에 해당한다.

결합계와 환경에 작용하는 유니타리 연산자 U는 다음과 같다.

$$U = \frac{1}{2}(I \otimes I + X \otimes X + Y \otimes Y + Z \otimes Z). \tag{12.92}$$

U를 적용한 후 결합 상태는

$$\Upsilon = U(\rho \otimes |0\rangle\langle 0|)U^\dagger = \frac{I}{2} \otimes \frac{I}{2} \tag{12.93}$$

이 되는 것을 확인할 수 있다.

이제 주위에 대한 대각합을 없애면

$$\mathrm{tr}_E(\Upsilon) = \frac{I}{2} \tag{12.94}$$

를 얻는다. 이것은 탈편광 채널의 원하는 출력 $\mathcal{D}(\rho) = \frac{I}{2}$와 일치한다. ■

예제 12.10

큐빗 더하고 버리기

한 큐빗(혹은 여러 큐빗)을 더하거나 없애는(대각합을 없애는) 것은 CPTP 변환을 이용하여 모형을 만들 수 있고 Stinespring 확장과 관련이 있다.

큐빗을 더할 때 특정한 순수 상태 $|\psi\rangle$로 초기화한 보조계를 도입하여 실질적으로 Hilbert 공간을 확장한다. 이 연산은 CPTP 변환 $\mathcal{E}_{\mathrm{add}}$로 볼 수 있다. 여기서

$$\mathcal{E}_{\mathrm{add}}(\rho) = \rho \otimes |\psi\rangle\langle\psi| \tag{12.95}$$

이다.

Stinespring 확장의 용어를 이용하면 새로 더한 큐빗은 보조 큐빗이다. 결합계에 작용하는 유니타리 연산자는 $U = I \otimes |\psi\rangle\langle\psi|$로 주어지고

$$U(\rho \otimes |\psi\rangle\langle\psi|)U^{\dagger} = \rho \otimes |\psi\rangle\langle\psi| \tag{12.96}$$

이다. 이 경우 대각합 제거 연산은 불필요하다. 왜냐하면 더한 큐빗은 계의 일부로 남아 있기 때문이다.

큐빗 버리기는 대각합 연산

$$\rho_S = \mathcal{E}_{\text{discard}}(\rho) = \text{tr}_E(\rho) \tag{12.97}$$

로 표현한다. ρ_S는 남은 계를 표현하고 E는 버려야 할 보조 큐빗(즉 환경)이다.

일반적으로 계와 환경 사이에 얽힘이나 다른 상관관계가 있을 수 있다. 계와 환경 사이에 어떤 상호작용도 일어나지 않는 경우 ρ는 직접곱 상태 $\rho_S \otimes |\psi\rangle\langle\psi|$로 표현할 수 있다.

Stinespring 확장의 관점에서는 결합 상태 ρ부터 시작한다.

$$\rho = U\rho U^{\dagger}. \tag{12.98}$$

여기서 $U = I$는 계와 환경에 작용하는 항등 연산자이고 결합계에는 변화가 없다.

최종적으로 환경에 부분 대각합을 적용해 계의 축소된 상태를 얻는다.

$$\mathcal{E}_{\text{discard}}(\rho) = \text{tr}_E(\rho) = \rho_S. \tag{12.99}$$

■

여기서 질문이 생긴다. 유니타리 연산이 본질적으로 가역적이라면 디코히어런스와 같은 과정을 포함한 CPTP 변환 또한 Stinespring 확정 정리에 의해 역시 가역적인가?

그 답은 "아니다"이다. 요점은 유니타리 연산 후 환경 부속계 E의 대각합을 없애는 과정의 비가역성에 있다. 환경의 효과에 대한 모형을 만들 때 중요한 이 단계는 정보를 버려서 이 과정을 본질적으로 비가역적으로 만든다. 따라서 유니타리 변환이 결합계 $A+E$에 대해 가역적임에도 불구하고 CPTP 변화의 실용적인 응용은 환경의 상태에 대한 이후의 상호작용으로 접근의 손실이 생겨 비가역적이 된다. 이것이 양자-고전 전이의 기본적인 양상을 강조한다.

12.4.5 CPTP 변환의 합성

다음의 두 CPTP 변환을 고려하자.

$$\mathcal{E}_1(\rho) = \sum_i K_i \rho K_i^{\dagger}, \quad \mathcal{E}_2(\rho) = \sum_j L_j \rho L_j^{\dagger}. \tag{12.100}$$

여기서 $\{K_i\}$는 $\mathcal{E}_1$에 대한 Kraus 연산자이고, $\{L_j\}$는 $\mathcal{E}_2$에 대한 Kraus 연산자이다. 이들은 두 가지 방법으로 합성(결합)할 수 있다.

1 순차 합성

$\mathcal{E}_1$과 $\mathcal{E}_2$의 순차(직렬) 합성은

$$\mathcal{E}_2 \circ \mathcal{E}_1(\rho) = \mathcal{E}_2\left(\mathcal{E}_1(\rho)\right) \tag{12.101}$$

로 정의한 변환 $\mathcal{E}_2 \circ \mathcal{E}_1$이다.

Kraus 변환에서 $\mathcal{E}_1$의 작용을 $\mathcal{E}_2$의 작용으로 바꾼다.

$$\mathcal{E}_2 \circ \mathcal{E}_1(\rho) = \sum_j L_j \left(\sum_i K_i \rho K_i^\dagger\right) L_j^\dagger = \sum_{i,j} L_j K_i \rho K_i^\dagger L_j^\dagger. \tag{12.102}$$

따라서 결합 변환 $\mathcal{E}_2 \circ \mathcal{E}_1$에 대한 Kraus 연산자는 곱 $\{L_j K_i\}$로 주어진다.

2 병렬 합성

두 개의 CPTP 변환의 병렬 합성은 두 변환을 별도의 양자계에 독립적으로 적용하는 것에 해당한다. 계 A에 작용하는 CPTP 변환 $\mathcal{E}_1$과 계 B에 작용하는 $\mathcal{E}_2$가 있을 때 그 병렬 조합은 결합계 $A \otimes B$에 작용하는 변환 $\mathcal{E}_1 \otimes \mathcal{E}_2$이다.

Kraus 표현에서는 다음과 같다.

$$\begin{aligned}\mathcal{E}_1 \otimes \mathcal{E}_2(\rho_{AB}) &= \left(\sum_i K_i \rho_A K_i^\dagger\right) \otimes \left(\sum_j L_j \rho_B L_j^\dagger\right) \\ &= \sum_{i,j} (K_i \otimes L_j) \rho_{AB} (K_i^\dagger \otimes L_j^\dagger). \end{aligned} \tag{12.103}$$

따라서 병렬 합성에 대한 Kraus 연산자는 $\{K_i \otimes L_j\}$이고 텐서곱은 계 A와 계 B에 작용하는 Kraus 연산자를 결합한다.

연습문제 12.17

다음의 변환에 대한 Kraus 연산자를 구하여라.

$$\begin{aligned}\mathcal{E}_s &= (\mathcal{E}_{2a} \otimes \mathcal{E}_{2b}) \circ (\mathcal{E}_{1a} \otimes \mathcal{E}_{1b}), \\ \mathcal{E}_t &= (\mathcal{E}_{2a} \circ \mathcal{E}_{1a}) \otimes (\mathcal{E}_{2b} \circ \mathcal{E}_{1b}).\end{aligned}$$

등식 $\mathcal{E}_s = \mathcal{E}_t$는 성립하는가?

12.5 부분 대각합과 축소 밀도연산자

양자역학에서 밀도연산자의 부분 대각합에 대한 개념은 고전 확률이론에서 주변 확률과 매우 강하게 비유할 수 있다(§14.1.4 참조). 두 방법론 모두 더하고 따라서 계의 다른 성분을 실질적으로 버림으로써 더 큰 계 내부의 부분 집합에 집중한다.

부분 대각합은 텐서곱에 대해 보조적인 역할을 한다. 텐서곱은 개별 상태로부터 합성

양자계를 만들 때 사용하는 반면 부분 대각합으로 인해 특정한 부속계의 상태를 추출하여 조사할 수 있고, 실질적으로 계의 다른 부분에 대한 정보를 제거한다.

12.5.1 소개

1 정의

밀도연산자 ρ_{AB}로 표현하는 이분된 합성계를 고려하자. 부속계 B에 대한 ρ_{AB}의 부분 대각합은 다음과 같이 정의한다.

$$\rho_A \equiv \mathbf{tr}_B(\rho_{AB}) = \sum_i (I_A \otimes \langle i|_B)\rho_{AB}(I_A \otimes |i\rangle_B). \tag{12.104}$$

혹은 부분곱 표기 방법으로(부록 C 참조)

$$\mathbf{tr}_B(\rho_{AB}) = \sum_i \langle i|_B \, \rho_{AB} \, |i\rangle_B \tag{12.105}$$

이다. 여기서 $\{|i\rangle_B\}$는 부속계 B의 Hilbert 공간에 대한 임의의 직교규격화 기준이다. 이 경우 부분 대각합 ρ_A의 결과는 또한 부속계 A의 축소 밀도연산자라고도 한다.

축소 밀도연산자 ρ_A는 부속계 B의 자유도에 대해 평균을 취한 후 부속계 A의 상태를 나타낸다. 이 연산은 실질적으로 부속계 B에 대한 부분 측정의 모든 가능한 결과를 포함하여 특정한 상태나 부속계 B의 측정 결과에 상관없이 부속계 A를 통계적으로 기술한다.

비슷하게 부속계 A에 대한 부분 대각합, 즉 부속계 B의 축소 밀도연산자는 다음과 같이 정의한다.

$$\rho_B \equiv \mathbf{tr}_A(\rho_{AB}) = \sum_i \langle i|_A \, \rho_{AB} \, |i\rangle_A. \tag{12.106}$$

여기서 $\{|i\rangle_A\}$는 부속계 A의 Hilbert 공간에 대한 임의의 직교규격화 기준이다.

2 일반적인 2-큐빗계: 행렬 시각화

일반적인 2-큐빗계의 밀도연산자는 다음과 같이 표현할 수 있다.

$$\rho_{AB} = \begin{array}{c} \\ |00\rangle \\ |01\rangle \\ |10\rangle \\ |11\rangle \end{array} \begin{array}{c} \begin{array}{cccc} \langle 00| & \langle 01| & \langle 10| & \langle 11| \end{array} \\ \begin{bmatrix} \rho_{0000} & \rho_{0001} & \rho_{0010} & \rho_{0011} \\ \rho_{0100} & \rho_{0101} & \rho_{0110} & \rho_{0111} \\ \rho_{1000} & \rho_{1001} & \rho_{1010} & \rho_{1011} \\ \rho_{1100} & \rho_{1101} & \rho_{1110} & \rho_{1111} \end{bmatrix} \end{array}. \tag{12.107}$$

여기서 더 분명하게 시각화하기 위해 (1, 2, 3, 4 대신) 이진 지수 00, 01, 10, 11을 이용하여 행렬요소의 지표를 붙였다.

큐빗 A에 대한 축소 밀도연산자인 ρ_A를 계산하기 위해 부속계 B에 대해 ρ_{AB}의 부분 대각합을 수행한다. 이 과정은 큐빗 A의 같은 상태에 해당하는 ρ_{AB}의 요소를 결합하

는 것으로 시각화할 수 있다. 큐빗 A의 각 상태에 대해 큐빗 B가 상태 $|0\rangle$이나 $|1\rangle$에 있을 때 ρ_{AB}의 요소를 함께 더한다.

$$\rho_A = \mathrm{tr}_B(\rho_{AB}) = \begin{array}{c} \\ |\underline{0}\rangle \\ |\underline{1}\rangle \end{array} \begin{array}{c} \quad\langle\underline{0}| \qquad\qquad\qquad \langle\underline{1}| \\ \begin{bmatrix} \rho_{\underline{0}0\underline{0}0} + \rho_{\underline{0}1\underline{0}1} & \rho_{\underline{0}0\underline{1}0} + \rho_{\underline{0}1\underline{1}1} \\ \rho_{\underline{1}0\underline{0}0} + \rho_{\underline{1}1\underline{0}1} & \rho_{\underline{1}0\underline{1}0} + \rho_{\underline{1}1\underline{1}1} \end{bmatrix} \end{array}. \tag{12.108}$$

여기서 시각적으로 강조하기 위해 큐빗 A에 해당하는 지표에 밑줄을 그었다. 예를 들어 요소 $\langle 0|\rho_A|0\rangle = \rho_{0000} + \rho_{0101}$은 큐빗 A는 큐빗 B 상태와 상관없이 상태 $|0\rangle$에 있을 확률의 합을 나타낸다. 이것은 식 12.105에서 $\langle 0|_B(\rho_{0000}|00\rangle\langle 00|)|0\rangle_B + \langle 1|_B(\rho_{0101}|01\rangle\langle 01|)|1\rangle_B$에 해당한다. 이 '부분 대각합'은 실질적으로 큐빗 B에 대한 자세한 정보를 제거하여 큐빗 A의 축소된 상태가 남는다.

비슷하게 큐빗 B에 대한 축소 밀도연산자 ρ_B는 큐빗 A 상태에 대응하는 행렬요소를 더하여 얻을 수 있다.

$$\rho_B = \mathrm{tr}_A(\rho_{AB}) = \begin{array}{c} \\ |\underline{0}\rangle \\ |\underline{1}\rangle \end{array} \begin{array}{c} \quad\langle\underline{0}| \qquad\qquad\qquad \langle\underline{1}| \\ \begin{bmatrix} \rho_{0\underline{0}0\underline{0}} + \rho_{1\underline{0}1\underline{0}} & \rho_{0\underline{0}0\underline{1}} + \rho_{1\underline{0}1\underline{1}} \\ \rho_{0\underline{1}0\underline{0}} + \rho_{1\underline{1}1\underline{0}} & \rho_{0\underline{1}0\underline{1}} + \rho_{1\underline{1}1\underline{1}} \end{bmatrix} \end{array}. \tag{12.109}$$

여기서 시각적 강조를 큐빗 B에 표시하였다.

연습문제 12.18

2-큐빗 직접곱 상태 $|\psi\rangle = |++\rangle$를 고려하자. 여기서 $|+\rangle = \frac{1}{\sqrt{2}}(|0\rangle + |1\rangle)$이다.

(a) $|\psi\rangle$를 $|0\rangle$과 $|1\rangle$로 표현하고 밀도연산자 $\rho_{AB} = |++\rangle\langle ++|$를 계산하여라.

(b) ρ_{AB}의 부분 대각합으로부터 ρ_A와 ρ_B의 축소 밀도연산자를 구하여라.

(c) $\rho_{AB} = \rho_A \otimes \rho_B$임을 확인하여라.

이 연습문제는 부분 대각합에서 유도한 축소 밀도연산자는 단순한 직접곱 상태에 대한 예상과 같다는 것을 보이기 위해 고안하였다.

3 독립적인 부속계

일반적으로 $\rho_{AB} \neq \rho_A \otimes \rho_B$이다. 그러나 부속계가 독립적이라면 $\rho_{AB} = \rho_A \otimes \rho_B$이고, 이것은 다음과 같이 보일 수 있다. 이 결과는 밀도연산자의 합성 성질과 같다(§12.1.3.4 참조). 이 특별한 경우에 식 12.104는 다음과 같이 예상한 대로 단순하게 된다.

$$\begin{aligned} \mathrm{tr}_B(\rho_{AB}) &= \sum_i (I_A \otimes \langle i|_B)(\rho_A \otimes \rho_B)(I_A \otimes |i\rangle_B) \\ &= \rho_A \otimes \sum_i \langle i|_B\, \rho_B\, |i\rangle_B \\ &= \rho_A \otimes \mathrm{tr}(\rho_B) \\ &= \rho_A. \end{aligned} \tag{12.110}$$

왜냐하면 $\mathrm{tr}(\rho_B) = 1$이기 때문이다.

12.5.2 얽힌 계의 축소 밀도연산자

다른 관점에서 부분 대각합을 조사하겠다. 즉 상관관계가 있는 혼합 상태를 이용하여 어떻게 고전적인 상관관계를 취급하는지 보이고, Bell 상태를 이용하여 양자 얽힘의 복잡한 성질을 보이려고 한다. 그리고 이 탐구를 확장하여 얽힌 계에서 국소 연산의 효과를 고려하여 양자 비국소성에 대한 더 깊은 이해를 하고자 한다.

1 상관관계가 있는 혼합 상태의 부분 대각합

밀도연산자 ρ_{AB}가 다음과 같이 주어진 2-큐빗계를 고려하자.

$$\rho_{AB} = \frac{1}{2}|00\rangle\langle 00| + \frac{1}{2}|11\rangle\langle 11|. \tag{12.111}$$

이것은 두 큐빗 사이에 고전적인 상관관계가 있는 혼합 상태를 나타낸다. 이것은 얽힌 상태는 아니다.

큐빗 A에 대한 축소 밀도연산자를 구하려고 한다. 큐빗 B에 대한 부분 대각합은 다음과 같이 계산한다.

$$\mathrm{tr}_B(\rho_{AB}) = \langle 0|_B\, \rho_{AB}\, |0\rangle_B + \langle 1|_B\, \rho_{AB}\, |1\rangle_B. \tag{12.112}$$

ρ_{AB}의 값을 대입하면 다음을 얻는다.

$$\begin{aligned}\mathrm{tr}_B(\rho_{AB}) &= \langle 0|_B \left(\frac{1}{2}|00\rangle\langle 00| + \frac{1}{2}|11\rangle\langle 11|\right)|0\rangle_B \\ &\quad + \langle 1|_B \left(\frac{1}{2}|00\rangle\langle 00| + \frac{1}{2}|11\rangle\langle 11|\right)|1\rangle_B \\ &= \frac{1}{2}\langle 0|_B\, |00\rangle\langle 00|\, |0\rangle_B + \frac{1}{2}\langle 1|_B\, |11\rangle\langle 11|\, |1\rangle_B \\ &= \frac{1}{2}|0\rangle\langle 0| + \frac{1}{2}|1\rangle\langle 1| \\ &= \frac{1}{2}\begin{bmatrix} 1 & 0 \\ 0 & 1 \end{bmatrix}.\end{aligned} \tag{12.113}$$

그러므로 큐빗 A에 대한 축소 밀도연산자는

$$\rho_A = \frac{I}{2} \tag{12.114}$$

이고, 이것은 큐빗 A가 최대 혼합 상태에 있다는 것을 나타낸다. 마찬가지로 $\rho_B = \dfrac{I}{2}$이다.

2 Bell 상태의 부분 대각합

Bell 상태 $|\Psi\rangle = \dfrac{1}{\sqrt{2}}(|00\rangle + |11\rangle)$의 밀도연산자는 다음과 같다.

$$\rho_{AB} = \frac{1}{2}(|00\rangle + |11\rangle)(\langle 00| + \langle 11|). \tag{12.115}$$

이 항을 전개하면 다음을 얻는다.

$$\rho_{AB} = \frac{1}{2}(|00\rangle\langle 00| + |00\rangle\langle 11| + |11\rangle\langle 00| + |11\rangle\langle 11|). \tag{12.116}$$

이제 계산기준 $\{|i\rangle\}$를 직교규격화 기준으로 사용하여 B 부속계에 대한 부분 대각합을 계산하자.

$$\begin{aligned}\rho_A &= \mathrm{tr}_B(\rho_{AB}) \\ &= \frac{1}{2}\left(\langle 0|_B\, \rho_{AB}\, |0\rangle_B + \langle 1|_B\, \rho_{AB}\, |1\rangle_B\right) \\ &= \frac{1}{2}(|0\rangle\langle 0| + |1\rangle\langle 1|) \\ &= \frac{I}{2}.\end{aligned} \tag{12.117}$$

마찬가지로 $\rho_B = \dfrac{I}{2}$이다.

분명히 ρ_A와 ρ_B 모두 50% 확률로 $|0\rangle$, 50% 확률로 $|1\rangle$인 균일한 혼합 상태를 표현하고, A와 B의 순수한 얽힌 상태의 결합 상태라는 것을 고려하면 놀라운 결과이다. 이것은 양자 얽힘의 비직관적인 성질을 보여주고, 여기서 부속계는 전체 계가 순수 상태에 있을 때도 혼합 상태일 수 있다.

§12.5.2.1과 비교하면 부속계의 축소 상태는 전체 계가 상관관계가 있는 혼합 상태이거나 얽힌 순수 상태인가 여부에 상관없이 최대 혼합 상태일 수 있다. 따라서 양자역학에서 계의 일부에 대한 성질은 항상 전체 계의 성질을 직접 반영하지 않는다.

이 Bell 상태와 §12.5.2.1의 고전적으로 상관관계가 있는 혼합 상태를 구별할 수 있는가? 이 차이는 Bell 부등식과 Bell 시험 실험을 적용하면 분명해진다. 이 개념을 더 깊이 이해하려면 9장을 참조하여라.

연습문제 12.19

§12.5.2.2와 같이 Bell 상태 $|\Psi\rangle = \frac{1}{\sqrt{2}}(|00\rangle + |11\rangle)$에 대해 ρ_A와 ρ_B를 계산하여라. 이제는 $\{|+\rangle, |-\rangle\}$ 기준을 이용하여라. 여기서 $|+\rangle = \frac{1}{\sqrt{2}}(|0\rangle + |1\rangle)$이고, $|-\rangle = \frac{1}{\sqrt{2}}(|0\rangle + |1\rangle)$이다.

3 ∗ 얽힌 계에서 국소 연산자

이전의 예제로부터 계속하여 Alice와 Bob이 공간적으로 떨어져 있고 식 12.115의 밀도연산자로 기술하는 Bell 쌍을 공유하는 경우를 고려하자. Bob이 측정이나 상태 변화와 같이 큐빗에 국소 연산을 수행한다고 하자. Alice가 부분 대각합의 개념을 이용하여 Bell 쌍 부분을 통해 이 행동을 감지할 수 있는지 분석하려고 한다.

경우 1: 국소 유니타리 연산

Bob이 자신의 큐빗에 국소 유니타리 연산 U_B를 수행한다고 하자. 이 연산 후 계의 상태는 다음과 같다.

$$\rho'_{AB} = (I_A \otimes U_B)\rho_{AB}(I_A \otimes U_B^\dagger). \tag{12.118}$$

Bob의 부속계에서 대각합을 제거하여 얻은 Alice의 축소 상태는 $\rho_A{}' = \mathrm{tr}_B(\rho_{AB}{}')$이다. 대각합 연산은 유니타리 변환에 대해 불변이므로 $\mathrm{tr}_B(\rho_{AB}{}') = \mathrm{tr}_B(\rho_{\mathrm{AB}})$이다. 그러므로

$$\rho'_A = \rho_A = \frac{I}{2} \tag{12.119}$$

이고, Alice의 축소 상태는 영향을 받지 않았다는 것을 나타낸다. 유니타리 변환은 Bob의 큐빗 상태를 변화시키지만 양자 상태를 붕괴시키지도 않고 Alice가 측정할 수 있는 방법으로 얽힌 성질을 변화시키지도 않는다.

경우 2: 국소 측정

이제 Bob이 국소 측정을 수행하는 것을 고려하자. 이것은 계의 상태를 측정 결과에 해당하는 고유상태 중 하나로 붕괴시킨다. 그러나 더 교신을 하지 않고 Alice는 Bob의 큐빗이 어떤 고유상태로 붕괴했는지 알지 못한다. 따라서 Alice는 식 12.111의 밀도연산자로 주어지는 두 측정 결과의 통계적 앙상블에 해당하는 혼합 상태를 경험할 것이다. §12.5.2.1에서 해보았듯이 Alice의 축소 밀도연산자는 $\frac{I}{2}$이다.

따라서 Alice의 관측 가능한 통계는 Bob의 행동 이전에 계산한 축소 밀도연산자와 같다. 그녀는 그녀의 혼합 상태가 원래 얽힘에 의한 것인지, Bob의 측정에 의한 붕괴에 의한 것인지 구별할 수 없어서 추가적인 고전적 교신 없이 Alice의 관점으로부터 Bob의 국소적 측정의 비측정성을 강조한다.

이 예제로 양자역학의 기본적인 양상을 볼 수 있다. 얽힌 계의 부분에 대한 국소적 연산은 계의 멀리 있는 부분에 측정할 수 있는 결과를 주지 않고, 얽힘 자체는 초광속 통신이 가능하지 않게 한다. 이것은 양자역학에서 비통신 정리의 원리를 강조한다.

4 ✷ GHZ 상태와 얽힘의 단일성

GHZ 상태 $|\mathrm{GHZ}\rangle = \frac{1}{\sqrt{2}}(|000\rangle + |111\rangle)$을 고려하자. 이것은 Alice, Bob과 Charlie가 각자 가지고 있는 세 큐빗의 얽힘에 대한 개념을 확정한 것이다. Bell 상태의 큐빗 쌍과는 달리 GHZ 상태의 세 큐빗은 서로 얽혀 있다. 한 큐빗을 하면 그 순간 다른 두 상태가 결정된다. 그 밀도연산자는 다음과 같다.

$$\rho_{ABC} = \frac{1}{2}(|000\rangle + |111\rangle)(\langle 000| + \langle 111|). \tag{12.120}$$

Charlie의 것을 제외하고 Alice와 Bob만의 큐빗을 측정하면 어떤 일이 일어나는가? 이것을 알아내기 위해 큐빗 C에 대해 부분 대각합을 수행하면 다음을 얻는다.

$$\rho_{AB} = \frac{1}{2}|00\rangle\langle 00| + \frac{1}{2}|11\rangle\langle 11|. \tag{12.121}$$

놀랍게도 ρ_{AB}는 고전적으로 상관관계가 있는 혼합 상태의 밀도연산자와 비슷하지만 예상하는 얽힌 Bell 상태와 비슷하지는 않다. 이것으로부터 3-큐빗 GHZ 상태의 얽힘은 모든 세 큐빗을 고려할 때만 나타나고, 두 개만 고려하면 단지 고전적인 상관관계를 측정한다는 것을 보여준다.

이 현상은 종종 얽힘의 단일성이라고 부르고 "모두 아니면 아무 것도 없는" 성질을 강조한다. 그 결과로 세 사람은 어떤 외부 계와 추가적인 얽힘을 공유할 수 없다. 네 번째 큐빗을 GHZ 상태와 얽히도록 시도하는 것은 불가피하게 내재한 얽힘을 약하게 한다. 단일성 원리는 양자 암호학 프로토콜의 보안의 기초를 이루고, 여기서 얽힌 상태의 부분을 도청하려고 시도하면 검출할 수 있는 방법으로 얽힘이 방해를 받는다.

다른 흥미로운 3-큐빗 얽힌 상태는 W 상태 $|W\rangle = \frac{1}{\sqrt{3}}(|001\rangle + |010\rangle + |100\rangle)$이다. W 상태에서 각 큐빗 쌍 사이에 부분적인 얽힘이 있지만 어떤 것도 최대로 얽히지 않았다. 독자는 W 상태의 밀도연산자에 부분 대각합을 수행하여 이것을 더 탐구하기를 추천한다.

12.6 비방송 정리와 비통신 정리

원래 닫힌 양자계에서 유니타리 변환에 대해 수식화한 복제 불가능 정리와 비통신 정리는 혼합 상태와 완전 양의 대각합보존(CPTP) 변환으로 표현하는 양자 연산으로 확장할 수 있다. 이 CPTP 변환은 측정과 다른 비가역적 과정을 포함하므로 이 기초적인 결과를 더 넓은 영역의 양자 연산으로 응용하도록 확장한다.

12.6.1 비방송 정리

처음에는 닫힌 양자계에서 유니타리 연산으로 수식화한 비복제 정리와 비통신 정리는 혼합 상태와 완전 양의 트레이스 보존(CPTP) 사상으로 표현하는 양자 연산으로 확장할 수 있다. 이 CPTP 변환은 측정과 다른 비가역적인 과정을 포함하므로 이 기본적인 결과에 대한 응용을 더 넓은 영역의 양자 연산으로 넓힐 수 있다.

1 정리 설명

$\mathcal{E}$는 양자 상태 ρ에 작용하는 CPTP 변환이고 부속계 A와 B로 구성된 더 큰 계의 상태 σ_{AB}를 출력으로 만든다고 하자.

$$\mathcal{E}(\rho) = \sigma_{AB}. \tag{12.122}$$

목적은 $\mathcal{E}$가 ρ를 "방송하는" 것이다. 이것은 부속계 A와 B의 축소된 상태가 모두 ρ와 같다는 것을 의미한다.

$$\mathrm{tr}_B(\sigma_{AB}) = \rho, \quad \mathrm{tr}_A(\sigma_{AB}) = \rho. \tag{12.123}$$

비방송 정리는 이와 같은 CPTP 변환 $\mathcal{E}$는 방송되는 상태가 공유하는 직교규격화된 기준에서 고전적인 경우에만 존재한다는 것이다. 특히 각각의 ρ는 (종종 계산기준으로 선택하는) 어떤 고정된 직교규격화 기준에서 대각화되어 있다.

$$\rho = \sum_i p_i \, |i\rangle\langle i|, \quad p_i \geq 0, \quad \sum_i p_i = 1. \tag{12.124}$$

2 복제와 방송

복자를 혼합상태로 비유하는 것은 ρ를 $\rho \otimes \rho$로 변환하는 것을 포함한다.

$$\sigma_{AB} = \rho \otimes \rho \text{ (복사)}. \tag{12.125}$$

그러나 이와 같은 혼합 상태의 비복제 종류는 비방송의 문제를 완전히 다루지는 않는다. 왜냐하면 직접곱의 형태 $\rho \otimes \rho$ 안에 있는 결합 상태 없는 혼합 상태 ρ를 방송하는 다른 방법이 있기 때문이다. 예를 들어 밀도연산자의 스펙트럼 분해가 $\rho = \sum_j \lambda_j |h\rangle\langle j|$이면 유효한 방송 상태는 매우 상관관계가 있는 결합 상태가 된다.

$$\sigma_{AB} = \sum_j \lambda_j \, |j\rangle \, \langle j| \otimes |j\rangle \, \langle j| \text{ (방송)}. \tag{12.126}$$

이 결합 상태 σ_{AB}는 식 12.123이 요구하는 대로 올바른 축소 밀도연산자를 재생한다. 그러나 이 σ_{AB}는 ρ의 특정한 구조에 의존한다는 것을 주목하는 것이 중요하다. 즉 임의의 혼합 상태에 대한 범용성 방송 변환은 아니라는 것을 의미한다.

3 ✷증명의 개요

$\mathcal{E}$가 적어도 두 상태 $\rho_s \in \{\rho_1, \rho_2\}$를 방송할 수 있다고 가정한다. 이것은 $\mathcal{E}(\rho_s) = \sigma_{ABs}$이고, 부속계 A와 B에 대한 축소 밀도연산자는 모두 ρ_s와 같다는 것을 의미한다.

고전적 상태

ρ_1과 ρ_2가 고전 상태라고 가정하자. 이것은 이 상태들은 공통의 기준 $\{|j\rangle\}$에서 대각화할 수 있다. 즉 $s = 1, 2$에 대해 $\rho_s = \sum_j \lambda_{js} |j\rangle\langle j|$이라는 것을 의미한다. 이때 방송 변환 $\mathcal{E}$는

$$\mathcal{E}(\rho_s) = \sigma_{ABs} = \sum_j \lambda_{js} \, |j\rangle \, \langle j| \otimes |j\rangle \, \langle j| \tag{12.127}$$

이 되도록 선택할 수 있다.

이 경우

$$\mathrm{tr}_B(\sigma_{ABs}) = \mathrm{tr}_A(\sigma_{ABs}) = \rho_s \tag{12.128}$$

은 바로 확인할 수 있다.

ρ_1과 ρ_2가 고전적이라는 것은 교환한다는 것, 즉 $[\rho_1, \rho_2] = 0$이라는 것을 주목하여라. 왜냐하면 교환하는 밀도행렬은 같은 기준에서 대각화할 수 있기 때문이다.

최종적으로 식 12.127은 유효한 CPTP 변환을 표현한다. 왜냐하면 이것은 Kraus 분해로 표현할 수 있기 때문이다.

$$\mathcal{E}(\rho_s) = \sum_i M_i \rho_s M_i^\dagger. \tag{12.129}$$

여기서 Kraus 연산자 M_i는

$$M_i = |i\rangle_A \otimes |i\rangle_B \langle i|_A \tag{12.130}$$

으로 주어지고 s에 무관하다. 여기서 ρ_s는 부속계 A에서 시작한다고 가정한다. 더 분명하게 표현하면 $\rho_s = \sum_j \lambda_{js} |j\rangle_A \langle j|_A$이다.

> **연습문제 12.20✷**
>
> 다음의 $\mathcal{E}(\rho_s)$에 대한 표현은 식 12.127과 동등함을 확인하여라.
>
> $$\mathcal{E}(\rho_s) = \sum_i \left(|i\rangle_A \otimes |i\rangle_B \langle i|_A\right) \left(\sum_j \lambda_{js} |j\rangle_A \langle j|_A\right) \left(|i\rangle_A \otimes |i\rangle_B \langle i|_A\right)^\dagger.$$

비고전적 상태

이제 ρ_1과 ρ_2가 교환하지 않는 경우, 즉 다른 기준에서 대각화되는 경우를 고려하자.

$$\rho_s = \sum_j \lambda_{js} |j_s\rangle\langle j_s|, \quad s = 1, 2. \tag{12.131}$$

$\{M_i\}$가 CPTP 변환 $\mathcal{E}$의 Kraus 연산자라고 하여, $\mathcal{E}$가 ρ_s에 작용하는 것은

$$\mathcal{E}(\rho_s) = \sigma_{AB_s} = \sum_i M_i \rho_s M_i^\dagger \tag{12.132}$$

로 표현할 수 있다.

방송 조건은 부속계 A와 B의 축소 상태가 ρ_s와 같다는 것을 요구한다. 부속계 A에 대해 이 조건은 다음과 같다.

$$\mathrm{tr}_B(\sigma_{AB_s}) = \mathrm{tr}_B\left(\sum_{i,j} \lambda_{js} M_i |j_s\rangle \langle j_s| M_i^\dagger\right) = \rho_s. \tag{12.133}$$

그리고 부속계 B에 대해서도 마찬가지로 $\mathrm{tr_A}(\sigma_{\mathrm{ABs}}) = \rho_{\mathrm{s}}$ 임을 요구한다.

(비록 자세한 내용은 이 책의 수준을 넘어서지만) ρ_1과 ρ_2가 교환하지 않는 한 이 조건은 만족시킬 수 없다는 것을 보일 수 있다. 교환되지 않는 경우에는 두 부속계의 축소 상태를 동시에 보존하는 $\mathcal{E}$에 대한 Kraus 분해가 없으므로 방송 조건을 위배한다.

12.6.2 비통신 정리

§9.7에서 비통신 정리를 도입하였고 §12.5.2.3에서 Bell 상태를 이용한 예제를 들었다. 이 정리에서는 보통 Alice와 Bob이라고 부르는 두 사람이 얽힌 양자 상태를 공유한다면 Alice가 계에서 자신의 부분에 수행하는 어떤 국소적 연산도 초광속 통신이나 정보 전송을 허용하는 방법으로 Bob의 부분에 측정 결과에 영향을 줄 수 없다고 주장한다.

비통신 정리에 의하면 비국소적인 상관관계에도 불구하고 양자 얽힘은 상대론적 시공간의 인과론적 구조를 위반할 수 없다는 것을 보장한다. 양자 얽힘이 양자 순간이동과 양자 암호학과 같은 현상을 허용하는 반면 이 정리를 위반하지는 않는다. 왜냐하면 정보 전달은 여전히 고전적인 통신이 필요하기 때문이다.

✷ 증명의 개요

결합 밀도연산자 ρ_{AB}로 기술하는 합성 양자계가 있다고 하자. $\mathcal{E}$가 부속계 B에만 작용하는 CPTP 변환이라고 하자. 물리적으로 $\mathcal{E}$는 (측정이나 유니타리 연산자와 같은) 양자 연산을 Bob이 그의 부속계에 수행하는 것을 표현한다.

이제 부속계 A의 축소 밀도연산자를 고려하자. Bob의 연산 이전에 이것은 $\mathrm{tr_B}(\rho_{\mathrm{AB}})$로 주어진다. Bob의 연산 이후 전체 계의 상태는

$$\rho'_{AB} = (I \otimes \mathcal{E})(\rho_{AB}) \tag{12.134}$$

이고, 여기서 I는 부속계 A에 작용하는 항등 사상이다.

그러면 부속계 A의 축소 밀도연산자는

$$\mathrm{tr}_B(\rho'_{AB}) = \mathrm{tr}_B\left[(I \otimes \mathcal{E})(\rho_{AB})\right] \tag{12.135}$$

이다.

CPTP 사상 $\mathcal{E}$는 밀도연산자의 대각합을 보존한다. 즉 $\mathrm{tr}(\mathcal{E}(\rho)) = \mathrm{tr}(\rho)$이다. B에 대해 부분 대각합을 취하면 실질적으로 부속계 B의 자유도에 대해 더하는 것이다. $\mathcal{E}$는 대각합을 보존하고 B에만 작용하므로 B에 대한 전체 계의 모든 대각합은 변하지 않는다. 따라서 다음을 얻는다.

$$\mathrm{tr}_B\left[(I \otimes \mathcal{E})(\rho_{AB})\right] = \mathrm{tr}_B(\rho_{AB}). \tag{12.136}$$

그러므로 다음을 얻는다.

$$\mathrm{tr}_B(\rho'_{AB}) = \mathrm{tr}_B(\rho_{AB}). \tag{12.137}$$

이 결과에 의하면 부속계 A의 축소 밀도연산자(즉 Alice의 부속계)는 Bob이 부속계 B에 하는 연산과 무관하게 변하지 않는다. 결과적으로 Bob은 자신의 부속계에 자신의 행동을 통해 Alice에게 어떤 정보도 보낼 수 없다.

이 증명에서 Alice와 Bob의 부속계는 이 과정 동안 상호작용하지 않는다고 가정했다. 상호작용이 있다면 정보는 전달될 수 있지만 상대론이 요구하듯이 빛보다 빨리 일어날 수 없다.

12.7 요약과 결론

혼합 상태와 밀도연산자

이 장은 혼합 상태와 밀도연산자를 이용한 표현을 도입하여 순수 상태를 넘어서는 양자 상태에 대한 이해의 기초를 수립하는 것으로 시작하였다. 밀도연산자의 주요 성질을 탐구하여 양자 정보이론에서 핵심적인 역할에 대한 무대를 마련하였다.

단일 큐빗 상태와 Bloch 구

그리고 Bloch 구에서 단일 큐빗 혼합 상태의 기하학적 표현에 대한 논의로 전개하여 양자 상태의 시각화에 대한 통찰력을 제공하였다. 이 절에서 또한 간결한 표기법을 도입하여 이 체계에서 양자 상태의 수학적 취급을 단순하게 하였다.

밀도연산자를 이용한 측정

이 장에서는 계속하여 밀도연산자로 표현하는 양자 상태에 어떻게 측정을 수행하는지 조사한다. 측정 후 상태, 측정 결과의 앙상블과 다양한 형태의 특정에 대해 고려하였고, 직교기준과 POVM(양의 연산자값 측정) 측정도 포함하였다.

양자 채널과 CPTP 사상

이 절에서 특별히 잡음 혹은 환경과 상호작용하는 양자 상태의 변화를 설명하는 양자 채널 뒤의 기초적인 개념을 탐구하였다. 완전 양의 트레이스 보존(CPTP) 변환을 유니타리 연산의 개념을 확장하는 체계로 도입하여 잡음과 다른 비유니타리 과정을 포함하였다. 이 논의는 Kraus 분해를 포함하여 이 채널에 대한 연산자 합 표현을 제공하였고, Stinespring 확장 정리로 결론을 내려 CPTP 사상에 대한 유니타리 구현을 제공하였다.

비방송 정리와 비통신 정리

이 장은 CPTP 변환과 혼합 상태로 확장한 양자 정보이론에서 두 개의 기초적인 정리에 대한 조사로 결론을 맺었다. 비방송 정리는 비복제 정리로 일반화하여 양자 정보는 고전적이지 않은 한 여러 사람 사이에서 완전히 공유할 수 없다는 것을 보였다. 그리고 비통신 정리를 논의하여 양자 얽힘은 초광속 통신을 허용하지 않는다는 것을 강조하여 상대론적 시공간의 인과적 구조를 보존하였다.

이후의 주제

사용한 도구 중 밀도연산자와 양자 채널의 수학적 도구를 이용하여 오류 수정이라는 중요한 주제를 탐구할 준비가 되었다. 다음 장에서 결맞은 오류와 결이 깨진 오류에 대해 자세히 탐구하고 유명한 Shor 암호를 양자 오류수정의 주요 방법으로 논의한다. 목적은 독자들이 오류 형태와 이를 운영하는 작동 방법에 대한 기본적인 이해를 제공하는 것이다. 이 주제는 양자컴퓨팅의 이론적이고 실용적인 영역을 발전시킬 때 필수적인 주제이다.

문제 12

12.1 Alice와 Bob은 한 쌍의 큐빗을 공유하여 이 쌍의 반은 Bell 상태 $\frac{1}{\sqrt{2}}(|00\rangle - |11\rangle)$에 있고, 다른 반은 상태 $\rho_A \otimes \rho_B$에 있다. 여기서 $\rho_A \equiv \frac{1}{4}\begin{bmatrix} 2 & 1 \\ 1 & 2 \end{bmatrix}$이고, $\rho_B = |0\rangle\langle 0|$이다.

Alice와 Bob의 공유 큐빗에 대한 합성계에 대한 밀도연산자를 결정하여라.

12.2 순수한 큐빗 상태

$$|\psi\rangle = \cos\frac{\theta}{2}|0\rangle + \sin\frac{\theta}{2}e^{i\phi}|1\rangle$$

에 대해 밀도연산자 ρ를 유도하여라. 그리고 ρ는 다음과 같이 쓸 수 있음을 보여라.

$$\rho = \frac{1}{2}(I + \sin\theta\cos\phi\, X + \sin\theta\sin\phi\, Y + \cos\theta\, Z).$$

여기서 X, Y와 Z는 Pauli 연산자이다.

12.3 $|\psi\rangle$와 직교하는 큐빗 상태 $|\psi_\perp\rangle = \beta^*|0\rangle - \alpha^*|1\rangle$에 대한 밀도연산자 $\rho_\perp$을 유도하여라. ρ와 $\rho_\perp$은 직교함을 보여라. 즉 $\mathrm{tr}(\rho^\dagger\rho_\perp) = 0$임을 보여라. 사실 $\rho^\dagger\rho_\perp = 0$이다.

12.4 다음의 양자 상태를 Bloch 구 위(혹은 안)에 표현하여라.

(a) 20%로 $|0\rangle$, 80%로 $|1\rangle$
(b) 50%로 $|+\rangle$, 50%로 $|0\rangle$
(c) 25%로 $|0\rangle$, 25%로 $|1\rangle$, 50%로 $|+\rangle$
(c) 50%로 $|+\rangle$, 50%로 $|-\rangle$

12.5 양자계의 상태가 50%는 $|+\rangle$ 상태에, 50%는 $|0\rangle$ 상태에 있다. 계에 Hadamard 게이트를 적용하였다. 이 계에 대한 새로운 밀도연산자를 구하여라.

12.6 Hadamard 게이트 H는 Bloch 벡터 $r = (x, y, z)$로 표현하는 양자 상태를 어떻게 변환하는가?

12.7 식 12.34를 증명하여라. $\mathrm{tr}(\rho^2) = \frac{1}{2}(1 + r^2)$.

12.8 처음 상태가 $|\psi\rangle = \alpha|0\rangle + \beta|1\rangle$로 주어지면, $\{|0\rangle, |1\rangle\}$ 기준에서 측정할 때 측정 결과의 앙상블에 대한 밀도연산자는 무엇인가?

12.9 처음에 50%로 $|+\rangle$ 상태, 50%로 $|0\rangle$인 상태로 계의 상태를 $\{|0\rangle, |1\rangle\}$ 기준에서 측정한다. 측정 후 앙상블의 밀도연산자는 무엇인가?

12.10 ∗식 12.105로 주어진 축소 밀도연산자는 부속계 B의 Hilbert 공간에 대해 선택한 직교 규격화 기준과 상관없이 같다. 이것을 보여라.

12.11 ∗세 개의 큐빗에 대해 $|\mathrm{GHZ}\rangle = \frac{1}{\sqrt{2}}(|000\rangle + |111\rangle)$로 주어진 GHZ 상태를 고려하자.

(a) 세 번째 큐빗의 대각합을 제거한 후(즉 자유도를 버린 후) 첫 두 큐빗의 축소 밀도연산자를 계산하여라.

(b) 첫 두 큐빗의 대각합을 제거한 후 세 번째 큐빗의 축소 밀도연산자를 계산하여라.

12.12 ∗어떤 쌍도 최대로 얽히지 않고, 큐빗 사이에 특정한 부분 얽힘이 있는 것으로 알려진 $|\mathrm{W}\rangle = \frac{1}{\sqrt{3}}(|001\rangle + |010\rangle + |100\rangle)$으로 정의한 세 큐빗 W 상태를 고려하자. 다음의 방식으로 풀어라.

(a) W 상태에 대한 밀도연산자 ρ_{W}를 만들어서.

(b) 적절한 부분 대각합을 ρ_{W}에 수행하여 큐빗의 각 쌍에 대한 축소 밀도행렬을 계산해서.

(c) 축소 밀도행렬의 분석을 통해 큐빗의 각 쌍 사이에 부분적인 얽힘이 있다는 것을 확인해서.

12.13 ∗합성 양자계의 밀도연산자 ρ를 부속계 A에 대한 축소 밀도연산자 ρ_A로 변환하는 (§12.5 참조) 부분 대각합 연산은 완전 양의 트레이스 보존(CPTP) 변환이라는 것을 보여라. 그러기 위해 대각합 보존과 완전한 양에 대한 두 개의 주요 성질을 얻어야 한다.

12.14 ∗다음의 두 CPTP 변환이 있다.

$$\mathcal{E}_1(\rho) = \sum_i K_i \rho K_i^\dagger, \quad \mathcal{E}_2(\rho) = \sum_j L_j \rho L_j^\dagger.$$

이들의 직렬과 병렬 결합의 Kraus 연산자인 각각 $\{J_j, K_i\}$와 $\{K_i \otimes L_j\}$는 완전 조건을 만족한다는 것을 증명하여라.

CHAPTER

13

양자 오류 수정: 기본 입문

이 장에서 양자컴퓨팅의 관점에서 양자오류수정(QEC)을 포괄적으로 살펴보겠다. 기본적인 개념과 배경을 소개하고 결맞은 오류와 결맞지 않은 오류, 그리고 다른 오류 형태에 대한 탐구를 하겠다. 추가적으로 오류 수정 전략의 효율성을 평가하기 위해 사용하는 핵심 성능평가 매개변수에 대해 논의한다. 이 장은 양자 오류수정에 대한 선구적인 접근 방법인 Shor의 코드의 분석으로 막을 내리겠다. 최종적으로 안정자 형식을 도입한다. 이것은 이 중요한 분야에 대한 추가 연구의 기초를 이룬다.

주요 목적은 독자에게 양자계에 영향을 주는 오류 형태에 대한 확고한 이해, 이들을 평가할 때 사용하는 지표와 차이를 수정할 때 사용하는 방법론을 제공하는 것이다. 이러한 지식은 양자컴퓨팅의 이론적이고 실용적인 측면의 발전에 중요하다.

13.1 예비 개념

양자컴퓨팅에서 오류수정은 어떤 핵심 개념에 대한 기초적인 이해가 필요한 다면적인 주제이다.

13.1.1 양자컴퓨팅에서 잡음과 오류

1 잡음 문제: 예제

잡음의 영향을 설명하기 위해 Bell 상태 $|\Phi^+\rangle = \frac{1}{\sqrt{2}}(|00\rangle + |11\rangle)$을 만들도록 프로그램한 양자컴퓨터를 고려하자.

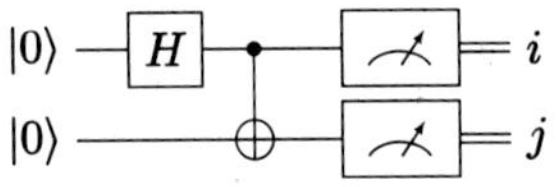

잡음이 없는 이상적인 경우 측정을 하면 항상 같은 확률로 $ij = 00$과 11을 얻는다. 대조적으로 실제 세계에서 잡음이 영향을 주는 계는 확률은 1%와 같이 작더라도 01과 10과 같은 결과도 만들 수 있다. 이와 같이 벗어나는 것은 잡음에 의한 것이고, 이것은 양자 상태를 파괴하고 예상할 수 없는 측정 결과를 얻는다.

2 디코히어런스, 잡음과 오류

"디코히어런스", "잡음"과 "오류"라는 용어는 종종 서로 바꾸어 사용하지만, 양자컴퓨팅에서 각각은 다른 의미가 있다.

- 디코히어런스: 디코히어런스는 양자계가 주위 환경과 상호작용하기 때문에 양자 결맞음을 잃는 과정이다. 이 상호작용은 양자 상태를 (중첩과 얽힘을 보일 수 있는) 순수 상태에서 이와 같은 양자 성질이 줄어들거나 잃게 되는 혼합 상태로 옮겨가게 한다. 디코히어런스는 전형적으로 밀도행렬로 모형을 만들고 시간이 지날 때 양자

정보를 유지하는 것이 주요 문제이다.

- **잡음**: 잡음은 계산하는 동안 양자계에 영향을 주는 모든 원하지 않는 방해와 불완전성을 포함한다. 이 방해는 디코히어런스, 제어 오류와 열적 요동을 포함하는 다양한 원인에서 온다. 잡음은 종종 이러한 방해가 있을 때 양자계가 어떻게 변화하는지 기술하는 Kraus 연산자로 표현하는 양자 채널을 이용하여 모형을 세운다.
- **오류**: 양자컴퓨팅에서 오류는 양자계산의 실제 결과와 의도한 결과가 차이가 나는 것을 말한다. 오류는 잡음이나 양자계의 다른 불완전성에 의해 일어날 수 있다. 이것은 전형적으로 체계적이고 신중한 보정으로 종종 수정할 수 있는 결맞은 오류이거나 무작위적이고 덜 예측적이어서 수정하기 더 어려운 결맞음이 상실된 오류이다.

13.1.2 NISQ에서 내결함성으로 전환

양자컴퓨팅의 진화는 다른 단계로 특징을 지을 수 있고, 각각은 능력과 응용 면에서 상당한 발전을 나타낸다. 현재(2024년까지) 중간 규모 잡음성 양자계(Noisy Intermediate-Scale Quantum: NISQ) 시대에서 전환하여 이 분야는 "양자 유용성 시대"로 알려진 중간 단계로 움직이고 있고, 결국 완전 내결함성의 궁극적 목표로 갈 것이다.

1 NISQ 시대

NISQ는 양자컴퓨팅이 큐빗 수와 결맞음 시간 제한에 의해 표시한 시대를 나타낸다. 양자 우위를 향한 추구를 계속하는 동안 이 시대의 연구는 주로 이러한 NISQ 제한과 맞는 알고리즘적 전략에 집중하였다.

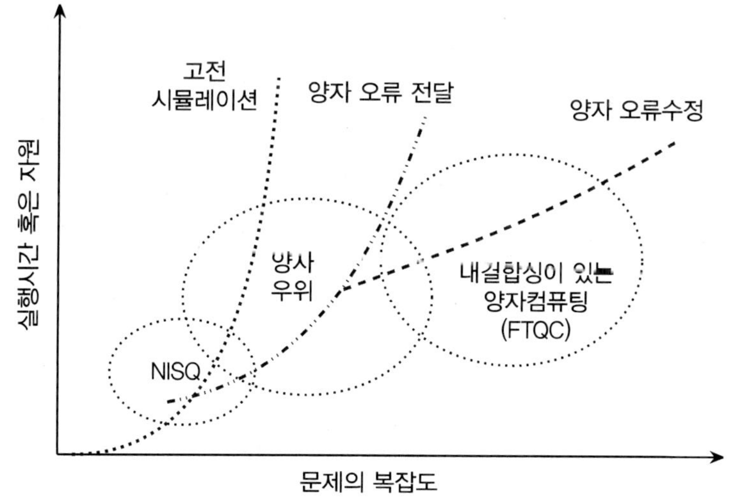

▎그림 13.1 ▎ NISQ에서 내결함성으로의 진보

2 양자 우위: 새로운 개척지

양자 우위(혹은 양자 가치) 시대로(2024년 현재) 들어갈 때 양자컴퓨팅은 변화시키는 기술로서 그 잠재성을 주장하기 시작하였다. 이 단계의 특징은 단순하게 계산하는 고전적인 시뮬레이션을 넘어서는 문제뿐만 아니라 문제에 특정한 근사 방법을 사용하는 고전적인 계를 넘어서는 문제를 푸는 양자컴퓨터이다. 이 시대에서 양자컴퓨팅의 이론적인 능력에 대한 증언일뿐더러 과학 탐구에 필수적인 도구로 변화시켰다.

양자 우위 시대는 이전에는 양자적 개입 없이 가능하지 않다고 생각했던 거대 규모의 문제에 대한 믿을 수 있고 상당한 양의 계산을 제공하는 능력으로 구분할 수 있다. 양자 하드웨어가 성숙해지면서 이제 양자계가 100큐빗보다 많은 시뮬레이션 임무를 믿을만하게 취급하는 것을 목격하고 있다. 이 획기적인 사건에서 여러 “실용 규모 실험”이 출현하고, 이것은 전체적으로 파라다임이 이동하는 것을 의미한다. 참고문헌 [87, 88, 89, 90, 91, 92, 93] 등에서 이러한 발전을 설명한다.

이 시대를 살펴보면 계산 능력 향상만을 기대하는 것이 아니라 중요하고 실용적인 계산 이점을 실현하고 있다. 이 단계에서 양자계는 단지 해뿐만 아니라 가시적인 효용을 제공하여 실제 세계의 도전 문제를 나열하고 계산 과학의 영역을 넓힌다.

3 내결함성 양자컴퓨팅

내결함성 양자컴퓨팅(Fault-Tolerant Quantum Computing: FTQC)은 하드웨어의 오류가 있더라도 양자컴퓨터가 믿을 수 있게 계산을 수행할 수 있는 능력을 말한다. FTQC를 이루는 것은 양자계를 복잡한 거대 규모의 응용에 필요한 수준까지 크기를 확장하여 양자 효용을 유지하는 기초적인 조건을 만드는 데 중요하다.

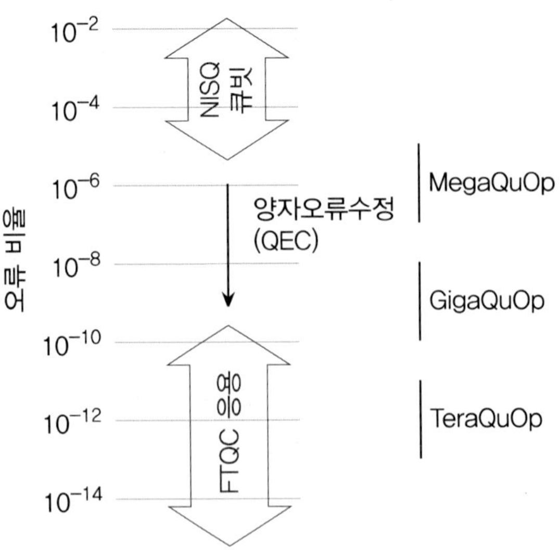

| 그림 13.2 | NISQ와 FTQC에 대한 오류 비율

FTQC에서는 그림 13.2에 나타내었듯이 전형적으로 10^{-2}에서 10^{-3}의 범위에 있는 현재 하드웨어의 물리적인 오류 비율보다 훨씬 작은 오류 비율이 필요하다. 복잡한 양자계를 믿을만하게 시뮬레이션을 하려면 보통 10^{-10} 아래의 오류 비율이 필요하다. 마찬가지로 2048 비트 RSA 키를 인수분해하는 작업에 대해서는 계산이 성공한다는 것을 보장하기 위해서는 10^{-12}에서 10^{-15}인 범위의 오류 비율이 필요하다.

FTQC로 이르는 경로에서 중요한 중간 단계는 오류 비율을 10^{-6}에서 10^{-8}의 범위로 만드는 것이다. 이 영역은 **초기 오류수정**의 영역을 표현하고, 여기서 오류 비율은 충분히 낮아서 오류 수정을 통한 물리적 큐빗의 수행을 증진시키지만 완전한 내결함성 연산을 하기에는 충분하지 않다. 이러한 초기 오류수정 단계는 의미 있는 양자 계산과 실용적인 효용성을 보이면서 FTQC에서 필요한 더 높은 충실도를 얻기 위한 하드웨어와 프로토콜을 개선하는 기초를 제공한다.

10^{-6} 이하의 오류 비율을 갖는 백만 개의 낮은 오류 양자 연산을 표현하는 MegaQuOp 단계는 이러한 진행에서 중요한 임계값을 나타낸다[94]. 아직 "황금기에 적합하지는" 않지만 MegaQuOp에서는 양자 장점을 실용적으로 보일 수 있고 믿을만한 내결함성 계산을 이루는 데 디딤돌로 작용한다. 이 수행 수준은 예를 들어 100개의 논리 큐빗과 10,000개의 회로 깊이로 실현할 수 있다. 전체적인 계산 오류를 10^{-3} 아래로 유지하려면 논리 오류 비율은 10^{-7}보다 아래에 있어야 할 것으로 예상한다. 그러나 오류 완화 방법의 도움을 받으면 이 요구 조건은 대략 10^{-6}으로 완화할 수 있다.

양자계가 MegaQuOp에서 GigaQuOp(십억 연산)와 TeraQuOp(10억 연산)과 같은 더 큰 단계로 발전하면서 더 복잡하고 영향력 있는 응용에 적용할 능력을 얻게 되어 양자컴퓨팅을 더 널리 사용할 수 있게 한다.

> QEC의 관점에서 오류 비율은 전형적으로 일 초당 일어나는 오류의 개수보다는 양자 연산을 하는 동안 오류가 일어날 확률을 말한다. 이 연산은 한 개의 양자 게이트, 논리 큐빗에 적용하는 케이트 연결 혹은 다중 큐빗에 동시에 수행하는 여러 층의 게이트를 포함할 수 있다. 그림 13.2에서 오류 비율은 오류 수정 후 게이트 연산당 오류 확률을 말한다.

13.1.3 양자오류의 극복

1 양자오류 다루기: 전략

NISQ 장치에서 완전히 내결함성을 갖는 양자컴퓨팅으로 전환하면서 오류를 다루기 위해 여러 전략을 이용한다(그림 13.1 참조).

- **오류 억제**: 이 접근 방법에서는 제어 신호를 수정하거나 그 근원에서 오류를 억제하는 추가적인 신호를 만들어서 양자 프로세서가 의도한 결과를 더 믿을만하게 만든다.
- **오류 완화**: 무잡음 외삽법(Zero Noise Extrapolation: ZNE)과 확률적 오류 상쇄기법(Probabilistic Error Cancellation: PEC)과 같은 기술은 계산하는 예상값에 잡음의 영향을 줄이거나 상쇄시키려고 한다. 오류 완화는 100 큐빗 정도의 계에서는 유망하

지만 계의 크기가 증가함에 따라 유지비용은 지수함수적으로 증가하여 매우 큰 양자계에 대해서는 가능성이 작아진다.

- **오류 수정**: 내결함성 양자컴퓨팅과 오류 수정의 기초는 양자 정보를 손상하지 않고 오류를 알아내어 수정하도록 고안한 연산과 측정의 모임을 포함한다. 오류 수정에 대한 유지비는 전형적으로 양자계 크기에 대해 다항식 형태로 증가해서 더 크고, 내결함성이 있는 양자컴퓨터로 옮겨 가는 가능성 있는 전략이 된다.

오류 효과를 줄이는 위의 방법과 더불어 오류를 모사하면 실제적이고, 잡음이 있는 조건에서 양자 알고리즘을 수행할 때 중요한 통찰력을 얻는다. 이 전력은 양자 하드웨어와 오류 수정 프로토콜을 개선할 수 있도록 하여 더 강력한 양자컴퓨팅계를 개발할 수 있다.

양자 오류수정의 문제

양자컴퓨팅에서 오류수정에는 고전적인 컴퓨팅보다 기본적으로 더 복잡한 문제가 있다. 이것은 양자역학에 내재하는 몇 개의 주요 성질에서 나온다.

- **중첩**: 큐빗은 상태의 중첩($\alpha|0\rangle + \beta|1\rangle$)으로 존재할 수 있다. 엄격하게 이진수인 고전적인 비트와는 달리 중첩으로 인해 오류는 α와 β의 진폭과 그 상대 위상에 영향을 줄 수 있다. 이 오류는 이산적이 아니라 연속적이어서 검출하고 수정하는 것은 훨씬 더 어렵다.
- **얽힘**: 얽힘 현상은 한 큐빗의 상태는 다른 상태와 밀접하게 연결될 수 있다는 것을 의미한다. 결과적으로 한 큐빗에 있는 오류는 얽힌 상대를 통해 퍼져나갈 수 있어서 오류 검출과 수정이 더 복잡하게 된다.
- **비복제 정리**: 비복제 정리(§5.1.3 참조)에 의하면 임의의 미지의 양자 상태를 복제하는 것은 불가능하다. 이 원리는 자료 복사에서 흔한 고전 오류수정 방식을 부정하여 양자 자료에 대해서는 이러한 오류수정이 불가능하다.
- **측정은 중첩을 깬다**: 큐빗을 측정하는 행동은 중첩을 파괴하여 기준 상태(0 혹은 1)의 하나로 붕괴한다. 오류를 보기 위해 큐빗을 확인하는 단순한 행동은 상태를 비가역적으로 바꾸어서 계산에 필요한 중첩을 잠재적으로 제거한다.

2 양자 오류수정(QEC): 원리와 임계값

양자 오류수정(QEC)은 FTQC의 궁극적인 목표를 이루기 위해 양자계의 오류를 억제할 때 필요한 중요한 전략이다. QEC는 한 개의 논리 큐빗 상태를 다중 물리 큐빗으로 표현하여 양자 정보를 보호하여 오류를 중복하여 보호한다. 다양한 QEC 방법(예컨대 코드)이 개발되어 이러한 개념을 구현하였다.

그러나 QEC 연산 자체는 오류가 없는 것은 아니다. 왜냐하면 추가적인 오류가 도입될 수 있는 게이트 연산이 포함되기 때문이다. (전형적으로 ϵ_g로 표기하는 2-큐빗 게이트 오류 비율이 가장 큰) 물리적 오류 비율이 어떤 수준을 초과하면 이 추가적인 오류는 오류수정의 이득을 넘어서서 감소하지 않고, 전체적인 논리 오류 비율 ϵ_L이 증가하게 된다.

그러나 고무적인 결과는 ϵ_g가 **오류임계값** ϵ_{th}로 알려진 임계값 아래로 떨어지면 더 많은 물리적인 큐빗이 논리 큐빗을 표현하기 위해 사용할수록 논리 오류 비율 ϵ_L은 감소한다. 이 관계를 그림 13.3에 나타내었다.

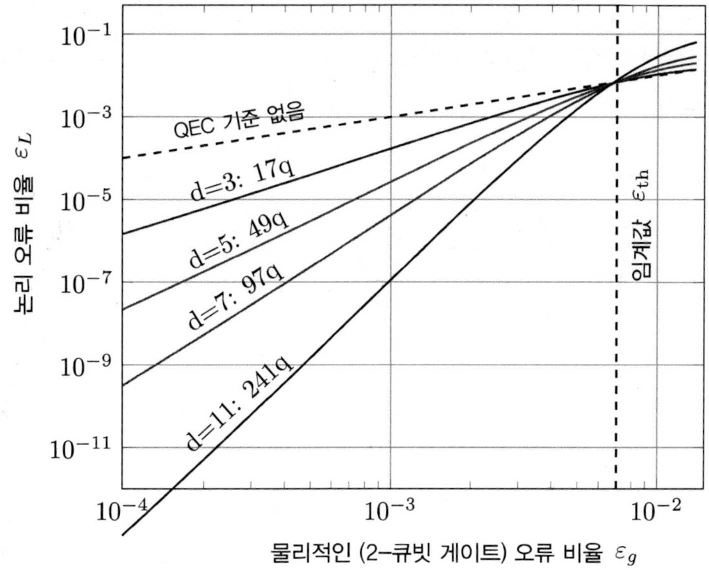

| 그림 13.3 | 양자 오류수정과 임계값

그림 13.3에서 매개변수 d는 **코드거리**를 표현하고, 이것은 QEC 코드의 오류수정 능력을 정량화한다. 더 구체적으로는 d는 부호화된 논리 정보를 파괴하는 데 필요한 물리적인 오류의 최소값이다. d값이 더 커진다는 것은 더 강한 오류수정에 해당하고, 아울러 더 많은 물리적 큐빗이 필요하다. 예를 들어 서페이스 코드 QEC에서 $d=3$이면 논리 큐빗당 17개의 물리적 큐빗이 필요하고, $d=11$이면 241개가 필요하다.

물리적 오류 비율 $\epsilon_g < \epsilon_{\text{th}}$인 경우 논리적 오류 비율 ϵ_L은 $d=3$, 5, 7과 11인 경우 곡선이 나타낸 대로 d가 증가하면 **지수함수적**으로 감소한다. 이 지수함수적 관계는 근사적으로 다음과 같다.

$$\varepsilon_L \propto \left(\frac{\varepsilon_g}{\varepsilon_{\text{th}}}\right)^d. \tag{13.1}$$

이러한 경향은 서브스레숄드 스케일링 동작의 전형적인 예를 보여준다. 이는 정확도 **임계 정리**라고 부르는 양자 오류수정(QEC)의 핵심 원리를 반영한다. 이 정리는 양자 오류수정의 내재적인 문제에도 불구하고 임계값 ϵ_{th} 아래의 물리적인 오류 비율로 인해 코드거리 d를 증가시켜 임의로 낮은 수준으로 감소시킬 수 있다.

ϵ_{th}의 정확한 값은 사용하는 특정한 QEC 코드와 잡음 모형에 의존한다. 일반적인 오류를 지움 오류로 전환하는 것 같은 오류수정의 최근 혁신은 QEC의 실용성을 더 향상하였다. 예를 들면 물리적 오류 비율을 10^{-3} 정도로 얻는 것은 확장가능한 오류 수정의 유망한 목표로 생각한다.

2024년 후반에 Google은 물리적 오류 임계값을 대략 0.6%(2-큐빗 게이트 오류)로 만든 QEC를 만들어 Willow 양자 프로세서의 중요한 획기적인 일이 되었다[95]. 이 획기적인 사건은 실제 양자계에서 QEC의 가능성을 강조한다. 그럼에도 불구하고 물리적 오류비율을 더 감소시키는 것이 유지비용, 특히 논리 큐빗당 필요한 물리적 비율을 상당히 감소시키는 데 중요하다.

3 발전 경로

양자컴퓨팅의 발전 구조를 살펴보면 여러 연관된 문제가 이 분야를 발전시키는 데 중요하게 떠오른다.

- **양자 오류수정과 내결함성**: 이것은 양자컴퓨팅의 성공 가능성에 기초적이다. 현재 연구 노력은 큐빗 유지비용을 최소화하고, 오류에 대해 양자 정보를 더 효율적으로 보호할 수 있는 혁신적인 오류수정 코드를 개발하는 것을 목표로 하고 있다.
- **결맞음, 제어, 하드웨어의 속도 개선**: 늘어난 결맞음 시간, 고충실도 게이트 적용, 효율적인 디코히어런스 제어와 전체 클록 속도를 얻는 것이 중요하다. 이러한 요소는 성공적인 오류수정뿐만 아니라 거대 규모 양자 알고리즘을 수행할 때 필수적이다. 추가적으로 결맞음, 보정, 상태 준비와 측정 오류와 같은 특정한 오류 형태는 전통적인 QEC의 범위를 넘어서고, 전체적인 계의 신뢰도를 보장하기 위해 다른 수단을 이용해야 한다.
- **확장성과 계의 통합**: 큐빗 수를 증가시키려고 할 때 확장성과 계의 통합 문제가 더 뚜렷하게 나타난다. 이러한 기초적인 것은 확장된 양자계를 효율적으로 운영할 때 필요한 아키텍처와 연결성에 대한 해결에 초점을 맞춘다.
- **양자 소프트웨어와 알고리즘 개발**: 하드웨어의 발전과 더불어 복잡한 양자 소프트웨어와 알고리즘, 특히 효율적인 QEC 알고리즘을 만드는 것이 필수적이다. 이 연구 분야는 양자컴퓨팅의 전체 잠재력을 이용할 때 필요한 계산 도구와 체계를 만드는 데 집중한다.

이러한 측면을 전체적으로 NISQ 시대에서 거대 규모, 실용적, 내결함성이 있는 양자컴퓨팅으로 옮겨가는 중요한 경로를 정의한다.

13.2 양자컴퓨팅의 오류 구조

양자컴퓨팅에서 특히 소음이 많은 중간 규모 양자(NISQ) 시대에서 오류는 넓게 결맞은 오류와 결맞지 않는 오류로 나눌 수 있고, 이것이 이 절의 핵심이다. 이러한 오류는 양자계의 동역학에서 다르게 나타나고, 결과적으로 오류 수정과 내결함성에 대한 다른 의미를 갖는다. 이 절에서 또한 이러한 오류의 영향력과 보급의 특징에 대한 정량적 지표로 작용하는 성능 지표를 도입한다.

13.2.1 * 일관성 있는 오류

일관성 있는 오류는 전형적으로 펄스 진폭, 지속 시간, 진동수와 같은 제어 매개변수의 부정확도에서 나온다. 이들은 이상적인 변화에서 벗어나는 유니타리 변환으로 나타난다. 아래에서 일관성 있는 오류의 두 가지 주된 형태에 대해 논의하겠다. 이것은 게이트 보정과 크로스토크 오류이다.

1 게이트 보정 오류

게이트 보정 오류는 양자 게이트의 이상적인 구현과 실제 구현 사이에 차이가 있을 때 일어난다. 이 오류는 종종 펄스 진폭, 진동수와 시간과 같은 제어 매개변수의 부정확도로 인해 생긴다.

이상적인 X 게이트

이것을 보이기 위해 처음에 상태 $|0\rangle$에 있는 큐빗에 적용한 간단한 X 게이트를 고려하자. 이상적인 상황에서 게이트는 큐빗을 상태 $|1\rangle$로 변환한다. 이상적인 X 게이트를 반복적으로 적용하면 그림 13.4에 나타낸 대로 $|0\rangle$과 $|1\rangle$ 사이로 큐빗 상태가 바뀌게 된다. 여기서 $|0\rangle$은 Z 측정에 대해 $\langle Z\rangle = 1$로 기대값이 1인 상태에 해당하고, 한편 $|1\rangle$은 $\langle Z\rangle = -1$에 해당한다.

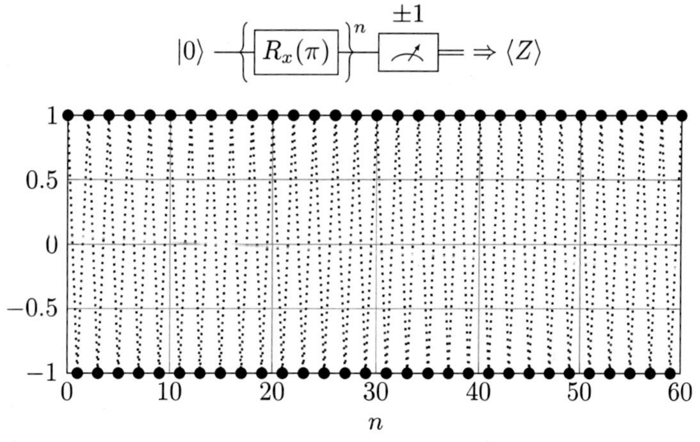

| 그림 13.4 | 이상적인 X 게이트의 반복적 적용

보정이 맞지 않은 X 게이트

X 게이트는 전형적으로 x축 주위로 π 회전한 것으로 구현한다. $X = iR_x(\pi)$(§§4.5.2와 5.2.5 참조). 그러나 보정 오류가 일어날 수 있다. 예를 들어 제어 펄스의 진폭이 필요한 것보다 약간 크면 실제 연산은 $R_x(\pi+\epsilon)$일 수 있다. 이러한 보정이 맞지 않은 X 게이트가 n번 반복되면 전체 변환은

$$U(n) = (R_x(\pi+\varepsilon))^n = R_x(n\pi + n\varepsilon) \tag{13.2}$$

가 된다. 여기서 $R_x(\theta)$는 다음과 같다.

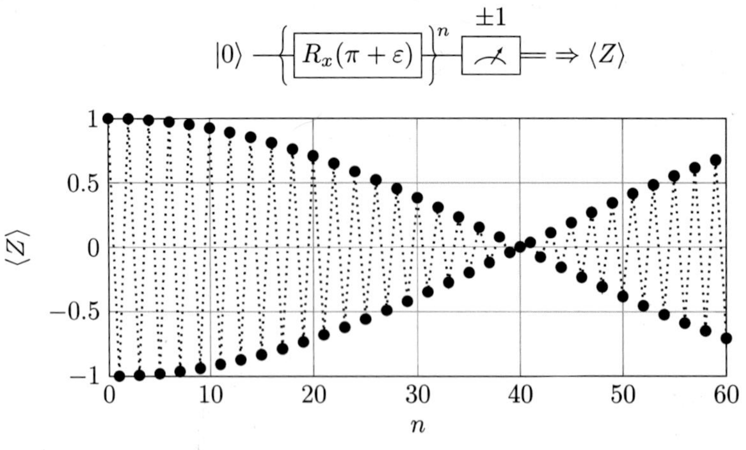

❙ 그림 13.5 ❙ 보정이 맞지 않은 X 게이트의 반복적 적용

$$R_x(\theta) = e^{-i\frac{\theta}{2}X} = \begin{bmatrix} \cos\frac{\theta}{2} & -i\sin\frac{\theta}{2} \\ -i\sin\frac{\theta}{2} & \cos\frac{\theta}{2} \end{bmatrix}. \qquad \text{(5.17의 복사)}$$

그러므로 $|0\rangle$에서 시작한 큐빗 상태는

$$|\psi\rangle = U(n)\,|0\rangle = \cos\left(\frac{n\pi}{2} + \frac{n\varepsilon}{2}\right)|0\rangle - i\sin\left(\frac{n\pi}{2} + \frac{n\varepsilon}{2}\right)|1\rangle \qquad (13.3)$$

으로 변환될 것이다.

큐빗이 $|0\rangle$에 있을 확률은 다음과 같다.

$$p(n) = \cos^2\left(\frac{n\pi}{2} + \frac{n\varepsilon}{2}\right) = \begin{cases} \cos^2\left(\frac{n\varepsilon}{2}\right), & n\text{이 짝수}, \\ \sin^2\left(\frac{n\varepsilon}{2}\right), & n\text{이 홀수}. \end{cases} \qquad (13.4)$$

계산 기준에서 반복 측정을 수행할 때

$$\langle Z\rangle(n) = p(n)\cdot 1 + (1-p(n))\cdot(-1) = (-1)^n\cos(n\varepsilon) \qquad (13.5)$$

로 주어지는 Z의 기대값을 얻는다. 이 결과를 그림 13.5에 그려 놓았다.

연습문제 13.1

그림 13.5의 그래프를 근거로 하여 보정 오류 ϵ의 값을 유추하여라.

힌트: $n\epsilon$이 쌓여 $\frac{\pi}{2}$가 될 때 최종 상태는 균일한 중첩이 되어 $\langle Z\rangle = 0$이 된다.

앞의 예제에서 보였듯이 게이트 보전 오류의 영향은 깊이(n)가 증가할수록 회로에서 악화될 수 있다. 특히 n이 증가하면 이 오류는 축적되어 최종 계산 결과는 예상한 결과와 상당한 차이가 날 수 있다.

2 크로스토크 오류

크로스토크 오류는 옆에 있거나 혹은 결합을 이루는 큐빗 사이에서 의도하지 않은 상호작용으로 인해 생긴다. 이 상호작용은 원하지 않는 회전과 얽힘을 만들 수 있어서 게이트 연산의 충실도에 영향을 준다.

예를 들어 다음의 2-큐빗 해밀토니안으로 기술하는 원하지 않는 ZZ 결합을 고려하자.

$$H_{ZZ} = -\frac{\hbar\omega}{2} ZZ. \tag{13.6}$$

여기서 ω는 결합 세기를 나타내고, ZZ는 $Z \otimes Z$를 표기한 것이다.

이 해밀토니안에 의해 $R_{zz}(\omega t)$로 주어지는 유니타리 변환이 생기고, 이것은 $\theta = \omega t$인 원하지 않는 $ZZ(\theta)$ 게이트로 볼 수 있다(§7.1.5 참조).

$$R_{zz}(\omega t) = \cos\frac{\omega t}{2} II + i\sin\frac{\omega t}{2} ZZ. \tag{13.7}$$

계산 기준에서 $R_{zz}(\omega t)$ 게이트는 $|00\rangle$과 $|11\rangle$ 상태에 $e^{i\frac{\omega t}{2}}$의 위상이동을 만들고, $|01\rangle$과 $|10\rangle$ 상태에는 $e^{-i\frac{\omega t}{2}}$의 위상을 만든다. 이것은 시간이 지나면 이 두 집단의 기준 상태는 다른 상대 위상을 얻고, 이로 인해 큐빗 상태는 원래 위상에서 벗어난다는 것을 의미한다(이 현상을 "위상 이탈"이라고 한다). 이 원하지 않는 위상이동이 축적되어 일관성 있는 오류를 만들과 이후의 측정에 영향을 준다.

이 효과를 측정하기 위해 그림 13.6에 설명한 대로 Hadamard 게이트 사이에 유니타리 $R_{zz}(\omega t)$를 끼워 넣는다. 결합이 없으면($\omega = 0$), 첫 큐빗을 측정하면 $\langle ZI \rangle = 1$이 되어 예상한 결과 $|00\rangle$에 해당한다.

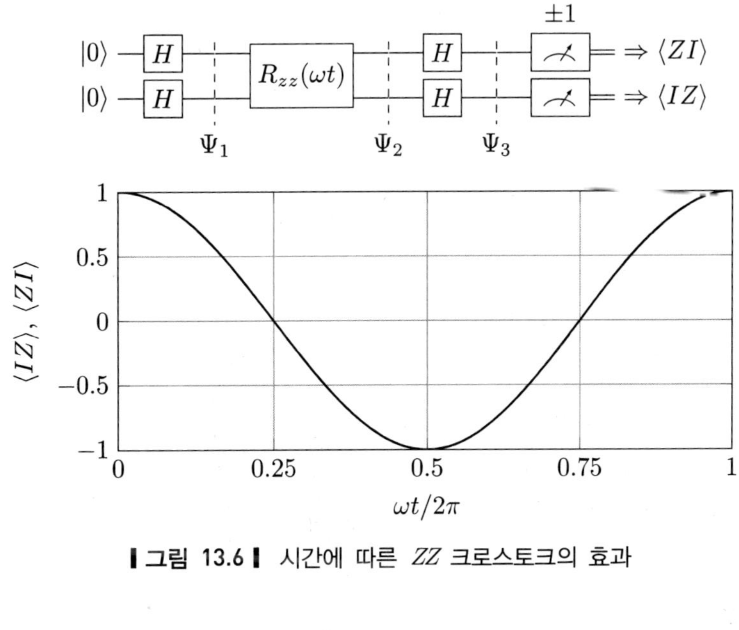

❙ 그림 13.6 ❙ 시간에 따른 ZZ 크로스토크의 효과

그러나 결합이 있으면 측정 결과는 $\langle ZI \rangle = \cos\omega t$로 바뀌어 시간이 지나면서 악화되는 원하지 않는 위상이동이 생긴다는 것을 보여준다(두 번째 큐빗에 대해 측정한 $\langle IZ \rangle$에 대해서도 비슷하다).

아래에 $\langle ZI \rangle = \cos\omega t$에 대한 유도를 대략 보였다.

$$|\Psi_1\rangle = \mathrm{HH}\,|00\rangle = |{+}{+}\rangle, \tag{13.8a}$$

$$|\Psi_2\rangle = R_{zz}(\omega t)\,|\Psi_1\rangle = \cos\frac{\omega t}{2}\,|{+}{+}\rangle + i\sin\frac{\omega t}{2}\,|{-}{-}\rangle, \tag{13.8b}$$

$$|\Psi_3\rangle = \mathrm{HH}\,|\Psi_2\rangle = \cos\frac{\omega t}{2}\,|00\rangle + i\sin\frac{\omega t}{2}\,|11\rangle. \tag{13.8c}$$

여기서 다음의 성질을 이용하였다. $H|0\rangle = |+\rangle$, $H|1\rangle = |-\rangle$, $H|+\rangle = |0\rangle$, $H|-\rangle = |1\rangle$, $Z|+\rangle = |-\rangle$, $Z|-\rangle = |+\rangle$.

$$\begin{aligned}\langle ZI\rangle &= \langle\Psi_3|ZI|\Psi_3\rangle \\ &= \cos^2\frac{\omega t}{2} - \sin^2\frac{\omega t}{2} = \cos\omega t.\end{aligned} \tag{13.9}$$

연습문제 13.2

$\langle ZZ \rangle$를 ωt의 함수로 그려라.

13.2.2 * 무작위적 오류

무작위적 오류는 기본적으로 그 성질이 확률적이고 주로 양자계와 외부 환경 사이의 제어할 수 없는 상호작용에 의해 일어난다. 결정론적으로 모형을 세울 수 있는 일관성이 있는 오류와는 달리 무작위적인 오류는 밀도연산자와 잡음 채널을 이용하여 통계적으로 표현한다.

단일 큐빗과 다중 큐빗계에 모두 영향을 주는 수많은 무작위적인 오류 형태가 있다. 다음의 부속 절에서 세 개의 주요 예제인 비트 플립, 위상 플립과 탈분극 오류에 집중하겠다. 또한 다른 형태의 오류에 대한 잡음 채널 표현을 요약하겠다. 여기서 보이는 개념과 공식은 양자컴퓨팅에서 잡음을 이해하고 시뮬레이션을 할 때 필수적이다.

순수 상태, 혼합 상태, 잡음과 잡음 채널

12장의 주요 개념을 요약하겠다.

순수 상태: 양자역학에서 순수 상태는 Hilbert 공간에서 유일한 켓 벡터 $|\psi\rangle$로 기술한다. 순수 상태에 대해서 관련된 밀도연산자 ρ는 $\rho = |\psi\rangle\langle\psi|$로 주어지는 투영연산자이다. 순수 상태는 '양자 잡음'이 없고, 이것은 동일한 조건에서 양자 측정을 반복하면 각각의 가능한 결과에 대해 같은 결과를 주고, 어떤 관측량에 대해서는 양자컴퓨팅에서 결정론적인 결과를 만들 수 있다.

혼합 상태: 대조적으로 혼합 상태는 여러 가능한 양자 상태의 통계적인 앙상블이다. 이것은 임의의 켓 $|\psi\rangle$에 대해 $|\psi\rangle\langle\psi|$로 표현할 수 없는 밀도연산자 ρ로 표현한다. 혼합 상태에는 고전적인

불확정도가 있어서 양자컴퓨팅에서 비결정론적인 결과를 얻는다. 왜냐하면 계는 특정한 확률로 임의의 앙상블 상태에 있을 수 있기 때문이다.

잡음과 오류: 양자계에서 "잡음"은 종종 순수 상태를 혼합 상태로 전환하는 과정을 말한다. 이와 같은 과정은 여러 과정 중 디코히어런스, 분산과 주위 환경과 상호작용을 포함한다. 이 무작위적인 잡음은 계산 오류로 나타나고, 이것은 양자 계산 결과에 영향을 줄 수 있다.

잡음 채널과 Kraus 표현: 양자컴퓨팅에서 잡음과 오류는 흔히 밀도연산자에 작용하는 대각합 보존 변환인 양자 채널을 통해 모형을 세운다. 이것은 또한 Kraus 표현으로 알려져 있다.

$$\mathcal{N}(\rho) = \sum_j s_j K_j \rho K_j^\dagger .$$

여기서 $\{K_j\}$는 Kraus 연산자이고 $\{s_j\}$는 이에 해당하는 확률이다.

이 표현은 양자계에서 잡음의 영향을 이해하고 완화하는 강력한 도구로 작용한다.

1 비트–플립 오류

비트-플립 오류는 미리 결정된 확률 s로 큐빗 상태를 $|0\rangle$에서 $|1\rangle$로 전환한다. 이 오류는 확률 s로 X 게이트를 무작위적으로 작용하는 것으로 모형을 만들 수 있다. 비트-플립 오류에 대해 이에 해당하는 잡음 채널은 다음과 같이 표현한다.

$$\mathcal{N}_{\text{bit-flip}}(\rho) = (1-s)\rho + sX\rho X. \tag{13.10}$$

§12.4.1.2에서 논의했듯이 X 게이트는 Bloch 벡터 $(x,\ y,\ z)$로 표현하는 일반적인 양자 상태를 $(x,\ -y,\ -z)$로 변환한다. $N_{\text{bit}-\text{flip}}(\rho)$에 있는 두 항을 결합하면 다음을 얻는다.

$$\begin{aligned}\mathcal{N}_{\text{bit-flip}}(x,y,z) &= (1-s)(x,y,z) + s(x,-y,-z)\\ &= (x,(1-2s)y,(1-2s)z).\end{aligned} \tag{13.11}$$

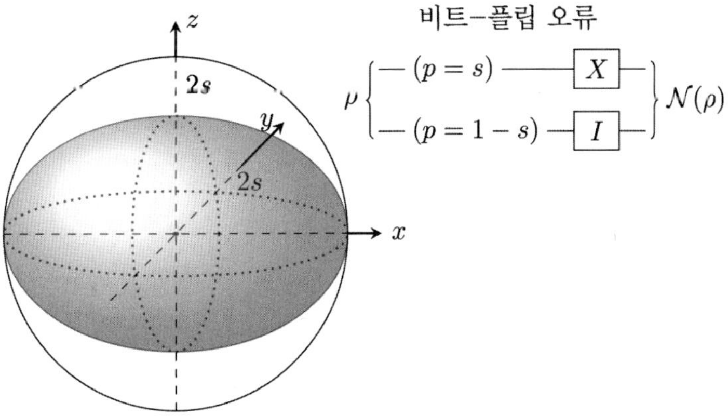

| 그림 13.7 | Bloch 구에서 비트–플립 오류

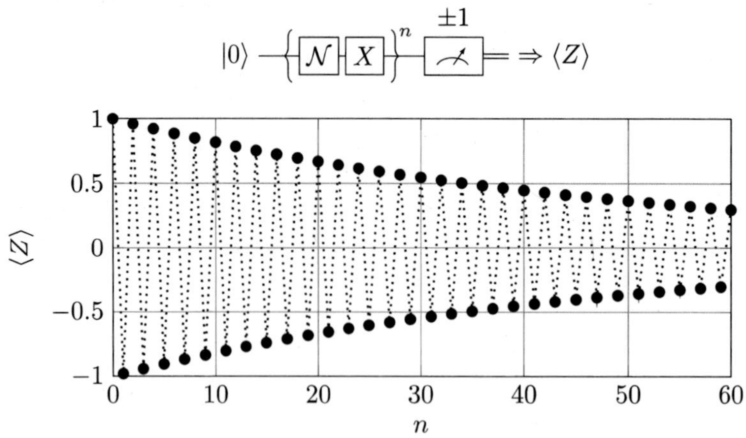

▍그림 13.8▍ 비트-플립 잡음이 있는 X 게이트의 연속적인 적용

따라서 비트-플립 오류의 영향은 그림 13.7에서 묘사한 대로 Bloch 구에서 y와 z축을 따라 인자 $1-2s$만큼 큐빗 상태의 끝점을 축소하는 것으로 시각화할 수 있다.

비트-플립 오류의 영향을 더 탐구하기 위해 그림 13.4에 나타낸 대로 일련의 X(혹은 $R_x(\pi)$) 게이트가 결합한 효과를 고려하자. 이로 인한 Kraus 표현은

$$\mathcal{N}_{\text{X-and-BF}}(\rho) = X\mathcal{N}_{\text{bit-flip}}(\rho)X = (1-s)X\rho X + s\rho \tag{13.12}$$

가 된다. 혹은 Bloch 벡터로 표현하면 다음과 같다.

$$\begin{aligned}\mathcal{N}_{\text{X-and-BF}}(x,y,z) &= (1-s)(x,-y,-z) + s(x,y,z)\\ &= (x,(2s-1)y,(2s-1)z)\,.\end{aligned} \tag{13.13}$$

이 변환을 n번 반복해서 적용하면 다음을 얻는다.

$$\mathcal{N}^n_{\text{X-and-BF}}(x,y,z) = (x,(2s-1)^n y,(2s-1)^n z). \tag{13.14}$$

초기 상태가 (0,0,1)에 해당하는 $|0\rangle$이라고 가정하면

$$\mathcal{N}^n_{\text{X-and-BF}}(0,0,1) = (0,0,(2s-1)^n) \tag{13.15}$$

를 얻는다. 그러므로

$$\langle Z \rangle = (2s-1)^n = (-1)^n(1-2s)^n \tag{13.16}$$

을 얻는다.

그림 13.8에 위의 식을 $s=1\%$에 대해 그래프로 그렸다. 변하지 않은 X 게이트를 적용하면 큐빗 상태 $|0\rangle$과 $|1\rangle$ 사이에서 진동하게 하지만(그림 13.4 참조) 비트-플립 오류가 있으면 이 진동의 진폭에 $(1-2s)^n$의 인자만큼 감쇠효과를 유도한다.

연습문제 13.3

위이 논의에서 초기 상태를 $|0\rangle$으로 가정하였다. 초기 상태가 $|+\rangle = \frac{1}{\sqrt{2}}(|0\rangle + |1\rangle)$이라면 식 13.15의 결과는 어떻게 되는가?

2 위상-플립 오류

위상-플립 오류는 큐빗의 $|1\rangle$ 상태에 부호를 변화시키고 미리 결정된 확률 s로 Pauli Z 연산자를 무작위적으로 적용하는 것으로 표현한다. 위상-플립 오류의 Kraus 표현은 다음과 같다.

$$\mathcal{N}_{\text{phase-flip}}(\rho) = (1-s)\rho + sZ\rho Z. \tag{13.17}$$

Z 게이트는 Bloch 벡터 $(x,\ y,\ z)$로 표현하는 일반적인 양자 상태를 $(-x,\ -y,\ z)$로 수정한다. $N_{\text{phase-flip}}(\rho)$에 있는 두 항을 적분하면 다음을 얻는다.

$$\begin{aligned}\mathcal{N}_{\text{phase-flip}}(x,y,z) &= (1-s)(x,y,z) + s(-x,-y,z) \\ &= ((1-2s)x, (1-2s)y, z)\,. \end{aligned} \tag{13.18}$$

따라서 위상-플립 오류는 그림 13.9에 나타낸 대로 Bloch 구에서 x와 y축을 따라 양자 상태의 끝점을 $1-2s$의 인자만큼 축소하는 것으로 시각화할 수 있다.

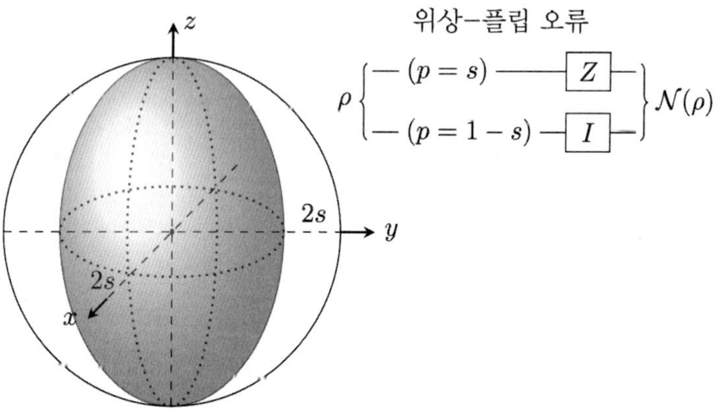

그림 13.9 Bloch 구에서 위상-플립 오류

연습문제 13.4

Z 게이트와 위상-플립 오류 채널의 결합을 고려하자. 이것은 그림 13.4에 나타낸 X와 비트-플립 오류 연결과 비슷하다. 초기 상태를 $|+\rangle = \frac{1}{\sqrt{2}}(|0\rangle + |1\rangle)$이라고 가정하고 이 연결을 n번 적용한 후 큐빗 상태를 구하여라.

"팬케이크 불가" 정리

위상-플립 오류와 같은 잡음 채널은 밀도는 보존하지만 양자 상태의 결맞음을 감소시키는 방향으로 작용한다. Bloch 구 표현에서 위상 플립은 Bloch 벡터가 (중첩 항에 해당하는) x와 y 방향으로 줄어들게 하지만 (밀도에 해당하는) z 성분은 변하지 않게 남겨둔다.

잡음이 쌓일수록 Bloch 구는 줄어들고 결국 z축을 향하는 직선으로 붕괴한다. 이 직선은 중첩이 완전히 파괴된 혼합 상태를 표현하지만 계는 여전히 큐빗이 $|0\rangle$ 혹은 $|1\rangle$에 있는가에 대한 정보를 유지하고 있다.

팬케이크 불가 정리에 의하면 어떤 잡음 채널은 Bloch 구를 직선이나 점으로 축소시킬 수는 있지만 이것을 원판으로 변형시킬 수 없다. 다르게 표현하면 원판이 구의 표면과 닿더라도 전체 Bloch 구를 구 내부에 있는 평평한 원판으로 변환시키는 양자 채널(즉 CPTP 사상)은 존재하지 않는다.

3 탈분극 오류

탈분극 오류는 큐빗이 순수 상태에서 $|0\rangle\langle 0|$과 $|1\rangle\langle 1|$의 확률적 혼합인 완전한 혼합 상태로 전환하는 것을 기술한다. 이 과정에서 큐빗은 기준 상태 사이의 위상 정보와 중첩을 모두 잃어버린다. 탈분극 오류의 Kraus 표현은

$$\mathcal{N}_{\text{depol}}(\rho) = (1 - \frac{3s}{4})\rho + \frac{s}{4}(X\rho X + Y\rho Y + Z\rho Z) \tag{13.19}$$

이다. 여기서 매개변수 s는 잡음의 세기를 정량화한다. Bloch 벡터 (x, y, z)를 이용하여 $\mathcal{N}_{\text{depol}}$의 작용을 표현하면 다음과 같다.

$$\begin{aligned}\mathcal{N}_{\text{depol}}(x,y,z) &= (1 - \frac{3s}{4})(x,y,z) + \frac{s}{4}\left((x,-y,-z) + (-x,y,-z) + (-x,-y,z)\right) \\ &= (1-s)(x,y,z).\end{aligned} \tag{13.20}$$

이 오류는 그림 13.10에서 나타낸 대로 Bloch 구 내부에서 큐빗 상태의 끝점이 균일하게 축소되는 것으로 나타난다. $s = 1$일 때 Bloch 벡터는 원점으로 줄어들어 최대로 혼합

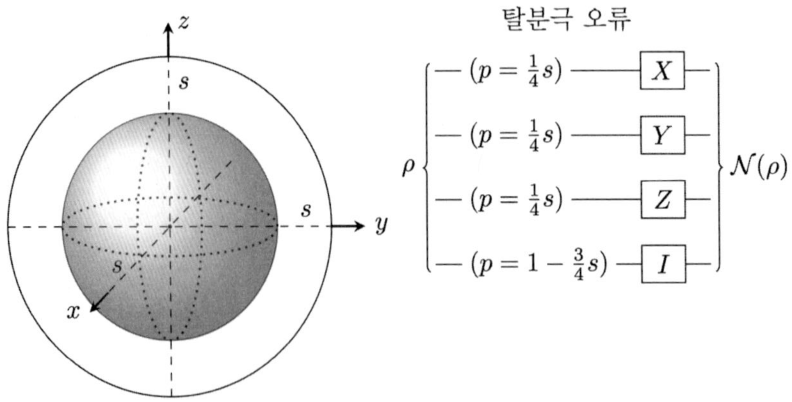

그림 13.10 Bloch 구에서 탈분극 오류

된 상태를 표현하고 완전한 탈분극에 해당한다(CPTP 변환과 Stinespring 확장의 관점으로 본 경우를 예제 12.9에서 논의하였다).

4 위상소실 오류

위상소실 오류는 기준 상태 $|0\rangle$과 $|1\rangle$ 사이의 상대적인 위상이 무작위적일 때 일어난다. 이것은 큐빗 상태에 $R_z(\theta)$를 이용하여 무작위적인 위상을 적용하는 것으로 수학적 모형을 만들 수 있다.

$$\mathcal{N}_{\mathrm{dephase}}(\rho) = (1-s)\rho + sR_z(\theta)\rho R_z^\dagger(\theta). \tag{13.21}$$

여기서 s는 잡음의 확률이고, θ는 $[0, 2\pi)$ 사이의 무작위 변수이다.

이전에 논의한 위상-플립 잡음은 $|0\rangle$과 $|1\rangle$ 사이의 상대 위상이 π만큼 뒤집힌 위상소실 잡음의 특정한 형태로 볼 수 있다. 이것은 0과 2π 사이의 무작위적인 양 대신 큐빗 상태를 z축 주위로 π만큼 회전한 것에 해당한다.

위상소실 잡음은 밀도연산자의 (양자 상태의 결맞음과 관련된) 비대각선 요소만 영향을 주고 ($|0\rangle$과 $|1\rangle$의 밀도에 해당하는) 대각 요소는 그대로 둔다. 시간이 지나서 위상소실이 계속되면 비대각 요소는 0으로 접근하고, 이것은 큐빗의 양자 결맞음은 잃었지만 밀도(대각 요소)는 영향을 받지 않는다는 것을 의미한다. 이러한 이유로 위상손실은 위상감쇠라고도 한다.

무작위적 과정(혹은 동등하게 모든 θ값에 대한 평균)을 지정하지 않아서 위상손실에 이르지만 전체 효과에 집중하는, 더 추상적인 정의는 다음과 같다.

$$\mathcal{N}_{\mathrm{dephase}}(\rho) = (1-s)\rho + s\,\mathrm{diag}(\rho). \tag{13.22}$$

여기서 $\mathrm{diag}(\rho)$는 ρ의 비대각 요소를 0으로 만들고 대각선 요소만 유지하는 것을 표현한다.

예제 12.8에서 완전한 위상손실 채널은 $s=1$인 특별한 경우로 생각할 수 있다.

위상손실 오류는 Bloch 구 위에서 상태가 z축으로 점점 "평평해지는" 것으로 본다. 위상손실 잡음은 상태의 결맞음(밀도 행렬의 비대각선 요소)만 영향을 주므로 이로 인해 점차적으로 xy 평면에서 Bloch 벡터의 길이가 줄어들어 밀도를 변화시키지 않고 모든 점을 z축으로 잡아당긴다. 시간이 지나면 처음에 xy 평면에 있는 상태는 z축으로 움직여서 위상 정보가 손실되었다는 것을 나타낸다.

연습문제 13.5

diag는 Kraus 연산자가 아니라는 것을 주목하여라. 식 13.22를 Kraus 분해 형태로 전환하여라. 예제 12.8을 참조하여라.

5 진폭 감쇠 오류

(에너지 완화 혹은 T_1 붕괴로 알려진) 진폭 감쇠 오류는 큐빗 상태 $|1\rangle$을 상태 $|0\rangle$으로 비가역적으로 붕괴하는 것에 대한 모형이다. 예를 들어 양자컴퓨터에서 상태 $|1\rangle$은 전형적으로 상태 $|0\rangle$보다 에너지가 커서 계가 $|1\rangle$에서 $|0\rangle$으로 붕괴한다. Kraus 표현은 다음과 같다.

$$\mathcal{N}_{\text{amp-damp}}(\rho) = K_1 \rho K_1^\dagger + K_2 \rho K_2^\dagger. \tag{13.23}$$

여기서 $K_1 = \begin{bmatrix} 1 & 0 \\ 0 & \sqrt{1-s} \end{bmatrix}$, $K_2 = \begin{bmatrix} 1 & \sqrt{s} \\ 0 & 0 \end{bmatrix}$이고, s는 붕괴 확률이다.

진폭 감쇠 오류는 두 유니타리 변환이 단순히 무작위적으로 일어나는 것은 아니라는 것을 주목하여라. 그 대신 확률은 Kraus 연산자 안에 담겨 있다.

진폭 감쇠 오류는 Bloch 구를 한쪽으로 축소하여 처음에 $|1\rangle$에 가까운 정도에 따라 모든 상태를 다른 비율로 $|0\rangle$으로 잡아당긴다. 이것은 Bloch 구를 중심으로 대칭적인 방법으로 줄이는 탈분극 오류와 같은 잡음의 다른 형태와 대조를 이룬다.

연습문제 13.6

식 (13.23)으로 주어진 Kraus 연산자의 완전성 조건(§12.4.3 참조)을 확인하여라. 즉 다음과 같음을 보여라.

$$\sum_j K_j^\dagger K_j = I.$$

6 Pauli 채널

이것은 일반적인 단일 큐빗 잡음 채널이다. Pauli X, Y와 Z 행렬은 이 채널에 대한 모형을 세우기 위한 Kraus 연산자로 작용한다.

$$\mathcal{N}_{\text{Pauli}}(\rho) = (1 - s_x - s_y - s_z)\rho + s_x X\rho X + s_y Y\rho Y + s_z Z\rho Z. \tag{13.24}$$

여기서 s_x, s_y와 s_z는 각 Pauli 오류에 대한 확률이다. 달리 지정하지 않으면 이 확률에 대한 제한은 없다.

연습문제 13.7

비트-플립, 위상-플립과 탈분극 잡음 채널을 Pauli 채널의 특정한 경우로 표현하여라.

7 2-큐빗 비트-플립 오류

이 채널은 2-큐빗 양자 상태에서 비트-플립 과정을 기술한다. 이것은 단일 큐빗 비트-플립 오류를 확장한 것이다. 이 오류 채널의 Kraus 표현은

$$\mathcal{N}_{\text{bit-flip-2}}(\rho) = (1 - \frac{3s}{4})\rho + \frac{s}{4}(IX\rho IX + XI\rho XI + XX\rho XX) \tag{13.25}$$

로 주어지고, s는 잡음의 세기이다. 마지막 세 항은 각각 첫 번째 큐빗, 두 번째 큐빗과 둘 모두의 플립을 나타낸다. Kraus 표현에서 인자 $s/4$는 각각의 비트-플립 오류항은 전체 잡음 과정에 똑같이 기여하는 것을 보장한다.

8 2 큐빗 위상손실 오류

이 채널은 2-큐빗 양자 상태에서 위상손실 과정을 기술한다. 이것은 단일 큐빗 위상-플립 오류를 확장한 것이다. Kraus 표현은

$$\mathcal{N}_{\text{dephase-2}}(\rho) = (1 - \frac{3s}{4})\rho + \frac{s}{4}(IZ\rho IZ + ZI\rho ZI + ZZ\rho ZZ) \tag{13.26}$$

이고, s는 잡음의 세기이다. Kraus 표현의 인자 $s/4$는 관습적이고, 각 항이 똑같이 기여하는 것을 허용한다.

9 2-큐빗 Pauli 채널

이것은 양자 위상의 손실, 기준 상태 사이의 중첩과 얽힘에 대한 모형을 만들 수 있는 일반적인 2-큐빗 잡음 채널이다. Kraus 표현은 다음과 같다.

$$\mathcal{N}_{\text{Pauli-2}}(\rho) = \sum_i s_i K_i \rho K_i^\dagger. \tag{13.27}$$

여기서 K_i는 단일 큐빗 Pauli 행렬의 텐서곱

$$K_i = P \otimes Q, \qquad P, Q \in \{I, X, Y, Z\} \tag{13.28}$$

을 취하여 만든 열여섯 개의 Pauli 열 중의 하나이다. 그리고 s_i는 대응하는 K_i의 확률이고 $\sum_i s_i = 1$이다.

Kruas 연산자 K_i는 완전성 조건을 만족하여 이 채널은 대각합을 보존한다. 그 이유는 $K_i K_i^{\dagger} = K_i^2 = I$이다. 왜냐하면 모든 Pauli 행렬에 대해 $P^2 = Q^2 = I$이기 때문이다. 따라서 완전성 조건은 다음과 같다.

$$\sum_i s_i K_i^2 = \sum_i s_i I - I. \tag{13.29}$$

13.2.3 ∗상태 준비와 측정(SPAM) 오류

결맞은 오류와 위상을 잃은 오류와는 별도로 양자계산을 초기화하고 결과를 내는 단계에서 일어나는 특정한 오류가 있다. 상태 준비와 측정(State Preparation And Measurement: SPAM) 오류는 계산 과정 동안 일어나는 오류가 시작되거나 증폭될 수 있기 때문에 종종 중요하다.

1 상태 준비 오류

상태 준비 오류는 $|0\rangle$과 같이 의도한 초기 상태를 $|1\rangle$과 같은 다른 상태로 잘못 준비할 때 초기화 단계에서 일어난다. 이 오류는 결맞거나(체계적이고 반속할 수 있거나) 결맞지 않을(무작위적이고 확률적일) 수 있다. 결맞은 오류는 일관적으로 잘못 조정하여 일어나는 반면 결맞지 않은 오류는 전형적으로 잡음이나 다른 확률적인 영향 때문에 일어난다.

상태 준비 오류는 전형적으로 밀도행렬 표현을 이용하여 모형을 만든다. 의도한 초기 상태가 $|\psi\rangle$라면 준비된 상태는

$$\rho_{\text{actual}} = (1-s)\,|\psi\rangle\langle\psi| + s\rho_{\text{error}} \tag{13.30}$$

으로 쓸 수 있고, s는 오류 비율이고 ρ_{error}는 오류 상태를 나타낸다. 이 오류 상태는 예를 들어 최대 혼합 상태이거나 $|\psi\rangle\langle\psi|$에 직교하는 상태일 수 있다. ρ_{error}의 정확한 형태는 오류의 성질에 의존한다.

상태 준비 오류는 중요하다. 왜냐하면 이것은 양자 계산을 통해 전파되기 때문이다. 초기 상태의 오류는 최종 결과에 상당한 편차를 만들 수 있고, 특히 여러 층이 있는 회로의 알고리즘이나 얽힘이 있는 경우에 그렇다. 그러므로 이러한 오류를 이해하고 완화하는 것은 양자 알고리즘의 전체 충실도를 개선하는 데 중요하다.

2 측정 오류(읽기 오류)

읽기 오류로도 알려진 측정 오류는 큐빗의 상태를 잘못 측정하는 측정 과정에서 일어난다. 예를 들어 $|0\rangle$와 같은 상태를 $|1\rangle$로 잘못 읽을 수 있다.

수학적으로 기록 오류는 혼동 행렬 C를 이용하여 모형을 만들고 그 요소 C_{ij}는 실제 상태가 $|i\rangle$일 때 상태 $|j\rangle$를 측정할 확률을 표현한다. 단일 큐빗계에서 혼동 행렬은 다음과 같이 표현할 수 있다.

$$C = \begin{bmatrix} 1-\varepsilon_0 & \varepsilon_1 \\ \varepsilon_0 & 1-\varepsilon_1 \end{bmatrix}. \tag{13.31}$$

여기서 ϵ_0은 $|0\rangle$을 $|1\rangle$로 잘못 읽을 확률이고, ϵ_1은 $|1\rangle$을 $|0\rangle$으로 잘못 읽을 확률이다.

준비 오류에서 말한 것과 비슷하게 기록 오류도 구조적 편향에서 오는 결맞은 오류이거나 무작위적으로 일어나는 결맞지 않은 오류일 수 있다. 결맞지 않은 오류인 경우 기대값을 통해 측정 결과의 평균 효과를 조사한다. 결맞은 기록과 결맞지 않은 기록 오류 모두 실질적으로 혼동 행렬 체계를 이용하여 모형을 만들어 취급할 수 있다.

> 다른 형태의 측정 오류로 §3.4.6에서 논의한 표본 오류가 있다. 표본 오류는 양자 측정의 내재하는 확률적 성질에 의해 일어나고 그 효과는 충분히 많은 표본의 크기, 즉 여러 번 반복한 측정에 대해 평균을 취해 얻는다.

단일 큐빗 상태를 측정하기

큐빗 상태 $|\psi\rangle = \alpha|0\rangle + \beta|1\rangle$이 주어지면, 벡터로 표현한 이상적인 측정 확률은 다음과 같이 주어진다.

$$\boldsymbol{p}_{\text{ideal}} = \begin{bmatrix} |\alpha|^2 \\ |\beta|^2 \end{bmatrix}. \tag{13.32}$$

p_{measured}는 읽기 오류를 고려한 후 실제 측정 확률이라고 하자. 그러면

$$\boldsymbol{p}_{\text{measured}} = C\,\boldsymbol{p}_{\text{ideal}} \tag{13.33}$$

이 된다.

$|\psi\rangle$와 위에 주어진 혼동 행렬 C에 대해 다음을 얻는다.

$$\boldsymbol{p}_{\text{measured}} = \begin{bmatrix} 1-\varepsilon_0 & \varepsilon_1 \\ \varepsilon_0 & 1-\varepsilon_1 \end{bmatrix} \begin{bmatrix} |\alpha|^2 \\ |\beta|^2 \end{bmatrix} = \begin{bmatrix} (1-\varepsilon_0)|\alpha|^2 + \varepsilon_1|\beta|^2 \\ \varepsilon_0|\alpha|^2 + (1-\varepsilon_1)|\beta|^2 \end{bmatrix}. \tag{13.34}$$

읽기 오류가 없을 때 Z 측정에 대한 평균값 $\langle Z\rangle = |\alpha|^2 - |\beta|^2$은 이제

$$\langle Z\rangle_{\text{measured}} = \boldsymbol{p}_{\text{measured},0} - \boldsymbol{p}_{\text{measured},1} = (1-2\varepsilon_0)|\alpha|^2 - (1-2\varepsilon_1)|\beta|^2 \tag{13.35}$$

가 된다.

> **연습문제 13.8**
>
> $|\psi\rangle = \cos\dfrac{\theta}{2}|0\rangle + \sin\dfrac{\theta}{2}e^{i\phi}|1\rangle$에 대해 $\langle Z\rangle_{\text{measured}}$를 유도하여라. 이 결과를 가능한 한 간단히 하여라.

보정이 어긋난 X 게이트를 n번 적용한 후의 측정

읽기 오류를 더 보이기 위해 그림 13.11에 나타낸 대로 보정이 어긋난 X 게이트를 n번 적용한 실험을 다시 살펴보자.

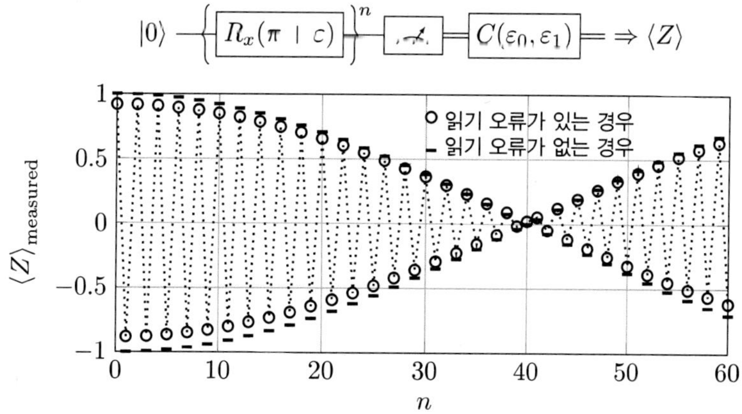

| 그림 13.11 | 측정 오류가 있는 반복된 보정이 어긋난 X 게이트

식 13.5로부터 측정 오류가 없으면 $|0\rangle$을 측정할 확률은 $p(n)$, $|1\rangle$을 측정할 확률은 $1-p(n)$이고, Z의 기대값은 $\langle Z\rangle = 2p(n)-1 = (-1)^n \cos(n\epsilon)$이다(여기서 ϵ은 게이트 오류의 세기이고, 혼동 행렬 C의 ϵ_0와 ϵ_1과는 혼동하지 말아야 한다).

식 13.31의 혼동 행렬 C로 모형을 만든 게이트 시퀀스의 끝 부분에서 측정 오류를 포함할 때 식 13.35로 주어진 Z 측정에 대한 기대값은 다음과 같다.

$$\begin{aligned}\langle Z\rangle_{\text{measured}}(n) &= (1-2\varepsilon_0)p(n) - (1-2\varepsilon_1)(1-p(n)) \\ &= (1-\varepsilon_0-\varepsilon_1)(2p(n)-1) + \varepsilon_1 - \varepsilon_0 \\ &= (-1)^n(1-\varepsilon_0-\varepsilon_1)\cos(n\varepsilon) + (\varepsilon_1-\varepsilon_0). \end{aligned} \tag{13.36}$$

이 결과를 $\epsilon_0 = 4\%$, $\epsilon_1 = 6\%$인 경우 그림 13.11에 그려 놓았다. 여기서 볼 수 있듯이 읽기 오류의 효과는 진폭을 줄이고 $\langle Z\rangle_{\text{measured}}$의 중심을 이동하는 것이다.

보정과 수정

SPAM 오류는 실용적인 양자컴퓨터를 개발할 때 주요 문제이다. 이 오류는 측정 결과를 왜곡시키고 계산의 신뢰도를 제한하여 양자알고리즘의 질을 떨어뜨릴 수 있다. 다행히 혼동 행렬을 사용하여 모형을 만들 수 있는 측정 오류는 종종 완화하거나 수정할 수 있다.

수정 과정에는 몇 가지 단계가 있다.

1. **혼동 행렬의 보정**: 이것은 큐빗을 전형적으로 계산기준 상태 $|0\rangle$과 $|1\rangle$과 같이 알려진 상태로 준비하고 측정을 수행하여 할 수 있다. 실제 측정 결과를 알고 있는 준비 상태와 비교하여 맞는 측정과 틀린 측정의 확률을 결정할 수 있다. 이 확률이 혼동 행렬 C의 행렬요소가 된다.
2. **혼동 행렬의 역행렬 구하기**: 일단 혼동 행렬 C를 보정된 자료로부터 만들면 이것을 뒤집어 C^{-1}을 구할 수 있다. C의 역행렬을 구하는 것은 혼동 행렬이 특이 행렬이 아닐 때만 가능하다는 것이 중요하고, 이것은 일반적으로 잘 보정된 측정 과정이 필요하다.
3. **측정 결과의 수정**: C^{-1}을 얻은 후 이상적인 측정 확률은 혼동 행렬의 역행렬을 이용하여 측정 결과로부터 유추할 수 있다.

$$\boldsymbol{p}_{\text{ideal}} = C^{-1}\boldsymbol{p}_{\text{measured}}. \tag{13.37}$$

이 수정 방법이 효과적인 반면 약간의 문제도 따라온다. 실제로 수정의 정확도는 보정의 정밀도와 역행렬을 구할 때 수치적인 안정성에 의존한다. 혼동 행렬 C가 특이 행렬에 가깝다면 역행렬을 구하는 과정은 타당하지 않거나 잡음에 매우 민감하게 되어 신뢰할 수 없는 수정 결과가 나오게 된다.

이 주제를 다루기 위해 종종 정규화 방법을 이용한다. 예를 들어 절단된 특이값 분해(SVD, QC Math[1], Chapter 13: *Advanced Matrix Decompositions* 참조)를 적용하여 역행렬을 안정적으로 구하고 잡음의 효과를 완화할 수 있다. 이러한 방법으로 인해 잡음이나 빈약한 조건이 주어진 행렬이 있더라도 신뢰할 수 있고 물리적으로 의미 있는 수정을 할 수 있다.

다중 큐빗계를 측정하기

다중 큐빗계에 대해 혼동 행렬의 크기는 지수함수적으로 증가한다. 왜냐하면 이것은 큐빗 측정 오류의 모든 가능한 결합을 포함해야 하기 때문이다. 예를 들어 2-큐빗계에서는 4×4 혼동 행렬이 필요하고, 각 요소는 실제 양자 상태가 주어졌을 때 특정한 결과를 측정할 확률을 나타낸다(예컨대 상태 $|00\rangle$에 대해 01로 읽기).

큐빗 수가 증가하여 100-큐빗계가 되면 보정과 혼동 행렬의 역행렬을 구하는 것은 행렬이 지수함수적으로 증가하기 때문에 훨씬 복잡해진다. 그러나 실제로 C는 희소 행렬이다. 왜냐하면 단지 어떤 큐빗만 중요한 측정 크로스토크나 결합을 통해 비대각 요소에 기여하기 때문이다. 비록 거대 규모의 양자계에 대한 오류 완화를 최적화하는 것을 목표로 하는 진행되고 있는 연구 영역이지만 이 희소성을 이용하여 보정과 역연산을 더 잘할 수 있다.

13.2.4 성능 우수성 지표

양자컴퓨팅에서 우수성 지표가 정량적인 체계를 제공하여 양자계의 능력과 제한을 평가할 수 있다. 안정적인 기술로 수렴하는 고전적인 컴퓨터와는 달리 양자컴퓨터는 넓은 영역의 하드웨어 플랫폼에 대해 여전히 개발되고 있고, 각각은 자신의 강점과 제한이 있다. 표준화된 성능 지표는 특히 양자계의 잡음과 디코히어런스에 대한 민감도가 주어졌을 때 이러한 다양한 양자 기술의 수행을 완전히 이해하고, 비교하고, 입증할 때 중요하다.

비록 큐빗 수는 종종 주된 비교 지표로 인용되지만 단순히 큐빗 수를 증가시키는 것은 잡음, 게이트 오류 비율과 디코히어런스의 영향으로 인한 더 나은 수행을 보장할 수 없다. 그 결과로 다른 양자계의 수행을 정확하게 평가할 때 필요한 큐빗의 양과 질을 결합하는 더 복잡한 평가가 필요하다.

이 우수성 지표는 물리적 관점에서 시간적, 공간적 계산적 차원을 포함한다. 작용할 때 이들을 큐빗, 회로 양자 프로세스 단위(Quantum Processing Unit: QPU), 전체 계의 다양한 수준에서 조사한다. 더구나 내결함성과 확장성에 관한 지표는 중요하다. 이로 인해 양자컴퓨팅 아키텍처의 장기적 실용성과 효율성, 특히 내결함성 연산과 확장성이 있는 고안에 대한 통찰력을 얻는다.

아래에 가장 중요한 우수성 지표를 탐구하고, 표 13.1로 간단하게 참조할 수 있게 하였다.

1 시간적 지표

완화 시간: T_1

완화시간 T_1은 에너지 완화로 인해 들뜬 큐빗이 바닥상태로 돌아오는 비율을 측정하고 진폭 감쇠라고도 한다. 이 지표는 들뜬 상태의 유효 수명을 결정한다.

들뜬 상태의 완화에 대한 지수함수적 붕괴 모형은 다음과 같이 표현할 수 있다.

$$\rho(t) = e^{-t/T_1}\rho(0) + (1 - e^{-t/T_1})\,|0\rangle\langle 0|. \tag{13.38}$$

여기서 $\rho(t)$는 시간 t에서 계의 상태를 표기한다. $t \to \infty$로 갈 때 큐빗은 결국 상태 $|0\rangle$으로 안정화된다.

▌표 13.1▐ 양자컴퓨팅에서 주요 수행지표에 대한 요약

지표	정의	관련성
완화시간(T_1)	큐빗이 바닥상태로 붕괴하는 시간.	큐빗의 수명을 결정하고 오류 비율과 충실도에 영향을 준다.
결맞은 시간 (T_2)	큐빗이 탈위상이 되기 전 위상 결맞음을 유지하는 시간.	중첩과 얽힘을 유지하기 위해 중요하다. 회로의 깊이를 제한한다.
게이트 시간 (T_{gate})	양자 게이트를 수행하는 시간.	알고리즘 속력에 영향을 주고 결맞은 시간에 대한 수행에 영향을 준다.
결맞음과 게이트 시간의 비율	T_q를 T_{gate}로 나눈 비율.	비율이 크면 결맞음을 잃기 전에 더 많은 연산을 할 수 있다.
회로 수행 시간	양자회로를 마치는 전체 시간.	연산과 측정을 감안하여 알고리즘이 얼마나 시간이 걸리는지 이해할 때 중요 요소.
측정 시간	큐빗이 읽기 위해 고전적 상태로 붕괴하는 시간.	특히 자주 측정할 때 알고리즘 효율에 대해 영향을 준다.
충실도	이상적인 결과와 비교한 양자연산의 정확도.	계산의 정확도를 결정하고 오류 비율에 영향을 준다.
오류 비율	양자연산에서 오류가 일어날 확률.	오류 비율이 작으면 회로를 더 깊게, 계산을 더 믿을 수 있다.
양자부피(QV)	계가 믿을 수 있게 수행할 수 있는 최대 정사각형 회로.	여러 요소를 고려한 전체 계의 수행을 측정
CLOPS	회로 층 연산 속도(Circuit Layer Operations Per Second), QV 회로를 수행할 수 있는 프로세서의 속력.	계의 실용적 처리량과 실제 세계 문제 풀이 속력을 측정한다.
알고리즘적 큐빗	복잡한 알고리즘에 실제로 사용할 수 있는 큐빗의 수.	오류 완화를 감안한 계의 수행에 대한 응용의 초점을 맞춘 관점을 제공한다.
Λ 요소	내결함성 문턱 오류 비율을 실제 물리적 오류 비율로 나눈 비율.	계가 얼마나 내결함성에 가깝게 있을 수 있는지 나타내고, 확장성이 있는 오류 수정에 중요하다.
양자 이점 점수	특별한 작업에 대한 양자 이점을 측정.	실용적 속력 증가나 자원 절약을 나타낸다.

양자오류수정에서 에너지 완화의 효과는 전형적으로 비트-플립 오류로 추상화하고, 모형을 만들어서(§13.2.2.1과 §13.3.1) 들뜬 상태에서 바닥상태로 전이하는 것을 이해한다. 들뜬 상태의 지수함수적 붕괴는 시간이 지나면서 비트-플립 오류가 일정한 비율로 일어나는 것에 해당하고, 이것은 Poisson 분포로 모형을 만들 수 있다.

결맞음 시간: T_2

결맞음 시간 T_2는 탈위상 오류로 인해 혼합 상태로 변환되기 전에 큐빗이 결맞은 중첩을 유지하는 시간이다. 이 요소는 중요하다. 왜냐하면 양자계산은 양자 간섭과 얽힘을 위해 큐빗의 위상 결맞음을 유지해야 하기 때문이다.

일반적인 순수 상태 $|\psi\rangle = \alpha|0\rangle + \beta|1$에 대해 밀도는 다음과 같다.

$$\rho = \begin{bmatrix} |\alpha|^2 & \alpha\beta^* \\ \beta\alpha^* & |\beta|^2 \end{bmatrix}. \tag{13.39}$$

탈위상은 비대각 요소의 지수함수적 붕괴로 모형을 만들 수 있다.

$$\rho(t) = \begin{bmatrix} |\alpha|^2 & \alpha\beta^* e^{-t/T_2} \\ \beta\alpha^* e^{-t/T_2} & |\beta|^2 \end{bmatrix}. \tag{13.40}$$

$t \to \infty$일 때 큐빗은 혼합상태 $\rho = |\alpha|^2|0\rangle\langle 0| + |\beta|^2|1\rangle\langle 1|$로 변화한다.

양자 오류수정을 하기 위해 탈위상 효과는 흔히 위상-플립 오류 채널을 통해 표현하고(§13.2.2.2와 §13.3.2), 이것은 중첩된 상태 사이에 위상 결맞음의 손실에 대한 모형이다.

많은 물리계에서 T_2는 또한 T_1과 관계가 있어서 순수 탈위상이 최소일 때 $T_2 \le 2T_1$이다. 이 관계는 탈위상과 완화는 종종 동시에 일어난다는 사실을 강조하고 모두 큐빗의 디코히어런스에 기여한다.

큐빗 수명: T_q

큐빗 수명 T_q는 큐빗이 계산에 쓸모 있는 상태로 남아 있는 전체 시간이다. 간단히 T_q는 $\min(T_1, T_2)$로 근사할 수 있다. 전형적으로 T_2는 T_1보다 짧다. 왜냐하면 위상 결맞음은 에너지 교환이 없더라도 환경의 요동에 민감하여 큐빗 상태를 방해할 수 있기 때문이다.

이 지표는 큐빗 제조의 질, 오류수정 전략의 효율과 사용하는 특정한 양자컴퓨팅 아키텍처와 같은 다양한 요소에 영향을 받는다. 다른 큐빗 기술에서 게이트 수명과 다른 주요 시간 지표의 영역은 넓다. 예를 들면 초전도 큐빗은 종종 큐빗 수명이 마이크로초에서 밀리초 사이이다. 대조적으로 포획 이온과 같은 광학적 큐빗에 근거한 계는 어떤 경우 초에서 분에 이르는 훨씬 긴 시간 동안 결맞음을 유지할 수 있다.

게이트 시간: T_{gate}

QPU의 연산 속도는 기본적으로 게이트 연산 시간과 관련이 있다. 게이트 시간 T_{gate}는 한 개의 양자 게이트 연산을 수행하는 시간이다.

게이트 시간 T_{gate}는 양자계산의 기본 속도를 결정하는 중요한 지표일뿐더러 복잡한 알고리즘을 구현하는 가능성에 직접 영향을 준다. 예를 들어 Shor의 인수분해 알고리즘이나 Grover의 탐색 알고리즘과 같은 알고리즘은 직렬 게이트 연산의 여러 층이 필요하다. 결맞은 시간과 함께 게이트 시간은 이와 같은 알고리즘이 큐빗 수명 내에서 믿을 수 있게 수행할 수 있는지 결정한다.

결맞은 시간과 게이트 시간 비율

결맞은 시간 T_q와 게이트 시간 T_{gate}의 비율은 실용적인 중요성이 있다. T_{gate}가 T_q보다 훨씬 짧으면 결맞음을 잃기 전에 더 많은 수의 연속적인 게이트 연산을 수행할 수 있다. 결과적으로 QPU에서 양자 회로의 얻을 수 있는 깊이는 일반적으로 이 비율에 의해 제한을 받는다.

예를 들어 광학적 계는 결맞은 시간이 더 크지만 그 제어 펄스 시간 또한 더 길다. 이것은 큐빗 결맞음과 게이트 연산 시간의 비율은 나노초(ns) 시간의 펄스로 작용하는 초전도나 반도체계보다 반드시 더 이점이 있지는 않다.

회로 수행 시간, 초기화 시간과 측정 시간

게이트 시간뿐만 아니라 회로 수행 시간, 초기화 시간과 측정 시간과 같은 다른 연산 지표는 양자컴퓨팅 계의 전체 효율을 결정할 때 중요한 역할을 한다. 회로 수행 시간은 모든 게이트 연산, 큐빗 초기화와 측정을 마칠 때 걸리는 전체 시간을 말한다. 이 지표는 양자 알고리즘의 실제 세계에서의 수행, 특히 깊은 회로, 즉 여러 층의 양자 게이트를 포함하는 경우를 이해할 때 중요하다.

큐빗을 (전형적으로 $|0\rangle$인) 알려진 상태로 준비할 때 필요한 시간인 초기화 시간은 반복된 연산에 대해 양자계를 얼마나 빨리 초기화하는가 알아볼 때 중요하고, 이것은 여러 번 반복해야 하는 알고리즘에서 중요하다. 큐빗의 상태가 붕괴되고 고전적인 정보를 읽을 때 필요한 시간인 측정 시간은 양자계산의 전체 수행 시간에 영향을 주는 다른 주요 요소이다. 긴 측정 시간은 특히 고전적인 피드백이 자주 필요한 복합 양자-고전 작업 흐름에서 병목현상을 초래할 수 있다. 따라서 게이트 시간은 중요한 지표인 반면 이러한 추가적인 연산 요소는 양자 프로세서의 전체 처리량과 효율을 최적화할 때 마찬가지로 중요하다.

2 공간 지표

연결성 혹은 위상

양자컴퓨팅에서 연결성 혹은 위상은 계 내부의 큐빗이 서로 연결되는 방법을 기술하여 이들 사이의 양자 연산을 가능하게 한다. 이 측면은 얼마나 쉽게 다중 큐빗 게이트를 수행하는지 결정할 때 중요하다.

높은 연결성은 추가적인 SWAP 게이트의 필요를 감소시켜 양자 알고리즘의 구현을 쉽게 한다. 그렇지 않으면 이웃하지 않은 큐빗을 상호작용 영역으로 가져와야 한다. 그러나 증가한 연결성은 또한 계의 물리적 고안을 복잡하게 하고 크로스토크와 같은 추가적인 오류 근원을 도입할 수 있다.

연결성 형태는 (큐빗이 이웃의 큐빗 사이에서만 상호작용을 하는) 최인접 영역에서 (어떤 큐빗 쌍 사이에 직접 상호작용을 허용하는) 모든 형태까지 다양하게 존재한다. 연결성 형태는 양자컴퓨터의 아키텍처와 밀접한 관련이 있고 여러 방법 사이에 중요한 차이가 있다. 예를 들어 초전도 회로와 반도체 큐빗과 같은 고체 장치는 전형적으로 물리적인 도선 연결이나 공명기의 제한으로 인해 연결성이 제한을 받는다. 이러한 계는 종종 단지 두 개 혹은 세 개가 직접 연결된 이웃이 있다. 이와 같은 아키텍처에서 먼 큐빗의 얽힘을 만들려면 양자 정보를 전달하기 위해 SWAP 게이트나 순간이동과 같은 추가적인 연산이 필요하다.

대조적으로 포획 이온이나 광학적 계는 이차원 회로 설계로 제한을 받지 않아서 큐빗을 지정하고 얽힘을 만들 때 더 큰 유연성을 얻는다. 이러한 기술은 종종 모든 연결성을 이루어서 알고리즘 수행과 논리 과정에 대한 더 직접적이고 다용도인 큐빗 상호작용이 가능하다. 그러나 포획 이온계에서 이러한 상호작용이 일어나려면 이온이 물리적으로 움직여야 하므로 시간이 많이 걸려 잠재적으로 양자컴퓨터의 전체 연산 속력에 영향을 끼칠 수 있다는 것을 주목해야 한다.

크로스토크

양자컴퓨팅에서 크로스토크는 특별한 순간에 의도적으로 결합하려고 하지 않은 큐빗 사이에 일어나는 우연한 상호작용을 말한다. 이와 같은 간섭은 전형적으로 전자기적 교란, 빗나간 결합 혹은 제어 신호가 새어 나가는 것에서 나온다.

이 현상은 특정한 연산에 적극적으로 참여하지 않는 큐빗 상태를 우연히 바꿀 수 있어서 잠재적으로 오류를 일으킬 수 있고 양자 계산에서 충실도를 감소시킨다. 크로스토크를 없애기 위해 물리적인 설계를 신중하게 고안하고, 차폐시키고, 디커플링 시퀀스의 구현, 정확한 조정 방식을 이용한다.

양자계의 규모가 커질수록 믿을 만하고 내결함성이 있는 양자 회로를 개발하기 위해 크로스토크를 이해하고 완화하는 것이 점점 중요해진다. 양자 컴퓨터 설계에서 높은 연결성을 얻고, 동시에 큐빗 결맞음을 유지하며 크로스토크와 다른 오류 근원을 최소화하는 것이 중요한 문제이다.

3 계산 지표

충실도

충실도는 이상적인 이론 모형과 비교할 때 양자 게이트나 회로가 수행하는 정확도를 정량화한다. 충실도 값이 1이면 결점이 없는 수행이고, 값이 1보다 작다는 것은 이상적인 연산으로부터 차이를 반영한다.

이상적인 양자게이트나 회로의 예상하는 결과는 전형적으로 $|\psi_{\text{ideal}}\rangle$로 표기하는 순수 상태이다. 그러나 잡음과 다른 요인으로 인해 실제 출력은 ρ_{actual}로 표현하는 혼합 상태일 수 있다. 이 경우 충실도는 다음과 같이 정의한다.

$$F = \langle\psi_{\text{ideal}}|\rho_{\text{actual}}|\psi_{\text{ideal}}\rangle. \tag{13.41}$$

이 수식화는 원하는 유니타리 연산과 잡음의 비연산적인 효과를 모두 포함한다. 실제 출력 또한 순수 상태 $|\psi_{\text{ideal}}\rangle$인 경우 충실도는 $F = |\langle\psi_{\text{ideal}}|\psi_{ideal}\rangle|^2$로 간단하게 된다. (이 충실도 계산에서 사용하는 수학적 구조를 도입한 식 12.10을 참조하여라.)

충실도는 게이트와 회로 수준에서 모두 구할 수 있다. 일반적으로 회로 충실도는

$$F \approx F_G^D \tag{13.42}$$

로 표현한 오류 축적으로 인해 회로 깊이가 늘어나면 감소하는 경향이 있다. 여기서 F는 전체 회로 충실도이고, F_G는 평균 게이트 충실도를 표현하고 D는 회로 깊이이다.

오류 비율

오류 비율은 단일 게이트나 일련의 게이트일 수 있는 양자 연산을 하는 동안 오류가 일어나는 확률을 정량화한다. 종종 무작위 벤치마킹과 같은 방법을 이용하여 이 비율을 추정한다.

충실도(F)와 오류 비율(ϵ)은 보완적인 지표이다. 이들 사이의 관계는

$$\varepsilon = 1 - F \tag{13.43}$$

이다.

회로 깊이

회로 깊이는 계의 오류가 받아들일 수 없는 수준까지 쌓이기 전에 수행할 수 있는 직렬 게이트 연산의 최대수를 말한다. 대략 근사하면 회로 깊이(D)와 게이트 수준 오류 비율(ϵ_g)는 반비례 관계이다.

$$D \approx \frac{1}{\varepsilon_g}. \tag{13.44}$$

따라서 오류 비율이 커지면 가능한 양자 회로의 깊이를 제한한다.

계층형 게이트당 오류(Error per Layered Gate: EPLG)

큰 규모의 양자계에서 양자 연산은 종종 측정한 얽힌 상태를 만들거나 오류 수정 코드를 구현하기 위해 직렬로 게이트를 적용하는 계층에서 수행한다. EPLG는 이와 같은 연산, 특히 계층형 아키텍처에서 평균 오류 비율을 정량화한다. 이것은 동시에 다중 큐빗 게이트 연산을 할 때 양자계가 어떻게 수행하는가에 대한 실제적인 평가를 제공하여 고립된 벤치

마킹보다 더 좋은 실제 세계의 조건을 반영한다.

4 시스템 수준 복합 지표

빠르게 진화하는 양자컴퓨팅 분야에서 단일 수치 복합 지표는 양자컴퓨팅 계의 수행을 평가하는 전체적인 접근 방법을 제공한다. 이 지표는 양자계의 복잡하고 다면적인 특성에서 한 개의 포괄적인 숫자를 추출하는 것이 목적이고, 이로 인해 응용 수준의 관점에서 더 직접적인 비교를 하고 양자 프로세서를 더 쉽게 이해할 수 있도록 한다. 양자컴퓨터 능력의 전체적인 관점을 제공하는 데 유용한 반면 이 지표는 계속 변화하여 양자 기술의 동적인 성질과 그 다양한 응용을 반영한다. 아래 몇 가지 대표적인 예를 들겠다.

양자 부피

양자 부피(Quantum Volume: QV)는 양자 프로세서를 평가하고 비교하는 통합적인 체계를 제공하기 위해 고안하였다. 이것은 큐빗 수, 결맞음, 게이트 충실도와 연결성과 같은 요인을 포함한다.

QV는 QPU에서 성공적으로 수행할 수 있는 최대 정사각형 회로의 크기로 결정한다. "정사각형"이라는 용어는 큐빗 수(폭)가 2-큐빗 게이트 층의 수(깊이)와 같은 회로를 말한다. QV를 결정하는 프로토콜은 폭과 깊이 모두 복잡성이 증가하는 일련의 회로를 수행하고, 양자컴퓨터가 믿을만하게 수행할 수 있는 최대 회로를 찾은 것을 포함한다. 이 회로는 큐빗 순열층(SWAP)과 무작위적인 단일, 이중 큐빗 게이트로 구성되어 있다. 성공적으로 수행하는 최대 정사각형 회로에서 큐빗의 수를 n이라고 하면, QV는 2^n이다.

회로 깊이와 폭에 의존하는 QV는 내재적으로 QPU 수행과 그 위상, 오류 비율과 전체 크기와 관계를 맺는다. 따라서 QV는 QPU 수행의 기준으로 사용하여 한 개의 값으로 종합적이고 포괄적인 관점을 제공한다.

QV는 양자 프로세서 능력에 대한 계 전체의 척도를 제공하여 양자 수행에 영향을 주는 여러 요인을 설명한다. 그러나 QV는 내결함성이 있는 시스템에서 성공적으로 수행할 수 있는 더 깊은 회로를 허용하는 잠재적인 오류 수정 기술을 완전히 설명하지 않는다. 그러므로 QV는 단기간, 잡음이 있는 중간 규모 양자(NISQ) 장치에 대한 훌륭한 벤치마크가 되는 반면 내결함성이 있는 아키텍처의 수행 잠재성을 저평가한다.

CLOPS

양자 부피(QV)로 양자컴퓨터의 잠재적 능력에 대한 통찰력을 얻을 수 있지만 시스템 수준에서 연산 속도를 완전히 설명하지 않는다. 이것은 알고리즘이 QPU를 여러 번 호출해야 하는 응용에서 양자-고전 접속과 특히 관련이 있다. 양자-고전 통신을 가능하게 하는 실행시간 시스템의 효율은 높은 성능에 중요하다.

CLOPS, 즉 초당 회로 층 연산수(Circuit Layer Operations Per Second)는 복잡성이 있는 문제를 풀기 위한 양자컴퓨터의 속도와 능력을 측정한다. 이것은 주어진 시간대에서 양자 프로세서가 수행할 수 있는 QV 회로의 개수로 정의하여 실제 경우에서 운영 속도를 측정할 수 있다. CLOPS는 양자알고리즘의 실용적인 수행량을 강조하여 양자-고전 통신과 실행시간 시스템의 효율을 고려한다.

이 관점에서 관련된 지표는 초당 "1조 양자 연산수(teraquops)"로, 고전 계산에서 초당 1조 연산(teraops)에 대한 양자 대응이다. 이것은 매초 수행할 수 있는 양자계의 양자연산수(quops)를 1조 단위로 표현한 것이다. 이 지표는 양자계의 원래 상태의 계산 능력과 속력을 측정하여 CLOPS가 제공하는 처리량 중심의 관점을 보완한다.

알고리즘 큐빗

양자 부피(QV)는 널리 인식된 지표이지만 이것은 양자계산 능력의 미묘함, 특히 특정한 알고리즘이나 실용적 사용의 경우를 완전히 포함하지 않는다는 의견이 점점 대세를 이루고 있다. 제기되는 관심사는 QV는 깊은 회로나 광범위한 큐빗 연결성이 필요하지 않은 경우 양자컴퓨터 수행을 정확하게 반영하지 않을 수 있다는 것이다. 더구나 QV는 양자 어닐러나 포획 이온계와 같은 다양한 양자컴퓨팅 플랫폼의 능력을 초전도체 큐빗계에서 하는 만큼 잘 표현하지 않을 수 있다.

이에 대한 답으로 알고리즘 큐빗(AQ)가 대안 지표로 제안되었다. 점점 더 복잡해지는 양자 회로를 수행하는 QPU의 능력을 평가하는 QV와는 달리 AQ는 오류 비율, 큐빗의 결맞음, 게이트 충실도와 특정한 양자 알고리즘과 관련된 전체 시스템 아키텍처를 고려하는 양자컴퓨터의 "알고리즘의 강도"에 초점을 맞춘다.

AQ는 복잡한 알고리즘을 수행할 때 양자 프로세서의 실용적인 사용 가능성에 대한 귀중한 통찰력을 주어 응용에 관심을 두는 관점을 제공한다. 이것은 알고리즘 업무에 실질적으로 사용하는 큐빗 수를 나타내어 의미 있는 계산 결과에 필요한 오류 수정의 추출, 완화 기술을 고려한다. 따라서 AQ는 QV를 보완하여 특정한 알고리즘의 요구에 대해 가장 적절한 양자 프로세서를 선택할 때 도움을 준다.

5 내결함성과 확장성 지표

내결함성과 확장성 지표는 내결함성 양자컴퓨팅 아키텍처의 실행 가능성과 효율에 대한 통찰력을 제공한다. 이 지표를 분석하여 연구자와 공학자는 최적 아키텍처와 오류 수정 전략을 찾고, 이로 인해 강력한 고성능 양자컴퓨터를 실용적으로 구현할 수 있다.

이 지표는 주로 잡음 구조, 물리적 잡음 준위, (Λ 인자로 정량화한) 내결함성 임계 사이의 관계, 양자 오류수정 코드(quantum error-correctinb codes: QECC)의 확장 성질, QECC 디코딩과 내결함성을 이루는 데 필수적인 계산 자원의 필요조건에 대한 분석을 포함한다. 흥미로운 특정한 지표는 다음과 같다.

Λ 인자

Λ 인자는 주어진 QECC에 대한 임계 오류 비율의 비율 ϵ_{th}를 (전형적으로 2-큐빗 게이트

오류가 가장 우세한) 양자 연산의 실제 물리적 오류 비율 $\epsilon_{\text{physical}}$로 나눈 양으로 정의하는 양자 오류수정에서 중요한 지표이다.

$$\Lambda = \frac{\varepsilon_{\text{th}}}{\varepsilon_{\text{physical}}}. \tag{13.45}$$

Λ 인자가 크면 물리적 오류 비율은 임계값보다 훨씬 아래에 있어서 더 효율적인 오류수정을 할 수 있고 양자계 내부에서 결맞음 시간을 확장할 수 있다. 그림 13.3에서 Λ 인자를 물리적 오류 비율 점에서 임계값 ϵ_{th}까지 수평거리로 시각적으로 나타내었다.

양자컴퓨터에서 내결함성은 물리적 오류 비율이 임계값 ϵ_{th} 아래로 내려갈 때 얻을 수 있고, 이로 인해 QECC가 논리 오류를 효율적으로 줄일 수 있다. Λ 인자는 계의 오류 비율이 이 임계값에서 얼마나 멀리 있는가 하는 지표로 작용한다. 내결함성을 얻으려면 전형적으로 한 개의 논리 큐빗을 인코딩할 때 종종 크기 차이가 엄청난 물리적 큐빗에 대한 비용이 든다. 따라서 Λ 인자는 오류 수정에 대한 계의 준비 상태를 측정할뿐더러 양자 아키텍처의 확정성과 실용성에 대한 통찰력을 준다.

애플리케이션 자원 사용량

특정한 양자컴퓨팅 아키텍처에서 애플리케이션 자원 사용량은 양자컴퓨팅 업무에 필요한 자원을 정량화하는 척도이다. 이것은 목표 오류 비율(예컨대 10^{-12})로 논리 큐빗의 수를 실현하거나 특정한 계산 문제를 풀 때(예컨대 2048 비트 정수를 인수분해하기) 필요한 물리적인 큐빗의 수로 측정한다.

이 척도는 양자컴퓨팅 아키텍처의 확정성을 설명하여 오류수정과 계산 능력의 비용 사이에서 균형을 강조한다. 이것은 실제 세계의 응용에서 거대 규모 양자알고리즘의 가능성을 평가할 때 매우 가치가 있다.

서브임계 스케일링

서브임계 스케일링은 한 개의 척도가 아니라 물리적 오류 비율이 임계 오류 비율 아래로 내려갈 때 QECC이 수행 동역학을 분석하는 체계이다. 이 분석을 통해 특히 계의 크기와 복잡성이 증가할 때 오류수정 코드의 효율과 신뢰도에 대한 통찰력을 얻는다. 서브임계 스케일링은 QECC를 장기적으로 유지하고 수행 가능성을 평가하는 중요한 도구이다.

전형적인 서브임계 스케일링 거동은

$$\varepsilon_L = A\Lambda^d \tag{13.46}$$

으로 주어지고, ϵ_L은 논리 오류 비율, A는 (예컨대 잡음 구조 혹은 코드 구현과 같은) 계에 특정한 요인을 반영하는 상수 $\Lambda = \epsilon_{\text{th}}/\epsilon_{\text{physical}}$이고, d는 코드 거리이다. 이 관계를 그림 13.3에 나타내었고, 여기서 다른 d에 대한 곡선은 물리적 오류 비율이 임계값 아래에 있을 때 코드 거리를 증가시키면 어떻게 논리 오류 비율이 지수함수적으로 감소하는지 보여준다.

QECC 디코딩 복잡도

QECC를 디코딩하는 복잡도는 다른 형태 사이에서 많이 변한다. 예를 들어 표면 코드는 오류수정에 대한 최소의 추가적인 과정을 요구한다. 대조적으로 저밀도 패러티 검사(Low-Density Parity-Check: LDPC) 코드에서는 실시간 디코딩에 대한 광범위한 계산 자원이 필요하고, 이것은 확장성에 대한 문제를 제기한다. 이 디코딩 복잡도의 척도는 특히 시간, 메모리와 고전적인 계산 시도로 표현하는 필요한 자원의 지표로 작용하여 실질적으로 양자컴퓨팅계에서 오류를 알아내어 수정한다.

다양한 오류를 감소시키는 능력

어떤 오류 특히 상태 준비, 게이트 보정과 측정에 대한 오류는 현재 QECC로는 실질적으로 수정할 수 없다. 그럼에도 불구하고 양자컴퓨팅계를 효율적으로 확장할 때 계산 정확도를 약화하는 넓은 범위의 오류를 감소시킬 수 있는 전략을 개발하는 것이 중요하다.

6 미래의 방향

양자 기술이 계속 발전하면서 수행 지표는 계속 개선되고 확장될 것이라고 예상할 수 있다. 새로운 합성 척도가 내결함성, 양자-고전 혼성 컴퓨팅과 양자 오류 수정에서 나타나는 문제를 보기 위해 개발될 것이다. 이러한 발전은 양자계를 평가하고 비교하는 능력을 더 증가시켜 최종적으로는 이 분야에서 다양한 응용 범위에 대한 실용적인 양자 이점을 실현하게 될 것이다.

예를 들어 양자 용량과 양자 이점 점수와 같은 새로 출현하는 척도는 양자 프로세서의 실용적인 능력에 대한 더 깊은 통찰력을 주려고 한다.

양자 용량

양자 용량은 양자 채널이나 계가 믿을 수 있게 전달하고 수행할 수 있는 (예컨대 큐빗이나 얽힘과 같은) 양자 정보의 최대량을 말한다. 이 척도는 특히 더 크고 더 복잡한 계로 확장될 때 양자컴퓨터의 정보 처리량을 정량화하는 방법을 제공한다. 이것은 양자 상태를 높은 충실도로 전달하는 능력이 중요한 양자통신 네트워크나 분산 양자컴퓨팅의 관점에서 특히 중요하다.

양자 이점 점수

양자 이점 점수는 특정한 과제에 대해 양자컴퓨터가 고전적인 계를 능가하는 정도를 정량화하도록 고안된 척도로 출현하였다. 순수하게 하드웨어 중심적이라기보다는 이 지표는 양자 알고리즘과 고전적인 알고리즘에 대한 상대적 속력 증가에 대한 효율성을 고려한다. 이것은 고전적인 계에 대해 양자 하드웨어에서 문제를 풀 때 필요한 시간과 자원을 비교하는 실용적인 양자 이점에 대한 척도를 제공한다. 이 점수는 특히 양자컴퓨터가 실제 세계의 응용에서 고전적인 방법에 대해 의미 있는 개선을 제공할 수 있는 영역을 알아낼 때 특히 유용하다.

새로운 척도를 개발하는 것과 더불어 양자컴퓨팅에서 정확한 수행 평가를 확실하게 할 때 벤치마킹과 보정이 중요하다. 벤치마킹은 다양한 조건에서 양자계의 수행을 평가하는 표준화된 시험을 하는 것이 포함된다. 이 시험으로 오류 비율, 게이트 충실도와 결맞은 시간의 특징을 찾아 다른 양자 하드웨어 플랫폼에 대해 직접 비교를 할 수 있다. 계의 수행에 대한 객관적인 자료를 제공함으로써 벤치마킹은 양자 아키텍처를 개선할 때 도움을 주고, 특정한 하드웨어에 대해 알고리즘을 최적화할 때 중요하다.

한편 보정은 오류를 최소화하고 양자연산의 정확도를 개선하기 위해 조정 매개변수를 미세 조정하는 것을 말한다. 양자계는 본질적으로 환경의 요동에 민감하므로 정기적인 보정을 해야 최적 수행을 유지할 수 있다. 예를 들어 계의 매개변수에서 드리프트를 설명하는 게이트 펄스를 조정하면 오류 비율을 상당히 줄이고 게이트 충실도를 개선할 수 있다. 벤치마킹과 보정의 중요성은 아무리 강조해도 지나치지 않다. 왜냐하면 이것은 양자컴퓨터가 믿을만하게 작용하는 데 기초적이고 내결함성, 확장성을 갖는 계로 발전할 때 중요하다.

양자 프로세서 수행 벤치마킹을 더 공부하고 싶은 독자에게는 다음의 참고문헌을 추천한다.

Benchmarking Quantum Processor Performance at Scale, 2023 [96]

13.3 오류 수정 코드 소개

내결함성을 얻는 것은 양자컴퓨팅의 발전에 중요하지만 달성하기 힘든 목표이다. 이 분야의 성배로 알려진 완전한 내결함성은 실제 오류 비율이 어떤 임계값 아래로 떨어질 때 얻을 수 있다. 그러나 이것은 상당히 많은 유지용 큐빗이 필요하여 실질적인 오류 수정은 주된 연구 주제가 되었다.

Peter Shor
출처: International Center for Theoretical Physics

양자 오류수정은 오류수정 코드로 알려진 체계적인 과정을 따른다. 그림 13.12에서 나타낸 대로 이 과정은 논리 큐빗을 더 큰 물리 큐빗의 집합으로 인코딩을 하고, 오류의 감지와 구분을 하고 수정 연산을 적용하는 것이다. 이후 올바른 논리 정부를 복구하기 위해 디코딩을 수행한다. 궁극적 목적은 충분히 많은 물리적 큐빗의 열을 사용하여 거의 완벽한 논리 큐빗에 근사시키는 것이다.

이 절에서 양자 오류수정 코드의 기초를 소개하여 간단한 개념에서 더 복잡한 예제로 이동하겠다. 양자 오류수정 코드는 결깨짐이나 불완전한 연산에 의해 도입되는 오류에 대해 양자 정보를 보호할 때 중요하다. 복잡해지는 순서로 일련의 코드를 탐구하고, 각각은 더 넓은 영역의 오류를 수정할 수 있다.

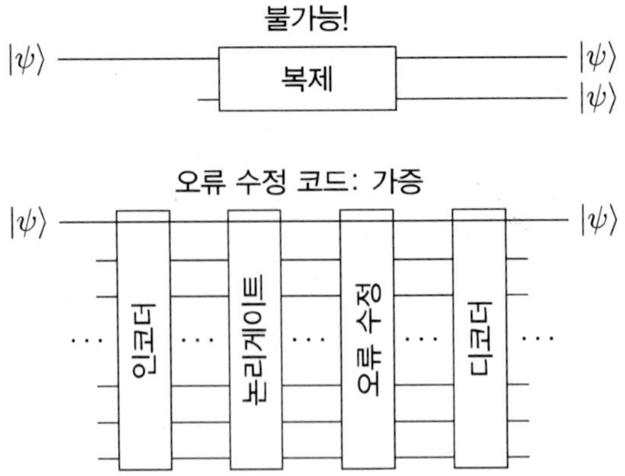

| 그림 13.12 | 실용적인 오류수정 코드의 구조

이 과정은 단일 비트-플립 오류를 취급하는 3-큐빗 비트-플립 코드와 단일 위상-플립 오류를 다루는 3-큐빗 위상-플립 코드로 시작한다. 이 기초적인 코드가 더 단순한 코드의 세기를 결합하여 어떤 단일 큐빗 오류도 수정할 수 있는 강력하고 포괄적인 방법인 9-큐빗 Shor 코드를 이해하는 바탕이 된다. 이론적인 우아함을 넘어서 Shor의 코드는 양자 오류 수정의 원리의 예제가 되었고, 패러티 확인과 안정화 코드와 같은 고급 주제로 가는 단계로 작용한다(§13.3.4).

13.3.1 3-큐빗 비트-플립 코드

3-큐빗 비트-플립 코드는 단일 비트-플립 오류에 대해 보호하기 위한 양자 오류수정 코드이다. 이 코드에 대한 양자 회로 그림을 그림 13.13에 나타내었다.

회로는 다섯 개의 주요 단계로 구성되어 있다. 인코딩, 게이트 연산, 잡음 도입, 신드롬 측정, 디코딩 이후의 복구이다. **인코딩** 단계에서 논리 큐빗 $|\psi\rangle$는 세 개의 물리적 큐빗에 퍼진 얽힌 상태로 인코딩한다. **게이트** 연산은 논리 큐빗에 작용하는 양자 연산을 표현하고, 이후 **잡음**은 단일 비트-플립 오류가 일어날 수 있다. **신드롬 측정**은 두 개의 보조 큐빗을 도입하고 패러티 확인을 하여 이러한 오류의 존재와 위치를 검출한다. 측정 결과에 근거하여 **복구** 단계에서는 오류를 뒤집기 위해 수정 연산을 적용한다. 최종적으로 **디코딩** 단계에서 수정된 물리적 큐빗에서 논리 큐빗을 재구성한다.

그림 13.13에서 잡음은 게이트 연산 후에 한 개의 단계로 모형을 세웠다는 것을 주목할 만하다. 그러나 실제로는 잡음은 인코딩, 복구와 디코딩을 포함한 과정의 모든 단계에 영향을 줄 수 있다. 오류는 양자 게이트의 불완전성, 디코히어런스나 환경의 상호작용을 인해 어느 곳에서도 일어날 수 있다. 그럼에도 불구하고 양자 오류수정의 원리에 의하면 오류 비율이 임계값 아래에 있다면 오류가 언제 일어나더라도 단일 비트-플립 오류를 검출하고 수정할 만큼 전체 구조는 충분히 강력하다는 것을 보장한다.

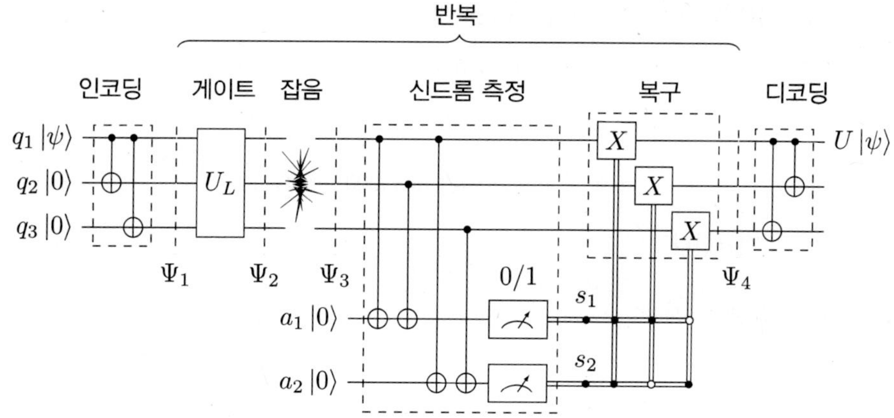

▌그림 13.13▐ 3–큐빗 비트–플립 코드에 대한 양자 회로

> **적절한 위치에 있는 계산**
> 양자 회로에서 게이트는 고전적으로 인쇄된 회로판이나 집적회로와 같이 동시에 존재하지는 않는다. 대조적으로 양자 영역에서 게이트도 도선도 뚜렷한 물리적 존재로 나타나지 않는다. 물리적으로 구현된 것은 큐빗과 이에 대응하는 외부 제어일뿐이다. 이 관점에서 도선은 큐빗 상태의 시간적인 연속을 표현하고, 양자 게이트는 외부 제어가 지정하는 이러한 큐빗 상태의 특정한 변환을 나타낸다.
>
> 더 많은 정보를 얻으려면 §5.3.2를 참조하여라.

1 인코딩

그림 13.13에 나타낸 인코딩 과정은 세 개의 데이터 큐빗 q_1, q_2와 q_3, 그리고 두 개의 CNOT 게이트를 사용한다. 이 관점에서 $|x\rangle$는 기준 상태인 $|0\rangle$과 $|1\rangle$을 표현한다. 인코딩한 후 이것은 $|0_L\rangle \equiv |000\rangle$이나 $|1_L\rangle \equiv |111\rangle$이 된다. 임의의 단일 큐빗 상태 $|\psi\rangle = \alpha|0\rangle + \beta|1\rangle$은 다음과 같이 논리 큐빗 상태로 변환된다.

$$|\Psi_1\rangle = |\psi_L\rangle \equiv \alpha\,|0_L\rangle + \beta\,|1_L\rangle \equiv \alpha\,|000\rangle + \beta\,|111\rangle. \tag{13.47}$$

> $|\psi_L\rangle \neq |\psi\psi\psi\rangle$라는 것을 강조하겠다. $|\psi_L\rangle = |\psi\psi\psi\rangle$라는 표현은 상태 $|\psi\rangle$가 세 개의 분리된 큐빗으로 복사되었다는 것을 암시하고, 이것은 비복제 정리에 의해 금지된다(§5.1.3). 그 대신 $|\psi_L\rangle$은 얽힘을 통해 세 개의 물리적 큐빗에 인코딩한 논리 큐빗을 표현한다.

2 논리게이트

오류수정 코드를 사용할 때 Pauli X와 Z와 같은 큐빗 게이트는 인코딩된 논리 상태에 작용하는 논리게이트로 해석해야 한다. 이 논리게이트는 여러 개의 데이터 큐빗에 영향을 줄 수 있지만 그 작용은 계를 코드 공간, 즉 논리 기준 공간 $\{|000\rangle, |111\rangle\}$이 만드는 공간 밖으로 나오게 하지는 않는다.

유니타리 게이트 U를 고려하자.

$$U(\alpha|0\rangle + \beta|1\rangle) = \gamma|0\rangle + \delta|1\rangle. \tag{13.48}$$

U_L로 주어진 논리 U 게이트는 계의 상태를

$$|\Psi_2\rangle = \gamma|000\rangle + \delta|111\rangle \tag{13.49}$$

로 변환한다.

연습문제 13.9

$X_L \equiv XXX$는 3-큐빗 비트-플립 코드에 대해 논리 비트-플립 연산자로 작용한다는 것을 보여라.

이 문제는 **횡단 게이트** 개념을 보여준다. 여기서는 잠재적으로 오류를 전달할 수 있는 다중 큐빗 연산의 필요 없이 물리적 게이트를 양자 오류수정 코드 단어에 각각 적용한다.

3 잡음 채널

U_L의 게이트 연산은 오류가 일어날 수 있는 길고 복잡한 과정일 수 있다. 비트-플립 오류는 데이터 큐빗에 X 게이트를 무작위적으로 적용하는 것으로 모형을 만들 수 있다. 예를 들어 X를 q_2에 적용하면(혹은 동등하게 모든 세 큐빗에 IXI를 적용하면) q_2에 있는 비트를 뒤집는다. 이 잡음은 데이터 큐빗의 상태를

$$|\Psi_3\rangle = \gamma|010\rangle + \delta|101\rangle \tag{13.50}$$

으로 바꾼다.

4 신드롬 측정

신드롬 측정 회로는 잡음으로 인한 큐빗의 변화를 구분한다. 여기서 두 개의 보조 큐빗을 사용한다. 첫 번째 a_1은 두 개의 CNOT 게이트로 데이터 큐빗 q_1과 q_2의 패러티를 확인한다. q_1과 q_2가 같은 상태 $|0\rangle$이나 $|1\rangle$을 공유한다면 이중 CNOT 게이트는 서로를 반전시키고, 측정하면 $s_1 = 0$을 얻는다. 따라서 잡음이 없으면 상태 $\gamma|000\rangle + \delta|111\rangle$은 γ와 δ 값에 상관없이 항상 $s_1 = 0$이 된다.

q_2에서 비트 플립이 일어나면 이제 q_1과 q_2는 반대 상태에 있고, a_1을 측정하면 $s_1 = 1$이 되어 상태를 방해하지 않고 두 개의 데이터 큐빗의 패러티를 구분하는 패러티 측정의 핵심 원리를 강조한다.

마찬가지로 두 번째 보조 큐빗 a_2는 데이터 큐빗 q_1과 q_3의 패러티를 측정하여 고전 비트 s_2를 만든다. 보조 출력 $\{s_1, s_2\}$로 표현하는 패러티 정보는 오류 신드롬이라고 한다. 표 13.2에 오류와 이에 대한 수정 방법에 대응하는 가능한 오류 신드롬을 요약하였다.

표 13.2 3–큐빗 비트–플립 코드에 대한 오류 신드롬과 수정

s_1s_2	오류	오류 연산자	수정 게이트
00	오류 없음	III	없음
01	q_3에 비트 플립	IIX	q_3에 X
10	q_2에 비트 플립	IXI	q_2에 X
11	q_1에 비트 플립	XII	q_1에 X

5 오류 수정과 상태 복구

오류 신드롬을 검출하면 오류는 표 13.2에 지정하였듯이 관련된 큐빗에 X 게이트를 적용하여 고칠 수 있다. 이 작용은 벗어난 큐빗을 뒤집어 다시 잡음이 없는 상태로 만든다. 이제 계의 상태는 복구되었다.

$$|\Psi_4\rangle = |\Psi_2\rangle = \gamma\,|000\rangle + \delta\,|111\rangle. \tag{13.51}$$

§7.4.5에서 자세히 설명했듯이 측정 연기 원리를 이용하면 고전적으로 제어하는 X 게이트는 CCNOT 게이트로 바꿀 수 있다.

6 직렬 게이트 연산

양자 계산 작업은 전형적으로 여러 게이트를 이용하여 수행한다. 오류가 어떤 임계값을 넘어 쌓이면 오류 검출과 상태 복구를 실행해야 한다. 이 과정을 그림 13.13에서 게이트-잡음-신드롬 복구 구역을 반복하는 것으로 표현하였다. 이 계산 단계에서 수행하는 특정한 연산에 의존하여 각 반복에 적용하는 게이트 U_L은 다를 수 있다.

7 디코딩

디코더의 역할은 논리 큐빗 상태 $\gamma|000\rangle + \delta|111\rangle$을 $U|\psi\rangle$인 $\gamma|0\rangle + \delta|1\rangle$으로 돌려놓는다. 이것은 인코더의 역순서로 두 개의 CNOT 게이트를 적용하여 얻는다.

8 검출되지 않는 오류

중요한 것은 Shor 3-큐빗 비트-플립 코드에는 제한이 있다는 것이다. 표 13.2를 참고하면 단일 큐빗 한 개에만 비트-플립 오류가 생긴다고 가정하였다. 그러나 신드롬 01은 오류 연산자 XXI에 해당하는 q_1과 q_2 모두 생긴 비트-플립 오류에 의한 것일 수 있다. 마찬가지로 신드롬 11은 오류 연산자 IXX로 나타날 수 있고, 신드롬 00은 XXX에 의한 것일 수 있다. 이와 같은 이중 혹은 삼중 비트-플립 오류는 이론적으로는 가능하더라도 덜 일어난다. 그 확률은 ϵ^2나, 혹은 이보다 작아서 특히 단일 큐빗 오류 비율 ϵ이 충분히 작을 때 한 개의 비트-플립 오류에 비해 일어난 가능성이 작다.

더구나 Shor 3-큐빗 비트-플립 코드는 특별히 비트-플립 오류에 대응하도록 고안하였

다. 결과적으로 IIZ, IZI 혹은 ZII로 표현하는 위상 플립을 포함하는 오류는 검출되지 않는다. 각각은 상태 $\gamma|000\rangle + \delta|111\rangle$을 $\gamma|000\rangle - \delta|111\rangle$로 변환시켜 패러티는 영향을 받지 않는다. 이 제한은 위상-플립 코드의 필요성을 강조한다.

연습문제 13.10

q_2와 q_3의 패러티를 측정하기 위해 세 번째 보조 큐빗을 만드는 잠재적 이득을 생각해 보아라. 이것은 더 많은 오류 형태를 검출하는 능력을 향상시킬 수 있는가?

연습문제 13.11

Shor 3-큐빗 비트-플립 코드가 Y 게이트를 무작위적으로 적용하여 나타나는 오류를 검출하고 수정할 수 있는지 조사하여라. 표 13.2와 같은 표를 만들고 그림 13.13과 비슷한 오류 수정을 시도하여라.

13.3.2 3-큐빗 위상-플립 코드

3-큐빗 위상-플립 코드는 그림 13.14에 나타내었듯이 개념적으로 비트-플립 코드와 비슷하다. Hadamard(H) 회전을 적용하면 비트-플립 연산을 위상-플립 연산으로 변환할 수 있어서 위상 오류를 수정할 수 있다. 이 연산을 이해하기 위해 다음의 관계를 돌이켜보자. $H|0\rangle = |+\rangle$, $H|1\rangle = |-\rangle$, $H|+\rangle = |0\rangle$, $H|-\rangle = |1\rangle$, $HXH = Z$이고 $HZH = X$이다.

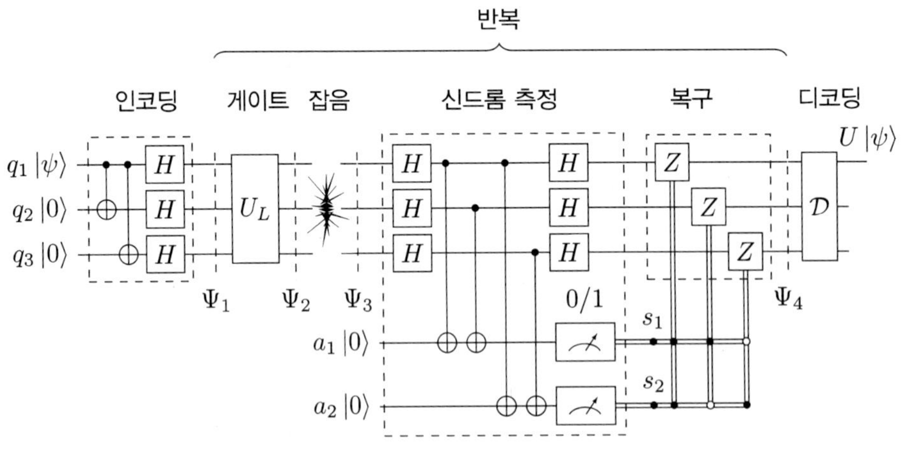

| 그림 13.14 | 3-큐빗 위상-플립 코드에 대한 양자회로

위상-플립 코드는 처음 큐빗 상태 $|\psi\rangle = \alpha|0\rangle + \beta|1\rangle$을 다음과 같이 3-큐빗 상태로 변환한다.

$$|\Psi_1\rangle = |\psi\rangle_L \equiv \alpha|+_L\rangle + \beta|-_L\rangle \equiv \alpha|+++\rangle + \beta|---\rangle. \tag{13.52}$$

여기서 $|+\rangle = \frac{1}{\sqrt{2}}(|0\rangle + |1\rangle)$이고, $|-\rangle = \frac{1}{\sqrt{2}}(|0\rangle - |1\rangle)$이다.

논리게이트 U_L을 적용한 후 계의 상태는 다음과 같다.

$$|\Psi_2\rangle = \gamma|+++\rangle + \delta|---\rangle. \quad (13.53)$$

연습문제 13.12

3-큐빗 위상-플립 코드에 대해 ZZZ는 논리적 비트-플립(위상-플립이 아니다!) 연산자 X_L로 작용한다는 것을 보여라.

위상-플립 오류는 데이터 큐빗에 Z 게이트를 무작위적으로 적용하는 것으로 모형을 만들 수 있다. 왜냐하면 $Z|+\rangle = |-\rangle$이고, $Z|-\rangle = |+\rangle$이기 때문이다. 예를 들어 q_1에 Z를 적용하면(ZII와 동등하다) q_1의 위상을 뒤집는다. 이 잡음은 데이터 큐빗의 상태를

$$|\Psi_3\rangle = \gamma|-++\rangle + \delta|+--\rangle \quad (13.54)$$

로 바꾼다.

Hadamard 게이트를 이용하면 $\gamma|-++\rangle + \delta|+--\rangle$를 $\gamma|100\rangle + \delta|011\rangle$로 해석할 수 있고, 이를 뒤집을 수도 있다. 이 과정으로 인해 CNOT 게이트가 큐빗이 잡음에 의해 유도된 어떤 수정도 검출할 수 있다. 예를 들어 이 경우 오류는 신드롬 11로 나타난다.

표 13.3에 오류와 그 수정 방법에 해당하는 가능한 오류 신드롬을 요약하였다.

오류는 영향을 받은 큐빗에(이 경우 q_1) Z 게이트를 적용하여 수정할 수 있고 계의 상태는 다음과 같이 복구된다.

$$|\Psi_4\rangle = |\Psi_2\rangle = \gamma|+++\rangle + \delta|---\rangle. \quad (13.55)$$

그림 13.14에서 D로 표현한 디코더 회로는 인코더 회로를 뒤집은 것이다. 이것은 $|\Psi_4\rangle$를 다시 $\gamma|0\rangle + \delta|1\rangle$, 즉 $U|\psi\rangle$와 동등한 상태로 돌려놓는다.

3-큐빗 비트-플립 코드와 비슷하게, 3-큐빗 위상-플립 코드는 이중 혹은 삼중 위상-플립 오류도, 어떤 비트-플립 오류도 검출하지 못한다.

| 표 13.3 | 3-큐빗 위상-플립 코드에 대한 오류 신드롬과 수정

s_1s_2	오류	오류 연산자	수징 게이트
00	오류 없음	III	없음
01	q_3에 위상 플립	IIZ	q_3에 Z
10	q_2에 위상 플립	IZI	q_2에 Z
11	q_1에 위상 플립	ZII	q_1에 Z

연습문제 13.13

오류 수정을 위한 고전적인 제어 Z 게이트 대신 고전적인 제어 X 게이트를 사용하여 3-큐빗 위상-플립 코드에 대해 그림 13.14에 있는 회로를 수정하여라.

13.3.3 ∗9–큐빗 Shor 코드

1995년 Peter Shor가 도입한 9-큐빗 Shor 코드는 첨단의 양자 오류수정 코드 중 하나이다. 구조적으로 이것은 비트-플립 코드에 세 블록으로 이루어져 있고, 그림 13.15에 나타내었듯이 위상-플립 코드 안에 끼워져 있다. 기능적으로는 3-큐빗 비트-플립 코드와 3-큐빗 위상-플립 코드를 연결하여, 임의의 단일 큐빗 오류를 수정할 수 있다. 이 과정을 자세히 다룰 것이다. 그림 13.15에서 Ψ_0부터 Ψ_5까지 지표와 이후의 그림은 다양한 단계에서 계의 상태를 나타낸다.

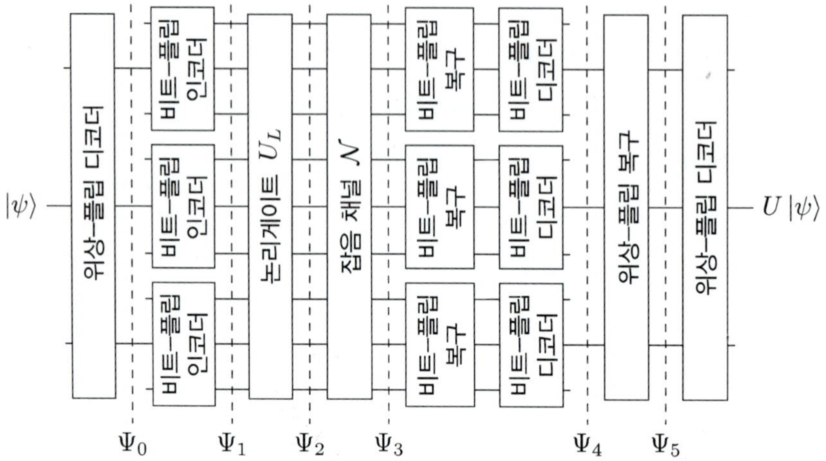

| 그림 13.15 | 9–큐빗 Shor 코드에 대한 블록 그림

1 인코딩

그림 13.16에 나타낸 대로 인코딩 과정은 위상-플립 코드와 비트-플립 코드를 통합한다. 특히 위상-플립 코드로 인코딩한 논리 큐빗은 비트-플립 코드를 이용하여 더 인코딩을 한다.

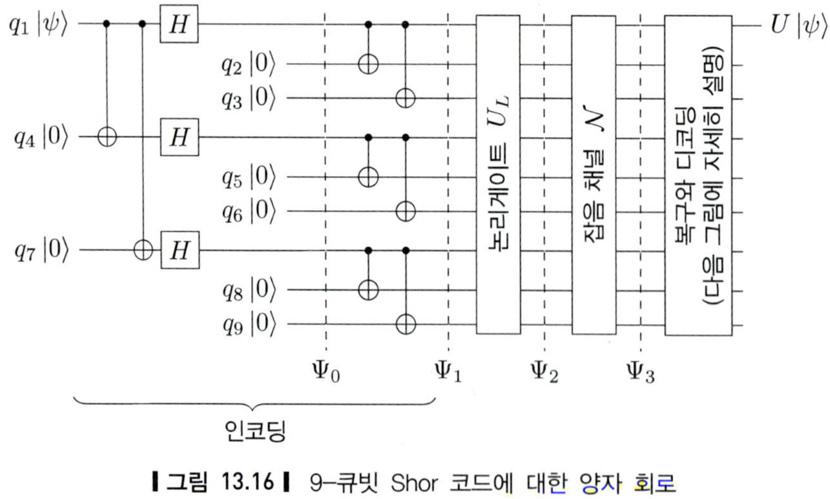

| 그림 13.16 | 9–큐빗 Shor 코드에 대한 양자 회로

처음의 CNOT과 Hadamard 게이트는 위상-플립 코드를 수행하여 q_1, q_4와 q_7을 인코딩한다. 이 첫 단계의 인코딩 후에 (그림 13.16에서 Ψ_0로 표기한) 전체 9-큐빗계의 상태는 다음의 형태로 변화한다.

$$|0\rangle \mapsto \frac{1}{\sqrt{8}}(|0\rangle + |1\rangle)\,|00\rangle \otimes (|0\rangle + |1\rangle)\,|00\rangle \otimes (|0\rangle + |1\rangle)\,|00\rangle, \tag{13.56a}$$

$$|1\rangle \mapsto \frac{1}{\sqrt{8}}(|0\rangle - |1\rangle)\,|00\rangle \otimes (|0\rangle - |1\rangle)\,|00\rangle \otimes (|0\rangle - |1\rangle)\,|00\rangle. \tag{13.56b}$$

다음으로 큐빗 q_1부터 q_3까지 세 블록으로 인코딩하는 비트-플립 코드에 CNOT 게이트를 적용한다. 각 블록 내부에서 CNOT 게이트는 기준 상태($|0\rangle$이나 $|1\rangle$이지만 $|\psi\rangle$와 같은 중첩은 아니다)를 복사하지만, 첫 큐빗을 다음 두 큐빗으로 복사하지는 않는다. 이것은 기준 상태를 이에 대응하는 논리 상태로 다음과 같이 변환한다.

$$|0\rangle \mapsto |0_L\rangle = \frac{1}{\sqrt{8}}(|000\rangle + |111\rangle) \otimes (|000\rangle + |111\rangle) \otimes (|000\rangle + |111\rangle), \tag{13.57a}$$

$$|1\rangle \mapsto |1_L\rangle = \frac{1}{\sqrt{8}}(|000\rangle - |111\rangle) \otimes (|000\rangle - |111\rangle) \otimes (|000\rangle - |111\rangle). \tag{13.57b}$$

그러면 일반적인 양자 상태 $|\psi\rangle = \alpha|0\rangle + \beta|1\rangle$은 다음과 같이 인코딩된다.

$$|\Psi_1\rangle = |\psi_L\rangle = \alpha\,|0_L\rangle + \beta\,|1_L\rangle. \tag{13.58}$$

연습문제 13.14

그림 13.16에 묘사한 인코딩 과정이 다음 변환을 직접 만들지 않지만

$$|0\rangle \mapsto |+++++++++\rangle,$$
$$|1\rangle \mapsto |---------\rangle,$$

그 대신 식 13.57에 나타낸 변환이 되는 이유를 설명하여라(힌트: 더 분명히 보려면 §7.3.3의 참고문헌을 참조하여라).

연습문제 13.15

세 위상-플립 코드 블록을 비트-플립 코드 안에 끼워 넣은 그림 13.16에 나타낸 회로를 거울에 비친 회로를 고려하여라. 이 경우 식 13.57에 해당하는 논리 기준 상태는 무엇인가?

2 논리게이트

오류수정 코드를 사용할 때 큐빗 게이트는 인코딩한 논리 상태에 작용하는 논리게이트(즉 논리연산)로 해석해야 한다. 큐빗에 작용하는 유니타리 게이트 U를 고려하자.

$$U(\alpha\,|0\rangle + \beta\,|1\rangle) = \gamma\,|0\rangle + \delta\,|1\rangle. \tag{13.59}$$

오류수정 코드와 양립할 수 있는 논리게이트 U_L은 논리 기준상태(인코딩된 상태)를 코드의 구조와 일관성이 있는 방법으로 변환시킨다. 이것은 논리 기준 상태를 다른 논리

기준 상태 혹은 논리 상태의 중첩으로 변환시킨다는 것을 의미한다. U_L을 적용한 후 계의 상태는 다음과 같다.

$$\begin{aligned}|\Psi_2\rangle &= \gamma\,|0_L\rangle + \delta\,|1_L\rangle \\ &= \frac{\gamma}{\sqrt{8}}(|000\rangle + |111\rangle) \otimes (|000\rangle + |111\rangle) \otimes (|000\rangle + |111\rangle) \\ &\quad + \frac{\delta}{\sqrt{8}}(|000\rangle - |111\rangle) \otimes (|000\rangle - |111\rangle) \otimes (|000\rangle - |111\rangle). \end{aligned} \tag{13.60}$$

논리게이트를 설계할 때 중요한 문제가 생긴다. 다음 연습문제를 통해 Shor 코드의 관점에서 논리게이트의 대략적인 탐구를 할 수 있다. Pauli 게이트(X, Y, Z), Hadamard 게이트(H), 위상 게이트(S), CNOT 게이트를 포함하는 Clifford 군은 (§7.2.2 참조) 다양한 양자 오류수정 코드에서 내결함성을 효율적으로 구현할 수 있다. 그러나 다른 게이트는 구현하려면 상당히 어렵다.

연습문제 13.16

연산자 $Z_1Z_4Z_7$은 실질적으로 논리 X 게이트(X_L)로 작용하여 논리 큐빗 상태의 진폭을 서로 바꾼다. $Z_1Z_4Z_7$을 상태 $\alpha|0_L\rangle+\beta|1_L\rangle$에 작용하면 어떻게 $\alpha|1_L\rangle+\beta|0_L\rangle$로 만드는지 보여라.

마찬가지로 논리 Z 게이트(Z_L)는 논리 상태 사이의 위상을 변화시킨다. $Z_L = X_1X_2X_3$를 상태 $\alpha|0_L\rangle+\beta|1_L\rangle$에 적용하면 $\alpha|0_L\rangle-\beta|1_L\rangle$로 변환시켜 논리 Z 게이트의 기능을 한다는 것을 보여라.

9-큐빗 Shor 코드는 X_L과 Z_L의 여러 번 구현할 수 있도록 한다. 논리 X로 작용하는 두 개의 추가적인 연산자와 논리 Z 게이트로 작용하는 두 연산자를 각각 구하여라.

3 오류 신드롬 측정과 수정

그림 13.17에 나타낸 대로 9-큐빗 Shor 코드는 3-큐빗 비트-플립 코드의 세 블록을 이용한다. 각 블록은 세 큐빗 모임 내부에서 비트-플립 오류를 검출하고 수정한다. 마찬가지로 위상 오류에 대해서 Shor 코드는 세 개의 인코딩된 큐빗에 3-큐빗 위상-플립 코드를 각 세 블록에서 한 개씩 사용한다. 관련된 Hadamard 게이트와 결합한 이 구조는 (있다면) 어느 블록에 위상-플립이 나타났는지 검출하고, 이것을 수정할 수 있다.

아래에 예제를 통해 전형적인 몇 개의 경우를 조사하겠다.

4 비트-플립 오류

예를 들어 q_5에 비트-플립 오류가 일어날 때 계의 상태는 다음과 같다.

$$|\Psi_3\rangle = \frac{\gamma}{\sqrt{8}}(\cdots)\,(|0\underline{1}0\rangle + |1\underline{0}1\rangle)\,(\cdots) + \frac{\delta}{\sqrt{8}}(\cdots)\,(|0\underline{1}0\rangle - |1\underline{0}1\rangle)\,(\cdots). \tag{13.61}$$

앞의 식과 이후의 논의를 분명히 하기 위해 변화한 비트를 강조하고, 변하지 않는 블록은 (...)로 나타낸다.

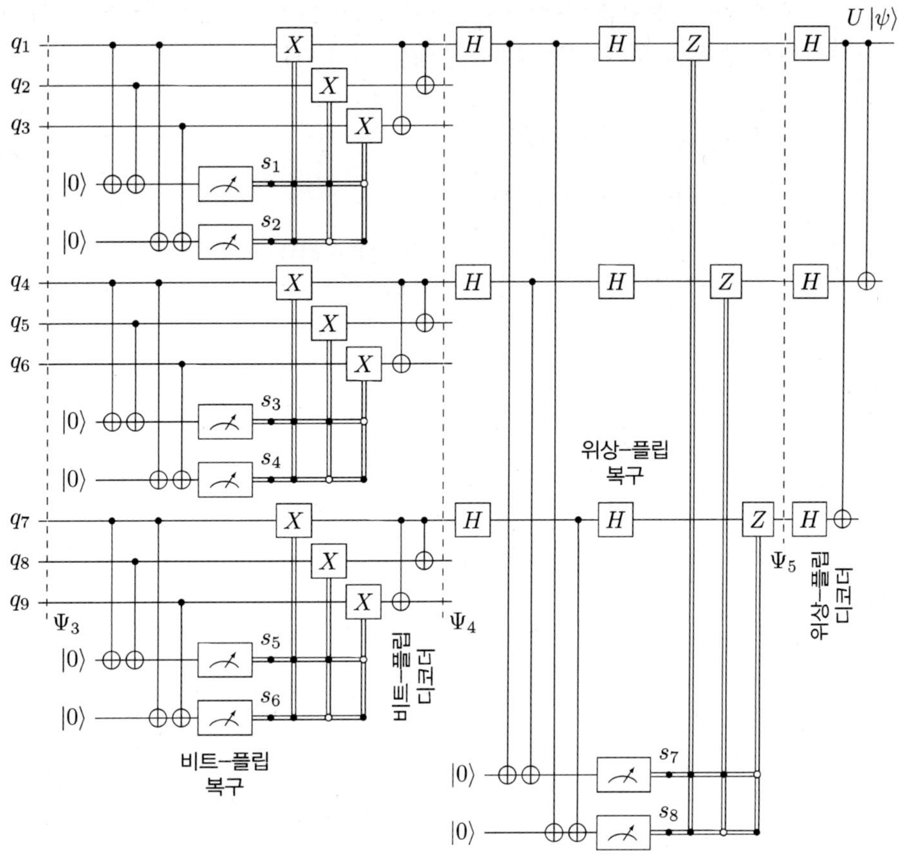

▎그림 13.17 ▎ 9-큐빗 Shor 코드에 대한 복구와 디코더

이 비트-플립 오류는 비트-플립 코드의 두 번째 블록에서 검출되어 오류 신드롬 $s_3s_4 = 0$이 된다. 결과적으로 수정 X 게이트를 q_5에 적용하여 계의 상태를 $|\Psi_4\rangle = |\Psi_0\rangle$로 돌려놓는다.

5 위상-플립 오류

예를 들어 q_5에 위상-플립 오류가 생겼을 때 계의 상태는 다음과 같이 변화한다.

$$|\Psi_3\rangle = \frac{\gamma}{\sqrt{8}}(\cdots)\,(|000\rangle - |111\rangle)\,(\cdots) + \frac{\delta}{\sqrt{8}}(\cdots)\,(|000\rangle \pm |111\rangle)\,(\cdots). \tag{13.62}$$

이 위상-플립 오류는 위상-플립 코드로 찾아서 오류 신드롬 $s_7s_8 = 0$을 만든다. 그 결과로 수정 Z 게이트를 q_4에 적용하여 계의 상태를 $|\Psi_5\rangle = |\Psi_0\rangle$로 돌려놓는다.

Shor 코드는 큐빗 q_4, q_5 혹은 q_6 중 어느 것에 위상-플립이 일어났는지 구분할 수 없다는 것을 주목하여라. 구별하지 못하는 능력을 **오류 중복**이라고 하고, 이것은 다른 오류가 같은 신드롬을 만드는 현상이다. 그러나 정확한 큐빗을 끄집어내지 못하는 것은 오류를 수정하는 능력을 방해하지는 않는다. Shor 코드는 실질적으로 어느 큐빗이 영향을 받는지 알 필요 없이 위상-플립을 수정할 수 있다.

6 일반적인 단일 큐빗 오류

q_5에 작용하는 단일 큐빗 오류가

$$|0\rangle \to a|0\rangle + b|1\rangle, \tag{13.63a}$$
$$|1\rangle \to c|0\rangle + d|1\rangle \tag{13.63b}$$

이 되도록 하면, 이것은 일반적인 오류 연산자

$$E_5 = \begin{bmatrix} a & b \\ c & d \end{bmatrix} \tag{13.64}$$

로 표현할 수 있다.

이로 인한 계의 상태는 다음과 같이 쓸 수 있다.

$$\begin{aligned} |\Psi_3\rangle = &\frac{\delta}{\sqrt{8}}(\cdots)\,(a|000\rangle + b|0\underline{1}0\rangle + c|\underline{1}0\underline{1}\rangle + d|111\rangle)\,(\cdots) \\ &+\frac{\gamma}{\sqrt{8}}(\cdots)\,(a|000\rangle + b|0\underline{1}0\rangle - c|\underline{1}0\underline{1}\rangle - d|111\rangle)\,(\cdots). \end{aligned} \tag{13.65}$$

비트-플립 오류와 위상-플립 오류를 분류하기 위해 다음 관계 $p+q=a$, $p-q=d$, $u+v=b$와 $u-v=c$를 도입한다. 그러면 위의 항은 표 13.4에 나타낸 대로 재배열된다.

▌표 13.4▐ 9-큐빗 Shor 코드에 대한 오류 신드롬

$\lvert\Psi_3\rangle$에 있는 항	$s_{3,4,7,8}$	오류
$\frac{p}{\sqrt{8}}(\cdots)(\delta(\lvert 000\rangle + \lvert 111\rangle) + \gamma(\lvert 000\rangle - \lvert 111\rangle))(\cdots)$	0000	오류 없음
$\frac{q}{\sqrt{8}}(\cdots)(\delta(\lvert 000\rangle \underline{-} \lvert 111\rangle) + \gamma(\lvert 000\rangle \underline{+} \lvert 111\rangle))(\cdots)$	0010	위상 플립
$\frac{u}{\sqrt{8}}(\cdots)(\delta(\lvert 0\underline{1}0\rangle + \lvert \underline{1}0\underline{1}\rangle) + \gamma(\lvert 0\underline{1}0\rangle - \lvert \underline{1}0\underline{1}\rangle))(\cdots)$	1000	비트 플립
$\frac{v}{\sqrt{8}}(\cdots)(\delta(\lvert 0\underline{1}0\rangle \underline{-} \lvert \underline{1}0\underline{1}\rangle) + \gamma(\lvert 0\underline{1}0\rangle \underline{+} \lvert \underline{1}0\underline{1}\rangle))(\cdots)$	1010	비트와 위상 플립

표 13.4에 요약한 대로 일반적인 단일 큐빗 오류는 네 가지 경우 중 하나로 나타난다.

1. 오류 없음.
2. X 게이트를 이용하여 수정하는 비트 플립.
3. Z 게이트를 이용하여 수정하는 위상 플립.
4. X와 Z 게이트를 모두 이용하여 수정하는 비트와 위상 플립.

연습문제 13.17

일반적인 단일 큐빗 오류가 q_5 대신 큐빗 q_7에서 일어났다고 가정하여 표 13.4와 비슷한 오류 신드롬과 수정표를 만들어라. 각 경우에 대해 그림 13.17에서 적절한 수정 게이트를 찾아라.

다른 방법으로는 오류 연산자 E_5를 Pauli 기준에서

$$E_5 = pI + qZ + uX + ivY \tag{13.66}$$

으로 분해하여 표 13.4의 결과를 유도할 수 있다.

결과적으로 Pauli 잡음 채널을 이용한 9-큐빗 Shor 코드를 분석할 수 있고(§13.2.2 참조), 이것은 다음과 같이 표현할 수 있다.

$$\mathcal{N}_{\mathrm{Pauli}}(\rho) = (1 - s_x - s_y - s_z)I\rho I + s_x X\rho X + s_y Y\rho Y + s_z Z\rho Z\,. \tag{13.67}$$

여기서 s_x, s_y와 s_z는 각 Pauli 오류의 확률이다. 경우 (1)은 Pauli 채널에서 I에 해당하고, 경우 (2)는 X에, 경우 (3)은 Z에, 그리고 경우 (4)는 Y에 해당한다.

띄엄띄엄한 신드롬을 이용한 연속적인 오류의 해결

특정한 문제가 일어난다. 연속적인 계수 a, b, c와 d에 의해 어떻게 일반적인 오류의 특징을 나타낼 수 있는가?

답은 양자 측정의 기본적인 성질에 있다. 계에 비트-플립과 위상-플립의 패러티 확인 측정을 수행할 때 계의 상태는 측정 결과에 근거하여 비트 플립, 위상 플립, 어떤 것도 일어나지 않는 것 중의 하나로 붕괴한다. 이 내재하는 양자적 행동으로 오류의 범위를 유한한 집합의 띄엄띄엄한 확인으로 찾을 수 있다.

이것을 이해하는 다른 방법은 각각 비트-플립, 위상-플립과 비트와 위상-플립을 결합한 오류를 표현하는 Pauli 연산자 X, Z와 $Y = iXZ$의 역할을 고려하는 것이다. 항등 연산자 I와 함께 이 연산자들은 모든 단일 큐빗 연산자의 직교 기준을 이룬다. 임의의 단일 큐빗 오류는 이 연산자의 선형결합으로 표현할 수 있다. 패러티 확인 측정을 수행했을 때 양자 상태는 실질적으로 연속적인 오류를 특정한 수정 가능한 오류로 투영하는 I, X, Y 혹은 Y에 해당하는 띄엄띄엄한 오류 신드롬으로 붕괴한다.

연습문제 13.18

다음의 논리 큐빗 인코딩은 임의의 단일 큐빗 오류에 대해 보호할 수 있는가?

$$|0\rangle \mapsto |0_L\rangle = |000000000\rangle\,,$$
$$|1\rangle \mapsto |1_L\rangle = |000000000\rangle\,,$$

혹은

$$|0\rangle \mapsto |0_L\rangle = |+++++++++\rangle\,,$$
$$|1\rangle \mapsto |1_L\rangle = |---------\rangle\,.$$

7 디코딩

디코더의 역할은 논리 큐빗 상태 $\gamma|0_L\rangle+\delta|1_L\rangle$을 $U|\psi\rangle$에 대응하는 원래 상태 $\gamma|0\rangle+\delta|1\rangle$로 돌려놓는 것이다. 9-큐빗 Shor 코드에서 비트-플립 코드의 디코딩은 본질적으로 신드롬 측정과 오류 복구 과정 동안 수행된다. 그러므로 위상-플립 코드만 뚜렷이 디코딩할 필요가 있다. 이것은 그림 13.16에 나타낸 대로 Hadamard(H) 게이트와 CNOT 게이트를 인코딩 단계로부터 순서를 뒤집어 적용하여 얻는다.

8 단순화된 과정

양자 계산은 전형적으로 여러 게이트를 통해 수행한다. 오류가 쌓여 어떤 임계값을 넘어서면 인코딩 상태를 떠나지 않고 오류 검출과 상태 복구를 수행한다. 그림 13.16과 13.17에 나타낸 Shor 코드는 Ψ_0와 Ψ_4 사이의 단계를 반복할 수 있게 하여 이것을 부분적으로 이룬다. 그러나 Ψ_1과 Ψ_3 사이의 단계를 반복하는 것은 가능하지 않다. 왜냐하면 비트-플립 디코딩은 위상-플립 복구 이전에 일어나야 하기 때문이다.

Shor 코드는 또한 잡음이 존재할 때 양자 상태를 전송하는 양자통신에도 적용할 수 있다. 이 경우 중간 단계를 반복하는 것은 종종 필요하지 않아서 그림 13.18에 나타낸 대로 단순화된 회로가 가능하다.

이렇게 단순화된 형태에서 오류 수정 과정은 디코딩 후로 연기할 수 있어서 보조 큐빗에 대한 필요를 없앨 수 있다. 이것을 보이기 위해 q_1, q_2, q_3에 작용하는 비트-플립 오류를 고려하자. 오류가 q_2나 q_3에 일어나지만 q_1에는 일어나지 않는다면 q_1을 수정할 필요는 없다. 먼저 q_1에 기준상태 $|0\rangle$을 시험하면 회로는 원하는 대로 행동한다. 왜냐하면 신드롬 측정을 하면 01 또는 10을 만들고, 이것은 이중 제어 X 게이트를 작동시키지 않을 것이기 때문이다. 역으로 오류가 q_1에 일어나고 q_2나 q_3에 일어나지 않는다면 신드롬 측

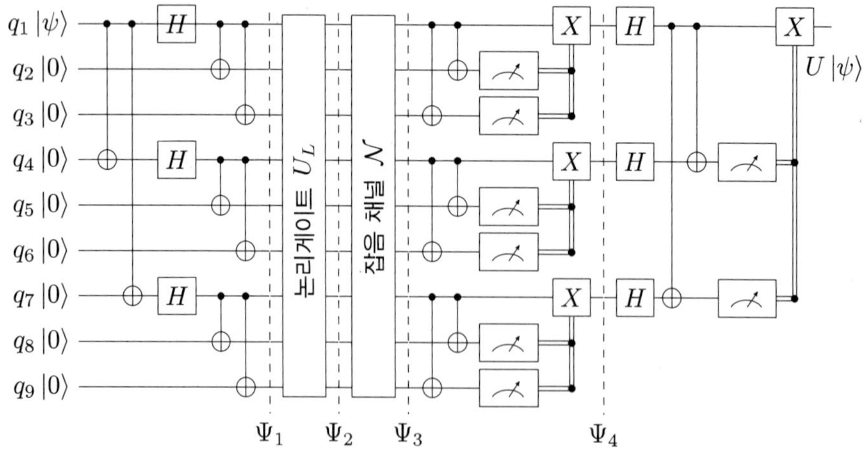

❙ 그림 13.18 ❙ 일회성 연산에 대해 단순화된 9-큐빗 Shor 코드

정을 하면 11을 얻고, 오류를 수정하기 위해 q_1에 X 게이트를 작동시킨다.

추가적으로 지연 관측 원리를 이용하면(§7.4.5) 신드롬 측정과 한 개의 CCNOT 게이트가 있는 고전적인 제어 X 수정으로 바꿀 수 있다.

연습문제 13.19✱

그림 13.18에서 설명한 9-큐빗 Shor 코드의 간단한 형태에 대해 각각의 단일 큐빗 오류인 비트-플립, 위상-플립과 일반적인 오류에 대해 (Ψ_1에서 Ψ_4까지) 다른 단계에서 계의 상태를 유도하여라.

9 제한

Shor 코드는 임의의 단일 큐빗을 수정하는 반면 동시에 다중 큐빗 오류를 취급하는 것은 더 복잡하다. 그러나 이와 같은 경우는 훨씬 덜 흔하고 확률의 크기는 ϵ^2 정도가 되어, 특히 단일 큐빗 오류 비율 ϵ이 충분히 작을 때 단일 큐빗 오류와 비교할 때 훨씬 덜 일어난다.

비록 Shor 코드와 같은 반복 코드는 실질적으로 오류수정의 원리를 나타내지만 실용적으로 사용하기에는 비효율적이다. 이로 인해 7-큐빗 Steane 코드와 같은 더 효율적인 코드를 개발하게 되었다. 이러한 고급의 오류수정 코드를 탐구하려면 안정화자 수식화같은 추가적인 수학적 도구가 필요하고, 이것은 다음 절에서 소개할 것이다.

13.3.4 ✱패러티 측정, 안정화자와 코드 거리

패러티 측정, 안정화 코드와 코드 거리의 개념은 양자 오류수정 코드를 공부할 때 중요하다. 이 원리는 고급 오류 수정 방법의 분석과 설계에 모두 중요하다. 이 부속절에서 이러한 주요 개념을 탐구하고, Shor 코드로부터 나온 예제를 통해 그 응용을 보이겠다.

R 이 주제를 완전히 이해하려면 QC Math[1], 12장: *Pauli Matrices, Strings, and Groups*를 참조하여라.

1 패러티 측정

패러티 측정은 §6.2.2에서 도입한 대로 다중 큐빗에 수행하는 합성 측정의 형태이다. 2-큐빗계에 대해 연산자 $P_Z \equiv Z\otimes Z$는 짝과 홀의 반전성 상태를 구별할 수 있다.

$$|\psi_{\text{even}}\rangle \equiv \alpha\,|00\rangle + \beta\,|11\rangle\,, \quad |\psi_{\text{odd}}\rangle \equiv \gamma\,|01\rangle + \delta\,|10\rangle. \tag{13.68}$$

주요 개념은 $|\psi_{\text{even}}\rangle$은 P_Z의 +1의 중복된 고유상태인 반면, $|\psi_{\text{odd}}\rangle$는 −1 고유상태에 해당한다는 것이다.

$$P_Z\,|\psi_{\text{even}}\rangle = |\psi_{\text{even}}\rangle\,, \quad P_Z\,|\psi_{\text{odd}}\rangle = -\,|\psi_{\text{odd}}\rangle. \tag{13.69}$$

마찬가지로 연산자 $P_X \equiv X\otimes X$는 위상 패러티를 측정할 때 사용하여 $\alpha|++\rangle$

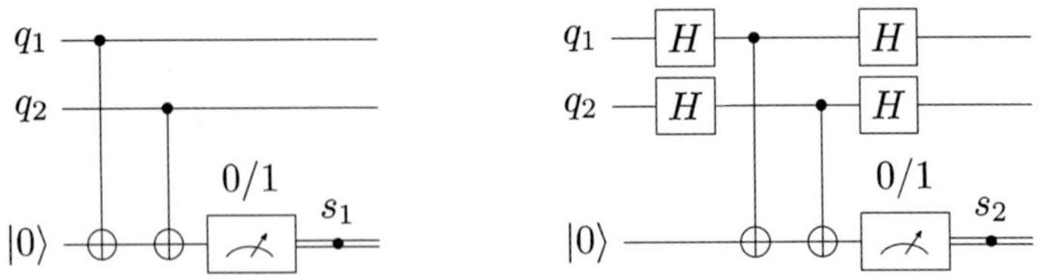

(a) 패러티 측정 (b) 위상 패러티 측정

▌그림 13.19▐ Shor 코드에서 사용하는 패러티 측정

$+\beta|--\rangle$와 $\gamma|+-\rangle+\delta|-+\rangle$를 구분하고, 이들은 P_X의 +1과 −1의 고유상태에 해당한다.

이 두 형태의 패러티 측정은 그림 13.19에 나타낸 대로 구현할 수 있다. 양자 회로는 친숙해야 한다. 왜냐하면 앞의 부속절에서 Shor 코드에 대해 논의할 때 이러한 패러티 측정을 이용하였다. 특히 비트 플립과 관련된 오류 신드롬 측정에 대해서는 P_Z를 이용하였고, 한편 P_X는 위상 플립과 관련된 오류 신드롬 측정을 할 수 있다.

다음으로 논의하는 안정화자 수식화는 패러티 측정 개념을 일반화할 것으로 볼 수 있다.

2 안정화자 수식화

안정화자 수식화를 이용하면 양자 오류 수정의 관점에서 양자 상태와 연산을 기술하고 조작하는 효율적인 체계를 만들 수 있다. 직접 Hilbert 공간에서 보지 않고 이 수식화는 양자 상태와 연산을 안정화 군을 형성하는 안정화자 연산자의 집합을 이용하여 표현한다.

안정화자는 주어진 양자 상태를 변하지 않게 하는 교환되는 연산자의 집합이다. $|\psi\rangle$가 양자 상태이고, S가 안정화자 군 안에 있는 연산자라고 하면 $S|\psi\rangle=|\psi\rangle$이다. 안정화자 연산자의 −1 고유상태는 오류(혹은 신드롬) 상태라고 한다. 왜냐하면 이 값은 오류가 일어났다는 것을 나타내기 때문이다.

안정화자로서 패러티 측정

앞에서 도입한 패러티 측정은 안정화자 측정으로 해석할 수 있다. 예를 들어 연산자 P_Z는 짝 패러티 상태 $|\psi_{\text{even}}\rangle$을 안정화하는 반면 홀 패러티 상태 $|\psi_{\text{odd}}\rangle$는 오류 상태에 해당한다. Shor 코드의 관점에서 홀 패러티 상태는 단일큐빗 비트-플립 오류에 해당한다. 마찬가지로 연산자 $P_X \equiv X \otimes X$는 위상 오류를 측정하는 위상 패러티에 대한 안정화자로 작용한다.

따라서 패러티 측정은 안정화자 측정의 특정한 예이다. 측정 결과는 상태가 연산자에 의해 안정화되었는지(+1 고유상태), 혹은 다른 고유공간으로 뒤집혔는지(−1 고유상태)를 나타내어 오류수정에 대한 중요한 오류 신드롬 정보를 제공한다.

두 큐빗을 넘어서

안정화자 수식화에 의하면 더 복잡한 양자 오류수정 코드를 간결하게 표현할 수 있다. 예를 들어 3-큐빗 비트-플립 코드에서 인코딩된 논리 상태는 $|\psi\rangle_L = \alpha|000\rangle + \beta|111\rangle$이다. 코드 공간으로 알려진 코드의 오류가 없는 상태는 안정화자 ZZI, IZZ와 ZIZ로 기술한다. 항등 연산자 III와 더불어 이 안정화자는 군을 이루고 코드 공간 안에 있는 모든 상태는 이 안정화자의 +1의 동시 고유상태이다.

안정화자는 코드 공간 내부에서 허용되는 상태를 제한한다. 오류가 일어났을 때 이것은 한 개 혹은 그 이상의 안정화자 고유값을 변화시킨다. 안정화자를 측정하면 인코딩된 논리 정보를 모두 보존하면서 어느 큐빗에 오류가 생기는지 알고 수정할 수 있다. 왜냐하면 논리 게이트는 안정화자의 고유상태로 남아 있기 때문이다.

예를 들어 3-큐빗 비트-플립 코드에서(그림 13.13 참조) 오류 신드롬 검출에는 두 개의 패러티 측정이 필요하다. 하나는 첫 번째와 두 번째 큐빗 사이이고, 다른 하나는 첫 번째와 세 번째 큐빗 사이에서 일어난다. 이 측정은 각각 안정화자 ZZI와 ZIZ를 측정하는 것에 해당한다. 임의의 두 안정화자의 곱은 세 번째 안정화자가 되므로 오류를 검출하고 수정할 때 두 개의 안정화자 측정만 필요하다.

9-큐빗 Shor 코드 다시 보기

9-큐빗 Shor 코드에 대해 안전화자 군은 다음가 같이 모든 9개의 큐빗에 작용하는 연산자로 구성되어 있다.

$$\begin{array}{cccc} ZZIIIIIII, & ZIZIIIIII, & IIIZZIIII, & IIIZIZIII, \\ IIIIIIZZI, & IIIIIIZIZ, & XXXXXXIII, & IIIXXXXXX. \end{array}$$

이 연산자는 **안정화자 생성자**로 알려진 독립적인 안정화자의 최소 집합을 이루고 코드 공간을 유일하게 정의한다. 코드 공간에 있는 모든 상태는 이 각각의 안정화자에 대한 +1 고유상태이다.

이러한 안정화자 생성자는 그림 13.17에 나타낸 대로 오류 신드롬 검출 회로에서 측정한 연산자이나. 그 측정으로 인해 인코딩된 양자 정보를 방해하지 않고 비트-플립(X)와 위상-플립(Z)를 모두 찾아내고, 수정할 수 있다.

$IXXIIIIII$와 $XXXIIIXXX$와 같은 추가적인 안정화자도 있지만 이들은 안정화자 생성자의 곱으로 만들 수 있다. 이러한 추가적인 안정화자를 측정하는 것은 오류 신드롬에 대한 새로운 정보를 주지 않는다.

연습문제 13.20

다음은 9-큐빗 Shor 코드의 안정화자가 아니라는 것을 보여라.

$$ZIIZIIIII, \quad ZZZIIIIII, \quad XXXIIIIII, \quad ZZZZZZIII.$$

논리게이트

논리게이트는 코드 공간 내에서 상태를 유지하면서 계산을 수행하는 인코딩된 논리 큐빗에 작용하는 유니타리 연산자이다. 이것은 코드 공간의 구조를 유지하기 위해 모든 안정화자와 교환하거나 각 안정화자를 다른 안정화자로 변환해야 한다.

이것이 어떻게 작동하는지 보기 위해 안정화자 S_i와 논리 게이트 L을 고려하자. 이들이 교환한다면

$$S_i(L|\psi\rangle) = (S_iL)|\psi\rangle = (LS_i)|\psi\rangle = L(S_i|\psi\rangle) = L|\psi\rangle \tag{13.70}$$

이 성립한다. 이것은 L을 적용한 후 상태는 S_i에 의해 안정화된 상태로 남아서 상태는 코드 공간 내부에 있다는 것을 보장한다.

다르게 보면 논리게이트 L의 켤레를 통해 각 안정화자 S_i를 다른 안정화자 S_j로 변환한다면

$$LS_jL^\dagger = S_i, \quad \text{혹은, 동등하게} \quad LS_j = S_iL. \tag{13.71}$$

다음 관계가 성립한다.

$$S_i(L|\psi\rangle) = LS_j|\psi\rangle = L|\psi\rangle. \tag{13.72}$$

이것은 $L|\psi\rangle$는 코드 공간을 보존하면서 모든 안정화자 S_i에 의해 안정화된다.

예를 들어 9-큐빗 Shor 코드에서 논리 X_L 게이트는 $Z_1Z_4Z_7$, 혹은 동등하게 $ZIIZIIZII$를 각 블록의 첫 번째 큐빗에 작용하여 실현할 수 있다. 이 연산은 코드 공간을 떠나지 않고 인코딩된 큐빗을 뒤집는다. 왜냐하면 X_L은 모든 안정화자와 교환하기 때문이다.

마찬가지로 논리 Z_L 게이트는 첫 번째 블록에 있는 모든 세 큐빗에 작용하는 $X_1X_2X_3$를 적용하여 실현할 수 있다. 이것은 코드 공간을 보존하면서 인코딩된 상태에 위상 플립을 적용한다.

연습문제 13.21

논리게이트 X_L과 Z_L 모두 위에서 나열한 모든 안정화자 생성자와 교환한다는 것을 확인하여라.

3 코드 거리

보통 d로 표기하는 코드 거리는 양자오류 수정에서 중요 척도이다. 이것은 코드의 신드롬 측정으로 검출되지 않고, 한 암호(즉 3-큐빗 비트-플립 코드에서 $|0_L\rangle = |000$이나 $|1_L\rangle = |111$과 같은 인코딩된 기준 상태)를 다른 암호로 변환할 때 필요한 큐빗 오류의 최소값이다. 코드 거리가 크면 더 많은 오류를 검출하고 수정할 수 있어서 양자계산에서 내결함성과 신뢰도를 높일 수 있다.

예를 들어 3-큐빗 비트-플립 코드는 임의의 단일 비트-플립 오류를 수정할 수 있다(예

컨대 XII). 이것은 또한 XXI와 같은 이중 비트-플립 오류를 검출할 수는 있지만 IIX와 같은 단일 오류에서 나타나는 신드롬 모호성으로 인해 수정할 수는 없다. 이 코드에서 비트-플립 오류의 코드 거리는 $d=3$이다. 왜냐하면 검출되지 않고 $|0_L\rangle$을 $|1_L\rangle$로 변환할 때 세 개의 비트-플립 오류(예컨대 XXX)가 필요하기 때문이다.

그러나 이 코드는 위상-플립 오류를 검출하거나 수정하려고 설계한 것이 아니므로 위상-플립 오류에 대한 코드 거리는 단지 $d=1$일뿐이다.

대조적으로 9-큐빗 Shor 코드는 임의의 9개 큐빗에 있는 임의의 단일 오류를 수정하도록 설계하였다. 신드롬 측정으로 찾지 못하는 인코딩된 상태를 변화시키는, 검출되지 않는 논리 오류를 도입하려면 적어도 임의의 세 오류가 필요하다. 따라서 9-큐빗 Shor 코드는 비트-플립과 위상-플립 모두 코드 거리는 $d=3$이다.

실용적인 의미

코드 거리 d가 커지면 오류 검출과 수정 능력이 커져서 양자 코드가 실패하기 전 더 많은 오류를 견딜 수 있다. 예를 들어 고급 양자오류 수정 코드의 한 종류인 표면 코드에서 코드 거리를 증가시키면 논리 오류비율은 지수함수적으로 감소한다. 왜냐하면 더 많은 오류는 인코딩된 정보를 파괴해야 하기 때문이다. 그 결과로 코드 거리가 길어지면 내결함성을 상당히 개선하여 실패의 확률이 더 낮게, 더 오랜 시간 동안 양자계산을 수행할 수 있다(§13.1.2 참조).

거대 규모 양자컴퓨터에서 오류 수정 코드는 더 큰 코드 거리(예컨대 $d=7$ 혹은 그 이상)이 있어야 내결함성을 얻을 수 있다. 이 코드는 잡음, 하드웨어의 불완전성 혹은 환경적인 요인에 의해 일어나는 여러 오류에 대해 보호한나. 디 큰 코드 거리를 얻으려면 단일 논리큐빗을 인코딩하기 위해 더 많은 물리적 큐빗이 필요하고, 이로 인해 계의 복잡성과 하드웨어 수요가 증가한다. 내결함성을 자원 효율과 균형을 맞추는 것이 확장성이 있는 양자컴퓨터 개발에서 주요 문제이다.

13.3.5 ✶ 추가 탐구

양자오류 수정(QEC)은 거대한 내결함성 양자컴퓨터를 개발할 때 중요하다. 실제 세계의 양자 장치에는 여러 형태의 잡음이 나타나므로 이러한 오류를 이해하고 완화하는 것이 중요하다. QEC 전략과 잡음 감소 기술을 더 탐구하고 싶은 독자에게는 다음의 주제와 참고문헌을 추천한다.

1 효율적인 QEC의 발전

양자 오류수정 코드는 양자컴퓨팅의 기초를 이룬다. 9-큐빗 Shor 코드는 이러한 첫 번째 종류이고, 더 효율적인 코드가 파생되었다. 예를 들어 Steane의 코드는 1 개의 논리큐빗을 인코딩하기 위해 7큐빗만을 사용하여 임의의 단일큐빗 오류를 수정한다[97]. 이후 Laflamme과 동료들은 5큐빗만 필요로하는 코드를 개발하였다[98].

다른 중요한 종류는 표면 코드이고, 이것은 큐빗의 이차원 결정 위에 구현한 위상적인 양자 오류수정 코드이다[99]. 이들은 일반적으로 Steane의 코드보다 더 많은 큐빗이 필요하지만 표면 코드는 최인접 상호작용이 있는 이차원 그리드에서 작용할 때 높은 내결함성과 능력으로 그 가치가 높다.

최근의 획기적 발전에서 Google Quantum AI는 표면 코드를 이용하여 내결함성 임계값 아래에서 작용하는 내결함성 양자 오류수정을 보였다[95,100]. 이 실험에는 초전도 프로세서 사이에서 구현한 원거리 표면 코드를 이용하였다. 코드 거리가 증가할수록 논리 오류 비율은 지수함수적으로 작아져서 중요한 발전을 이루었다. 주목할 것은 거리가 7인 논리 큐빗이 계에서 최선의 물리적 큐빗을 능가하여 개별적인 성분의 수명보다 훨씬 큰 수명을 만들었다. 추가적으로 실시간 디코딩을 성공적으로 구현하여 양자계산에서 장기간 안전성을 유지하기 위한 중요한 특성이 되었다. 이 실험은 거대 규모, 내결함성 양자컴퓨팅으로 가는 주요 시금석이 되었다.

최근의 개발에는 저밀도 패러티 검사(Low-Density Parity Check: LDPC)가 있고, 이것은 전통적인 방법과 비교할 때 효율면에서 열 배까지 증가할 것으로 예상하고 있다[101]. 이 코드는 큐빗 유지비를 줄여서 확장성이 있는 양자컴퓨팅이 더 가능해진다.

소거 변환으로 알려진 새로 나타나는 기술은 다양한 양자 오류를 수정하기 쉬운 소거 오류로 변환한다. 이 방법은 오류수정 과정을 단순화하고, 양자컴퓨팅 효율을 개선하는 유망한 접근 방법으로 보고 있다[102, 103].

2 QEC에 대한 일반적인 참고 문헌

1. Quality, Speed, and Scale: Key Attributes of Near-Term Quantum Computers [104]: 이 논문은 단기적인 양자컴퓨터의 수행 평가에 주요 요인을 강조한다.
2. Foundations of Quantum Error Correction [99]: 컴퓨터 과학자를 위해 제공하는 QEC의 원리, 실용적인 코드와 NISQ 컴퓨터의 문제에 대한 포괄적인 소개를 한다.

3 내결합성 임계값

1. Comparison of Quantum Error-Correction Threshold for Exact and Approximate Errors [105]: 이 연구는 양자 코드를 평가하고 Steane의 코드 같은 코드에서 잡음 근사를 개선하기 위해 안정화자 회로에 대해 시뮬레이션을 한다.

4 오류 완화와 시뮬레이션

1. How to Simulate Quantum Measurement Without Computing Marginals [106]: 양자 측정을 하는 동안 주변을 계산할 필요를 피하는 새로운 시뮬레이션 방법.
2. Error Mitigation for Universal Gates on Encoded Qubits [107]: 이 연구는 인코딩된 큐빗에 작용하는 범용 게이트에 대해 고급 오류 완화 기술을 탐구한다.
3. Mitigating Coherent Noise Using Pauli Conjugation [108]: 이 논문은 Pauli 복소켤레

를 이용하여 결맞은 잡음을 완화하는 방법을 제안한다.

4. Mitigating Depolarizing Noise on Quantum Computers [109]: 계산 충실도를 증가시키기 위해 탈분극 잡음에 대응하는 회로에 대한 통찰력.

5 기하학적, 위상적 양자계산

기하학적 양자계산(Holonomic Quantum Computation: HQC)과 위상적 양자계산(Topological Quantum Computation: TQC)은 양자계의 비국소적인 성질을 이용하여 어떤 오류에 대해 내재적으로 저항하게 만든다. HQC는 매개변수 공간에서 (예컨대 Bloch 구에서) 순환 운동을 통해 얻는 기하학적 위상을 이용하여 국소적 오류에 대한 회복력을 제공한다.

대조적으로 TQC는 양자 Hall 상태와 같은(§6.3.4 참조) 이차원계에서 나타나는 색다른 준입자인 애니온이 꼬여있는 것에 의존한다. TQC의 위상적인 성질로 인해 국소적 장애에 대해 강력하게 보호할 수 있어서 내결함성이 있는 양자컴퓨팅에 대한 유망한 접근 방법이 된다.

2024년 초기까지 HQC는 실험적으로 입증된 반면 TQC는 애니온의 제어된 관측과 꼬임에 중요한 문제가 있어서 대체적으로 이론적인 주제로 남아 있다.

더 탐구하려면 독자에게 다음을 추천한다.

1. Enhancing Error Resilience Using Geometric Phase-Based Quantum Gates [110]: 오류 회복 성질과 QEC 방법과 양립성을 설명하는 HQC의 소개.
2. *Introduction to Quantum Mechanics* [11]에서 Berry의 위상: Berry의 위상에 대한 개념과 응용을 보여주는 교재의 한 절.
3. Quantum Algorithm Design Exploiting Geometric and Holonomic Gates [111]: 기하학적인 게이트가 새로운 알고리즘을 고안할 때 어떻게 사용하는가에 대한 개요.
4. Harnessing Non-Abelian Phases for Robust Quantum Information Processing [112]: Majorana 페르미온과 같은 잠재적인 플랫폼에 집중하여, TQC에서 비아벨리안 위상의 역할에 대한 소개.
5. Non-Abelian Anyons: A Conerstone of Fault-Tolerant Quantum Computation [113]: 내결함성 양자게이트에 대한 잠재력을 강조하며 TQC에서 비아벨리안 애니온과 그 통계에 대한 심층적인 탐구.
6. Topological Quantum Computation Assisted by Phase Transitions [114]: 이 논문은 위상 양자계산에서 최근 발전을 탐구하고, 비아벨리안 애니온의 유일한 성질과 양자 Hall 상태와 같은 물리계에서 이를 실현하려는 계속되는 노력을 조사한다.

13.4 요약 및 결론

양자 오류수정의 요점

이 장에서 내결함성 양자컴퓨팅을 발전시킬 때 핵심적인 분야인 양자 오류수정(QEC)의 기초를 탐구하였다. 양자계는 잡음과 디코히어런스에 매우 민감해서 이들은 양자 정보의 안정성을 위협하는 오류를 만들 수 있다. 이러한 오류, 근원과 이들을 어떻게 수정하는지 이해하는 것이 실용적인 양자 장치를 만들 때 중요하다.

양자 잡음과 결깨짐의 성질에 초점을 맞추어 필수적인 개념에 대한 기초 작업을 시작하였다. 다른 형태의 잡음과 오류의 구분을 통해 결맞음과 정확도를 유지하는 양자계의 유일한 문제를 이해하기 위한 체계를 제공하였다.

오류 구조와 오류 수정

다음으로 양자계에 영향을 주는 다양한 오류 구조를 고려하였다. 체계적이고 예측할 수 있는 결맞은 오류와 무작위적이고 환경과 상호작용하여 일어나는 결맞지 않은 오류를 조사하였다. 비트-플립, 위상-플립과 탈분극 오류와 같은 예제를 통하여 이러한 오류가 양자 계산에 미치는 영향을 강조하였다.

이러한 오류에 대응하기 위해 양자 오류수정 코드를 탐구하였다. 기초적인 3-큐빗 비트-플립과 위상-플립 코드에 대해 논의하고, 9-큐빗 Shor 코드와 같은 더 복잡한 코드로 확장하였다. 또한 패러티 측정, 안정화자와 코드 거리와 같은 주요 개념을 조사하였고, 이들은 오류를 검출하고 수정할 때 중요한 역할을 하여 인코딩된 양자정보의 안전성을 보장한다.

이론과 실제의 연결

이 장에서 또한 이론과 실세 사이의 간격을 연결하려고 하였다. 밀도연산자와 같은 수학적 수식화를 실제 세계의 오류구조와 연결시켜 독자들이 양자 오류수정에서 이론적인 탐구와 실용적인 실험을 준비할 수 있는 포괄적인 관점을 제시하였다.

여기서 논의는 QEC 안에서 문제와 해결 방법에 대한 이해의 기초를 제공하여 독자가 이 역동적인 분야에서 더 발전된 주제에 참여할 수 있도록 준비할 수 있게 하였다.

이후의 주제

다음 장에서는 양자 정보이론으로 전환하는데 양자와 고전적인 확률의 비교로부터 시작한다. 양자 엔트로피, 양자정보와 양자 데이터 처리 부등식과 Holevo 정리와 같은 고급 개념을 소개할 것이다. 이 논의에서 이론적, 실용적인 중요성에 집중할 것이고, 특히 양자통신과 암호학을 고려하겠다.

문제 13

13.1 처음에 상태 $|\psi\rangle = \alpha|0\rangle + \beta|1\rangle$에 있는 큐빗을 고려하자. 결과 상태를 밀도연산자로 표현하고, Bloch 구 위의 변화로 시각화하여 다음의 결맞지 않은 오류의 효과를 조사하여라. 이 오류에 대한 자세한 논의는 §13.2.2에서 찾을 수 있다.

(a) 비트-플립 오류
(b) 위상-플립 오류
(c) 탈분극 오류
(d) 위상 소실 오류
(e) 진폭 감쇠 오류
(f) Pauli 채널 오류

13.2 처음에 Bell 상태 $|\Phi^+\rangle = \frac{1}{\sqrt{2}}(|00\rangle + |11\rangle)$에 있는 2-큐빗계를 고려하자. 다음의 결맞지 않은 오류를 겪은 후 밀도연산자로 표현한 계의 상태를 분석하여라. 이 오류에 대한 자세한 논의를 보려면 §13.2.2를 참조하여라.

(a) 2-큐빗 비트-플립 오류
(b) 2-큐빗 위상 소실 오류
(c) 2-큐빗 Pauli 채널

13.3 균일한 기술 기준에 대체적으로 의존하는 고전적인 컴퓨터와는 달리 양자컴퓨터는 다양한 하드웨어 플랫폼을 이용하여 개발되고 있고, 각각 빠르게 발전하고 있다. 이 연습문제에서는 (예컨대 초전도 큐빗, 포획 이온 큐빗, 중성 원자 큐빗, 광기술계 등) 세 개의 다른 양자컴퓨팅 하드웨어 플랫폼을 선택하여라. 각각 선택한 플랫폼에서 다음에 대해 자세한 조사를 하여라.

- 월등하게 뛰어난 특정한 측면 및 응용.
- 당면한 문제와 제한

다른 것 중 결맞음 시간, 큐빗 연결성, 게이트 충실도, 오류 비율, 양자 부피와 확장성과 같이 §13.2.4에서 요약한 성능 지표 매개변수를 이용하여 강점과 약점을 정량화하여라.

위에서 구한 사실에 대한 발표 자료를 준비하고, 다음을 확실히 보여주도록 하여라.

- 각 하드웨어 플랫폼과 연산 원리를 분명히 정의한다.
- 비교 분석을 통해 각 플랫폼의 성능지표에 대해 논의하고 정량화하여라.
- 양자컴퓨팅의 미래 개발과 응용에 대한 이 지표의 의미를 강조하여라.

정확도와 관련성을 확보하기 위해 권위 있는 과학 저널, 기술 보고서와 연구기관의 공식 문서를 사용하는 것을 고려하여라.

이 연습문제의 목표는 양자컴퓨팅 기술의 다양한 범위와 그 분야에 끼치는 잠재적인 영향에 대한 이해를 깊게 하고자 하는 것이다.

13.4 ∗ 해밀토니안 $H_{ZX} = -\frac{\hbar\omega}{2}(Z \otimes X)$로 표현되는 의도하지 않은 ZX 결합으로 인해 생기는 2-큐빗 크로스토크 오류에 대해 조사하여라.

(a) 의도하지 않은 ZZ 결합은 §13.2.1에서 논의한 대로 계산 기준에서 위상 이탈을 일으키는 것으로 알고 있다. 의도하지 않은 ZX 결합으로 일어나는 오류의 형태에 대해 기술하여라.

(b) 식 13.8과 13.9에서 기술한 오류와 비슷한 방법으로 ZX 결합에 의한 크로스토크 오류에 대해 정량화하는 식을 유도하여라.

힌트: CNOT 게이트 구현의 관점에서 ZX 결합에 대한 논의와 그 의미를 보려면 §6.5.4를 참조하여라.

13.5 그림 13.13에 자세히 설명한 대로 Shor 3-큐빗 비트-플립 코드의 다른 형태를 만들어라. 이 변종에서 패러티 측정에 사용하는 큐빗쌍을 수정하여라. 큐빗쌍 (q_1, q_2)와 (q_1, q_3)를 이용하는 대신 (q_1, q_2)와 (q_2, q_3)의 쌍을 이용하여라.

13.6 그림 13.14에서 3-큐빗 위상-플립 코드의 오류 신드롬 측정에서 데이터 큐빗에 Hadamard 게이트의 두 집합을 이용한다. 같은 신드롬 측정 함수를 수행하지만 이러한 Hadamard 게이트를 이용하지 않는 회로를 설계하여라.

13.7 Y_L로 표기하는 논리 Pauli Y 게이트는 $\alpha|0_L\rangle+\beta|1_L\rangle$을 $-i\beta|0_L\rangle+i\alpha|1_L\rangle$로 변환한다. 9-큐빗 Shor 코드에 대한 논리 Y_L를 네 개의 다른 방법으로 설계하여라.

힌트: $Y=iXZ$임을 돌이켜 보아라. X_L과 Z_L의 예에 대한 연습문제 13.16을 참조하여라.

13.8 ✳ 구조적으로 9-큐빗 Shor 코드는 그림 13.15에 보인 대로 세 블록의 비트-플립 코드가 비트-플립 코드 내부에 끼어있는 것으로 이루어져 있다.

이 회로를 거울에 비친 회로를 조사하여라. 이 회로에서 세 블록의 위상-플립 코드가 비트-플립 코드 내부에 있다. 이 거울에 비친 배열은 여전히 인코딩, 논리 게이트, 오류 신드롬 측정과 수정 그리고 디코딩 단계를 통해 임의의 단일큐빗 오류에 대해 보호할 수 있는지 분석하여라.

13.9 ✱ 각각 9-큐빗 Shor 코드를 이용해 인코딩된 두 논리게이트(즉, 각 논리 큐빗은 9개의 물리적 큐빗으로 이루어져 있다) 사이에서 논리 CNOT 게이트를 설계하여라. 이 설계는 코드의 오류수정 성질과 양립하고 연산을 통해 내결함성을 유지하는지 확인하여라.

13.10 ✱ 다음과 같이 논리 큐빗을 인코딩하기 위해 그림 13.16과 비슷한 9-비트 인코더를 설계하여라.

$$|0\rangle \mapsto |0_L\rangle = \frac{1}{\sqrt{8}}\bigotimes_{i=1}^{3}(|+++\rangle+|---\rangle),$$

$$|1\rangle \mapsto |1_L\rangle = \frac{1}{\sqrt{8}}\bigotimes_{i=1}^{3}(|+++\rangle-|---\rangle).$$

여기서 세 큐빗의 각 블록은 $|+\rangle$와 $|-\rangle$ 상태의 중첩으로 인코딩되어 있고 블록을 거쳐 중복된다.

그리고 인코더에 근거하여 비트-플립과 위상-플립 오류를 모두 검출하고 수정할 수 있는 9-큐빗 오류수정 코드를 설계하여라. 오류가 어떻게 검출되는지 설명하고, 필요한 수정 단계를 기술하여라.

CHAPTER

14

양자정보의 기초

양자역학은 정보이론의 형태를 바꾸어 인코딩, 프로세싱과 정보 전달에 대해 새로운 방법으로 생각할 수 있다. 이 장은 Shannon의 업적에 기초한 고전적인 정보이론과 더 복잡한 양자정보 세상 사이의 간격을 메우려고 한다.

고전 정보 이론은 Shannon 엔트로피를 주로 이용하고, 이는 결정론적 법칙으로 결정되지만 불완전한 지식으로 인해 확률적으로 해석하는 계의 불확정도를 정량화한다. 이 확률적 구조는 고전 정보계에서 불확정도를 다룰 때 필수적이다.

그러나 양자정보 이론은 양자역학으로 결정되어 내재적으로 확률적이다. Born의 규칙으로 결정되는 양자계의 확률은 알지 못하는 것을 반영할 뿐만 아니라 양자 상태의 고유한 성질이다. 중첩과 얽힘과 같은 양자 개념은 Shannon의 개념을 양자 영역으로 일반화한 von Neumann 엔트로피를 이용하여 정보 처리에 대한 더 풍부한 구조를 만든다.

양자 엔트로피는 정보를 정량화하고 양자컴퓨팅과 통신의 필수적인 원천인 얽힘을 측정한다. 이러한 개념은 양자 알고리즘, 보안 통신과 양자 오류수정에 대한 기초가 된다.

이 장에서 이러한 기초를 탐구하여 연구자와 사용자에게 빠르게 발전하는 양자 정보과학 분야에서 종사할 수 있는 도구를 제공한다.

R 이 장에서 확률이론을 매우 많이 사용한다. 이 주제에 대한 확고한 기초를 얻으려면 QC Math[1], 14장: *Fundamentals of Probability*와 15장 *Stochastic Processes*를 공부하여라.

필요한 복습: 혼합 상태와 밀도연산자

혼합 상태와 밀도연산자는 12장에서 자세히 설명하였다. 여기서 이 장에 필수적인 개념과 공식을 간단히 요약하겠다.

- 혼합된 양자 상태는 여러 개의 잠재적인 순수 상태의 통계적 앙상블이다. 이것은 양자 불확정도와 고전적 불확정도를 모두 설명한다. 확률 p_i로 $|\psi_i\rangle \in \mathbb{C}^d$, $i=1, \cdots, n$의 혼합된 큐빗 상태는 밀도연산자로 기술할 수 있다.

$$\rho = \sum_{i=1}^{n} p_i \, |\psi_i\rangle\langle\psi_i| . \tag{14.1}$$

- 밀도연산자의 성질:
  - Hermitian: $\rho^\dagger = \rho$
  - 양의 준정부호: 모든 $|\psi_i\rangle \in \mathbb{C}^d$에 대해 $\langle\psi|\rho|\psi\rangle \geq 0$
  - 단위 대각합: $\text{tr } \rho = \sum_{i=1}^{d} \rho_{ii} = 1$
- 밀도연산자는 그 고유기준에서 대각선 형태를 가져서 양자계의 정준상태에 해당한다.

$$\rho = \sum_{i=1}^{d} \lambda_i \, |\lambda_i\rangle\langle\lambda_i| . \tag{14.2}$$

  여기서 $\lambda_i \geq 0$이고, $\sum_i \lambda_i = 1$이다.
- 유니타리 변환 $U \in \mathbb{C}^{d\times d}$는 ρ를 다음과 같이 변환한다.

$$\rho \to U\rho U^\dagger\,. \tag{14.3}$$

- 직교규격화 기준 $\{|\phi_i\rangle\}$에서 ρ를 측정하면 $|\phi_i\rangle$의 결과는 확률

$$p_i = \langle\phi_i|\,\rho\,|\phi_i\rangle = \mathrm{tr}(\rho\,|\phi_i\rangle\langle\phi_i|) \tag{14.4}$$

가 된다. 측정을 하면 측정 결과의 앙상블은

$$\rho_M = \sum_{i=1}^{d} p_i\,|\phi_i\rangle\langle\phi_i| \tag{14.5}$$

로 주어지고, 이것은 측정 기준에서 대각화되어 있다. 이것은 혼합 상태의 관점에서 상태 붕괴와 동등함을 나타낸다.

더 일반적인 POVM 측정 체계에서 POVM 연산자 E_i와 결과 i를 측정할 확률 p_i에 해당하는 측정 결과는 다음과 같이 주어진다.

$$p_i = \mathrm{tr}(\rho E_i)\,. \tag{14.6}$$

- A는 ρ_A로, B는 ρ_B로 기술하는 두 계의 독립적인 부속계로 구성된 합성계에 대해 결합된 밀도연산자는

$$\rho_{AB} = \rho_A \otimes \rho_B \tag{14.7}$$

로 주어진다.
- 밀도연산자의 부분 대각합은 계의 나머지 부분을 더하고(그리고 실질적으로 무시하여) 더 큰 계의 부분 집합에 집중하는 방법을 제공한다. 부속계 A의 부분 대각합, 혹은 부속계 B의 축소된 밀도연산자는 다음과 같다.

$$\rho_A = \mathrm{tr}_B(\rho_{AB}) = \sum_i \langle i|_B\,\rho_{AB}\,|i\rangle_B\,. \tag{14.8}$$

여기서 $\{|i\rangle_B\}$는 부속계 B의 Hilbert 공간에 대한 임의의 직교규격화 기준이다.

14.1 양자 확률 기초

양자정보 과학은 확률이론 원리에 깊은 뿌리를 두고 있다. 이 절에서 확률이론을 양자정보 과학에 적용할 때 그 기초적인 요소를 조사하겠다. 고전적인 체계 내에서 각 개념에 대한 논의로 시작하여 이에 대응하는 양자역학적 개념을 정립하겠다. 이 비교 분석으로 인해 양자 개념으로 전환하는 것이 더 직관적이도록 하고, 양자계에서 내재하는 확률적 성질을 더 분명하게 이해하도록 한다.

달리 말하지 않는 한 기호에 대한 다음의 관습을 따른다.

기호	의미
X, Y	확률 변수
x, y	확률 변수 X와 Y의 각 값
A, B, C	부속계 혹은 확률 사건
p	확률 혹은 확률분포
$p(x)$	X가 값 x를 가질 확률
$p(X)$	X의 확률분포
$H(p)$, $H(X)$	확률분포 p나 확률 변수 X의 Shannon 엔트로피
$S(\rho)$, $S(X)$	밀도연산자 ρ나 확률 변수 X의 von Neumann 엔트로피
$E[X]$	X의 고전적인 기대값(통계적 평균)
$\langle H \rangle$	관측량 H의 양자 기대값(통계적 평균)
σ_x, σ_y, σ_z	Pauli 연산자

14.1.1 양자 확률의 독특한 성질

양자 확률은 고전적 확률의 일반적인 구조를 포함하는 반면 확률적 현상에 대한 이해를 기본적으로 바꾸어 서로 구별하는 몇 가지 주요 특징을 도입한다.

1 복소수 확률 진폭

고전적인 확률에서 확률은 0과 1 사이의 실수이다. 그러나 양자역학에서는 복소수 값을 갖는 확률진폭을 이용한다. 이 진폭은 제곱하면 다양한 결과의 확률을 얻는다. 복소수를 이용하면 양자 상태가 동시에 여러 상태에 존재하는 양자 중첩 현상이 가능하다. 이 중첩이 양자역학의 기반이고 고전적 확률에서는 대응하는 것이 없는 간섭 현상을 일으킨다.

2 얽힘

얽힘은 고전계에서 존재하지 않는 양자계 사이의 상관관계를 도입한다. 두 입자가 얽히면 그 양자 상태는 강하게 연결되어 그 사이의 거리와 관계없이 한 입자의 상태는 다른 입자의 상태와 상관관계가 있다. 이로 인해 얽힌 각 성분의 독립적인 확률로 분해할 수 없는 합성 확률분포가 있다. 얽힌 계의 이 국소적 성질은 양자계의 확률에 대한 해석과 계산에 깊은 영향을 끼친다.

3 양자 관측량의 비교환성

양자 확률의 다른 기초적인 측면은 양자 관측량의 비교환적 성질이다. 두 연산자가 교환하지 않으면 측정의 정확한 순서가 관측 확률에 영향을 준다. 이것은 Heisenberg 불확정성 원리(§1.6 참조)에서 전형적으로 나타나고 이 원리에 의하면 직각 편광이나 원형 편광과 같은 어떤 관측량의 쌍은 임의의 정확도로 동시에 측정할 수 없다. 관측량의 비교환성으로 인해 고전적 확률이론에서 재생할 수 없는 복잡한 확률분포와 상관관계를 얻게 된다.

14.1.2 표본 공간, 사건과 확률분포

1 고전적 확률

확률 실험

고전 확률에서 확률 실험 또는 시행은 미리 정확하게 예측할 수 없는 가능한 결과에 대한 명백한 집합이 있는 과정으로 정의한다. 이와 같은 실험은 일관성있는 조건 하에서 재생되어 각각 반복한 것은 다른 시행과 무관하다.

표본 공간

$\Omega = \{s_1, s_2, \cdots, s_n\}$으로 표기하는 표본 공간은 유일한 결과를 표현하는 각 s_i를 갖는 모든 가능한 실험 결과를 포함한다. 이 공간은 이산적인 경우에는 유한하거나 가산 무한하고 두 가지기준을 만족해야 한다.

1. 완전성: 이것은 모든 잠재적인 결과를 포함해야 한다.
2. 상호 배반: 어떤 두 결과도 한 번 시행할 때 동시에 일어나지 않는다.

사건

E로 표기하는 사건은 표본 공간에 대한 임의의 부분집합 $E \subseteq \Omega$이다. 확률 실험의 결과가 E 내부에 포함되면 사건 E가 일어난다. 사건은 (한 결과로 이루어진) 기초 사건일 수도 있고 (여러 결과로 구성된) 합성 사건일 수도 있다.

예제 14.1

여섯 면이 있는 주사위를 굴리는 것은 확률 실험이고 표본 공간은 $\Omega = \{1, 2, 3, 4, 5, 6\}$으로 표현한다.

주사위에 짝수가 나타나도록 굴리는 사건은 $E = \{2, 4, 6\}$이다. 주사위에 홀수가 나타나도록 굴리는 사건은 $O = \{1, 3, 5\}$이다. E와 O는 완전성이 있고, 상호 배반적이다. ■

확률분포

확률분포는 각 실험 결과에 확률을 부여한다. 이렇게 부여할 때 다음을 만족한다.

1. 비음성성: 확률은 항상 음수가 아니다.
2. 규격화: 모든 결과의 확률에 대한 합은 1이다.
3. 가산성: 두 개의 다른 사건의 합에 대한 확률은 개별적인 확률의 합이다.

예제 14.2

공정한 주사위에서 Ω에 대한 확률분포는 균일하다.

$$p_i \equiv p(\{i\}) = \frac{1}{6}, \text{ 각 } i \in \Omega\text{에 대해} \tag{14.9}$$

따라서 (짝수가 나오는) 사건 E의 확률은 다음과 같다.

$$p(E) = p(\{2\}) + p(\{4\}) + p(\{6\}) = \frac{1}{6} + \frac{1}{6} + \frac{1}{6} = \frac{1}{2}. \tag{14.10}$$

2 양자 일반화

표본 공간: 관측량의 스펙트럼

양자역학에서 표본 공간에 대한 고전적인 개념은 Hermitian 연산자 H로 표현하는 관측량의 스펙트럼으로 재해석한다. 이 연산자의 고유값 $\{\lambda_i\}$는 관측량을 측정하는 가능한 결과에 해당한다. 각 고유값은 대응하는 고유벡터가 있고(혹은 중첩이 있을 때는 부속 공간인데 이것은 여러 양자 상태가 같은 측정 결과를 공유한다는 것을 의미한다). 이것은 특정한 측정 결과를 얻는 순간 계가 붕괴하는 양자 상태를 표현한다(§3.4 참조).

더 일반적으로 양자 표본 공간은 측정을 수행하는 계의 Hilbert 공간 안의 직교규격화 기준으로 표현한다.

사건: 양자 측정

양자 영역에서 사건은 측정과 같은 의미이다. 관측량 H에 대하 다른 고유값은 고전적으로 상호 배반적인 사건과 비슷하게 직교하는 고유상태 $\{|\lambda_i\rangle\}$에 대응한다. 이 고유상태는 사건의 완전 집합과 비슷하게 Hilbert 공간에서 완전 기준을 이룬다.

더 일반적으로 양자 측정은 §12.3.4에서 논의한 대로 양의 연산자값 척도(Positive Operator-Valued Measure: POVM) 연산자 $\{E_i\}$로 기술한다. 어떤 경우에 E_i는 관측량의 고유상태와 관련된 $|\lambda_i\rangle\langle\lambda_i|$와 같은 투영 측정에 해당할 수도 있다. 그러나 POVM은 반드시 직교 상태에 결합하지 않는 측정 결과를 허용하여 더 일반적인 체계를 제공한다. 예를 들어 주사위 던지기에서 짝수와 홀수인 다른 사건으로 집단을 만드는 것과 같이 결과 사이의 직교성을 요구하지 않고 고전적인 결과를 더하는 것과 같이 POVM은 사건이 상호 배반적이지 않은 측정도 포함할 수 있다(예제 12.6 참조).

확률분포: Born 규칙

Born 규칙에 의하면 양자역학에서 측정 결과의 확률은 양자 확률분포의 기준을 이룬다. 양자계의 확률론적 행동은 순수 상태에 대해서는 상태 벡터 $|\psi\rangle$로 혼합 상태에 대해서는 밀도연산자 ρ로 완전히 특성을 결정한다. 상태벡터 $|\psi\rangle$는 측정의 본질적인 양자적 무작위성과 관련이 있는 반면 ρ는 상태의 통계적 혼합으로 인한 양자적, 그리고 고전적인 무

작위성을 고려한다.

관측량의 특별한 결과 λ_i를 측정할 확률 p_i는 다음과 같다.

$$p_i = \begin{cases} |\langle\lambda_i|\psi\rangle|^2 = \langle\psi|\lambda_i\rangle\langle\lambda_i|\psi\rangle, & \text{순수 상태의 경우,} \\ \langle\lambda_i|\rho|\lambda_i\rangle = \mathrm{tr}(\rho|\lambda_i\rangle\langle\lambda_i|), & \text{혼합 상태의 경우.} \end{cases} \tag{14.11}$$

POVM 측정의 경우 각 E_i에 대한 결과의 확률은 다음과 같다.

$$p_i = \begin{cases} \langle\psi|E_i|\psi\rangle, & \text{순수 상태의 경우,} \\ \mathrm{tr}(\rho E_i), & \text{혼합 상태의 경우.} \end{cases} \tag{14.12}$$

14.1.3 확률 변수와 기대값

1 고전적 확률

확률 변수는 확률 실험의 표본 공간에 있는 각 결과에 값(혹은 다른 수학적 양)을 부여하는 함수(그렇다, 이 관점에서 사실 함수)이다. 예를 들어 주사위를 던지는 결과를 표현하는 확률 변수 X는 관습적으로 집합 {1, 2, 3, 4, 5, 6}의 값을 가정하지만 다른 집합의 값, 예컨대 {−3, −2, −1, 1, 2, 3}을 가정할 수도 있다. 이렇게 부여하는 것은 심지어 다대일일 수 있다. 예컨대 {o, e, o, e, o, e}일 수도 있다.

위에서 도입한 대로 확률분포는 표본 공간에서 각 결과에 대해 확률을 부여한다. 확률분포는 표본 공간의 개념에서 나왔지만 확률 변수의 관점으로 정의할 수도 있다. 이 경우 확률분포는 확률 변수가 취할 수 있는 다른 가능한 값에 대해 확률이 어떻게 분포하는지 기술한다. 위의 주사위 던지기 예제에서 확률분포는 $x = 1, 2, \cdots, 6$에 대해 $p(X = x) = \frac{1}{6}$이다.

> 확률 변수가 다대일 부여를 통해 표본 공간의 결과를 어떤 값에 대응시킬 때 이것은 실질적으로 부여한 값을 갖는 결과를 더하는 것이다. 이렇게 더하면 표본 공간에서 원래 결과 분포와 다른 확률 변수에 대한 확률분포를 얻는다.
>
> 예를 들어 X가 주사위를 던진 결과가 짝수 혹은 홀수인지 표현한다고 하자. 이 변수는 결과 {2, 4, 6}에 대해 값 e, {1, 3, 5}에 대해서는 o를 취한다. 이제 $p(X = e) = p(X = o) = \frac{1}{2}$이다.

사건은 또한 확률 변수로 기술할 수 있다. 예를 들어 $E = \{x \le 3\}$은 주사위를 던져서 3 이하의 값이 나오는 결과를 나타내는 사건이다.

예상값(혹은 기대값)은 확률분포로 가중치를 둔 확률 변수의 통계적 평균을 정량화하여 분포의 주된 경향을 나타낸다. 예를 들어 공정한 주사위 던지기의 기대값은 다음과 같다.

$$E[X] = \sum_{x=1}^{6} x \cdot p(X = x) = 3.5. \tag{14.13}$$

2 양자 일반화

양자역학에서 관측량은 고전적인 확률 변수의 일반화로 생각할 수 있다. 왜냐하면 이것은 측정의 가능한 결과(확률적 과정)와 이에 관련된 확률을 기술하기 때문이다. 그러나 결과를 직접 실수에 대응시키는 고전적인 확률 변수와는 달리 관측량의 측정 결과는 연산자의 고유값으로 결정되고 각 결과의 확률은 측정 전 계의 상태로 주어진다.

고전적인 경우와 같이 관측량의 기대값은 계의 양자 상태가 주어졌을 때 여러 번 측정한 평균적인 결과에 대한 것이다. 관측량 H의 기대값은 다음과 같이 주어진다.

$$\langle H \rangle = \begin{cases} \langle \psi | H | \psi \rangle, & \text{순수 상태의 경우,} \\ \mathrm{tr}(\rho H), & \text{혼합 상태의 경우.} \end{cases} \tag{14.14}$$

표준편차의 제곱으로 주어지고, 관측 결과의 퍼짐을 정량화하는(§3.4.6 참조) 관측량 H의 분산은 다음과 같이 계산한다.

$$(\Delta H)^2 = \langle H^2 \rangle - \langle H \rangle^2 = \begin{cases} \langle \psi | H^2 | \psi \rangle - \langle \psi | H | \psi \rangle^2, & \text{순수 상태의 경우,} \\ \mathrm{tr}(\rho H^2) - (\mathrm{tr}(\rho H))^2, & \text{혼합 상태의 경우.} \end{cases} \tag{14.15}$$

연습문제 14.1

중요한 복습 계의 50%는 밀도연산자 $\frac{1}{4}I$로 기술하는 균일한 혼합 상태이고 계의 50%는 Bell 상태 $\frac{1}{\sqrt{2}}(|00\rangle + |11\rangle)$에 있는 2-큐빗계를 고려하자. 여기서 I는 4×4 단위연산자이다. 계를 관측량 $H = Z \otimes Z$로 측정한다. 여기서 $Z \equiv \sigma_Z$는 Pauli Z 연산자이다. 다음을 계산하여라.

(a) 계의 밀도연산자 ρ.
(b) 관측량 H의 고유값과 고유상태.
(c) 측정 결과로 H의 각 고유값을 얻을 확률.
(d) 측정의 기대값 $\langle H \rangle$.
(e) 측정 결과의 분산 $(\Delta H)^2$.

요점

양자 확률:

- 양자 관측량은 확률 변수 역할을 한다.
- 밀도연산자는 계의 고전적, 양자 무작위성을 모두 포함한다.
- 측정은 확률적 사건에 해당하고 표본 공간으로 작용하는 관측량의 고유기준에 대해 이루어진다.
- 확률분포는 Born 규칙으로 결정된다.

14.1.4 다중 확률 변수

1 고전적 확률

다중 확률 변수를 분석하려면 상호작용과 확률에 대한 영향을 이해해야 한다. 단순히 하기 위해 두 개의 확률 변수에 초점을 맞추겠지만 이 원리는 더 많은 변수로 확장할 수 있다.

두 확률 변수의 확률

같은 표본 공간 Ω에 대해 정의하는 두 개의 확률 변수 X와 Y를 고려하자. X에 대해서는 결과 x로, Y에 대해서는 y로 표현되는 이 변수와 관련된 특정한 사건을 조사하겠다. 이 사건과 연결된 확률은 다음과 같이 요약할 수 있다.

- **결합 확률**: x와 y가 같이 일어날 확률은 $p(X=x,\ Y=y)$, $p(x\cap y)$ 혹은 단순히 $p(x,\ y)$로 표기하고, 여기서 $p(x,\ y)=p(y,\ x)$이다. $p(X,\ Y)$로 표기하는 결합 확률 분포는 모든 가능한 x와 값에 대한 $p(x,\ y)$를 표현한다.
- **조건부 확률**: 이것은 사건 y가 일어났을 때 사건 x이 일어날 확률이고 $p(x|y)$로 표기한다. $p(x|y)$는 $p(y|x)$와 같지 않을 수 있다는 것을 주목하여라. 또한 이 개념을 조건부 확률 분포 $p(X|Y)$와 $p(Y|X)$로 확장할 수 있다.
- **주변 확률**: 다른 변수와 무관하게 한 개의 확률 변수와 관련된 사건의 확률은 다른 변수의 모든 결과에 대해 계산하여 얻는다.

$$p(x)=\sum_{y\in\Omega}p(x,Y=y). \tag{14.16}$$

  "주변화"라고 하는 이 과정은 또한 확률분포

$$p(X)=\sum_{y\in\Omega}p(X,Y=y) \tag{14.17}$$

  로 표현할 수 있다.

- **합성 확률**: 사건 x 혹은 y 중 적어도 하나가 일어날 확률은 $p(x\cup y)$로 표기한다.

두 사건 사이의 관계

- **독립 사건**: 한 사건이 일어나는 것은 다른 사건에 영향을 주지 않는다. 예를 들어 주사위를 두 번 던진 결과는 독립적이다. 독립 사건에 대한 확률은 다음을 만족한다.

$$p(x,y)=p(x)\cdot p(y),\quad p(x|y)=p(x). \tag{14.18}$$

- **종속 사건**: 다시 집어넣지 않고 카드를 꺼내는 것과 같이 한 사건이 다른 사건이 일어나는 것에 영향을 준다. 그 확률은 연쇄법칙으로 관련되어 있다.

$$p(x,y)=p(y,x)=p(x|y)\cdot p(y)=p(y|x)\cdot p(x). \tag{14.19}$$

이로 인해 Bayes의 정리를 얻는다.

$$p(x|y) = \frac{p(y|x) \cdot p(x)}{p(y)}. \tag{14.20}$$

- **상호 배타적 사건**: 이 사건은 동시에 일어날 수 없어서 다음을 의미한다.

$$p(x, y) = 0, \quad p(x \cup y) = p(x) + p(y). \tag{14.21}$$

- **중복 사건**: 이 사건은 동시에 일어날 수 있고($p(x \cap y) \neq 0$) 포함-배제 원리를 만족한다.

$$p(x \cup y) = p(x) + p(y) - p(x, y). \tag{14.22}$$

이것은 그림 14.1에 나타낸 대로 Venn 다이어그램으로 시각화해서 표현할 수 있다.

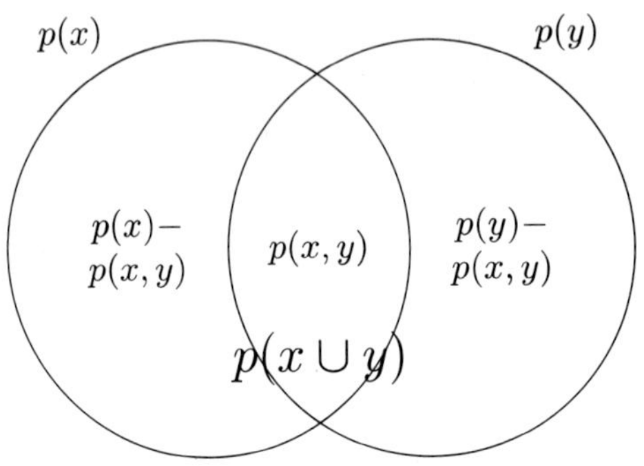

| 그림 14.1 | 확률 관계에 대한 Venn 다이어그램

규격화 조건

확률 변수 X의 모든 가능한 결과가 일어날 확률의 합은 1이 되어 표본 공간에서 어떤 결과는 반드시 일어난다는 것을 의미한다. 이 규격화 조건은 합성 확률과 조건부 확률로도 확장된다.

$$\sum_{x \in \Omega} p(x) = 1, \tag{14.23a}$$

$$\sum_{x \in \Omega} \sum_{y \in \Omega} p(x, y) = 1, \tag{14.23b}$$

$$\sum_{x \in \Omega} p(x|y) = 1. \tag{14.23c}$$

조건부 확률의 규격화(식 14.23c)는 $p(y) > 0$일 때 임의로 주어진 $y \in \Omega$에 대해 성립한다.

예제 14.3

고전적인 합성 분포와 주변 확률.
공정한 주사위에 대해 각각 $\Omega = \{1, 2, \ldots, 6\}$을 갖는 두 개의 확률 변수 X와 Y를 고려하자.

주사위 1에서 1이 나오고, 주사위 2에서 3이 나오는 두 사건이 있다. 결합 확률 $p(x, y)$, 즉 x와 y 모두 일어날 확률은 주사위를 던지는 것은 독립적이므로 x와 y가 일어날 확률의 곱이다.

$$p(x,y) = p(x) \cdot p(y) = \frac{1}{6} \cdot \frac{1}{6} = \frac{1}{36}. \tag{14.24}$$

어떤 사건도 일어날 수 있는 x와 y의 합성 사건에 대한 확률 $p(x \cup y)$는 다음과 같다.

$$p(x \cup y) = p(x) + p(y) - p(x,y) = \frac{1}{6} + \frac{1}{6} - \frac{1}{36} = \frac{11}{36}. \tag{14.25}$$

이제 $X+Y$가 짝수라는 조건을 부여하자. 이 경우 X와 Y는 더 이상 독립적이 아니다. 합성 확률분포 $p(X, Y)$는 $\{(1,1), (1,3), (2,2), (2,4), \ldots\}$와 같은 쌍을 포함하는 주사위 합이 짝수인 $\Omega \times \Omega$의 부분집합에 대해 균일하고, 각각의 확률은 $\frac{1}{18}$이다. 그러나 $p(X, Y)$는 $\Omega \times \Omega$에 대해 균일하지 않다. 왜냐하면 $X+Y$가 홀수이면 $p(X, Y) = 0$이기 때문이다.

Alice의 주변화 공식

$$p(X) = \sum_{y \in \Omega} p(X, Y = y) \qquad \text{(14.17의 복사)}$$

를 이용하여 Alice가 X를 "잡고", Bob은 Y를 "잡고" 있다면 $p(X)$는 여전히 Ω에 대해 균일하고 각 결과의 확률은 $\frac{1}{6}$이다. Bob의 $p(Y)$도 마찬가지이다.

이것을 보면 X와 Y가 종속적이라면 합성 분포 $p(X, Y)$가 $\Omega \times \Omega$에 대해 균일하지 않음에도 불구하고 주변 분포는 균일할 수 있다는 것을 볼 수 있다. 예제 14.5에서 양자 EPR 쌍에서 비슷한 현상을 볼 수 있다. ■

2 양자 일반화

고전적 다중 변수 확률의 개념은 추가적인 복잡도를 도입하여 양자 영역으로 확장된다. 이 복잡성은 주로 고전적으로 대응하는 부분과는 다르게 측정 순서가 결과에 영향을 주는 양자 관측량의 비교환적 성질로부터 일어난다. 더구나 합성계의 양자 상태는 종종 얽힘이 일어나고, 이것은 한 상태를 다른 상태와 독립적으로 기술할 수 없는 현상이다. 추가적으로 이 계를 측정하면 개별적인 부속계에 영향을 주는 국소적이거나 여러 부속계를 동시에 포함하는 합성일 수도 있다(§6.2.2 참조). 고전적인 확률과의 관계를 만들고 이 복잡성을 보이기 위해 예제를 이용하겠다.

연습문제 14.2

중요한 복습 다중 큐빗 상태에 대한 양자 확률과 정보를 이해하기 위해 독자는 연습문제 6.7을 다시 보기를 강력하게 추천하고, 간편하게 아래에 다시 복사하였다.

세 개의 큐빗(A, B와 C)가 다음의 상태에 있다.

$$|\psi\rangle = \sum_{i,j,k\in\{0,1\}} c_{ijk}\,|ijk\rangle.$$

(a) 세 번째 큐빗(C)를 측정했을 때 결과가 $|0\rangle$이 나올 확률을 구하여라.

(b) 큐빗 C를 측정하고 $|0\rangle$으로 붕괴한 후 큐빗 A와 B의 합성 상태는 무엇인가? 3-큐빗계의 상태는 무엇인가?

(c) 큐빗 A와 B에 Bell 측정을 하여 결과가 $|\Phi^+\rangle = \frac{1}{\sqrt{2}}(|00\rangle + |11\rangle)$이 되었다고 하자. 이 결과가 나올 확률은 얼마인가? 3-큐빗계의 측정 후 상태는 무엇인가?

교환 관측량과 비교환 관측량

실수값을 갖는 양자 확률 변수는 관측량 X에 대응하고 이것은 Hermitian 연산자이다. X의 고유값은 가능한 결과를 나타낸다.

§1.6에서 자세히 보았듯이 같은 양자계에 속하는 두 관측량 X와 Y가 교환하지 않으면, 즉 $[X, Y] \neq 0$이면 일반적으로 X와 Y 모두 동시에 정확한 값을 갖는 상태는 없다. 즉 고유벡터를 공유하지 않는다. 실용적인 용어를 사용하면 이와 같은 두 변수는 서로 불확정적이고, 동시에 측정할 수 없다.

예를 들어 상태 $|+\rangle = \frac{1}{\sqrt{2}}(|0\rangle + |1\rangle)$에 있는 단일 큐빗에 대해 교환하지 않는 Pauli 연산자 σ_X와 σ_Z를 고려하자. 한 관측량을 측정하면 이후의 다른 양을 측정할 때 완전히 불확정성을 갖는 방법으로 계에 영향을 준다(아래 연습문제 참조).

따라서 양자역학에서 교환하지 않는 관측량에 대한 합성 확률과 조건부 확률의 개념은 교환하는 관측량이나 고전적인 확률이론에 대해 작용하는 것과 같은 방법으로 적용되지 않는다.

예제 14.4

처음에 상태 $|+\rangle = \frac{1}{\sqrt{2}}(|0\rangle + |1\rangle)$에 있는 큐빗에 대해 측정하는 교환하지 않는 Pauli 연산자 σ_X와 σ_Z를 고려하자. 두 측정 순서를 비교한다.

1. 먼저 σ_X를 측정하고, σ_Z를 측정한다: $|+\rangle$는 σ_X의 +1인 고유상태이므로, 첫 번째 측정에서는 항상 +1을 얻고 상태는 변하지 않는다. 이후 σ_Z를 측정하면 $|+\rangle$는 σ_Z 기준에서 중첩이 되어 있으므로 같은 (50%) 확률로 +1이나 −1을 얻는다.
2. 먼저 σ_Z를 측정하고 σ_X를 측정한다: 첫 번째 측정에 의해 상태는 같은 확률로 $|0\rangle$

이나 $|1\rangle$로 붕괴한다. 두 번째로 σ_X를 측정하면 같은 확률로 +1이나 −1을 얻는다. 왜냐하면 $|0\rangle$도 $|1\rangle$도 σ_x의 고유상태가 아니기 때문이다.

이 순서는 교화하지 않는 관측량을 취급할 때 측정 순서의 영향을 보여준다. 첫 번째 측정 후 상태는 두 번째 측정의 가능한 결과를 결정한다.

더구나 $|+\rangle$는 $\sigma_X\sigma_Z$와 $\sigma_Z\sigma_X$에 대한 +1 고유상태이므로 처음 상태 $|+\rangle$에 이 곱의 기대값은

$$\langle\sigma_X\sigma_Z\rangle = \langle+|\sigma_X\sigma_Z|+\rangle = 1,$$
$$\langle\sigma_Z\sigma_X\rangle = \langle+|\sigma_Z\sigma_X|+\rangle = 1$$

이어서 σ_X와 σ_z는 교환하지 않더라도 그 곱은 이 상태에서 확정된 결과를 준다.

연습문제 14.3

단일큐빗계에서 교환하는 두 개의 Hermitian 연산자 U와 V를 고려하자. $U=V=\sigma_Z$이고, σ_Z는 Pauli Z 연산자이다. 다음 상태에 대해 $\langle UV\rangle=\langle U\rangle\langle V\rangle$인지 확인하여라.

(a) $|\psi\rangle=|0\rangle$

(b) $|\psi\rangle=|+\rangle=\frac{1}{\sqrt{2}}(|0\rangle+|1\rangle)$

(c) $\rho=\frac{1}{2}I$

부분 대각합을 통한 주변 확률

§ 12.5에서 광범위하게 논의한 부분 대각합을 통해 계산한 축소 밀도연산자는 고전적인 주변 확률에 대한 양자 대응이다. 두 방법으로 인해 합을 취해서 실질적으로 계의 다른 성분을 무시하는 합성계 내의 성분에 집중한다.

예제 14.5

EPR 쌍에서 주변 확률.

Alice와 Bob이 EPR 쌍 $|\Phi^+\rangle=\frac{1}{\sqrt{2}}(|00\rangle+|11\rangle)$을 공유하는 전형적인 경우를 다시 조사하자.

주변 확률을 계산하기 위해 $|\Phi^+\rangle$에 대한 밀도연산자에서 시작한다.

$$\rho_{AB} = |\Phi^+\rangle\langle\Phi^+|. \tag{14.26}$$

B에 대해 ρ_{AB}의 대각합을 취해 얻은 Alice에 대한 축소 밀도연산자는 그녀의 큐빗의 주변 확률을 준다(유도를 보려면 §12.5.2.2를 참조하여라).

$$\rho_A = \mathrm{tr}_B(\rho_{AB}) = \frac{1}{2}\begin{bmatrix}1 & 0\\ 0 & 1\end{bmatrix}. \tag{14.27}$$

이것은 $|0\rangle$과 $|1\rangle$에 대해 사실은 모든 측정 기준에서 균일한 확률을 갖는 최대 혼합 상태이다.

Bob의 축소 밀도연산자는 Alice와 동일해서 $|0\rangle$과 $|1\rangle$에 대한 균일한 확률분포를 나타낸다. ■

직접곱 상태의 확률

이제 두 큐빗 A와 B의 합성 상태를 국소적으로 측정하는 것을 조사해 보자. 이 경우 각각 큐빗 A와 B에 속하는 두 연산자 X와 Y는 각각의 계 내부에서 교환 성질과 무관하게 교환한다. 왜냐하면 연산은 다른 Hilbert 공간에서 작용하고 서로 간섭하지 않기 때문이다(§§7.4.1 참조).

상태가 직접곱 상태이면 고전적인 독립 사건과 비슷하게 한 큐빗에 대한 측정은 다른 큐빗의 측정과 독립적이다.

예제 14.6

직접곱 상태에서 결합 확률과 조건부 확률

직접곱 상태 $|\psi\rangle = |++\rangle$에 있는 두 큐빗 A와 B를 고려하자. 여기서 $|+\rangle = \frac{1}{\sqrt{2}}(|0\rangle + |1\rangle)$이다.

(1) <u>계산 기준에서 측정하기</u>

각 큐빗을 계산 기준에서 측정한다고 하자. 즉 큐빗 A에는 $X = \sigma_{ZA}$, 큐빗 B에는 $Y = \sigma_{ZB}$인 두 확률 변수가 있다. 여기서 σ_Z는 Pauli Z 연산자이다.

(a) 상태 $|0\rangle$에 있는 큐빗 A와 $|1\rangle$에 있는 큐빗 B를 측정할 확률:
$p(|0\rangle, |1\rangle) \equiv p(|01\rangle) = |\langle 01| + +\rangle|^2 = \frac{1}{4}$.
이 확률은 또한 고유값을 이용하여 $p(1, -1)$로 표현할 수 있다.

(b) 큐빗 B가 $|1\rangle$에 있을 때 큐빗 A가 $|0\rangle$에 있는 것을 측정할 조건부 확률: 독립적이므로 다음을 얻는다.
$p(|0\rangle_A \,|\, |1\rangle_B) = p(|0\rangle_A) = \frac{1}{2}$.

(c) X와 Y의 결합 확률 분포:
$\{|00\rangle, |01\rangle, |10\rangle, |11\rangle\}$ 기준에서 각각의 결과에 대해 다음과 같다.
$p(X, Y) = p(X) \cdot p(Y) = \frac{1}{2} \cdot \frac{1}{2} = \frac{1}{4}$.

(d) Y가 주어졌을 때 X의 조건부 확률 분포:
$\{|0\rangle, |1\rangle\}$의 각 결과에 대해 $p(X|Y) = p(X) \cdot P(Y) = \frac{1}{2} \cdot \frac{1}{2} = \frac{1}{4}$.

(e) 큐빗 A가 $|0\rangle$에 있거나 큐빗 B가 $|1\rangle$에 있을 확률: 세 결과 $\{|00\rangle, |01\rangle, |11\rangle\}$

에 대응하는 $P(|0\rangle \cup |1\rangle) = \frac{3}{4}$.

(f) ($X = \sigma_{ZA}$, $Y = \sigma_{ZB}$일 때) 기대값

$\langle X\rangle = p(|0\rangle)(1) + p(|1\rangle)(-1) = 0.$

$\langle XY\rangle = p(|00\rangle)(1 \cdot 1) + p(|01\rangle)(1 \cdot (-1)) + p(|10\rangle)((-1) \cdot 1) + p(|11\rangle)(1 \cdot 1) = 0.$

$\langle X+Y\rangle = p(|00\rangle)(1+1) + p(|01\rangle)(1-1) + p(|10\rangle)(-1+1) + p(|11\rangle)(-1-1) = 0.$

계 A에서 관측량 X, 계 B에서 관측량 Y를 측정하는 것은 독립 사건이므로 $p(X, Y) = p(X) \cdot p(Y)$, $p(X|Y) = p(X)$이고, $p(X \cup Y) = p(X) + p(Y) - p(X, Y)$이다.

(2) $\{|+\rangle, |-\rangle\}$ 기준에서 측정하기

이제 각 큐빗을 $\{|+\rangle, |-\rangle\}$ 기준에서 측정한다. 해당하는 확률 변수는 큐빗 A에서 $X = \sigma_{XA}$이고, 큐빗 B에서 $Y = \sigma_{XB}$이다. 여기서 σ_X는 Pauli X 연산자이다.

(a) 큐빗 A는 상태 $|+\rangle$, 큐빗 B는 $|-\rangle$로 측정할 확률:

$p(|+\rangle, |-\rangle) = |\langle +- | ++\rangle|^2 = 0.$

(b) 큐빗 B가 $|-\rangle$에 있을 때 큐빗 A가 $|+\rangle$에 있는 것을 측정할 조건부 확률: 큐빗 B는 $|-\rangle$에 있을 수 없으므로 $p(|+\rangle_A || -\rangle_B)$는 정의되지 않는다.

(c) X와 Y의 결합 확률 분포:

결과 $|++\rangle$에 대해서는 $p(X, Y) = p(X) \cdot p(Y) = 1$이고, $\{|+1\rangle$, $|-+\rangle$, $|--\rangle\}$에 대해서는 0이다.

(d) Y가 주어졌을 때 X의 조건부 확률 분포:

$p(X|Y)$는 Y가 $|+\rangle$일 때만 정의되고, 이 경우 X 결과가 $|+\rangle$에 대해서는 $p(X|Y) = 1$이고, $|-\rangle$에 대해서는 0이다.

(e) 큐빗 A가 $|0\rangle$에 있거나 큐빗 B가 $|1\rangle$에 있을 확률:

$p(|+\rangle \cup |-\rangle) = 1$이다. 왜냐하면 큐빗 A는 확실히 $|+\rangle$에 있기 때문이다.

(f) ($X = \sigma_{XA}$, $Y = \sigma_{XB}$일 때) 기대값:

$\langle X\rangle = p(|+\rangle)(1) + p(|-\rangle)(-1) = 1.$

$\langle XY\rangle = p(|++\rangle)(1 \cdot 1) + \ldots = 1.$

$\langle X+Y\rangle = p(|++\rangle)(1+1) + \ldots = 2.$

이 예제를 통해 양자 확률은 측정의 기준(혹은 관측량)에 의존하고, 조건부 확률은 특정한 결과에 대해 정의할 수 없다는 것을 알 수 있다.

(3) 밀도연산자로 확률 계산하기

이 예제와 같이 구체적인 경우 확률은 직접 계산할 수 있다. 그러나 더 복잡한 경우

종종 이 확률을 결정하기 위해 밀도연산자에 의존한다. 직관을 키우기 위해 위의 확률과 기대값의 일부를 밀도연산자를 이용하여 다시 계산하도록 하자.

합성계의 밀도연산자는 $\rho_{AB} = |++\rangle\langle++|$이다. 큐빗 A에 대한 밀도연산자는 $\rho_A = \mathrm{tr}_B(\rho_{\mathrm{AB}}) = |+\rangle\langle+|$이다. ρ_B에 대해서도 마찬가지로 쓸 수 있다. 이것은 직접곱 상태이므로 $\rho_{AB} = \rho_A \otimes \rho_B$이다.

(a) $p(|0\rangle, |1\rangle) = \langle 01|\rho_{AB}|01\rangle = \frac{1}{4}$.

(b) $p(|+\rangle, |+\rangle) = \langle ++|\rho_{AB}|++\rangle = 1$.

(c) $p(|+\rangle, |-\rangle) = \langle +-|\rho_{AB}|+-\rangle = 0$.

(d) $p(|-\rangle_B) = \langle -|\rho_B|-\rangle = 0$. 따라서 $p(|+\rangle_A \,|\, |-\rangle_B) = \dfrac{p(|+\rangle, |-\rangle)}{p(|-\rangle_B)}$는 정의되지 않는다.

(e) 기대값:

$\langle \sigma_{ZA} \rangle = \mathrm{tr}(\sigma_Z \rho_A) = 0$.

$\langle \sigma_{ZA}\sigma_{ZB} \rangle = \mathrm{tr}(\sigma_{ZA}\sigma_{ZB}\rho_{AB}) = 0$. $\quad (\sigma_{ZA}\sigma_{ZB} \equiv \sigma_{ZA} \otimes \sigma_{ZB})$

$\langle \sigma_{ZA} + \sigma_{ZB} \rangle = \mathrm{tr}((\sigma_{ZA} I_B + I_A \sigma_{ZB})\rho_{AB}) = 0$.

$\langle \sigma_{XA} \rangle = \mathrm{tr}(\sigma_X \rho_A) = 1$.

$\langle \sigma_{XA}\sigma_{XB} \rangle = \mathrm{tr}(\sigma_{XA}\sigma_{XB}\rho_{AB}) = 1$.

$\langle \sigma_{XA} + \sigma_{XB} \rangle = \mathrm{tr}((\sigma_{XA} I_B + I_A \sigma_{XB})\rho_{AB}) = 2$.

■

연습문제 14.4

이제 $|++\rangle$ 대신 두 큐빗이 직접곱 상태 $|\psi\rangle = |10\rangle$에 있는 경우를 고려하자. 예제 14.6의 결과는 어떻게 변하는가?

얽힌 계의 확률

예제 14.6의 직접곱 상태와는 달리 상태가 얽히면 고전물리학에서는 가능하지 않은 방법으로 얽혀 있는 결과를 얻게 된다. 예제를 통하여 어떻게 얽힘이 합성 상태의 분리 불가능성을 얻고, 비고전적인 상관관계를 보이는 확률을 얻는지 보이겠다.

예제 14.7

Bell 상태에서 결합 확률과 조건부 확률.

Bell 상태 $|\Phi^+\rangle = \dfrac{1}{\sqrt{2}}(|00\rangle + |11\rangle)$에 있는 두 큐빗 A와 B를 고려하자. 결합과 축소 밀도연산자는 예제 14.5에서 조사한다.

(1) 계산 기준에서 국소적 측정

계산 기준에서 각 큐빗의 국소적 측정은 각 큐빗에 적용하는 Pauli Z 연산자의 결과를 관측하는 것과 동등하다. 큐빗 A에 대한 $X=\sigma_{ZA}$와 큐빗 B에 대한 $Y=\sigma_{ZB}$인 두 개의 확률 변수를 정의한다.

(a) 두 큐빗이 상태 $|0\rangle$인 것을 측정할 확률:
$p(|0\rangle, |0\rangle) = |\langle 00|\Phi^+\rangle|^2 = \frac{1}{2}$.

(b) X와 Y의 결합 확률분포:
결과 $[|00\rangle, |01\rangle, |10\rangle, |11\rangle]$에 대해 $p(X, Y)=[\frac{1}{2}, 0, 0, \frac{1}{2}]$.

> $p(X, Y) \neq p(X)p(Y)$임을 주목하여라. 이것은 얽힌 계의 결합 상태는 개별 상태로 분리할 수 없어서 고전적인 독립 사건과 같이 인수분해할 수 없는 확률을 얻는다는 것을 보인다.

(c) 큐빗 B가 상태 $|1\rangle$에 있는 경우 조건부 확률:
먼저 $p(|1\rangle_B)=\langle 1|\rho_B|1\rangle = \frac{1}{2}$이다. 그리고 다음을 얻는다.

먼저, $p(|1\rangle_B) = \langle 1|\rho_B|1\rangle = \frac{1}{2}$. 그리고

$$p(|0\rangle_A \,|\, |1\rangle_B) = \frac{p(|01\rangle)}{p(|1\rangle_B)} = 0,$$

$$p(|1\rangle_A \,|\, |1\rangle_B) = \frac{p(|11\rangle)}{p(|1\rangle_B)} = 1.$$

큐빗 B가 $|1\rangle$에 있는 조건이 없으면 $p(|0\rangle_A)=p(|1\rangle_A)=\dfrac{1}{2}$를 얻을 것이다.

> 이 조건부 확률은 상관관계를 나타낸다. 한 큐빗의 측정 결과는 다른 큐빗의 결과에 대한 확률에 영향을 준다.

(d) 기대값:
$\langle X\rangle = p(|0\rangle)(1)+p(|1\rangle)(-1)=0$이다. 혹은 동등하게 $\langle\sigma_{ZA}\rangle = \mathrm{tr}(\sigma_Z\rho_A)=0$이다. $\langle XY\rangle = p(|00\rangle)(1\cdot 1)+p(|01\rangle)(1\cdot(-1))+p(|10\rangle)(-1+1)+p(|11\rangle)(-1-1)=0$. 동등하게 $\langle\sigma_{ZA}\sigma_{ZB}\rangle = \mathrm{tr}(\sigma_{ZA}\sigma_{ZB}\rho_{AB})=1$이다. 이 경우 $\langle XY\rangle \neq \langle X\rangle\langle Y\rangle$이어서 상관관계가 있다는 것을 주목하여라.

$\langle X+Y\rangle = p(|00\rangle)(1+1)+p(|01\rangle)(1-1)+p(|10\rangle)(-1+1)+p(|11\rangle)(-1-1)=0.$

(2) <u>Bell 기준에서 결합 측정</u>

Bell 기준 $\{|\Phi^+\rangle, |\Phi^-\rangle, |\Psi^+\rangle, |\Psi^-\rangle\}$는 2-큐빗 상태에 대한 직교규격화된 기준이다(§8.2 참조). 이 기준에서 두 큐빗을 결합하여 측정하면 $|\Phi^+\rangle$에 대해서는 1의 확률분포, 그리고 모든 다른 기준 상태에 대해서는 0을 얻는다.

연습문제 14.5

50%는 균일한 혼합 상태 $\frac{1}{4}I$, 50%는 Bell 상태 $\frac{1}{\sqrt{2}}(|00\rangle + |11\rangle)$에 있는 2-큐빗계를 고려하자. 각 큐빗에 적용한 Pauli Z 연산자(σ_Z)의 결과를 측정하는 것과 동등한 계산 기준에서 각 큐빗에 대한 국소적 측정을 수행한다. 큐빗 A에 대해서는 $X = \sigma_{ZA}$, 큐빗 B에 대해서는 $Y = \sigma_{ZB}$인 두 개의 확률 변수를 정의한다. 다음을 계산하여라.

(a) 계의 밀도연산자 ρ_{AB}.
(b) 축소 밀도연산자 ρ_A와 ρ_B.
(c) 두 큐빗이 모두 상태 $|0\rangle$으로 측정할 결합 확률: $p(|0\rangle, |0\rangle)$.
(d) 큐빗 B가 상태 $|1\rangle$에 있을 때 조건부 확률: $p(|0\rangle_A \| |1\rangle_B)$와 $p(|1\rangle_A \| |1\rangle_B)$.
(e) 기대값 $\langle X\rangle$, $\langle Y\rangle$, $\langle XY\rangle$와 $\langle X+Y\rangle$.

핵심 요약

양자 영역은 다음의 성질이 있다.

- 다중 확률 변수는 비교환 성질이 그 측정에 영향을 주는 관측량으로 표현한다.
- 합성계의 얽힘은 변수 사이에 복잡한 의존성을 도입하여 양자 확률은 이에 대응하는 고전적인 것과 기본적으로 다르다.
- 주변 확률의 개념은 축소 밀도연산자를 통해 확장되어 특정한 부속계에 집중할 수 있다.
- 양자 확률의 성질은 직접곱 상태와 얽힌 상태 사이의 차이에 의해 복잡해지고 얽힌 상태는 비고전적인 상관관계이다.

14.1.5 확률적 과정

무작위 혹은 확률적 과정은 기본적으로 확률 변수의 모임이고, 각각은 시간이나 공간으로 지표를 붙여서 확률적인 방법으로 계의 변화를 기술한다. 이 개념은 시간이나 공간에 대해 예측할 수 없게 변화하는 계를 이해할 때 중요하다.

1 고전적인 확률적 과정

고전적인 확률적 과정은 적어도 부분적으로 확률적인 방법으로 시간에 대해 변화하는 고전적인 계를 기술할 때 사용하는 수학적 모형이다. 아래 몇 개의 예를 들겠다.

- 임의 보행: 이것은 물체가 단계적으로 움직여서 각 단계가 무작위적인 기본적으로 확률적인 과정이다. 가장 단순한 형태로는 각 시간 단계에서 물체는 어떤 확률로 한 단위만큼 위로 올라가거나 한 단위 내려간다. 임의 보행은 주식 시장 변화와 액체 내부의 입자 운동을 포함한 다양한 현상에 대한 모형을 만들 때 사용한다.
- Markov 연쇄: Markov 연쇄는 다음 상태로 움직이는 확률이 현재의 상태에만 의존하고, 이전의 사건 순서에는 의존하지 않는 확률적 과정이다. Markov 연쇄는 경제학, 게임 이론과 생물학을 포함하는 다양한 분야에서 사용한다.

임의 보행은 각 단계가 무작위적이고 독립적으로, 그리고 전형적으로 같은 확률로 격자나 그리드와 같은 특정한 상태 공간에서 움직이는 특별한 경우이다.

- **대기 행렬 모델:** 운영 연구에서 광범위하게 사용하는 이 모델은 대기 행렬(즉 줄)의 행동을 연구한다. 이를 통해 콜센터, 병원과 제조 공장과 같은 시설을 설계하고 운영할 때 중요한 대기 길이와 대기 시간을 이해하고 예측하는 데 도움을 얻는다.

2 양자 확률 과정

양자 확률 과정은 이 개념을 양자 영역으로 확장하여 중첩이나 얽힘과 같은 독특한 양자역학적 원리를 강조한다. 예를 들면 다음과 같다.

- **양자 보행:** 고전적인 임의 보행과 비슷하지만 양자 영역에서 양자 보행은 중첩과 얽힘과 같은 특성을 나타내어 고전적으로 대응하는 부분과 다른 행동을 보인다.
- **양자 Markov 과정:** 고전적인 Markov 과정의 양자적 대응인 양자 Markov 과정은 기억 상실의 고전적인 생각을 양자계로 확장하여 양자 상태의 변화의 특징을 이룬다. 이 과정에서 양자 상태의 변화는 일련의 완전 양의 대각합 보존(Completely Positive Trace-Preserving: CPTP) 변환을 통해 묘사한다. 이 변환으로 인해 한 상태에서 다른 상태로 전환하는 것은 이전의 상태나 전환과 확실하게 무관하고, 이로 인해 Markov 성질을 유지한다. 더구나 CPTP 변환은 측정, 잡음과 디코히어런스와 같은 효과를 만들 수 있어서 양자계를 정확하게 표현할 때 중요하다(§12.4 참조).
- **양자 대기 행렬 모형:** 양자 통신과 컴퓨팅의 관점에서 출현한 이 모형은 양자역학적 원리를 대기 행렬 이론에 적용한다. 양자 대기 행렬 모형은 양자 네트워크에서 큐빗의 전송과 양자컴퓨팅에서 연산 수행과 같은 양자 정보 과정의 효율적인 운영을 할 때 사용할 수 있다. 이것은 비복제 정리와 양자 얽힘과 같이 양자계에 유일한 문제를 취급하여 양자 자원 관리와 정보 처리를 최적화하는 새로운 방법을 제공한다.

3 양자 확률 과정에서 시뮬레이션 기법

시뮬레이션을 통해 양자 확률 과정을 이해하여 해석적인 풀이를 구할 수 없는 복잡한 양자 행동의 모형을 세우고 연구할 수 있는 도구를 제공한다. 사용하는 주된 방법은 다음과 같다.

- **양자 Monte Carlo(QMC) 시뮬레이션:** QMC 방법은 확률 표본을 이용하여 특히 다체 문제를 연구할 때 중요한 양자역학적 문제를 풀 때 사용한다. 이 시뮬레이션의 도움으로 바닥상태 에너지와 분자 구조와 같은 성질을 계산할 수 있다.
  QMC에서 확률 표본을 이용하여 양자계의 성질을 추정하여 실질적으로 복잡한 양자 문제를 통계 문제로 바꾼다. 변분 Monte Carlo(VMC)와 분산 Monte Carlo(DMC)에서는 양자역학의 확률적 측면을 다룰 때 다른 방법을 사용한다.
- **시간에 의존하는 슈뢰딩거 방정식:** 시간에 의존하는 슈뢰딩거 방정식은 계의 양자 상태가 시간에 대해 어떻게 변화하는지 결정한다. 이미 양자컴퓨팅 관점에서 이것을

탐구하였다(§§4.2와 6.5 참조). QMC는 확률 표본을 사용하는 반면 슈뢰딩거 방정식에 근거한 시뮬레이션은 양자계의 확률적인 시간 변화에 대해 직접 모형을 만든다.

- **양자 연산 시퀀스**: 이 방법은 양자 확률 과정을 유니타리 변환과 측정과 같은 양자 연산의 시퀀스를 시뮬레이션하여 양자 확률 과정에 대한 모형을 만든다. 이 연산은 잡음과 결깨짐의 효과를 흉내 내어 실제 조건에 있는 양자계의 동역학을 연구할 때 도움을 준다.

14.1.6 * 예제: 일차원 양자 보행

이 부속절에서 양자 확률과 양자 확률 과정의 대표적인 예로 일차원 양자 보행을 고려하겠다. 이 특징을 고전적인 임의 보행과 대조시켜 양자 변종에서 나타나는 양자역학의 독특한 특징을 강조하겠다.

1 고전적인 1D 임의 보행

일차원 임의 보행은 단순하지만 도움이 되는 모형이다. 이것은 직선을 따라 걷고 각 걸음은 같은 길이를 갖는 것으로 시각화할 수 있다. 원점에서 출발하여 각 걸음 이전에 공정한(편향되지 않은) 동전을 던진다. 앞면(H)이 나오면 한 걸음 앞으로 가고, 한편 뒷면(T)이 나오면 한 걸음 뒤로 간다.

관심의 대상이 되는 문제는 시작점이 0으로 주어졌을 때 N 걸음을 걸은 후 특정한 점 n에 있을 확률을 결정하는 것이다. 이 확률을 $f_N(n)$으로 쓰겠다.

걷는 사람은 N 걸음을 걸은 후 어떤 위치에든 있으므로 모든 가능한 위치 n에 있을 확률을 더하면 1이 된다. 즉 $\sum_n f_N(n) = 1$이다.

이 확률의 형태는 앞에 $\frac{1}{2^N}$을 끄집어내면 더 분명해진다.

n	-5	-4	-3	-2	-1	0	1	2	3	4	5
$f_0(n)$						1					
$2f_1(n)$					1		1				
$2^2f_2(n)$				1		2		1			
$2^3f_3(n)$			1		3		3		1		
$2^4f_4(n)$		1		4		6		4		1	
$2^5f_5(n)$	1		5		10		10		5		1

이 확률을 더 잘 이해하기 위해 각 위치로 가게 하는 동전 던지기 수열을 계산할 수 있다. 예를 들어 세 걸음 걷기에서 ($N=3$) 수열 HHH는 $n=3$에서 끝나지만 HHT,

HTH와 THH는 $n=1$에서 끝난다. 음의 위치는 H와 T를 뒤집은 결합에 대응한다. $2^3=8$개의 가능한 세 걸음 걷기에서 다른 위치에 대한 확률은 다음과 같다. $f_3(-3)=\frac{1}{8}$, $f_3(-1)=\frac{1}{8}+\frac{1}{8}+\frac{1}{8}=\frac{3}{8}$, $f_3(1)=\frac{1}{8}+\frac{1}{8}+\frac{1}{8}=\frac{3}{8}$, $f_3(3)=\frac{1}{8}$.

2^N으로 나눈 후 이 확률은 Pascal의 삼각형 계수에 해당하고 $(a+b)^N$의 이항 정리의 계수와 같다. 그러므로 확률함수는

$$f_N(n)=\frac{1}{2^N}\binom{N}{\frac{N+n}{2}}=\frac{N!}{2^N\left(\frac{N+n}{2}\right)!\left(\frac{N-n}{2}\right)!} \tag{14.28}$$

로 주어지고 n은 $-N\le n\le N$인 정수이고, $N+n$은 짝수이다.

2 고전적인 1D 임의 보행의 양자 시뮬레이션

그림 14.2에 나타낸 대로 양자 회로를 이용하여 고전적인 1D 임의 보행에 대한 시뮬레이션을 할 수 있다.

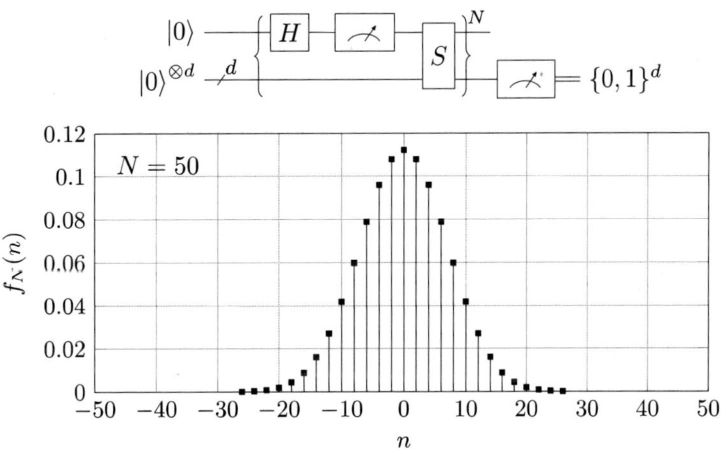

▌그림 14.2▐ 1D 임의 보행에 대한 양자 시뮬레이션

첫 번째 큐빗은 $|\text{coin}\rangle$으로 표시한 공정한 동전의 상태를 표현한다. d 큐빗의 두 번째 레지스터는 $|\text{pos}\rangle$로 표시한 걷는 사람의 위치를 기록한다. 이 레지스터는 위치 $n=0$을 나타내는 $|100...0\rangle$으로 초기화되어 있다. 오프셋은 $n=0$가 집합 $\{0,1\}^d$에서 중심에 있다는 것을 보여준다. 충분히 큰 d를 선택하여 $2^d>2N$이 되도록 한다.

$d+1$ 큐빗의 상태는 다음과 같다.

$$|\Psi\rangle=|\text{coin}\rangle\otimes|\text{pos}\rangle. \tag{14.29}$$

양자 난수 생성기(QRNG, §5.4 참조)는 동전 던지기를 시뮬레이션한다. 단일 비트 QRNG는 상태 $|0\rangle$이나 $|1\rangle$로 초기화하고, Hadamard 게이트로 회전하고 계산 기준에서

측정하는 것으로 구현한다. 각 특정 후 큐빗 상태는 $|0\rangle$이나 $|1\rangle$로 붕괴되어 QRND를 다시 사용할 수 있다.

$d+1$ 큐빗에 작용하는 양자 게이트 S는 (앞면을 나타내는) $|\mathrm{coin}\rangle = |0\rangle$이면 n을 증가시키고 (뒷면을 나타내는) $|\mathrm{coin}\rangle = |1\rangle$이면 n은 줄어들게 하도록 만든다.

$$S = |0\rangle\langle 0| \otimes \sum_n |n+1\rangle\langle n| + |1\rangle\langle 1| \otimes \sum_n |n-1\rangle\langle n|. \tag{14.30}$$

연습문제 14.6

식 14.30으로 주어진 이동 연산자 S는 유니타리임을 확인하여라.

QRNG와 S 연산을 N번 반복하고, 마지막 d 큐빗을 측정한다. 위치 n에 해당하는 d-큐빗 상태에 있을 확률은 함수 $f_N(n)$이다.

$$f_N(n) = |\langle n|\mathrm{pos}\rangle|^2. \tag{14.31}$$

$N=50$과 $d=7$인 시뮬레이션 결과를 그림 14.2의 아래에 그려 놓았다. 그래프는 $n=0$에 중심이 있고, $\sqrt{N}$만큼 퍼진 식 14.28을 나타낸다.

3 1D 양자 보행

최종적으로 1D 양자 보행을 탐구할 준비가 되었다. 고전적인 임의 보행과는 달리 양자 보행은 그 변화가 기본적으로 결정론적이고, 확률적인 결과는 양자 측정으로부터 나타난다. 이 이유로 그 이름에서 "임의"라는 단어를 생략한다.

처음에 수직선 원점에 있는 양자 입자를 보행자로 생각한다. 양자 보행의 매 걸음마다 입자는 한 걸음 왼쪽으로 움직이는 것과 오른쪽으로 움직이는 것의 중첩이 된다. 여러 걸음 걸은 후 입자는 한 위치에만 있는 것이 아니다. 오히려 입자가 도달했을 수 있는 모든 위치에 대한 확률 진폭을 갖는다. 다른 걸음에 대한 이 진폭은 간섭하여 확률분포가 고전적인 임의 보행과 다르게 된다. 주목할 것은 어떤 중심을 벗어난 위치는 보강 간섭으로 인해 중심 위치 $n=0$보다 더 큰 확률을 보일 수도 있다.

이 현상을 시뮬레이션하는 양자 회로를 그림 14.3에 나타내었다. 고전적인 보행 시뮬레이션(그림 14.2)에 대한 중요한 차이는 더 이상 각 걸음 후 QRNG를 측정하지 않는다는 것이다. 이렇게 측정하지 않아서 계의 상태는 중첩을 유지하고 간섭 효과를 나타낸다.

$N=50$이고 $d=7$인 시뮬레이션은 그림 14.3의 아래 부분에 그려 놓았다. 고전적인 보행인 종 모양의 이항 분포와는 달리 양자 보행은 독특한 모양의 분포를 나타내며, 양자 간섭으로 인해 시작점으로부터 더 멀어진 점에서 더 큰 확률을 갖는다.

이 행동을 설명하기 위해 표 14.1의 식 14.30에 의해 동전 상태 $|0\rangle$에서 시작하는 계의 상태 변화를 보이겠다. 주목할 것은 세 번째 걸음에서 간섭으로 인해 확률분포가 이동하여 비대칭적이 된다. 이 비대칭성이 일어나는 이유는 $-|1,-1\rangle + |1,-1\rangle$이 서로 상쇄

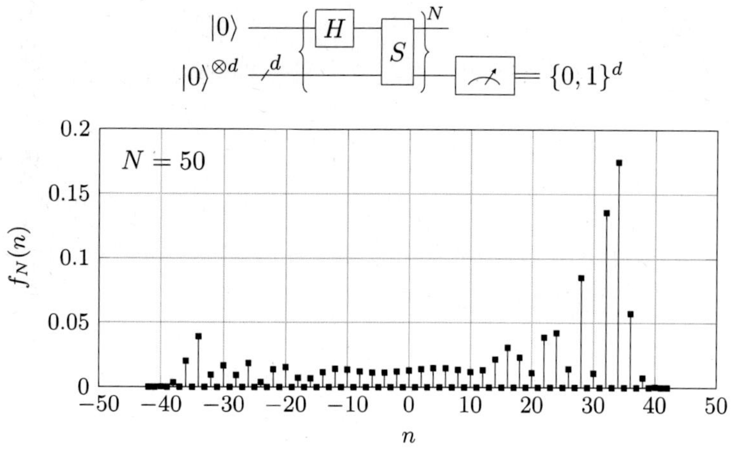

▍그림 14.3▍ 양자 1D 보행

되어 $x = -1$에 있는 확률을 없애기 때문이다. 역으로 $|0,\ 1\rangle + |0,\ 1\rangle$의 항은 결합하여 $2|0,\ 1\rangle$을 만들어 확률이 $\dfrac{4}{8}$가 된다.

처음의 동전 상태가 $f_N(n)$ 곡선의 모양에 큰 영향을 끼친다는 것을 주목하여라. 이 초기 상태는 $\alpha|0\rangle + \beta|1\rangle$로 표현하는 일반적인 상태일 수 있다.

▍표 14.1▍ 1D 양자 보행에서 동전과 보행자의 변화

걸음	동전과 보행자 상태	확률
0	$\|0,\ 0$	$[1]$
1	$\frac{1}{\sqrt{2}}(\|0,\ 1\rangle + \|1,\ -1\rangle)$	$\left[\frac{1}{2}, 0, \frac{1}{2}\right]$
2	$\frac{1}{2}(\|0,\ 2\rangle + \|1,\ 0\rangle + \|0,\ 0\rangle - \|1,\ -2\rangle)$	$\left[\frac{1}{4}, 0, \frac{1}{2}, 0, \frac{1}{4}\right]$
3	$\frac{1}{\sqrt{8}}(\|0,\ 3\rangle + \|1,\ 1\rangle + \|0,\ 1\rangle - \|1,\ -1\rangle$ $+ \|0,\ 1\rangle + \|1,\ -1\rangle - \|0,\ -1\rangle + \|1,\ -3\rangle)$ $-\frac{1}{\sqrt{8}}(\|0,\ 3\rangle + \|1,\ 1\rangle + 2\|0,\ 1\rangle - \|0,\ -1\rangle + \|1,\ -3\rangle)$	$\left[\frac{1}{8}, 0, \frac{1}{8}, 0, \frac{5}{8}, 0, \frac{1}{8}\right]$

연습문제 14.7

식 14.30으로 기술하는 동역학을 따라 첫 세 걸음에 대해 1D 양자 보행에 대한 계 상태의 변화를 나타내는 표를 만들어라. 동전의 초기 상태는 $|1\rangle$로 가정한다. 표는 표 14.1과 비슷해야 하고 각 걸음에서 확률분포뿐만 아니라 동전과 보행자의 상태를 자세히 구해야 한다.

연습문제 14.8

그림 14.3에서 설명한 1D 양자 보행의 시뮬레이션을 하지만 초기 상태는 $|-\rangle = \dfrac{1}{\sqrt{2}}(|0\rangle - |1\rangle)$을 이용하여라.

4 응용

일차원 양자 보행을 양자 확률과 양자 확률 과정에 대한 예제로 주로 소개했지만 양자 보행의 일반화된 개념은 양자컴퓨팅과 양자정보 이론에서 중요한 응용을 할 수 있는 풍부하고 복잡한 주제이다. 이 응용에서는 중첩과 간섭을 포함한 양자 보행의 독특한 성질을 이용한다. 다음은 양자 보행을 적용하는 주요 분야 중 일부이다.

- **양자 알고리즘**: 양자 보행은 양자 알고리즘을 설계할 때 강력한 도구이다. 양자 중첩과 간섭으로 인해 고전적으로 대응하는 것보다 훨씬 효율적으로 계산 공간을 탐구할 수 있다. 양자 보행에 근거를 둔 알고리즘은 어떤 문제에서 더 빠른 속도를 얻는다는 것을 보였다. 예를 들어 양자 보행에 기초를 둔 탐색 알고리즘은 어떤 가능한 고전적인 알고리즘보다 이차 함수적으로 더 빨리 분류되지 않은 데이터베이스를 탐색할 수 있다.
- **양자 시뮬레이션**: 양자 보행은 특히 양자계에서 전송 현상을 연구할 때와 같은 다양한 양자계에 대해 시뮬레이션할 수 있다. 이것은 물질 내부 전자의 행동을 시뮬레이션할 때 유용하고, 이를 통해 새로운 양자 물질과 장치를 이해하고 설계할 때 도움을 얻을 수 있다.
- **양자컴퓨팅 모형**: 양자 보행의 개념은 연속 시간 양자 보행(Continuous-Time Quantum Walk: CTQW)과 같은 양자 계산의 어떤 모형에서 중요하다. 이 모형은 표준적인 게이트에 기초한 양자컴퓨팅 모형을 대체하는 체계를 제공하고, 어떤 형태의 문제와 물리적 구현을 할 때 더 자연스럽다.
- **양자 통신**: 양자 통신 분야에서 양자 보행은 양자 네트워크에 대한 모형을 만들고 분석할 때 사용하여, 양자 정보 전달에 대한 더 효율적인 프로토콜을 얻는다. 양자 보행은 또한 새로운 암호 프로토콜을 개발할 때 응용할 수 있다.

14.2 양자 엔트로피와 정보

정보 이론의 기초인 엔트로피에 대한 개념은 확률 변수와 관련된 불확정도 혹은 정보량을 측정한다. 양자 영역에서 이 개념은 양자계의 불확정도를 포함하도록 확장된다.

> 정보 이론에서 "정보"는 일상용어와는 매우 다른 방법으로 정의한다. 이것은 메시지, 의미 혹은 지식에 대한 것이 아니고, 오히려 메시지 근원의 불확정도나 비예측성에 관한 것이다. 예를 들어 메시지가 매우 예측 가능하다면 매우 예측할 수 없는 메시지에 비해 적은 정보를 포함한다. 이것은 비트로 보통 표현하는 엔트로피의 개념을 이용하여 정량화한다. 엔트로피가 클수록 메시지가 운반하는 정보는 더 많다.

14.2.1 고전적인 Shannon 엔트로피

표본 공간 Ω에 있는 고전적인 확률 변수 X를 고려하자. Ω에서 각각의 결과 x는 확률분포 $p(X)$에 의해 일어난다. 특별한 결과 x에 대한 정보량(혹은 결합 정보와 구별하기 위한 자신의 정보) $I(x)$는 다음과 같이 정의한다.

$$I(x) = -\log p(x). \tag{14.32}$$

로그 밑수는 정보의 단위를 결정한다. 밑수가 2이면 단위는 비트이다.

정의에 있는 로그 함수로 인해 정보는 더하는 성질이 있다. 각각 확률이 $p(x)$와 $p(y)$인 두 개의 독립 사건 x와 y를 고려하자. 두 사건이 모두 일어나는 결합 확률은 곱 $p(x)p(y)$이다. 이 관계로 인해 두 사건에 대한 전체 정보량은 $I(x, y) = -\log(p(x)p(y)) = I(x) + I(y)$이다.

Shannon 엔트로피는 모든 가능한 결과에 대한 확률 변수의 정보량의 기대값(통계적 평균)으로 정의한다.

$$H(X) = E[I(x)] = -\sum_{x \in \Omega} p(x) \log p(x). \tag{14.33}$$

따라서 정보 이론에서 "정보"는 확률 변수의 결과에 대한 불확정도가 감소하는 것으로 이해하고, 이것은 결과나 메시지를 알게 되었을 때 엔트로피의 감소로 정량화한다.

예제 14.8

여섯 면이 있는 공정한 주사위 던지기

$\Omega = \{1, 2, 3, 4, 5, 6\}$이고 각 결과에 대해 균일한 확률분포를 갖는 여섯 면이 있는 공정한 주사위를 던진다고 하자. 이 경우 Shannon 엔트로피는 $H(X) = -\sum_{x=1}^{6} \frac{1}{6} \log \frac{1}{6} = \log 6 \approx 2.58$비트이다. 이 값은 주사위의 결과와 관련된 평균 불확정도, 혹은 정보량을 표현한다. 정보 이론에서 이것은 평균적으로 여러 번 던질 때 주사위 던지기의 결과를 최적화하여 인코딩할 때 필요한 양은 약 2.58비트이다. ■

> 정보 이론과 확률 시뮬레이션의 관점에서 종종 "확률분포 p에서 뽑는다"는 표현을 사용한다. 예를 들어 $\Omega = \{a, b\}$에 대해 단순한 확률분포 p를 고려하자. 여기서 $p(a) = 0.6$, $p(b) = 0.4$이다. "p에서 뽑는다"는 것은 한 번 던질 때 a로 60%, b로 40%를 선택할 확률로 무작위적으로 선택한다는 것을 의미한다.

예제 14.9

분포로부터 추첨 시뮬레이션하기.

결과의 유한한 집합에 대해 확률분포 p가 있다고 하자. 계산 시뮬레이션에서 $H(p)$는 p로부터 표본을 하나 생성할 때 필요한 진정한 확률 비트(동전 던지기)의 최소 평균수를 나타낸다. 이것은 매우 많은 수의 뽑기에 대한 시뮬레이션을 할 때 특히 잘 맞는다. 왜냐하면 사용하는 비트의 평균수는 $H(p)$로 수렴하기 때문이다.

예를 들어 표본 공간 $\{a, b, c\}$에 대해 $p = \left(\frac{1}{2}, \frac{1}{4}, \frac{1}{4}\right)$를 고려하자. 동전을 최소로

던져서 p로부터 표본을 하나 생성하기 위해 (확률 $\frac{1}{2}$로) 앞면을 얻는다면 a를 선택하고 끝낸다. 뒷면을 얻으면 두 번째 동전을 던져 각각이 $\frac{1}{4}$의 확률인 b 또는 c를 선택한다.

따라서 평균적으로 표본을 생성하려면 $1 \cdot \frac{1}{2} + 2 \cdot \frac{1}{4} = 1.5$ 동전 던지기가 필요하다. 이것은 Shannon 엔트로피 계산 $H(p) = 1.5$ 비트와 일치한다. ■

예제 14.10

최적화된 압축으로 추첨 저장하기.

확률분포 p에 대해 최선의 가능한 압축 방법을 이용하여 p로부터 추첨을 저장하는 데 필요한 비트의 평균수 또한 $H(p)$로 주어진다. 이것은 Shannon 엔트로피는 손실이 없는 압축의 극한을 정의한다는 사실을 반영한다. p에서 한 번 추첨한 후 이 특정한 결과를 만들 때 사용한 무작위 비트의 순서를 저장할 수 있다. 이러한 많은 추첨에 대해 이 저장된 비트 시퀀스의 평균 길이는 $H(p)$에 수렴할 것이다.

예를 들어 다시 표본 공간 $\{a, b, c\}$에 대해 $p = \left(\frac{1}{2}, \frac{1}{4}, \frac{1}{4}\right)$를 고려하자. 이 분포로부터 끄집어낸 문자열을 암호화하기 위해 가장 빈번히 나타나는 문자 a에는 가장 짧은 코드 0을, b에는 10을, c에는 11을 사용한다. 코드 0(1 비트)는 확률 $\frac{1}{2}$로 나타나는 반면 코드 10과 11(각각 2비트)는 확률 $\frac{1}{4}$로 나타난다. 따라서 평균적으로 문자당 $1 \cdot \frac{1}{2} + 2 \cdot \frac{1}{4} = 1.5$비트가 필요하다. 이것은 이전의 예제에서 했던 Shannon 엔트로피 계산 $H(p) = 1.5$비트와 일치한다. ■

연습문제 14.9

영상의 픽셀값을 표현하는 다음의 각 확률 변수에 대한 엔트로피를 비트로 계산하여라.

(a) 각 픽셀의 색을 빨강, 녹색, 파랑 채널의 유일한 결합으로 표현하는 영상이 있고, 각 채널은 균일한 확률로 0부터 255에 이르는 임의의 정수값을 가질 수 있다고 가정한다. 한 픽셀의 엔트로피를 계산하여라.

(b) 이제 영상에서 빨간색을 제거한다. 즉 빨강 채널은 항상 0이고, 녹색과 파랑 채널만 균일한 확률로 0에서 255까지 변한다. 이 조건 하에서 한 픽셀의 엔트로피를 계산하여라.

(c) 최종적으로 영상의 색 공간이 제한된다고 가정한다. 빨강 채널은 0에서 63까지 번호가, 녹색 채널은 0에서 127까지, 그리고 파랑 채널은 64에서 255까지 변하고 모두 확률은 균일하다. 이 경우 한 픽셀의 엔트로피를 계산하여라.

참조: 각 색깔 채널을 서로 독립적이라고 가정한다.

기본적 성질

Shannon 엔트로피는 여러 중요한 성질을 갖는다.

1. $0 \le H(p) \le \log(d)$. 여기서 d는 표본 공간의 차원이다.
2. 어떤 사건에 대해 $p=1$이고, 나머지에 대해 0이면 $H(p)=0$이 되어 결정적 과정을 표현한다.
3. p가 균일하다면 $\left(\frac{1}{d}, \cdots, \frac{1}{d}\right)$, $H(p)=\log(d)$이고 최대 무작위 상태를 표현한다.

14.2.2 ∗양자 von Neumann 엔트로피

양자 확률이론에서 관측량은 확률 변수의 비교환적 일반화이고, 그 고유값의 집합은 가능한 결과 집합의 역할을 한다. 주어진 밀도연산자 ρ는 양자계의 확률적 상태를 완전히 설명하는 확률분포의 역학을 일반화하여 관측량 A의 기대값과 같은 통계적인 양을 계산할 수 있다.

$$\langle A\rangle = \mathrm{tr}(\rho A) = \langle \rho, A\rangle. \tag{14.34}$$

고전 확률에서 Shannon 엔트로피와 비슷한 양자계에서 불확정도의 척도로 작용하는 von Neumann 엔트로피를 계산하기 위해 관측량으로 $A=-\log\rho$를 고려한다. 밀도연산자 ρ로 기술하는 양자계의 von Neumann 엔트로피 $S(\rho)$는 다음과 같이 정의한다.

$$S(\rho) = -\langle \log\rho\rangle = -\mathrm{tr}(\rho\log\rho). \tag{14.35}$$

이 표현은 ρ의 스펙트럼 분해를 이용하면 간단하게 만들 수 있다. ρ가 대각화된 ρ의 고유기준에서 엔트로피는

$$S(\rho) = -\sum_i \lambda_i \log\lambda_i \tag{14.36}$$

의 형태를 갖는다. 여기서 각 고유값 λ_i는 양자계가 대응하는 고유상태에 있을 확률을 나타낸다. 이 결과는 대각합을 취하는 연산이 기준에 무관하므로 기준의 변화에 대해 변하지 않는다.

von Neumann 엔트로피는 양자계에 있는 정보량을 정량화한다. 이것은 Shannon 엔트로피와 비슷한 여러 성질을 갖는다.

1. $0 \le S(\rho) \le \log(d)$이고, d는 ρ의 차원이다.
2. $\{\lambda_i\}$에서 어떤 항은 1이고, 나머지는 0일 때 $S(\rho)=0$이고 순수 상태를 나타낸다.
3. $\{\lambda_i\}$가 균일하면 $S(\rho)=\log(d)$이고 최대로 혼합된 상태를 나타낸다.

예제 14.11

순수 상태.

순수 상태 $|\psi\rangle = \alpha|0\rangle + \beta|1\rangle$에 대해 밀도연산자는

$$\rho = \begin{bmatrix} |\alpha|^2 & \alpha\beta^* \\ \beta\alpha^* & |\beta|^2 \end{bmatrix}$$

이다.

ρ의 고유값은 0과 1이다. 그러므로 ρ의 von Neumann 엔트로피는 다음과 같다.

$$S(\rho) = 0\log 0 + 1\log 1 = 0. \tag{14.37}$$

여기서 극한의 의미에서 $0\log 0 = 0$으로 놓았다. $\lim_{x\to 0^+} x\log x = 0$.

사실 Bell 상태를 포함한 어떤 차원의 순수 상태에 대한 엔트로피는 0으로 순수 상태에서 불확정도가 없거나 정보 엔트로피가 없다는 것을 반영한다. 이것은 순수 상태 $|\psi\rangle$의 $\rho = |\psi\rangle\langle\psi|$는 랭크 1 행렬, 즉 한 개의 선형독립적인 행벡터나 열벡터만 있기 때문이다. 이와 같은 행렬에서 고유값 중 하나는 (양자 상태의 규격화로 인해) 항상 1이고, 다른 모든 값은 0이다. ■

예제 14.12

균일한 혼합 상태.

d차원 큐딧에 대해 균일한 혼합 상태의 밀도연산자는

$$\rho = \frac{1}{d} I_{d\times d}$$

이다.

이 밀도연산자는 이미 대각화되어 있다. 이에 대한 von Neumann 엔트로피는 다음과 같다.

$$S(\rho) = -\sum_{i=1}^{d} \frac{1}{d}\log\frac{1}{d} = \log d. \tag{14.38}$$

■

연습문제 14.10

기계가 혼합 상태에 있는 큐빗을 무작위적으로 만들어 상태 $|0\rangle$은 확률 p로 $|1\rangle$은 확률 $1-p$로 만든다. 여기서 $0 \le p \le 1$이다. 이 혼합 상태의 밀도행렬 ρ를 정의하여라. 큐빗의 von Neumann 엔트로피 $S(\rho)$를 계산하여라. $S(\rho)$를 최대로 만드는 p의 값을 결정하고 $S(\rho)$의 최대값을 구하여라.

14.2.3 ∗고전 합성 확률과 상호 정보량

Shannon 엔트로피의 이해에서 시작하여 이 부속 절은 여러 확률 변수를 포함하는 정보의 척도를 고려한다. 확률 변수 사이의 상호 의존성과 공유된 정보를 이해할 때 주요 역할을 하는 상호 정보량의 개념을 도입하고 조사하겠다. 두 개의 확률 변수가 있는 경우에 초점을 맞추지만 이 원리는 추가적인 변수를 포함하는 더 복잡한 경우로 확장할 수 있다. 이 척도는 정보 이론에 대한 시야를 넓히고, 또한 이에 대응하는 양자 부분에 대한 기초적인 작업이다.

1 합성 엔트로피

고전 정보 이론에서 두 확률변수 X와 Y가 주어졌을 때 합성 엔트로피 $H(X, Y)$는 합성 확률분포 $p(x, y)$의 Shannon 엔트로피로 정의한다(§14.1.4 참조).

$$H(X,Y) = -\sum_{x\in X}\sum_{y\in Y} p(x,y)\log p(x,y). \tag{14.39}$$

이것은 X와 Y의 합성계의 전체 불확정도를 정량화하여 확률 사건 x와 y의 모든 결합을 포함한다.

$p(x, y) = p(y, x)$이므로 $H(X, Y)$는 대칭적이다. 즉 $H(X, Y) = H(Y, X)$이다.

X와 Y가 독립적이면 $p(x, y) = p(x)p(y)$이므로 다음을 얻는다.

$$H(X,Y) = H(X) + H(Y). \tag{14.40}$$

2 조건부 엔트로피

X가 주어졌을 때 Y의 조건부 엔트로피는 조건부 확률분포 $p(y|x)$로 정의한다. 특정한 결과 $X = x$에 대해 조건부 엔트로피는 Shannon의 공식을 이용하여 결정한다.

$$H(Y|x) = -\sum_{y\in Y} p(y|x)\log p(y|x). \tag{14.41}$$

X가 주어졌을 때 Y의 전체 조건부 엔트로피는 모든 가능한 X의 결과에 대해 $H(Y|x)$의 기대값으로 정의한다.

$$\begin{aligned} H(Y|X) &= \sum_{x\in X} p(x)H(Y|x) \\ &= -\sum_{x\in X}\sum_{y\in Y} p(x)p(y|x)\log p(y|x) \\ &= -\sum_{x\in X}\sum_{y\in Y} p(y,x)\log p(y|x). \end{aligned} \tag{14.42}$$

이것은 X에 대한 정보가 주어졌을 때 X의 모든 가능항 결과에 대해 평균을 취한 Y의 평균 불확정도를 나타낸다.

마찬가지로 Y가 주어졌을 때 X의 조건부 엔트로피는 다음과 같다.

$$H(X|Y) = -\sum_{y\in Y}\sum_{x\in X} p(x,y)\log p(x|y). \tag{14.43}$$

3 관계

확률의 연쇄규칙에 의해(식 14.19) 다음 관계가 있다.

$$p(x,y) = p(y,x) = p(y|x)p(x) = p(x|y)p(y). \tag{14.44}$$

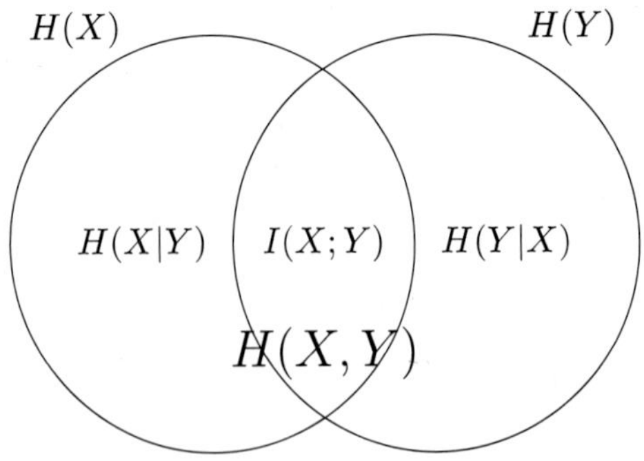

I 그림 14.4 I Shannon 엔트로피 관계에 대한 Venn 다이어그램

합성과 조건부 엔트로피는 등식

$$H(X,Y) = H(Y,X) = H(Y|X) + H(X) = H(X|Y) + H(Y) \tag{14.45}$$

를 만족한다. 혹은 동등하게 다음과 같다.

$$H(Y|X) = H(Y,X) - H(X), \tag{14.46a}$$

$$H(X|Y) = H(X,Y) - H(Y). \tag{14.46b}$$

이 등식은 조건부 엔트로피는 다른 변수를 알고 있을 때 한 변수에 대한 추가적인 불확정도를 측정한다. 이 관계는 그림 14.4처럼 Venn 다이어그램을 이용하여 나타낼 수 있다.

> 그림 14.4에서 $H(Y)$에 대한 $H(X)$의 배타적인 영역은 $H(x) - I(X;Y)$로 표현하고 $H(X|Y)$와 같다.
>
> 역으로 그림 14.1에서 $p(y)$에 대한 $p(x)$의 배타적인 부분은 $p(x) - p(x, y)$로 나타내고 $p(x|y)$와 다르다.
>
> 독자는 이러한 차이 뒤에 있는 논리를 탐구하기를 권한다.

4 상호 정보량

상호 정보량은 한 확률 변수가 다른 변수에 포함된 정보량에 대한 척도로 정의한다. 수학적으로는 다음과 같다.

$$I(X;Y) = H(X) + H(Y) - H(X,Y). \tag{14.47}$$

이 표기 방법에서 (쉼표 대신) 세미콜론을 이용하여 상호 정보량은 두 변수의 합성 분포라기 보다는 두 변수 사이의 의존성에 대한 척도라는 것을 강조하였다.

상호 정보량 $I(X;Y)$는 두 확률 변수 X와 Y 사이에 공유된 정보를 정량화한다. 이것은 다른 변수에 대해 알고 있을 때 한 변수에 대한 불확정도의 감소를 표현한다. 특히 X와 Y가 독립적이면 $I(X;Y) = 0$이어서 X에 대해 알고 있는 것이 Y에 대한 어떤 정보도 제공하지 않고, 그 역도 성립한다. 모든 경우에 $I(X;Y) \geq 0$이라는 것이 판명되었고, 이것은 한 변수에 대한 지식을 얻는 것은 다른 변수에 대한 정보를 감소시킬 수 없고 이러한 지식은 단지 공유 정보량을 유지하거나 증가시킨다.

그림 14.4의 Venn 다이어그램에서 $I(X;Y)$는 $H(X)$와 $H(Y)$를 나타내는 두 원의 교집합인 반면 $H(X,Y)$는 그 합집합이다. $I(X;Y)$와 $H(X,Y)$는 대칭적이라는 것을 주목하여라. 즉 $I(X;Y)=I(Y;X)$이고, $H(X,Y)=H(Y,X)$이다.

연습문제 14.11

상호 정보량에 대한 다음의 동등한 표현을 확인하여라.

$$\begin{aligned} I(X;Y) &= H(X)+H(Y)-H(X,Y) \\ &= H(X)-H(X|Y) \\ &= H(Y)-H(Y|X) \\ &= \sum_{x,y} p(x,y)\log\frac{p(x,y)}{p(x)p(y)}. \end{aligned} \tag{14.48}$$

상호 정보량은 또한 어떤 조건에서 독립변수의 가산성을 보여준다. 예를 들어 두 쌍의 확률 변수 $(X,\ Y)$와 $(W,\ Z)$의 합성 분포가 $p(X,\ Y,\ W,\ Z)=p(X,\ Y)p(W,\ Z)$로 인수분해 되어 $(X,\ Y)$가 $(W,\ Z)$에 독립적이라면 이 두 변수 집합 사이의 상호 정보량은 더해진다. $I(X,W;\ Y,Z)=I(X;Y)+I(W;\ Z)$.

예제 14.13

완전한 상관관계가 있는 계.

X는 확률 변수이고, 그 엔트로피 $H(X)$는 8비트이고, $Y(X)$는 X의 각 값에 대해 다른 값을 갖는 결정론적인 함수라고 하자.

(a) Y의 엔트로피 $H(Y)$ 또한 8비트이다. 왜냐하면 Y는 X의 일대일 함수이기 때문이다.

(b) X가 주어졌을 때 Y의 조건부 엔트로피는 $H(Y|X)=0$이다. 왜냐하면 X는 Y를 유일하게 결정하기 때문이다.

(c) Y가 주어졌을 때 X의 조건부 엔트로피는 $H(X|Y)=0$이다. 왜냐하면 Y는 일대일 함수에 의해 X를 유일하게 결정하기 때문이다.

(d) 합성 엔트로피 $H(X,Y)$는 $H(X)+H(Y|X)=8$비트이고, 이것은 바로 X의 엔트로피이다. 왜냐하면 Y는 어떤 추가적인 불확정도를 주지 않기 때문이다.

(e) 상호 정보량 $I(X;Y)=H(X)+H(Y)-H(X,Y)=8$이고, 이것은 X를 아는 것이 Y에 대한 완전한 정보를 준다는 사실, 그리고 그 역과 일치한다.

(f) 따라서 두 개의 완전한 상관관계가 있는 계에 대해 $I(X;Y)=H(X,Y)=H(X)=H(Y)$이고, $H(X|Y)=H(Y|X)=0$이다.

■

예제 14.14

부분적 상관관계가 있는 계.

예제 14.13과 비슷하게 X는 엔트로피 $H(X)$가 8비트인 확률 변수이다. 이제 $Y(X)$는 결정론적 함수이지만 더 이상 역함수를 구할 수 없다. 즉 X의 다른 값은 $Y(X)$의 같은 값에 대응시킬 수 있다.

(a) 이제 X의 다른 값은 $Y(X)$의 같은 값에 대응시킬 수 있으므로 Y의 새로운 분포는 엔트로피를 잃는다. 왜냐하면 변동성이 더 작아지고, 따라서 $H(Y) < 8$비트이기 때문이다.

(b) X가 주어졌을 때 Y의 조건부 엔트로피는 여전히 $H(Y|X) = 0$비트이다. 왜냐하면 X는 여전히 Y를 유일하게 결정하기 때문이다.

(c) 이제 Y에 대한 지식은 더 이상 X를 유일하게 결정하지 않고, 따라서 조건부 엔트로피 $H(X|Y)$는 더 이상 0이 아니다. 왜냐하면 Y를 알고 난 후에도 X에 대한 불확정도가 있기 때문이다. $H(X|Y) > 0$.

(d) 합성 엔트로피 $H(X, Y)$는 여전히 $H(X) + H(Y|X) = 8$비트이고, 이것은 바로 X의 엔트로피이다. 왜냐하면 Y는 어떤 추가적인 불확정도를 주지 않기 때문이다. 비록 $H(X|Y) > 0$이고 $H(Y) < 8$이어도 여전히 $H(Y) + H(X|Y) = 8$이다.

(e) 상호 정보량은 $I(X;Y) = H(X) + H(Y) - H(X, Y) = H(Y) < H(X)$이고, 이것은 X와 Y 사이에 공유하는 정보량을 측정하고, 이것은 이제 8비트보다 작다.

(f) 따라서 두 개의 부분적 상관관계가 있는 계에 대해
$H(X),\ H(Y) \le H(X,\ Y) \le H(X) + H(Y)$
$0 \le H(X|Y) \le H(X),\ 0 \le H(Y|X) \le H(Y)$과
$0 \le I(X;Y) \le H(X),\ H(Y)$가 성립한다.

■

예제 14.15

독립적인 계.

예제 14.13과 비슷하게 X는 확률 변수이고 엔트로피 $H(X)$는 8비트이다. 그러나 이제 $Y(X)$는 완전히 확률적이다. 즉 $X = x$ 값이 주어지면 YZ는 X와 같은 엔트로피를 갖는 확률분포로부터 무작위 값 y를 갖는다.

(a) 이제 Y와 X가 독립적이어도 여전히 $H(Y) = H(X) = 8$비트이다.

(b) X가 주어졌을 때 Y의 조건부 엔트로피는 $H(Y|X) = 8$비트이다. 왜냐하면 X는 Y에 영향을 주지 않기 때문이다.

(c) 마찬가지로 Y가 주어졌을 때 X의 조건부 엔트로피 또한 $H(X|Y) = 8$비트이다.

(d) 합성 엔트로피 $H(X, Y)$는 $H(X) + H(Y|X) = H(Y) + H(X|Y) = 16$비트이다.

(e) 상호 정보량은 $I(X;Y) = H(X) + H(Y) - H(X, Y) = 0$이어서 어떤 정보도 X와 Y 사이에 공유되지 않는다는 것을 의미한다.

(f) 따라서 두 독립적인 계에 대해 다음이 성립한다.

$H(X,\ Y) = H(X) + H(Y)$

$H(X|Y) = H(X),\ H(Y|X) = H(Y)$와

$I(X;Y) = 0.$

연습문제 14.12

예제 14.13에서 14.15까지 각각에 대해 해당하는 Venn 다이어그램을 그려라.

5 상호 정보량과 통신 충실도

상호 정보량은 통신의 충실도를 정량화하고, 이것은 이후 양자채널 용량에 대한 논의에서 중요해지는 주요 개념이다. X는 Alice가 Bob에게 전달하고자 하는 정보에 대한 확률 변수를 표현하고, 이것은 다른 가능한 결과의 가능성을 기술하는 확률분포로 암호화되어 있다. Y는 Bob이 받고, 해당하는 정보에 대한 확률 변수를 표현한다. 상호 정보량 $I(X;Y)$는 X와 Y 사이에 공유된 정보량을 정량화하여 Alice가 Bob에게 실질적으로 전달하는 접근 가능한 정보를 나타낸다.

예제 14.13에서 완전한 상관관계가 있는 계에 대해 Bob이 받는 자료는 Alice가 보내는 자료와 완벽하게 대응이 되어 완벽한 통신 채널을 반영하여 $I(X;Y) = H(X,Y) = H(X) = H(Y)$와 일치한다.

예제 14.15의 완전히 상관관계가 없는 계에 대해 Bob이 받는 자료는 Alice가 보내는 자료와 전혀 관계가 없어서 완전히 파괴된 통신 채널을 반영하므로 $I(X;Y) = 0$이다.

예제 14.14의 부분적 상관관계가 있는 계에 대해 통신 채널은 불완전하고 $I(X;Y) \le H(X),\ H(Y)$이다.

더 많은 예제는 다음과 같다.

예제 14.16

영문 내용을 전송하는 것을 고려하자. 통신 채널에서는 어떤 확률로 오자가 생기게 된다. 이 경우 $I(X;Y)$는 오자에도 불구하고 Bob이 추론할 수 있는 원래 내용에 대한 정보가 얼마나 있는지 측정한다. 영어의 구조와 반복성은 이러한 상호 정보량을 증가하도록 도와서 오류 수정의 개념을 강조한다.

다른 방법으로 Alice는 Bob에게 디지털 영상을 보낸다고 하자. 채널은 잡음이나 압축 효과가 도입될 수 있다. Bob은 잠재적으로 질이 저하된 영상을 받는다. 상호 정보량 $I(X;Y)$는 원래 상의 정보가 받은 상에서 얼마나 보존되는지에 대해 정량화한다.

■

예제 14.17

이진 대칭 채널(Binary Symmetric Channel: BSC).

Alice가 1비트의 정보를 Bob에게 예컨대 1마이크로초의 시간 간격으로 보낸다고 하자. 이 경우 X는 같은 확률로 값 0이나 1을 가질 수 있다. $p(X=0)=p(X=1)=0.5$.

그러나 통신 채널에는 잡음이 있다. 반전 확률 0.1로 한 비트는 전송하는 동안 뒤집힌다. 즉 Alice가 0을 보낼 때 Bob이 0을 받을 확률은 0.9이고, 1을 받을 확률은 0.1이다. 마찬가지로 Alice가 1을 보내면, Bob은 확률 0.9로 1을 받고, 확률 0.1로 0을 받는다.

이제 Bob이 받은 메시지 Y는 확률 0.9로 X와 같고, 확률 0.1로 X와 반대이다.

이 경우 상호 정보량 $I(X;Y)$는 1비트보다 작을 것이다. 왜냐하면 채널의 잡음이 Bob이 Alice의 메시지를 올바르게 추론할 수 있는 능력에 불확정도를 도입했기 때문이다. $I(X;Y)$를 계산하려면 $H(Y|X)$와 $H(Y)$에서 시작하여 $I(X;Y)=H(Y)-H(Y|X)$를 유도한다.

(a) Y의 확률분포:

- $p(Y=0)$: 이것은 Alice가 0을 보내고 뒤집히지 않거나, Alice가 1을 보내고 뒤집힌 경우에 일어난다. 그러므로 다음을 얻는다.

$$\begin{aligned} p(Y=0) &= p(X=0)p(\text{no flip}) + p(X=1)p(\text{flip}) \\ &= 0.5\cdot 0.9 + 0.5\cdot 0.1 = 0.5. \end{aligned}$$

- 마찬가지로 $p(Y=1)=0.5$이다.

(b) Y의 엔트로피:

$$\begin{aligned} H(Y) &= -(p(Y=0)\log(p(Y=0)) + p(Y=1)\log(p(Y=1))) \\ &= -(0.5\log(0.5) + 0.5\log(0.5)) = 1. \end{aligned}$$

(c) 조건부 확률 분포 $p(Y|X)$:

- $X=0$을 알고 있다면 다음을 얻는다.

$$\begin{aligned} p(Y=0|X=0) &= 0.9 \quad \text{(뒤집히지 않음)} \\ p(Y=1|X=0) &= 0.1 \quad \text{(뒤집힘)}. \end{aligned}$$

- $X=1$을 알고 있다면 다음을 얻는다.

$$\begin{aligned} p(Y=0|X=1) &= 0.1 \quad \text{(뒤집힘)}. \\ p(Y=1|X=1) &= 0.9 \quad \text{(뒤집히지 않음)} \end{aligned}$$

(d) 조건부 엔트로피 $H(Y|X)$:

$$\begin{aligned} H(Y|X) &= p(X=0)H(Y|X=0) + p(X=1)H(Y|X=1) \\ &= -0.5(0.9\log(0.9) + 0.1\log(0.1)) - 0.5(0.1\log(0.1) + 0.9\log(0.9)) \\ &\approx 0.469. \end{aligned}$$

(e) 상호 정보량:

$$I(X;Y) = H(Y) - H(Y|X) \approx 0.531.$$

이것은 평균적으로 Alice가 보낸 각 비트의 정보 중 이진 대칭 채널의 잡음에 의해 0.531 비트만 받을 수 있다. ■

14.2.4 ∗양자 합성 엔트로피와 상호 정보량

von Neumann 엔트로피와 고전 정보 척도에 대한 확고한 기초를 이루었으므로 이제 두 개의 확률 변수를 포함하는 양자 정보 척도를 살펴보겠다. 이 일반화로 인해 어떻게 양자 역학이 정보적 관계와 상호 의존성을 재정의할 수 있는지에 대한 깊은 통찰력을 얻는다.

계의 확률을 기술하는 밀도연산자 ρ_{AB}로 표현하는 두 개로 구성된 양자계 AB가 주어졌을 때 확률 변수 X와 Y의 쌍을 ρ_{AB}로 바꾼다. 두 부속계는 축소 밀도연산자 $\rho_A = \mathrm{tr}_B(\rho_{\mathrm{AB}})$와 $\rho_B = \mathrm{tr}_A(\rho_{\mathrm{AB}})$로 기술한다(자세한 것은 §12.5를 참조하여라).

1 합성 엔트로피와 조건부 엔트로피

합성과 조건부 von Neumann 엔트로피의 표준적인 정의는 고전적인 관계에 대한 형태를 이용한다. 여기서 고전 합성 엔트로피 대신 $S(\rho_{AB})$를, $H(X)$ 대신 $S(\rho_A)$로, $H(Y)$ 대신 $S(\rho_B)$로 바꾼다. 따라서 다음을 얻는다.

$$S(A,B) \equiv S(\rho_{AB}) = -\,\mathrm{tr}(\rho_{AB}\log\rho_{AB}), \tag{14.49a}$$

$$S(A) \equiv S(\rho_A) = -\,\mathrm{tr}(\rho_A\log\rho_A), \tag{14.49b}$$

$$S(B) \equiv S(\rho_B) = -\,\mathrm{tr}(\rho_B\log\rho_B). \tag{14.49c}$$

조건부 밀도연산자는 거의 사용하지 않으므로 조건부 von Neumann 엔트로피는 고전적인 엔트로피 관계 식 14.46을 이용하여 직접 정의한다.

$$S(A|B) = S(\rho_{AB}) - S(\rho_B), \tag{14.50a}$$

$$S(B|A) = S(\rho_{AB}) - S(\rho_A). \tag{14.50b}$$

2 상호 정보량

상호 정보량은 고전적인 경우와 비슷하게 정의하지만 양자 엔트로피로 정의한다. 두 양자계 A와 B에 대해 상호 정보량 $I(A;B)$는 다음과 같다.

$$I(A;B) = S(\rho_A) + S(\rho_B) - S(\rho_{AB}). \tag{14.51}$$

$S(\rho_A)$와 $S(\rho_B)$ 항은 각각 계 A와 B의 개별적인 불확정도를 나타내고, $S(\rho_{AB})$는 결합된 계의 불확정도를 나타낸다. 상호 정보량 $I(A;B)$는 한 계(예컨대 A)에 대한 지식이 얼마나 다른 계(B)에 대한 불확정도를 감소시키는가에 대해 정량화하여 두 양자계 사이에서 전체 상관관계의 양을 나타내고 양자 상태의 상호연결성을 반영한다.

주목할 것은 ρ_A와 ρ_B는 부분 대각합을 통해 ρ_{AB}에서 유도되므로 합성과 조건부 엔트로피는 상호 정보량과 함께 모두 ρ_{AB}에 실려 있다.

3 관계

양자 엔트로피와 정보 사이의 관계는 그림 14.5에 나타낸 대로 Venn 다이어그램을 이용하여 설명할 수 있다. 그러나 이러한 그림은 얽힌 상태에서 일어나는 음의 양자 조건부 엔트로피 현상을 설명할 수 없다는 것을 주목해야 한다.

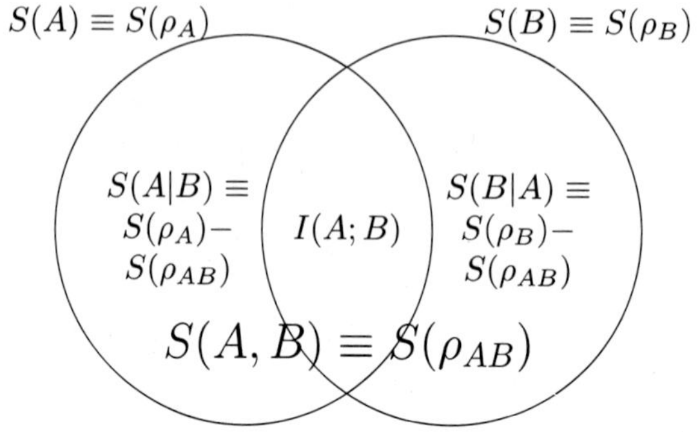

참조: 양자 조건부 엔트로피는 얽힌 상태의 경우 음수일 수 있고, 이것은 이 그림에 나타내지 못한다. 자세한 것은 본문을 참조하여라.

그림 14.5 von Neumann 엔트로피 관계에 대한 Venn 다이어그램

계 A와 B가 독립적인 경우 $\rho_{AB} = \rho_A \otimes \rho_B$, $S(\rho_{AB}) = S(\rho_A) + S(\rho_B)$이고 $I(A;B) = 0$이어서 양자 상호 정보가 없다는 것을 반영한다.

4 음의 조건부 엔트로피

양자 조건부 엔트로피의 놀라운 측면은 얽힌 상태에 대해 음수일 수 있다는 것이고, 이것은 고전적인 정보 이론에는 대응하는 것이 없는 현상이다. 이것을 예제 14.18에서 보일 것이다.

고전적인 계에서 조건부 엔트로피는 계의 다른 부분을 알고 있을 때 한 부분에 대한 불확정도가 감소하는 것을 정량화하고, 이것은 항상 음수가 아니다. 이것은 계에 대한 지식은 구성 부분과 관련된 불확정도를 감소시키거나 변화시키지 않는다는 것을 반영한다.

역으로 양자계는 조건부 엔트로피가 음수일 수 있는 독특한 성질을 나타낸다. 이것은 양자 얽힘에 의해 일어나며 부속계 사이의 상호 연결이 밀접하여 전체 계에 대한 상태를 아는 것은 사실 개별 부분에 대해 알고 있는 것에 대한 합보다 더 큰 확정도(더 작은 불확정도)를 갖는다는 것을 의미한다. 이와 같은 음의 조건부 확률은 양자역학에서만 일어나며 얽힘으로 인해 도입되는 기본적으로 비고전적인 행동을 나타낸다.

그러나 비록 양자 조건부 엔트로피가 음수일 수 있어도 양자 상호 정보량은 여전히 음

수가 아니다. $I(A;B) \geq 0$. (이 부등식의 증명은 이 책의 범위를 넘어선다.)

예제 14.18

EPR 쌍의 조건부 엔트로피

Alice와 Bob이 EPR 쌍 $|\Phi^+\rangle = \frac{1}{\sqrt{2}}(|00\rangle + |11\rangle)$을 공유하는 전형적인 경우를 고려하자. 이에 대한 결합 밀도연산자는 $\rho_{AB} = |\Phi^+\rangle\langle\Phi^+|$이다.

예제 14.5에서 유도했듯이 Alice와 Bob에 대한 축소 밀도연산자는 $\rho_A = \rho_B = \mathrm{tr}_B(\rho_{AB}) = \mathrm{tr}_A(\rho_{AB}) = \frac{1}{2}I$이고, 최대 혼합 상태를 나타낸다.

결과적으로 엔트로피는 순수 결합 상태에 대해서는 $S(\rho_{AB}) = 0$이고, 최대 혼합 축소 상태에 대해서는 $S(\rho_A) = S(\rho_B) = 1$이다. 이로 인해 조건부 엔트로피에 대한 놀라운 결과를 얻는다.

$$S(A|B) = S(\rho_{AB}) - S(\rho_B) = -1,$$
$$S(B|A) = S(\rho_{AB}) - S(\rho_A) = -1.$$

고전 정보 이론에서 조건부 엔트로피는 결코 음수가 될 수 없다. 왜냐하면 이것은 다른 계에 대해 알고 있을 때 한 계에 대해 남아 있는 불확정도를 나타내기 때문이다. 그러나 양자계에서는 음의 조건부 엔트로피는 한 계(예컨대 B)의 상태를 알면 다른 계(예컨대 A)의 불확정도를 고전적 한계를 넘어 감소시킬 수 있다는 특징이다.

이 음수값은 고전적인 상관관계를 고려할 때 예상한 것보다 더 적은 불확정도가 있다는 것을 의미하며 기본적으로 하나의 계를 알면 고전적으로 가능한 것보다 더 많은 확정도를 제공하는 상관관계가 있다. 극한적인 경우 A와 B가 최대로 얽혀 있으면 B를 알면 A의 상태를 완전히 결정한다.

따라서 $S(A|B) < 0$이면 A와 B 사이에 공유하는 양자 정보는 고전적인 상관관계에 의해 얻는 것보다 더 많다는 것을 나타내고, 이것은 양자 얽힘의 특징이다.

상호 정보량은

$$I(A;B) = S(\rho_A) + S(\rho_B) - S(\rho_{AB}) = 2$$

이어서 얽힘에 근거한 상관관계의 총량은 2비트의 정보와 동등하다는 것을 나타낸다.

이것은 두 개의 완벽한 상관관계가 있는 확률 변수 X와 Y 사이의 상호 정보량은 $I(X;Y) = H(X) = H(Y)$인 고전계와 대조를 이룬다. Bell 상태에 대해 $I(A;B) = 2S(\rho_A)$에 나타나는 인자 2는 얽힘으로 인한 양자 상관관계는 어떤 고전적인 상관관계보다 강하다는 것을 나타낸다.

일반적으로 ρ_{AB}가 $S(\rho_{AB}) = 0$인 순수 상태를 나타낸다면 $S(\rho_A) = S(\rho_B)$가 성립한다. ρ_{AB}가 ρ_A와 ρ_B로 분리되는 직접곱 상태에 대해서는 둘 모두 순수 상태이고, 따라서

$S(\rho_A) = S(\rho_B) = 0$이다. 역으로 Bell 상태와 같은 최대 얽힘 상태에 대해서는 $S(\rho_A) = S(\rho_B)$는 최대값 1을 얻는다. 따라서 $S(\rho_A) = S(\rho_B)$는 종종 순수 상태에 대한 얽힘 엔트로피라고 하며 얽힘의 정도를 정량화한다. ■

연습문제 14.13

50%의 확률로 EPR 쌍 $|\Phi^+\rangle = \frac{1}{\sqrt{2}}(|00\rangle + |11\rangle)$에 있고, 50%의 확률로 다른 얽힌 상태 $|\Psi^+\rangle = \frac{1}{\sqrt{2}}(|01\rangle + |10\rangle)$에 있는 2-큐빗 혼합 상태를 고려하자.

이 혼합 상태에 대한 합성과 조건부 von Neumann 엔트로피를 계산하여라.

▌표 14.2▐ von Neumann 엔트로피와 상호 정보량에 대한 요약

설명	의미
계 A와 B의 합성 엔트로피 $S(\rho_{AB}) = -\mathrm{tr}(\rho_{AB} \log \rho_{AB})$	결합된 계 A와 B와 관련된 전체 불확정도. 이것은 A의 엔트로피, B의 엔트로피와 이들 사이의 어떤 상관관계도 포함한다.
계 A의 엔트로피 $S(\rho_A) = -\mathrm{tr}(\rho_A \log \rho_A)$	계 B와 어떤 가능한 상관관계를 고려하지 않고 계 A에만 관련된 불확정도.
계 B의 엔트로피 $S(\rho_B) = -\mathrm{tr}(\rho_B \log \rho_B)$	위와 비슷하지만 계 B에 관한 것이다.
B가 주어졌을 때 A의 조건부 엔트로피 $S(A\|B) = S(A, B) - S(B)$	계 B의 상태를 알고 난 후 남아 있는 계 A에 대한 불확정도. 이것은 일단 B를 알면 A를 알기 위해 얼마나 더 알아야 할 필요가 있는지에 대해 정량화한다. 주목할 것은 이 값은 얽힘이 있으면 음수가 될 수 있다는 것이다.
A가 주어졌을 때 B의 조건부 엔트로피 $S(B\|A) = S(A, B) - S(A)$	위와 비슷하지만 A가 주어졌을 때 B에 대한 것이다.
A와 B 사이의 양자 상호정보량 $I(A;B) = S(A) + S(B) - S(A, B)$	계 A와 B 사이에 공유하는 정보량. 이것은 다른 계에 대한 불확정도가 주어지면, 한 계에 대한 불확정도의 감소량을 측정하고, 두 계 사이의 전체 상관관계를 정량화한다. 항상 음수가 아니다.

핵심 요약

양자 정보 이론:

- Von Neumann 엔트로피는 고전적인 Shannon 엔트로피의 역할을 한다.
- 합성 밀도연산자 ρ_{AB}에서 유도된 이분화된 양자계의 합성 엔트로피는 두 계의 결합된 상태와 관련된 전체 불확정도를 정량화한다.
- 계의 합성과 축소 밀도연산자로부터 유도한 상호 정보량은 이들 사이에 공유된 정보량을 측정하여 양자 상관관계의 정도를 반영한다.

• 주목할 것은 양자 조건부 엔트로피는 얽힌 계에서 음수일 수 있다는 것이고, 이것은 양자 얽힘의 비고전적 성질을 강조하고 고전 정보 이론에는 없는 독특한 특징이다.

14.3 *양자 정보의 핵심 정리

이전의 장에서 양자 계산과 정보 이론 분야의 기초가 되는 두 정리를 탐구하였다. §5.1.3에서 요약한 비복제 정리는 임의의 미지 양자 상태의 동일한 복사 상태를 만드는 것은 불가능하다고 주장한다. 이 정리는 양자역학이 부여하는 양자 정보에 대한 기본적인 제한을 강조한다. 추가적으로 비통신 정리(§9.7)에 의하면 초광속 통신, 즉 정보를 빛보다 빨리 전송하는 것은 양자 얽힘에 내재하는 비국소적인 상관관계의 존재에도 불구하고 얻을 수 없다.

이 절에서는 양자 통신의 고급 영역을 탐구하겠다. Von Neumann 엔트로피의 부분 가산성의 성질과 함께 강한 부속 양자 데이터 처리 부등식과 Holevo 정리인 두 중요한 정리를 탐구하여 양자 정보의 이해를 높일 것이다. 여기서 집중할 것은 이 정리와 원리의 배경과 의미에 대해 설명하여 양자 정보과학의 더 넓은 영역에서 이들의 역할에 대한 통찰력을 높이는 것이다. 이 기념에 대한 수학적인 기초는 심오하지만 여기서는 개념적 중요성과 실용적인 의미를 강조하여 이 고급 주제가 더 많은 독자에게 접근가능하게 하려고 한다.

필요한 복습: 양자 채널

이 주제는 §12.4에서 자세히 다루었다. 아래에 관련된 개념을 간단히 요약하였다.

완전 양의 대각합 보존(Completely Positive Trace-Preserving: CPTP) 변환은 대각합과 양의 성질을 유지하면서 한 밀도연산자를 다른 것으로 변환시키는 연산이다. 이것은 유니타리와 비유니타리 변환을 모두 포함하며 닫힌 양자계와 열린계에 적용되고, 차원이 변하는 것도 허용한다.

CPTP 변환은 종종 양자 채널을 이용하여 표현하고, 또한 Kraus 분해라고도 한다. 양자 채널은

$$\mathcal{E}(\rho) = \sum_j K_j \rho K_j^\dagger \qquad \text{(12.77의 복사)}$$

로 표현할 수 있고, K_j는 Kraus 연산자이다. 이 연산자는 계가 겪는 변환을 설명하고 다음의 완전 조건을 만족한다.

$$\sum_j K_j^\dagger K_j = I. \qquad \text{(12.78의 복사)}$$

이 조건으로 인해 이 변환을 하는 동안 밀도연산자의 대각합과 양의 성질이 보존된다. 채널의 특정한 동역학으로 Kraus 연산자의 형태와 수를 결정한다.

14.3.1 ∗데이터 처리 부등식

데이터 처리 부등식(Data Processing Inequality: DPI)은 고전적, 그리고 양자 정보 이론에서 기본적인 개념이다. 이것은 여러 과정을 겪는 계 내부에서 정보가 어떻게 변환되고 보존되는지 결정한다. 이 부속절에서 DPI를 탐구하고, 먼저 양자적 수식화에 초점을 맞춘다.

1 양자 데이터 처리 부등식

Von Neumann 엔트로피는 임의의 유니타리 변환 U에 대해 불변이다.

$$S(U\rho U^{\dagger}) = S(\rho). \tag{14.52}$$

이 불변성은 닫힌 양자계에서 가역적인 정보 처리를 하는 동안 엔트로피는 일정하게 남아 있다는 것을 의미한다.

더 일반적인 변환에 대해 양자계는 CPTP 변환(§12.4 참조), 또한 양자 정보 이론에서 양자 채널로 알려진 변환을 겪는다. CPTP 변환 $\mathcal{E}$는 밀도연산자 ρ를 다른 밀도연산자 $\mathcal{E}(\rho)$로 변환시키고 양의 성질과 전체 확률을 보존한다.

Von Neumann 엔트로피는 CPTP 변환에 대해 감소하지 않는다[115].

$$S(\mathcal{E}(\rho)) \geq S(\rho). \tag{14.53}$$

(식 14.52를 포함하는) 이 관계는 양자 데이터 처리 부등식(DPI)이라고 한다.

- 많은 양자 과정은 기본적으로 가역적이고 유니타리 변환으로 기술한다. 위에서 보인 것처럼 유니타리 변환은 양자계의 정보 내용을 보존하고, 따라서 엔트로피는 일정하게 남아 있다.
- 비선택적 측정(CPTP)은 양자 데이터 처리 부등식(DPI)로 인해 엔트로피를 감소시킬 수 없다. 한편 선택적 측정(차이에 대해서는 §12.4.2.2를 참조하여라)은 적극적으로 측정된 계의 엔트로피를 감소시킨다. 왜냐하면 이 측정은 정보를 얻을 때 더 낮은 불확정도를 갖는 (순수 혹은 덜 혼합된) 상태로 붕괴하기 때문이다.
  선택적 측정은 (중첩을 명확한 상태로 붕괴시켜) 측정계의 불확정도를 감소시키는 것처럼 보이지만 사실은 측정계와 측정 장치를 포함하는 결합계의 전체 엔트로피를 증가시킨다. 원래 상태에 대한 정보는 주위 환경으로 전달되거나 잃어버려 전체 불확정도를 증가시키고 DPI를 만족한다.
- 환경과 상호작용을 하면 디코히어런스가 일어나고, 양자 중첩은 실질적으로 고전적 혼합이 된다. 이 과정은 엔트로피를 증가시키고 양자 정보의 손실을 나타낸다.

예제 14.19

Bell 상태 측정하기.

엔트로피 0으로 Bell 상태 $|\Phi^{+}\rangle = \frac{1}{\sqrt{2}}(|00\rangle + |11\rangle)$가 있다고 하자. 계산 기준에서 한 큐빗을 측정하자마자 상태는 같은 확률로 $|00\rangle$이나 $|11\rangle$인 혼합 상태로 붕괴하여 엔트로

피가 1이 된다.

두 번째 예제는 잡음이 있는 양자계를 다루고, 여기서는 외부 잡음에 의해 계의 불확정도가 증가하여 엔트로피가 증가한다. ■

예제 14.20

비트-플립 잡음.
처음에 엔트로피가 0인 큐빗 상태 $|\psi\rangle = |0\rangle$를 고려하자.

$$\rho = |0\rangle\langle 0|, \quad S(\rho) = 0. \tag{14.54}$$

비트-플립 잡음 채널 $\mathcal{E}$는 각 큐빗에 확률 p로 작용하여 $|0\rangle$은 $|1\rangle$로, 그리고 그 역으로 뒤집는다(예제 12.7도 참조하여라).

$$\mathcal{E}(\rho) = (1-p)\rho + p\sigma_X \rho \sigma_X. \tag{14.55}$$

여기서 σ_X는 Pauli-X(비트-플립) 연산자이다. 이로 인한 상태 $\mathcal{E}(\rho)$는 엔트로피가 증가한 혼합 상태이다.

$$\mathcal{E}(\rho) = (1-p)\,|0\rangle\langle 0| + p\,|1\rangle\langle 1|, \tag{14.56a}$$

$$S(\mathcal{E}(\rho)) = -[(1-p)\log(1-p) + p\log(p)]. \tag{14.56b}$$

$S(\mathcal{E}(\rho))$는 $p = 0.5$에서 최소값을 갖는다. 따라서 엔트로피는 감소하지 않았다. ■

이 부등식의 증명은 수학적으로 복잡해서 양자이론의 고급 개념이 필요하고 이 논의의 범위를 넘어선다. 자세한 탐구에 대해 알고 싶은 독자는 이 장의 끝에 있는 참고문헌을 참조하기 바란다.

핵심 정리

양자 DPI는 양자계의 엔트로피는 CPTP 연산을 적용할 때 감소할 수 없다는 것을 나타낸다. 이 연산은 양자 잡음, 디코히어런스와 열린 양자계에서 흔히 만나는 다른 비유니타리 과정을 포함하고, 또한 닫힌 양자계에서 유니타리 연산도 포함한다.

2 양자 열역학

양자 데이터 처리 부등식(DPI)은 양자계의 행동을 이해할 때 특히 양자 정보 이론과 양자 열역학의 관점에서 특히 중요하다.

CPTP 변환을 할 때 von Neumann 엔트로피의 증가는 양자계의 여러 주요 특징을 나타낸다. 이것은 결맞음을 잃어버리려고 하고, 최대로 혼합된 상태가 특징인 평형상태로 접근하는 자연스러운 경향을 반영하고 이것은 최대 엔트로피와 감소한 양자 정보 내용을 의미한다.

더구나 이 엔트로피 증가는 어떤 양자 과정의 비가역성, 양자 상태의 내재하는 불확정도와 양자 얽힘의 동역학을 강조한다. 여러 부분으로 나누어진 계에서 국소적인 엔트로피가 증가하면 종종 얽힘이 있다는 신호가 된다. 정보 이론적 관점에서 엔트로피의 증가는 양자 정보를 유지하고 처리하는 계의 능력이 감소한 것을 표시한다.

학제간 분야인 양자 열역학은 양자역학과 고전 열역학 원리를 합쳐 이들을 양자 영역으로 확장하는 것이다. 이것은 어떻게 중첩과 얽힘과 같은 양자적 특성이 열역학 과정과 상호작용하는지 탐구한다. 주요 관심 영역은 작은 양자계의 열역학, 에너지 교환, 양자 정보처리 비용과 양자계에 열역학 제2법칙의 적용 가능성이다. 이 분야는 양자컴퓨터, 양자 전지와 양자 열기관과 같은 고급 양자 기술에 중요하다.

이러한 관점에서 양자 DPI는 종종 열역학 제2법칙에 비유한다. 왜냐하면 모두 계의 엔트로피가 감소하지 않는 행동을 설명하기 때문이다. 고전 열역학에서 제2법칙에 의하면 닫힌계의 전체 엔트로피는 시간이 지나며 감소할 수 없어서 무질서나 평형상태로 가려는 자연스러운 경향을 반영한다. 그러나 제2법칙이 고립된 고전계에 적용되는 반면 양자 DPI는 CTPT 연산을 하는 열린 양자계와 더 관련이 있다.

3 고전적인 DPI와 양자 DPI

고전 정보 이론에서 다른 형태의 변환에 대해 엔트로피의 행동은 대응하는 양자 부분과 다르다(예제 14.13에서 14.15를 참조하여라).

1. 결정론적이고, 역함수가 존재하는 함수 g에 대해 엔트로피 $H(X)$는 변하지 않는다. 즉 $H(g(X)) = H(X)$이다. 이 경우 X의 각 결과는 $g(X)$의 결과에 유일하게 대응하고, 역도 성립하여 계의 불확정도를 보존한다.
2. 결정론적이지만 역함수가 없는 함수 g에 대해 엔트로피는 감소할 수 있다($H(g(X)) \le H(X)$). 이러한 감소가 일어나는 이유는 역함수가 없는 함수는 X의 여러 결과를 $g(X)$의 한 결과로 변환시켜 불확정도를 감소시키고, 엔트로피는 감소한다.
3. 확률적 함수 g의 경우 g가 도입하는 추가적인 무작위성으로 인해 엔트로피가 증가하는 것을 관측하고($H(g(X)) \ge H(X)$), 이로 인해 계의 불확정도가 커진다.

따라서 양자 데이터 처리 부등식(DPI), 즉 $H(g(X)) \ge H(X)$의 고전적인 대응 관계는 보편적으로 적용할 수 없다. 고전계에서 결정론적이지만 역함수가 없는 함수는 실제로 다대일 변환을 통해 엔트로피를 감소시킬 수 있다. 대조적으로 일반적인 양자 변환은 CPTP 변환을 기술하고, 이것은 내재적으로 von Neumann 엔트로피가 감소하지 않도록 한다.

14.3.2 ∗Holevo의 제한 용량과 채널 용량

이 부속절에서는 고전적인 정보를 전달하는 양자 채널의 용량을 정의하는 Holevo-Schumacher-Westmoreland(HSW) 정리를 탐구한다. 이로부터 Holevo의 한계와 양자 채널 용량에 대한 의미에 집중하여 양자 통신 네트워크의 잠재력과 한계에 대한 주요 통찰력을 얻을 것이다.

1 배경

Alice는 고전적인 확률 변수 X로 인코딩한 정보를 Bob에게 보내고 싶다고 상상해 보자. n 고전 비트를 이용하여 그녀는 최대 n 비트의 정보를 전송할 수 있다. 그러나 대신 큐빗을 사용하면 어떤 일이 일어나는가? 두 개의 이산적인 상태를 표현하는 고전적인 비트와는 달리 순수한 큐빗 상태는 Bloch 구에서 어떤 점도 표현할 수 있다. 예를 들어 Alice는 n-비트 문자열 $s \in \{0, 1\}^n$을 다음과 같이 단일 큐빗 상태로 인코딩할 수 있다.

$$|\psi\rangle_x = \cos\frac{\pi x}{N}|0\rangle + \sin\frac{\pi x}{N}|1\rangle. \tag{14.57}$$

여기서 x는 비트 문자열의 십진수 표현이고 $N = 2^n$이다.

Alice가 큐빗을 직접, 혹은 양자 순간이동을 통해 Bob에게 보낼 때 Bob이 x(혹은 n-비트 문자열 s)를 완전히 복구할 수 있는지 물어보는 것은 당연하다. 불행하게도 답은 부정적이다. 큐빗으로부터 고전적인 정보를 끄집어내려면 Bob은 측정을 수행해야 한다. 큐빗을 측정하는 순간 Bob은 상태 $|0\rangle$는 확률 $p_0 = \cos^2\left(\frac{\pi x}{N}\right)$로, 상태 $|1\rangle$은 확률 $1 - p_0$로 발견한다.

$\frac{\pi x}{N}$을 결정하고, 따라서 Alice의 정보를 받기 위해 Bob은 동일하게 준비된 많은 수의 큐빗을 측정할 필요가 있다. 그러나 양자 비복제 정리로 인해 Bob은 정확한 측정에 필요한 여러 복사본을 만들 수 없다. Alice는 Bob에게 여러 복사본을 보낼 수 있지만 이것은 정보 전달의 효율을 감소시킨다. 그 결과 양자 측정과 복제에 대한 제한으로 인해 막대한 양의 정보를 인코딩하는 큐빗의 능력은 직접 정보를 받아들이는 Bob의 능력이라고 볼 수 없다.

Holevo의 제한은 큐빗을 이용한 정보 전달의 최대 효율을 정량화하여 이 제한을 기술한다. 이것에 의하면 큐빗의 양자 상태와 상관없이 n-큐빗 흐름은 기껏해야 n 비트의 고전 정보를 전달할 수 있다. 이 제한으로 인해 확실하게 고전 정보 n 비트보다 많은 양을 n 큐빗을 측정하여 추출할 수 없다.

큐빗을 이용한 고전 정보 전달의 최적화된 효율은 정보를 직교 상태로 인코딩했을 때 얻는다. 두 개의 직교 상태만 갖는 큐빗은 기껏해야 측정당 1비트의 고전 정보를 전달할 수 있다. 정보를 비직교 상태로 인코딩할 때 접근할 수 있는 고전적인 정보는 큐빗당 1비트보다 작을 수 있다.

따라서 Holevo의 제한은 연속적인 중첩상태에서 존재할 수 있는 큐빗의 능력에도 불구하고 한 번의 측정에서 1비트의 고전적인 정보보다 많은 양을 전달할 수 없다는 것을 알려준다.

초밀집 부호화(§10.2 참조)에서 큐빗은 2비트의 정보를 전달할 수 있지만 이러기 위해서는 얽힘을 미리 공유해야 한다는 것을 보였다. 그때에도 이 전송은 두 개의 큐빗을 사용하여 2비트의 전송된 고전적인 정보에 해당한다.

Holevo-Shumacher-Westmoreland(HSW) 정리로 알려진 이 결과는 양자계를 통해 전달될 수 있는 고전적인 정보의 상한을 정한다.

2 HSW 정리

Holevo-Schumacher-Westmoreland(HSW) 정리는 양자 통신 채널을 이해하는 핵심이다. 이 경우 Alice는 확률 변수 X를 양자 상태 $\{\rho_x\}$로 인코딩하여 Bob에게 고전적인 정보를 전송하고, Bob은 Y를 얻기 위해 양자 상태를 측정하여 이것을 디코딩한다.

상호 정보량 $I(X;Y)$는 X에 대한 얼마나 많은 정보(Alice의 메시지)를 Bob이 Y(측정 결과)로부터 유추할 수 있는지에 대해 정량화하여 접근가능한 정보를 나타낸다(더 자세한 것을 보려면 §14.2.3.5를 참조하여라).

Holevo의 제한은 양자계에서 고전적인 정보를 얼마나 많이 끄집어내는가에 대한 제한을 준다. 양자 상태 $\{\rho_x\}$의 집합이 주어지고, 각각의 확률이 $p(x)$일 때 접근가능한 정보 $I(X;Y)$는 다음의 제한을 받는다.

$$I(X;Y) \leq \chi = S\left(\sum_x p(x)\rho_x\right) - \sum_x p(x)S(\rho_x). \tag{14.58}$$

여기서 $S(\rho)$는 상태 ρ의 von Neumann 엔트로피이다. χ라는 양은 Holevo 정보 혹은 Holevo 양이라고 부른다.

$$\text{(Alice) } X : p(x) \rightarrow \sum p(x)\rho_x \;\text{—}\; \boxed{\mathcal{E}} \;\text{—}\; \text{(Bob) } \sum p(x)\mathcal{E}(\rho_x) \rightarrow Y$$

| 그림 14.6 | 양자 정보 전달 과정의 개요

HSW 정리는 Holevo의 제한을 양자 채널로 확장한다. 그림 14.6에 나타낸 대로 Alice는 고전적인 정보를 양자 상태 $\{\rho_x\}$로 인코딩하고, 이것을 CPTP 변환 $\mathcal{E}$로 기술하는 양자 채널을 통해 전송하고 Bob은 측정을 통해 정보를 디코딩한다.

HSW 정리에 의하면 상호 정보량 $I(X;Y)$는 채널 용량 C에 의해 제한을 받고, 이것은 최대 Holevo 정보이다.

$$C = \max(\chi) = \max_{\{p(x),\rho_x\}}\left(S\left(\sum_x p(x)\mathcal{E}(\rho_x)\right) - \sum_x p(x)S(\mathcal{E}(\rho_x))\right). \tag{14.59}$$

여기서 양자 상태 $\{\rho_x\}$의 모든 앙상블과 그 확률분포 $p(x)$에 대해 최대화한 것이다.

이것은 양자 채널의 고전적인 용량을 정의하고, 이것은 고전적인 정보가 신뢰할 수 있게 전달될 수 있는 최대 비율이다. HSW 정리는 양자 상태의 복잡성에도 불구하고 양자계에서 추출할 수 있는 고전 정보는 상태의 엔트로피에 의해 제한을 받는다는 것을 강조한다.

양자컴퓨팅에서 Holevo의 제한에 대한 의미

n 큐빗계는 2^n개의 복소수로 표현하는 상태의 양자 정보를 인코딩할 수 있다. 이 큰 인코딩 용량은 양자컴퓨팅의 병렬 계산 능력을 강조한다. 그러나 양자계산에서 고전적인 결과로 전환하려면 측정이 필요하고 Holevo의 제한은 n 큐빗에서 n 비트로 추출할 수 있는 고전적인 정보량을 제한한다.

Deutsch-Jozsa 혹은 Shor와 같은 양자 알고리즘은 양자 간섭을 이용하여 양자계산 결과를 n 비트로 압축하고, 중요한 정보는 반드시 측정을 통해 접근가능하도록 한다. 이 알고리즘은 양자계의 계산 능력과 정보 추출의 내재적인 제한 사이에서 균형을 이루게 한다.

3 큐빗당 비트 질문 다시 보기

이제 얼마나 많은 고전 비트가 한 큐빗으로 전송할 수 있는가에 대한 질문을 다시 살펴보자. 식 14.59의 Holevo 채널 용량에 의하면 최대값은 큐빗당 1비트이다. 첫 항은 채널을 지난 후 평균 상태의 엔트로피를 표현하고, 이것은 단일 큐빗에 대해 기껏해야 1비트이다. 두 번째 항은 개별적인 양자 상태의 엔트로피에 대한 가중 평균으로 순수 상태일 때 0이다.

따라서 χ의 최대값은 양자 상태 $\{\rho_x\}$가 $\{|0\rangle\langle 0|, |1\rangle\langle 1|\}$과 같이 서로 직교할 때 일어난다. 이 경우 $\chi_{\max} = 1$이고, 한 큐빗은 기껏해야 1비트의 고전 정보를 전송할 수 있다는 것을 확인한다.

14.3.3 *부분 가법성과 강한 부분 가법성

Von Neumann 엔트로피의 부분 가법성과 강한 부분 가법성 성질은 양자계에서 엔트로피가 행동하는 방법을 이해할 때 중요하다. 이 성질은 이전의 부속절에서 논의한 양자 데이터 처리 부등식(DPI)과 Holevo-Schumacher-Westmoreland(HSW) 정리를 포함하는 여러 주요 정리를 증명할 때 필수적이다.

1 부분 가법성(SA)

임의의 합성계 AB에 대해 부분 가법성 성질에 의하면 계의 전체 엔트로피는 이를 구성하는 부속계의 엔트로피 합보다 작거나 같다. 수학적으로 이것은 다음으로 표현할 수 있다.

$$S(\rho_{AB}) \leq S(\rho_A) + S(\rho_B). \tag{14.60}$$

여기서 ρ_{AB}는 합성계 AB의 밀도연산자이고, ρ_A와 ρ_B는 각각 부속계 A와 B의 축소 밀도연산자이다.

부분 가법성은 결합된 양자계의 전체 불확정도(엔트로피)는 각 부속계의 불확정도의 합으로 제한된다는 사실을 반영한다. 이 부등식은 양자 얽힘을 포함한 상관관계는 개별적인 엔트로피와 비교할 때 전체 엔트로피를 감소시킬 수 있다는 것을 암시한다.

추가적으로 Araki-Lieb 부등식에 의하면 $S(\rho_{AB})$의 하한값을 정한다.

$$S(\rho_{AB}) \geq |S(\rho_A) - S(\rho_B)|. \tag{14.61}$$

부분 가법성의 중요한 의미는 부속계 A와 B 사이의 전체 상관관계의 척도인 상호 정보량은 항상 음수가 아니라는 것이다.

$$I(A;B) = S(\rho_A) + S(\rho_B) - S(\rho_{AB}) \geq 0. \tag{14.62}$$

이로 인해 양자 얽힘을 포함하는 상관관계는 함께 고려했을 때 부속계에 대한 전체 불확정도를 감소시킨다는 개념을 강조한다.

2 강한 부분 가법성(SSA)

강한 부분 가법성(SSA)은 세 개의 부속계 A, B와 C를 포함하는 세 개로 분할된 양자계의 부분 가법성을 일반화한다. 이것은

$$S(\rho_{ABC}) + S(\rho_B) \leq S(\rho_{AB}) + S(\rho_{BC}) \tag{14.63}$$

으로 표현하고, 여기서 ρ_{ABC}는 전체 계의 밀도연산자, ρ_{AB}와 ρ_{BC}는 두 개로 분리된 부속계의 밀도연산자이다.

이 부등식은 합성 양자계에서 부속계의 엔트로피 사이에 더 미묘한 관계를 표현한다. 이것은 전체 계(ABC)의 전체 엔트로피에 한 부속계(B)의 엔트로피를 더하면 두 개의 겹치는 부속계(AB와 BC)의 엔트로피의 합보다 클 수 없다는 것을 의미한다.

SSA의 고전적인 표현인 비교적 쉽게 증명할 수 있지만 양자 SSA는 양자 연산자의 비교환적 성질로 인해 더 큰 문제가 있다. 그럼에도 불구하고 양자 SSA에 대한 여러 증명이 개발되었고 양자계에서 성립한다는 것을 보였다.

SSA는 양자 정보이론의 중요한 도구이다. 이로 인해 여러 개로 분리된 양자계의 엔트로피 동역학에 대한 이해를 깊게 하고 양자 통신과 정보 처리에서 수많은 주요 정리에 대한 이론적 기초로 작용한다.

14.4 심화 탐구

양자 정보과학은 양자컴퓨팅을 넘어서 양자역학의 원리를 이용하는 넓은 분야를 포함한다. 양자 센싱의 정확도로부터 양자 이후의 암호학에 대한 강력한 보안 체계까지 이 분야는 이론과 실제 응용을 발전시키는 놀라운 분야를 제공한다. 이 절에서는 최첨단 양자 기술과 알고리즘을 탐구할 때 도움을 주는 엄선한 출처를 제공하여 확장되는 양자 지평선을 탐구할 때 도움을 주려고 한다.

1 양자 정보에 대한 일반적인 참고문헌

양자 정보의 주제에 대해 더 참고하려면 다음의 참고문헌을 추천한다.

- Michael A. Nielson and Isaac L. Chuang. *Quantum Computation and Quantum Information*: 10th Anniversary Edition. Cambridge University Press, 2010. ISBN: 978-1-107-17616-4.
- John Watrous. *The Theory of Quantum Information*. Cambridge University Press, 2018. ISBN: 978-1-107-18056-7.
- Mark M. Wilde. *Quantum Information Theory*. Cambridge University Press, 2017. ISBN: 978-1-107-17616-4.

이 참고문헌은 양자계산, 정보이론과 양자 확률 과정의 복잡한 동역학에 대한 포괄적인 통찰력을 제공한다.

2 양자컴퓨팅의 발전

양자컴퓨팅의 발전은 여러 중요한 분야를 포함한다. 하드웨어 혁신, 양자 오류수정, 암호학의 발전과 새로운 양자 알고리즘이다.

최근의 논평과 논문은 다음과 같다.

- *A Survey on Quantum Computing Technology*, 2019 [15]
- *Models in Quantum Computing: A Systematic Review*, 2021 [116]
- *Quantum Algorithms: A Survey of Applications and End-to-End Complexities*, 2023 [82]
- *Quantum Error Correction for Dummies*, 2023 [117]
- *Benchmarking Quantum Processor Performance at Scale*, 2023 [96]
- *A Survey of Important Issues in Quantum Computing and Communications*, 2023 [118]
- *Quantum Computing: Vision and Challenges*, 2024 [119]
- *Impacts of Quantum Mechanics: A Survey of Applied Quantum Computing*, 2024 [120]
- *Quantum Error Correction Below the Surface Code Threshold*, 2024 [121]

3 양자 이후 암호학

양자 이후 암호학(Post-Quantum Cryptography: PQC)은 양자컴퓨터의 잠재적인 계산 능력에 대해 안전한 암호 알고리즘을 말한다. Shor 알고리즘과 같은 알고리즘을 이용하는 양자컴퓨터는 정수 인수분해와 이산 로그와 같이 효율적으로 문제를 풀어 널리 사용하는 고전적인 암호 체계(예컨대, RSA, ECC)를 위협한다. PQC는 고전적, 그리고 양자컴퓨터의 공격을 견딜 수 있는 암호화 체계를 개발하는 것을 목표로 한다.

PQC에서 주요 접근 방법은 격자 기반 암호학, 해시 기반 서명, 암호 기반 암호학과 다변수 이차 방정식 암호학을 포함한다.

최근 논평 논문은 다음과 같다.

- *Post-Quantum Lattice-Based Bryptography Implementations: A Survey*, 2019 [122]
- *Post-Quantum Cryptosystems for Internet of Things: A Survey on Lattice-Based Algorithms*, 2021 [16]
- *Post-Quantum Cryptography for Internet of Things: A Survey on Performance and Optimization*, 2024 [123]

4 양자 메모리

양자 메모리는 양자 기술의 중요한 성분이고 시간이 지나면서 높은 충실도로 양자 상태를 저장할 수 있는 장치이다. 이로 인해 양자 정보를 저장하고 복구할 수 있고, 이것은 (양자 중계기를 통한) 장거리 양자 통신과 확장가능한 양자컴퓨팅 아키텍처에서 중요하다.

양자 메모리에 대한 연구는 결맞음 시간을 개선하고, 메모리의 충실도를 증가하고, 양자 네트워크와 같이 사용할 수 있는 시스템을 개발하는 것에 중점을 두고 있다.

최근의 논평과 논문은 다음과 같다.

- *Quantum Memory: A Missing Piece in Quantum Computing Units*, 2023 [124]
- *Approaching Scalable Quantum Memory with Integrated Atomic Devices*, 2024 [125]

5 양자 센싱

양자 센싱에서 (큐빗, 얽힘 또는 양자 결맞음과 같은) 양자계를 이용하여 전례 없는 민감도와 정확도로 물리량을 측정한다. 이 센서는 중첩과 얽힘과 같은 양자적 성질을 이용하여 고전적인 센서의 한계를 극복하며 항해, 의학 영상과 기초 물리 실험과 같은 응용에서 매우 효율적이다.

양자 센서는 중력파, 자기장과 나노 크기의 온도 변화에서 응용하여 다양한 과학 영역에서 정확도를 개선한다.

최근의 논평과 논문은 다음과 같다.

- *Exploring Quantum Sensing Potential for Systems Applications*, 2023 [126]
- *Quantum Sensors for Biomedical Applications*, 2023 [127]

6 양자 네트워크

양자 네트워크는 양자컴퓨터, 센서와 다른 장치를 원거리에서 연결하는 것을 기획하여 얽힘과 양자 키 분포(QKD)를 통해 분산 양자컴퓨팅과 양자 통신 보안을 가능하게 한다. 양자 네트워크에서 중요한 방법은 양자 인터넷이고, 여기서 양자컴퓨터는 실시간 자료를 처리하기 위해 양자 센서와 상호작용한다.

양자 메모리, 중계기와 오류수정 프로토콜을 결합하는 것은 먼 거리에서 얽힘과 양자 결맞음을 유지하는 문제를 극복하는 데 중요하다.

최근의 논평과 논문은 다음과 같다.

- *Towards Real-World Quantum Networks: A Review*, 2022 [128]
- *Quantum Communication Networks for Energy Applications: Review and Perspective*, 2024 [129]

7 양자 학습

양자 학습은 자료로부터 학습하는 양자 기술을 이용하는 양자 에이전트나 기계의 개념을 말한다. 양자컴퓨터, 센서와 메모리가 발전함에 따라 어떤 과제에서 고전적인 학습 모형을 능가하는 양자 자원을 이용하는 양자 기계학습(Quantum Machine Learning: QML)에 대한 관심이 증가하고 있다. 양자 학습계는 양자 자료를 직접 처리하여 패턴 인식, 분류와 최적화 문제에서 잠재적인 가속화를 제공한다.

양자 학습은 양자 정보 처리와 인공지능이 만나는 곳에 있으며 과학적 발견, 재정학 모형과 최적화 문제에서 응용한다.

최근의 논평과 논문은 다음과 같다.

- *Learning Quantum Systems*, 2023 [130]
- *A Comprehensive Review of Quantum Machine Learning: From NISQ to Fault Tolerance*, 2024 [86]
- *Do Qubits Dream of Entangled Ship? Quantum Measurement Without Classical Output*, 2024 [131]

14.5 요약 및 결론

장의 개요

이 장에서는 양자 정보 안에 있는 다음 세 개의 핵심 분야를 탐구하였다. 양자 확률, 양자 엔트로피와 정보, 그리고 고급 정리이다. 여기서 양자 확률을 이에 대응하는 고전 확률과 비교하는 것으로 시작하여 얽힘과 중첩과 같은 독특한 양자적 특징을 강조하였다. 그리고 양자 엔트로피의 논의로 넘어가서 고전적인 Shannon 엔트로피와 이에 대한 양자적 일반화인 von Neumann 엔트로피를 양자 상호 정보량과 함께 조사하였다. 최종적으로 양자 데이터 처리 부등식, Holevo 정리와 양자계의 부분 가법성과 같은 고급 정리를 도입하였고, 양자 통신과 이론적 기초의 중요성을 강조하였다.

양자 확률 핵심 내용

첫 번째 절에서 양자 확률의 기초를 조사하여 고전 확률과 대조되는 독특한 성질을 보였다. 복소수 확률 진폭, 얽힘과 양자 관측량의 비교환성과 같은 주요 개념을 논의하였다. 이 절에서 양자 확률이 어떻게 고전적인 개념에서 떠나는 것을 이해하는 기초를 마련하였고, 독자가 양자 엔트로피와 정보에 대한 나중의 논의에 대해 준비되도록 하였다.

양자 엔트로피와 정보

그리고 이 장에서 양자 엔트로피와 정보로 초점을 옮겼다. 여기서 고전적인 Shannon 엔트로피와 그 양자적 대응인 von Neumann 엔트로피에 대해 철저하게 비교하였고, 이들은 각각 고전계와 양자계의 불확정도를 정량화한 것이다. 고전 합성 엔트로피, 상호 정보량과 그 양자 비유로 논의를 확장하였다. 이 개념으로 인해 특히 얽힘과 같은 양자 상관관계를 통해 양자역학으로 어떻게 정보의 관계를 재정의하는가 하는 통찰력을 제공하였고, 따라서 양자 정보의 특성을 보였다.

양자 정보의 핵심 정리

마지막 절에서 양자 정보 이론의 기초를 이루는 핵심 정리를 보였다. 양자 데이터 처리 부등식에서 시작하여 이 장에서 양자계의 엔트로피는 CPTP 연산에서는 감소하지 않는다는 원리를 설명하였다. 이것은 양자 과정에서 감소하지 않는 엔트로피의 성질을 반영하여 디코히어런스, 양자 연산의 비가역성과 양자계에서 정보를 추출할 때의 한계와 같은 현상을 설명하였다.

다음으로 Holevo 정리를 소개하였고, 이것은 양자 채널을 통해 전달되는 양자 상태에서 추출할 수 있는 고전적인 정보량에 대한 상한값을 정한다. 이 정리는 양자 통신의 한계를 이해할 때 중요하고 양자 정보이론의 주요 결과이다.

마지막으로 von Neumann 엔트로피의 부속 가법성과 강한 부속 가법성을 탐구하였고, 이것은 합성 양자계의 엔트로피 행동을 분석하는 가치 있는 도구이다. 이 수학적인 성질은 복잡한 양자계에서 양자 상관관계와 엔트로피 동역학을 연구하는 기초를 이룬다.

이 개념으로 인해 빠르게 발전하는 양자 정보과학 분야에서 이론적 깊이와 실용적 관련성을 얻게 되었다.

문제 14

14.1 (고전적인 확률과 정보에 대한 복습) 확률 변수 X와 Y를 고려하자. 각각은 $\Omega=\{1, 2, \ldots, 6\}$ 중 한 값을 갖고, 공정한 주사위 던지기의 결과를 나타낸다. 합 $X+Y$가 홀수라는 조건을 부여한다. 문제는 다음과 같다.

(a) X, Y, (X, Y)와 $X+Y$의 확률분포를 구하여라.

(b) 합성 엔트로피 $H(X, Y)$를 계산하여라.

(c) 각 엔트로피 $H(X)$와 $H(Y)$를 계산하여라.

(d) 조건부 엔트로피 $H(Y|X)$와 $H(X|Y)$를 계산하여라.

(e) 이 문제의 관점에서 각 양이 표현하는 것을 설명하여라.

(f) 이 계산을 이용하여 식 14.45를 확인하여라.

14.2 고전적인 Shannon 엔트로피는 $H(X) \le H(X, Y)$의 성질이 있고 한 확률 변수 X의 불확정도는 X와 Y의 합성계에 대한 불확정도보다 클 수 없다는 직관을 반영한 것이다. 이 연습문제에서 von Neumann 엔트로피에 대해서도 비슷한 성질이 있는지 탐구할 것이다. 특히 다음의 경우 $S(\rho_A) \le S(\rho_{AB})$인지 알아볼 것이다.

(a) Bell 상태 $|\Phi\rangle = \frac{1}{\sqrt{2}}(|00\rangle + |11\rangle)$.

(b) 고전적으로 상관관계가 있는 상태 $\rho_{AB} = \frac{1}{2}(|00\rangle\langle 00| + |11\rangle\langle 11|)$.

14.3 결맞은 정보량 $I(A > B) = S(\rho_B) - S(\rho_{AB})$로 정의한다. 이것은 양자 상관관계의 척도로 알려져 있다. 결맞은 정보량이 양수이면 양자 상관관계가 있다는 것을 나타낸다. 이것을 보이기 위해 다음의 경우를 이용하여라.

(a) Bell 상태 $|\Phi\rangle = \frac{1}{\sqrt{2}}(|00\rangle + |11\rangle)$.

(b) 직접곱 상태 $|\psi\rangle = \frac{1}{2}(|0\rangle + |1\rangle) \otimes (|0\rangle + |1\rangle)$.

14.4 밀도연산자 ρ로 기술하는 혼합 상태를 고려하자. ρ는 Hermitian이므로 이것을 관측량으로도 생각할 수 있다. 식 14.14의 기대값과 식 14.15의 분산에서 $H = \rho$로 놓는다. 이 식을 간단히 하고, 특히 상태의 순도 관점에서 물리적 의미를 논의하여라.

14.5 50%는 균일한 혼합 상태 $\frac{1}{4}I$, 50%는 Bell 상태 $\frac{1}{\sqrt{2}}(|00\rangle + |11\rangle)$에 있는 2-큐빗($A$와 B) 계를 고려하자. 두 개의 확률 변수 $U = \sigma_X \otimes I$와 $V = I \otimes \sigma_Z$를 정의하자. 여기서 σ_X와 σ_Z는 Pauli 연산자이다. 이들은 $\{|+\rangle, |-\rangle\}$ 기준에서 큐빗 A를 측정하고, 계산기준에서 큐빗 B를 측정하는 것을 나타낸다.

(a) 2-큐빗계의 밀도연산자 ρ_{AB}를 계산하여라.

(b) U와 V는 교환한다는 것을 확인하여라.

(c) U와 V의 모든 공통 고유상태를 구하여라. 예컨대 $|+0\rangle \equiv |+\rangle \otimes |0\rangle$.

(d) U와 V의 공통 고유상태의 집합에 대해 확률분포를 계산하여라.

(e) 큐빗 B가 상태 $|1\rangle$에 있을 때 다음의 조건부 확률을 계산하여라. $p(|+\rangle_A \| 1\rangle_B)$와 $p(|-\rangle_A \| 1\rangle_B)$.

(f) 기대값 $\langle U\rangle$, $\langle V\rangle$, $\langle UV\rangle$와 $\langle U+V\rangle$를 계산하여라.

(g) 2-큐빗계의 von Neumann 엔트로피를 계산하여라.

(h) 축소 밀도연산자 ρ_A와 ρ_B를 계산하여라.

(i) 합성 엔트로피 $S(\rho_{AB})$와 부속계의 엔트로피 $S(\rho_A)$와 $S(\rho_B)$를 계산하여라.

(j) 상호 정보량 $I(A;B)$를 계산하여라.

14.6 두 양자계 A와 B를 고려하자. 각 상태는 차원 d인 최대 혼합 상태에 있다.

$$\rho_A = \rho_B = \frac{1}{d}\sum_{i=1}^{d} |i\rangle\langle i|.$$

합성계는 밀도연산자

$$\rho_{AB} = \frac{1}{d}\sum_{i=1}^{d} |i\rangle\langle i| \otimes |i\rangle\langle i|$$

으로 기술한다. 엔트로피 $S(\rho_A)$와 $S(\rho_B)$는 모두 log$d$이고, 합성 엔트로피 $S(\rho_{AB})$와 상호 정보량 $I(A;B)$ 또한 log$d$임을 증명하여라. 이것은 합성계의 완벽한 고전적인 상관관계를 나타낸다.

14.7 ✳ 밀도연산자

$$\rho = p\,|0\rangle\langle 0| + (1-p)\,|1\rangle\langle 1|$$

로 표현하는 혼합 상태를 고려하자. 여기서 상태는 확률 p로 $|0\rangle$에 있고, 확률 $1-p$로 $|1\rangle$에 있으며 $0 \le p \le 1$이다.

탈분극 경로를 표현하는 다음의 CPTP 변환

$$\mathcal{E}(\rho) = (1-s)\rho + \frac{s}{2}I$$

을 적용한다. 여기서 s는 탈편극 확률이고, I는 항등연산자이다.

문제는 다음과 같다.

(a) 초기 상태 ρ의 von Neumann 엔트로피를 계산하여라.

(b) ρ에 탈편극 채널 $\mathcal{E}$에 적용하고 이로 인한 상태를 구하여라.

(c) 이 변환을 적용한 후 상태의 von Neumann 엔트로피를 계산하여라.

(d) $\mathcal{E}$를 적용하기 전후의 엔트로피를 비교하여 엔트로피는 감소하지 않는다는 것을 보여라.

14.8 ✳ 강한 부속 가법성을 이용하여 데이터 처리 부등식(DPI)을 증명하여라.

양자 정보이론에서 데이터 처리 부등식에 의하면 양자 상태 ρ의 엔트로피 S는 CPTP 변환 $\mathcal{E}$를 작용할 때 감소할 수 없다. 이것은 수식으로 다음과 같이 표현한다.

$$S(\mathcal{E}(\rho)) \ge S(\rho).$$

양자 엔트로피의 강한 부속 가법성을 이용하여 데이터 처리 부등식

$$S(\rho_{ABC}) + S(\rho_B) \le S(\rho_{AB}) + S(\rho_{BC})$$

을 증명하기 위해 다음의 단계를 따른다.

(a) 상태 ρ_{ABC}로 기술하는 삼분된 계를 고려하자. ρ_A는 관심 대상인 부속계이고, ρ_{BC}는 CPTP 변환 $\mathcal{E}$에 대한 Stinespring 확장에서 사용하는 환경 부속계이다(§12.4.2 참조). 여기서 $\rho_{ABC} = |\psi\rangle\langle\psi|_{ABC}$는 확장된 계의 유니타리 확장을 나타내고 $\rho_A = \mathrm{tr}_{BC}(\rho_{\mathrm{ABC}})$는 부속계 A의 초기 상태이다.

(b) 새로운 상태 $\rho_{ABC}' = (I_A \otimes I_B \otimes \mathcal{E}_C)(\rho_{ABC})$를 얻는 CPTP 변환 $\mathcal{E}$를 ρ_{ABC}의 부속계 ρ_C에 적용하여라

(c) ρ_{ABC}'에서 환경 부속계(BC)의 대각합을 구하여 $\mathcal{E}(\rho_A) = \rho_A'$가 되도록 하여라. 여기서 ρ_A'은 CPTP 변환을 적용한 후 부속계 A의 상태이어서 Stinespring 확장 정리가 작용하는 것을 보여준다.

(d) 강한 부속 가법성 성질과 부분 대각합을 구할 때 엔트로피가 증가하지 않는 성질을 이용하여 $S(\rho_{ABC})$와 $S(\rho_{BC})$를 $S(\rho_A)$와 $S(\rho_B)$ 사이의 관계를 구하여라.

(e) 강한 부속 가법성을 적용하여 $S(\mathcal{E}(\rho_A)) \geq S(\rho_A)$를 보이고, 따라서 데이터 처리 부등식을 만든다.

14.9 ✱ 강한 부속 가법성을 이용하여 Holevo 제한을 증명하여라.

Holevo 제한은 양자 상태를 이용하여 안전하게 전송될 수 있는 고전적 정보량에 대한 상한값을 정한다. 양자 상태 $\{\rho_x\}$의 앙상블이 확률 $\{p(x)\}$로 주어졌을 때 Holevo의 제한에 의하면 양자 상태를 선택하는 것을 나타내는 고전적 변수 X와 측정 결과를 나타내는 양자 변수 Y 사이의 상호 정보량은 다음과 같은 제한을 받는다.

$$\chi(\{p(x), \rho_x\}) = S\left(\sum_x p(x)\rho_x\right) - \sum_x p(x)S(\rho_x).$$

강한 부속 가법성(SSA) 성질을 증명하기 위해 다음의 단계를 따른다.

(a) 양자 앙상블 $X = \{p(x),\ \rho(x)\}$를 고려하는 것으로 시작한다. 여기서 각 양자상태 ρ_x는 확률 $p(x)$로 준비한다. 삼분된 계 ρ_{ABC}를 만든다. 여기서 A는 양자상태로 인코딩한 고전 변수 X를 나타내고, B는 X에 해당하는 상태 ρ_x로 준비하는 양자계이고, C는 AB의 상태를 순수하게 만들기 위해 도입하는 보조계이다.

(b) 평균 상태 $\rho = \sum_x p(x)\rho_x$를 표현하고 $\rho_{AB} = \sum_x p(x)|x\rangle_A\langle x| \otimes \rho_x$와 $\rho = \mathrm{tr}_{AC}(\rho_{\mathrm{ABC}})$가 되는 ρ_{ABC}의 순도를 고려하여라.

(c) 강한 부속 가법성 성질 $S(\rho_{ABC}) + S(\rho_B) \leq S(\rho_{AB}) + S(\rho_{BC})$를 만든 양자 앙상블과 순도에 적용하고, 순도 ρ_{ABC}에 의해 $S(\rho_{ABC}) = 0$이 되고 $S(\rho_{AB})$는 고전-양자 상태의 엔트로피를 나타낸다는 것을 고려하여라.

(d) Holevo 양 $\chi(X)$의 정의를 이용하고, 이것을 강한 부속 가법성 부등식에 있는 엔트로피와 관계를 맺어라. 특히 순수화 과정에 의해 $S(\rho_B) = S(\rho)$라는 것을 고려하여 $\chi(X)$가 어떻게 $S(\rho_{AB})$와 $S(\rho_B)$로 표현할 수 있는지 보어라.

(e) 양자 앙상블에서 접근가능한 정보를 나타내는 Holevo 양 $\chi(X)$는 차이 $S(\rho) - \sum_x p(x)S(\rho_x)$로 제한된다고 결론내릴 수 있고, 따라서 Holevo 제한을 증명한다.

V

보조 자료

핵심적인 수학: 빠른 참고

A 복소수

기본적 관계

허수 단위: $i \equiv \sqrt{-1}$. $i^2 = -1$, $i^3 = -i$, $i^4 = 1$, $i^5 = i$, ...

	직각 좌표 형태	지수 형태
	$z = x + iy$	$z = re^{i\theta}$
켤레	$z^* = x - iy$	$z^* = re^{-i\theta}$
크기	$\lvert z\rvert = \sqrt{zz^*} = \sqrt{x^2 + y^2}$	$\lvert z\rvert = r$
전환	$x = r\cos\theta$ $y = r\cos\theta$	$r = \sqrt{x^2 + y^2}$ $\theta = \text{arctan2}(y,\ x)$

기본 연산

다음이 주어지면

$z_1 = x_1 + iy_1 = r_1 c^{i\theta_1}$, $z_2 = x_2 + iy_2 = r_2 e^{i\theta_2}$:

$(z_1 \cdot z_2)^* = z_1^* \cdot z_2^* \quad |z_1 \cdot z_2| = |z_1| \cdot |z_2|$

$z_1 \cdot z_2 = r_1 e^{i\theta_1} \cdot r_2 e^{i\theta_2} = r_1 r_2 e^{i(\theta_1 + \theta_2)}$

$\dfrac{z_1}{z_2} = \dfrac{r_1 e^{i\theta_1}}{r_2 e^{i\theta_2}} = \dfrac{r_1}{r_2} e^{i(\theta_1 - \theta_2)}$

$z_1 \cdot z_2 = x_1 x_2 - y_1 y_2 + i(x_1 y_2 + x_2 y_1)$

$\dfrac{z_1}{z_2} = \dfrac{z_1 z_2^*}{z_2 z_2^*} = \dfrac{x_1 x_2 + y_1 y_2 - i(x_1 y_2 - x_2 y_1)}{x_2^2 + y_2^2}$

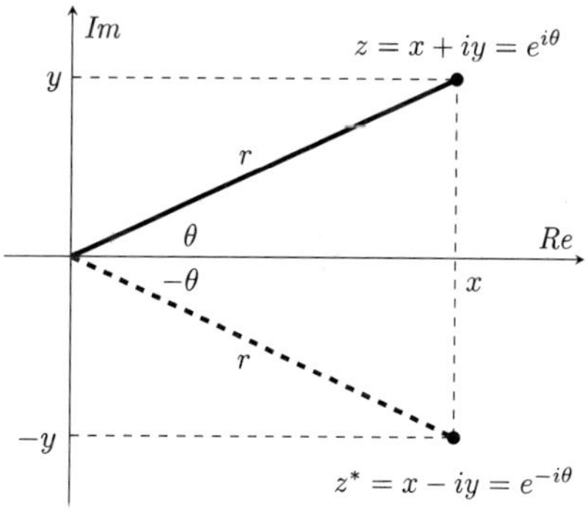

유용한 공식

Euler의 공식: $e^{i\theta} = \cos\theta + i\sin\theta$

De Moivre의 공식: $(\cos\theta + i\sin\theta)^n = \cos(n\theta) + i\sin(n\theta)$

1의 근 ($\omega^n = 1$): $\omega_k = e^{ik\frac{2\pi}{n}}$ 여기서 $k = 0, 1, \ldots, n-1$. $\displaystyle\sum_{k=0}^{n-1} \omega_k = 0.$

이 내용은 Peter Y. Lee 등의 *Mathematical Foundations of Quantum Computing*에서 허가를 받고 인용하였다.

B 삼각함수

정의와 기본적 성질

$\sin\theta = y/r,\ \cos\theta = x/r$

$\tan\theta = y/x$

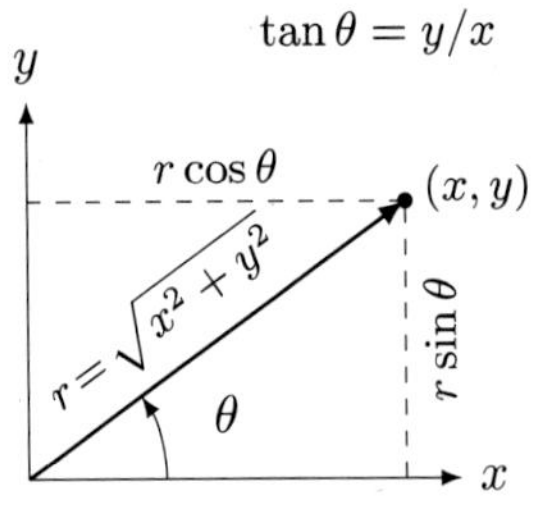

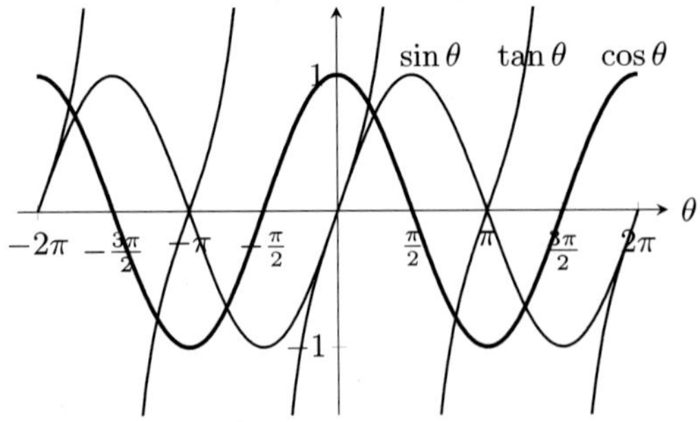

	$\sin\theta$	$\cos\theta$	$\tan\theta$	$\csc\theta$	$\sec\theta$	$\cot\theta$
정의	y/r	x/r	y/x	r/y	r/x	x/y
주기	2π	2π	π	2π	2π	π
영역	$[-1,1]$	$[-1,1]$	$(-\infty,\infty)$	$(-\infty,-1]\cup[1,\infty)$		$(-\infty,\infty)$
영점	$n\pi$	$(n+\frac{1}{2})\pi$	$n\pi$			$(n+\frac{1}{2})\pi$
극점			$(n+\frac{1}{2})\pi$	$n\pi$	$(n+\frac{1}{2})\pi$	$n\pi$
역영역	$[-\frac{\pi}{2},\frac{\pi}{2}]$	$[0,\pi]$	$(-\frac{\pi}{2},\frac{\pi}{2})$	$[-\frac{\pi}{2},\frac{\pi}{2}]\backslash\{0\}$	$[0,\pi]\backslash\{\frac{\pi}{2}\}$	$(-\frac{\pi}{2},\frac{\pi}{2})$

참조: n은 정수이다. $\sin\theta$는 $\sin(\theta)$로도 쓴다. $x=\sin\theta$의 역함수 $\theta=\arcsin x$는 $\theta=\sin^{-1}x$로도 쓴다. 확장된 역함수 $\arcsin2(y,x)$, 혹은 $a\sin2(y,x)$는 x와 y의 부호를 고려하여 영역을 $[-\pi,\pi]$로 확장한다. 다른 삼각함수에 대해서도 마찬가지이다.

특별한 값

θ	0	$\frac{\pi}{6}$, 30°	$\frac{\pi}{4}$, 45°	$\frac{\pi}{3}$, 60°	$\frac{\pi}{2}$, 90°	$\frac{3\pi}{4}$, 135°	π, 180°	$\frac{5\pi}{4}$, 225°
$\sin\theta$	0	$\frac{1}{2}$	$\frac{\sqrt{2}}{2}$	$\frac{\sqrt{3}}{2}$	1	$\frac{\sqrt{2}}{2}$	0	$-\frac{\sqrt{2}}{2}$
$\cos\theta$	1	$\frac{\sqrt{3}}{2}$	$\frac{\sqrt{2}}{2}$	$\frac{1}{2}$	0	$-\frac{\sqrt{2}}{2}$	-1	$-\frac{\sqrt{2}}{2}$
$\tan\theta$	0	$\frac{\sqrt{3}}{3}$	1	$\sqrt{3}$	∞	-1	0	1

상호 관계

$$\tan\theta = \frac{\sin\theta}{\cos\theta} \quad \cot\theta = \frac{1}{\tan\theta} \quad \sec\theta = \frac{1}{\cos\theta} \quad \csc\theta = \frac{1}{\sin\theta}$$

여함수 공식

$$\sin\left(\frac{\pi}{2}-\theta\right) = \cos\theta \quad \cos\left(\frac{\pi}{2}-\theta\right) = \sin\theta \quad \cot\left(\frac{\pi}{2}-\theta\right) = \tan\theta$$

피타고라스 등식

$$\sin^2\theta + \cos^2\theta = 1 \quad \tan^2\theta + 1 = \sec^2\theta \quad 1 + \cot^2\theta = \csc^2\theta$$

대칭 성질

$\sin(-\theta) = -\sin\theta \quad \sin(\pi-\theta) = \sin\theta \quad \sin(\pi+\theta) = -\sin\theta$

$\cos(-\theta) = \cos\theta \quad \cos(\pi-\theta) = -\cos\theta \quad \cos(\pi+\theta) = -\cos\theta$

$\tan(-\theta) = -\tan\theta \quad \tan(\pi-\theta) = -\tan\theta \quad \tan(\pi+\theta) = \tan\theta$

이배각 공식

$\sin 2\theta = 2\sin\theta\cos\theta$

$\cos 2\theta = \cos^2\theta - \sin^2\theta = 2\cos^2\theta - 1 = 1 - 2\sin^2\theta$

$$\tan 2\theta = \frac{2\tan\theta}{1-\tan^2\theta}$$

반각 공식

$$\sin^2\frac{\theta}{2} = \frac{1-\cos\theta}{2} \quad \cos^2\frac{\theta}{2} = \frac{1+\cos\theta}{2} \quad \tan\frac{\theta}{2} = \frac{\sin\theta}{1+\cos\theta} = \frac{1-\cos\theta}{\sin\theta}$$

합과 차에 대한 공식

$\sin(\alpha\pm\beta) = \sin\alpha\cos\beta \pm \cos\alpha\sin\beta \quad \cos(\alpha\pm\beta) = \cos\alpha\cos\beta \mp \sin\alpha\sin\beta$

$$\tan(\alpha\pm\beta) = \frac{\tan\alpha \pm \tan\beta}{1\mp\tan\alpha\tan\beta}$$

곱과 합에 대한 공식

$2\sin\alpha\sin\beta = \cos(\alpha-\beta) - \cos(\alpha+\beta) \quad 2\cos\alpha\cos\beta = \cos(\alpha-\beta) + \cos(\alpha+\beta)$

$2\sin\alpha\cos\beta = \sin(\alpha+\beta) + \sin(\alpha-\beta) \quad 2\cos\alpha\sin\beta = \sin(\alpha+\beta) - \sin(\alpha-\beta)$

합과 곱에 대한 공식

$$\sin\alpha + \sin\beta = 2\sin\frac{\alpha+\beta}{2}\cos\frac{\alpha-\beta}{2} \quad \sin\alpha - \sin\beta = 2\cos\frac{\alpha+\beta}{2}\sin\frac{\alpha-\beta}{2}$$

$$\cos\alpha + \cos\beta = 2\cos\frac{\alpha+\beta}{2}\cos\frac{\alpha-\beta}{2} \quad \cos\alpha - \cos\beta = -2\sin\frac{\alpha+\beta}{2}\sin\frac{\alpha-\beta}{2}$$

사인 법칙과 코사인 법칙

$$\frac{\sin A}{a} = \frac{\sin B}{b} = \frac{\sin C}{c} \quad a^2 = b^2 + c^2 - 2bc\cos A$$

구면좌표계

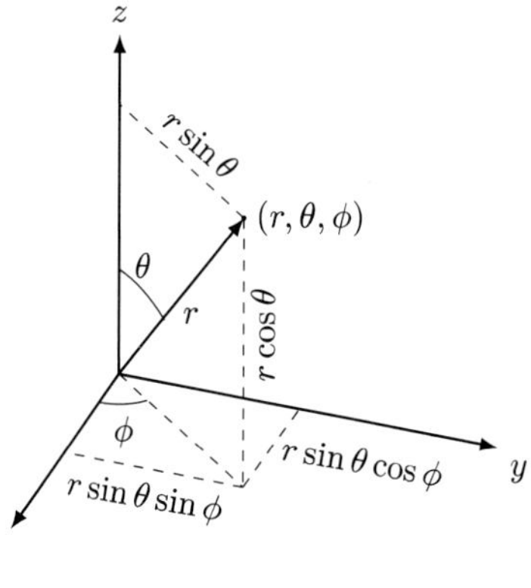

유용한 Taylor 전개

$$e^x = \sum_{n=0}^{\infty}\frac{x^n}{n!} = 1 + x + \frac{x^2}{2!} + \frac{x^3}{3!} + \ldots$$

$$\sin x = \sum_{n=0}^{\infty}(-1)^n\frac{x^{2n+1}}{(2n+1)!} = x - \frac{x^3}{3!} + \frac{x^5}{5!} - \ldots$$

$$\cos x = \sum_{n=0}^{\infty}(-1)^n\frac{x^{2n}}{(2n)!} = 1 - \frac{x^2}{2!} + \frac{x^4}{4!} - \ldots$$

C QCI에 대한 선형대수

0D, 1D, 2D, ...의 배열

0D: 스칼라, $\mathbb{C}$에 있는 c

1D: 벡터, $\mathbb{C}^n$에 있는 $|a\rangle = \begin{bmatrix} a_1 \\ a_2 \\ \vdots \\ a_n \end{bmatrix}$

2D: 행렬, $\mathbb{C}^{n \times n}$에 있는 $A = \begin{bmatrix} a_{11} & a_{12} & \cdots \\ a_{21} & a_{22} & \ddots \\ \vdots & & \end{bmatrix}$

3D, 4D, ...: $\mathbb{C}^{n \times n \times \cdots \times n}$($k$ 번), 즉 $\mathbb{C}^{n^k}$에 있는 텐서

행렬의 정의

A^*: A의 복소수 켤레

A^T: A의 전치

$A^\dagger$: A의 Hermitian 켤레 혹은 수반, $A^\dagger = (A^T)^*$

Hermitian(자체수반) 행렬: $H^\dagger = H$

유니타리 행렬: $U^\dagger = U^{-1}$ 혹은 $U^\dagger U = I$

정규행렬: $AA^\dagger = A^\dagger A$ (Hermitian 행렬과 유니타리 행렬을 포함)

대각합: $\mathrm{tr} A \equiv \sum_i a_{ii}$

행렬식: $\det A = |A|$

교환자: $[A, B] \equiv AB - BA$

반교환자: $\{A, B\} \equiv AB + BA$

직접합: $A \oplus B$(A와 B의 블록 대각 행렬)

켓, 브라와 브라켓

켓: $|v\rangle \equiv \vec{v} = \begin{bmatrix} v_1 \\ v_2 \\ v_3 \end{bmatrix}$

브라: $\langle v| \equiv |v\rangle^\dagger = \begin{bmatrix} v_1^* & v_2^* & v_2^* \end{bmatrix}$

브라켓(내적):

$$\langle u|v\rangle \equiv \langle u| \cdot |v\rangle = \begin{bmatrix} u_1^* & u_2^* & u_3^* \end{bmatrix} \begin{bmatrix} v_1 \\ v_2 \\ v_3 \end{bmatrix} = u_1^* v_1 + u_2^* v_2 + u_3^* v_3$$

$$\langle u|v\rangle = \langle v|u\rangle^*$$

크기: $\|v\| = \sqrt{\langle v|v\rangle} = \sqrt{v_1^* v_1 + v_2^* v_2 + v_3^* v_3}$

규격화: $|v\rangle \rightarrow |\hat{v}\rangle = \dfrac{|v\rangle}{\|v\|}$ 이어서 $\|\hat{v}\| = 1$

벡터 행렬곱

$$A|v\rangle = \begin{bmatrix} a_{11} & a_{12} & a_{13} \\ a_{21} & a_{22} & a_{23} \\ a_{31} & a_{32} & a_{33} \end{bmatrix} \begin{bmatrix} v_1 \\ v_2 \\ v_3 \end{bmatrix}$$

$$(A|v\rangle)^\dagger \equiv \langle Av| = \langle v| A^\dagger$$

$$\langle u|A|v\rangle = \begin{bmatrix} u_1^* & u_2^* & u_3^* \end{bmatrix} \begin{bmatrix} a_{11} & a_{12} & a_{13} \\ a_{21} & a_{22} & a_{23} \\ a_{31} & a_{32} & a_{33} \end{bmatrix} \begin{bmatrix} v_1 \\ v_2 \\ v_3 \end{bmatrix}$$

$$\langle u|A|v\rangle = \langle u|Av\rangle = \langle uA|v\rangle = \langle A^\dagger u|v\rangle$$

고유값과 고유벡터

$$H|\phi_i\rangle = \lambda_i |\phi_i\rangle$$

정규행렬은 스펙트럼 분해를 할 수 있다. 그 고유값은 복소수이지만 Hermitian 행렬의 고유값은 실수이고, 반Hermitian 행렬의 고유값은 허수이다. 이 행렬의 고유벡터는 완전, 직교규격 기준을 이룬다.

직교 성질: $\langle \phi_i|\phi_j\rangle = \delta_{ij}$

완전성: $\sum_i |\phi_i\rangle\langle\phi_i| = I$

H의 스펙트럼 분해: $H = \sum_i \lambda_i |\phi_i\rangle\langle\phi_i|$

통계

QM의 관측량(A와 B)은 Hermitian 행렬이다.

기대값: $\langle A\rangle_\psi = \langle\psi|A|\psi\rangle$

표준편차: $\Delta A_\psi = \sqrt{\left\langle \left(A - \langle A\rangle_\psi\right)^2 \right\rangle_\psi} = \sqrt{\langle A^2\rangle_\psi - \langle A\rangle_\psi^2}$

Cauch-Schwarz 부등식: $|\langle u|v\rangle|^2 \leq \langle u|u\rangle \langle v|v\rangle$

불확정성 정리: $\Delta A_\psi \cdot \Delta B_\psi \geq \frac{1}{2}|\langle AB - BA\rangle_\psi|$

외적

$$|v\rangle\langle u| = \begin{bmatrix} v_1 \\ v_2 \\ v_3 \end{bmatrix} \begin{bmatrix} u_1^* & u_2^* & u_3^* \end{bmatrix} = \begin{bmatrix} v_1 u_1^* & v_1 u_2^* & v_1 u_3^* \\ v_2 u_1^* & v_2 u_2^* & v_2 u_3^* \\ v_3 u_1^* & v_3 u_2^* & v_3 u_3^* \end{bmatrix}$$

$$|0\rangle\langle 0| = \begin{bmatrix} 1 & 0 \\ 0 & 0 \end{bmatrix}, \quad |1\rangle\langle 1| = \begin{bmatrix} 0 & 0 \\ 0 & 1 \end{bmatrix}, \quad |0\rangle\langle 1| = \begin{bmatrix} 0 & 1 \\ 0 & 0 \end{bmatrix}, \quad |1\rangle\langle 0| = \begin{bmatrix} 0 & 0 \\ 1 & 0 \end{bmatrix}$$

$$\begin{bmatrix} a_{00} & a_{01} \\ a_{10} & a_{11} \end{bmatrix} = a_{00}\,|0\rangle\langle 0| + a_{01}\,|0\rangle\langle 1| + a_{10}\,|1\rangle\langle 0| + a_{11}\,|1\rangle\langle 1|$$

투영

$|u\rangle$로의 투영: $P_u = |u\rangle\langle u|$

$|v\rangle$의 $|u\rangle$로의 투영: $P_u\,|v\rangle = |u\rangle\,\langle u|v\rangle = \langle u|v\rangle\,|u\rangle$

투영연산자는 멱등이다. $P_u^2 = P_u$

유니타리 행렬

U는 유니타리이다: $U^\dagger U = I$ 혹은 $U^\dagger = U^{-1}$

유니타리 행렬의 행(혹은 열)은 직교규격화 기준을 이룬다.
$(U\,|i\rangle)^\dagger(U\,|j\rangle) = \langle i|U^\dagger U|j\rangle = \langle i|j\rangle = \delta_{ij}$

유니타리 변환은 내적을 보존한다.
$\langle U\phi|U\psi\rangle = (U\,|\phi\rangle)^\dagger(U\,|\psi\rangle) = \langle\phi|U^\dagger U|\psi\rangle = \langle\phi|\psi\rangle$

$\{|\phi_i\rangle\}$는 직교규격화되어 있고, $|\lambda_i| = 1$이다. $\leftrightarrow$ $\sum_i \lambda_i|\phi_i\rangle\langle\phi_i|$는 유니타리이다.

U와 V가 유니타리이면 $U\otimes V$도 그렇다.

$|\det U| = 1$

표준(혹은 계산) 기준

예: $|0\rangle = \begin{bmatrix}1\\0\\0\end{bmatrix}, \quad |1\rangle = \begin{bmatrix}0\\1\\0\end{bmatrix}, \quad |2\rangle = \begin{bmatrix}0\\0\\1\end{bmatrix}$

직교규격성과 완전성: $\langle i|j\rangle = \delta_{ij}, \quad \sum_i |i\rangle\langle i| = I$

벡터 분해: $|v\rangle = \sum_i v_i\,|i\rangle, \quad v_i = \langle i|v\rangle$

행렬 분해: $A = \sum_{i,j} a_{ij}\,|i\rangle\langle j|, \quad a_{ij} = \langle i|A|j\rangle, \quad A\,|j\rangle = \sum_i a_{ij}\,|i\rangle$

기준 변화

$\{|b_i\rangle\}$와 $\{|b_i'\rangle\}$가 완전하고 직교규격화된 기준이라고 하자.
$\langle b_i|b_j\rangle = \langle b_i'|b_j'\rangle = \delta_{ij}, \quad \sum_i |b_i\rangle\langle b_i| = \sum_i |b_i'\rangle\langle b_i'| = I$

유니타리 연산자 U를 통해 $\{|b_i\rangle\}$에서 $\{|b_i'\rangle\}$으로 기준의 변화: U는 $|b_i'\rangle = U|b_i\rangle$로 정의하고, 다음과 같이 주어진다.

$$U = \sum_i |b_i'\rangle\langle b_i| = \sum_{i,j} \langle b_i|b_j'\rangle |b_i'\rangle\langle b_j'| = \sum_{i,j} \langle b_i|b_j'\rangle |b_i\rangle\langle b_j|$$

기준변화를 할 때 벡터와 행렬의 표현

$|\psi\rangle = \sum_j c_j |b_j\rangle = \sum_j c_j' |b_j'\rangle$이라고 하자. 그러면 $c_i' = \sum_j c_j \langle b_i'|b_j\rangle$, $c_i = \sum_j c_j' \langle b_i|b_j'\rangle$이다.

아래에서 $|v\rangle$는 (c_i)로 만든 벡터이고, $|v'\rangle$은 (c_i')으로 만들었다고 하자. 마찬가지로 행렬에 대해서는 다음과 같다.

$|v'\rangle = U^\dagger |v\rangle \qquad A' = U^\dagger AU \qquad \text{tr}\, A' = \text{tr}\, A$

$\langle u'|v'\rangle = \langle u|v\rangle \qquad \langle u'|A'|v'\rangle = \langle u|A|v\rangle$

$H|\psi_i\rangle = \lambda_i |\psi_i\rangle \quad \Rightarrow \quad H'|\psi_i'\rangle = \lambda_i |\psi_i'\rangle$

표준 기준에서 고유벡터 기준으로 변화

H가 Hermitian이고, $H|\phi_i\rangle = \lambda_i|\phi_i\rangle$이면, $\{|i\rangle\}$에서 $\{|\phi_i\rangle\}$로 바꾸면 다음을 얻는다.

$$|\phi_i\rangle = U|i\rangle, \quad U = \sum_i |\phi_i\rangle\langle i| = \sum_{i,j} \langle i|\phi_j\rangle |i\rangle\langle j| = \begin{bmatrix} \langle 0|\phi_0\rangle & \langle 0|\phi_1\rangle & \cdots \\ \langle 1|\phi_0\rangle & \langle 1|\phi_1\rangle & \\ \vdots & & \ddots \end{bmatrix}$$

H는 $\{|\phi_i\rangle\}$에서 대각화되어 있다: $H = \sum_i \lambda_i |\phi_i\rangle\langle\phi_i|$

$U^\dagger HU$가 $\{|i\rangle\}$에서 대각화되어 있다: $U^\dagger HU = \sum_i \lambda_i |i\rangle\langle i|$

텐서곱

$|u\rangle \otimes |v\rangle \equiv |u\rangle|v\rangle \equiv |uv\rangle$

$$|uv\rangle = \begin{bmatrix} u_1 \\ u_2 \end{bmatrix} \otimes \begin{bmatrix} v_1 \\ v_2 \end{bmatrix} = \begin{bmatrix} u_1|v\rangle \\ u_2|v\rangle \end{bmatrix} = \begin{bmatrix} u_1v_1 \\ u_1v_2 \\ u_2v_1 \\ u_2v_2 \end{bmatrix}$$

$A \otimes B =$

$$\begin{bmatrix} a_{11} & a_{12} \\ a_{21} & a_{22} \end{bmatrix} \otimes \begin{bmatrix} b_{11} & b_{12} \\ b_{21} & b_{22} \end{bmatrix} = \begin{bmatrix} a_{11}B & a_{12}B \\ a_{21}B & a_{22}B \end{bmatrix} = \begin{bmatrix} a_{11}b_{11} & a_{11}b_{12} & a_{12}b_{11} & a_{12}b_{11} \\ a_{11}b_{21} & a_{11}b_{22} & a_{12}b_{21} & a_{12}b_{21} \\ a_{21}b_{11} & a_{21}b_{12} & a_{22}b_{11} & a_{22}b_{11} \\ a_{21}b_{21} & a_{21}b_{22} & a_{22}b_{21} & a_{22}b_{21} \end{bmatrix}$$

In general, $(A \otimes B) \neq (B \otimes A)$

$(A \otimes B)^\dagger = A^\dagger \otimes B^\dagger \qquad (A \otimes B)^{-1} = A^{-1} \otimes B^{-1}$

$(A \otimes B)(C \otimes D) = AC \otimes BD$

$(A \otimes B)(|u\rangle \otimes |v\rangle) \equiv (A \otimes B)|uv\rangle = |Au\rangle \otimes |Bv\rangle$

$A \otimes B = (A \otimes I)(I \otimes B)$

$(A_1 \otimes B_1)(A_2 \otimes B_2) \cdots (A_n \otimes B_n) = (A_1A_2 \cdots A_n) \otimes (B_1B_2 \cdots B_n)$

$(A_1 \otimes A_2 \cdots \otimes A_n)(B_1 \otimes B_2 \cdots \otimes B_n) = (A_1B_1) \otimes (A_2B_2) \cdots \otimes (A_nB_n)$

텐서곱과 내적: $\langle \phi_1 \otimes \phi_2 | \psi_1 \otimes \psi_2 \rangle = \langle \phi_1 | \psi_1 \rangle \langle \phi_2 | \psi_2 \rangle$

텐서곱과 외적: $(|i\rangle_1 \otimes |j\rangle_2)(\langle k|_1 \otimes \langle l|_2) = |i\rangle_1 \langle k|_1 \otimes |j\rangle_2 \langle l|_2$

축약한 표현: $|ij\rangle\langle kl| = |i\rangle\langle k| \otimes |j\rangle\langle l|$

$\otimes$에 대한 지수 표기: $|x\rangle^{\otimes n} \equiv \bigotimes_{i=1}^{n} |x\rangle \equiv |xx \cdots x\rangle$

선형 공간 $\mathbb{C}^{2^n}$에서 기준 전개(즉, n-큐빗계의 일반적인 상태 벡터):

$$|\psi\rangle = \sum_{\substack{x_i \in \{0,1\} \\ i \in \{1,2,\cdots,n\}}} c_{x_1 x_2 \cdots x_n} |x_1 x_2 \cdots x_n\rangle \equiv \sum_{k=0}^{2^{n-1}} c_k |k\rangle$$

행렬의 함수

A가 Hermitian이고, 실수 고유값은 λ_i, 고유벡터는 $|\phi_i\rangle$라고 하면 다음 관계가 있다.

$$f(A) = \sum_i f(\lambda_i) |\phi_i\rangle\langle\phi_i|$$

$$e^A = \sum_i e^{\lambda_i} |\phi_i\rangle\langle\phi_i|$$

$$\log A = \sum_i \log \lambda_i |\phi_i\rangle\langle\phi_i| \quad (\text{양의 } A)$$

직교규격 기준 $\{|\phi_i\rangle\}$와 $m \in \mathbb{Z}^+$에 대해 다음이 성립한다.

$$(|\phi_i\rangle\langle\phi_i|)^m = |\phi_i\rangle\langle\phi_i|, \quad \left(\sum_i \lambda_i |\phi_i\rangle\langle\phi_i|\right)^m = \sum_i \lambda_i^m |\phi_i\rangle\langle\phi_i|$$

다른 정의: $\exp(A) \equiv e^A \equiv \sum_{n=0}^{\infty} \frac{1}{n!} A^n$

A가 정규 행렬이면 e^A도 정규 행렬이고, e^A의 고유값은 A의 고유값의 지수함수이고, 고유벡터는 같다.

H가 Hermitian이면 e^{iH}는 유니타리이다.

U가 유니타리이면, $e^{UAU^\dagger} = Ue^AU^\dagger$

일반화된 Euler 공식: γ가 실수이고 $A^2 = I$이면, $e^{i\gamma A} = \cos\gamma I + i\sin\gamma A$이다.

일반적으로 A와 B가 교환하지 않는 한 $e^{A+B} \neq e^A e^B$이다.

BCH 공식: $e^{A+B} = e^A e^B e^{-\frac{1}{2}[A,B]+\cdots}$

일반적으로 $e^{A \otimes B} \neq e^A \otimes e^B$이지만, $e^{A \otimes I + I \otimes B} = e^A \otimes e^B$이다.

부분곱 표기

$U_A |x_1x_2\rangle \equiv U|x_1\rangle \otimes |x_2\rangle \qquad U_B |x_1x_2\rangle \equiv |x_1\rangle \otimes U|x_2\rangle$

$\langle a^{(1)}|x_1x_2\rangle \equiv \langle a|x_1\rangle |x_2\rangle \qquad \langle a^{(2)}|x_1x_2\rangle \equiv \langle a|x_2\rangle |x_1\rangle$

$$\begin{aligned}\langle a^{(j)}|x_1x_2\cdots x_j\cdots x_n\rangle &\equiv \langle a|x_j\rangle |x_1x_2\cdots x_{j-1}x_{j+1}\cdots x_n\rangle \\ &\equiv (I_{j-1}\otimes\langle a|\otimes I_{n-j})\,|x_1x_2\cdots x_j\cdots x_n\rangle\end{aligned}$$

$$\begin{aligned}\langle a_1^{(1)}a_2^{(2)}\cdots a_m^{(m)}|x_1x_2\cdots x_m\cdots x_n\rangle &\equiv \langle a_1a_2\cdots a_m|x_1x_2\cdots x_m\rangle |x_{m+1}x_{m+2}\cdots x_n\rangle \\ &\equiv (\langle a_1a_2\cdots a_m|\otimes I_{n-m})\,|x_1x_2\cdots x_m\cdots x_n\rangle\end{aligned}$$

$$\text{Given } |\psi\rangle = \sum_{x_1,x_2,\cdots,x_n\in\{0,1\}} c_{x_1x_2\cdots x_n} |x_1x_2\cdots x_n\rangle,$$

$$\langle a_1^{(1)}a_2^{(2)}\cdots a_m^{(m)}|\psi\rangle = \sum_{x_{m+1},\cdots,x_n\in\{0,1\}} c_{a_1a_2\cdots a_m x_{m+1}\cdots x_n} |x_{m+1}\cdots x_n\rangle$$

대각합

$$\operatorname{tr} A \equiv \operatorname{tr}(A) \equiv \sum_{i=1}^{n} a_{ii}$$

$\operatorname{tr}\left(A^T\right) = \operatorname{tr}(A) \quad \operatorname{tr}\left(A^\dagger\right) = \operatorname{tr}(A^*) = (\operatorname{tr} A)^*$

$\operatorname{tr}(cA) = c\operatorname{tr} A \quad \operatorname{tr}(A+B) = \operatorname{tr} A + \operatorname{tr} B$

$\operatorname{tr}(AB) = \operatorname{tr}(BA)$ (일반적으로 $AB \neq BA$이고, $\operatorname{tr}(AB) \neq \operatorname{tr}(A)\operatorname{tr}(B)$이다.)

$\operatorname{tr}([A,B]) = 0$

Pauli 행렬: $\operatorname{tr}\sigma_j = 0, \quad \operatorname{tr}(\sigma_j\sigma_k) = 2\delta_{jk}$

유사 불변성: $\operatorname{tr}\left(PAP^{-1}\right) = \operatorname{tr} A$

고유값의 합: $\operatorname{tr}(A) = \sum_{i=1}^{n}\lambda_i, \quad \operatorname{tr}(A^k) = \sum_{i=1}^{n}\lambda_i^k$

텐서곱 성질: $\operatorname{tr}(A\otimes B) = \operatorname{tr}(A)\operatorname{tr}(B)$

외적의 성질: $\langle v|u\rangle = \operatorname{tr}(|u\rangle\langle v|), \quad \langle v|A|u\rangle = \operatorname{tr}(A|u\rangle\langle v|)$

순환곱의 성질: $\operatorname{tr}(ABC) = \operatorname{tr}(BCA) = \operatorname{tr}(CAB) \quad (\neq \operatorname{tr}(BAC))$

직교규격 기준 $\{|\phi_i\rangle\}$에 대해 $\operatorname{tr}\left(\sum_{i=1}^{n}|\phi_i\rangle\langle\phi_i|\right) = n, \quad \operatorname{tr} A = \sum_{i=1}^{n}\langle\phi_i|A|\phi_i\rangle$이 성립한다.

유용한 등식: $\langle\phi_i|A|\phi_i\rangle = \operatorname{tr}(\langle\phi_i|A|\phi_i\rangle) = \operatorname{tr}(A|\phi_i\rangle\langle\phi_i|)$

Cauchy-Schwartz 부등식: $0 \leq [\operatorname{tr}(AB)]^2 \leq \operatorname{tr}(A^2)\operatorname{tr}(B^2) \leq [\operatorname{tr}(A)]^2[\operatorname{tr}(B)]^2$

정규 행렬에 대해 $\operatorname{tr}(A) = \log\left(\det(e^A)\right)$

행렬식

$\det\left(A^T\right) = \det(A) \quad \det\left(A^\dagger\right) = \det\left(A^*\right) = \det(A)^*$

$\det(A^{-1}) = \det(A)^{-1}$

$\det(AB) = \det(A)\det(B)$

$\det(A \otimes B) = (\det A)^n (\det B)^m$ (m는 A의 차원, n은 B의 차원이다.)

유니타리 행렬에 대해 $|\det(U)| = 1$

정규행렬에 대해 $\det(A) = \prod_i \lambda_i \quad \det(e^A) = e^{\operatorname{tr} A}$

행렬의 벡터 공간

두 행렬의 내적

$$\langle A, B\rangle \equiv A \cdot B \equiv \sum_{i=1}^{m}\sum_{j=1}^{n} a_{ij}^* b_{ij} = \operatorname{tr}(A^\dagger B) = \operatorname{tr}(BA^\dagger)$$

Pauli 기준에서 $A \in \mathbb{C}^{2^n \times 2^n}$의 분해:

$$P_i \in \{I, X, Y, Z\}^{\otimes n}, \quad P_i \cdot P_j = 2^n \delta_{ij}, \quad i, j = 1, 2, ..., 4^n$$

$$A = \sum_{i=1}^{4^n} a_i P_i, \quad a_i = \frac{1}{2^n} P_i \cdot A \equiv \frac{1}{2^n}\operatorname{tr}(AP_i^\dagger) = \frac{1}{2^n}\operatorname{tr}(AP_i)$$

이 내용은 Peter Y. Lee 등의 *Mathematical Foundations of Quantum Computing*에서 허가를 받고 인용하였다.

D Pauli 행렬

정의

$$\sigma_0 \quad = I \ = |0\rangle\langle 0| + |1\rangle\langle 1| \quad = \begin{bmatrix} 1 & 0 \\ 0 & 1 \end{bmatrix}$$

$$\sigma_1 = \sigma_x = X = |0\rangle\langle 1| + |1\rangle\langle 0| \quad = \begin{bmatrix} 0 & 1 \\ 1 & 0 \end{bmatrix}$$

$$\sigma_2 = \sigma_y = Y = |0\rangle\langle 1|(-i) + |1\rangle\langle 0| i \quad = \begin{bmatrix} 0 & -i \\ i & 0 \end{bmatrix}$$

$$\sigma_3 = \sigma_z = Z = |0\rangle\langle 0| - |1\rangle\langle 1| \quad = \begin{bmatrix} 1 & 0 \\ 0 & -1 \end{bmatrix}$$

고유값과 벡터

Pauli 행렬	고유값	고유벡터
$\sigma_z \equiv Z$	1	$\|0\rangle$
	-1	$\|1\rangle$
$\sigma_x \equiv X$	1	$\|+\rangle = \frac{1}{\sqrt{2}}(\|0\rangle + \|1\rangle)$
	-1	$\|-\rangle = \frac{1}{\sqrt{2}}(\|0\rangle - \|1\rangle)$
$\sigma_y \equiv Y$	1	$\|+_i\rangle = \frac{1}{\sqrt{2}}(\|0\rangle + i\|1\rangle)$
	-1	$\|-_i\rangle = \frac{1}{\sqrt{2}}(\|0\rangle - i\|1\rangle)$

성질

$i, j, k \in \{1, 2, 3\}$에 대해 다음의 성질이 있다.

유니타리와 Hermitian: $\sigma_j^2 = \sigma_0, \quad \sigma_j^\dagger = \sigma_j$

교환관계: $[\sigma_j, \sigma_k] = 2i\varepsilon_{jkl}\sigma_l$, or $\sigma_1\sigma_2 = \sigma_3$, 등.

반교환 관계: $\{\sigma_j, \sigma_k\} = 2\delta_{jk}\sigma_0$, or $\sigma_j\sigma_k = -\sigma_k\sigma_j$ for $j \neq k$

직교성: $\langle\sigma_j, \sigma_k\rangle \equiv \mathrm{tr}(\sigma_j^\dagger\sigma_k) = \mathrm{tr}(\sigma_j\sigma_k) = 2\delta_{jk}$

추가적으로 $\mathrm{tr}\,\sigma_j = 0, \quad \det\sigma_j = -1, \quad \sigma_j\sigma_k = i\varepsilon_{jkl}\sigma_l + \delta_{jk}\sigma_0$

2×2 행렬의 기준

임의의 행렬 $A \in \mathbb{C}^{2\times 2}$는 집합 $\{\sigma_0, \sigma_1, \sigma_2, \sigma_3\}$로 전개할 수 있다.

$A = \sum_{j=0}^{3} a_j\sigma_j$이고, $a_0 = \frac{1}{2}\mathrm{tr}A$, $a_j = \frac{1}{2}\mathrm{tr}(\sigma_j A)$이다.

임의의 방향에 있는 스핀 표현하기

임의의 실수 단위벡터 $\boldsymbol{u}=(u_x, u_y, u_z)$, $u_x^2+u_y^2+u_z^2=1$에 대해 $\sigma_u=\boldsymbol{u}\cdot\boldsymbol{\sigma}=u_x\sigma_x+u_y\sigma_y+u_z\sigma_z$를 정의한다.

$\boldsymbol{u}=(\sin\theta\cos\phi, \sin\theta\sin\phi, \cos\theta)$에 대해 다음과 같다.

$$\sigma_u=\sin\theta\cos\phi\,\sigma_x+\sin\theta\sin\phi\,\sigma_y+\cos\theta\,\sigma_z=\begin{bmatrix}\cos\theta & \sin\theta e^{-i\phi}\\ \sin\theta e^{i\phi} & -\cos\theta\end{bmatrix}$$

고유벡터:

$$|+_u\rangle=\cos\frac{\theta}{2}|0\rangle+\sin\frac{\theta}{2}e^{i\phi}|1\rangle=\begin{bmatrix}\cos\frac{\theta}{2}\\ \sin\frac{\theta}{2}e^{i\phi}\end{bmatrix}$$

$$|-_u\rangle=-\sin\frac{\theta}{2}|0\rangle+\cos\frac{\theta}{2}e^{i\phi}|1\rangle=\begin{bmatrix}-\sin\frac{\theta}{2}\\ \cos\frac{\theta}{2}e^{i\phi}\end{bmatrix}$$

기대값:

$$\langle +_u|\sigma_x|+_u\rangle=\sin\theta\cos\phi$$
$$\langle +_u|\sigma_y|+_u\rangle=\sin\theta\sin\phi$$
$$\langle +_u|\sigma_z|+_u\rangle=\cos\theta$$

지수함수

임의의 실수 γ에 대해 $e^{i\gamma\sigma_j}=\cos\gamma\sigma_0+i\sin\gamma\sigma_j$

또한 $e^{i\gamma\sigma_u}=\cos\gamma\sigma_0+i\sin\gamma\sigma_u$.

회전 연산자

$R_j(\gamma)\equiv e^{-i\frac{\gamma}{2}\sigma_j}=\sigma_0\cos\frac{\gamma}{2}-i\sigma_j\sin\frac{\gamma}{2}$

구체적으로 쓰면 다음과 같다.

$$R_1(\gamma)\equiv R_x(\gamma)=\begin{bmatrix}\cos\frac{\gamma}{2} & -i\sin\frac{\gamma}{2}\\ -i\sin\frac{\gamma}{2} & \cos\frac{\gamma}{2}\end{bmatrix}$$

$$R_2(\gamma)\equiv R_y(\gamma)=\begin{bmatrix}\cos\frac{\gamma}{2} & -\sin\frac{\gamma}{2}\\ \sin\frac{\gamma}{2} & \cos\frac{\gamma}{2}\end{bmatrix}$$

$$R_3(\gamma)\equiv R_z(\gamma)=\begin{bmatrix}e^{-i\frac{\gamma}{2}} & 0\\ 0 & e^{i\frac{\gamma}{2}}\end{bmatrix}$$

축 $\boldsymbol{u}=(n_x, n_y, n_z)$에 대한 회전:

$$R_u(\gamma)=e^{-i\frac{\gamma}{2}\sigma_u}=\sigma_0\cos\frac{\gamma}{2}-i\sigma_u\sin\frac{\gamma}{2}$$

$|0\rangle$에서 $|+_u\rangle$와 $|-_u\rangle$로 회전:

$$|+_u\rangle=R_z(\phi)R_y(\theta)|0\rangle$$
$$|-_u\rangle=R_z(\phi)R_y(-\theta)|0\rangle$$

다른 형태

$$\sigma_+ \equiv \tfrac{1}{2}(\sigma_1 + i\sigma_2) = \begin{bmatrix} 0 & 1 \\ 0 & 0 \end{bmatrix} \qquad \sigma_- \equiv \tfrac{1}{2}(\sigma_1 - i\sigma_2) = \begin{bmatrix} 0 & 0 \\ 1 & 0 \end{bmatrix}$$

$$\sigma_h \equiv \tfrac{1}{2}(\sigma_0 + \sigma_3) = \begin{bmatrix} 1 & 0 \\ 0 & 0 \end{bmatrix} \qquad \sigma_v \equiv \tfrac{1}{2}(\sigma_0 - \sigma_3) = \begin{bmatrix} 0 & 0 \\ 0 & 1 \end{bmatrix}$$

게이트 관계

$$\begin{aligned} XY &= -YX = iZ \\ YZ &= -ZY = iX \\ ZX &= -XZ = iY \end{aligned}$$

$$\begin{aligned} &XXX = X, \quad XYX = -Y, \quad XZX = -Z, \\ &YXY = -X, \quad YYY = Y, \quad YZY = -Z, \\ &ZXZ = -X, \quad ZYZ = -Y, \quad ZZZ = Z \end{aligned}$$

$$HXH = Z, \;\; H = \frac{1}{\sqrt{2}}\begin{bmatrix} 1 & 1 \\ 1 & -1 \end{bmatrix}$$

$$HYH = -Y$$

$$HZH = X$$

$$SXS^\dagger = Y, \;\; S = \begin{bmatrix} 1 & 0 \\ 0 & i \end{bmatrix}$$

$$SYS^\dagger = -X$$

$$SZS^\dagger = Z$$

Pauli 열

정의: $P = A_1 \otimes \cdots \otimes A_n$이고 $A_i \in \{I, X, Y, Z\}$, 혹은 $P \in \{I, X, Y, Z\}^{\otimes n}$

직교성: $P_i \cdot P_j \equiv \mathrm{tr}(P_i^\dagger P_j) = 2^n \delta_{ij} \;\; i, j = 1, 2, ..., 4^n.$

이 내용은 Peter Y. Lee 등의 *Mathematical Foundations of Quantum Computing*에서 허가를 받고 인용하였다.

참고문헌

책

[1] Peter Y. Lee, James M. Yu, and Yan Cheng. Mathematical Foundations for *Quantum Computing: A Scaffolding Approach*. 1st. Polaris QCI Publishing, 2025. isbn: 978-1-961880-09-2 (cited on pages 10, 17, 132, 193, 276, 319, 373, 395, 404).

[2] Junichiro Kono. *Quantum Mechanics for Tomorrow's Engineers: New Edition*. English. New edition. Cambridge University Press, Sept. 29, 2022. isbn: 978-1108842587 (cited on page 33).

[3] Claude Cohen-Tannoudji, Bernard Diu, and Franck Laloe. *Quantum Mechanics, Vol 1: Basic Concepts, Tools, and Applications*. Wiley, 2019. isbn: 978-3-527-34553-3 (cited on page 34).

[4] Richard P. Feynman, Robert B. Leighton, and Matthew Sands. *Quantum Mechanics (Feynman Lectures on Physics, Volume 3)*. Basic Books, Oct. 4, 2011. isbn: 978-0465025015 (cited on page 34).

[5] J. J. Sakurai and Jim Napolitano. *Modern Quantum Mechanics*. Cambridge University Press, 2017. isbn: 978-1-108-47322-4 (cited on pages 34, 82, 95).

[6] Shayan Majidy, Christopher Wilson, and Raymond Laflamme. *Building Quantum Computers: A Practical Introduction*. Cambridge University Press, 2024. isbn: 978-1009417013 (cited on page 55).

[7] Kurt Jacobs. *Quantum Measurement Theory and its Applications*. English. 1st. Cambridge University Press, 2014. isbn: 978-1-107-02548-6 (cited on page 73).

[8] Mark M. Wilde. *Quantum Information Theory*. Cambridge University Press, 2017. isbn: 978-1-107-17616-4 (cited on pages 73, 441).

[9] Jonathan Katz and Yehuda Lindell. *Introduction to Modern Cryptography*. CRC Press, 2014. isbn: 978-1-4665-7027-6 (cited on page 124).

[10] Michael A Nielsen and Isaac L Chuang. *Quantum Computation and Quantum Information: 10th Anniversary Edition*. Cambridge University Press, 2010. isbn: 978-1-107-00217-3 (cited on pages 171, 203, 248, 441).

[11] David J. Griffiths and Darrell F. Schroeter. *Introduction to Quantum Mechanics*. English. 3rd edition. Cambridge University Press, Aug. 2018. isbn: 978-1107189638 (cited on page 399).

[12] John Watrous. *The Theory of Quantum Information*. Cambridge University Press, 2018. isbn: 978-1-107-18056-7 (cited on page 441).

논문

[13] Sangbae Kim and Byoung S. Ham. Observations of the delayed-choice quantum eraser using coherent photons. *Scientific Reports* 13.1 (June 16, 2023). issn: 2045-2322. doi: 10.1038/s41598-023-36590-7 (cited on page 29).

[14] Daniel Keith et al. Ramped measurement technique for robust high-fidelity spin qubit readout. *Science Advances* 8.36 (2022). doi: 10.1126/sciadv.abq0455 (cited on page 50).

[15] Laszlo Gyongyosi and Sandor Imre. A Survey on quantum computing technology. *Computer Science Review* 31 (2019). issn: 1574-0137. doi: 10.1016/j.cosrev.2018.11.002 (cited on pages 55, 442).

[16] Rameez Asif. Post-Quantum Cryptosystems for Internet-of-Things: A Survey on Lattice-Based Algorithms. *IoT* 2.1 (2021). issn: 2624-831X. doi: 10.3390/iot2010005 (cited on pages 119, 124, 312, 442).

[17] Charles H Bennett and Gilles Brassard. Quantum Cryptography: Public Key Distribution and Coin Tossing. *Proceedings of IEEE International Conference on Computers, Systems and Signal Processing* (1984). doi: 10.1016/j.tcs.2014.05.025 (cited on pages 124, 269).

[18] Charles H. Bennett. Quantum Cryptography Using Any Two Nonorthogonal States. *Physical Review Letters* 68.21 (1992). doi: 10.1103/PhysRevLett.68.3121 (cited on page 124).

[19] Valerio Scarani et al. Quantum Cryptography Protocols Robust Against Photon Number Splitting Attacks. *Physical Review Letters* 92.5 (2004). doi: 10.1103/PhysRevLett.92.057901 (cited on page 124).

[20] Damien Stucki et al. Continuous high speed coherent one-way quantum key distribution. *Optics Express* 17.16 (July 2009). doi: 10.1364/oe.17.013326(cited on page 124).

[21] Artur K Ekert. Quantum cryptography based on Bell's theorem. *Physical Review Letters* 67.6 (1991). doi: 10.1103/PhysRevLett.67.661 (cited on pages 124, 268).

[22] R. Alleaume et al. Using quantum key distribution for cryptographic purposes: A survey. *Theoretical Computer Science* 560 (2014). issn: 0304-3975. doi: 10.1016/j.tcs.2014.09.018 (cited on pages 124, 269).

[23] Adriano Barenco et al. Elementary gates for quantum computation. *Physical Review A* 52.5 (1995). doi: 10.1103/PhysRevA.52.3457 (cited on page 171).

[24] Daniel M Greenberger, Michael A Horne, and Anton Zeilinger. Going beyond Bell's theorem. (1989). doi: 10.1007/978-94-017-0849-4_10 (cited on page 203).

[25] Dik Bouwmeester et al. Observation of three-photon Greenberger-Horne-Zeilinger entanglement. *Physical review letters* 82.7 (1999). doi: 10.1103/PhysRevLett.82.1345 (cited on page 203).

[26] Alain Aspect, Jean Dalibard, and Gerard Roger. Experimental test of Bell's inequalities using time-varying analyzers. *Physical Review Letters* 49.25 (1982). doi: 10.1103/PhysRevLett.49.1804 (cited on page 220).

[27] Alain Aspect, Philippe Grangier, and Gerard Roger. Experimental tests of realistic local theories via Bell's theorem. *Physical Review Letters* 47.7 (1981). doi: 10.1103/PhysRevLett.47.460 (cited on page 220).

[28] Gregor Weihs et al. Violation of Bell's inequality under strict Einstein locality conditions. *Physical Review Letters 81.23 (1998).* doi: 10.1103/PhysRevLett.81.5039 (cited on page 220).

[29] B Hensen et al. Loophole-free Bell inequality violation using electron spins separated by 1.3 kilometres. *Nature 526.7575 (2015).* doi: 10.1038/nature15759 (cited on page 221).

[30] Marissa Giustina et al. A significant-loophole-free test of Bell's theorem with entangled photons. *Physical Review Letters 115.25 (2015).* doi: 10.1103/PhysRevLett.115.250401 (cited on page 221).

[31] Lynden K Shalm et al. A strong loophole-free test of local realism. *Physical Review Letters 115.25 (2015).* doi: 10.1103/PhysRevLett.115.250402(cited on page 221).

[32] Albert Einstein, Boris Podolsky, and Nathan Rosen. Can Quantum-Mechanical Description of Physical Reality Be Considered Complete?: *Physical Review 47.10 (1935).* doi: 10.1103/PhysRev.47.777 (cited on page 228).

[33] John S Bell. On the Einstein Podolsky Rosen Paradox. *Physics Physique Fizika 1 (3 Nov. 1964).* doi: 10.1103/PhysicsPhysiqueFizika.1.195 (cited on page 228).

[34] Asher Peres. All the Bell Inequalities. *Foundations of Physics 29 (1999).* doi: 10.1023/A:1018816310000 (cited on page 228).

[35] Ryszard Horodecki et al. Quantum entanglement. *Reviews of Modern Physics 81.2 (2009).* doi:

10.1103/RevModPhys.81.865 (cited on page 228).

[36] Alain Aspect, Jean Dalibard, and G'erard Roger. Experimental realization of Einstein-Podolsky-Rosen-Bohm gedankenexperiment: A new violation of Bell's inequalities. *Physical Review Letters 49.2 (1982).* doi: 10.1103/Phys RevLett.49.91 (cited on page 228).

[37] Jan-Ake Larsson. Loopholes in Bell inequality tests of local realism. *Journal of Physics A: Mathematical and Theoretical 47.42 (2014).* doi: 10.1088/175 1-8113/47/42/424003 (cited on page 228).

[38] Johannes Handsteiner et al. Cosmic Bell Test: Measurement Settings from Milky Way Stars. *Physical Review Letters 118.6 (2017).* doi: 10.1103/Phys RevLett.118.060401 (cited on page 228).

[39] Juan Maldacena and Leonard Susskind. Cool Horizons for Entangled Black Holes. *Fortschritte der Physik 61.9 (2013).* doi: 10.1002/prop.201300020(cited on page 229).

[40] Ben Kain. Probing the Connection between Entangled Particles and Wormholes in General Relativity. *Phys. Rev. Lett. 131 (10 Sept. 2023).* doi: 10.1103/PhysRevLett.131.101001 (cited on page 229).

[41] Hrant Gharibyan and Robert F. Penna. Are entangled particles connected by wormholes? Evidence for the ER=EPR conjecture from entropy inequalities. *Phys. Rev. D 89 (6 Mar. 2014).* doi: 10.1103/PhysRevD.89.066001 (cited on page 229).

[42] Howard M. Wiseman, Eric G. Cavalcanti, and Eleanor G. Rieffel. A "thoughtful" Local Friendliness no-go theorem: a prospective experiment with new assumptions to suit. *Quantum 7 (Sept. 2023).* issn: 2521-327X. doi: 10.22331/q-2023-09-14-1112 (cited on page 229).

[43] Eric G. Cavalcanti et al. Fresh perspectives on the foundations of quantum physics. *Nature Reviews Physics 5.6 (June 2023).* issn: 2522-5820. doi: 10.1038/s42254-023-00586-z (cited on page 229).

[44] Yu Guo et al. Advances in Quantum Dense Coding. *Advanced Quantum Technologies 2.5-6 (2019).* doi: 10.1002/qute.201900011 (cited on page 239).

[45] A. K. Pati, P. Parashar, and P. Agrawal. Probabilistic superdense coding. *Phys. Rev. A 72 (1 July 2005).* doi: 10.1103/PhysRevA.72.012329 (cited on page 239).

[46] D. Bruß et al. Distributed Quantum Dense Coding. *Phys. Rev. Lett. 93 (21 Nov. 2004).* doi: 10.1103/PhysRevLett.93.210501 (cited on page 239).

[47] Trent M. Graham et al. Superdense teleportation using hyperentangled photons. *Nature Communications 6.1 (May 2015).* issn: 2041-1723. doi: 10.1038/ncomms8185 (cited on page 248).

[48] Dik Bouwmeester et al. Experimental quantum teleportation. *Nature 390.6660 (Dec. 1997).* doi: 10.1038/37539 (cited on page 248).

[49] Anders Karlsson and Mohamed Bourennane. Quantum teleportation using three-particle entanglement. *Phys. Rev. A 58 (6 Dec. 1998).* doi: 10.1103/PhysRevA.58.4394 (cited on page 248).

[50] Gustavo Rigolin. Quantum teleportation of an arbitrary two-qubit state and its relation to multipartite entanglement. *Physical Review A 71.3 (Mar. 2005).* doi: 10.1103/physreva.71.032303 (cited on page 248).

[51] A. Furusawa et al. Unconditional Quantum Teleportation. *Science 282.5389 (1998).* doi: 10.1126/science.282.5389.706 (cited on page 248).

[52] H.-J. Briegel et al. Quantum Repeaters: The Role of Imperfect Local Operations in Quantum Communication. *Phys. Rev. Lett. 81 (26 Dec. 1998).* doi: 10.1103/PhysRevLett.81.5932 (cited on page 252).

[53] M. Żkowski et al. 'Event-ready-detectors' Bell experiment via entanglement swapping. *Phys. Rev. Lett. 71 (26 Dec. 1993).* doi: 10.1103/PhysRevLett.71.4287 (cited on page 252).

[54] Jan Bouda and Vladimir Buzek. Entanglement swapping between multi-qudit systems. *Journal of Physics A: Mathematical and General 34.20 (May 2001).* doi: 10.1088/0305-4470/34/20/304 (cited on

page 252).

[55] Brian T. Kirby et al. Entanglement swapping of two arbitrarily degraded entangled states. *Phys. Rev. A 94 (1 July 2016).* doi: 10.1103/PhysRevA.94.012336 (cited on page 252).

[56] Sultan M. Zangi et al. Entanglement Swapping and Swapped Entanglement. *Entropy 25.3 (Feb. 2023).* issn: 1099-4300. doi: 10.3390/e25030415 (cited on page 252).

[57] Daniel Gottesman and Isaac L. Chuang. Demonstrating the viability of universal quantum computation using teleportation and single-qubit operations. *Nature 402.6760 (Nov. 1999).* doi: 10.1038/46503 (cited on page 264).

[58] Yun-Feng Huang et al. Experimental Teleportation of a Quantum Controlled-NOT Gate. *Phys. Rev. Lett. 93 (24 Dec. 2004).* doi: 10.1103/PhysRevLett .93.240501 (cited on page 264).

[59] Mitali Sisodia et al. Design and experimental realization of an optimal scheme for teleportation of an n-qubit quantum state. *Quantum Information Processing 16.12 (2017).* issn: 1573-1332. doi: 10.1007/s11128-017-1744-2(cited on page 264).

[60] Kevin S. Chou et al. Deterministic teleportation of a quantum gate between two logical qubits. *Nature 561.7723 (2018).* issn: 1476-4687. doi: 10.1038/s 41586-018-0470-y (cited on page 264).

[61] Lukas Postler et al. Demonstration of fault-tolerant universal quantum gate operations. *Nature 605.7911 (2022).* issn: 1476-4687. doi: 10.1038/s41586-022-04721-1 (cited on page 264).

[62] Dai-Gyoung Kim et al. Enhanced quantum teleportation using multi-qubit logical states. *Results in Physics 50 (2023).* issn: 2211-3797. doi: 10.1016/j.rinp.2023.106565 (cited on page 265).

[63] M. Sasaki et al. Field test of quantum key distribution in the Tokyo QKD Network. *Optics Express 19.11 (2011).* doi: 10.1364/OE.19.010387 (cited on page 268).

[64] A. Rubenok et al. Real-world two-photon interference and proof-of-principle quantum key distribution immune to detector attacks. *Physical Review Letters 111.13 (2013).* doi: 10.1103/PhysRevLett.111. 130501 (cited on page 268).

[65] Kishor Bharti et al. Noisy intermediate-scale quantum algorithms. *Reviews of Modern Physics 94.1 (Feb. 2022).* doi: 10.1103/revmodphys.94.015004 (cited on page 284).

[66] Tingting Zhang and Jie Han. Efficient Traveling Salesman Problem Solvers Using the Ising Model with Simulated Bifurcation. DATE ’22 (2022). doi: 10.23919/DATE54114.2022.9774576 (cited on page 297).

[67] A. Dan et al. Clustering approach for solving traveling salesman problems via Ising model based solver. (2020). doi: 10.1109/DAC18072.2020.9218695 (cited on page 297).

[68] Avshalom C. Elitzur and Lev Vaidman. Quantum mechanical interaction-free measurements. *Foundations of Physics 23.7 (July 1993).* doi: 10.1007/bf00736012 (cited on page 300).

[69] G. Lugilde Fernandez, E.F. Combarro, and I.F. Rua. Quantum measurement detection algorithms. *Quantum Information Process 21.274 (2022).* doi: 10.1007/s11128-022-03614-6 (cited on page 303).

[70] Stephen Wiesner. Conjugate Coding. *SIGACT News 15.1 (Jan. 1983).* issn:0163-5700. doi: 10.1145/ 1008908.1008920 (cited on page 305).

[71] Andrew Lutomirski. An online attack against Wiesner’s quantum money. *Preprint* arXiv:1010.0256 (2010) (cited on page 305).

[72] Aharon Brodutch et al. An adaptive attack on Wiesner’s quantum money. *Preprint* arXiv:1404.1507 (2016) (cited on page 306).

[73] Edward Farhi et al. Quantum money from knots. *Preprint* arXiv:1004.5127 (2010) (cited on page 311).

[74] Scott Aaronson and Paul Christiano. Quantum Money from Hidden Subspaces. *Preprint* arXiv:1203.4740 (2012) (cited on page 311).

[75] Mark Zhandry. Quantum Lightning Never Strikes the Same State Twice. *Preprint* arXiv:1711.02276

(2017) (cited on pages 311, 312).

[76] Daniel M. Kane, Shahed Sharif, and Alice Silverberg. Quantum Money from Quaternion Algebras. *Preprint* arXiv:2109.12643 (2022) (cited on page 311).

[77] Andrey Boris Khesin, Jonathan Z. Lu, and Peter W. Shor. Publicly verifiable quantum money from random lattices. *Preprint* arXiv:2207.13135 (2022) (cited on page 311).

[78] J. Liu, H. Montgomery, and M. Zhandry. Another Round of Breaking and Making Quantum Money. Lecture Notes in Computer Science 14004 (2023). Edited by C. Hazay and M. Stam. doi: 10.1007/978-3-031-30545-0_21 (cited on page 312).

[79] A. Bilyk, J. Doliskani, and Z. Gong. Cryptanalysis of Three Quantum Money Schemes. *Quantum Information Processing 22 (2023).* doi: 10.1007/s11128-023-03919-0 (cited on page 312).

[80] Arman Rasoodl Faridi et al. Blockchain in the Quantum World. *International Journal of Advanced Computer Science and Applications 13.1 (2022).* doi: 10.14569/ijacsa.2022.0130167 (cited on page 312).

[81] Maria E. Sabani et al. Evaluation and Comparison of Lattice-Based Cryptosystems for a Secure Quantum Computing Era. *Electronics 12.12 (2023).* issn: 2079-9292. doi: 10.3390/electronics12122643 (cited on page 312).

[82] Alexander M. Dalzell et al. Quantum algorithms: A survey of applications and end-to-end complexities. *Preprint* arXiv:2310.03011 (2023) (cited on pages 314, 442).

[83] Kostas Blekos et al. A review on Quantum Approximate Optimization Algorithm and its variants. *Physics Reports 1068 (2024).* issn: 0370-1573. doi: j.physrep.2024.03.002 (cited on page 314).

[84] Amira Abbas et al. Challenges and opportunities in quantum optimization. *Nature Reviews Physics (2024).* doi: 10.1038/s42254-024-00770-9 (cited on page 314).

[85] Benedikt Fauseweh. Quantum many-body simulations on digital quantum computers: State-of-the-art and future challenges. *Nature Communications 15.1 (2024).* doi: 10.1038/s41467-024-46402-9 (cited on page 314).

[86] Yunfei Wang and Junyu Liu. A comprehensive review of Quantum Machine Learning: from NISQ to Fault Tolerance. *Preprint* arXiv:2401.11351 (2024) (cited on pages 314, 443).

[87] Youngseok Kim et al. Evidence for the utility of quantum computing before fault tolerance. *Nature 618.7965 (June 2023).* issn: 1476-4687. doi: 10.1038/s41586-023-06096-3 (cited on page 357).

[88] Hongye Yu, Yusheng Zhao, and Tzu-ChiehWei. Simulating large-size quantum spin chains on cloud-based superconducting quantum computers. *Physical Review Research 5.1 (Mar. 2023).* issn: 2643-1564. doi: 10.1103/physrevre search.5.013183 (cited on page 357).

[89] Toshiki Yasuda et al. Quantum reservoir computing with repeated measurements on superconducting devices. *Preprint* arXiv:2310.06706 (2023) (cited on page 357).

[90] Edward H. Chen et al. Realizing the Nishimori transition across the error threshold for constant-depth quantum circuits. *Preprint* arXiv:2309.02863 (2023) (cited on page 357).

[91] Roland C. Farrell et al. Scalable Circuits for Preparing Ground States on Digital Quantum Computers: The Schwinger Model Vacuum on 100 Qubits. *Preprint* arXiv:2308.04481 (2024) (cited on page 357).

[92] Elisa Baumer et al. Efficient Long-Range Entanglement Using Dynamic Circuits. *PRX Quantum 5.3 (Aug. 2024).* issn: 2691-3399. doi: 10.1103/prxquantum.5.030339 (cited on page 357).

[93] Oles Shtanko et al. Uncovering Local Integrability in Quantum Many-Body Dynamics. *Preprint* arXiv:2307.07552 (2023) (cited on page 357).

[94] John Preskill. Beyond NISQ: The Megaquop Machine. *ACM Transactions on Quantum Computing (Mar. 2025).* issn: 2643-6817. doi: 10.1145/3723153 (cited on page 358).

[95] Hartmut Neven and et al. Quantum error correction below the surface code threshold. *Nature (Dec.*

2024). doi: 10.1038/s41586-024-08449-y (cited on pages 361, 398).

[96] David C. McKay et al. Benchmarking Quantum Processor Performance at Scale. *Preprint* arXiv:2311.05933 (2023) (cited on pages 382, 442).

[97] A. M. Steane. Simple quantum error-correcting codes. *Physical Review A 54.6 (1996).* doi: 10.1103/physreva.54.4741 (cited on page 398).

[98] Raymond Laflamme et al. Perfect Quantum Error Correction Code. *Preprint* arXiv:quant-ph/9602019 (1996) (cited on page 398).

[99] Avimita Chatterjee, Koustubh Phalak, and Swaroop Ghosh. Quantum Error Correction For Dummies. *Preprint* arXiv:2304.08678 (2023) (cited on pages 398, 399).

[100] Rajeev Acharya et al. Quantum error correction below the surface code threshold. *Preprint* arXiv:2408.13687 (2024) (cited on page 398).

[101] Sergey Bravyi et al. High-threshold and low-overhead fault-tolerant quantum memory. *Preprint* arXiv:2308.07915 (2023) (cited on page 398).

[102] Yue Wu et al. Erasure conversion for fault-tolerant quantum computing in alkaline earth Rydberg atom arrays. *Nature Communications 13.1 (Aug. 2022).* issn: 2041-1723. doi: 10.1038/s41467-022-32094-6 (cited on page 398).

[103] Shouzhen Gu, Alex Retzker, and Aleksander Kubica. Fault-tolerant quantum architectures based on erasure qubits. *Preprint* arXiv:2312.14060 (2023) (cited on page 398).

[104] Andrew Wack et al. Quality, Speed, and Scale: three key attributes to measure the performance of near-term quantum computers. *Preprint* arXiv:2110.14108 (2021) (cited on page 398).

[105] Mauricio Gutierrez and Kenneth R. Brown. Comparison of a quantum errorcorrection threshold for exact and approximate errors. *Physical Review A91.2 (Feb. 2015).* doi: 10.1103/physreva.91.022335 (cited on page 399).

[106] Sergey Bravyi, David Gosset, and Yinchen Liu. How to Simulate Quantum Measurement without Computing Marginals. *Phys. Rev. Lett. 128 (22 June 2022).* doi: 10.1103/PhysRevLett.128.220503 (cited on page 399).

[107] Christophe Piveteau et al. Error Mitigation for Universal Gates on Encoded Qubits. *Phys. Rev. Lett. 127 (20 Nov. 2021).* doi: 10.1103/PhysRevLett.127.200505 (cited on page 399).

[108] Zhenyu Cai, Xiaosi Xu, and Simon C. Benjamin. Mitigating coherent noise using Pauli conjugation. *npj Quantum Information 6.1 (2020).* issn: 2056-6387. doi: 10.1038/s41534-019-0233-0 (cited on page 399).

[109] Miroslav Urbanek et al. Mitigating Depolarizing Noise on Quantum Computers with Noise-Estimation Circuits. *Phys. Rev. Lett. 127 (27 Dec. 2021).* doi: 10.1103/PhysRevLett.127.270502 (cited on page 399).

[110] Erik Sjoqvist. A new phase in quantum computation. *Physics 1 (Nov. 2008).* doi: 10.1103/Physics.1.35 (cited on page 399).

[111] Jiang Zhang et al. Geometric and holonomic quantum computation. *Physics Reports 1027 (2023).* issn: 0370-1573. doi: 10.1016/j.physrep.2023.07.004 (cited on page 399).

[112] Ady Stern and Netanel H. Lindner. Topological Quantum Computation—rom Basic Concepts to First Experiments. *Science 339.6124 (2013).* doi: 10.1126/science.1231473 (cited on page 399).

[113] Chetan Nayak et al. Non-Abelian anyons and topological quantum computation. *Rev. Mod. Phys. 80 (3 Sept. 2008).* doi: 10.1103/RevModPhys.80.1083 (cited on page 399).

[114] Yuanjie Ren and Peter Shor. Topological quantum computation assisted by phase transitions. *Preprint* arXiv:2311.00103 (2023) (cited on page 400).

[115] Goran Lindblad. Completely positive maps and entropy inequalities. *Communications in Mathematical*

Physics 40.2 (1975). doi: 10.1007/BF01609396 (cited on page 436).

[116] Peter Nimbe, Benjamin Asubam Weyori, and Adebayo Felix Adekoya. Models in quantum computing: a systematic review. *Quantum Information Processing 20.2 (Feb. 2021).* issn: 1573-1332. doi: 10.1007/s11128-021-03021-3 (cited on page 442).

[117] Avimita Chatterjee, Koustubh Phalak, and Swaroop Ghosh. Quantum Error Correction For Dummies. 01 (2023). doi: 10.1109/QCE57702.2023.00017 (cited on page 442).

[118] Zebo Yang, Maede Zolanvari, and Raj Jain. A Survey of Important Issues in Quantum Computing and Communications. *IEEE Communications Surveys & Tutorials 25.2 (2023).* doi: 10.1109/COMST.2023.3254481 (cited on page 442).

[119] Sukhpal Singh Gill et al. Quantum Computing: Vision and Challenges. *Preprint* arXiv:2403.02240 (2024) (cited on page 442).

[120] Dasheng Zhang et al. Impacts of Quantum Mechanics: A Survey of Applied Quantum Computing. (2024). doi: 10.1109/MWSCAS60917.2024.10658839 (cited on page 442).

[121] Rajeev Acharya et al. Quantum error correction below the surface code threshold. *Preprint* arXiv:2408.13687 (2024) (cited on page 442).

[122] Hamid Nejatollahi et al. Post-Quantum Lattice-Based Cryptography Implementations: A Survey. 51.6 (Jan. 2019). issn: 0360-0300. doi: 10.1145/3292 548 (cited on page 442).

[123] Tao Liu, Gowri Ramachandran, and Raja Jurdak. Post-Quantum Cryptography for Internet of Things: A Survey on Performance and Optimization. *Preprint* arXiv:2401.17538 (2024) (cited on page 442).

[124] Chenxu Liu et al. Quantum Memory: A Missing Piece in Quantum Computing Units. *Preprint* arXiv:2309.14432 (2023) (cited on page 442).

[125] Bo Jing et al. Approaching scalable quantum memory with integrated atomic devices. *Applied Physics Reviews 11.3 (July 2024).* issn: 1931-9401. doi: 10.1063/5.0179539 (cited on page 442).

[126] Boris Kantsepolsky et al. Exploring Quantum Sensing Potential for Systems Applications. *IEEE Access 11 (2023).* doi: 10.1109/ACCESS.2023.3262506 (cited on page 443).

[127] Nabeel Aslam et al. Quantum sensors for biomedical applications. *Nature Reviews Physics 5.3 (2023).* doi: 10.1038/s42254-023-00558-3 (cited on page 443).

[128] Shi-Hai Wei et al. Towards Real-World Quantum Networks: A Review. *Laser & Photonics Reviews 16.3 (2022).* doi: https://doi.org/10.1002/lpor.20 2100219 (cited on page 443).

[129] Hari P. Paudel et al. Quantum Communication Networks for Energy Applications: Review and Perspective. *Advanced Quantum Technologies 6.10 (2023).* doi: 10.1002/qute.202300096 (cited on page 443).

[130] Valentin Gebhart et al. Learning quantum systems. *Nature Reviews Physics 5.3 (2023).* doi: 10.1038/s42254-022-00552-1 (cited on page 443).

[131] Noah Lupu-Gladstein et al. Do qubits dream of entangled sheep? Quantum measurement without classical output. *New Journal of Physics 26.5 (May 2024).* doi: 10.1088/1367-2630/ad48ad (cited on page 443).

찾아보기